Patternmaking for Menswear

CLASSIC TO CONTEMPORARY

男装结构与纸样设计

从经典到时尚 修订本

[韩] 金明玉（Myoungok Kim） [美] 金仁珠（Injoo Kim） 著

高秀明 译

崔志英 校

東華大學出版社

·上海·

图书在版编目 (CIP) 数据

男装结构与纸样设计 / [韩] 金明玉，[美] 金仁珠著；高秀明译．—修订本．
—上海：东华大学出版社，2019.2

ISBN 978-7-5669-1524-5

I. ①男… II. ①金… ②金… ③高… III. ①男服—结构设计 ②男服—纸样设计
IV. ① TS941.718

中国版本图书馆 CIP 数据核字（2018）第 298813 号

责任编辑　徐建红
封面设计　Callen

男装结构与纸样设计

从经典到时尚（修订本）

[韩] 金明玉（Myoungok Kim）　[美] 金仁珠（Injoo Kim）著
高秀明 译　崔志英 校

出　　版：东华大学出版社（上海市延安西路 1882 号，200051）
本 社 网 址：http://www.dhupress.net
天猫旗舰店：http://dhdx.tmall.com
营 销 中 心：021-62193056　62373056　62379558
电 子 邮 箱：425055486@qq.com
印　　刷：苏州望电印刷有限公司
开　　本：889mm × 1194mm　1/16
印　　张：29.5
字　　数：998 千字
版　　次：2019 年 2 月第 2 版　2020 年 9 月第 2 次印刷
书　　号：ISBN 978-7-5669-1524-5
定　　价：87.00 元

序言

最近几年，随着男性消费者对现代时尚需求的不断增加，男性服装款式发生了巨大的变化。男装历来十分简单和直接，对很多样板师来说，很难适应款式的各种变化，我们认识到男装需要有与女装一样的便于对款式细节全面理解的书籍。

此书对于需进行男装创新设计的学生和设计师们来说，是一本难得的参考资料，它结合了过去十年来女装和男装设计中的广泛知识。我们针对此领域内各种可能的读者，详细地研究和讨论了可供参考的若干纸样。

我们在教学的时候，经常要求学生们除了带主要的教科书以外，还要携带女装纸样设计书籍。女装纸样包含了有价值的详细资料，但是对学生来说将其应用到男装上不是件易事。这本书中将解释如何把女装纸样设计中经常讨论的基本原理应用到男装上。我们不仅讨论梭织面料的纸样设计，而且讨论针织面料的纸样设计，因为在现代男装中经常采用这两种面料。

尽管男装与女装相比历来采用相对简单的设计和廓型，但是，男装的时尚化趋势逐渐呈现出日益增长的市场份额。这种趋势显著地影响了服装行业的标准，在男性消费者中产生了强烈的意识，对男性时尚和外貌的兴趣急剧上升。因此，男装行业改变了它的营销策略，更加注重细节和时尚化，从而诞生了“现代时尚”的小众市场。

明显地，男女体型有着根本的差异，因此，在纸样设计中占主导地位的女装纸样设计方法不能改变男装的纸样设计。最为明显的是，男性时尚和女性时尚主要的差别在于：女装的主要目的是使穿着者看上去娇柔和有魅力，而男装就是要设法展示男性阳刚的外表，哪怕是修身型的服装也不例外。此外，男性人体表现在几个关键部位：胸部、宽阔的肩部、粗的腰部和生殖器，每一个部位都要求有它们自身独特的纸样设计方法。

此书按照如下的方法解决这些问题。

1. 对学生来说，正确的测量经常有困难，这本书采用图形解释测量的关键部位来解决这个问题。在图片中显示的关键部位将使学生能够正确地测量各种人的体型。

2. 在这本书中采用创新形式和方法阐述了梭织和针织面料原型（第二章），针织面料原型需要考虑面料的固有特性。书中不仅讲述了如何制作男装的基本纸样，还讲述了如何用比例的方法改进基本纸样。此外，书中有一个部分专门谈论合体问题及解决方法，可以在制作好坯布样衣以后，进行修正时作参考。操作指南中还讲述了如何就梭织和针织样板放缝份。

3. 书中讲述了男装样板设计细节的基本原理，包括领线、衣领、袖子和开口袋（第三章到第七章）。因为男装纸样设计课程通常安排在女装纸样设计课程的后面，学生已经对纸样设计有了大概的了解，所以，与男装相关的设计细节就不再讲解，而这本书纠正了这个问题。男装的未来趋势将更时尚化，而设计不再像过去那样简单。书中关于设计原理的讨论将使学生能够把男装纸样的技能应用到无限的设计概念中，就像女装领域里设计师惯常那样做的。

4. 书中讲述了如何将设计的平面款式图变成纸样。平面款式图不像效果图那样，而是能清楚地显示细节和精确的比例，为纸样的绘制提供很便利的方法。平面款式图在设计和纸样之间起着交流作用。

5. 这本书的审美方面围绕男装两种主要的廓型：修身型和经典型（第八章到第十五章）。修身样式强调修剪腰线，即合身。经典型是指经久不衰的基本服装，不受时尚潮流的影响，不强调腰线，整体风格显得有点规矩。为了帮助学生了解平面图，书中展示100个三维人体虚拟试衣。第一部分（第一章到第七章）讲述的基本原理可以结合或者应用到变化设计中。第八章到第十五章讲述了如何将前面章节中学会的详细知识，交替地应用到各种相关类型的纸样样板中。

6. 书中包括所有有关梭织男装品种，例如衬衫、裤装、夹克、大衣和背心（见第八章到第十三章）。书中还详细讲述了针织面料服装设计的样板技术（见第十四章和第十五章）。现今，消费者讲究着装的舒适性，针织面料比以前更加频繁地使用。所以，有很多学生希望采用针织面料进行设计，本书的讲解就是从这方面考虑的。

7. 书中讲述的正装两片袖的方法与女性纸样设计方法相似（见第五章）。我们所做的试验几乎用了40件夹克，因为我们发现，大学设置男装纸样设计课程时，很多学生从其他的男装纸样设计书籍中学习两片袖时，都很困惑。男装两片袖通常是在开设了女性纸样设计课程以后开始学习。因为学生刚刚才学习了女装纸样设计技术，书中介绍的男装纸样方法对他们来说有点不习惯。

8. 使用字母指令代码，是为了便于书籍的国际化发行。

9. 书中将完成了的纸样图作为参考。尽管我们教学时对学生强调他们必须记得服装设计中的每一块衣片样板，但他们还是初学者，容易丢三落四。参照完成了的纸样图，读者可以更加容易地想象整个图形，因此，就能记得所有相关衣片。

10. 书中有1/4比例型号尺寸为40的梭织面料衬衫和裤子的原型以及针织面料衬衫的原型。这将有助于那些对原型不想做任意变化改进的学生将注意力更多地集中于设计细节和各种技术实践。

内容概述

本书共有15章，分为三个部分：基本原理（第一部分），梭织面料设计变化（第二部分）和针织面料设计变化（第三部分）。

第一部分：基本原理

这一部分包括解释服装的基本原理。提供的可变性方法使学生能够将男装技能应用到无限的设计概念中。这一部分研究的造型、角度和尺寸等设计元素可作变化运用到个性化美的设计中。

第一章（纸样设计基础）首先介绍纸样设计，接着测量方法和测量人体。还列举了一些符号和缩写，并解释其含义。

第二章（梭织面料原型）讲解了梭织面料的修身型和经典型上衣身原型和裤装原型。还讲解了普遍存在的合体性问题和它们的解决方法。在这章中，为了清楚地解释正确与不正确的合体问题，使用了3D虚拟图像。此外，还介绍了梭织和针织面料纸样添加合适的缝份量。

第三章（领线）包含了圆领、方领、船领、V型领、垂荡领、高领和针织面料嵌边的领线。

第四章（衣领）讨论了五大类衣领，包括平翻领、衬衫领、立领、驳领和连帽领。

第五章（袖子和克夫）讲述了无褶裥开衩袖、一个褶裥袖衩袖、两个褶裥袖衩袖、主教袖、正装两片袖、休闲装两片袖、插肩袖和蝙蝠袖。还介绍了六种不同的克夫。

第六章（门襟和口袋）讲述了门襟和口袋，它们能够丰富服装的设计元素和裤装的设计。此章中列举了当今休闲时尚潮流设计变化的范例。

第七章（细节）讨论了纽扣、门襟、挂面、褶和塔克、分割线、裤腰和裤前门襟。

第二部分：梭织面料设计变化

第二部分讲述了梭织面料的设计变化。每一章包含了男装中两种主流服装：修身型和经典型。修身型样式强调收紧腰身和贴合身体。经典型是指不受时尚潮流影响经久不衰的基本服装。

每一章包含的这两种类型的服装，准确地反映了现代男装市场。从第八章到第十五章，进一步讲述了纸样设计技术。在这几章中，讲述了如何利用第一章到第七章学到的细节融会贯通地应用到各种不同类型的原型中。在这几章中，包含了80幅CLO Virtual 3D图，对应40种款式。

第八章到十三章包含了衬衫、裤子、休闲夹克、套装夹克、大衣和背心。每一种设计首先有3D虚拟服装图、设计款式特点和解释作用的款式平面图。每一款的纸样制作，都是先讲基本原型，然后再讲如何将它们运用到某种服装款式中。每种设计最后一个步骤都显示了完成的纸样。完成纸样包括丝缕线、样板尺寸、样板名称和需要裁剪的数量。涉及的设计提供了服装的细节知识，可以将相同的细节应用到不同的服装中。在每一章结尾都列举了进一步的设计变化。

第三部分：针织面料设计变化

这一部分讨论了针织面料的设计变化。像前一部分那样，每一章介绍两种类型的服装：修身型和经典型。这一部分讲述了没有弹性的针织面料的纸样设计。我们认为弹性针织面料纸样设计的内容太多，在本书中无法包容进去。弹性针织面料有10%的弹力变化，就需要制作新的纸样。这种变化量适合有一本书专门谈论弹性针织面料的纸样设计。因为这本书没有谈到弹性面料，我们推荐另一本由仙童出版社出版、Keith Richardson撰写的《弹性针织面料的设计与纸样制作》一书。

第十四章和十五章讲述了针织面料上装和下装的设计变化。每一款设计的内容编排与梭织面料章节中相同。每一款设计首先配有3D服装图、设计款式特点和平面图，接着介绍纸样设计，然后是完成样板。在这些章节中讲述的设计细节，学生们可以融会贯通地用于自己的设计中。

附录

附录包括矮个（S）、正常（R）和高个（T）男性体型的尺寸参照表以及1/4比例原型样板。

原型样板包括尺寸型号为40的梭织面料衬衫和裤子原型样板，以及平针针织面料衬衫原型样板。这些1/4比例的原型可以200%的比例复印，得到1/2比例的原型，在实际制作样板时很有用。进一步地，1/2比例的原型再放大一倍，就得到实际的尺寸。

致谢

我们对以下提到的人们表示最诚挚的感谢：

• 辛辛那提大学（University of Cincinnati）时尚设计系的 Ryan Seminara， Matt Breen 和 Caitlin McColl。他们热情和勤奋地试验了我们讲述的理论和知识。没有他们清晰和精确的批评，本书不足以出版。

• Abby Nurre 绘画了技术性的平面图，精确地显示了设计特征和细节。

• CLO Virtual 3D 赞助和支持我们在这本书中设计了100幅三维图形。

• 样板师 Boknam Moon 和 Gwangho Shim 提供了他们的经验和资料，使这本书呈现出最新潮的男装纸样设计技术。

• Connor DeVoe 充当量体模特。

• 韩国 Youth Hitech 集团总裁 Tae Keun Jin 提供了 YUKA 纸样设计 CAD 软件。

• 辛辛那提大学的同事们：Aaron Rucker 提供了技术支持和设计管理；Jenifer Sult 就书的最终定稿提出了建设性意见；Jeff Beyer 校对了本书第一稿。

• 家人、朋友和同事的支持和建议，使我们得以集中精力写作，他们对本书或多或少的贡献，使本书最终出版。

• 仙童出版社（Fairchild Books）资深编辑 Amanda Breccia，在本书的出版过程中的每一步都在支持着我们，直到本书问世的那一刻。

• 出版商 Priscilla McGeehon 信任和支持这本书原创概念，以及本书内容在男装纸样设计中的潜在影响力。

• 开发部经理 Joseph Miranda 和开发部编辑 Jessica Rozler。

• 精准制图（Precision Graphics）团队，加班加点为本书作最后的编辑和排版。

• 匹兹堡艺术学院（The Art Institute-Pittsburgh）技术顾问 Sherri Lange 和伍德伯里大学（Woodbury University）Susan Monte。

还有很多顾问，他们对本书的细节花费时间和精力，从各方面保证了原稿的完成。他们包括：萨凡纳（Savannah）艺术设计学院的 Denis Antoine；马萨诸塞州艺术设计学院的 Renee C. Harding；俄勒冈（Oregon）州立大学的 Kathy K. Mullet 博士，密歇根（Michigan）大学的 George Bacon；时尚技术学院（FIT）的 Mary Wilson；犹他谷（Utah Valley）大学的 Carla Summers；昆士兰（Queensland）科技大学的 Dean Brough；FIDM 的 Brisbane, Australia 和 William Hoover；休斯顿艺术学院的 Beverly Kemp-Gatterson 和德州（Texas）女子大学的 Rhonda Gorman。

注：全书图中数字尺寸的计量单位为厘米。

目　录

第一部分：基本原理

第一章

第二章

第三章

第四章

第五章

第六章

第七章

第二部分：梭织面料设计变化

第八章

第九章

第十章

第十一章

第十二章

第十三章

第三部分：针织面料设计变化

第十四章

第十五章

第一部分：基本原理

第 一 章

纸样设计基础

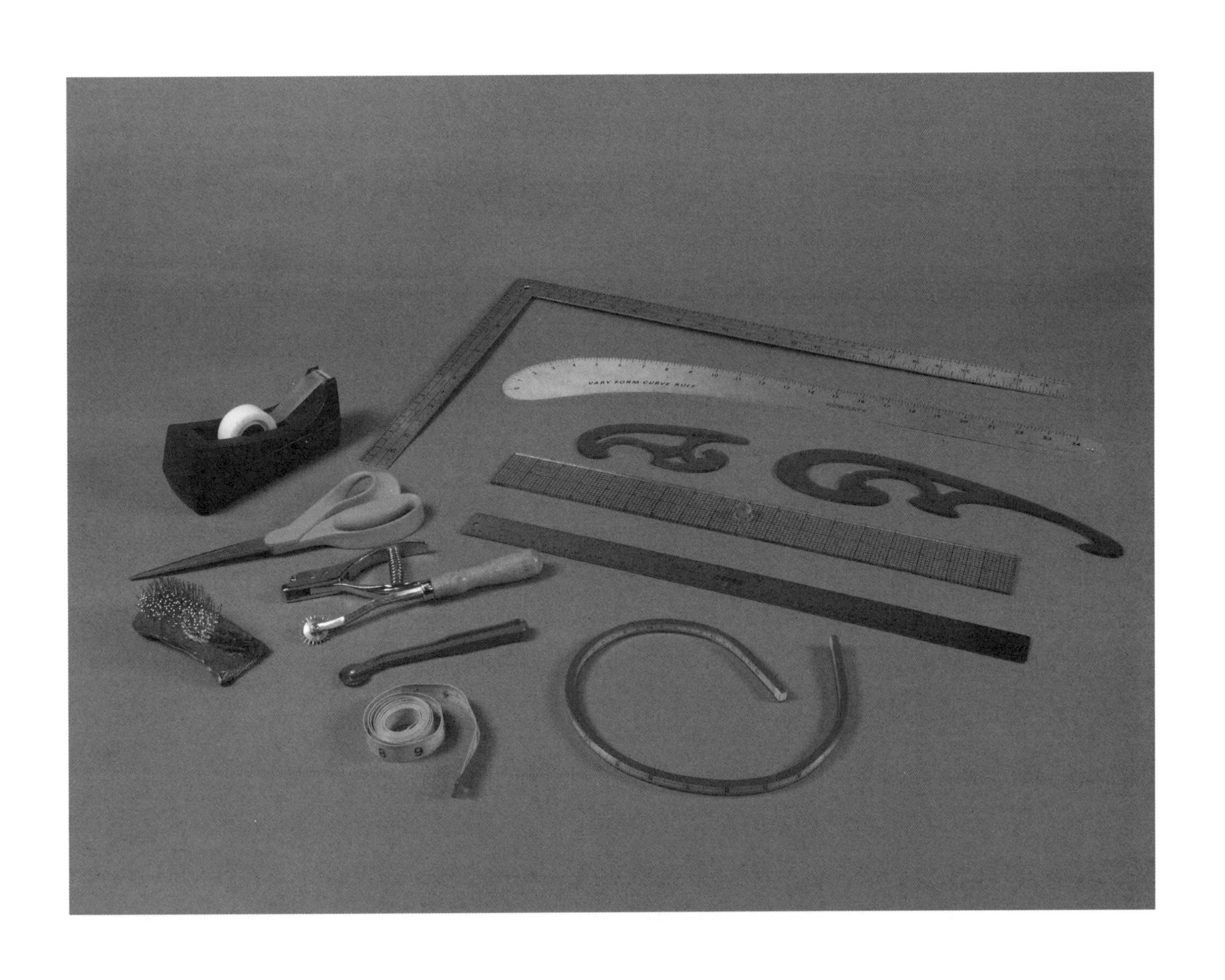

男性体型

“体型”是描述人的身体形状和尺寸的特征关系。每个人体型的生理特征由他或她体型中某个因素决定，如身高、体重，或下身与上身的比例，或身体某个部分例如肩部、胸部和腹部显示的重量感。

就像通常意义上体型根据身体形状分类那样，区分男性和女性体型差别也是根据身体的形状。与女性体型相比，男性体型通常身高较高，肩部较宽，臀部较窄，腰线较低和膝盖位置偏高。此外，肌肉和骨骼的形状更加突出，因为男性通常比女性脂肪少。身体脂肪的分布上身比下身多，腹部比臀部多。

不同种族和民族的人体型有很大差异。但是，由于不同社会人种的差异——即不同种族和文化的融合，每一种族有各自身体形状的标准（例如，欧美人、非洲裔美国人、拉美裔美国人和亚洲人）——要精确确定一种标准的美国人的体型不是一件易事。因此，在服装行业，每一个服装品牌都有独特的身体尺寸表格，与品牌的自身概念相吻合。通常品牌按照尺码（如 S、M、L）配置生产，根据高度分为三组：矮小（S）、正常（R）和高（L）。

大多数品牌正常体型（R）的尺码基于或近似“中号”标准尺寸，如表 1.1 所示。

表 1.1　男性正常 / 中号尺寸表　　单位：cm

身体部位 \ 尺寸	A	B	C	D	E	F
胸围	96.5~101.6	96.5~101.6	96.5~101.6	96.5~104	100.3	96.5~101.6
腰围	81.3~86.4	81.3~86.4	81.3~86.4	81.3~88.9	82.6	78.7~83.8
臀围	96.5~101.6	/	/	96.5~101.6	/	96.5~101.6
下裆	81.3	78.7	78.7	81.3	82.6	78.7~81.3

纸样设计工具和符号

纸样设计工具

见图 1.1 和图 1.2。

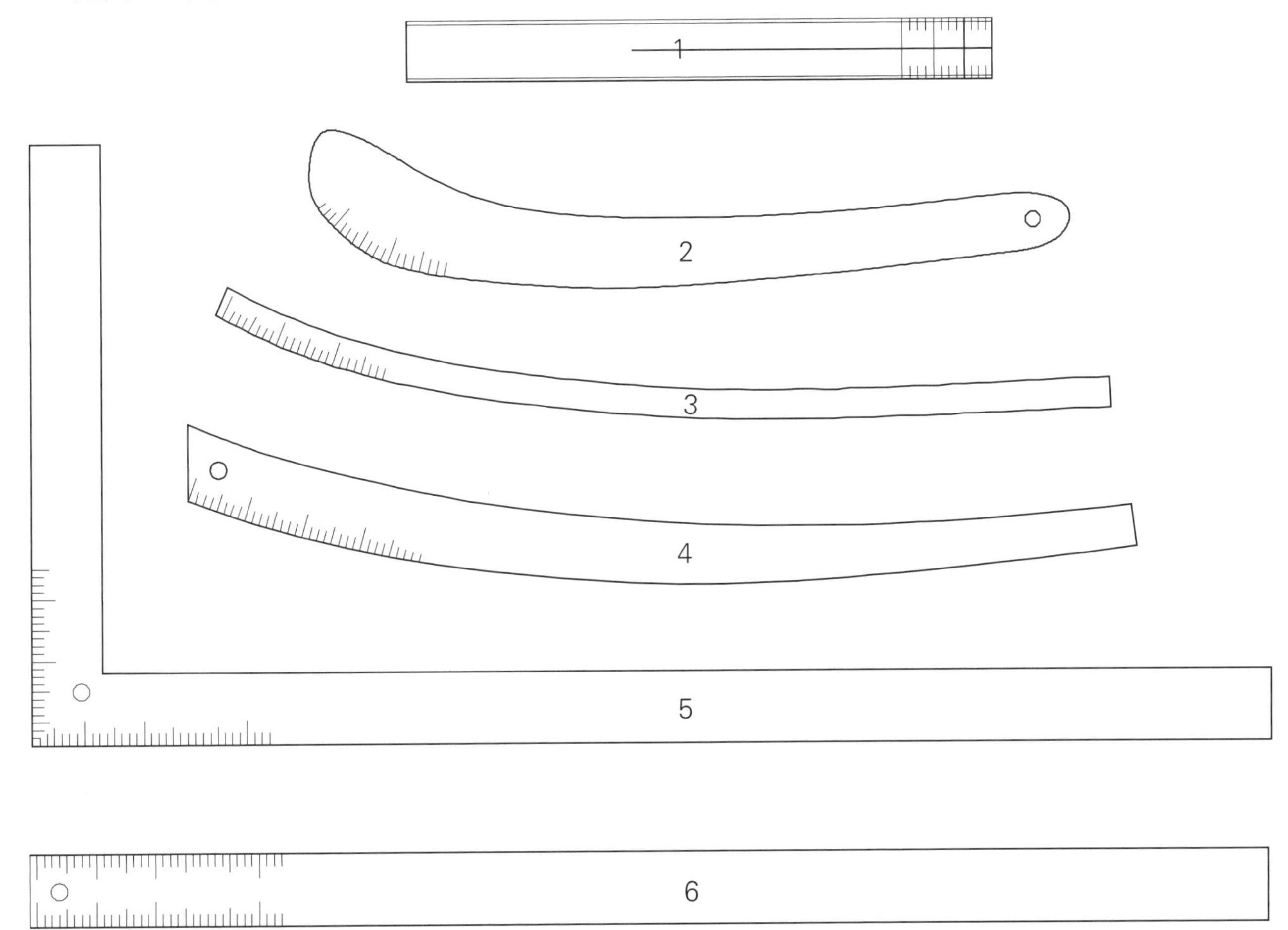

图 1.1　纸样设计工具

1. 塑料直尺——透明和柔软
2. 臀部弧线尺——画侧缝线、袖子弧线和平缓的曲线
3. 臀部弧线木尺——画侧缝线、袖子弧线和平缓的曲线
4. 臀部弧线金属尺——画侧缝线、袖子弧线和平缓的曲线
5. L 金属直尺（90° 角）——画垂直线
6. 金属直尺（各种不同长度 91.4cm、121.9cm 和 152.4cm)——测量裤子、大衣、夹克等的长度

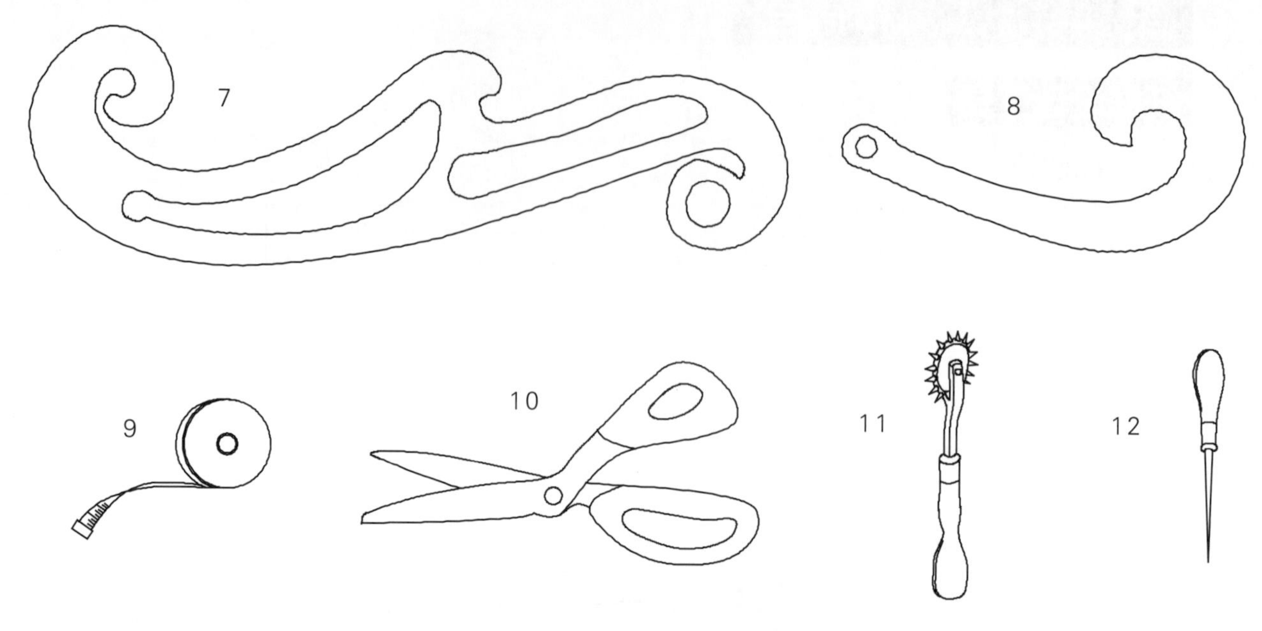

图 1.2 其他纸样设计工具

7/8. 多功能塑料法式弧线尺——画各种弧线

9. 软尺——测量直线、曲线和量体

10. 剪纸剪刀

11. 滚轮——无需剪切，将纸样转移到另一张纸上

12. 锥子——戳小孔

其他用到的工具还有：拷贝纸、橡皮、样板纸、削尖的铅笔、透明带、直大头针和图钉。

纸样设计符号

从理论上说，样板师应该在样板上写上完整的缝纫指南，以便不管是哪个样板师或裁缝都知道如何缝合。虽然这是最好的方案，但由于受空间和时间的限制，为了使用方便，表 1.2 中是纸样设计的符号，表 1.3 为典型的缩写形式。

表 1.2　纸样设计符号

符号	名称	符号	名称
	引导线		省道
	完成线	约0.6cm	拔
	镶边线	约0.6cm	归
	缝纫线		线重叠
	折叠线		对合和组合
	尺寸指示		刀眼
	等分线	方向	折叠
	单向纱向标志		褶裥
	纱向标志		扣眼
	斜向		纽扣
	垂直线		裁剪线

注释：

- 纱向线的底端或顶端有一个箭头，表明样板在绒毛面料上放置的方向，例如裘皮、天鹅绒或有肌理的面料。否则，纱向线的两头都有箭头，表明在平纹布上两个方向都可以放置。
- 拔或归（缩短）符号表示增加或减少的量，即在两条垂直线之间增加或减少的量。

<table>
<tr><th colspan="3">表 1.3　纸样设计中的缩写</th></tr>
<tr><td>B——胸围（指女性）</td><td>B.L.——胸围线</td><td>B.P.——胸高点</td></tr>
<tr><td>C——胸围（指男性）</td><td>C.L.——胸围线</td><td rowspan="2">S.N.P——颈肩点 =
(H.P.S——肩部高点）</td></tr>
<tr><td>W——腰围</td><td>W.L.——腰围线</td></tr>
<tr><td>H——臀围</td><td>H.L.——臀围线</td><td rowspan="2">S.T.P.——肩端点 =
（L.P.S.——肩部低点）</td></tr>
<tr><td>A.H.——袖窿弧长</td><td>E.L.——肘围线</td></tr>
<tr><td>C.F.——前中心线</td><td>K.L.——膝盖线</td><td>F.N.P.——前领窝点</td></tr>
<tr><td>C.B.——后中心线</td><td>S.L.——侧边线</td><td>B.N.P.——后领窝点</td></tr>
</table>

测量男性人体

测量前准备

样板师要想在一件服装中表达某种廓型或尺寸，基本的需求就是获得精确的人体尺寸。由于被测对象的姿势和身穿着服装，很难测量到精确的尺寸。测量的时间也是很重要的因素，尽量避免被测对象在饭前或饭后半小时内测量。即使测量得很精确，也总可能有错误，因此推荐每个尺寸测量 3~5 次。测量的基本工具是软尺、铅笔和做记号的斜纹带。精确测量尺寸时，被测对象的着装和姿势如下。

被测对象的着装和姿势

被测对象最好穿紧身连衣裤，测量者可以在衣服上标记身体的关键点。被测者也可以穿淡色的内衣或薄的裤子和衬衫。被测者的姿势应该是双腿站立和脊椎站直，抬头挺胸，双手自然地垂在两侧，两脚微微分开。

测量的标准点

见图 1.3。

A. **胸骨点**—— 第三和第四肋骨之间连接线的中点，与胸骨处垂直中心线相交。在乳点连线中点附近，是胸骨的中间部分。

B. **侧腰点**——从前面看，身体外轮廓线最细的地方。

C. **前腰点**——与侧腰点同一水平位置的前中心点。

D. **后腰点**——与侧腰点同一水平位置的后中心点。

E. **臀凸点**——臀部最凸出的部位。

F. **前腋褶点**——前腋窝最高点。

G. **后腋褶点**——后腋窝最高点。

H. **前颈点**——脖颈底部与前中心线的交点。

I. **后颈点**——后颈部第七颈椎，在后部颈骨头凸出的部位。

J. **两腿分叉点**——生殖器和臀部之间。

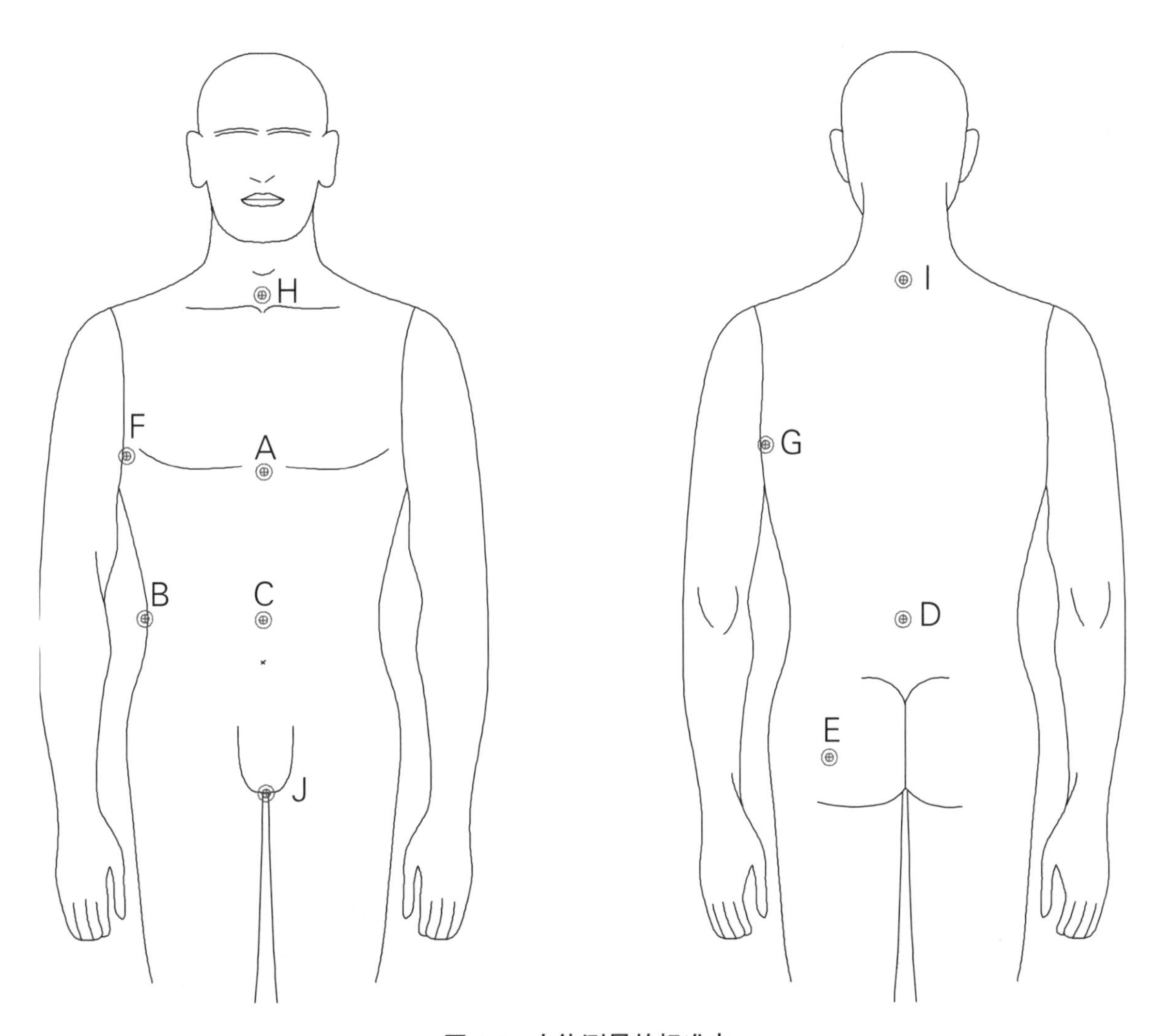

图 1.3　人体测量的标准点

人体测量

1. 胸围——通过胸骨中心点围量一周。在测量时，测量者应该站在被测者的身后，保持软尺平行于地面。

注释：测量男性胸围与测量女性胸围不同。由于她们的体型特征；女性的乳上胸围大于乳下胸围（靠近胸部下方的胸围）；但是，男性的乳下胸围大于乳上胸围，因此，男性的纸样设计使用乳下胸围（图 1.4）。

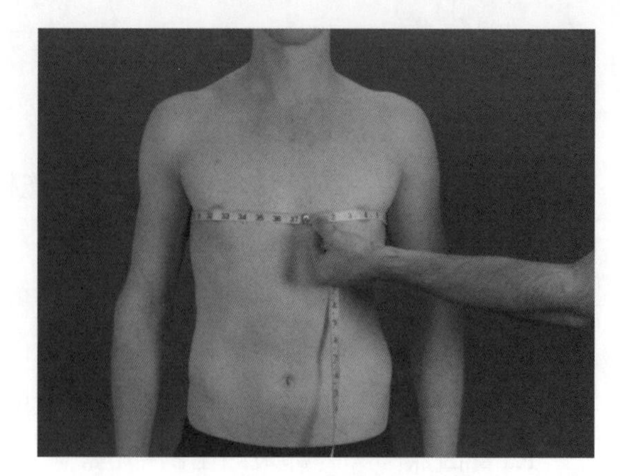

图 1.4 胸围

2. 腰围——通过侧腰点、前腰点和后腰点围量一周。用一根软尺测量躯干最纤细的部位，同时保持软尺平行于地面（图 1.5）。

注释：一般来说在肘部区域下方一点点，但找到躯干最细的部位不是一件易事，一旦找到了它的位置，测量者应该使用一根橡皮筋或绳子在被测对象的腰部系起来，以精确地作腰线标记。

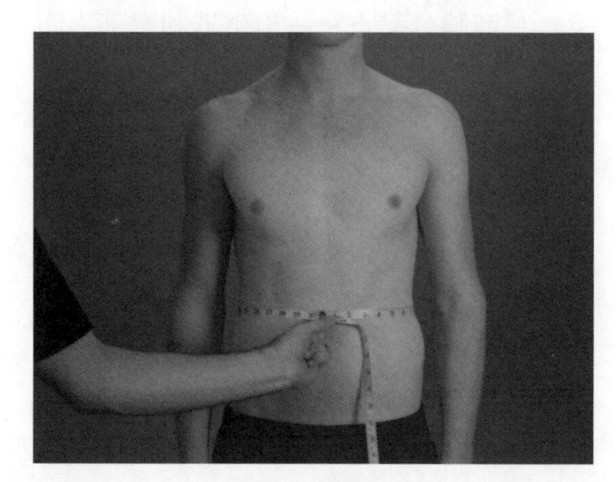

图 1.5 腰围

3. 臀围——围绕臀部最凸出的位置围量一周，保持软尺平行于地面（图 1.6）。

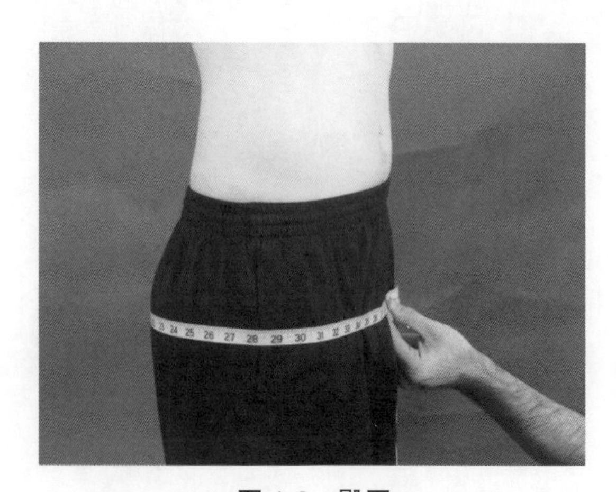

图 1.6 臀围

4. 前胸宽——软尺横跨胸部上方，从左前腋皱襞最上方到右前腋皱襞最上方（图 1.7）。

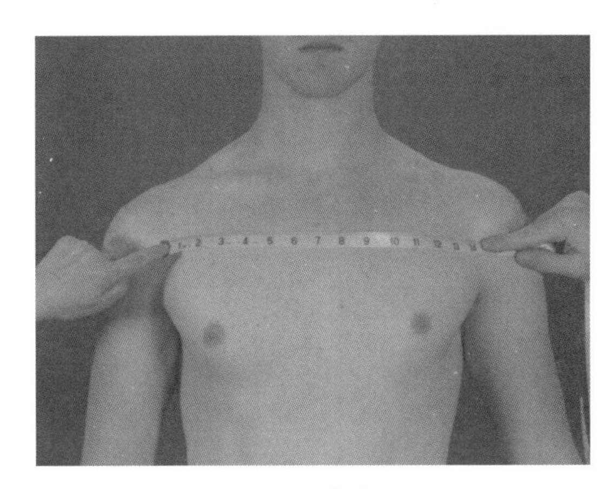

图 1.7　前胸宽

5. 后背宽——软尺横跨后背上方区域，从左腋窝最上方到右腋窝最上方（图 1.8）。

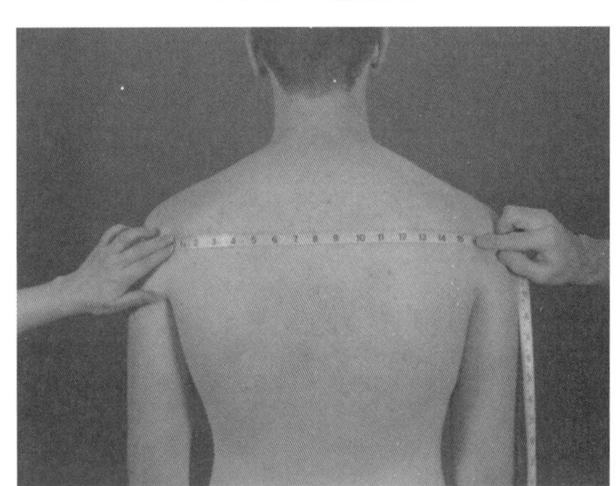

图 1.8　后背宽

6. 后背长——软尺从第七颈椎垂直向下到腰线（图 1.9）。

注释：在被测对象的腰间系松紧带或绳子作为标记，使得测量后背长更加准确。

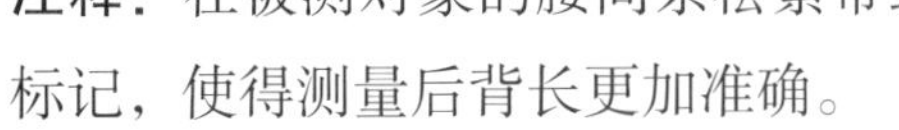

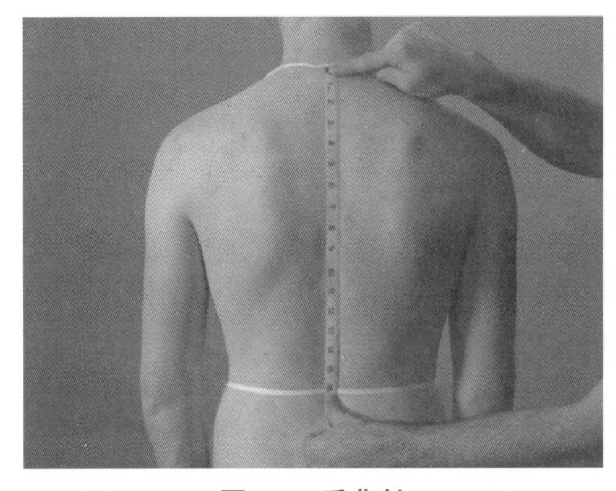

图 1.9　后背长

7. 肩宽——软尺从左肩端点，通过后颈中心点，到右肩端点。测量尺寸的一半是肩胛骨的宽度（图 1.10）。

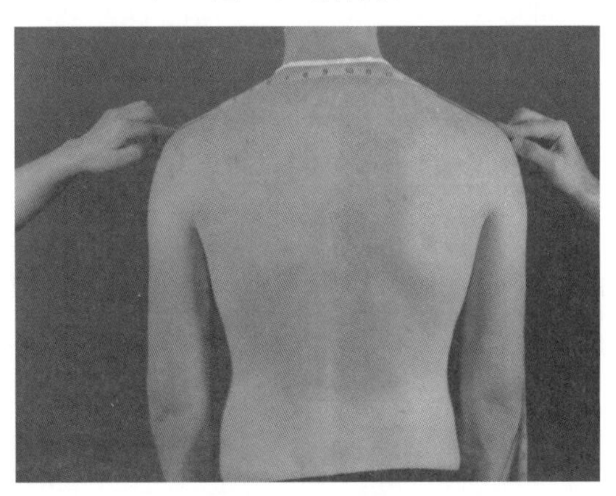

图 1.10　肩宽

8. 肩长——用软尺从颈肩点（肩部最高点）测量到肩端点（肩部最低点）（图 1.11）。

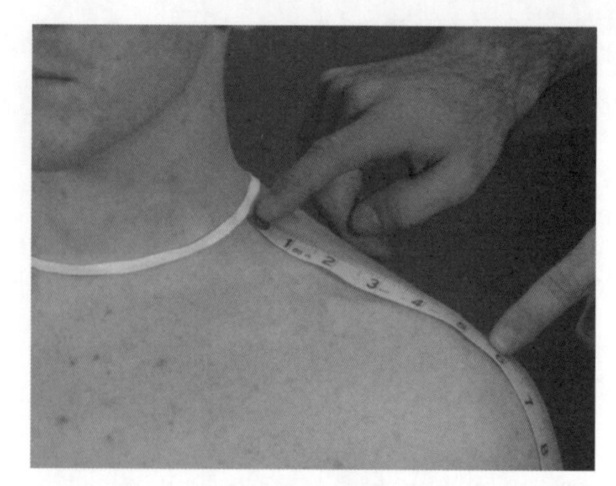

图 1.11　肩长

9. 领围——从前领窝点，即贴紧喉结下方，到后颈围量一周（图 1.12）。

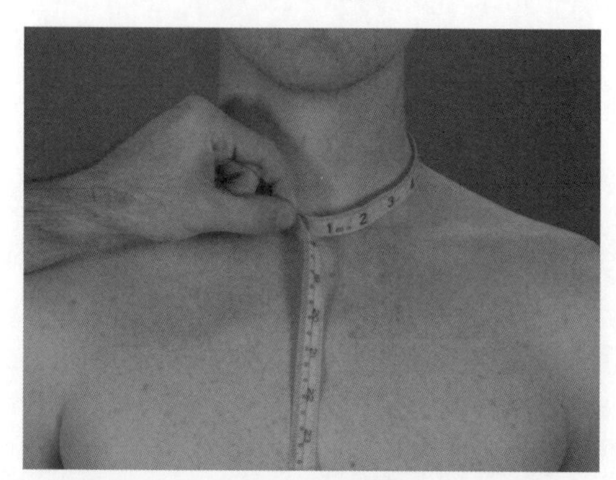

图 1.12　领围

10. 臂长——用软尺测量从肩端点通过后肘部到手腕的长度。在测量时，手臂微微弯曲（图 1.13）。

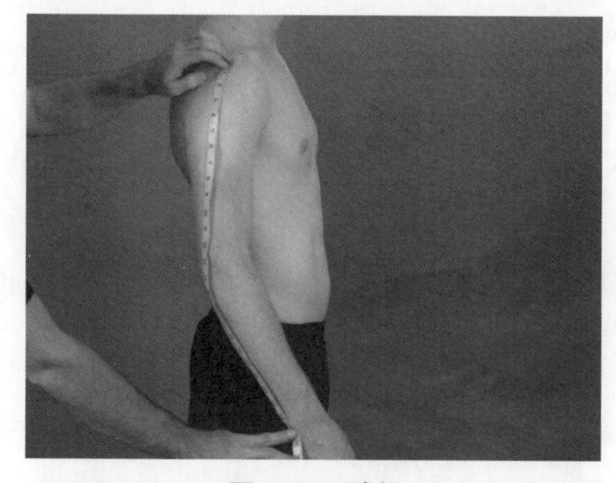

图 1.13　臂长

11. 臂围——被测对象的手臂向一侧伸展，肘部弯曲成 90°，在最粗的地方围量一周（在肩与二头肌之间）（图 1.14）。

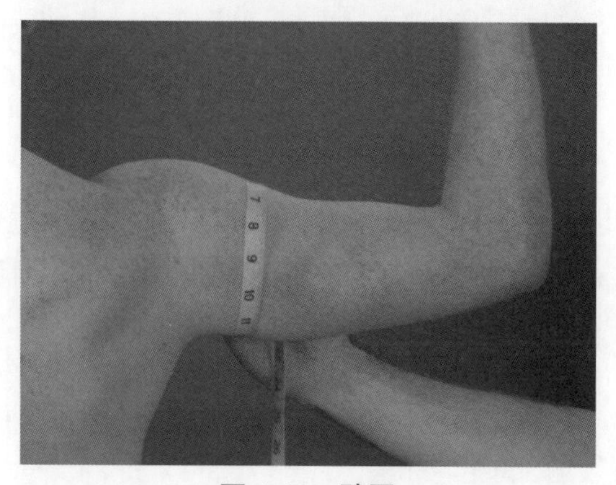

图 1.14　臂围

12. **腕围**——用软尺在手腕处围量一周（图 1.15）。

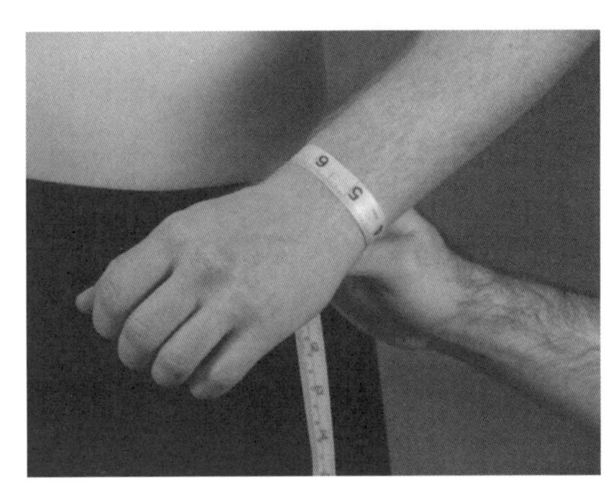

图 1.15　腕围

13. **身高**——从头顶到地板的垂直长度。

14. **裤腰围**——软尺经过肚脐围绕躯干水平围量一周（图 1.16）。

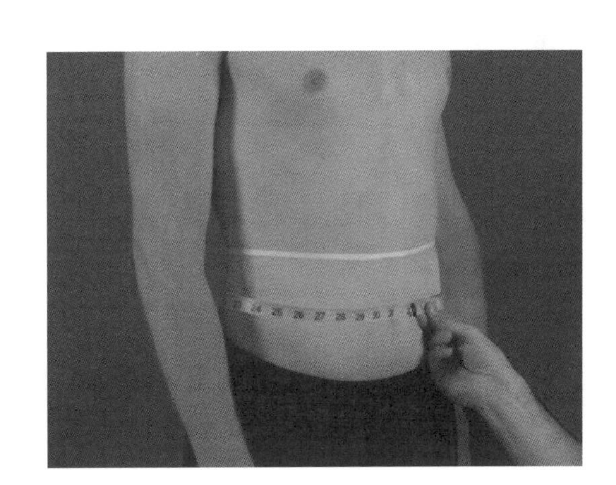

图 1.16　裤腰围

15. **直裆深**——从裤子贴近腰线的地方向下到两腿分叉处垂直量取的长度（图 1.17）。

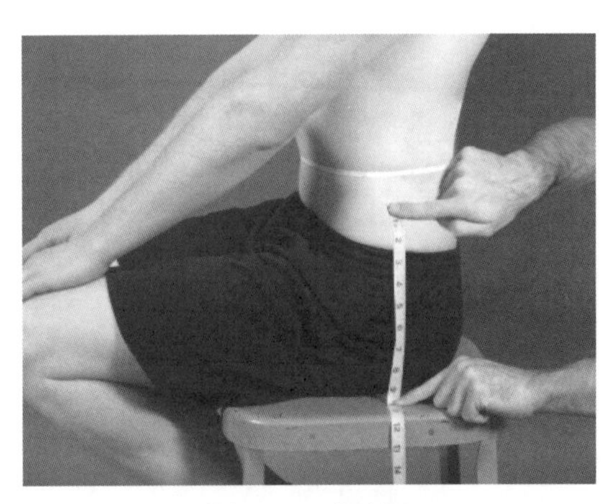

图 1.17　直裆深

16. 下裆长——软尺从两腿分叉处垂直向下到踝骨与地板之间的中点量取的长度（图1.18）。

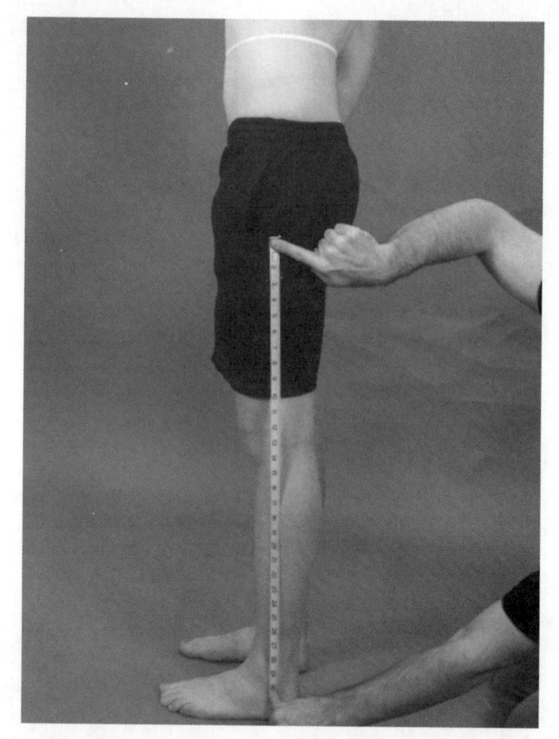

图 1.18 下裆长

17. 侧缝长——软尺从裤腰线垂直向下到踝骨与地面之间的中点。这个长度等于直裆深加下裆长的长度（图 1.19）。

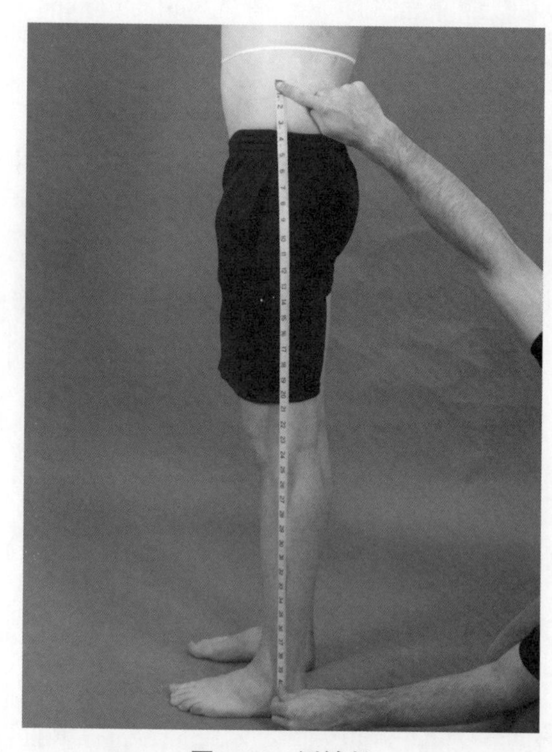

图 1.19 侧缝长

18. 身体测量总示意图（图 1.20）

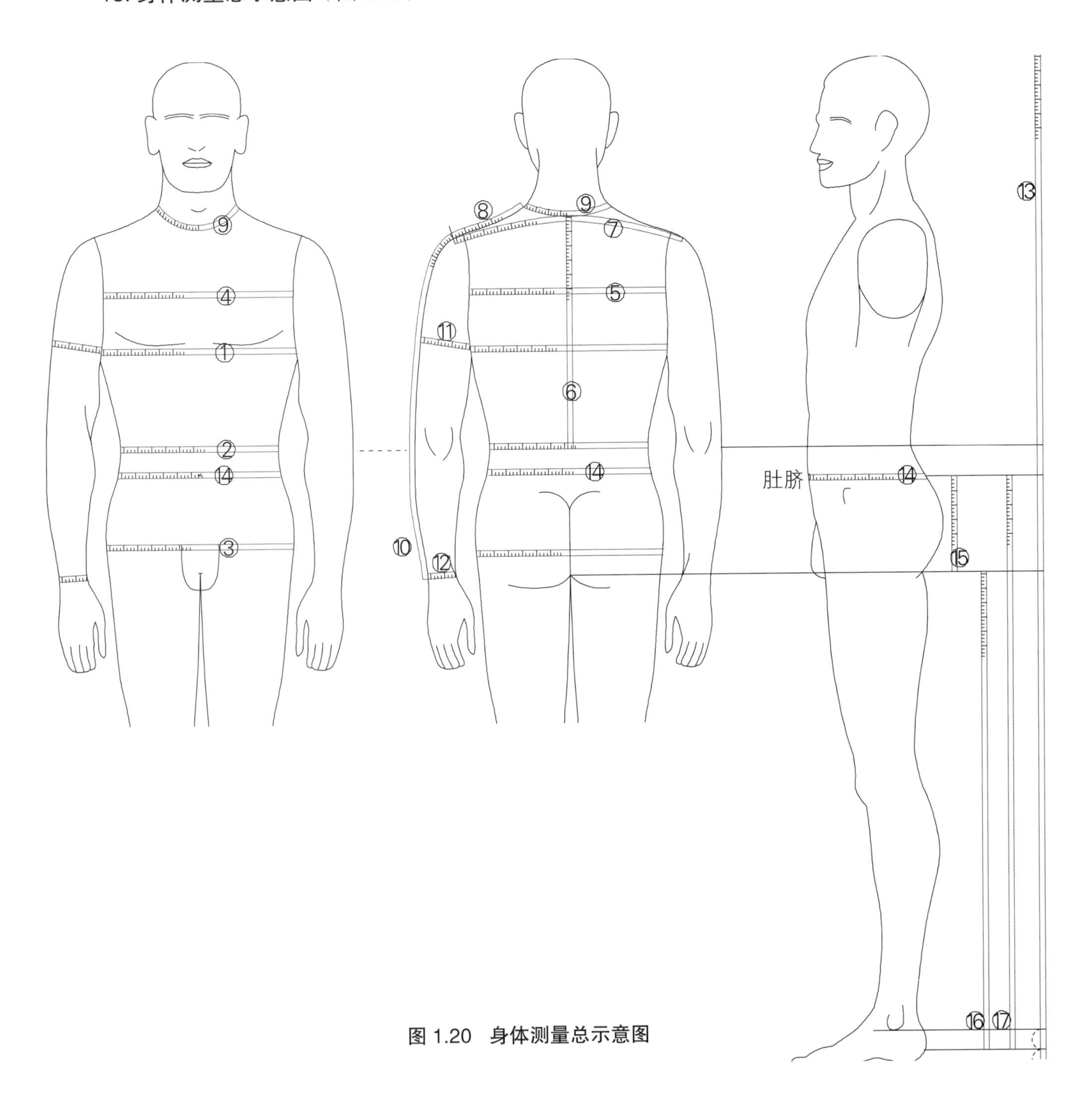

图 1.20　身体测量总示意图

男性尺寸参照表

这些参照表（表 1.4、表 1.5 和表 1.6）包括正常、矮和高个男性的参照尺寸。在表中列出了测量的标准参数（例如，1. 胸围），其数字与图 1.20 中的数字相对应，准确测量的方法见 P8~12。

表 1.4　正常男性人体尺寸　　单位：cm

部位＼尺寸	34R	36R	38R	40R	42R	44R	46R	48R	自己尺寸
< 上身 >									
1. 胸围	86.4	91.4	96.5	101.6	106.7	111.8	116.8	121.9	
2. 腰围	71.1	76.2	81.3	86.4	91.4	99.1	106.7	111.8	
3. 臀围	86.4	91.4	96.5	101.6	106.7	111.8	116.8	121.9	
4. 前胸宽	35.6	36.8	38.1	39.4	40.6	41.9	43.2	44.5	
5. 后背宽	38.1	39.4	40.6	41.9	43.2	44.5	45.7	47	
6. 后背长	44.5	45.1	45.7	46.4	47	47.6	48.3	48.9	
7. 肩宽	41.3	42.5	43.8	45.1	46.4	47.6	48.9	50.2	
8. 肩长	15.2	15.6	15.9	16.2	16.5	16.8	17.1	17.5	
9. 颈围	35.6	36.8	38.1	39.4	40.6	41.9	43.2	44.5	
10. 臂长	62.5	62.9	63.2	63.5	63.8	64.1	64.5	64.8	
11. 臂围	28.6	30.5	32.4	34.3	36.2	38.1	40	41.9	
12. 腕围	16.5	17.1	17.8	18.4	19.1	19.7	20.3	21	
13. 身高									
< 裤子 >									
14. 裤腰围	腰围 +2.5								
15. 直裆深	24.8	25.1	25.4	25.7	26	26.4	26.7	27	
16. 下裆长	81.3	81.3	81.3	81.3	81.3	81.3	81.3	81.3	
17. 侧缝长	106	106.3	106.7	107	107.3	107.6	108	108.2	

表 1.5 矮个男性人体尺寸　　单位：cm

部位＼尺寸	32S	34 S	36 S	38 S	40 S	42 S	44 S	46 S	自己尺寸
<上身>									
1. 胸围	81.3	86.4	91.4	96.5	101.6	106.7	111.8	116.8	
2. 腰围	66	71.1	76.2	81.3	86.4	91.4	99.1	106.7	
3. 臀围	81.3	86.4	91.4	96.5	101.6	106.7	111.8	116.8	
4. 前胸宽	34.3	35.6	36.8	38.1	39.4	40.6	41.9	43.2	
5. 后背宽	36.8	38.1	39.4	40.6	41.9	43.2	44.5	45.7	
6. 后背长	41.3	41.9	42.5	43.2	43.8	44.5	45.1	45.7	
7. 肩宽	40	41.3	42.5	43.8	45.1	46.4	47.6	48.9	
8. 肩长	14.9	15.2	15.6	15.9	16.2	16.5	16.8	17.1	
9. 颈围	34.3	35.6	36.8	38.1	39.4	40.6	41.9	43.2	
10. 臂长	58.4	58.7	59.1	59.4	59.7	60	60.3	60.6	
11. 臂围	26.7	28.6	30.5	32.4	34.3	36.2	38.1	40	
12. 腕围	15.8	16.5	17.1	17.8	18.4	19.1	19.7	20.3	
13. 身高									
<裤子>									
14. 裤腰围	腰围 +2.5								
15. 直裆深	23.2	23.5	23.8	24.1	24.4	24.8	25.1	25.4	
16. 下裆长	76.2	76.2	76.2	76.2	76.2	76.2	76.2	76.2	
17. 侧缝长	99.4	99.7	100	100.3	100.6	101	101.3	101.6	

表 1.6　高个男性人体尺寸　　单位：cm

部位＼尺寸	36T	38 T	40 T	42 T	44 T	46 T	48 T	50 T	自己尺寸
< 上身 >									
1. 胸围	91.4	96.5	101.6	106.7	111.8	116.8	121.9	127	
2. 腰围	76.2	81.3	86.4	91.4	99.1	106.7	111.8	116.8	
3. 臀围	91.4	96.5	101.6	106.7	111.8	116.8	121.9	127	
4. 前胸宽	36.8	38.1	39.4	40.6	41.9	43.2	44.5	45.7	
5. 后背宽	44.5	40.6	41.9	43.2	44.5	45.7	47	48.3	
6. 后背长	47.6	48.3	48.9	49.5	50.2	50.8	51.4	52.1	
7. 肩宽	42.5	43.8	45.1	46.4	47.6	48.9	50.2	51.4	
8. 肩长	15.6	15.9	16.2	16.5	16.8	17.1	17.5	17.8	
9. 颈围	36.8	38.1	39.4	40.6	41.9	43.2	44.5	45.7	
10. 臂长	66.7	67	67.3	67.6	67.9	68.3	68.6	68.9	
11. 臂围	30.5	32.4	34.3	36.2	38.1	40	41.9	43.8	
12. 腕围	17.1	17.8	18.4	19.1	19.7	20.3	21	21.6	
13. 身高									
< 裤子 >									
14. 裤腰围	腰围 +2.5								
15. 直裆深	26.4	26.7	27	27.3	27.7	27.9	28.3	28.6	
16. 下裆长	86.6	86.6	86.6	86.6	86.6	86.6	86.6	86.6	
17. 侧缝长	112.7	113	113.3	113.7	114	114.3	114.6	114.9	

第 二 章

梭织面料修身和经典合身样式的基本纸样

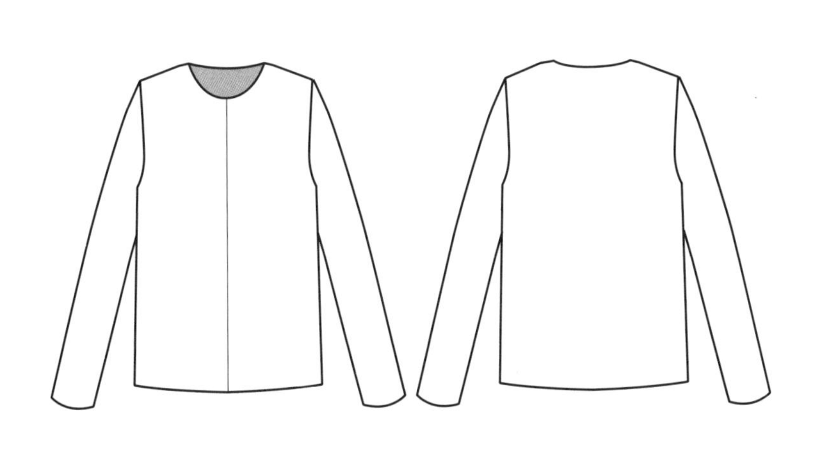

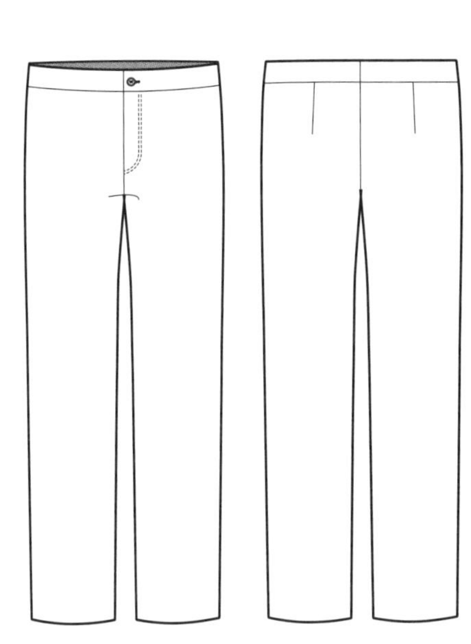

平面纸样和原型

目前，大多数消费者更愿意选择成衣作为他们日常生活中的功能性服装。欧洲传统的高级时装已经远离人们而去，因为个人定制需要很长时间并且价格昂贵。每件服装都需要一个将一块长方形面料根据个人需求制作成形的过程，平面纸样设计就是实现这种转变的方法之一。

平面纸样

纸样设计就是将服装设计转变为具体形状的过程。平面纸样能精确和快速地在纸上画出来。

平面纸样就是服装在纸面上的一种表现方式，是设计服装廓型的一种方法。廓型是服装制造商在生产服装时的最为基本的要素。工业革命以后，由于缝纫机的发明使服装大规模生产成为现实，平面纸样技术得到了快速的发展。传统的纸样设计技术是由一个样板师传给另一个样板师。而现代社会中教育的发展，使纸样设计技术得到广泛的传播，不仅在时尚行业，还在业余爱好者和工艺领域发展的大众中传播。

原型

服装样板的设计需要一个原型，使用原型有利于样板师用较少的时间设计多个服装品类，例如衬衫、夹克、休闲夹克和外套。

原型这一术语是指适合某个特定类型服装的基本样板，例如衬衫、裤子和夹克。如果服装完全按照人体的大小尺寸做，穿着者穿上后很难行动。因此，最好的原型样板就是故意简单化，同时将着装松量加入到样板中。一旦将默认的尺寸加进原型中，就可以变成几件不同设计的服装。

原型的类型根据年龄、性别和服装品种而变化。例如，有男装原型、女装原型和童装原型。在这些分类里，又有衣身原型、袖子原型、裤子原型、裙子原型等。男装原型不像女装原型那样，强调身体曲线。由于男性身体的特征，很少有服装是紧身的，也不像女装那样有很多种廓型变化。因此，男装原型比女装原型用处更多。例如男装的几种不同原型：衬衫、夹克和外套，它们都是根据正常体型的原型，按照要求加放不同的松量，就可以方便地做成服装。

尽管男装原型一般称之为原型（block），但是从这本书的目的考虑，男装的基本纸样还是称之为原型（sloper）。在服装行业中，将来男装的趋势将需要更多的细节和变化设计，因为越来越多的男性消费者希望通过时尚来表达他们自身，就像女性一贯用时尚的方式表达。原型的操作和女装相似，用原型转变成各种设计。由此证明这种基本纸样作为原型在男装设计上有多种变化的可能。

当试验纸样的合体性时，一般原型使用的基本材料是白坯布——一种没有拉伸性的梭织面料。白坯布能够很好地替代梭织服装面料，在选择特定面料之前，它在试验各种设计时非常有用。

此外，在当代纸样设计中，针织面料用得越来越多。针织面料的纸样与梭织面料的纸样有很大不同，因为针织面料（不同的针织面料拉伸性不同）有松量，就像之前提到过的，是身体运动必须的松量。对于针织面料制成的服装原型，通常是采用针织平纹汗布制作的原型纸样，因为针织面料的拉伸性变化的程度很大。在第十四章中，对于针织面料的原型将有更多详细解释。

总之，梭织面料的原型基于非弹力梭织面料，针织面料原型基于平纹针织面料。没有拉伸性的梭织面料与平纹针织面料的不同之处在于添加的着装松量大小不同。缝纫方法根据材料的特征而改变。设计师要想使用没有拉伸性的梭织面料的样板为针织面料设计合身的服装是受限制的。针织面料的原型需要考虑到针织面料的特征。

在这一章中，特别解释了三种梭织面料的原型：修身型上衣原型、修身型裤子原型和经典合身的上衣原型。经典合身的裤子原型通过修身裤子原型变化而来。

修身型和经典合身型的定义

在服装市场中，有很多样式：例如，修身型、经典合身型、现代合身型、正常合身型、宽松合身型和紧身型。书中谈论其中两种类型：修身型和经典合身型，可以说它们是市场中两种最主要的样式。在此书中，这两种类型直接由服装的松量决定。

修身型意味着纤细的廓型，因为纤细比喻瘦和苗条。正如当今时尚定义的，修身型强调身体瘦的腰线，服装紧身，因此构成贴体。每一种类型的服装包含不同的松量。例如，修身型夹克比修身型衬衫的松量多，因为夹克穿在衬衫的外面。在这本书中，修身型套装在胸部、腰部和上臂部位比经典合身型套装包含的松量少，所以运动时受到更多的限制。不同修身型服装的松量如表 2.1。

经典意味着持续时间长的基本服装，它们不受时尚潮流的影响。经典合身型是指传统的服装风格，不强调腰线，强调功能性而不是时尚。经典合身型比修身型的松量大，导致服装的腰身更直和更宽松，运动时受到的限制较少。在这本书中，为了方便起见，经典合身型纸样比修身型纸样大一个尺度（周长平均大5.1cm）。

然而，值得注意的是，不是所有的服装都依从这两种类型。即使原型完美、精确地吻合，每一件服装的合身程度还要根据服装的设计和设计师的理解而定。例如，紧身合体的设计其样板可以使用收省道，使服装更加贴合身体，同样超大设计的样板也可以修改。当使用这些纸样设计原理时，决不止这里讲的两种合体型纸样。

表 2.1　不同风格类型服装的松量　　单位：cm

服装	修身型	经典合身型
梭织原型 / 衬衫（胸围）	≤ 10.1	≥ 10.1
夹克 / 休闲夹克（胸围）	≤ 12.7	≥ 12.7
外套（胸围）	≤ 15.2	≥ 15.2
裤子（臀围）	≤ 5.1~7.6	≥ 7.6
针织原型 /T 恤（胸围）	≤ 5.1	≥ 5.1

躯干原型

躯干原型相关术语

男装原型通常没有省道，因为男性体型不像女性体型那样胸部突出。在男装设计中，不需要用省道的处理改变形状。但是，在前衣片纸样的底部仍然要增加一些额外的量，确保服装的底摆平衡（图 2.1）。在这章的后面将讨论使用省道增加合体性。

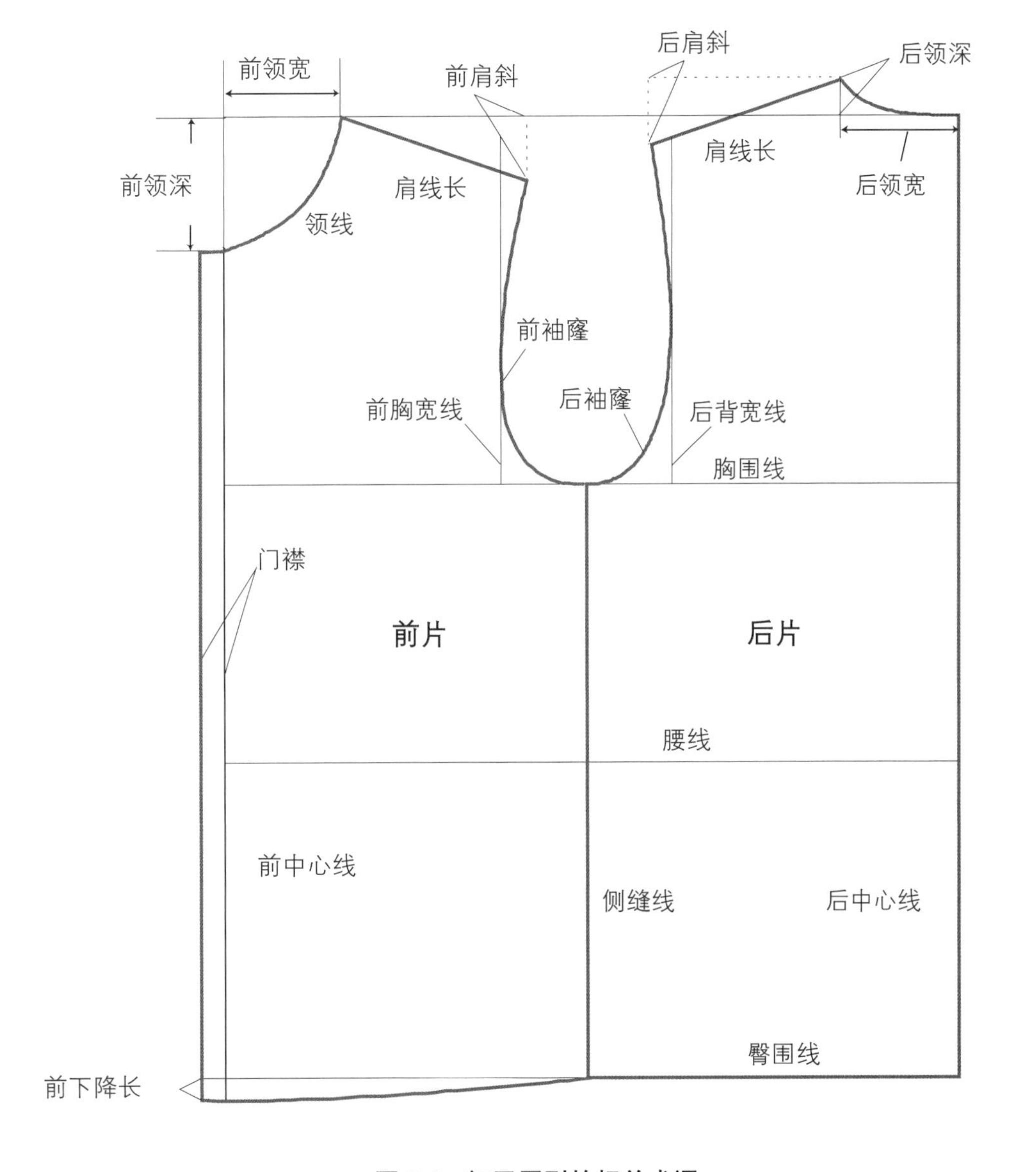

图 2.1 躯干原型的相关术语

修身型躯干原型

见平面图 2.1。

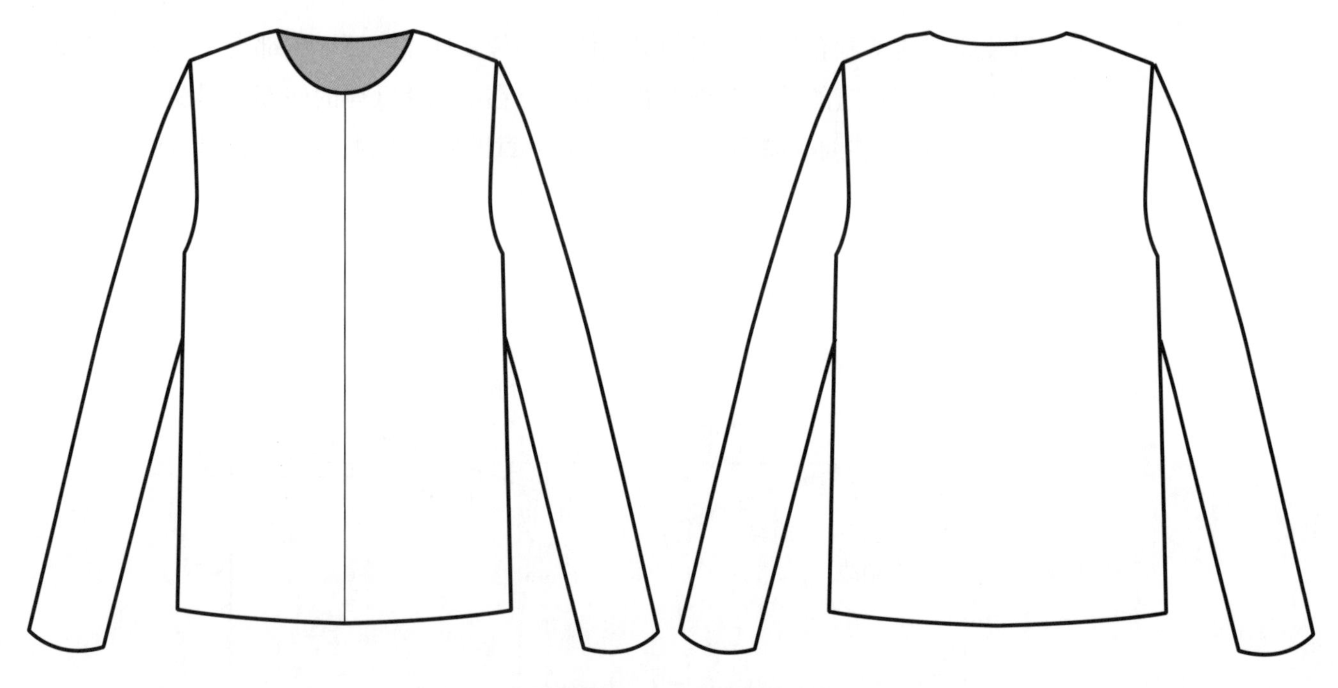

平面图 2.1　躯干原型设计

表 2.2 显示了梭织面料上衣身原型尺寸图表和必要准则。在表格中的空白处记录你自身的尺寸。具体做法参考第一章“量体”（P8~12）。你还可以参照表 1.4、表 1.5 和表 1.6 中的尺寸（第一章 P14~16）。

表 2.2　梭织面料躯干原型必要尺寸　　单位：cm

身体部分	正常体型参考尺寸（38R）	你自己的尺寸
胸围	96.5	
后背宽	40.6	
肩宽	43.8	
臂长	63.2	
臂围	32.4	
身高	177.8	
原型全长	67.3	

躯干原型

前后衣身原型（图2.2）

- D–A = 胸围 /2 +5.1cm。
- D–C = 身高 /4 + 1 + 身高 /8。
- D–A–B–C = 完整正方形。
- A–B = 后中心线 (C.B.)。
- C–D = 前中心线 (C.F.)。
- A–E = 胸围 /4 ± (0~1.9cm)。

使用下表中公式做调整。（单位：cm）

胸围	公式	胸围	公式
86.4 - 91.4	胸围 /4 +1.9	101.6 - 106.7	胸围 /4 + 0
91.4 - 96.5	胸围 /4 +1.3	106.7 - 111.8	胸围 /4 – 0.6
96.5 - 101.6	胸围 /4 +0.6	大于 111.8	胸围 /4 - 1.3

- A–F = 身高 /4 + 1cm。
- E–G, F–H= 从 E 和 F 向前中线画垂线，交点标记为 G、H。
- E–G = 胸围线 (C.L.)。
- F–H = 腰围线 (W.L.)。
- F–B = 身高 /8。
- B–C = 臀围线 (H.L.)。
- E–I = 胸围 /6 + (3.8~4.4cm)。

注释：因为 E–I 的尺寸是由胸围发展而来的，参照派生数 E–I, 后背宽按照之际尺量的尺寸（参照第一章“量体”，P9）。

- I–J = 后袖窿深线。
- G–K = I - E – 1.3cm。
- K–L = 前袖窿深线。
- M = (E–G) 的中点向左偏移 0.6cm。
- M–N–O= 侧缝线，从 M 点垂直向下到线 B–C (N 是线 F–H 的交点；O 是线 B–C 的交点)。

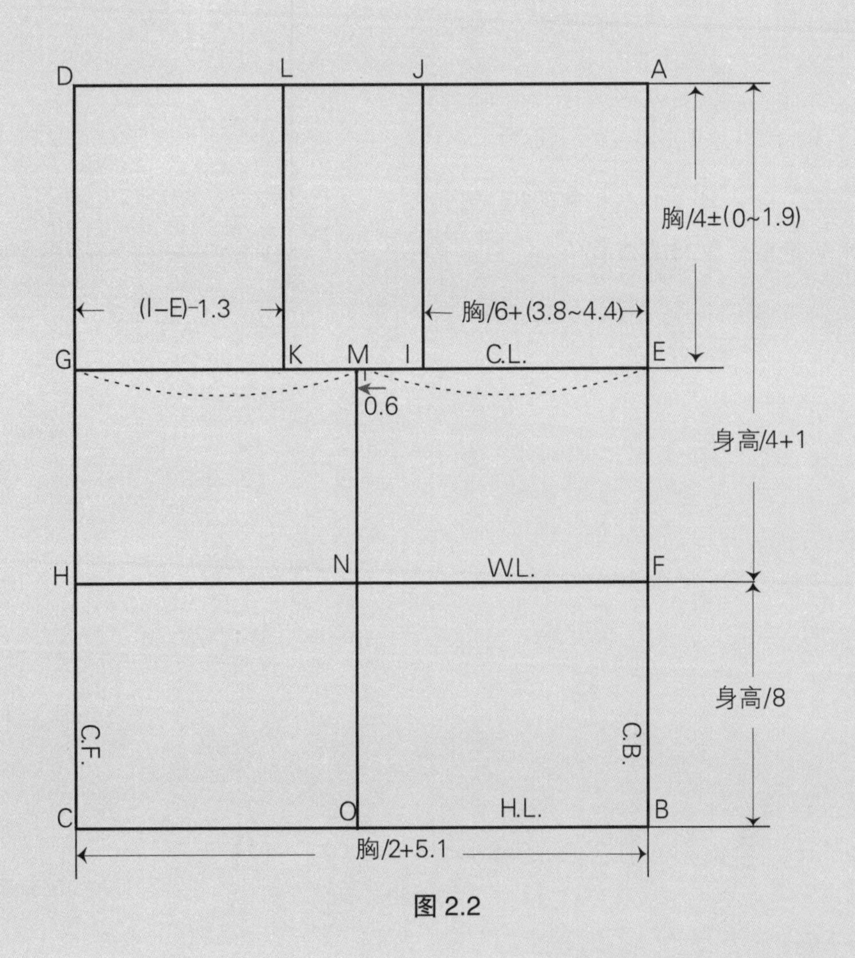

图 2.2

后衣身原型（图2.3）

- A–A′= 后领宽 (◎)，为（胸 /12）+ 0.6cm。
- A′–B′= 后领深，为 A-A′ 的 1/3。
- 从 A 开始，沿着直线到 A′，在 A′ 点向上的增量为 A–A′ 的 1/3，然后画光滑弧线到达 B′, 完成整个后领口弧线。
- J–C′= 从 J 垂直向下 1.6cm。
- B′–C′= 肩长，从 C′ 延长线 1~1.3cm 得到 D′。
- D′–E′= 从 D′ 画水平线与后中心线 (A–B) 垂直。

注释： 线 D′–E′ 和线 D′–A 差不多长。D′–E′ 或 D′–A 可以作为后肩胛宽，随样板师而定。线 D′–E′ 和实际的肩胛宽没有太多的差别（参照第一章“量体”，P9）。

- F′= C′–I 的中点。
- G′= 在袖窿深 I-J 的 3/4 处，向外延伸 0.6~1cm。
- I–H′= I–M 的 1/2；从 I 点画 45° 的线。
- 连接 D′、F′、G′、H′ 完成后袖窿弧线，到点 M 时弧度渐缓，在 M 点成直角。

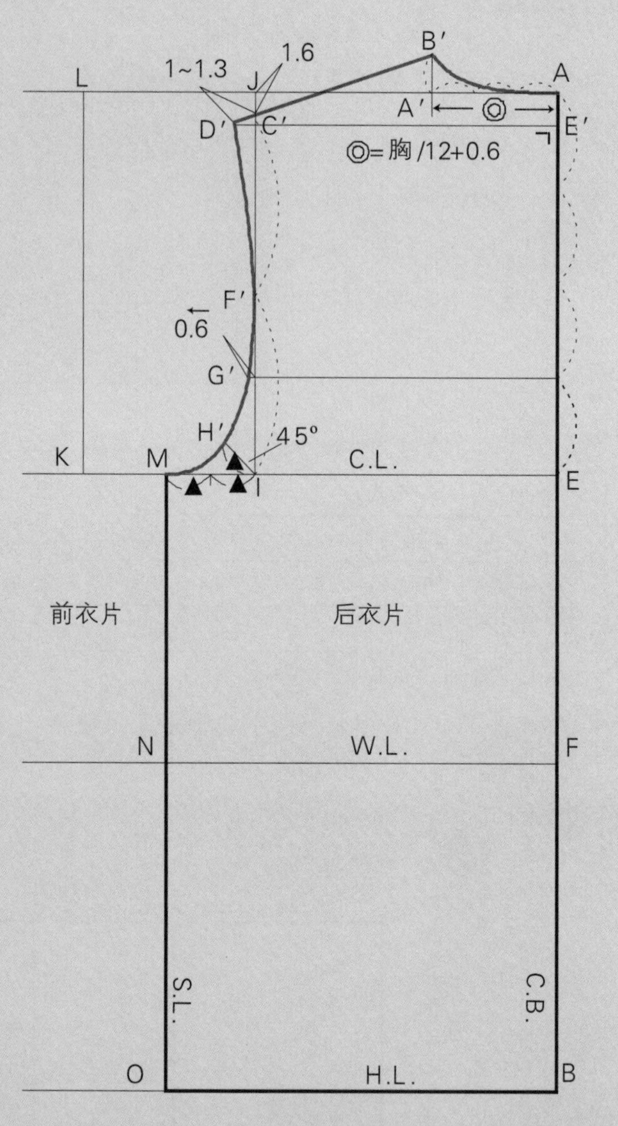

图 2.3

前衣片原型（图2.4）

- D–I′= 前领深，为后领宽 (◎) ＋ 0.6cm。
- I′–J′= 前领宽，在点 I′ 画垂直线，长度为后领宽 (◎)–0.3cm。
- J′–K′= 从 J′ 向上画垂直线，到 D–L。
- L′= K′–I′ 的中点。
- L′–M′= 在 L′ 点画垂直线，长度为 2.2cm。连接点 K′, M′, I′，完成前领口弧线。
- L–N′= L 点向下画垂直线，长度为 3.8cm。
- K′–N′= 前肩斜线。
- K′–O′= 从 K′ 点量取后肩线 (B′-D′) 的长度。
- K–P′= 在 K 点向上 K–N′ 的 1/3 处，再向上量取 1.6~1.9cm。
- K–Q′=在K点画45º斜线，长度为I–H′–0.6cm。
- 用光滑的弧线连接 O'、P'、Q' 和 M 点，完成前袖窿弧线的绘制。
- C–R′= 前衣片下降长度，从 C 向下延伸 1.6~1.9cm，从 R′ 到 O 画光滑弧线。

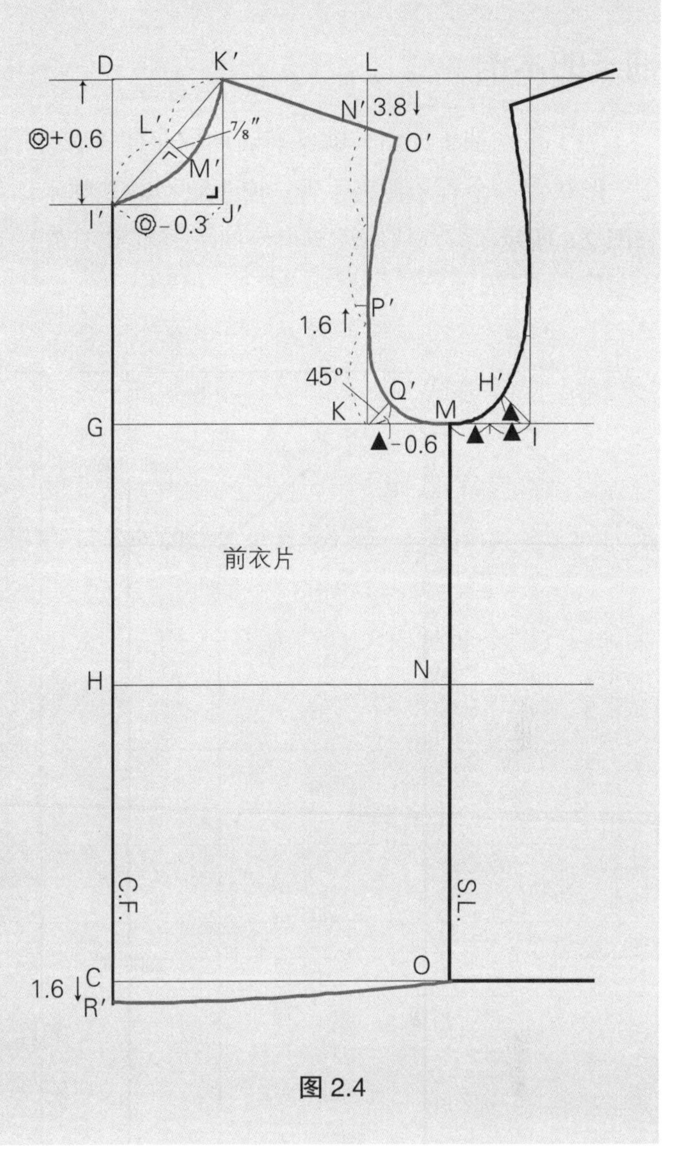

图 2.4

注释： 前衣片下降长度是在前衣片底边延伸的量，使底边取得平衡，特别是在没有胸省的情况下。根据不同人的体型，延伸的量有所不同。

袖子原型

袖子的术语

为了得到袖子原型，就要准确地量取前后衣身原型的袖窿弧线长。用量取的尺寸画袖子原型，形状像一个管子包裹手臂。袖子原型的基本术语如袖山弧线、袖山高、臂围线等，如图 2.5 和图 2.6 所示。

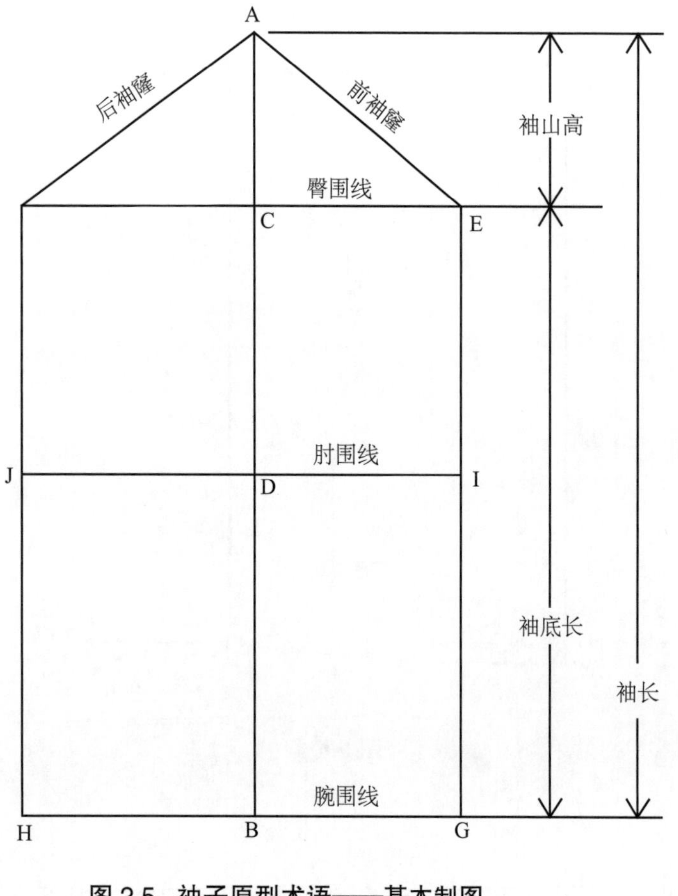

图 2.5 袖子原型术语——基本制图

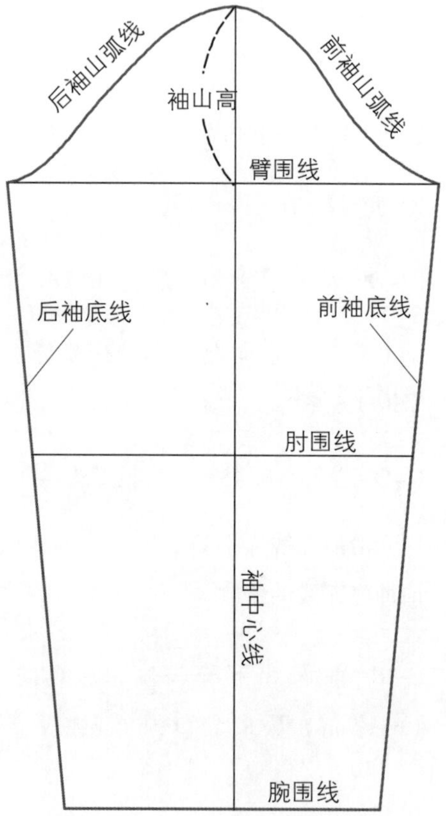

后袖山弧线
前袖山弧线
袖山高
臂围线
后袖底线
前袖底线
肘围线
袖中心线
腕围线

图 2.6 袖子原型术语——完成样板

臂围与袖山高的关系

袖子设计最重要的部分就是袖山高与臂围的关系，他们是一种相反的关系，基于这个原因，以及袖山必须与衣身的袖窿缝合在一起，就可以确定后袖山线长度和前袖山线长度。当考虑不同服装的款式设计时，选择适当的袖山高度非常重要。

袖山高（图2.7）

- 如果袖山高 (A–B) 增高，臂围 (C–D) 就减小，袖子的形状更好看，但是穿着者活动就困难些，因为臂围的松量减小。
- 另一方面，如果袖山高 (A′–B) 降低，臂围 (C′–D′) 增大，袖子美观性差，因为臂围的松量较多。

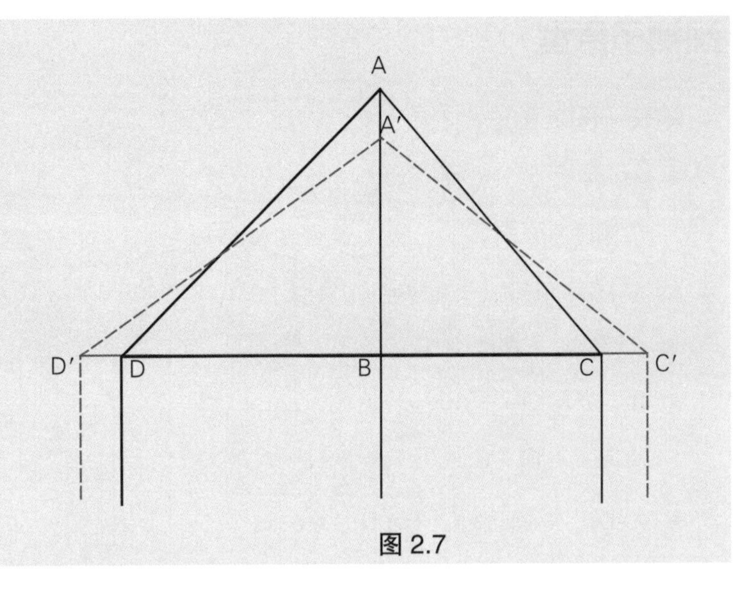

图 2.7

表 2.3 显示了不同种类服装袖山高的一般公式。

表 2.3　袖山高公式　　　　单位：cm

服装名称	袖山高公式	穿着风格
T 恤	A.H./4 + (1.3~1.9)	休闲
衬衫	A.H./3 –(2.5~3.8)	休闲
休闲夹克	A.H./3 –(1.3~2.5)	介于正式与休闲之间
套装夹克、外套	A.H./3 + (0~1)	正式

袖子的画图准备

在画袖子之前先要精确地量取上衣身原型的前后袖窿弧线的长度。参照图 2.3（后衣身原型，P24）和图 2.4（前衣身原型，P25）。臂围和手臂的长度参照第一章，图 1.20（P13）和“量体”（P10）。

表 2.4 为梭织面料袖子原型尺寸。

表 2.4　梭织面料袖子原型尺寸　　　　单位：cm

身体部位	正常体型参照尺寸	你自身尺寸
前袖窿弧长 (F.A.H.)	23.8	
后袖窿弧长 (B.A.H.)	24.8	
A.H. (= F.A.H. + B.A.H.)	48.6	
臂围 (*)	32.4	
臂长	63.2	

注释：袖子纸样设计时，不使用臂围的实际尺寸，但是，样板师必须参照它以便控制松量。梭织面料的臂围要比实际臂围多出松量 5.1~7.6cm。

画袖子原型

袖长（图2.8）

- A–B = 袖长，为臂长 + 2.5cm，B 点两侧画垂直线。
- A–C = 袖山高，为袖窿弧长（A.H.）/3 – 2.9cm，C 两侧画垂直线。
- D = 肘围线上的一点，从 B–C 的中点向上量取 3.8cm。
- A–E = 前袖窿弧长（F.A.H）–0.6cm。
- A–F = 后袖窿弧长(B.A.H) – 0.3cm。
- E–G, F–H = 从 E 和 F 画垂直线到 B 点的水平线，交点为 G 和 H。
- J, I = 在 D 点向两侧画线与线 F–H 和 E–G 垂直，交点分别为 J 和 I。

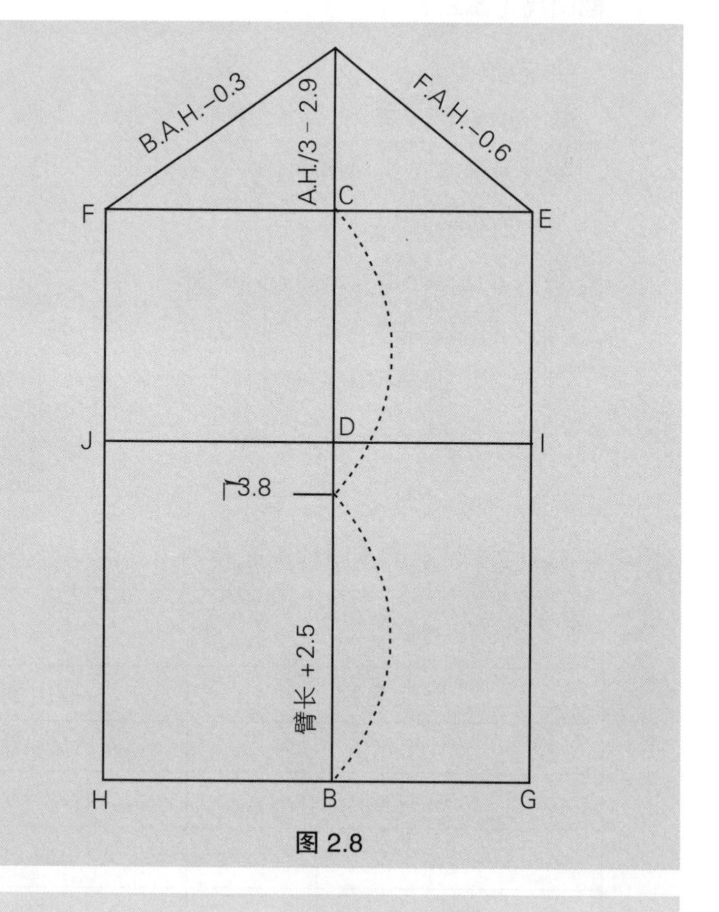

图 2.8

前袖山（图2.9）

- K, L, M = A–E 的四等分点。
- K–N = 从 K 点向外画垂直线，量取 1.6cm。
- L′= 从 L 向下量取 1~1.6cm。
- M–O = 从 M 向内量取 1.3cm。

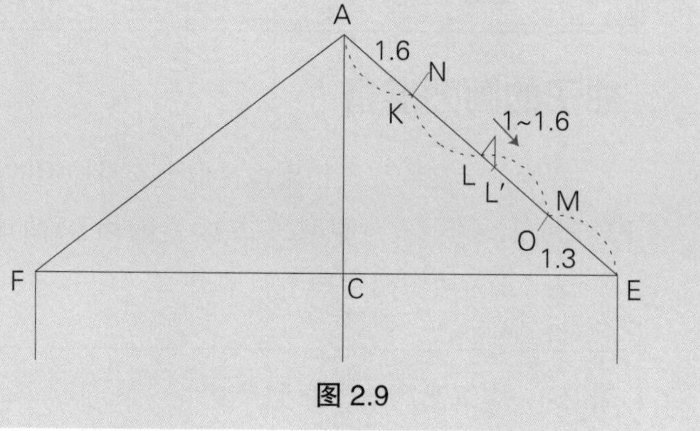

图 2.9

后袖山（图2.10）

- P, Q, R = A–F 的四等分点。
- P–S = 从 P 画垂直线，向外量取 1.9cm。
- Q–T = 从 Q 画垂直线，向外量取 1cm。
- U = 从 R 向上量取 1~1.9cm。
- V = F–R 的中点画垂直线，向内量取 0.6cm。

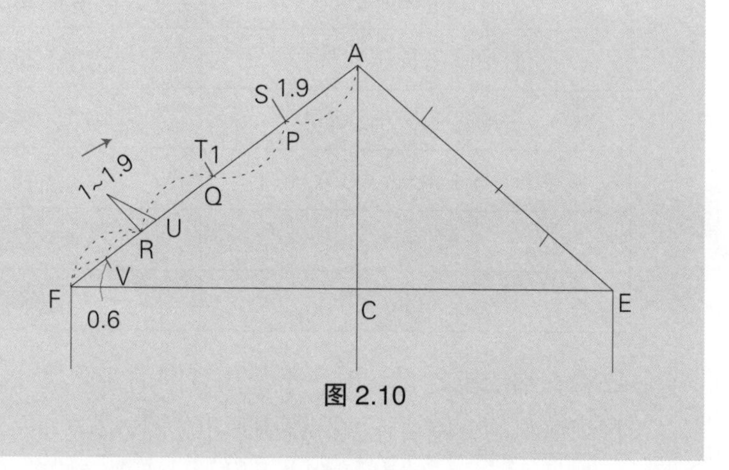

图 2.10

袖山弧线（图2.11）

- 连接点 A、N、L′、O 和 E，画前袖山弧线。
- 连接点 A、S、T、U、V 和 F，画后袖山弧线。

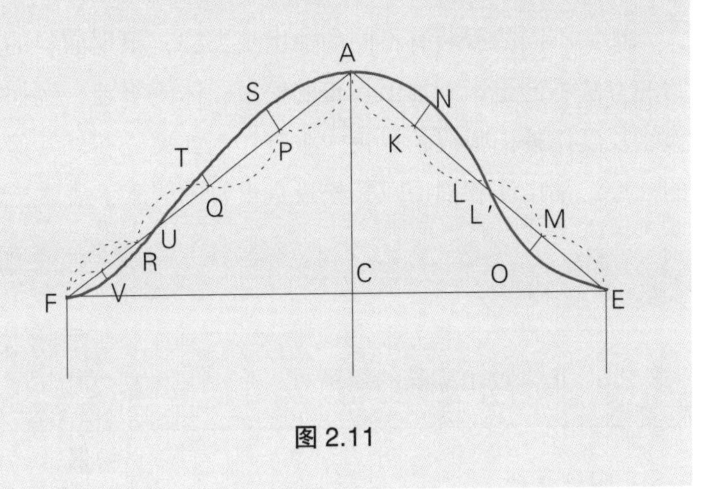

图 2.11

下袖线（图2.12）

- H–X, G–W = 从 H 和 G 在手腕线上向内分别量取 5.1~5.7cm。
- F–X = 后下袖线；画一条直线。
- E–W = 前下袖线；画一条直线。

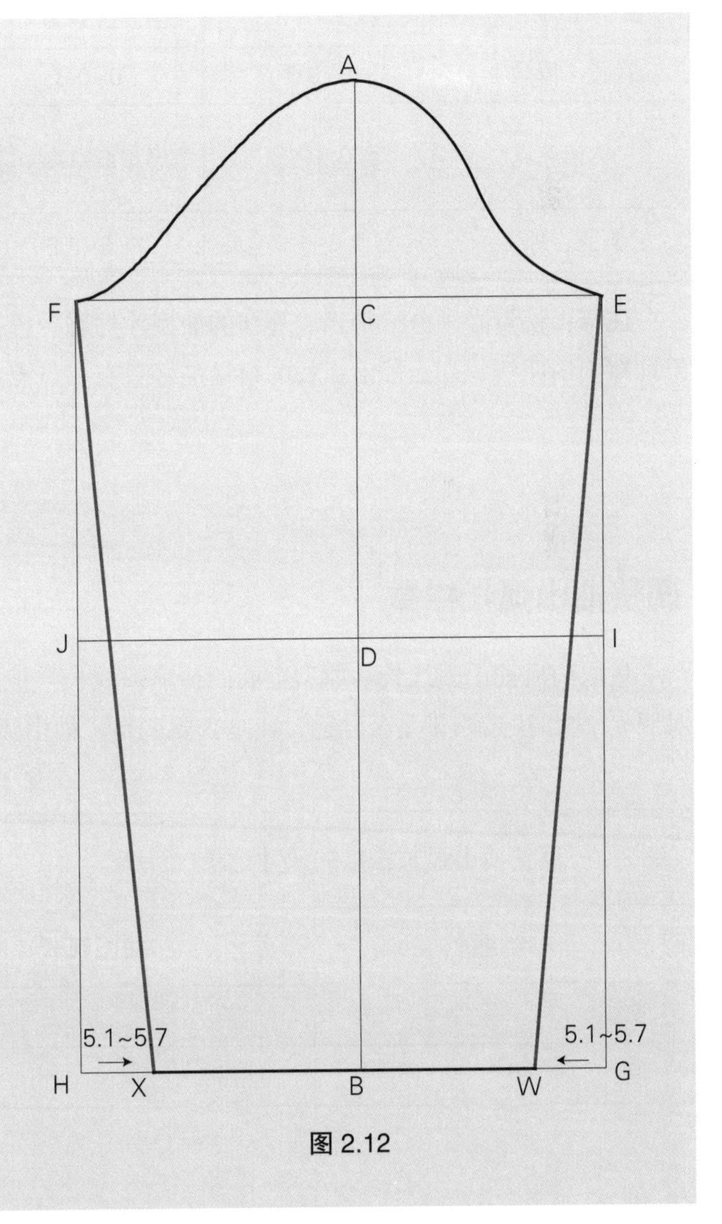

图 2.12

袖山松量

正如不同的服装有不同的袖山高那样，根据面料的厚薄，袖山弧长松量也不同。还有，缝纫的方法不同也影响袖山弧长的松量。休闲服装，例如衬衫和T恤的松量为负数，意味着袖窿弧线长度比袖山弧线长。正式服装，例如夹克和外套比休闲夹克的袖山松量大。要想得到完美的袖型，袖山高和袖山弧长松量是重要的因素。表2.5为正常的袖山弧线松量。

表2.5　正常袖山弧长的松量　　单位：cm

服装名称	松量			风格
	前袖	后袖	总量	
T恤	−0.6 ~−0.3	−0.3~ 0	−1~ −0.3	休闲
衬衫（原型）	0~0.3	0~0.3	0~0.6	休闲
休闲夹克	0.6~1	0.6~1.3	1.3~2.2	介于正式与休闲之间
夹克、外套	1.3~1.9	1.6~2.5	2.9~4.4	正式

注释：松量必须分配得当，缝纫的袖型才好看。根据不同的松量，分配的方法也不同。如果袖窿上缉明线，那么袖山弧长的松量最好只有一点点或没有松量（衬衫尤其如此）。

调整袖山弧长松量

量取前后袖山弧线长和原型上面的袖窿弧线长。记录在表2.6中，两者相减，得到差数。对照表2.5，决定松量是否合适，或是否要调整。袖山弧长的修改在P31上讨论。

表2.6　调整袖山弧长松量的尺寸记录　　单位：cm

袖窿长	袖山弧长	松量
前：	前：	前：
后：	后：	后：

袖山弧长松量调整（图 2.13）

- 在计算了松量以后，检查松量是否与表 2.5 中的松量相对应。如果差量在 0.3~1.3cm 之间，调整袖子样板，适当地减少或增加臂围松量，如图 2.13。
- 如果差量超过 1.3cm，最好重新画袖山弧线。

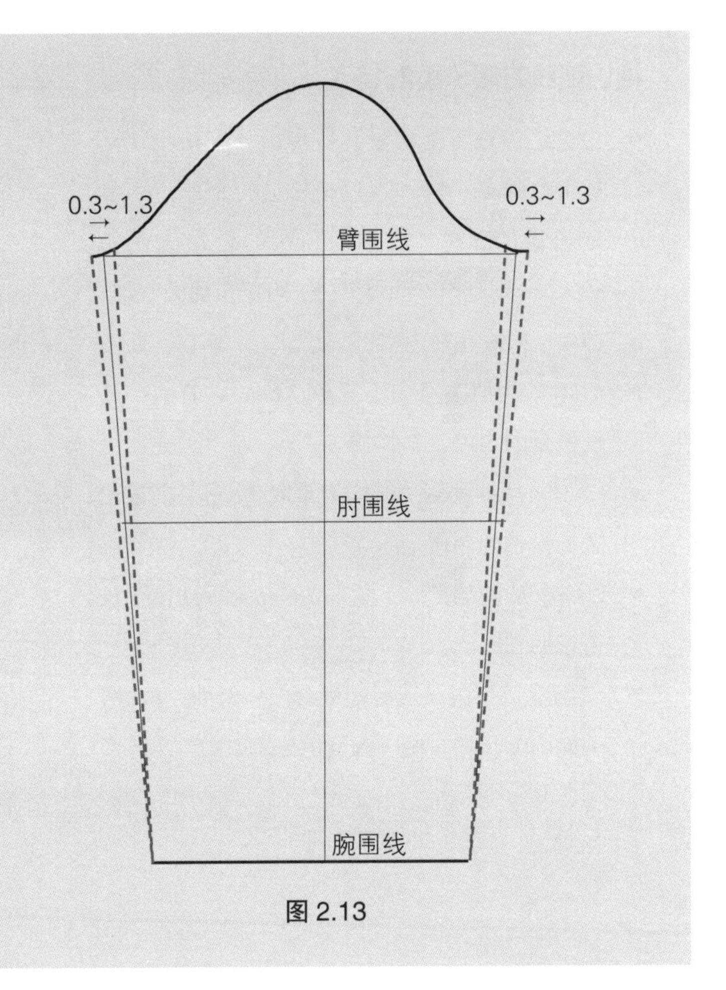

图 2.13

刀眼

男装纸样的尺寸比女装纸样大，因此，更频繁地使用刀眼。在上一步骤中调整了松量以后，下一步就是做刀眼。刀眼是为了在袖子原型上分配袖山弧长的松量。没有刀眼，很难准确地将袖子安装到袖窿上。在袖子样板上，刀眼的位置根据袖山弧长松量而定。对男装来说，前袖窿和后袖窿上各有两个刀眼。后袖窿上的第二个刀眼要做双刀眼。

袖窿刀眼（图2.14）

- 上衣身纸样上的刀眼位置通常是相同的，但是，袖山弧线上的刀眼要根据松量而定。
- A–B, E–F = 从肩端点 (L.P.S.) 向下量取 7.6cm。
- C–D = 从侧缝线向上量取 7.6cm。
- G–H = 双刀眼，从侧缝线向上7.6cm+1.3cm。

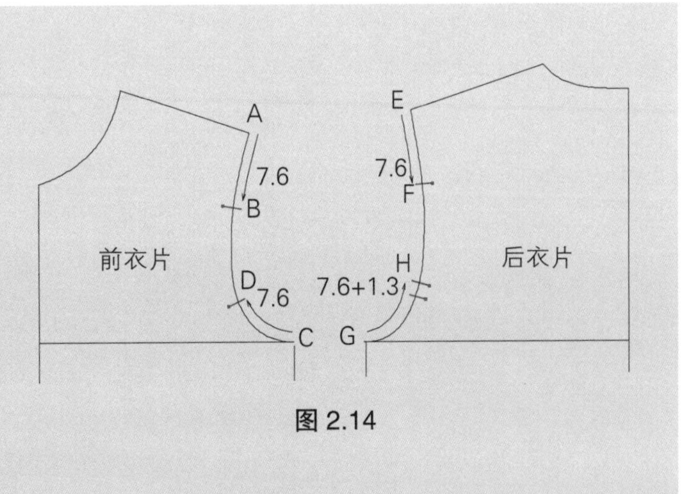

图 2.14

袖山弧线刀眼（图2.15）

- 为了适当地分配松量，后袖山分配松量比前袖山略微多一些，E′–F′ 是松量的 55%，A′–B′ 是松量的 50%。在袖山顶端的松量大约占 50%（分别是 50% 和 55%），30% 在袖山底部，15% ~20% 在袖山中部。
- A′–B′= 从袖端点向下量取 7.6cm + 前袖山弧长松量的 50%。
- C′–D′= 从袖子侧缝线向上量取 7.6cm+ 前袖山弧长松量的 30%。
- E′–F′= 从袖端点向下量取 7.6 cm+ 后袖山弧长松量的 55%。
- G′–H′= 双刀眼，从后袖侧缝向上量取 7.6cm + 后袖山弧长松量的 30% + 1.3cm。

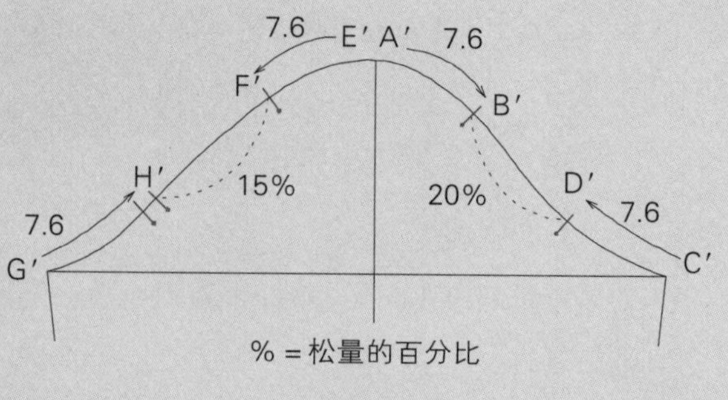

图 2.15

贴体型（有省道）

见平面图2.2。

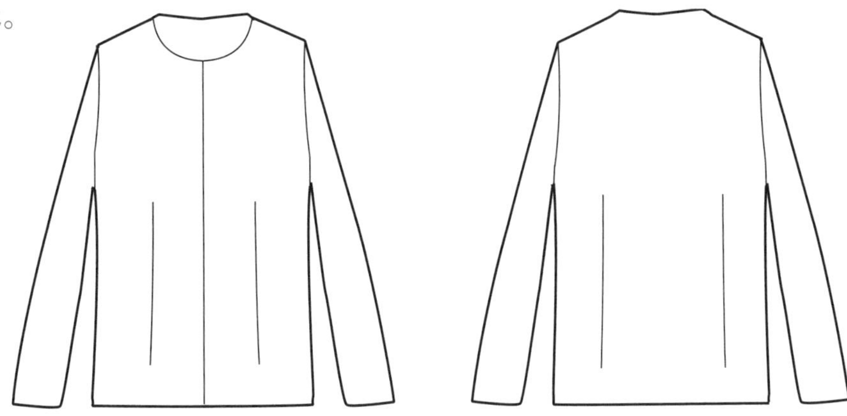

平面图 2.2　有省道的上衣身设计

有省道贴体型纸样画法（图2.16）

- 腰线抬高 1.3cm。
- A, B = 在前后片新的腰线部位量进 0.6cm。
- 从腋窝点经过 A/B 到底边线重新画侧缝线。
- C = 从前胸围线中点向前（从侧胸围点到前中心线）量取 1.3cm，再向下量取 5.1cm。
- C－D = 垂直向下到腰线。
- D－E = 垂直向下 12.7~14cm。
- 完成省道，在 D 总共收进的量为 1.9cm。
- F = 从后胸围线的中点向侧缝量取 1cm，再向下量取 2.5cm。
- F－G = 垂直向下直到腰线。
- G－H = 垂直向下 14~15.2cm。
- 完成省道，在 G 总共收进 1.9cm。

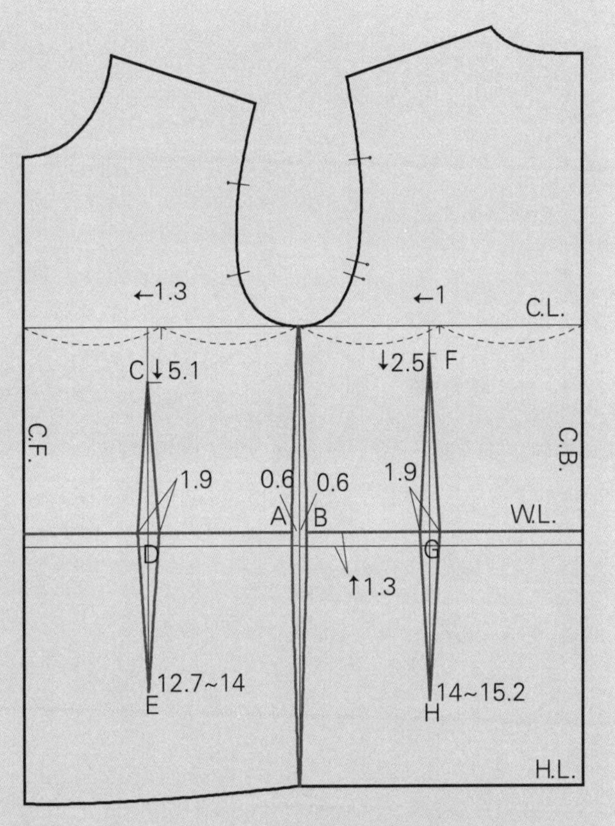

图 2.16

经典贴体躯干原型

正如在 P19~20 讨论的“修身型和经典合体型的定义”，经典合体型原型比修身型需要更多的松量。因此，为了达到经典合体风格，设计师必须在样板上添加松量。有两种增加松量的方法：第一种增大修身型原型的尺寸；第二种是画新的经典合身型样板。

增大修身型原型

如果有现成的修身型原型样板，则拓印样板，并根据经典合身型的松量增大样板。有几种增大修身原型样板的方法，但是，下面放码的方法直接而且有效。

画后衣片（图2.17）

- 拓印修身型后衣身原型。
- A = 从 H.P.S. 水平量取 0.3cm，重新画相似的领口弧线。
- B = 从 L.P.S 水平量取 0.6cm. 连接 AB。
- C = 胸围线 C 点向下 0.6cm，并向外延伸 1.3cm，如图所示。
- B－C = 画一条类似于原型上的袖窿弧线，做刀眼。
- D = 在臀围线上向外延伸 1.3cm。
- C－D = 画一条直线，完成新的侧缝线。

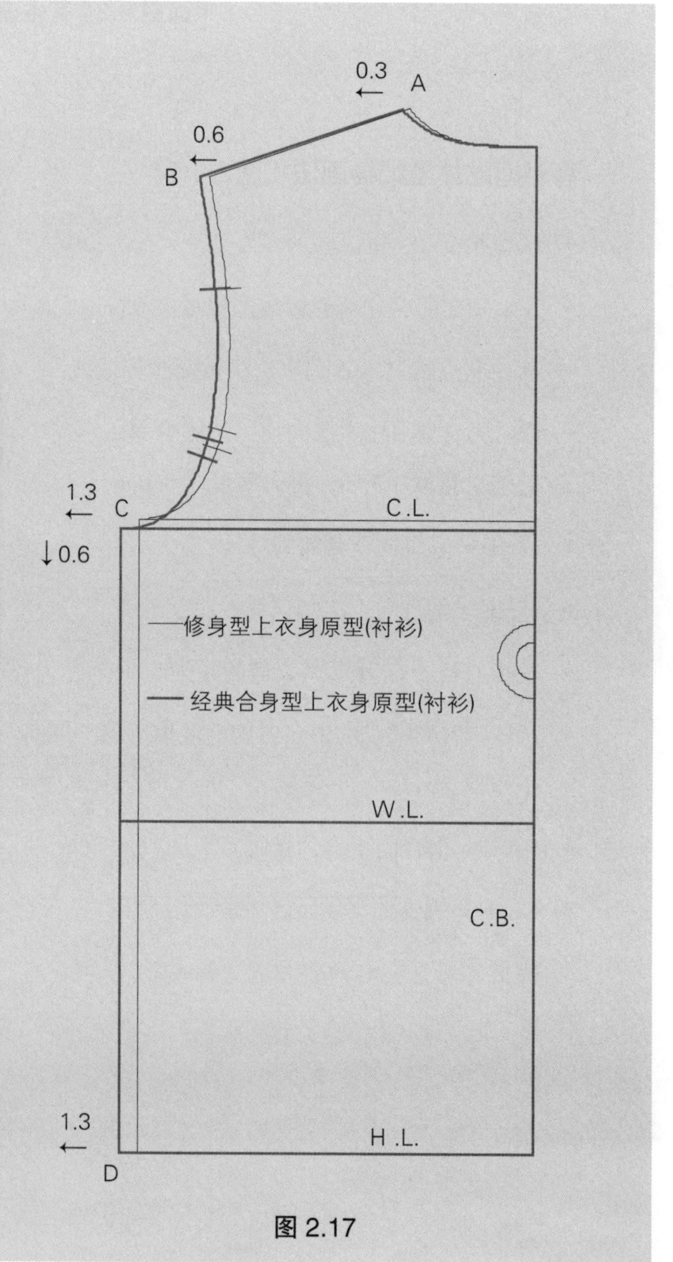

图 2.17

画前衣片（图2.18）

- 拓印修身型前衣片原型。
- E = 从 H.P.S 量进 0.3cm，重新画顺领口弧线。
- F = 从 L.P.S 量出 0.6cm。
- E－F = 画直线。
- G = 侧胸围点向下 0.6cm，从原来位置向外延伸 1.3cm。
- F－G = 画出与原型类似的袖窿弧线，做刀眼。
- H = 水平向外延伸 1.3cm。
- G－H = 画直线，完成新的袖底线。

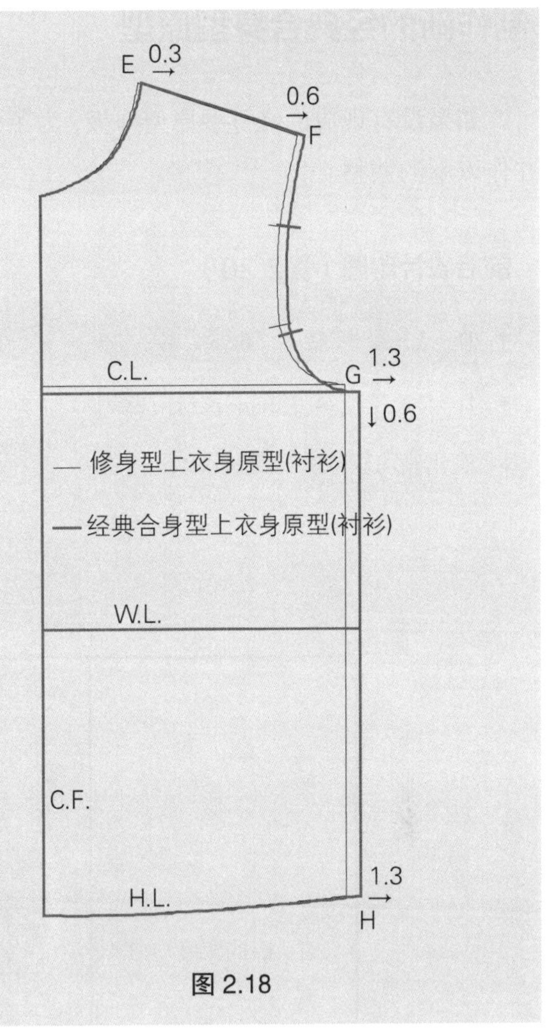

图 2.18

画袖子（图2.19）

- 拓印修身型袖子原型。
- 臂围线下降 0.3cm。
- B，A = 臂围线两端向外延伸 1cm。
- 重新画出相似的袖山弧线。
- 检查新的袖山弧线松量。做刀眼。
- D, C = 手腕线两端向外延伸 0.3cm。
- B－D, A－C = 画直线完成袖侧缝线。

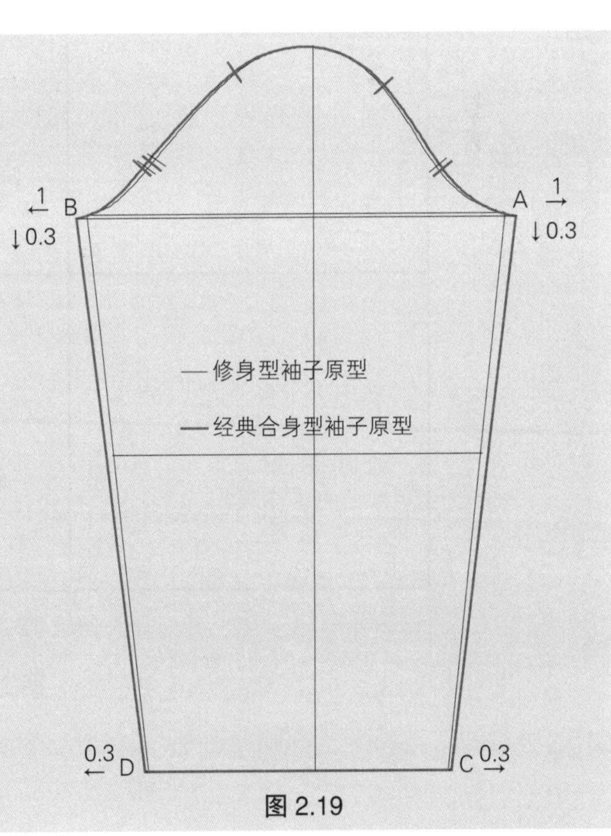

图 2.19

制作新的经典合身型原型

如果没有现成的修身型原型样板，为了画出经典合身型原型，使用修身型原型讲解的方法，并作以下的调整。

前后衣片制图（图2.20）

- D－A＝胸围/2＋7.6cm。
- D－C＝身高/4＋1cm＋身高/8。
- 画出长方形，D－A－B－C。
- A－E＝胸围/4±（0~2.5cm）。

使用下表中公式做调整。（单位：cm）

胸围	公式	胸围	公式
86.4~91.4	胸围/4＋2.5	101.6~106.7	胸围/4＋0.6
91.4~96.5	胸围/4＋1.9	106.7~111.8	胸围/4＋0
96.5~101.6	胸围/4＋1.3	＞111.8	胸围/4－0.6

- E－I＝（胸围/6）＋（4.4~5.1cm）。

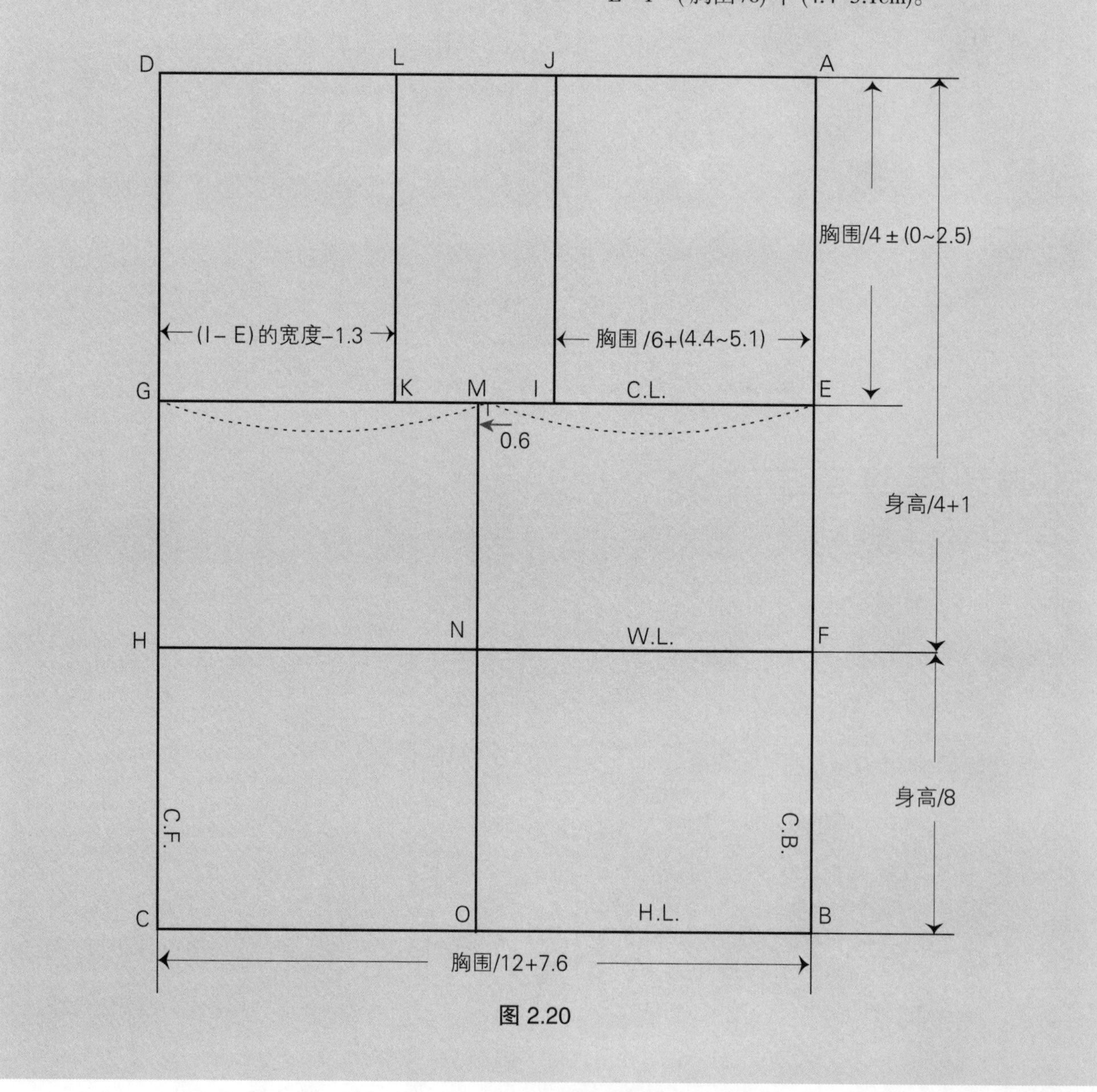

图 2.20

前后衣片和袖子原型（图2.21）

- A－A′= 后领宽，为（胸围 /12）＋ 1cm。
- 按照图 2.5~ 图 2.15 讲解的方法（P26~32) 做经典合身型袖子原型图。

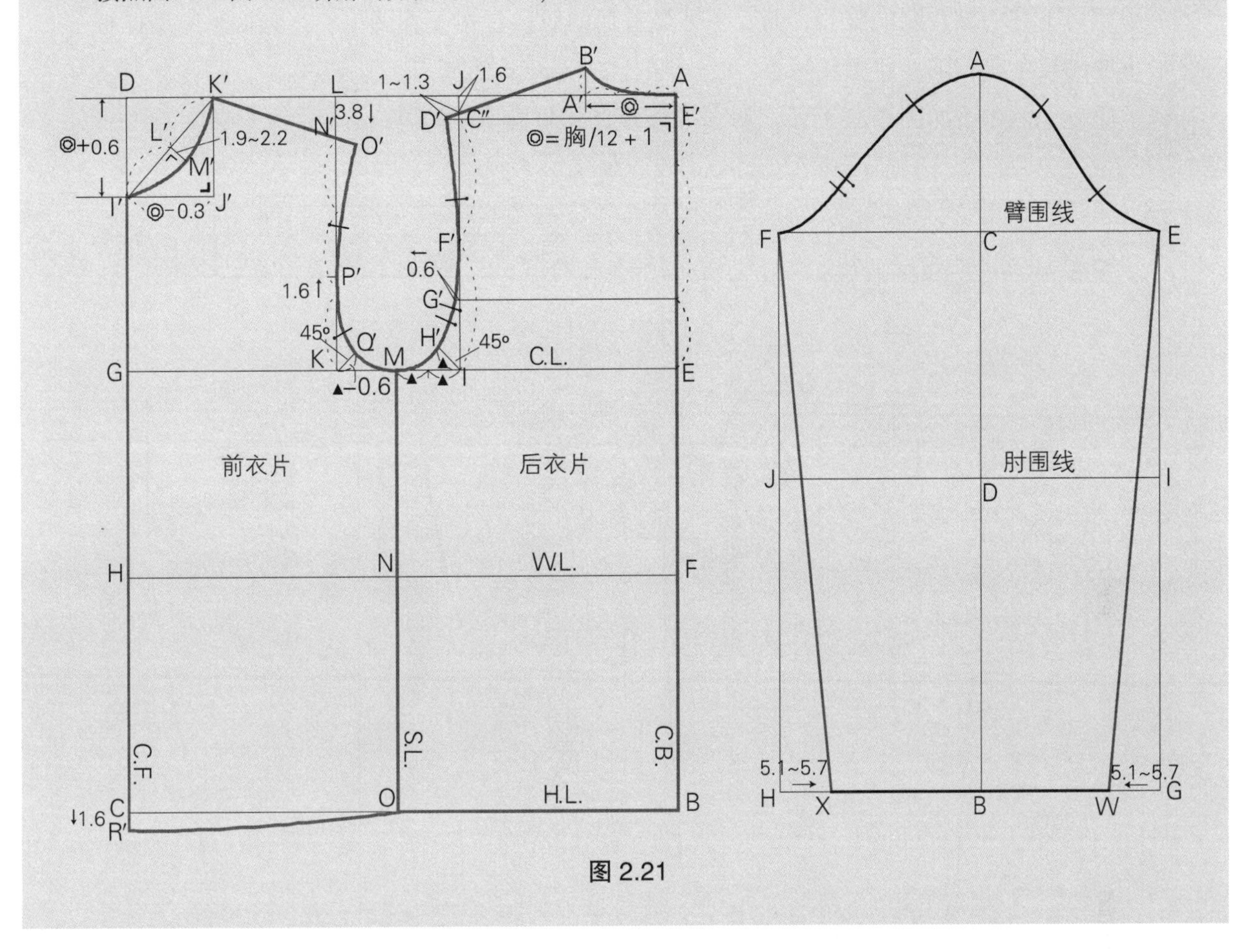

图 2.21

裤子原型

裤子原型术语

裤子是男下装中最普遍的服装，而女下装最普通的服装是裙子和裤子。在画裤子原型样板时，最重要的尺寸是臀围、腰围和裤长。

裤子原型中的术语如图 2.22 所示。裤子原型设计见平面图 2.3。

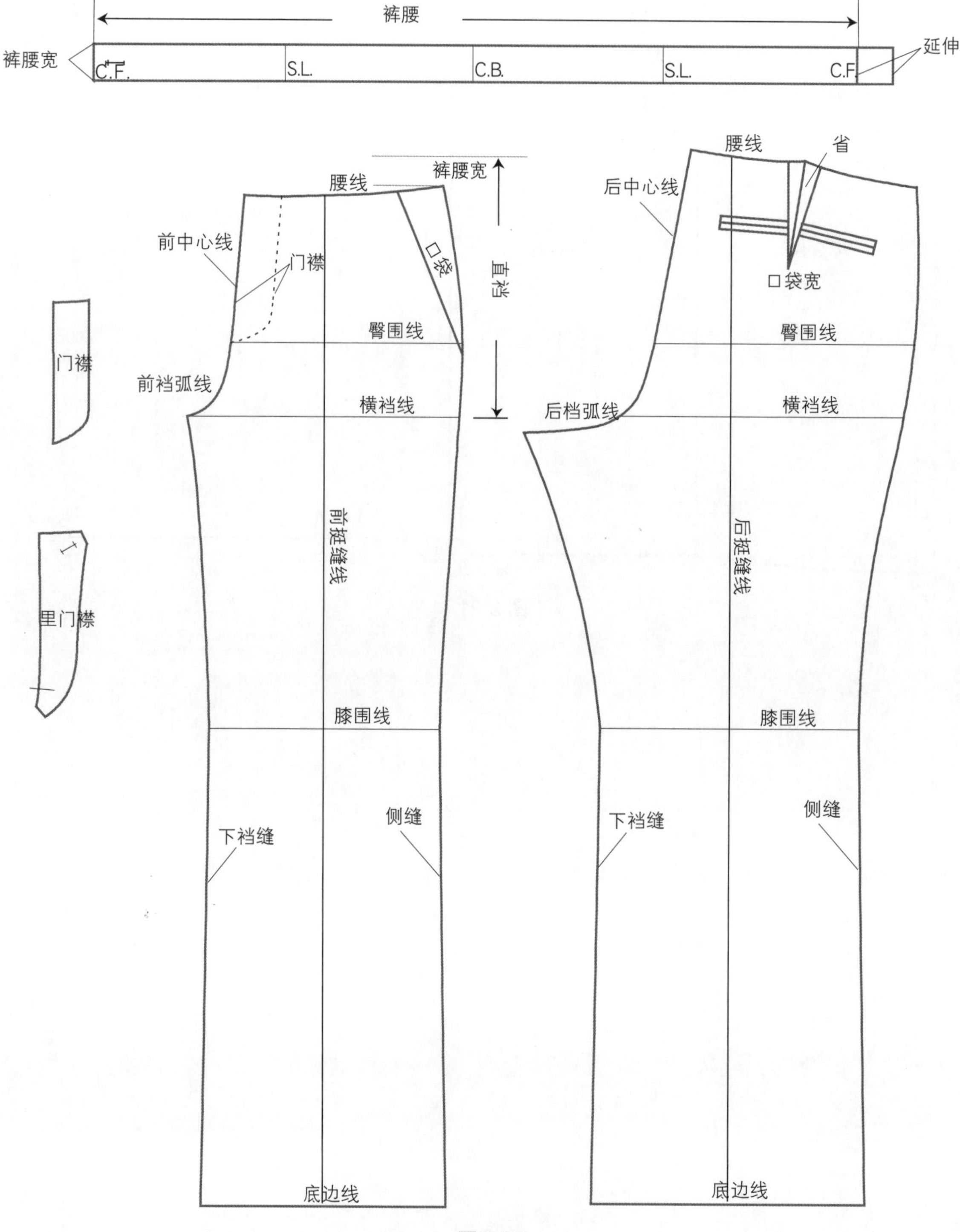

图 2.22

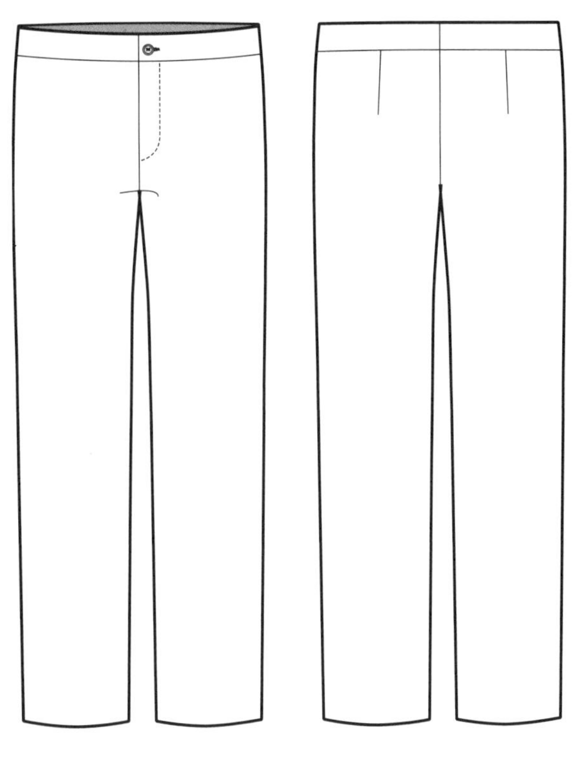

平面图 2.3

表 2.7 为梭织面料裤子原型制图时需要的尺寸图表。参考第一章“量体”（P8~12）。另外，参照表 1.4、表 1.5 和表 1.6 的参考尺寸（第一章，P14~16）。

表 2.7　梭织面料裤子原型必要尺寸　　单位：cm

身体部位	正常体型参考尺寸（38R）	你自己的尺寸
臀围	96.5	
裤子腰围	83.8	
直裆深	25.4	
原型裤片长（侧缝长）	109.2	
裤脚口	25.4	

与上衣身原型不同的是，仅仅设计了一种裤子原型。在它的基础上能够变化出很多种裤子，例如，修身型、经典合身型和宽松型。当裤子原型应用于修身型时，样板的尺寸不变。当变化为经典合身型或宽松型时，需增加更多的松量，前裤片使用一个或两个省，后裤片两个省，臀围的松量更大，直裆更深和横裆更宽。要改变裤子的合身程度，有三个尺寸可以调整：臀围的松量、直裆深和横裆宽。

裤子原型制图

前裤片制图（图2.23）

- A－B＝裤长，缝长（例：109.2cm）。
- A－C＝裤腰宽（例：3.2~3.8cm）。
- A－D＝直裆深。
- D－E＝从D点量取C－D的1/3。
- E－F＝臀围线(H.L.)，从E画垂直线，量取1/4臀围－0.6cm。
- C－H＝从C画垂直线，与E－F等长。
- D－G＝从D画垂直线，与E－F等长。
- H－G＝画直线。
- G－I＝(臀围/16)－(1~1.6cm)；从G延伸。
- J＝I－D的中点。
- J－K＝前挺缝线，从J画垂直线到底边线。
- 向上延长J－K到腰线(C－H)。
- L＝膝围线，J－K的中点向上量取7.6cm，向两边画垂直线。
- K－M，K－N＝前裤脚口的1/2（例：11.4~12.7cm）。
- D－O＝量取0.3cm。
- O－M＝画直线。
- P＝从线O－M与膝围线的交点向内量取0.6~1cm。
- L－Q＝膝围/2，画垂直线，与L－P同宽。
- M－P，N－Q＝画直线。

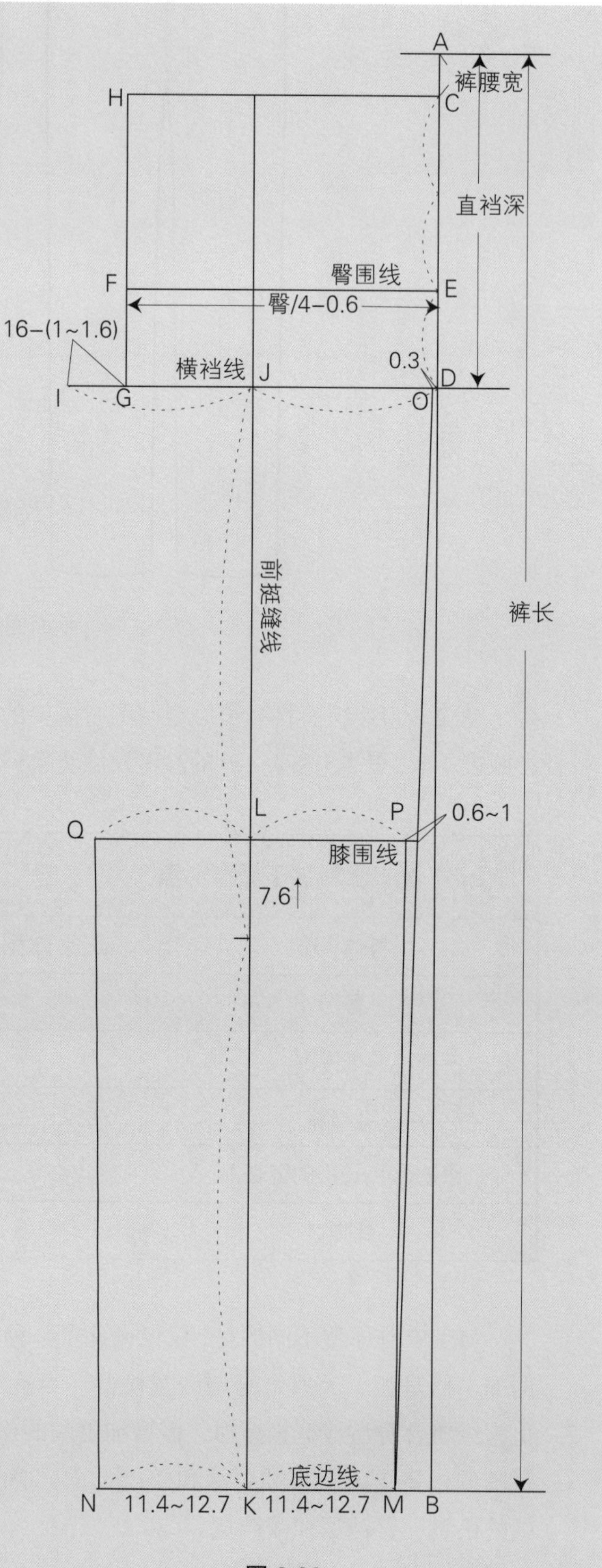

图 2.23

下裆缝和挺缝线（图2.24）

- I－Q＝画直线，然后从 I 点向下 1/3 处做一记号，向里收进 0.3~0.6cm，用光滑的曲线连接连两点。
- O－P＝画直线，然后从 O 点向下 1/2 处做一记号，向里收进 0.3cm，用光滑的曲线连接连两点。
- H－R＝向里收进 1.3~1.6cm。
- R－S＝腰围 /4 ＋ 0.6cm 的松量。
- 用光滑曲线连接侧缝线 S、E 和 O。

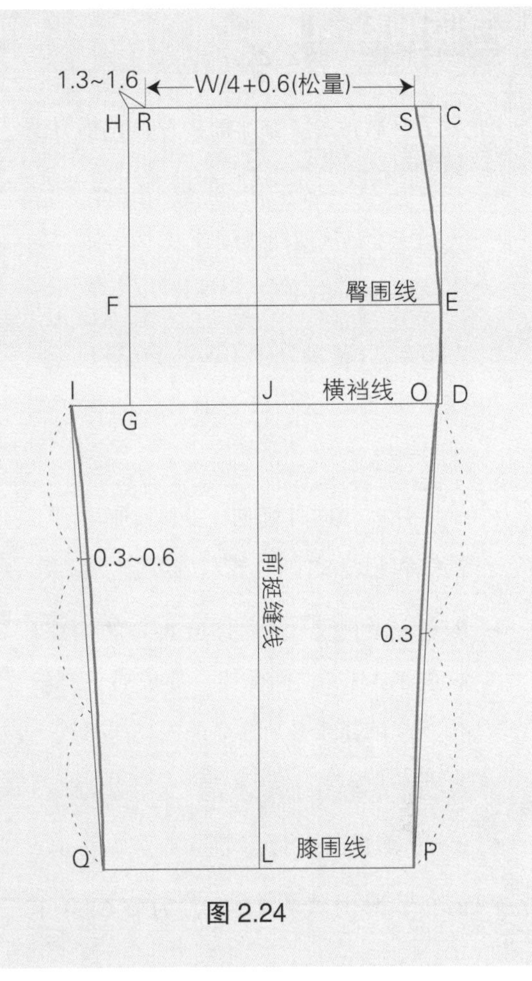

图 2.24

前裆和腰线（图2.25）

- S－T＝从 S 延长 0.6cm。
- R－T＝画光滑弧线，完成前腰线。
- R－F＝画直线。
- G－U＝向上量取 2.5cm。
- U－I＝画直线。
- V＝从 I－G 的中点画垂直线，到线 I－U。
- 从 I－V 的中点，作一记号，收进 0.3cm。
- 经过 I、V 和 F 画前裆弧线。
- 用虚线画前门襟，与前门襟线 R–F 平行，宽度为 3.8cm。

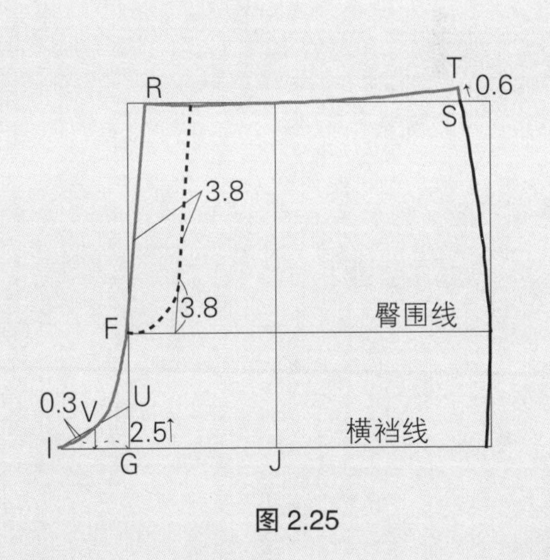

图 2.25

后裤片制图（图2.26）

- 为了画后裤片，拓印前裤片，包括臀围线、横裆线、膝围线和前挺缝线（J–K）。
- （I）–A = 从前裆弧线顶点（I）垂直向下量取 1.6cm，画水平线。
- A–B = 裆宽，臀围 /16 +（0.3~1cm），从 A 延伸，这条线与前裤片的横裆线平行。
- C 和 D = 各向外延伸 1.3cm，画与前下裆线和侧缝线平行的线，到底边线。
- B–C = 画直线，然后接近 B–C 的 1/2 处收进 1~1.3cm，画弧线，完成后下裆缝线。这条缝线必须渐渐地成光滑弧线，直到 C 点。
- E = 从前臀围线上点（F）收进 1.9cm。
- E–F = 臀围线（H.L.），为臀围 /4 +（2.5~3.2cm）。

注释：后臀围的宽度大于前臀围宽度。

- D–F = 画直线。

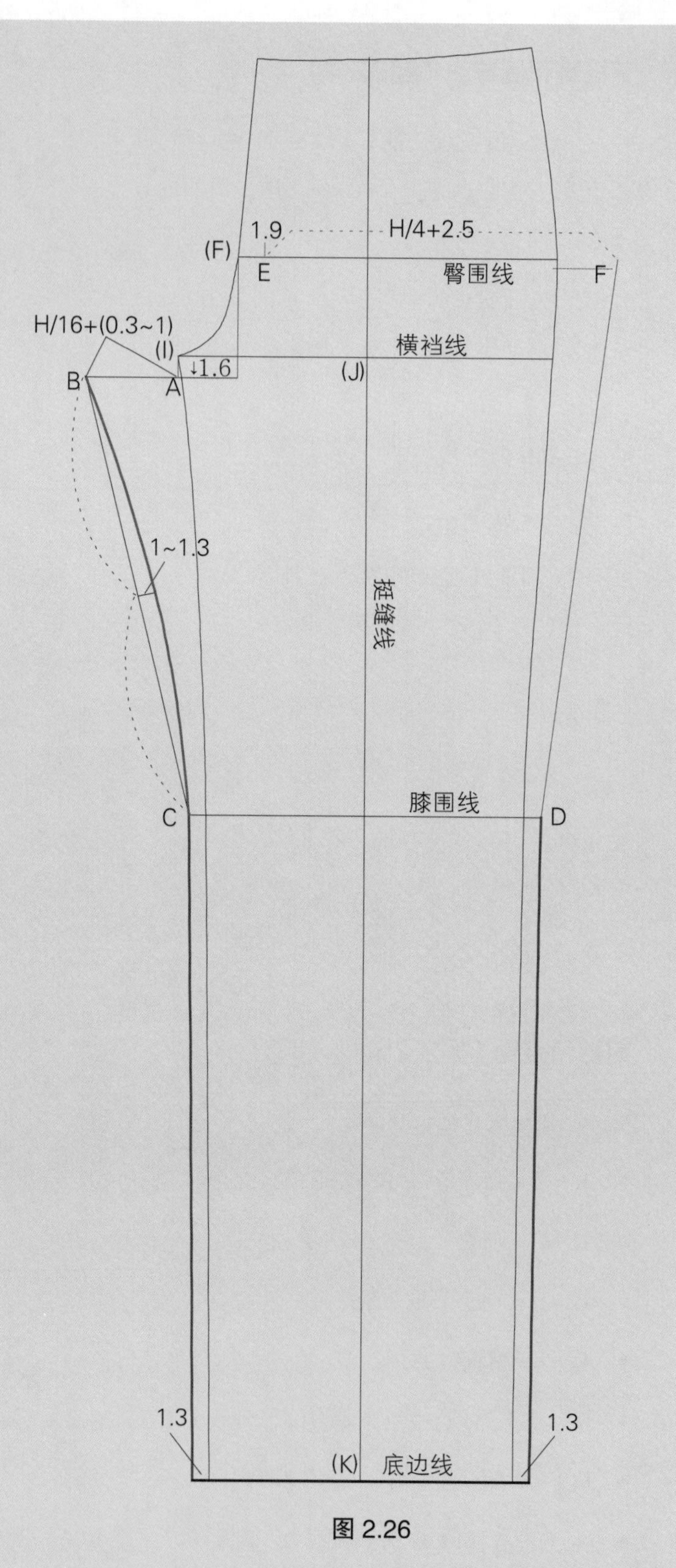

图 2.26

后裆缝和腰线（图2.27）

- G = 前挺缝线与裤腰的交点。
- R = 前中心点。
- I = G–R 的中点。
- G–J = 4.4~5.7cm，必须在 R–I 的范围内。
- J–E = 画直线。
- 用弧线连接 B 和 E，与 B–A 线至少重合 2.5cm，然后再向上画弧线，如图。
- D–K = 从 F 点向上延长，长度与前裤片的侧缝线相等。
- K – L = 首先沿着 J – E 线向上延伸画引导线，然后从 K 画一条与引导线垂直的线，交点为 L，L – K ∟ L – E（∟ = 垂直方向）。
- L – M = 向下量取 0.6cm。
- M – K = 画直线。

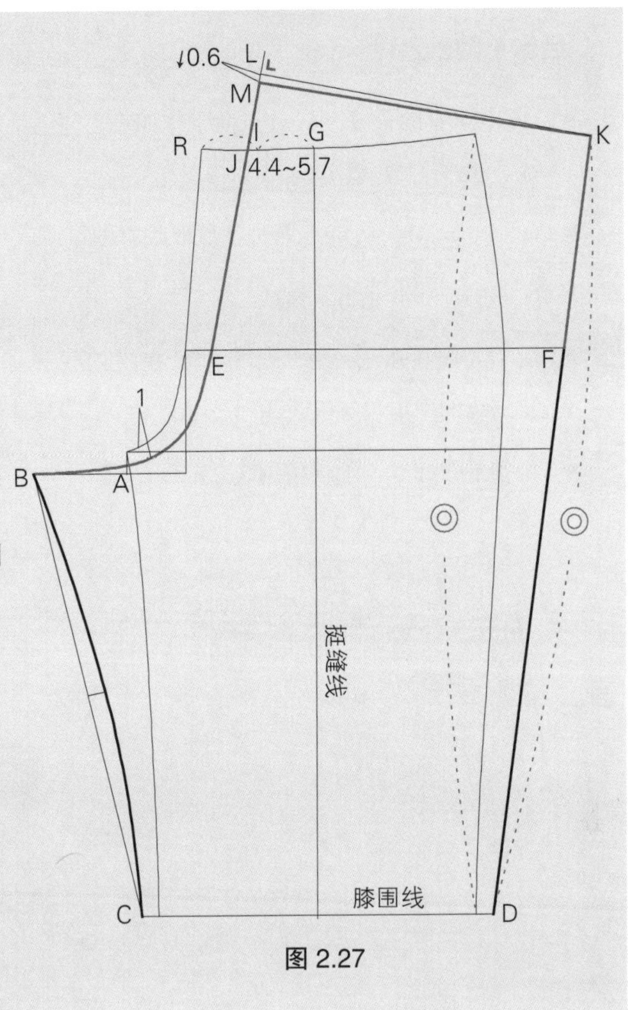

图 2.27

后腰围线（图2.28）

- M – N = 腰围 /4 + 0.3cm 的松量，一般来说，与前腰围相比松量要小些，前面松量为 0.6cm。
- N′ – K = 与前裤片的 S–C 相等。
- N′–N 为省量。
- O = M– N′ 的中点。

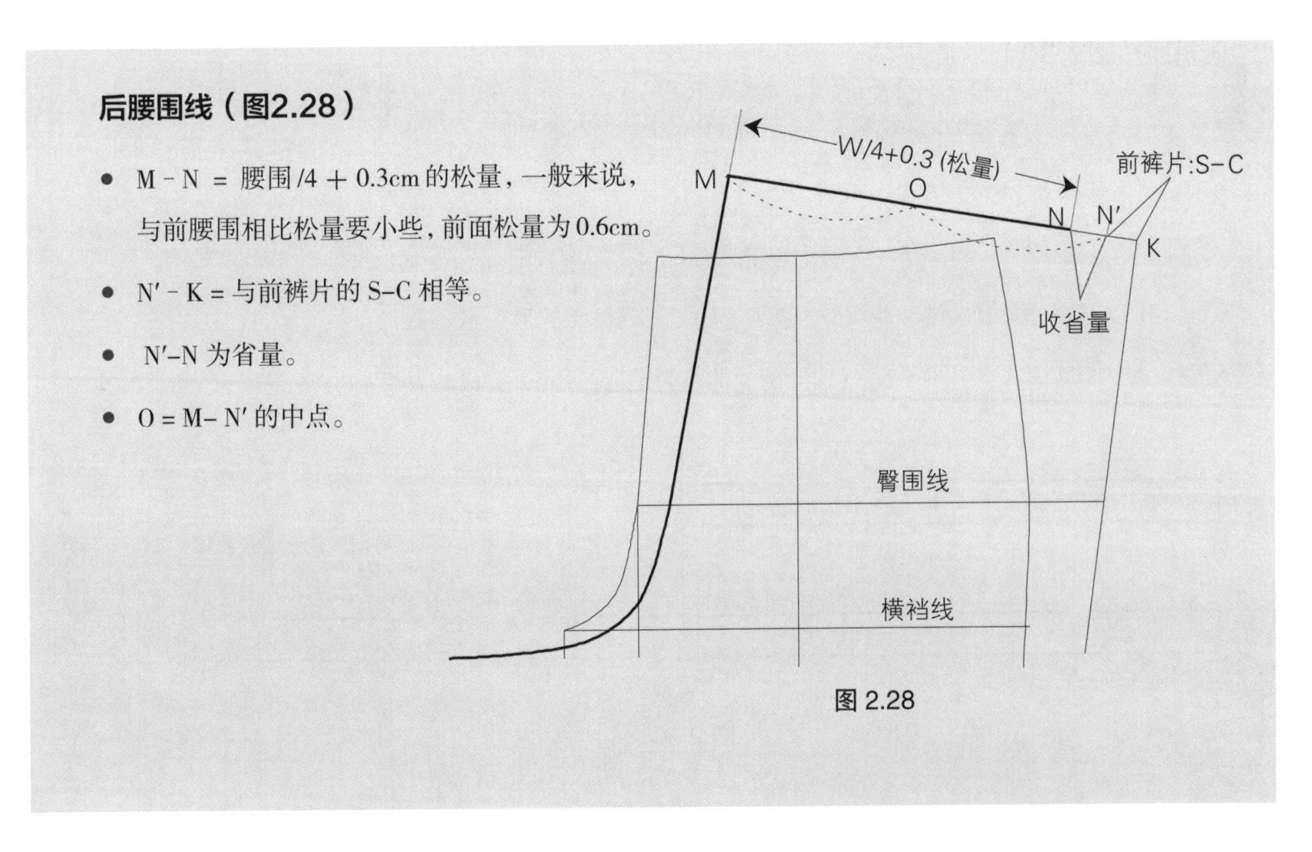

图 2.28

后省（图2.29）

- O－P＝省的长度，从 O 点向下作 M－K 垂直线，量取 11.4~12.7cm。
- O－Q, O－R＝从 O 点两边各量取收省的量。
- Q－P, R－P＝各自画直线。
- N′ 到 D 画弧线，完成侧缝线，在横裆线和膝围线的中点位置收进 1~ 1.3cm。
- 将省折叠起来，画顺腰围线。

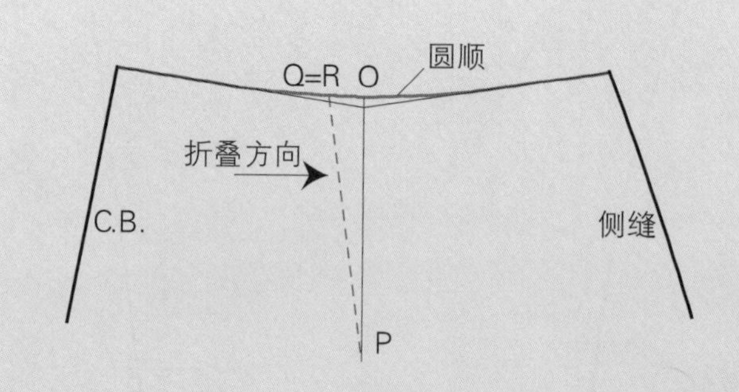

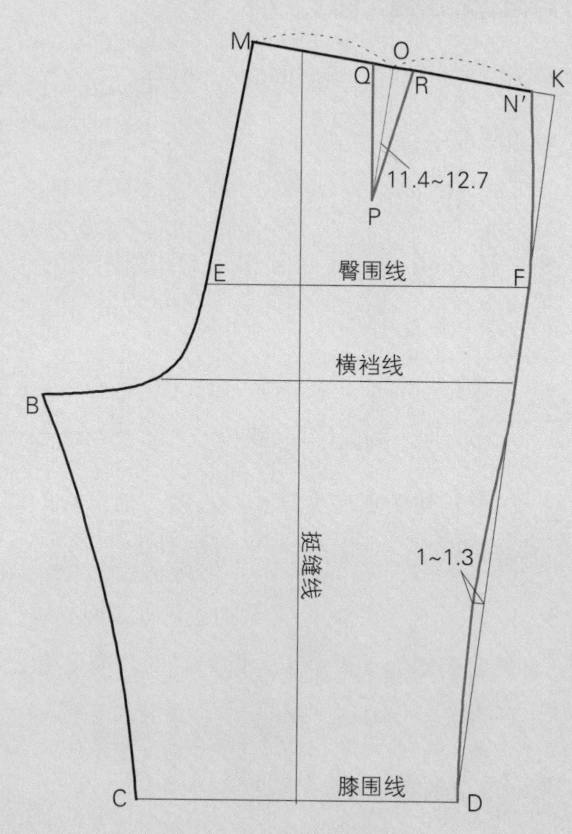

图 2.29

画裤腰（图2.30）

- A－B＝(腰围 /4 ＋ 0.6cm 松量)＋(腰围 /4 ＋ 0.3cm 松量)。
- B－C＝裤腰宽 (例： 3.2~5.1cm)。
- 画长方形 A－B－C－D；A－D＝前中心线 (C.F.), B－C＝后中心线 (C.B.)。
- 以 B－C 为对称轴对折长方形 (A－B－C－D)，得到裤腰的另一半。
- A′－X, D′－Y＝延伸 3.8~5.7cm (前面的延伸是为了前门襟)，完成长方形。

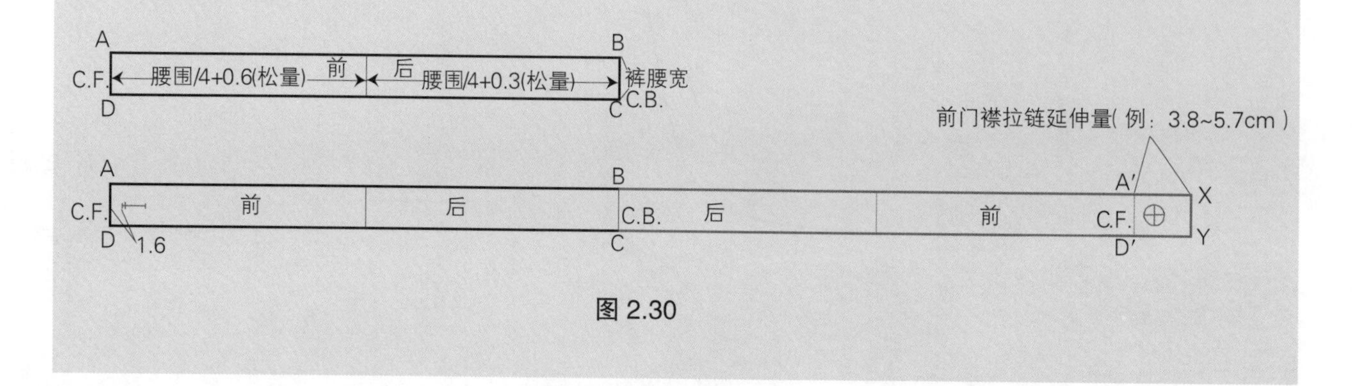

图 2.30

合身修正

对新的原型样本进行合身测试时，要将原型衣身与袖子缝合在一起。原型有袖还是没有袖，在某些方面是有差别的，合身度也将不同。因为许多服装都有袖子，故试样时需装袖。在原型样板组装在一起以后，就可以看出很多合身问题。前衣身和后衣身的袖窿，与袖子始终要相互吻合。裤子前后片原型要缝合起来，前后裤片同样也要吻合。

有一些常规的指导原则：

1. 如果袖窿的长度改变了，袖山高也应该改变。

2. 如果袖窿深变深了或浅了，袖山高也应该变高或低。

3. 如果袖窿宽了或窄了，臂围也应该变宽或变窄。

4. 如果有垂直方向的褶皱出现，就说明松量太大，样板上就要减少松量。

（提示：用大头针别去褶皱，然后去掉别去量的 2/3；如果整个量都去掉的话，样板将会有一点点紧。）

5. 如果横向有褶痕出现，说明原型太紧，样板要增加松量。

6. 如果围度太松或太紧，先将总量分成 4 份，因为每片样板是总量的 1/4，再在每片样板上减少其量。

肩端点太窄或太宽

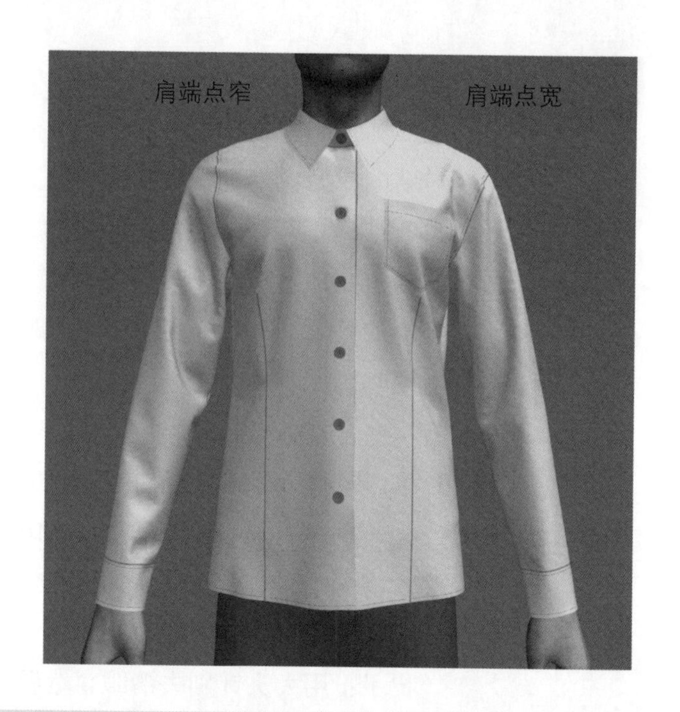

窄肩或宽肩（图2.31）

- 如果肩端点宽度太宽或太窄，可收进或延伸一点。
- 重新画袖窿弧线，如图。
- 重新测量袖窿弧长，检查产生的变化。
- 如果袖窿弧长改变了，袖山高也要相应的调整。
- 调整袖山高，增高或降低 1/3 袖肩端点减少或增加的量。
- 重新画袖山弧线。
- 根据服装的款式，复核袖山弧线松量是否合理。

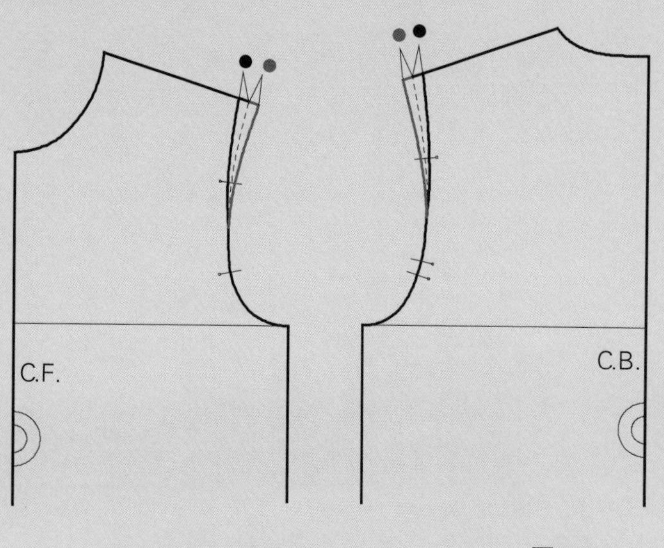

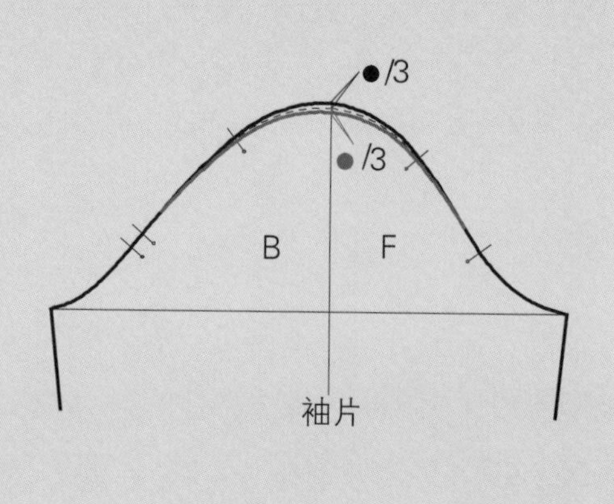

图 2.31

肩端点太低或太高

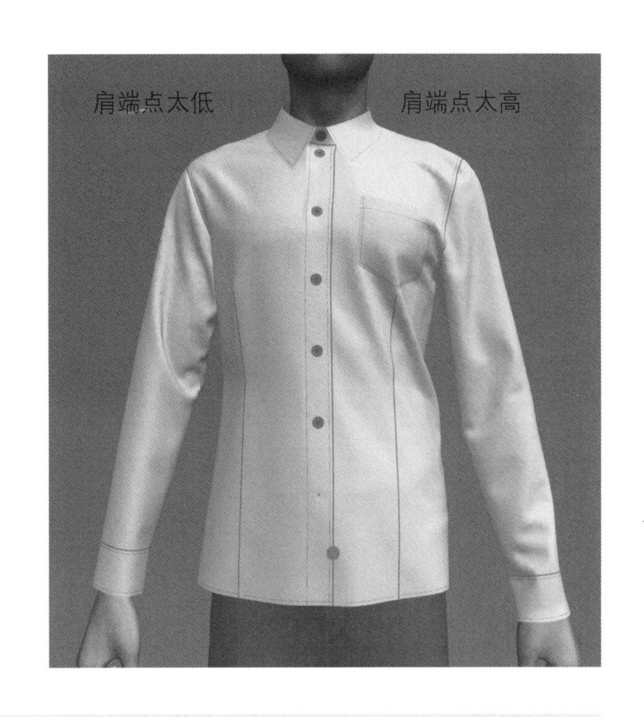

肩端点低或高（图2.32）

- 如果肩线太高或太低，但是腋下的合体程度适当，则仅仅调整肩的倾斜度即可。
- 在肩端点（L.P.S.）量取提高或降低的量，保证袖窿的舒适度，标记新的肩端点 L.P.S。
- 画出新的肩线。
- 测量新的袖窿弧长。
- 袖山高也必须提高或降低，得到新的袖山弧线。
- 在袖中心线提升或降低肩端点 L.P.S 改变的量。
- 重新画袖山弧线，如图。
- 测量新的袖山弧线，包括松量，与新的袖窿弧长比较。
- 如果袖山弧线的长度仍然太短或太长，在臂围线袖底点延长或缩短。
- 如果需要的话，重新画袖底弧线。

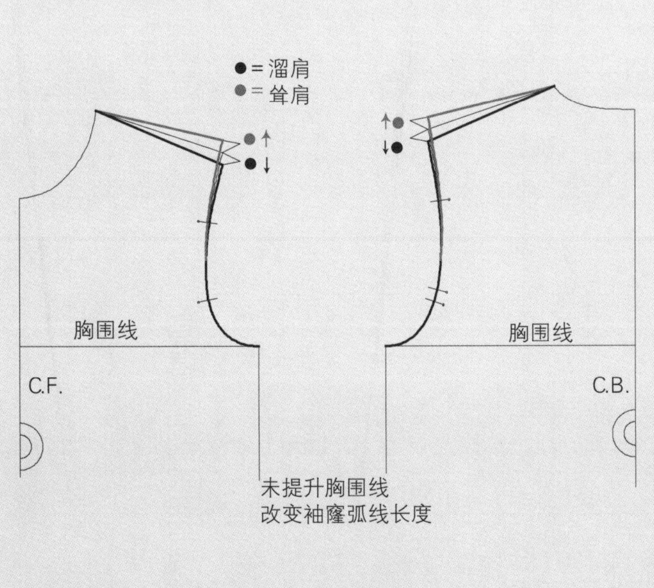

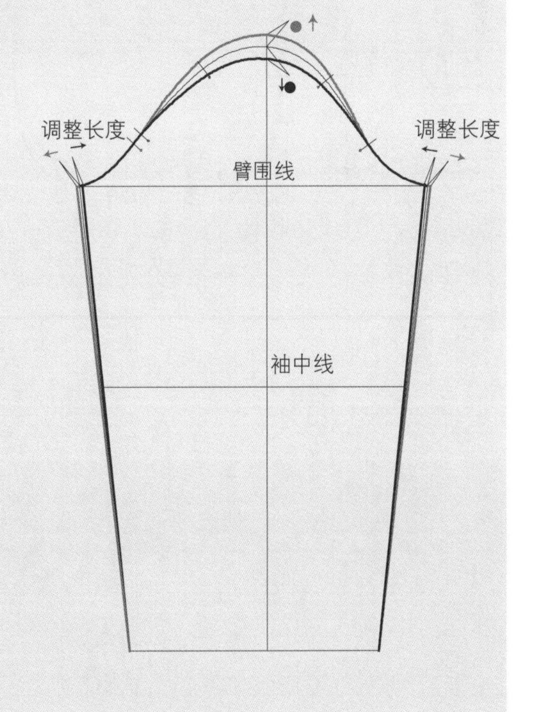

图 2.32

腋下胸围线处太松或太紧

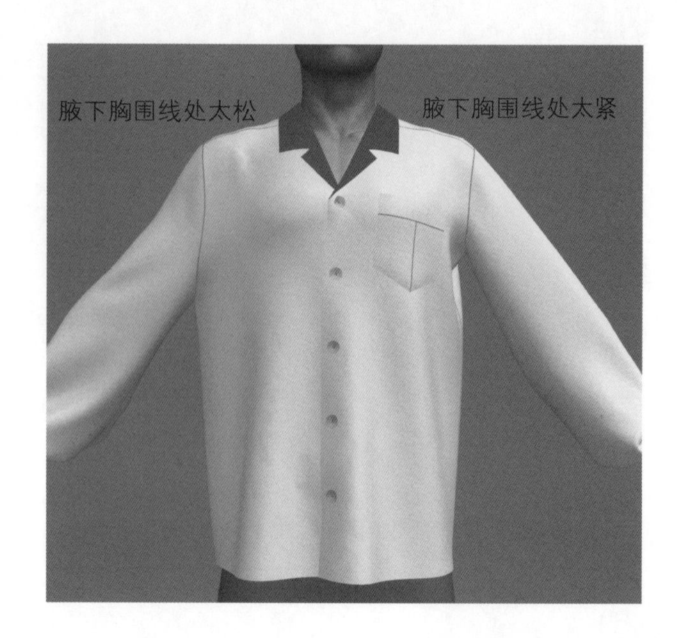

腋下胸围线处太松或太紧（图2.33）

- 如果腋下胸围线处太松或太紧，那么胸围线就要抬高或降低。
- 衣身的胸围线和袖子的臂围线必须作相应的变动。
- 胸围线提高或降低，臂围线也提高或降低相等的量。
- 重新画袖窿弧线和袖底弧线，直到它们相匹配。

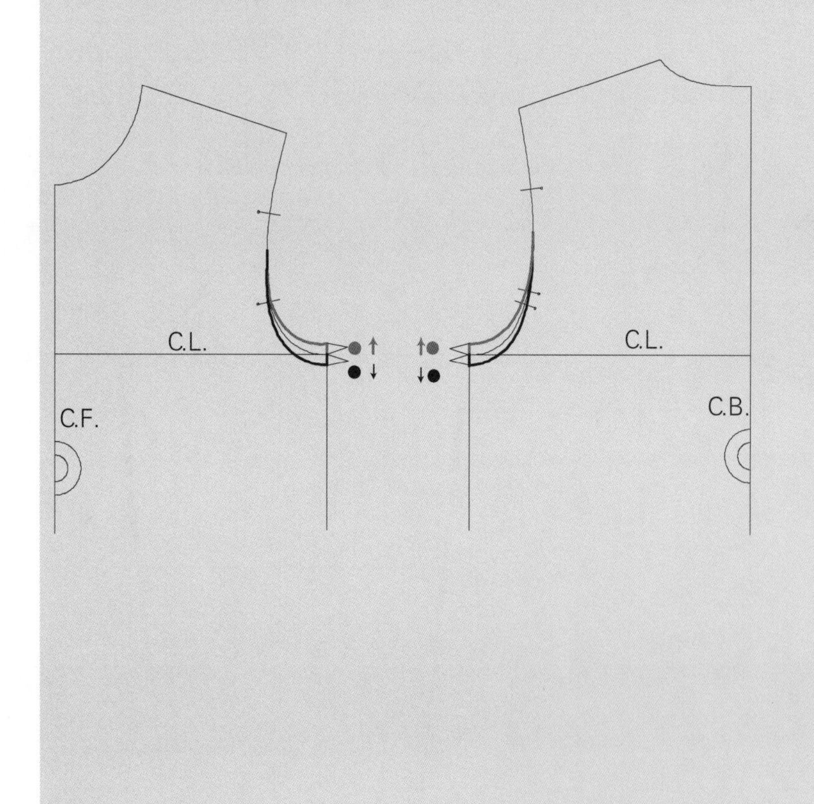

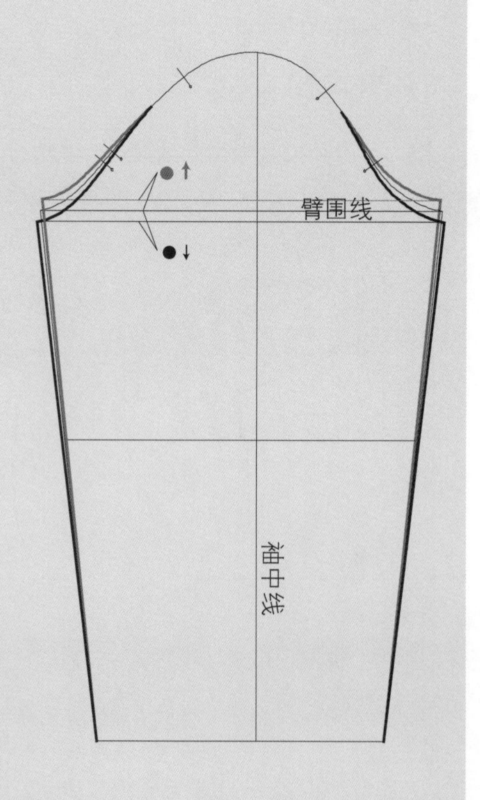

图 2.33

袖窿太高或太低

高或低的袖窿（图2.34）

- 如果袖窿弧长是正确的，但是袖窿的位置需要抬高或降低。
- 袖窿弧长保持不变，因此，袖山弧线也保持不变，但是，袖下线的长度要作相应的调整。

A.

- 当袖窿底抬高的时候，袖下线的长度增长。

将袖子的臂围线剪开，纸样展开，展开的量等于袖窿底提高的量。

B.

- 如果袖窿底降低，袖下线就要缩短。
- 在臂围线上折叠，折叠的量等于袖窿底降低的量。
- 如果需要，重新画袖子的线条。

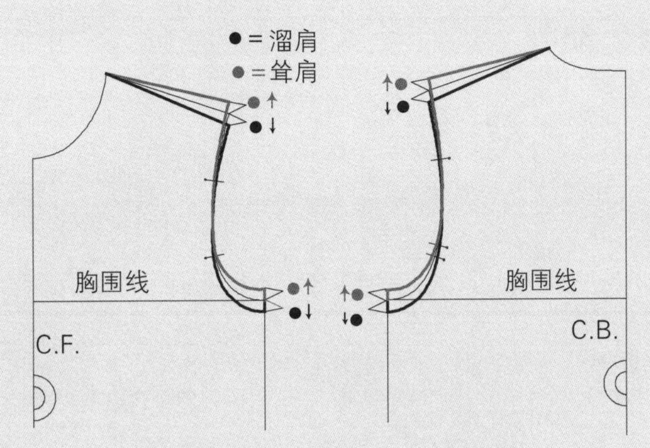

胸围线抬高，袖窿弧长几乎不变

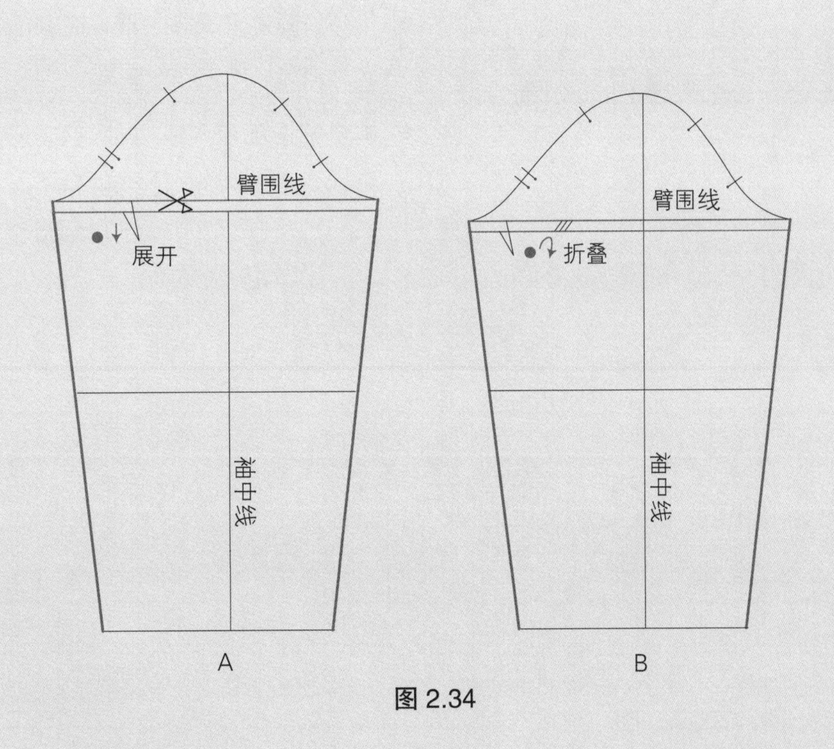

图 2.34

胸围太宽松或太紧

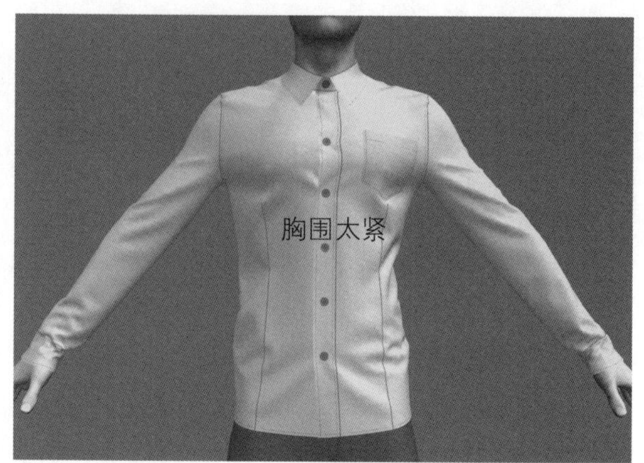

胸围太宽松或太紧（图2.35）

- 因为太宽松或太紧，需要调整胸围线上的胸围。
- 胸围和臂围是相关的，因此，必须要检查袖子的贴合程度。

前后衣身

- 延伸或收进胸围线，重新画袖窿弧线。
- 测量新的袖窿弧线。

注释：如果腰和臀围也需要变化，它们可以各自延伸或收进（例：胸＋2.5cm，腰＋1.3cm，臀－2.5cm）。

袖子

A. 因为袖子太宽松或太紧，臂围宽改变。

- 在袖子上延伸或收进衣身上相同的变化量，重新画袖底弧线。
- 确定袖子上袖山弧线长和衣身上袖窿弧线长是否正确，包括理想的袖山弧线松量（参考表2.5，P30）。

B. 因为袖子适当，臂围宽不需要作修改。

- 抬高或降低臂围线，直到袖山弧线底的长与衣身袖窿底的弧线相匹配。
- 确定袖山弧线与衣身袖窿弧线是正确的，包括理想的袖山弧线松量（参考表2.5，P30）。

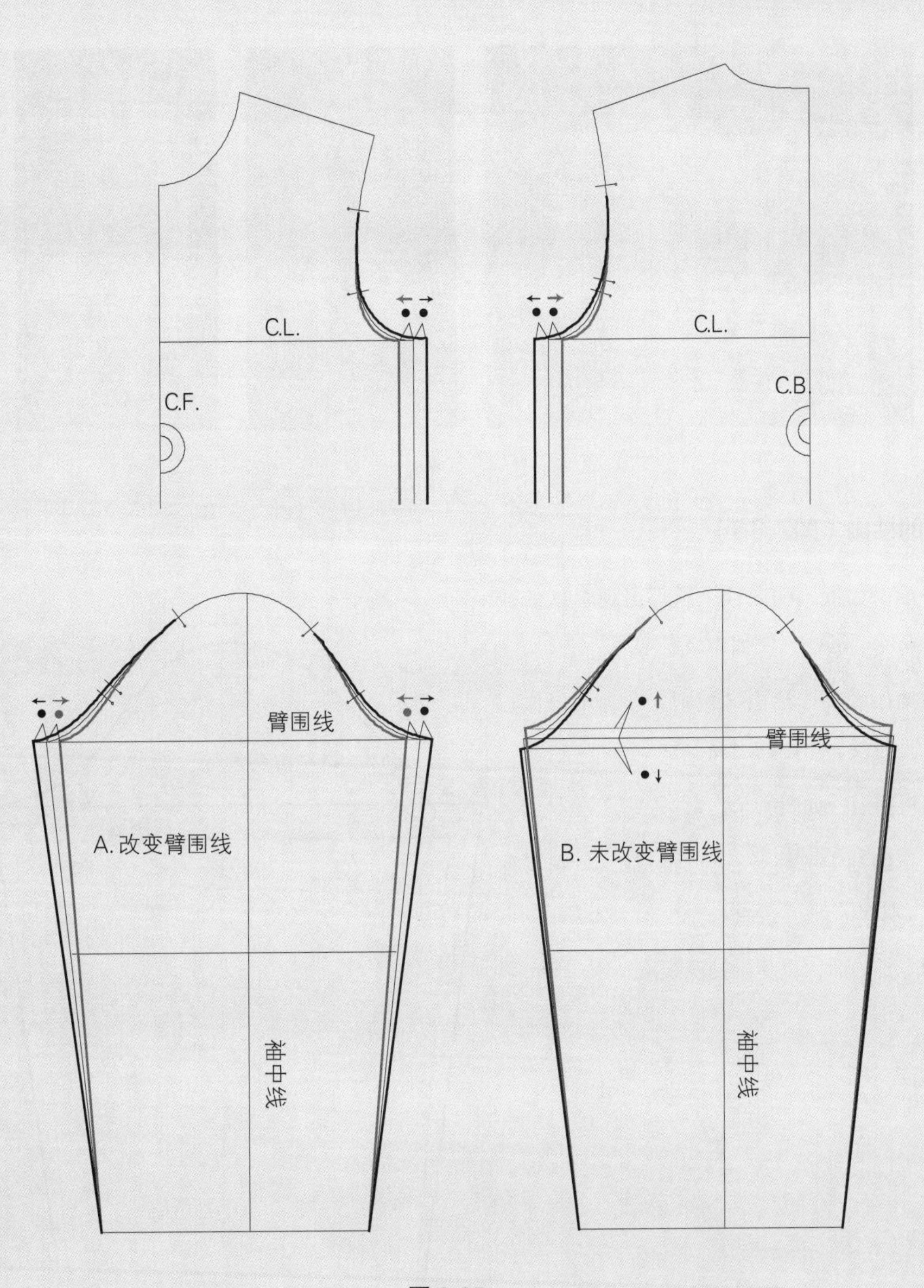

图 2.35

袖山太低或太高

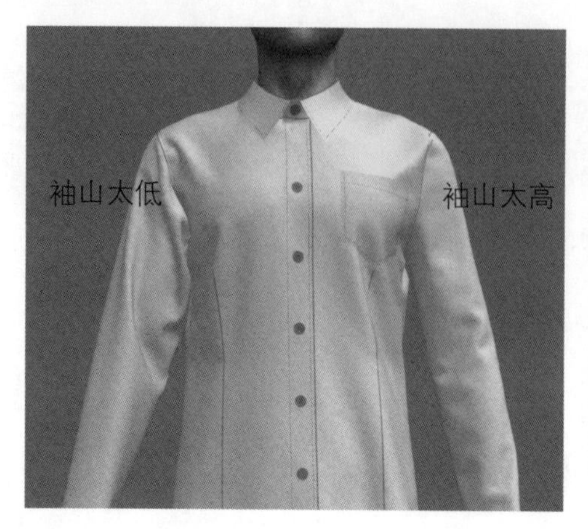

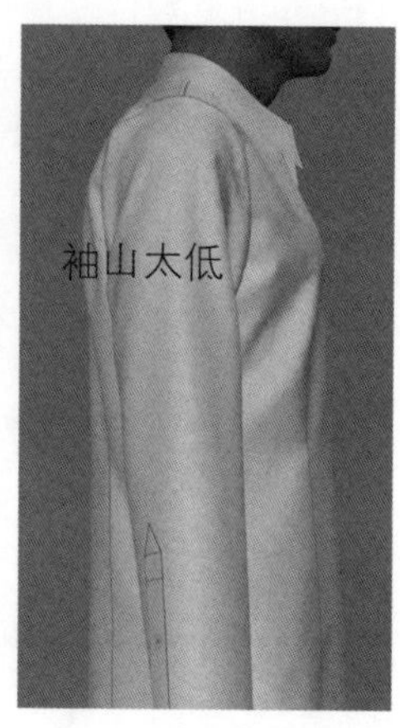

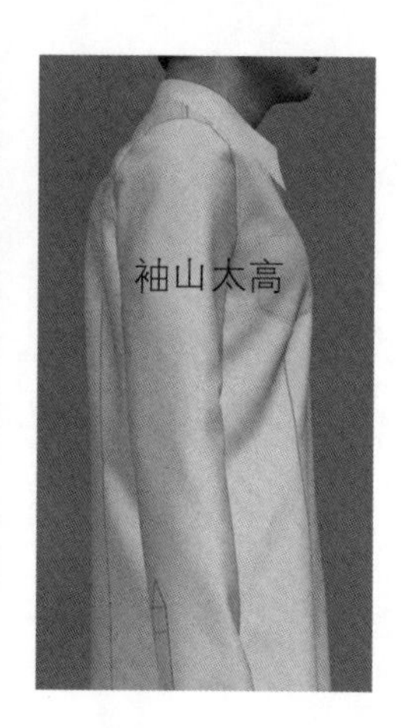

低或高的袖山（图2.36）

- 如果袖山太低，朝向袖子顶部出现牵扯的线条。降低臂围线，使袖山高度增加。
- 如果袖山太高，袖山区域则太紧，不舒服。抬高臂围线，缩短袖山高。
- 重新画袖山，如图所示。
- 测量新的袖山弧线长，包括松量，与衣身袖窿弧长比较。
- 如果需要的话，重新画袖底线。

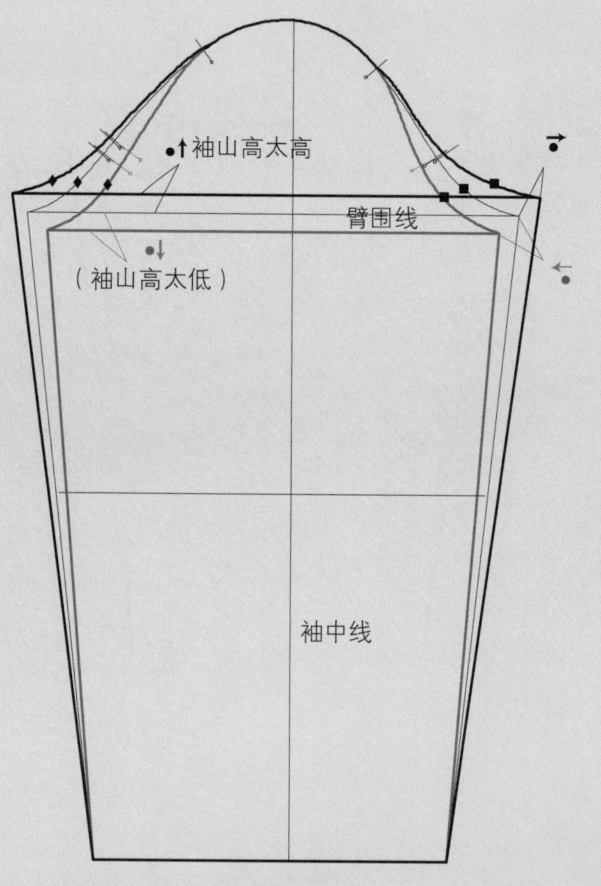

图 2.36

裤腰围太松或太紧

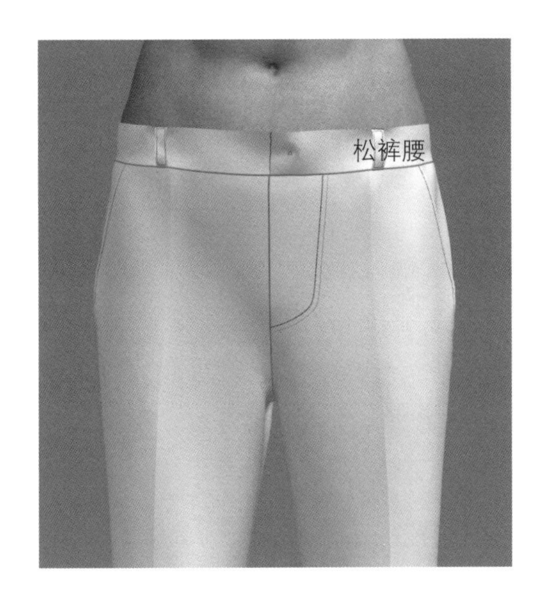

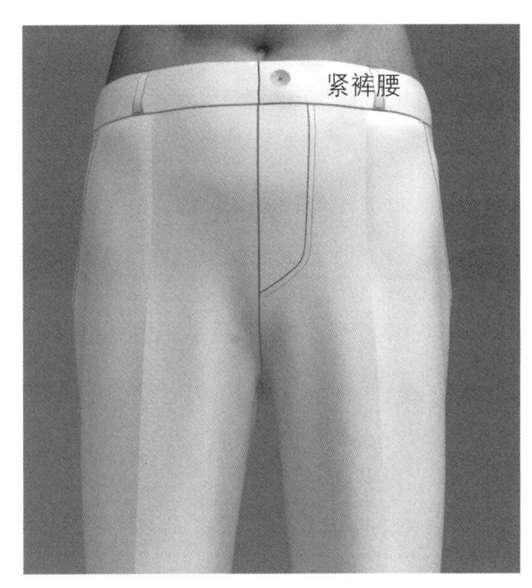

松或紧的裤腰围（图2.37）

- 根据裤腰围的松紧程度，决定收进或放松的总量（例：2.5cm）。
- 因为每个裤片是裤子的 1/4，因此，收进或放松的总量必须分成 4 份。
- 在前后裤片分配变化量的方法不同。前片将变化量除以 3，后片将变化量除以 4。参考图 2.37 所示。

前裤片

- 从前中心线收进或放出 1/3 的变化量，侧缝的变化量是 2/3。
- 重新画前中心线和侧缝线。如果线的弯曲度太大，修正此线条，特别是侧缝线在收进的情况下。

后裤片

- 收进或放出省道，是变化量的 1/4，侧缝的变化量是 1/2。重新画省道线和、侧缝线。如果线太弯曲，修正线条，特别是侧缝线收进的情况下。

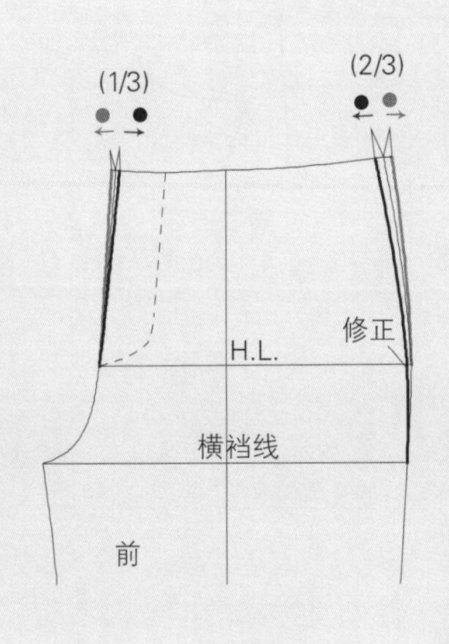

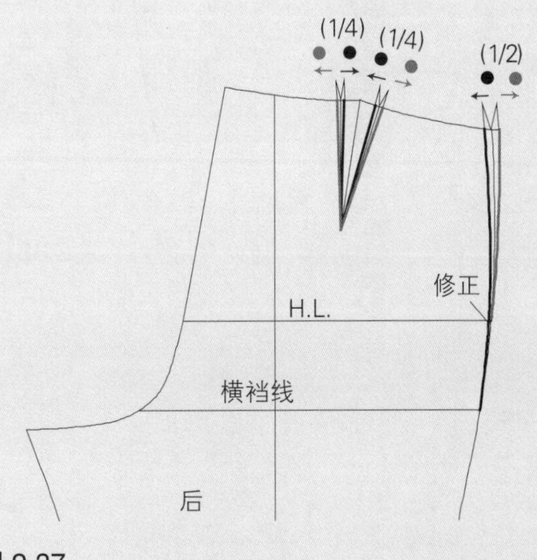

图 2.37

直裆太长或太短

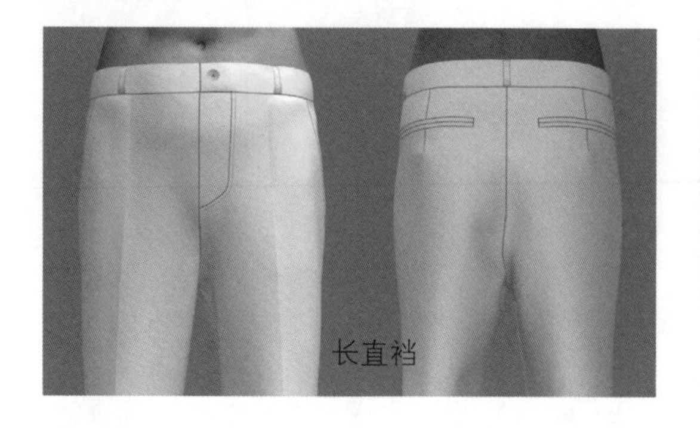

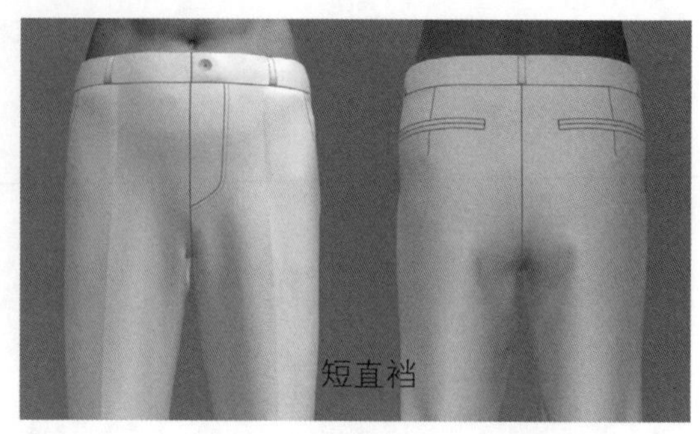

长或短直裆（图2.38）

A. 长直裆

- 如果直裆太长，裤子显得太宽松，并有面料冗余。
- 将裤子穿在人体上，用大头针沿水平方向，经过后中心到前中心别出多余的量，测量要去掉的量。
- 在样板上臀围线（H.L.）处折叠多余的量。
- 重新画前中心线、后中心线和侧缝线，如图2.38。

B. 短直裆

- 如果直裆太短，裤子显得太紧，前后身水平方向将出现牵扯的线条。
- 将裤子穿在人体上，沿着臀围线水平方向上剪开，并展开。
- 在身体上，测量展开的量。
- 在样板上，沿着臀围线剪开前后裤片，均匀地展开希望的量。
- 重新画前中心线、后中心线和侧缝线，如图2.38所示。

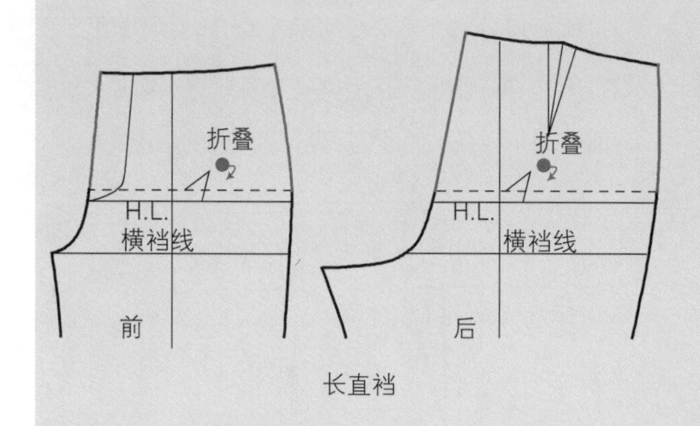

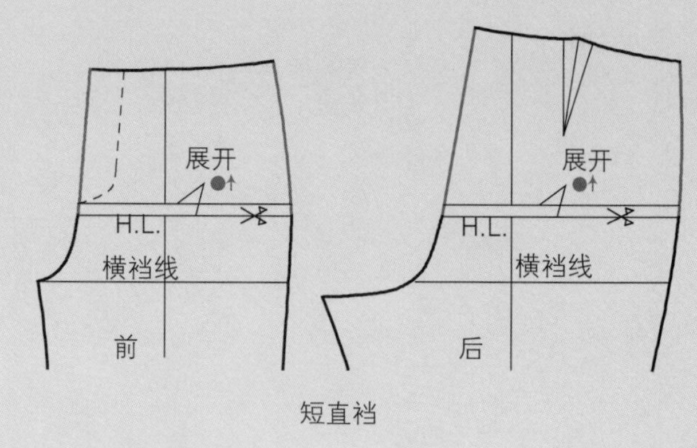

图 2.38

裆宽太松或太紧

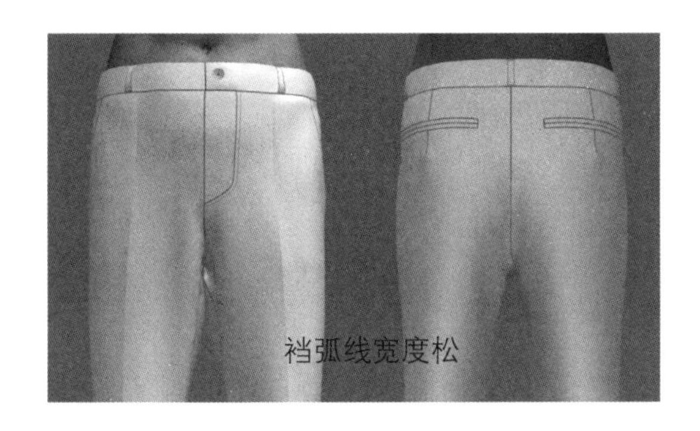

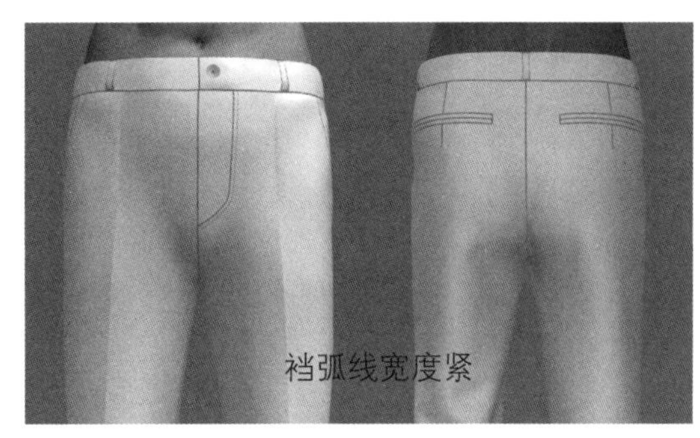

裆宽松紧

- 如果裆弧线宽度太松或太紧，会出现垂直的皱痕或水平方向的牵扯。
- 如果裤子太大或太松，用大头针别去皱痕，直到裤子合身，然后量取收进的量。
- 如果裤子太紧，将裤子穿在人体上，剪切后展开，用别针慢慢别好，直到裤子合体为止。
- 在前后裤片上的下裆缝上增加或减少裆宽，如图所示。
- 将总量分成 3 份，其中的 1/3 在前裆弧线，2/3 在后裆弧线上。
- 在下裆缝上渐渐地由大到小画下去，直到与下裆缝重合。

B.

- 有时只在后裤片上作修改。

A.

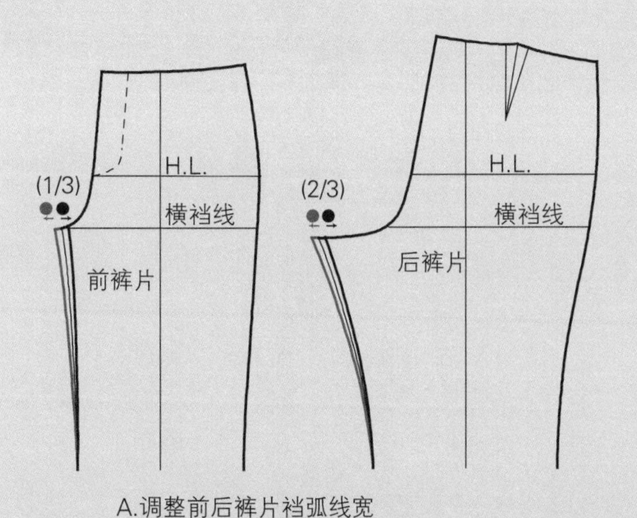

A.调整前后裤片裆弧线宽

(3/3=总量)
H.L.
横裆线
前裤片
后裤片

B. 只调整后裆弧线宽

图 2.39

后臀中部太松或太紧

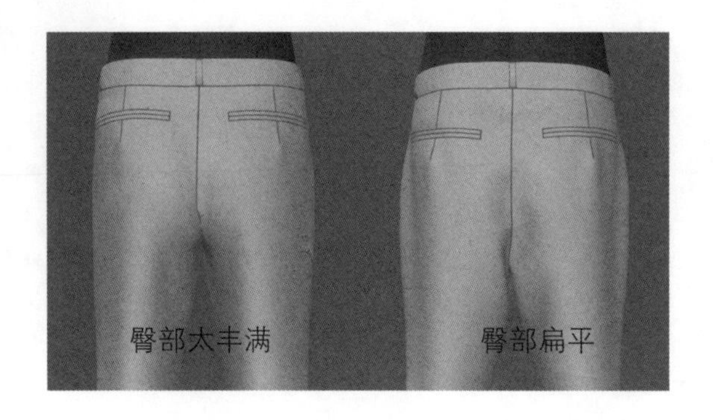

臀部太扁平或太丰满导致后中心线太长或太短（图2.40）

A. 后中心长度太短（臀部丰满）

- 如果裤子在臀部太紧，使臀部曲线太丰满，则后中心线长度太短，在后中心出现横线的牵扯。
- 将裤子穿在人体上，在臀围线部位，穿过后中心线，横向剪开面料，逐渐地向侧缝剪去，直到裤子合体为止，量取增加的量。
- 在纸样上，从后中心线开始，剪开臀围线到侧缝线，但不要剪断侧缝线。
- 在后中心的臀围线上展开刚刚在人体上量取的增量，逐渐展开到侧缝线。侧缝线长度不变。
- 如图 2.40 所示，重画后中心线、腰围线、省道及侧缝。

B. 后中心线长（臀部扁平）

- 如果臀部太松是因为臀部曲线扁平，后中心线太长，后中心线有多余的量。
- 将裤子穿在人体上，穿过后中心线，在臀围线上水平方向别出多余的量，逐渐朝向侧缝线，直到裤子合体为止。量取收进的量。
- 在样板上，在后中心的臀围线剪开，但在栋缝线不要剪断。
- 在后中心沿着臀围线重叠的量与在人体上量取的量相同，逐渐变小直到侧缝线为止。侧缝线不要缩短。
- 重新画后中心线、腰围线、省道和侧缝线，如图 2.40 所示。

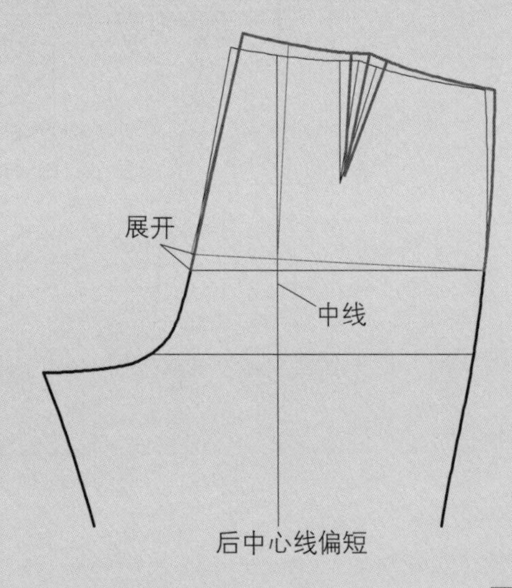

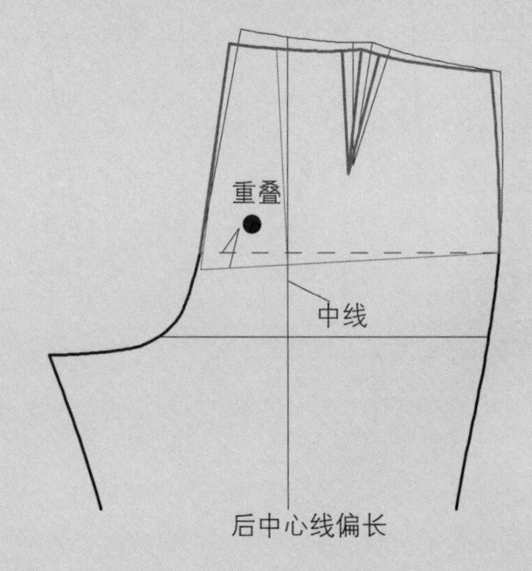

图 2.40

缝 份

缝份是在样板边缘额外增加的量。这种额外的量使衣片在缝合时不会产生尺寸上的变化。在时尚行业内，某些特殊缝线和服装款式有指定的缝份量。缝份量根据面料的厚薄和缝线的曲和直，服装是线型还是非线型，以及制造商的缝制方法而定。

梭织和针织面料所需要的缝份不同。一般来说，梭织面料比针织面料需要的缝份量大些，这是由于服装的缝合方法不同。梭织面料经常使用贴边，容易引起收缩。为了应对收缩，有时采用 1.9cm 缝份。此外，梭织面料的后中心线和栋缝经常有额外的缝份，以便修改。在梭织服装上，直线通常比曲线的缝份宽 0.3cm。如果在曲缝处的缝份太大，则难以熨烫及影响服装成形。

针织服装需要较少的缝份，主要是因为缝合方法特别，经常使用拷边机或包边机组合衣片，它们缝合的边缘不是很宽。一般来说，针织服装需要的缝份是 0.6~1cm。与梭织服装不同的是，针织服装所有缝的缝份都一样，即不论缝份是直的还是曲的，缝份的量不变。

表 2.8 为梭织和针织服装的不同部位的缝份量。图 2.42~ 图 2.44 为梭织面料的缝份举例，图 2.45 是针织面料的缝份。

表 2.8　服装不同部位的缝份　　单位：cm

	部位	梭织	针织
边缘线	领线、底摆线、袖窿线等	0	0
曲线、锁缝	袖窿线、领线	1 ~ 1.3	0.6 ~ 1
直线、光滑线	肩线、后中线、公主线	1.3	0.6 ~ 1
贴边（在黏贴了热熔衬后需要修剪）	领子、裤腰、克夫	1.3 ~ 1.9	1.3
面上明缉线	袋口	（缝迹线的宽度 + 0.3）× 2	面上明缉线宽度
底边线（不可见底边——没有缝迹线）	夹克、套头衫、裤子	3.8~5.1	2.5
底边线（有缝迹线）	衬衫、夹克、套头衫、裤子	（缝迹线的宽度 + 0.3）× 2	面上缝迹线的宽度

缝份的角度（图2.41）

在转角部位添加缝份有三种方法。第一种方法是延长原来缝边的角度，直到线条相交为止。这种添加缝份的方法有时会产生尖角。第二种方法是在缝份结束处采用成直角。这种方法有时在缝纫时更加容易些。第三种方法是沿着缝边折叠，镜像样板的缝边，然后将折叠打开，缝份正好与服装的缝边吻合。更多细节参考图 2.42~ 图 2.44。

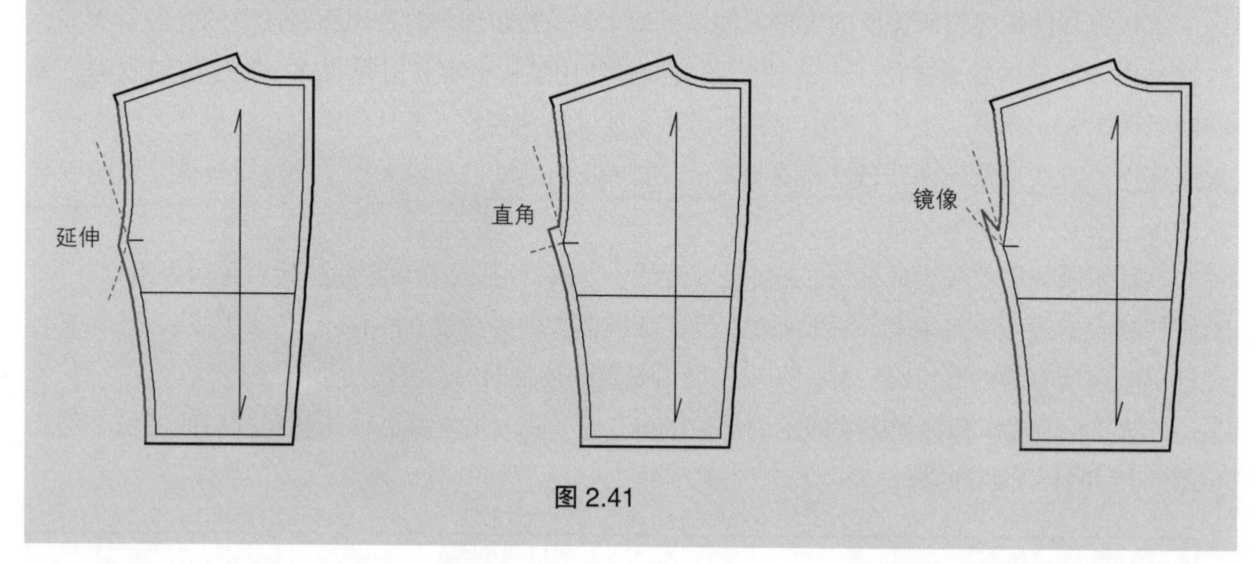

图 2.41

梭织面料衬衫缝份

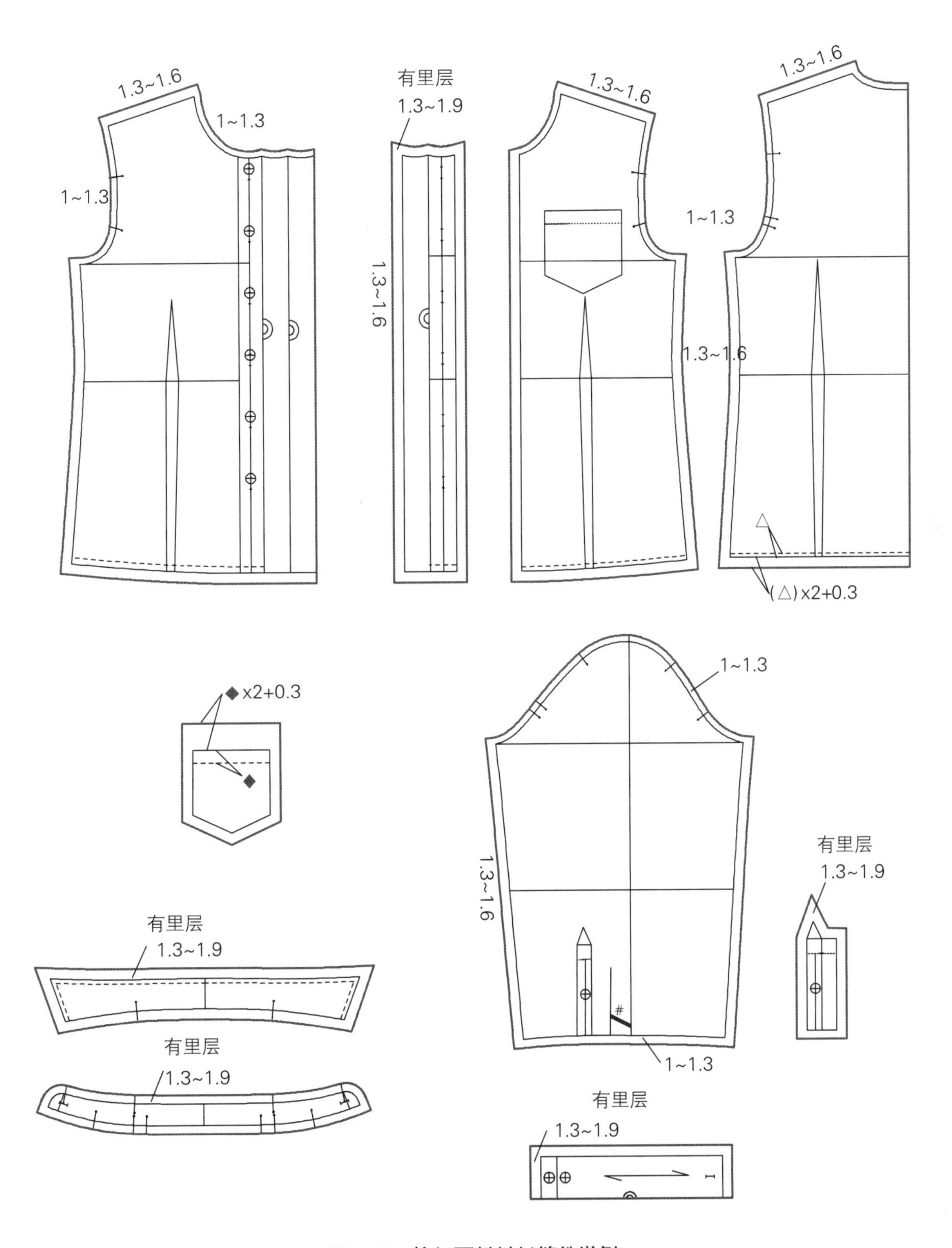

图 2.42 梭织面料衬衫缝份举例

梭织面料裤子缝份

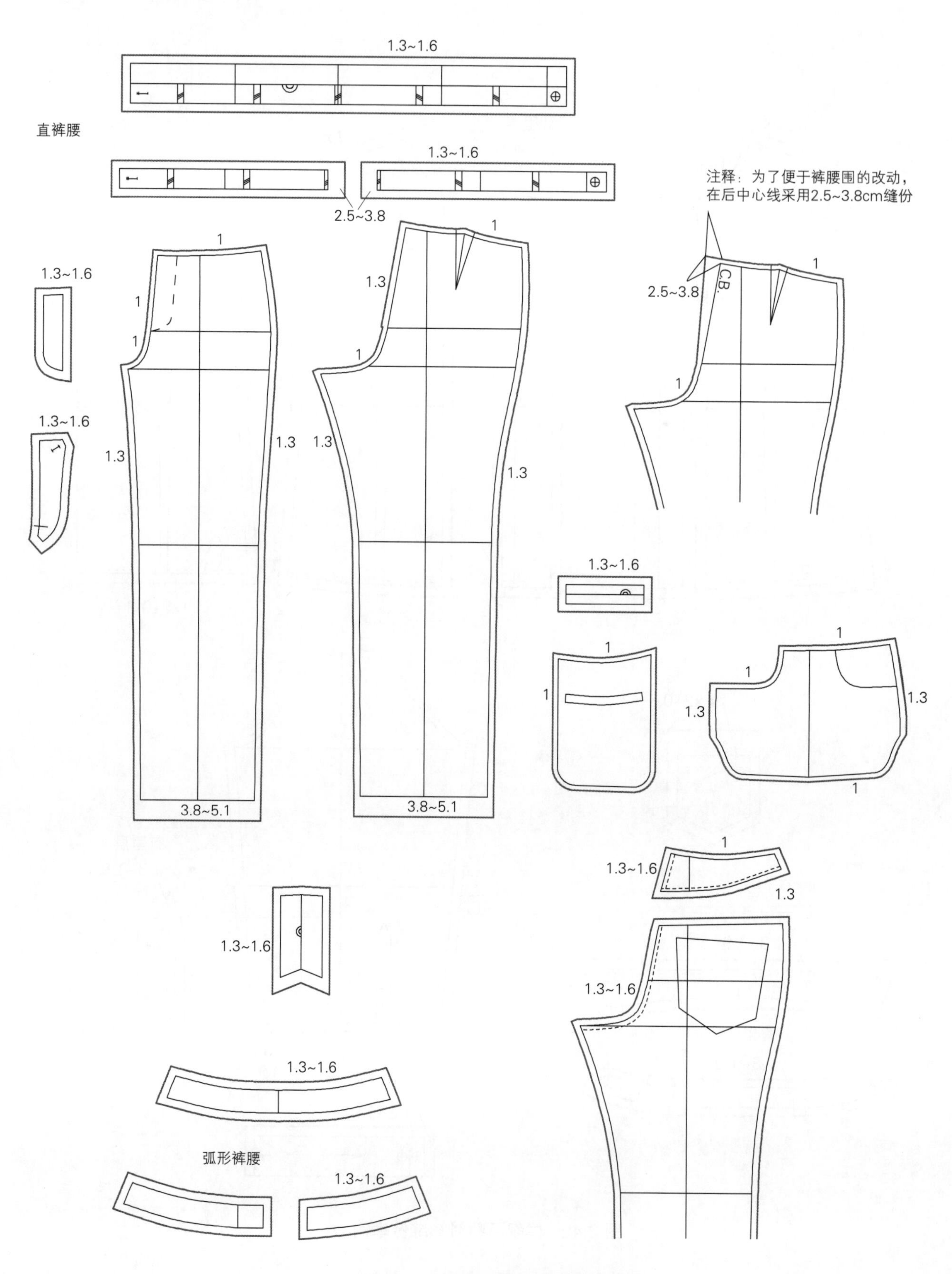

图 2.43 梭织面料裤子缝份举例

梭织面料西装缝份

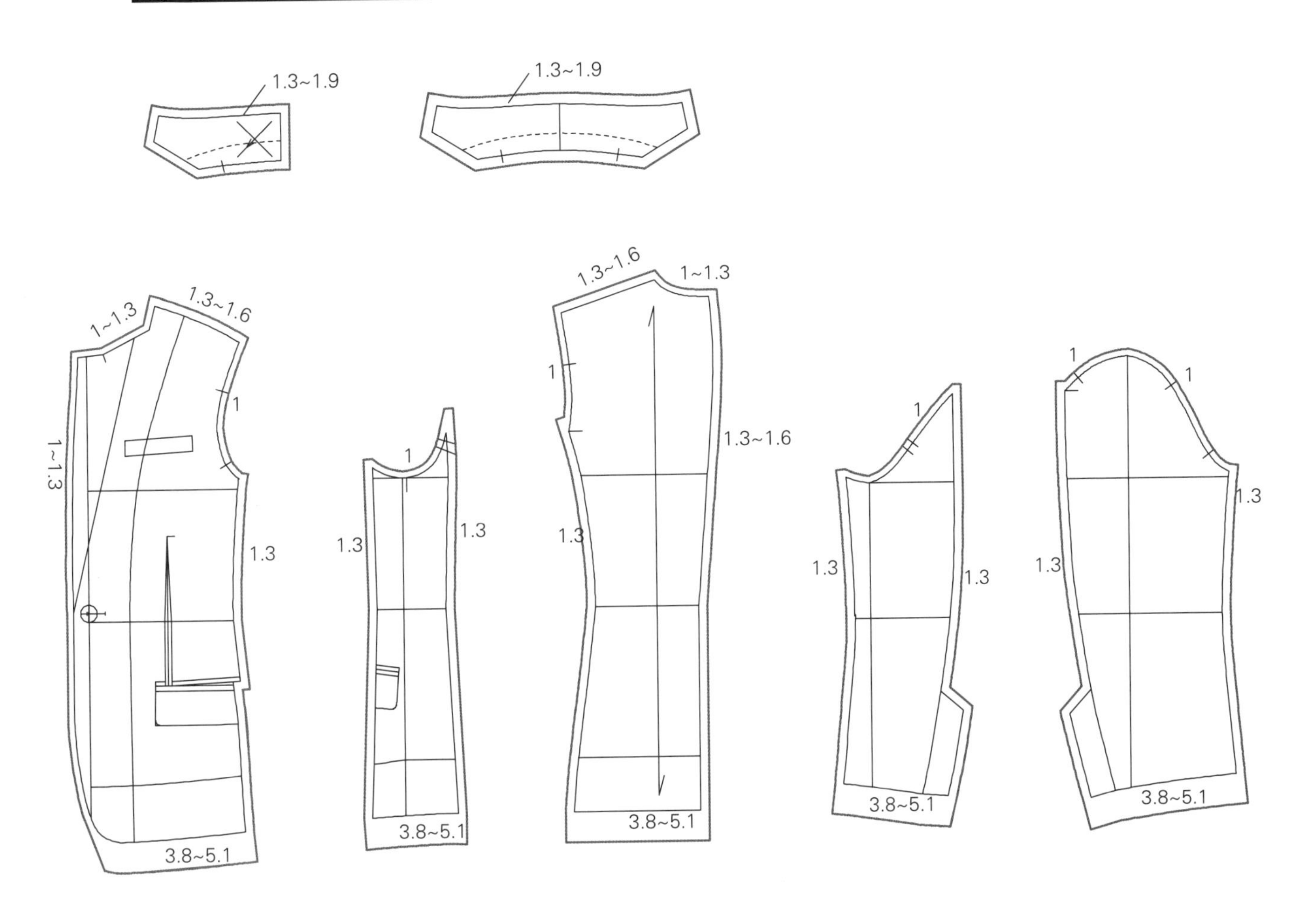

图 2.44　梭织面料西装缝份举例

针织面料上衣缝份

A 类型：针织缝份的缝边在 0.6~1cm 之间。领口线没有缝份，因为将用同样的面料滚边。底边缉明线，因此缝份为 2.5cm。

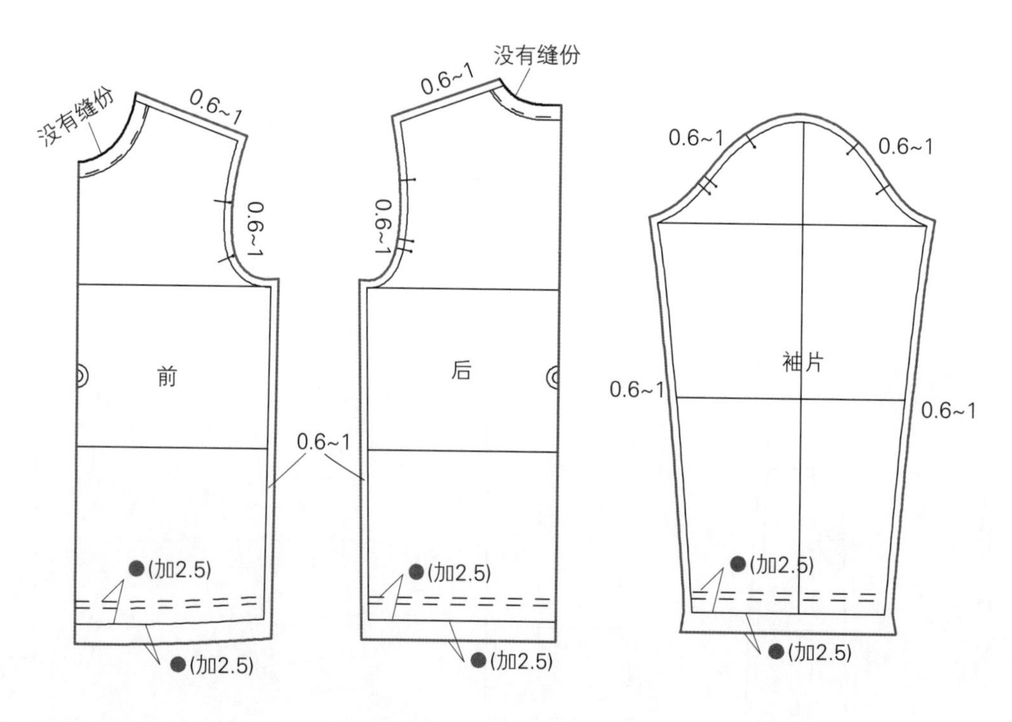

B 类型：针织面料正常的缝份，在领口弧线、底边也加相同的缝份，用来缝罗纹口。

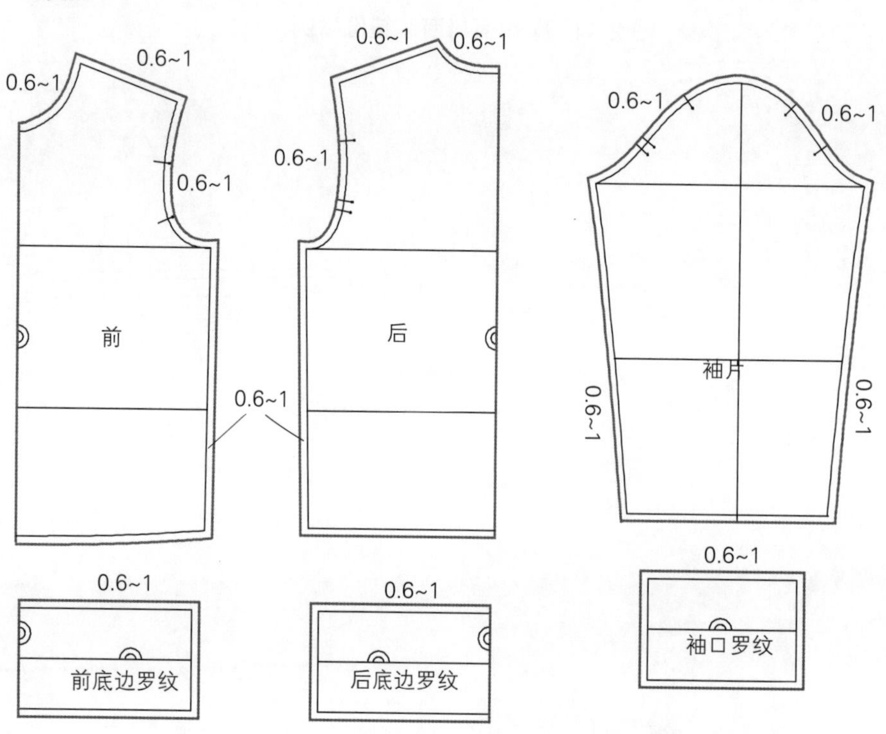

图 2.45 针织上衣缝份举例

第三章

领线

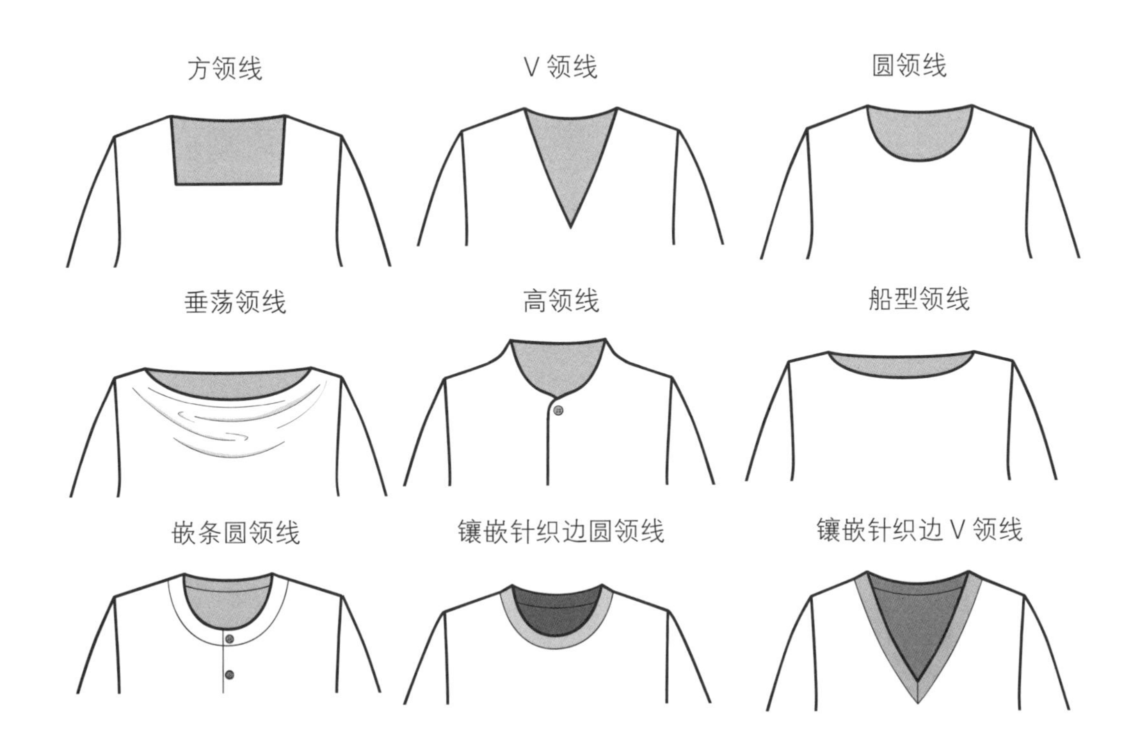

领线在服装最上端围绕颈部。不管是否装领，每一件上衣都有领线。如果装有领子，领线在领子下面，可以露在领外，也可隐藏于领子下面。另一方面，如果没有领子，那么领线就是最重要的款式线，最终塑造了服装最上端的造型，特别是前面的部分。

领线围绕脖颈有高、低、宽和贴合之分。领线设计在结构上包含多个元素，如宽度、深度和角度。领线的样式设计通常要使它能够起到提升服装效果的作用——细微的修改就会改变形状，装上领子变化更为显著。

这一章将集中于没有领子的领线。可以设计任意领线，但是，事实上设计变化是有限的，有三种基本的领线：圆形、方形和 V 形。

因为这章集中于没有领子的领线，完成这些领线的话，采用贴边，斜边镶滚，或其他方式。当设计无领的领口线时，应该同时考虑它的在服装上的基本功能和款式效果。对于没有开口的衬衫领线，其领围至少比头围要大 2.5~5.1cm。如果喜欢贴紧的领线，在画前后片原型时就要加开衩的门襟。

圆 领

见平面图 3.1。

平面图 3.1

圆领线（图3.1）

- 拓印前后原型。
- A = 从后领窝点向下量取 0~0.3cm。
- B = 从后 H.P.S 向内量取 0.6~1.3cm。
- A－B = 画与原型类似的领口弧线。
- C = 从前 H.P.S 向内，量取的量与后衣片向内的量相同。
- D = 从前领窝点向下量取 0.6~1.3cm。
- C－D = 画与原型相似的领口弧线。连接 C 和 D 点，画弧线，完成前领口弧线。
- 检查领口弧线的总长，如果需要开衩，则要修改样板。

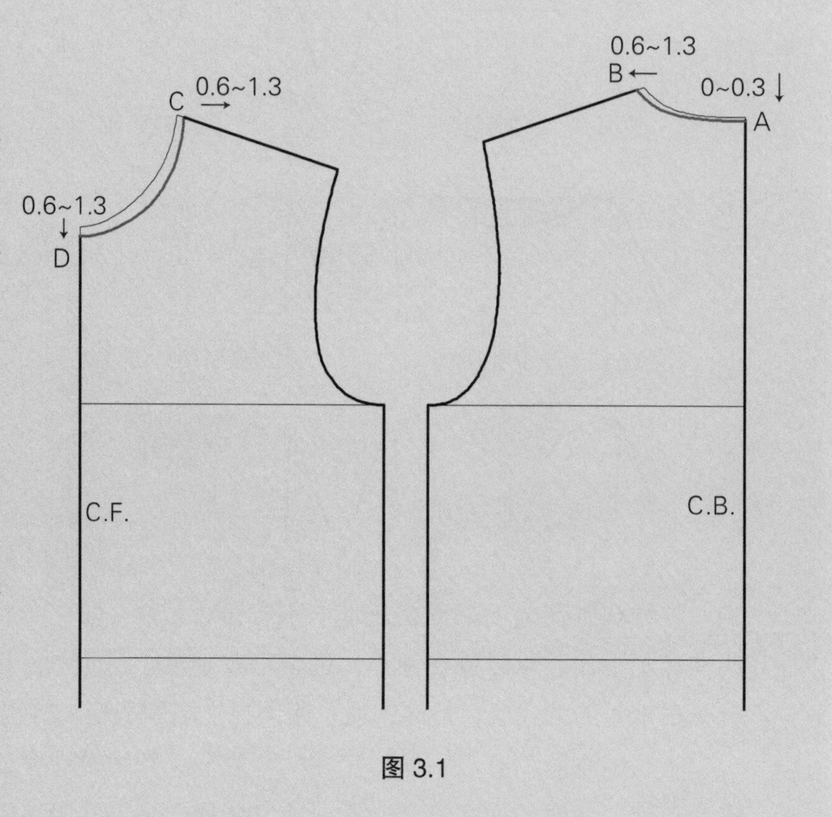

图 3.1

方形领线

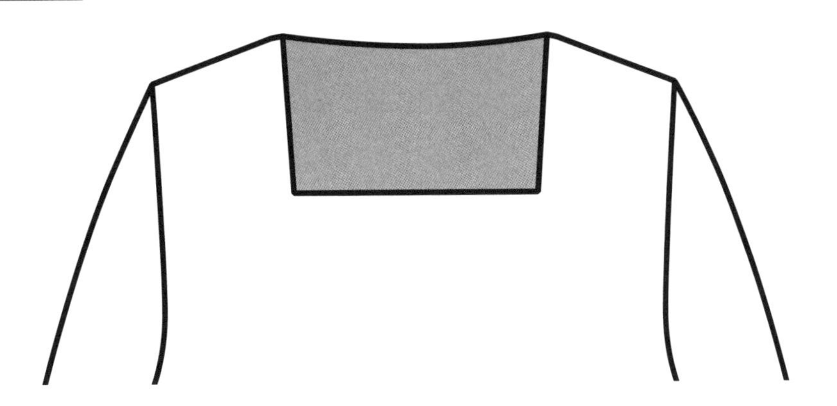

平面图 3.2

方形领线（图3.2）

- 拓印前后衣片原型。
- A = 从后领窝点向下量取 0.6cm。
- B = 从后 H.P.S 向内量取 1.3~1.9cm。
- A - B = 画与原型类似的领口弧线。
- C = 从前 H.P.S 量取与后领口向内相同的量。
- D = 从前领窝点向下量取 1.3~2.5cm。
- D - E = 从 D 朝袖窿方向画垂直引导线。从 C 点画这条引导线的垂线，交点标为 E 点，如图 3.2 所示。
- E - F = 从 E 点向内量 0.6~1.3cm。
- 连接 C、F 和 D，画直线完成前领口线。
- 检查整个领线的长度，如果领线需要开衩，样板要作修改。

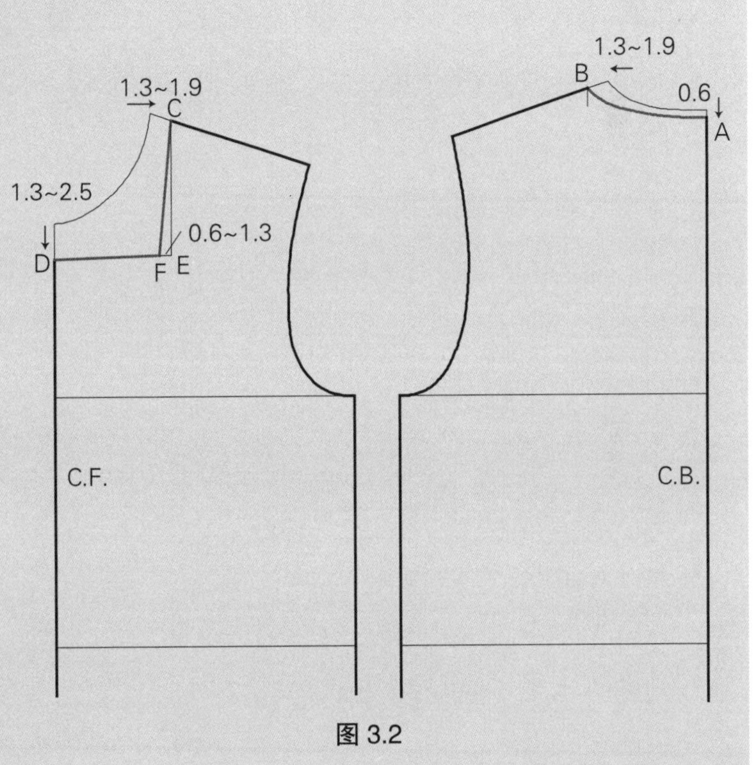

图 3.2

V 形领线

见平面图 3.3。

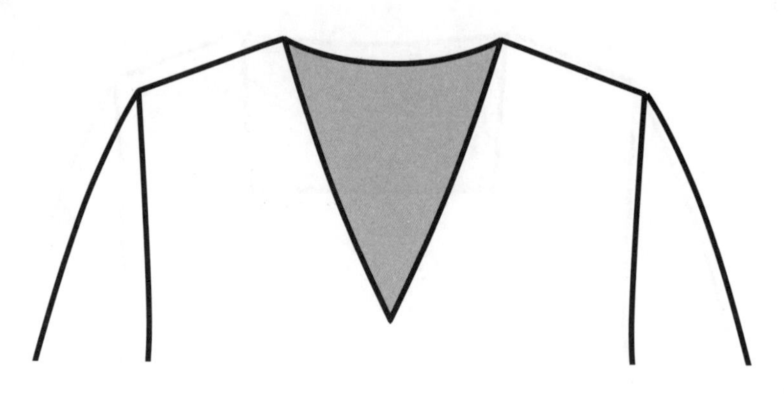

平面图 3.3

V形领线（图3.3）

- 拓印前后原型。
- A＝从后领窝点向下量取 0~0.6cm。
- B＝从后 H.P.S 向内量取 0.6~1.3cm。
- A－B＝画与原型类似的领线。
- C＝从前 H.P.S. 向内量取与后颈肩点向内相同的量。
- D=从前领窝点向下量取7.6~10.1cm。
- C－D＝画直线。
- E＝C－D 的中点。
- E－F＝量出 0.6~1.3cm，画 C－D 的垂直线。
- 连接 C，F 和 D，画微微的弧线，完成前领口线。
- 检查领线总的长度，如果开衩，则要修改样板。

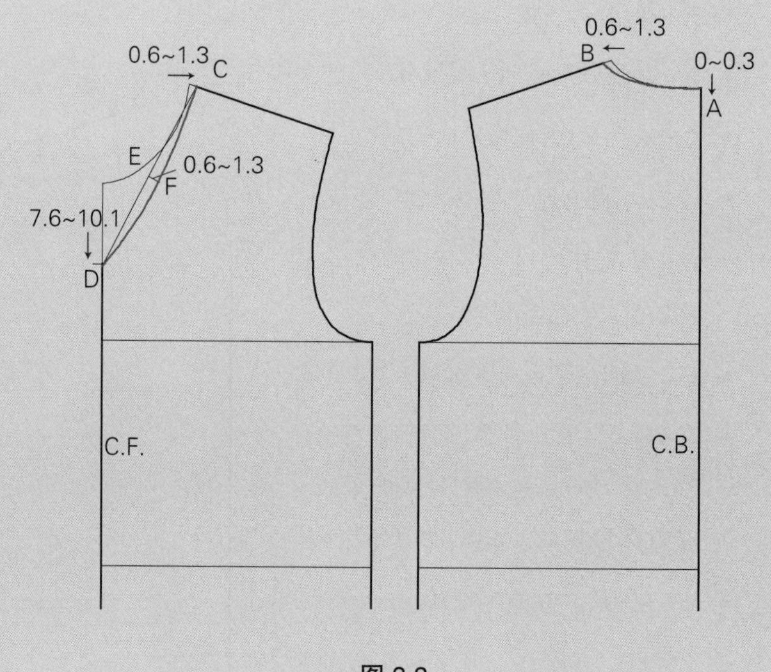

图 3.3

船形领线

见平面图 3.4。

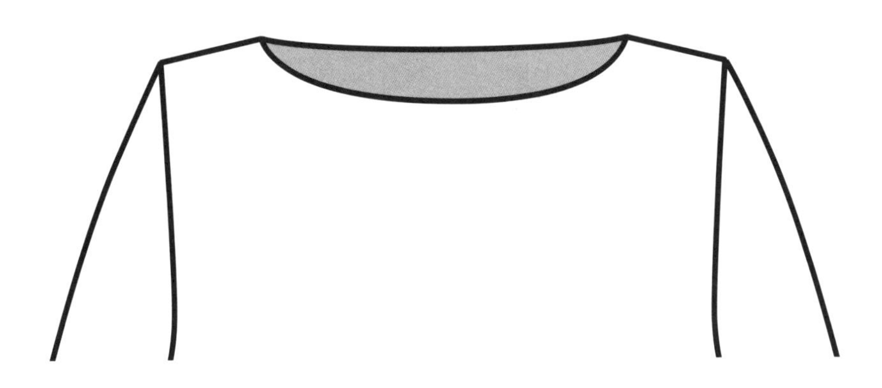

平面图 3.4

船形领线（图3.4）

- 拓印前后原型。
- A 和 D = 分别从前后的 L.P.S. 点向内量取 5.1~7.6cm。
- A－B = 画直线，垂直于后中线。
- B－C = 向下量取 0~0.6cm。
- E = 前中线向上量取 1.3~1.9cm。
- A－C, D－E = 画希望的弧线，完成船形形状。
- 检查领口线的总长，如果需要开衩，则修改样板。
- 画贴边线（例：3.8cm）与领线平行。

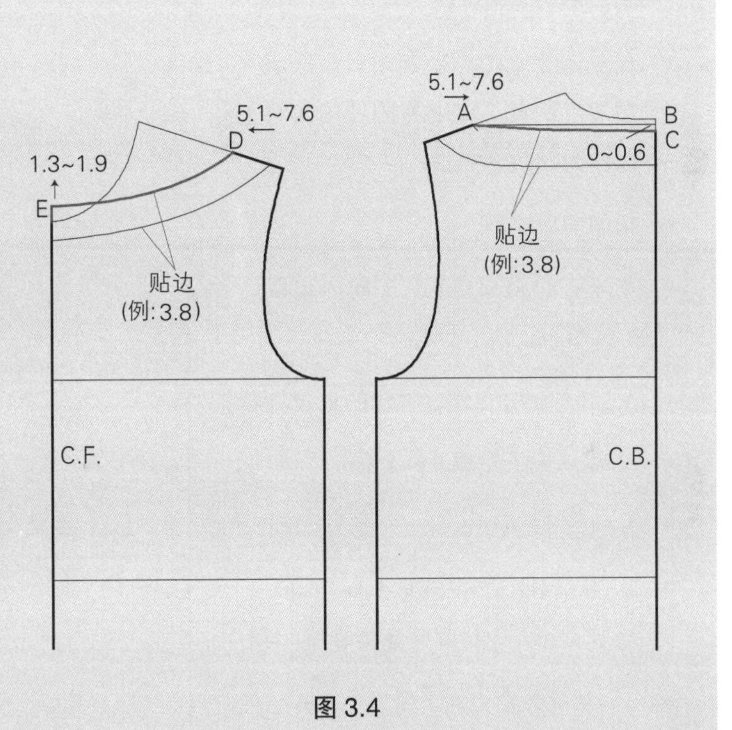

图 3.4

无塔克垂荡领线

见平面图 3.5。

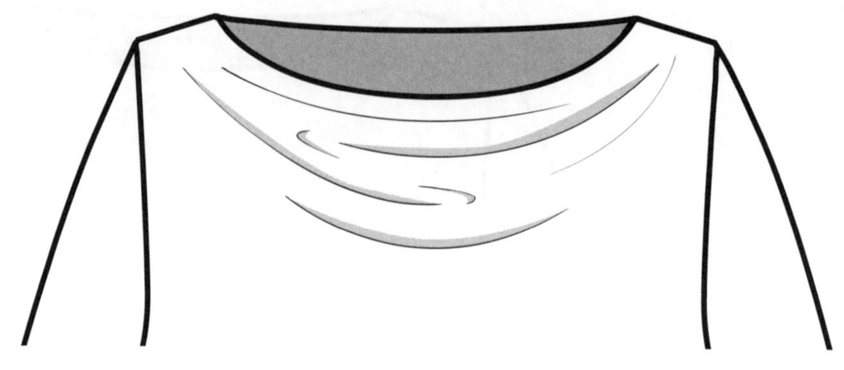

平面图 3.5

画基本领线（图3.5）

- 在垂荡领线边缘折叠面料，形成贴边。因此，要增加额外的面料以作为贴边。
- 拓印前后原型。
- A = 从后领窝点 H.P.S. 向内量取 5.1~7.6cm。
- A－B = 在 B 点作后中线的垂线。
- B－C = 向下量取 0.6~1.3cm。
- A－C = 画弧线。
- D = 从前 H.P.S. 向内量取 5.1~7.6cm，与后衣片向内量取的量相等。
- E = 从前领窝点向下量取 2.5cm。
- E－D = 画直线。
- 检查领线（临时）的长度。垂荡领线没有开衩，因此要比自身头围大 2.5~5.1cm 的松量。

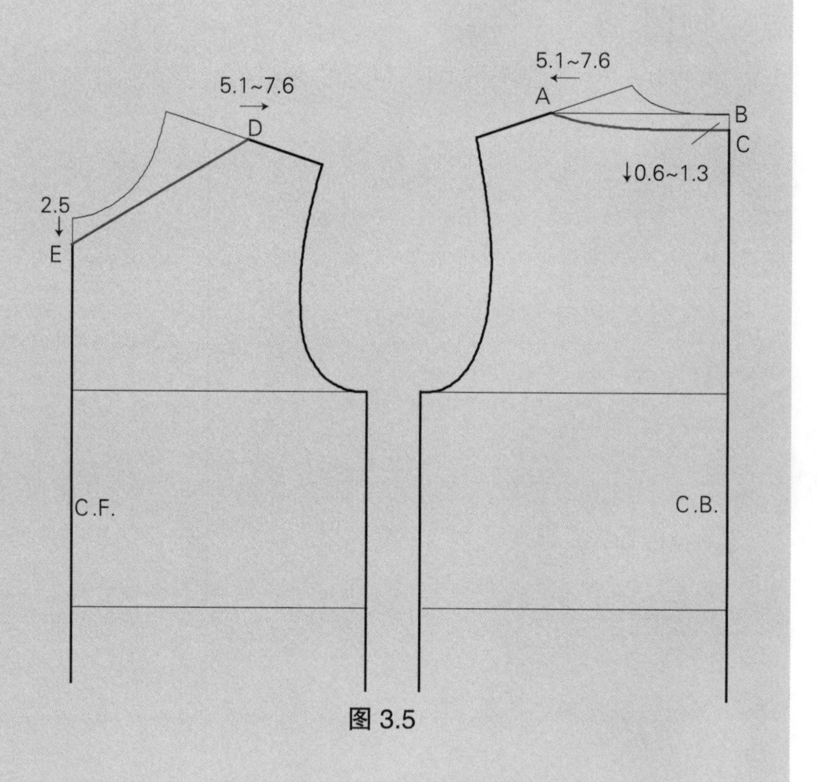

图 3.5

画垂荡的位置（图3.6）

- F－G＝第一个垂褶，大致画一条弧线，如图所示，根据设计领线的宽度(例：2.5~3.8cm)有所变化，然后将它剪切和展开，作为垂褶的深度。
- H－I＝第二个垂褶，重复上一步骤。
- J－K＝第三个垂褶，重复上一步骤。

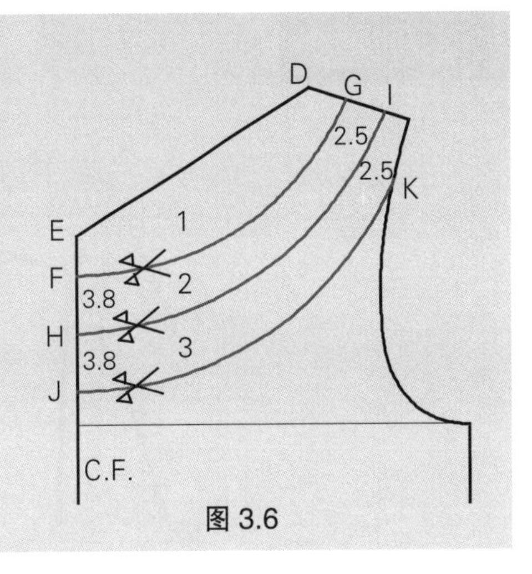

图 3.6

展开垂褶（图3.7）

- F－F′＝H－H′＝J－J′＝剪切每条线，然后展开这些线，如图所示。距离是垂褶深的两倍(例：7.6~10.1cm)。
- D＝从侧颈点画一条平行于胸围线的引导线。
- J′－L＝从J′向上延伸前中线到引导线，相交于L点。

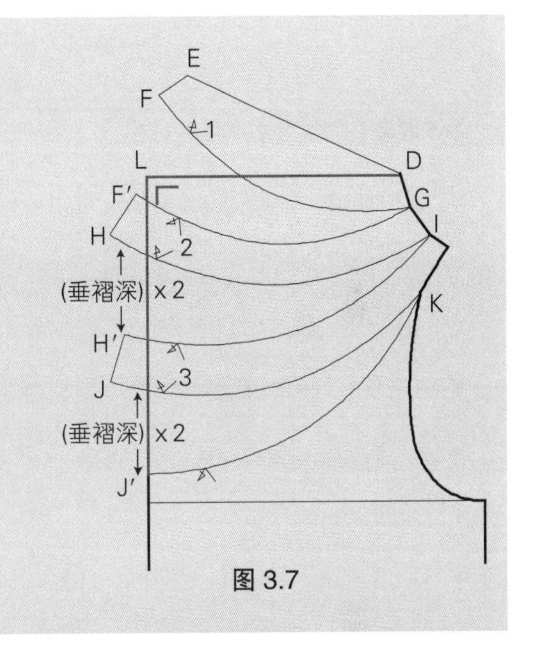

图 3.7

贴边线（图3.8）

- 将肩线和袖窿线画成光滑弧线。
- D－M＝在肩点向下量取3.8cm。
- J－N＝前中心向下量取7.6cm。
- N－M＝贴边线，画光滑弧线。
- N′－M′＝折叠线D－L，拓印N－M和D－M，标为N′－M′。
- 画斜向丝缕线。
- 前中心上画折叠符号。

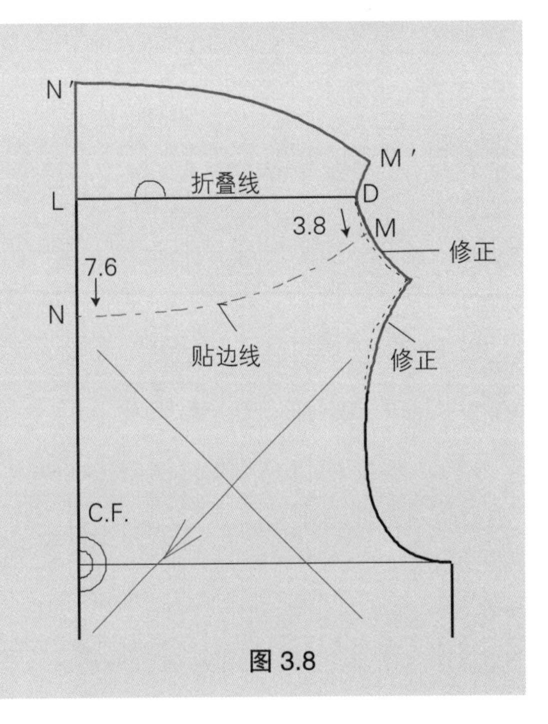

图 3.8

高领线

见平面图 3.6。

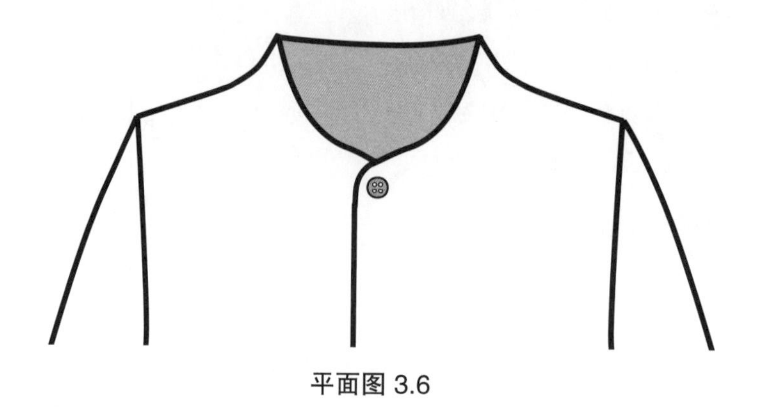

平面图 3.6

高领线（图3.9）

- 从后向前，高领线边缘的高度可以变化。
- 拓印前后原型。
- A = 从后领窝点向上延伸 1.9~2.5cm。
- B = 从 H.P.S. 向上画垂直线，量取 1.9cm。
- A－B = 画一条弧线。
- C = 肩线的中点。
- C－B = 画一条弧线，在颈肩点的弧线高度是 1cm。
- D = 从前 H.P.S. 抬高 1.3cm，再向内量取 0.6cm。
- E = 肩线的中点。
- E－D = 画一条平缓的弧线。
- F = 前领窝点。
- F－G = 门襟（例：2.2cm)。
- G－H = 画与前中线平行的线。
- G－I=向下量取所需的量(例：5.1~7.6cm)。
- G－I = 画一条弧线，再画圆顺领口弧线。

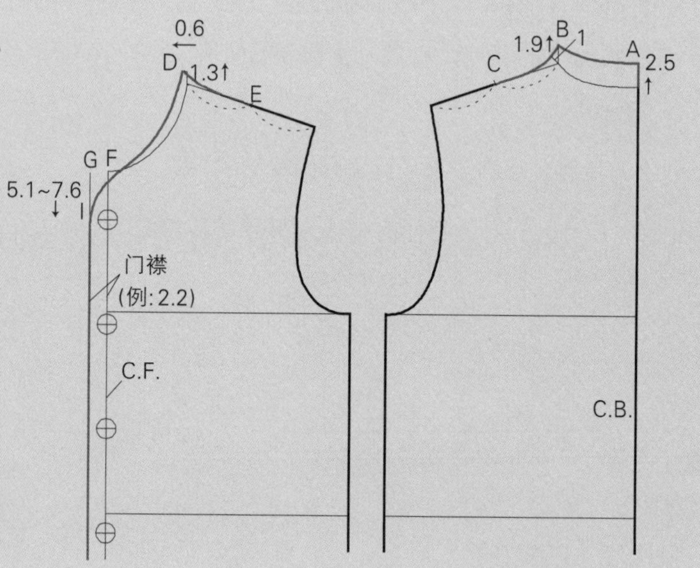

图 3.9

嵌条领线

在领线嵌入窄布条。由两层面料构成（没有贴边），根据服装的设计，可以变化形状和宽度。下面介绍三种嵌条领线，一种是梭织面料，另两种是针织面料。梭织面料的领线画法简单，因为嵌条的形状和领线的形状相同，可以从纸样上直接拓印。但是，针织面料，要另外测量和制图。

1）梭织面料嵌条领线（圆领）

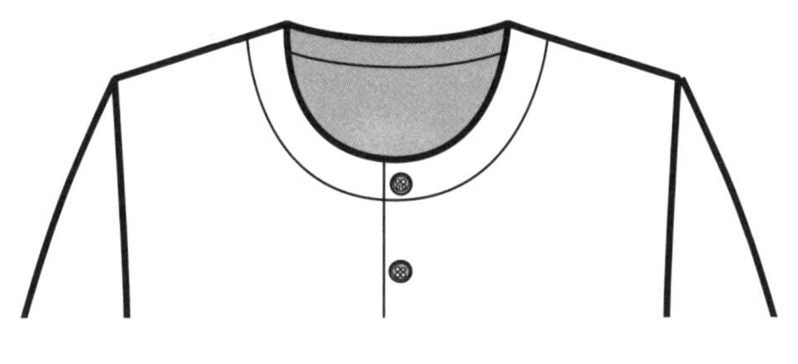

平面图 3.7

嵌条的画法，先画领线外口希望的形状，再画希望的嵌条宽度（见平面图 3.7）。

嵌条领（图3.10）

- 拓印前后原型。
- A－B, C－D = 领线边缘，画希望的领线形状。
- 如果后 H.P.S. 改变，确保前 H.P.S. 点也做相同的改变。
- D－E = 门襟 (例 :1.9cm)。
- 从 E 到底边线作一条平行于前中线的线。
- F－G, H－I = 作平行于领线边缘 A－B 和 C－D 的线。

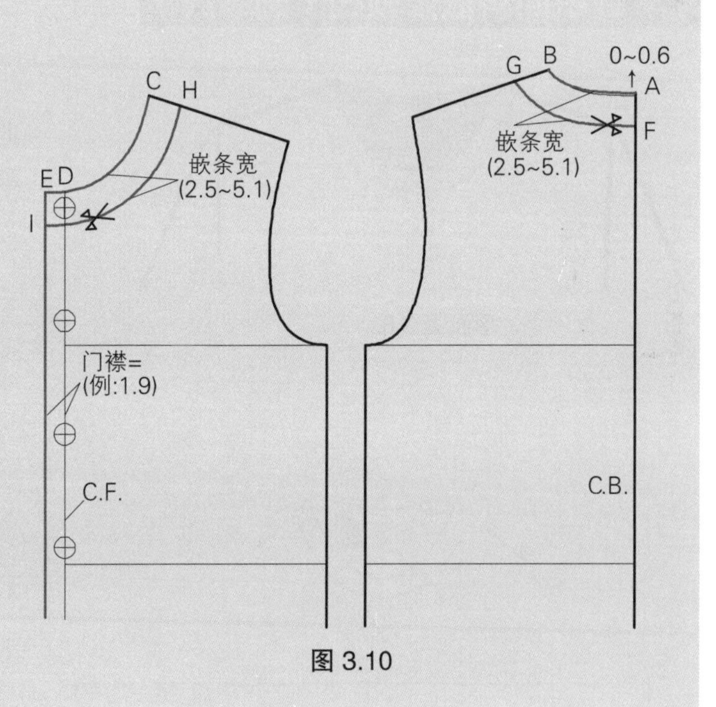

图 3.10

分割嵌条（图3.11）

- 剪切线 F－G 和 H－I，然后分离嵌条。
- 如果需要的话，打开后样片中线，如图 3.11 所示。

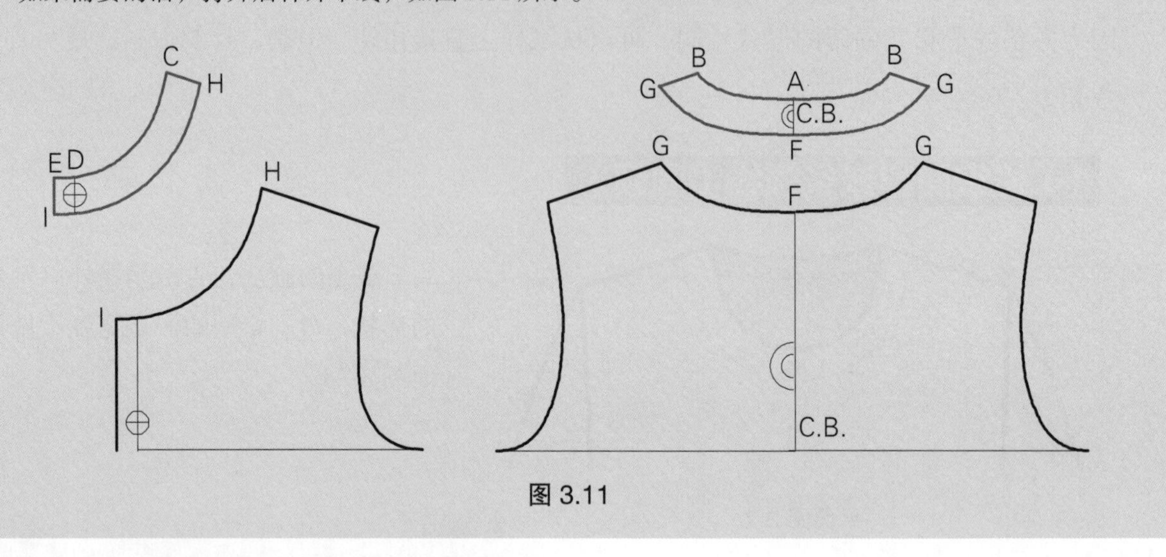

图 3.11

2）针织面料嵌条领线（圆领线）

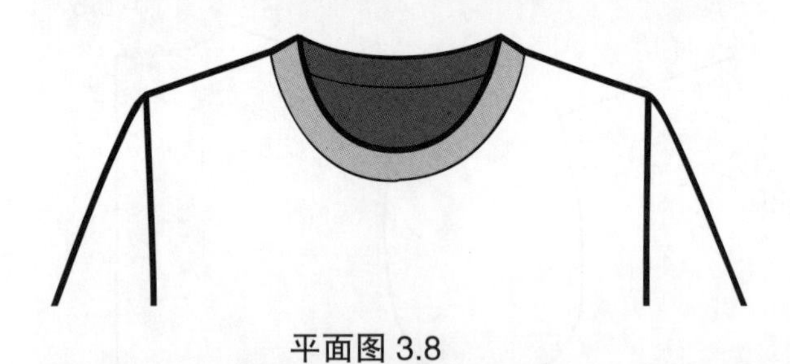

平面图 3.8

针织面料围绕脖颈的圆领线呈弯曲形状，利用针织面料拉伸的特征（见平面图 3.8）。

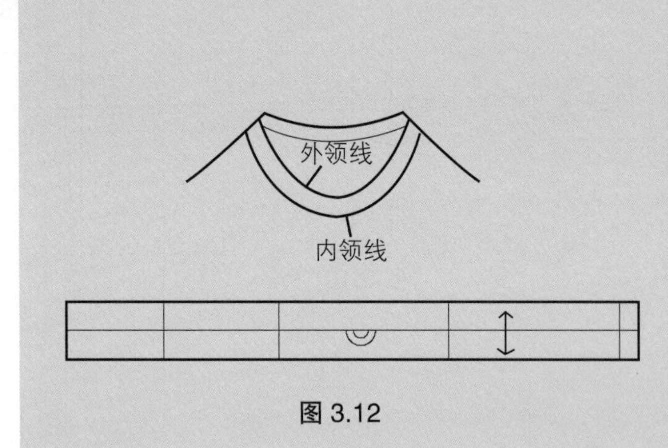

图 3.12

外领线和内领线（图3.12）

镶嵌在领线上的嵌条是长方形。嵌条的长度与原来领线的长度相当（外领线的长度），因此，在纸上内领线长度和外领线长度有差别。但是，由于针织面料有拉伸，允许这种差别。针织面料圆领线的纸样如下所示。

画领线位置（图3.13）

- 基本圆领线的细节，参考前面梭织面料嵌条圆领线 (图 3.10)。
- 拓印针织面料前后原型。
- A－B, C－D = 外领线，画希望的领线边缘。
- E－F, G－H = 内领线，画嵌条的宽度 (例：1.9~3.2cm)，平行于外领线的弧线。

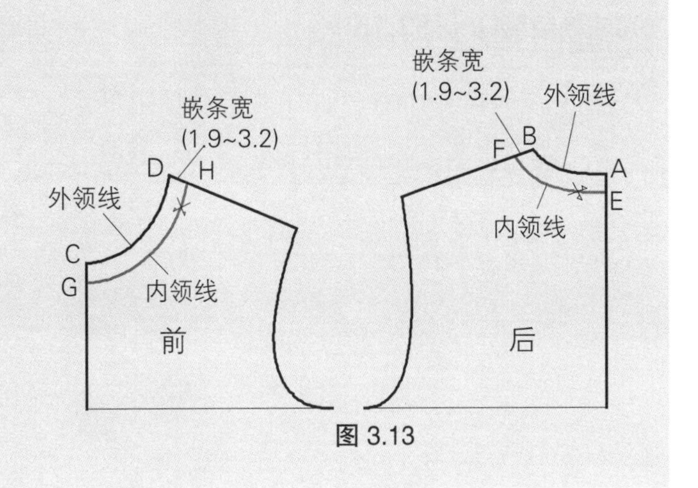

图 3.13

分离领线（图3.14）

- 剪开内领线，并分离。
- 量取两个外领线的长度。

前外领线长度：__________

后外领线长度：__________

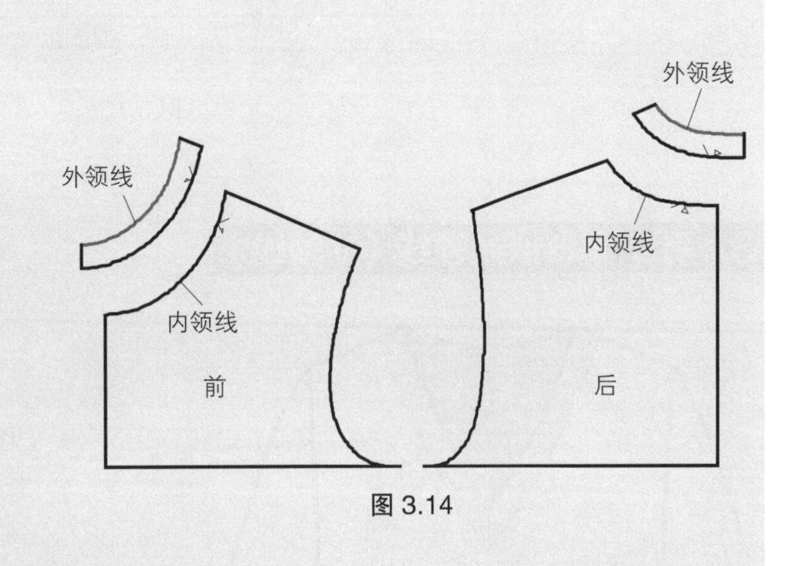

图 3.14

画针织嵌条（图3.15）

- 从 A (H.P.S.) 点画长方形。
- A－B = 前外领线长度。
- B－C = A－B。
- C－D = 后外领线长度。
- D－E = C－D。
- E－G = 嵌条的宽度 (例 :1.9cm)。
- G－F = 画一条平行于 A－E 的线条，完成长方形。

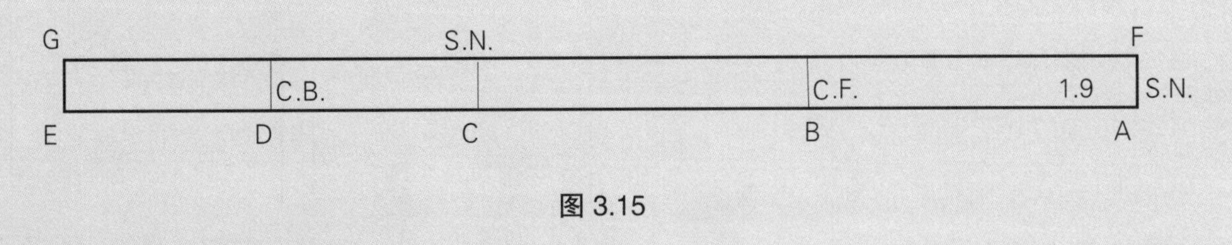

图 3.15

完成嵌条纸样（图3.16）

- 为了隐藏肩部的连接线，在圆领线的情形下，缝线由左侧颈肩点向后领窝点方向移动1.3~2.5cm。
- E－H＝量进1.3~2.5cm，然后剪掉。
- 将从H点剪掉的量搬到A－F。
- 完成嵌条，以线G－F纵向反射，使嵌条变成双层。

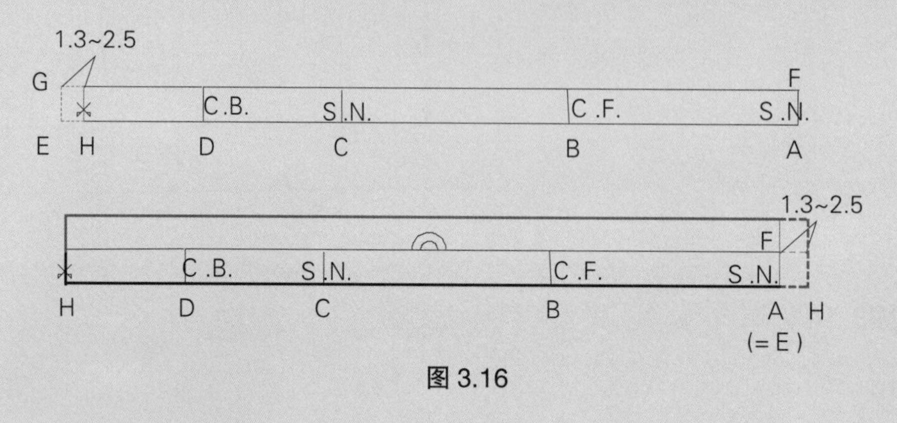

图 3.16

3）针织面料嵌条领线（V领线）

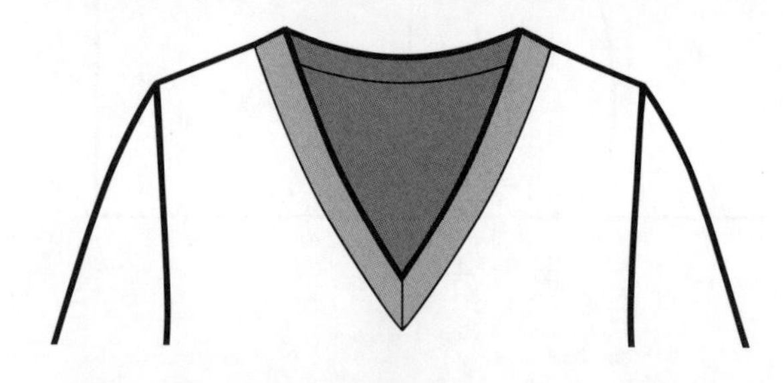

平面图 3.9

针织面料V领线围绕脖颈成V形，并利用针织面料的特性（平面图3.9）。

画V形领线（图3.17）

- 拓印针织面料原型，操作步骤与梭织面料的V领线相似。
- A＝从后领窝点向上量取1.3cm。
- B＝延伸后肩线0.3cm，如图所示。
- C＝延伸前肩线0.3cm，如图所示。
- D＝从前领窝点向下量取10.1cm。
- E＝在C－D的中点，画垂直线，量取1cm。
- 连接点C，E和D，得到前领线，然后连接点A和B，画后领弧线。

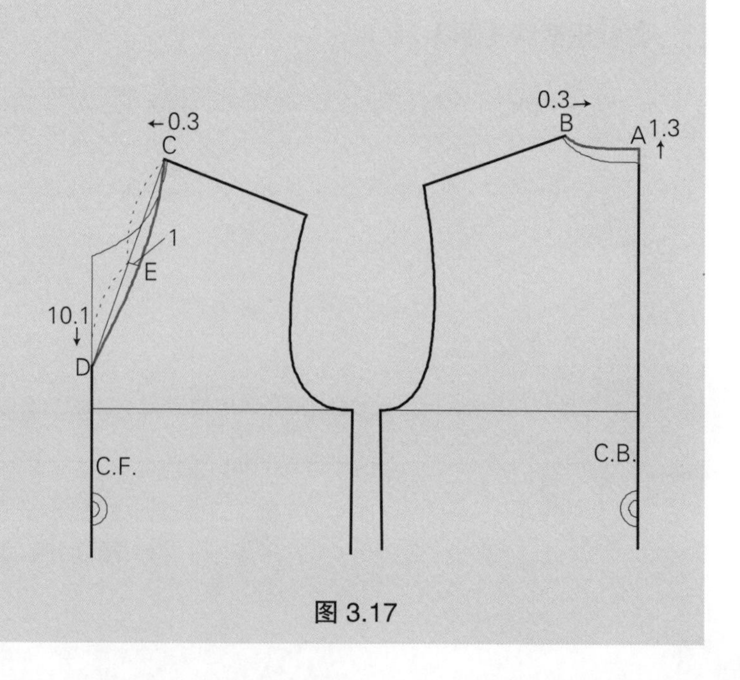

图 3.17

修正（图3.18）

- 弧线是T恤V领线的外轮廓。当画弧线的时候，你应该检查颈肩点（H.P.S.）连接的部位，将它画圆顺。如果需要的话，如图所示修正领线。

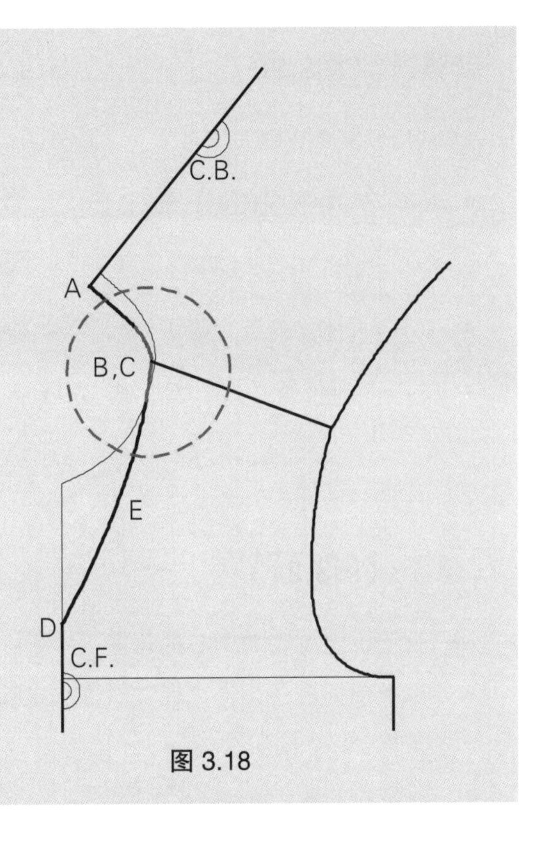

图 3.18

步骤1（图3.19）

- 画弧线，与完成了的外领线平行，设定宽度为1.9~3.2cm。
- 从衣身的纸样上剪开内领线。
- 量取外领线的长度。

前外领线的长度：________

后外领线的长度：________

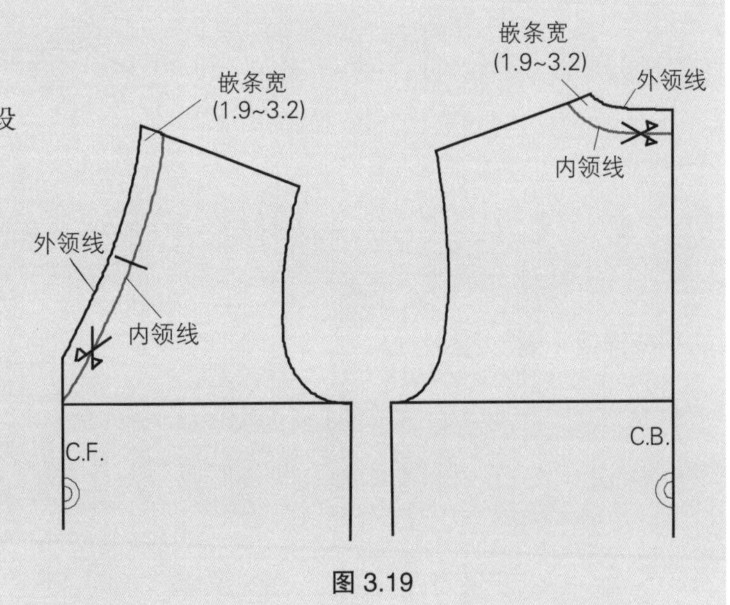

图 3.19

步骤2：（图3.20）

- 从后领窝点 A 画长方形。
- A–B = 后外领线长度＋ 0.6cm。
- B–C = 前外领线长度。
- A–D = C–E = 嵌条的宽度（例：1.9~3.2cm）。
- C–F = 延伸嵌条宽度的 1/2（例：1~1.6cm）。

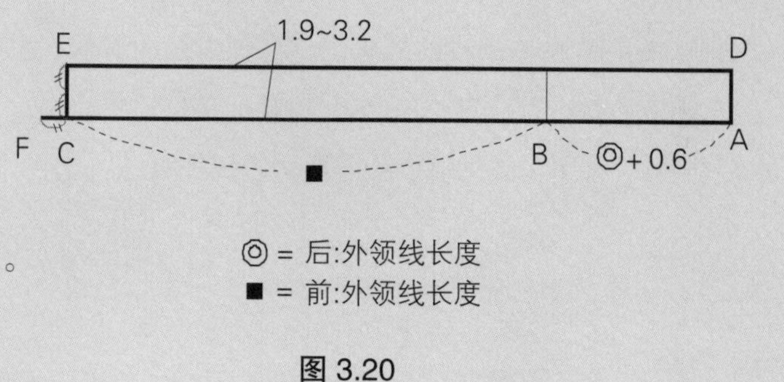

图 3.20

步骤3（图3.21）

- 为了决定 V 形领中心的角度，从纸样上取下前面嵌条，将它旋转，与长方形嵌条重合，如图所示。
- 画出与前中心相同的角度。

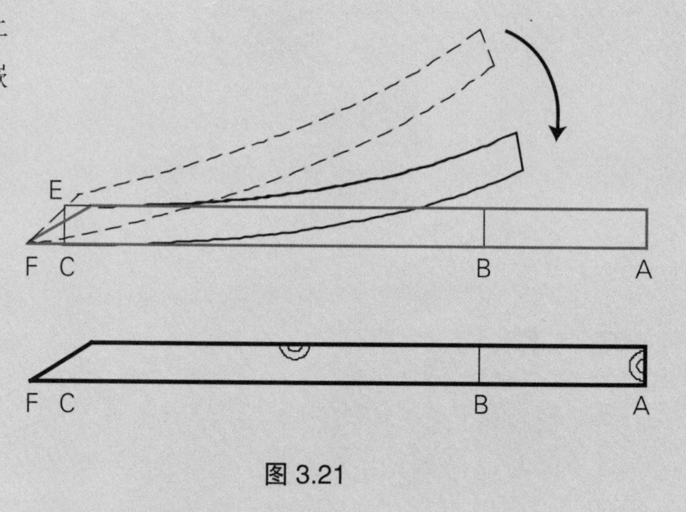

图 3.21

完成样板（图3.22）

- 反射每一条翻折线，完成整个嵌条纸样。
- 标记拉伸的量，内领线长度和外领线长度。

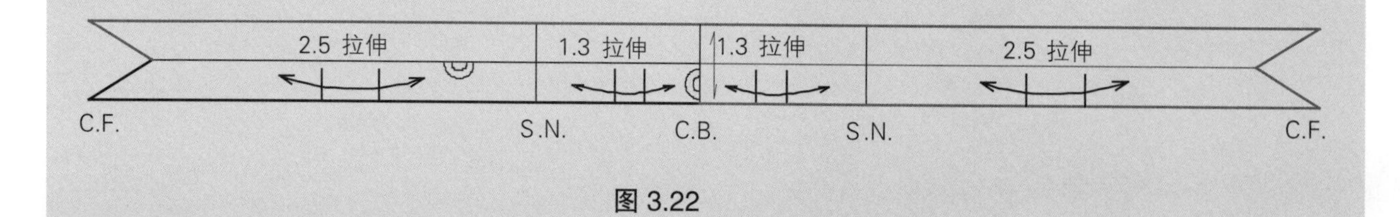

图 3.22

第四章

衣领

平翻领

衬衫领

立领

翻驳领

兜帽领

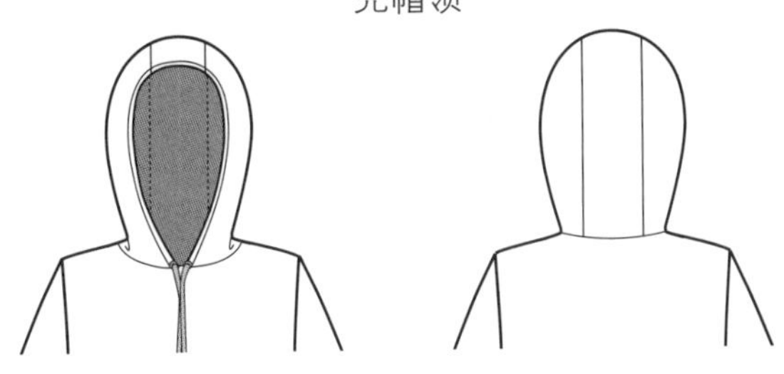

领子装在服装领围线上。它是服装设计中最重要部分之一，因为它构架了脸和脖颈。领子的设计是服装款式要素之一，例如，商务式样的戗驳领与时尚的、超大的青果领比较，前者适合在办公室穿着，后者则不适合。为了设计出最美观的领子，设计师和样板师应该了解领子结构的基本元素。

领的基本要素

每一种类型的领子（除了立领）有三种结构：装领线、翻折线和领外口线（图 4.1）。

装领线一部分在领子上，一部分在衣身上。衣领与衣身彼此依存。装领线深度的变化由领口线决定。

翻折线表示依着底领翻折的线。换句话说，从翻折线开始底领改变为翻领。

领外口线是领子外轮廓，根据领子的设计而变化。样板师可以使用不同的线来设计领外口线，即可以是直线或弧线。

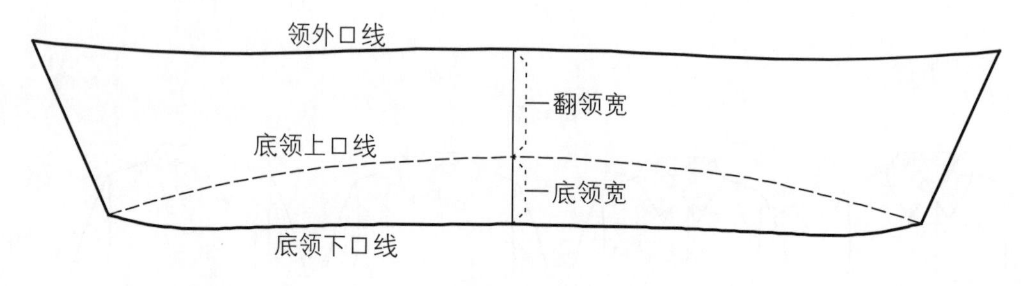

图 4.1

确定装领线很重要，因为领线的深度将决定领子的结构类型。例如，图 4.2 中 A、B 和 C 是前衣身的装领线。一般来说，A 是标准衬衫领的装领线位置，B 是翻领或衬衫领的装领线，C 是海军领的装领线。此外，D、E 和 F 是后领的装领线位置。后衣身装领线的位置没有前着衣身的装领线变化多，它们的变化可以如 D、E 和 F 那样。

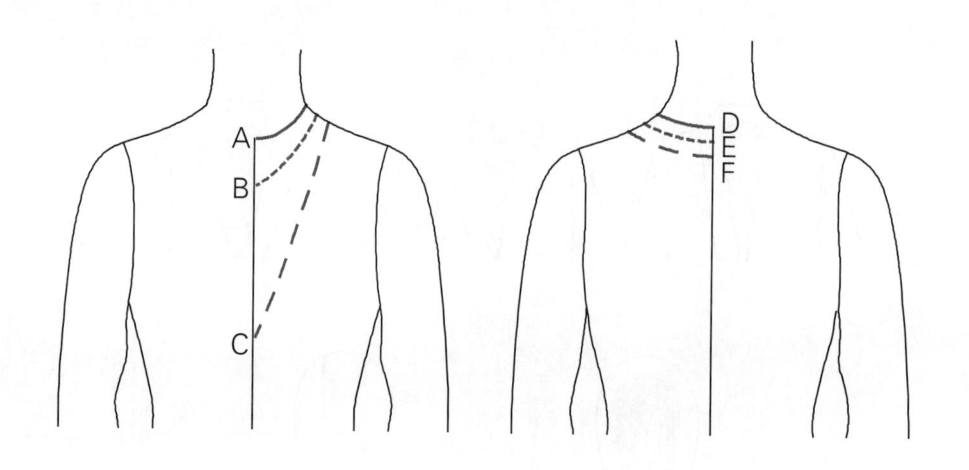

图 4.2

装领线的角度（图4.3）

- 从装领线自身来说，可以根据角度变化。分为四种典型类型（图 4.3）。
- 第一种是凸的，适合立领类型。第二种是直的，适合蝴蝶结领或领带领类型。第三种是平缓的，适合翻驳领和衬衫领类型。第四种是凹的，适合平翻领类型。

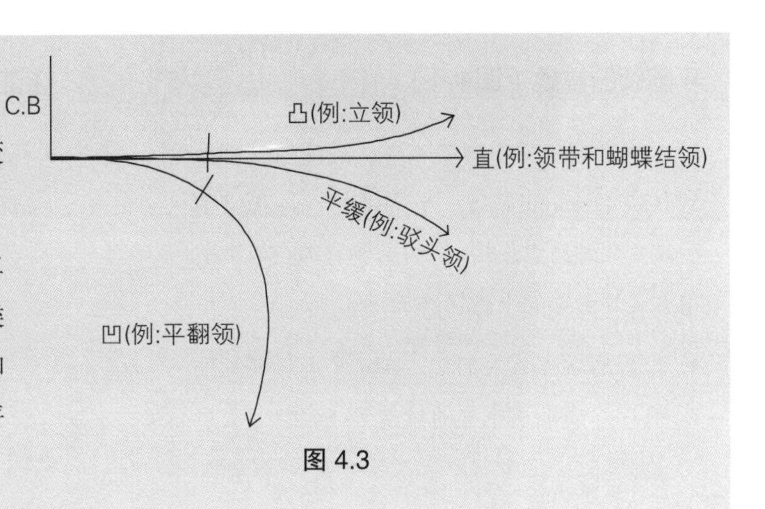

图 4.3

平翻领类型

平翻领是指没有底领或底领的高度很小（1~2.5cm），因此，它几乎平摊在服装上。尽管在男装中很少使用平翻领，但是，为了某种设计的可能性，或者为了帮助全面地了解领子的种类，在这里包含了平翻领的解释。在平翻领类型中有坦领、彼得·潘领和水手领（平面图4.1），还有在女装中使用的荷叶边领和波浪领。

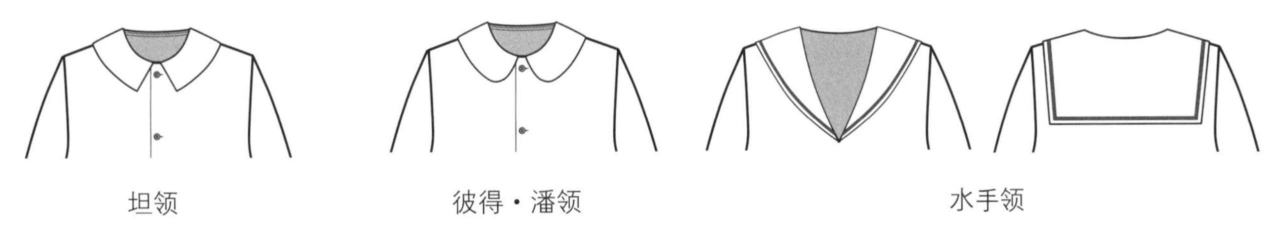

平面图 4.1

平翻领的关键因素是底领的高度。在平面图 4.2 中，平翻领的底领高度从 0.6~2.5cm 逐渐增高，此领子的形状逐渐从平翻领到立领。

平面图 4.2

平翻领的重叠（图4.4）

将平翻领沿着肩线摊平，逐渐使底领达到 0.3~ 1.3cm 的高度。平翻领的设计是将前后衣片在颈肩点连接，然后重叠肩端点 1.3cm，得到底领最矮的平翻领。

- 根据肩端点重叠的量，决定平翻领底领的高度。肩端点重叠的量越多，底领的高度越高。

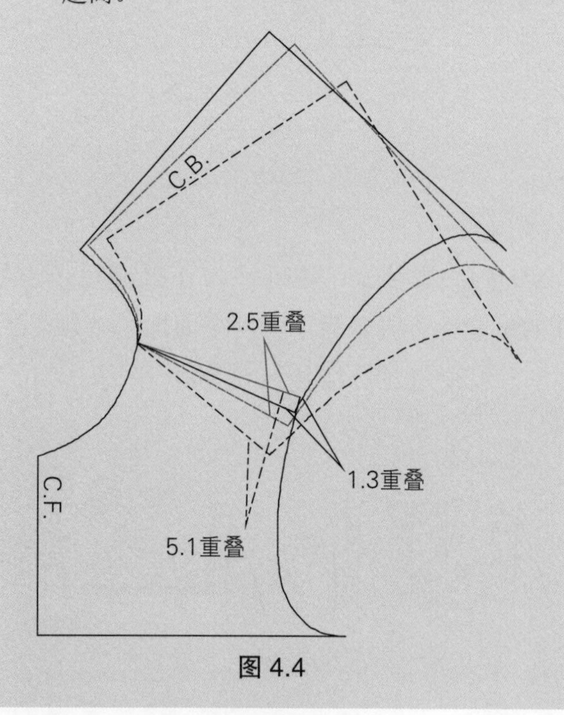

图 4.4

修正领口线（图4.5）

- 如果重叠的量超过 2.5，在肩部的领口线需要修正。如果必要的话，如图 4.5 所示修正领口线。

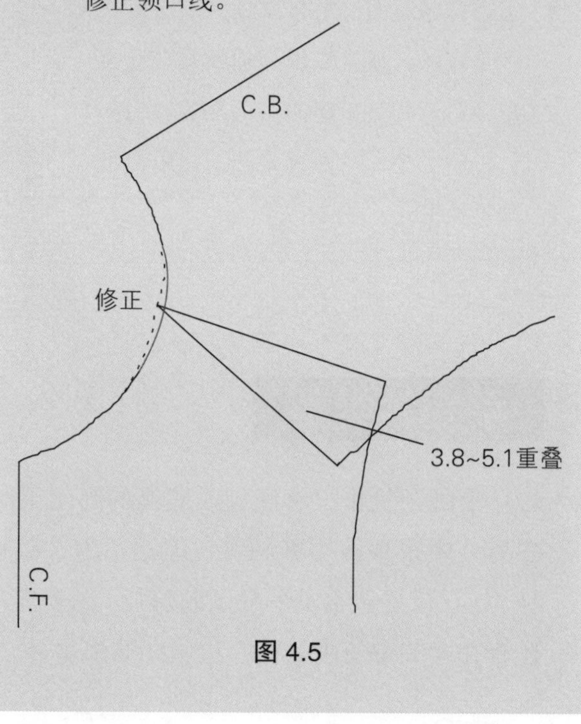

图 4.5

1）坦领和彼得·潘领

坦领和彼得·潘领的制图几乎是相同的，不同的只是领外口线的形状。彼得·潘领的形状和设计是来源于英国儿童故事彼得·潘。这种领子在前中心处的领角逐渐变圆（平面图 4.3）。

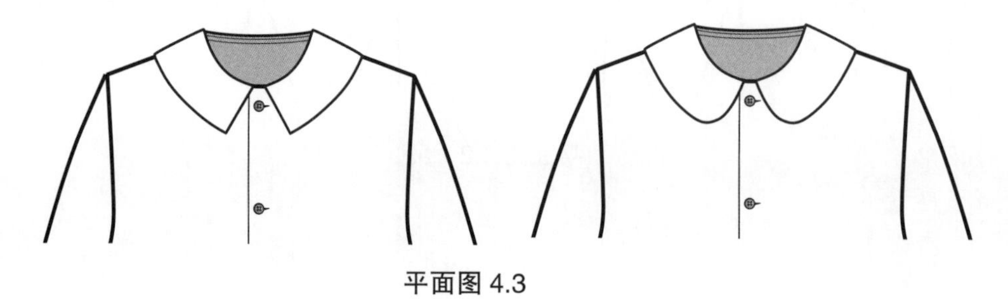

平面图 4.3

- 测量衣身前后领口弧线的长度。

记录：＿＿＿＿＿＿＿＿

衣身（图4.6）

- 拓印前衣身纸样的上半部分（设计平翻领不需要拷贝整个原型）。
- 在 L.P.S. 点重叠 2.5cm，将拓印的前衣身纸样与后衣身纸样放置在一起，重叠的量在 0.6～5.1cm 范围内变化，或者还可以重叠更多，主要依赖于底领的高度。
- 拓印后衣身。

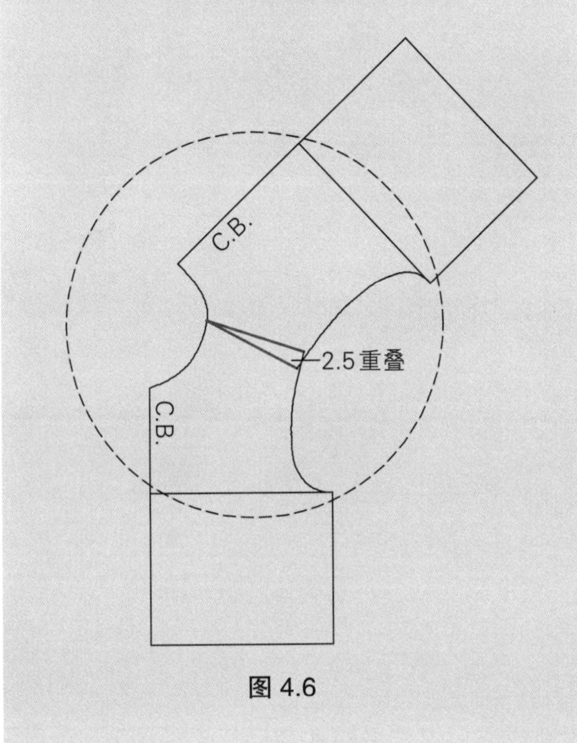

图 4.6

衣领1（图4.7）

- A = 从后领窝点向外延伸 0.6cm。
- B = 在前领窝点向下量取 1cm。
- 连接 A 和 B 画光滑弧线。
- A–C = 6.4~7.6cm。
- D = 在肩线上，从颈肩点向外量取 6.4~7.6cm。
- B–E = 在衣领前端画外领口线。这个长度可以比后领宽度长。
- C–D = 画后领口弧线的平行线，得到后外领口线。
- D–E = 画光滑弧线得到前外领口弧线。

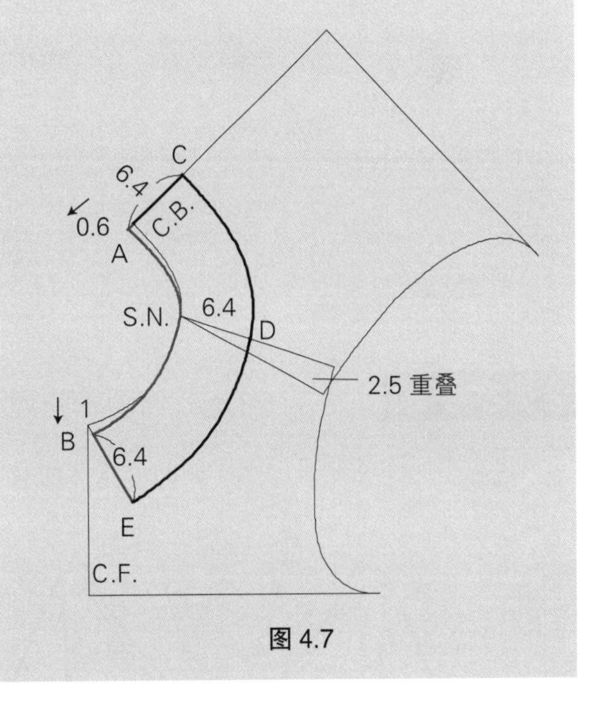

图 4.7

衣领2（图4.8）

- 在颈肩点 (S.N. / H.P.S.) 标记刀眼。
- E′ 或 E″ 是彼得·潘领的外口线，画设计线，得到圆的领外口线，领角向下降落，得到更加醒目的领形。

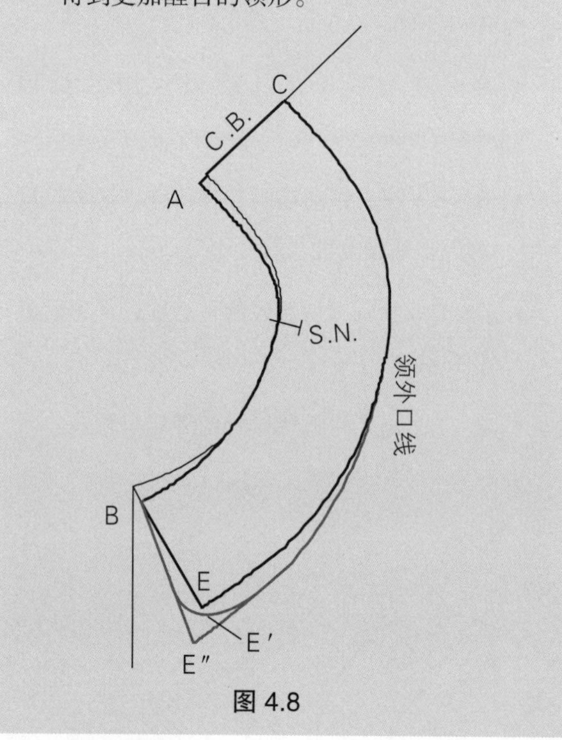

图 4.8

完成样板（图4.9）

- 标记丝缕线。
- 以线 A－C 反射，得到完整的衣领纸样。
- 领面用直丝缕线，领里用斜丝缕线。如图所示。

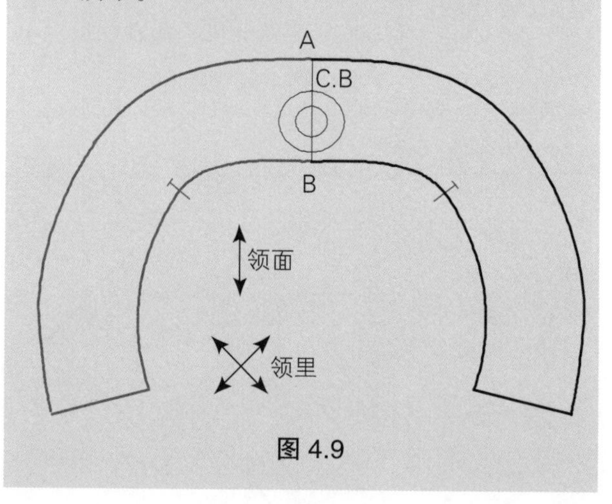

图 4.9

2）水手领

起源于海军的制服，水手领的形状从前身向后逐渐成方形衣片平贴在背后（平面图 4.4）。

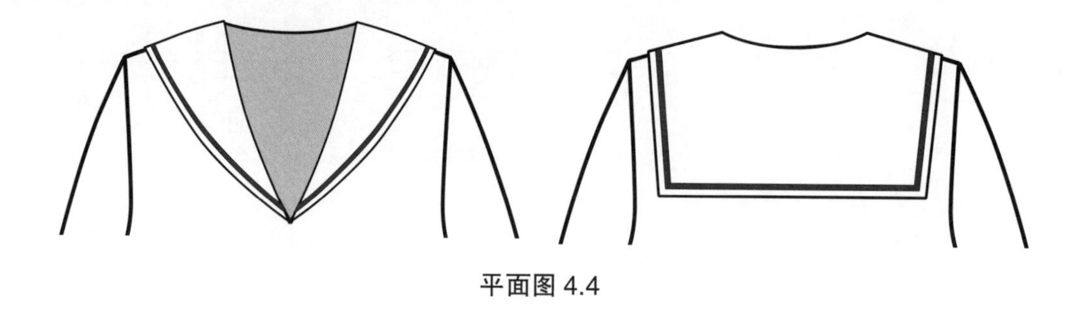
平面图 4.4

- 在衣身上测量前后领口弧线的长度。

记录： ____________________

水手领（图4.10）

- 拓印前衣身衣片。
- 在肩端点重叠 1.3~1.9cm，将拓印的前衣片与后衣身放在一起，。
- 拓印后衣片。
- A = 向上延伸后中线 0.6cm。
- B = 从前中线的胸围线向上量取 1.3~2.5cm。
- C = 颈肩点，用直线连接 B 和 C。
- 连接 A，C 和 B，重新画装领线。B－C 离直线向外弯曲的程度不超过 0.6cm。
- A－D = 沿后中线量取 20.3~22.9cm。
- D－E = 朝袖窿方向画垂直线，离袖窿弧线 1.3~2.5cm。
- E－F = 朝肩线方向画垂直线。
- B－F = 画直线，然后凸出 0.3~0.6cm 画弧线，为前领外口线。

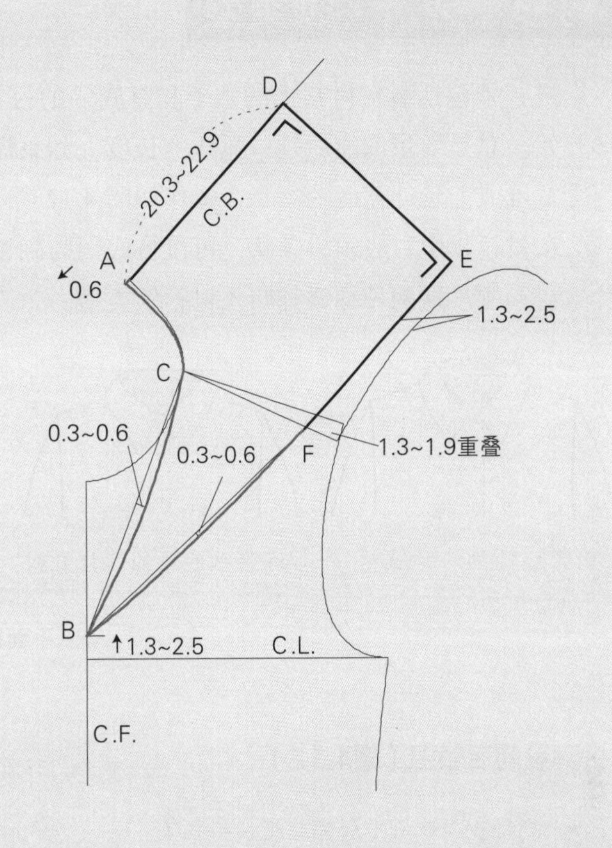

图 4.10

完成的水手领（图4.11）

- 从领外口线向内量取 1.3~2.5cm，画其平行线，标记水手领需装饰的位置。
- 标记丝缕，在领口线上做刀眼标记。
- 以线 D－A 做反射，得到完整的衣领纸样。

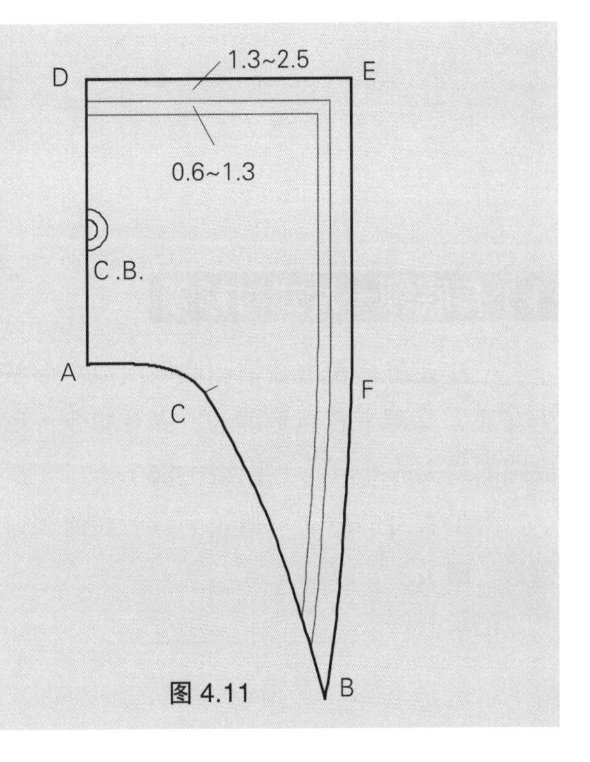

图 4.11

衬衫（翻折）领类型

衬衫领包括装在衬衫上的领子和有底领的衬衫领（平面图 4.5）。这些领子的画法从长方形开始。总是要量取前后领口弧线的长度，如果需要的话，还包括门襟的量。这个长度通常是门襟宽度或前延伸宽度的一半，操作如图 4.12 所示。

在衬衫领中，底领呈条状，可以将底领与翻领合为一片，也可以分开缝制，形成两片或一片式衬衫领。这两种翻领都归入衬衫领类型。

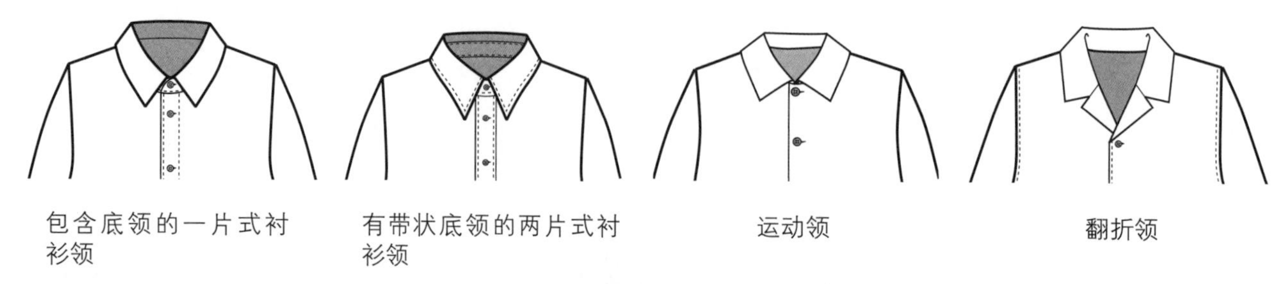

平面图 4.5

测量前后领围（图4.12）

- 测量衣身样板上后领口弧长（◎）和前领口弧长（■）。
- 如果需要的话，画门襟的量，是纽扣宽 /2（例：1.3cm）+（1~2.5cm）（例：0.6cm + 1cm = 1.6cm）。

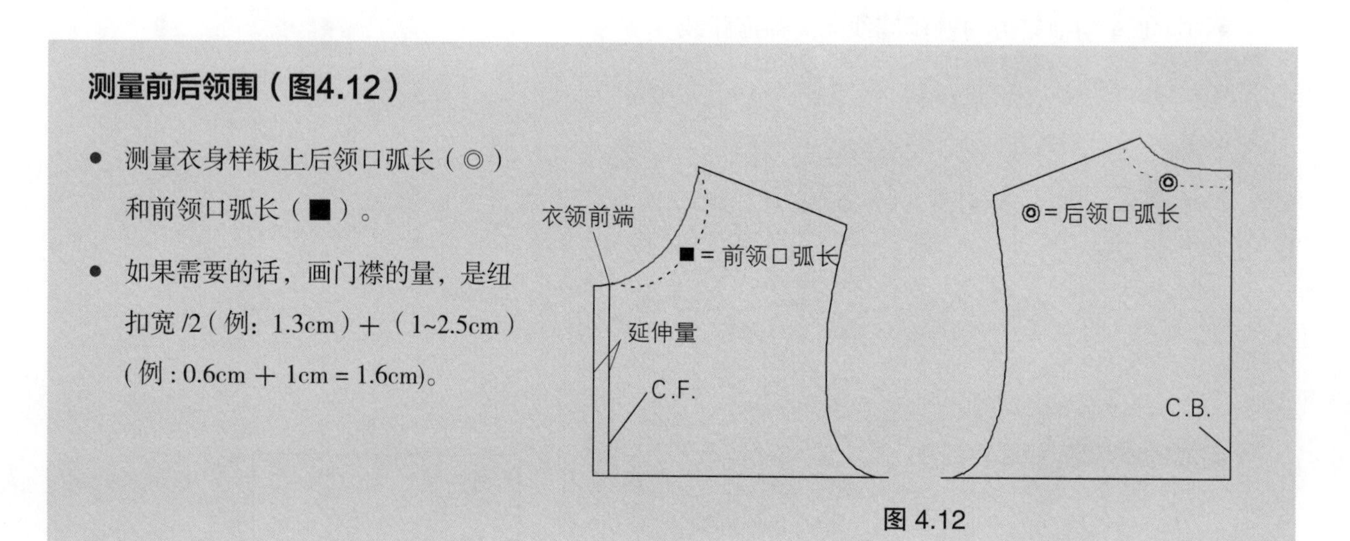

图 4.12

1）有底领一片式衬衫领

一片式衬衫领由翻领和底领组成。形状为在底领基础上自然地翻开，离开脖颈，形成圆的或尖的外口线（平面图 4.6）。

测量衣身的后领口弧长（◎）和前领口弧长（■）。

记录：____________________

平面图 4.6

基础线（图4.13）

- A = 后领窝点。
- 从 A 画水平引导线。
- A－B = 后领口弧长。
- B－C = 前领口弧长。
- 从A 向上画一条 10.1~12.7cm 的垂直引导线。
- A－D = A 点上方 0.6~1cm。
- D－E = 底领高度 (例 :2.5~3.2cm)，从 D 延伸。
- E－F = 翻领 (例 :4.4~5.1cm)，它的高度是带状底领＋ 1.9cm，从 E 延伸。
- G = B－C 的 2/3 点。
- H = 过点 C 画垂直 0.3~0.6cm。

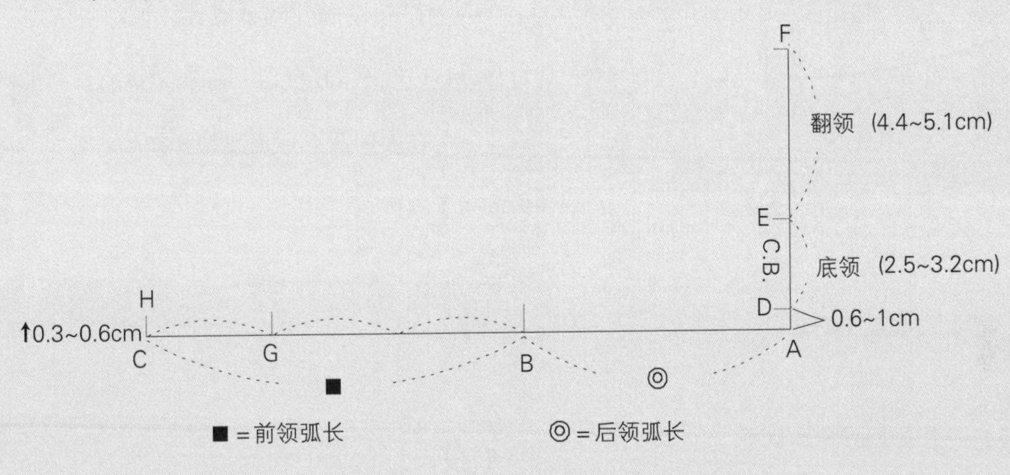

图 4.13

衬衫领底领部分（图4.14）

- 连接 D、G 和 H 画光滑弧线。
- H－I = 延伸宽度 (例 :1.6cm)，从 G－H 呈微弧线状。
- H－J = 在 H 画垂直线，和底领相同宽度 (例 :2.5~3.2cm)。
- J－K = 朝后中心方向量取 0.3cm。
- H－K = 底领前中线，直线连接。
- I－L = 画 H－K 的平行线。
- E－L = 画与 D－G－H－I 线平行的线，宽度为底领的宽度。

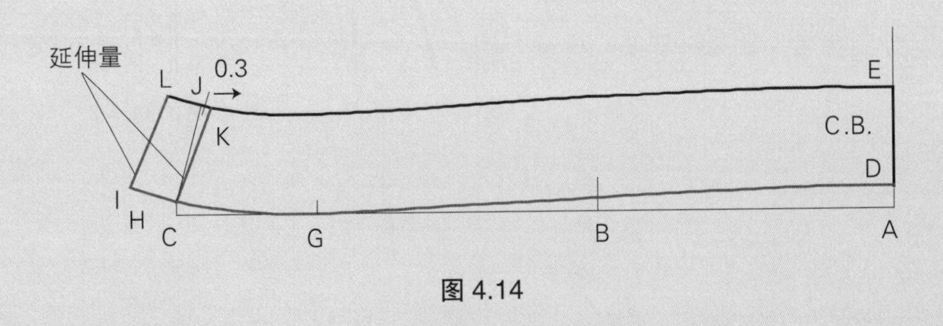

图 4.14

圆领角（图4.15）

- L－N＝从L画45° 直线，长为0.3~0.6cm。
- L－O＝1.3cm。
- 用弧线连接O、N和K。

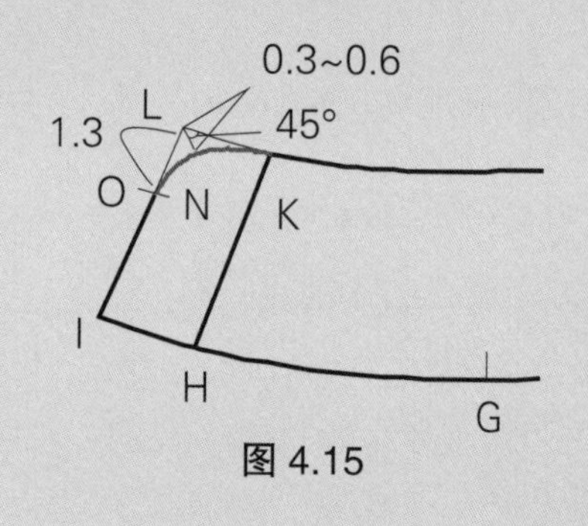

图 4.15

完成样板（图4.16）

- K－P＝画长方形F－E－K－P。
- Q＝从P向外延伸3.2~1.9cm，并提高0.6cm。
- Q′＝如图4.16所示可以画不同的领外口线。
- Q－K＝画直线。
- Q－F＝画平缓的弧线，如图所示。
- 以线F－D反射，得到完整的衣领纸样。
- 在前中线上标记纽扣和扣眼。

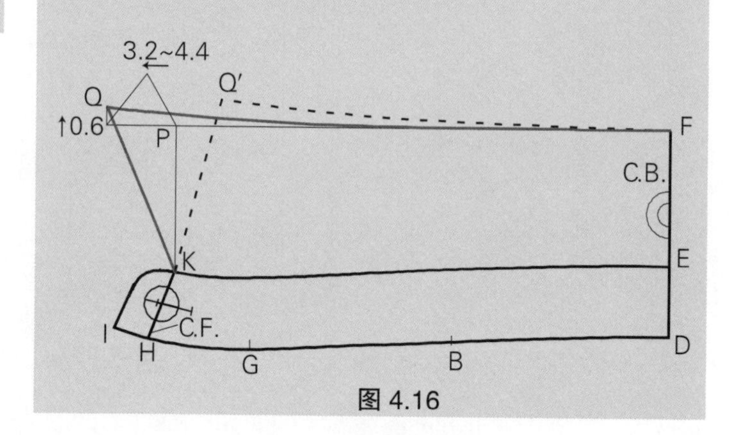

图 4.16

2）底领分开的两片衬衫领

有带状底领的两片衬衫领是男性衬衫基本领形。领子的特征是翻领和底领分开（平面图4.7）。

测量衣身的后领口弧长（◎）和前领口弧长（■）。

记录：________________

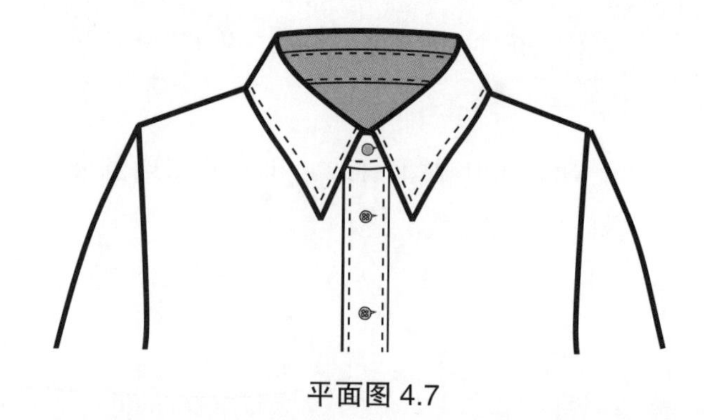
平面图 4.7

基础线（图4.17）

- A＝后领中点。
- 从A画水平引导线。
- A－B＝后领口弧长。
- B－C＝前领口弧长。
- A－G＝从A向上作垂直线12.7~15.2cm。
- 标记点D, E和F。
- A－D＝底领高度(例:2.9~3.8cm)
- D－E＝向上量取1cm。
- E－F＝向上量取1.9cm。
- F－G＝翻领，为底领高度＋(1.3~1.9cm)。

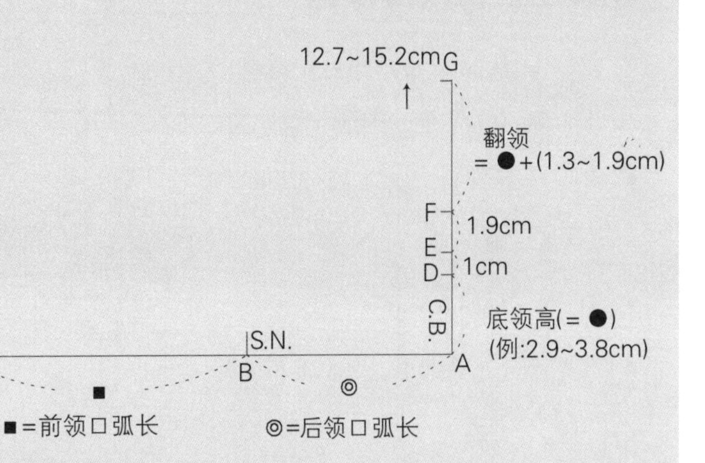

图4.17

衬衫领底领部分（图4.18）

- L＝从C垂直向上，与从E水平线的交点。
- C－H＝在C的垂直线上量取1.3cm。
- B－H＝画平缓的弧线。
- H－I＝延伸宽度(例:1.6cm)，从B－H向外呈弧线延伸。
- H－J＝过点H画一条垂直线，与E的引导线相交。
- J－K＝朝后中线方向量取0.3cm。
- K－H＝底领前中线，连接成一条直线。
- I－L＝画H－K的平行线。
- D－M＝画A－B的平行线。
- M－L＝画与B－I相似的弧线。

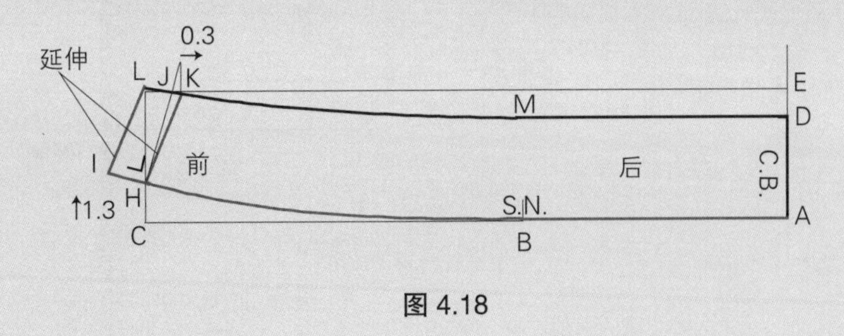

图4.18

圆领角（图4.19）

在底领上端左侧，按照图4.15的步骤。

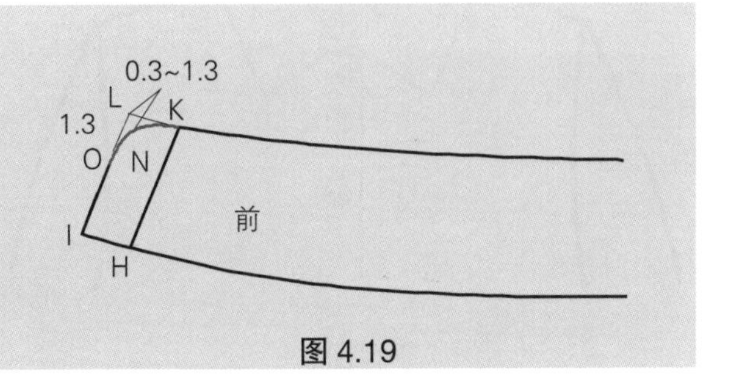

图4.19

衬衫领翻领部分（图4.20）

- K－P＝从K开始，画后中线的平行线，与G的引导线相交。
- P－Q＝延伸G－P，约2.5~3.2cm。
- Q－K＝画直线。
- Q－R＝延伸0.6cm。
- S＝从M垂直向上，与从F的水平线相交。
- T＝从S垂直向上，与G引导线相交。
- 连接T和R，画平滑的弧线。
- K－S＝画直的引导线。
- U＝K－S的中点。
- U－V＝从U作垂直线0.3cm。
- 连接K、V和S，画弧线。

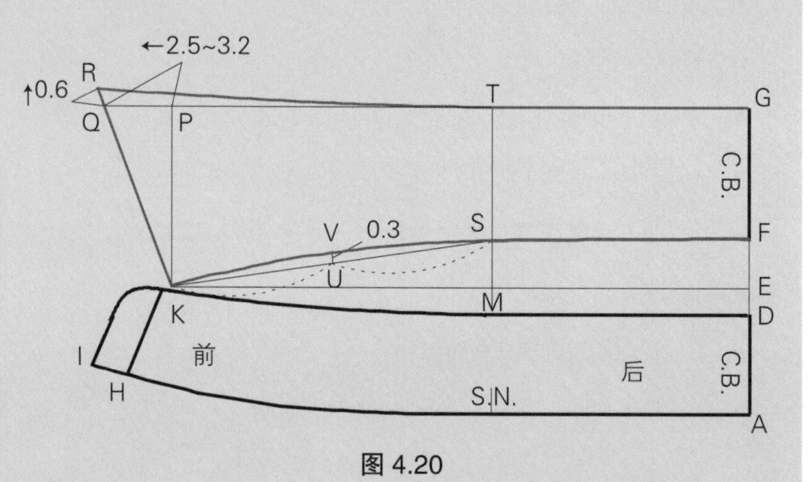

图 4.20

完成样板（图4.21）

- 以线G－F和D－A反射，得到完整的衣领纸样。
- 在前中线上作纽扣和扣眼记号。

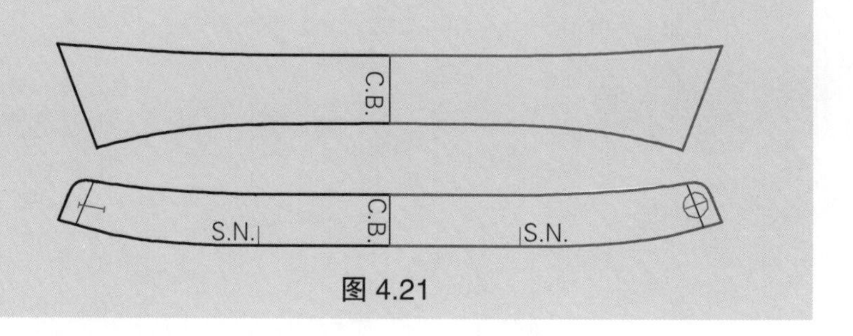

图 4.21

3）运动领

平面图 4.8

见平面图4.8。

- 测量衣身的后领口弧长（◎）和前领口弧长（■）。

记录：________________

基础线（图4.22）

- A = 后领中点。
- 从 A 画水平引导线。
- A－B = 后领口弧长。
- B－C = 前领口弧长。
- A－F = 从 A 向上画垂线长 12.7~15.2cm。
- 标记点 D、E 和 F。
- A－D = 向上量取 1cm。
- D－E = 底领高度（例：2.9cm）。
- E－F = 翻领，为底领高度 ＋（1.3~2.5cm）。
- G = B－C 的中点。
- H = C 向上画垂直线 1cm。
- I = 从 H 垂直向上与从 F 的水平线相交。

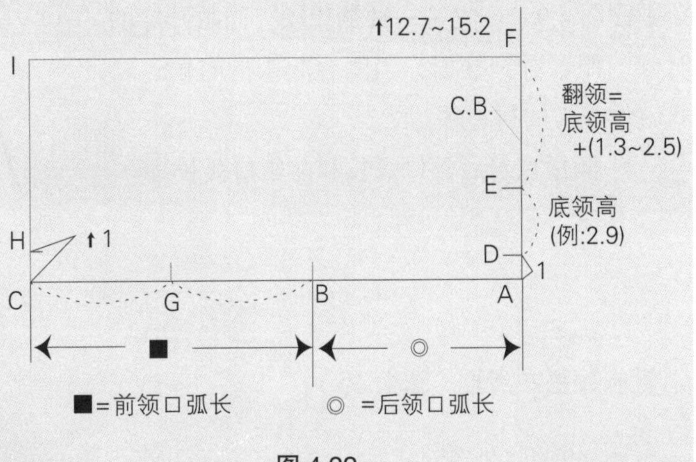

图 4.22

运动领（图4.23）

- 光滑连接 D, G 和 H。
- J = 从 I 向下量取 1。
- 连接 F 和 J，画光滑弧线。
- K = 延伸弧线 F－J，长度为 1.3~2.5cm。
- K－H = 画直线。

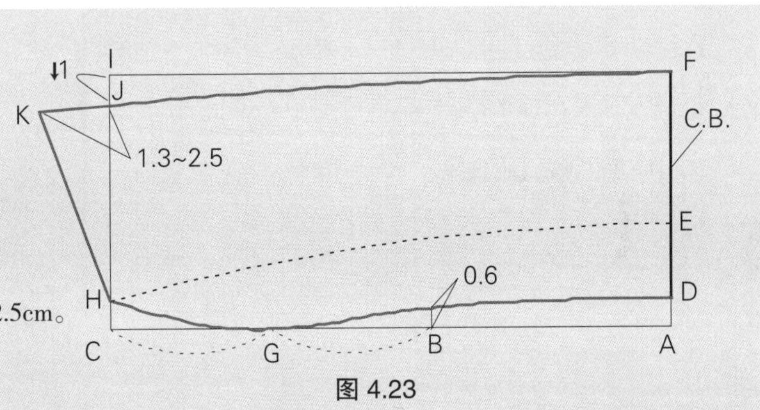

图 4.23

完成衣领纸样（图4.24）

- 以后中线反射纸样，得到整个衣领纸样。
- 领里 = 使用斜丝缕线。
- 领面 = 使用直丝缕线。

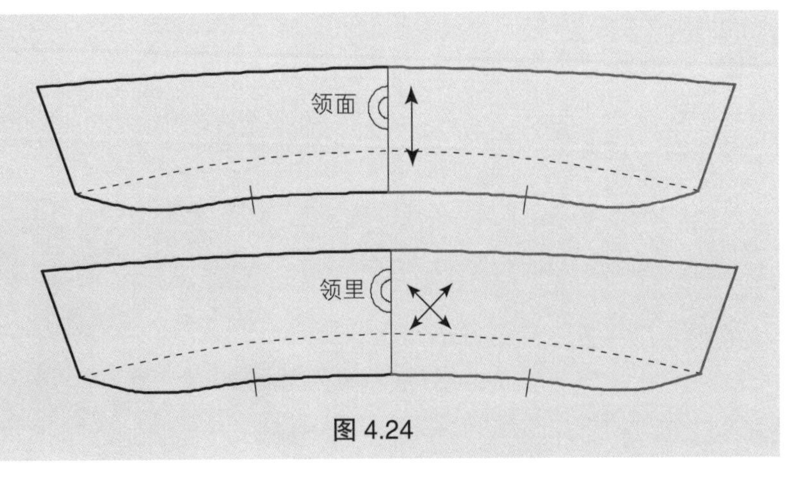

图 4.24

4）两用翻折领

在很多运动型服装中会看到这种领子样式（平面图 4.9）。它是一种翻折领，当敞开穿的时候，能够看到挂面，当闭合起来的时候，样式就像正常的衬衫领。

- 测量衣身后领口弧长和前领口弧长 。

  记录：____________

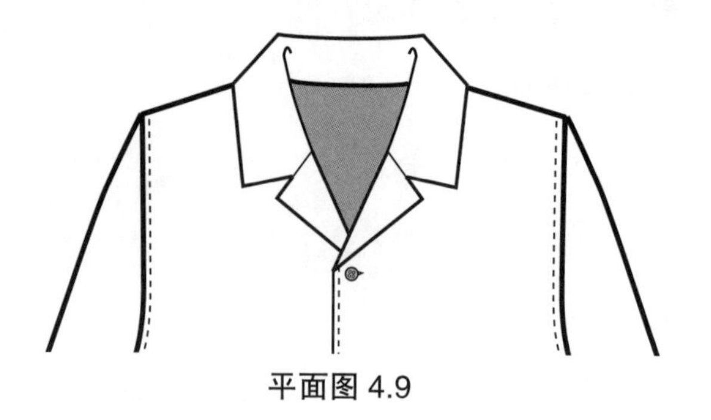

平面图 4.9

翻折领基本步骤（图4.25）

- 拓印前衣片原型。
- A = 从前领窝点向下量取 1.3cm。
- A－B = 叠门量 (纽扣宽 /2 ＋ 1~2.5cm)，垂直画出。
- B－C = 画平行于前中线的直线。
- B－D = 向下量取 10.1cm。
- E = H.P.S.
- E－F = 从 E 延伸 1.9~2.5cm。
- F－D = 翻折线，画直线。

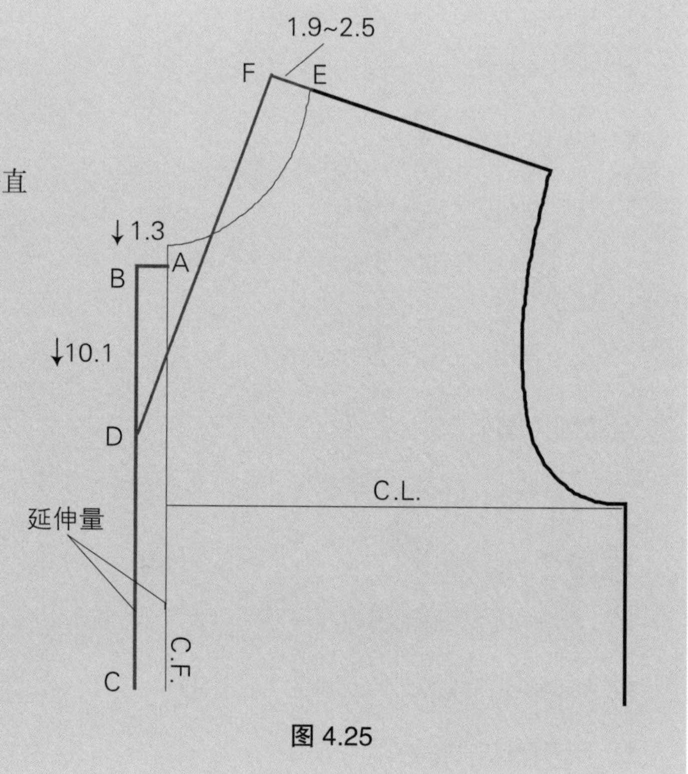

图 4.25

画衣领1（图4.26）

- E－G＝平行于翻折线 D－F，延伸 E－G，与后领口弧长相等。
- E－H＝从 E，向右旋转线 E－G，量为 3.2cm。
- I－H＝衣领宽度，G－H 的两倍 ＋（2.5~3.2cm），画 E－H 的垂直线。
- E－J＝在肩线上量过 0.6~1cm。
- H－J＝画直线。
- A′－B′＝以翻折线 D－F 折叠，标记反射后 A 和 B 的位置，标记为 A′ 和 B′ 。
- K，L，M＝画设计的领外口线，如图所示。线 L－M 是微微的弧线。
- L′，M′＝再次折叠翻折线，拓印外领口线。连接它们到 I，完成领外口弧线。

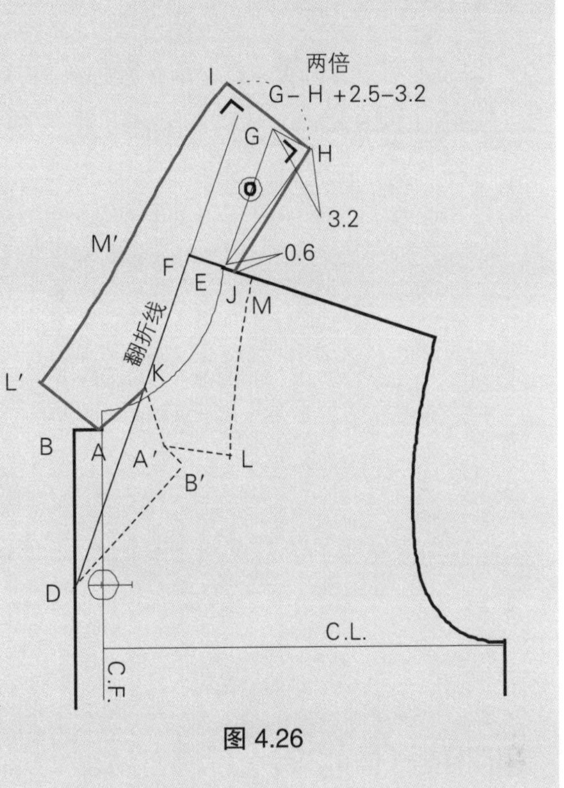

图 4.26

画衣领2（图4.27）

- N＝延长 G－E 作为引导线。延长 A－K 直到与 G－E 延长线相交，标为 N 。
- E－N, J－N＝画直线。
- 这个楔形是衣领和衣身重叠的部分，衣领分开时取不同部分。

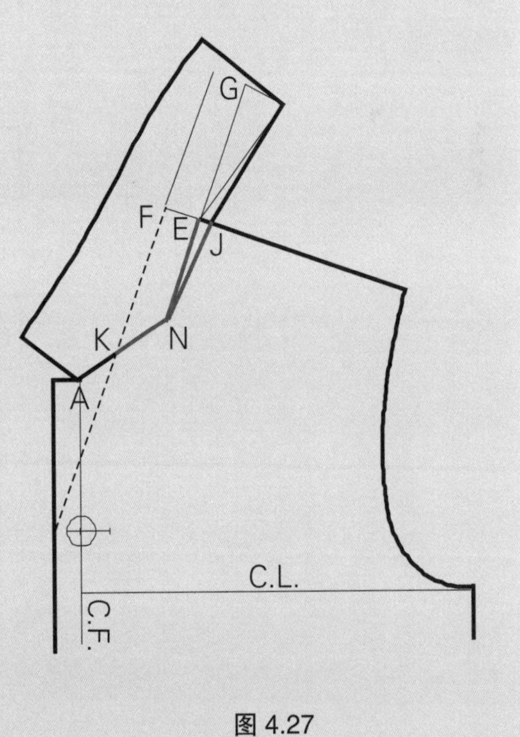

图 4.27

分离衣领（图4.28）

- 从衣身部分分开衣领，保留衣领上的 N－J 和衣身上的 N－E 。
- F－G = 翻折线，画弧线。

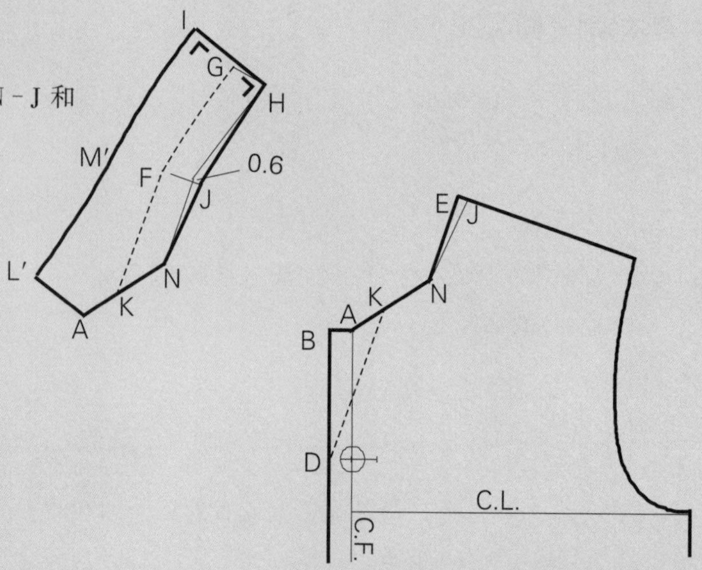

图 4.28

完成样板（图4.29）

- 以线 I–H 反射，得到完整的衣领。
- 作衣领的丝缕线。

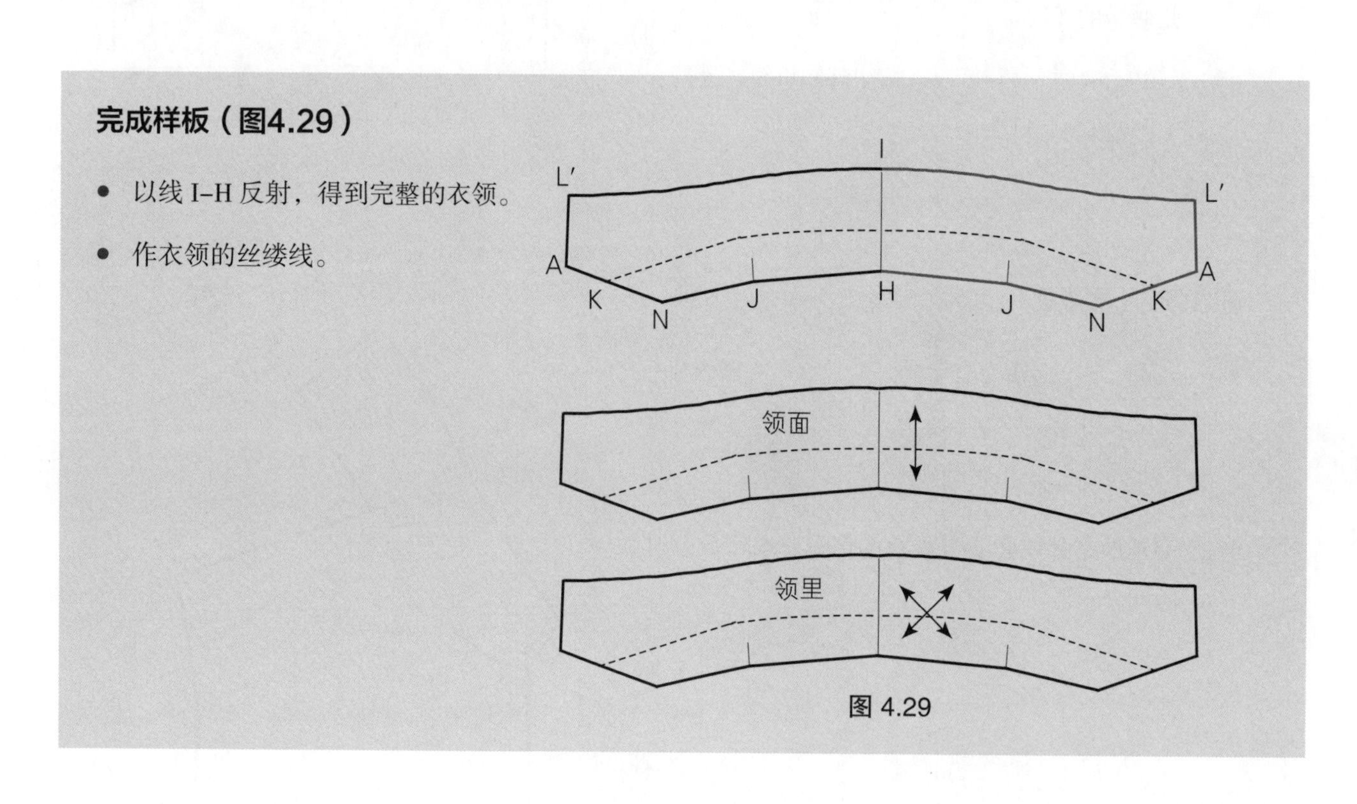

图 4.29

5）罗纹领

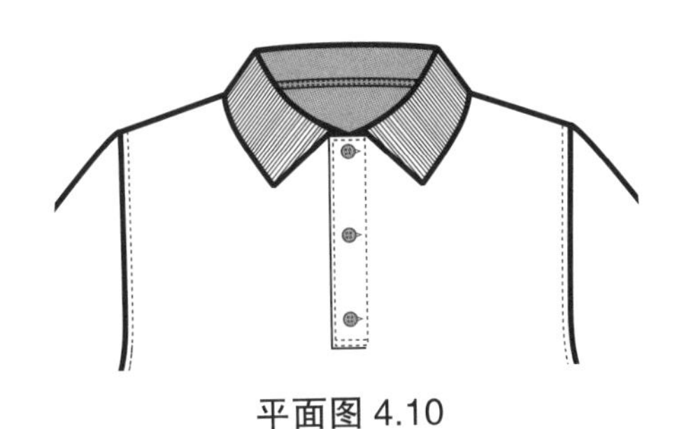

平面图 4.10

见平面图4.10。

- 测量衣身后领口弧长（◎）和前领口弧长（■）。

记录：______________

基础线（图4.29a）

- A = 后领中心。
- 从 A 画水平引导线。
- A－B = 后领口弧长的 93%。
- B－C = 前领口弧长的 95%。
- **注释：**关于减少比率，如果后领口弧长比前领口弧长减少更多的量，围绕肩点的形状漂亮些。一般来说，如果针织衣领的长度和领线长相同，那么在脖颈处就有多余的量。
- A－D = 从 A 向上画垂直线 6.4~7.6cm。
- E = 完成长方形，如图所示。从 C 向上画垂直线，与从 D 的水平线相交。
- F = C 向上 1cm。

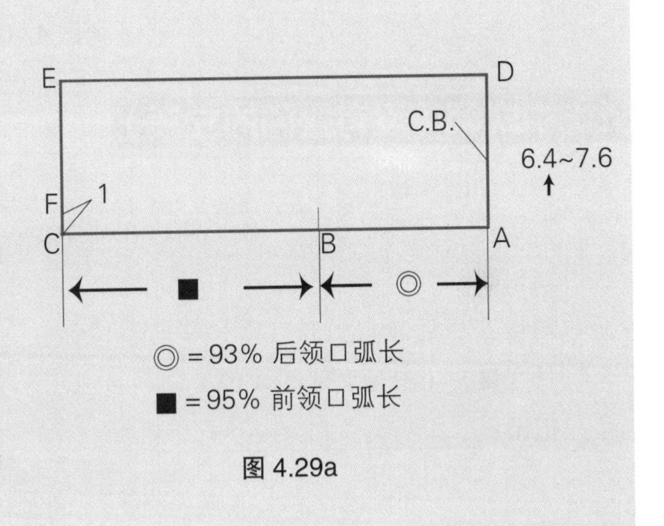

图 4.29a

针织罗纹领（图4.29b）

- G = 从 B（朝前中心方向）量过 2.5~3.8cm。
- 连接 G 和 F 画光滑弧线。

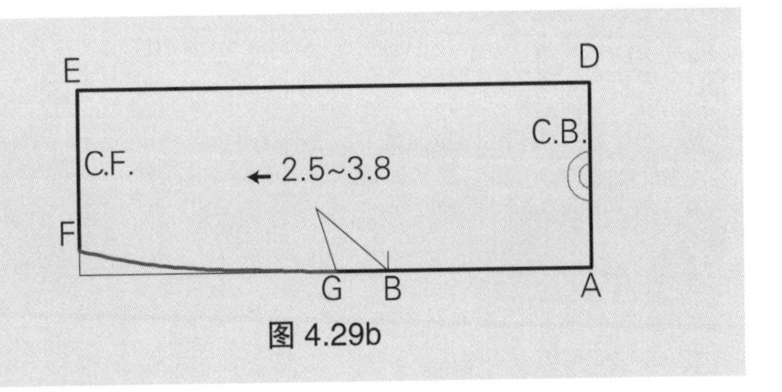

图 4.29b

针织罗纹领（图4.29c）

- 以领后中线反射得到完整的衣领纸样。
- 标记直丝缕线。

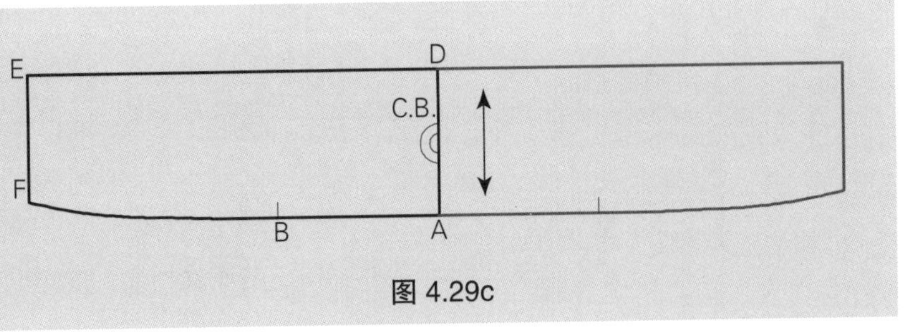

图 4.29c

立领类型

实际上这种领子叫竖立领。这种领子裁剪时用斜丝缕或直丝缕，形状也各异。立领起源于中国古代服装，是早已被人熟知的衣领。它的本质特征是只有裸露的底领，没有额外的翻领，因此，底领就是翻领（见平面图 4.10）。

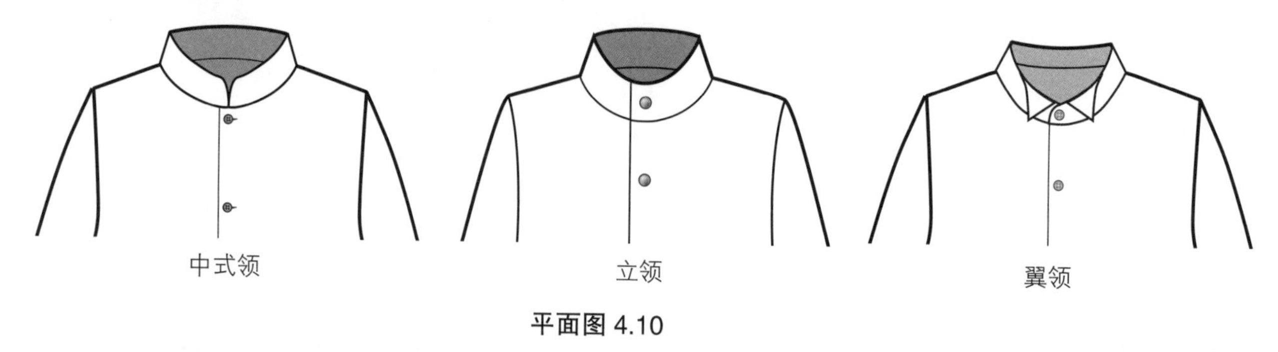

平面图 4.10

1）中式领（没有叠门的立领）

见平面图 4.11。

- 衣领没有延伸的部分，领子两边在前中线相遇。
- 测量衣身后领口弧长（◎）和前领口弧长（■）（参见 P84 图 4.12）

记录：________________

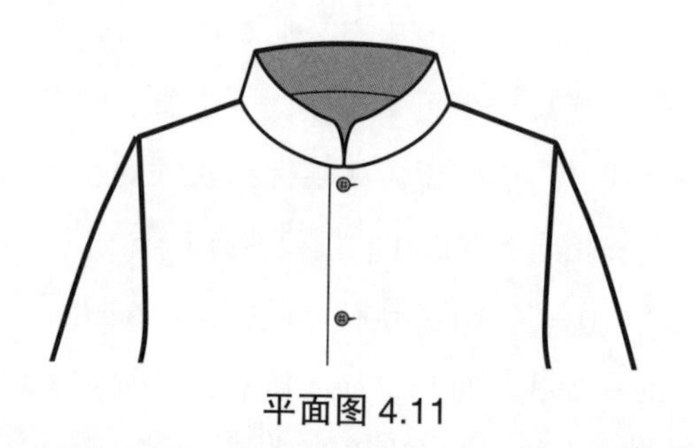

平面图 4.11

基本线（图4.30）

- A = 后领中心。
- 从 A 画水平线。
- A - B = 后领口弧长。
- B - C = 前领口弧长。
- A - D = 从 A 向上画垂直线 0.3~0.6cm。
- D - E = 衣领高度(例：3.8~5.1cm)，从 D 延伸。
- F = B - C 的中点。
- G = 在 C 画线 A - C 的垂线 1~1.6cm。

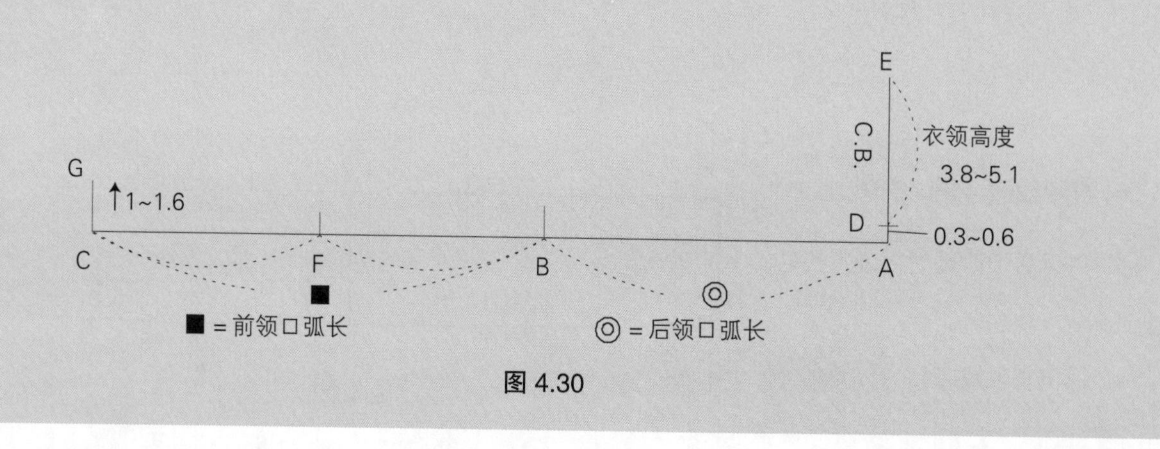

图 4.30

完成线（图4.31）

- 用平缓的弧线连接 D、F 和 G。
- G－H＝从 G (G－H ⊥ G－F) 画线垂直 G–F，量取衣领高度 (例 : 3.8~5.1cm)。
- E－H＝画弧线与 D－F－G 平行。
- H－I, H－J＝1.3cm。
- H－K＝从 H 画 45° 线，量取 0.6cm。
- 连接点 J、K 和 I，画弧线。
- 在后中线上标折叠线标志。

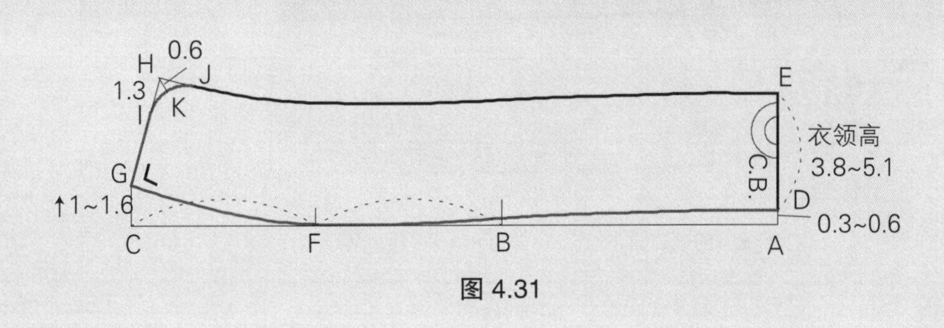

图 4.31

2）有叠门立领

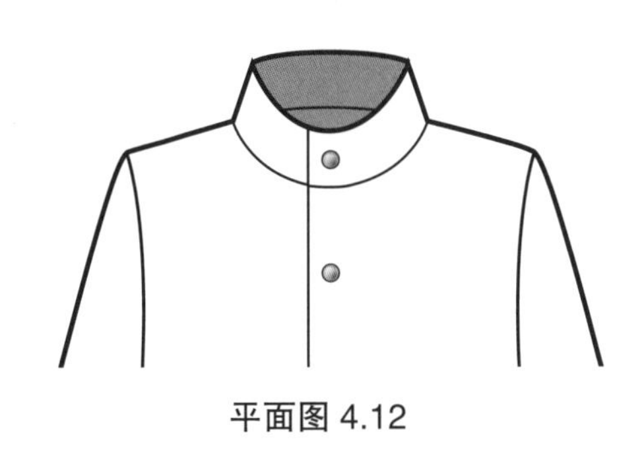

平面图 4.12

见平面图 4.12。

- 测量衣身后领口弧长（◎）和前领口弧长（■）（见P82 讲解和图 4. 12）。

  记录：________________
- 根据纽扣宽度添加叠门的宽度。

基本线（图4.32）

- A＝后领中点。
- 从 A 画水平线。
- A－B＝后领口弧长。
- B－C＝前领口弧长。
- A－D＝衣领高 (例 :5.1~6.4cm)。从 A 画垂直线。
- C－E＝从 C 向上画垂直线 1~1.6cm。

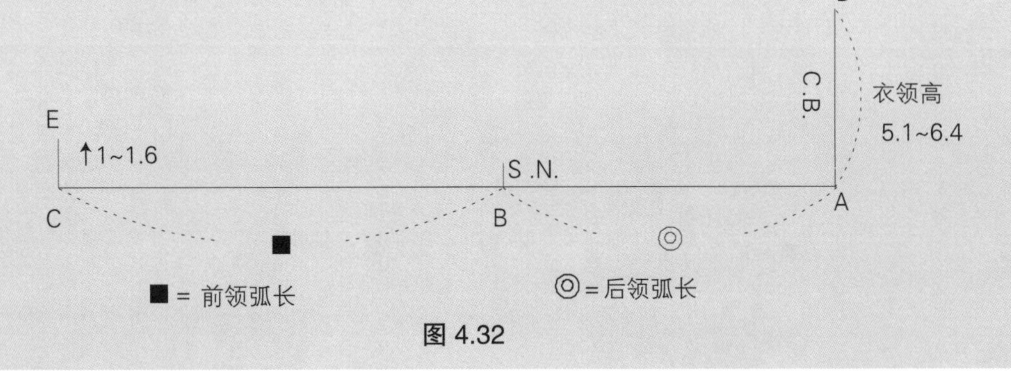

图 4.32

完成样板（图4.33）

- A＝后领中点。
- 从A画水平线。
- A－B＝后领口弧长。
- B－C＝前领口弧长。
- A－D＝衣领高（例:5.1~6.4cm），从A画垂直线。
- C－E＝从C画垂直线1~1.6cm。

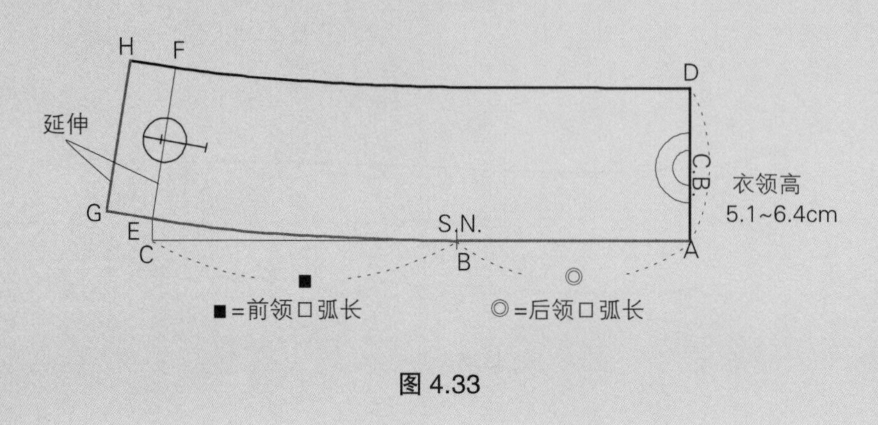

图 4.33

3）翼领

见平面图4.13。

- 测量衣身后领口弧长（◎）和前领口弧长（■）（见P84讲解和图4.12）。

  记录：______________
- 根据纽扣宽度增加延伸量。

平面图 4.13

基本线（图4.34）

- A＝后领中点。
- 从A画水平线。
- A－B＝后领口弧长。
- B－C＝前领口弧长。
- A－D＝衣领高（例:3.8~5.1cm）。从A画垂直线。
- C－E＝从C向上画垂直线1~1.6cm。

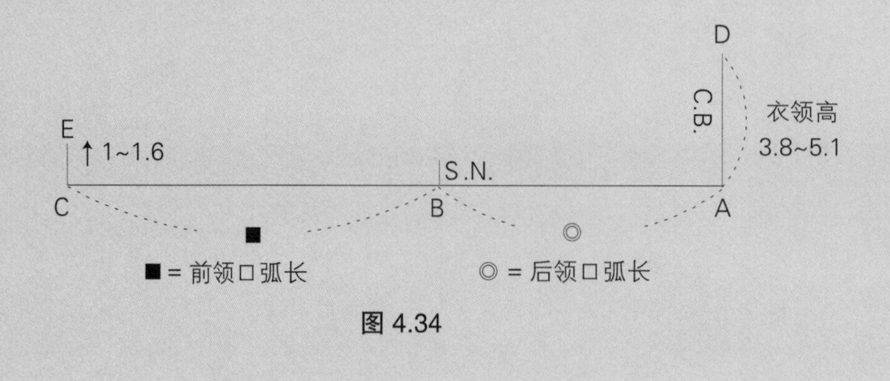

图 4.34

翼领的底领部分（图4.35）

- B－E＝画平缓的弧线。
- E－F＝在 E 点画 B－E 的垂直线，长度等于衣领高减 (0.6~1.3cm)。
- D－H＝画 A－B 的平行线。
- H－F＝画与 B－E 相似的线。
- E－I＝从点 E 向外延伸，延伸量为纽扣宽度 /2＋（1~2.5cm）。
- I－J＝画 E－F 的平行线。
- J－K＝向下量取 1.3cm。
- J－L＝在 J 画 45° 的线，长为 0.6cm。
- 连接 F、L 和 K，画弧线。

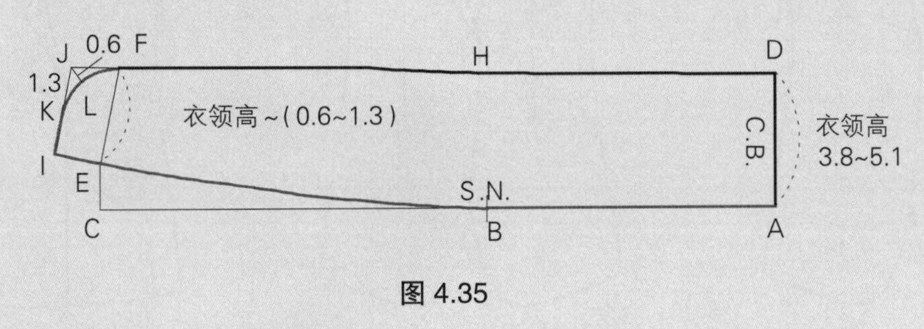

图 4.35

完成样板（图4.36）

- F－M－N＝画设计的领外口弧线，如图所示。
- F－M′－N＝反折领外口线，通过 F－N 拓印，如图所示。
- 标领后中线折叠标记。
- 在前中线上标纽扣和扣眼位置。

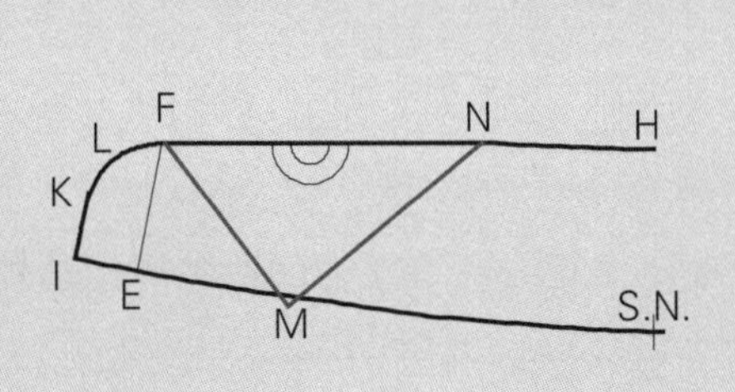

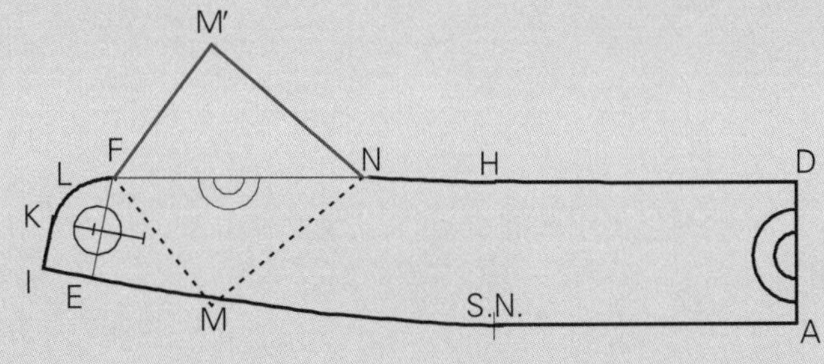

图 4.36

翻驳领类型

青果领

平驳领

戗驳领

平面图 4.14

翻驳领基础

驳领前领宽与后领宽的关系（图4.37，P99）

- 前领宽与后领宽之间的关系依赖于服装第一粒真实纽扣的位置。
- A = 后领宽
- B = 前领宽
- C = 翻折线与前中线的交点，这点是驳头 V 形起点。
- D = 驳折止点。
- 西装上如果 V 形起点（图 4.37 中的 C 点）或叠门低于胸围线，那么前领宽度（B）要大于后领宽度（A）。一般来说，一粒或两粒扣西装属于这种类型。
- 但是，如果 V 形起点或叠门在胸围线上方，像衬衫或拉链衫，前领宽（B）应该比后领宽（A）小。三粒或更多纽扣的西装属于这种类型。
- D 是翻驳领的驳折止点，从视觉帮助界定 V 形的起点。

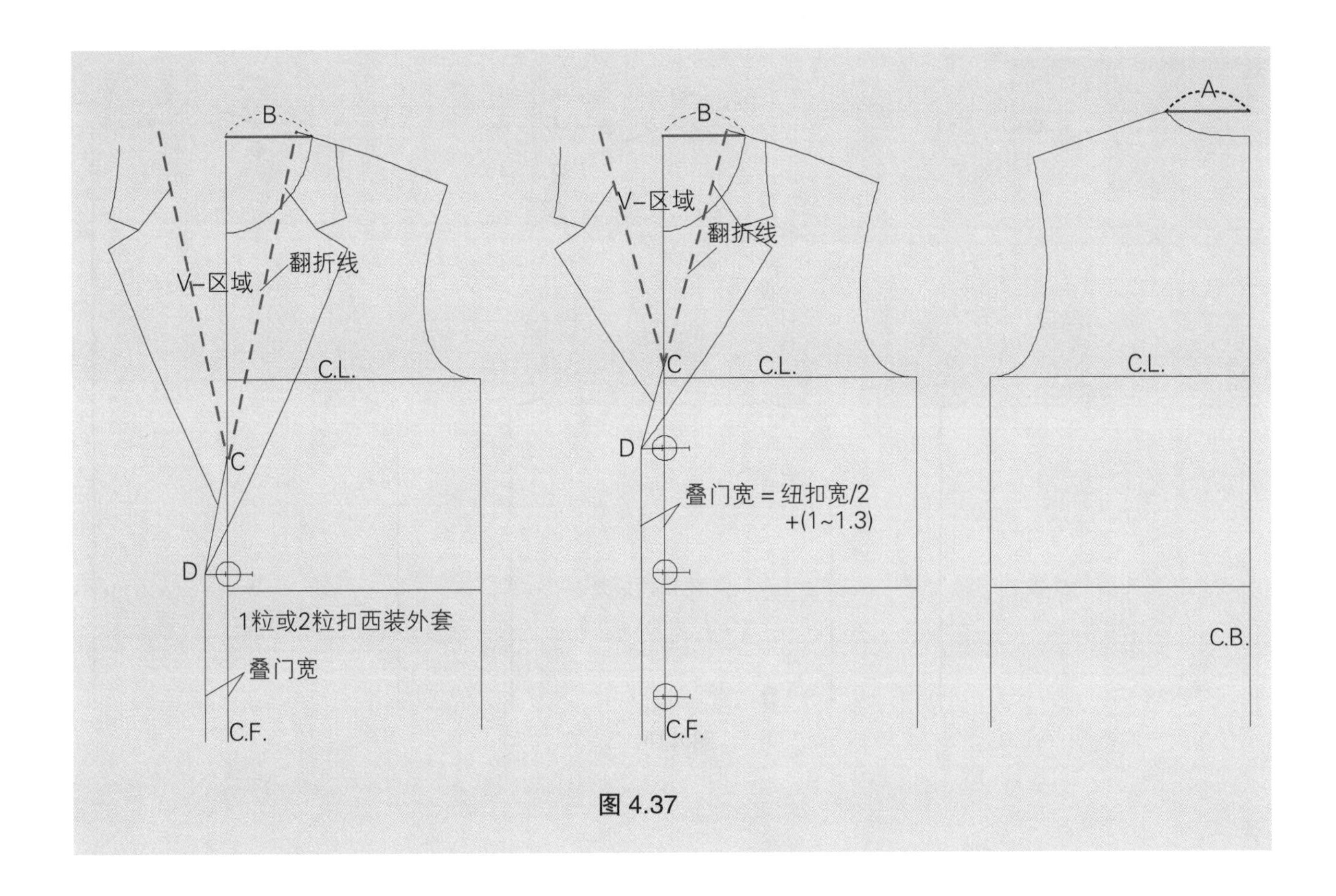

图 4.37

调整前领宽步骤（图4.38，P100）

- 根据 V 区的位置，前领宽应做调整。调整步骤如下。
- G= 将 H.P.S. 抬高 0.6cm，水平量进 1.6~1cm。量取的量依赖于夹克有几粒纽扣。对于一粒或两粒纽扣的西装，量进 1.6cm，有三粒或更多纽扣的西装，量进的量为 1cm。
- G–H= 从 G 画与原型上肩线的平行线。长度为后肩缝线 –0.6cm。
- 从袖窿的中点画弧线与原型的袖窿弧线相似，一直到 H。
- 从胸围线的侧点画一条袖窿弧线与原型袖窿弧线长度相等，标记新的点为 I。
- G–I = 从 G–H 到 I 画一条微弧线。

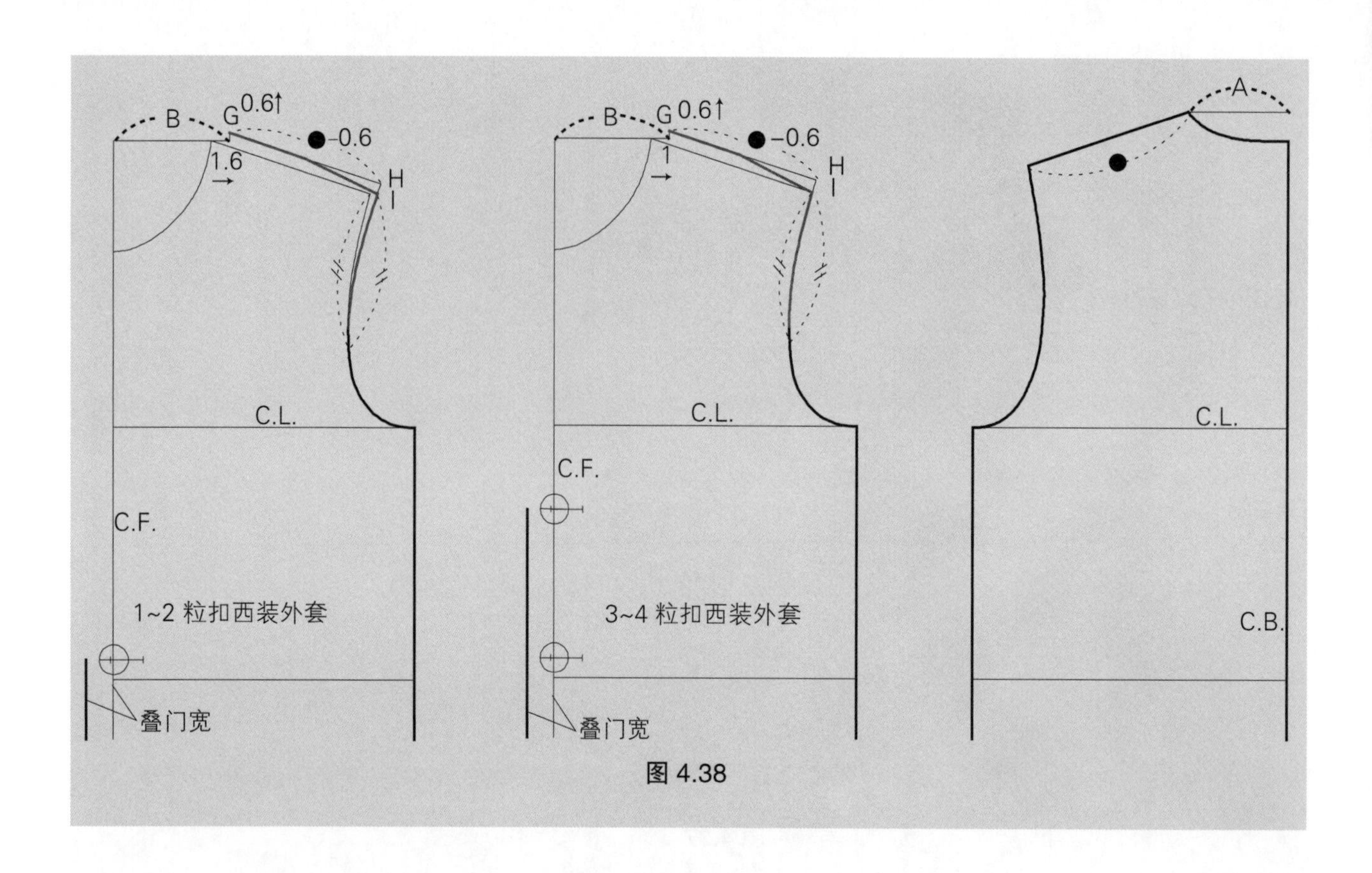

图 4.38

驳头形状（图4.39）

- 翻驳领类型的基本概念是根据你的设计画驳领线，然后以翻折线为对称轴反射设计。
- 每一种驳头的后领部分几乎相同。
- G–J = 在肩颈点底领的高度，从肩线延伸1.9~2.5cm。
- D–J = 翻折线，画直线。在画驳领之前，先在原型前衣片上画这些步骤。

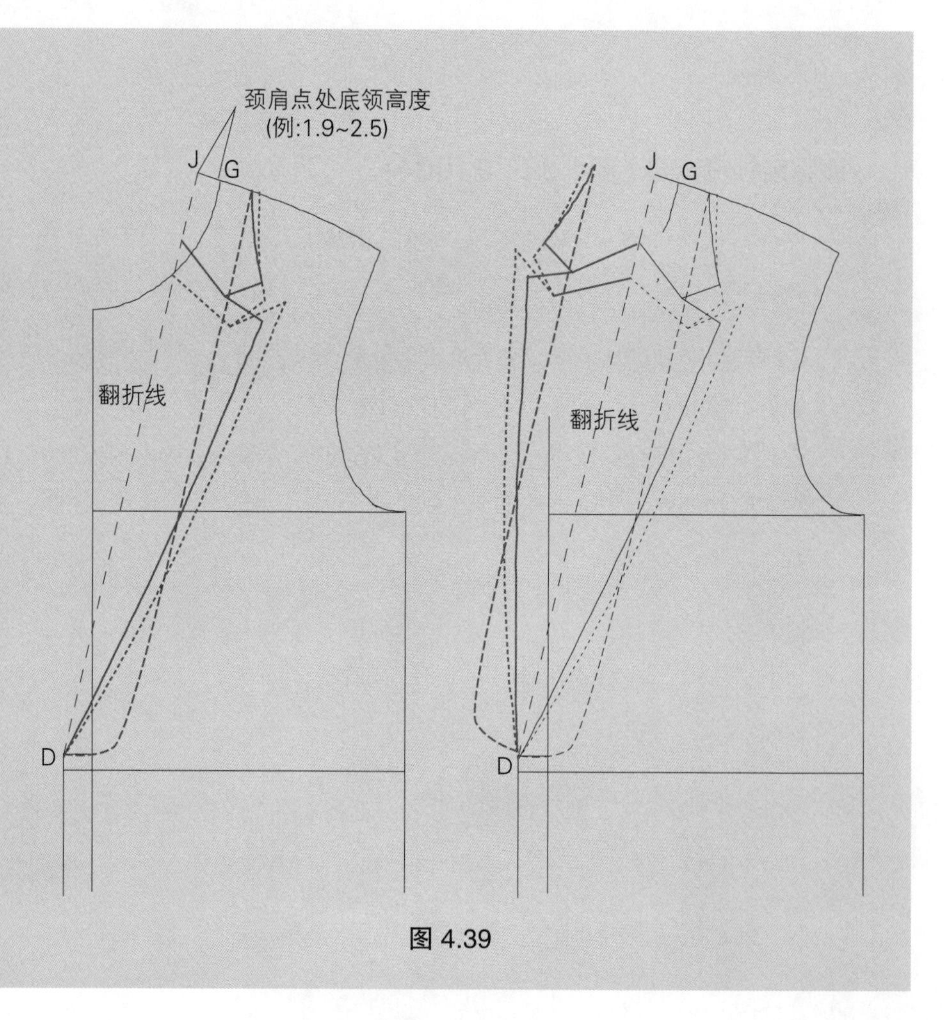

图 4.39

衣领上部分（图4.40）

- 在画完希望的驳头形状后，就开始画衣领部分。
- J－J′= 从 J 向上画直的引导线，约为 7.6cm。
- G－Q = 从 G 画 J－J′ 的平行线，长度和后领口弧长相同。
- G－R = 以 G点向右旋转G－Q,其量为 2.9cm。
- 旋转变量的解释，见图 4.41。
- R－S = 画与 G－R 的垂直线，长为 10.1cm。
- R－R′ = 后中线底领高（♦），为 J－G 的长度＋ 0.6cm。
- R′－S = 翻领，为底领高（♦）＋ 1.9cm。
- 从 S 画 5.1~7.6cm 微弧线，并确保起点处与线 S－R 垂直。

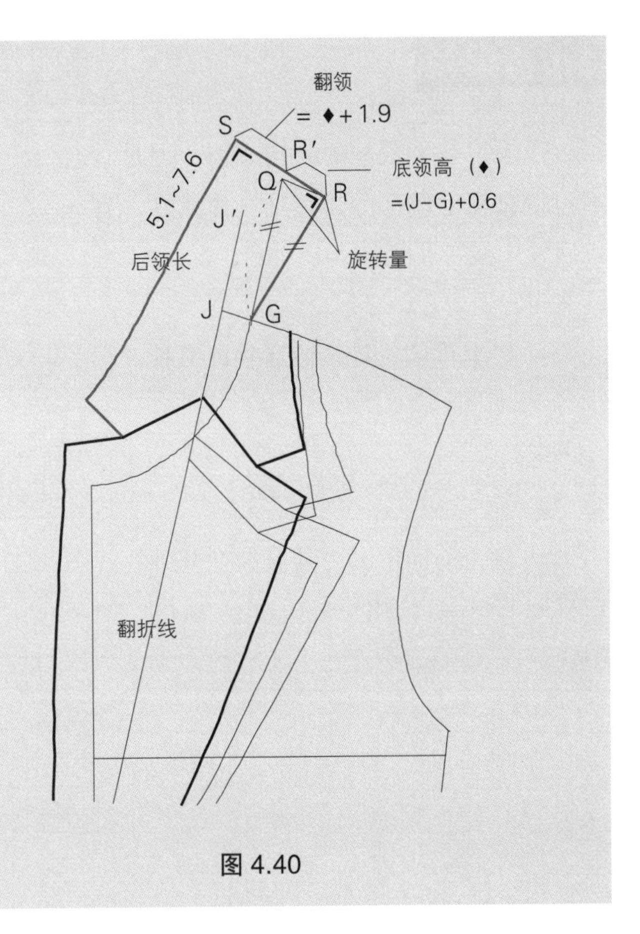

图 4.40

旋转变量（图4.41）

- 需要旋转后领线 (G－Q)，然后才能设计后领线的上端部分。
- 常规的旋转量为 2.5~3.8cm。
- 如果旋转量小于常规量，衣领的外口线就变短。因此，如果设计师想衣领贴紧脖颈，使用小于 2.5cm 旋转量。
- 如果旋转量大于常规量，衣领外口线就变长。在后颈部位衣领变得平坦。如果设计师想设计的衣领在后颈处比较平坦，使用旋转量为 3.8cm。

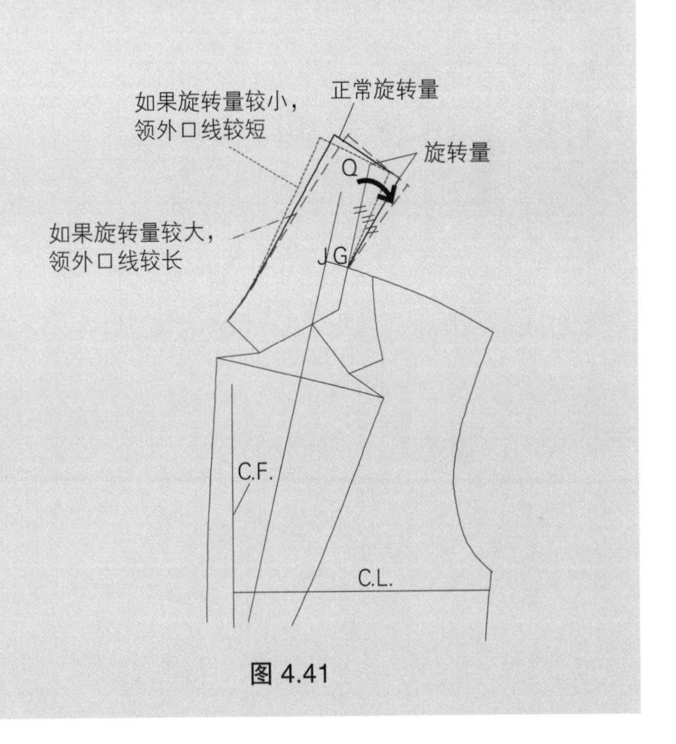

图 4.41

1）青果领

青果领与平驳领的结构相似，但是，它不包括衣领上端部分，它是一片式领，有一条后领中线（平面图 4.15）。

- 根据你的设计量取后领口弧长。

记录：______________

- 参照前面部分“翻驳领型基础”（图 4.37 ～图 4.41，P98 ～ 101）。然后，如下步骤。

平面图 4.15

画青果领形状（图4.42）

根据你的设计画驳头的形状。

- J－K = 沿着翻折线向下量取 8.9~10.1cm。
- K－L = 画线 4.4~5.1cm 与翻折线垂直。
- D－M = 在翻折线上向上量取 6.4cm。
- M－N = 画线 5.7~6.4cm，与翻折线垂直。
- O = 在肩线上画领外口线，设计衣领宽度。
- O－L－N = 画微弧线。
- N－D = 画弧线，如图所示。

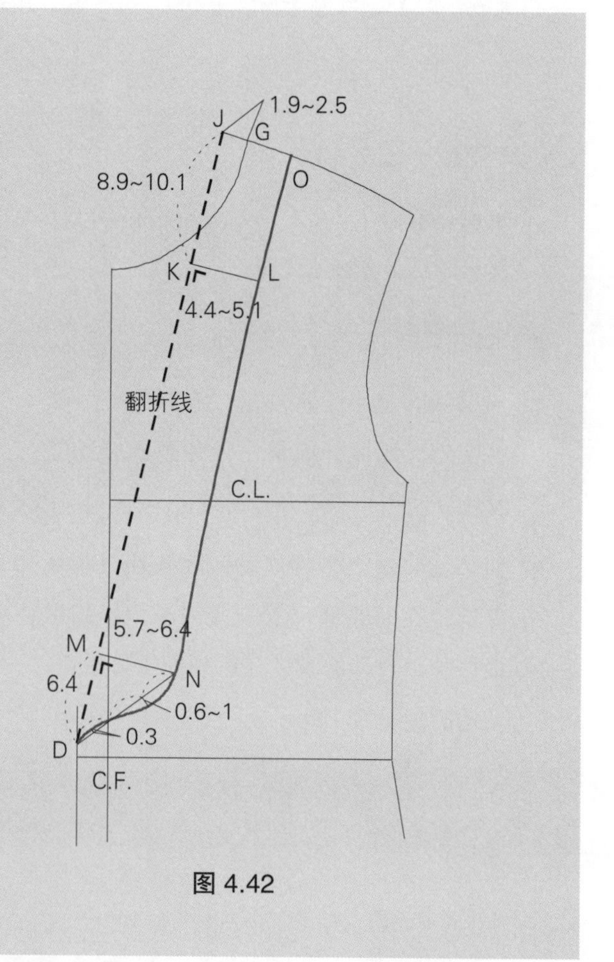

图 4.42

反射和后领部分（图4.43）

- L′－N′－D＝沿着翻折线反射衣领。
- 按照图 4.40 的讲解（P101）设计后领（上端）部分。
- 从 S 到 L′ 画光滑弧线，完成衣领外口线。

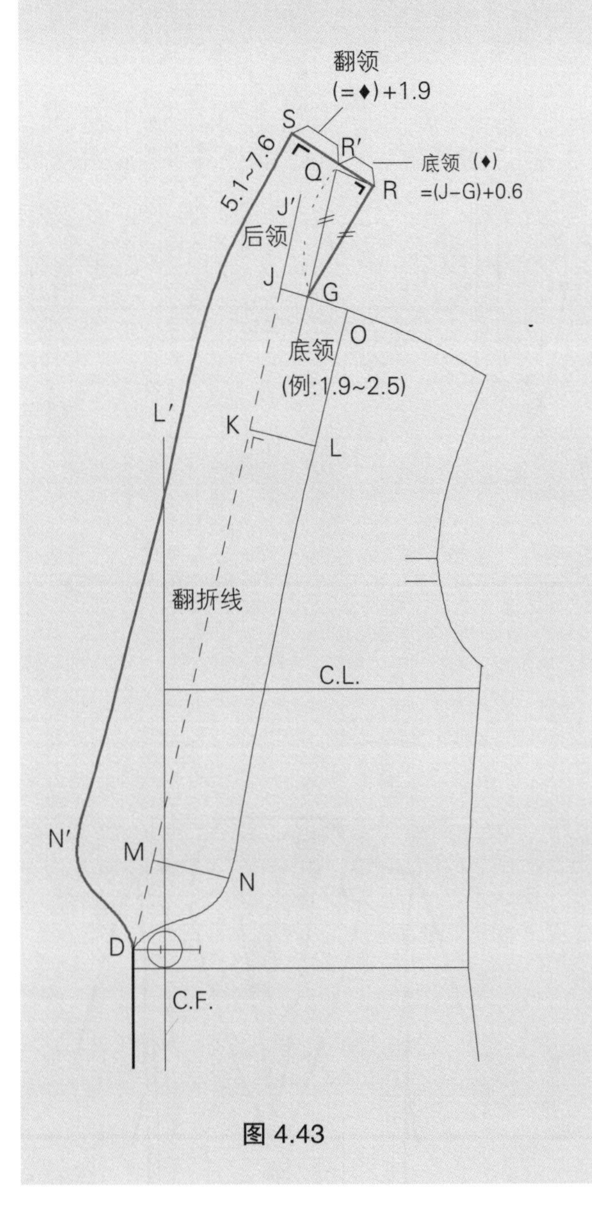

图 4.43

领面（图4.44）

- 青果领与衣身没有分开，而是连在一起的。因此，要制作一片式的挂面。如果挂面在后中线没有标记反折线，就表明在后中线是剪开的。
- 如图所示画挂面。
- 如果你设计的后领没有分割线，按照下面步骤操作。
- V–W＝画直线，表明希望在驳头下方剪开。

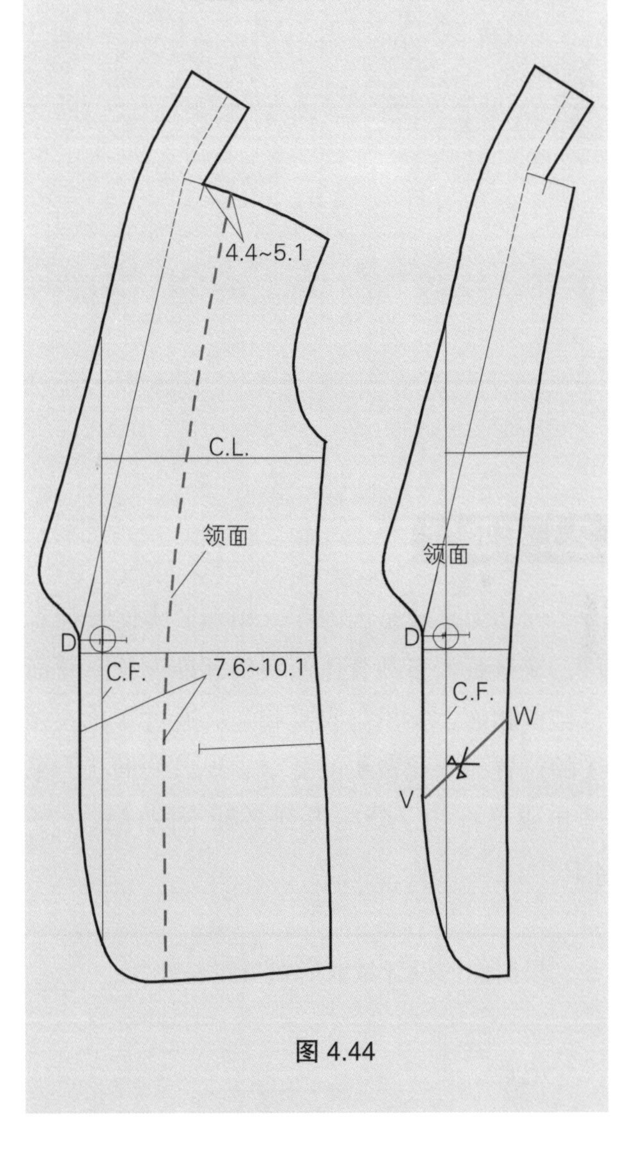

图 4.44

裁剪挂面和丝缕线（图4.45）

- 完成衣领和挂面部分，如图 4.45 所示标记丝缕线和翻折符号。

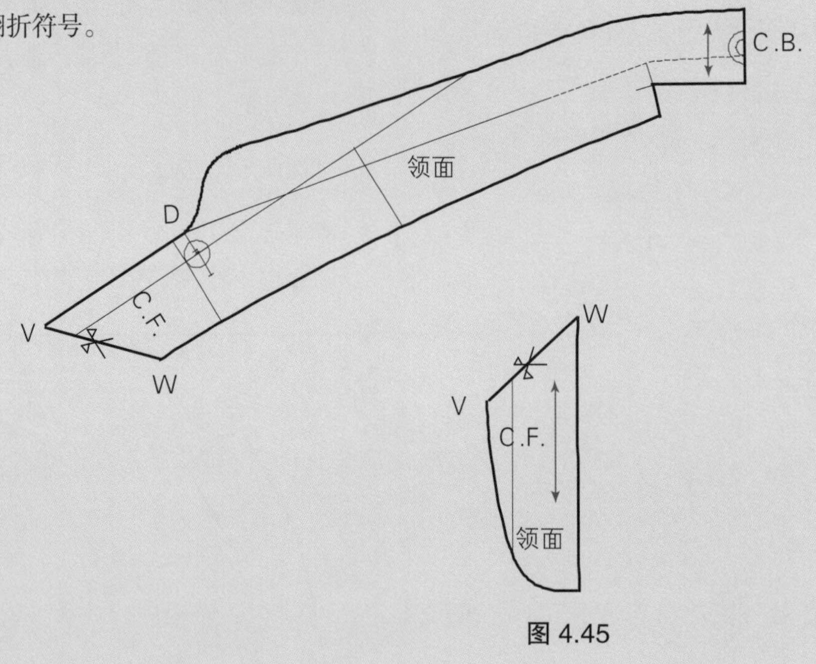

图 4.45

2）平驳领

称其为平驳是因为在衣领和驳头连接处有一缺口，缺口是大多数合体西装的标准衣领。领面与衣身挂面相连，领里与衣身相连。通过变化衣领缺口线的位置、变化驳头的宽窄和缺口的形状，采用双排扣或单排扣，就能得到多种不同样式（平面图 4.16）。

根据你的设计量取后领口弧长。

记录：____________________

参照前面“翻驳领基础”部分（图 4.37~ 图 4.41，P99~101），然后按照下列步骤。

平面图 4.16

画驳头形状（图4.46）

根据设计画驳头线。下面是标准领型步骤：

- J－K＝沿着翻折线向下量取 8.9~10.1cm。
- K－L＝画 7.6cm 翻折线的垂线。
- L－M＝量进 1.9cm。
- K－N＝向上量取 4.4~5.1cm。
- N－M＝画直线。
- L－O＝O－P＝P－L＝保持相等距离 3.8cm，从 L 到 O 和 O 到 P 画直线。
- 连接 L 和 D 画微凸弧线。
- 从 P 向肩线方向画微凹弧线。

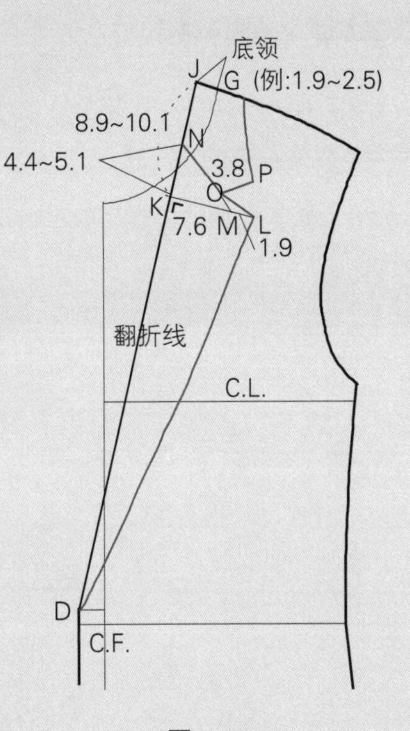

图 4.46

反射及衣领上部分（图4.47）

- P′, O′, L′,＝以翻折线反射和拓印，标记为 P′、O′ 和 L′。
- 按照 P101 讲解，设计衣领上部分。
- 经过点 S 到 P′ 画光滑弧线，完成衣领外口弧线。
- T＝延长 O′－N 和 Q－G，它们相交。
- G－U＝沿着肩线向外量取 0.6cm。
- T－G＝T－U＝画直线。衣领和衣身形成重叠部分，然后将它们分开。

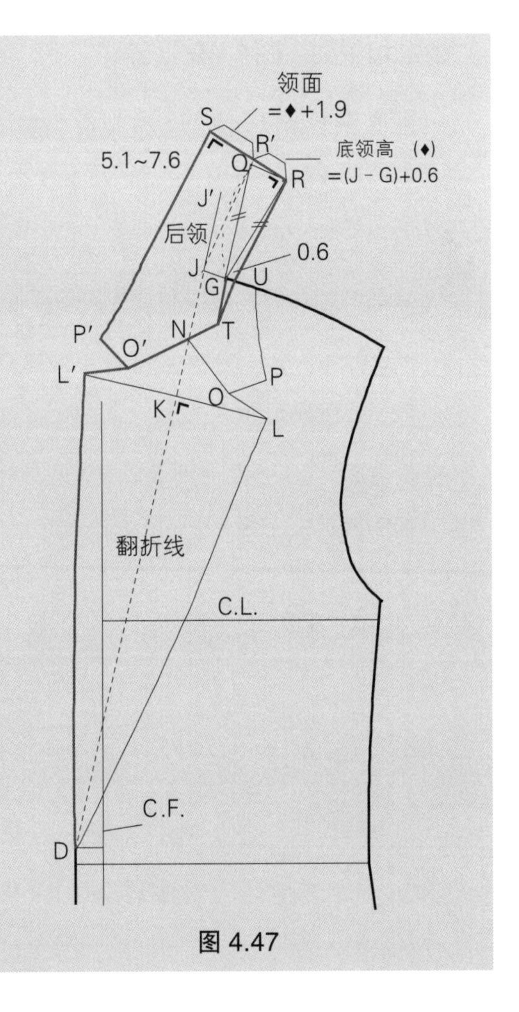

图 4.47

分离衣领上部分（图4.48）

- 保留衣身上的线G－T和衣领上的线U－T，将衣领从衣身上分开。
- N－J－R′= 衣领上部分的翻折线，画光滑弧线。

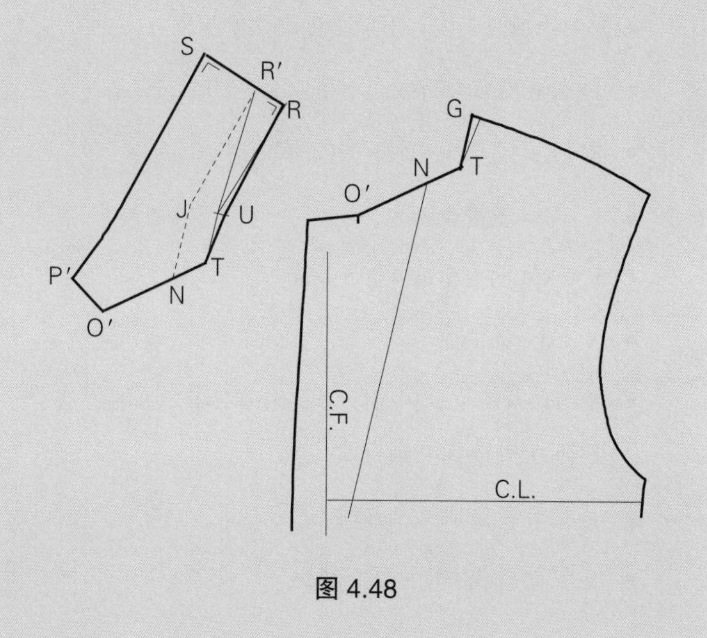

图 4.48

领里和领面（图4.49）

- 画衣领上部分和领里，完成衣领部分，如图所示。
- 领里 = 使用斜丝缕线。
- 领面 = 使用直丝缕线和增加衣领高度。
- P′－P″，S－S′ = 为增加领面翻领部分的松量，如图所示。
- 沿着S′－R反射，完成整个衣领的纸样，如图所示。

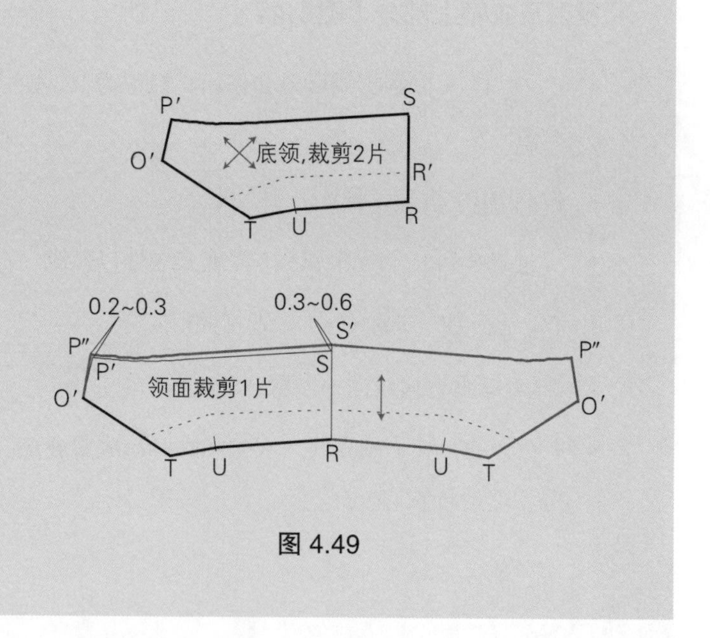

图 4.49

领面分离1（图4.50）

- 为了分离领面，按照下面附加步骤，将翻领与底领分开。
- 如图 4.49，拓印领面。
- X－Y＝画弧线，得到分开的底领。X 和 Y 分别在翻折线下方 0.6cm 和 1cm，画弧线。
- 取 T－R 的中点，标记为 Z 。从 Z 量过来 5.1~7.6cm，标记 U ，将 U－T 分为两半。
- 向上画每条线呈垂直状态，如图所示。
- 沿着线 Y－X 剪切。
- 在衣领部分，从线 Y－X 到 P″－S′ 剪开，但是不要剪断。
- 底领部分，从 Y－X 到 T－R 剪开，但不要剪断。

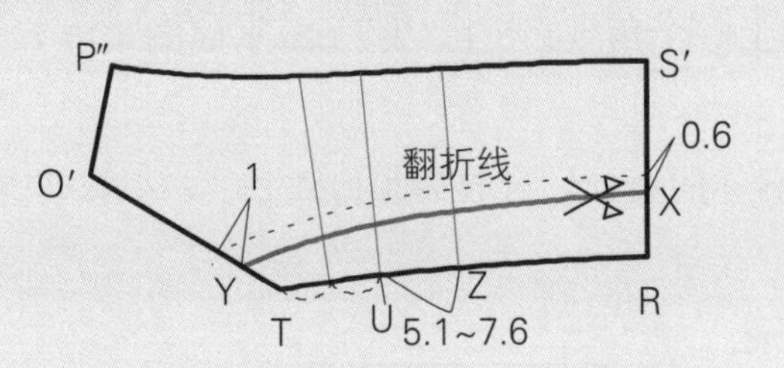

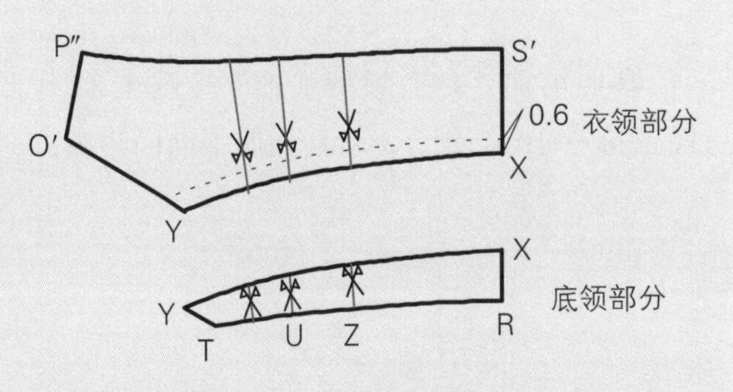

图 4.50

领面分离2（图4.51）

- 沿着翻折线，将每一条剪切线重叠 0.3cm。
- 画圆顺线条，并标记刀眼。

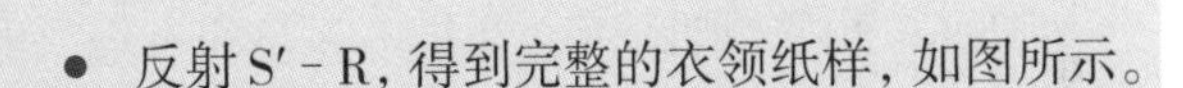

- 反射 S′－R，得到完整的衣领纸样，如图所示。

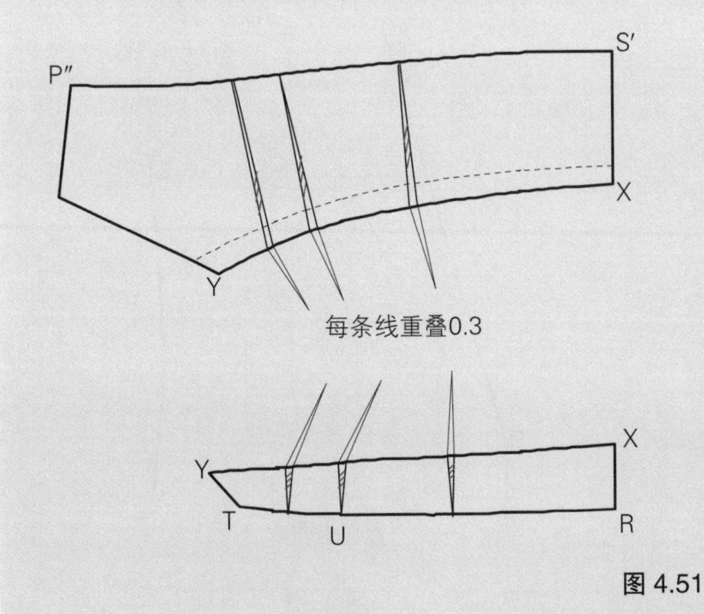

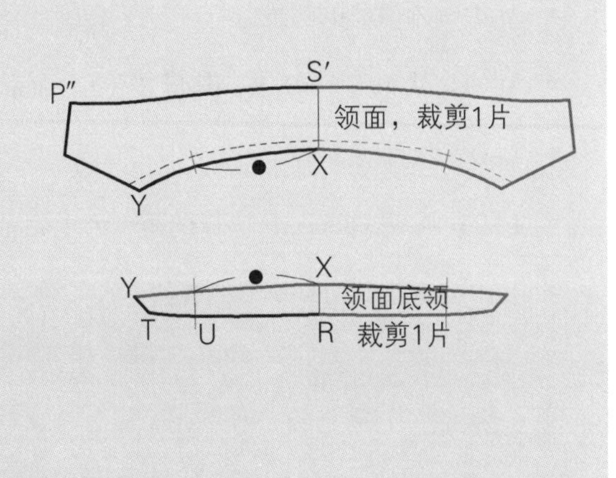

图 4.51

3）戗驳领

戗驳领与平驳领类似，驳头上端外口线不是向下，而是向上一个角度，产生“尖”状（平面图 4.17）。

平面图 4.17

- 根据你的设计，量取后领口弧长。

  记录：____________________

- 参照前面“翻驳领型基础”（图 4.37～图 4.41，P98～101）部分，然后按照下面的步骤。

画驳头的形状（图4.52）

根据你的设计画驳头形状。下面是标准领型的设计步骤。

- J–K = 沿着翻折线向下量取 8.9~11.4cm。
- K–L = 作 5.1cm 的垂直线。
- L–M = 延伸 K–L，其量为 3.8cm。
- K–N = 向上量取 3.8~5.1cm。
- M–D = 画微凸的弧线。
- M–O = 从 M 延长 D–M，其量为 3.2~3.8cm。
- L–O = 画直线。
- L–P = 画线 3.8cm，P 与 O 的距离为 1.9cm。
- 从 P 点向肩线方向画微凹弧线。

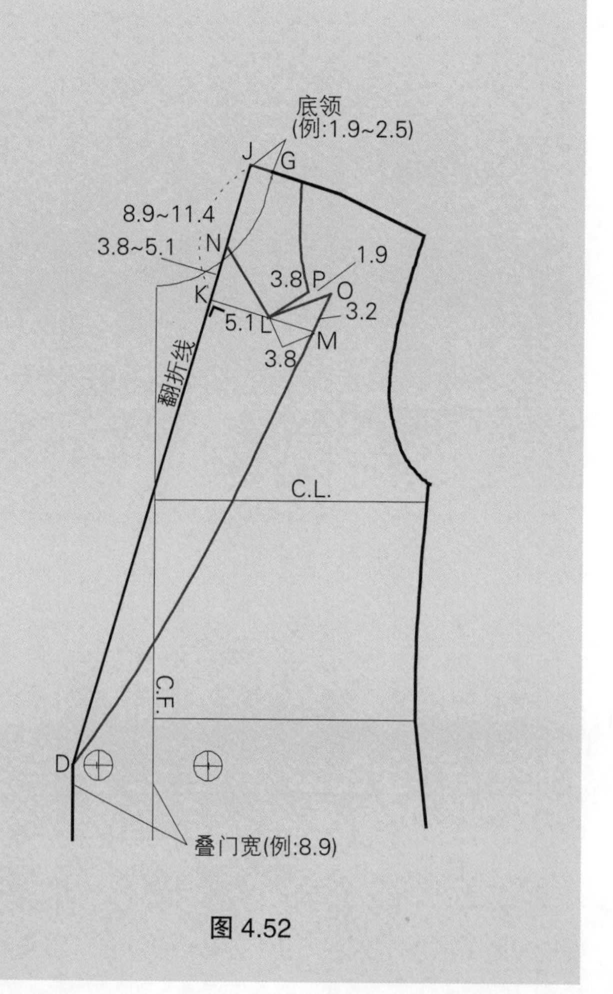

图 4.52

反射和衣领上部分（图4.53）

- P′，O′，L′，D = 以翻折线翻折、拓印，标记为点 P′，O′，L′ 和 D。
- 按照讲解（P101），设计衣领上部分。
- 从 S 到 P′ 画光滑弧线，完成衣领外口线。
- T = 延伸线 L′－N 和 Q－G 相交。
- G－U = 沿着肩线向外延伸 0.6cm。
- T－G = T－U = 画直线。领片分开时，它们是重置的楔形。

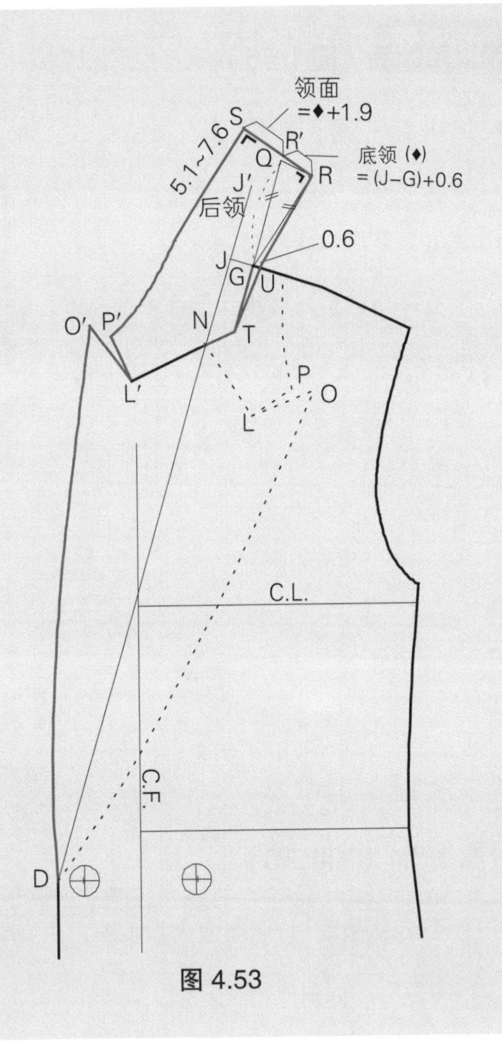

图 4.53

分离衣领上部分（图4.54）

- 将衣领从衣身上分离开来，保留衣身上线 G－T 和衣领上 U－T。
- N－J－R′ = 翻折线，画光滑弧线。

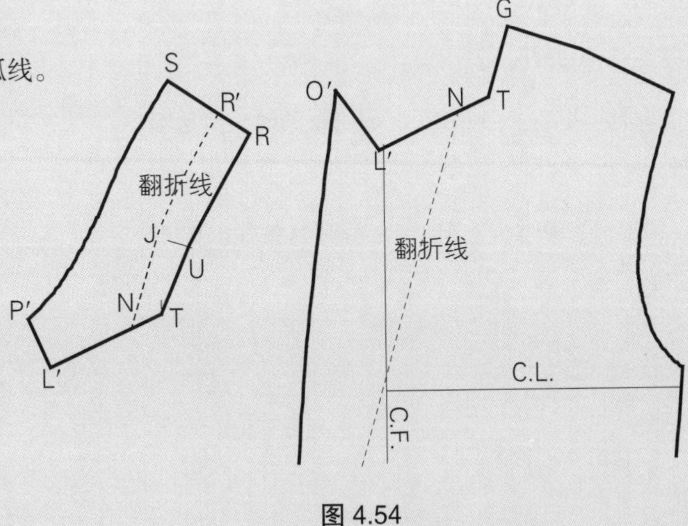

图 4.54

领里和领面（图4.55）

- 画出衣领上部分，完成衣领和领里，如图 4.55 所示。
- 领里 = 使用斜丝缕线。
- 领面 = 使用直丝缕线，增加衣领高度。
- P′ – P″, S – S′ = 领面翻领部分增加松量，如图所示。

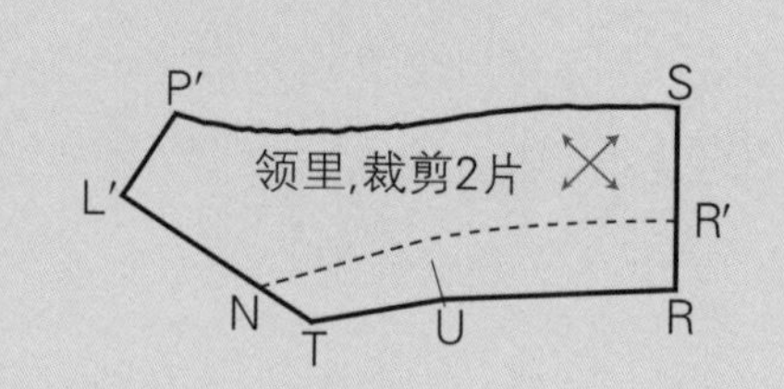

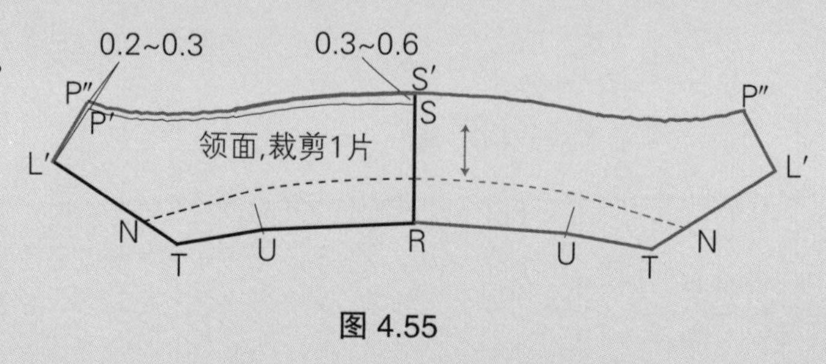

图 4.55

分离领面1（图4.56）

- 为了分离领面，按照下面附加步骤，从底领分开。
- 拓印领面，如图所示。
- X – Y = 画弧线，得到分开的底领。在翻折线下方 X 是 0.6cm，Y 是 1cm。
- 取 T – R 中点，标记为 Z。从 Z 量过 5.1~7.6cm，标记 U。U – T 将分为两份 。
- 每条线作垂直线，如图所示。
- 沿着线 Y – X 剪开。
- 翻领部分，从 Y – X 到 P″ – S′ 剪切每条线，但是不要剪断。
- 于底领部分，从 Y – X 到 T – R 剪开每条线，但是不要剪断。

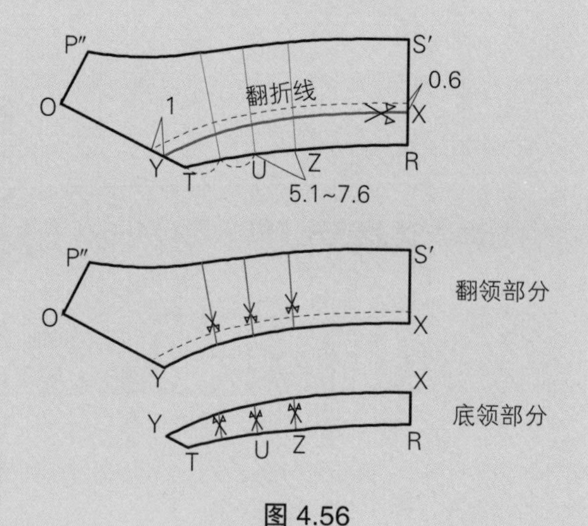

图 4.56

分离领面（图4.57）

- 在翻折线处每条剪切线重叠 0.3cm 的余量。
- 将每条线画圆顺，标记刀眼。
- 以线 S′ - R 反射，得到完整的衣领纸样，如图所示。

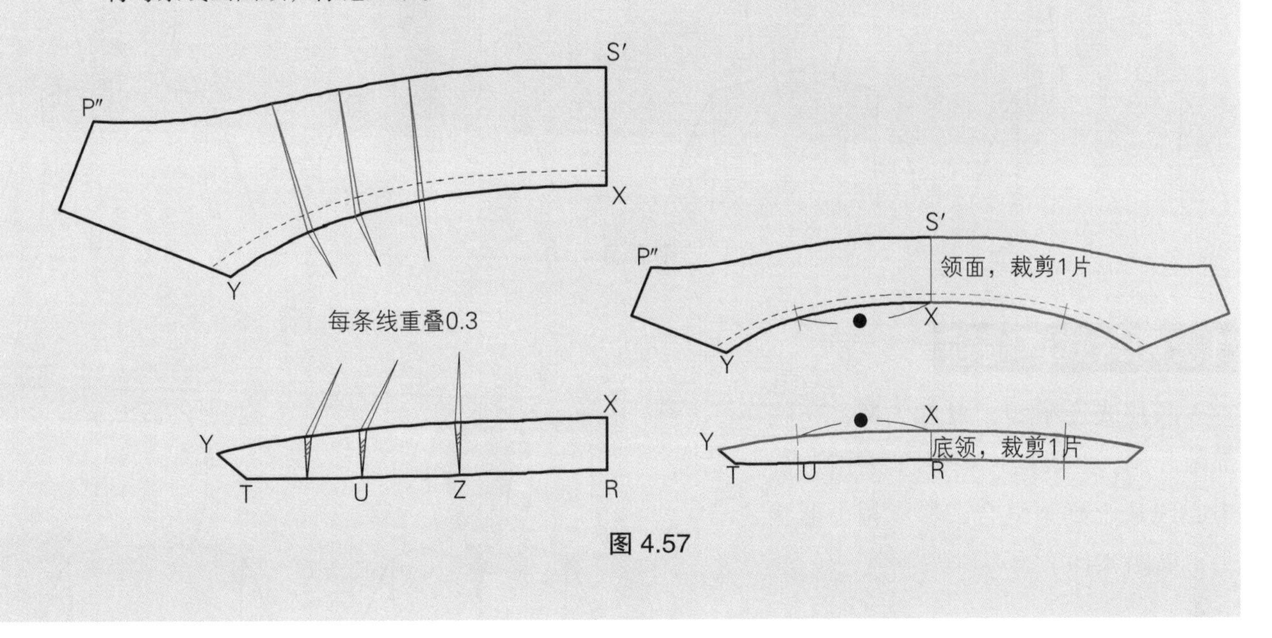

图 4.57

连帽领类型

见平面图 4.18。

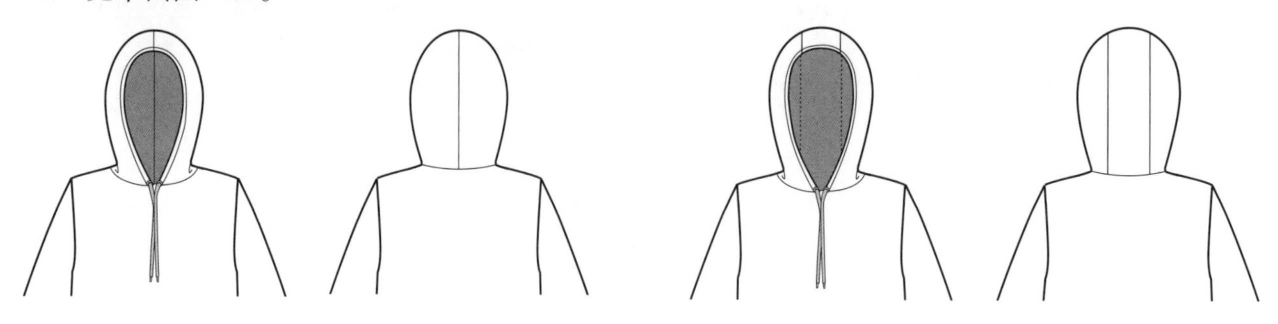

平面图 4.18

1）两片式连帽领

两片式连帽领，覆盖头部，在脸部敞开，与领线缝合。帽子由两片构成，中心线从上到下缝合，形成帽子形状（平面图 4.19）。

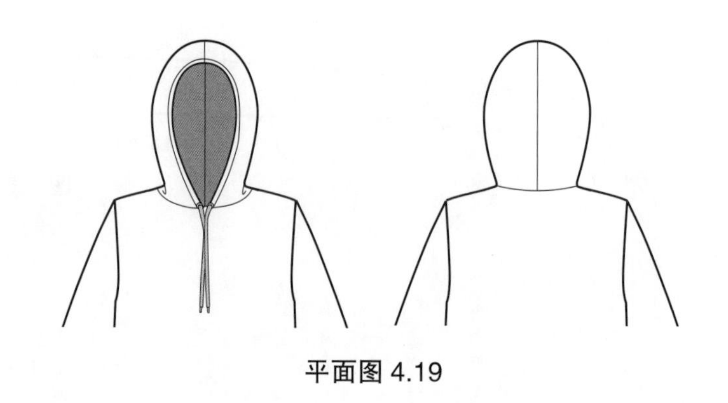

平面图 4.19

领口线（图4.58）

- 检查整个领线长度，确保不需要领口开衩设计。领线的长度至少比头围大 2.5~5.1cm。
- 如果需要的话，在颈肩点 H.P.S. 变宽。
- 量取衣身后领口弧长（◎）和前领口弧长（■）。

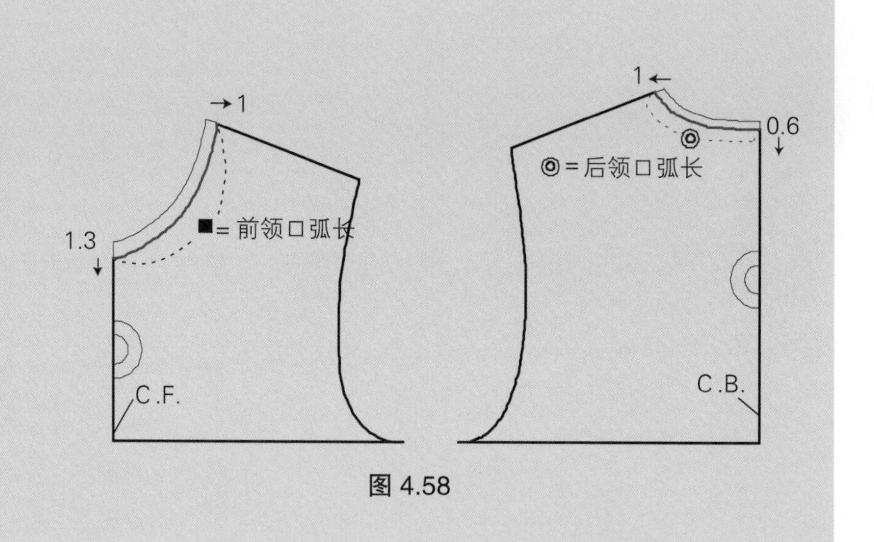

图 4.58

测量兜帽尺寸（图4.59）

- 根据你的设计，从 H. P. S. 点测量到头顶，加一些余量。

  记录：________________

- 设计帽子的宽度，根据设计，从太阳穴到另一太阳穴水平围量一周，不是实际头围大小。确保留有余量。
- 分为四分。

  记录：______/4______

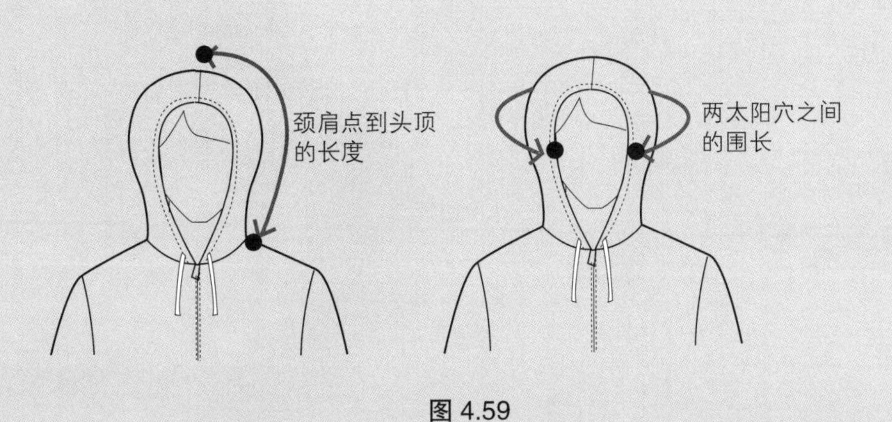

图 4.59

基础线（图4.60）

- A = H.P.S.
- 从 A 画水平引导线。
- A－B = 后领口弧长 －0.3cm。
- A－C = 前领口弧长 －0.3cm。
- B－D = 向上量取 1.9~2.5cm。
- C－E = 向下量取 2.5~3.8cm。
- A－D, A－E = 画直线。
- A－F = 帽子高，从 A 画引导线，从 H.P.S. 到头顶的长度。
- F－G, F－H = 帽子的宽度，1/4 两太阳穴之间的围长。
- G－E = 画直线。
- H－I = 从 H 画 A－F 的平行引导线，通过D 画 H–I的垂直线，交点标记为I。
- J = H－I 中点。

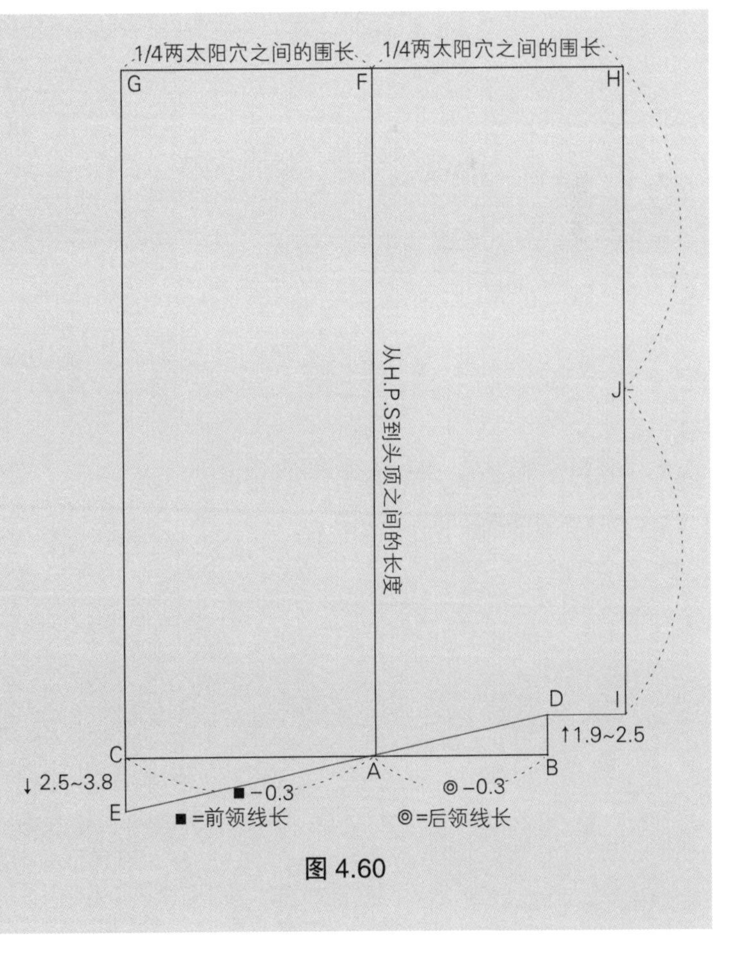

图 4.60

画领弧线（图4.61）

- 将E－D分成三等份，得J、K点。
- L＝E－J的中点。
- L－M＝从L画垂直线，向下量取0.3~0.6cm。
- K－N＝从K向上量1~1.6cm。
- 连接E、M、J、N和D，画光滑的弧线。
- 如果需要的话，核对装领线的长度，与前后衣身领围线等长。

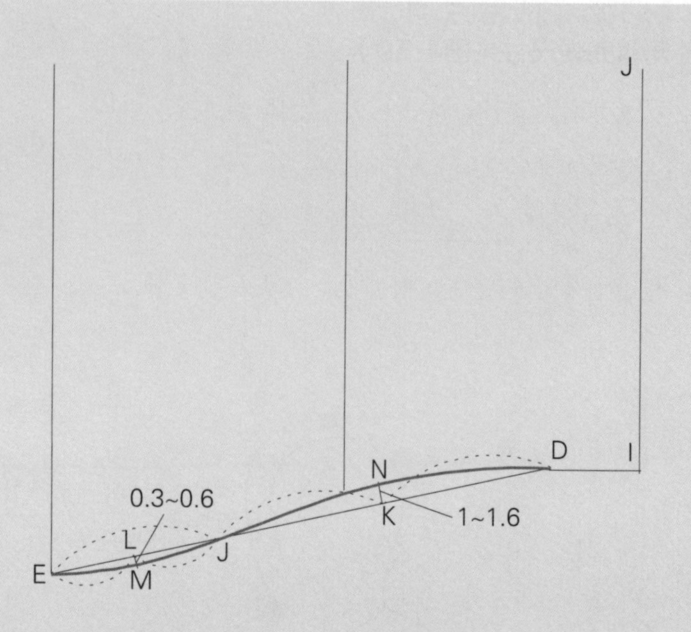

图 4.61

完成图（图4.62）

- J－O＝向上量取3.8~5.1cm。
- H－P＝在H点画45°线，长度为5.1~7.6cm。
- G－Q＝向下量取0.3cm。
- Q－E＝画一条凹形弧线，在中点位置上凹进0.3cm。
- 连接Q、F、P、O和D画光滑的弧线。
- 在SNP点做刀眼，并标注丝缕线。
- 如果需要的话，标注纽扣位置。

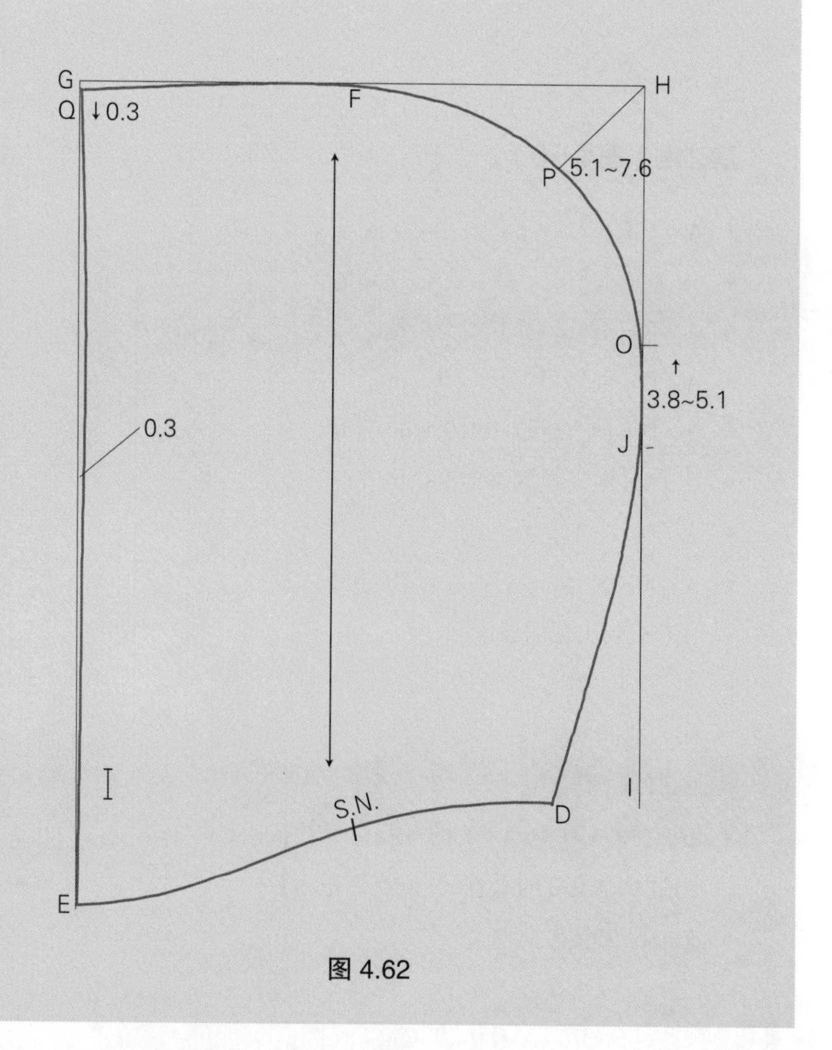

图 4.62

2）三片式连帽领

三片式兜帽与两片式相似，只是结构上由三片构成，缝线的位置可以改变，因此能够更好地控制形状（平面图 4.20）。

- 关于三片式兜帽首先按照前面两片式的基本步骤。

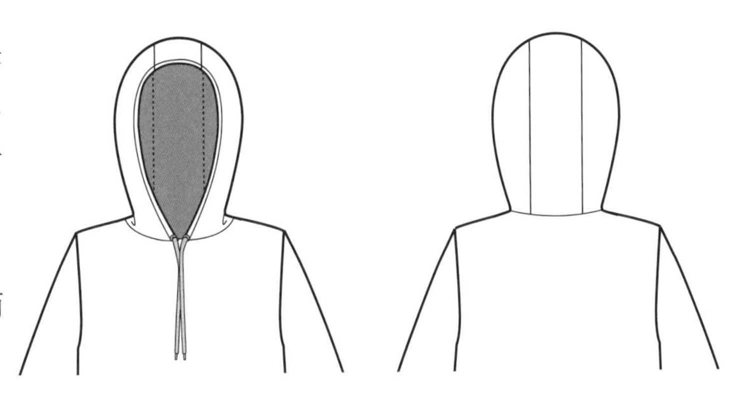

平面图 4.20

三片式连帽领画线（图4.63）

- A－B＝在已经画好的两片式连帽领上标上字母 A 和 B。
- C－D＝画 A－B 的平行线，量进 3.8~5.1cm。
- 将 C－D 分成五等份，得 E、F、G、H 点。
- D－I＝量出 1.3cm。
- G－I＝画类似于 G－D 的线。
- 量线 C－E－F－G－I 的长度 。
- 标记刀眼和丝缕线。
- 剪切线 C－E－F－G－I 。

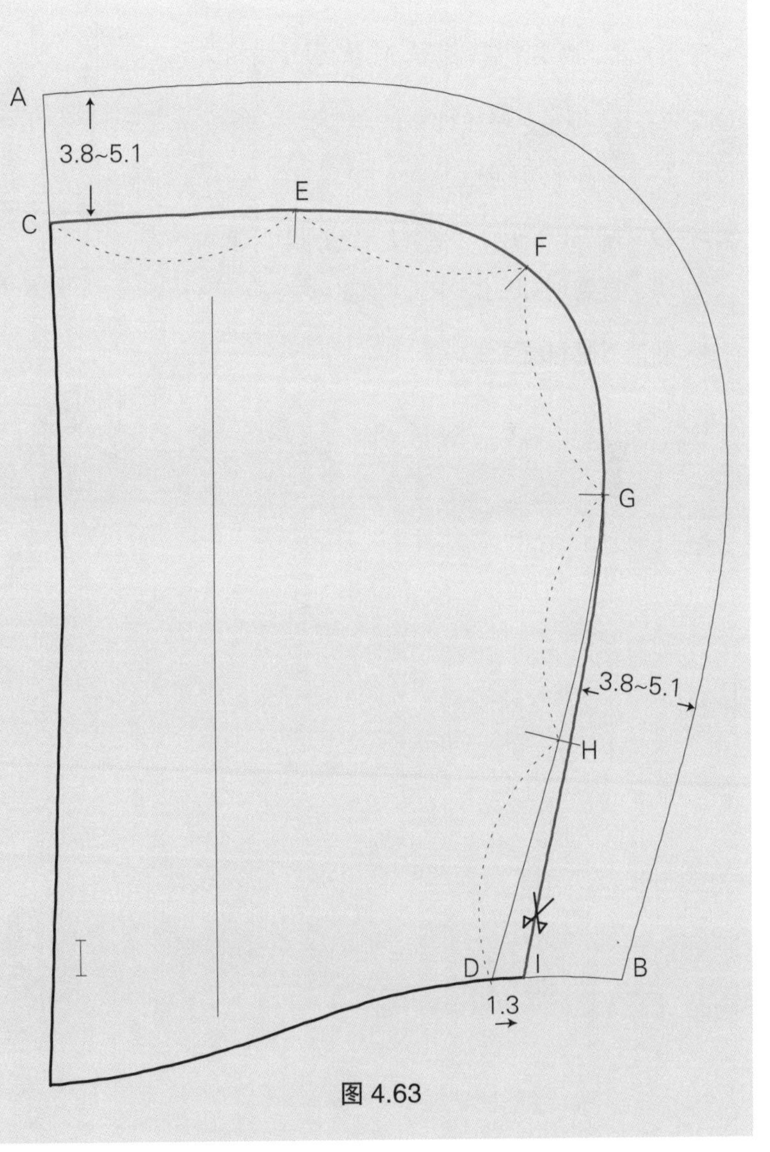

图 4.63

三片式连帽领中间部分（图4.64）

- 从 A′ 画水平引导线。
- A′ - C′ = 与前面步骤中的 A - C 长度相等(图 4.63)。
- C′ - E′ = 从 C′ 画垂直线，长度与图 4.63 中的 C - E 相等。
- E′ - F′ = 与图 4.63 中 E - F 长度相等。
- F′ - G′ = 与图 4.63 中 F - G 长度相等。
- G′ - I′ = 与图 4.63 中 G - I 长度相等。
- I′ - J = 量进 1.3cm。
- G′ - J = 画平缓的弧线。
- K = 从 J 画水平线，与从 A′ 的引导线相交。
- K - L = 向上量取 0.3cm。
- J - L = 画平缓的弧线。
- C″ - E″ - F″ - G″ - J′ = 以 A′ - L 反射和拓印，得到点 C′ - E′ - F′ - G′ - J′。
- 标记刀眼和丝缕线。

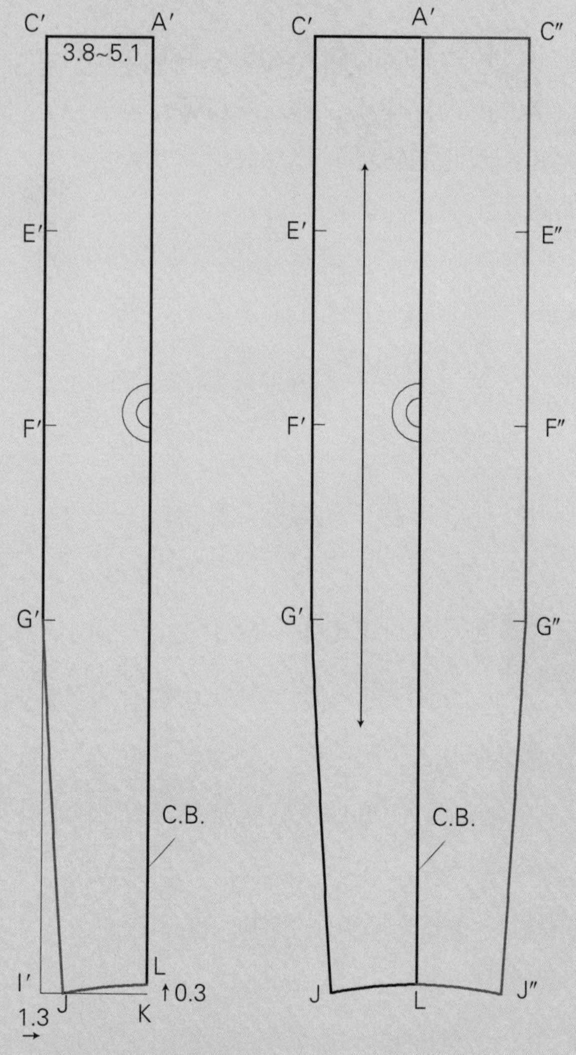

图 4.64

第五章

袖子和克夫

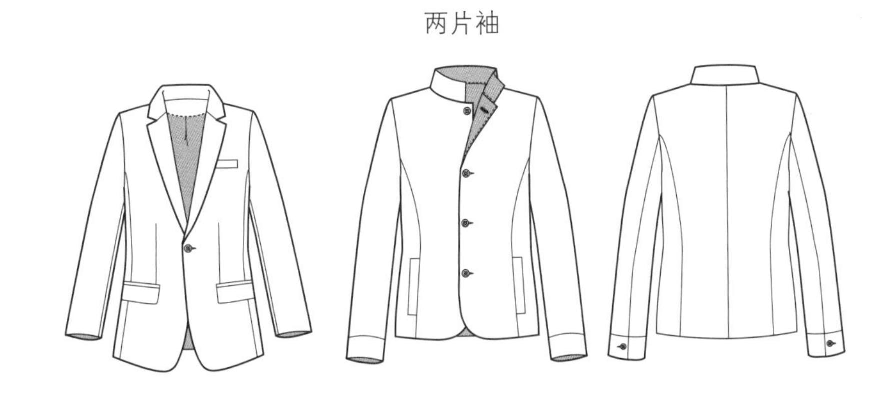

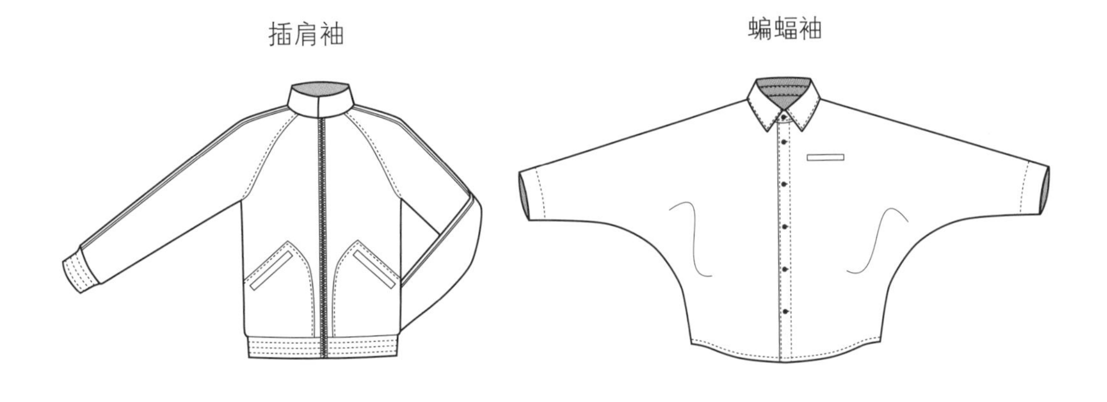

袖 子

人身体中手臂的主要功能是取得平衡和抬举,包含手臂的服装设计无疑有助于手臂的功能。袖子的长度、零部件和构造方法决定袖子的变化。

男式衬衫袖是一种简单的长袖，主要包括克夫、袖衩或者褶裥，是一年四季可穿着的最基本的长袖。

有袖衩无褶裥的袖子

见平面图 5.1。

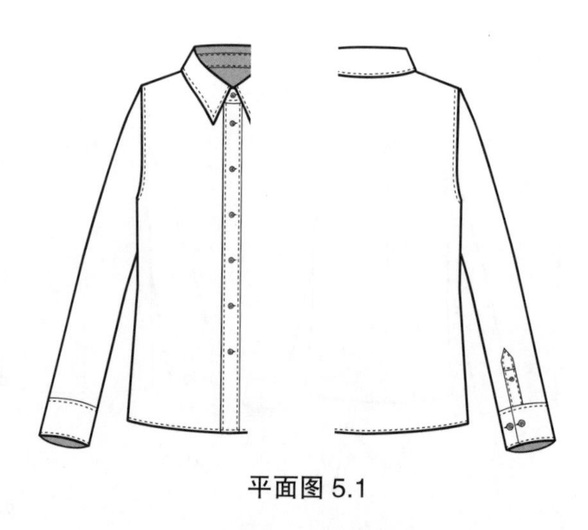

平面图 5.1

克夫高（图5.1）

- 将袖子原型拓印到样板纸上。
- A－B = 画与袖底边线平行的线，即克夫的高度（例：6.4cm）－1.3cm，即克夫为 5.1cm。

  注释：当制作袖子克夫时，先决定克夫的高度，然后在袖子原型上剪去的量比克夫高度少 1.3cm。

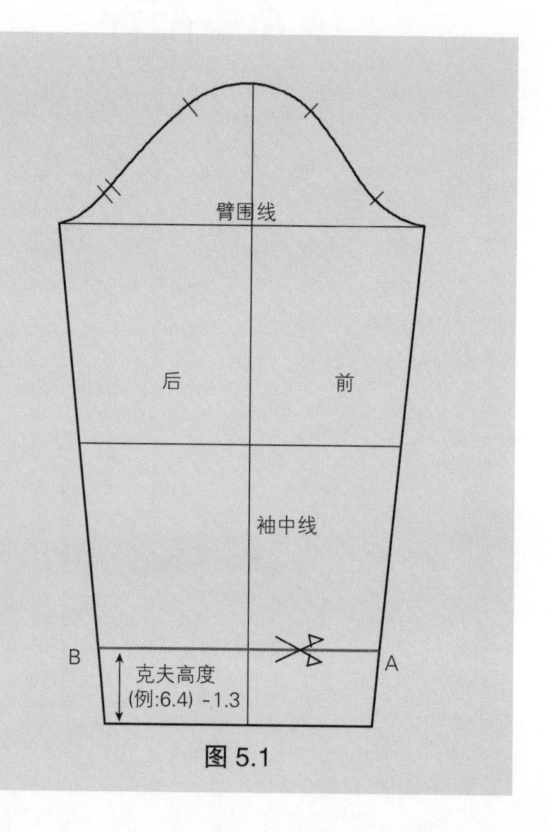

图 5.1

计算袖子底边宽度（图5.2）

- 决定你的克夫宽度：手腕围＋(7.6~10.1cm)。

  记录 1: ________

- 决定袖衩贴边的宽度 (例 :1.9~2.5cm)。
- 按照下面说明，决定袖子整个底边宽度。腕围线宽度 (G－H) = 克夫宽度－袖衩贴边宽 /2

  注释：在缝制克夫时，袖衩贴边量要被重叠一半。

  记录 2: ________

- A－B 的宽度和记录 2: ________ 有差别。
- 将记录 2 差量除以 2，**记录 3:** ________
- G－H = 在计算以后，标记 G 和 H，从 A 和 B 移动的量为记录 3。
- 画直线，连接 G 和 H 与臂围线，如图 5.2 所示。

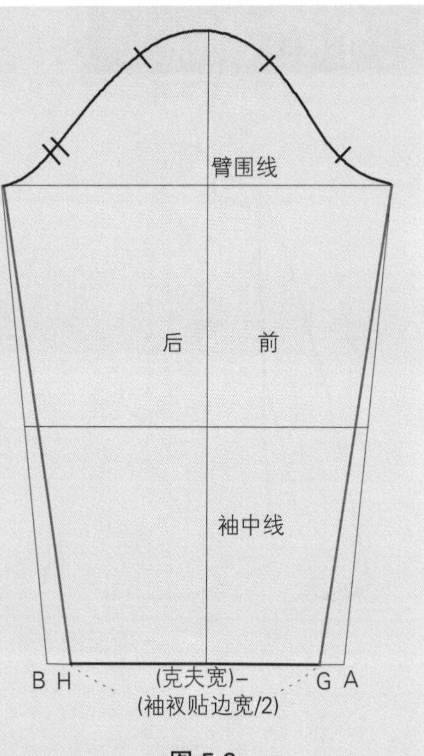

图 5.2

袖衩贴边（图5.3）

- I = 袖中线。
- J = 后袖中点，也是袖衩贴边宽的中点，H－J = J－I。
- J－K = 从 J 垂直向上 10.1 cm(袖衩开口) ＋ 1.9cm ＋ 1.9cm。
- 画袖衩贴边宽 2.5cm，如图所示。

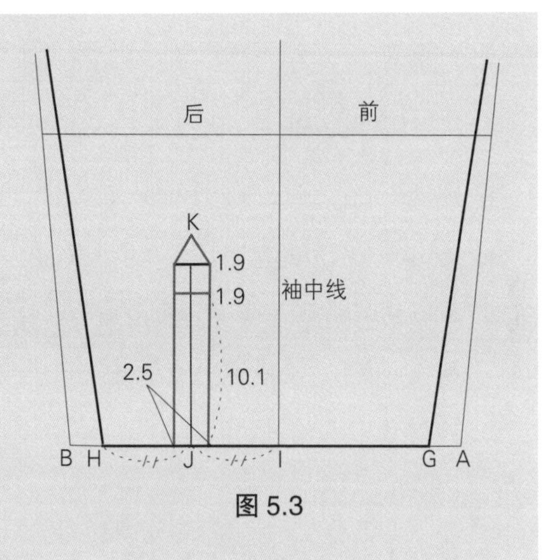

图 5.3

画克夫（图5.4）

- 克夫细节，见图 5.43（P145）。
- 图 5.4 是克夫完成图。

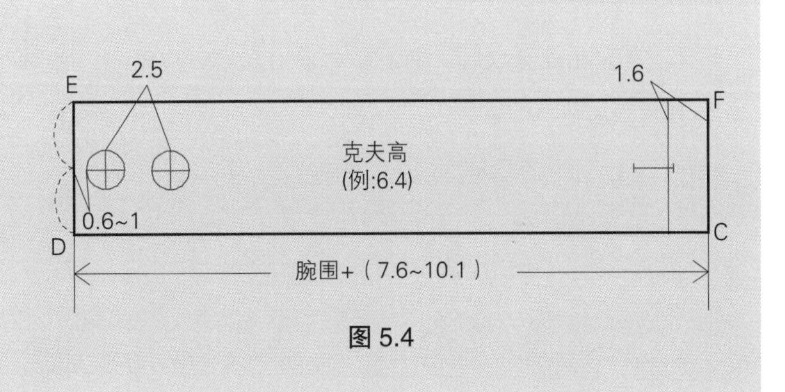

图 5.4

一个褶裥袖衩袖

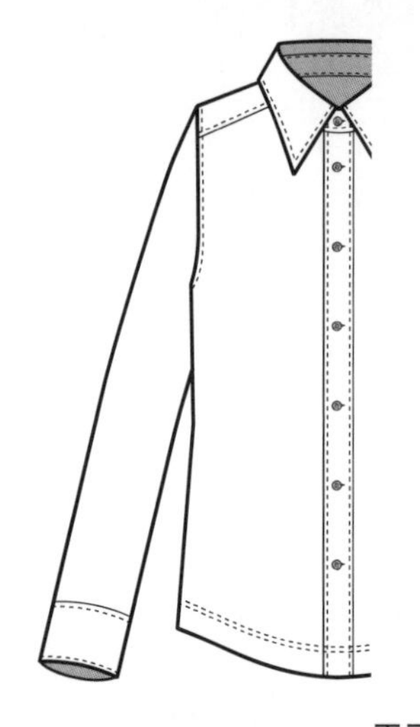
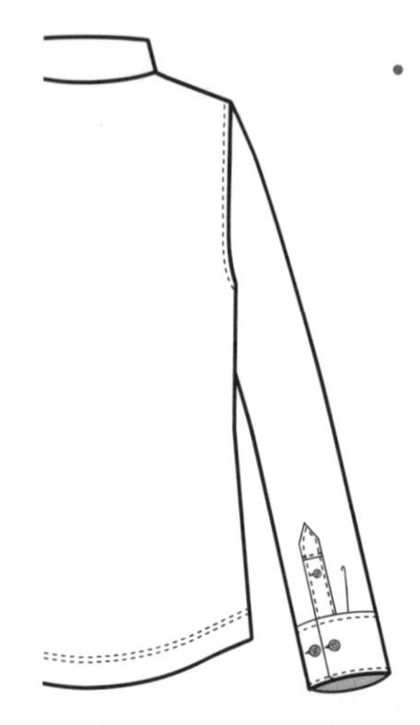

平面图 5.2

见平面图 5.2。

- 拓印整个袖子原型到样板纸上，按照上一节没有褶裥的袖子步骤（图 5.1，P118）。基本过程和没有褶裥的相同，只是在袖子底部加入一个褶裥量，从而构成褶裥。

计算袖底边宽度（图5.5）

- 决定你的克夫宽度：腕围＋（7.6~10.1cm）。

  记录 1: ________

- 决定褶裥收去的量 (例 :2.5~3.8cm)。

  记录 2: ________

- 决定袖衩贴边的宽度 (例 : 1.9~2.5cm)。
- 决定袖底边整个宽度，使用如下方法计算。手腕线宽度 (G－H)= 克夫宽 ＋褶裥量 — 袖衩贴边宽 /2。

  记录 3: ________

- 找出 A－B 宽度与记录 3 的差。
- 差量除以 2，记录 4: ________
- G－H = 在计算以后，标记点 G 和 H, 从 A 和 B 向里移记录 4 的量。
- 画直线，连接臂围线与点 G 和 H。

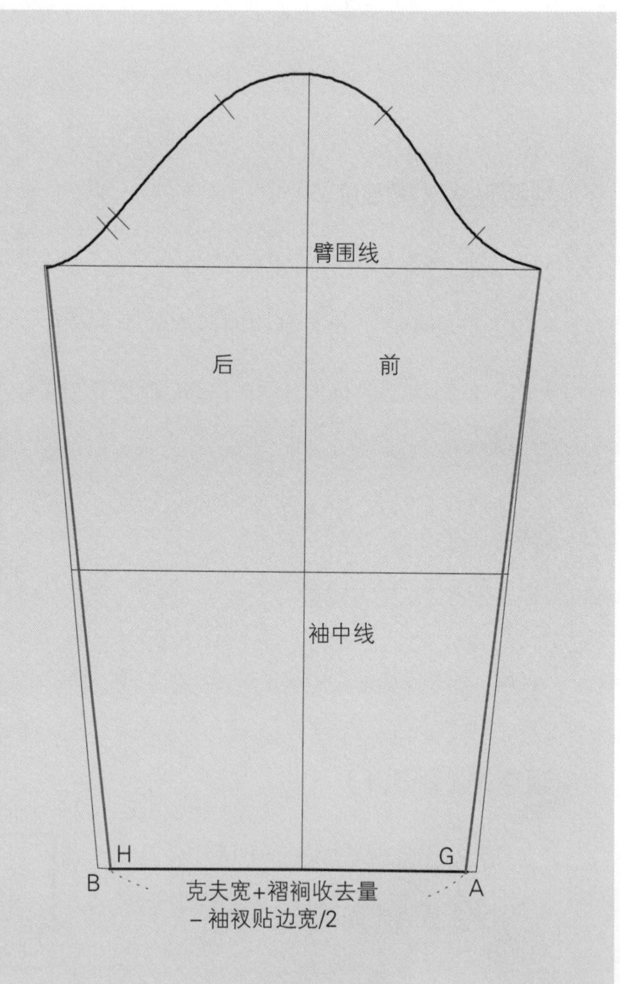

图 5.5

袖衩和褶裥（图5.6）

- I = 袖中线。
- J = 后袖和袖衩贴边中点，H - J = J - I。
- J - K = 画 2.5 cm × 10.1cm 袖衩贴边，袖衩顶部 3.2cm，如图所示。
- L = 中点 I 和袖衩的边界。点 L 标记褶裥收去量的中心。
- 标记褶裥收去量 (2.5~3.8cm)，如图所示。

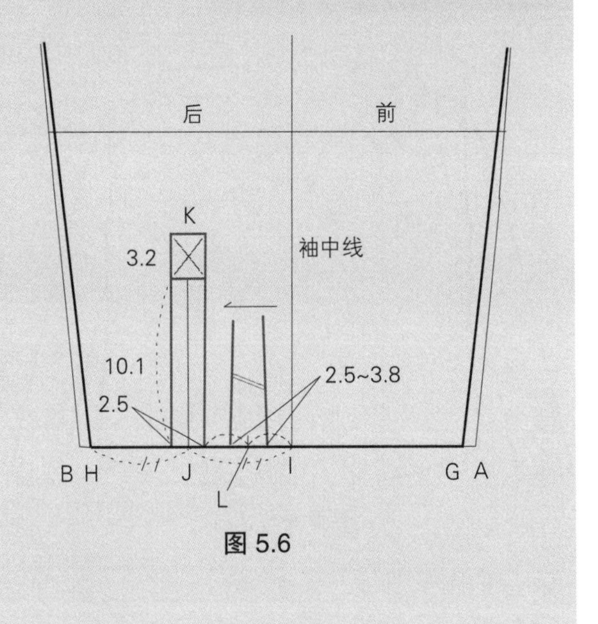

图 5.6

画克夫（图5.7）

- 克夫细节，见图 5.43（P145）。
- 图 5.7 克夫完成图。

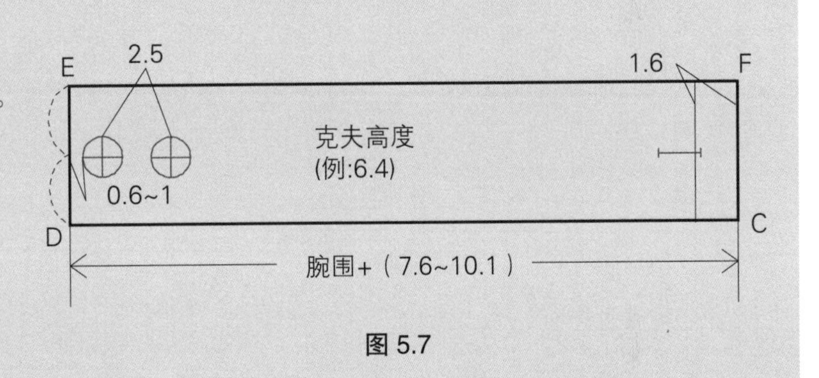

图 5.7

两个褶裥袖衩袖

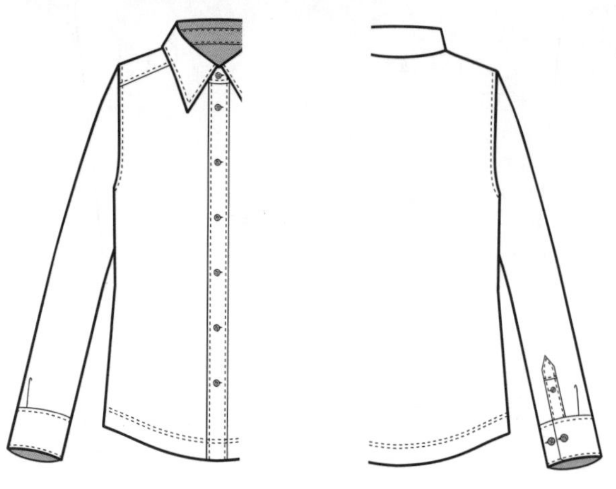

平面图 5.3

见平面图 5.3。

- 以完整尺寸拓印袖子原型到样板纸上，按照没有褶裥的步骤（图 5.1，P118）。基本过程和没有褶裥的相同，只是在袖子底部加入了褶裥量，从而构成褶裥。

计算袖底边的宽度（图5.8）

- 决定你的克夫宽度：腕围＋（7.6~10.1cm）。

  记录 1: ________

- 决定第一褶裥收去的量 (例 : 3.2cm) 和第二个褶裥收去的量（例：2.5cm）。

  记录 2: ________ ＋ ________=________

- 决定袖衩贴边宽度 (例 :1.9~2.5cm)。
- 决定袖底边整个宽度，使用如下方法计算。

  手腕线宽度 (G – H)= 克夫长 ＋第一个褶裥收去量 (例 :3.2cm) ＋ 第二个褶裥收去量 (例 :2.5cm) – 袖衩贴边宽 /2。

  记录 3: ________

- 找出 A – B 宽度与记录 3 的差。
- 将差量 2 等分，记录 4: ________
- G – H = 在计算以后，标记点 G 和 H, 从 A 和 B 移记录 4 的量。
- G，H= 新的袖底边宽度也许比原来的要宽，依据添加的褶裥量而定。标记 G 和 H，它们分别与 A 和 B 的距离相等。
- 画直线， G 和 H 点分别与臂围底点连接，如图所示。

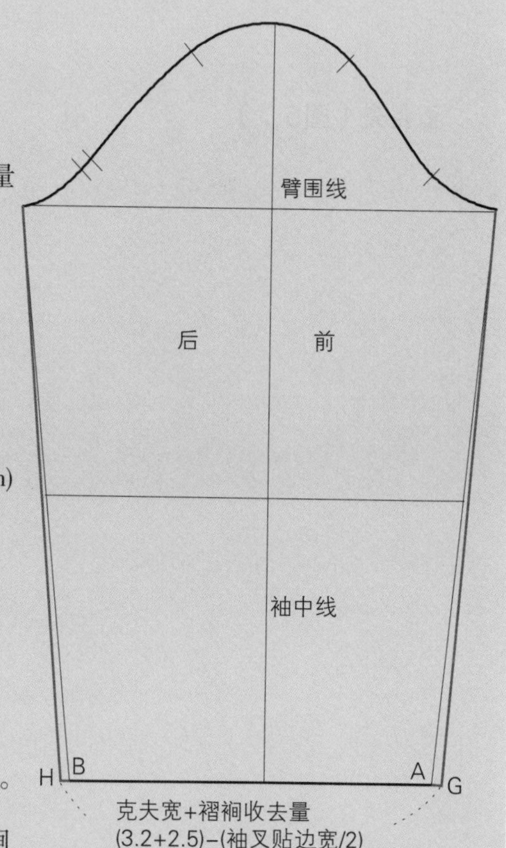

图 5.8

袖衩（图5.9）

- I = 袖中线。
- J = I - H 后袖底边中心点，也是袖衩宽度的中点。
- J - K = 画 2.5cm × 10.1cm 袖衩造型，再加顶端 3.2cm 如图所示。
- L = 从袖衩边缘，往袖中线量取 1.9cm。

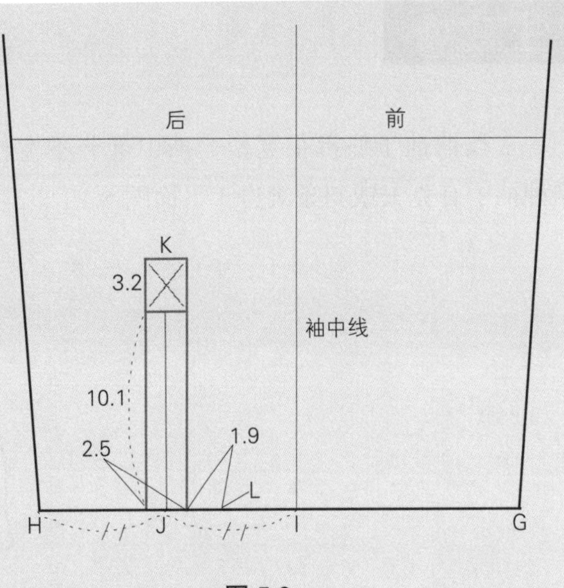

图 5.9

袖口褶裥（图5.10）

- L - M = 第一个褶裥收进的量（例 :3.2cm），如图所示标记褶裥位置。
- M - N = 再量取 1.3~1.6cm。
- N - O = 第二个褶裥收进的量（例 :2.5cm），如图所示标记褶裥位置。

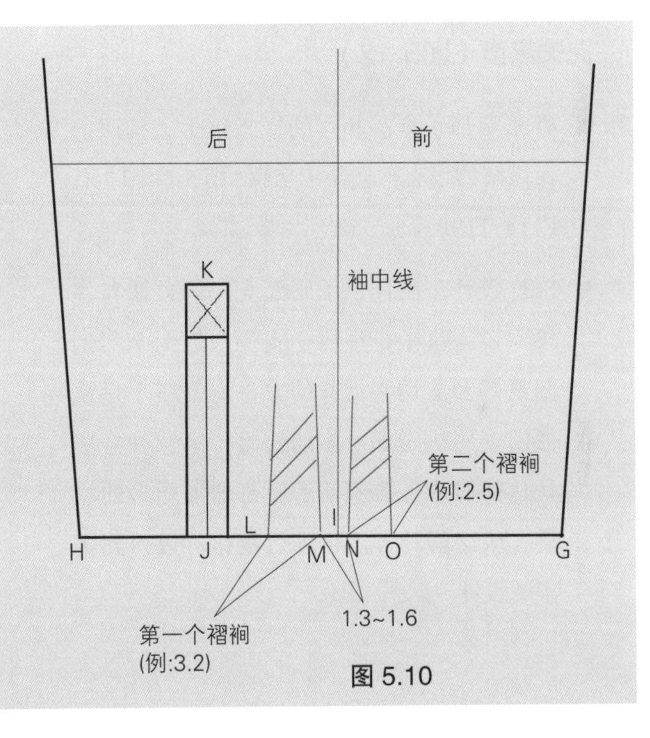

图 5.10

画克夫（图5.11）

- 克夫细节，见图 5.43（P145）
- 图 5.11 是克夫的完成图。

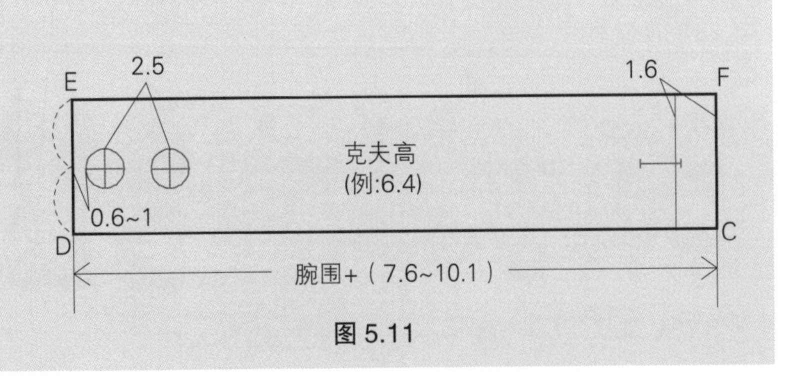

图 5.11

主教袖

主教袖袖子底部很宽松，袖山部分不宽松。这种袖子有克夫或斜条滚边（平面图 5.4）。

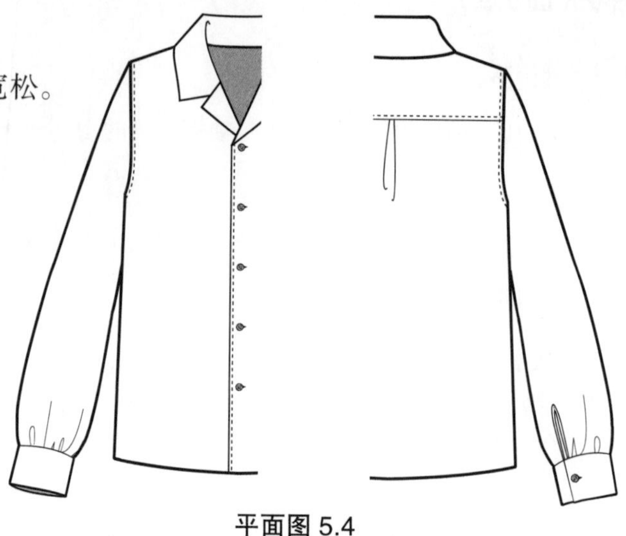

平面图 5.4

克夫高度（图5.12）

- 将完整袖子原型拓印到样板纸上，按照前面讲解的没有褶裥袖子步骤（图 5.1~ 图 5.4，P118~119）。
- 根据设计，制作袖子底部宽松的方法有多种。在这章中，举两个实例，但两个实例都是基于剪切和展开的方法。第一个是从袖山到底边增加更多的松量，第二种方法是从袖肘线上方到袖子底部增加更多的松量。从这两种方法再进行变化可以得到更多的设计。

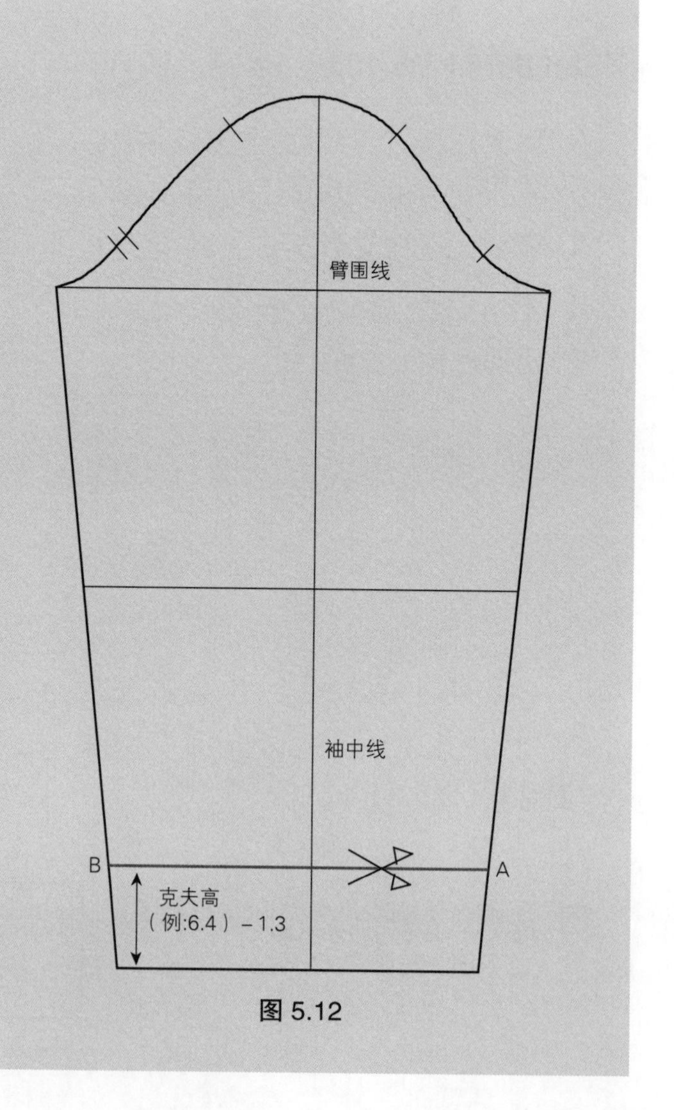

图 5.12

第一例

剪切（图5.13）

- 画平行于袖中线的线条，线条之间的宽度为5.1cm，如图 5.13 所示。
- 量取 B–A 的宽度。

  记录：___________

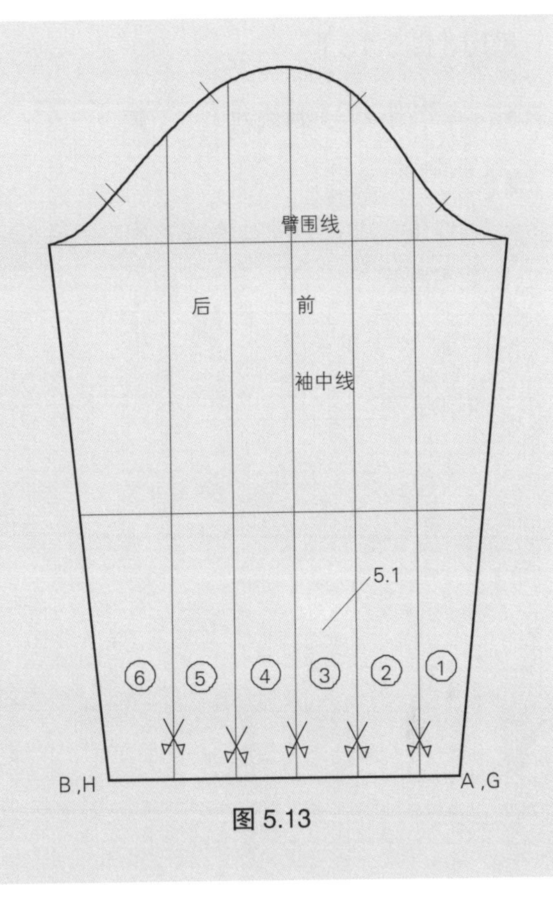

图 5.13

完成样板（图5.14）

- 剪切线条，并根据设计展开 2.5~5.1cm。在展开之后，袖子底边的宽度 A–B 比原来宽 0.5~2.5 倍。
- I = 袖中线，从袖山顶点到③–④的中点画一条垂直线，并延伸 1.3cm。
- 连接 G、I 和 H，重新画袖底边线。
- L = 后袖底边 I–H 的中点。
- L–M = 从 L 垂直向上 10.1~12.7cm。

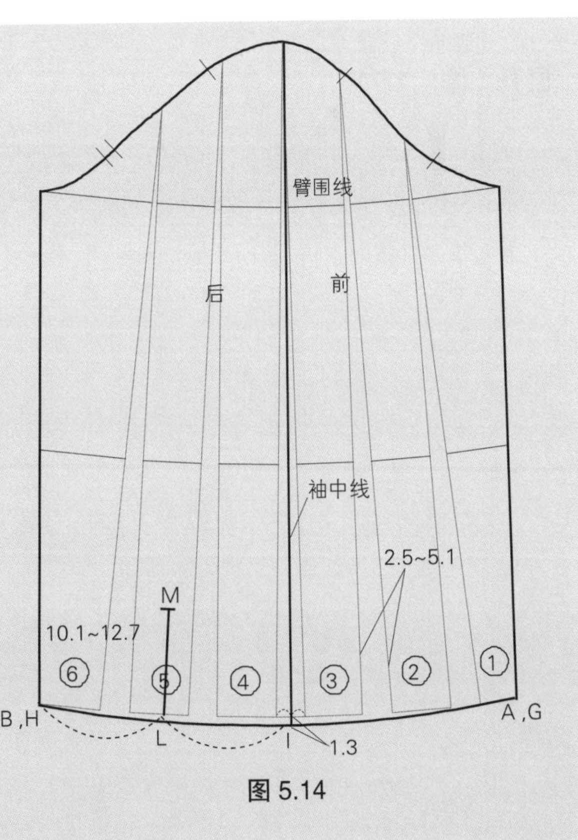

图 5.14

第二例

剪切（图5.15）

- I＝臂围线与袖肘线的中点，画一条水平线直到袖底线，将上部分开。
- 画线条与袖中线平行，线条之间宽度为5.1cm，如图所示。
- 量取A－B的长度。

  记录：________________

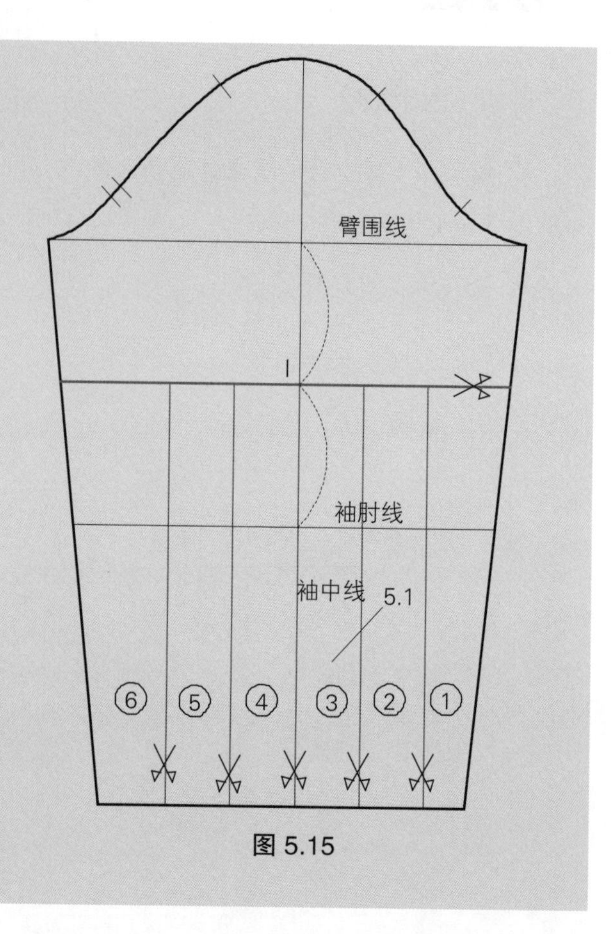

图 5.15

展开（图5.16）

- 剪切每条线，并根据设计展开，其量为2.5~5.1cm。在展开后，袖底边的总量A－B比原来宽0.5~2.5倍。

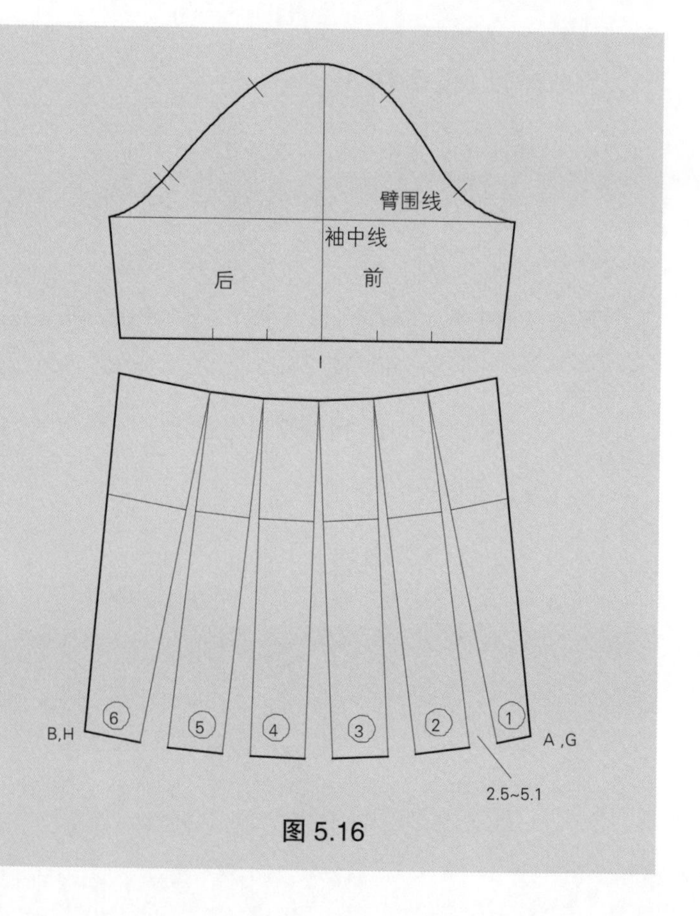

图 5.16

完成样板（图5.17）

- I = 袖中线，从袖山顶点到③-④的中点画垂直线。
- 在展开之后，将纸样与袖子上部分连接起来，袖中线吻合。测量袖上部分与 I 之间的空隙（▲）。
- I－K = 袖中线，在袖口线处量取袖上部分与 I 之间空隙量（▲）的一半。
- 重新画袖口线和袖底线，如图所示。
- L = 后袖口线的中点。
- L－M = 从 L 向上量 10.1~12.7cm。

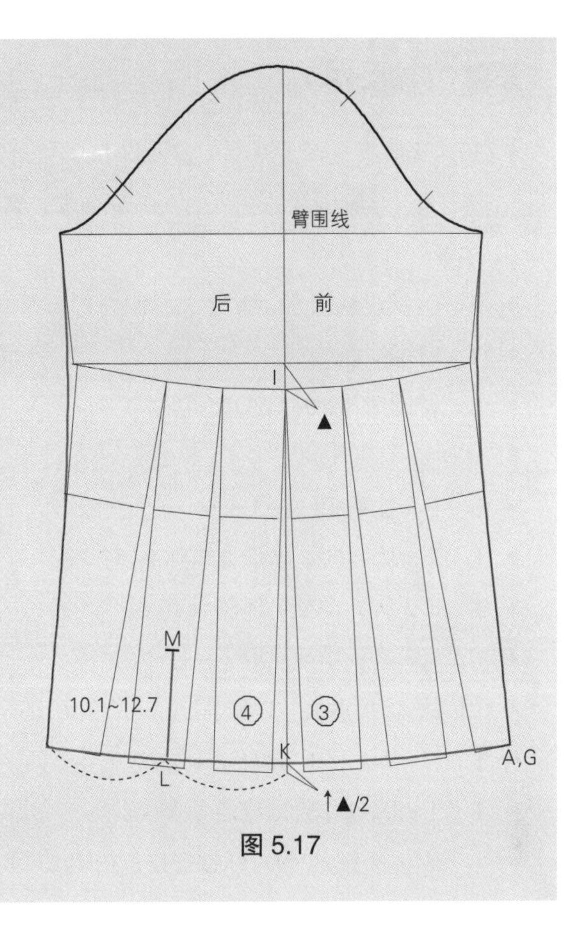

图 5.17

正装两片袖

正装两片袖是专门为套装设计的袖子。在经典的西装结构中，这种袖子有袖衩和纽扣。但是，为了方便起见，袖子也可以设计成装饰作用的纽扣，没有袖衩（平面图 5.5）。

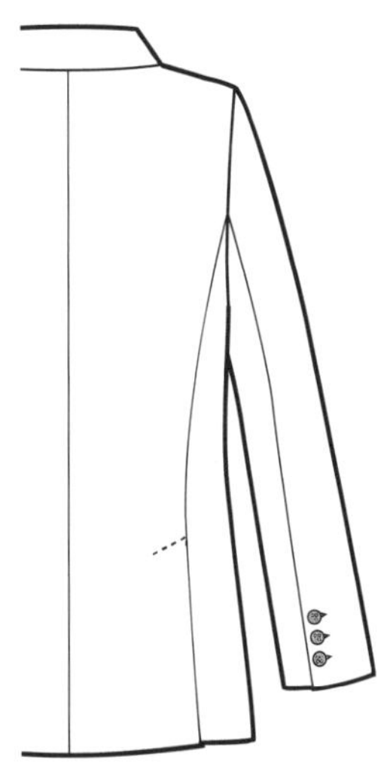

平面图 5.5

步骤1（图5.18）

- 拓印正装夹克袖子原型（参见图 11.2 和图 11.3，P 318)。从臂围线的端点向下画垂直线，到袖子底边线。
- A = 臂围线后端点。
- B = 臂围线前端点。
- C = 臂围线与袖中线的交点。
- D = A – C 的中点。
- D – E = 往袖中线量 1.6cm。
- E – F = 从 E 向上画垂直线到袖窿弧线。
- E – G = 从 E 向袖肘线画垂直线。
- G – H = 往袖中线量取 1.6cm。
- 用弧线连接点 F、 E 和 H。
- F – F′= 从 F 往 F′ 画直线 1.9cm。
- F′ – I = 从 F′ 作臂围线的垂直线。
- F′ – A′= 以 F′ – I 为对称轴折叠，拓印 A – F，标记为 F′ – A′，如图 5.18 所示。

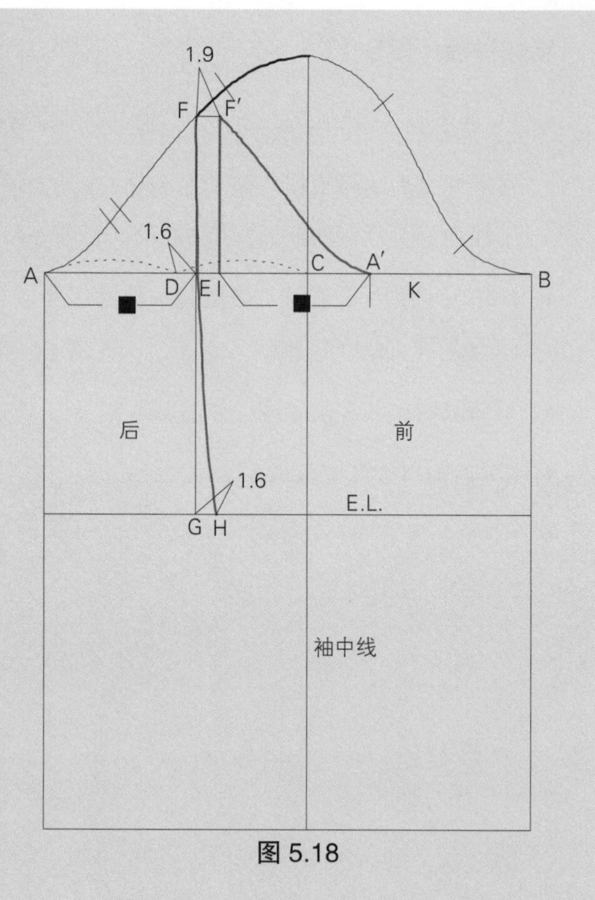

图 5.18

步骤2（图5.19）

- J = A′ – B 的中点。
- J – K, J – L = J 的两边各量出 3.2cm。
- L – M = 从 L 垂直向上到前袖山弧线。
- M′ – A′= 在 J 点折叠，将 B 点与 A′ 点重合，拓印 B – M，如图所示标记 A – M′。
- L – N = 从 L 向下画垂直线，到袖肘线。
- N – O = 延长 L – N 到袖口线。
- N – P = 量进 1.3cm。
- O – Q = 向上量取 2.2cm，然后垂直向外量 0.6cm。

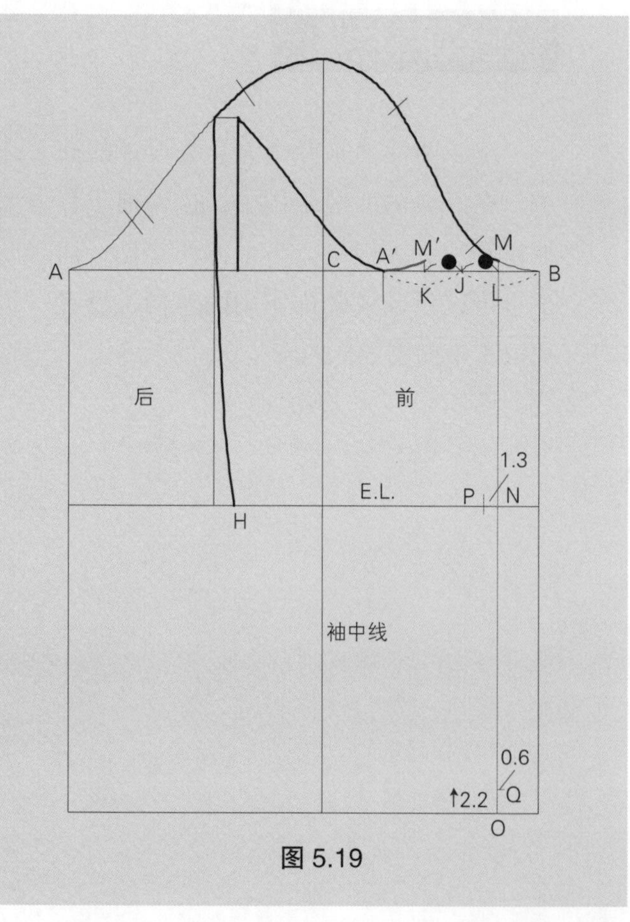

图 5.19

步骤3（图5.20）

- 用弧线连接 M、P 和 Q。
- Q－R＝与 K－L 长度相等。
- R－M′ ＝与线 M－P－Q 平行。
- S 为 Q－R 的中点。
- S－T＝袖口围的一半。袖口围度是腕围＋（10.1~12.7cm）。在底边标记点 T。
- H－U＝量进 1。
- 用弧线连接 I, U 和 T.
- 用弧线连接 H 和 T。
- 用弧线连接 T 和 Q。
- T－W＝在袖下线 T－U 上向上量取 15.2cm。
- T－X＝向外量取 2.5~3.8cm。
- X－Y＝画 12.7cm 线与 T－W 平行。
- W－Y＝画直线。
- X－Y′，W′－Y′= 上袖片 T－H 重复这个过程。

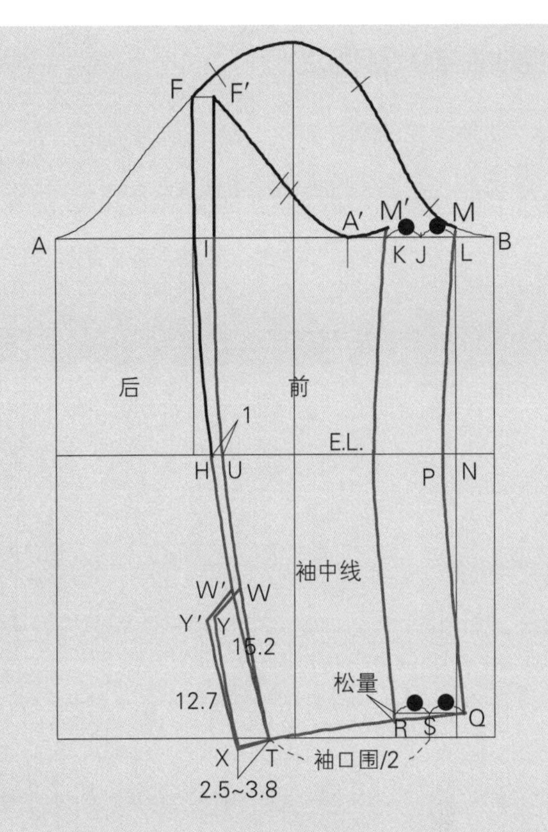

图 5.20

小袖和大袖（图5.21）

- 将大袖和小袖重新拓印在一张纸上。
- A′－A″= 从 A′ 到袖口线画袖中线的平行线。

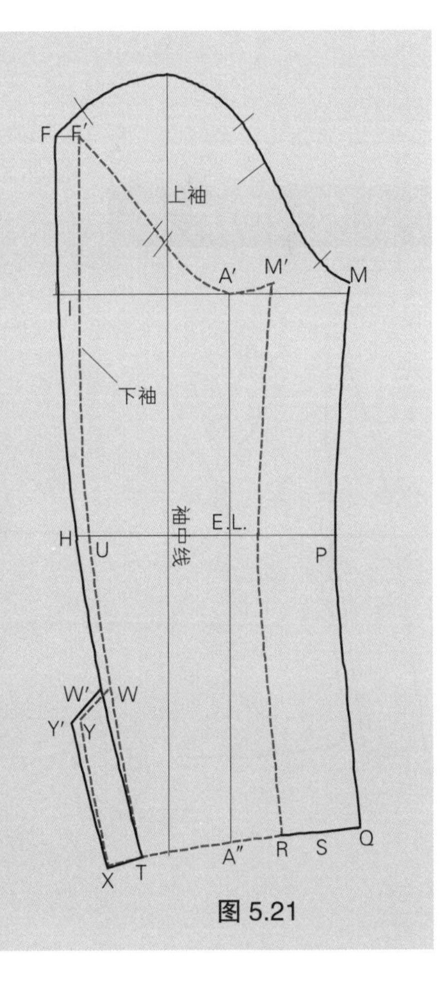

图 5.21

完成袖纸样（图5.22）

- 如果需要的话，如图 5.22 所示分别拓印大小袖片，如图所示翻转小袖片。

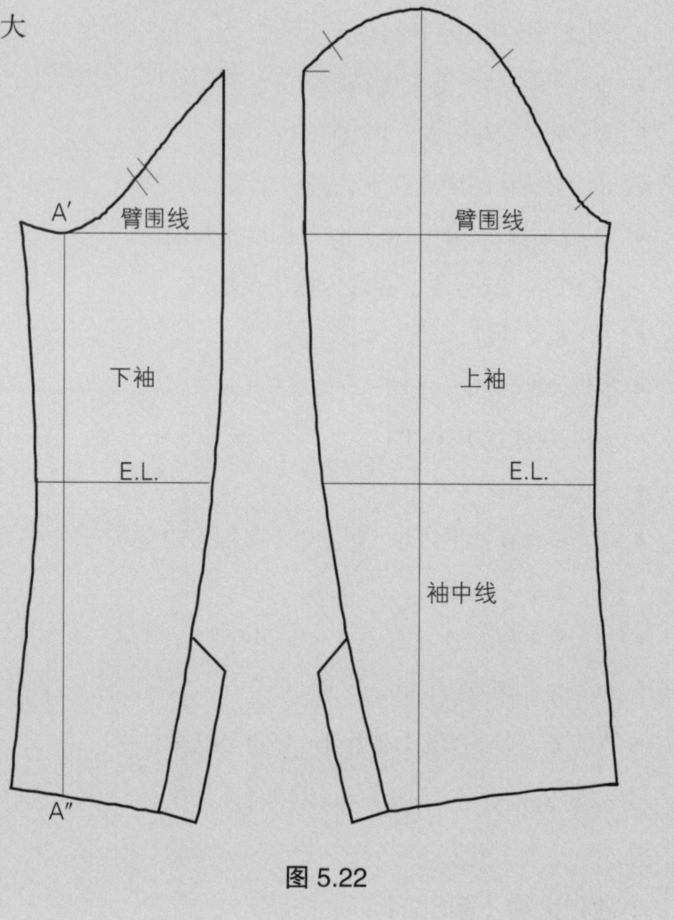

图 5.22

休闲服两片袖

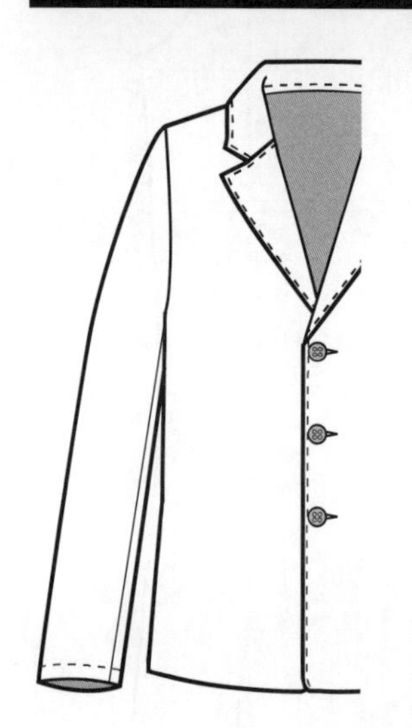
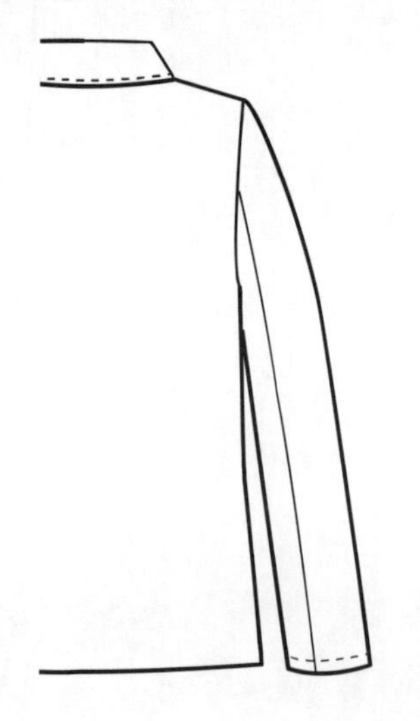

平面图 5.6

休闲服两片袖通常用于休闲夹克、衬衫和针织面料服装（平面图 5.6）。

基本纸样（图5.23）

- A－B = 袖口围，为腕围＋（7.6~10.1cm）。从袖子原型袖口线减少或增加不同的量。然后，从臂围线两侧画直线到 A 和 B。
- X = 从后臂围线中点量过 1.9~3.2cm。
- Y = 从后袖口线中点量过 1.3~2.5cm。
- Z = 直线连接 Y 到 X，延伸到袖山线。
- 在将袖子分开之前，标记刀眼和丝缕线。

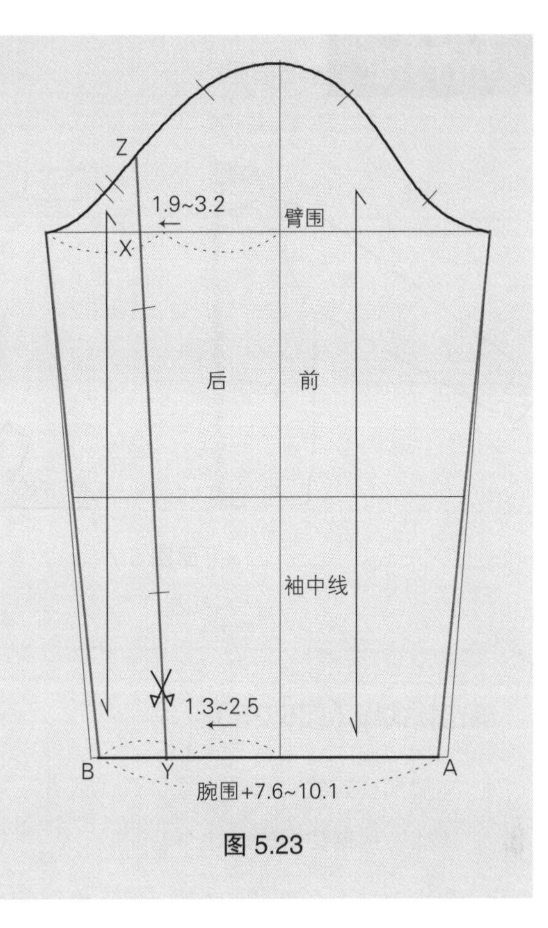

图 5.23

完成样板（图5.24）

- 分开大袖片和小袖片。
- 如果需要的话，根据设计在两袖片上画袖衩。

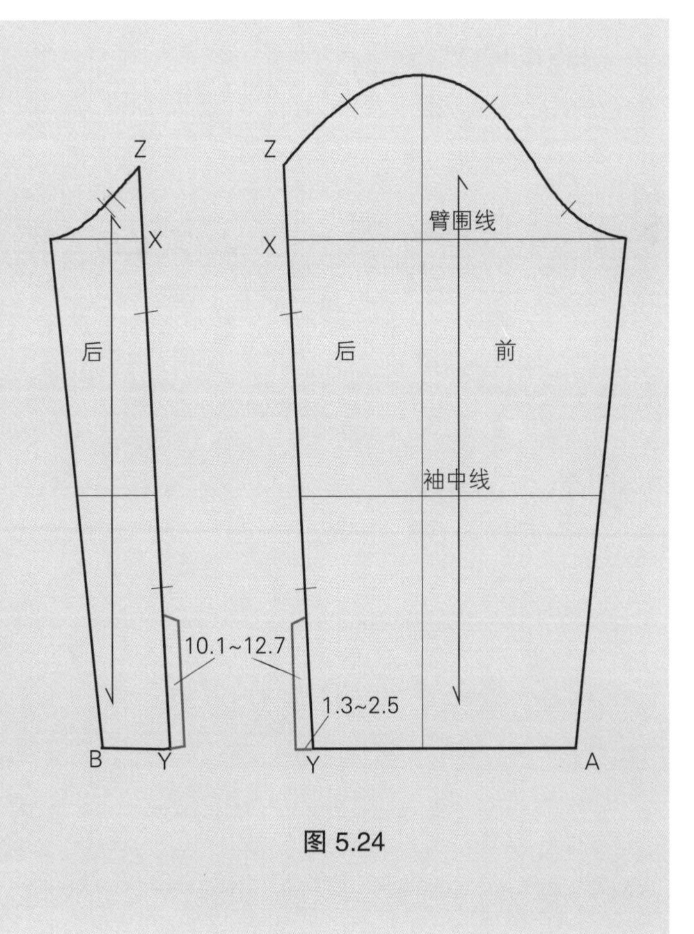

图 5.24

插肩袖

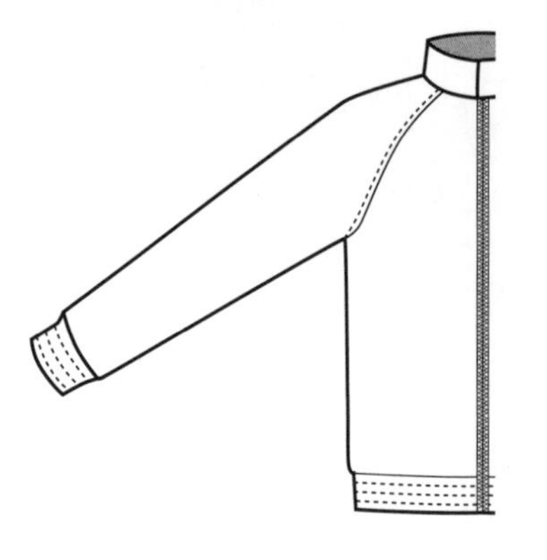
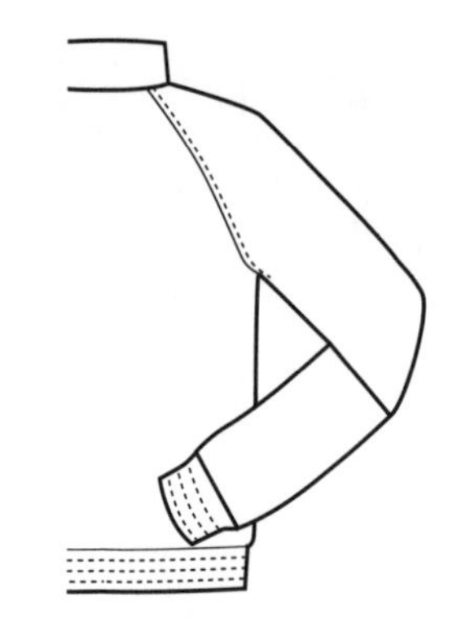

平面图 5.7

插肩袖在袖山顶端取消了装袖线，袖子连接衣身直到领线（平面图 5.7）。一般梭织面料一片式贴体的插肩袖在肩线有个省道，而宽松样式的梭织面料或针织面料在肩线没有省道。

确定款式线（图5.25）

- 插肩袖样式线可以是直线、弧线或方弧线，根据特定的设计而定。
- 起点通常是领线的 1/3 处，但是也可以在领线上任何点。虚线是前领线的中点作为起点。

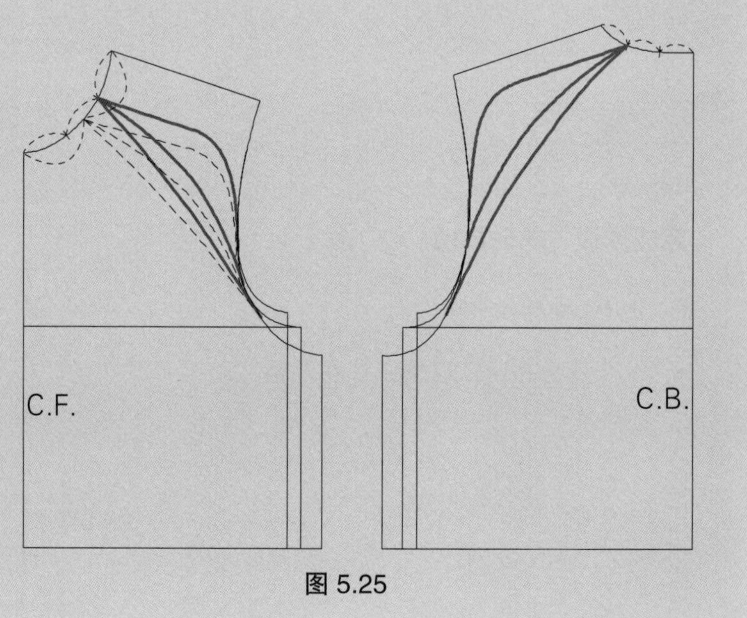

图 5.25

袖山和肩斜度（图5.26）

- 插肩袖包含袖山和臂围线。在图5.26，E－F定义为袖山高，F－H′为臂围线，E－I是袖长。
- 首先决定肩斜度。如果是大衣和夹克等外套，或肩部加有衬垫的，肩斜度要增加，相反，如果必要的话，则减小肩斜度。
- 其次，从肩端点E决定袖子倾斜度。在图中，E－I和E－I′为两例插肩袖肩斜度。

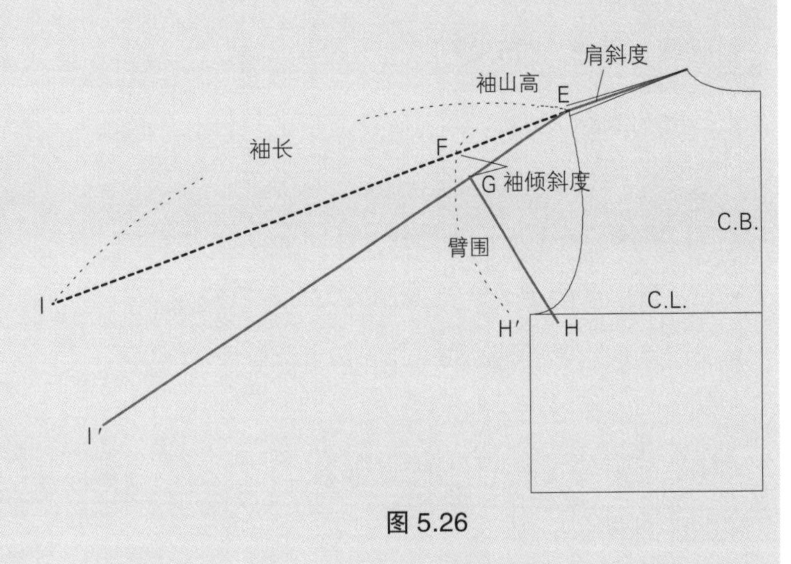

图 5.26

表5.1为袖山高和袖倾斜度参照表。

没有省道的插肩袖

- 如果袖子倾斜度是像E－I那样平坦，即是舒适型袖子，有更大的活动性，不需要省道。

一个省道插肩袖

- 如果袖子倾斜度像E－I′倾斜，将更合体且活动量少，肩部就需要有一个省道。

表 5.1　袖山高和袖倾斜度参照表　单位：cm

服装	袖山高（E–F 长度）	后袖片倾斜度 F–G 长度	前袖片倾斜度
T 恤（衬衫）	12.7~14	3.8~4.4	后倾斜度 + 1
休闲夹克	13.3~15.2	4.4~5.1	
夹克	14~15.9	5.1~5.7	
外套	15.2~16.5	5.7~6.4	

1）一个省道的插肩袖

基础线：后袖（图5.27）

- 准备后衣身原型。
- A = 胸围线侧点，如果需要的话，根据设计，降低 0.6~1.3cm，并延伸 1.3~2.5cm。
- B = 领线的 1/3 处。
- C = 胸围线上方 7.6~8.9cm，在袖窿线上找到点并标记。
- D = 在 B－C 的中点向上量取 1.3cm。
- 用光滑弧线连接点 B、 D、C 和 A。
- E = 肩端点 H.P.S.
- E－F = 从 E 延伸，长度为袖山高，关于袖山高可参照表 5.1。
- E－G = 根据袖子的效果，旋转 E－F 3.8~6.4cm，具体量可参照表 5.1。
- G－H = 臂围的 1/2 ＋ 4.4~5.7cm 的松量，画 E－G 的垂直线。

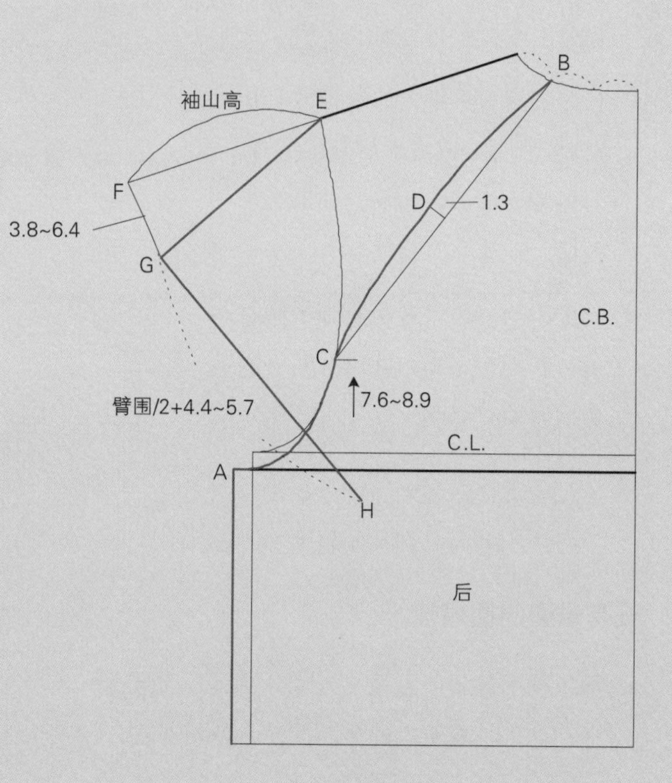

图 5.27

画后袖片（图5.28）

- C－H＝袖底部位画 C－A 的反射弧线。弧线 C－H 等于 C－A。如果不是，通过延长或缩短调整臂围线，直到它们长度相等。
- E－I＝袖子长度。
- I－J＝袖口 /2 ＋ 0.6cm，画 E－I 的垂直线。
- J－H＝画直线。
- K＝J－H 的中点量进 0.6cm。
- 用平缓的弧线连接点 J、K 和 H。
- 在 D 点标记刀眼，在 C 标记双刀眼，表明是后袖片。

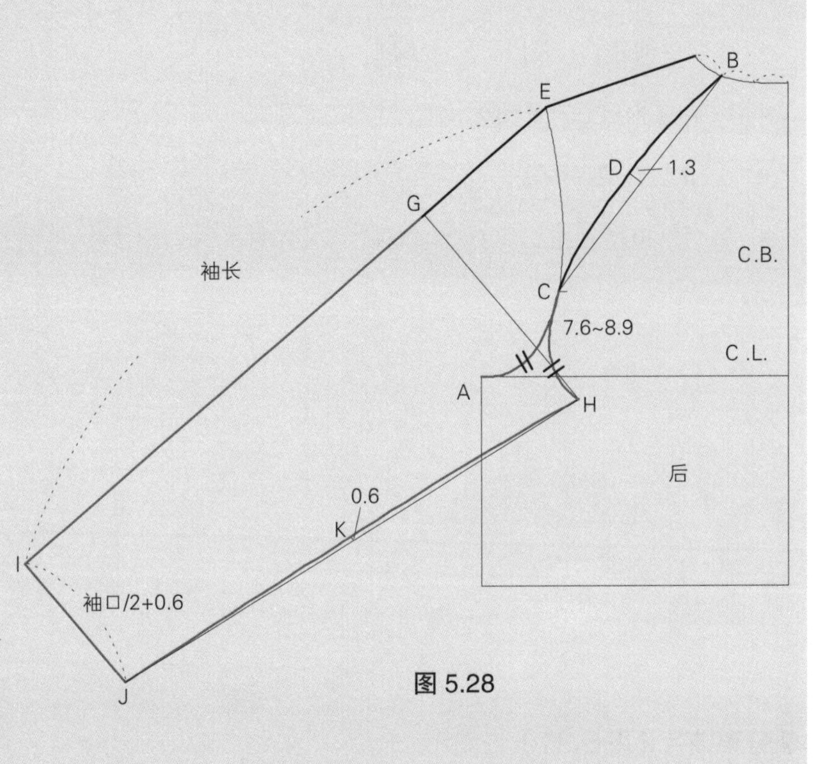

图 5.28

基础线：前袖片（图5.29）

- 准备前衣身原型。
- 前插肩袖的画法与后袖片相同，只是以下的尺寸不同。
- C＝是 A 点所在的胸围线上方 6.4~7.6cm 与袖窿弧线的交点。
- D＝B－C 的中点垂直线向上 1.9cm 处。
- B－D－C＝用光滑弧线连接。
- E－G＝后袖片旋转的量＋ 1cm。
- G－H＝向内垂直线，(后臂围 G－H)－1.3cm。

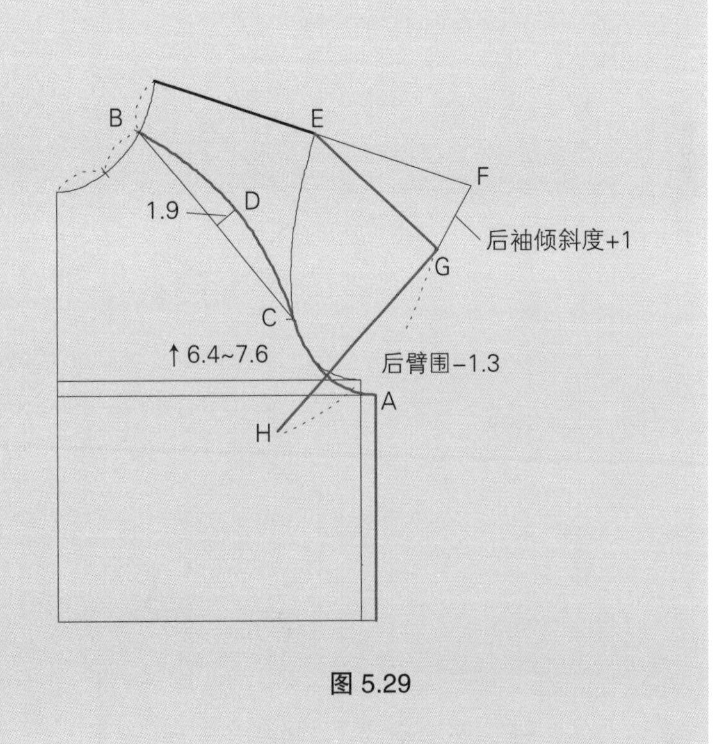

图 5.29

画前袖片（图5.30）

- 参照后袖片，只是以下尺寸不同。
- I－J =（袖口 /2）－0.6cm。
- H－J 与后袖片相等。
- 如图 5.30 所示在 C 和 D 处加刀眼。

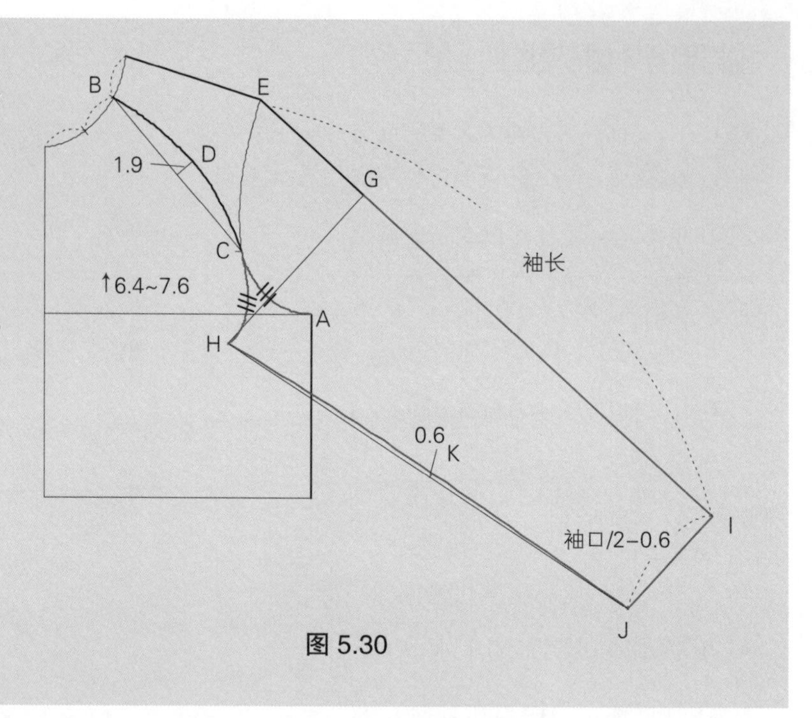

图 5.30

分离袖片（图5.31）

- 分别拓印后衣身和后袖片，在肩端点 E 处画圆顺。
- 分别拓印前衣身和前袖片，在肩端点 E 处画圆顺。
- 到这一步，袖子是两片插肩袖。

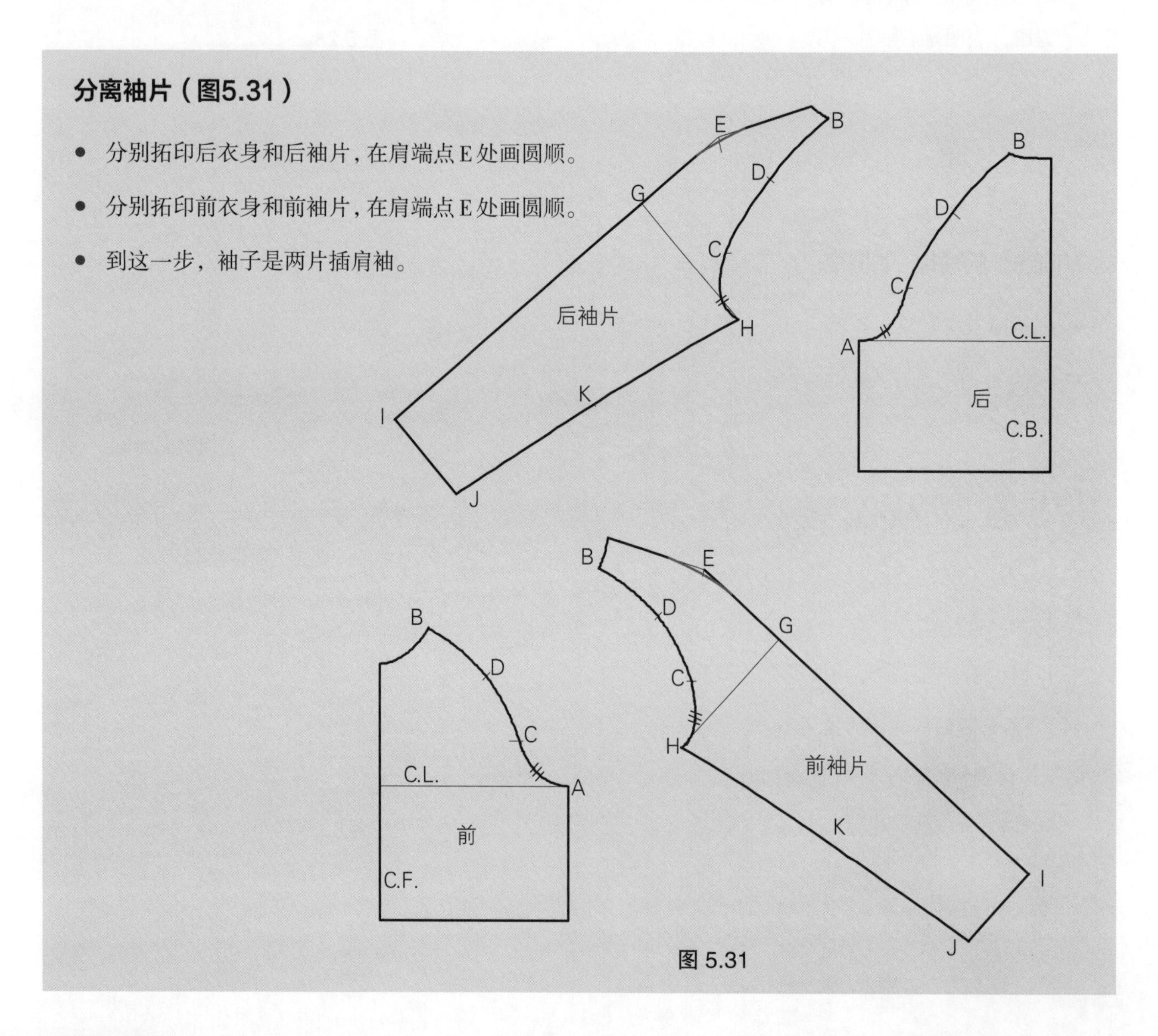

图 5.31

有省道一片插肩袖（图5.32）

- 如果前后袖片在袖中线是相连的，就变成有一个省道的一片式插肩袖。如图5.32所示。

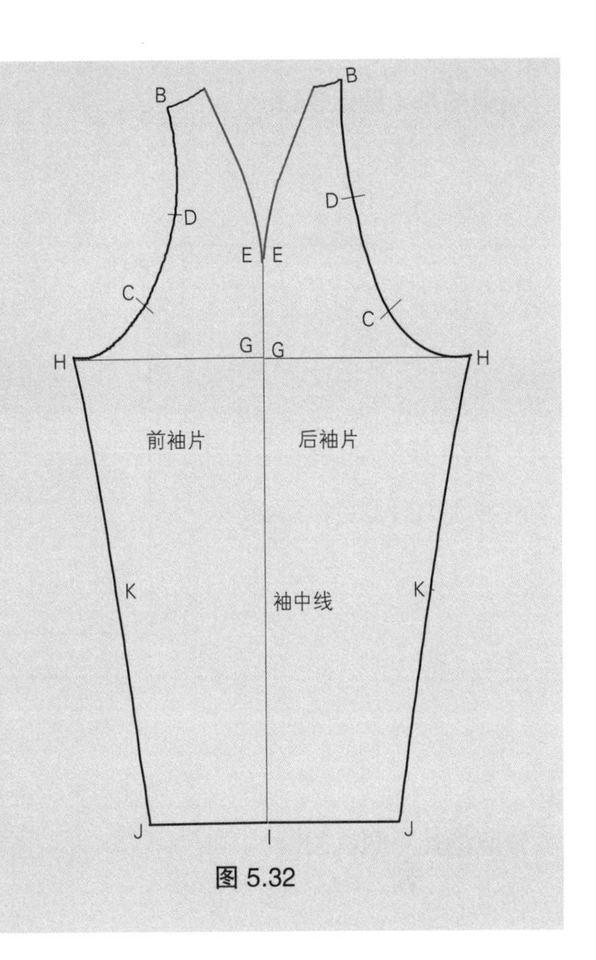

图5.32

2）没有省道的插肩袖

画后袖片（图5.33）

- 没有省道插肩袖的画法与有一个省道的画法相同，只是在肩端点处不需要旋转。图5.33所示，完成样板。
- 这种插肩袖经常用于针织面料服装。

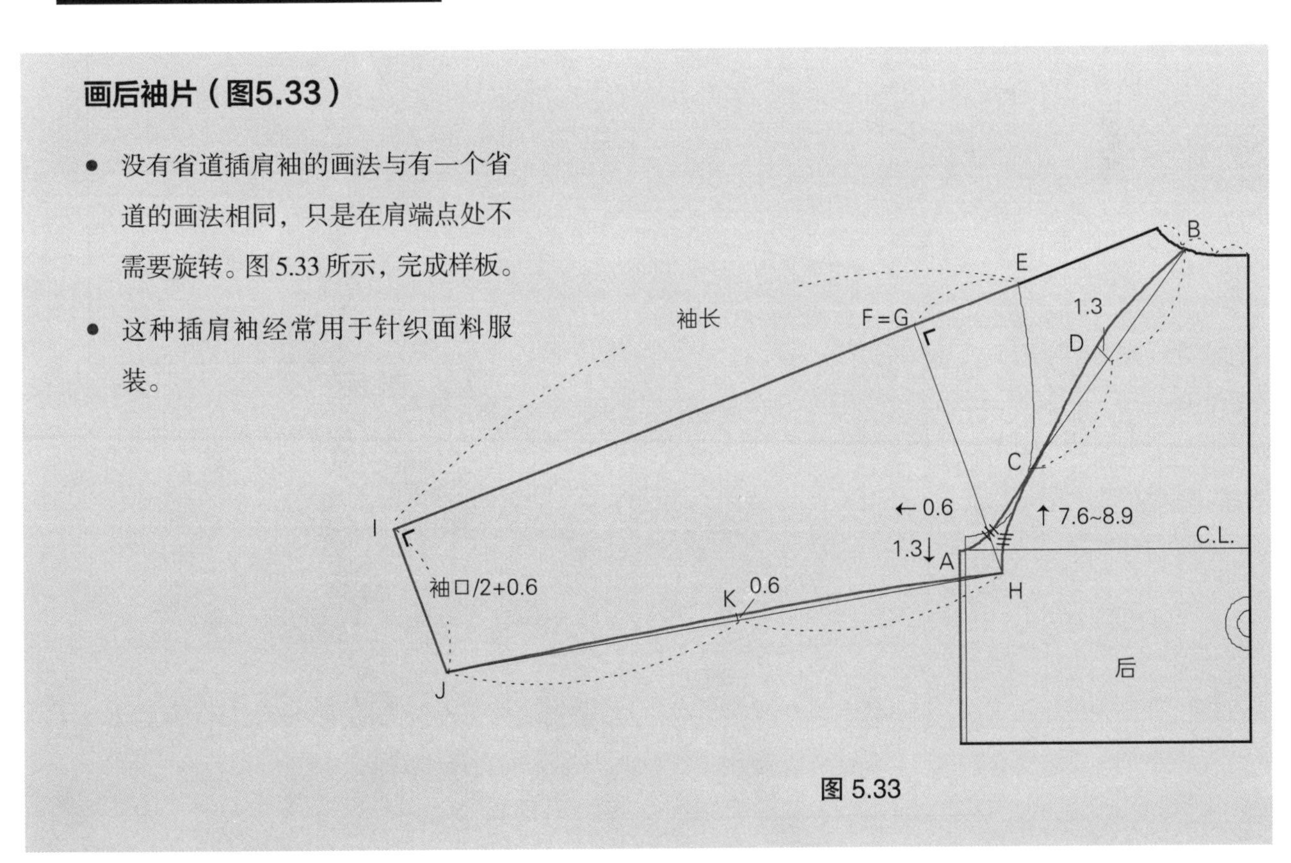

图5.33

画前袖片（图5.34）

- 参考前面画后袖片的步骤，并使用以下尺寸。
- B = 如图所示 B 点为前领口线中点，或 B 点根据设计确定。
- I–J = 袖口 /2– 0.6cm。
- 确保 H–J 与后袖片相等。

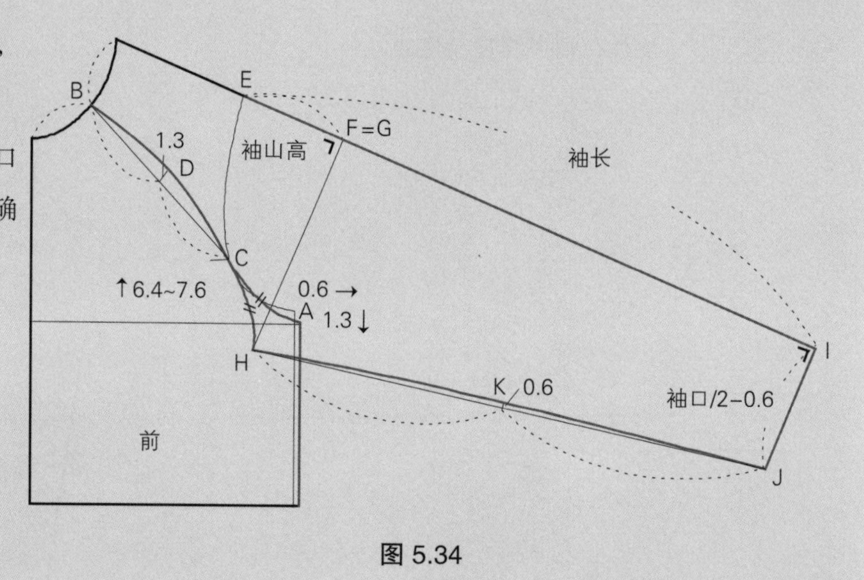

图 5.34

分离袖片（图5.35）

- 分别拓印后衣身和后袖片。
- 分别拓印前衣身和前袖片。
- 如果是一片式插肩袖，将前后袖片拓印在一起，并在袖中线对齐（参照下面的步骤，如图 5.36 所示）。

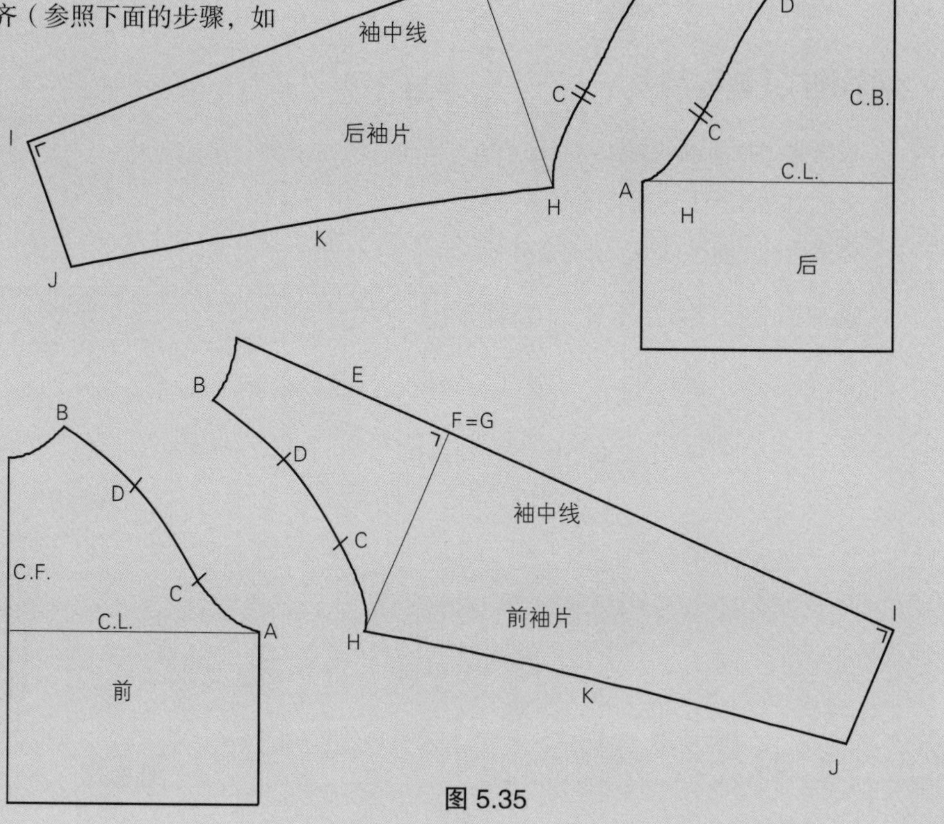

图 5.35

一片式插肩袖（图5.36）

- 如果前后袖片在袖中线相连，就变成了没有省道的一片式插肩袖，如图所示。

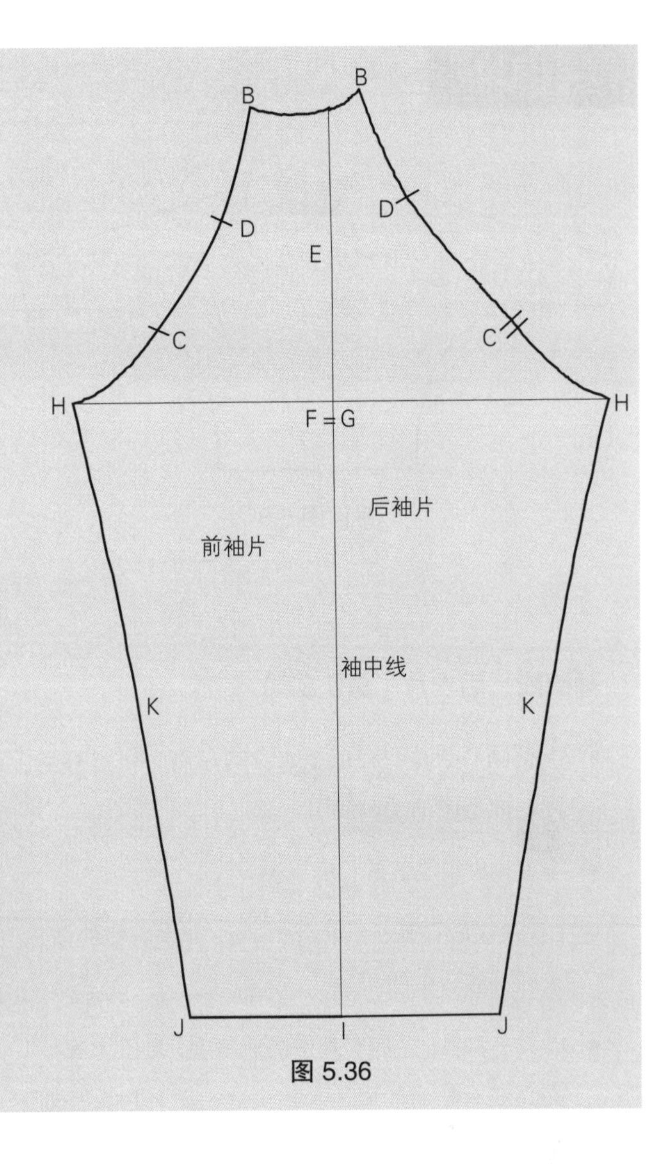

图 5.36

蝙蝠袖

平面图 5.8

蝙蝠袖是指衣身和袖子连在一块面料上。这种袖子无论用梭织面料还是针织面料都是宽松款式（平面图 5.8）。

基础线：后衣片（图5.37）

- 准备画后衣片。在纸上衣身的左侧必须留有空间，准备画袖子时使用。
- A–B = 决定服装的长度。
- C = 决定领口弧长。量出 0.3cm，如果需要的话，重新画领口弧线。
- C–D = 肩斜度。确定基本的肩斜度，对于大衣、夹克或有垫肩的服装，抬高肩斜度，相反，如果需要的话，降低肩斜度。
- E = 胸围线降低 7.6cm，并延伸 1.9cm。
- E–F = 向下画垂直线，直到底边线。

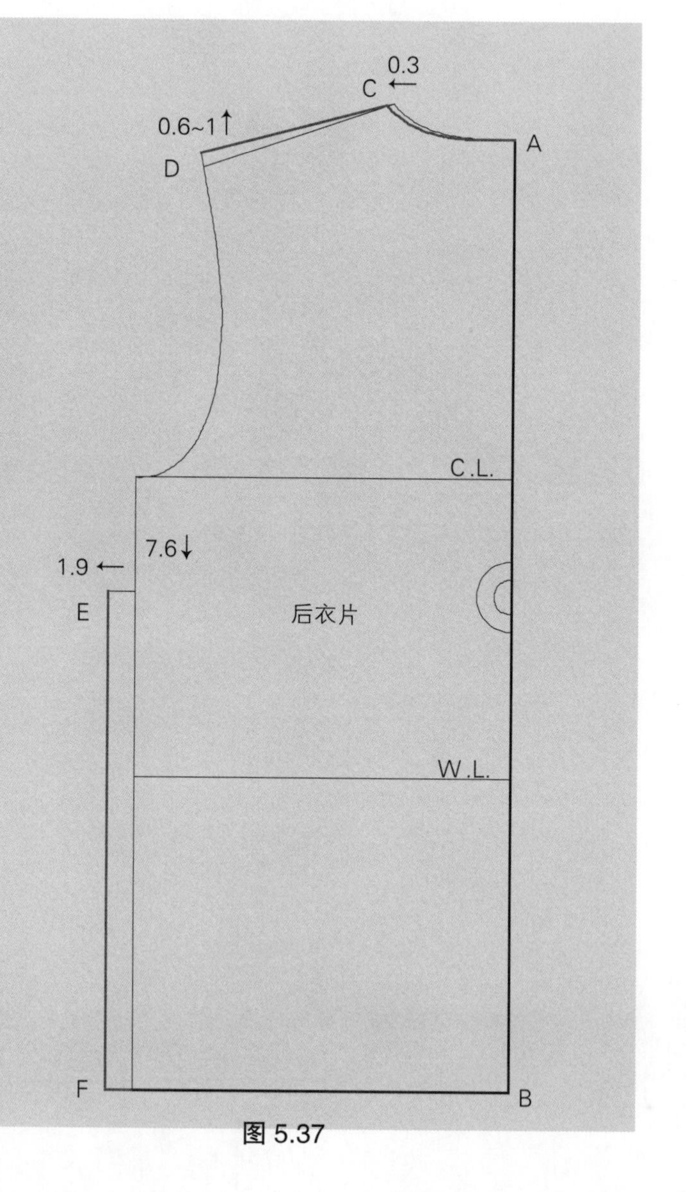

图 5.37

完成样板：后衣片（图5.38）

- D－G＝袖长，从D延伸。
- G－H＝袖口围/2＋0.6cm，画G－D的垂直线。
- E－H＝画直线。
- H－I＝往外1cm。
- G－I＝画微弧线。
- E－J＝E－K=量出和量下25.4~30.5cm。根据设计变化。
- J－K＝画直线。
- L＝J－K的中点。
- L－M＝画垂直线7.6~10.1cm。
- 用光滑弧线连接点J、M和K。

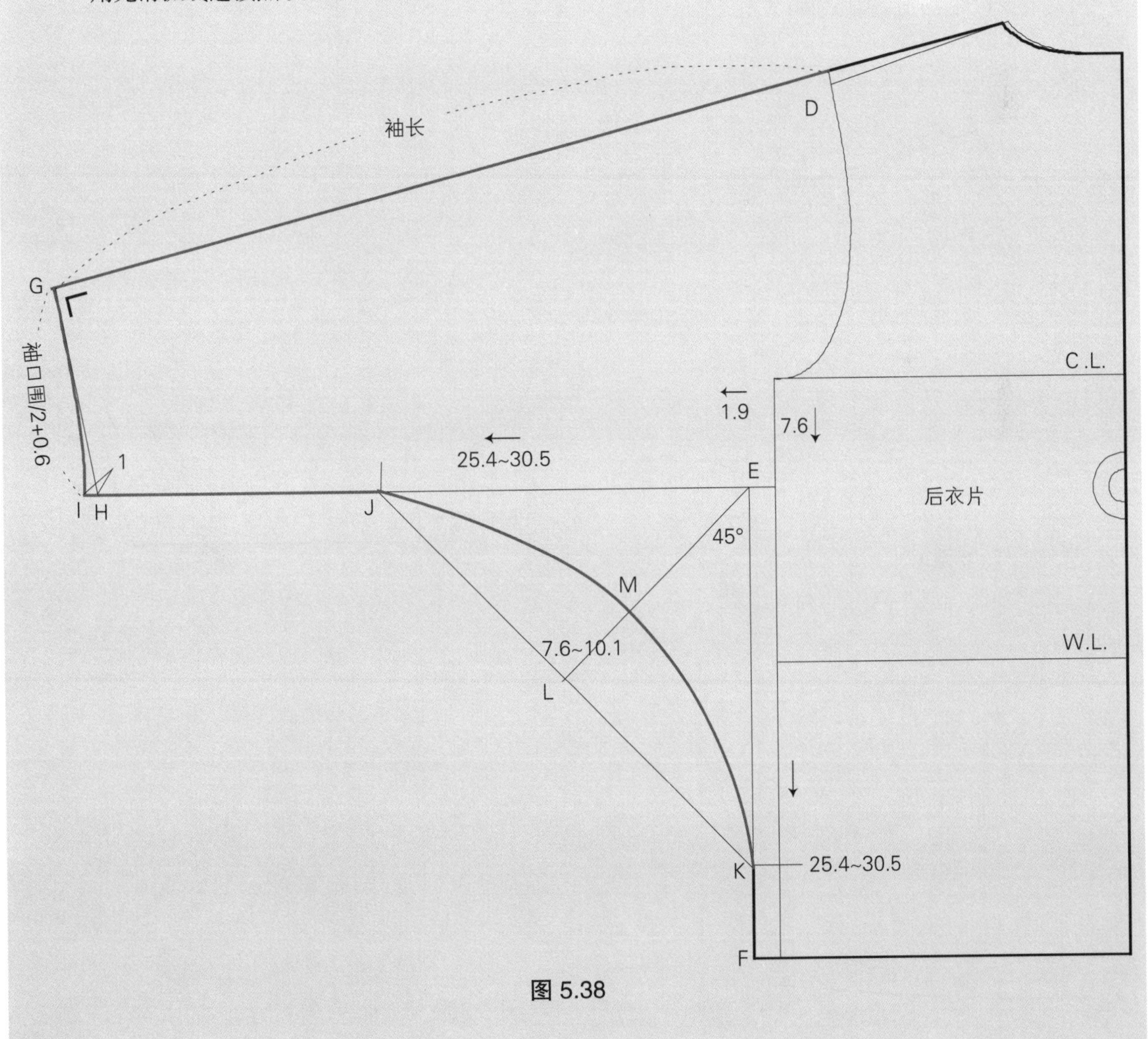

图5.38

画前衣身（图5.39）

- 拓印前衣身原型。
- A = 衣服的长度，与后衣片相同。
- B = 在颈肩点 H.P.S. 量出的量与后衣片相同。
- C = 如果需要的话，向下量取 0.3cm。
- B－C = 重新画领口弧线。
- D = 画新的肩端点，在肩端点抬高 0.6cm。
- E = 胸围线下降 7.6cm，量出 1.9cm 和后衣片相同画法。
- E－F = 向下画垂直线到底边线。
- D－G = 画袖子长度，确保和后袖片长度相等。
- G－H = (袖口围 /2) – 0.6cm，画线与 B－G 垂直。
- 其余步骤，参照后衣片的画法 (图 5.38, P141)。

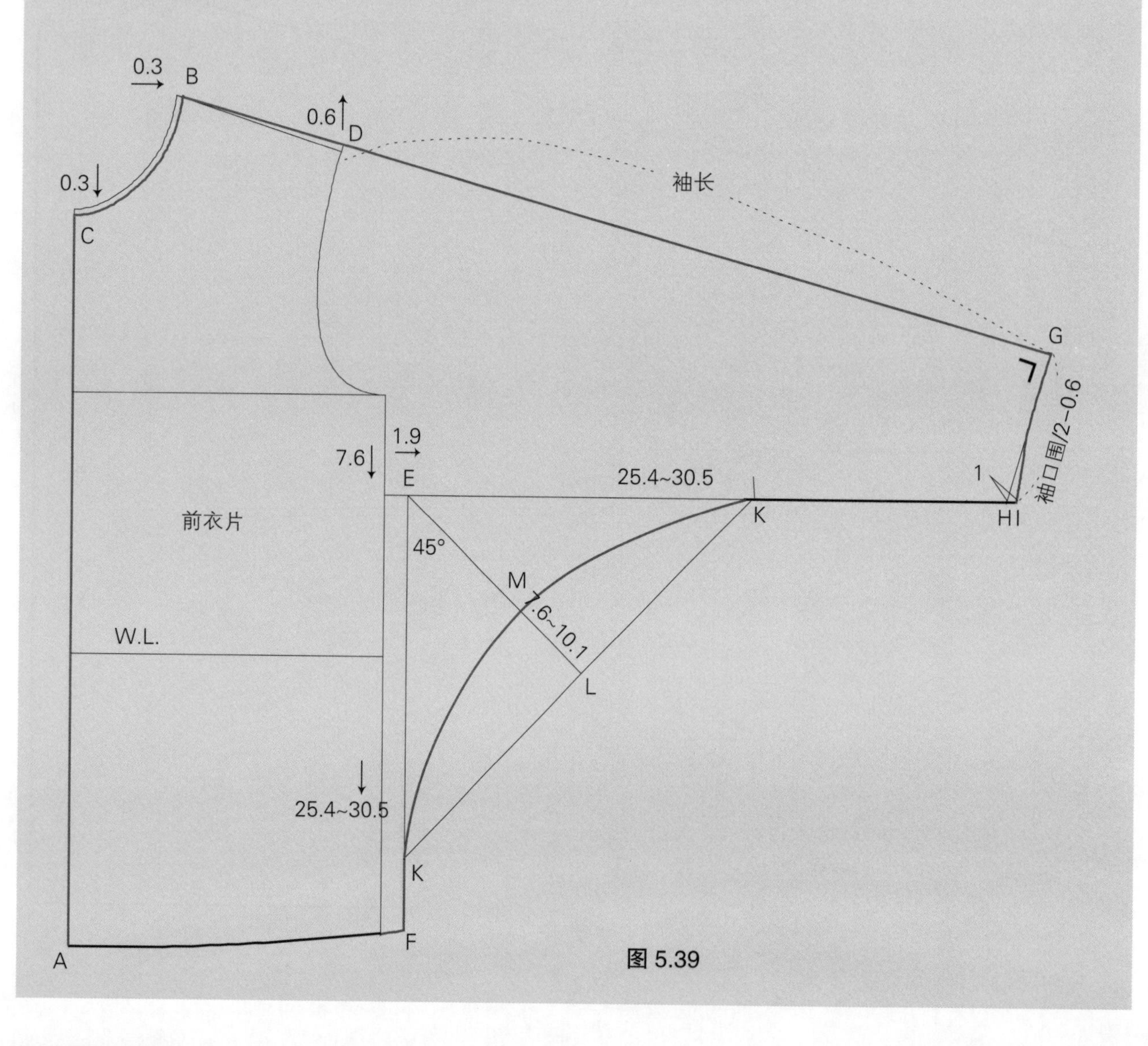

图 5.39

短　袖

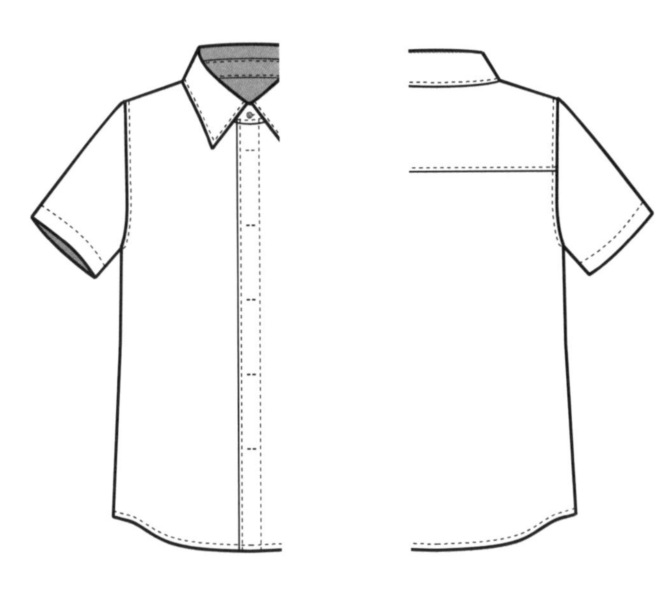

平面图 5.9

短袖即袖子的长度在袖肘上方（平面图 5.9）。

短袖（图5.40）

- 从袖肘到袖山顶端拓印袖子原型。
- A = 袖子顶点。
- A－B = 袖子的长度（例 :20.3cm），向两边垂直画出。
- C, D = 新的袖口线与已有的袖底线相交。
- D－F, C－E = 沿着袖口线量进 1.3cm。

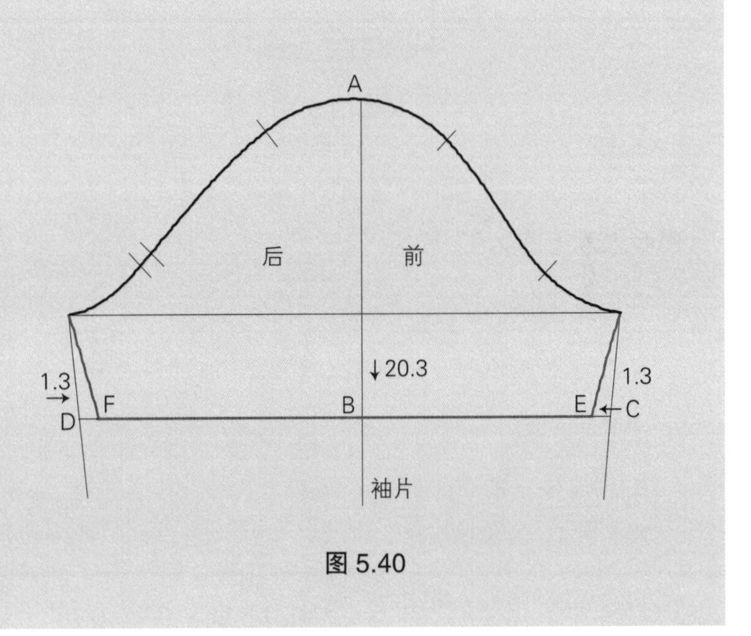

图 5.40

克夫

克夫是用来完成袖底边的。除了这种功能以外，还有设计的成分。有两种类型的克夫：缝合和翻折。缝合的克夫与袖长末端缝在一起。克夫的高度必须从袖长中扣除掉。翻折的克夫就要将袖长延长，因此，袖子的长度就要外加翻折的长度。

1）衬衫克夫

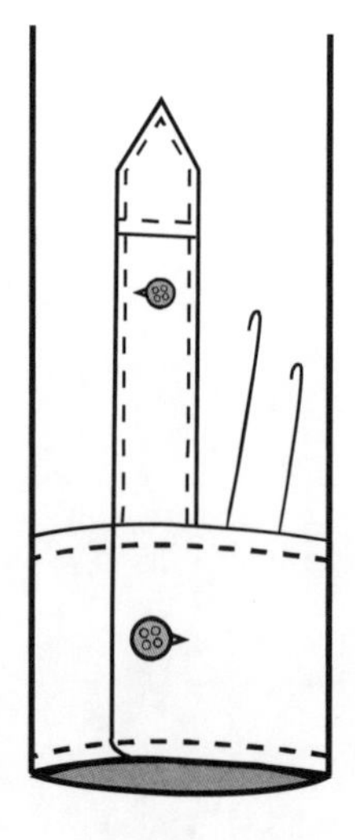

平面图 5.10

有克夫的衬衫袖由分开克夫或翻折克夫及缉明线、叠门构成。这种设计包含一粒纽扣，起关闭作用（平面图 5.10）。

衬衫克夫（图5.41）

- 从 E 画长方形 E－F－C－D。
- E－F = 克夫宽度，为腕围 ＋ 5.1cm ＋ 2.5cm 叠门量。
- E－D = 克夫的高度（例：6.4cm），画长方形，如图所示。
- 离边界线 1.6cm 标记扣眼。
- 在叠门的中心位置标记纽扣位置，如图所示。

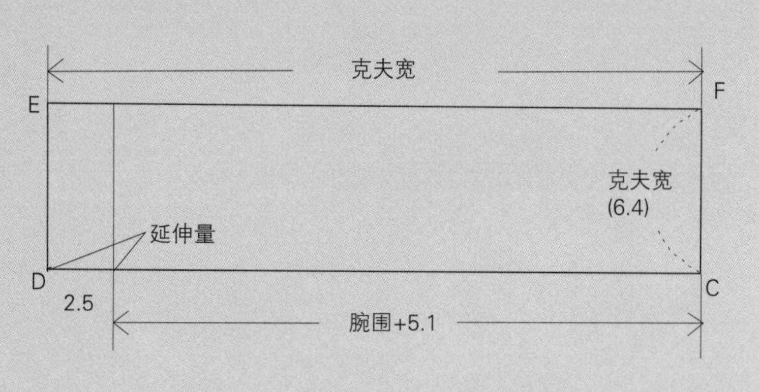

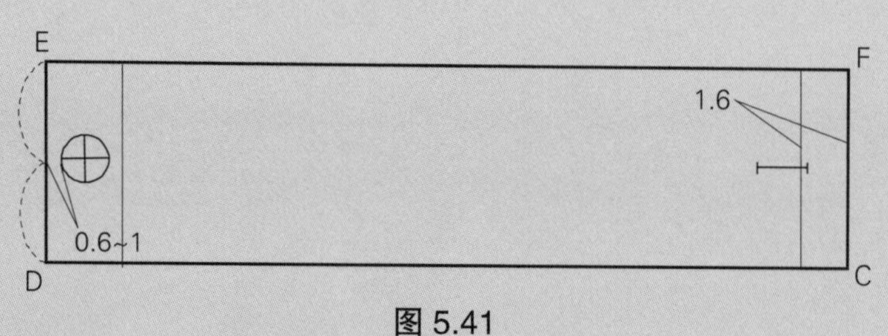

图 5.41

2)可调式衬衫克夫

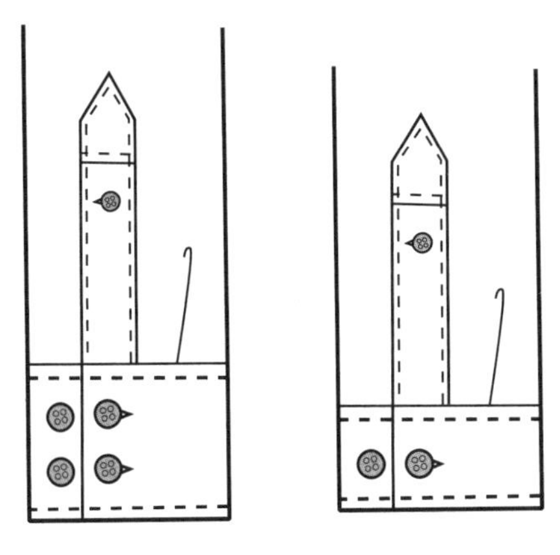

平面图 5.11

可调式衬衫克夫与在前面讨论的衬衫克夫相似，只是这种设计有两粒纽扣或更多纽扣，以便适合不同的腕围（平面图 5.11）。

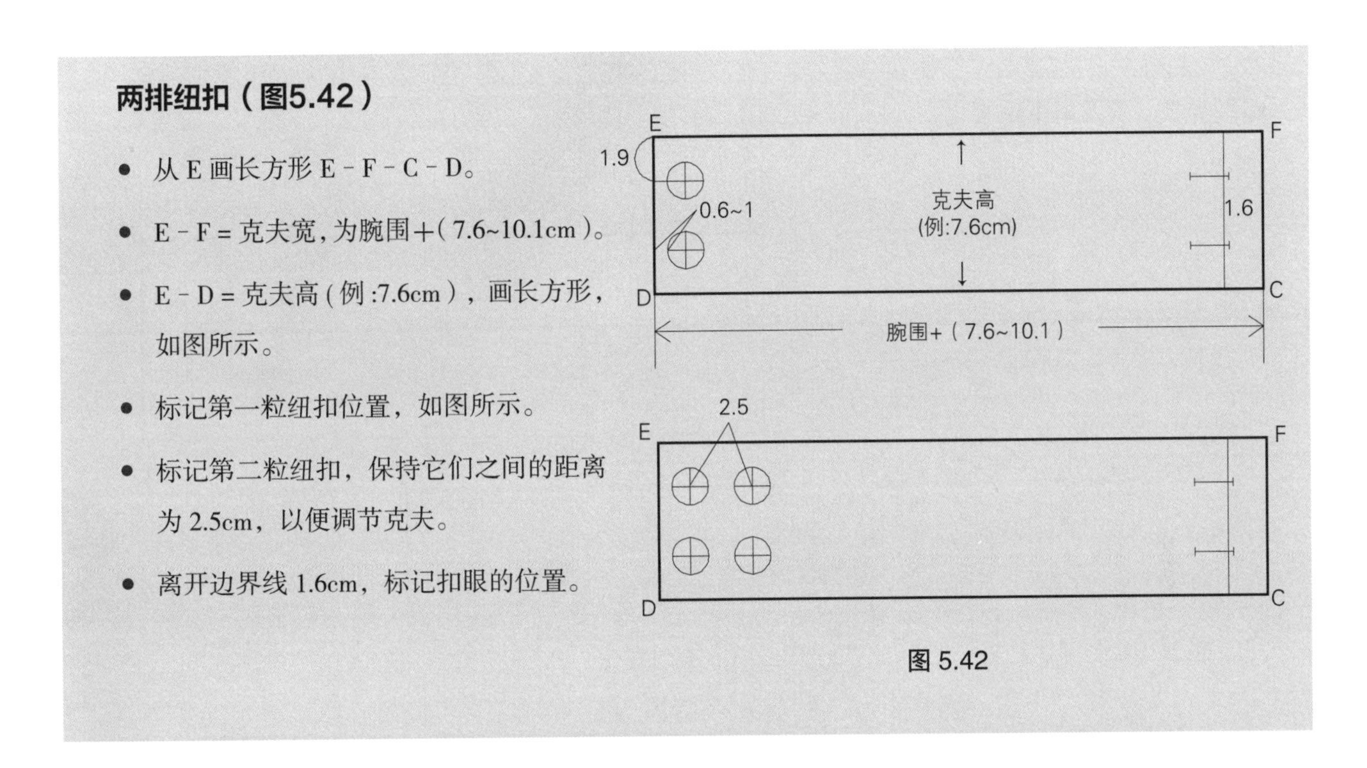

两排纽扣（图5.42）

- 从 E 画长方形 E－F－C－D。
- E－F＝克夫宽，为腕围＋(7.6~10.1cm)。
- E－D＝克夫高(例:7.6cm)，画长方形，如图所示。
- 标记第一粒纽扣位置，如图所示。
- 标记第二粒纽扣，保持它们之间的距离为 2.5cm，以便调节克夫。
- 离开边界线 1.6cm，标记扣眼的位置。

图 5.42

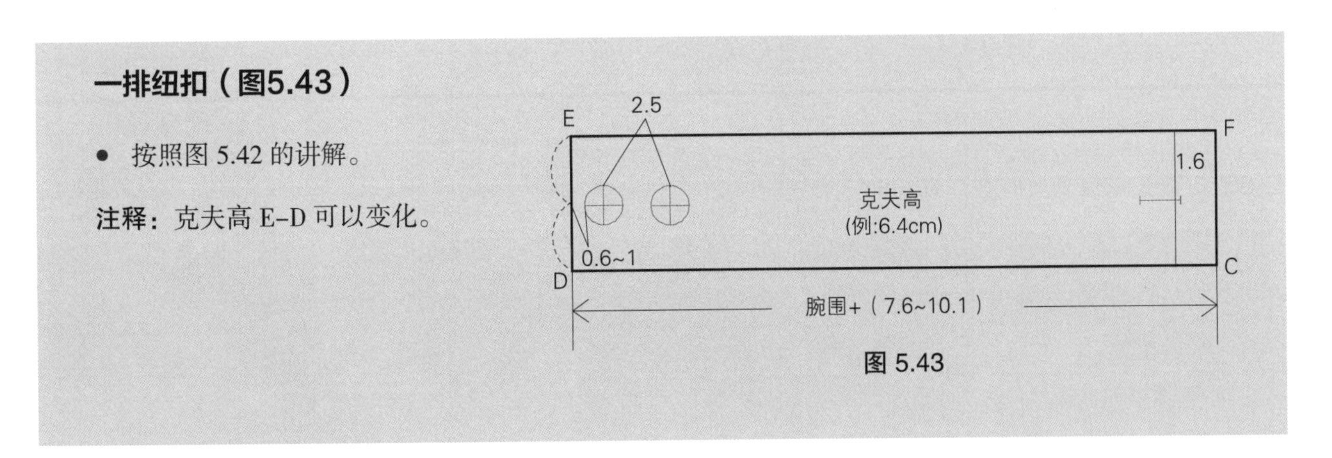

一排纽扣（图5.43）

- 按照图 5.42 的讲解。

注释：克夫高 E–D 可以变化。

图 5.43

3）翼型（长尖）克夫

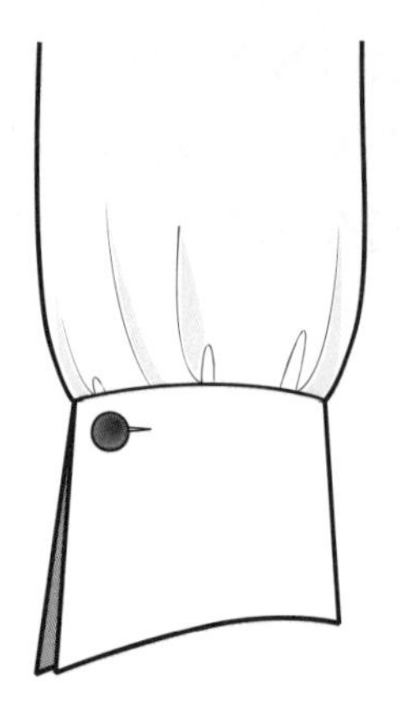

平面图 5.12

翼型克夫是呈尖角的一片式克夫，与袖片缝合，但是没有重叠量，用一粒或多粒纽扣关闭（平面图 5.12）。

翼型克夫（图5.44）

- 从 E 画长方形 E－F－C－D。
- E－F＝克夫宽，为腕围＋(7.6~10.1cm)。
- E－D＝克夫高（例：7.6~10.1cm）。完成长方形，如图所示。
- G＝D－C 的中点。

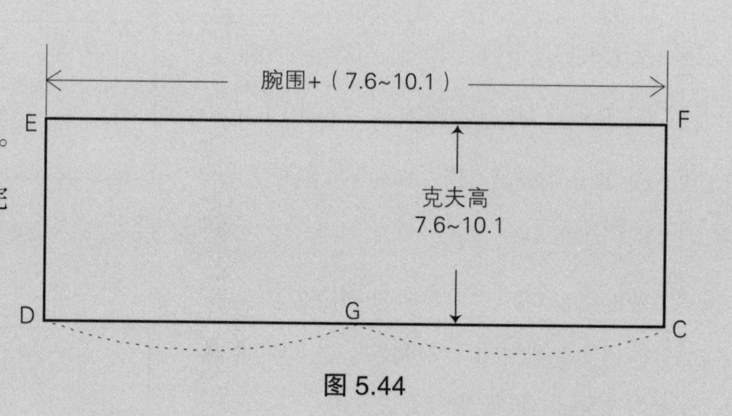

图 5.44

完成样板（图5.45）

- C－H＝延伸 1.3cm。
- F－H＝画直线。
- H－I＝延伸 F－H，量为 1.3cm。
- G－I＝画微弧线，如图所示。
- G, J, K＝重复上面 G、H 和 I 的步骤。
- 离边界线 1.6cm 标记扣眼和纽扣的位置。

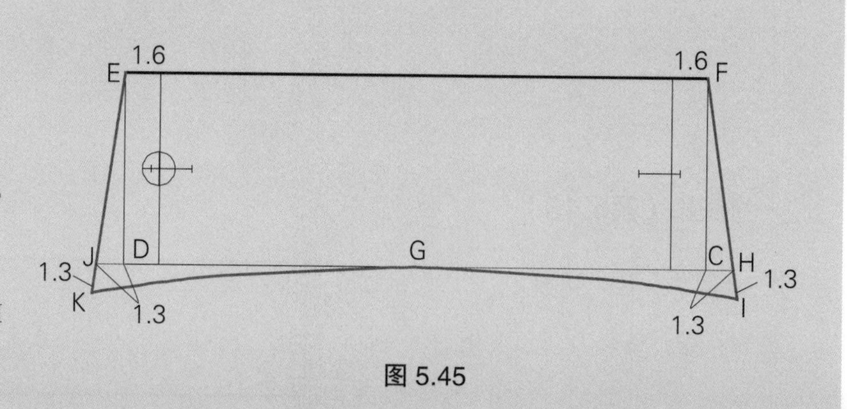

图 5.45

4）法式克夫

法式克夫就是向外翻折，因此，纸样有两倍的长度。这种特别的克夫设计将用扣钉系扣（平面图 5.13）。

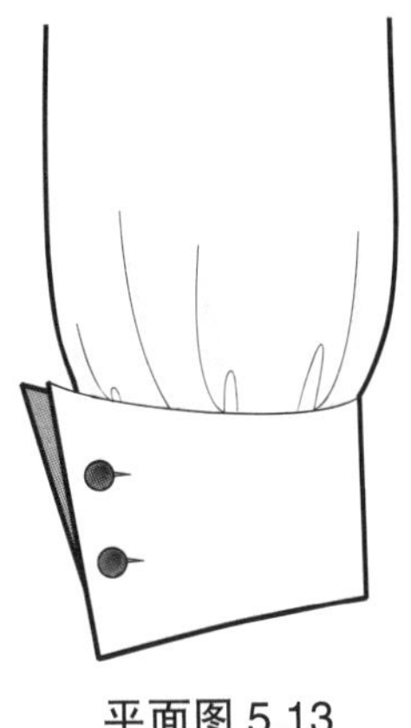

平面图 5.13

法式克夫，图5.46

- 从 C 画长方形 C－D－E－F。
- C－D = 克夫宽，为腕围＋（7.6~10.1cm）。
- C－F = 克夫高（例：7.6~8.9cm）。
- 离边界线 1.6cm 标记扣眼的位置。
- C′－D′= 以 F－E 反射过去，拓印外轮廓线和扣眼的位置。
- C′－G, D′－H = 分别从 C′ 和 D′ 延伸出去 0.6~1.3cm, 如图所示。
- F－G, E－H = 画直线。

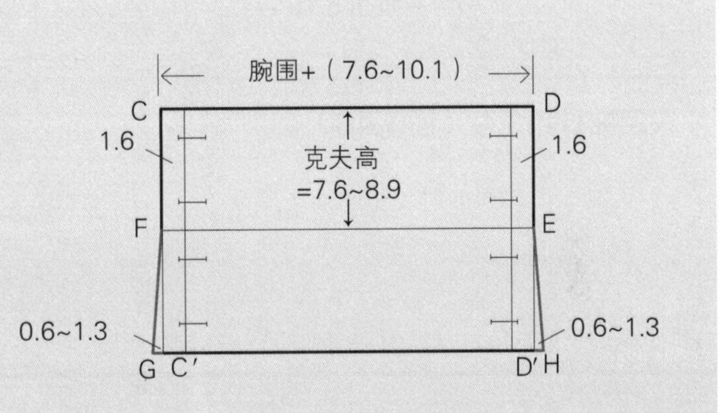

图 5.46

5）带状克夫

带状克夫就是简单地将不同宽度的面料做成袖子的袖口，用纽扣闭合（平面图 5.14）。

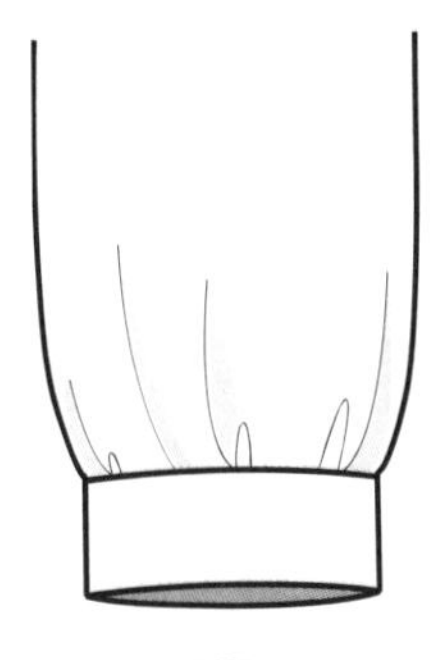

平面图 5.14

带状克夫（图5.47）

- 从 E 画长方形 E－F－C－D。
- E－F = 克夫宽，为腕围＋ 5.1cm。
- E－D = 克夫高（例 :3.8cm)。

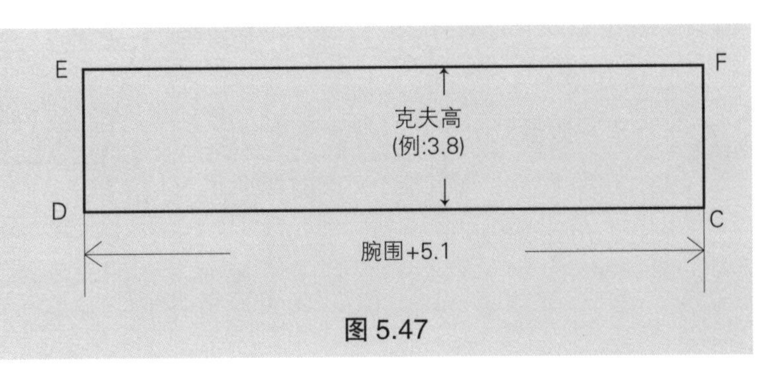

图 5.47

6）外翻克夫

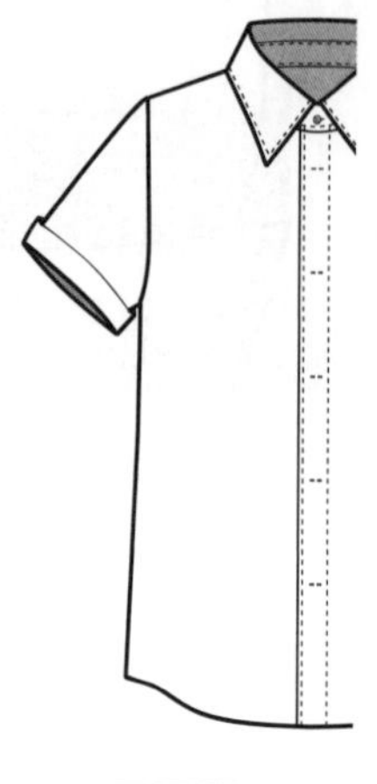

平面图 5.15

这种克夫是短袖服装中一种袖子始终卷起的样式。方法包括将纸样反折好几次，在缝制克夫时，用带子粗缝，保持形状不变（平面图 5.15）。

决定袖长和宽度（图5.48）

- 从袖子顶部到袖肘线拓印袖子原型。
- A = 袖山顶点。
- A－B = 袖长（例：20.3cm），向两边直角画出。
- C, D = 新的袖口线与袖子原型下缝线相交点。
- D－F, C－E = 沿着袖口线量进 1.3cm。

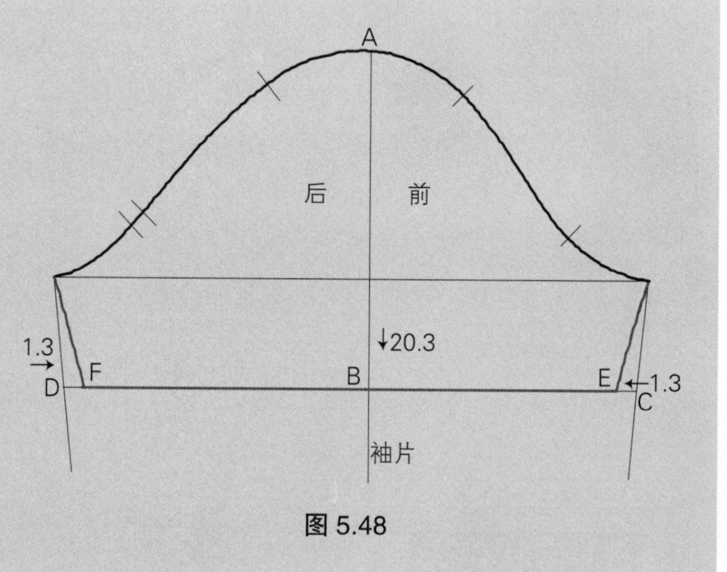

图 5.48

完成样板（图5.49）

- G－H = 与 E－F 平行画明缉线 GH，根据设计宽度可以变化（例 :3.2cm）。
- H′－G′= 折叠线 F－E，沿着两边向上翻折，拓印缝迹线，得到 H′－G′，展开，用直线连接 H′ 和 G′。
- F′－E′ = 折叠线 H′－G′，沿着两边向上折叠，拓印 F－E，完成袖子克夫的延伸量。展开，用直线连接 F′ 和 E′。

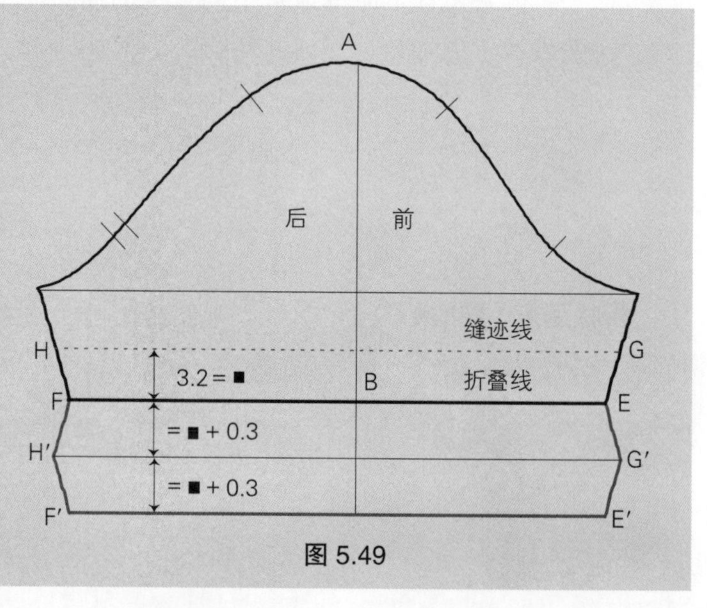

图 5.49

第六章

门襟和口袋

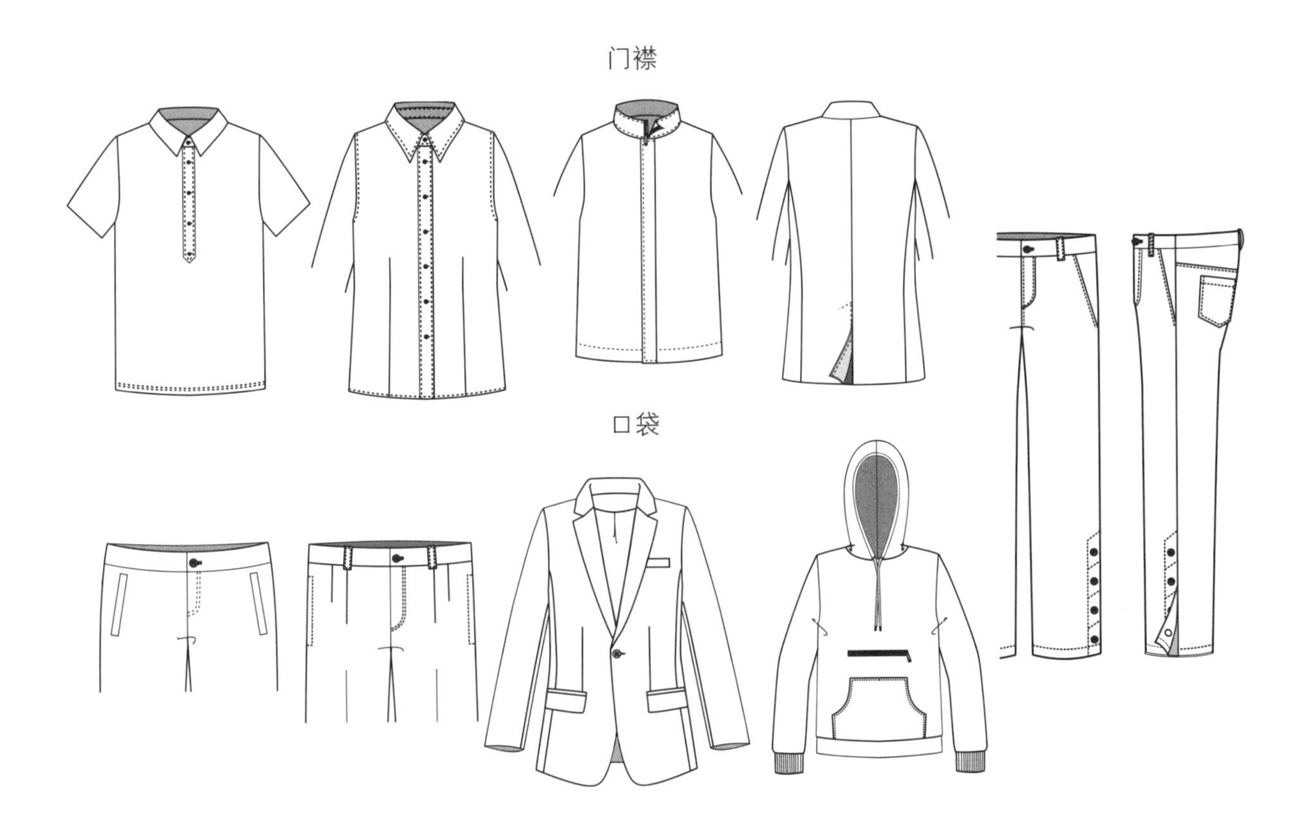

门襟是指任意一种开衩、切口和开口，目的是使穿着者穿进衣服。它可以放置在领口、袖子、克夫或底边上。通常这些门襟敞开的宽度要能使身体的某个部位顺利套进，系扣后保持服装的贴体性和基本廓型。门襟的标准形状是一块直的、长方形面料，但是，实际上它可以是任何形状。它可以从上到下穿过整件服装，例如衬衫的门襟使服装完全敞开；或者是一部分开口，如 Polo 衫的半门襟，领围很小使头刚好能够套进。门襟可以和衣片连裁，没有缝合的缝；或者单独的一片再缝合在一起。

类似地，口袋也有很多种。口袋本质上就是一个布袋子，可以缝合在服装的外面或里面，袋口有很多种类型。口袋在缝线处是一种比较隐蔽的口袋，而贴袋（缝在服装外面）是一种完全可见的口袋。还有一种类型的口袋分成不同部分——部分在服装的里面，但是大部分是可见——前髋口袋，口袋上层切线开口，露出口袋的底层。

门　襟

门襟就是一个开口，使穿着者能够穿脱服装。最为常见的门襟在裤子上方、衬衫、休闲夹克的颈部和袖子上。门襟的主要用途是使服装方便地穿上和脱下，但有时也被用作设计元素。通常门襟包含里襟，即围绕系扣物的带状面料，起着加固作用。例如拉链、纽扣，它们被固定在双层面料上。门襟被频繁的拉拽，因此，里襟起支撑和加固作用。

平面图 6.1 为几种不同类型的门襟：宝剑头半开襟衬衫或 T 恤、衬衫门襟、裤子拉链门襟、夹克开衩门襟，休闲夹克或大衣前门襟。

平面图 6.1

1）宝剑头门襟

平面图 6.2

这种门襟在前中线没有分割缝。这种设计经常见之于 Polo 衫或 T 恤（平面图 6.2）。

画门襟（图6.1）

- 折叠样板纸，拓印前衣身原型。
- A－B＝门襟长，根据设计而定（例：27.9cm）。
- B－C＝向上量 2.5cm。
- B－D＝向下量 2.5cm。
- B－E＝量取门襟宽的一半（例 :1.9cm）。
- D－E＝画直线。
- E－F＝向上量取 2.5cm。
- E－G＝画线与前中线平行。

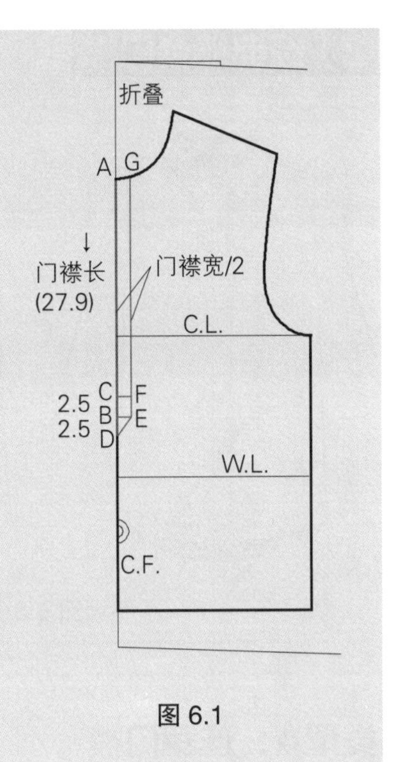

图 6.1

门襟（图6.2）

- 拓印图 6.2 中的门襟 A－G－F－E－D－B－C 到纸的另一边。
- E′－F′－G′＝展开门襟。
- H＝第一粒纽扣位置，根据纽扣的宽度而定，因此，从 A 向下量取纽扣宽度＋0.6cm。
- I＝最后一粒纽扣位置，从 C 向上量 2.5~3.8cm。
- 等距离确定其余纽扣分布的位置。

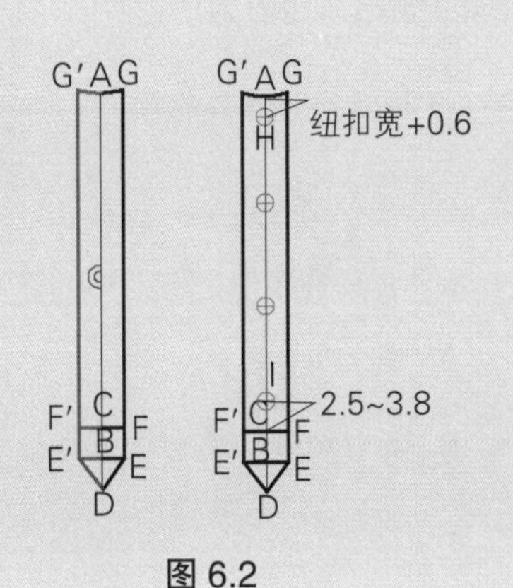

图 6.2

上门襟和下门襟（图6.3）

- 双倍门襟，得到里襟。
- 门襟＝标记里襟面料。
- 拓印上门襟，裁剪下门襟。
- 下门襟＝标记里襟。

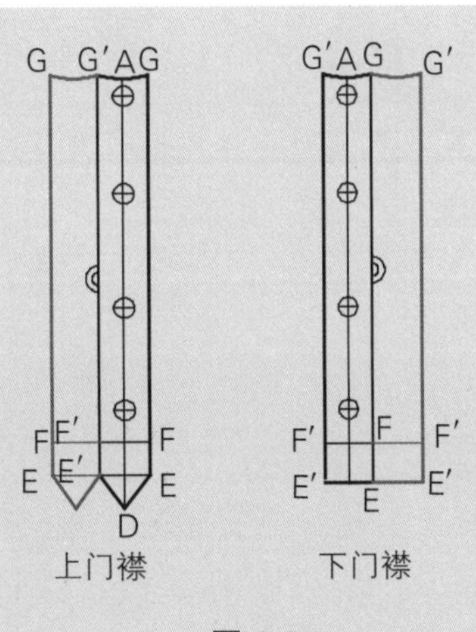

图 6.3

2）经典缝合门襟

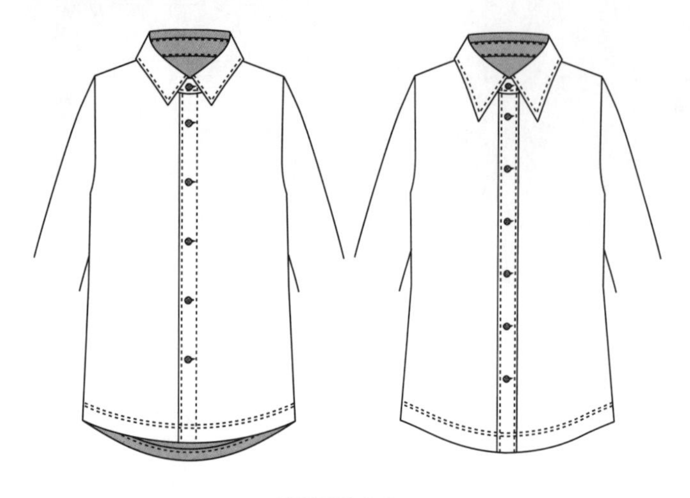

平面图 6.3

这种门襟通常用于衬衫，但是也可用于休闲夹克和大衣。有两种类型——连裁和分开裁剪——分开裁剪门襟有两种缝制方法——有缝迹线和翻折到正面车缝（平面图 6.3）。

类型A：连裁门襟

画门襟宽（图6.4）

- 根据设计，准备前衣身。
- A = 前领窝点。
- A – B = 延伸量，为纽扣宽度 /2 +（1.3~2.5cm），A – E = A – B。
- B – C = 画线与前中线平行。
- E – D = 明缉线，画线与前中线平行。
- B – E′= 门襟宽，量出，反射前中线，拓印领口线、下摆线、门襟止口线。
- E′ – D′= 以线 B – C 翻折，拓印线 E–D。
- E′ – B′ – C′ – D′= 重复之前 B – E′ – D′ – C′ 的步骤。

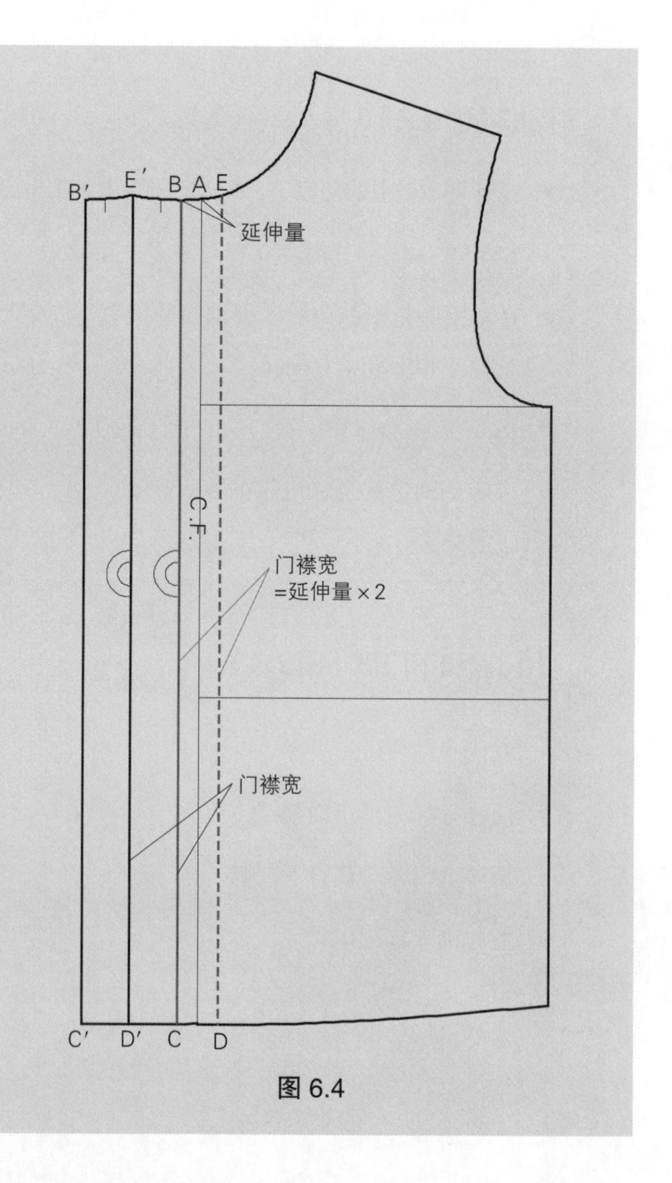

图 6.4

折叠门襟（图6.5）

- 折叠门襟两次，如图所示。
- 这种方法不需要缝份，因为缝份已经包括在内。E′－B′－C′－D′就是缝份（见图 6.4 ）。
- 如果设计上没有明缉线，在右边不画明缉线符号。
- 左边明缉线宽度是门襟宽－0.3cm。这是因为当服装扣子扣上后，左边在前中线重叠，看不到左边的缉线。

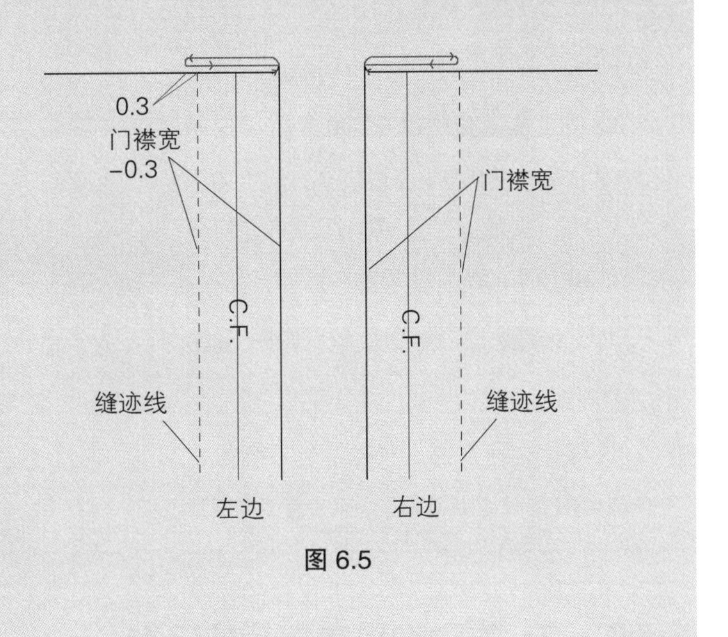

图 6.5

类型B-1：裁剪门襟，边缘缝合

画门襟（图6.6）

- 根据设计，准备前衣身原型。
- A＝前领窝点。
- A－B＝延伸量＝根据设计，纽扣宽 /2 ＋ (1.3~2.5cm)，A－B＝A－E。
- B－C＝画与前中线的平行线。
- E－D＝缉线，画线与前中线平行。
- B－E′=门襟宽，折叠 B－C，拓印 E－B－C－D。

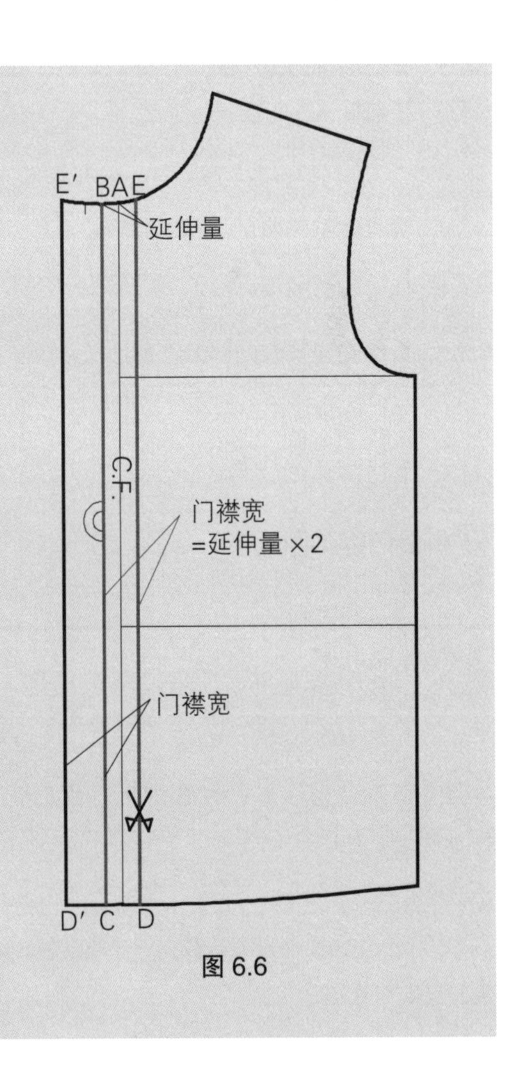

图 6.6

缝合门襟（图6.7）

- 对于左边来说，拓印右边门襟，并翻转。
- 缝迹线宽度是门襟宽 – 0.3cm。（这是因为在前中线处，左边将在右边下面，因此，线迹位置要稍微往里移，使服装扣上时，看不到线迹。）
- 对于右边来说，沿线 E – D 剪开，如图 6.6。

注释：这种方法，右边不包括缝份，在裁剪面料时添加缝份。

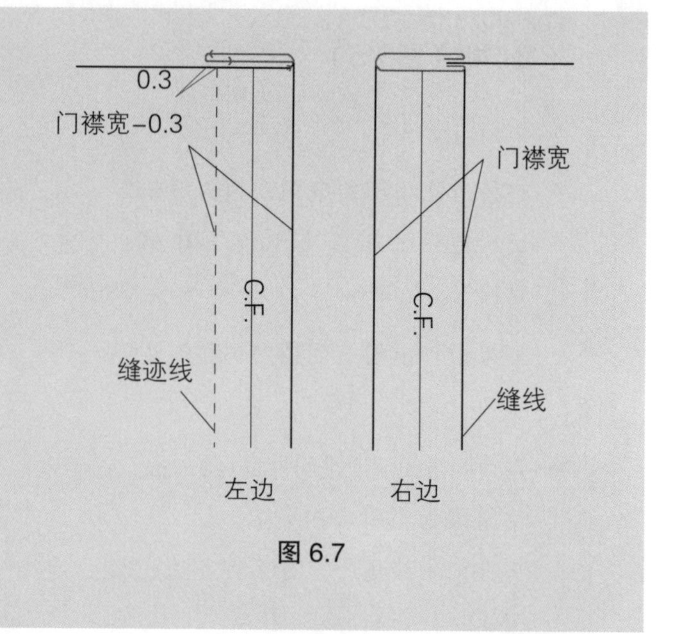

图 6.7

类型B–2：右边细塔克裥裁剪门襟

剪切门襟线（图6.8）

- 右边门襟折叠的方法，与类型 B–1 相同，按照图 6.6 所示。
- E–X = 剪开门襟并展开，展开量等于细裥收进量的两倍（例：1.2cm）。
- 标记折叠的中心线。
- 拓印左边其余的部分，如图所示。

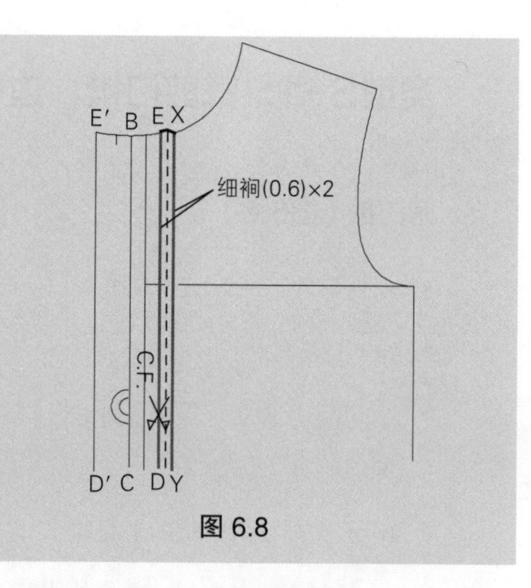

图 6.8

折叠门襟（图6.9）

- 左边与类型 B–1 相同。
- 对于右边来说，折叠门襟线 E–D 和 B–C（见图 6.8）
- 在折叠两次后，折叠细裥收进的量，如图所示。

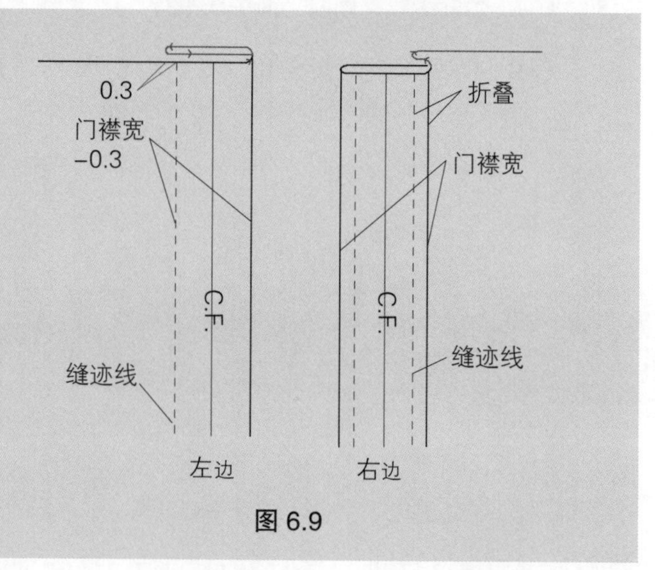

图 6.9

3）附加门襟

平面图 6.4

这种附加门襟通常用于装拉链的休闲夹克。附加门襟主要目的不是起闭合功能，而是起增强或装饰作用（平面图 6.4）。

附加门襟（图6.10）

- 准备前衣身。
- A－B＝前中线。
- A－C＝门襟宽 /2(例 :2.5cm)，画水平线。
- C－D＝画线平行于前中线。
- 标记刀眼。
- 将门襟的一半 A－B－D－C 拓印到另一张纸上。
- E－F＝拓印另一半门襟，如图所示。
- E－C'－D'－F＝折叠线 E－F，拓印整个门襟。

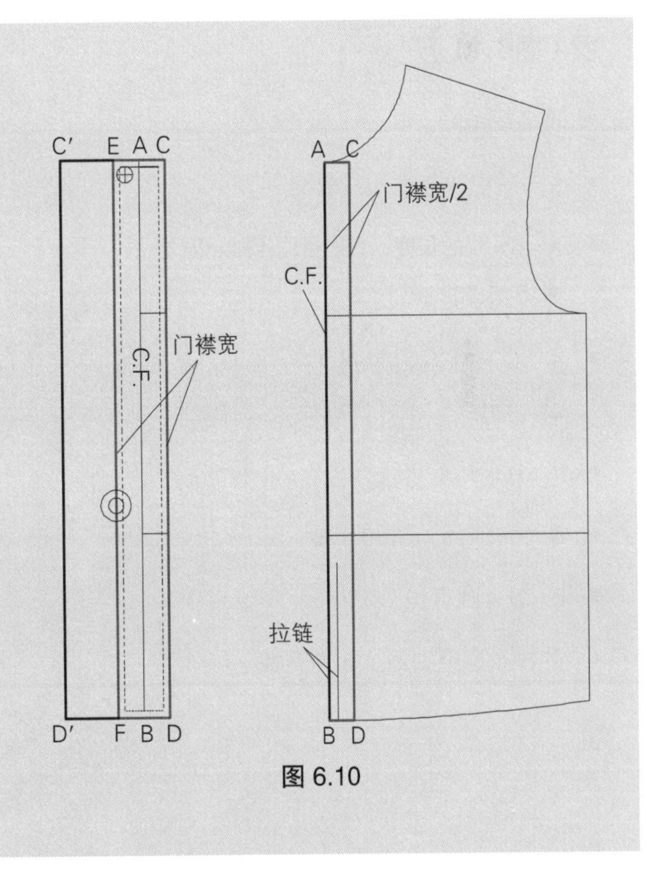

图 6.10

4）开衩

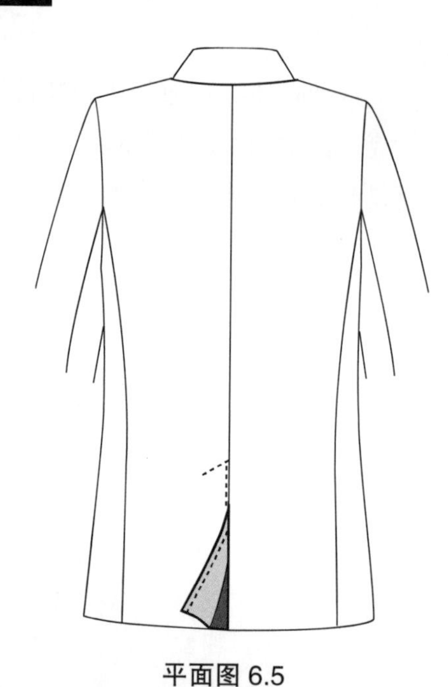
平面图 6.5

开衩目的是为了增添活动性，同时又具有装饰性。衩可位于后中线或六片式西装的背后两侧。对于六片式西装的衩，参见底边门襟，图 6.12~6.14（P157~158）。休闲西装的衩缉明线，正装西装则不缉明线（平面图 6.5）。

衩（图6.11）

- 准备后衣身。
- A = 后中线与底边线的交点。
- A－B = 衩的长度，向上量取 17.8~20.3cm，或根据设计而定。
- A－C = 衩宽，量出 4.4~5.1cm，或根据设计而定。
- C－D = 画垂直线，与 A－B 相等。
- B－E = 向上量取 3.8cm。
- E－D = 画直线。
- 在 B 点标记刀眼，表明开衩。

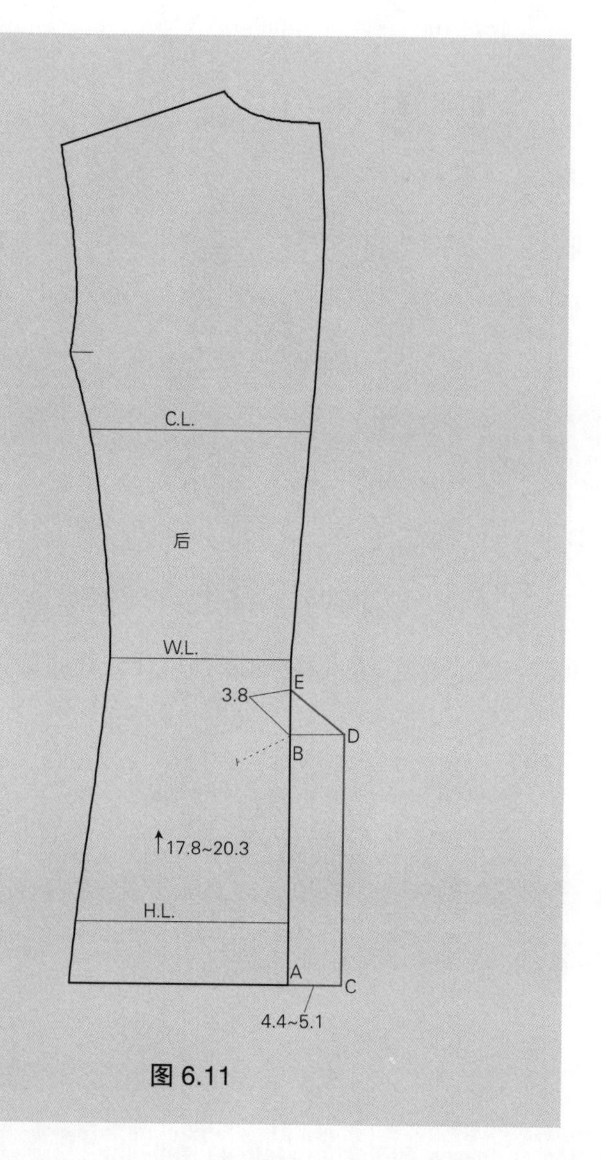

图 6.11

5）下装门襟

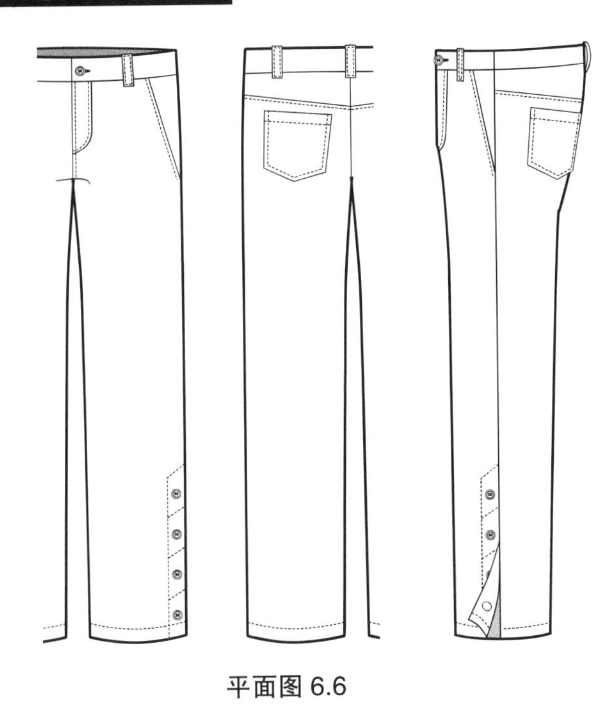

平面图 6.6

裤底边门襟位于裤子外侧缝线上。在休闲装中，裤子底边门襟通常有纽扣或缉明线。裤子底边门襟的目的不仅为了装饰，而且能提供活动的空间，穿脱时也比较方便。这种门襟也可以变成其他的装饰门襟，例如六片西装的衩，衬衫两侧衩和袖衩（平面图 6.6）。

画衩：前片（图6.12）

- 准备前裤片纸样。
- A = 侧缝线与底边的交点。
- A－B = 门襟长，向上量取 25.4cm，或根据设计而定。
- A－C = 门襟宽，向外量出 3.8~5.1cm，或根据设计而定。
- C－D = 画垂直线，与线 A－B 相等。
- B－E = 向上量取 2.5~3.8cm。
- E－D = 画直线。
- 在 B 标记刀眼，表明在此开衩。

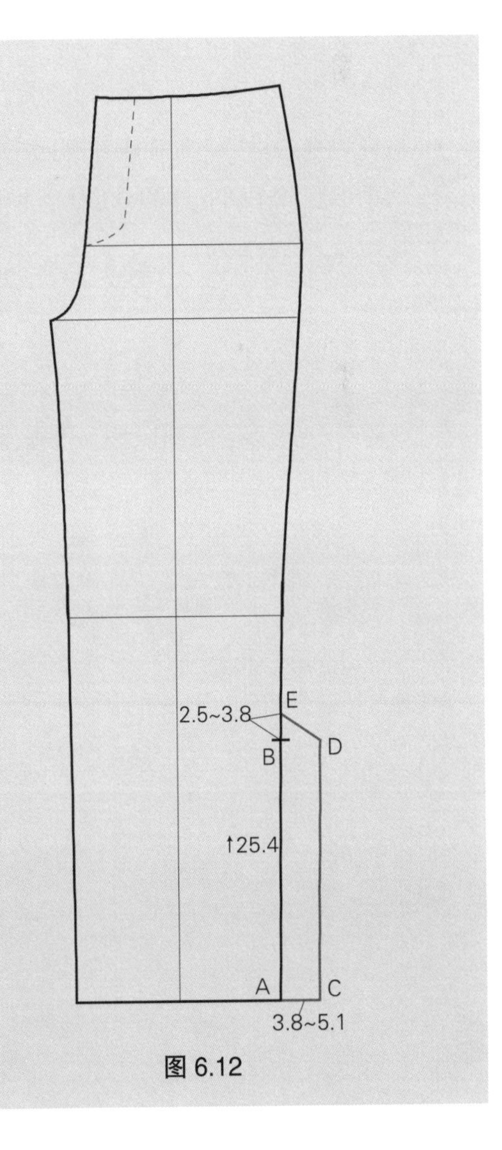

图 6.12

反射衩（图6.13）

- D′－C′= 通过折叠侧缝线E－A，拓印D－C。
- 在A－C′的中间位置上标记扣眼和纽扣，宽度和数量依据设计而定。
- 如图所示画出明缉线位置。

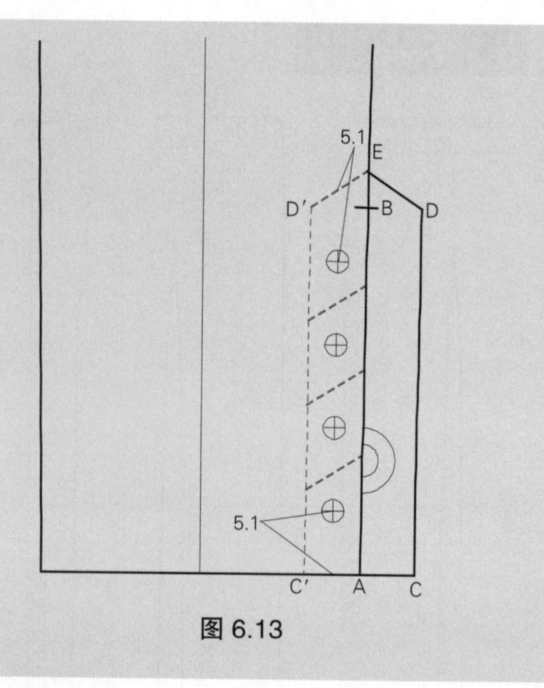

图 6.13

后裤片衩（图6.14）

- 准备后裤片纸样。
- 后底边衩的讲解与前面画法相同。按照前面的步骤（图6.12和6.13），标记相应门襟上的扣眼位置。

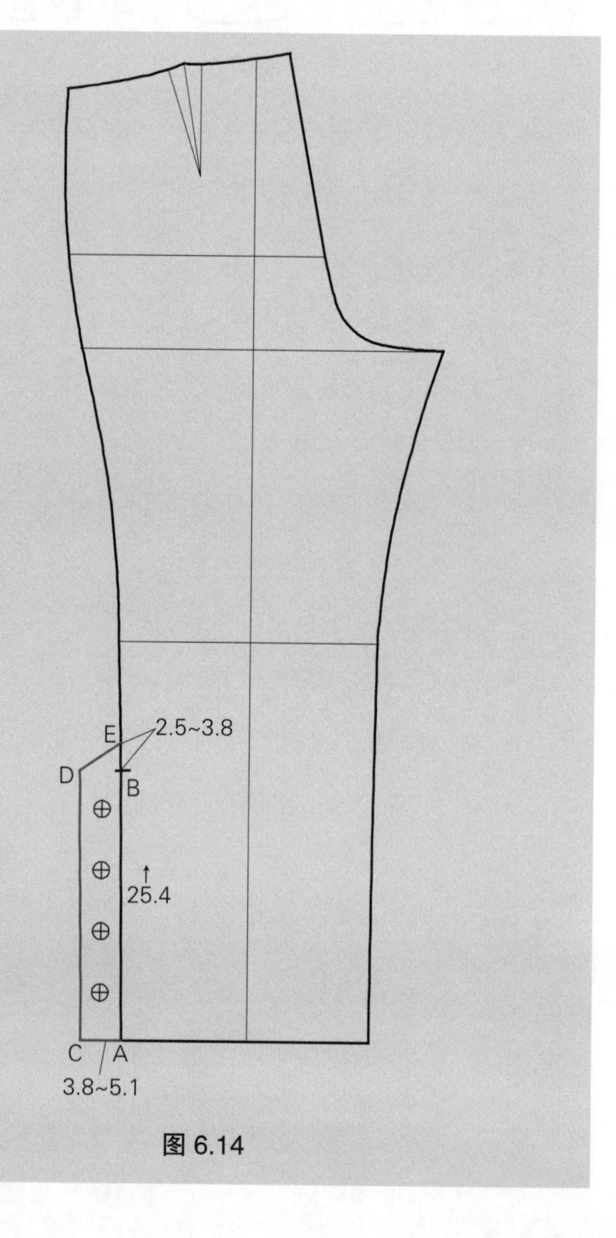

图 6.14

口袋

口袋，是服装的一部分。口袋向来被认为具有功能作用，其实在服装设计中是很重要的细节。从口袋的功能性看，它们需要足够的宽度和深度，以及合理的结构，使放在里面的东西安全，同时便于取用。口袋可以是直的、圆的以及其他几何形状。

有很多类型的口袋。置于衣服上端的口袋通常是贴袋，而在里面的口袋通常是镶嵌式或嵌条袋。平面图 6.7 显示了各种类型的口袋：斜插袋、嵌线袋、在裤子后面和衬衫前面的贴袋，大口袋或箱型口袋。

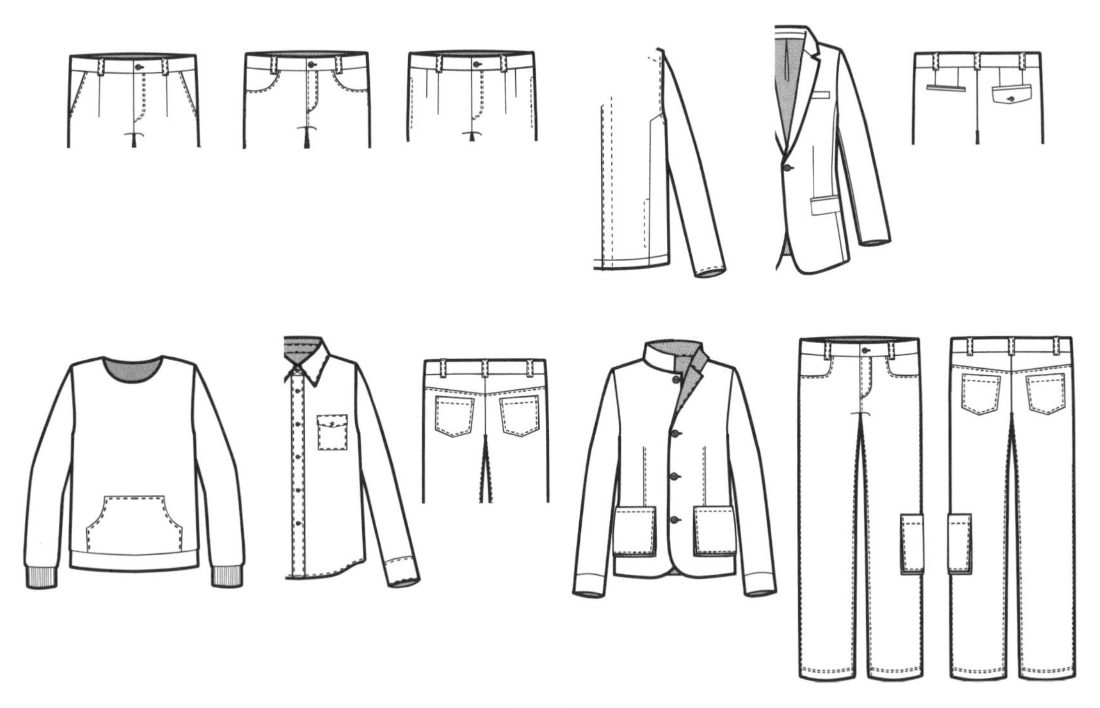

平面图 6.7

1）前插袋

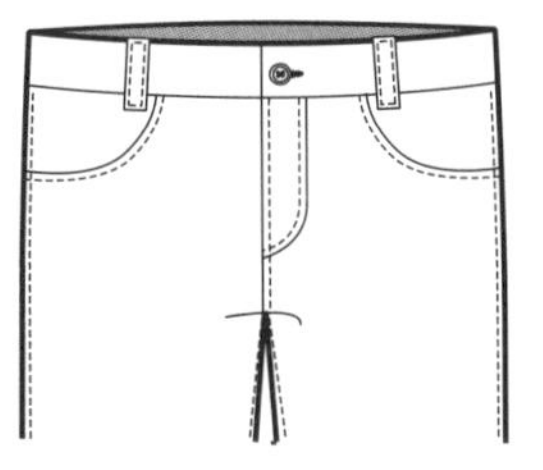

平面图 6.8

前插袋位于裤子或裙子的前面。它们由分开的两层构成，缝合在一起形成口袋，安置在服装里面。在平面图 6.8 显示，前插袋的袋口形状可以变化。一种礼服裤的直线（但有角度式开袋）；另一种是牛仔裤中常见的、有明缉线的弧线开袋。但是，这些设计原则不是一成不变的——口袋的形状、深度和宽度都可以变化。

前斜向插袋

口袋的设置（图6.15）

- 准备前裤片原型。
- A = 侧缝与腰线的交点。
- A – B = 量进 5.1cm。
- A – C = 袋口长度，向下量取 15.9~17.1cm，或根据设计确定。
- C – B = 画直线。
- A – D = 沿着腰线量口袋的宽度，12.7~14cm。
- D – E = 口袋深度，画线 22.9~25.4cm，平行于裤中线。
- E – F = 量出 0.6cm。
- D – F = 画直线。
- F – G = 画与 F – D 垂直线，长 6.4~7.6cm。

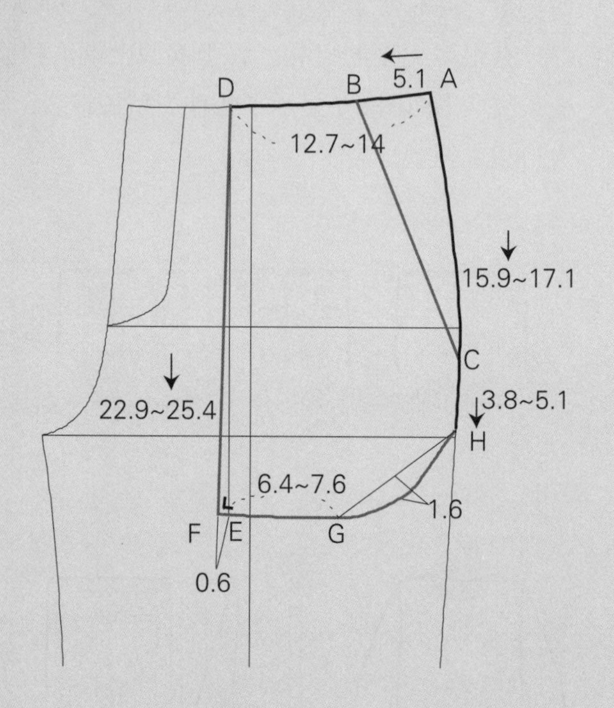

图 6.15

画整个口袋（图6.16）

- 从纸样上拓印口袋外围线 A – C – H – G – F – D – B。
- 反射 D–F，只拓印 C′ 到 B′，得到整个口袋，如图所示。
- 口袋布可以分成两片，沿着 D–F 缝合，但要小心，这样将有一条不必要的缝。

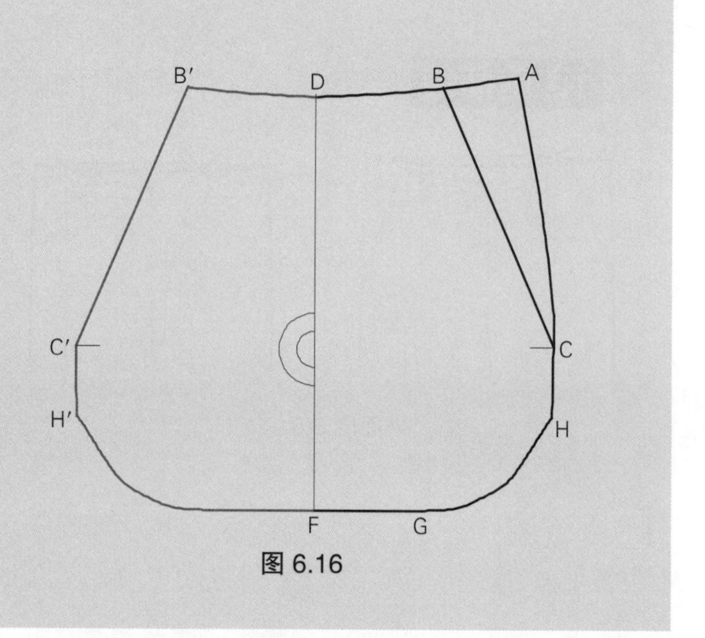

图 6.16

裤片上口袋外口线（图6.17）

- 在前裤片上，去掉在前面步骤中已经包含在内的 A–B–C 的部分（图 6.16）。

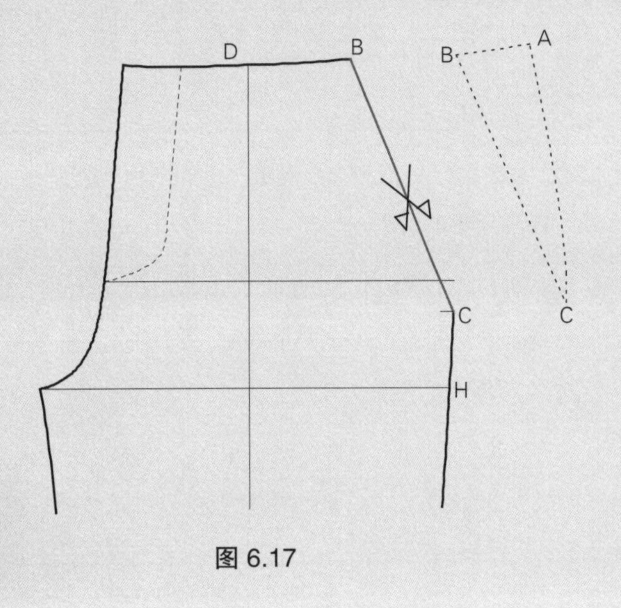

图 6.17

牛仔裤前口袋

口袋的设置（图6.18）

- 准备前裤片原型。
- A = 侧缝与腰线交点。
- B = 前中线量过 0.6~1.3cm。
- A – C = 根据设计，沿着侧缝向下量取 7.6~10.1cm。
- B – C = 如图所示画弧线。
- B – D = 沿腰线量进 3.8cm。
- D – E = 口袋深 20.3~22.9cm，画线与裤中线平行。
- E – F = 量出 0.6cm。
- D – F = 画直线。
- F – G = 垂直于 D – F 画线 7.6~10.1cm。
- C – H = 延长口袋的松量，从 C 延伸 0.6cm。
- H – I = 向下量 7.6~10.1cm，画微弧线。
- I – G = 如图所示画弧线。

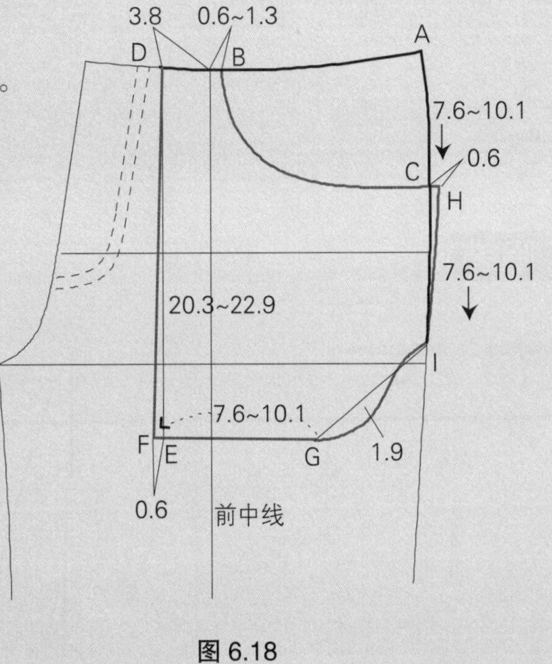

图 6.18

画整个口袋（图6.19）

- 从纸样上拓印口袋的外轮廓线 A－C－I－G－F－D－B。
- 以 D－F 反射，只拓印 H′ 到 B′，如图所示，得到完整的口袋。
- 口袋布可以在 D－F 分开，用两块面料制作，然后缝合，但是会产生不必要的缝。

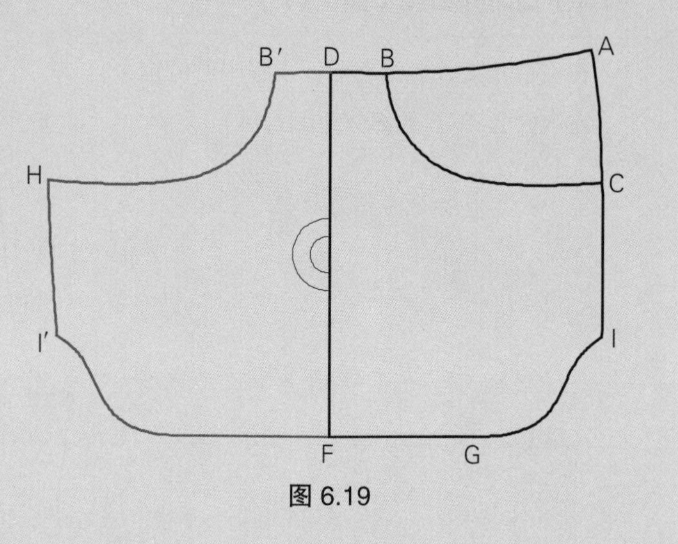

图 6.19

裤片上口袋外口线（图6.20）

- 在前裤片上，去掉在前面步骤中已经包含在口袋内的。

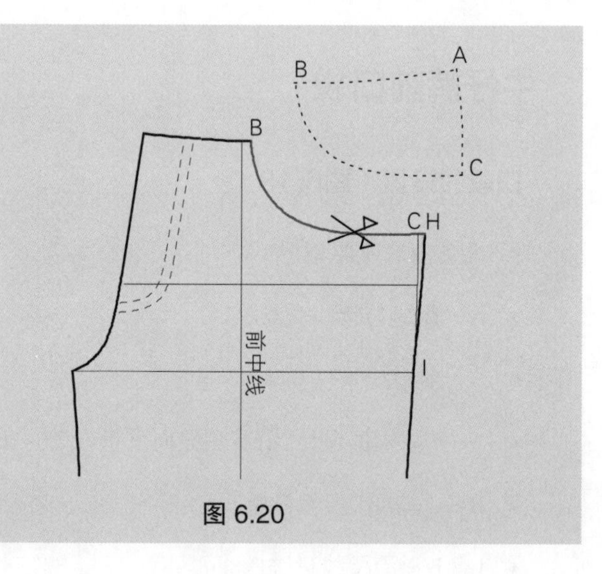

图 6.20

2）暗袋

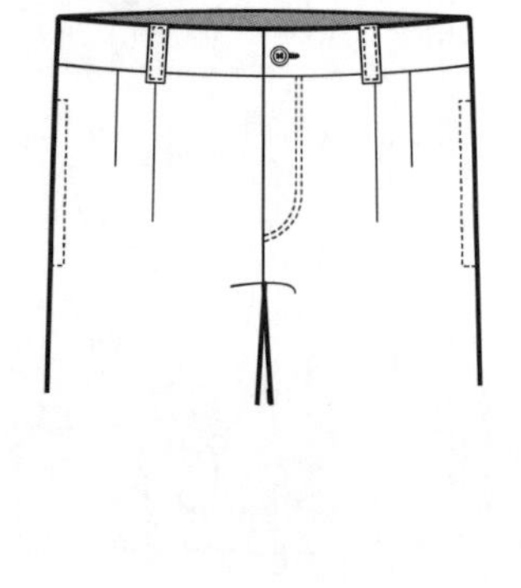
平面图 6.9

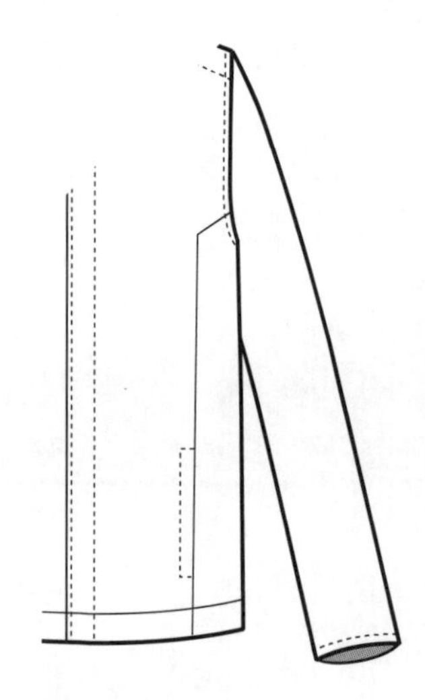

暗袋用缝线缝在里面，不像其他口袋那样，它们是看不见的。暗袋使用已经存在的缝边，作为口袋的开口，由两层分开的面料构成，缝合在一起构成一个口袋，放置在服装的里面。在平面图 6.9 中，这种口袋位于裤子侧缝和上衣公主线处。

裤暗袋

画口袋形状（图6.21）

- 准备前裤片纸样。
- A = 侧缝与腰线的交点。
- A – B = 向下量取 1.9~2.5cm。
- B – C = 袋口长度，向下量取 15.2~17.8cm。
- C – D = 画水平线 14~16.5cm。
- A – E = 尺寸比口袋宽少 1.3~1.9cm，即（C – D）–（1.3~1.9cm）。
- D – E = 画微弧线。
- D – F = 画线 10.1~12.7cm 与丝缕线平行。
- F – G = 画水平线到侧缝。
- H = F – G 的中点。
- C – I = 向下量取 3.8~5.1cm。
- 用弧线连接 D – H – I，如图所示。

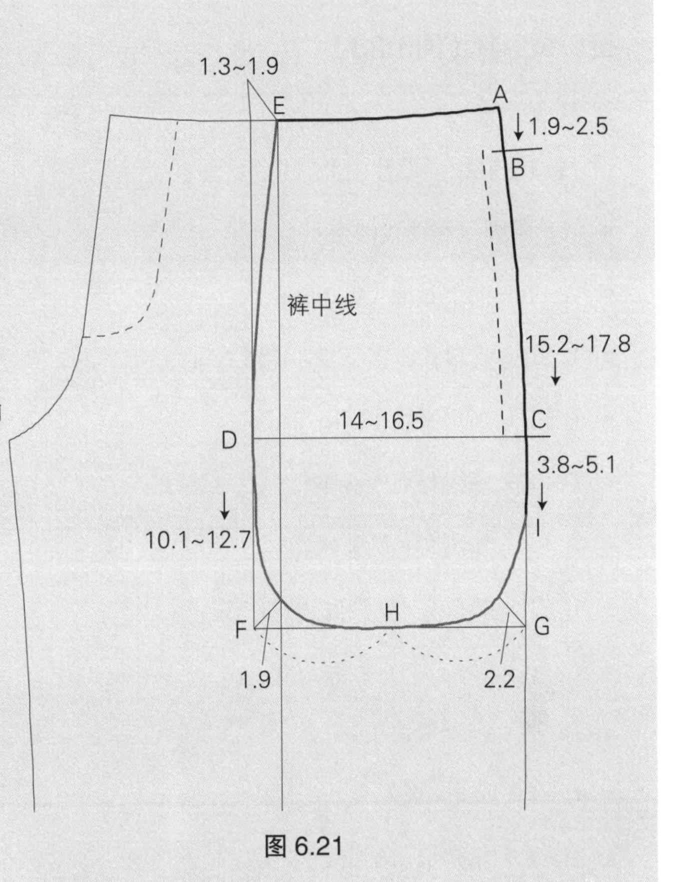

图 6.21

画整个口袋（图6.22）

- 从裤片上拓印口袋外轮廓线 A – B – C – I – H – D – E 。
- 由于它的形状，口袋布需要分开的两块。
- X – Y = 从衣身部分延伸口袋的袋口 1.9cm，画线与 B – C 平行。

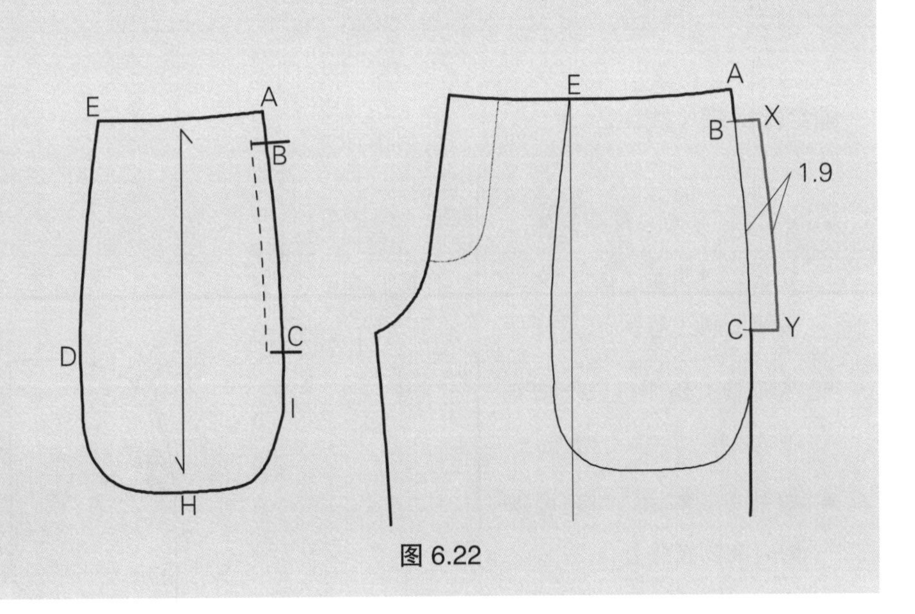

图 6.22

上衣暗袋

画口袋形状（图6.23）

- 准备前衣身，根据你的设计，你可以在公主线或侧缝线上设计一个口袋。
- A = 腰围线和缝线的交点。
- A – B = 向下量取 1.9~2.5cm。
- B – C = 袋口长，向下量 14~15.2cm。
- C – D = 画水平线 14~16.5cm。
- D – E = 画线与前中线平行，直到腰线。
- A – E = 如图所示画弧线。
- D – F = 延长 E – D 到底边线。
- C – G = 延长 B – C 到底边线。
- G – H = 向上量取 1.9cm。
- G – I = 量进 1.9cm。
- H – I = 如图所示画弧线。

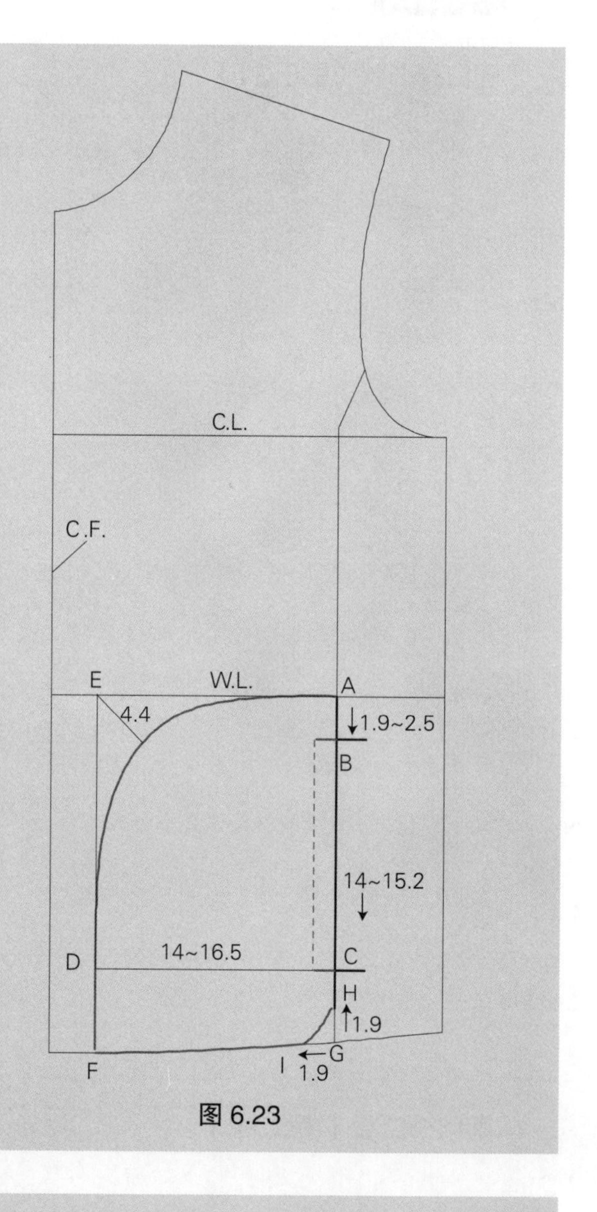

图 6.23

画全部口袋（图6.24）

- X – Y = 从衣身部分延伸口袋袋口 1.9cm，在每条公主线上画线与B – C平行。
- 从衣身上拓印口袋外轮廓线 A – B – C – H – I – F 。
- 如果必要的话，口袋可以附着在侧衣身上。

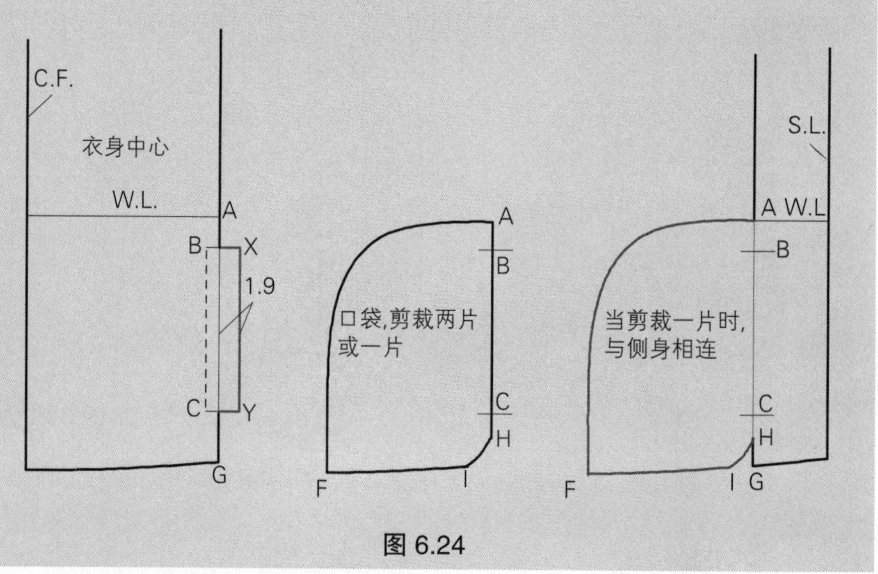

图 6.24

3）嵌袋

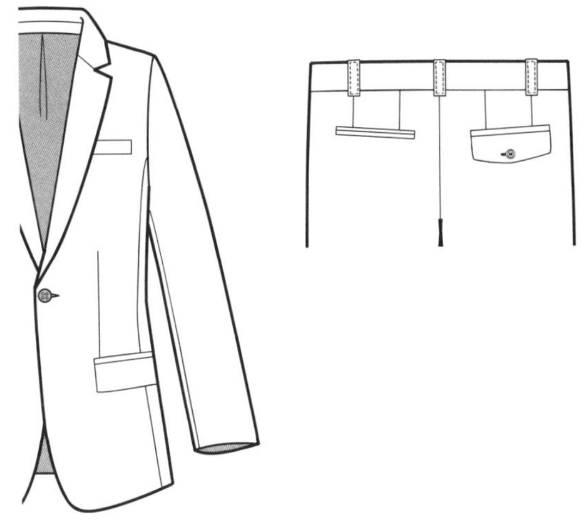

平面图 6.10

嵌袋，也称为开袋或滚边口袋，在服装上开口，由一条或两条嵌边构成。它们常用于夹克、大衣和裤子的后面。口袋开口作为设计元素可以是直的、弧线或角度。通常嵌条是斜的。平面图 6.10 口袋的形状在上装中是单嵌条，在裤子上是双嵌条。

上衣身单嵌条嵌袋

口袋定位（图6.25）

- 准备前衣身。
- A = 口袋在胸围线上的点，从前中线胸围线的点向上量取 2.5~5.1cm 和水平量取 5.7~7cm。
- A－B = 口袋宽，量过 10.8~11.4cm。
- B－C = 向上量取 0.6cm。
- C－D, A－E = 口袋深，画 2.5cm 垂直线。
- E－D = 画直线。

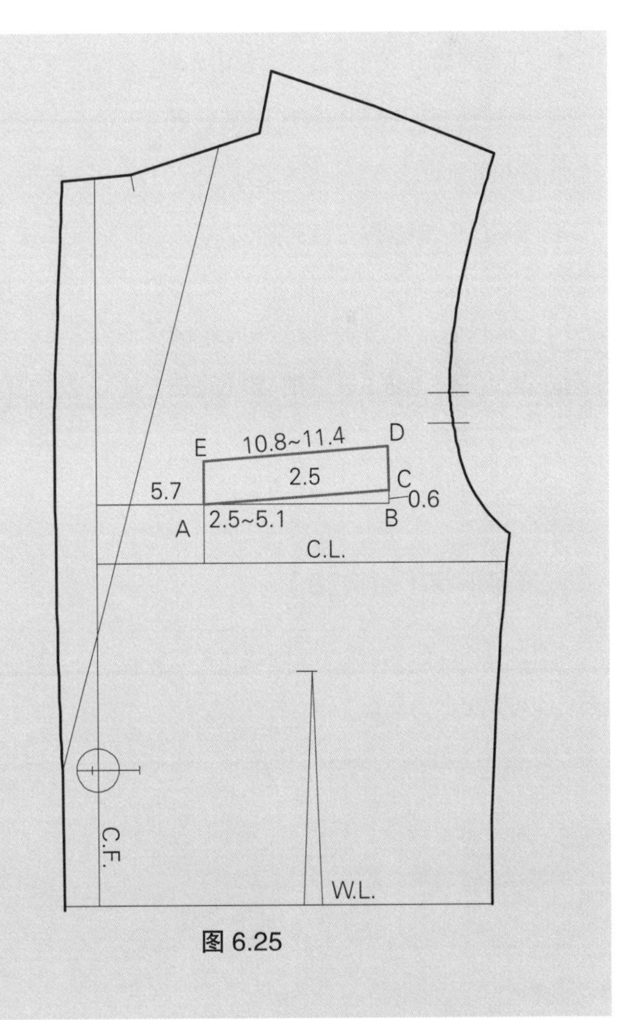

图 6.25

口袋里布形状（图6.26）

- 从衣身上拓印 A－C－D－E。
- F－G, F－H, G－I＝在 E－D 上方和 E－A 及 D－C 的两侧分别延伸 2.5cm，如图所示。
- H－I＝A–C 向下 8.9~11.4cm 画平行线。连接 F－H 和 G－I。
- 此纸样包含了缝份。

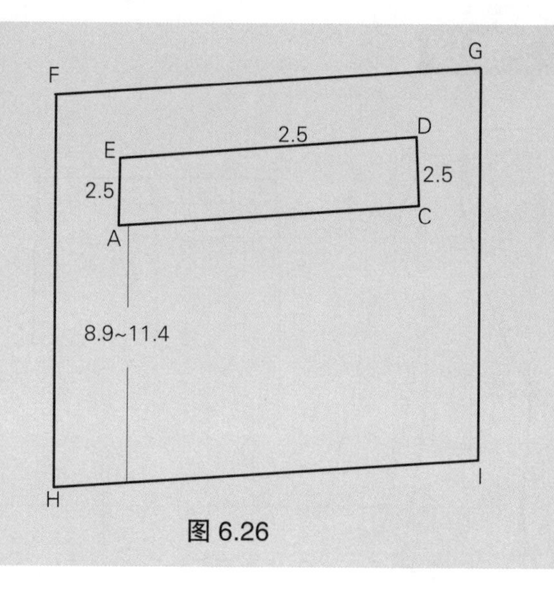

图 6.26

双嵌条裤口袋

口袋定位（图6.27）

- 准备后裤片。
- A＝口袋位置，从腰线向下量取 7.6~8.9cm。
- B－C＝口袋袋口长，通过 A 画线与腰线平行，标记长度为 14~15.2cm。如果离纸样的轮廓线短于 3.8~5.1cm，则袋口的长度要缩短。

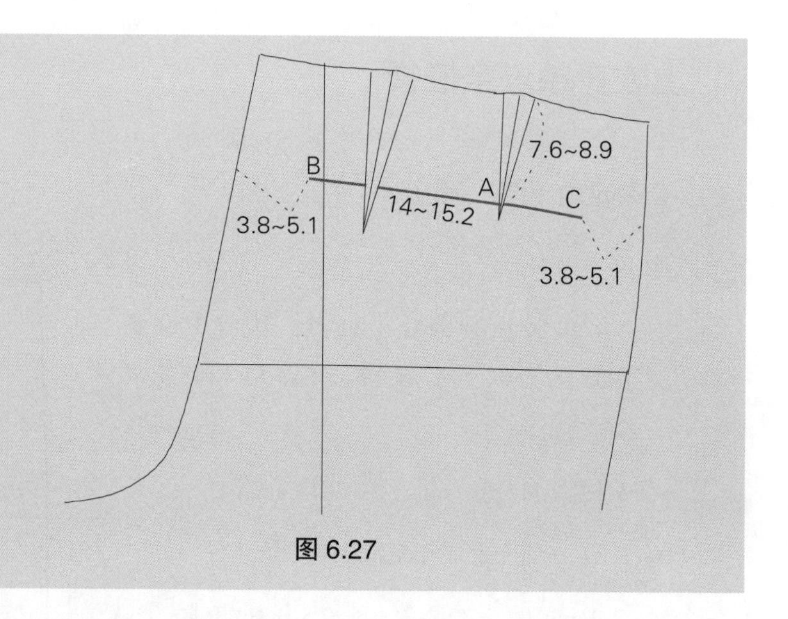

图 6.27

双嵌条形状（图6.28）

- B－D＝嵌条的深度，画线 1.3~2.5cm 与线 B－C 垂直。
- D－E＝画线平行于 B－C 。
- 如果是双嵌条，经过 B－D 的中点画一条线与 B－C 平行。

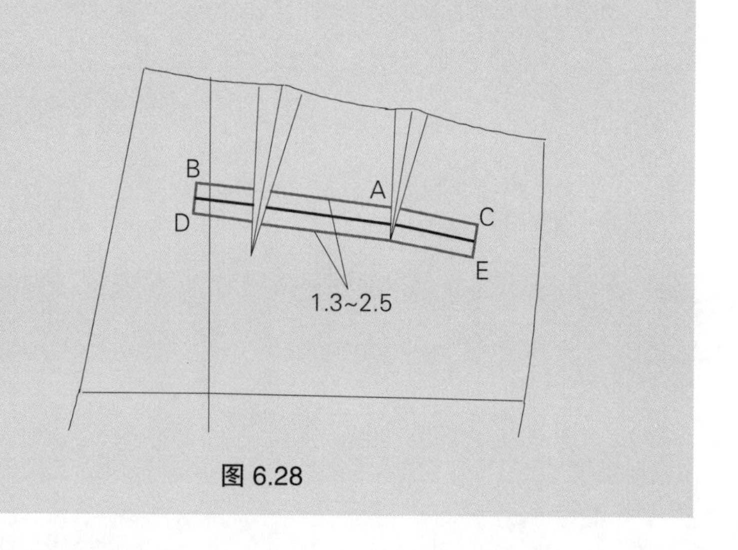

图 6.28

袋盖形状（图6.29）

- 如果需要的话，如图所示画一个袋盖。

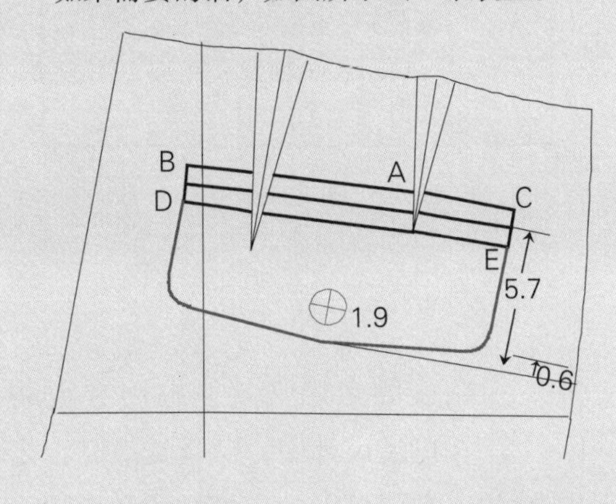

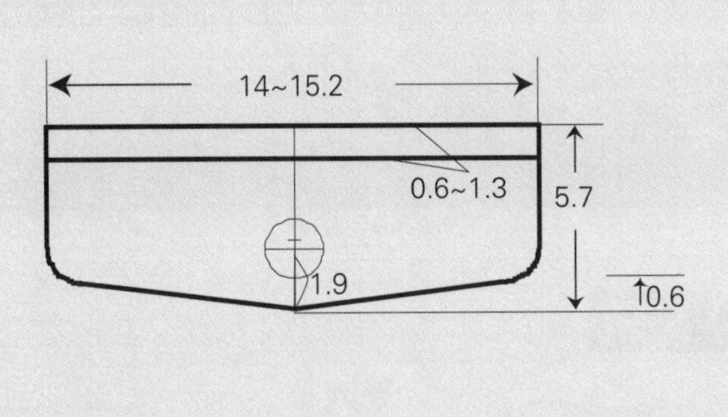

图 6.29

画口袋布1（图6.30）

- 为了得到口袋纸样，将裤子纸样上的省道折叠起来，然后拓印，如图所示。
- 连接 B 和 C，画临时的直线。
- B–H=C–I = 从每侧延伸 1.9cm。

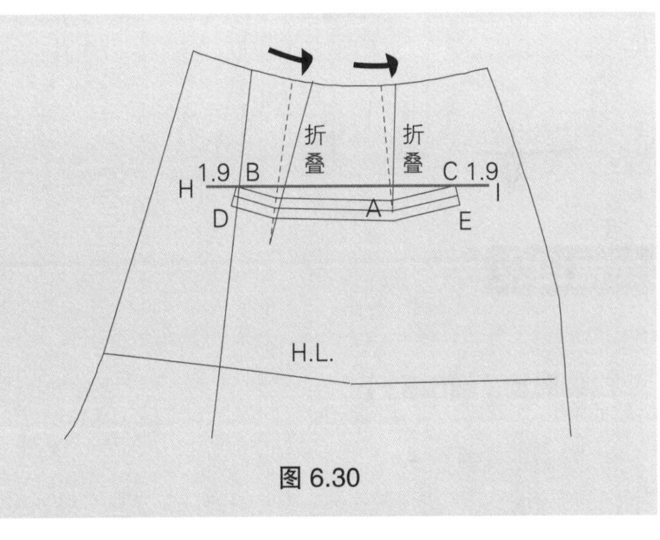

图 6.30

画口袋布2（图6.31）

- H－J = I－K = 画 15.2~17.8cm 的垂直线。
- J－K = 画直线。
- L, M = 从垂直线 J－H 和 K－I 与腰线的交点，量进 1.3~1.9cm。
- L－H = M－I = 画弧线，如图所示。
- 在底边标上折叠标记。

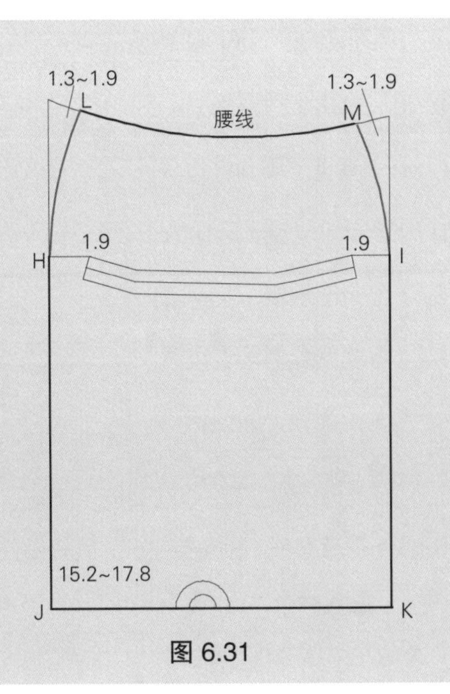

图 6.31

嵌条（图6.32）

- 画嵌条，从 O 点画长方形 O－P－Q－R 。
- O－P＝口袋宽度＋ 5.1cm。
- P－Q＝嵌条深的两倍＋ 5.1cm。
- 嵌条使用 45° 正斜面料。

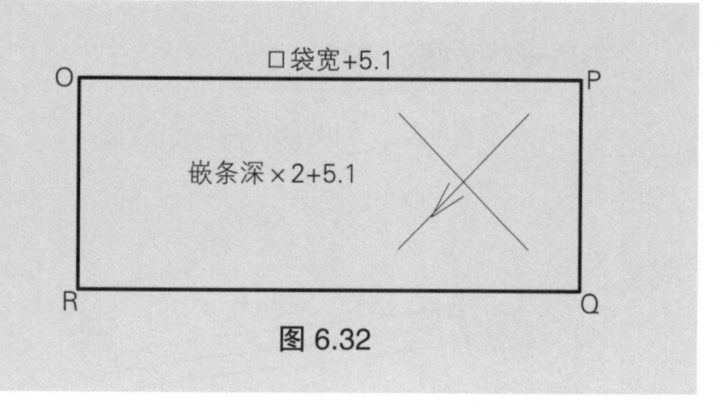

图 6.32

4）贴袋

平面图 6.11

贴袋顾名思义就是贴附在服装上。在口袋设计中，贴袋是最有变化性的。它们可以是任意尺寸和形状，也可以放置在服装的任意位置上。在平面图 6.11 中，从左到右这些口袋的形状是袋鼠口袋、有袋盖长方形衬衫口袋和与裤子育克相配的五角形贴袋。这些口袋主要根据形状命名。

袋鼠口袋

口袋形状（图6.33）

- 准备前衣身。
- A＝前中线与底边的交点。
- A－B＝口袋深，向上量取 21.6cm。
- B－C＝量出 12.7~15.2cm。
- C－D＝垂直下画到底边线。
- D－E＝从底边起 C－D 的 1/3。
- E－F＝向上量取 1.3cm。
- F－G＝朝侧缝画垂直线。
- C－G＝画弧线，如图所示。
- G－H＝画底边的垂直线。
- H－I＝量进 0.6~1.3cm。
- I－G＝画直线。

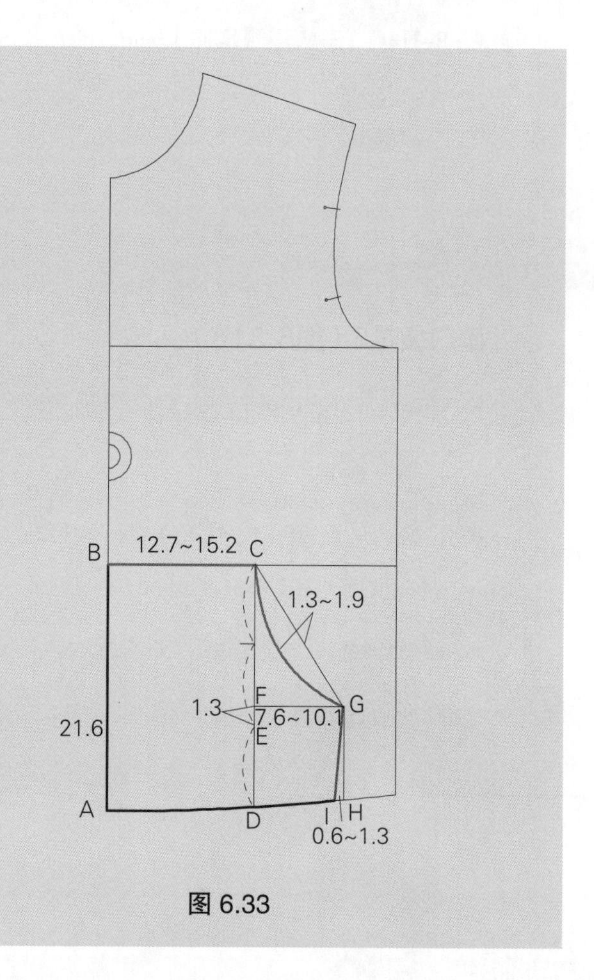

图 6.33

全部口袋样板（图6.34）

- 从衣身拓印 A－B－C－G－I。
- C′－G′－I′＝经过 A－B 反折口袋纸样。
- 如果需要，画上明缉线位置。

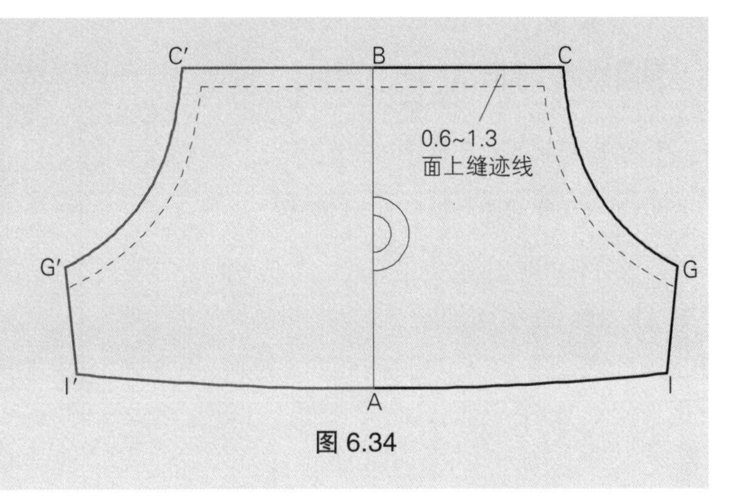

图 6.34

有褶裥和袋盖的长方形口袋

口袋定位和形状（图6.35）

- 准备前衣身。
- 从A点画长方形，根据设计，口袋的尺寸可以变化。
- A＝口袋位置，从颈肩点 H.P.S. 向下 17.8cm，从前中线量进 5.1cm。
- A－B＝口袋宽，画线与胸围线平行，不超过 11.4~12.7cm。
- A－D＝口袋深，画垂直线 11.4~12.7cm。
- A－D－C－B＝完整长方形。

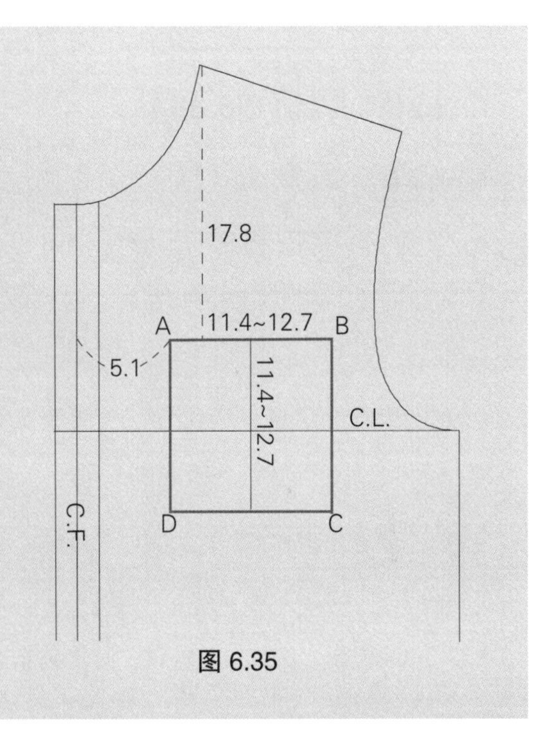

图 6.35

袋盖（图6.36）

- E－F＝袋盖位置，画 A－B 的平行线，长度为 A－B＋0.3cm。
- E－G=F－H=画线垂直于 E－F，长 3.8cm。
- I＝E－F 中点向下 5.7cm 处。
- G－I＝H－I＝画直线。

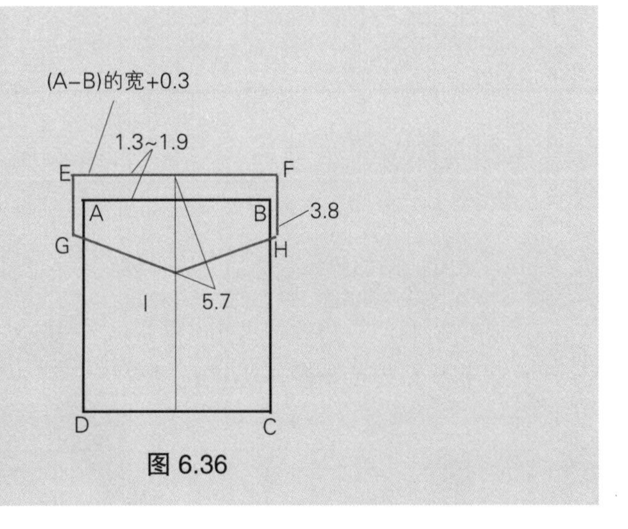

图 6.36

完成样板（图6.37）

- 拓印口袋和袋盖纸样。
- 如果需要的话，标上明缉线位置。
- X－Y＝画 A－B 的平行线，高度是袋口缉线的高度 +0.3cm。

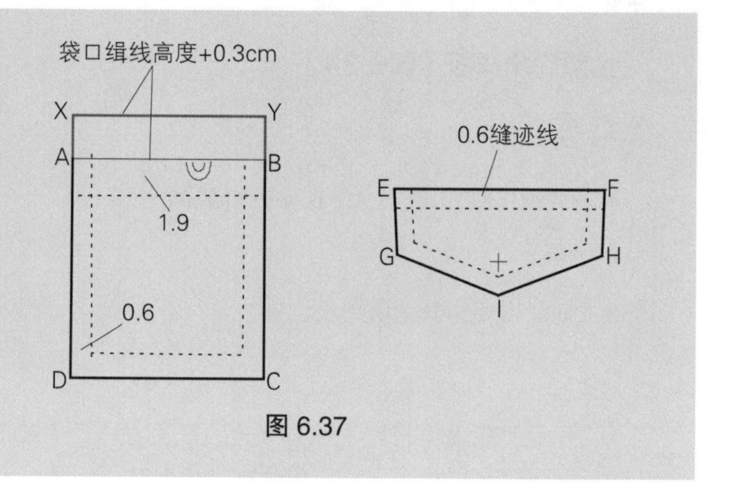

图 6.37

五角形裤口袋

口袋定位和形状（图6.38）

- 准备裤子后片纸样。
- X－Y＝育克线（细节见图 7.29，P193）。
- A＝从后中心线定位口袋位置，从后中线 X 量进 3.2~3.8cm，再向下量 2.5~3.2cm。
- B＝从侧缝定位口袋位置；从侧缝 Y 量进 2.5~3.2cm，再量下 3.2~3.8cm。
- 从 A 画五角形。
- A－B＝口袋宽，画直线。
- C＝口袋深，从 A－B 中点，向下画垂直线 17.8~19.1cm。
- D＝过点 C 和 B 垂直线的相交点。
- D－E＝向上量 3.2cm。
- E－F＝垂直量进 1.3cm。
- 画直线，连接 B、F 和 C 。
- G＝重复前面的步骤，画出左边口袋。

注释： 根据设计，口袋的尺寸可以变化。其次，图 6.38 和图 6.39 的步骤可以相互交换。

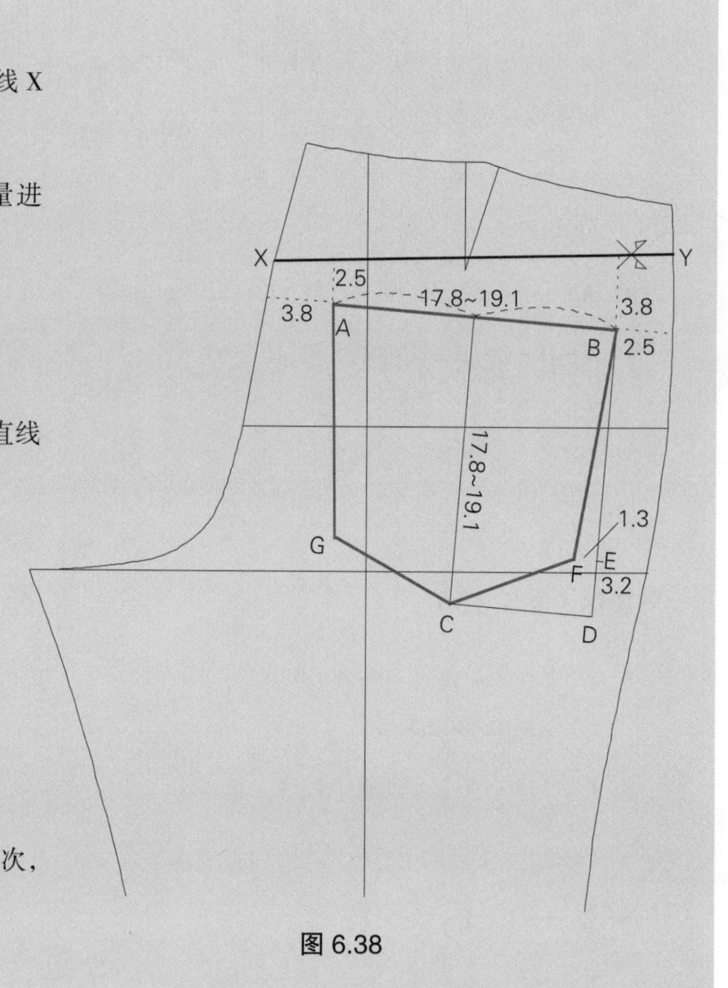

图 6.38

完成样板（图6.39）

- 从衣身上拓印口袋 A－B－F－C－G。
- 如果需要的话，标上缉线位置，如图所示。

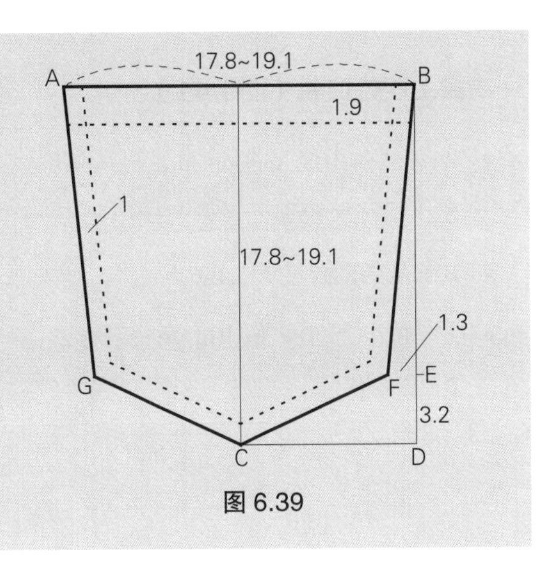

图 6.39

5）箱型口袋

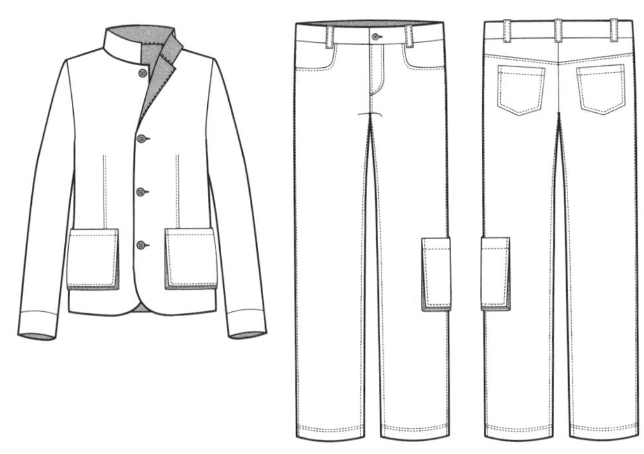
平面图 6.12

箱型口袋像贴袋一样也附着在服装的外面。通常见之于休闲或工作服。口袋是三维的贴袋形状，可以是任意尺寸和形状，置于服装的任意部位。平面图 6.12，左边服装上的口袋样式是加了插条，使它具有箱型的形状，而右侧裤子上的口袋是自身放量，使它具有箱型形状。

缝插条箱型口袋（图6.40）

注释：对于这种口袋，可以先画纸样，然后再标记衣身上的口袋位置，或者可以反过来，先定位口袋位置。

- 从 A 画长方形 A－B－C－D 。
- A－B＝口袋宽，画直线 19.1~21.6cm。
- B－C＝口袋深，画垂直线 20.3~22.9cm。
- E－F＝画线 2.5~3.8cm 与 A~D 平行
- G－H＝画线 2.5~3.8cm 与 D~C 平行。
- I－J＝画线 2.5~3.8cm 与 B－C 平行。
- 折叠线 A－D, D－C 和 B－C。
- 如果需要的话，标记缉线位置，如图所示。

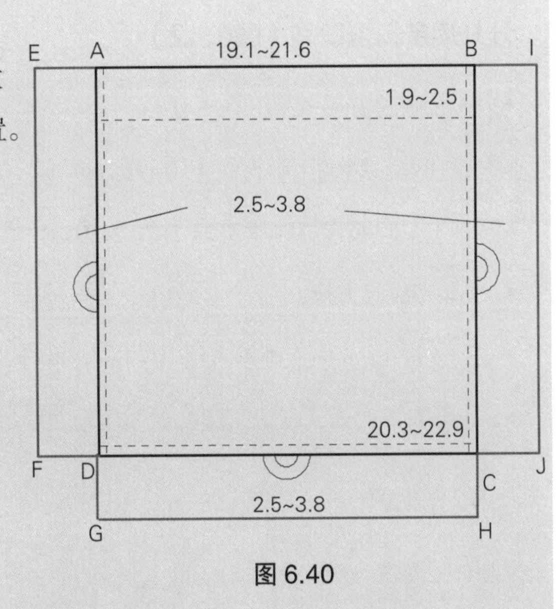

图 6.40

衣身上定位口袋（图6.41）

- A′ = 从前中线量进 6.4cm，再从腰围线量下 5.7~7cm。
- B′ = 从腰围线量下 5.4~6.7cm。
- A′ - B′ - C′ - D′= 拓印口袋外轮廓线 A - B - C - D。

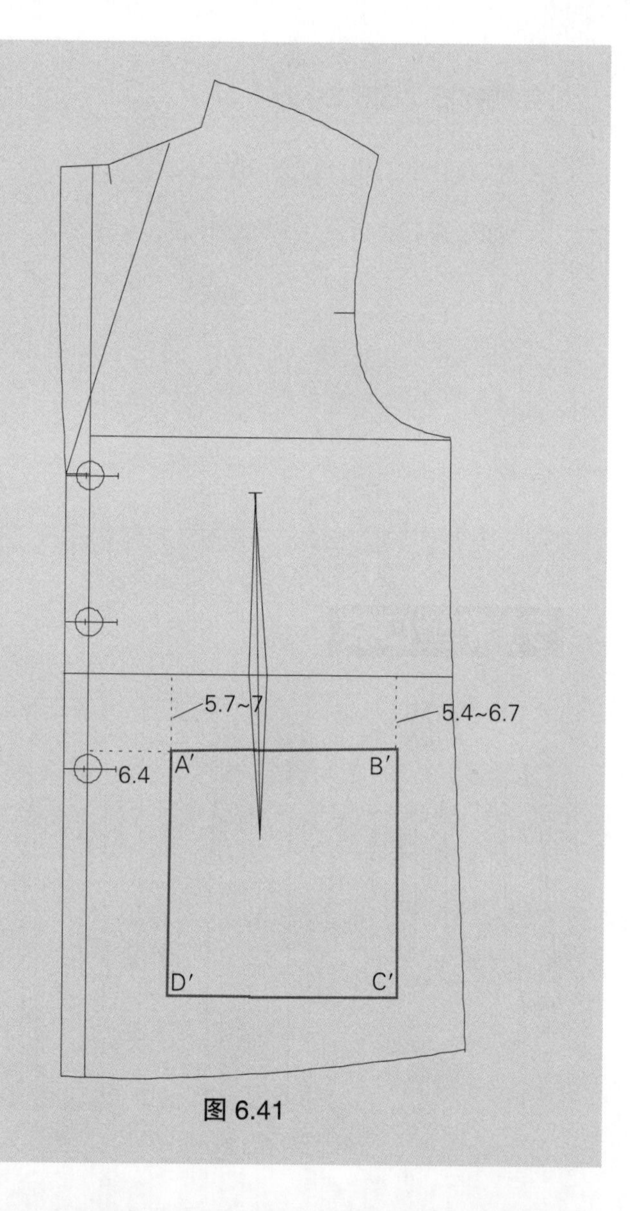

图 6.41

分开插条箱型口袋（图6.42）

- 从 A 画长方形 A - B - C - D 。
- A - B = 口袋宽，画直线 19.7~22.2cm。
- B - C = 口袋深，画垂直线 21.6~24.1cm。
- D = 完成长方形。
- E - F = A - B 中点画垂直线，与 B - C 平行。
- 如果需要的话，标记缉线，如图所示。

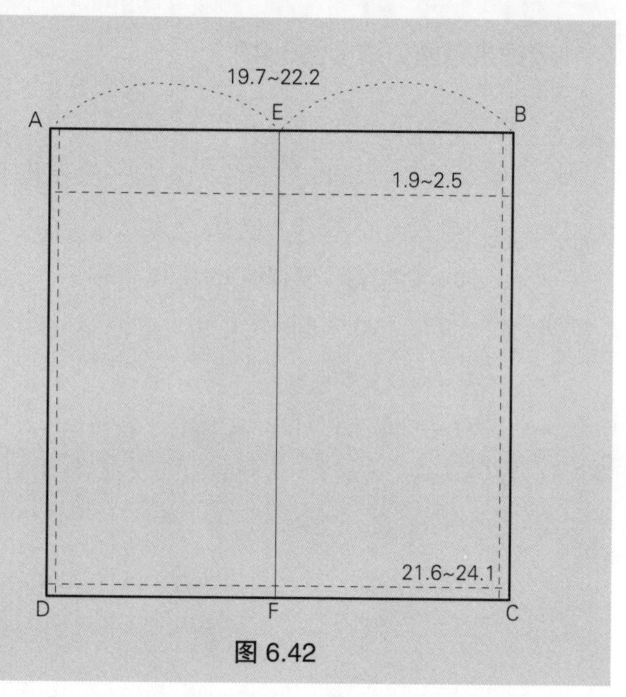

图 6.42

分离箱型口袋褶裥（图6.43）

- 从G画长方形G－H－I－J，得到箱型口袋的高度。这个条带将缝合到口袋A－B－C－D上。
- G－M＝整个带子长度，测量边B－C、C－D和A－D，并将它们相加。
- M－N＝箱型口袋的高度或条带的宽度，画2.5~3.8cm的垂直线。
- J＝完成长方形。
- G－H＝A－D的长度。
- H－K＝D－C的长度。
- K－M＝B－C的长度。

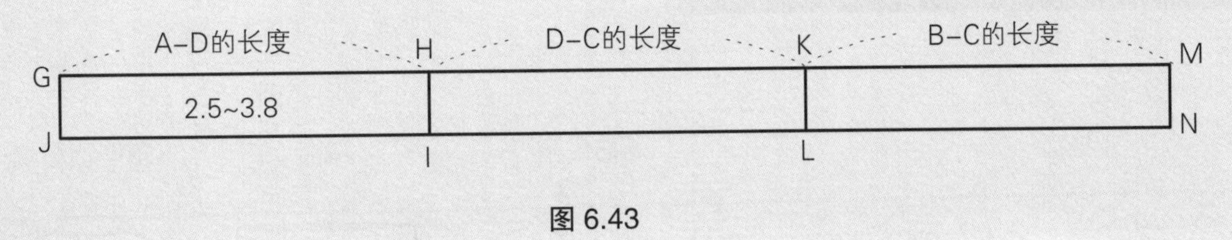

图6.43

口袋的位置（图6.44）

- 将口袋放置在希望的位置上。
- A′－E′－F′－D′＝从膝围线向上量取3.8cm。拓印口袋A－E－D－F。
- E′－B′－C′－F′＝在前裤片膝围线向上量取相同的量，使它们在侧缝处的长度相等，拓印口袋的E－B－C－F。

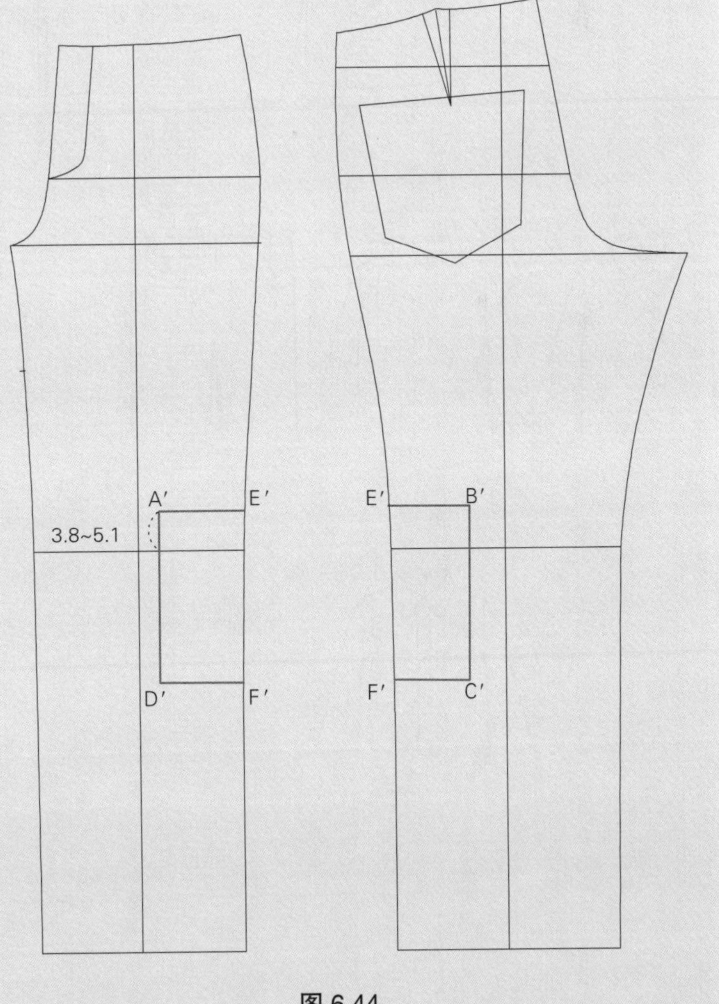

图6.44

第七章

细节

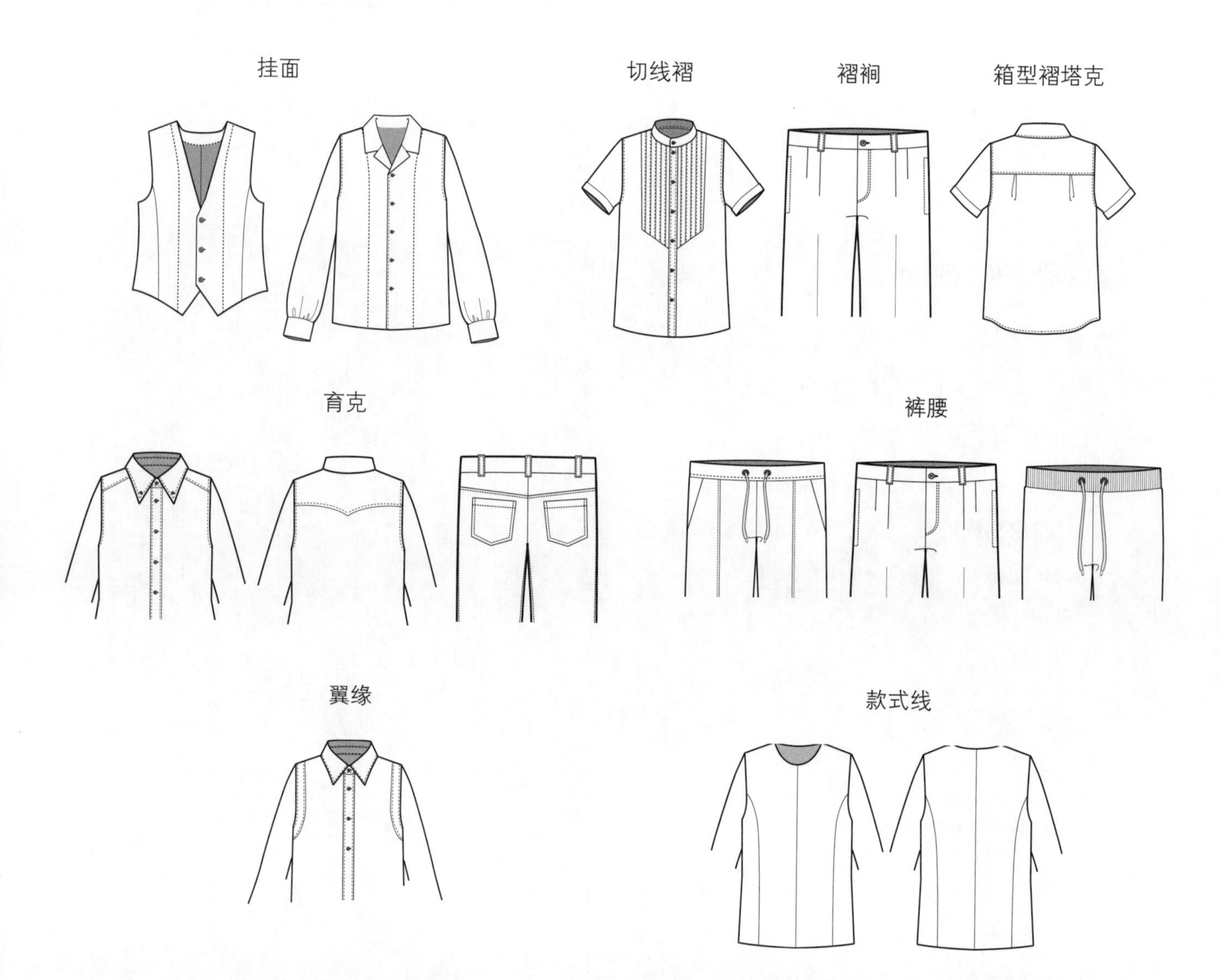

细节，例如有趣的线条或有创意的褶裥，都能使服装具有独特性。本章中涉及的元素无疑是创意设计要考虑的重要元素。这些元素可以结合起来使用，创造多样的设计。

纽扣和门襟这部分解释如何计算适当门襟的宽度和纽扣位置，它根据设计所需要的纽扣大小而定。结束服装的边缘要考虑挂面问题，服装的任何边缘可以用挂面来完成。

褶裥和塔克都是为了使服装更加宽松，在这章中讲到的褶裥只是应用到裤子上，但是，剪切和展开的方法可用于任何服装上，是简单而有效的宽松设计方法。

如果设计师想收小服装的宽松度或控制贴体程度，就应考虑分割线。除了设计缝迹线可能产生美感以外，分割线也是理想设计的主要元素。例如省道、育克和分割片都是收去松量的技术性方法。

最后，这章还包括衬衫肩部翼缘和裤腰的讲解。不同样式的裤子需要不同的裤腰，选择合适的裤腰不仅对服装设计起补充作用，还使得服装更加合体和美观。值得注意的是，本书中其他组合样式不需要完全按照书中讲到的步骤。将一种裤腰样式与另一种裤腰样式组合起来，或者多种裤腰样式组合起来，就能得到很多新的设计，例如低腰与罗纹裤腰组合或裤腰后身用松紧带。

纽扣和门襟宽

纽扣，如揿钮、钩子和拉链，是闭合服装的装置。纽扣经常被作为装饰元素，它们有很多尺寸和形状，从圆形到长方形，扁平到立体。纽扣位置可以根据设计而变化，可以是单排扣或双排扣。

具有功能性作用的纽扣在关闭它们时，必须在已有缝边增加延伸量。延伸量是保证纽扣闭合时有足够的空间重叠，即纽扣闭合后，服装的尺寸保持不变。

门襟宽（图7.1）

- 门襟宽是纽扣宽 /2 ＋纽扣偏移量
- 表 7.1 是根据服装的类型和纽扣的宽度决定纽扣偏移量。

表 7.1 纽扣偏移量　　单位：cm

服装（纽扣宽度）	偏移量
衬衫（纽扣宽 1~1.6）	0.6~1
裤子、背心、休闲夹克（纽扣宽 1.3~1.9）	1~1.3
夹克、大衣（纽扣宽等于或大于 1.6）	1.3~1.9

- 例如，如果衬衫纽扣宽是 1.3cm，那么门襟宽度就是纽扣宽 /2 ＋ 1cm，最终的延伸量是 1.6cm。

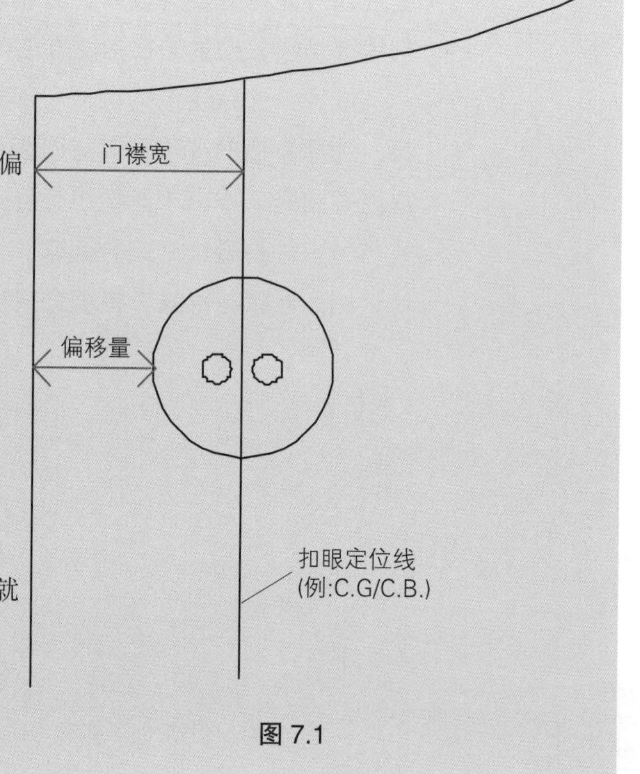

图 7.1

第一粒纽扣位置（图7.2）

- 一般来说，第一粒纽扣位置从领窝点向下，宽度和门襟的宽度相同。但是，如果是驳头领，第一粒纽扣则在驳折止点位置或驳折止点向下 1.3cm。

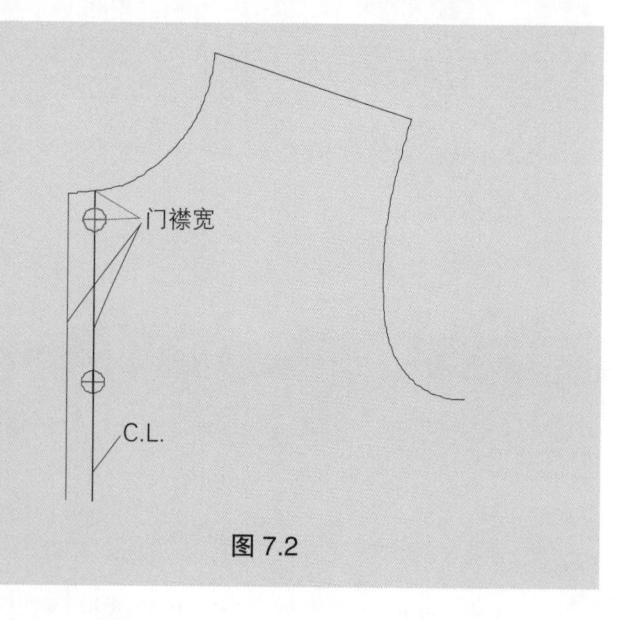

图 7.2

扣眼长度（图7.3）

- 在决定了纽扣的位置以后，标记扣眼。为了系扣或解扣，扣眼长度需要有0.3cm的松量。
- A = 定位水平扣眼，在纽扣位置上画水平线，长度是纽扣宽度＋0.3cm，如图所示。
- B = 定位垂直扣眼，在纽扣位置上画垂直线，扣眼宽度为纽扣宽度＋0.3cm，如图所示。

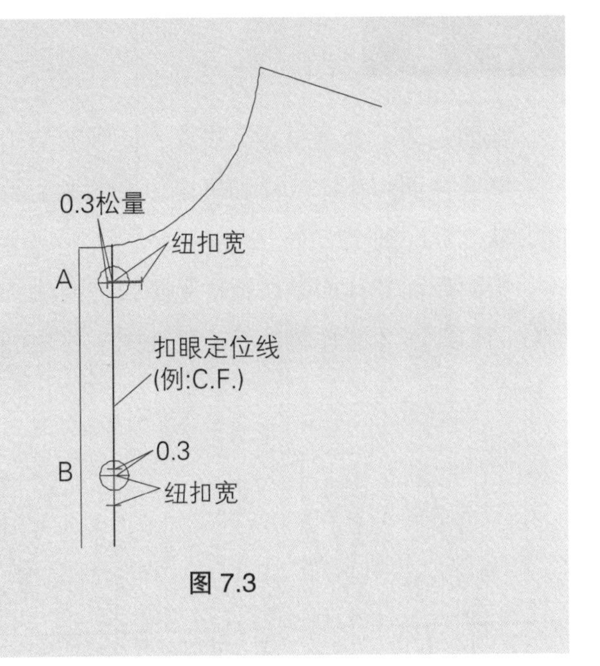

图7.3

纽扣和扣眼定位（图7.4）

- 在男装上，纽扣钉在穿着者的右侧衣片上，扣眼在穿着者的左侧衣片上。通常男装与女装相反。
- 如果必要的话，在左右两边分别标记纽扣和扣眼。

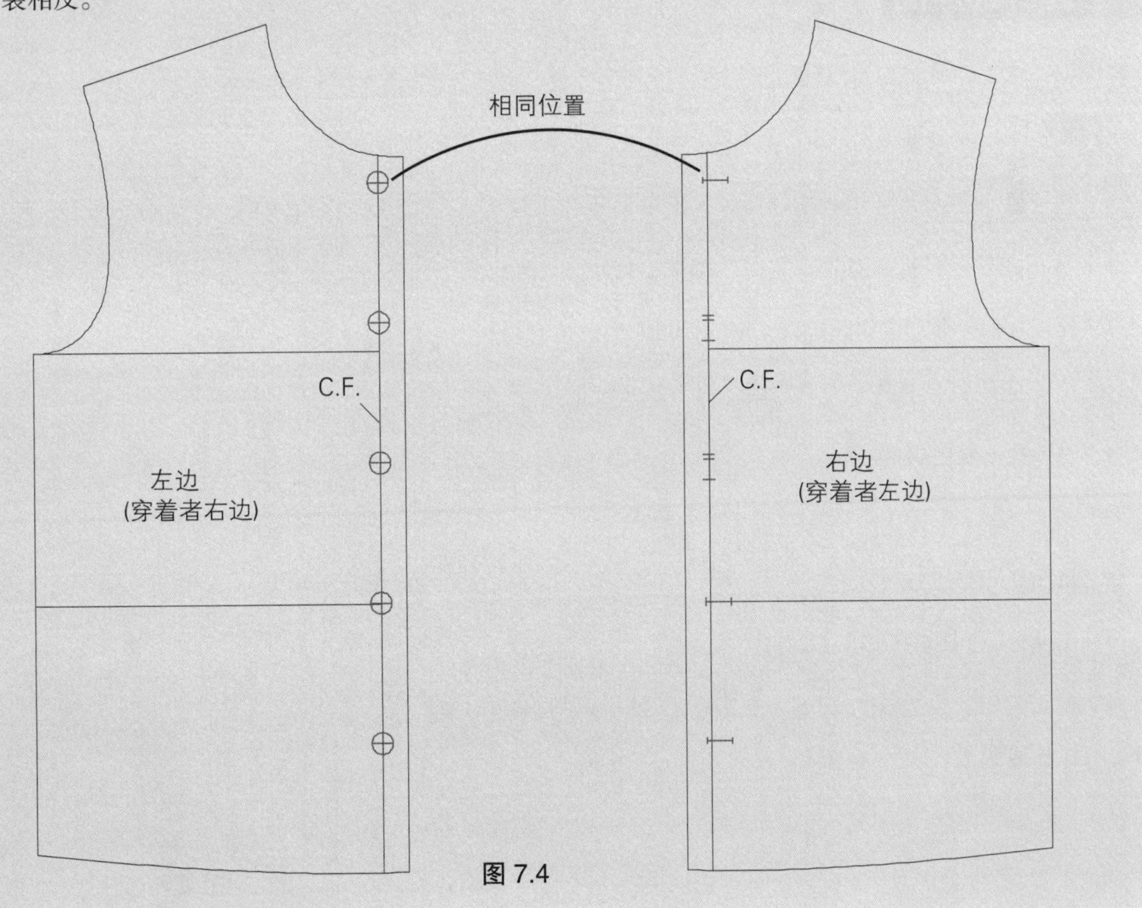

图7.4

挂 面

挂面是为了处理服装毛边缘，使服装结构更加坚固。有两种挂面：缝合和折向反面。

缝合挂面由拓印纸样和决定想要的宽度得到。挂面宽度根据在服装的不同部位设定不同宽度，从 2.5cm 到 12.7cm。

折向反面的挂面是在纸样上延长挂面量，延伸部分再折向服装反面并缝合。只有缝边线是直线的情况下才能连裁挂面（平面图 7.1，平面图 7.2）。

平面图 7.1

平面图 7.2

1）缝合式挂面

（图7.5）

- 为了在前衣身纸样上画出挂面线，准备前衣片纸样。
- A = 在靠近驳折止点处，纽扣右侧量 5.1cm。
- A－B = 画垂直线到底边线。
- C = 从颈肩点 H.P.S. 沿着肩线量进 3.8~5.1cm。
- A－C = 画直线。
- D = 从 A－C 的中点向左量进 1.3~1.9cm。
- A－D－C = 画微弧线。
- E, F, G 和 H = 在驳头上标每一个点。
- 标记刀眼：沿着线 A 和 B，在肩下 C 和 D 之间 12.7cm 处和底边线上方 17.8cm 处。

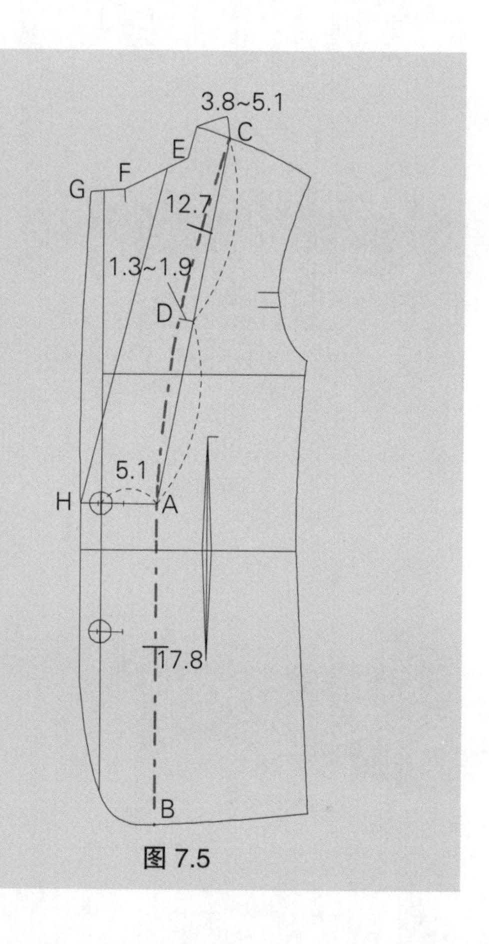

图 7.5

缝合式前挂面举例：驳领加松量（图7.6）

- 从衣身拓印挂面。
- 为了驳领在翻折时有一些松量，按照下面步骤。
- F' - G'= 画与 F - G 平行的线，间距 0.3~0.6cm（两者长度必须相等）。
- I = G - H 的 2/3 点。
- G' - H = 从 G' 到 I 画与 G - H 相似的平行线，然后用光滑的线连接 I 到 H ，如图所示。
- F′ - E = 画与 F - E 类似的线（长度比 F - E 略微长些）。

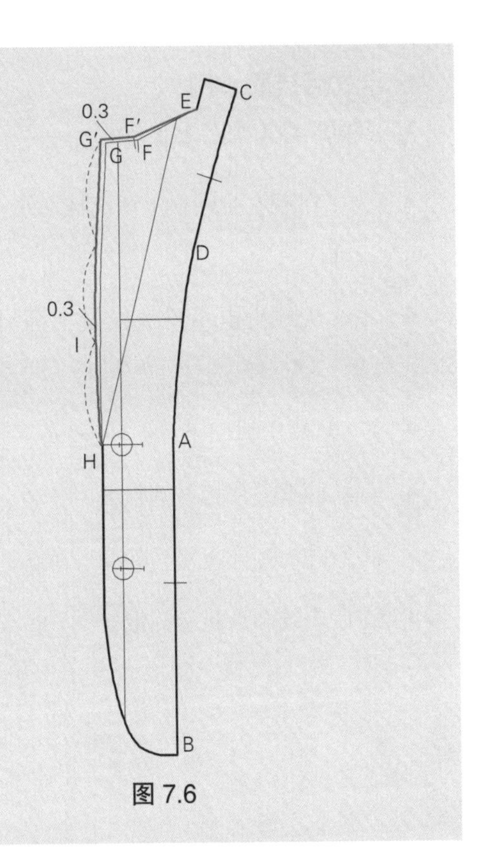

图 7.6

缝合式前挂面举例：V形背心领（图7.7）

- 为了在前衣片上标记挂面，准备前衣片纸样。
- A = 在纽扣右侧量 8.9cm。
- A - B = 向下画垂直线到底边。
- C = 从 H.P.S. 点沿着肩线量 3.2~4.4cm。
- A - C = 画直线。
- D = 从 A - C 的中点量进 1.3~1.9cm。
- A - D - C = 画微弧线。
- 标记刀眼：肩下 10.1cm，底边向上 15.2cm。
- 如图所示拷贝并分离挂面。

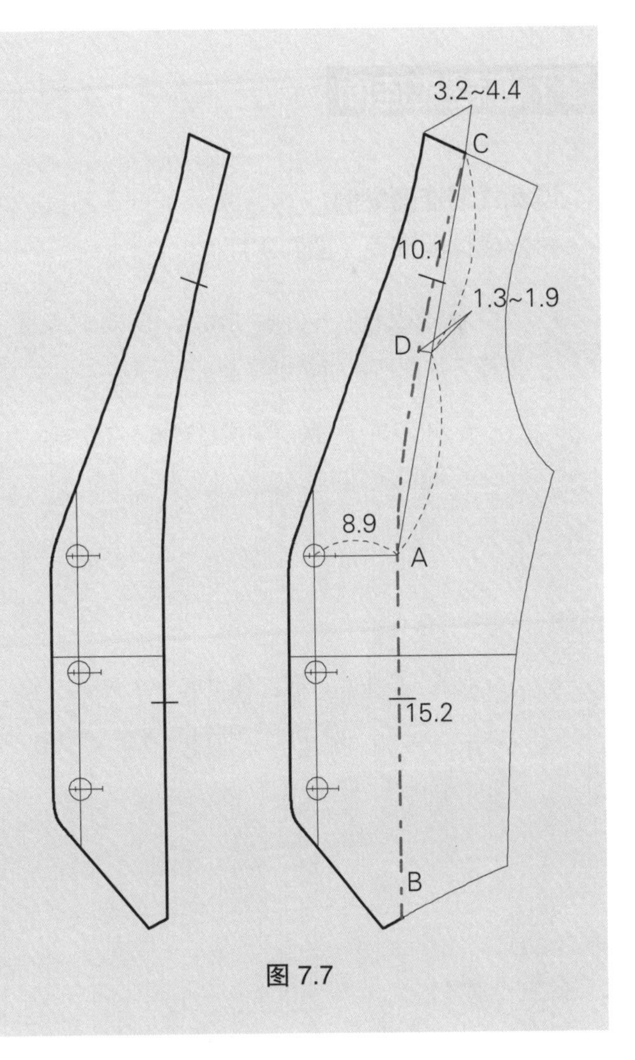

图 7.7

缝合式后挂面举例：
V形领背心（图7.8）

- 为了在后衣身纸样上标记挂面线，准备后衣身纸样。
- E = 从颈肩点沿着肩线量与前肩相同的量（例：4.4cm）。
- F = 从后中线向下量 5.1~7.6cm。
- 画挂面线，用弧线连接 E 和 F。
- 将后挂面拓印下来，如图所示。
- 在后中线画上折叠标记。

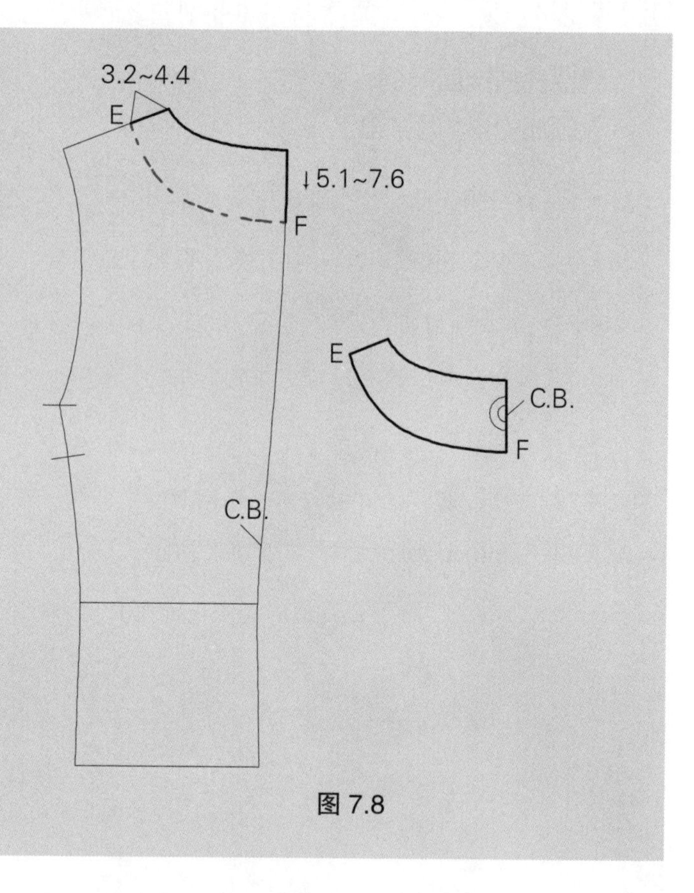

图 7.8

2）连裁式挂面

连裁式前挂面举例：
衬衫或休闲夹克（图7.9）

- 为了在前衣身纸样上画挂面线，准备前衣身纸样。如图所示折叠纸样。
- A = 在胸围线上，从前中线量过 6.4~7.6cm。
- A - B = 画垂直线到底边线。
- C = 从颈肩点 H.P.S. 沿肩线量 2.9~3.8cm。
- A - C = 画直线。
- D = 取 A - C 中点，向左侧量取 1~1.3cm。
- A - D - C = 画微弧线。

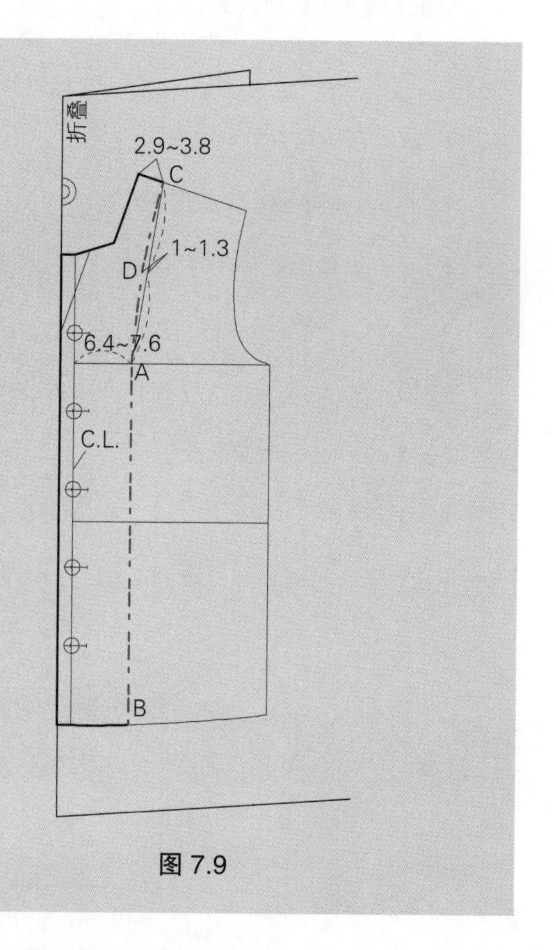

图 7.9

连裁式前挂面举例：

完成挂面纸样（图7.10）

- 拓印挂面线，如图所示沿前中线展开。
- 如果后挂面需要的话，按照前面的讲解，见图 7.8。

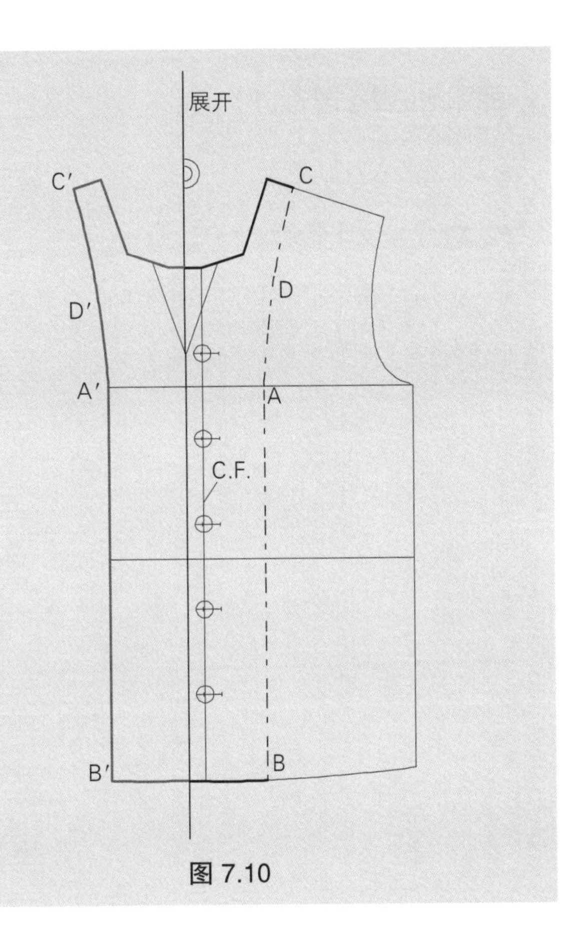

图 7.10

褶 裥

褶裥是不缝合的折叠线，能增加服装的宽松度。在服装上，褶裥大小和位置可以变化。在这章中，主要讲解三种类型褶裥：箱型褶裥、暗褶裥和顺褶。制作箱型褶裥和暗褶裥方法相同，只是褶裥方向相反。平面图 7.3 是箱型褶裥，平面图 7.4 是暗褶裥。

1）箱型褶裥和暗褶裥

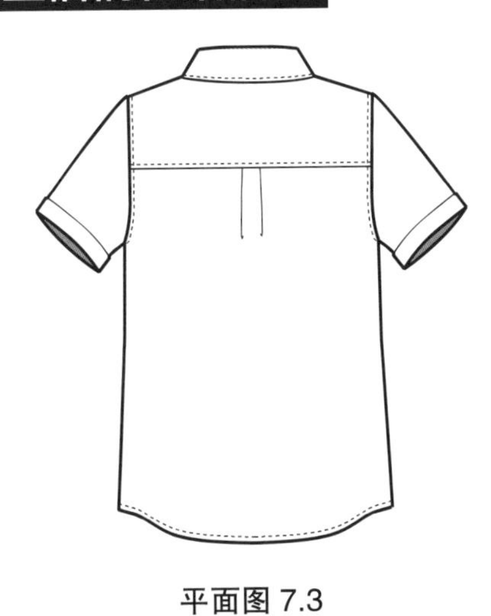

平面图 7.3

平面图 7.4

画褶裥位置（图7.11）

- 准备后衣身原型。
- X－Y＝设计育克线。
- X－A＝决定褶裥大小（例：3.2cm），在育克线X－Y上做标记。

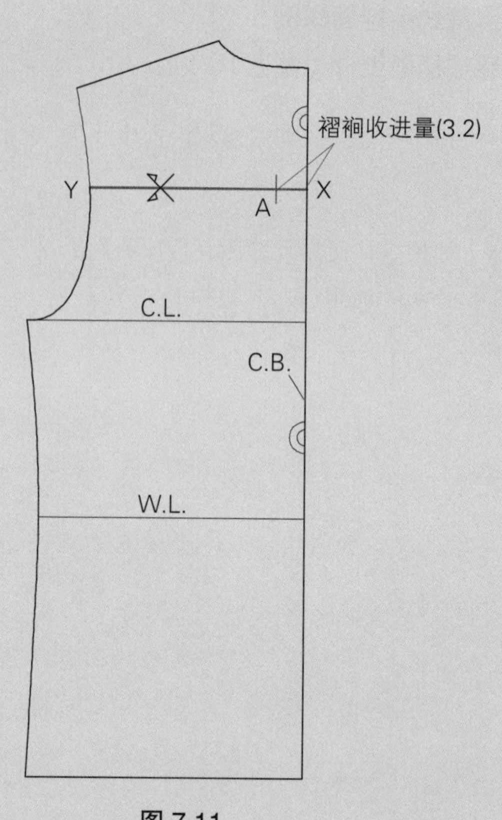

图7.11

褶裥收进量（图7.12）

- X－A′＝从X延长希望的褶裥量，画直线，平行于后中线，直到底边线。
- A′－X′＝重复X－A′的过程。

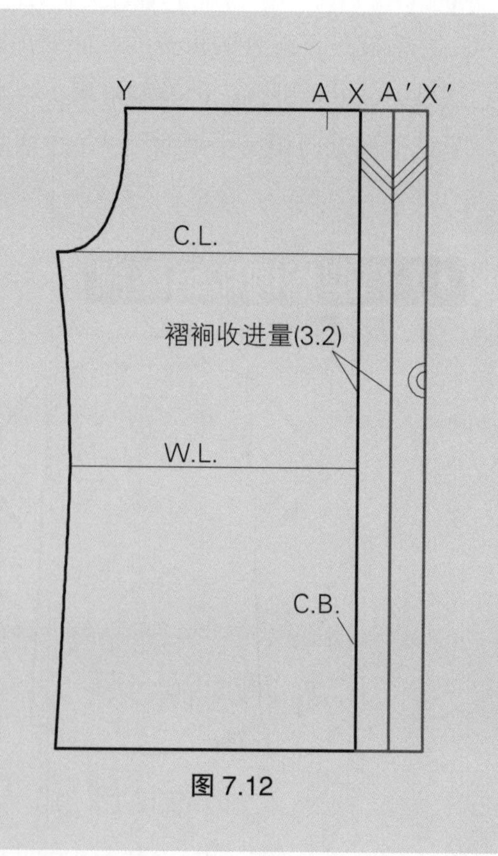

图7.12

箱型褶裥（图7.13）

- 对于箱型褶裥来说，就是向衣身正面折叠褶裥收进量，如图所示。
- 在折叠褶裥的量以后，重新画育克线。

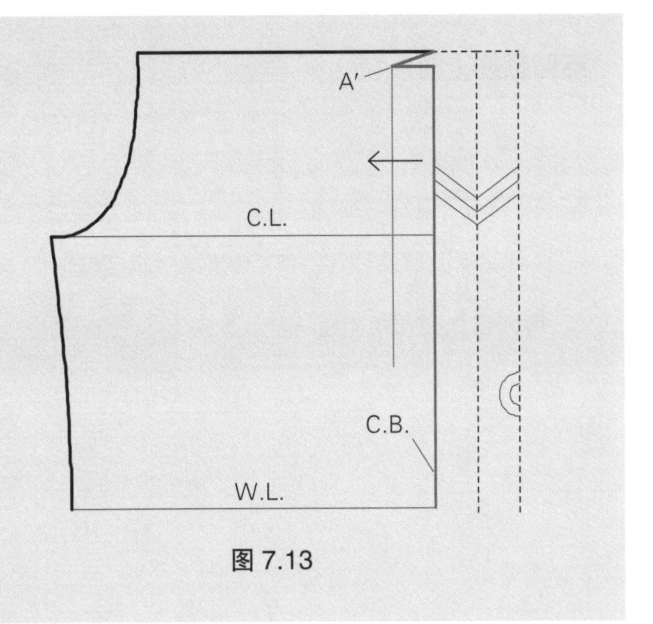

图 7.13

暗褶裥（图7.14）

- 对暗褶裥来说，向衣身反面折叠褶裥收进的量，如图所示。
- 在折叠褶裥后，重新画育克线。

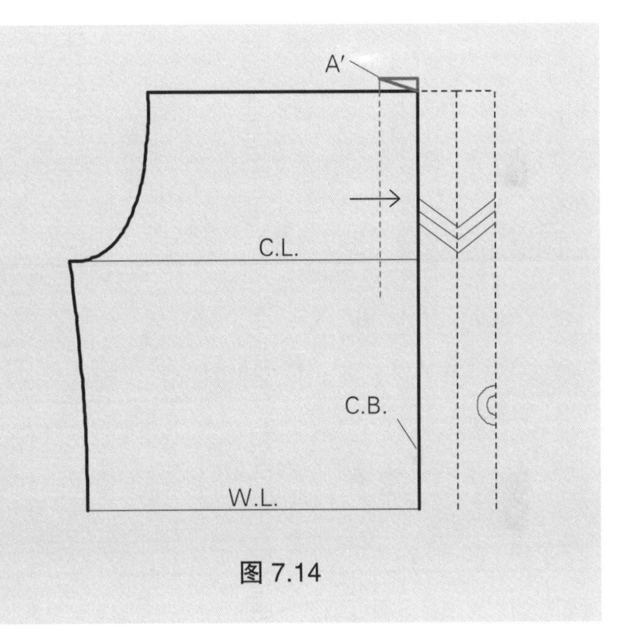

图 7.14

2）顺裥

见平面图7.5。

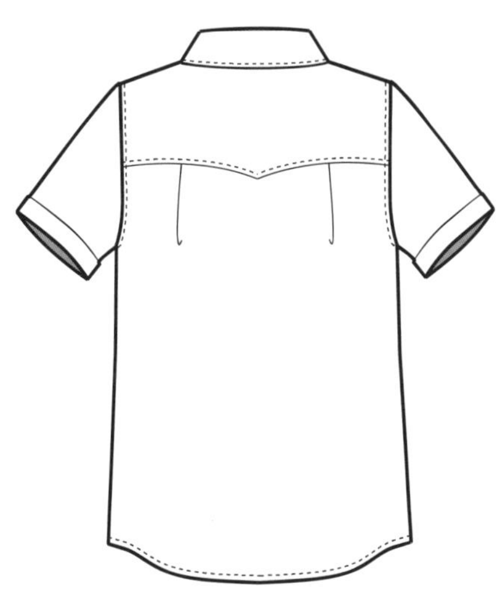

平面图 7.5

后背顺裥（图7.15）

- 准备后衣身原型。
- X–Y= 设计育克线。
- A–B= 标记褶裥位置，然后画褶裥方向线。
- 剪开育克线和褶裥线 A–B。

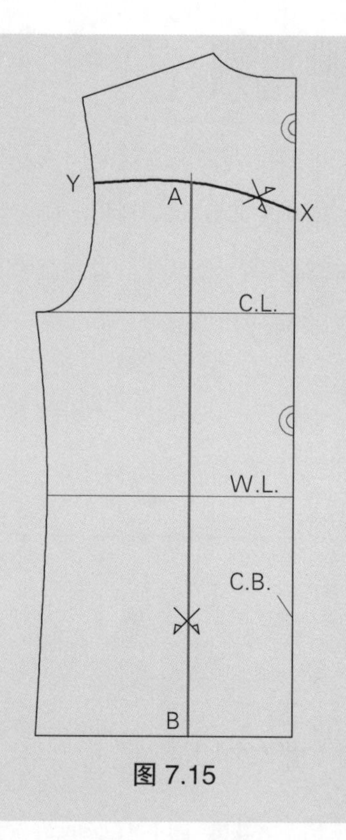

图 7.15

画褶裥收进量（图7.16）

- 拓印衣身 A – B – X。
- A – C = 从 A 延伸出褶裥量的一半（例：2.5cm）。
- C – A′ = 再从 C 延长褶裥量的一半（例：2.5cm）。
- A′ – B′= 画 C – D 的平行线。
- 折叠线 A – B 和 C – D 。
- 拓印衣身其余部分 A′ – B′ – Y。
- 沿 Y – X 和底边线剪去因折叠褶裥产生的多余，重新画育克线和底边线。

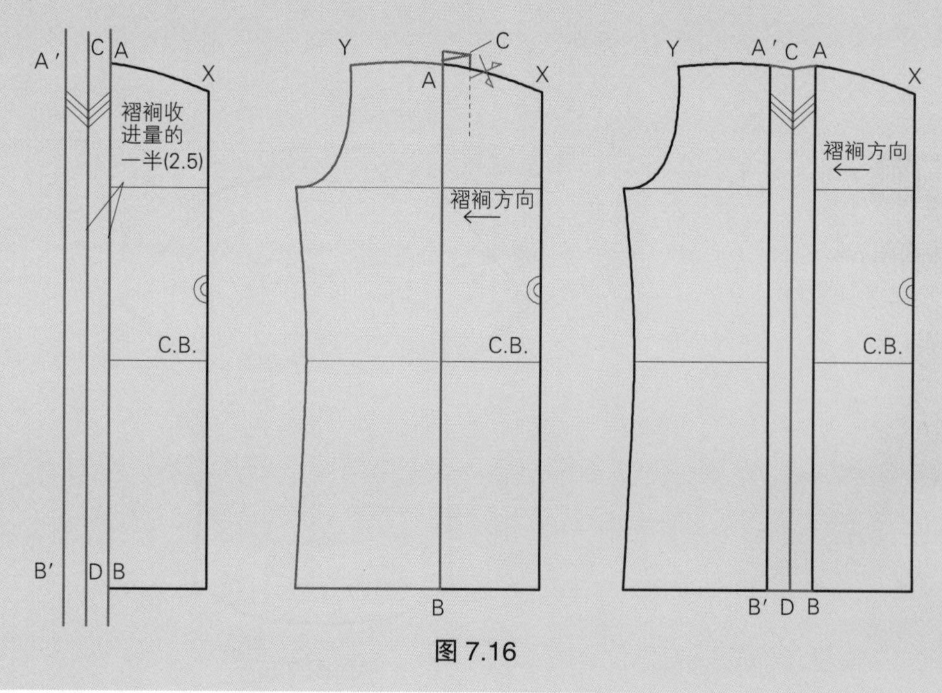

图 7.16

塔 克

塔克与省道极为相似，在服装中起的作用也相似。设计师将省量转变为塔克的量，同样能使服装变宽些。塔克可以作为服装的设计细节，它有不同的尺寸、形状和角度。

褶裥式塔克也叫开衣省，就是部分缝合，即塔克的那部分完全缝合。褶裥式塔克收进的量可以变化，它通常用窄的缝迹线构成。

1）褶裥式塔克

见平面图 7.6。

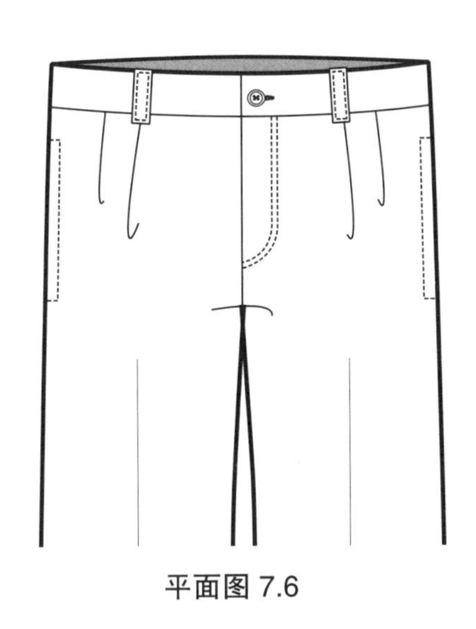

平面图 7.6

褶裥式塔克位置（图7.17）

- 准备纸样。在裤腰标记褶裥式塔克的位置，然后设计褶裥式塔克的量。为了收进褶裥式塔克，使用剪切和展开的方式。如果纸样上已经包含了省道的量，省道的量将作为褶裥式塔克的一部分量。
- A－B＝第一个褶裥式塔克的位置，裤子中心和挺缝线，剪切挺缝线。
- A－C＝从第一个褶裥式塔克到第二个开花省距离，量出 3.8~5.1cm。
- C－D＝第二个褶裥式塔克的位置。画平行线 12.7－15.2cm，这个长度是临时的。

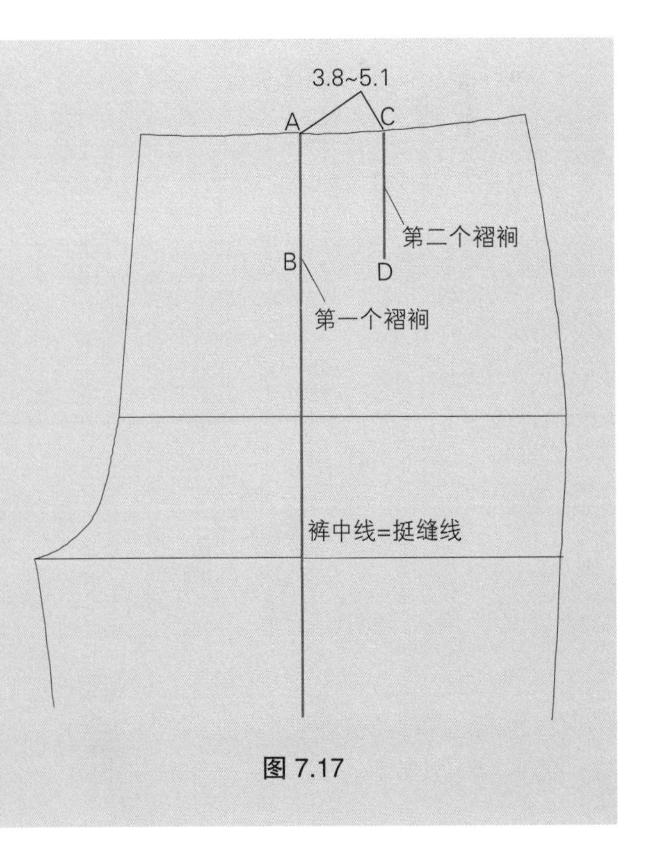

图 7.17

展开第一个褶裥（图7.18）

- 以下是展开褶裥式塔克的过程。
- B′= 裤底边中点。
- 剪开线 A–B'，但 B' 点处不剪断。
- A – E = 第一个褶裥式塔克的量，在 A 点展开 3.5cm。

图 7.18

第二个褶裥（图7.19）

- C－F＝第二个褶裥式塔克的量（例:2.5cm），在腰线上标记，如图显示。
- 第二个褶裥式塔克（C－F）的量一半在前腰中线（G）延伸，另一半在侧缝(H)延伸。
- H＝从腰侧点，侧缝处延伸C－F收进量的一半（例：1.3cm），然后画新的侧缝线，如图所示。
- G＝从前中线腰围线处延伸C－F的一半（例：1.3cm），然后画新的前中线，如图所示。

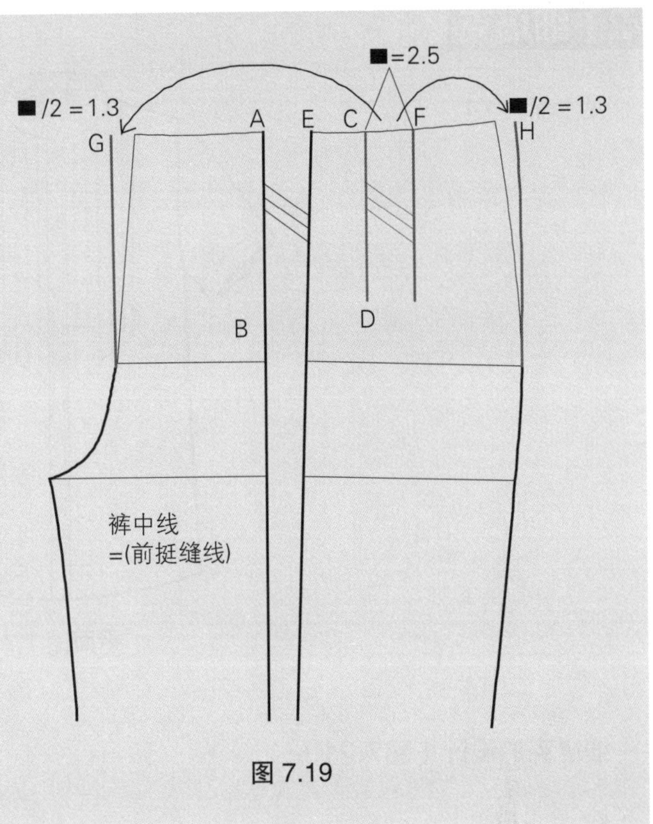

图 7.19

完成样板（图7.20）

- 确定褶裥式塔克的位置。第一个褶裥式塔克A－E在臀围下方1.3cm处结束。
- I＝C－F的中点。
- 第二个褶裥式塔克比第一个短。
- I－J＝画垂直线，在臀围线上方1.3cm结束。
- 用直线连接C－J－F，完成第二个褶裥式塔克。
- 折叠这些褶裥式塔克，重新画腰围线。

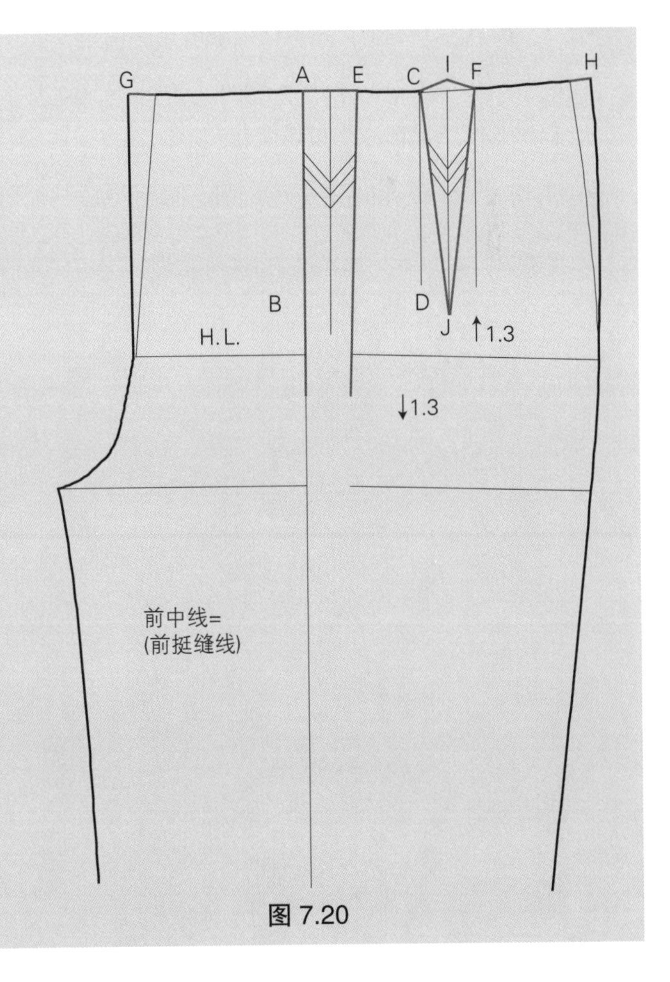

图 7.20

2）细塔克

见平面图 7.7。

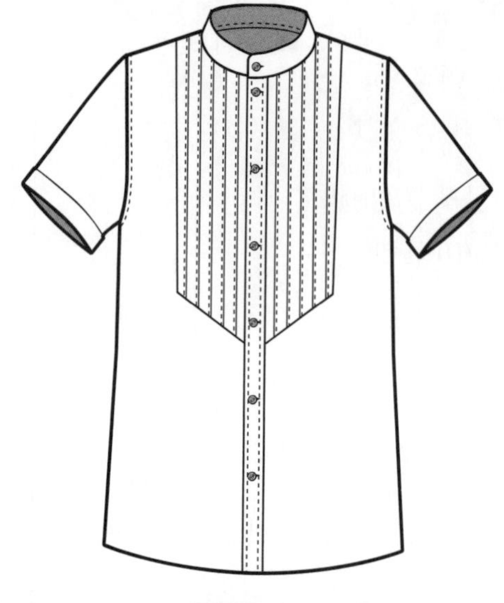

平面图 7.7

细塔克的设计（图7.21）

- 准备前衣身。
- X－Y－Z＝画出细塔克的位置。
- A、B、C、D 和 E＝为了标记细塔克的位置，线与前门襟平行（例：1.9~2.5cm），根据设计，数量和细塔克的大小可以变化。
- 剪切 X－Y－Z 和细塔克线，拉展细塔克量。

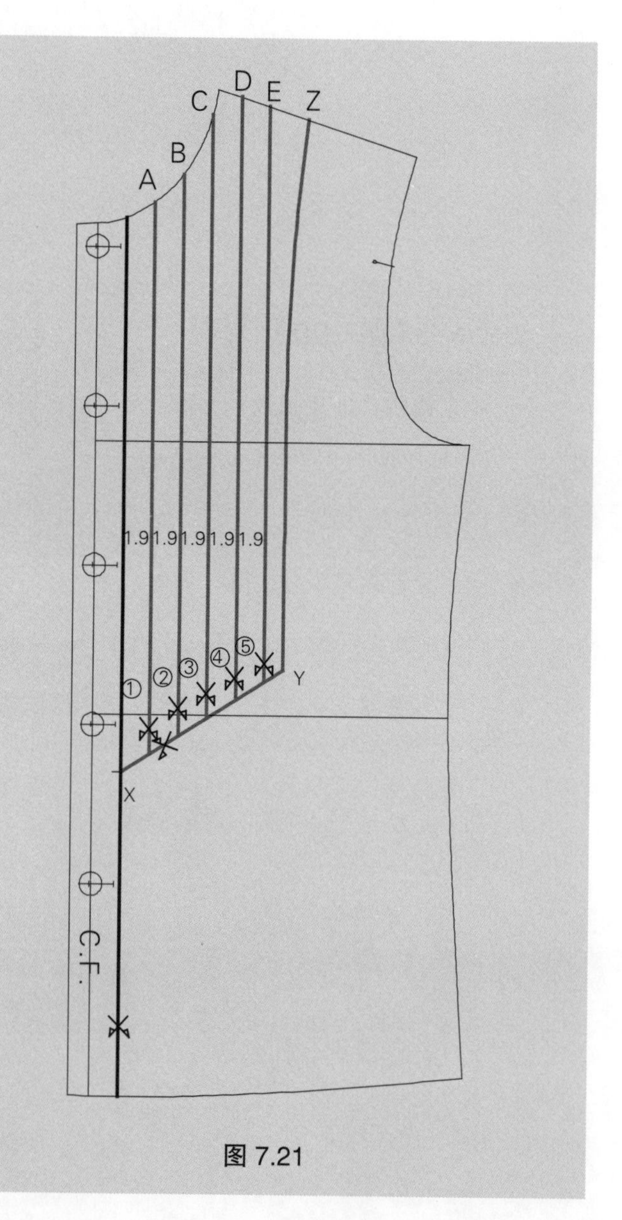

图 7.21

展开细塔克量（图7.22）

- 在剪开塔克线后，拓印部分第 1 部分。
- A－A′＝第一个塔克收进量（例：1.9cm），画水平线标记距离。
- A－B ＝ 拓印部分第 2 部分，保持每部分之间平行。
- B－B′＝第二塔克收进量（例：1.9cm），画水平线标记距离。
- C－C′＝D－D′＝E－E′＝如图所示重复相同的步骤。

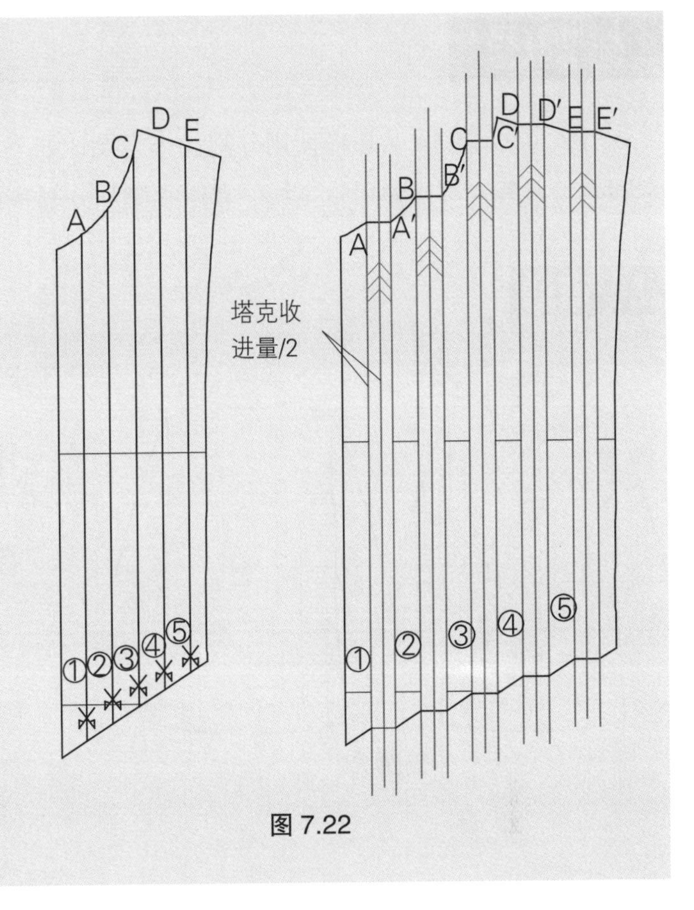

图 7.22

修顺线条和完成样板（图7.23）

- 折叠每个塔克后，修剪领口弧线和底边线。
- 展开塔克线。

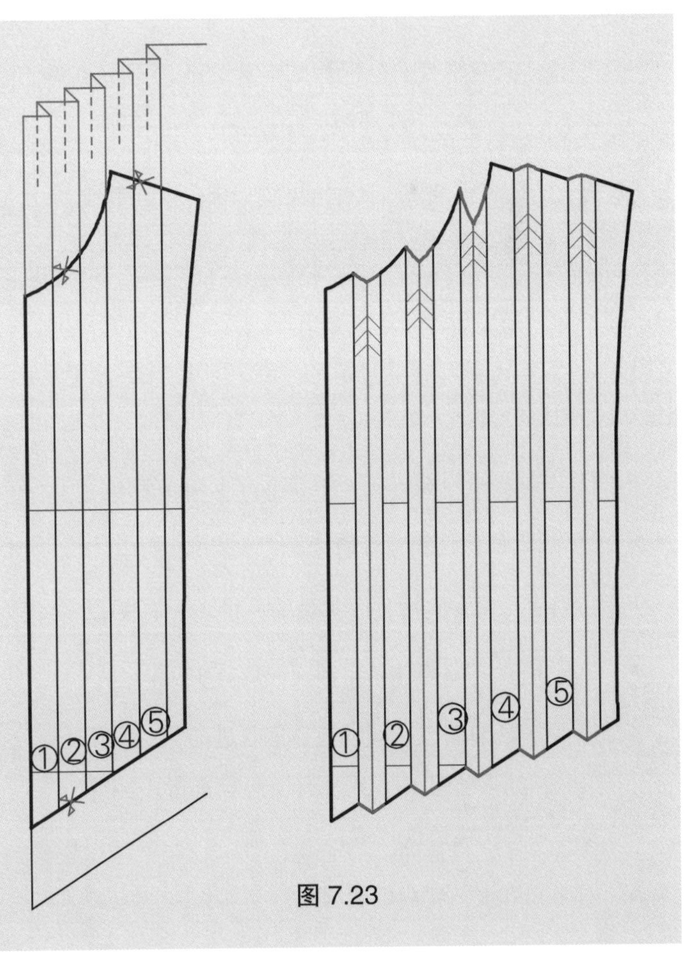

图 7.23

分割线

男装也可以像女装那样使用分割线作为设计细节，同时又能将服装设计成合体的或某种特定廓型。男装也可以使用公主线、省道和侧片分割来达到设计效果。

1）省道

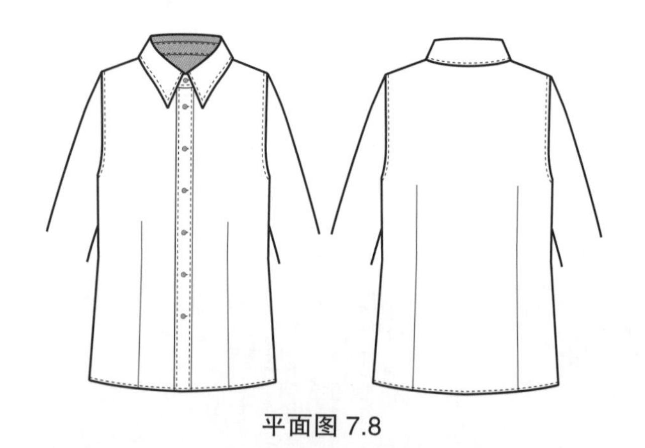

平面图 7.8

尽管在男装原型上不需要省道，但设计师可以增加省道作为设计元素，或者为了他们最初目的——控制纸样上多余量。设计师也可以通过收大省量来强调省道（平面图 7.8）。

后背省（图7.24）

- 准备后衣身纸样。纸样长度可以变化。
- A－B＝新腰线，画线平行于腰线。

注释： 当制作省道时，如果设计师抬高腰线 2.5cm，穿着者显苗条。

- C＝A－B 的中点。
- C－D＝D－E＝省收进量的一半，即 1~1.3cm，或根据设计。
- D－F＝画垂直线，在胸围线下方 1.3cm 结束。
- D－G＝画垂直线到底边线。
- G－I, G－H＝底边收进省量的一半，0.3~0.6cm。
- 连接 F－C－H 和 F－E－I，完成省道。
- J－K＝延伸底边，其量与省道收进的量 (H－I) 相等。如果省道 (H－I) 没有任何收进量，侧缝线不变，就跳过这一步。
- 连接 B 和 K，完成后侧缝线。

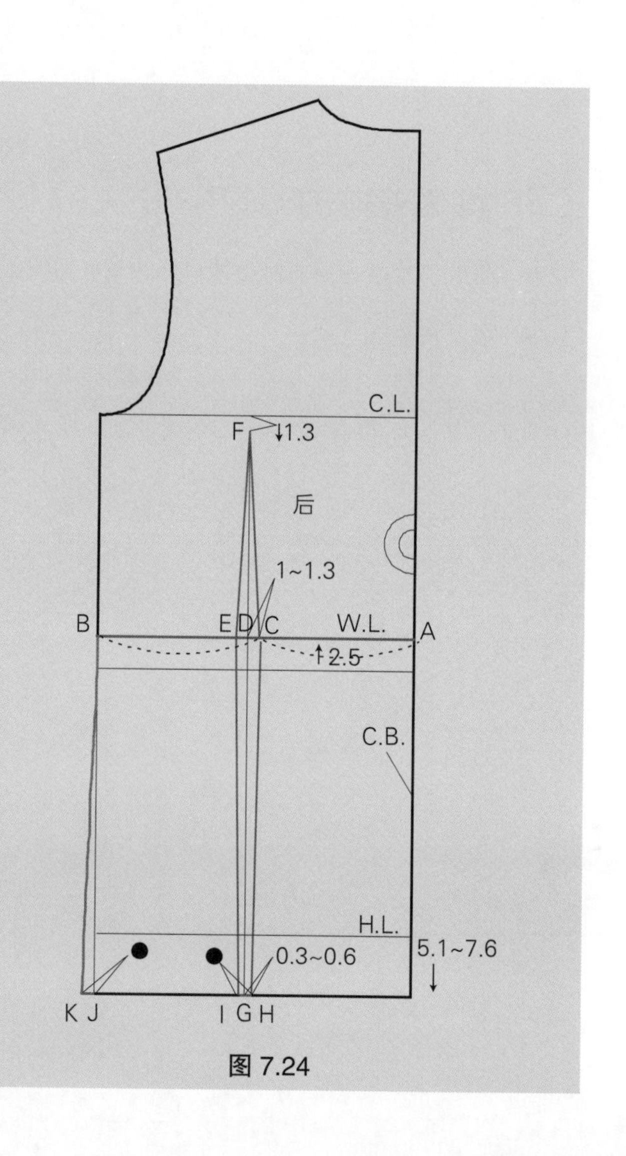

图 7.24

前省道（图7.25）

- 准备前衣片，纸样长度可以变化。
- A－B＝新腰线，画线与腰线平行，和后衣片相同做法。
- A－C＝从门襟止口宽线量8.9~10.1cm。如果没有门襟宽，就从前中线量进10.1~12.1cm。
- C－D＝D－E＝省道收进量的一半（例:1~1.3cm）。
- D－F＝从D垂直向上，在胸围下方6.4cm结束，标记为F。
- C－G＝垂直线到底边。
- G－H＝向右量0.6cm。
- H－I＝底边省收进量0.6~1.3cm。
- 量进F、C和H，以及F、E和I，完成省道。
- J－K＝在底边延伸的量与省道收进的量(H－I)相等。
- 连接B和K，完成侧缝线。

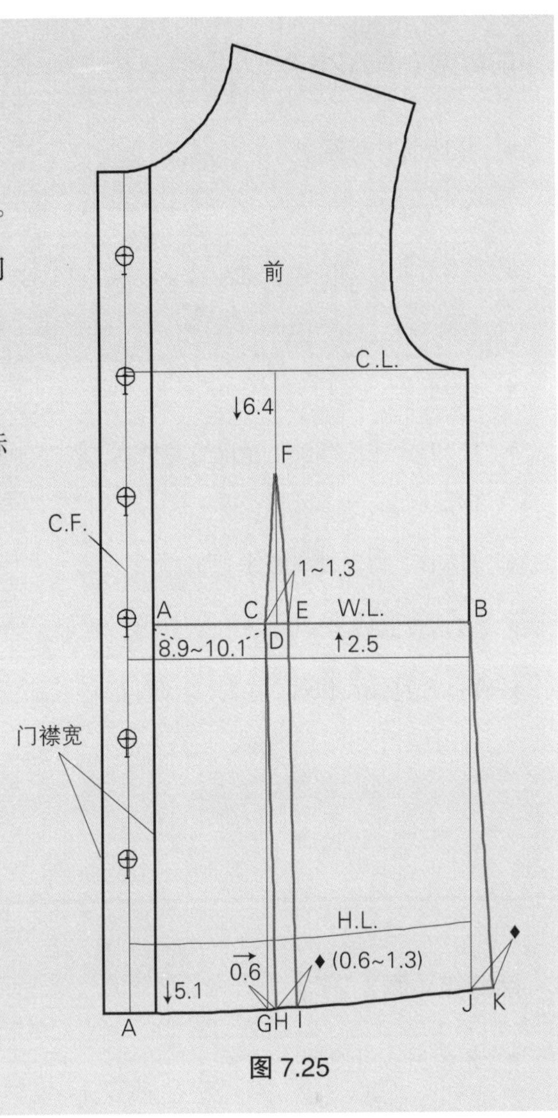

图 7.25

2）育克

前育克和后育克

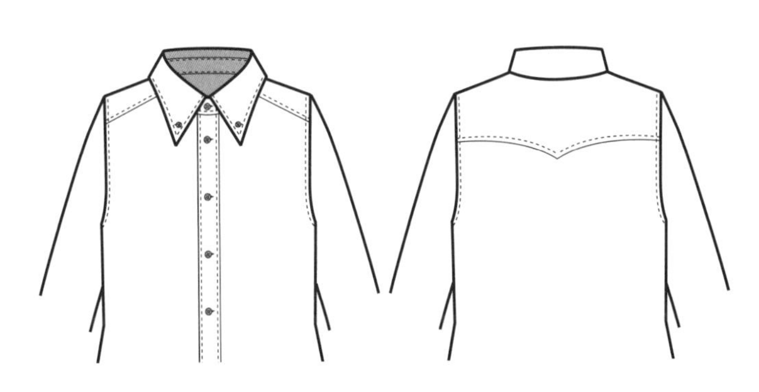
平面图 7.9

育克是设计的元素之一，可以消除省道的量，使服装的上部分处于稳定状态。育克线也可以放在服装的底部，通过使用褶裥或塔克使服装变得宽松。水平育克的典型角度应用在衬衫和裤子上，这种线型可以用于服装任意部位——以任意角度用于服装的上部或下部（平面图7.9）。

前育克（图7.26）

- 拓印前衣身原型。
- A = H.P.S.
- A - B = 在领围线上量前育克线深（例：3.8 - 5.1cm），标记点。
- C = L.P.S.
- C - D = 在袖窿线上量前育克线深（例：5.1~7.6cm），标记点。
- B - D = 画直线或弧线。
- 剪切育克线 B - D 。

注释：育克线可以放置在衣身纸样的任意部位，例如：与门襟相交的 X - Y 线 。

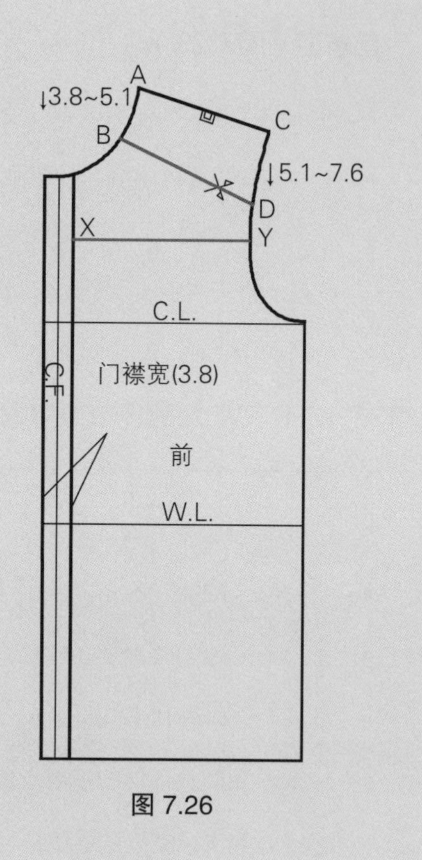

图 7.26

后育克（图7.27）

- 拓印后衣身原型。
- E = 后领窝点。
- E - F = 后中线上量后育克深（例：14cm)，标记点。
- G = H.P.S.
- H = L.P.S.
- H - I = 在袖窿线上量后育克深（例：8.9cm)。
- F - I = 画直线。

注释：对于一条直接穿过穿着者后背的育克，I - F 必须与 C.B. 垂直，但是，对于尖型育克或弧线育克就不需要垂直。

育克弧线：

- J = F - I 的中点。
- J - K = 向上量取 1.3~1.6cm。
- I - L = 向下量取 0.6cm。
- F - K - I = 画微弧线。
- F - K - L = 画微弧线。
- 剪切育克线。

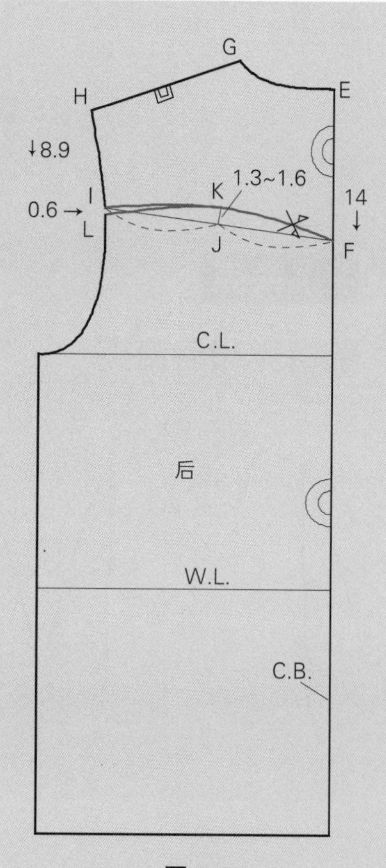

图 7.27

完成样板（图7.28）

- 这些育克可以分开，也可以和肩线连接在一起，成为一整片，如图所示。

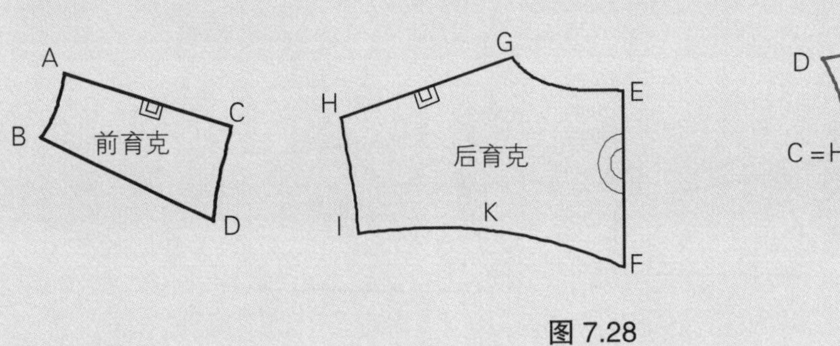

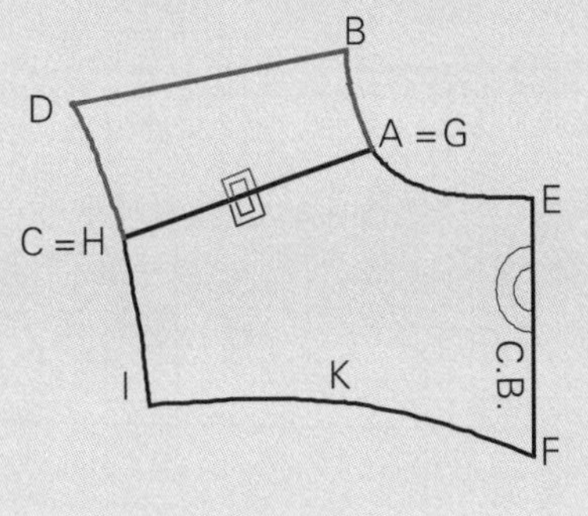

图 7.28

裤子育克

见平面图 7.10。

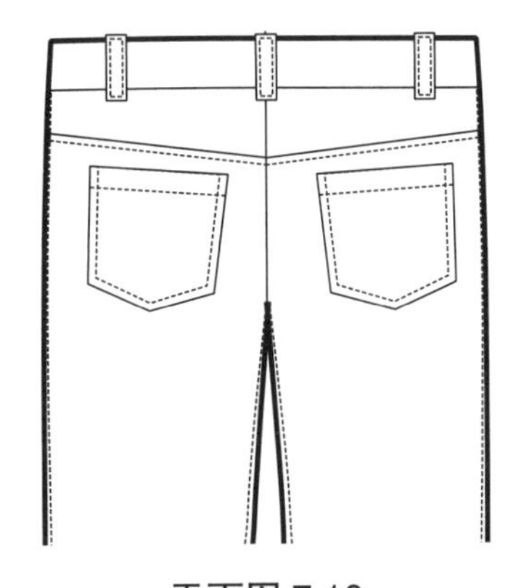

平面图 7.10

设计育克线及减小省量（图7.29）

- 拓印后裤片原型。
- A = 腰围线后中点。
- A－E = 从后中点量进 0.6cm。
- C = 从 A 向下量取 8.9~11.4cm。
- B = 腰围线与侧缝线交点。
- D = 从 B 向下量取 3.8~5.1cm。
- C－D = 如图所示画育克线。如果育克通过省尖点，那么裤子将更合体，但也不是必须这样做。
- 如果省道收进的量是 3.2cm 或更少，跳过这步，但是，如果省量超过 3.2cm，最好按照如下步骤减少省量。
- F 和 G = 画原型上省道的平行线，减少收进的量，每边收进的量是 A－E 的一半，保证腰围相等。
- H = 画新省道。
- C－E = 画直线。

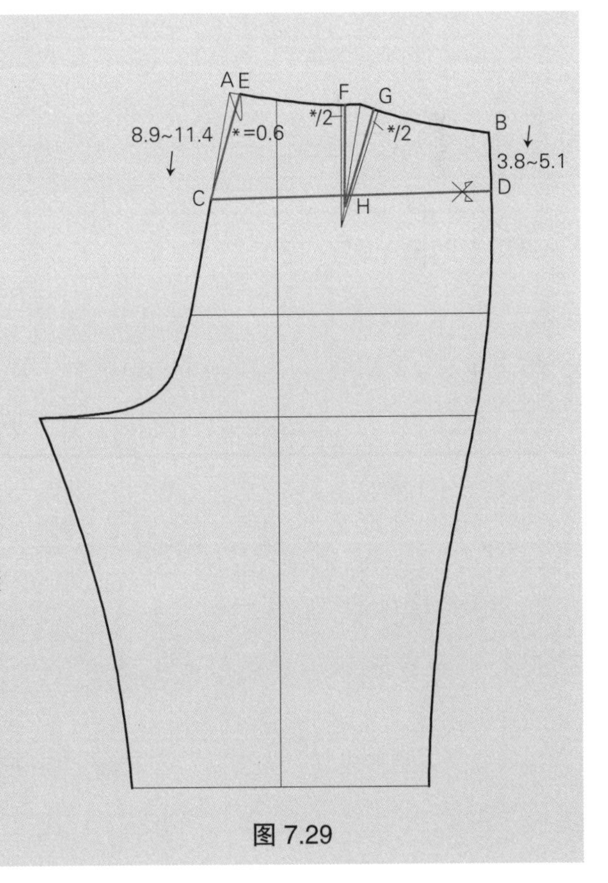

图 7.29

关闭省道（图7.30）

- 完成育克线，剪开育克线。
- 关闭省道 F–G。

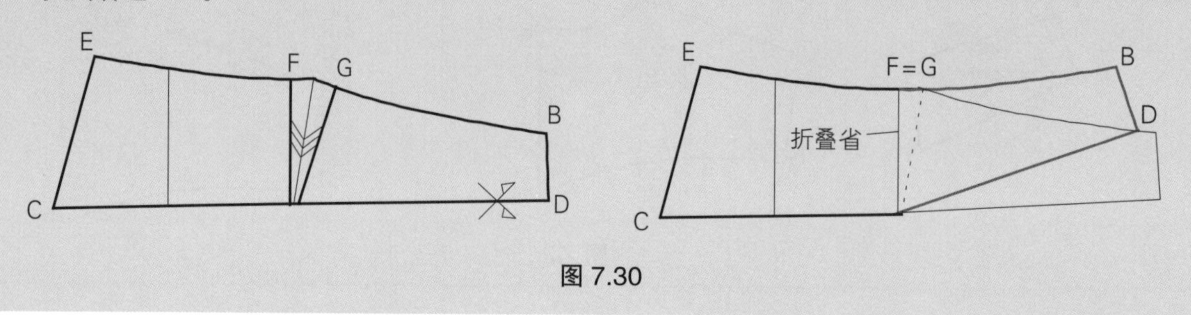

图 7.30

修顺线条和核对长度（图7.31）

- 修顺育克线。
- C′ – D′ = 在裤片上与 C – D 在相同的位置，修正后保证 C – D 和 C′ – D′ 等长。
- 如果在裤片上还留有省道，见下面步骤。

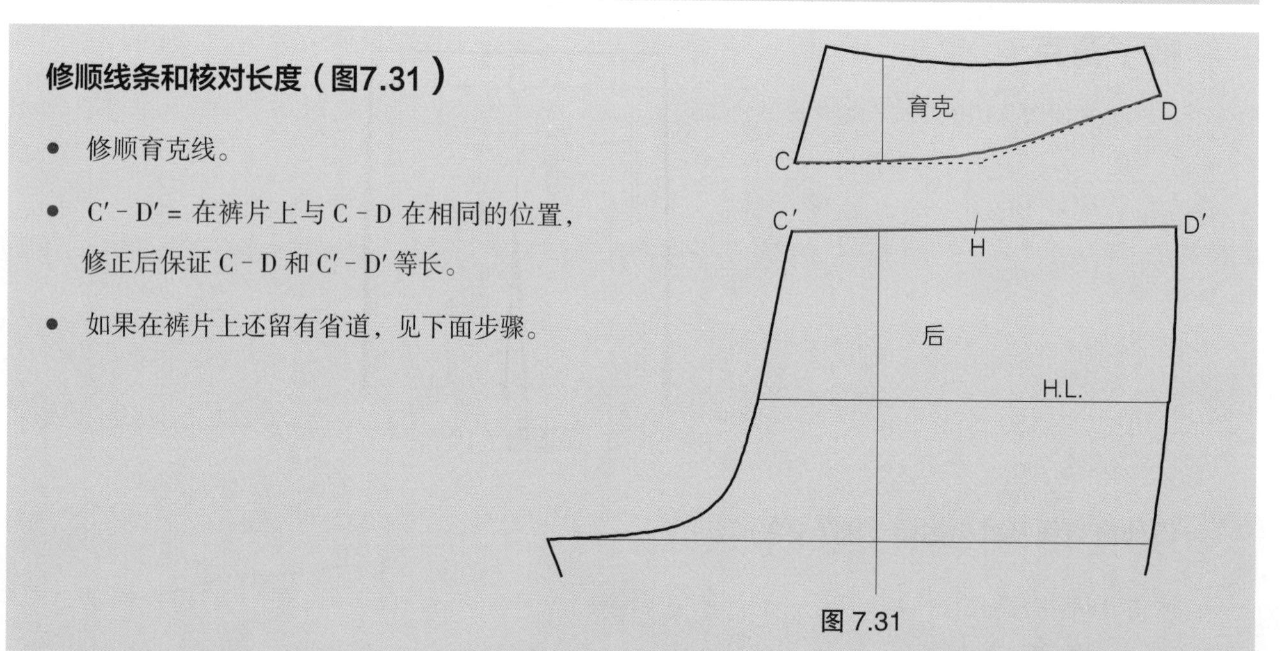

图 7.31

转移省道量（图7.32）

- 如果省道在育克线下方，后裤片上仍有省量（◆）需收，就必须把它转移掉。
- D – X = 从 D 点在育克部分延伸省道量的一半（◆ /2）。
- D′ – Y = 从 D′ 裤片部分收进省道量的一半（◆ /2），如图所示。

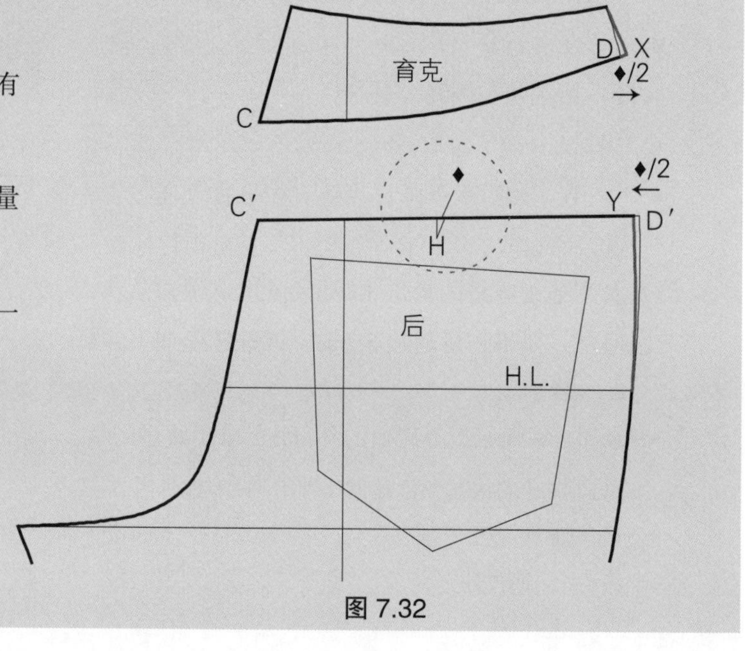

图 7.32

3）侧片：五片

侧片是将前衣身与后衣身连在一起构成独立一片，因此在侧缝处没有缝合线。与公主线相比这种用侧片方法得到的款式线更加靠近侧缝。这种线型常用于男装上，因为五片设计，使穿着者看上去显得苗条，而又不失男人气。六片衣片也是可行的，只是多了后中线。六片的基本知识在第十一章中讲解，见图 11.6~ 图 11.9（P320~323）。

有两种方法设计侧片。第一种方法是分别画出前后衣片，然后拼合前后衣片的侧片。第二种方法是从开始时就将前后衣片画在一起。第一种方法花费一些时间，不是很有效的，因此，这里只讲解第二种方法。对于六片夹克和外套设计，见第十一章和第十二章。

衬衫、T恤和休闲夹克

见平面图 7.11。

平面图 7.11

侧衣片线设置（图7.33）

- 拓印前后衣片原型，将侧缝连接在一起。然后决定设计的长度。长度可以变化。
- A = 在后衣片上，在袖窿线上标记点，此点在胸围线的上方 5.1~7.6cm。
- B = 在前衣片上，袖窿线上标记点，即胸围上方 2.5~5.1cm。

注释：后面的点 (A) 通常比前面的点 (B) 高。

- B－E－F = 从 B 画垂直线，到臀围线，在腰围线上标记为 E，在臀围线上标记为 F。
- A－C－D = 从 A 画垂直线，到臀围线，在腰围线上标记为 C，在臀围线上标记为 D。

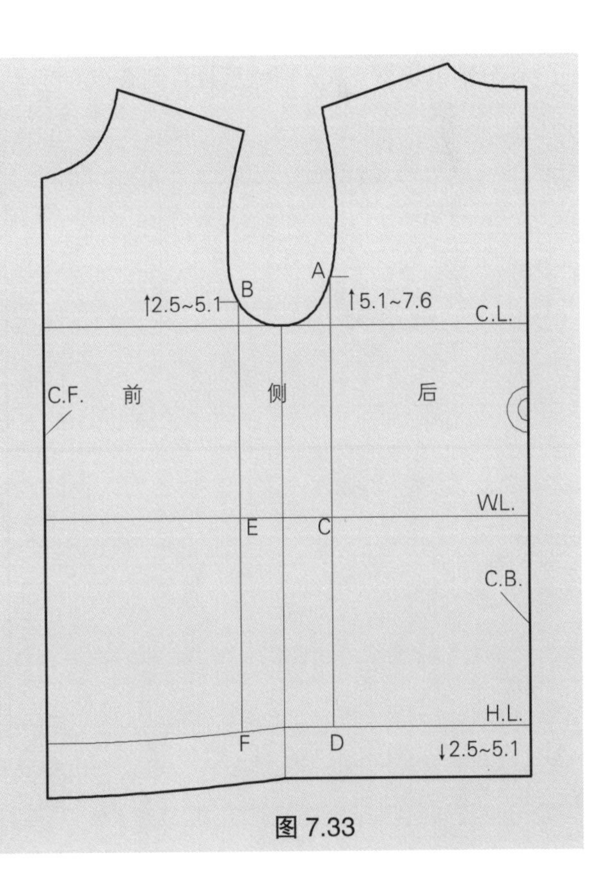

图 7.33

画侧片分割线（图7.34）

- C－G＝向后中线量 1.6~1.9cm。
- G－H＝向后中线量 1~1.3cm，这收进量类似于省道的收进量。
- D－I＝向后中线量 2.5~3.2 cm。
- 连接 A、H 和 I, 然后 A、G 和 I，画光滑弧线。
- J、 K＝从点 I。自然地向下延长侧缝线，其量根据设计的长度而变化。
- E－L＝向前中线量 1.6~1.9cm。
- L－M＝向前中线量 1~1.3cm。
- F－N＝向前中线量 2.5~3.2cm。
- 光滑连接 B、L 和 N 和 B、M 和 N。
- O、P＝从 N 自然地向下延伸长侧缝线，其量根据设计的长度而变化。

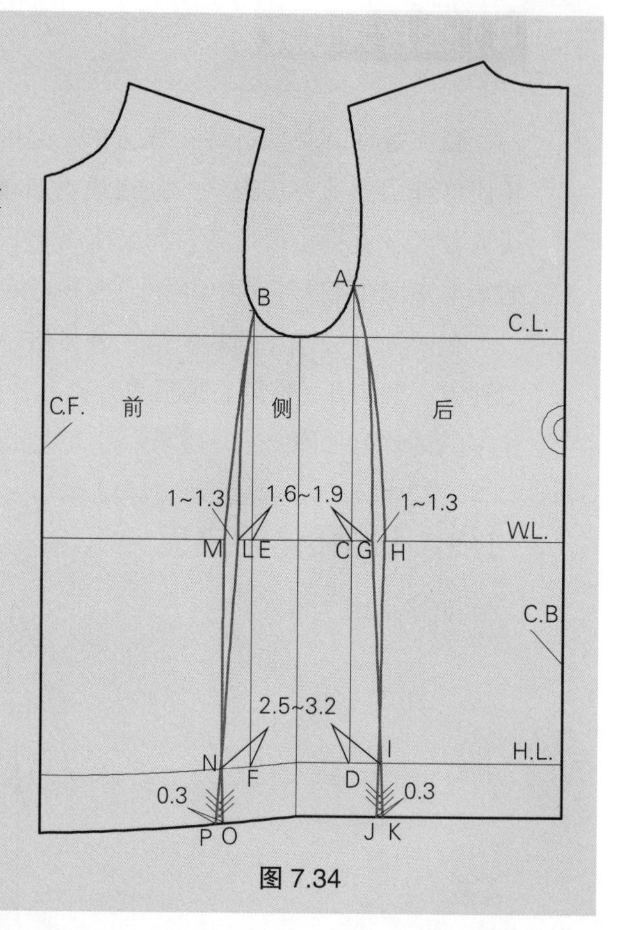

图 7.34

完成样板（图7.35）

- 分别拓印每一片，完成五片式侧衣片。

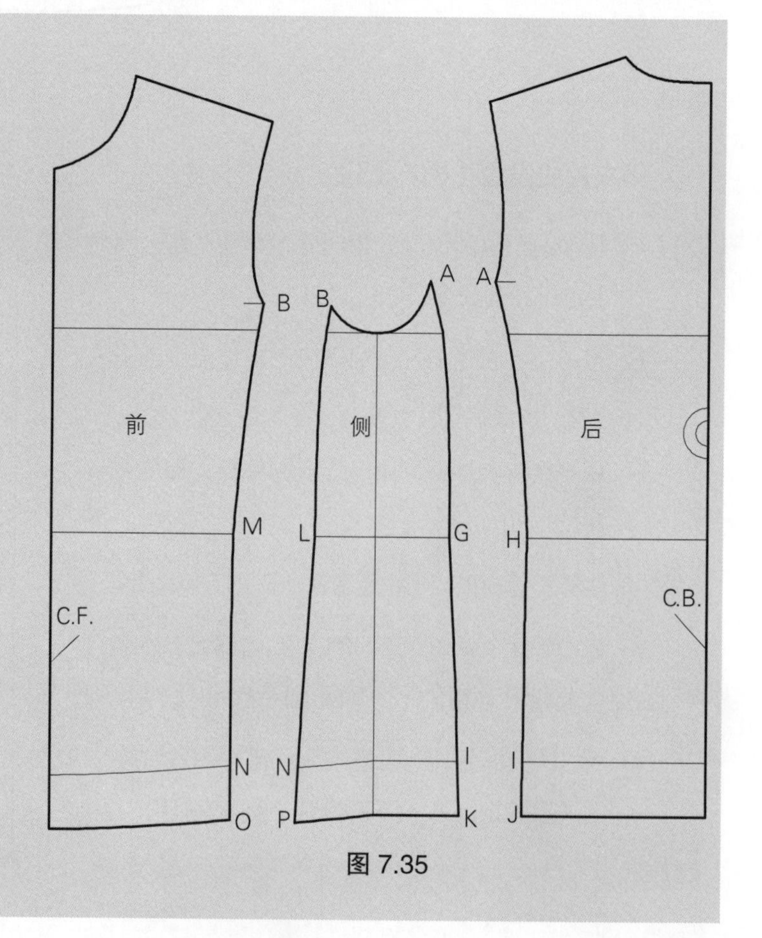

图 7.35

4）公主线

公主线是一种分割线，可以从领线、肩线或袖窿线开始，继续到选择好的点，再到终边。这种线型是男装中最有效控制服装合身度的线条之一。公主线最重要的功能之一就是取得修身效果（平面图 7.12、平面图 7.13）。公主线的形状可以有一些变化方法。例如，图 7.36 ~ 图 7.40 是男装通常采用的公主线变化方法，但是，这些方法可以作微微的改变，以取得合身或独特的美观效果。

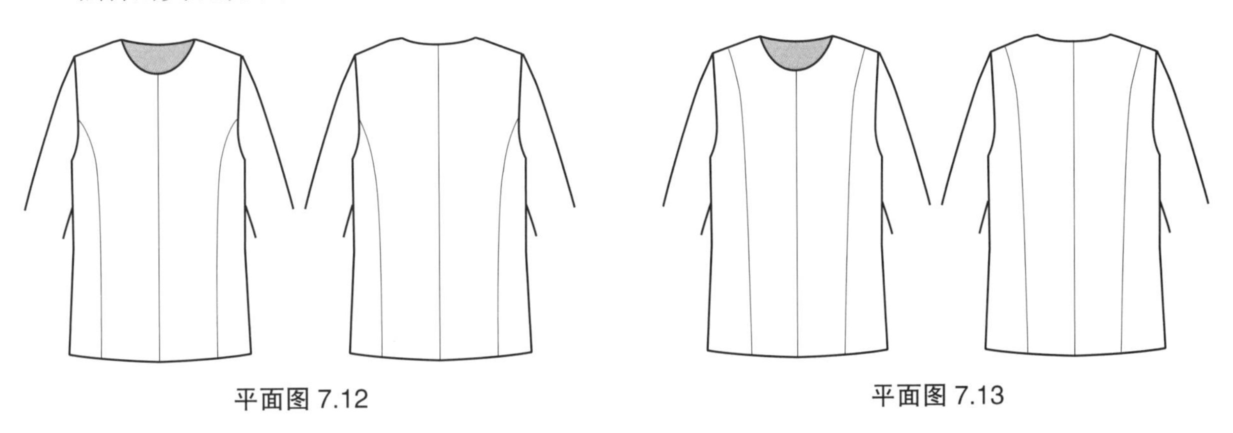

平面图 7.12　　平面图 7.13

袖窿公主线

后公主线1（图7.36）

- 拓印后衣片，纸样的长度可以变化。
- A－B＝新腰线，在原腰线上方 2.5cm 画平行线。
- C＝后领窝点到胸围线的中点。
- D＝从 A 量进 1.6~1.9cm。
- C－D＝画光滑曲线，如图所示。
- D－E＝画垂直线到底边。
- F＝在袖窿上，从胸围线向上量 7.6~10.1cm。
- F－G＝画腰围线的垂直线。
- G－H＝向后中线量取 2.5~2.9cm。
- H－I＝省道收进量 1.9cm。
- F－I＝画直线，然后画弧线，沿着胸围线突出 1~1.3cm。
- J＝从省 H－I 的中点作底边的垂直线。
- K＝从 E 向上量取 E－D/3 。
- L, M＝从 K 向侧缝作垂直线，交点标记分别为 L 和 M 。

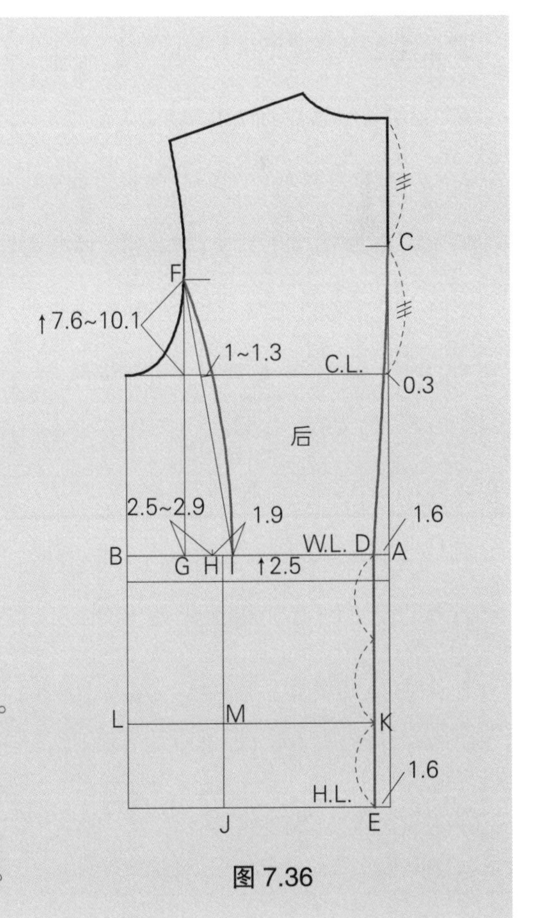

图 7.36

后公主线2（图7.37）

- F－H＝画弧线，在胸围线上与线 F－I 保持 0.3cm 的距离，如图所示。
- I－M＝H－M＝画微弧线。
- M－O, M－N＝延伸线到底边，用弧线画顺。
- P＝从 B 量进 0.6~1cm。
- Q＝从侧底边量出 0.6~1cm。
- 从袖窿弧线与侧缝交点到底边线，画光滑弧线，连接 P 和 Q，完成侧缝线。在画线时，不需要通过点 L。

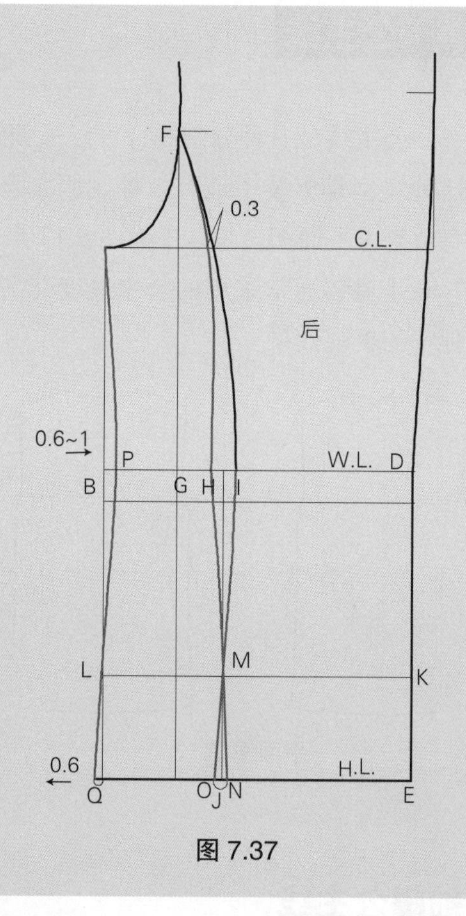

图 7.37

前公主线（图7.38）

- 根据设计准备前衣片纸样。
- A－B＝新腰线，在原腰线上方 2.5cm 画平行线。
- C＝在胸围线上方 5.1~7.6cm，袖窿弧线上标记点。
- C－D＝画新腰线（线 A－B）的垂直线。
- D－E＝向前中心线量 1.9~2.5cm。
- E－F＝1.9cm。
- C－E, C－F＝画弧线，如图所示。
- G＝从 F－E 的中点到底边画垂直线。
- F－G, E－G＝画微弧线。
- H＝从 B 量进 0.6~1cm。
- I＝在底边侧缝处向外延伸 0.6~1cm，如图所示。
- 从袖底点到底边线，用光滑弧线连接 H 和 I，完成侧缝线。

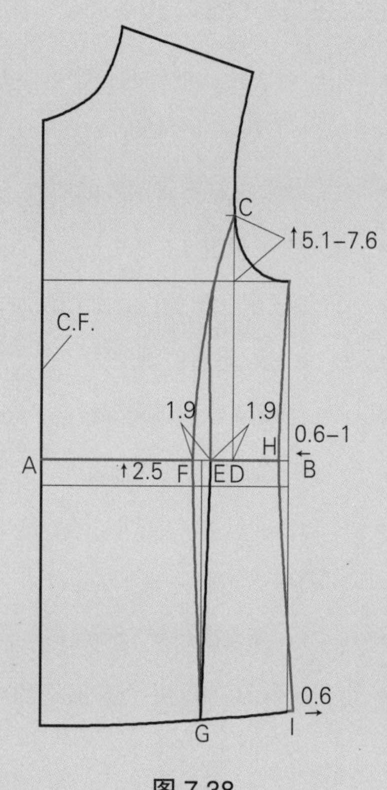

图 7.38

肩线公主线

画后衣片（图7.39）

- 拓印后衣身纸样，服装的长度可以变化。
- A = 从肩线的中点量出 2.5cm，肩线上的点可以变化。
- B = 腰线的中点。
- B－C = 向后中线量 1.3cm。
- A－B, A－C = 如图所示画光滑弧线。
- D = 臀围深的 2/3 处（从腰线到臀围线）。
- D－E = 画垂直线到侧缝。
- F = 从 B－C 的中点画垂直线，与线 D－E 的交点。
- B－F = C－F = 画微弧线。
- G, H = 延长线到底边，略呈弧线。
- I = 在侧缝腰围线处量进 0.6~1cm。
- J = 在底边侧缝线上量出 0.3cm。
- 从袖底点，通过点 I 和 J 到底边线光滑连接形成侧缝。

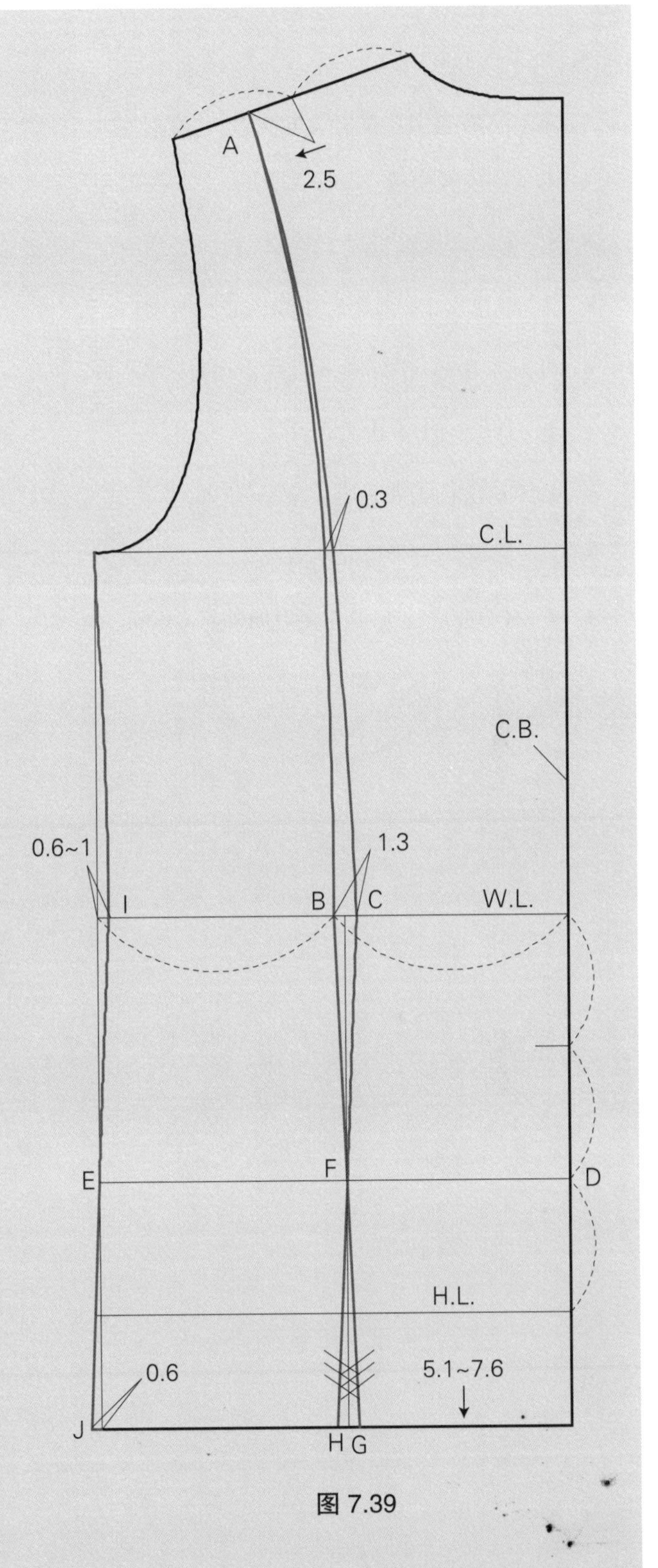

图 7.39

画前公主线（图7.40）

- 准备前衣片。
- A = 从肩线中点量出 2.5cm。
- B = 腰围线中点。
- B–C = 向侧缝量过 1.3cm。
- A–B, A–C = 画光滑弧线，如图所示。
- D = 从 B–C 中点画垂直线，到臀围线。
- B–D = C–D = 画微弧线。
- E, F = 延长线到底边，略呈弧线。
- G = 在腰线上量进 0.6~1cm。
- J–H = 在底边与侧缝交点向外量 0.6cm。
- 从袖底点连接 G 和 H，完成侧缝线。

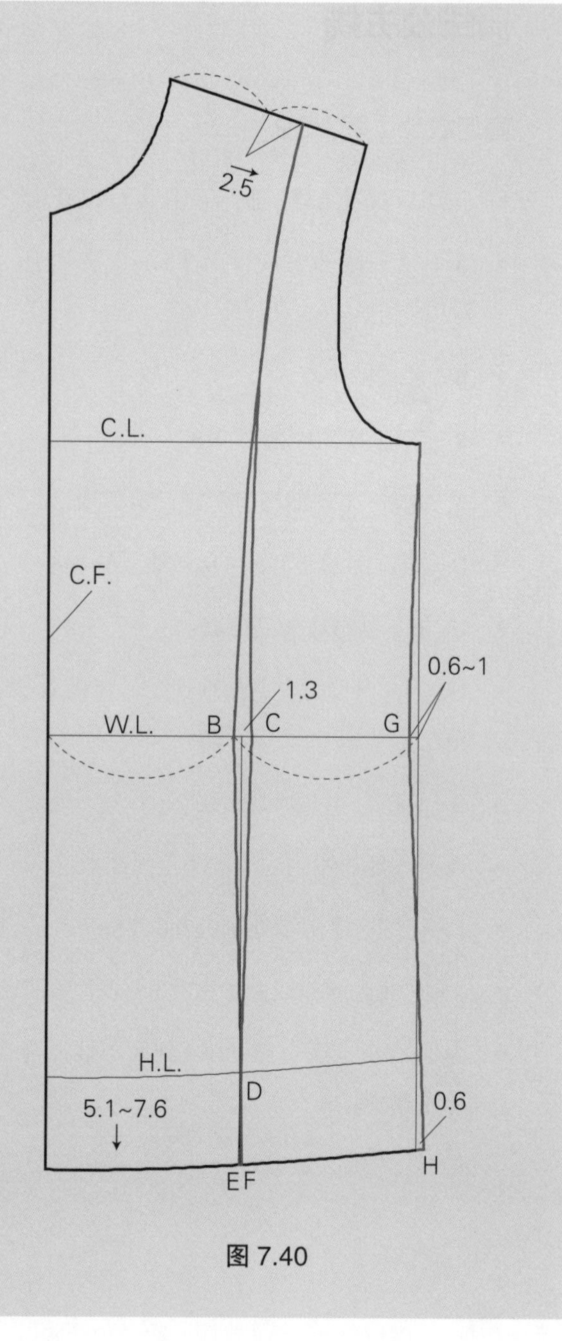

图 7.40

5）翼缘

翼缘是在面料上设计一条边缘。它使服装更有面积感，还可以将两个衣片连接起来。翼缘也是一种很好的设计元素，在男性外衣上特别流行，能够增强男性气质和强烈的动感，从视觉上使肩部变宽，给肩部增添趣味。它的结构包含一条隐藏的边，当穿着者活动时可以看见（平面图 7.14）。

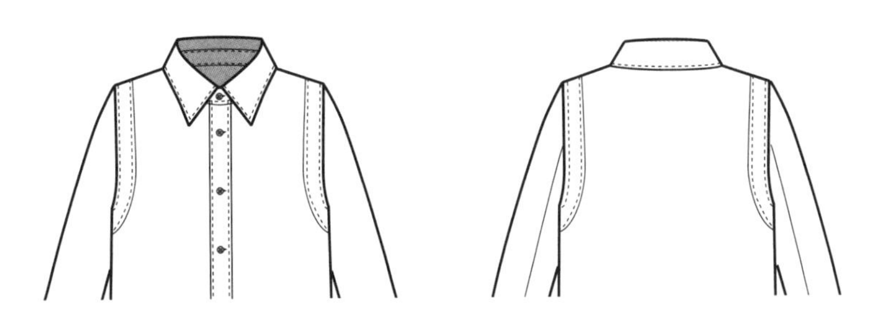

平面图 7.14

画翼缘（图7.41）

- 准备后衣身纸样。
- A－B＝画弧线与袖窿弧线平行，翼缘的宽度可以变化（例：3.8~5.1cm）。
- 在线 A－B 标记刀眼，如图所示。
- 拓印翼缘，将其分离。

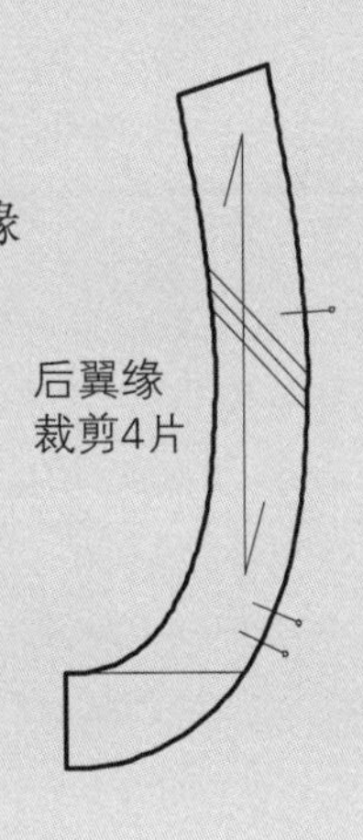

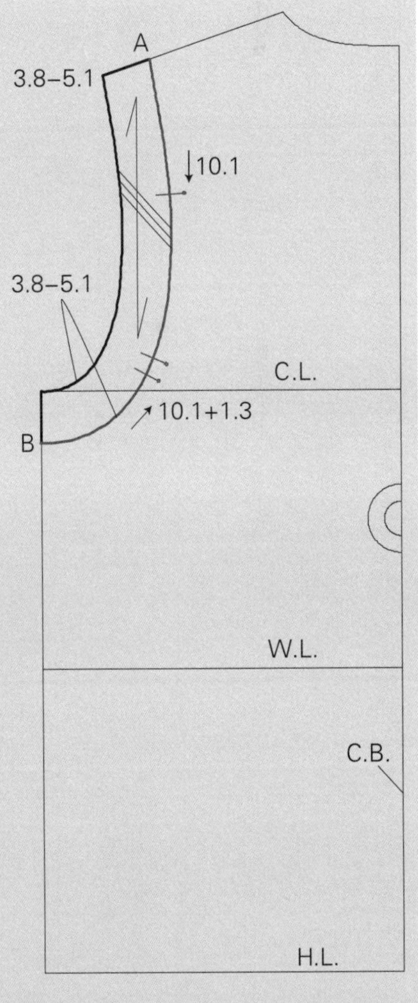

图 7.41

画前翼缘（图7.42）

- 准备前衣身纸样。
- C－D＝画弧线平行于袖窿弧线，前翼缘的宽度与后翼缘宽度相等。
- 在C－D上标记刀眼。
- 拓印翼缘，将其分离。

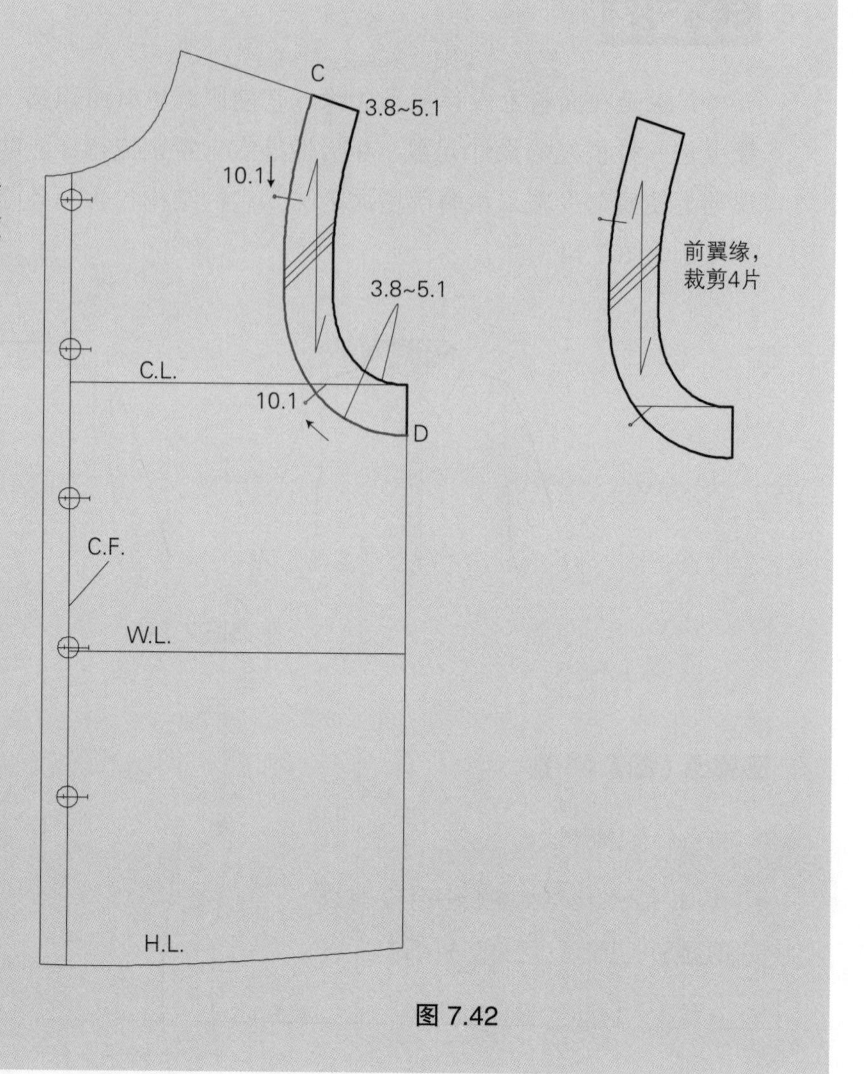

图 7.42

裤 腰

裤腰是带状的布料，用来完成裤子的腰围线。除针织面料外大多数裤腰的特征是在前中线或侧缝开关闭，而针织面料裤腰通常不开口，里面嵌一根松紧带。裤腰上采用的系扣有：纽扣、拉链、拉绳或者钩襻。

1）经典裤腰

见平面图 7.15。

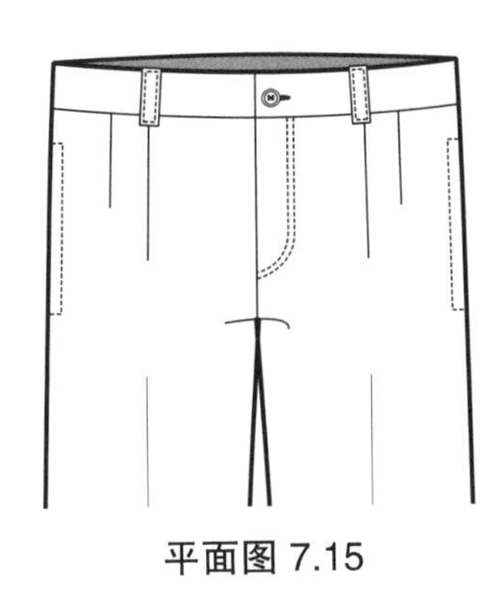

平面图 7.15

经典裤腰（图7.43）

- O－P, Q－R＝裤腰线，根据设计，有必要降低 0~1.3cm，前后片同时降低。
- A－B＝前腰尺寸 (O－P) ＋ 后腰尺寸 (Q－R)，没有省量。
- B－C＝裤腰的宽 (3.2~5.1cm)。
- 完成长方形 A－B－C－D，A－D ＝前中心 (C.F.)，B－C＝后中心 (C.B.)。

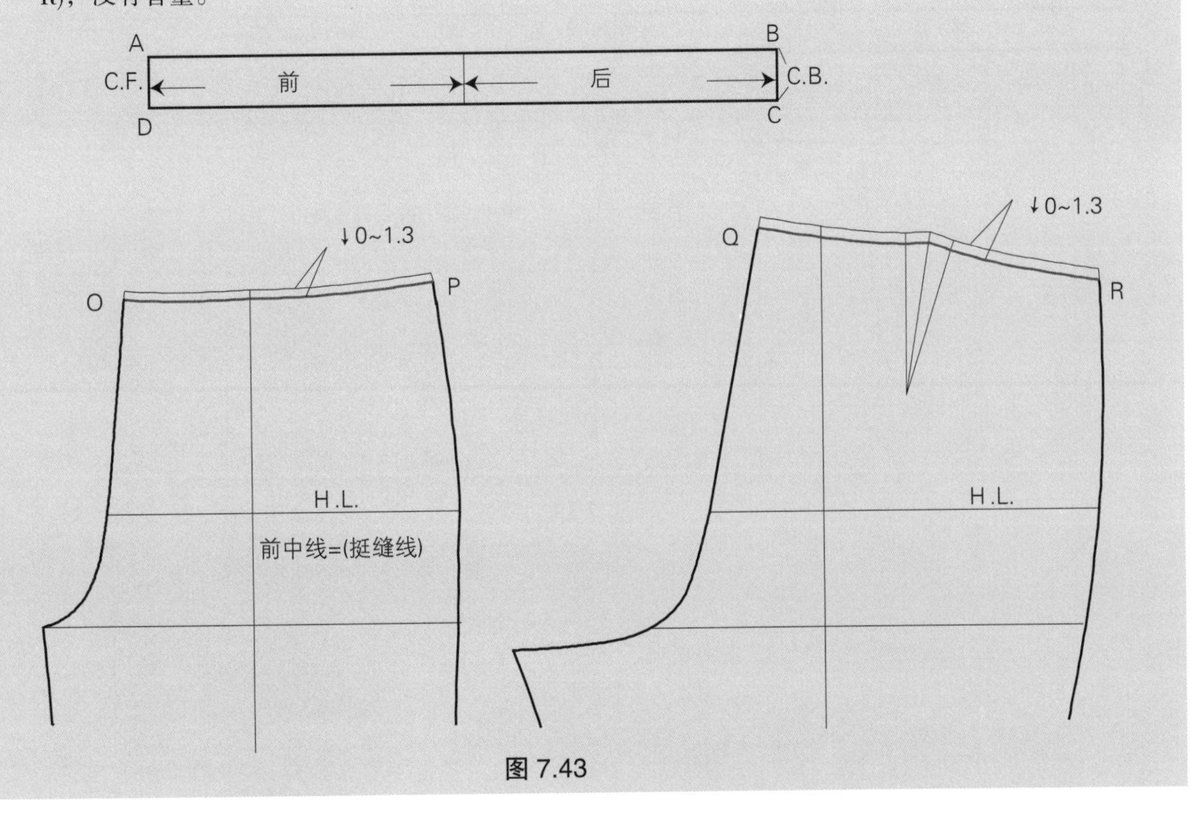

图 7.43

完成裤腰（图7.44）

- A′－B′－C′－D′＝以线 B－C 反射长方形 (A－B－C－D)，得到另一半裤腰。
- X－Y＝A′－D′延伸 3.8~5.1cm（前门襟量），完成长方形。
- 如图所示标记纽扣和扣眼位置。

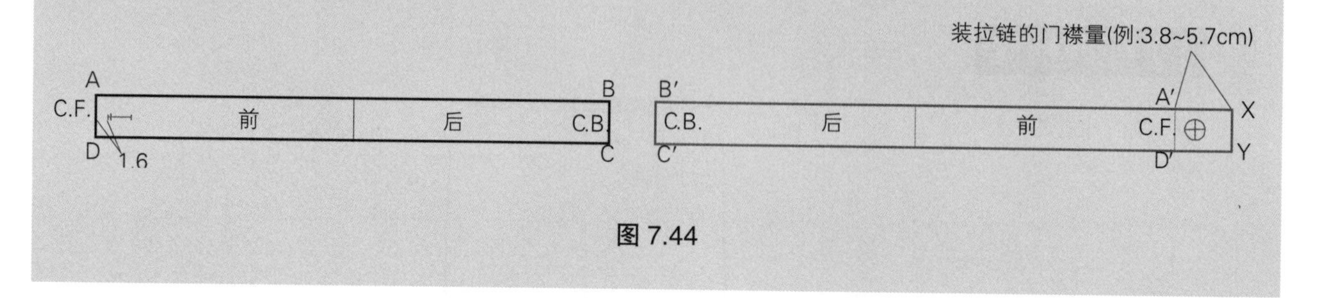

图 7.44

裤腰腰带环（图7.45）

- 如图所示标记腰带环位置。

注释：在男装中，通常裤腰里可以使用不同面料，一般用有商标的斜料面料。

- 在裤腰后中心有缝线，便于日后调整腰围大小。

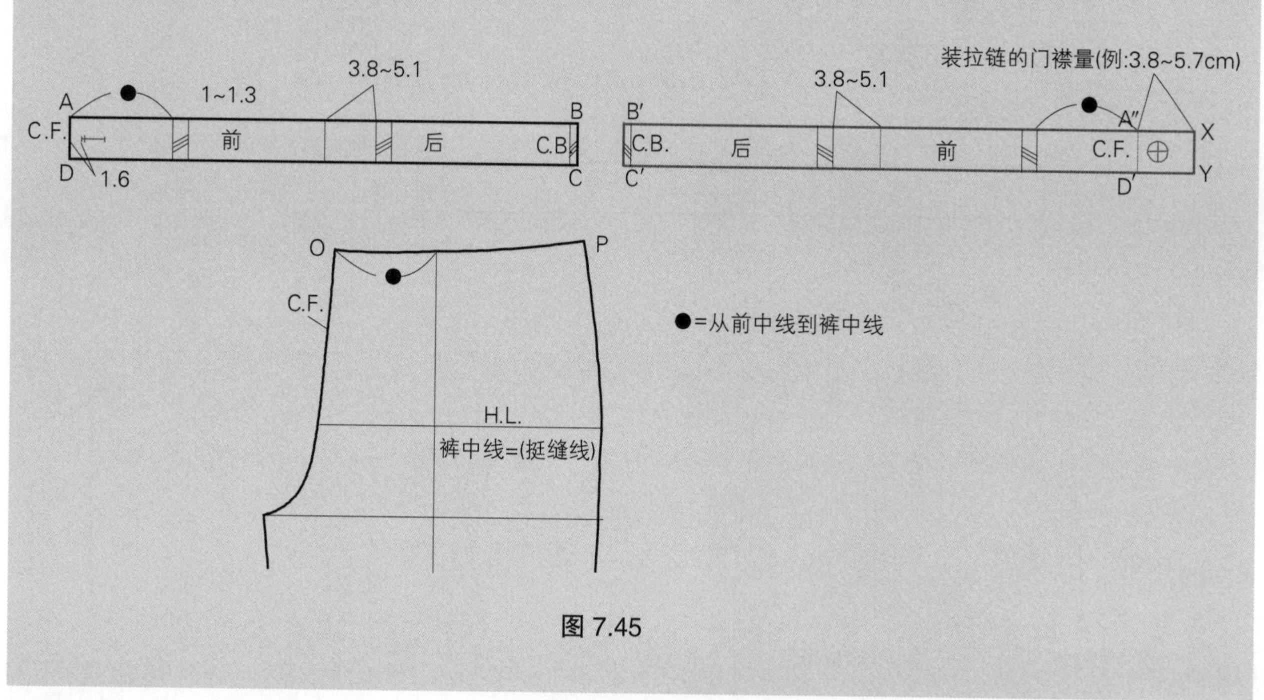

图 7.45

2）较低腰线裤腰

见平面图 7.16。

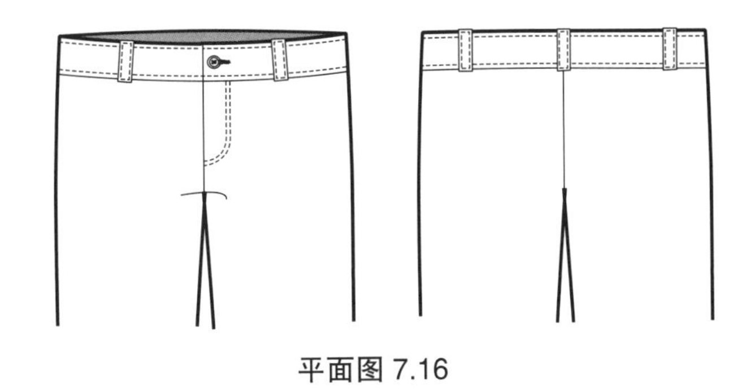

平面图 7.16

前后裤片（图7.46）

- O－P＝腰口线下降 1.9~2.5cm。
- Q－R＝下降的量与前腰线相同。

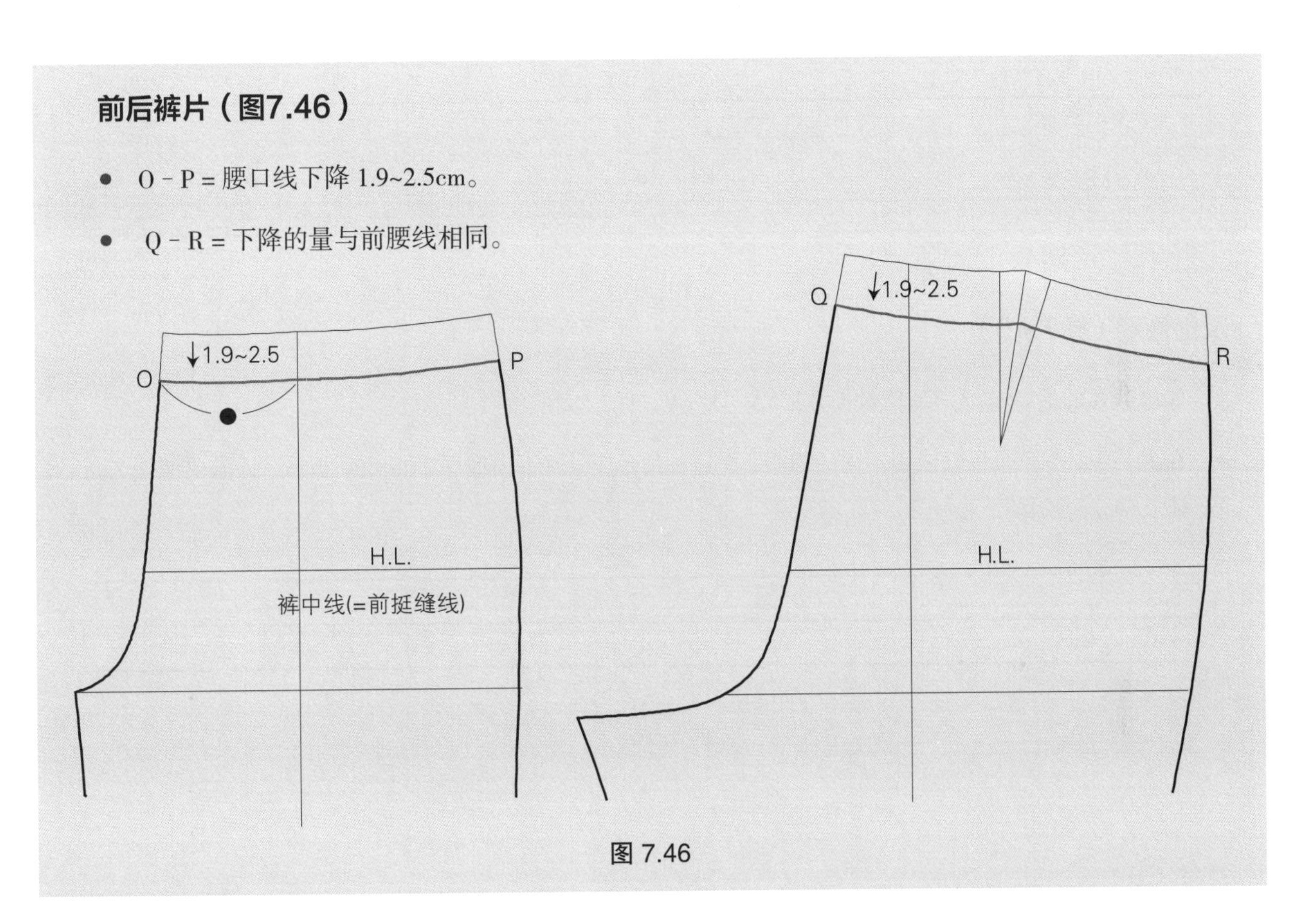

图 7.46

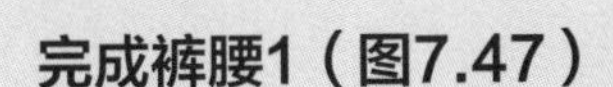

完成裤腰1（图7.47）

- A－B＝前腰尺寸 (O－P)＋后腰尺寸 (Q－R)，没有省量。
- B－C＝裤腰的宽 (3.2~5.1cm)。
- 完成长方形 A－B－C－D 。
- A－D＝前中心 (C.F.)。
- B－C＝后中心 (C.B.)。

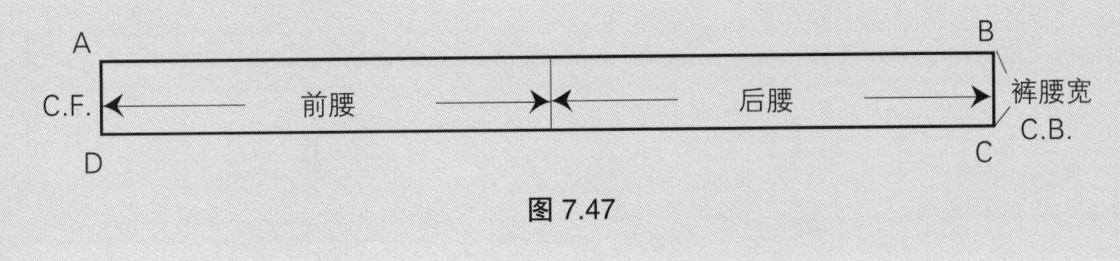

图 7.47

完成裤腰2（图7.48）

- A′－D′＝以 B－C 反射长方形 (A－B－C－D)，得到裤腰的另一半。
- X－Y＝A′－D′ 延伸 3.8~5.1cm(前门襟)，完成长方形。
- 标记纽扣和扣眼位置，如图所示。
- 标记腰带环，如图所示。

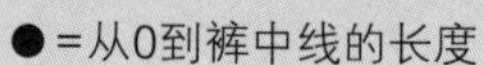

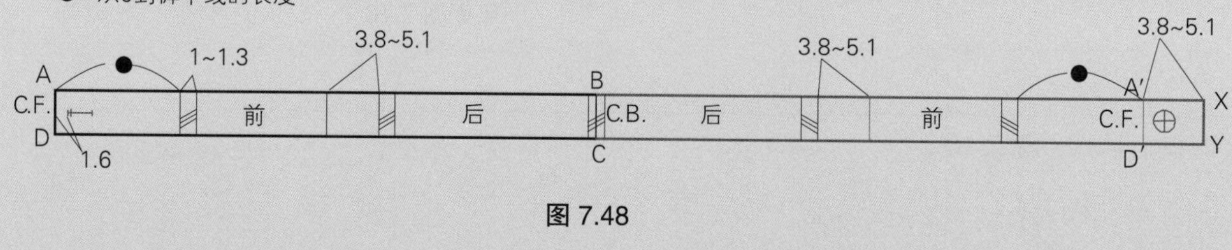

图 7.48

反射裤腰（图7.49）

- 如果需要的话，以 A－X 反射长方形 (A－X－Y－D)，完成裤腰。
- 在男装中，裤腰里可以使用不同的面料，在这种情形下，就不用像图 7.49 反射裤腰，只需要像图 7.48 显示完成的纸样。

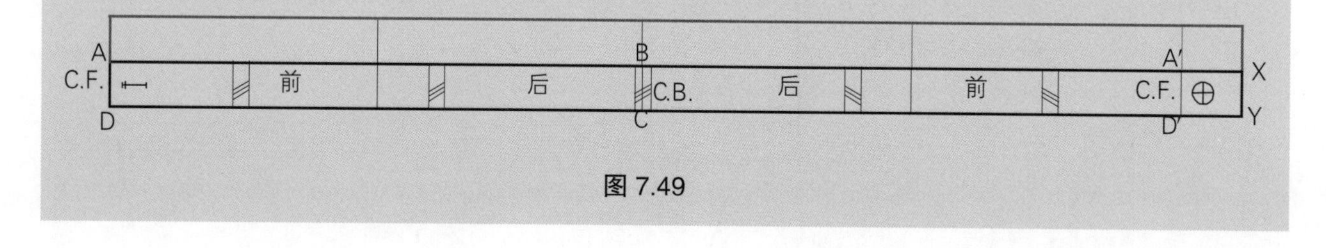

图 7.49

3）弧形裤腰

见平面图7.17。

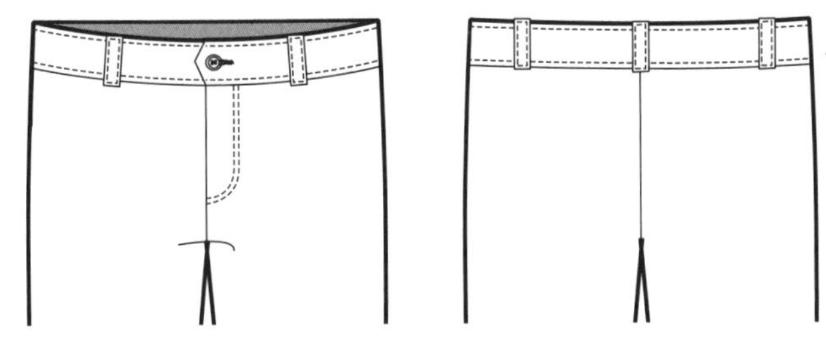

平面图 7.17

前后裤片（图7.50）

- A－B＝腰线下降1~1.3cm。
- B－C＝裤腰宽3.8~5.1cm。
- C－D＝画线与A－B平行。
- N＝腰带环位置，前裤片中心线上。

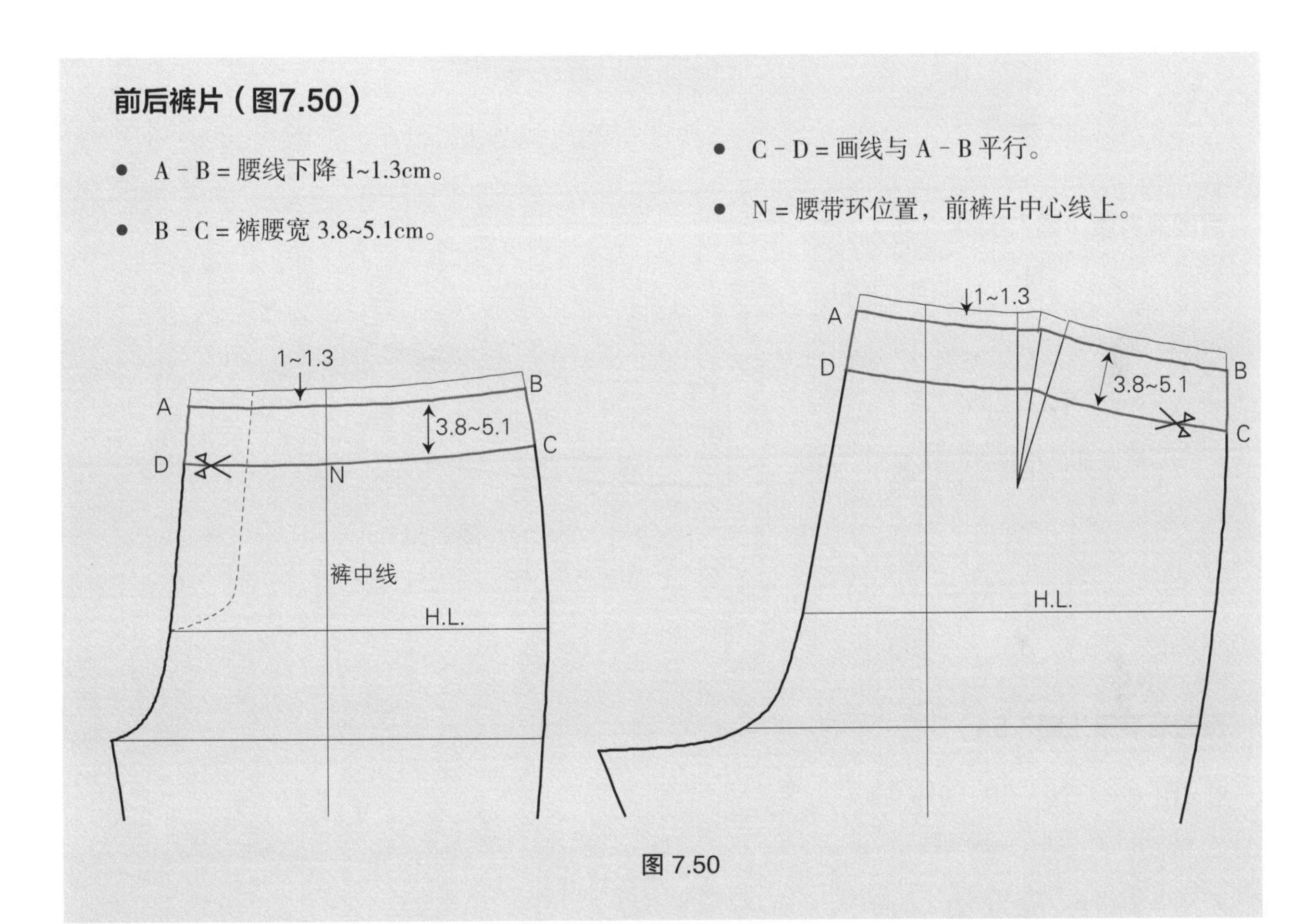

图 7.50

前右侧裤腰（图7.51）

- 在分开的纸上拓印前裤腰部分(A－B－C－D)。
- A－D＝前中心(C.F.)。
- N＝腰带环位置。
- X＝A－D垂直量出2.5cm，并画如图所示形状。
- 标记扣眼位置，如图所示。

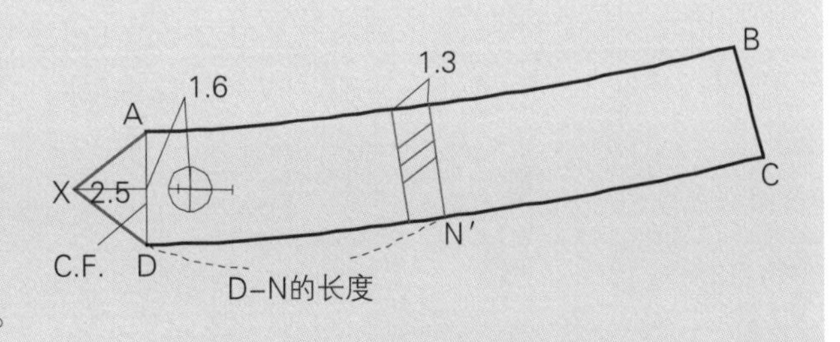

图 7.51

前左侧裤腰（图7.52）

- A′－D′＝在另外的纸样上，以线 B－C 反射长方形 (A－B－C－D)，得到裤腰的另一半。
- A′－D′＝前中心 (C.F.)。
- Y－Z＝A′－D′ 延伸出 3.8~5.1cm。
- 在门襟上标记纽扣位置。

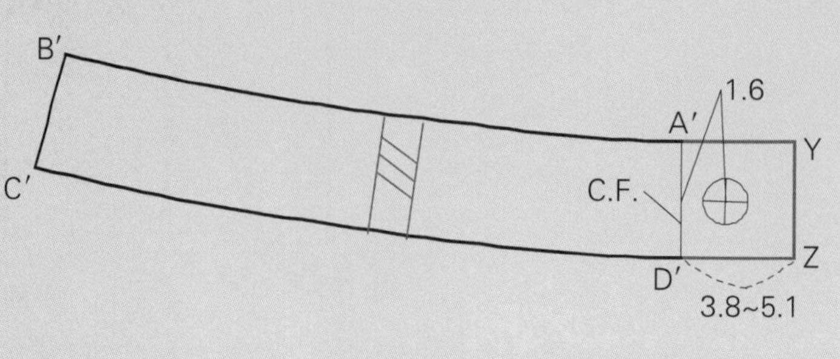

图 7.52

后圆弧裤腰（图7.53）

- 折叠省道以后，在另一纸样上拓印 (A－B－C－D)。
- A－D＝后中心 (C.B.)。
- X＝腰带环的位置，从点 C 量 5.1cm。

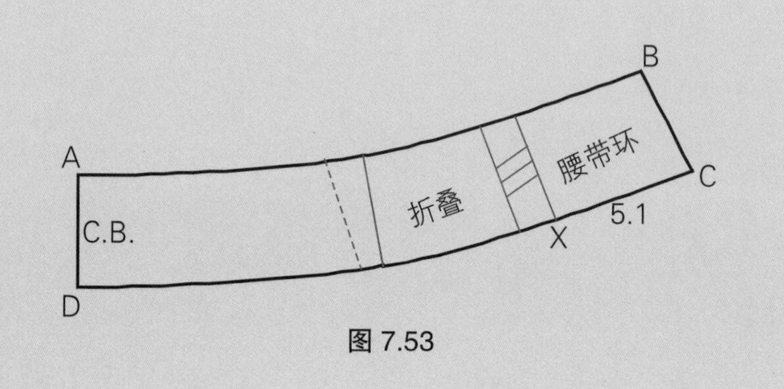

图 7.53

反射后裤腰（图7.54）

- B′－C′＝通过 A－D 反射长方形 (A－B－C－D)，完成裤腰。
- X′＝腰带环，从点 C′ 量 5.1cm。

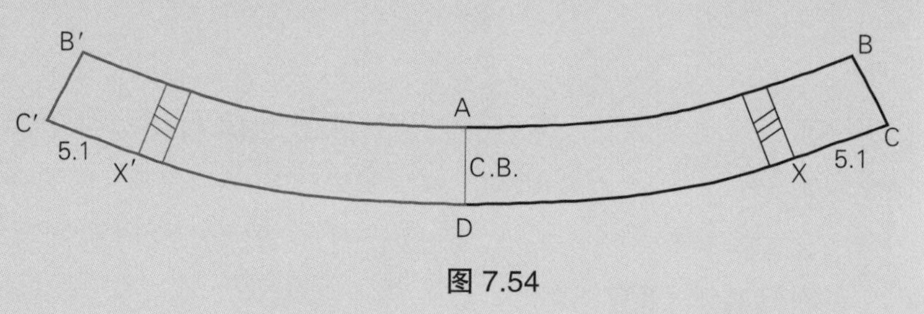

图 7.54

4）低腰裤的裤腰

见平面图 7.18。

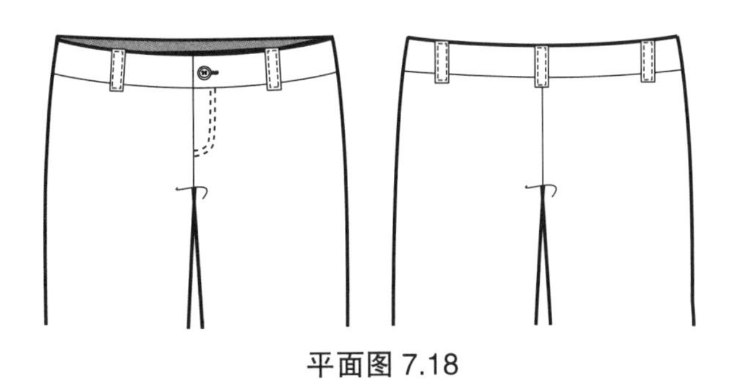

平面图 7.18

前后裤片（图7.55）

- O－P＝腰线下降 5.1~7.6cm。
- Q－R＝与前腰下降相同的量。

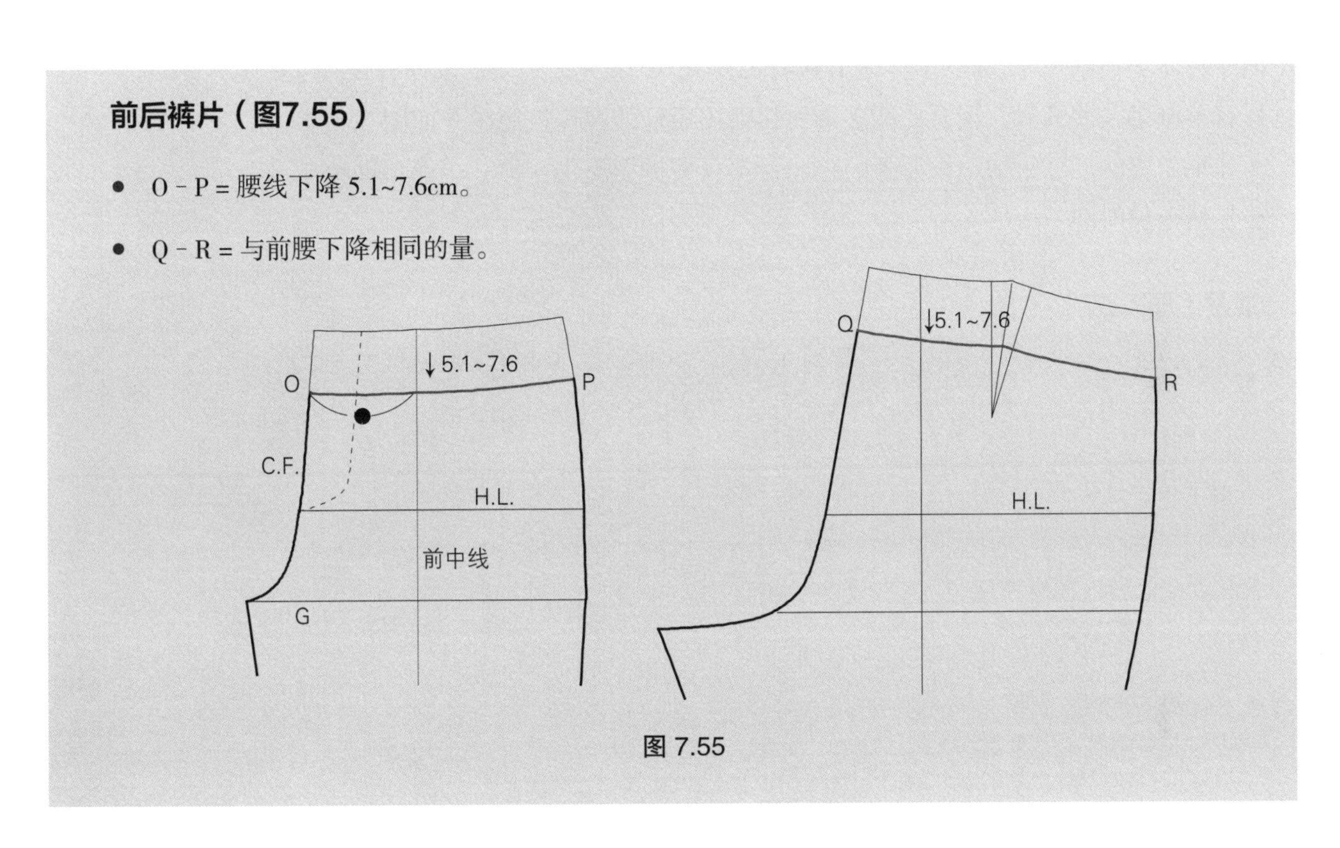

图 7.55

完成样板（图7.56）

- 按照图 7.47~ 图 7.49（P205~206）的讲解，完成裤腰。
- 图 7.56 为完成样板。

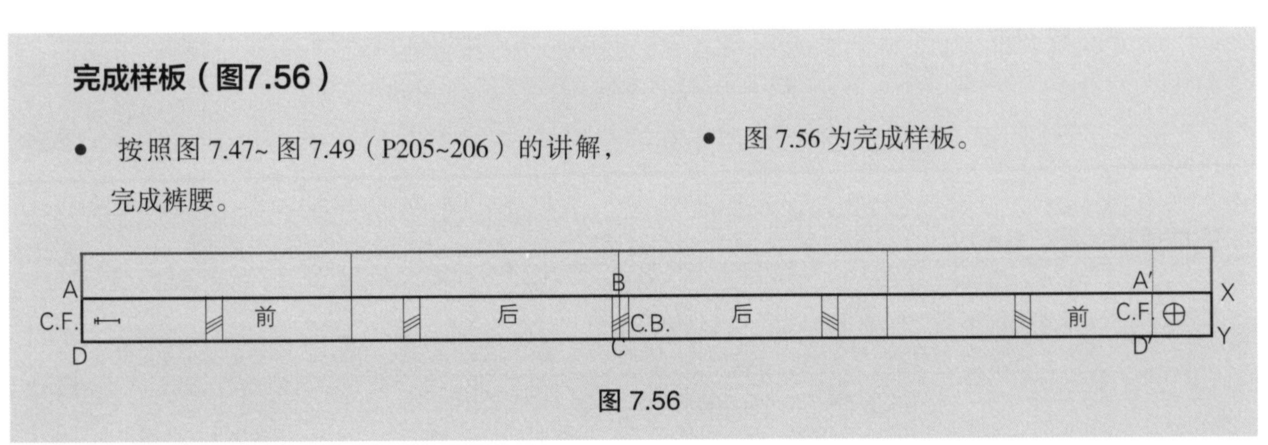

图 7.56

5）弹性罗纹裤腰

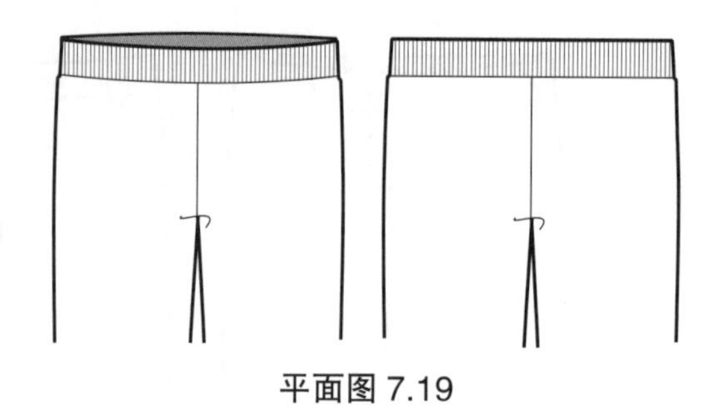

平面图 7.19

弹性罗纹裤腰适合运动裤裤腰。因为纸样的腰围尺寸和臀部尺寸几乎相等，纸样腰围尺寸不同于身体上腰围尺寸，有很多多余面料需要控制。罗纹裤腰必须比纸样裤腰尺寸短 2.5~5.1cm，这样就控制了一些面料，还有一些多余面料就用额外的弹性控制（平面图 7.19）。

如果需要的话，附加一根额外的拉绳，不仅使裤子更加合体，也能帮助控制多余量，松紧带要保持很长时间不变形。

裤腰（图7.57）

- 画长方形 A－B－C－D。

注释：A－B 的长度由面料的拉伸性决定。一般来说，针织裤子没有开口，因此，裤子的腰围必须能通过臀部。因此，如果面料没有弹性，腰围必须和臀围相等。但是，如果罗纹口有弹性，裤腰要比臀围略微小些。

- A－D = 裤腰宽 (例 :4.4cm)。
- E、F 和 G = A－B 4 等分的点。
- E = 与后中心对应。
- F = 与侧缝对应。
- G = 与前中心对应。
- 松紧带长度，身体腰围的 80%~90%，在纸样上标注。

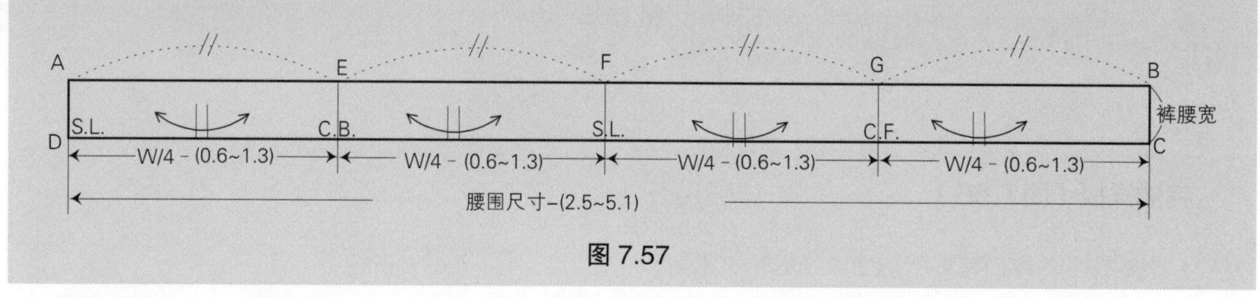

图 7.57

完成裤腰（图7.58）

- 以线 A－B 反射长方形 (A－B－C－D)，得到完整的裤腰纸样。

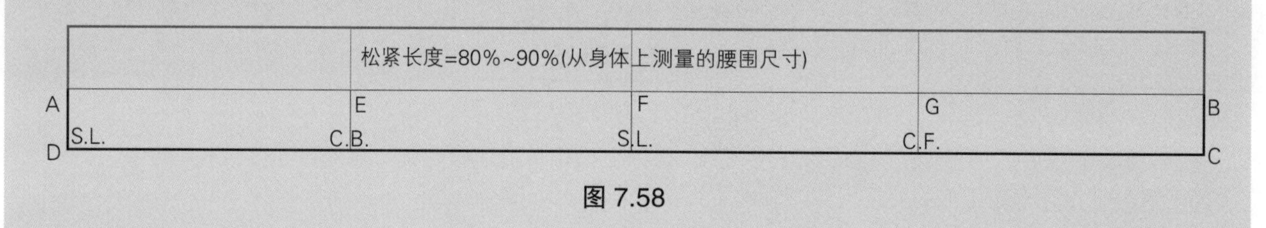

图 7.58

6）自翻套管穿绳裤腰

见平面图 7.20。

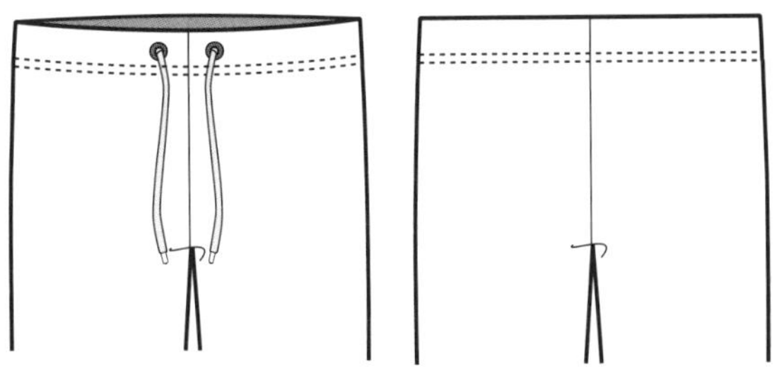

平面图 7.20

前后裤片1（图7.59）

- J、K = 腰围线上前后中心和侧缝点。
- J－K = 画直线。
- J－L、K－M = 套管（裤腰）宽（例：5.1cm），腰线上方画裤腰的垂直线。
- L－M = 画直线。
- 在裤腰上标记穿绳子的洞眼。离前中线 2.5cm，在裤腰宽的中间部位，如图所示。
- 如果需要的话，标记缉线，如图所示。

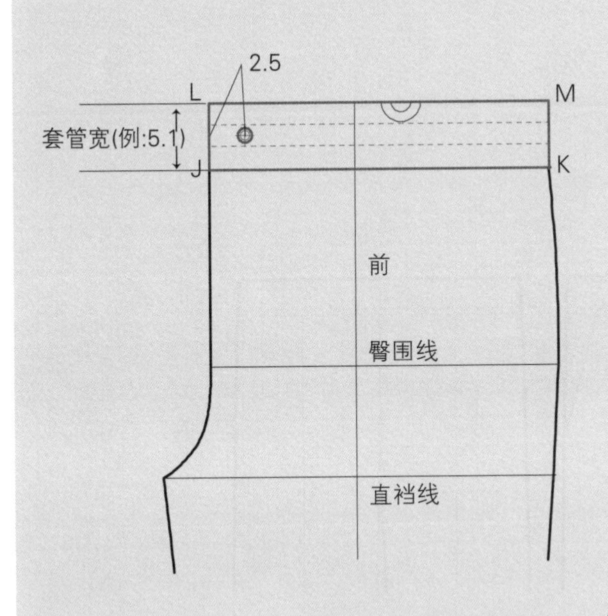

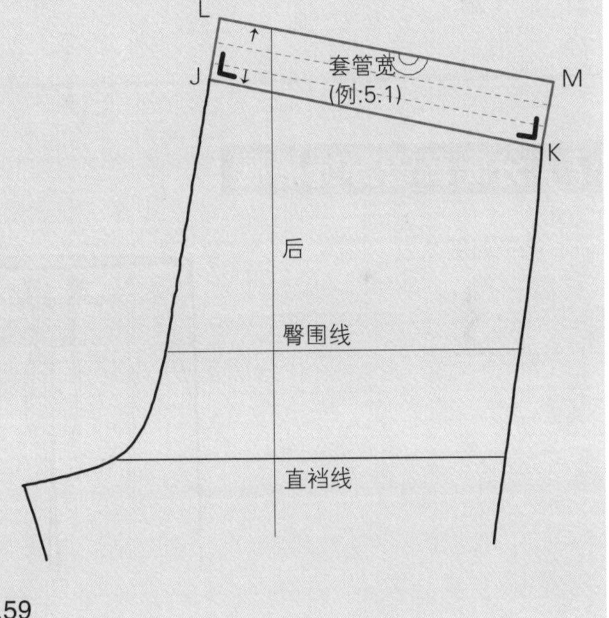

图 7.59

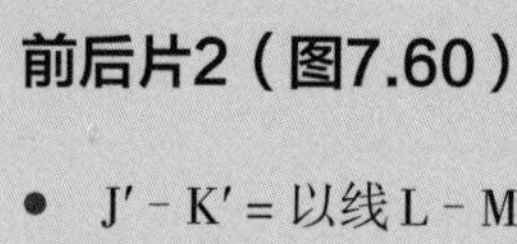

前后片2（图7.60）

- J′－K′＝以线L－M反射裤腰(L－M－K－J)，得到自套管。
- 根据面料的拉伸性，松紧带的长度是测量身体腰围尺寸的80%～90%。

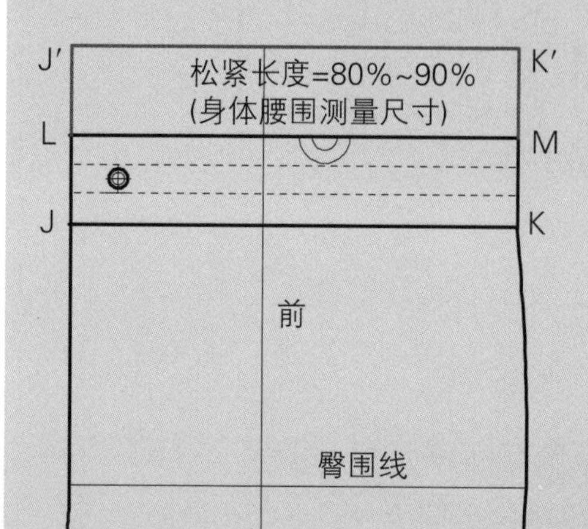

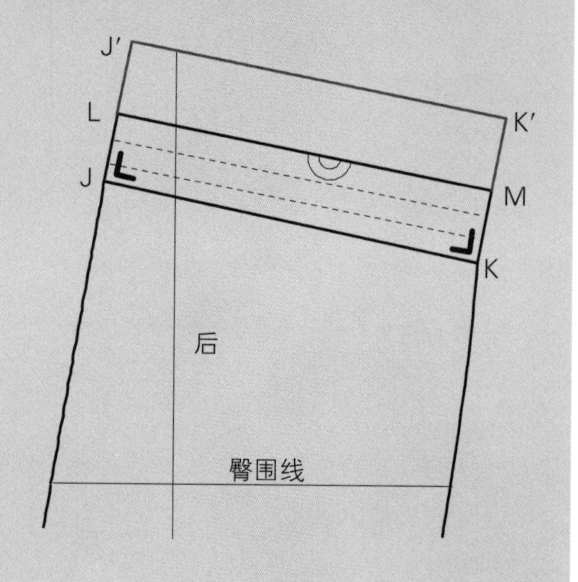

图7.60

7）分离套管穿绳裤腰

见平面图7.21。

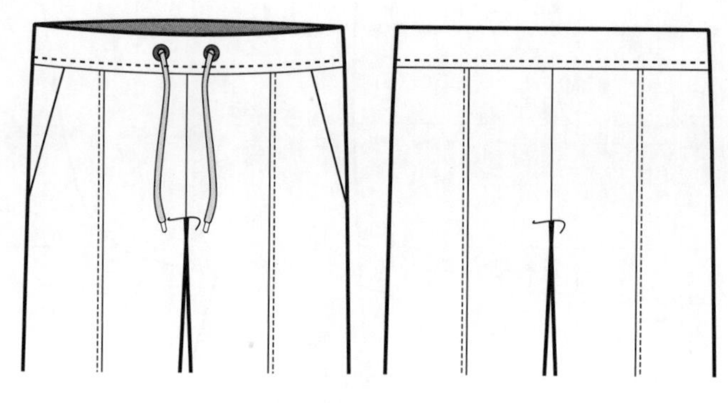

平面图7.21

前后裤片（图7.61）

- J－K＝前腰尺寸。
- K－L＝向上量取套管宽度（例：5.1cm），然后标记。
- M－N＝后腰尺寸。
- N－O＝向上量取套管宽度（例：5.1cm），然后标记。

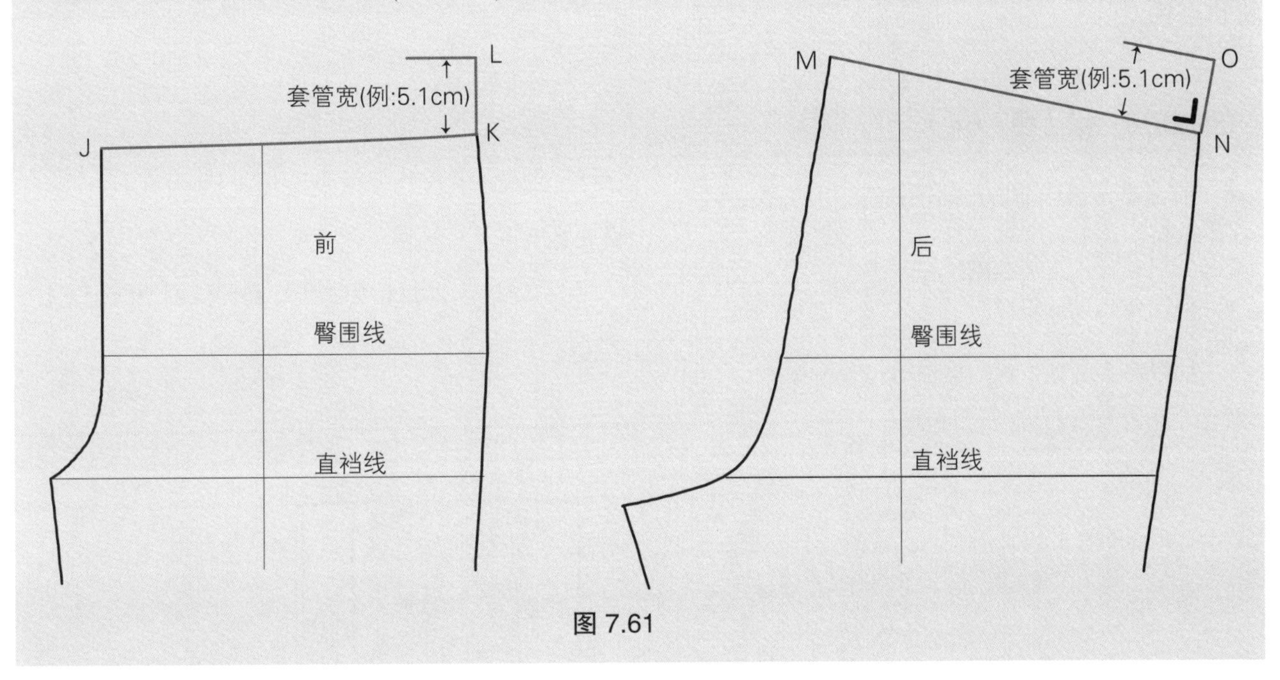

图 7.61

套管（图7.62）

- 从 A 画平行线。
- A－F＝2 × M－N（从图 7.61 中的后腰尺寸）。
- E＝标记中点＝后中线。
- F－B＝2 × J－K（从图 7.61 中的前腰尺寸）。
- G＝标记中点＝前中线。
- A－D、B－C＝套管宽（例：5.1cm），完成长方形。
- 如果需要的话，在前中标记拉绳的洞口，如图所示。

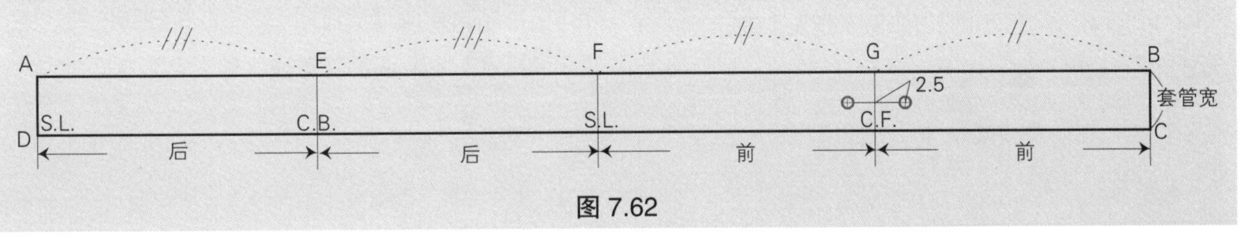

图 7.62

完成裤腰（图7.63）

- 以线 A-B 反射长方形（A-B-C-D），得到完整的裤腰。

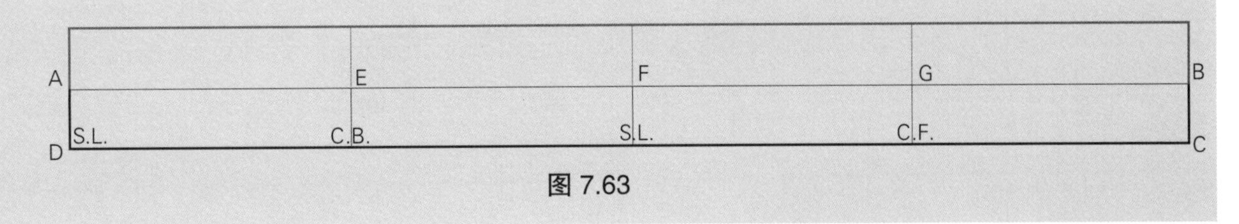

图 7.63

8）男裤门襟

男裤有两种不同的门襟。第一种用于正式裤装，有大的里襟，上面附加了一个纽扣，增添额外的支撑力。第二种用于休闲裤装，比较简单，门襟没有附加部分。这种休闲样式也用于女装和童装。

正装裤前门襟（图7.64）

- 前门襟 = 拓印前裤片的裆弧线、前中线、腰线和拉链缉明线。
- 如图所示设计里襟。
- 如果需要的话，标记里襟纽扣的位置。

注释：里襟的长度比拉链的长度长 3.2cm 左右，也比明线记号稍微宽些。

- 门襟贴边 = 通过镜像图像，拓印表面明线记号，然后画 0.3~1cm 的平行线，如图所示。

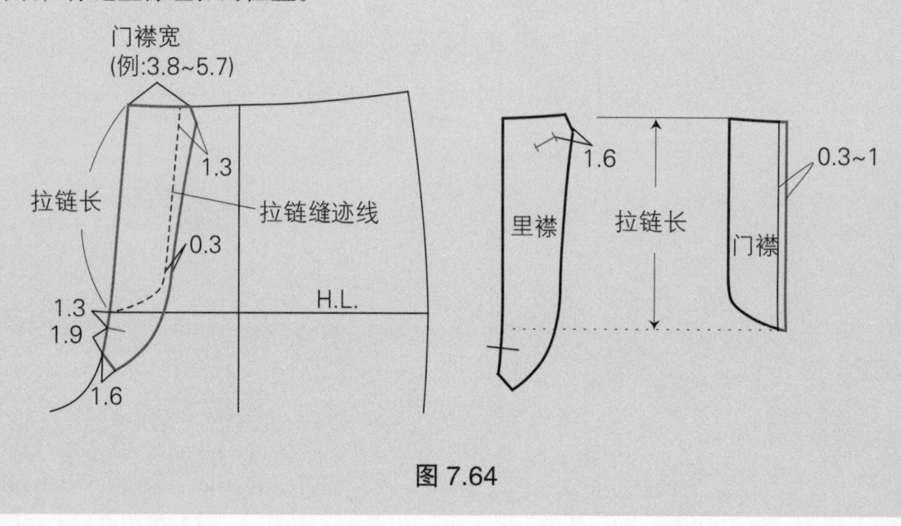

图 7.64

休闲裤前门襟（图7.65）

- 里襟 = 休闲里襟的长度比拉链长 1.9cm，宽度与裤腰的叠门量相等。
- 门襟贴边 = 通过镜像图形，拓印拉链缉明线，然后画 0.3~1cm 的平行线，如图所示。

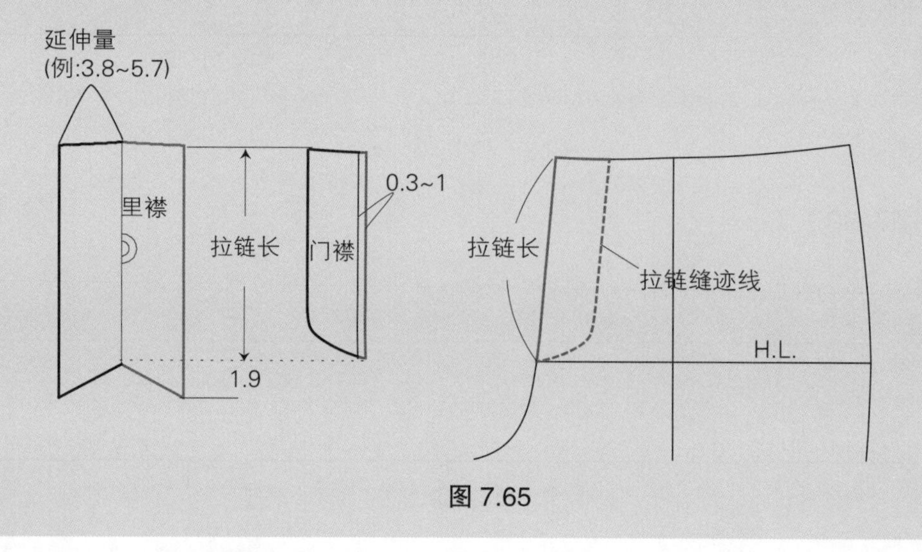

图 7.65

第二部分：梭织面料设计变化

第八章

衬 衫

衬衫属于上衣，它的变化很多，可以在前、后开门襟，或者没有门襟，变成套头衬衫。男性通常将衬衫和裤子或套装一起穿，如果衬衫有前纽扣门襟，通常是穿着者的左侧衣片搭在右侧衣片上。男性穿衬衫起源于中世纪，起初是套头样式。后来，设计慢慢地变化——直到 15 世纪出现了立领衬衫，到了 19 世纪，才将彩色面料用于衬衫上。

修身贴体衬衫

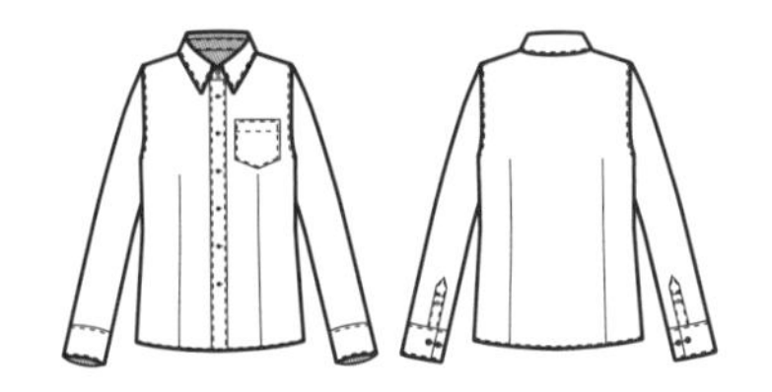

经典合身翻领衬衫

西部风格衬衫

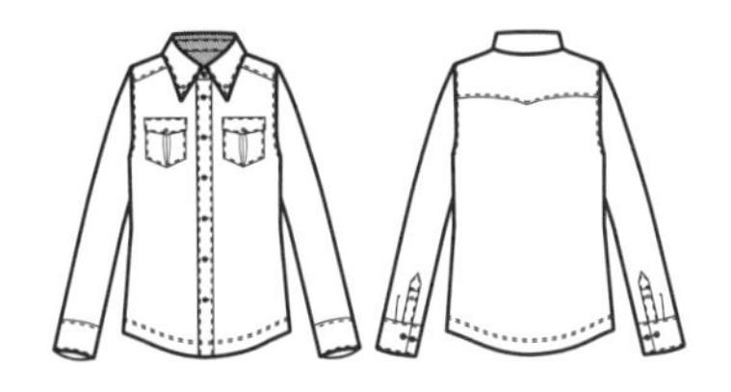

部队风格衬衫

公主线衬衫

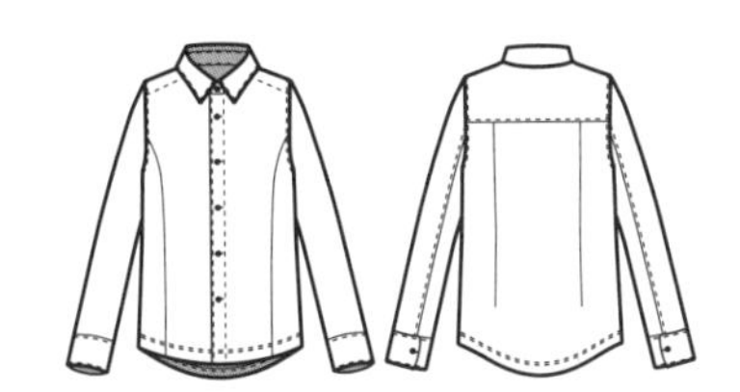

短袖牛津衬衫

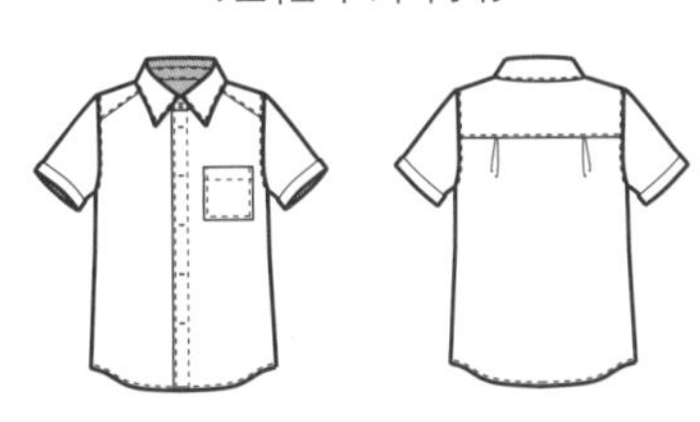

燕尾风格短袖衬衫

蝙蝠袖衬衫

贴体衬衫

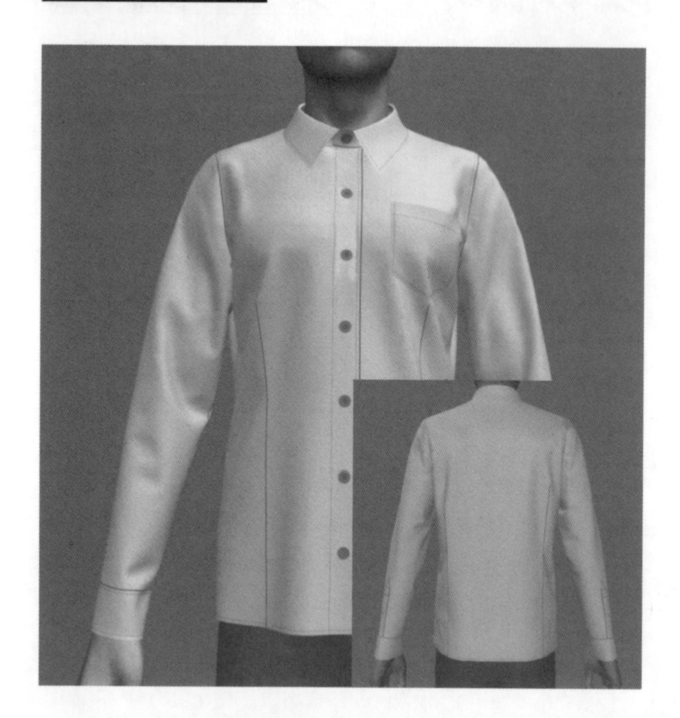

设计风格要点

贴体衬衫设计是扣下领经典衬衫的改良，简单合体。合体性主要由将前后衣身上垂直省道延长而获得。

修身款式

见平面图 8.1。

1. 底领与上领分开的衬衫领
2. 经典缝合门襟
3. 前后衣片上有垂直省道
4. 在前片右侧有贴袋
5. 有袖衩，但没有裥的一片袖
6. 可调节的克夫

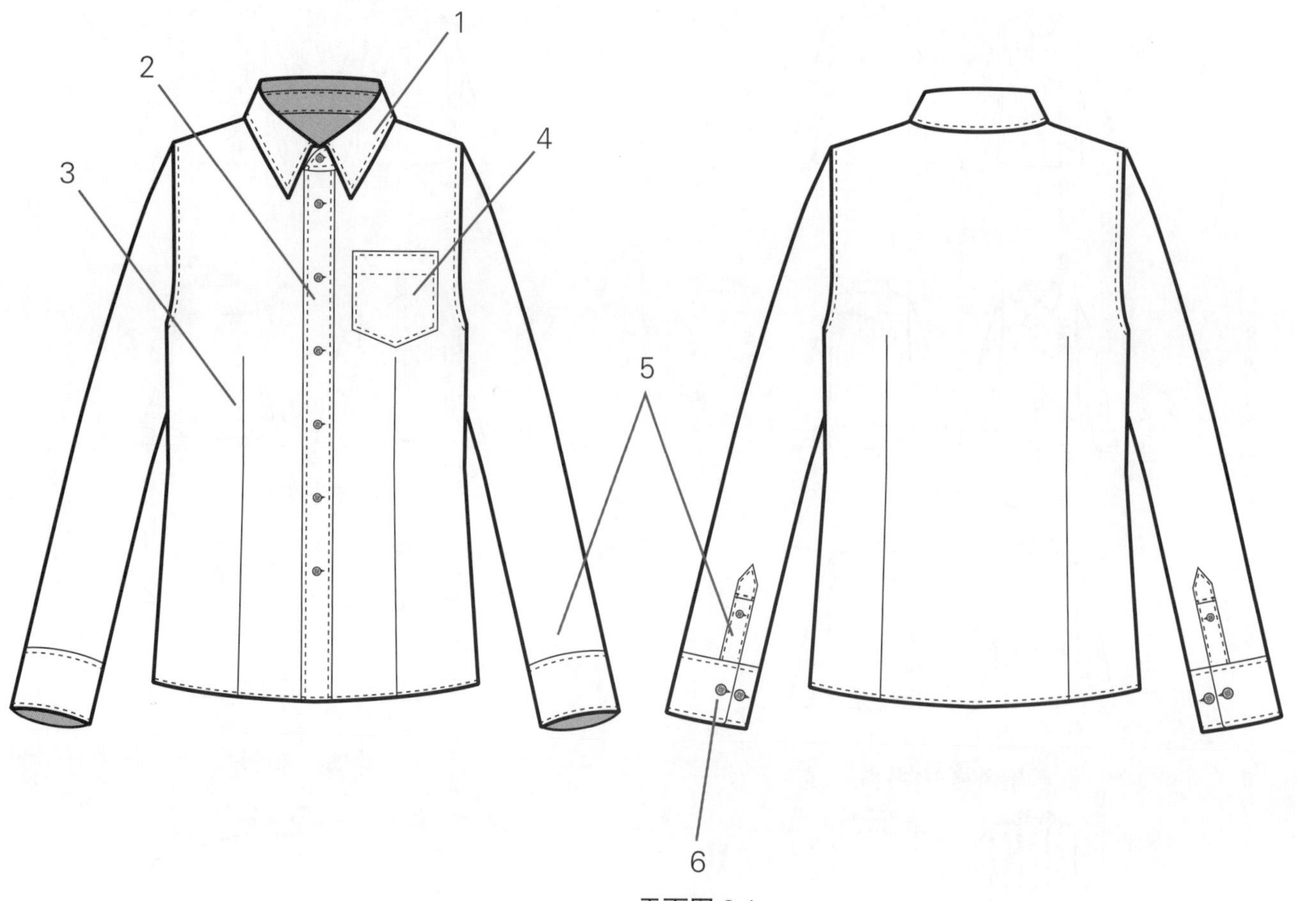

平面图 8.1

画后衣片（图8.1）

- 拓印修身型后衣身原型(图 2.3, P 24)。
- A－B＝衬衫后衣片长，根据设计从原型臀围线延伸 5.1~7.6cm。
- B－C＝从 B 画侧缝线的垂直线。
- D＝袖窿底点。
- E＝新的侧腰点，从原型腰点向上 2.5cm 和向后中线方向量进 0.6cm。
- E－F＝垂直于后中心线。
- G＝E－F 的中点。
- G－H－I＝根据设计，省道量 1.9~2.5cm(对男装来说，省道没有必要收太多的量)。
- H、J 和 K＝经过 H 画引导线，垂直于 F－E，到达胸围线和底边线，设定 J 在胸围线下方 1.3cm。将 H 引导线与底边的交点记为 K，K 是底边省道的中点。
- L－K－M＝根据设计底边省道收进量为 0.6~1.3cm。
- 连接 J、G 和 L 画微弧线。
- 连接 J、I 和 M 画微弧线，完成后衣片垂直省道线。
- N－C＝从 C 延伸与省道收进量 (L－M) 相同的量。
- 连接点 D、E 和 N，用微弧线画侧缝线。

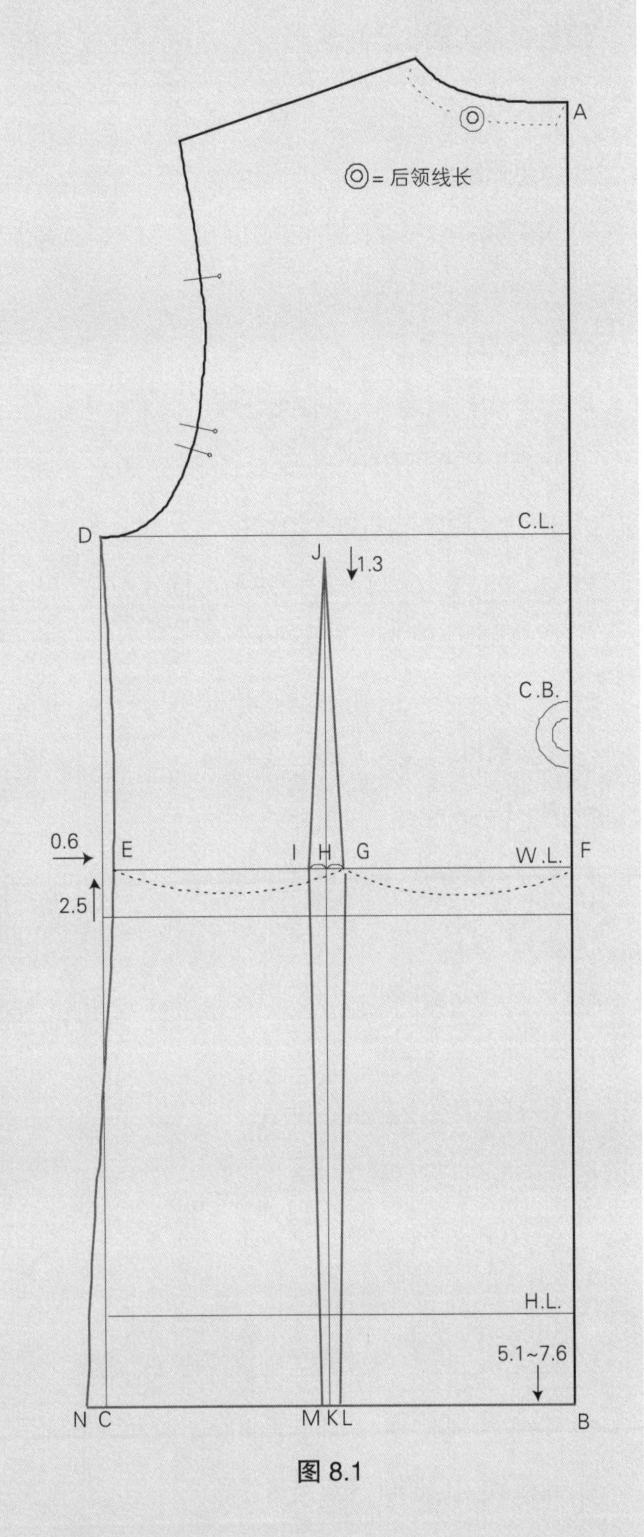

图 8.1

注释：对于正常的衬衫来说，B–L 的量应该比 F–G 的量大些，当衬衫穿在人体上时，看上去省道是垂直的。

画前衣片（图8.2）

- 拓印修身前衣片 (图 2.4, P25)。
- A = 领窝点。
- B = 衬衫前衣片长按照后衣身延伸的量，从臀围线向下延伸得到的点。
- C = 袖窿底点。
- D = 新的侧腰点，从原型腰线上向上量 2.5cm，向前中线收进 0.6cm。
- B – E = 画原臀围线的平行线。
- A – F = A – G = 门襟宽的一半 (例 :1.9cm)，从 F 和 G 垂直向下画前中线的平行线。
- H – D = 从 D 向前中线画线与原腰线平行，相交于门襟 H 点。
- H – I = 量 8.9~10.1cm。
- I – J = 腰省收进量 (例 :1.3~1.9cm) 。
- K = I – J 的中点。
- K – L = 向胸围线画垂直引导向。L 在胸围线下方 6.4cm。
- I – M = 向底边画垂直线。
- M – N = 向侧缝量 0.6cm。
- N – O = 底边收省量 （例 :1.3~1.9cm）。
- 连接 L、I 和 M 画弧线。
- 连接 L、J 和 O 画弧线，完成前垂直省道线。
- P = 从 E 延伸与在底边省道量 (N – O) 相等的量。
- 连接 C、D 和 P，完成前侧缝线。
- 分别检查前侧缝线与后侧缝线 (E – D – N) 是否相等。
- 确定纽扣和扣眼的位置。

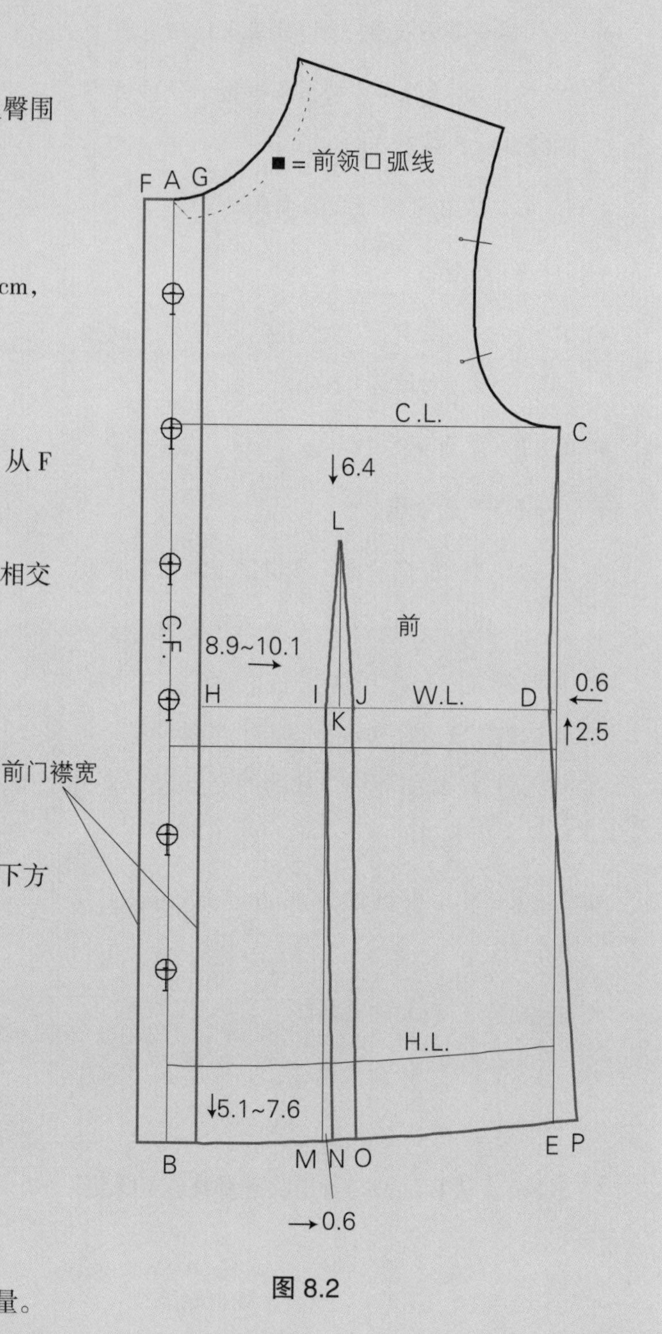

图 8.2

口袋（图8.3）

- R = 口袋右角位置，颈肩点 H.P.S. 向下 19.1cm，前中线 5.1cm。口袋应该垂直前中线。
- 口袋设计，画长方形，它的宽是 11.4cm，深是 12.7cm。从口袋底边的每个角向上量 2.5cm，重新画底边线，形成一个尖点。根据设计，口袋的大小可以变化。
- 口袋纸样 = 用另一张纸拓印口袋纸样。

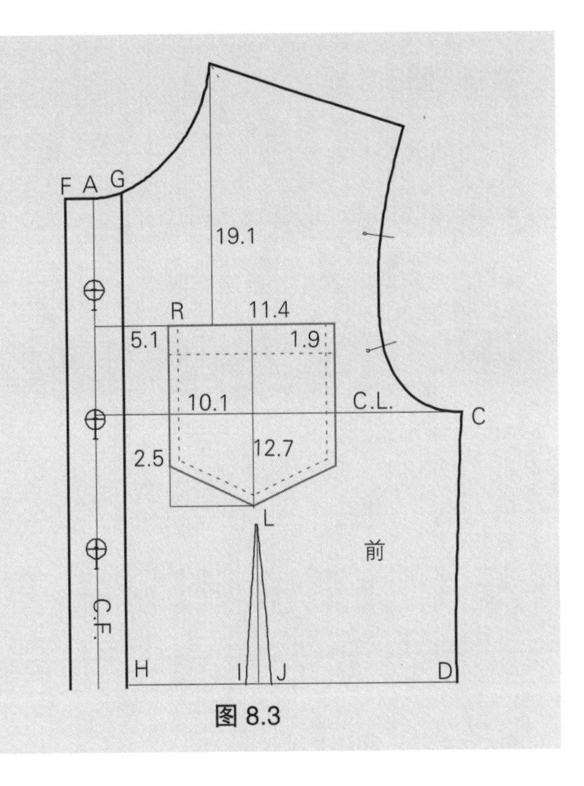

图 8.3

袖子（图8.4）

- 拓印修身型袖子原型（图 2.12, P29）。对于袖子的设计参见第五章“有袖衩无褶裥的袖子”，图 5.1~5.3（P118~119）。

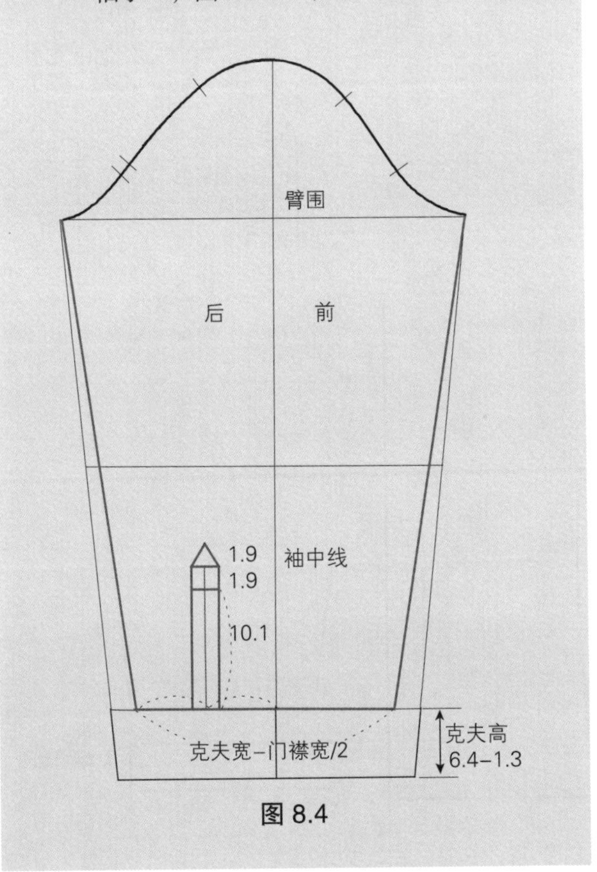

图 8.4

克夫（图8.5）

- 对于可调节的克夫，参见第五章，图 5.43（P145）

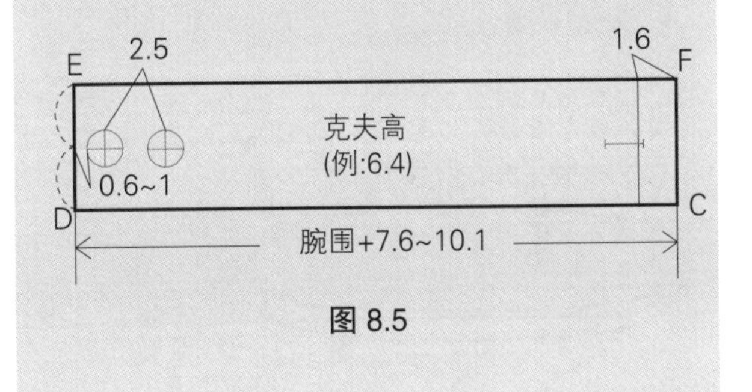

图 8.5

衣领（图8.6）

- 量后领长和前领长。
- 参考第四章“分离底领两片式衬衫领”，图 4.17~ 图 4.21（P87~88）。

图 8.6

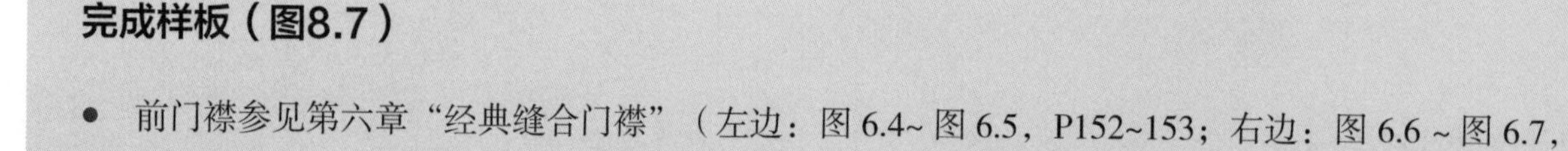

完成样板（图8.7）

- 前门襟参见第六章“经典缝合门襟”（左边：图 6.4~ 图 6.5，P152~153；右边：图 6.6 ~ 图 6.7，P153~154）。
- 标记纸样。
- 标记丝缕线。

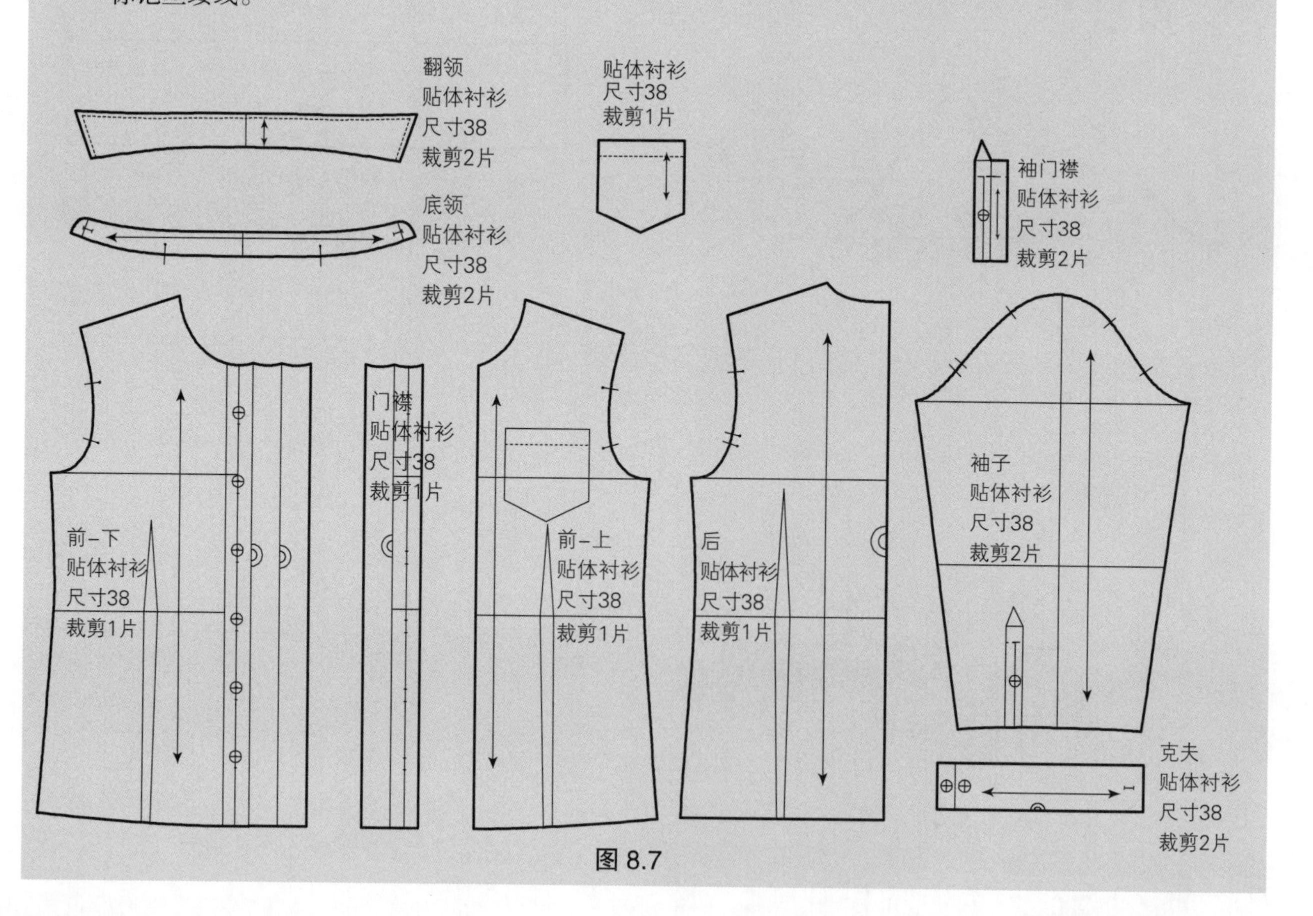

图 8.7

敞开领衬衫

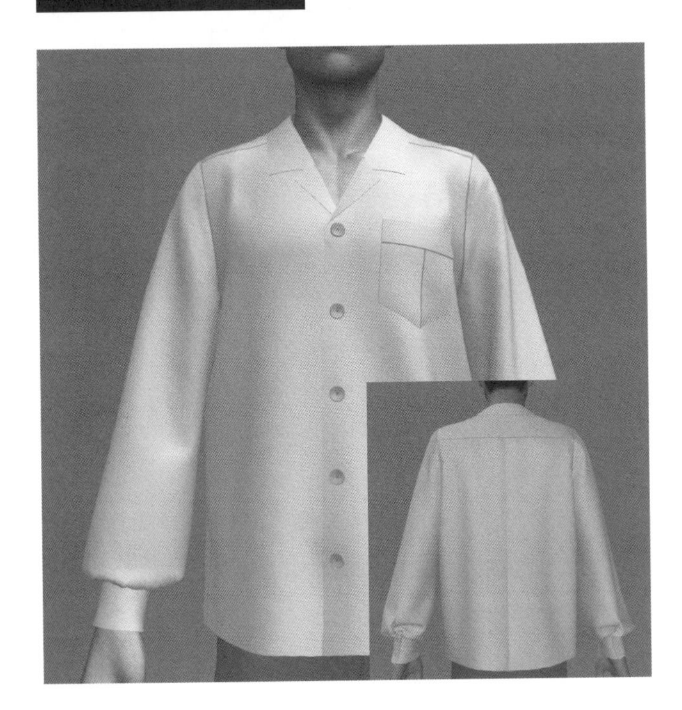

设计风格要点

敞开领和连门襟的设计也出现在保龄球和夏威夷短袖衬衫中。通常它的廓型比较宽松，穿着时不用塞在裤子里，而是罩在裤子外面。

经典合身款式

见平面图 8.2。

1. 翻（敞开）领
2. 门襟与挂面相连
3. 贴袋
4. 主教袖和斜条滚边袖衩
5. 后育克
6. 隐形裥
7. 法式克夫

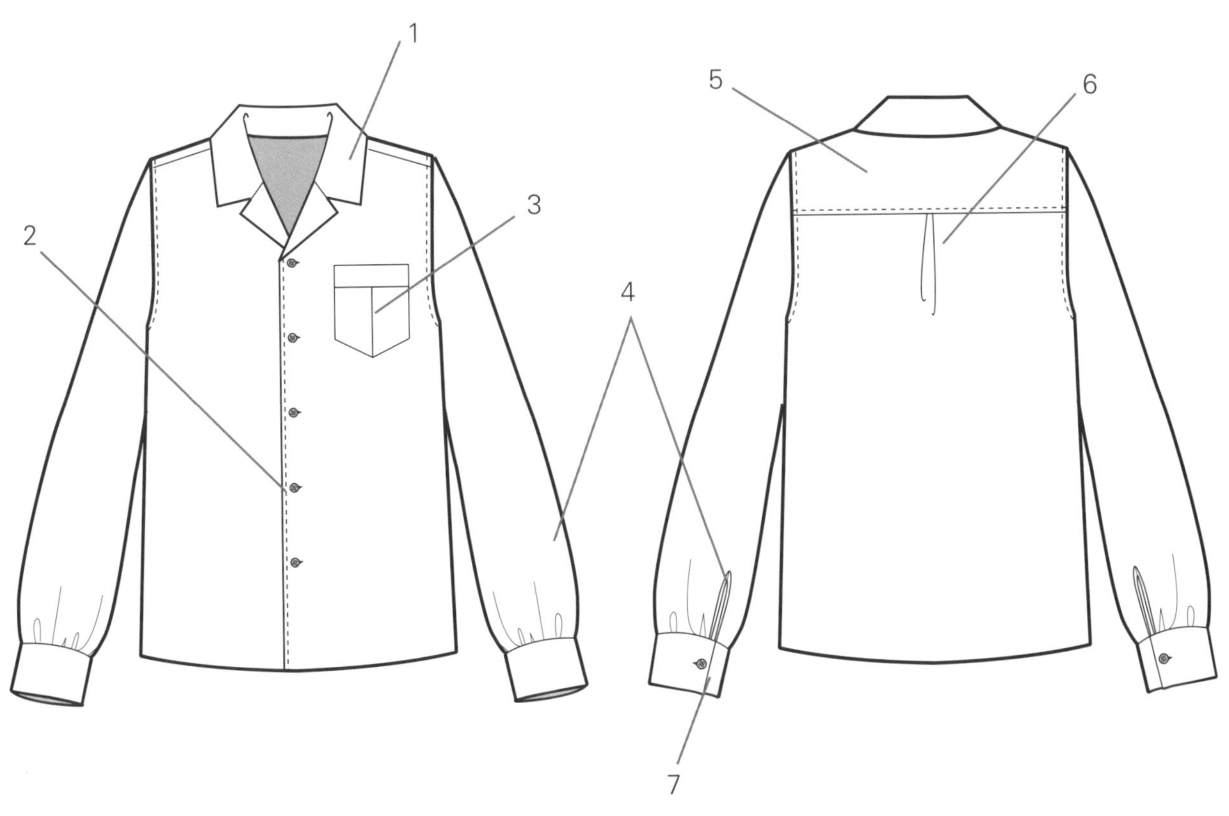

平面图 8.2

画后衣片（图8.8）

- 拓印经典合体后衣身原型，参照图 2.17~ 图 2.21 (P34~37)。
- A－B = 后衣身衬衫长度，从臀围线延伸 5.1~7.6cm。
- B－C = 底边线，画直线。
- A－D = 后育克深（例 :10.1~12.7cm）。
- D－E = 从后中线，画垂直线到袖窿线。
- F = 从袖窿线量 D－E 的 1/3。
- E－G = 向下量取 0.3cm。
- F－G = 画弧线。
- D－H = H－I = 箱型裥量（例 :2.5~5.1cm）。
- I－J = 画线平行于后中心线，然后完成箱型褶裥。

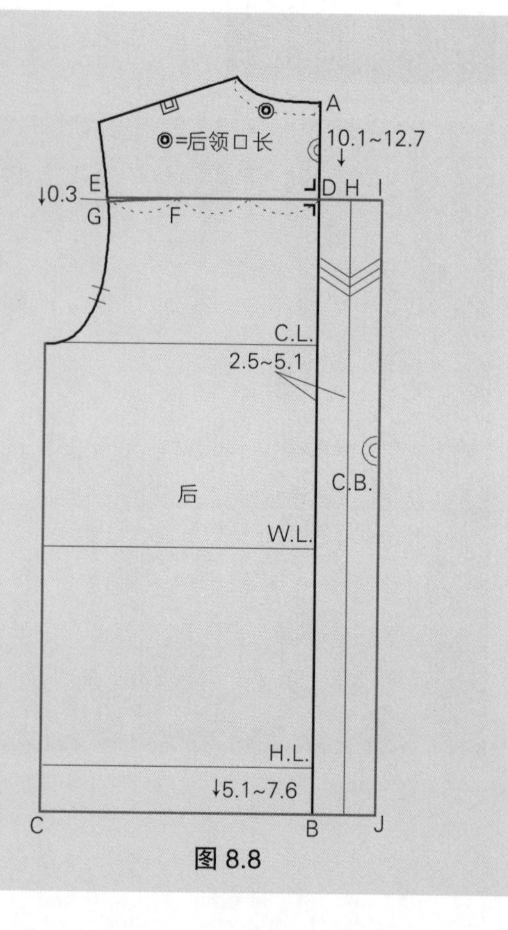

图 8.8

画前衣片（图8.9）

- 拓印经典合体前衣身原型，参照图 2.17~ 图 2.21 (P34~37)。
- A = 前领窝点。
- B = 前衣片衬衫长度，从臀围线与后衣身延伸相同的量。
- B－C = 画线与臀围线平行。
- D－E = 画前育克线深（例：2.5cm），与肩线平行。
- A－F = 新的前领窝点，从 A 下降 1.3cm。
- F－G = 叠门量（例：1.9cm），画线与前中线平行。
- G－H = 向下量取 10.1cm。
- I = H.P.S.
- I－J = 从 I 延长 2.5cm。

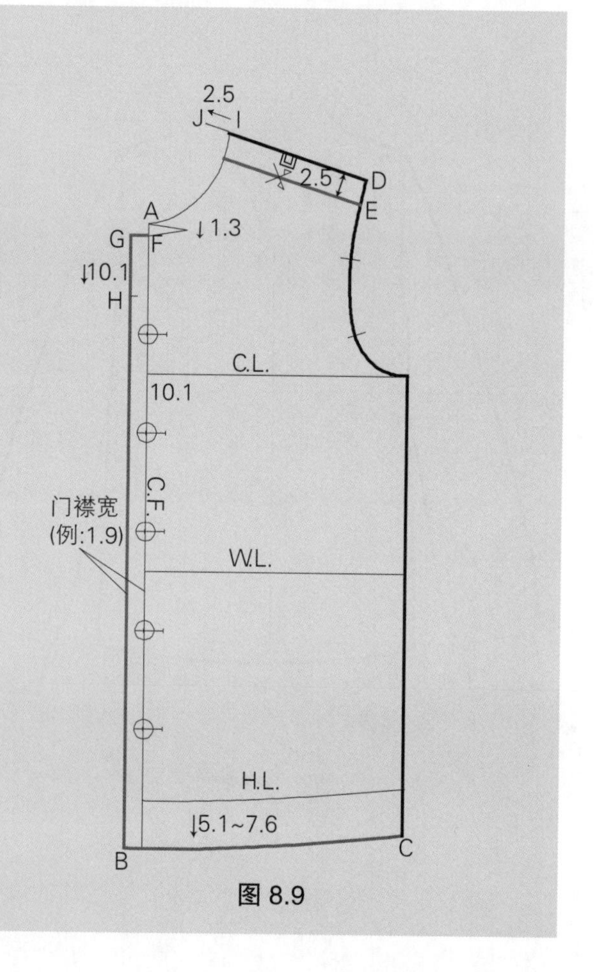

图 8.9

衣领和口袋（图8.10）

- H－J＝画直线，为衣领翻折线。
- I－K＝过点I作翻折线平行线，量取长度与后领弧线相等。
- K－K′＝翻折线I－K以I点为原点旋转，使K－K′＝2.9cm。
- I－L＝从I-K继续向下画线，长为9.5cm，平行于衣领翻折线。
- I－M＝量出0.6cm。
- K′－M＝画直线。
- K′－N＝画一条与K′－M垂直线，长为7.6~10.1cm。
- N－O＝过N点画垂直线，长7.6cm。
- O－P＝画微弧线。
- 标记口袋位置，如图所示。
- 将口袋纸样拓印后分开。参考第六章“贴袋”（P168~171）。

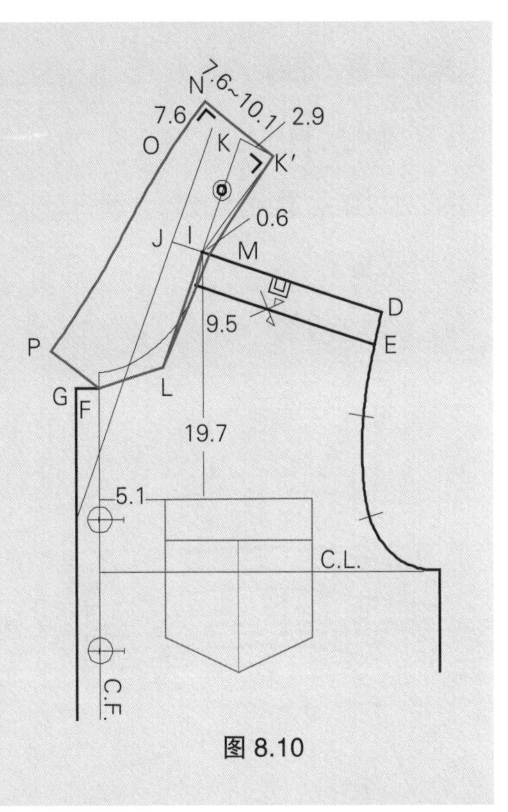

图 8.10

袖子（图8.11）

- 拓印经典合身袖子原型（图2.19, P35），关于袖子设计参照第五章“主教袖”图5.12~图5.17(P124~127)。

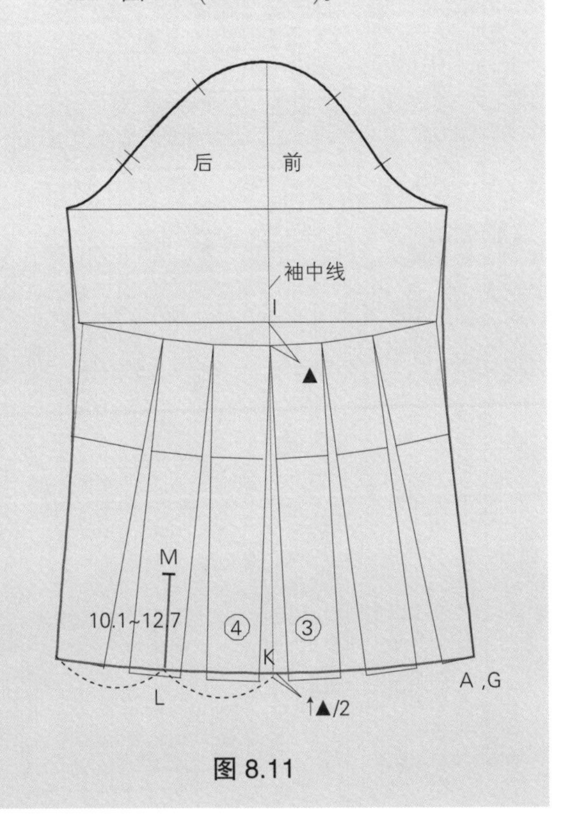

图 8.11

法式克夫（图8.12）

- 关于法式克夫，参见第五章“法式克夫”，图5.46（P147）。

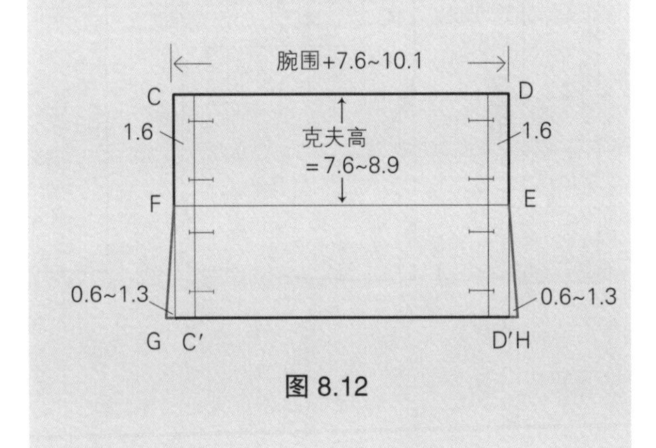

图 8.12

完成样板（图8.13）

- 前挂面参照第七章“缝合挂面方法”(图 7.7, P 179)。
- 将前育克与后育克连接。
- 标记纸样。
- 标记丝缕线。

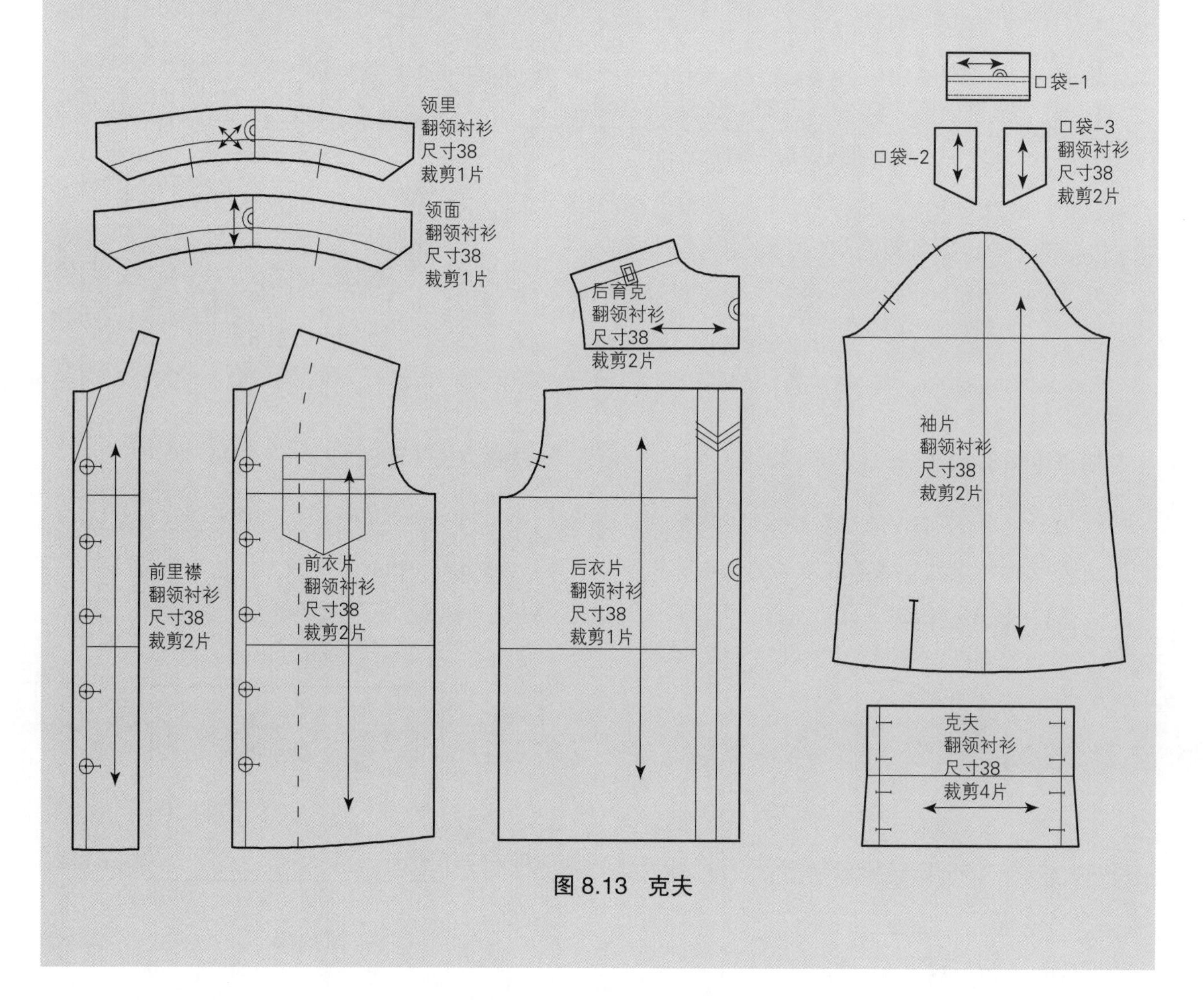

图 8.13 克夫

西部风格衬衫

设计风格要点

这种类型的服装——最初是美国西部的牛仔穿着——其特征是尖角立领、前衣身有口袋和背后有 V 形的弧线育克。

修身合体款式

见平面图 8.3。

1. 尖角衬衫领，底领分开
2. 经典缝合门襟
3. 有袋盖的褶裥口袋
4. 前后育克
5. 有袖衩、一个褶裥袖子
6. 可调节克夫
7. 弧线下摆

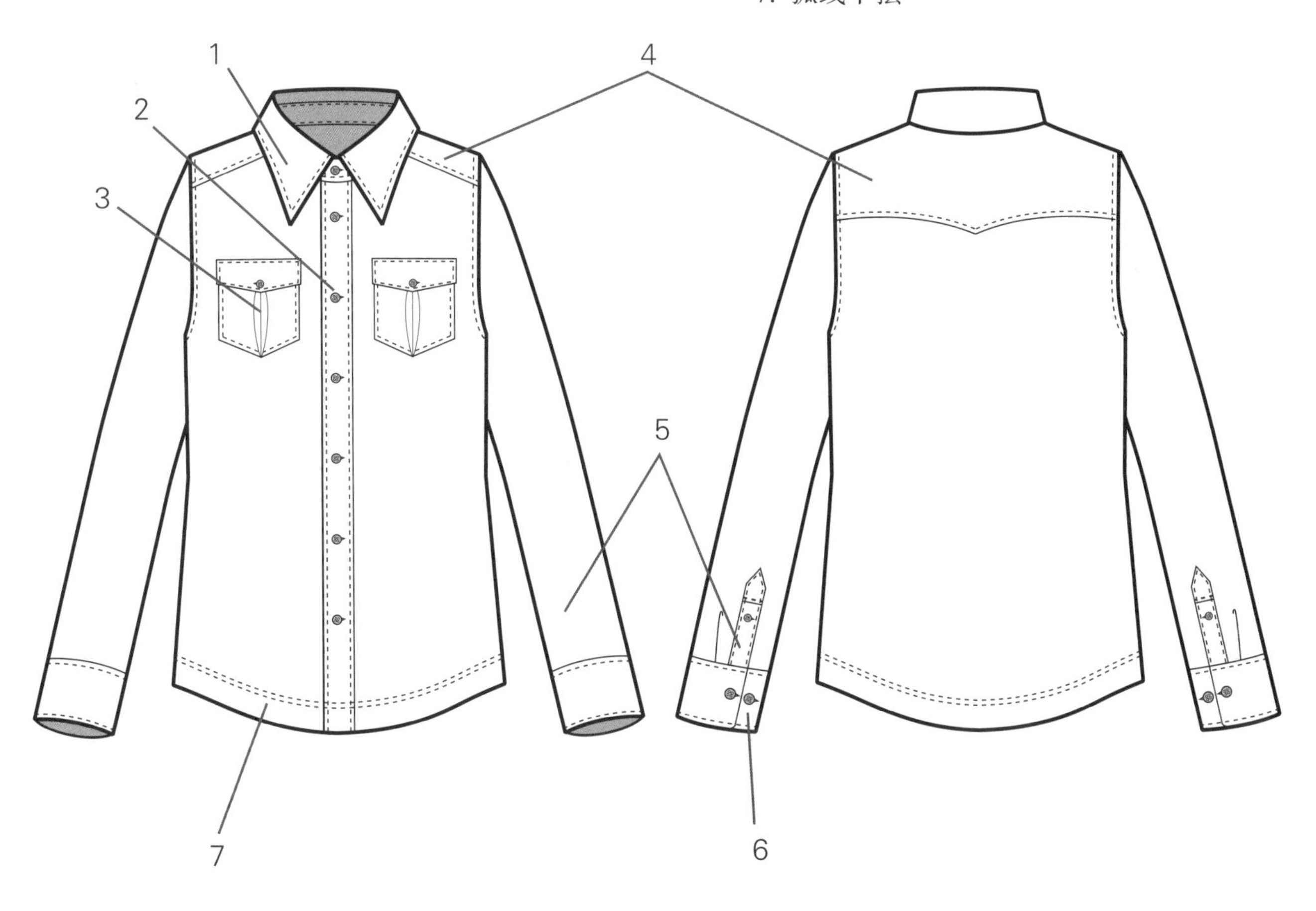

平面图 8.3

画后衣片（图8.14）

- 拓印修身合体型后衣片原型（图 2.3, P24)。
- A－B = 衬衫后衣身长度，从原型臀围线延伸 2.5~5.1cm。
- B－C = 画线与臀围线平行。
- A－D = 从后领窝点画后育克深(例:14cm)。
- E = 从 L.P.S. 画后育克深(例:8.9cm)。
- D－E = 画直线。
- E－F = 向下量取 0.3~0.6cm。
- G = D－E 的中点。
- G－H = 画垂直线 1.3~1.6cm。
- 连接D、H和 E，画弧线，完成后育克线(根据育克的设计线条可以变化)。
- 连接点 D、H 和 F，画弧线，完成后衣身育克线条。
- I = 袖窿底点。
- J = 新的侧腰围线点，向上量 2.5cm，从原型腰线点，向后中线量进 1.3cm。
- C－K = 侧缝下摆向上量7cm和量进0.3cm。
- 用弧线连接 I、J 和 K，完成后侧缝线。
- 连接 B 和 K，画顺弧线。

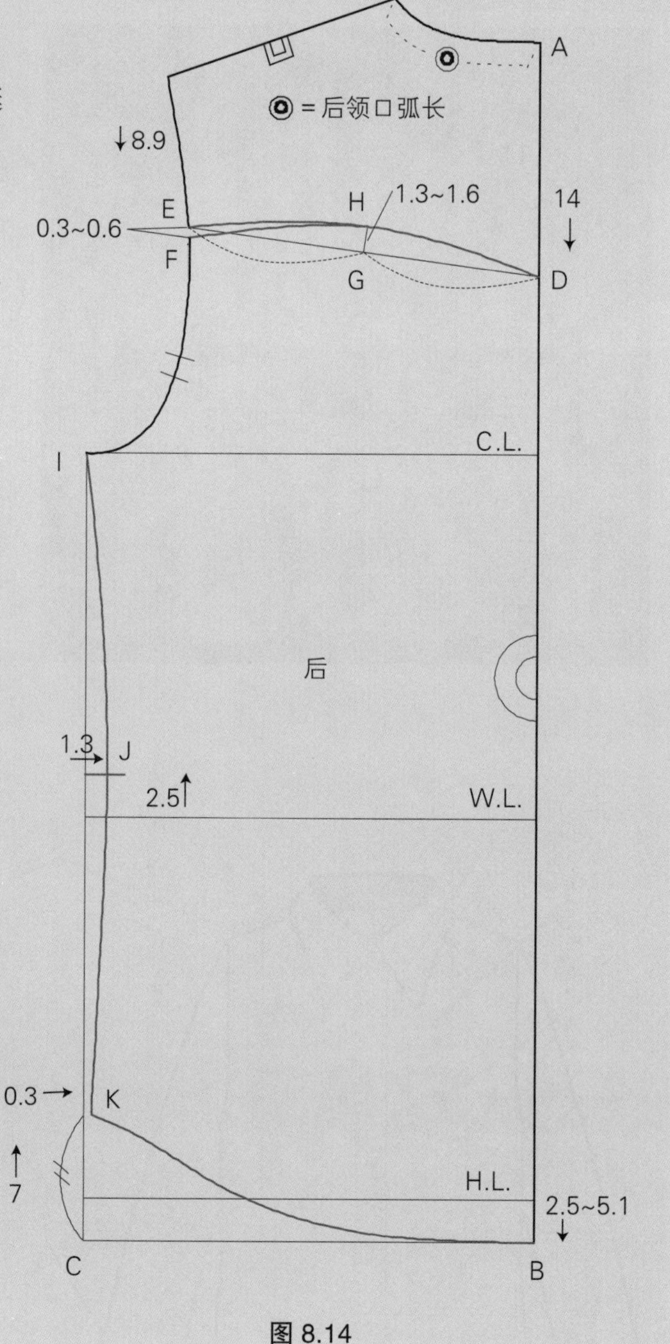

图 8.14

画前衣身（图8.15）

- 拓印修身合体型前衣片原型（图 2.4, P25）。
- A－B＝领口弧线上育克线深（例：3.8cm）。
- C－D＝袖窿弧线上育克线深（例：5.1cm）。
- B－D＝画直线。
- E＝前领窝点。
- E－F＝E－G＝缝合门襟宽 /2（例 : 1.6cm），从 F 和 G 画线与前中线平行。
- H＝袖窿底点。
- I＝新腰围线侧点，从原型腰围线侧点向上量 2.5cm 和量进 1.3cm。
- H－J＝从点 H 量取和后衣片 (I－C) 相同的长度。
- K＝从 J 向上量 7cm 和量进 0.3cm。
- 连接 H、I 和 J 完成侧缝线。
- J－L＝从前门襟画与前中线垂直线。
- L－M＝向下量取 1.6cm。
- 连接点 M 到 K，画顺底边线，与后底边线相似。
- 标记纽扣和扣眼位置。

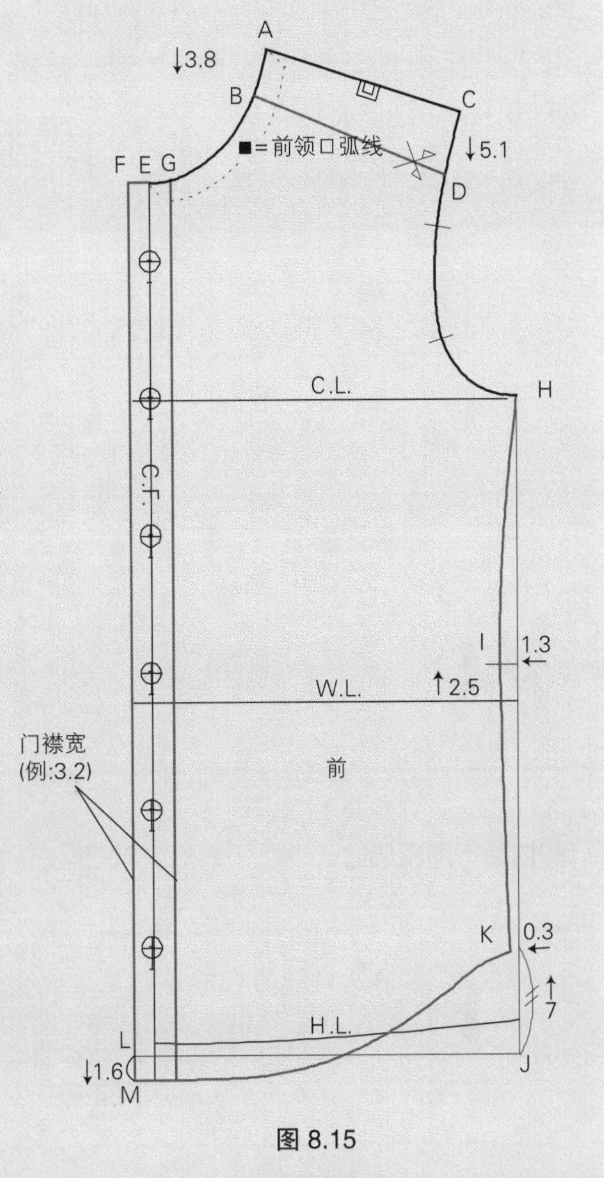

图 8.15

口袋位置（图8.16）

- N＝顶端右侧口袋定位，颈肩点 A(H.P.S.) 向下 17.8~19.1cm，距离前中线 5.1cm。
- N－O＝向上量取 1.3~1.9cm。
- O＝袋盖设计，画袋盖的设计造型。

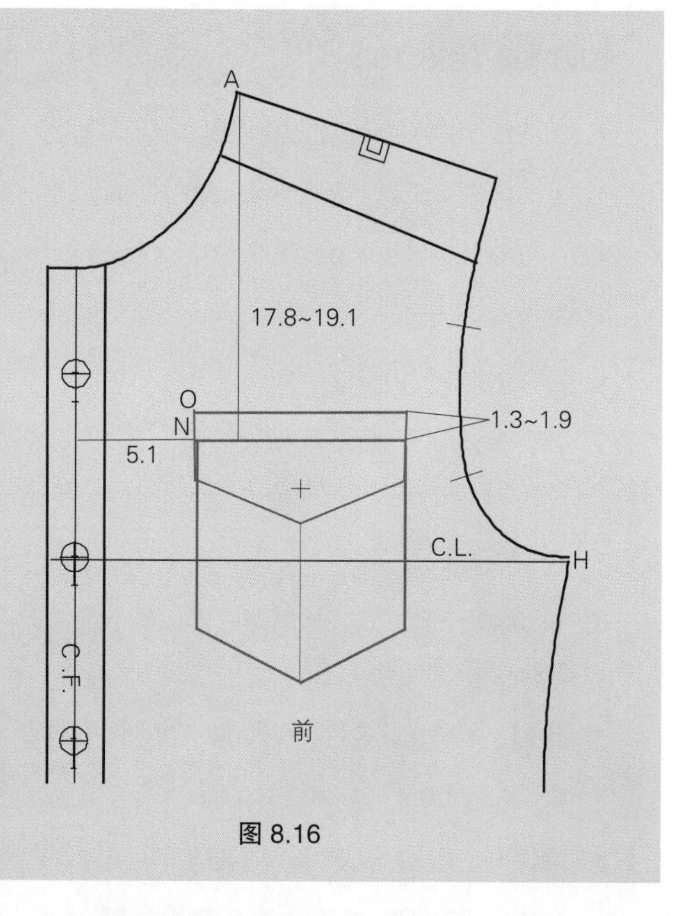

图 8.16

画口袋（图8.17）

- N＝口袋设计，画长方形宽 11.4cm、深 12.7cm，然后从口袋的底角分别向上量 2.5cm，重新画底边线，形成一个尖点。
- 如果需要的话，画 0.6cm＋0.3cm 明线记号，如图所示。
- 如图所示标记口袋裥位。

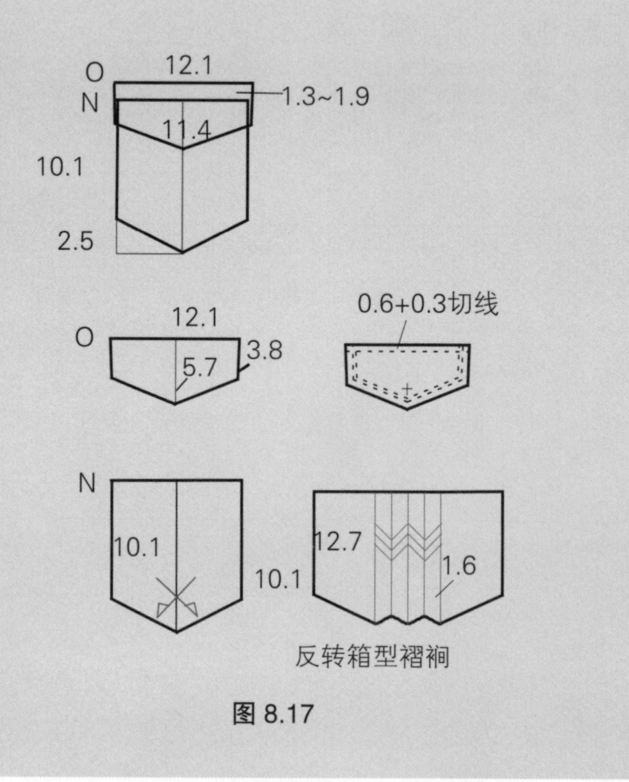

图 8.17

袖子（图8.18）

- 拓印修身型袖子原型（图 2.12，P29），关于袖子设计,参见第五章“一个褶裥袖衩袖”，图 5.5 和图 5.6（P 120~121）。

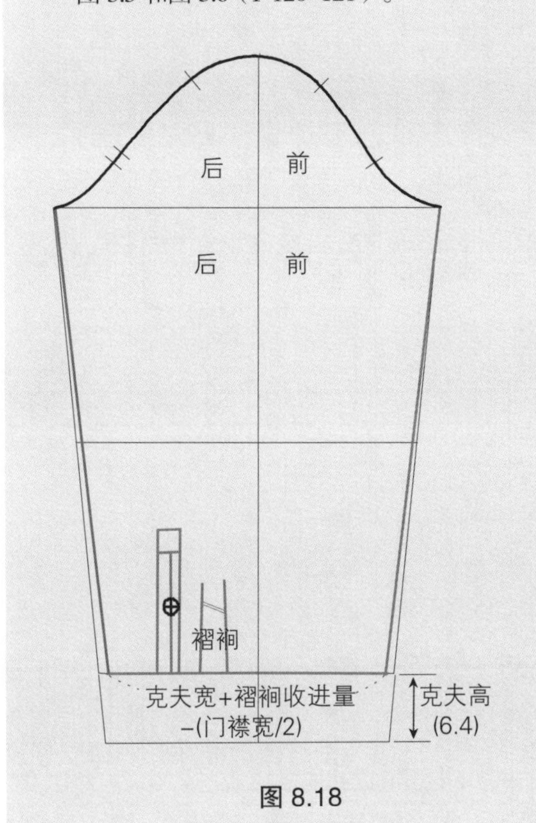

图 8.18

可调整克夫（图8.19）

- 关于可调节克夫细节，参见第五章“可调式克夫”，图 5.43（P145）。

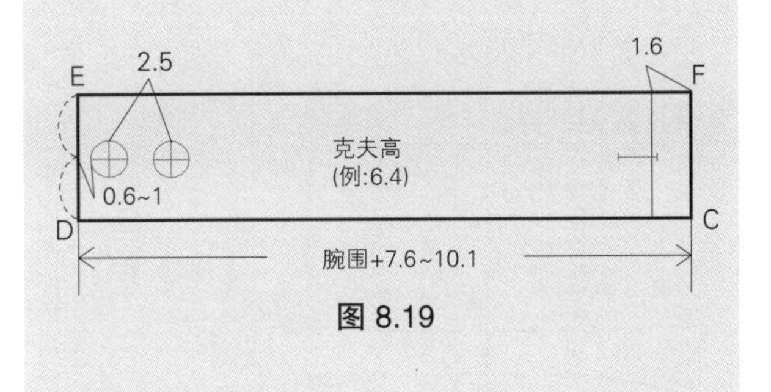

图 8.19

衣领（图8.20）

- 参见第四章，“底领分离的两片式衬衫领”，图 4.17~ 图 4.21 (P87~88)。
- 测量后领弧线和前领口弧长。
- 衣领设计可以变化。

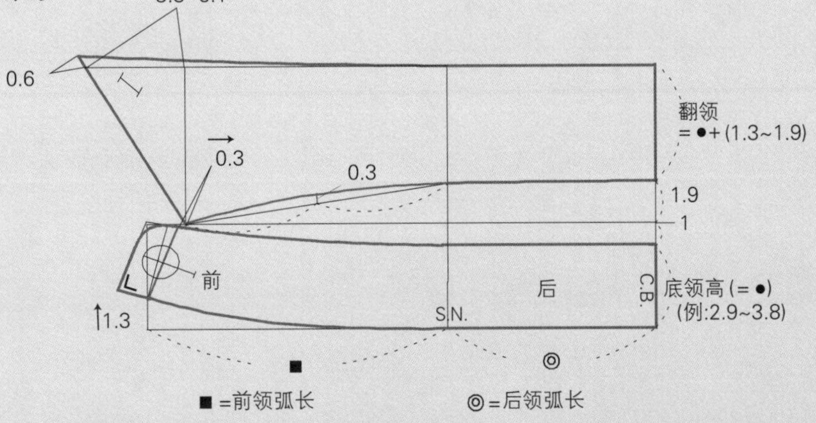

图 8.20

完成样板（图8.21）

- 左右前门襟，参见第六章“经典缝合门襟”(图 6.6 和图 6.7, P153~154)。
- 在底边和口袋上缉明线。
- 连接前后育克。
- 标记纸样。
- 标记丝缕线。

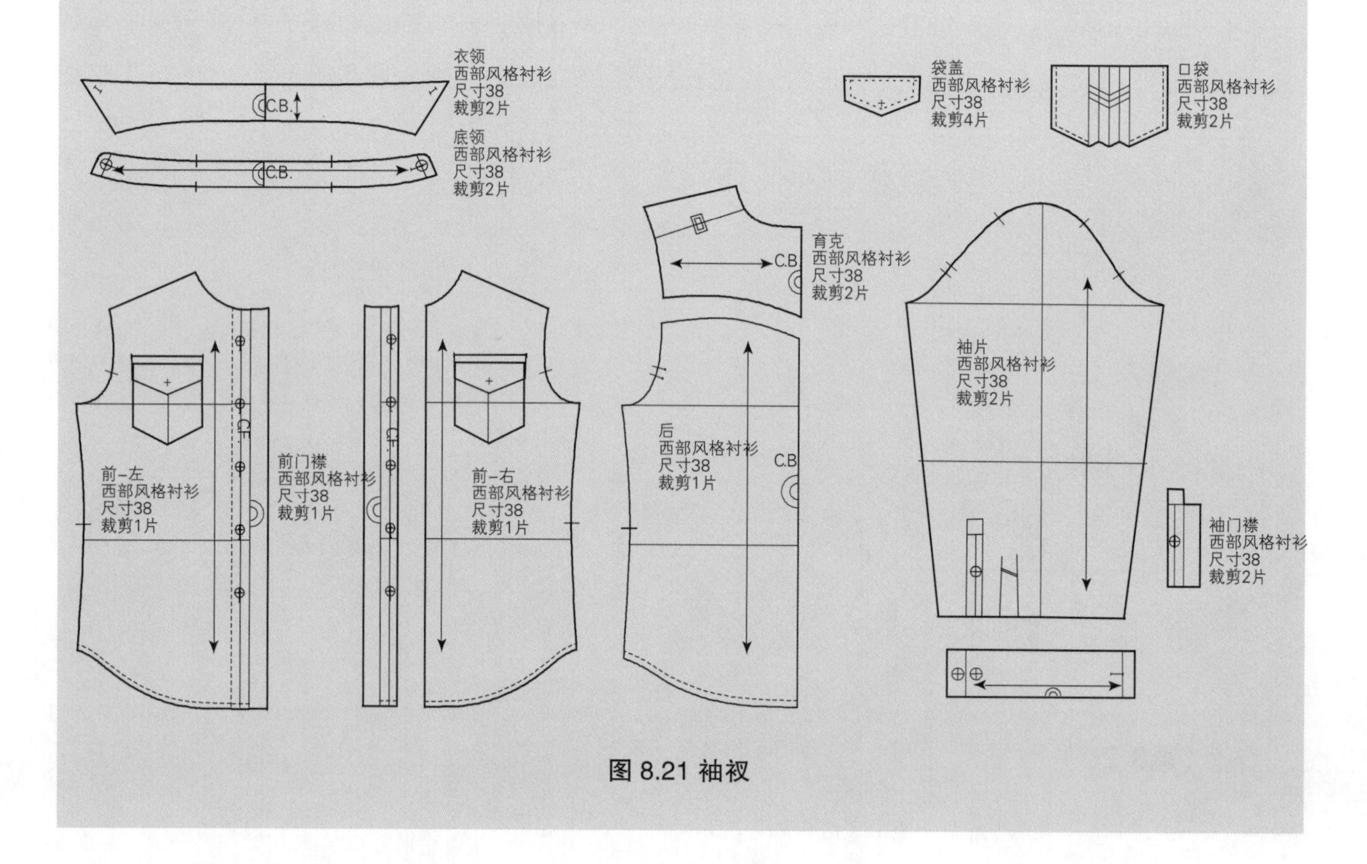

图 8.21 袖衩

军服风格衬衫

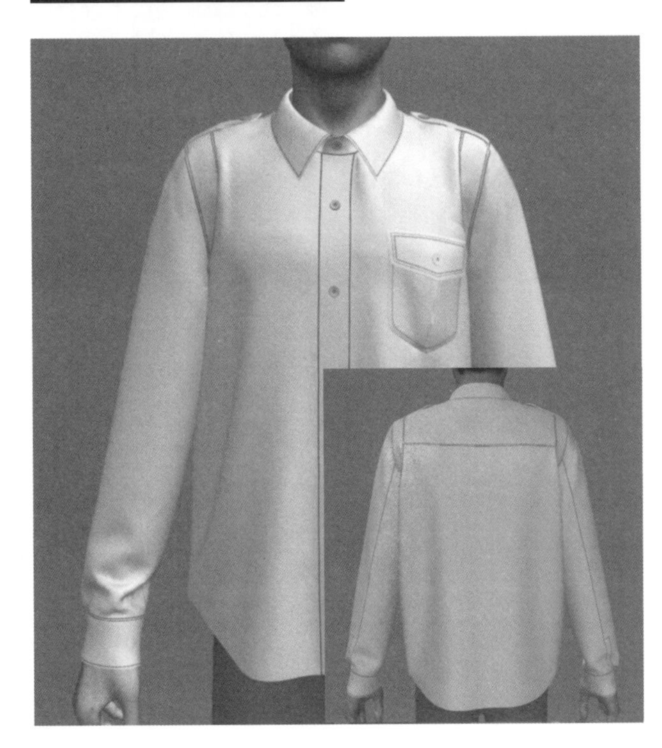

设计风格要点

这种衬衫特征有肩章、肩部翼缘和贴袋——这些元素来源于部队官员和战士的制服。

经典合身款式

见平面图 8.4。

1. 分离式立领的衬衫领
2. 经典缝合门襟
3. 有袋盖的贴袋
4. 垂直方向翼缘
5. 肩章
6. 弧形下摆
7. 有一个褶裥的两片袖
8. 衬衫克夫

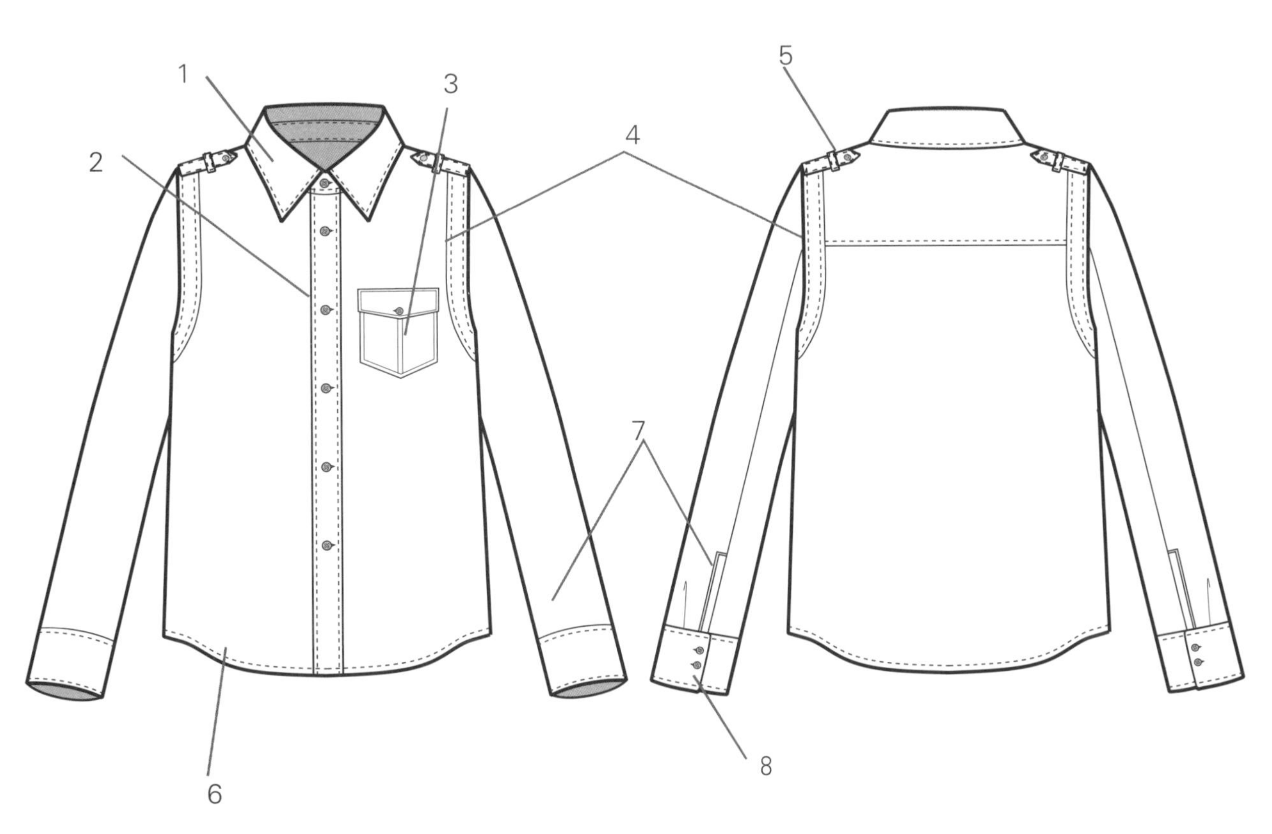

平面图 8.4

画后衣片（图8.22）

- 拓印经典合身后衣身原型。参考图 2.17 到图 2.21（P34~37）。
- A－B = 衬衫后衣身长度，从臀围线延长 3.8cm。
- B－C = 画引导线与原型臀围线平行。
- D = 新的 H.P.S.，沿肩线向下量 0.3cm。
- A－D = 画弧线与原型领口弧线相似。
- E = L.P.S.
- F = 袖窿底点。
- E－G = 肩端点翼缘宽度，量进≈ 3.8cm，可以根据设计变化。
- F－H = 侧缝处翼缘宽度，向下量≈ 5.1cm，也可以根据设计变化。
- H－G = 画弧线与袖窿弧线相似。
- A－I = 后育克深（例 :11.4cm）。
- I－J = 向袖窿画垂直线。
- C－K = 下摆向上量 6.4cm。
- K－B = 底边线，画弧线。

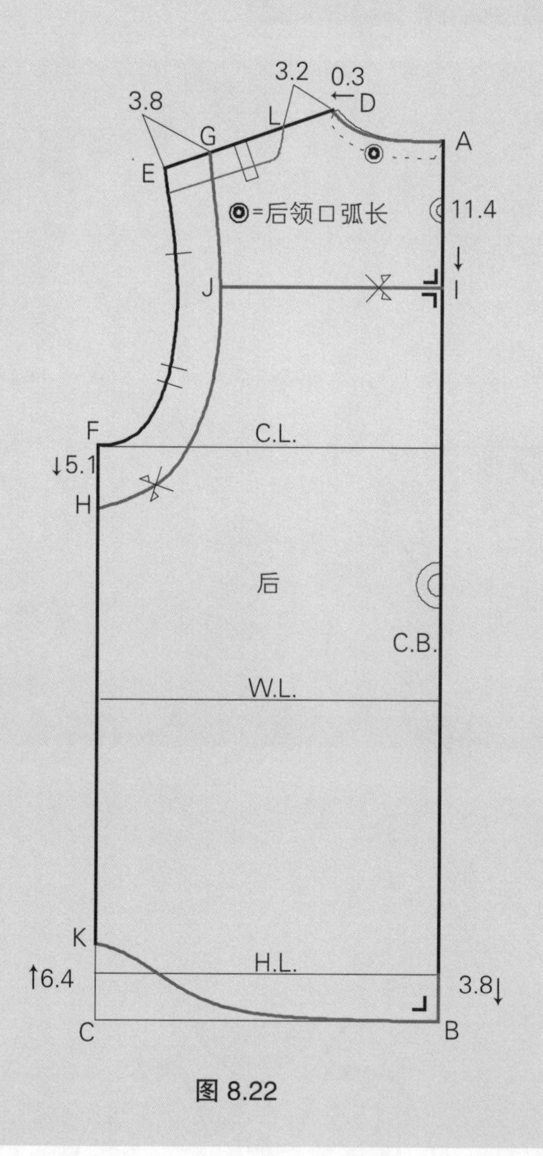

图 8.22

肩章（图8.23）

- 根据设计画肩章，如图所示。
- D－L = 在肩缝上量过 3.2cm，标记肩章位置。

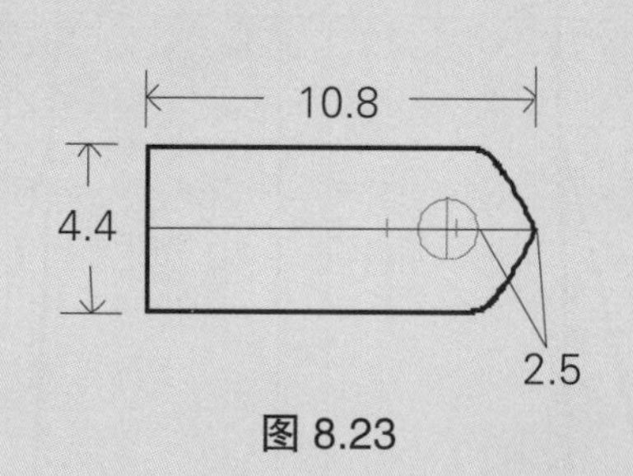

图 8.23

画前衣片（图8.24）

- 拓印经典合身前衣身原型，参考图 2.17~ 图 2.21（P34~37）。
- A = 新的前领窝点，从原型前领窝点向下 0.3cm。
- B = 新的肩端点，水平方向量 0.3cm。
- A - B = 画弧线。
- C = 衬衫前衣身长，从臀围线延伸 3.8cm，与后衣身延长量相等。
- C - D = 画引导线与臀围线平行。
- A - E = A - F = 左右两侧各量取门襟宽的一半（例 :1.9cm），从领窝点到底边画线与前中线平行。
- D - G = 从 D 向上量 6.4cm。
- 设计下摆弧线，完成底边线。
- H = 袖窿底点。
- I = L.P.S.
- I - J = 量进 3.8cm。(应该与后衣身的量相等)。
- H - K = 向下量 5.1cm (应该与后衣身的量相等)。
- K - J = 画弧线与袖窿弧线相似。
- B - L = 量过 3.2cm，标记肩章位置。
- 标记口袋和袋盖位置。
- 标记纽扣和扣眼位置。

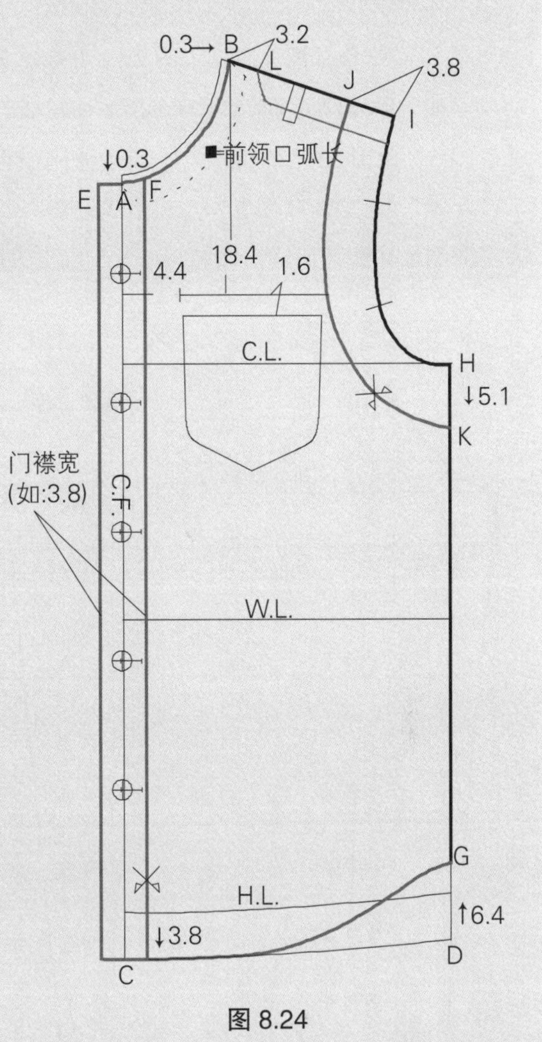

图 8.24

口袋（图8.25）

根据设计画口袋。

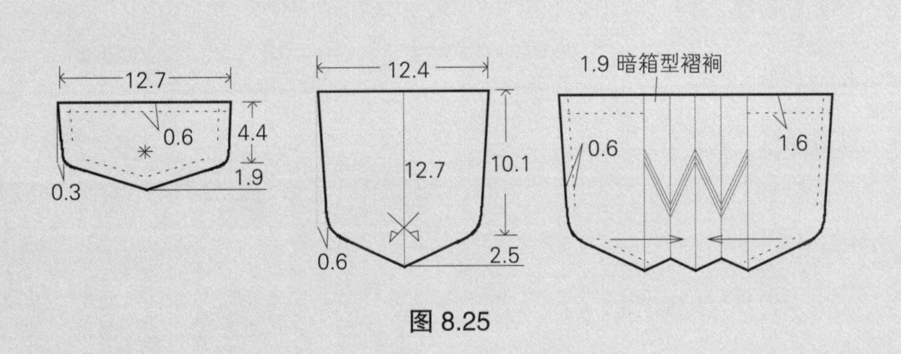

图 8.25

袖子（图8.26）

- 拓印经典合身袖片原型（图 2.19, P35）。关于袖子设计参见第五章“一个褶裥袖衩袖”，图 5.5 和图 5.6（P 120~121）和“休闲服两片袖”图 5.23 和图 5.24（P131）。将一个褶裥袖和两片袖结合起来。

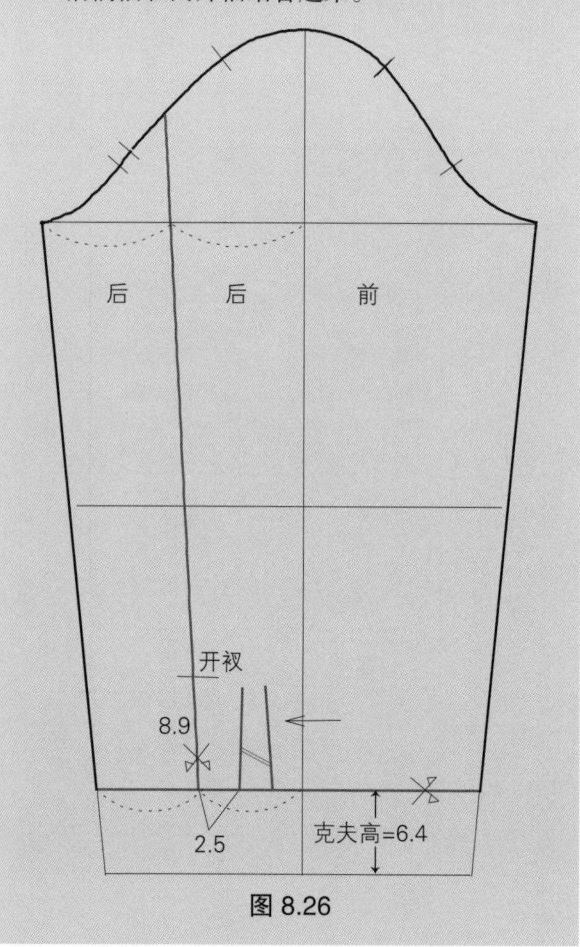

图 8.26

画克夫（图8.27）

- 关于克夫的设计，参见第五章“衬衫克夫”图 5.41 (P144) 和“可调式衬衫克夫”，图 5.42 和图 5.43 (P145)。结合衬衫克夫与可调式衬衫克夫。

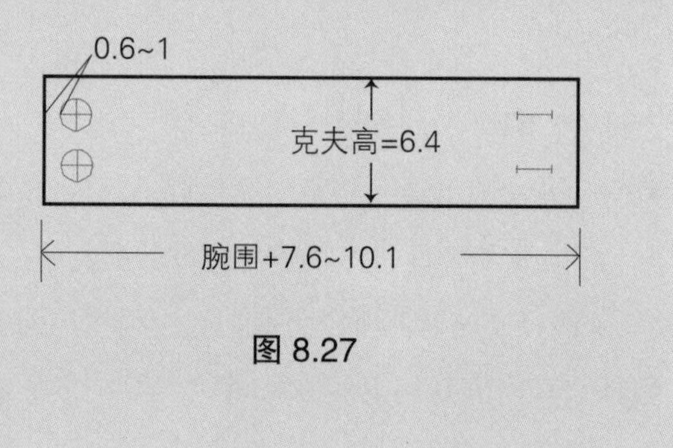

图 8.27

画衣领（图8.28）

- 量前后领口弧长。
- 见第四章“底领分开的两片衬衫领”，图 4.17~ 图 4.21 (P87~88)。
- 领尖角设计可以变化。

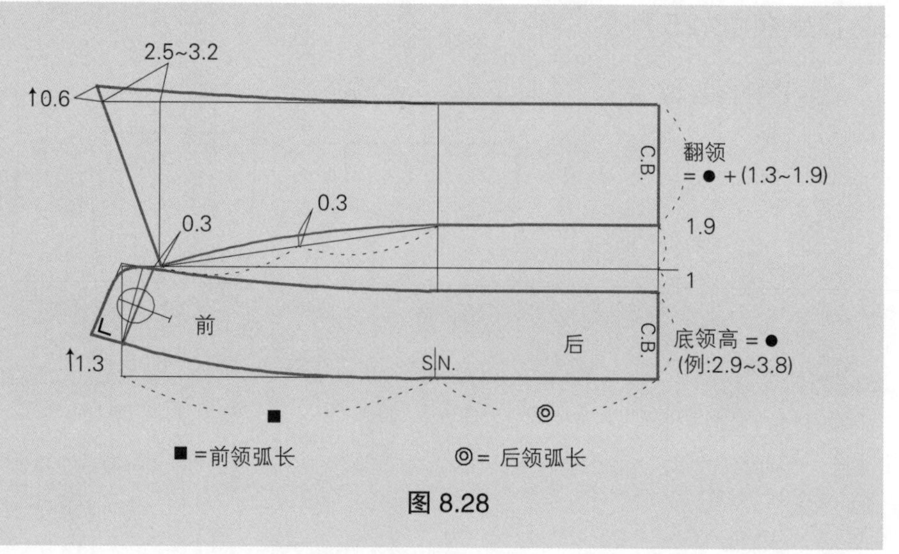

图 8.28

完成样板（图8.29）

- 左右两边前门襟参考第六章“经典缝合门襟”（左侧门襟参考图 6.4 和图 6.5，P152~153；右侧门襟见图 6.6 和图 6.7，P153~154）。
- 在底边线和口袋上缉明线。
- 连接前后育克。
- 标记纸样。
- 标记丝缕线。

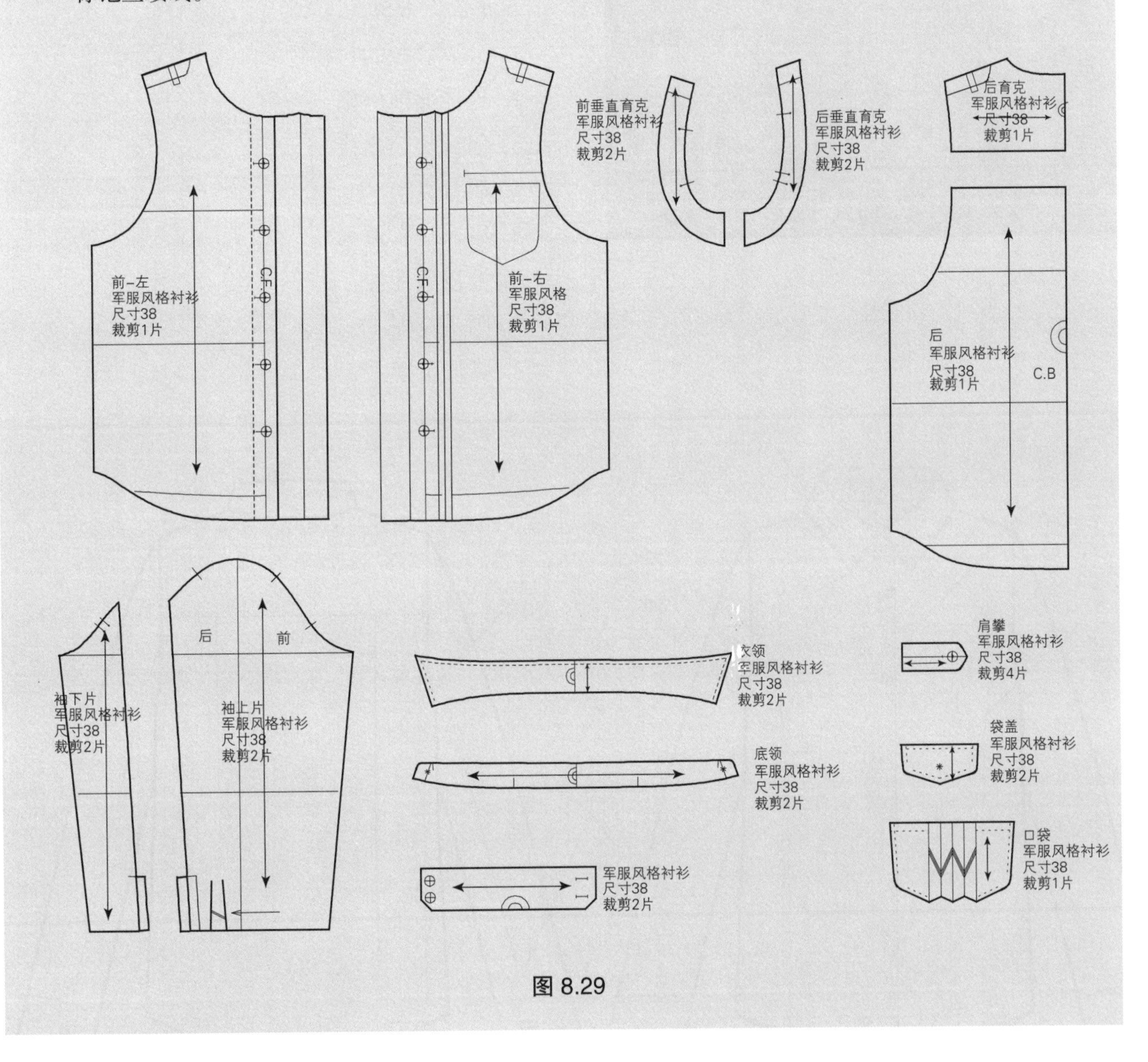

图 8.29

公主线衬衫

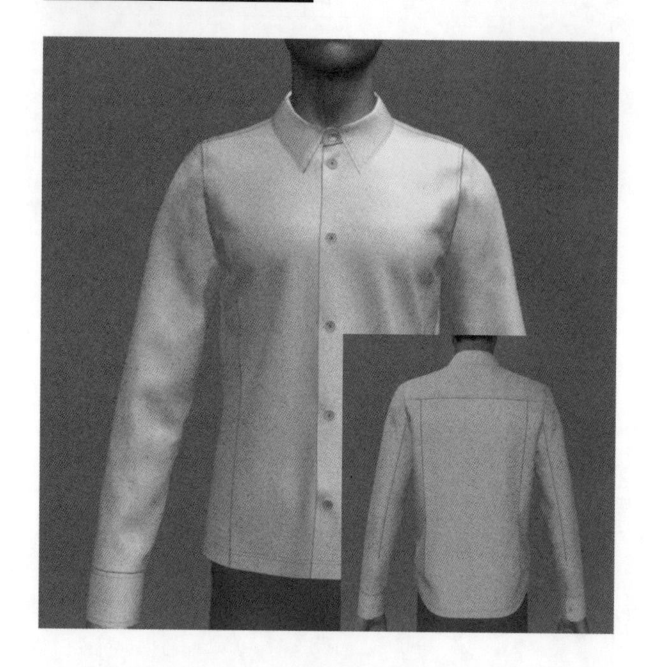

设计风格要点

服装的基本样式是有多个连续的垂直衣片，使衬衫样式贴合身体，而且不需要任何腰线。

修身型款式

见平面图 8.5。

1. 分离底领的衬衫领
2. 连挂面前门襟
3. 前衣片公主线
4. 后育克
5. 后衣身省道
6. 袖衩两片袖
7. 圆头克夫
8. 弧线下摆

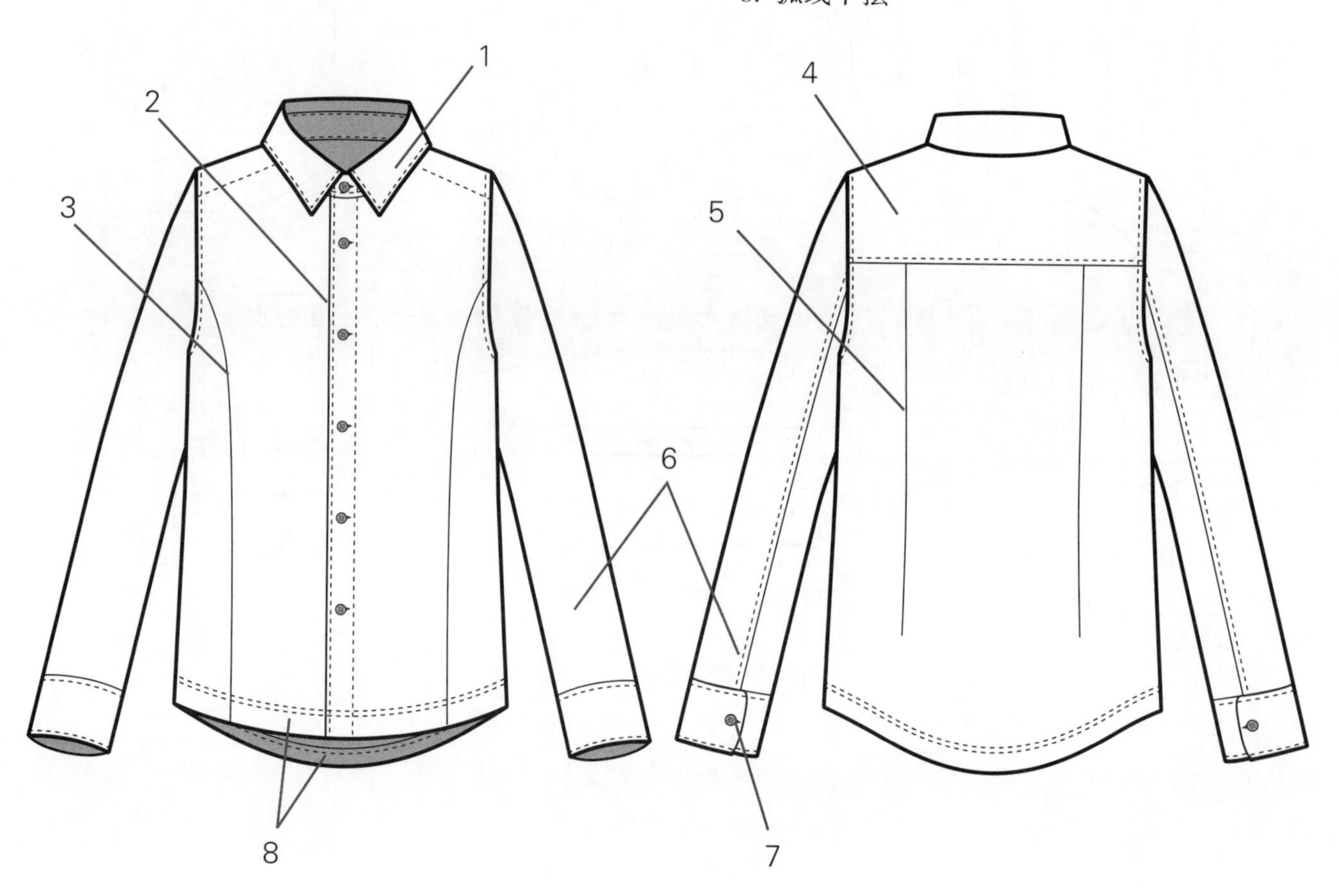

平面图 8.5

画后衣片（图8.30）

- 拓印修身型后衣身原型（图 2.3, P 24）。
- A－B＝衬衫后衣身长，从臀围线延长 2.5~5.1cm。
- B－C＝画侧缝垂直线。
- A－D＝后育克深（例 :11.4cm）。
- D－E＝画线与袖窿弧线垂直。
- F＝D－E 中点。
- E－G＝沿袖窿弧长向下量 0.3cm。
- F－G＝画微弧线。
- H＝D－G 线的 2/3 处。
- H－I＝从 H 画原型臀围线的垂直线。
- I－J＝臀围线向上量 7.6cm。
- K＝在线 H－J 与腰线的交点向上量 2.5cm。
- K－L＝K－M＝从 K 的两侧量腰省量的一半（例 :1cm）。
- N－H＝收省量，量过（例 :0.6cm）。
- 用直线连接 H、L 和 J，完成后省道腿部。N、M 和 J 重复相同步骤。
- O－G＝延长与收省 N－H 相同的量。
- P＝袖窿底点。
- O－P＝画类似于原型的袖窿弧线。
- Q＝新的侧腰点，从原型侧腰点向上量 2.5cm 和量进 0.6cm。
- C－R＝向上量 5.1cm。
- 用微弧线连接 P、Q 和 R，完成侧缝线。
- 连接 B 和 R，用平缓弧线完成底边线。

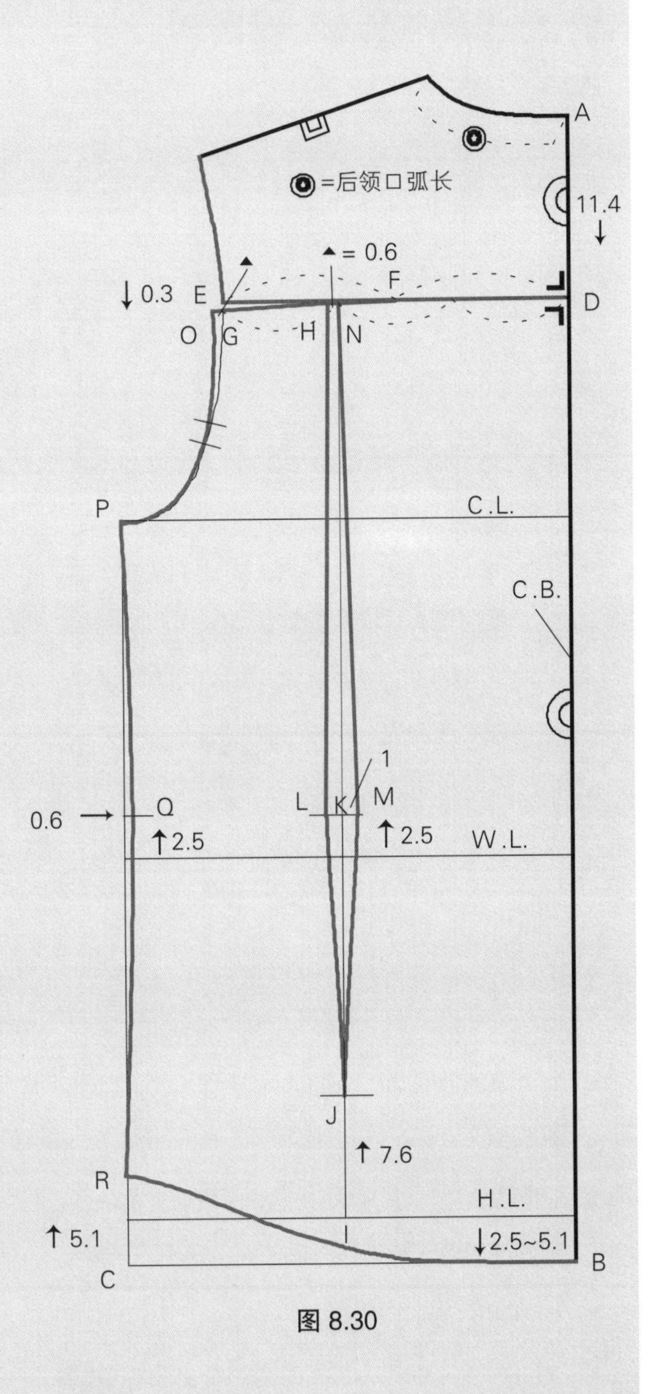

图 8.30

画前衣片（图8.31）

- 拓印修身型前衣身原型 (图 2.4, P25)。
- A = 从原型前领窝点向下量 0.3cm。
- B, C = H.P.S. 和 L.P.S。
- A－B = 画弧线。
- B－D, C－E = 从 H.P.S. 向下量 (例 :1.9cm)。
- D－E = 画直线。
- A－F = 门襟宽，从 A 延长 (例 :1.6cm)。
- G = 袖窿底点。
- H = 从原型侧腰线点向上量 2.5cm 和量进 0.6cm。
- 用微弧线连接 G、H 和 I，完成侧缝线。这个长度应该和后衣片侧缝线(P－Q－R) 相等。
- I－J = 画线与原型臀围线平行，与从 F 点开始的前中线相交。
- K = 原型腰围线的中点。
- L = 省道中点，从 K 点量过 2.5cm 和向上量 2.5cm。
- L－M = L－N = L 的两侧量取省量的一半 (例 :1cm)。
- O = 从胸围线向上画 7.6cm 垂直线，与袖窿弧线相交。
- 画弧线连接 O－M 和 O－N，分别为前衣身和侧片的公主线。
- L－P = 与底边线垂直。
- P－Q = P－R = 从 P 点向两侧量出收省量的一半 (例 :0.3cm)。
- 用弧线连接 M－Q 和 N－R，为公主线。
- 标记纽扣和扣眼位置。

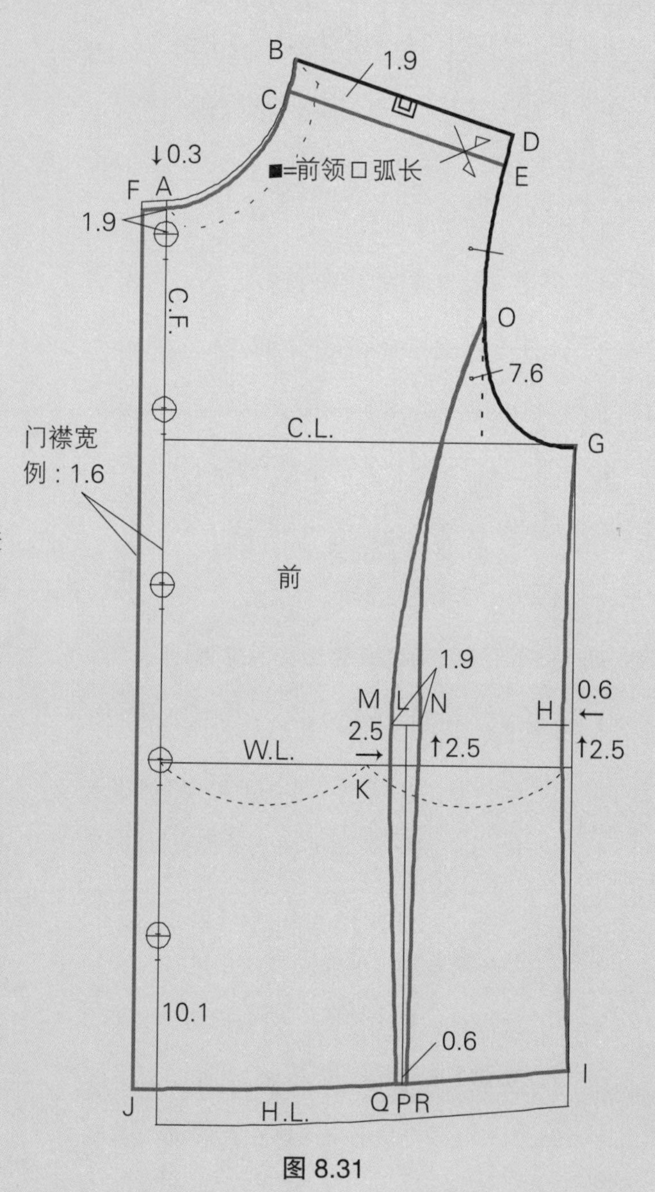

图 8.31

袖子（图 8.32）

- 拓印修身型袖子原型（图 2.12, P 29)。关于袖子的设计参考第五章“休闲装两片袖”(P130~131)。

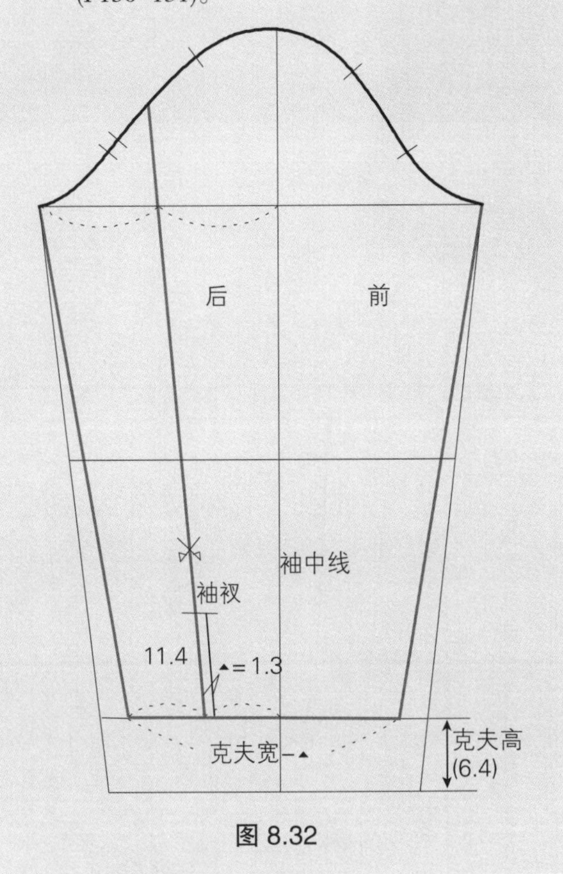

图 8.32

衬衫克夫（图8.33）

- 关于衬衫克夫的设计细节，参照第五章“衬衫克夫”，图 5.41（P144）。
- 如图所示可以设计圆角。

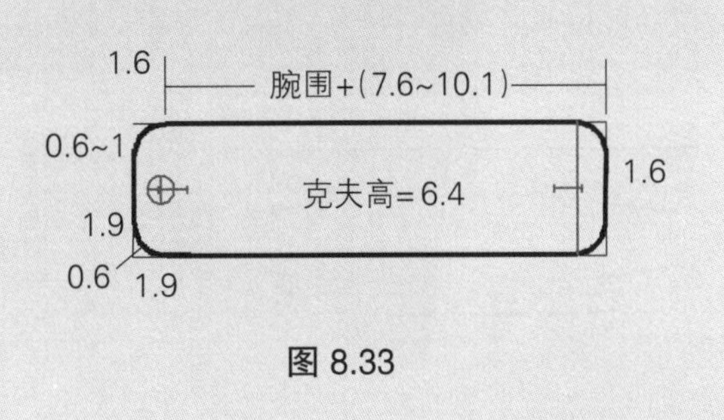

图 8.33

画衣领（图8.34）

- 测量前后领口弧长。
- 参见第四章“底领分开的两片衬衫衣领”，图 4.17~ 图 4.21(P87~88)。
- 衣领角的设计可以变化。

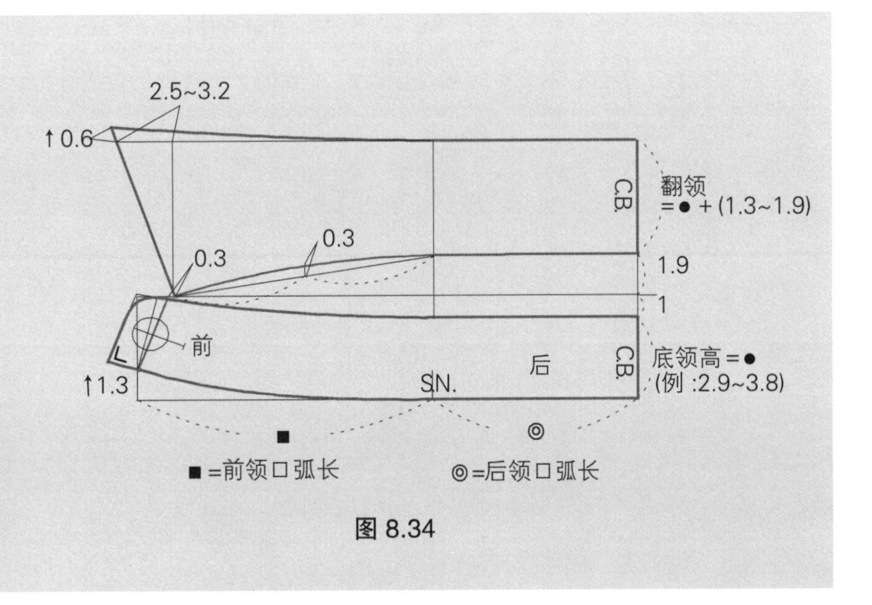

图 8.34

完成样板（图8.35）

- 画前挂面。参照第七章“缝合挂面方法”(图 7.7, P179)。
- 连接前后育克。
- 标记纸样。
- 标记丝缕线。

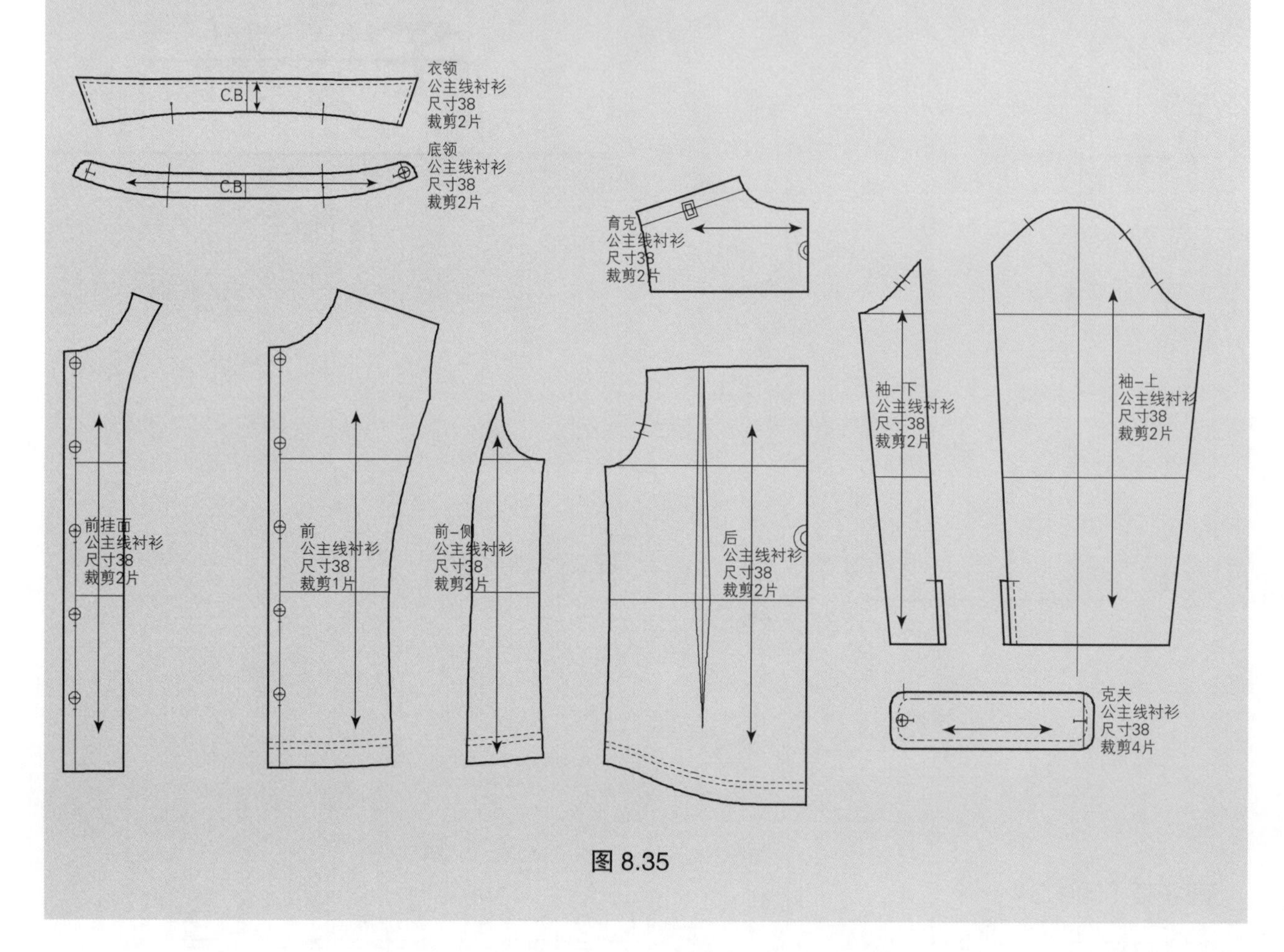

图 8.35

牛津短袖衬衫

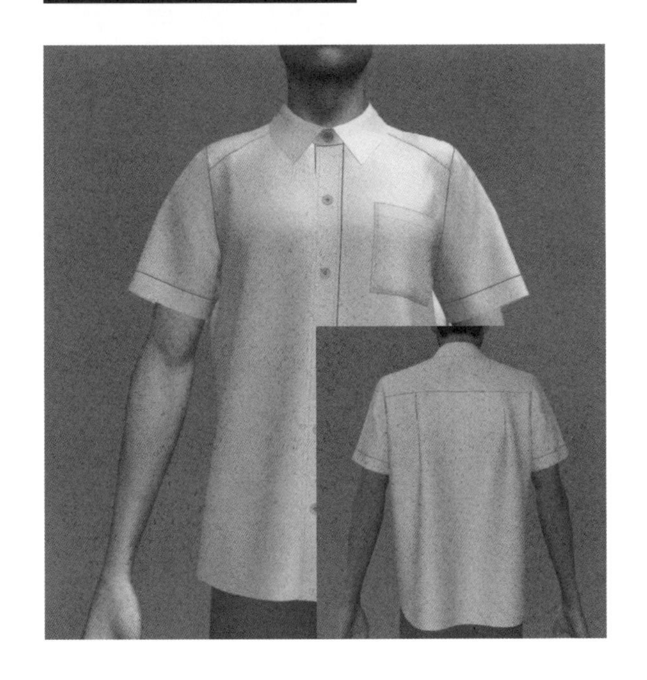

设计风格要点

这种风格的衬衫包括运动型衣领、门襟、翻边袖口和左前片贴袋。衬衫名称来源于这种衬衫经常采用牛津布面料。

经典款式

见平面图 8.6。

1. 分开的衬衫领立领
2. 缉明线的暗门襟
3. 贴袋
4. 前后育克
5. 翻边克夫短袖
6. 弧形下摆

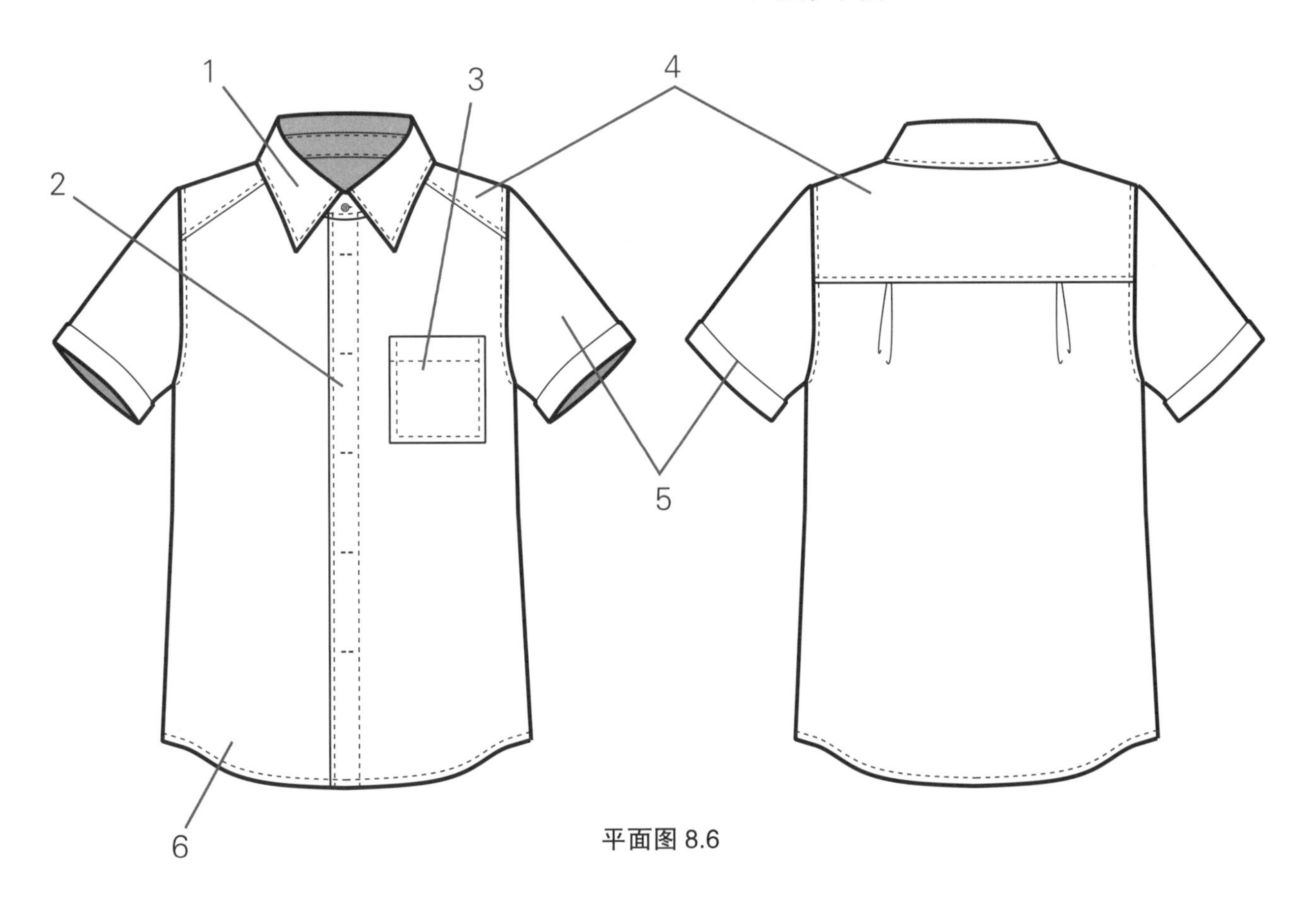

平面图 8.6

画后衣片（图8.36）

- 拓印经典合身后衣身原型(图 2.17~图 2.21，P34~ 37)。
- A－B = 衬衫后衣身长度，从臀围线延长 2.5cm。
- B－C = 画垂直引导线至侧缝。
- A－D = 后育克深(例 :12.7cm)。
- D－E = 画线到袖窿弧形，与后中线垂直。
- F = D－E 的中点。
- E－G = 向下量 0.3cm。
- F－G = 画微弧形。
- F－H = 褶裥收进量(例 :2.5~5.1cm); 标记褶裥收进位置。
- D－I = 从 D 延长，量与 F－H 相同，然后画底边的垂直线。
- J = 袖窿底点。
- K = 新的侧腰围线点，从原型腰围线上向上量 2.5cm 和量进 0.6cm。
- C－L = 向上量 3.8cm。
- 用微弧线连接 L, K 和 J，完成侧缝线。
- M = B－C 的中点。
- 用平缓的弧线连接 L 和 M，完成底边线。

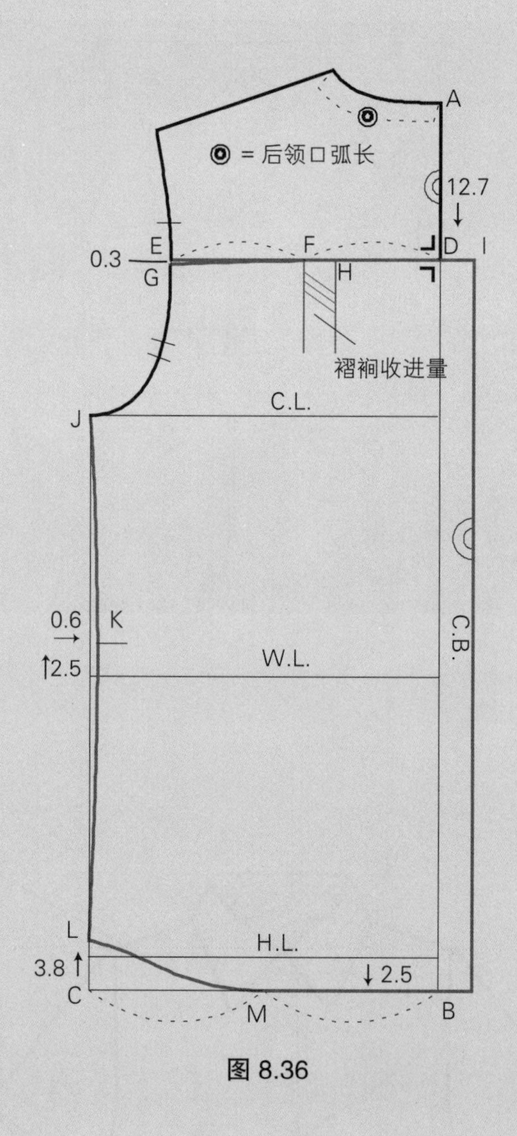

图 8.36

画前衣片（图8.37）

- 拓印经典合身前衣身原型（图 2.17~ 图 2.21 ，P34~37)。
- A = 从原型前领窝点向下量取 0.3cm，重新画领口弧线。
- B = 从原型臀围线向下延伸 2.5cm。
- C – D = 从 H.P.S. 向下量 (例 :2.5cm)。
- E – F = 从 L.P.S. 向下量 (例 :7.6cm)。
- D – F = 画直线。
- A – G = A – H = 从 A 点两侧量门襟宽一半 (例 :1.9cm)，画线与前中线平行，直到底边，宽度为 1.9cm。
- ▲ = 门襟宽。
- I = 袖窿底点。
- J = 从原型腰线侧点向上量 2.5cm 和量进 0.6cm。
- B – K = 画线与原型臀围线平行。
- K – L = 向上量 3.8cm。
- 用微弧线连接 L、J 和 I，完成侧缝线。确保前侧缝长与后侧缝长相等。
- M = B – K 的中点。
- 用弧线连接 L – M 。
- 标记纽扣和扣眼位置。
- G – H′ = H′ – G′ = 为了制作暗门襟的样式，复制三次门襟宽 (H – G) ＋ 0.3cm，如图所示。
- N = 口袋位置，H.P.S. 点向下 17.8cm，离前中线 5.1cm。设计口袋形状。

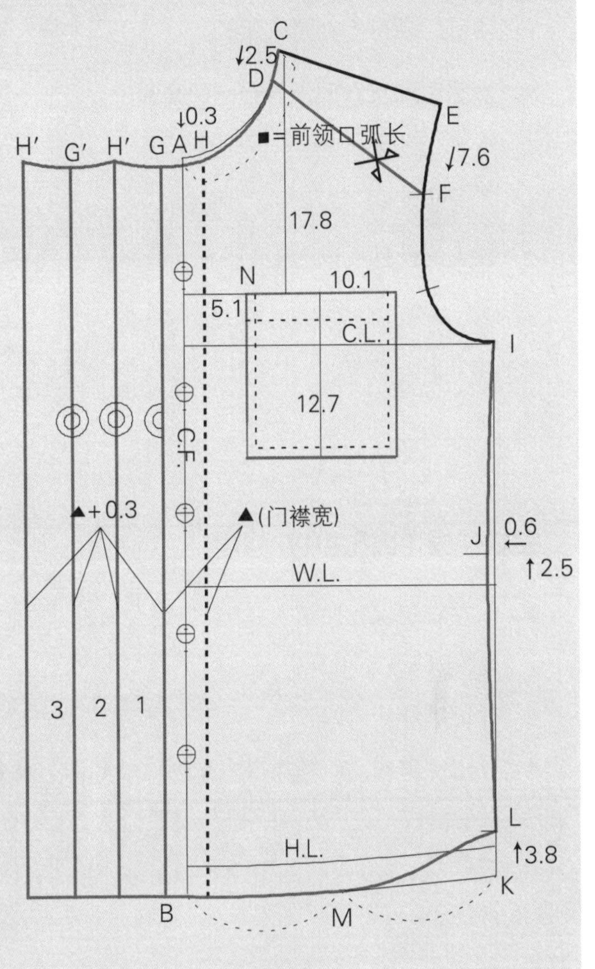

图 8.37

画袖子（图8.38）

- 拓印经典合身原型袖片（图 2.19，P35）。关于袖子的设计，参考第五章“短袖”，图 5.40（P143）。完成袖子纸样，如图 8.38 所示。

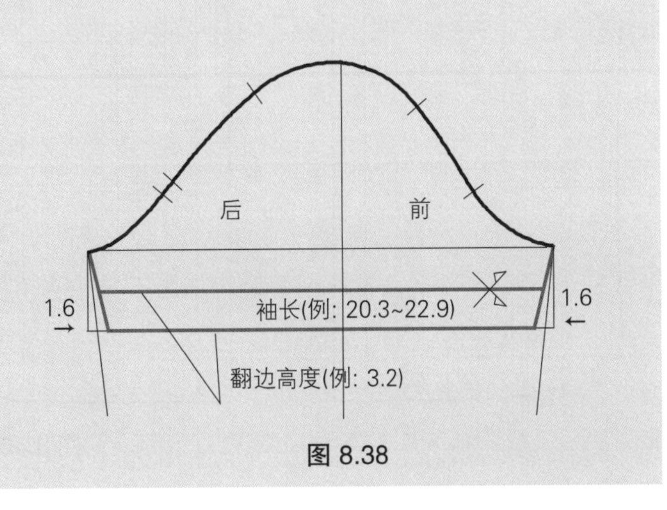

图 8.38

画衣领（图8.39）

- 测量后领口和前领口弧长。
- 参照第四章“底领分开的两片衬衫领”的细节（图 4.17~ 图 4.21，P87~88）。
- 领尖的设计可以变化。

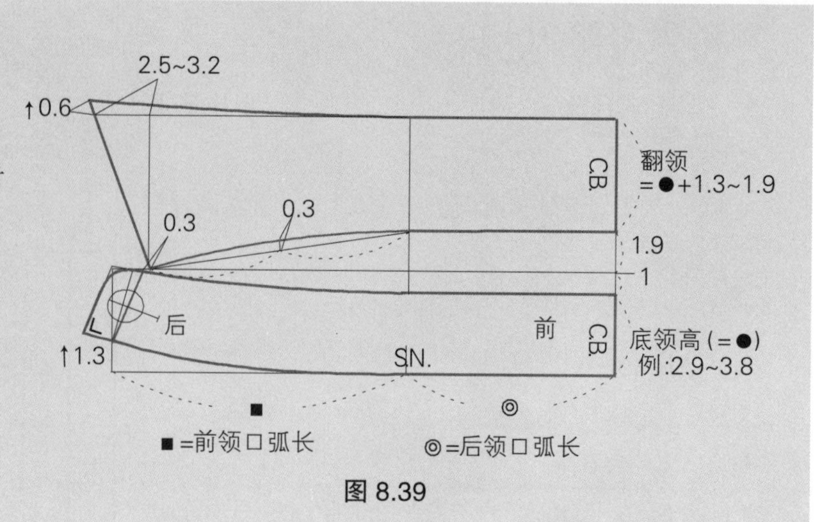

图 8.39

完成样板（图8.40）

- 前左右门襟参照第六章“经典缝合门襟”,（左侧参照图 6.4 和图 6.5，P153~154；由于右侧是暗门襟，参照图 8.37，P243）。
- 标记纸样。
- 标记丝缕线。丝缕线可以根据设计和面料变化。

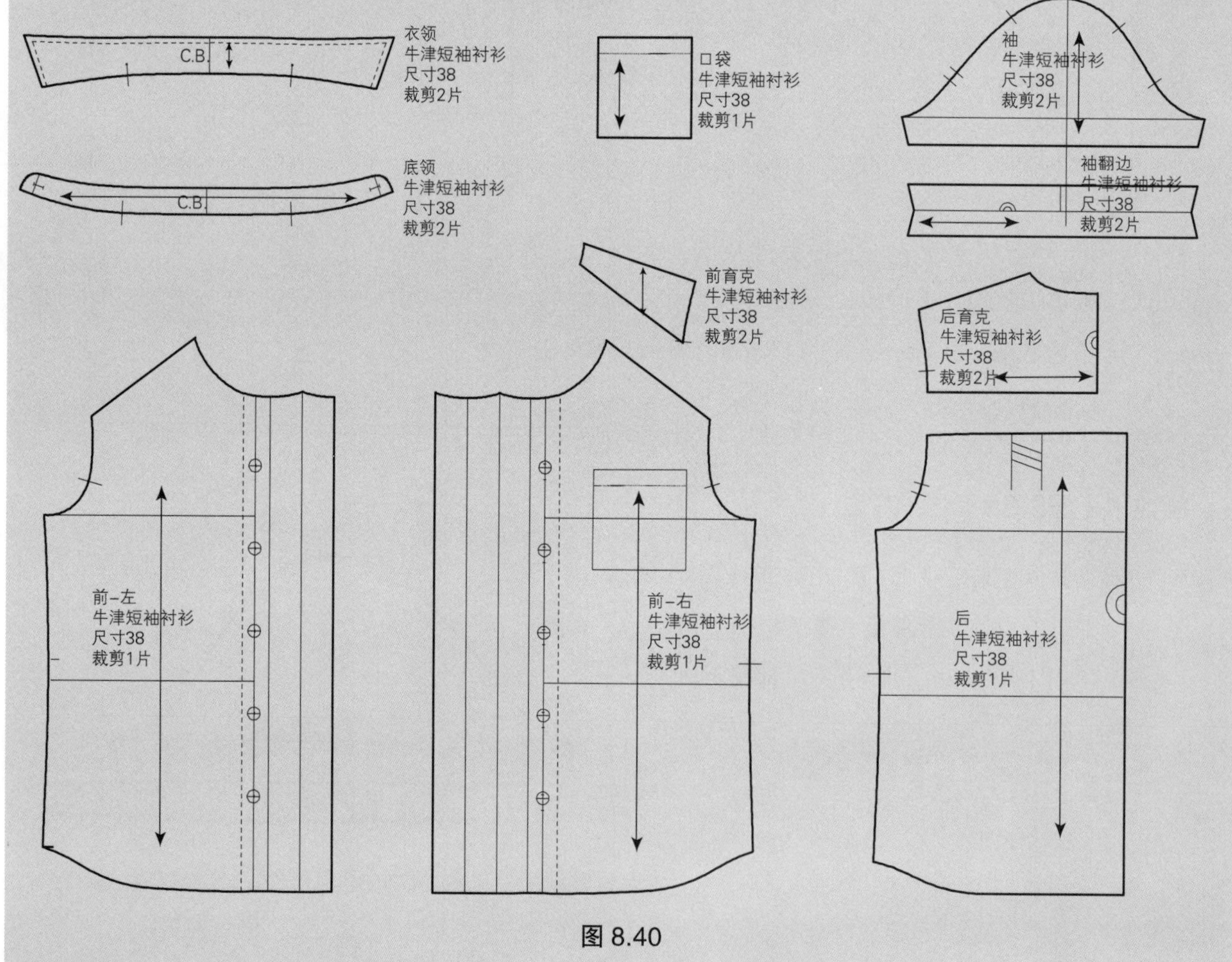

图 8.40

燕尾风格短袖衬衫

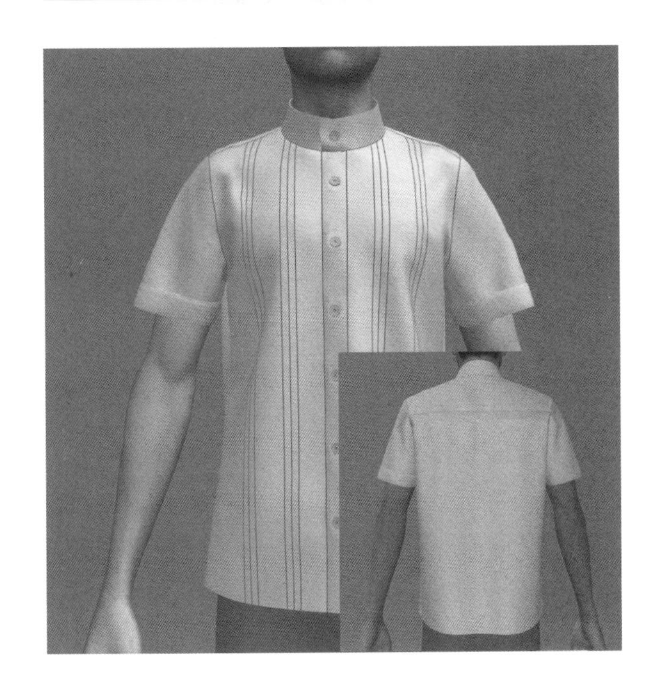

设计风格要点

通常是指长袖白色衬衫，前衣身有塔克细裥，这种设计改变成修身廓型和短袖，就更加休闲。

修身款式

见平面图 8.7。

1. 立领
2. 缝合门襟
3. 细塔克裥
4. 后背水平褶裥育克
5. 翻边短袖

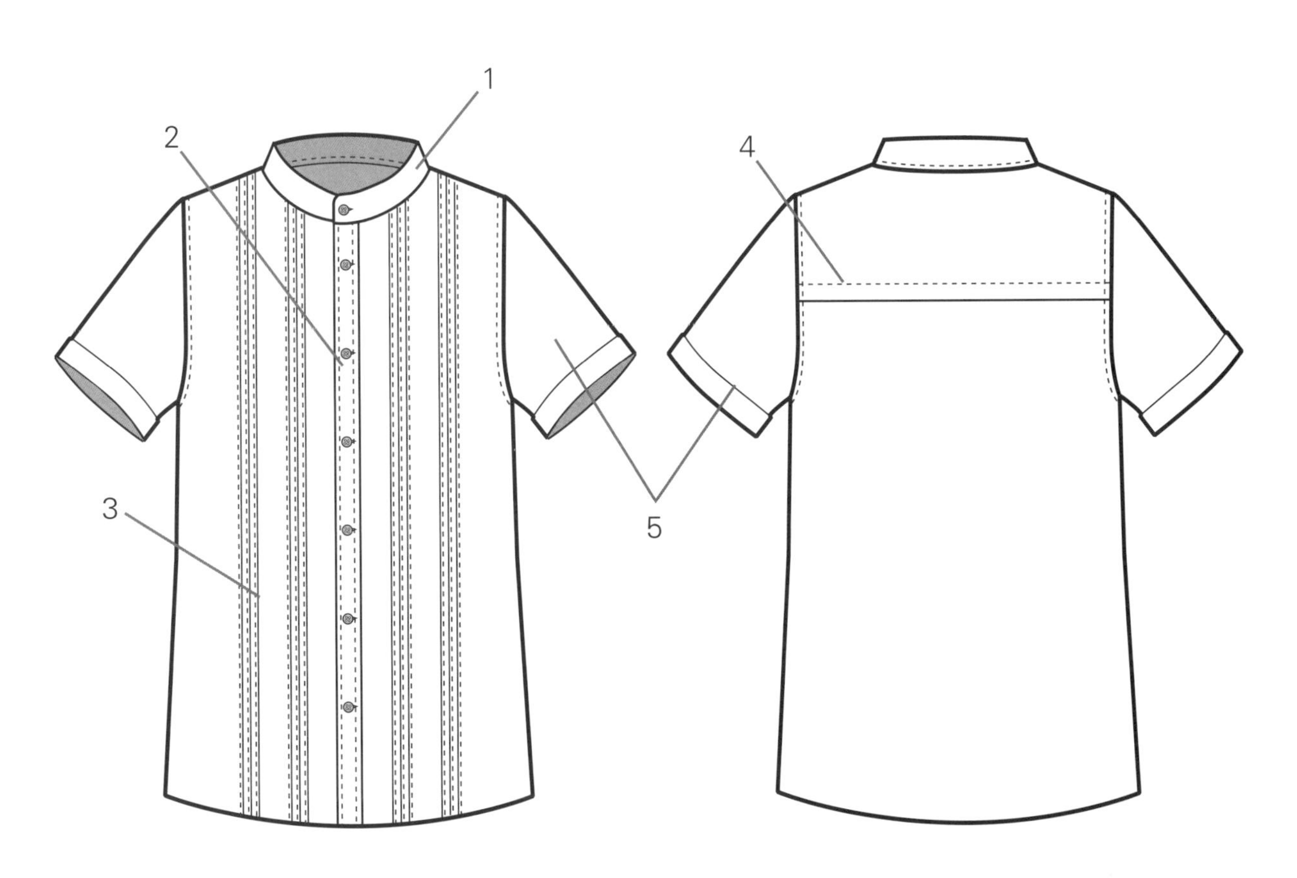

平面图 8.7

画后衣身（图8.41）

- 拓印修身型后衣片原型（图 2.3, P24）。
- A－B＝衬衫后衣身长，从臀围线延长 1.3cm。
- A－C＝后育克深（例 :12.7cm）。
- C－D＝向袖窿弧线画垂直线。
- D－E＝褶裥量（例 :3.2cm）。
- 为了完成褶裥，剪切并分开育克线，然后加入双倍的褶裥量（例 :6.4cm）。
- F＝袖窿底点。
- G＝新的腰围线侧点，从原型腰围线侧点向上量 2.5cm 和量进 1cm。
- H＝底边侧缝点。
- 连接 F、G 和 H，完成后侧缝点。
- 画平缓弧线连接 B 和 H。

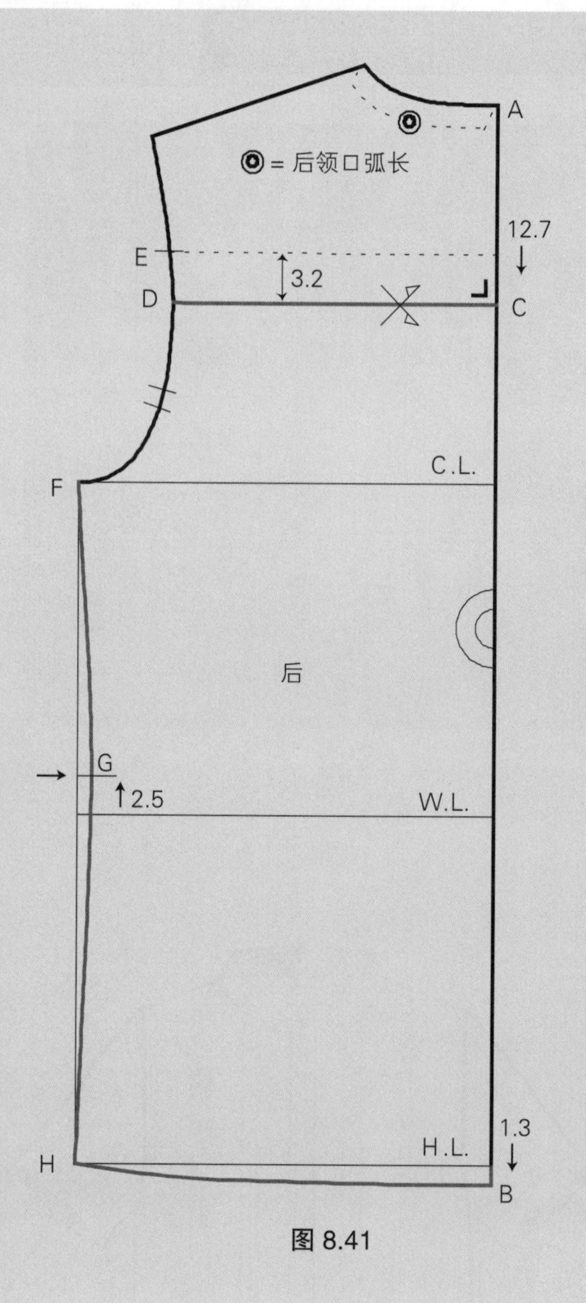

图 8.41

画前衣身（图8.42）

- 拓印修身型前衣身原型（图 2.4, P25）。
- A = 前领窝点。
- B = 衬衫前衣片长，从臀围线延长 1.3cm，确保和后衣身延长量相等。
- C = 袖窿底点。
- D = 新腰围线侧点，从原型腰线侧点向上量 2.5cm 和量进 1cm。
- E = 底边侧缝线点，确保与后侧缝线 (F－H) 相等。
- 连接 C、D 和 E，完成侧缝线。
- 连接 B 和 E，完成底边线。
- A－F = A－G = 门襟宽 /2 (例 :1.9cm)，在两侧画线与前中线平行。
- 标记纽扣和扣眼的位置。
- 为了制作塔克细裥，从前门襟线画平行线，间隔为 3.2cm，画两组或更多的平行线，间隔为 1cm，根据设计可以变化。
- 为了完成塔克细裥，剪切和分离细裥线，加入双倍细裥量 (例 :1.9cm)。

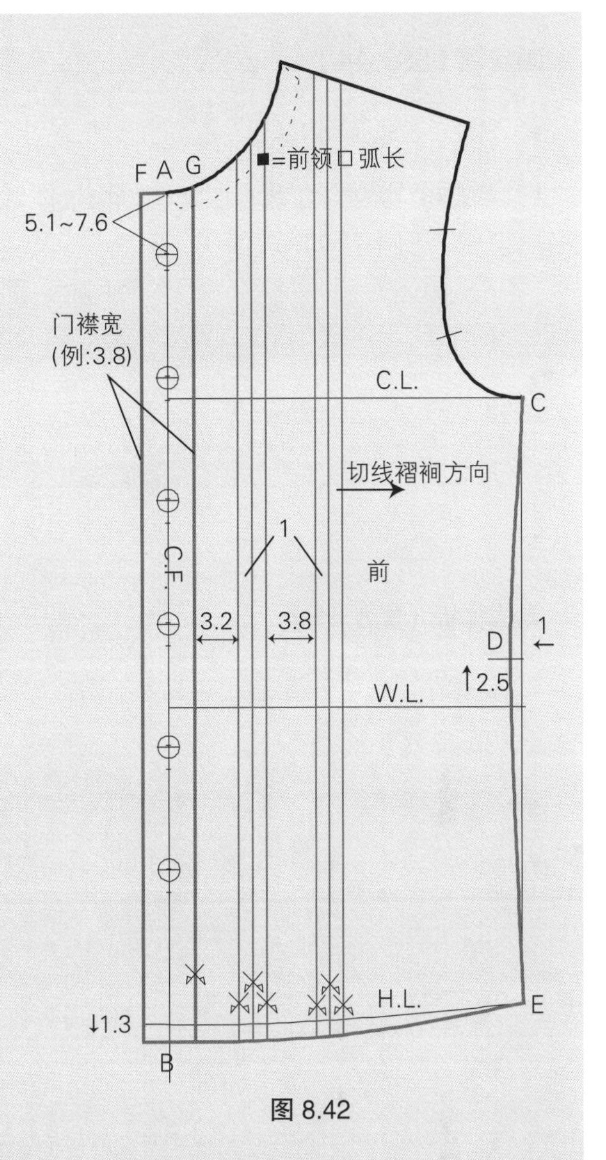

图 8.42

画袖片（图8.43）

- 拓印修身型袖子原型(图 2.12, P29)。关于袖子设计，参照第五章“短袖”（P144）。

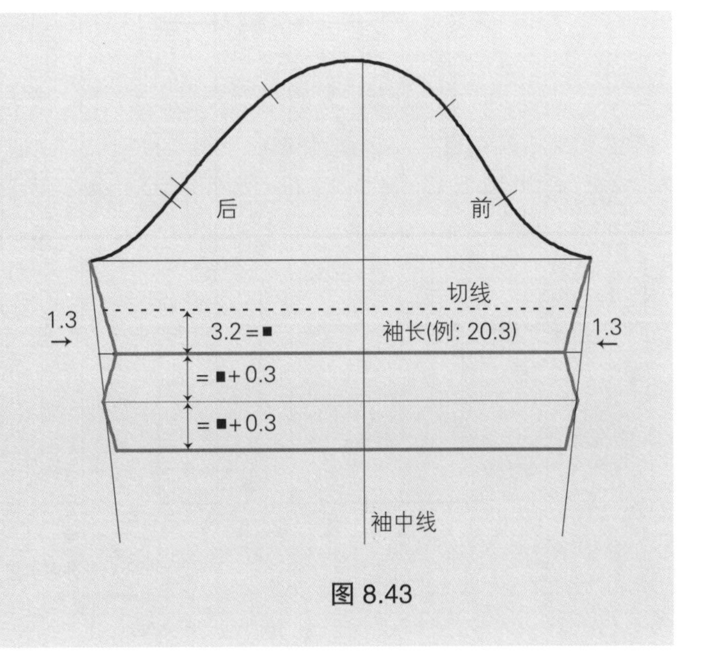

图 8.43

画衣领（图8.44）

- 测量后领和前领口弧长。
- 参照第四章“有叠门立领”图 4.32 和图 4.33（P95~96）。

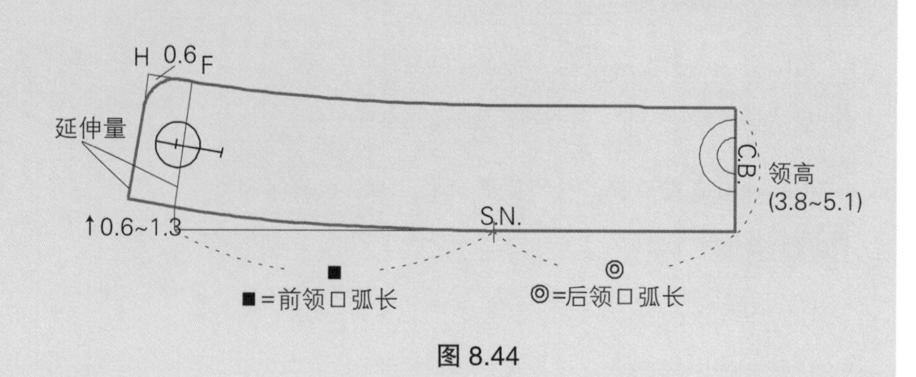

图 8.44

完成样板（图8.45）

- 左右前门襟，参照第六章“经典缝合门襟”（左衣片：图 6.4 和图 6.5，P 152~153；右衣片：图 6.6 和图 6.7，P153~154）。
- 标记纸样。
- 标记丝缕线。丝缕线可根据设计和面料而变化。

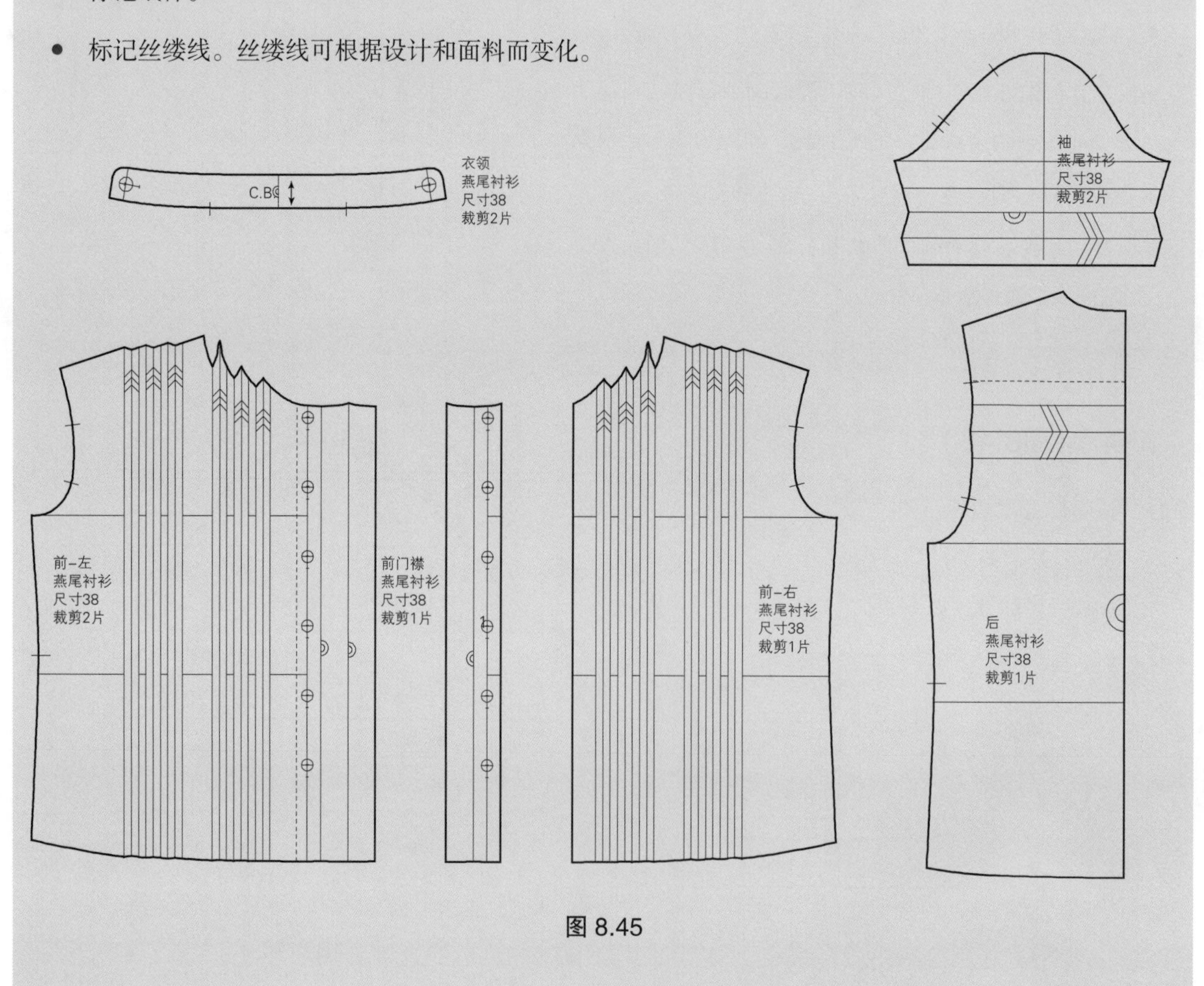

图 8.45

蝙蝠袖衬衫

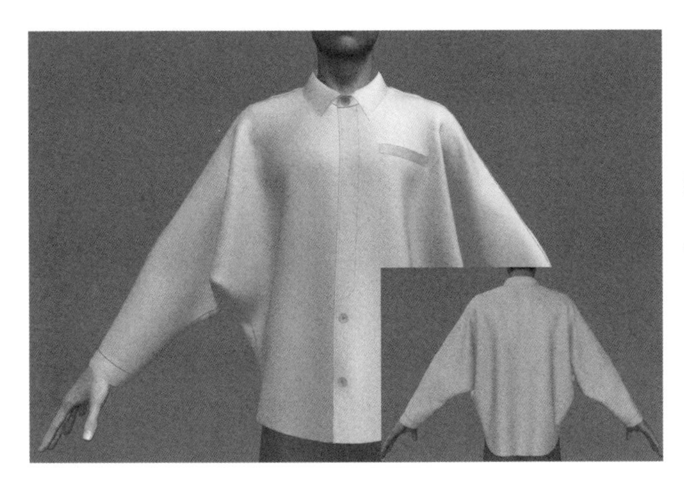

设计风格要点

蝙蝠袖与19世纪披风有类似的廓型。这种服装在手腕部位合体，但是袖窿很深，从后面看与斗篷很相似。

基于经典合体的宽松合体款式

见平面图8.8。

1. 底领分开的衬衫领
2. 缉明线的暗门襟
3. 嵌线口袋
4. 蝙蝠袖
5. 翻袖口
6. 底边呈弧线

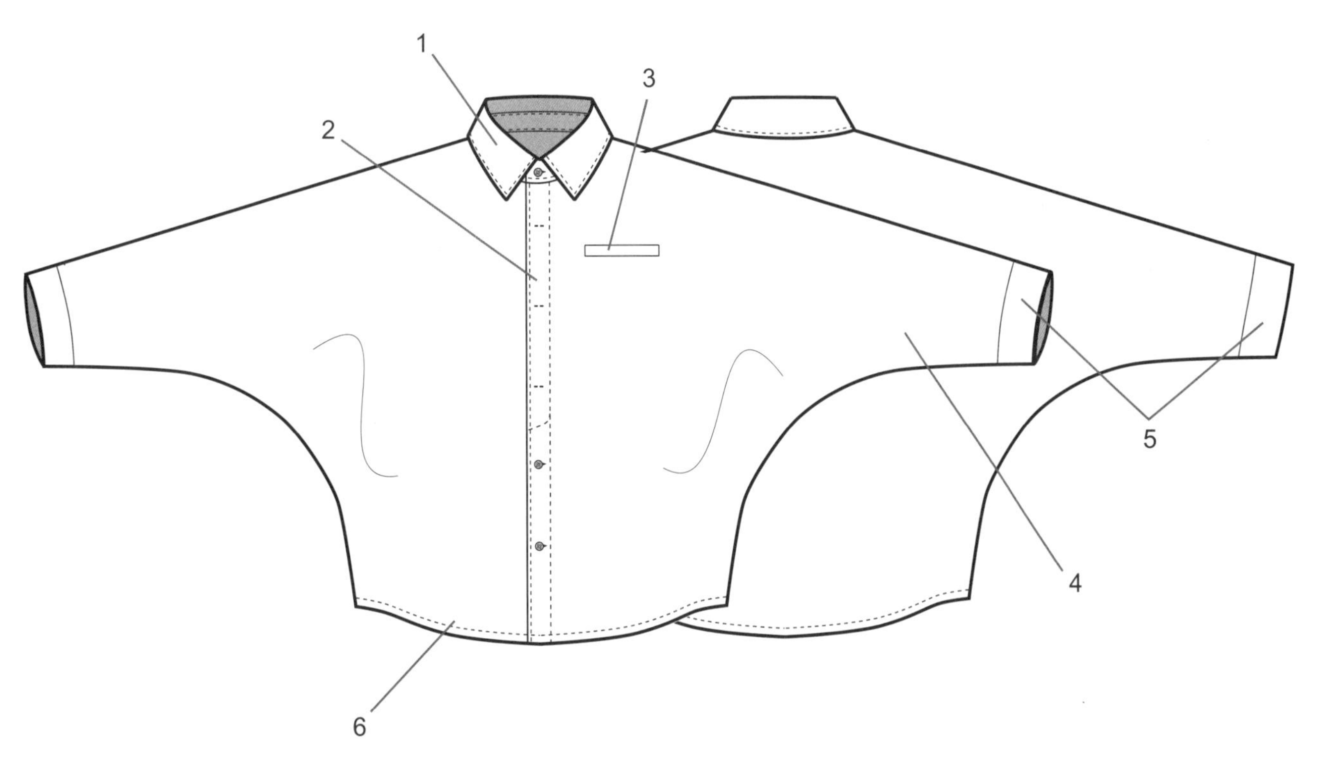

平面图 8.8

（图8.46）

- 拓印经典合身后衣身原型（图 2.17~ 图 2.21，P 34~37)。
- A－B＝衬衫长度，从原型臀围线延伸 5.1cm。画引导线平行于臀围线。
- C＝新的颈肩点，在肩斜线上，从原型颈肩点向下量 0.3cm。
- A－C＝画弧线。
- D＝从 L.P.S. 点量垂直向上 1cm。
- C－D＝画直线。
- D－E＝从 D 延长线，长度与袖长相等。
- F＝从原型袖窿底点向下量7.6cm，量出 1.9cm。
- F－G＝垂直向下，与 B 点引导线相交。
- G－H＝向上量 5.1cm。
- H－B＝画光滑的弧线。
- E－I＝画垂直线 14~15.2cm。
- I－F＝画直线。
- I－J＝在 E 引导线和 F 引导线的交点处向外延伸 1。
- E－J＝画光滑弧线。
- E′－J′＝袖克夫高（例：3.2~5.1cm），画 E－J 的平行线。
- F－K＝L－F＝从 F，沿着袖底线和侧缝线量（例：25.4~30.5cm），根据设计变化。
- K－L＝画直线。
- M＝K－L 的中点。
- M－F＝画直线。
- M－N＝沿 M－F 量取 7.6~10.1cm。
- 画弧线连接点 K、N 和 L。

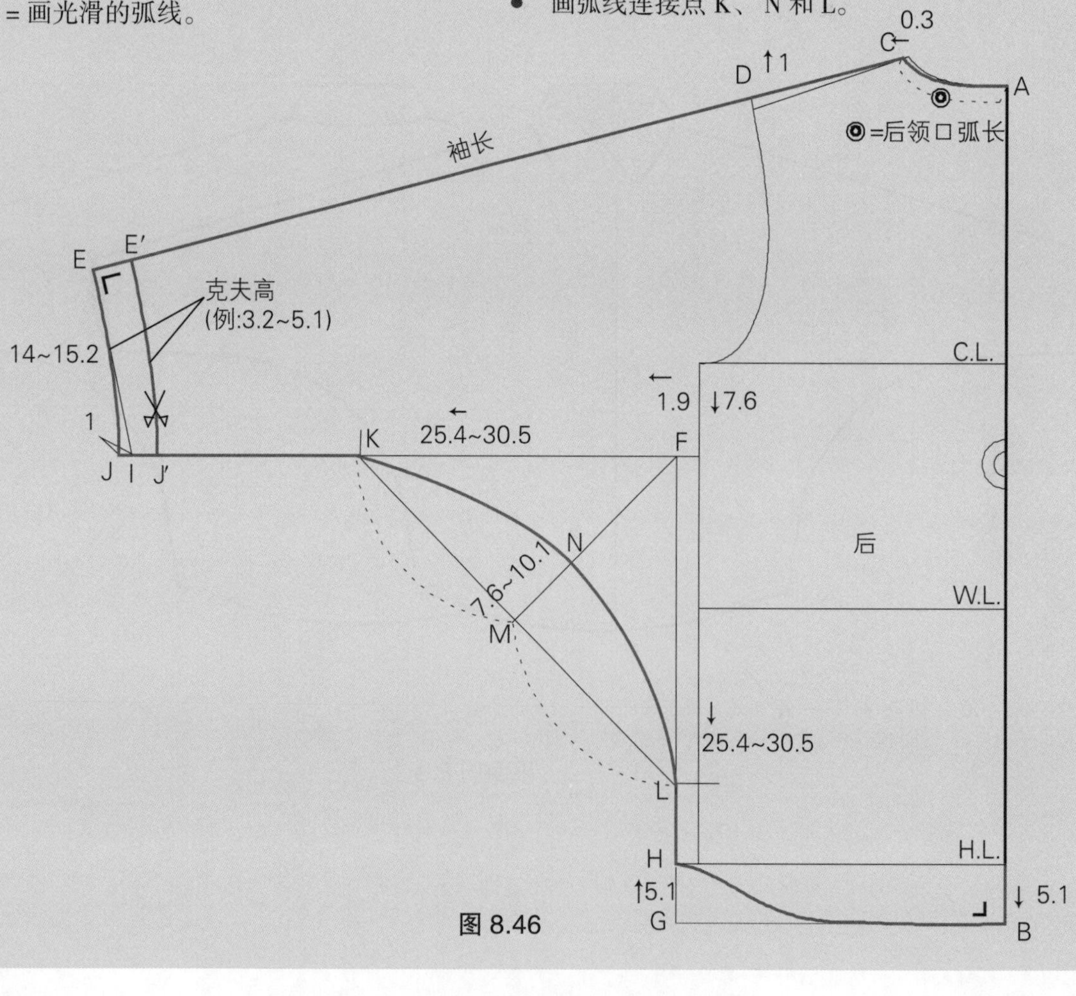

图 8.46

画前衣片1（图8.47）

- 拓印经典合身型前衣身原型（图2.17~图2.21，P34~37）。
- A = 向下量取0.3cm。
- B = 前衣身衬衫长，从原型臀围线向下延长5.1cm，与后衣身延长量相等。画线与臀围线平行。
- C = 新的H.P.S点，从原型的颈肩点沿着肩线向下量0.3cm。
- A－C = 连接点A到C，从原型领线持续修剪0.3cm。
- D = 从L.P.S.垂直向上量0.6cm。
- C－D = 画直线。
- D－E = 延伸袖长，确保与后袖长相等。
- F = 新的袖窿底点，从原型侧胸围点向下量7.6cm和量出1.9cm。
- F－G = 向下画垂直线与B点引导线相交，与后衣片(F－G)相等。
- G－H = 向上量5.1cm。
- B－H = 画光滑弧线。
- E－i = 画线与D－E垂直，长度为11.4~12.7cm。
- i－F = 画直线。
- i－j = i－j延长1cm。
- E－j = 画光滑弧线。
- E′－j′ = 袖克夫高（例：3.2~5.1cm），画线与E－j平行。
- F－K = L－F = 从F沿袖底线和侧缝线量（例：25.4~30.5cm），与后袖片相等的量。
- K－L = 画直线。

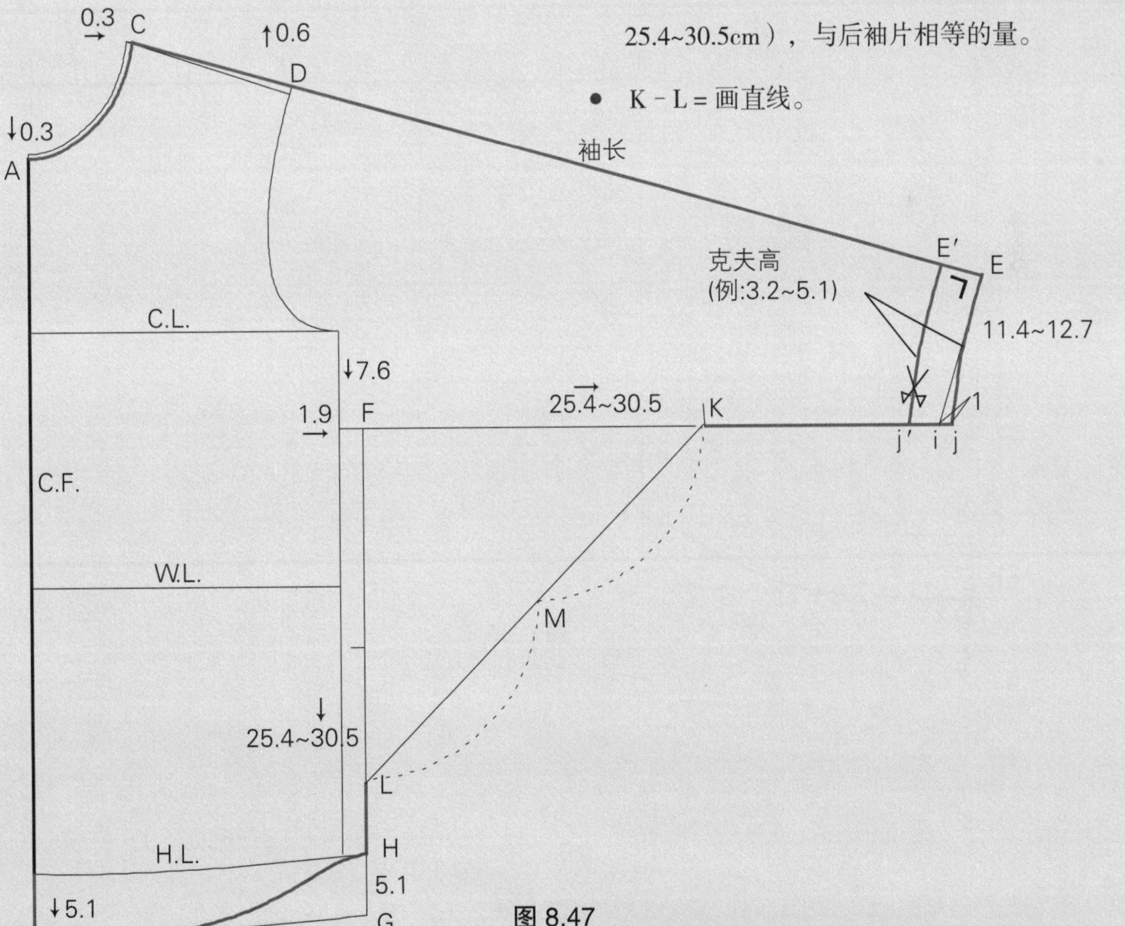

图8.47

画前衣身2（图8.48）

- M = K－L 的中点。
- M－F = 画直线。
- M－N = M－F 线上量 7.6~10.1cm。
- 用弧线连接点 K、N 和 L 。或者从后衣片拓印侧缝线。
- A－O = A－P = 门襟宽 /2(例 :1.9cm)。
- P－Q = 垂直向下到腰围线，长度可以变化。
- O－R = 从前边缘与腰围线的交点 Q 向下量 2.5cm，从 R 继续向下到底边线 B－H。
- Q－R = 画弧线，如图所示。
- P′－Q′－R′= 拓印线 P－Q－R 。
- 标记口袋位置，从颈肩点向下 17.8cm，从前中线量 5.1cm。
- 标记纽扣和扣眼位置。

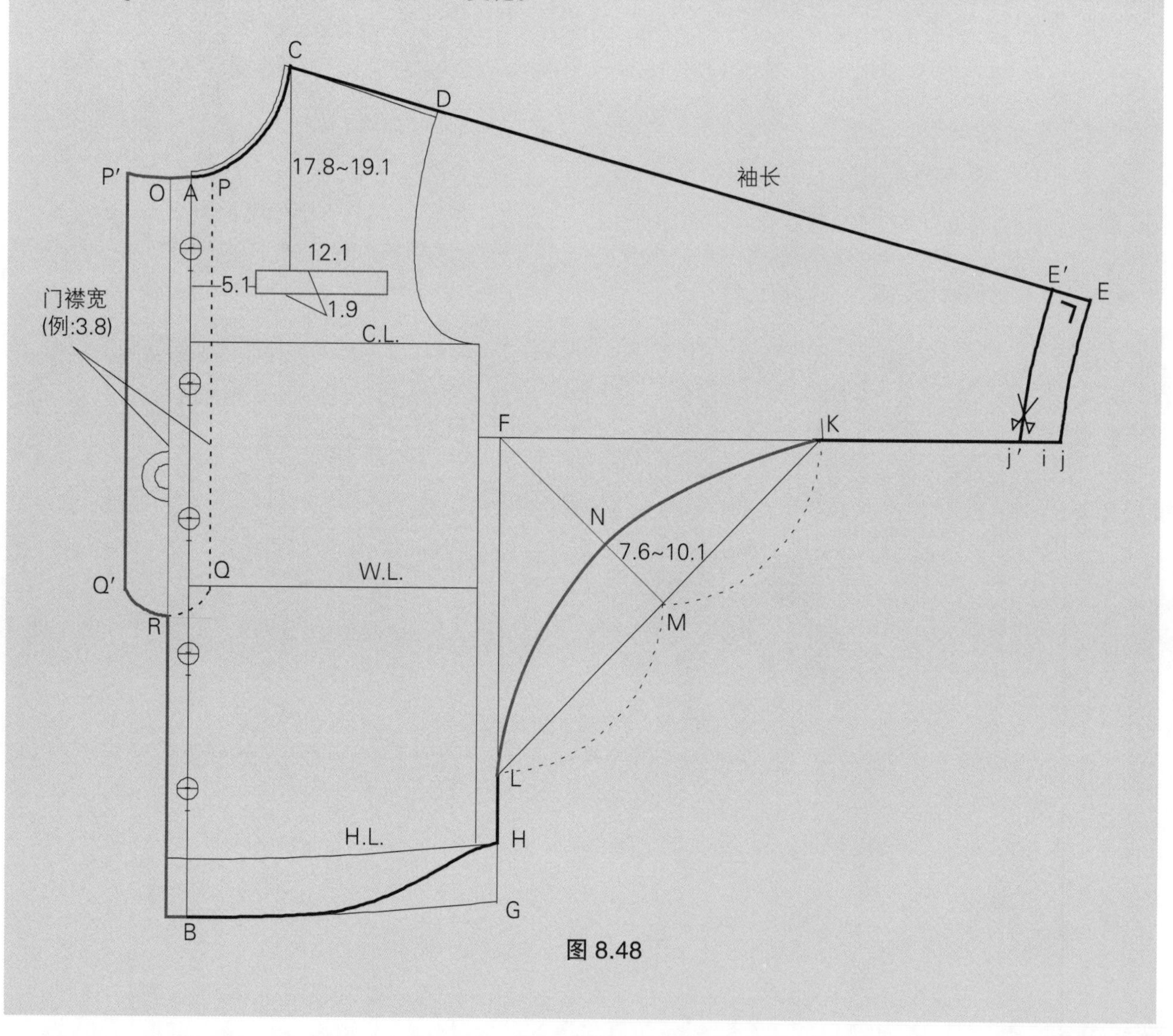

图 8.48

克夫（图8.49）

前：

- 从图 8.48，拓印前克夫 (j′ – E′ – E – j) 。
- i′ – E′ = 画水平线到 E′ – E, 然后画相同的长度 j′ – E′ 。
- i – E = 画水平线到 E′ – E, 然后画相同的长度 j – E。
- i′ – i′ = 画直线。

后：

- 从图 8.46 拓印后克夫 (E′ – J′ – J – E)，E′ – E 到 E′ – E 相吻合。
- E′ – I′ = 画水平线到 E′ – E, 然后画相同的长度 E′ – J′ 。
- E – I = 画水平线到 E′ – E，然后画相同的长度 E – J 。
- I – I′ = 画直线。

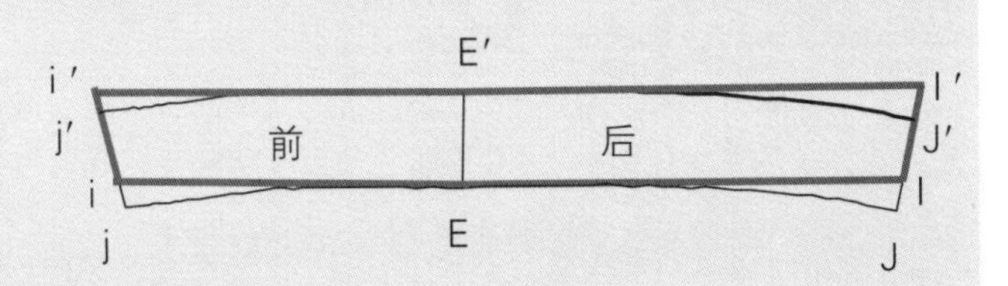

图 8.49

画衣领（图8.50）

- 测量后领口弧长和前领口弧长。
- 参照第四章“底领分开的两片衬衫领”，图 4.17 到图 4.21（P87~88)。

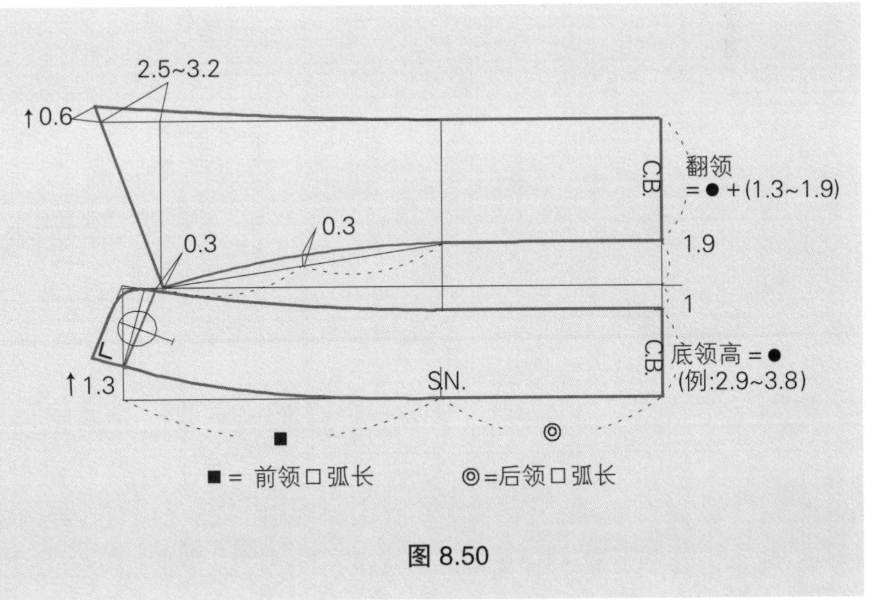

图 8.50

完成样板（图8.51）

- 前左侧门襟和右侧里襟参照第六章“经典缝合门襟”（图 6.4 和图 6.5，P152~153），关于右侧，参照第七章“缝合挂面”（图 7.7，P179）。
- 标记纸样。
- 标记丝缕线，丝缕线可根据设计和面料变化。

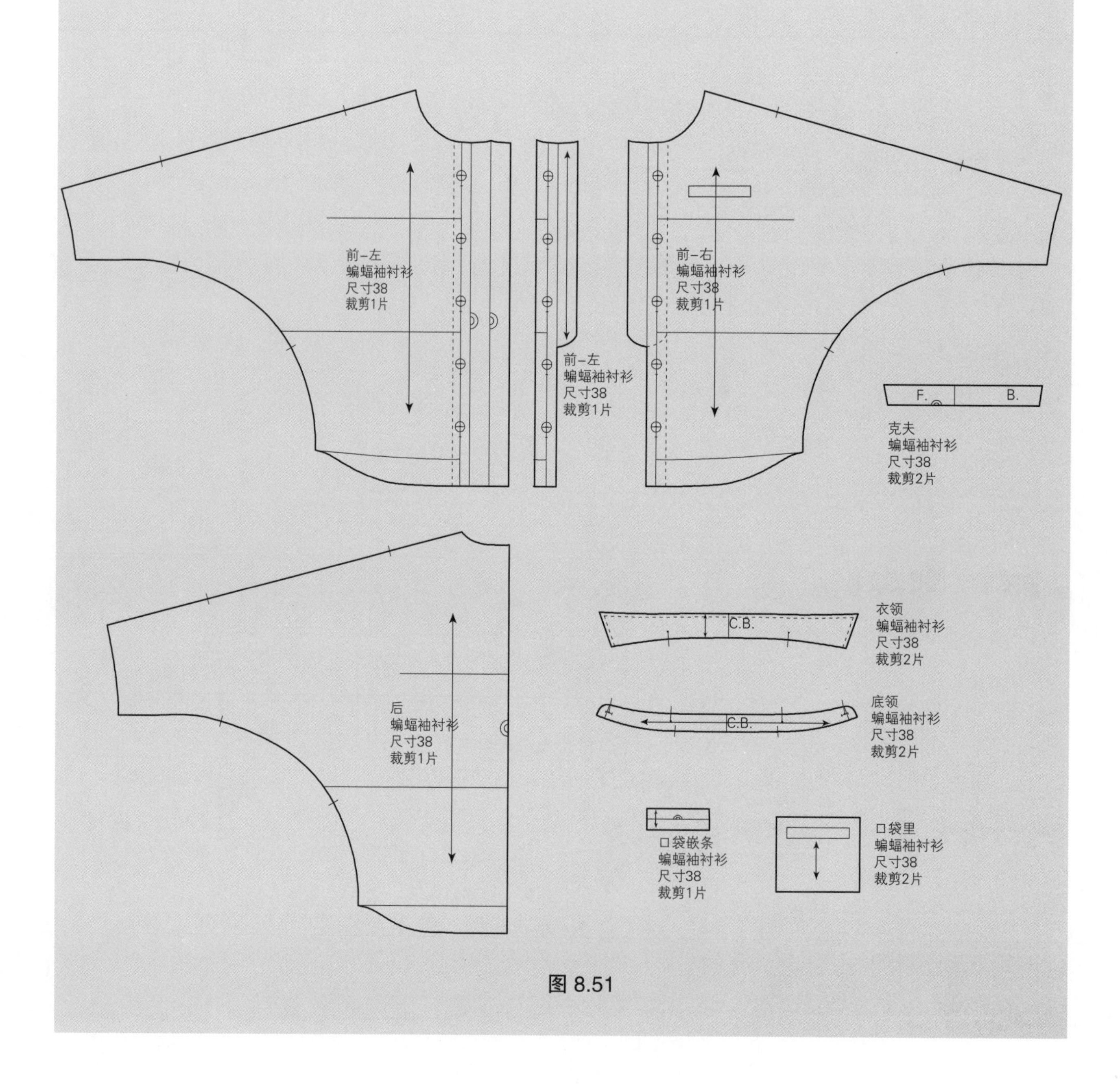

图 8.51

衬衫设计变化

见平面图 8.9。

平面图 8.9

第九章

裤子

裤子是穿在人体下半身的服装。与裙子不同，裤子腿部是分叉的，意味着服装腿部分裂成两个部分——即围绕每条腿的裤管。裤子有很多种廓型：贴体、修身、宽松、锥形、直筒、铃型和裤脚口收紧的裤子。根据款式和面料，裤子可以在不同场合穿着。

从裤子原型可以变化出各种各样的裤子，如省道处理、剪切和展开，改变腰围线、裆的深度、底边线、口袋和臀部的松量。在这章中，有三种修身裤子样式（平面图9.1、平面9.3、平面图9.5），它们纸样的设计不用改变裤子原型；两种经典合身型裤子样式（平面图9.2、平面图9.4），将介绍如何通过增加前褶裥和降低裆深来实现。此外，还将介绍一款宽松贴体型裤子样式（平面图9.6），其裆深更低，臀部和腿部都很宽松。

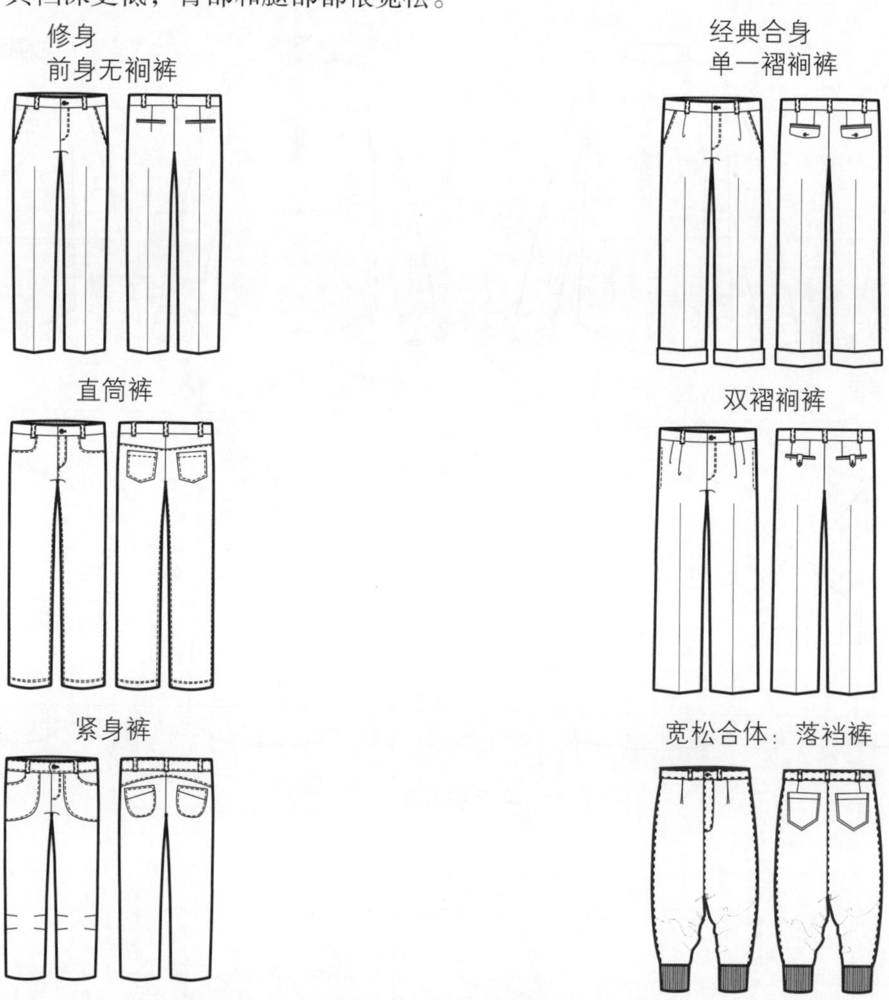

前身无裥裤

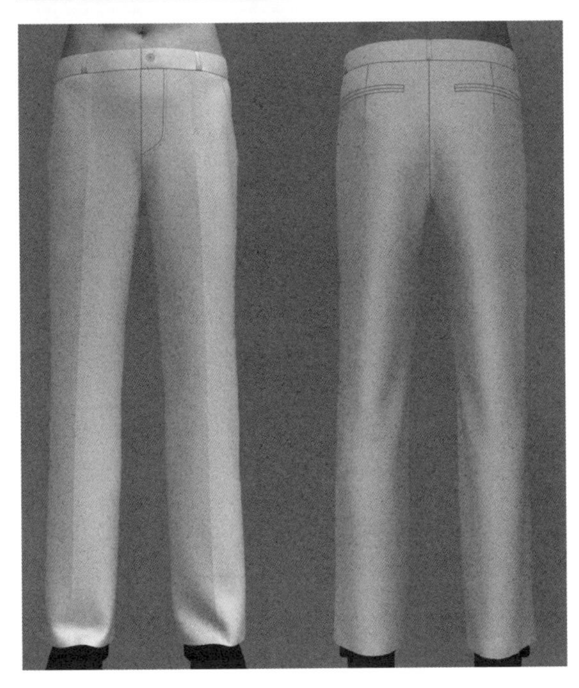

设计风格要点

前身无裥裤是一种经典男装裤型的现代性改良形式。腿部的修身使设计既休闲或又正式，主要根据面料和穿着者的意图而定。

修身款式

见平面图 9.1。

1. 直裤腰
2. 前门襟拉链
3. 臀部斜插袋
4. 后片单省道
5. 双嵌条口袋

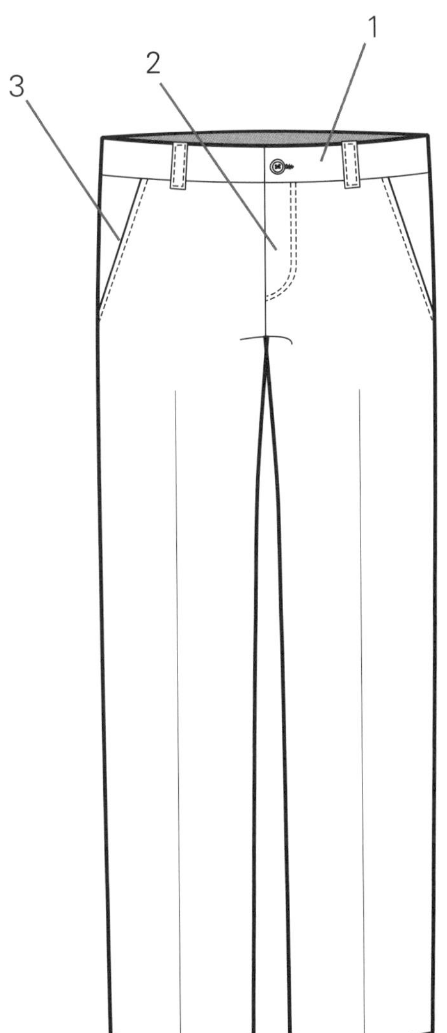

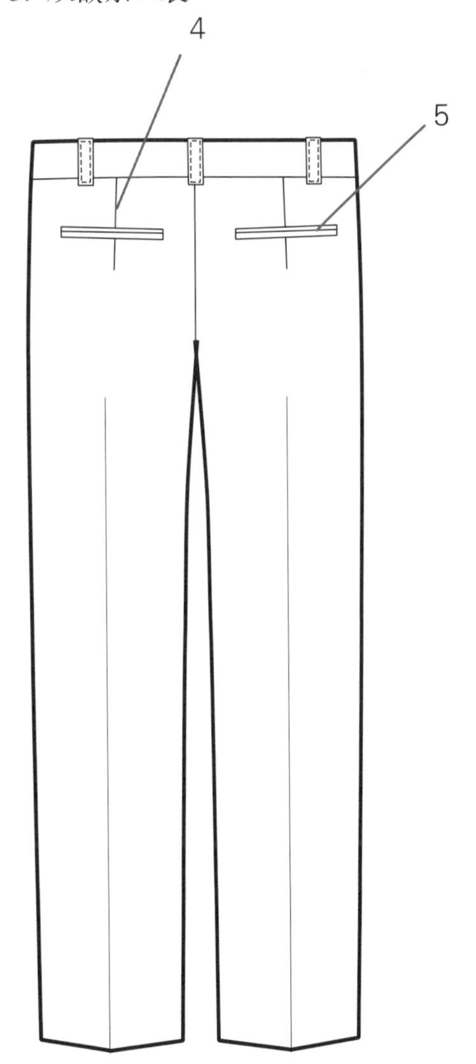

平面图 9.1

画前裤片（图9.1）

- 拓印前裤片原型（图 2.23~ 图 2.25, P40~41）。
- A－B = 原型腰围线下降 1.3~2.5，一般来说，修身型款式腰围线下降，根据设计决定下降的量。
- B－C = 量进 5.1cm。
- B－D = 向下量 16.5~17.1cm。
- C－D = 画直线。
- E－F = 原型脚口线的两侧量出 1.3cm，或根据设计而定。
- 从膝围线到 E 和 F 画直线，完成下裆线和侧缝线。

图 9.1

画后裤片（图9.2）

- 拓印后裤片原型(图2.26~图2.29,P42~44)。
- A－B＝新的腰围线，从原型腰线上下降与前裤片相同的量。
- C＝口袋位置，从新的腰线向下量4.4~5.1cm。
- D－E＝经过C画线平行于新腰线，宽度为14~15.2cm。
- E－F＝口袋宽度1~1.3cm。
- G－H＝从原型脚口线向两侧量出1.3cm或者更多，根据设计而定。
- 从膝围线到G和H画直线，完成下裆线和侧缝线。

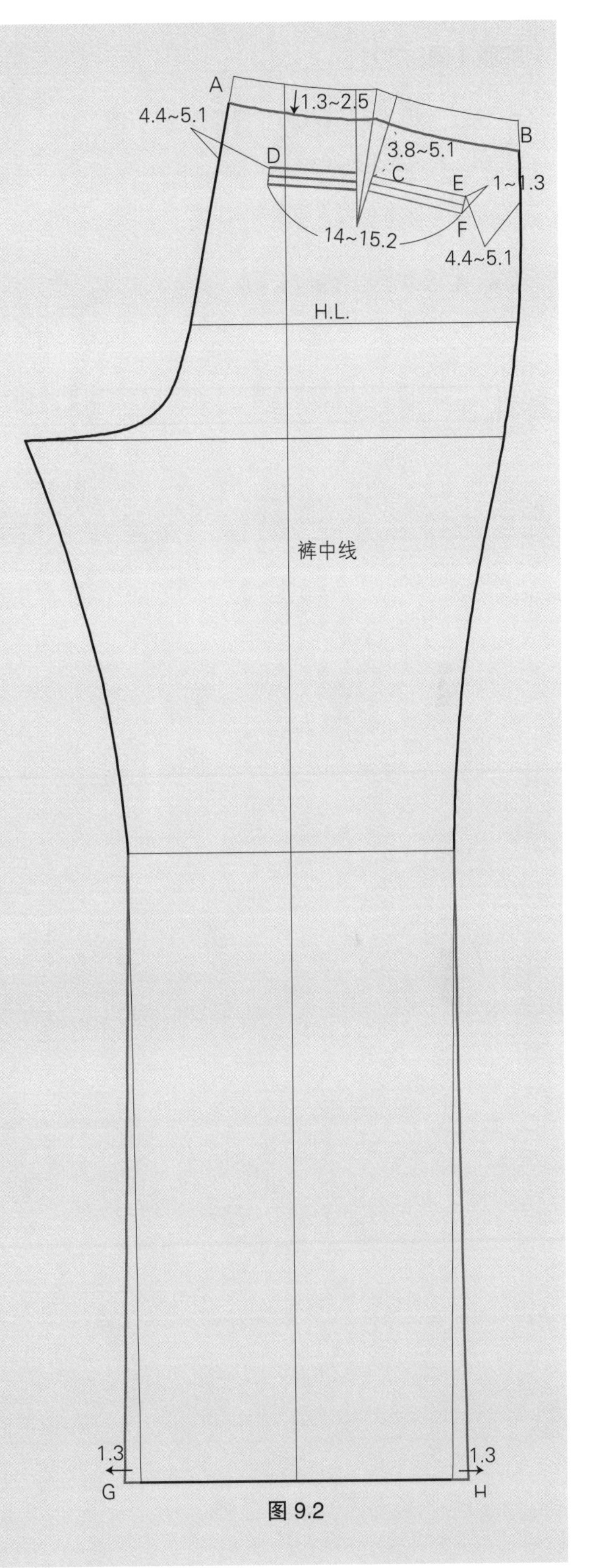

图9.2

裤腰（图9.3）

- 关于裤腰，参照第七章“经典裤腰”，图 7.43~图 7.45（P 203~204）。
- 标记裤腰襻位置，如图所示。

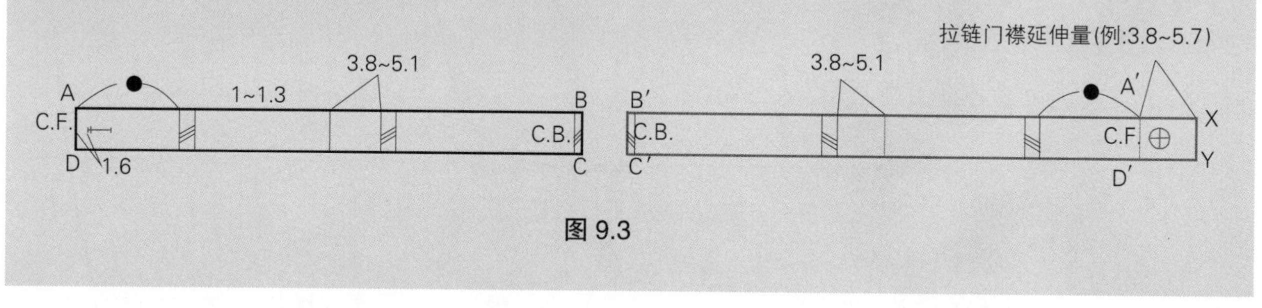

图 9.3

完成样板（图9.4）

- 臀部口袋应用。参照第六章“前斜向插袋”(P160~161）。
- 前门襟应用。参考第七章“正装裤前门襟”(图7.64, P214）。
- 标记纸样。
- 标记丝缕线。丝缕线方向根据设计意图和面料而变，特别是裤腰纸样的丝缕线方向。

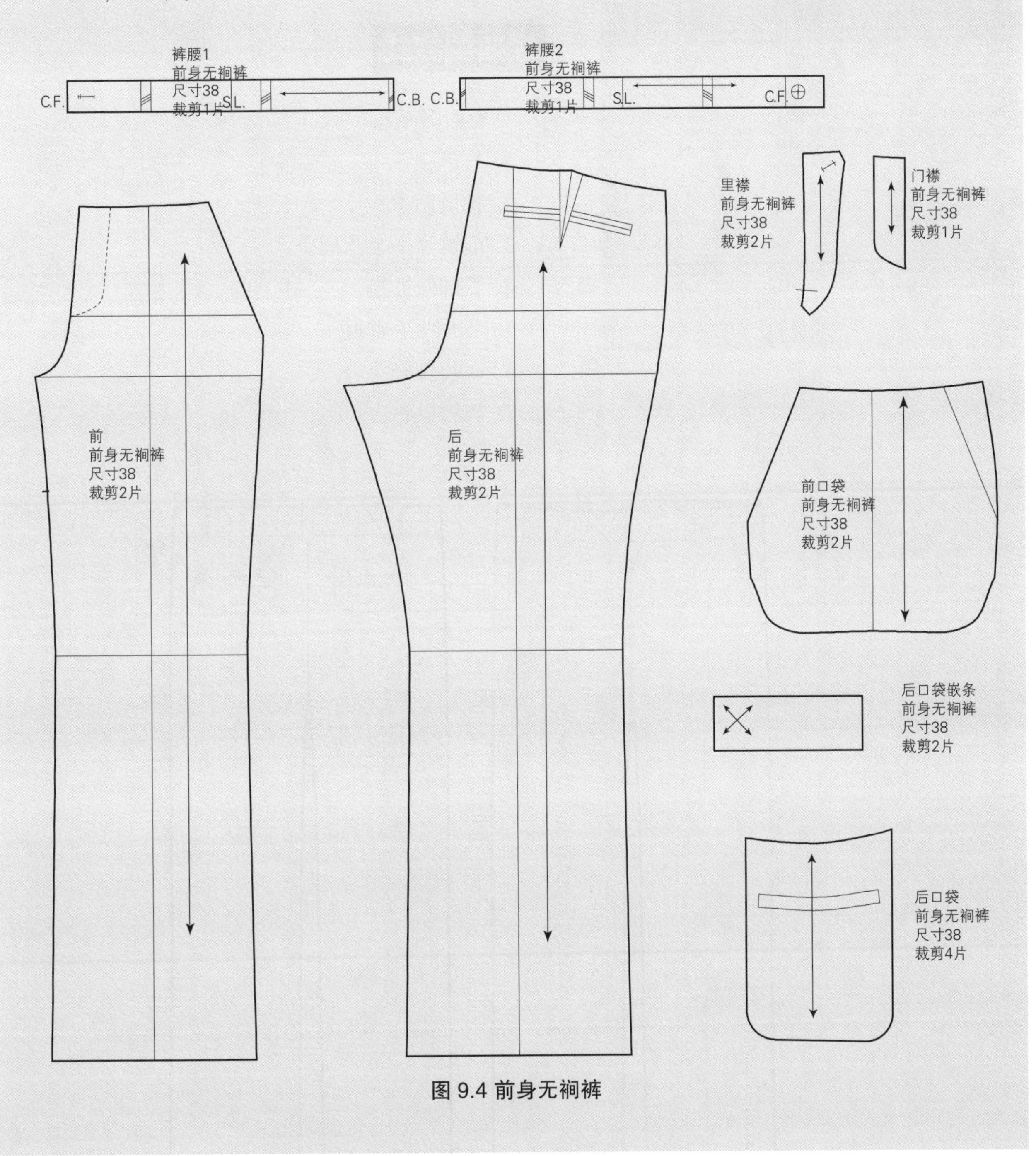

图 9.4 前身无裥裤

单褶裥裤

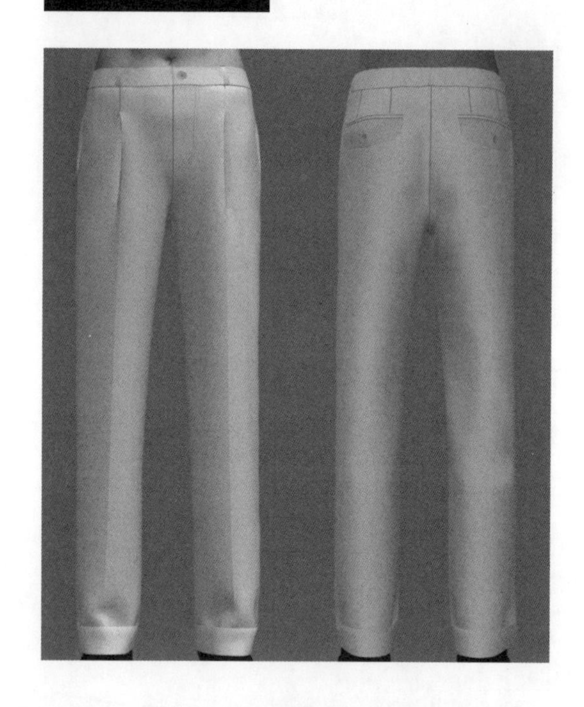

设计风格要点

一种礼服裤，只是样式不是正式，因为裤脚卷边，臀部有袋盖口袋。

经典型款式

见平面图 9.2。

1. 直裤腰
2. 拉链门襟
3. 前裤片一个褶裥
4. 臀部斜插袋
5. 后片两个省道
6. 有袋盖嵌线袋
7. 裤脚口卷边

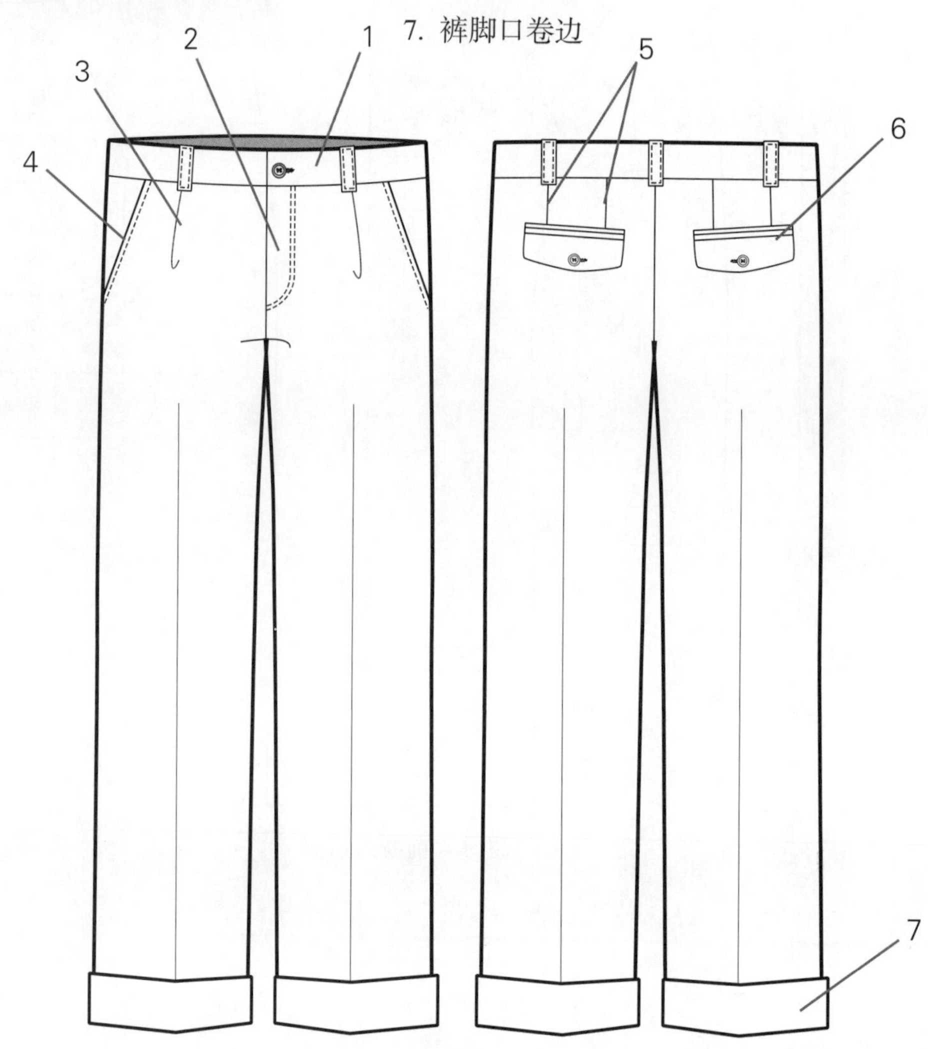

平面图 9.2

画前裤片1（图9.5）

- 拓印前裤片原型（图 2.23~ 图 2.25, P40~41）。
- A－B＝为了制作前褶裥，剪开挺缝线。
- A－C＝在 A 点拉开一段距离，宽度为褶裥收进量的一半（例 :1.9cm）。
- C－D＝A－C。
- E－F＝G－H＝从腰围线前中心点和腰围线侧点分别延伸 C－D 量的一半（例：1cm）。
- Z＝从裆的边缘向下量 0.6cm 和量出 0.6cm，然后如图所示重新画前裆弧线和下裆线。

图 9.5

画前裤片2（图9.6）

- H－I＝量进 5.1cm。
- H－J＝向下量 16.5~17.1cm。
- I－J＝I－J 的中点，量进 0.6cm，画弧线，完成口袋线。
- K－L＝脚口线。
- K－M＝L－N＝克夫高（例：5.1cm），画线与 K－L 平行。
- M′－N′＝K′－L′＝以线 K－L 折叠，拓印线 M－N，得到线 M′－N′，然后以线 M′－N′ 折叠，拓印 K－L，得到线 K′－L′，由此完成克夫。

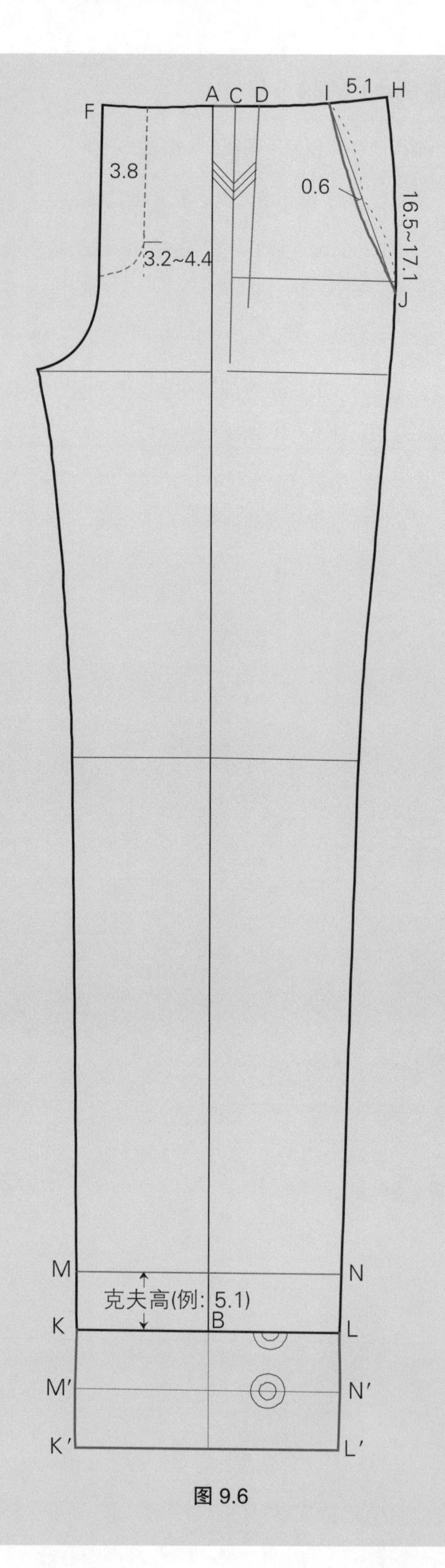

图 9.6

画后裤片（图9.7）

- 从前面步骤的图 9.6 拓印前裤片 2。
- A = 从前横裆线向下量 1.6cm，再画水平线。
- A－B = 裆宽，从 A 延长（臀围 /16）＋ 0.6~1.3cm。
- C, D = 从前下裆线和侧缝线分别向外 1.3cm 画各自的平行线到底边。
- B－C = 画直线。在接近 B－C 的中点量进 1 ~1.3cm，画弧线，完成下裆缝线。
- E = 从前臀围线与前中线交点量进 1.9cm。
- E－F =（臀围 /4）＋ 2.5~3.2cm。
- G = 前腰围线与挺缝线的交点。
- H = 前中线点。
- I = G－H 的中点。
- G－J =4.4~5.7cm, J 点位于 H–I 之间。
- K = 从 F 延伸，长度与前侧缝线相等。
- L = 从 J 延伸，画垂直线到 K。
- L－M = 向下量 0.6cm。
- M－K = 画直线。
- M－N =（腰围线 /4）＋ 2.5cm（第一个省道）＋ 1.9cm（第二个省道），余量 N－K 和前裤片一样应该小于 1.9cm，如果大于 1.9cm，则收省量加大。

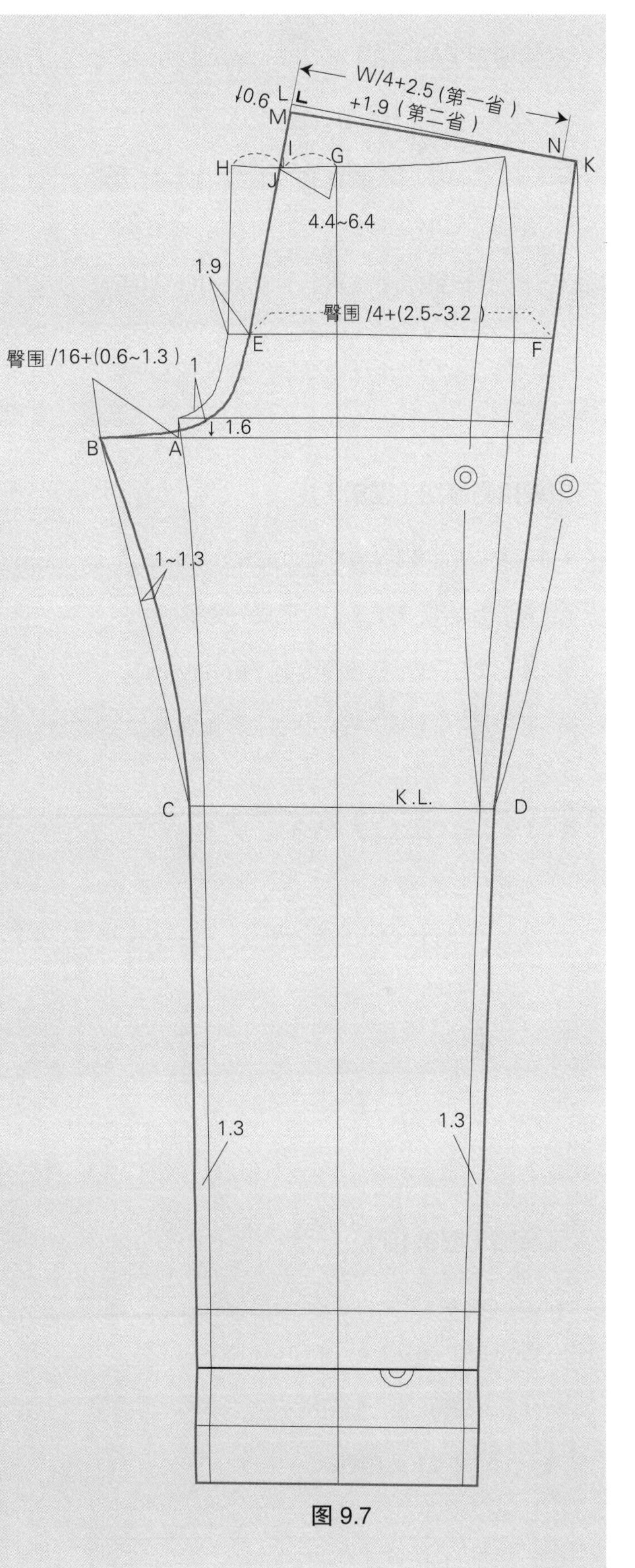

图 9.7

省道设置（图9.8）

- O, P = M – N 的三等分点。
- O – Q = 第一个省道长，画线 11.4~12.7cm 垂直于线 M – N。
- P – R = 第二个省道长，画线 10.1~11.4cm 垂直于 M – N。
- 画直线完成省道。

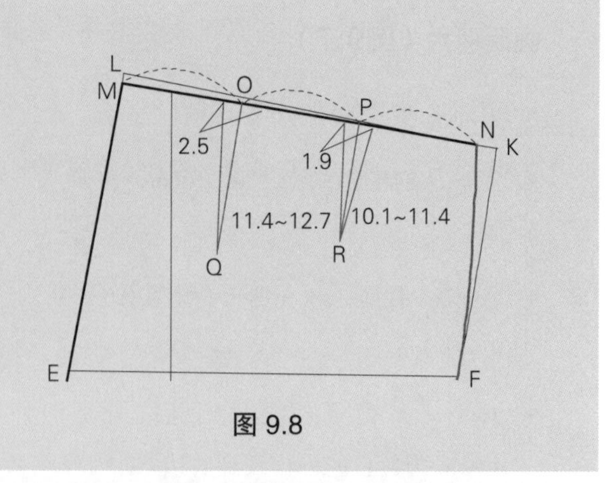

图 9.8

口袋和侧缝线（图9.9）

- 折叠省后腰围线画弧线，完成腰围线。
- 画弧线连接 N, F 和 D，完成侧缝线。
- S = 口袋位置，从腰围线向下量 7.6~8.9cm。
- T – U = 口袋长度 14~15.2cm，画线与腰围线平行，通过点 S 。
- T – V = 口袋宽 1.3~2.5cm。
- 如图所示画袋盖。
- 完成嵌线口袋，参照第六章“嵌线袋”（P165~168）。

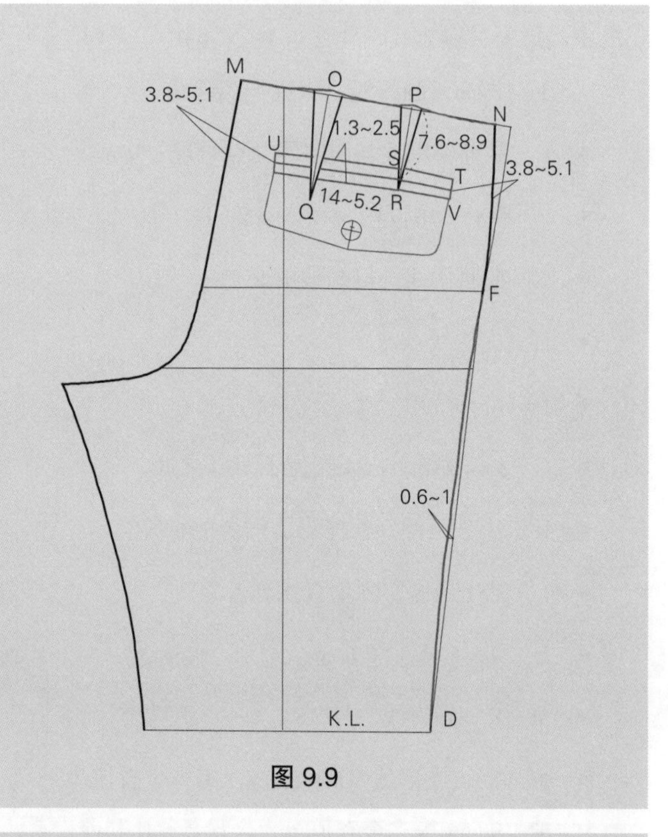

图 9.9

画裤腰（图9.10）

- 关于裤腰，参照第七章“经典裤腰”，图 7.43~图 7.45(P 203~204）。
- 标记裤襻位置，如图所示。

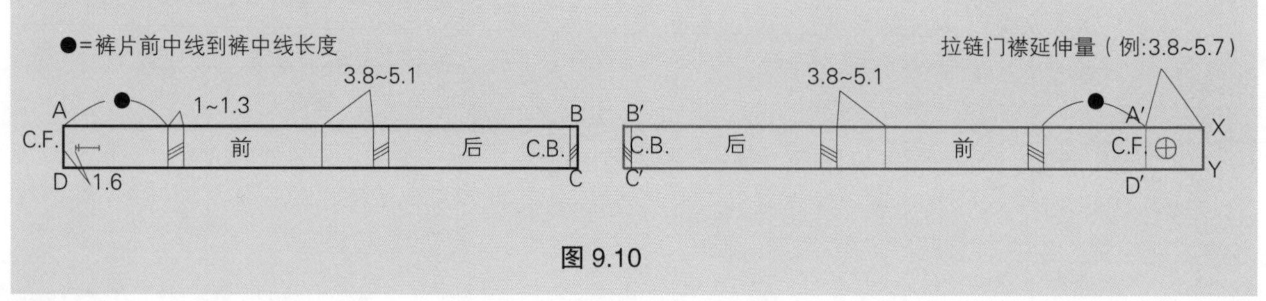

图 9.10

完成样板（图9.11）

- 臀部口袋应用。参照第六章“前斜向插袋”（P160~161）。
- 前门襟应用。参照第七章“缝制前门襟”（图 7.64，P214）。
- 标记纸样。
- 标记丝缕线。根据设计意图和面料改变丝缕线方向。

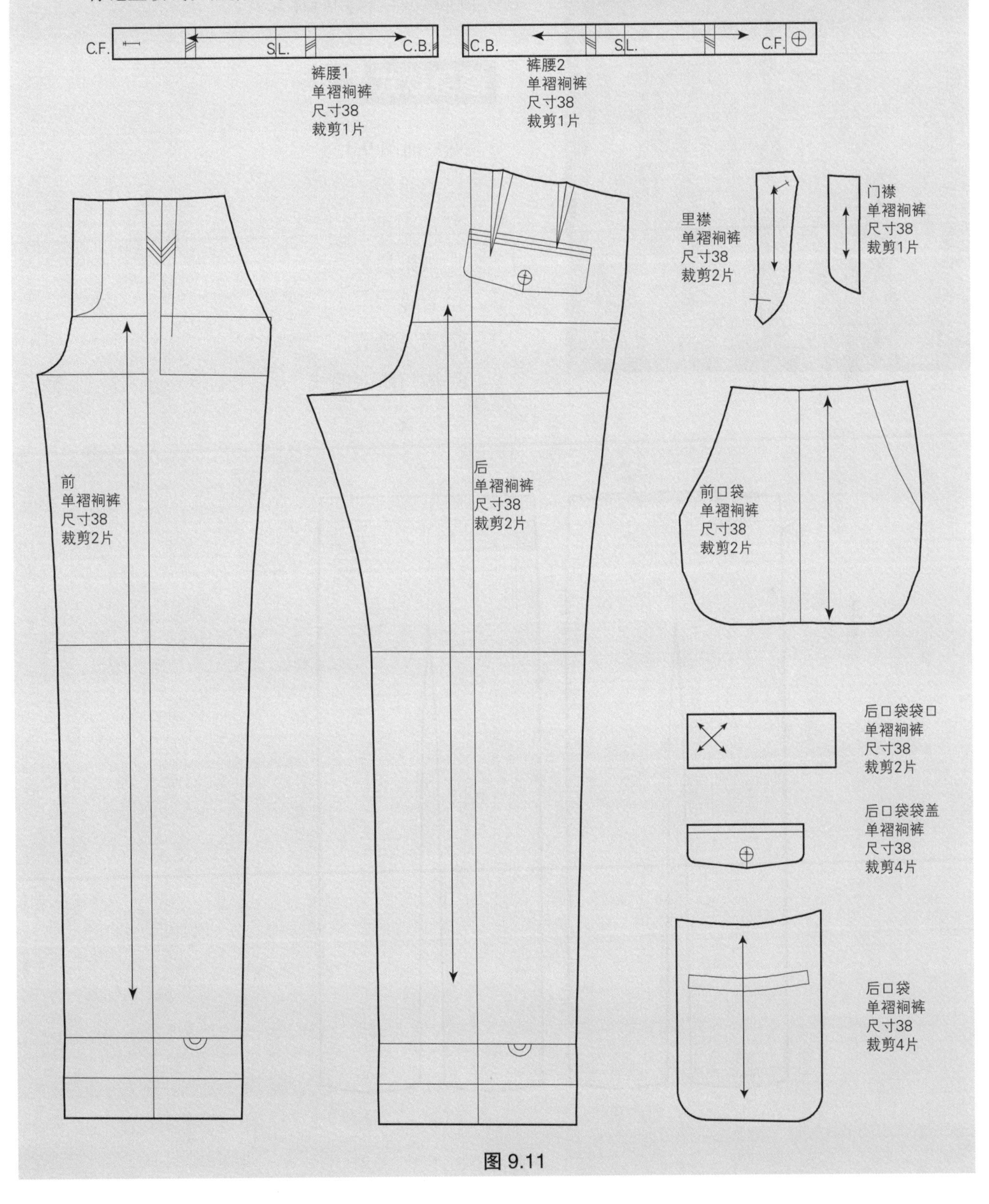

图 9.11

直筒牛仔裤

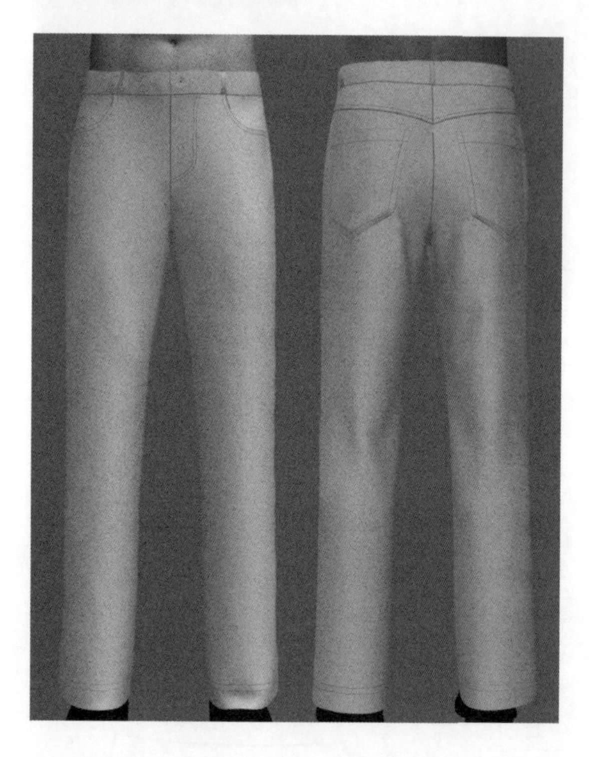

设计风格要点

粗斜纹牛仔裤的出现起源于耐穿的工作服，现在已经是广泛流传的时尚单品。这种合体的直裤管设计，包含了牛仔裤的典型细节，例如前弧形口袋和后育克。

修身款式

见平面图 9.3。

1. 直裤腰
2. 前门襟
3. 弧形插袋
4. 育克
5. 后片贴袋
6. 脚口缉双明线

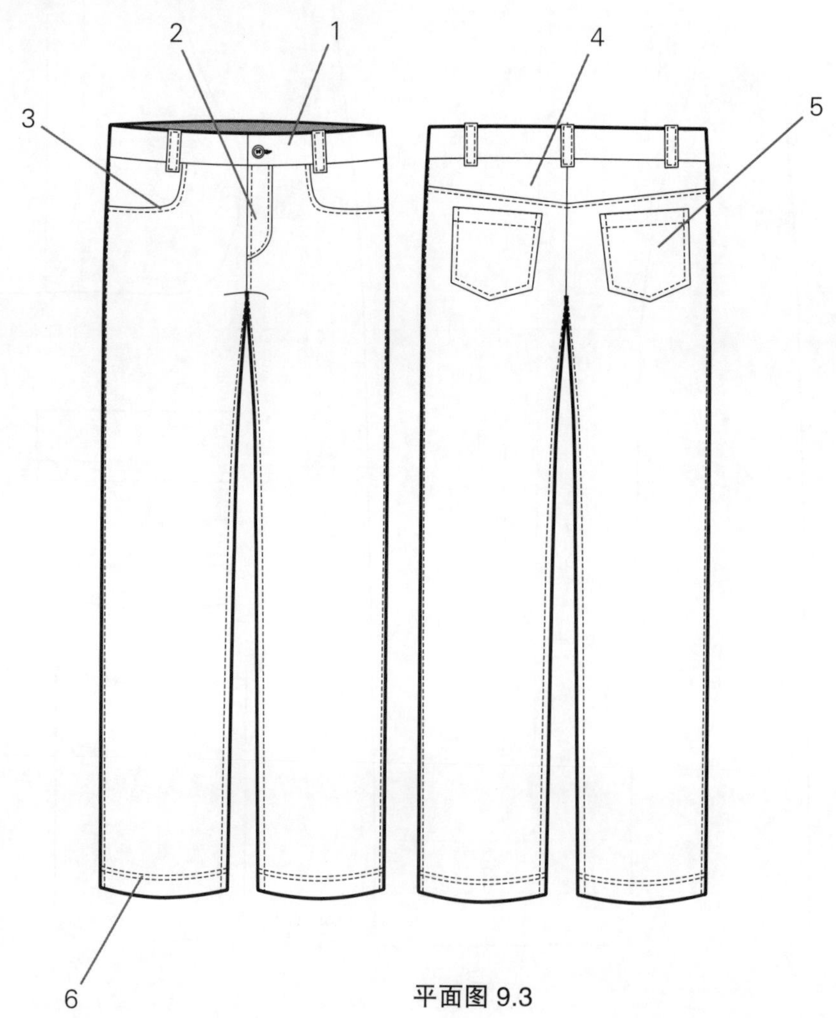

平面图 9.3

画前裤片（图9.12）

- 拓印前裤片原型（图 2.23 到图 2.25，P40~41）。
- A－B′ = 腰围线下降 1.9~2.5cm。
- B = 腰围线上，从裤中线（= 挺缝线）向侧缝方向量 0.6~1.3cm。
- J = 在臀围线上量进 0.6cm。
- A－J = 画光滑弧线。
- A－C =（沿线 A－J）向下量 5.1~7.6cm。
- B－C = 袋口，画弧线，如图所示。
- C－H = 延长口袋松量，从 C 延伸 0.6cm。
- K－L = 从底边每侧向外延伸 1.3cm 或更多，根据设计而定。
- K－M, L－N = 为了取得直裤管造型，从脚口到膝围线画垂直线。
- 从裆顶点到 M 画类似于原型的下裆缝线。
- 从 J 到 N 画与原型相似的侧缝线。

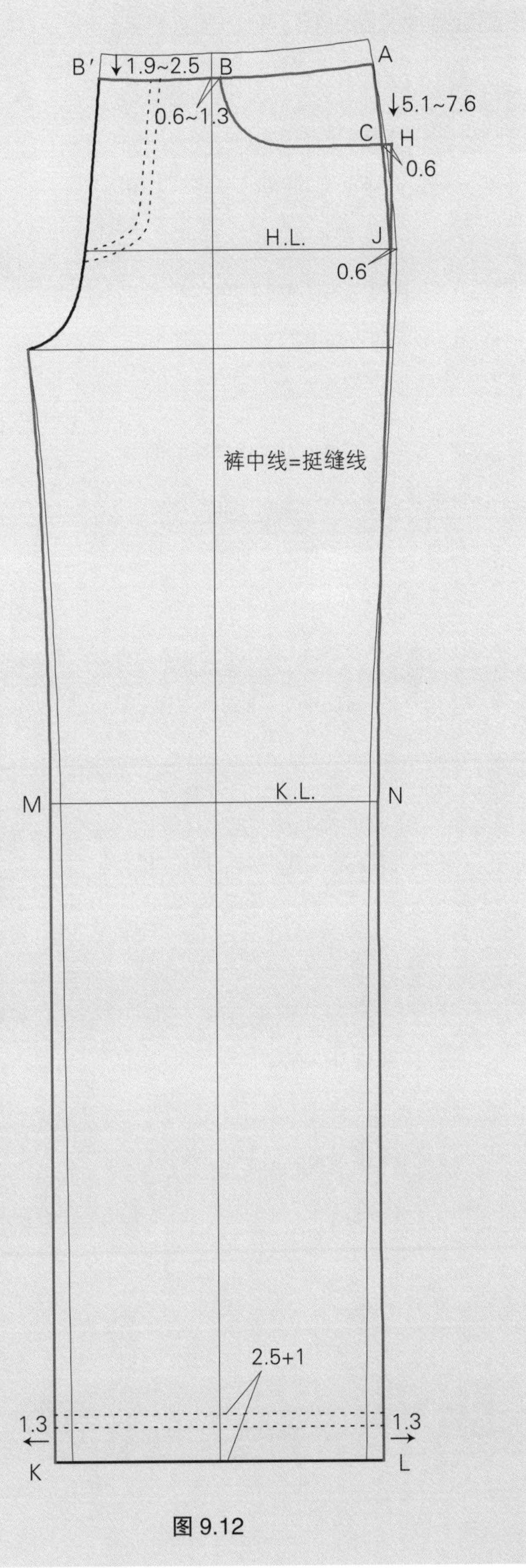

图 9.12

画后裤片（图9.13）

- 拓印后裤片原型（图 2.26~ 图 2.29，P42~44）。
- A－B = 降低腰围线，与前裤片相同。
- A－C = 向下量 7.6~8.9cm。
- B－D = 向下量 3.2~3.8cm。
- C－D = 育克线，画直线。
- A－E = 量进 0.6cm，减少现有的收省量。
- F, G = 减少收省量，将 A－E 收进量均匀分布在省道两边。
- H = 抬高省尖点。
- 连接点 F、H 和 G，重新画省道。
- I－ J = 如图所示标记口袋位置。
- K－L = 从原型底边两侧向外量出 1.3cm，或更多，根据设计而定，确保与前裤片相等。
- K－M, L－N = 为了直筒造型，从脚口到膝围线画垂直线。
- 从裆顶点到 M，画类似于原型的下裆缝线。
- 从臀围线到 N 画类似于原型的侧缝线。

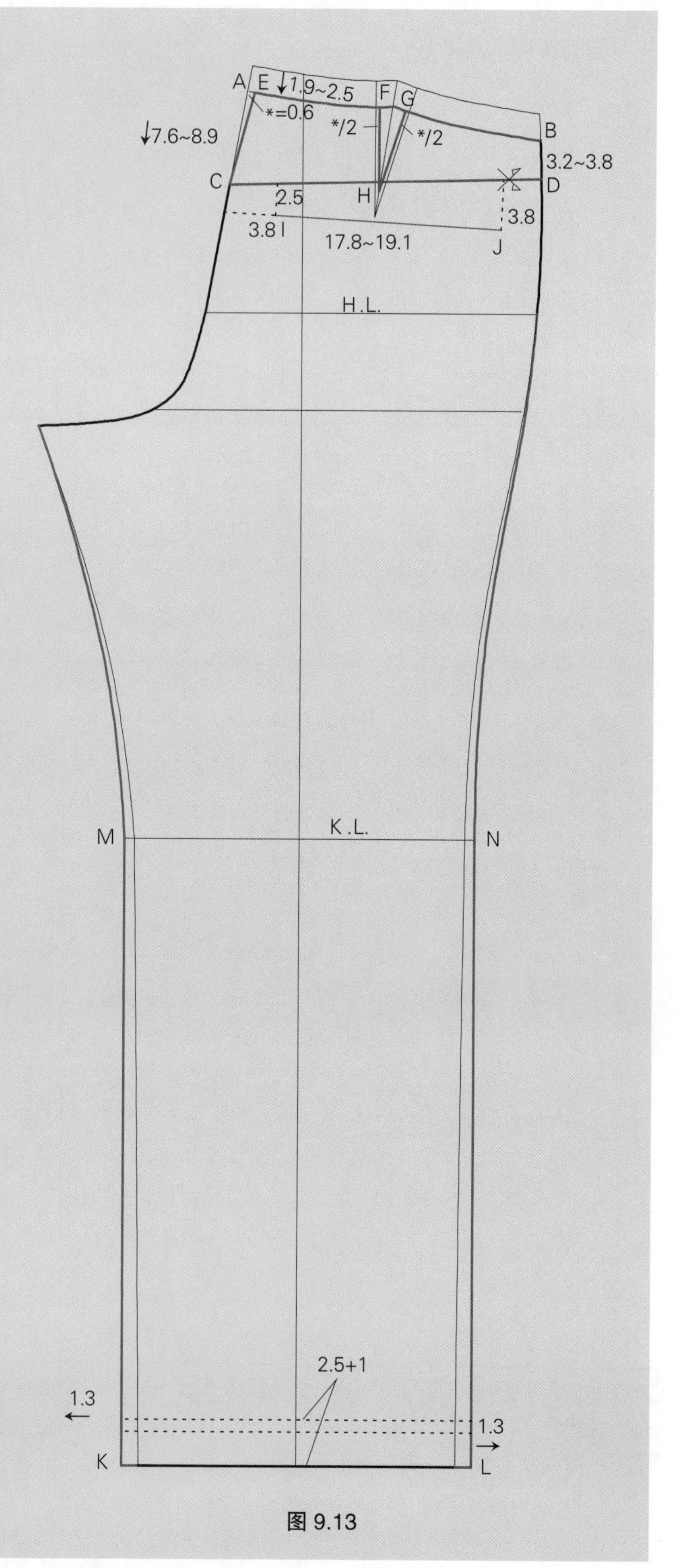

图 9.13

育克（图9.14）

- 为了完成育克，参照第七章“裤子育克”，图 7.29 ~ 图 7.32（P193~194）。
- 图 9.14 显示了完成的育克纸样。
- 在图 9.14 中，根据给定的尺寸，画口袋。
- 将口袋拓印到另外的纸上。
- 参加第六章“贴袋”（P168~173）。

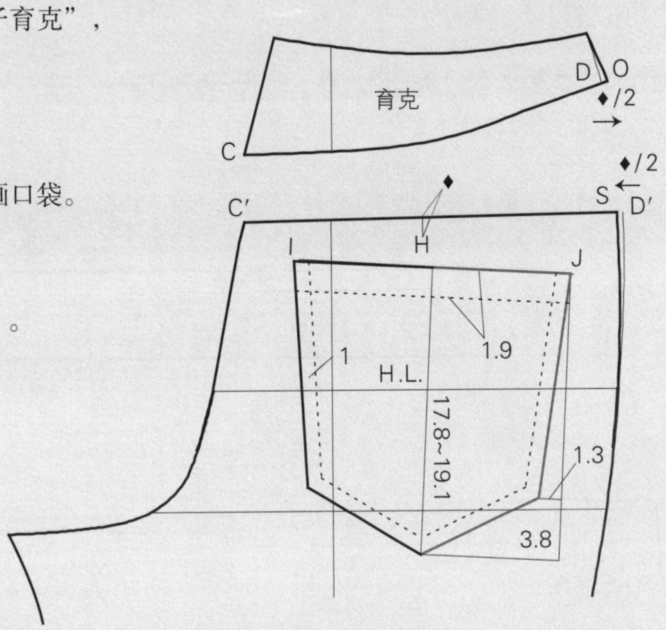

图 9.14

画裤腰（图9.15）

- 画裤腰，参照第七章“较低腰线裤腰”，图 7.46~ 图 7.49（P205~206）。
- 由于是直筒牛仔裤，在纸上记录腰围真实的尺寸。不给腰围增加松量，如图所示。

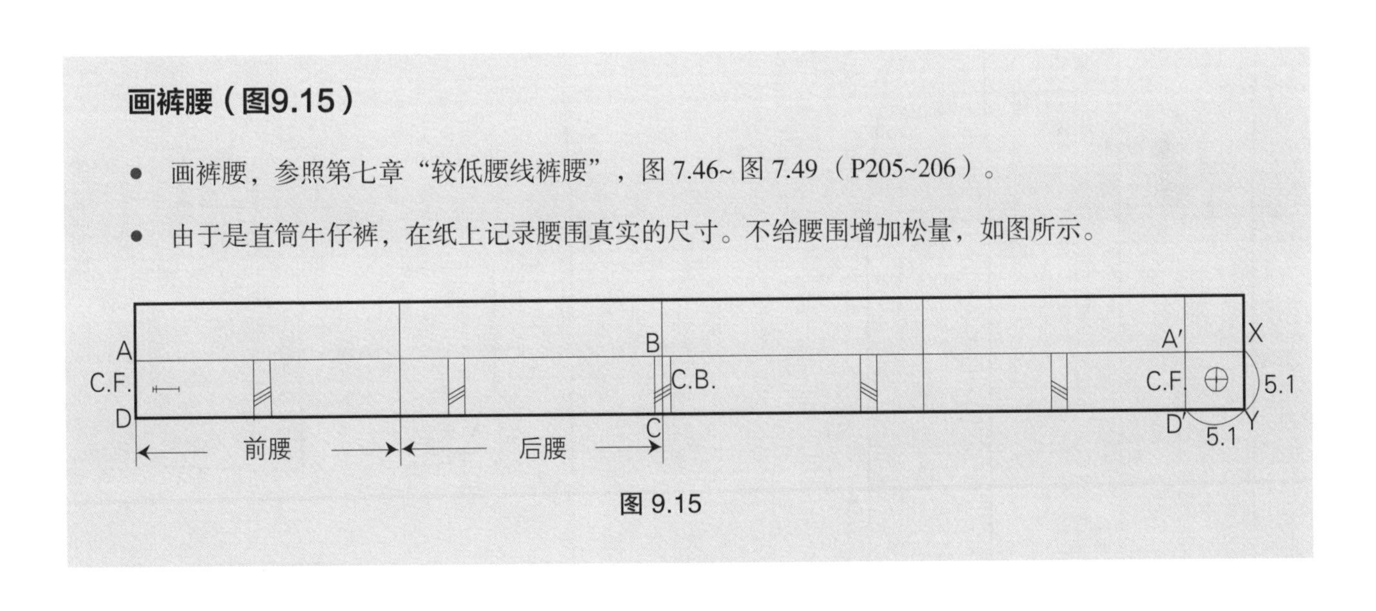

图 9.15

完成样板（图9.16）

- 应用拉链门襟和缉明线。
- 前门襟参照第七章“休闲前门襟”（图 7.65，P214）。
- 标记纸样。
- 标记丝缕线。根据设计意图和面料，丝缕线方向可以变化，尤其是裤腰纸样。

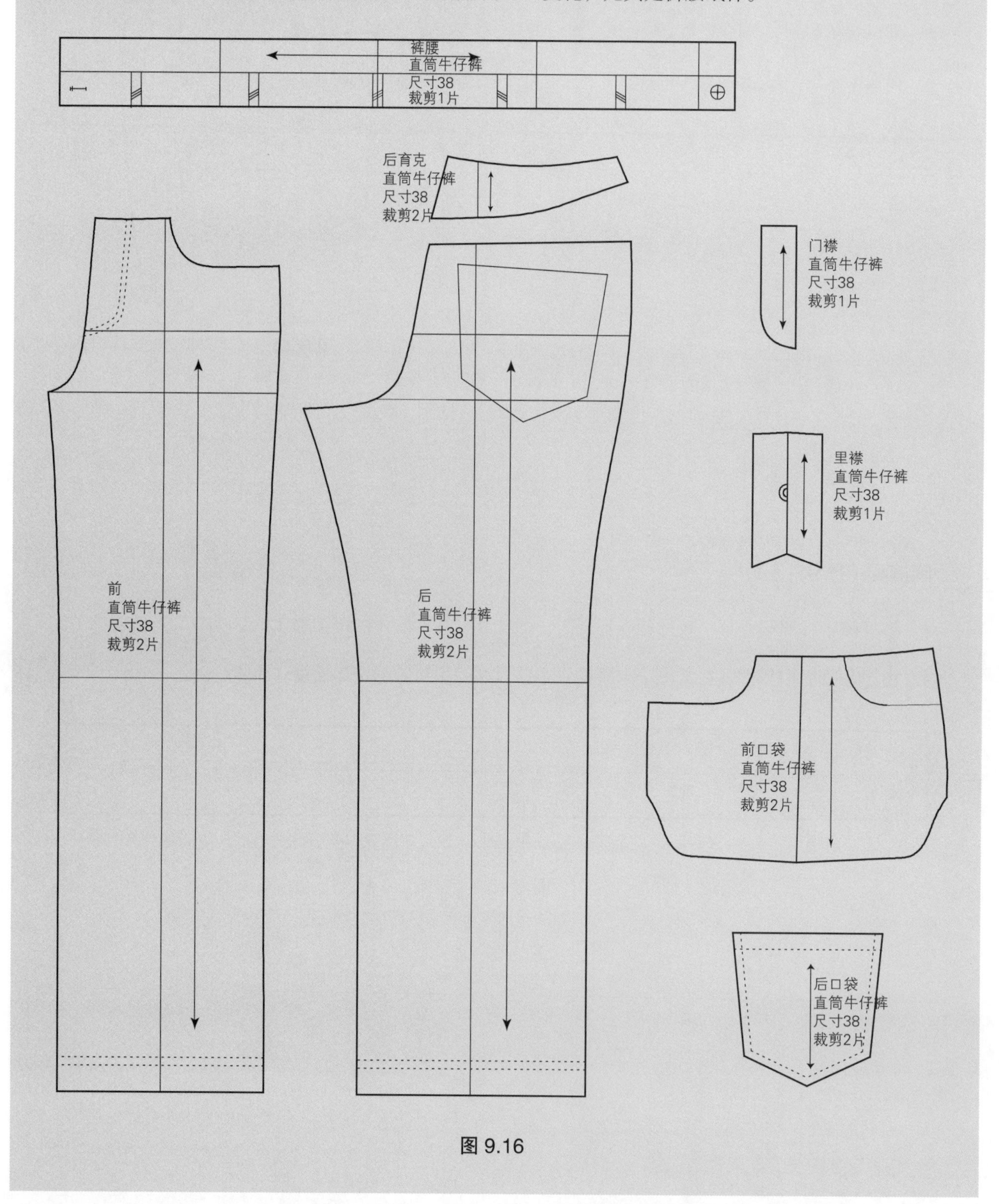

图 9.16

双褶裥裤

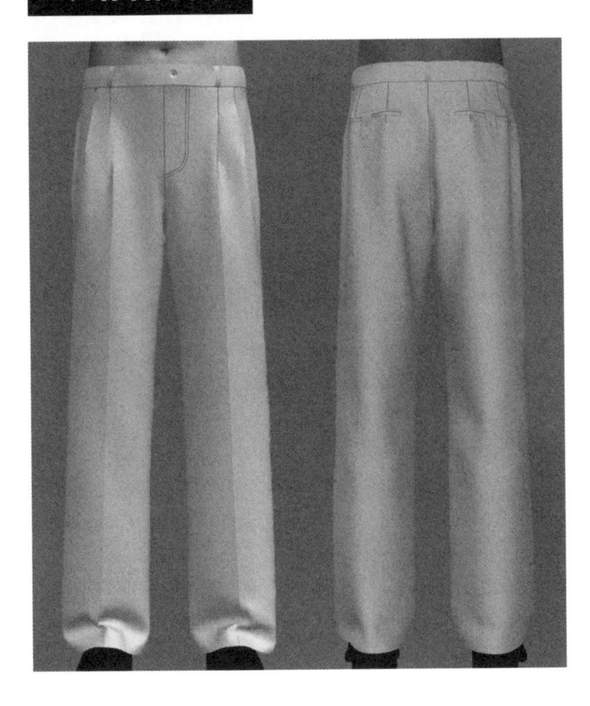

设计风格要点

双褶裥裤是介于正式和舒适两者之间完美的裤型。从上到下的挺缝线突显了正装样式，因为有褶裥，不是很紧身。

经典款式

见平面图 9.4。

1. 直裤腰
2. 拉链门襟
3. 两个褶裥
4. 侧缝直插袋
5. 有襻扣双嵌条口袋

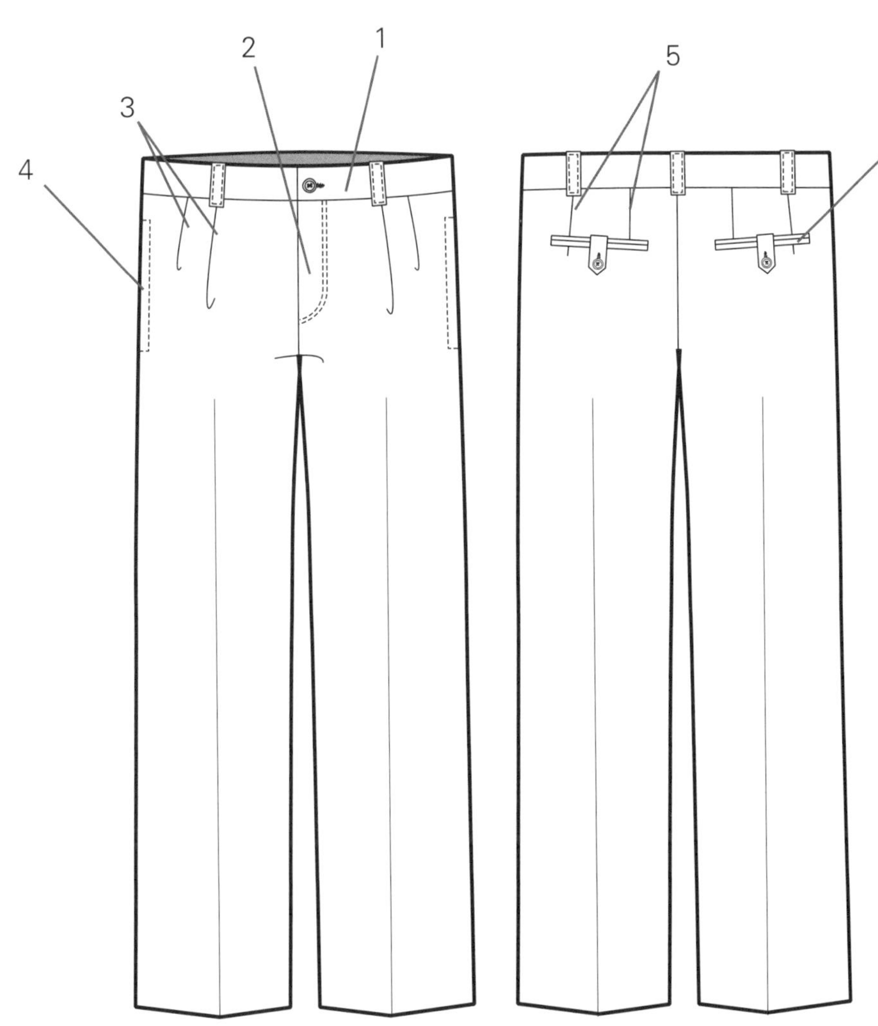

平面图 9.4

画前裤片（图9.17）

- 拓印前裤片原型（图 2.23~ 图 2.25, P40~41）。
- A－B = 挺缝线，剪切挺缝线。
- A－C = 第一个褶裥，在点 A 展开 2.9cm （褶裥量）。
- C－D = 3.8cm。
- D－E = 标记第二个褶裥（例 :3.2cm）。
- F = 从腰围线与前中线交点延伸 D－E/2（例：1.6cm），画直线到臀围线。
- G = 侧腰点延伸 D－E/2（例：1.6cm），画新的侧缝弧线，到臀围线。
- G－H = 向下量 3.8cm。
- H－I = 口袋长度 15.2~16.5cm。
- I－J = 口袋缉明线宽 1~1.3cm。
- Z = 从横裆线向下量 0.6cm，向外量 0.6cm，重画前裆弧线和下裆缝线，如图所示。

画后裤片（图9.18）

- 参照单褶后裤片画法，图 9.7~ 图 9.9（P265~266）。
- 画双嵌条袋襻扣。

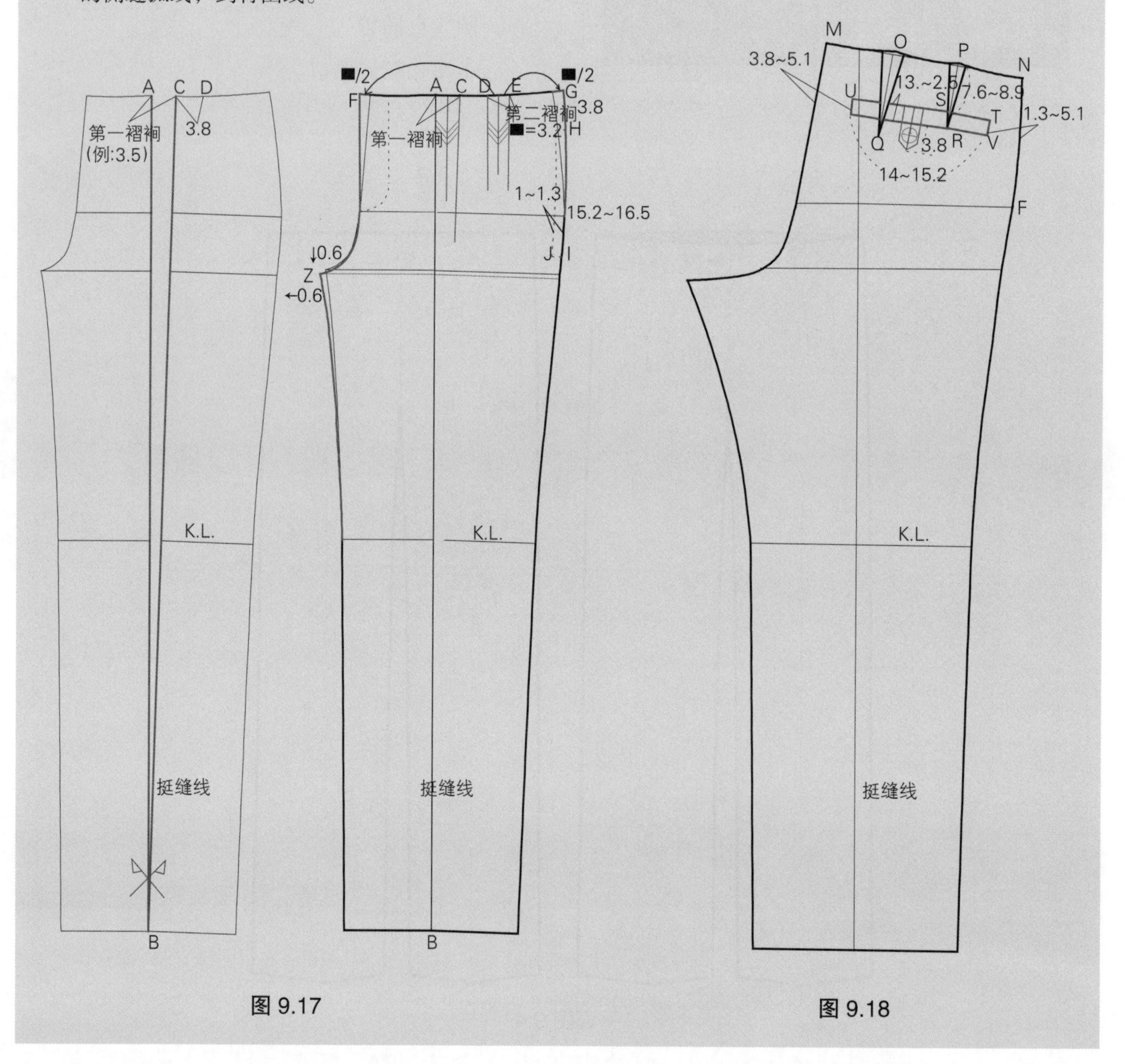

图 9.17

图 9.18

裤腰（图9.19）

- 关于裤腰，参照第七章“经典裤腰”，图 7.43~ 图 7.45（P203~204）。
- 如图所示画裤腰襻。

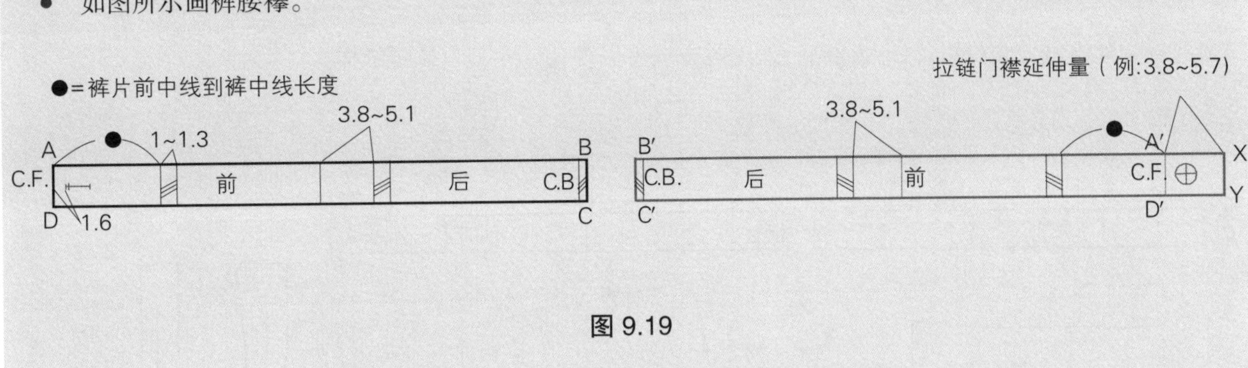

图 9.19

完成样板（图9.20）

- 应用前门襟，参照第七章“正装裤前门襟”（图 7.64, P 214）。
- 标记纸样。
- 标记丝缕线。根据设计图和面料，丝缕线方向可以变化，尤其是裤腰纸样。

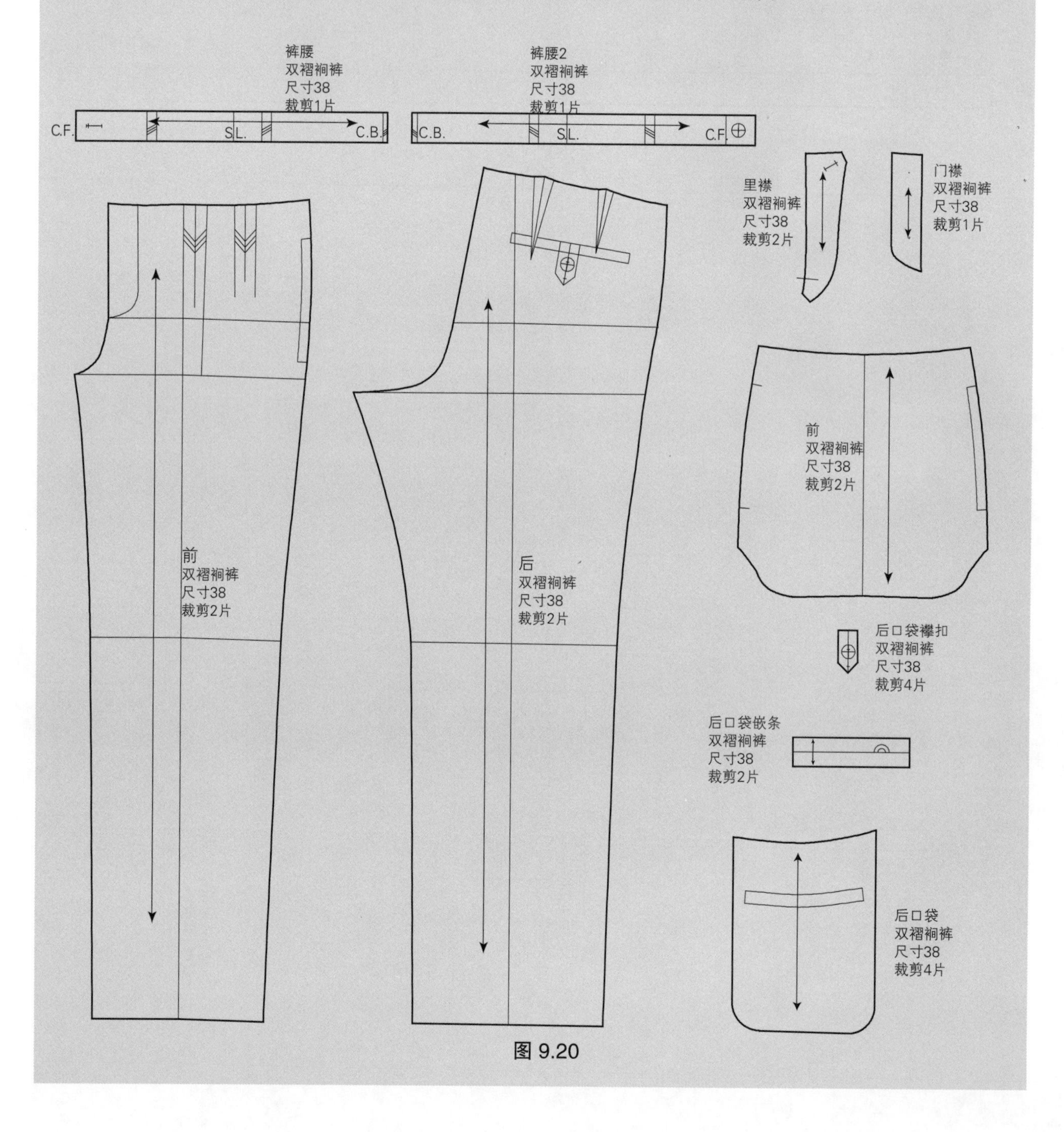

图 9.20

紧身七分裤

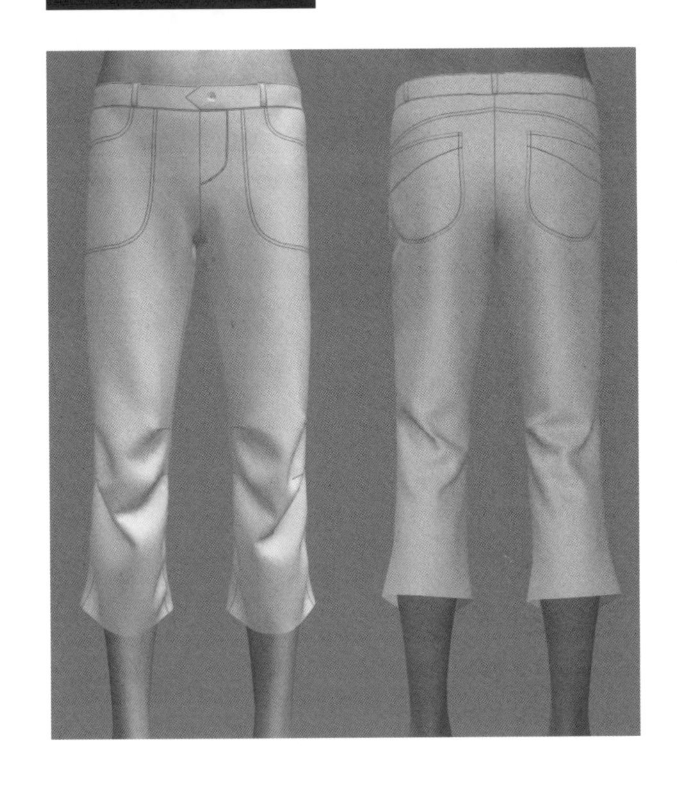

设计风格要点

这款裤子长到小腿中部，造型细节是膝盖处有省道，弧形育克。后圆形贴袋和前身标准的弧形牛仔裤口袋，两者都用缝线细节来完成设计。

修身款式

见平面图 9.5。

1. 低腰和弧形裤腰
2. 前门襟装拉链
3. 前贴袋
4. 前膝盖省道
5. 弧形育克
6. 后贴袋
7. 裤长剪短

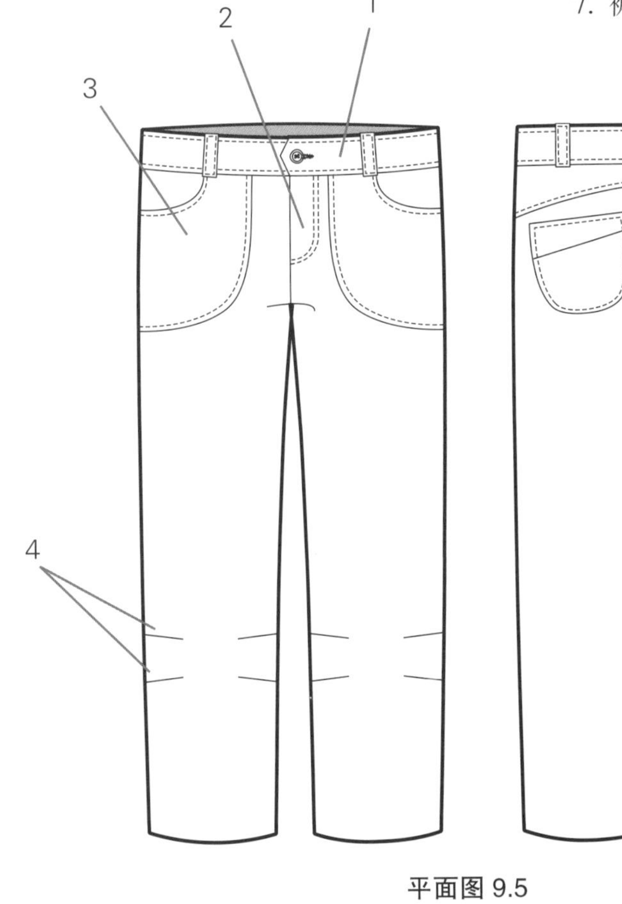

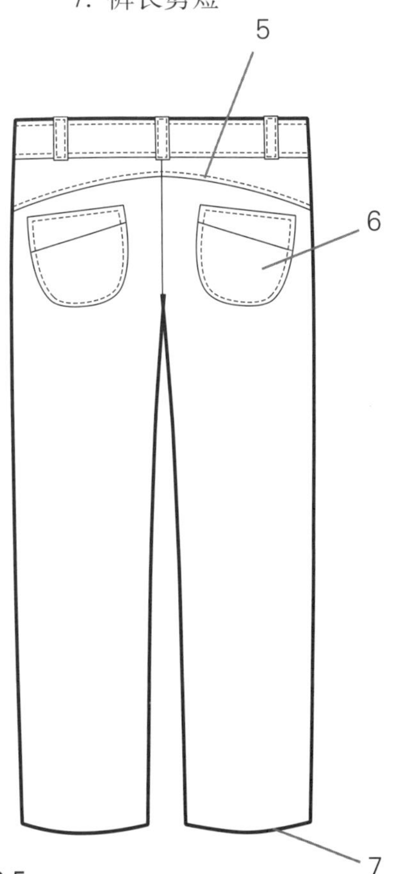

平面图 9.5

画前裤片（图9.21）

- 拓印前裤片原型（图 2.23~ 图 2.25, P40~41）。
- A－B＝腰围线下降 1~1.3cm。
- A－C, B－D＝腰宽，向下量 3.8~5.1cm，然后画线与 A－B 平行。
- B－E＝裤长，膝围到脚口线的中点。
- E－F＝画水平线。
- G, H＝从 F 和 E 量进 1.6cm。
- I, J＝在膝围线上量进 1.3cm。
- K＝量进 0.6cm 和向上量 0.6cm，重新画裆线。
- 连接 K、I 和 G, 画下裆弧线。
- L＝在臀围线与侧缝线交点量进 0.6~1cm。
- 连接 D、L、J 和 H，用光滑弧形画侧缝线。
- D－M＝在侧缝线向下量 5.7cm。
- N＝从裤中线量出 1.6cm。
- M－N＝画弧线，如图所示。
- O＝从 N 量过 3.8cm, 然后画口袋线，如图所示。
- P, Q, R, S＝省道设计，从膝围线向上和向下量 3.2cm，然后画省道。省量 2.5cm，省长 5.7cm。
- G′, H′＝从 G 和 H 延伸两个省的收省量。

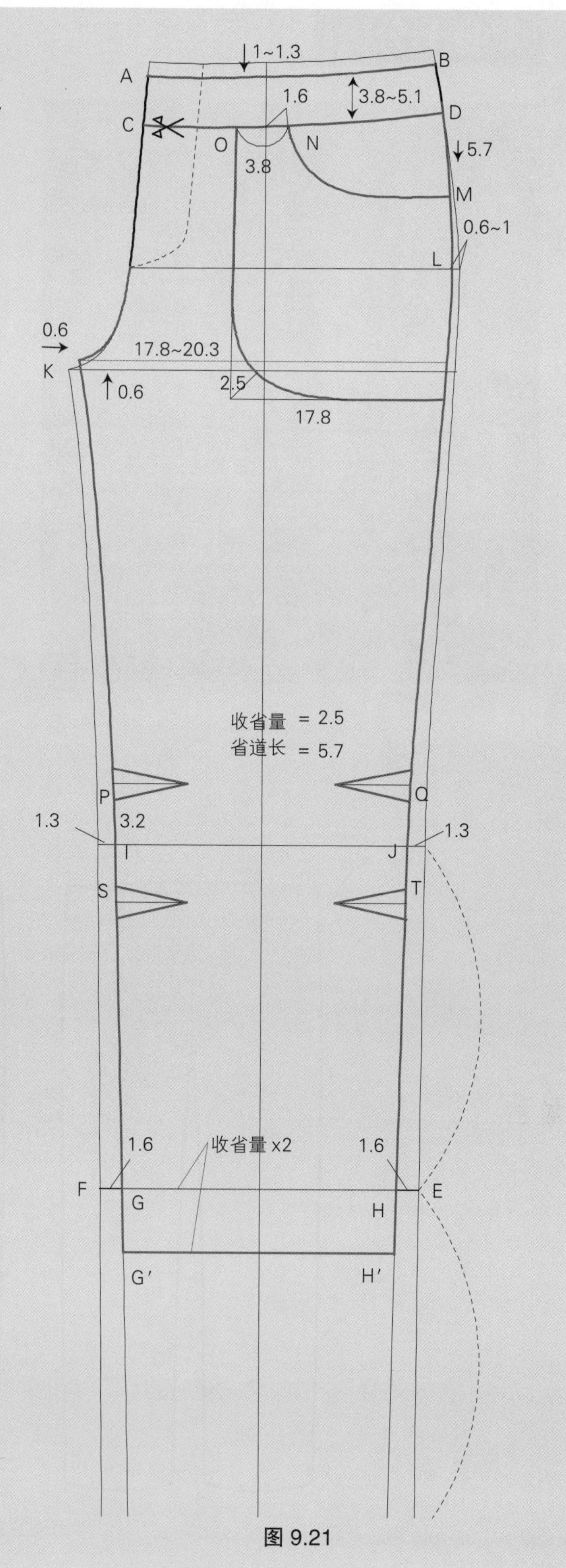

图 9.21

画后裤片（图9.22）

- 拓印后裤片原型（图 2.26~ 图 2.29, P42~44）。
- A－B = 腰围线下降 1~1.3cm。
- A－C, B－D = 腰宽，向下量和前裤片相等的长度，然后画线与 A－B 平行。
- B－E = 裤长，膝围线和脚口线的中点。
- E－F = 画水平线。
- G, H = 从 F 和 E 量进 1.6cm。
- I, J = 在膝围线上量进 1.3cm。
- K = 量进 0.6cm 和向上量 0.6cm，然后重新画后裆弧线。
- 连接 K、I 和 G, 画光滑的下裆弧线。
- L = 在侧缝线和臀围线交点量进 0.6~1cm。
- 连接 D、L、J 和 H，用光滑弧线画侧缝线。
- C－M = 量 3.2cm。
- N = 省尖点。
- M－N = 画直线。
- O = 延伸线 M－N 到侧缝线。
- P = 贴袋位置。在图 9.22 根据给定尺寸画口袋。
- 拓印口袋到分开的纸样上。
- 参照第六章“贴袋”（P168~171）。

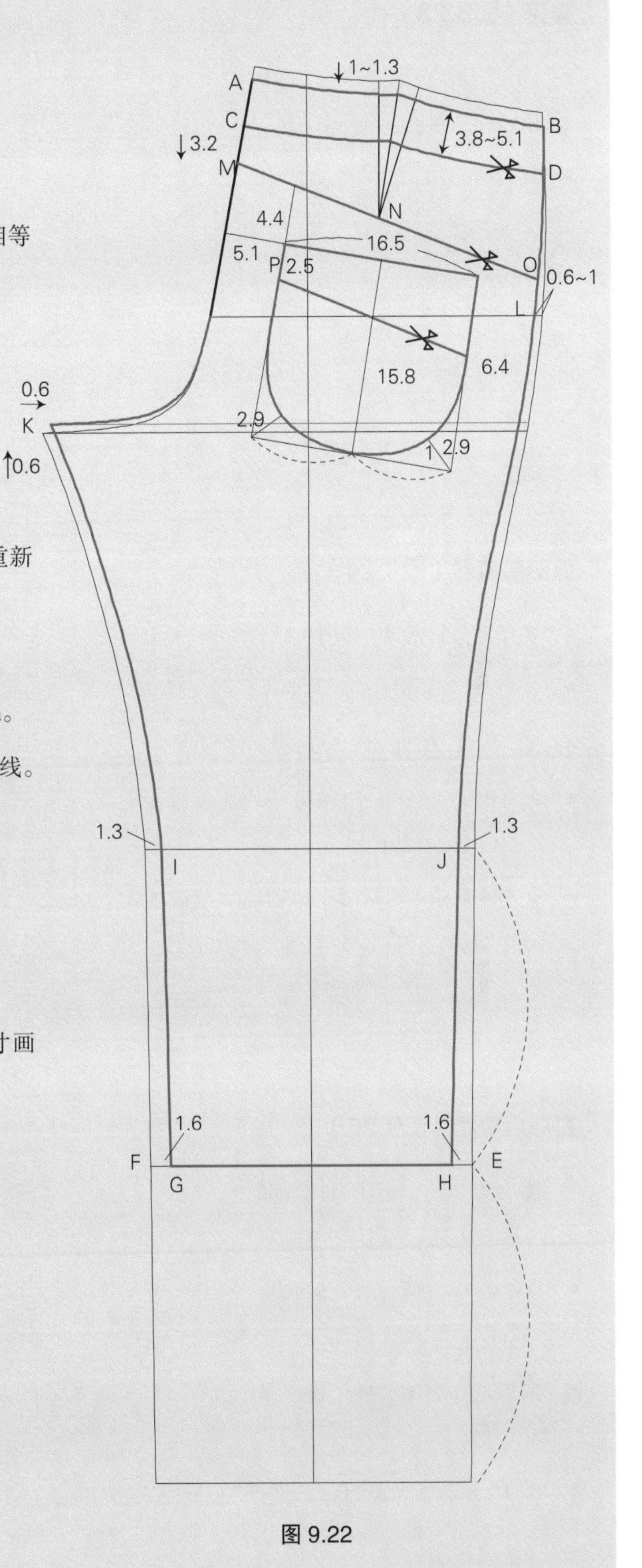

图 9.22

育克（图9.23）

- 为了完成育克，从图 9.24（P280）拓印育克到另一纸样上。
- 闭合省道。
- 用光滑弧线画顺育克下口线和上口线。

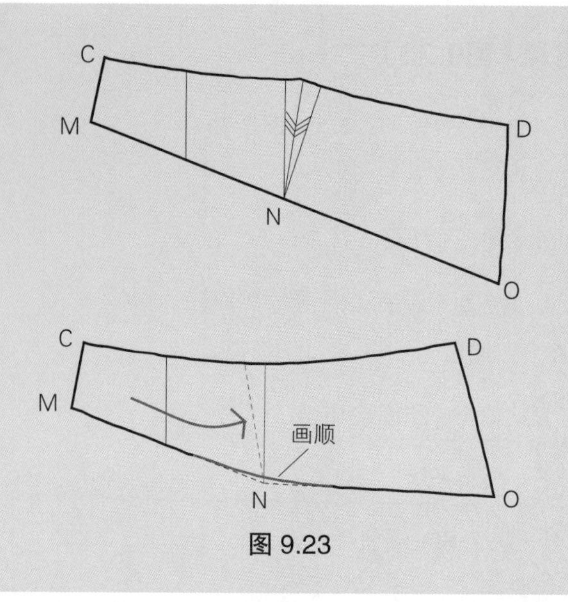

图 9.23

弧形前裤腰（图9.24）

- 拓印前裤腰部分（从图 9.23）到另一纸上。
- C－N′ = 裤腰襻位置，前裤片 C－N 的长度。
- X = 从前中线量出 2.5cm，然后画直线。
- A′－B′－C′－D′ = 拓印另一片前裤腰，即 A－B－D－C 的镜像。
- Y, Z = 从前中线量出 3.8~5.1cm，然后从 A′和 C′延伸。

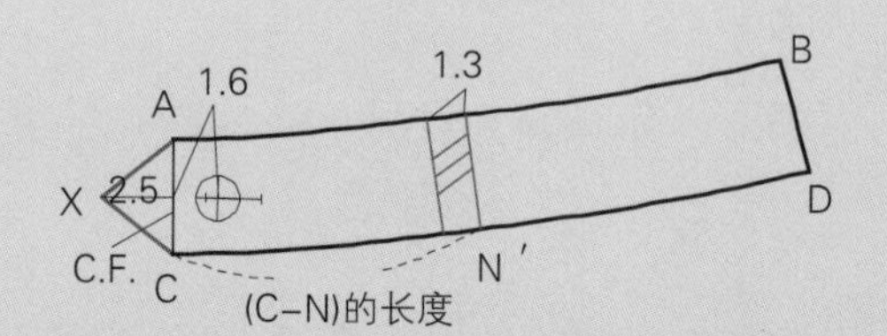

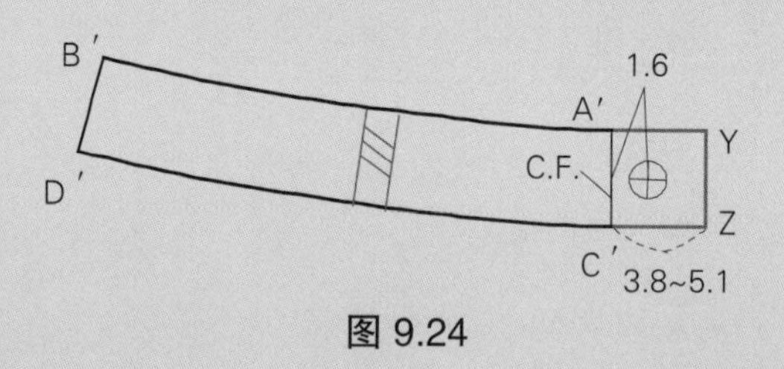

图 9.24

弧形后裤腰（图9.25）

- 闭合省道后，拓印后裤腰部分（从图 9.24）到另一纸上。
- D－X = 裤腰襻位置，量取 5.1cm。
- 同样，在后中心标记裤腰襻，如图所示。
- B′, D′ = 通过线 A－C 反射后裤腰。

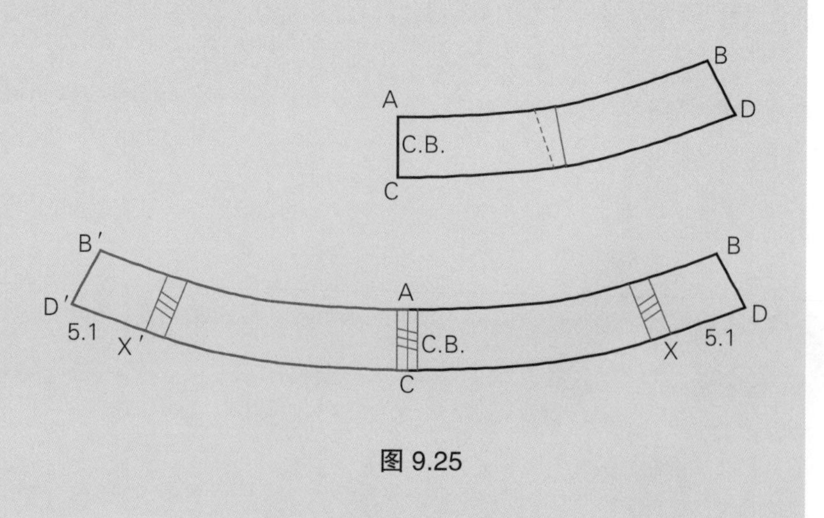

图 9.25

完成样板（图9.26）

- 前门襟应用。参照第七章“男裤门襟”（图 7.65，P214）。
- 标记纸样。
- 如果需要的话，标记明缉线。
- 标记丝缕线，根据设计意图和面料，丝缕线方向可以改变。

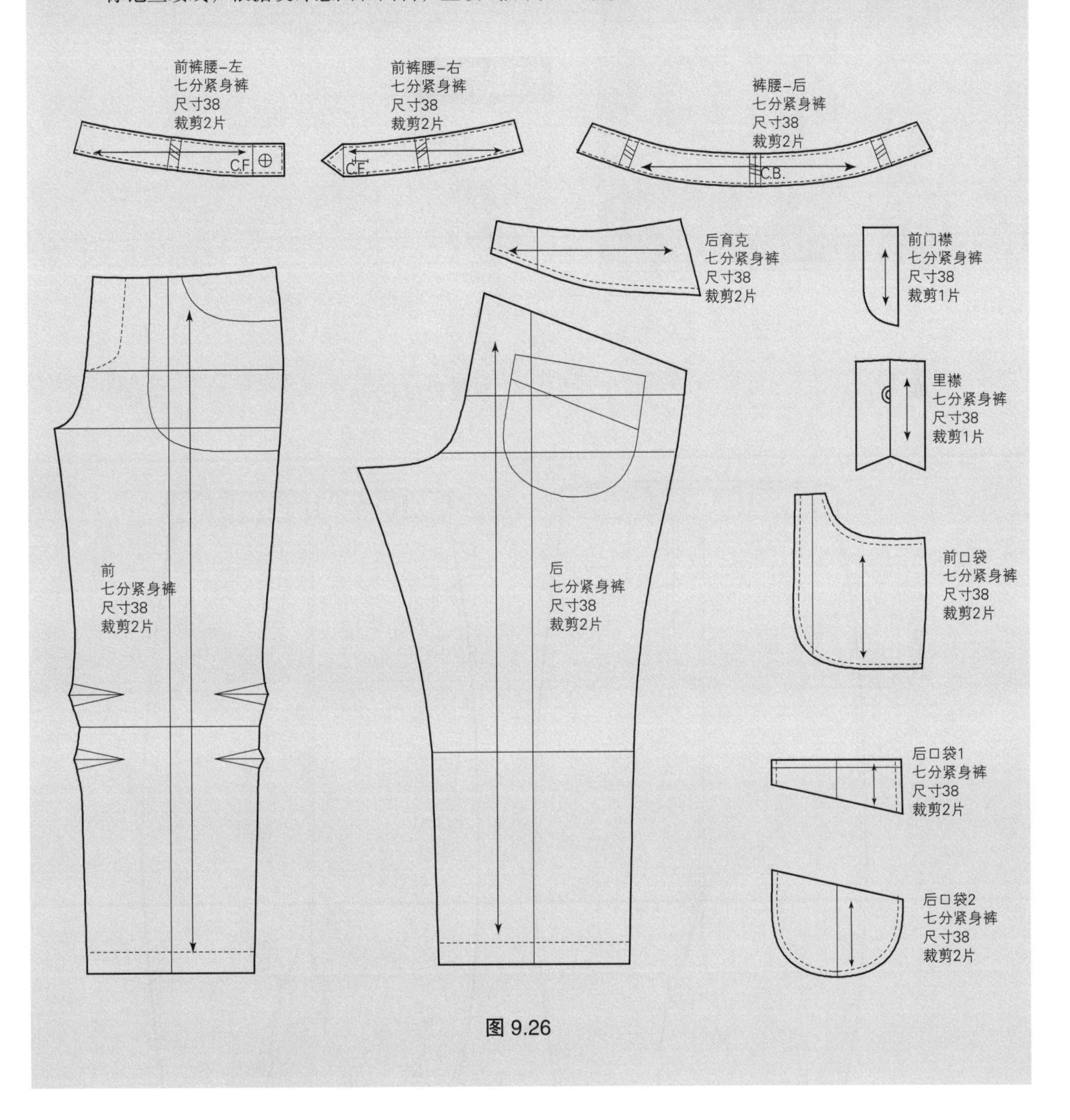

图 9.26

低裆裤

设计风格要点

低裆裤是裆部加长的宽松休闲样式。这种样式的特征是罗纹克夫和直裤腰，左右前身各有一个塔克，使穿着更方便舒适。

宽松款式

见平面图 9.6。

1. 直腰
2. 前门襟
3. 塔克
4. 低裆
5. 贴袋
6. 罗纹脚口

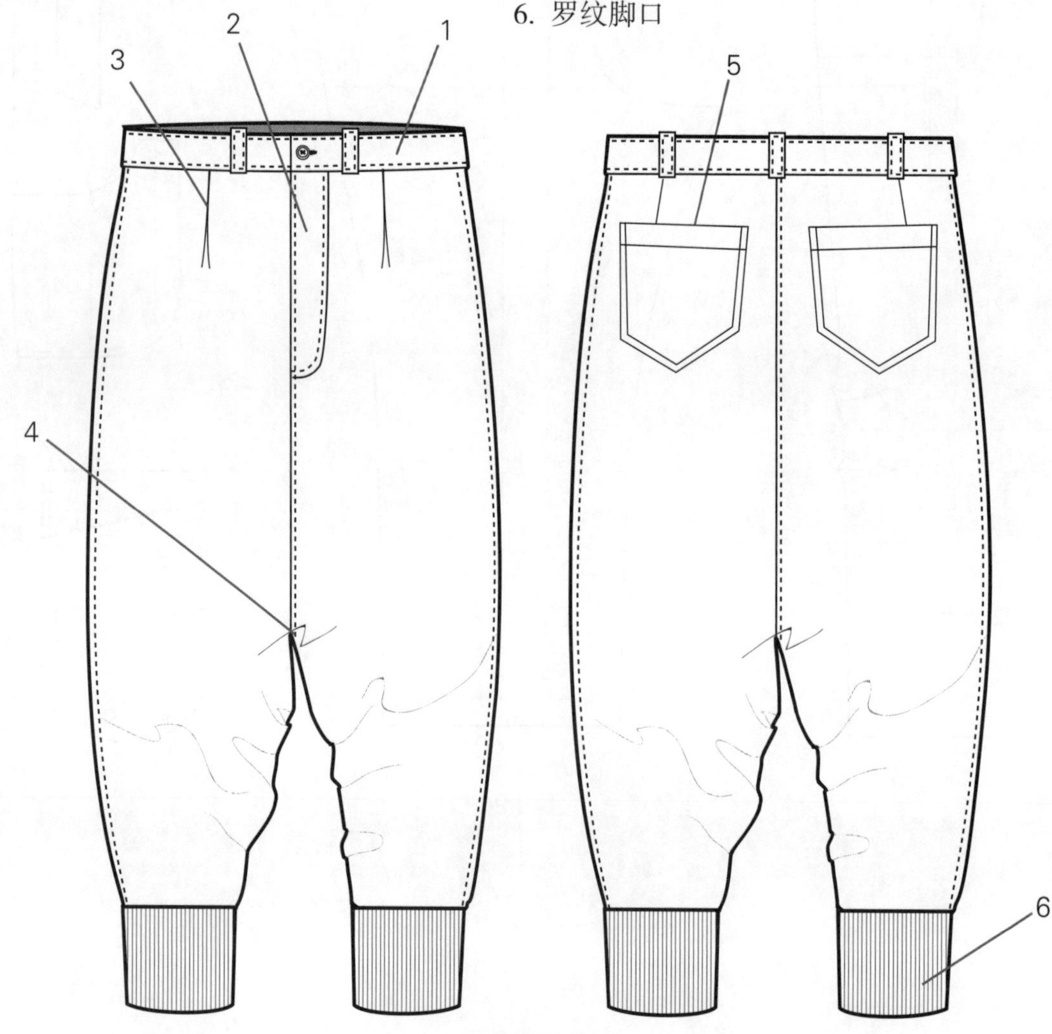

平面图 9.6

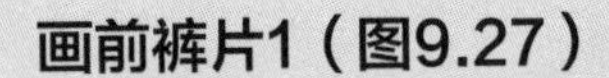

画前裤片1（图9.27）

- 拓印前裤片原型（图 2.23~ 图 2.25, P40~ 41）。
- A – B = 腰围线下降 5.1cm。
- C – D = 裤长，在膝围线和脚口线长度的 1/3 处。
- C – E, D – F = 针织克夫高，向上量（例 :14cm）。
- E′ – F′ = 克夫宽，从 E 和 F 量进。宽度是 E – F 的 80%~90%（根据弹性度决定）。
- G = 延伸前中线到裆线。
- H = 量出 6.4~7.6cm 和向下量 27.9~30.5cm。
- G – H = 画直引导线。
- I = 在 G – H 的中点量进 1.3cm。
- 连接 G – I – H，画光滑弧线，完成前落裆线。
- 在 H 和 F 的中点量进 1.9cm，画弧线，完成下裆弧线。
- 从横裆线与侧缝线交点到 E 点画弧线，完成侧缝线。
- J, K = 前挺缝线与新腰围线和 E – F 线的交点，标记为 J 和 K。

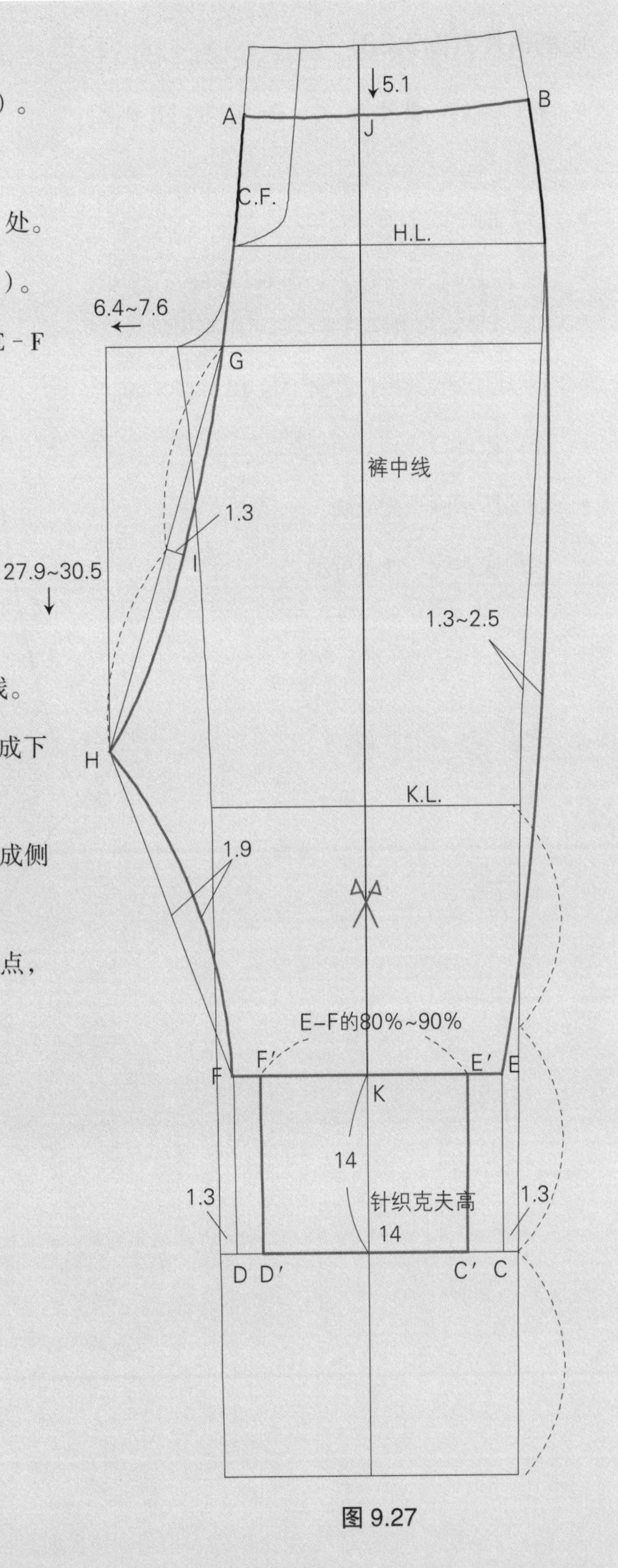

图 9.27

画前裤片2(图9.28)

- 拓印新的前裤片 A－G－H－F－E－B 到另一纸上。
- 沿着前中线 J－K 剪开。
- J－J′, J′－L = 塔克量（例 :6.4~7.6cm），剪切线 J－K, 展开塔克量。然后画直引导线。
- J－M, L－N = 裥长，向下量 10.1~12.7cm。
- 画门襟外口线到 G。
- 如图所示画顺侧缝线。
- 画顺底边线，如图所示。

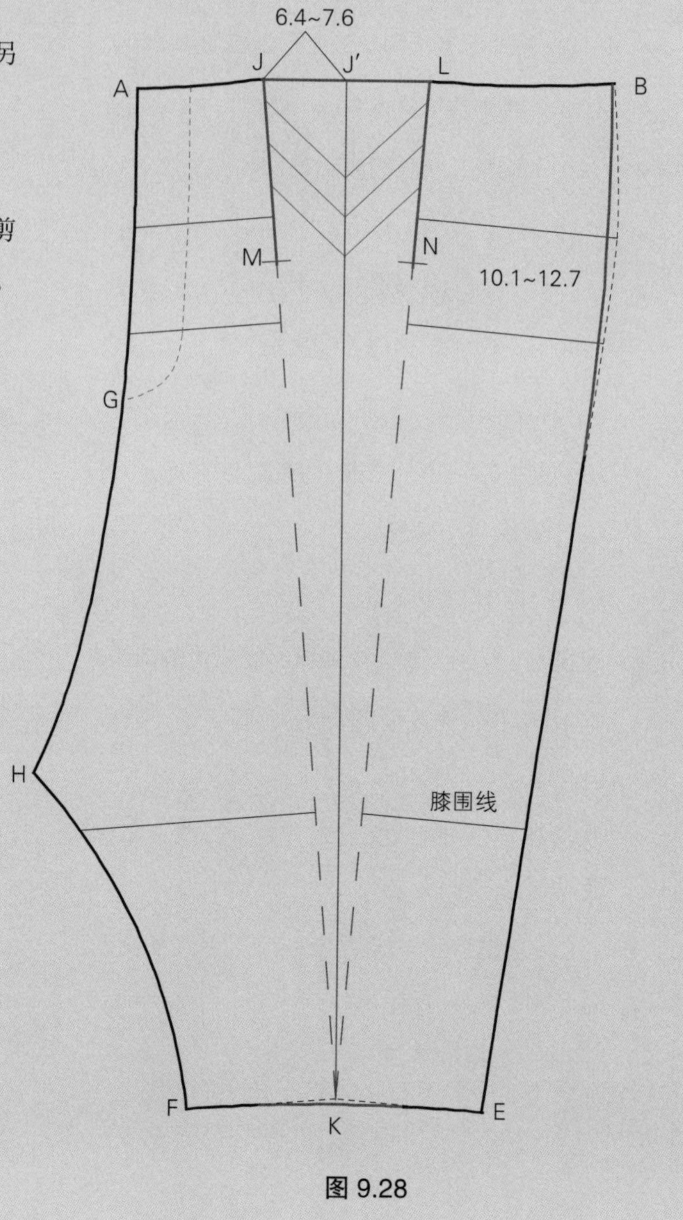

图 9.28

画后裤片（图9.29）

- 拓印后裤片原型（图 2.26~2.29，P42~44）。
- A－B＝腰围线下降 5.1cm。
- C－D＝裤长，向上量取的长度与前裤片相同。
- C－E, D－F＝针织克夫长度，向上量（例：14cm）。
- E′－F′＝克夫宽，从 E 和 F 量进，宽度是 E－F 的 80%~90%。
- G＝臀围线向后中线延伸 1cm。
- A－G＝画直线。
- H＝量出 3.2~3.8cm 和量下 27.9~30.5cm。
- G－H＝画直的引导线。
- I＝从 H 到 G－H 的 1/3 处，量过 1.9cm。
- J＝从 H 到 G－H 的 2/3 处，量过 1.3~1.6cm。
- 连接 G－J－I－H，画光滑弧线，完成落裆线。
- 在 H 和 F 之间画线，在其中点量进 1.9cm，画顺下裆缝线。
- 从臀围线到 E 画弧线，完成侧缝线。

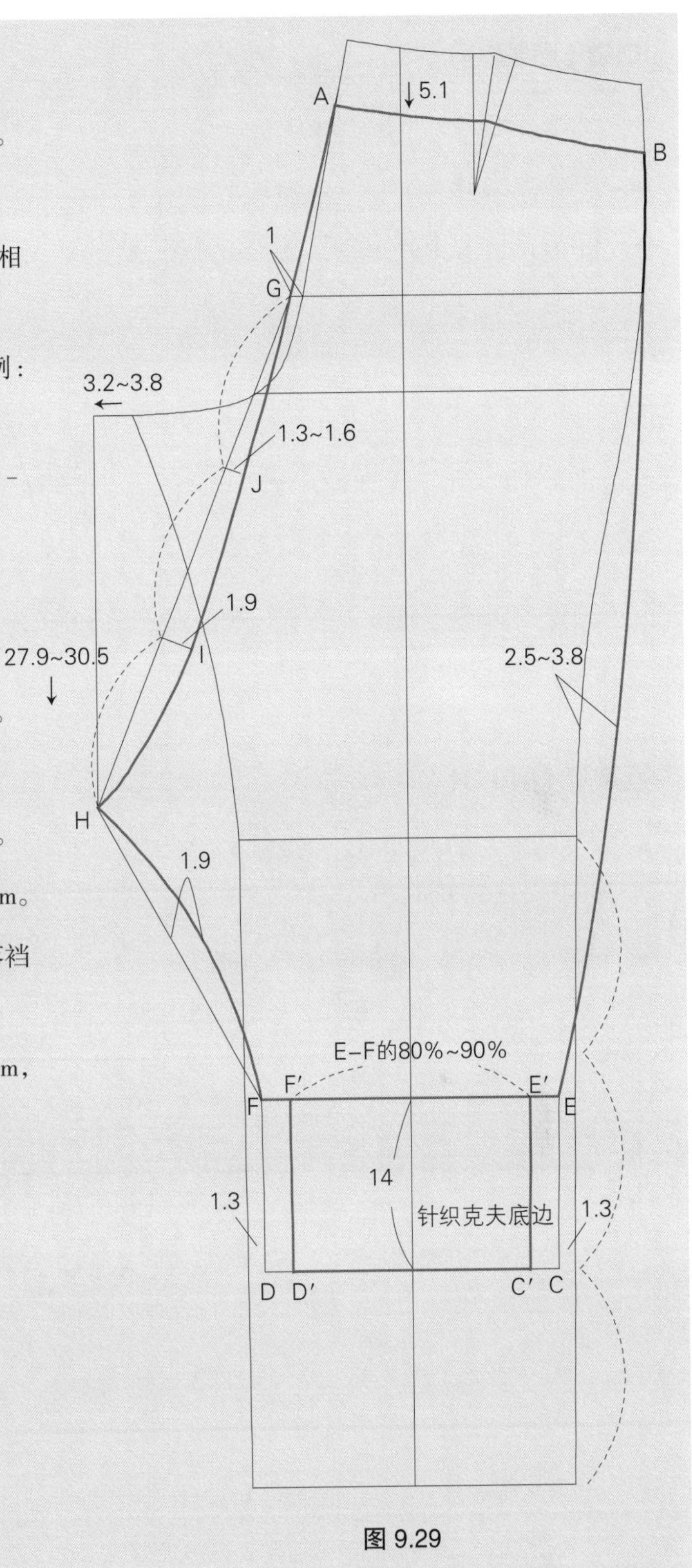

图 9.29

口袋（图9.30）

- 此图显示了后裤片上完成的贴袋。
- 尺寸可以变化。
- 拓印口袋纸样到另一纸上。参照第六章“贴袋”，P168~173。

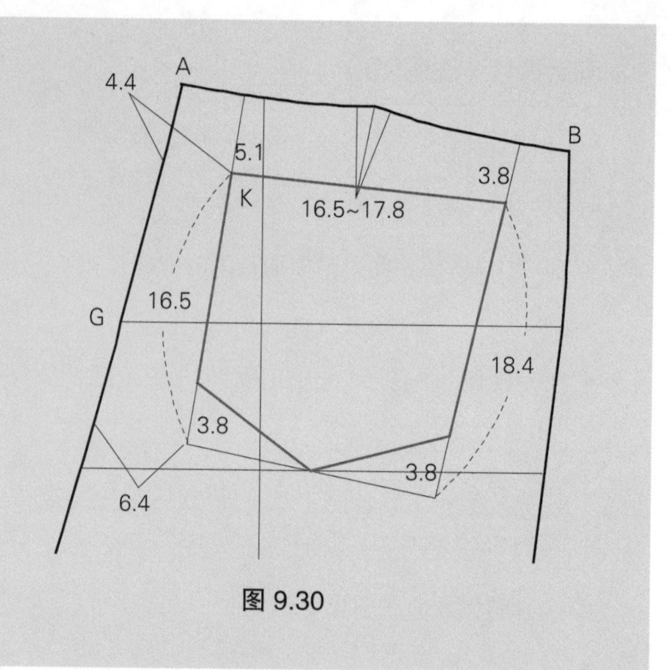

图 9.30

画裤腰（图9.31）

- 关于裤腰，参照第七章“较低腰线裤腰”，图 7.46~7.49（P205~206）。
- 测量新的腰围线。腰围不要增加松量。

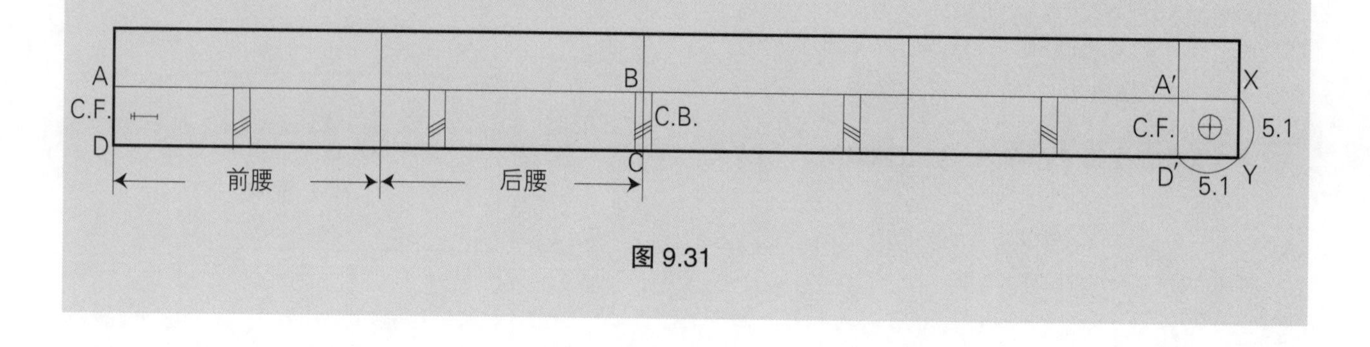

图 9.31

完成样板（图9.32）

- 前门襟参照第七章“男裤门襟”（图 7.65, P 214）。
- 标记纸样。
- 标记丝缕线。根据设计意图和面料，可以变化丝缕线方向，尤其是裤腰纸样的丝缕线。

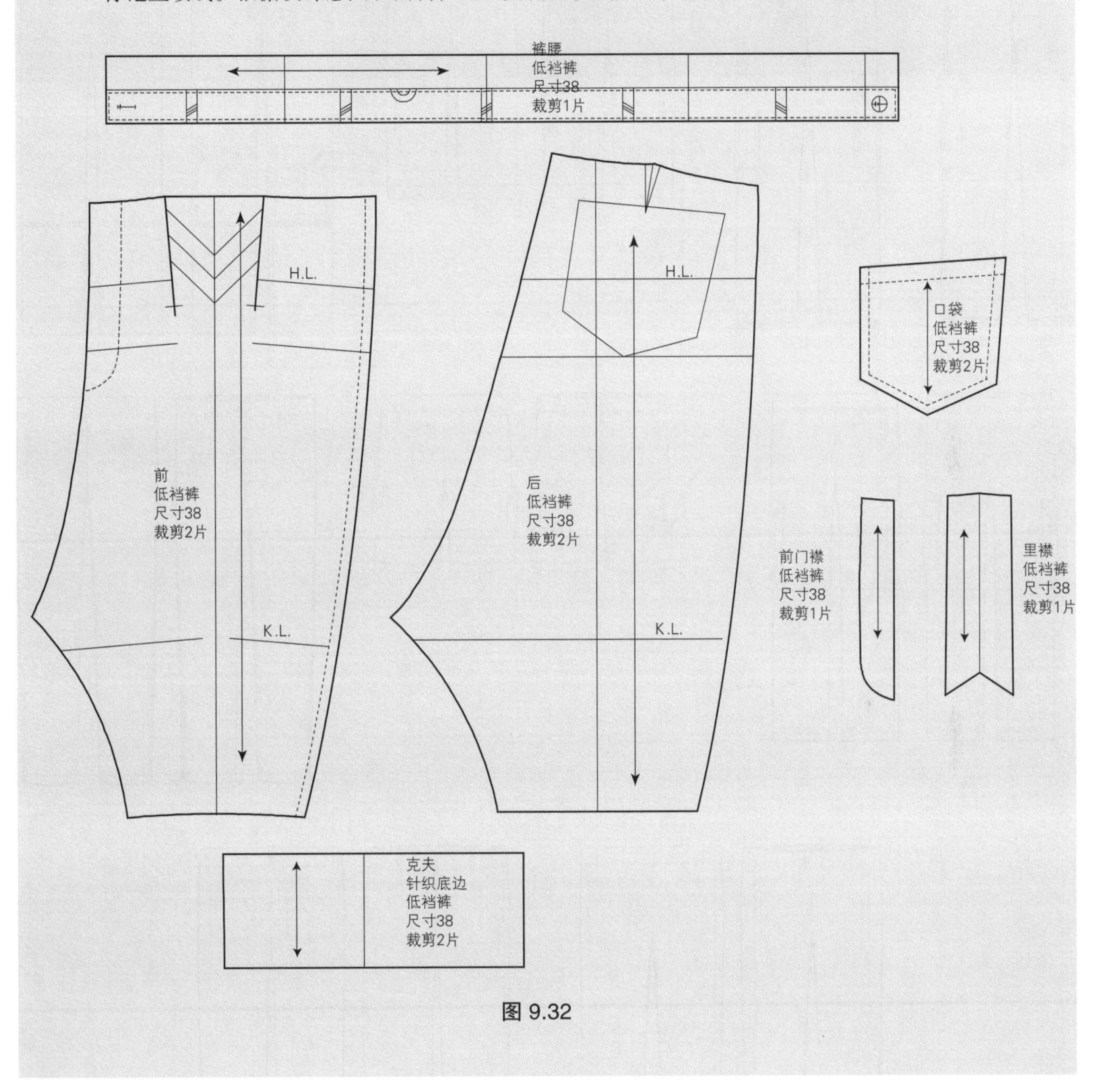

图 9.32

裤子设计变化

见平面图 9.7。

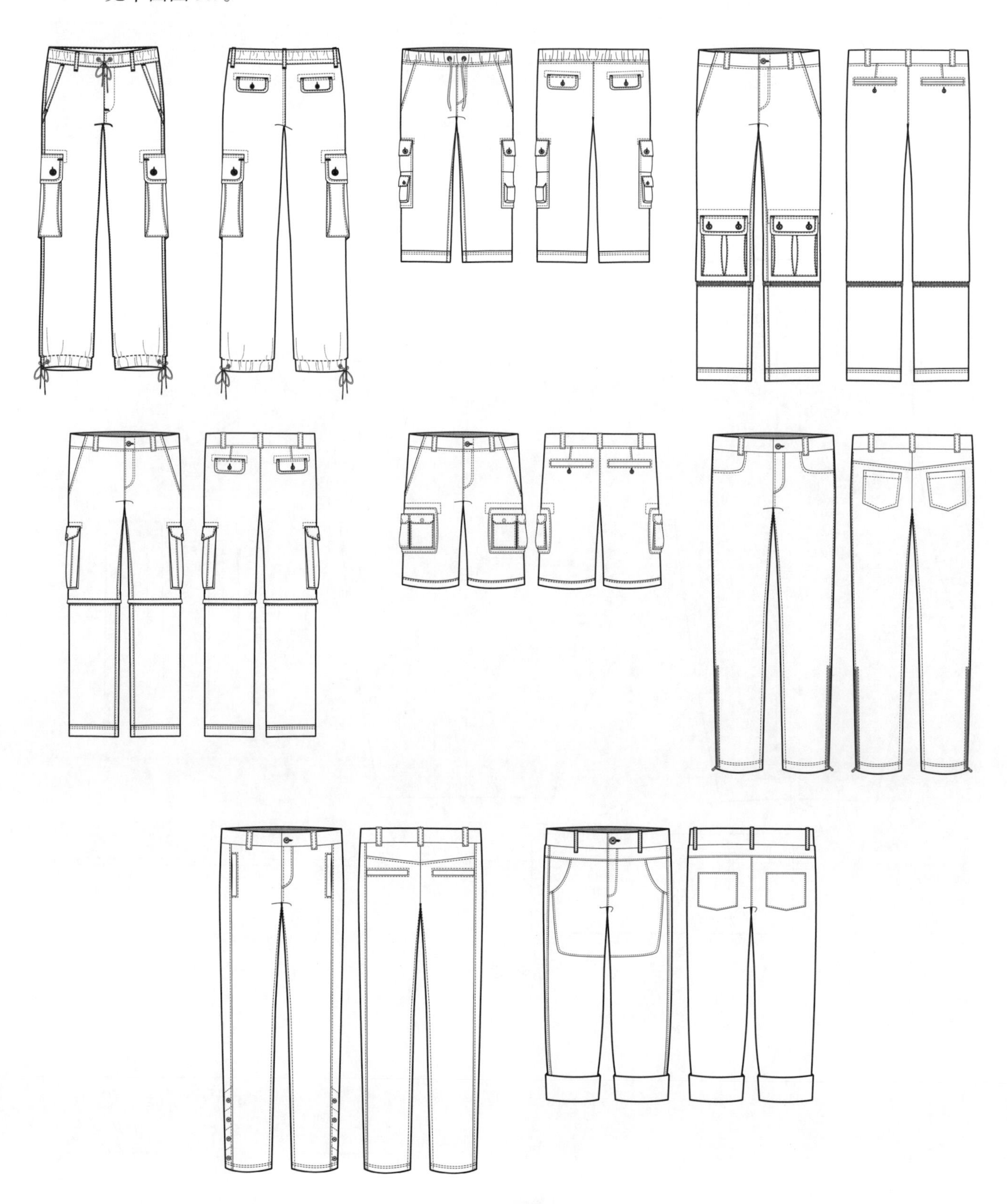

平面图 9.7

第十章

夹克

夹克是一种长度可变的上装，通常有袖子和其他可变化的细节，例如衣领、驳头、门襟和口袋。夹克的整体外貌取决于其功能用途。采用不同的面料，使夹克在廓型上产生从正装到休闲装的变化。像其他种类服装那样，休闲夹克能够采用任何面料，从薄的到中等厚度的，或非常厚重的——所有都根据设计而定。夹克设计可以改变细节的尺寸和形状，或改变衣身的廓型，如宽松或贴体。

修身型
校园夹克

经典合身型
狩猎夹克

防风夹克

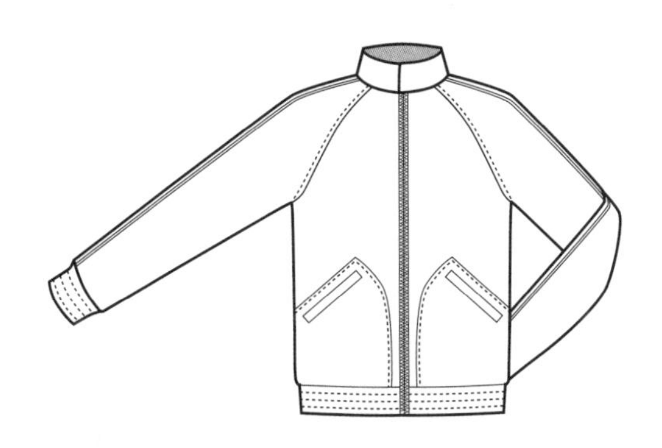

摩托夹克

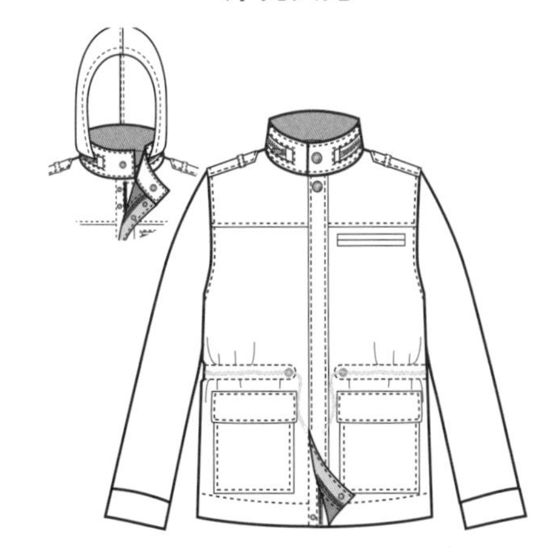

夹克基本型

修身型夹克基本型

画前后衣身（图10.1）

- 拓印修身型前后衣身原型（图 2.2~ 图 2.4, P23~25）。
- A, A′ = 从后 H.P.S. 和后领窝点量进和量下 0.3cm，画弧线。
- B = 从 L.P.S. 延伸 0.6cm。
- C, H = 原型袖窿底点下降 1.9cm 和延伸 1.3cm。
- 画与原型袖窿弧线相似的后袖窿弧线。
- D = 从 H.P.S. 量进 0.3cm。
- D′ = 从前领窝点向下量 0.6cm，用弧线连接 D 和 D′，如图所示。
- D－E = 画线与前肩斜线平行，长度与后肩斜线（◆）相等。
- F = D－E 的中点。
- E－G = 向下量 0.6cm。
- F－G = 画微弧线。
- 画弧线与原型相似的前袖窿弧线。

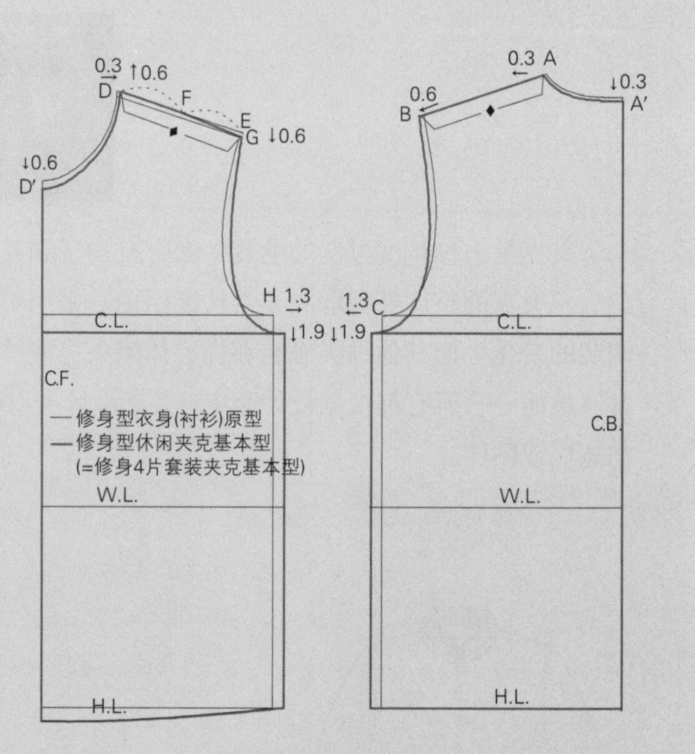

图 10.1

画修身型袖子1（图10.2）

休闲夹克基本型袖片的画法是在套装夹克基础上作微微调整。套装夹克袖子是正装样式，而休闲夹克袖子适合休闲着装。在画纸样之前，在衣身纸样上测量前后袖窿弧长。

- A－B = 袖长，为臂长＋ 2.5cm。
- A－C = 袖山高，为袖窿 /3 – 1.9cm。
- D = 从 B－C 的中点向上量 3.8cm。
- A－E = 前袖窿弧长 (F.A.H)。
- F－A = 后袖窿弧长 (B.A.H) ＋ 0.6cm。
- 从E 和 F到腕围线画垂直线，交点为G 和 H。
- I, J = 从 D 点两侧画垂直线。

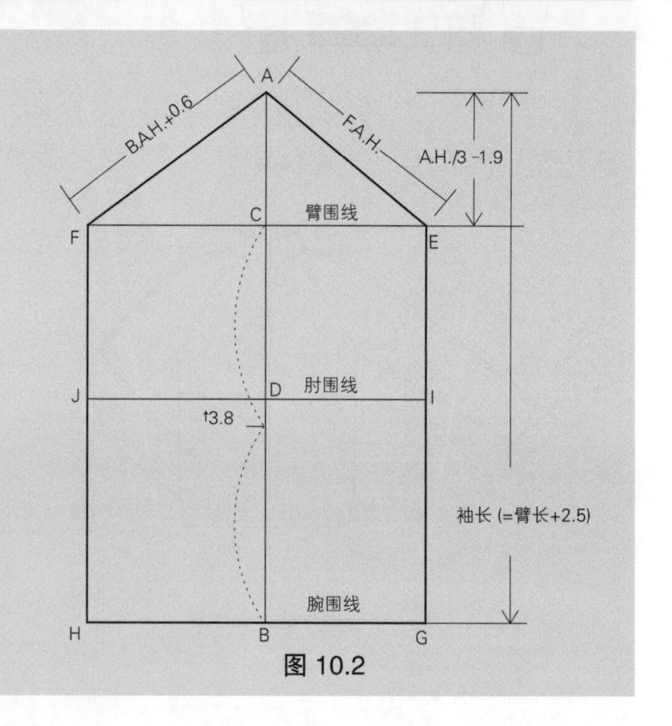

图 10.2

画修身型袖子2（图10.3）

- K, L, M = A－E 的四等分点 。
- K－N = 从 K 垂直向外 1.3cm。
- M－O = 从 M 垂直向内 1.3cm。
- R, Q, P = A－F 的四等分点。
- P－S = 从 P 垂直向外 1.9cm。
- Q－T = 从 Q 垂直向外 1.3cm。
- U = F－R 的中点垂直向内 0.3cm。

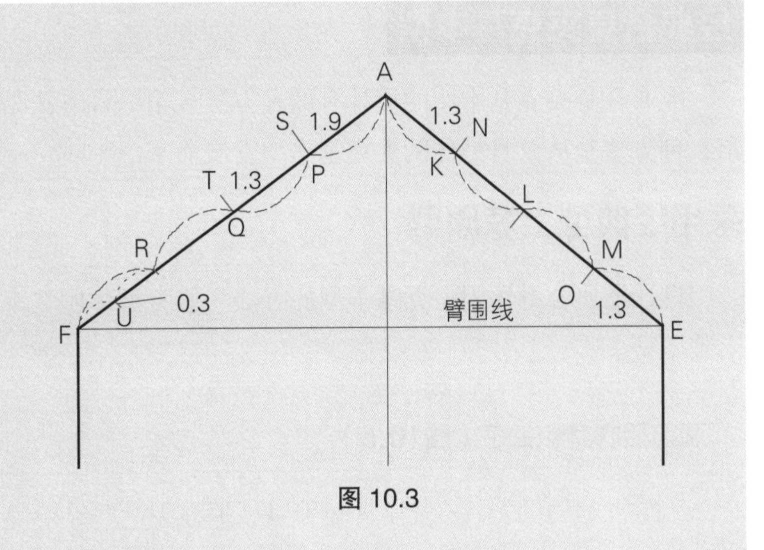

图 10.3

画修身型袖子（图10.4）

- 用光滑弧线连接 A、N、L、O 和 E，完成前袖山弧线。
- 用光滑弧线连接 A、S、T、U 和 F，完成后袖山弧线。
- H－V = G－W = 量进 5.1~5.7cm。
- F－V 和 E－W = 画直线。

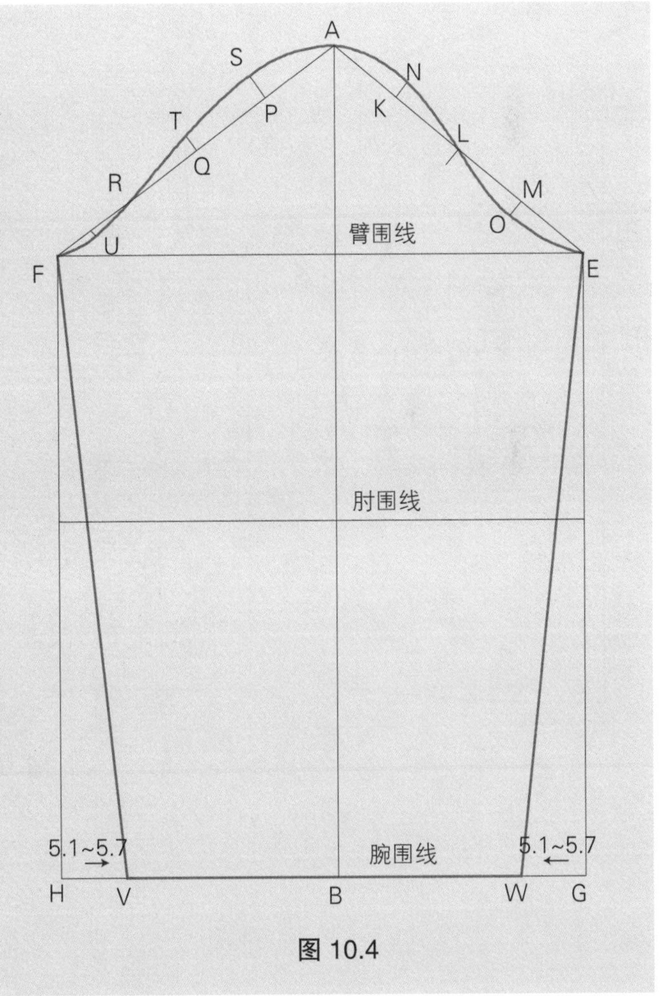

图 10.4

经典合身夹克基本型

经典合身夹克基本型的设计有两种方法。第一种方法是从经典修身型上装原型发展而来。第二种方法是从修身型休闲夹克基本型发展而来。

采用经典型上装原型

设计经典合身休闲夹克基本型的方法与修身型休闲基本型相同，只是这里使用的是经典型上装原型。

画前后衣身和袖子（图10.5）

- 拓印经典型前后片衣身原型（图 2.17 ~ 图 2.21, P34~37）。
- 按照修身型休闲夹克基本型的方法（图 10.1~ 图 10.4, P290~291）。

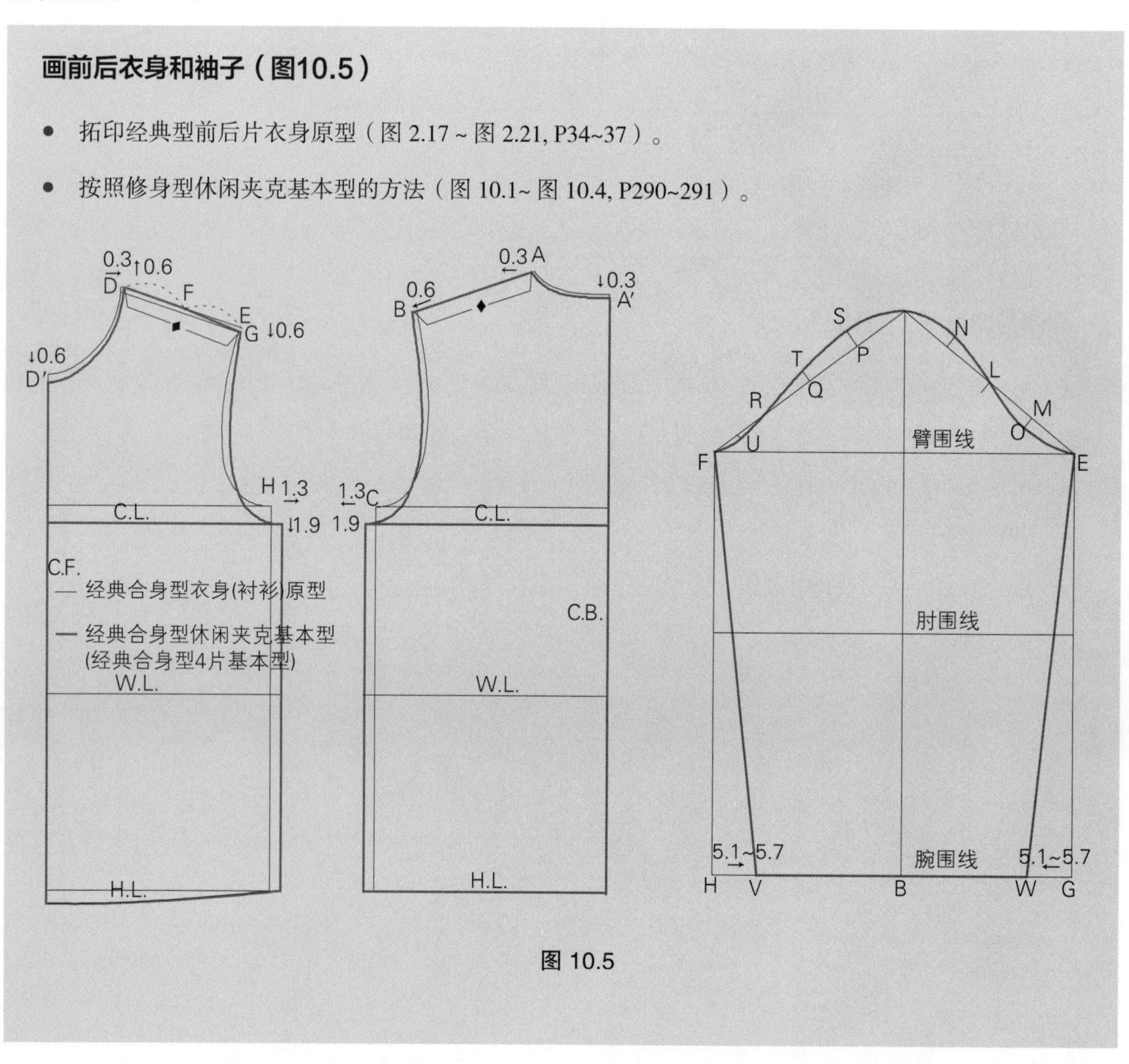

图 10.5

放大修身型休闲夹克基本型

如果修身型休闲夹克基本型已经有了，拓印纸样，加放足够的松量，获得经典型合身休闲夹克基本型。

画前后衣片和袖子（图10.6）

- 按照放大修身型纸样的方法（图 2.17 ~ 图 2.19，P34~35）。

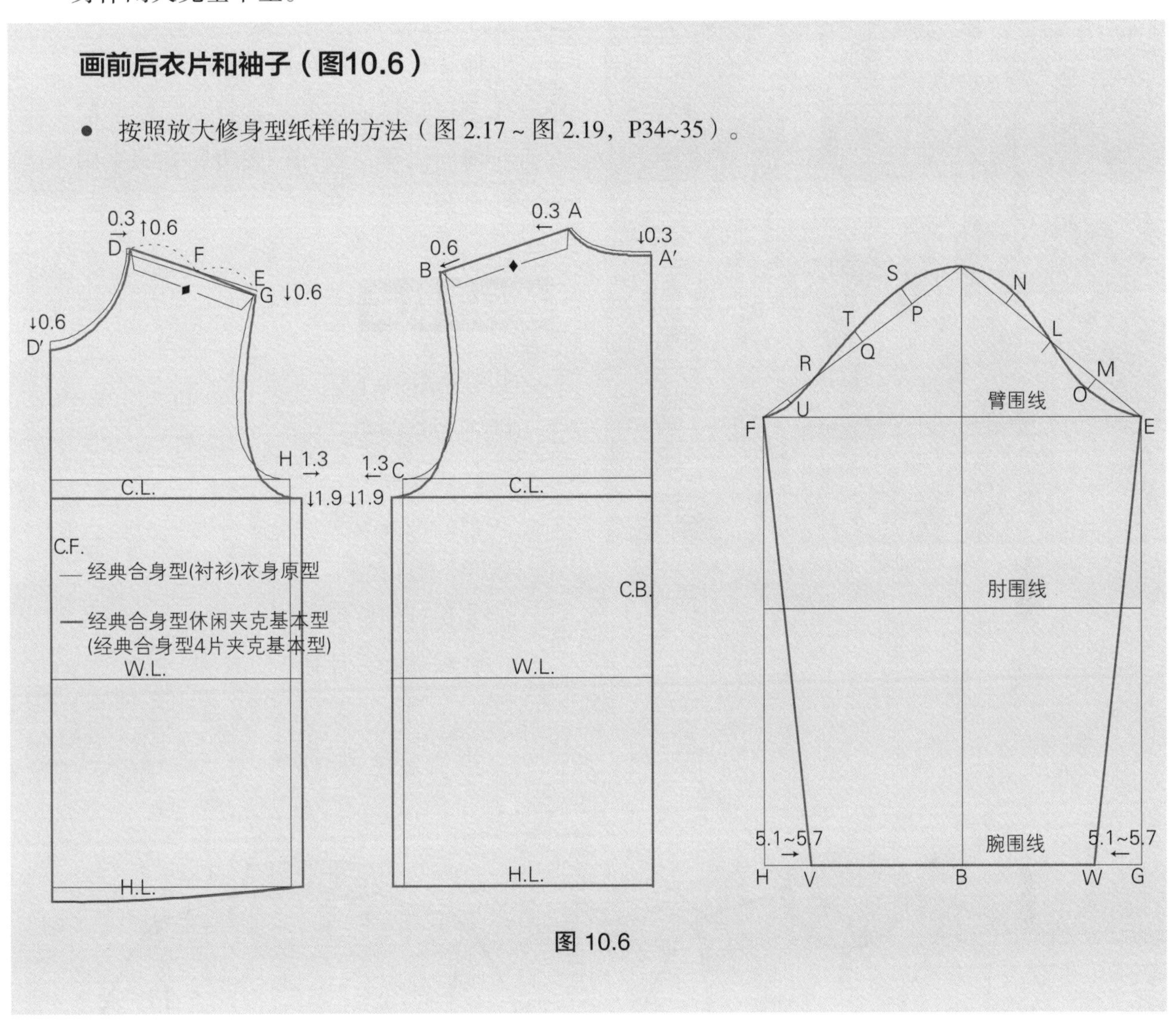

图 10.6

校园夹克

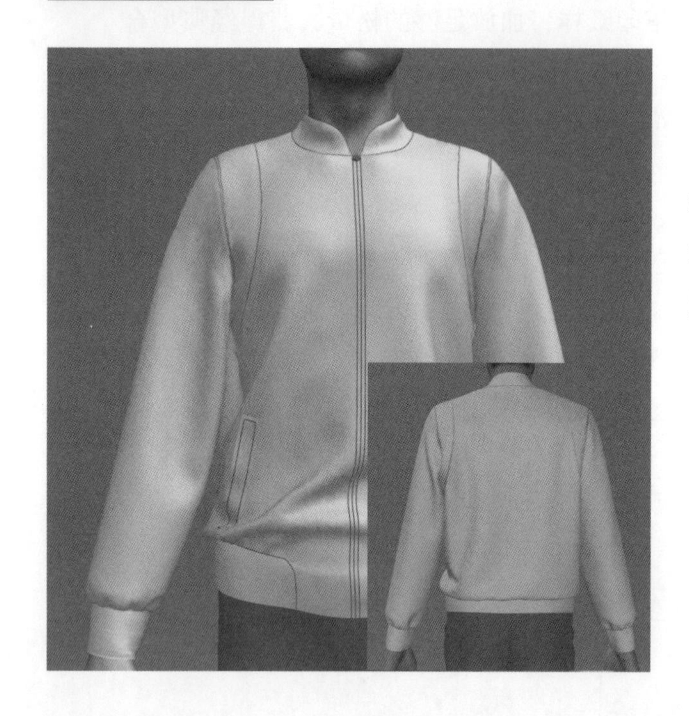

设计风格要点

一种具有运动服风格的夹克，来源于校园体育运动员的服装。这种款式特征前衣身有斜向嵌袋，颈部、底边和克夫采用罗纹针织布。

修身型款式

见平面图 10.1。

1. 前拉链门襟
2. 针织立领
3. 前后袖窿翼缘
4. 单嵌线口袋
5. 底边针织罗纹
6. 针织克夫一片袖

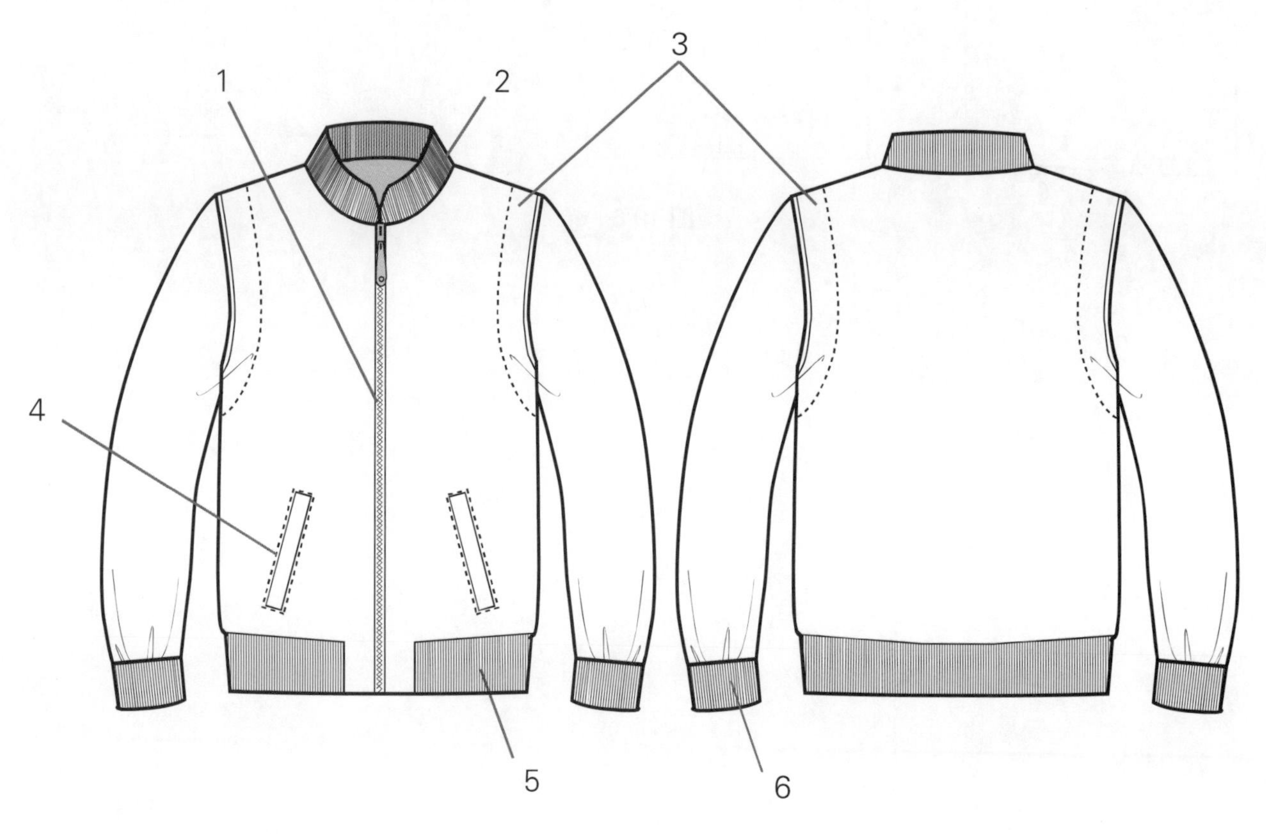

平面图 10.1

画后衣片（图10.7）

- 拓印修身型休闲夹克后衣身基本型（图 10.1, P 290）。
- A－B＝夹克后衣片长，从原型臀围线延伸 2.5~5.1cm。
- B－C＝与侧缝线垂直。
- D＝腰围线侧点。
- E＝胸围线侧点。
- F－B＝G－C＝罗纹边高度，画线 3.8cm 与底边线 B－C 平行。
- G－H, D－I＝量进 1.3cm。
- 用微弧线连接 E－I－H，完成侧缝线。
- J－K＝E－L＝翼缘宽，画弧线与袖窿弧线平行（例：5.1cm）。
- 量 F－H 的长度，设计针织底边。
- 在袖窿线和翼缘线上标记刀眼。

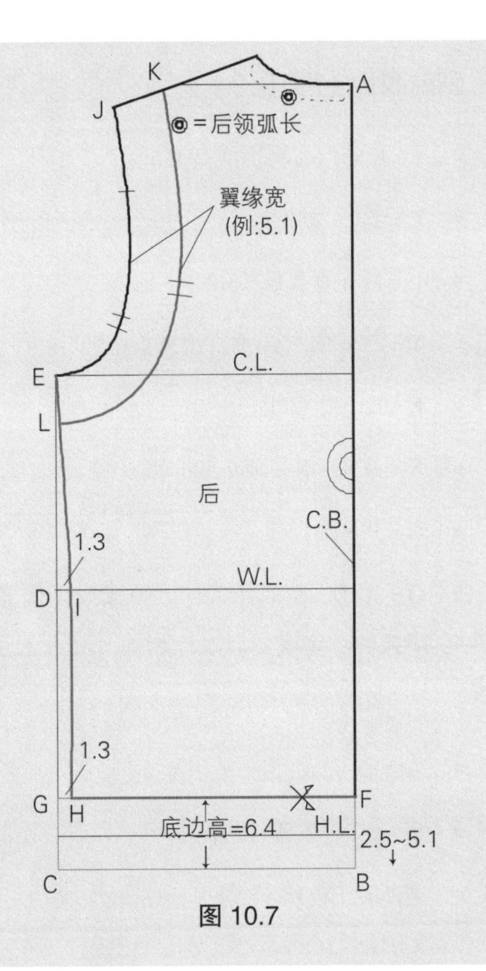

图 10.7

画前衣片1（图10.8）

- 拓修身型休闲夹克基本型前衣身（图 10.1, P290）。
- A＝前衣身夹克长，从原型臀围线延伸 2.5~5.1cm。
- A－B＝画线与臀围线平行，到侧缝线。
- C＝腰围侧点。
- D＝胸围线侧点。
- A－E＝量进 6.4cm。
- E－F＝罗纹边高，底边高与后衣片底边高相等（例：6.4cm）。
- G－H＝C－I＝量进 1.3cm。
- 用微弧线连接 D－I－H，完成侧缝线。
- 量 F－H 的长度，设计针织底边。

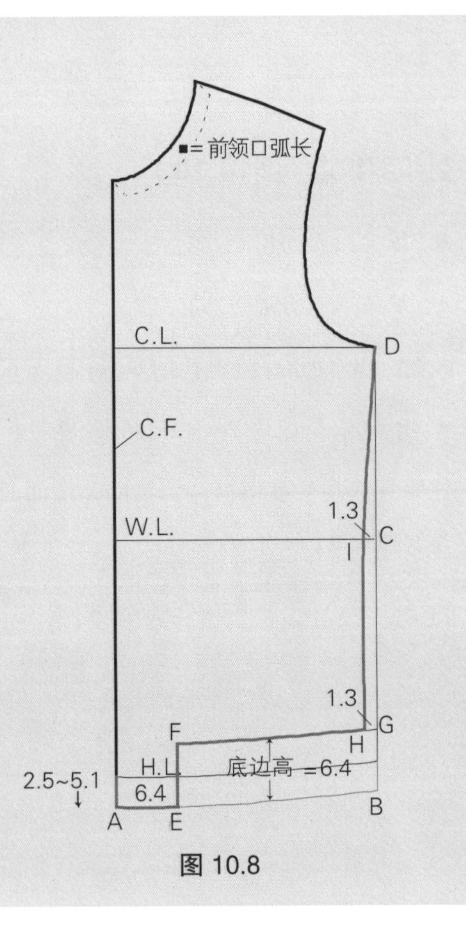

图 10.8

画前衣片（图10.9）

- J－K = 抬高腰围线 2.5cm。
- L = J－K 的中点 。
- L－M = 垂直线 15.2cm。
- M－N = 向右画垂直线 4.4cm。
- L－N = 画直线。
- N－O, L－P = 画 2.5cm 垂直线。
- O－P = 画直线。
- Q－R, D－S = 翼缘宽，画弧线（例 :5.1cm）平行于袖窿弧线，宽度与后衣片相等。
- 在前中线标记拉链门襟明缉线。
- 在袖窿和翼缘标记刀眼。
- 标记口袋位置，如图所示。
- 拓印口袋纸样到另一纸上。参照第六章“嵌袋”（P165~168）。

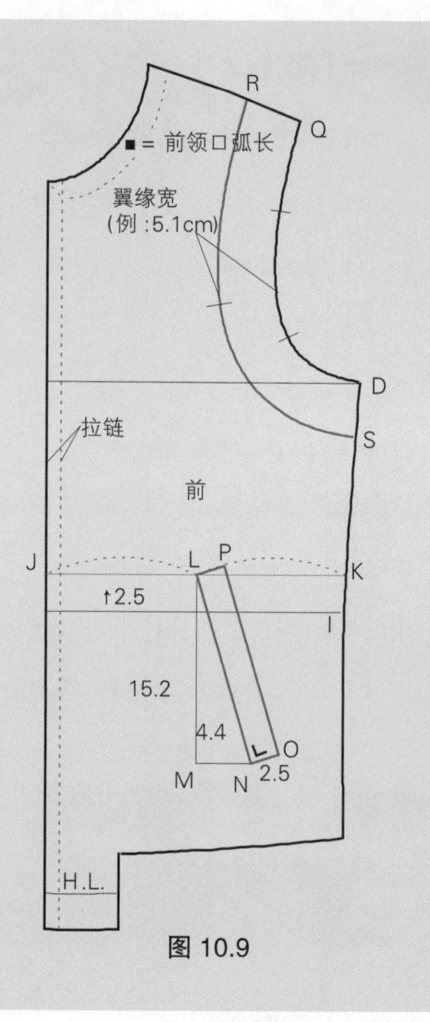

图 10.9

针织罗纹边（图10.10）

- 量前后 F－H 的长度。
- 从 A 画长方形得到底边。
- A－B = 前衣片 F－H 的 80%~90 % 长度。
- B－C = 后衣片 F－H 的 80%~90 % 长度

注释：底边长度根据针织物的弹性而变化，是底摆长度的 80%~90 %。

- C－D, A－E = 底边高（6.4cm）。

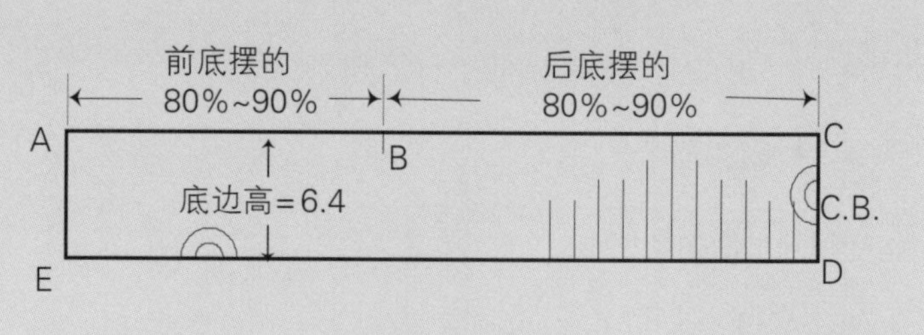

图 10.10

画袖子（图10.11）

- 拓印修身型休闲夹克袖子原型（图 10.4, P291）。
- A－B＝袖长。
- C 和 D＝画线平行于袖底边线，决定袖克夫的高（例：6.4cm）。

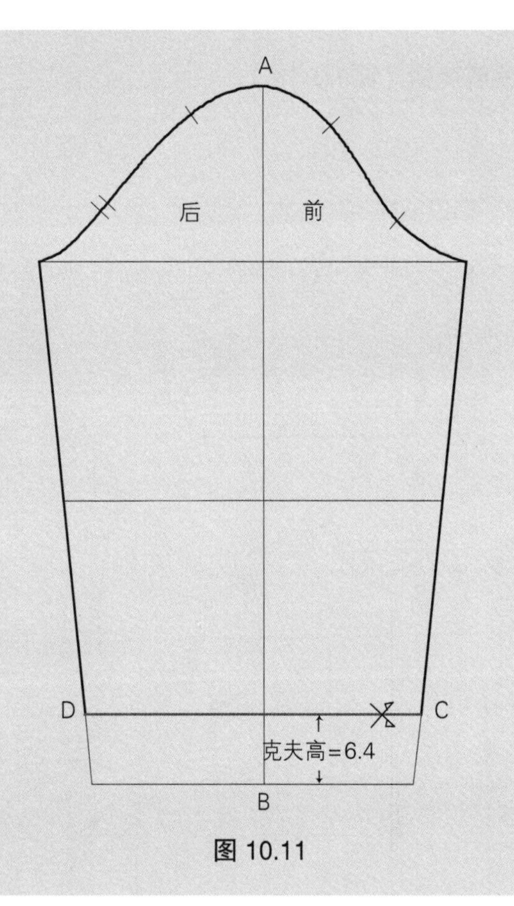

图 10.11

针织克夫（图10.12）

- 在袖片上量 C－D 的长度。
- 从 A 画长方形，得到袖克夫。
- A－B＝袖片上 C－D 长的 75%~85%。
- B－C＝A－D＝克夫的高（6.4cm）。

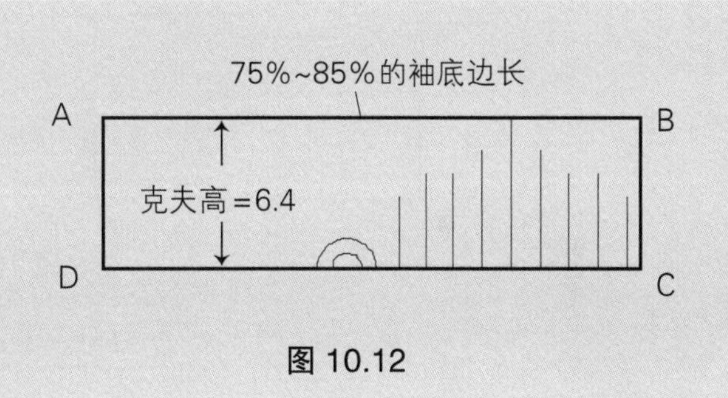

图 10.12

针织衣领（图10.13）

- 量后领口弧长（◎）和前领口弧长（■）。
- 从 A 画长方形，得到带状衣领。
- A－B＝后领口弧长（◎）的 85%~90 %。
- B－C＝前领口弧长（■）的 80%~85%。
- C－D＝A－E＝衣领高（例：4.4cm）。
- C－F＝3.2cm。
- D－F＝画直线。
- 在 F 点画圆顺，完成前领圆弧。

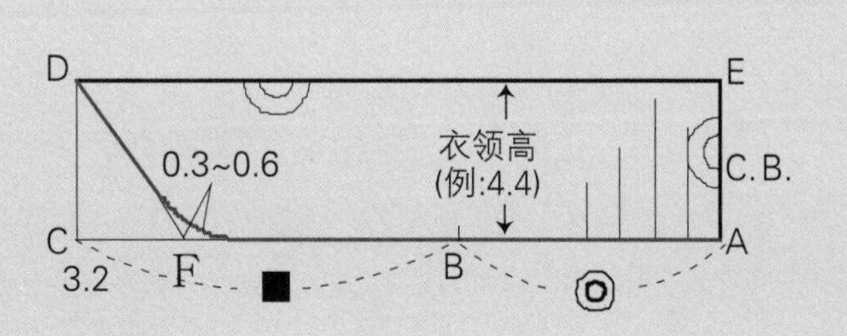

图 10.13

完成样板（图10.14）

- 前后贴边应用。参照第七章“缝合式挂面”（图 7.7 和图 7.8, P179~180）。
- 标记纸样。
- 标记丝缕线，根据设计意图和面料，可以改变丝缕线的方向，尤其是翼缘纸样的丝缕线。

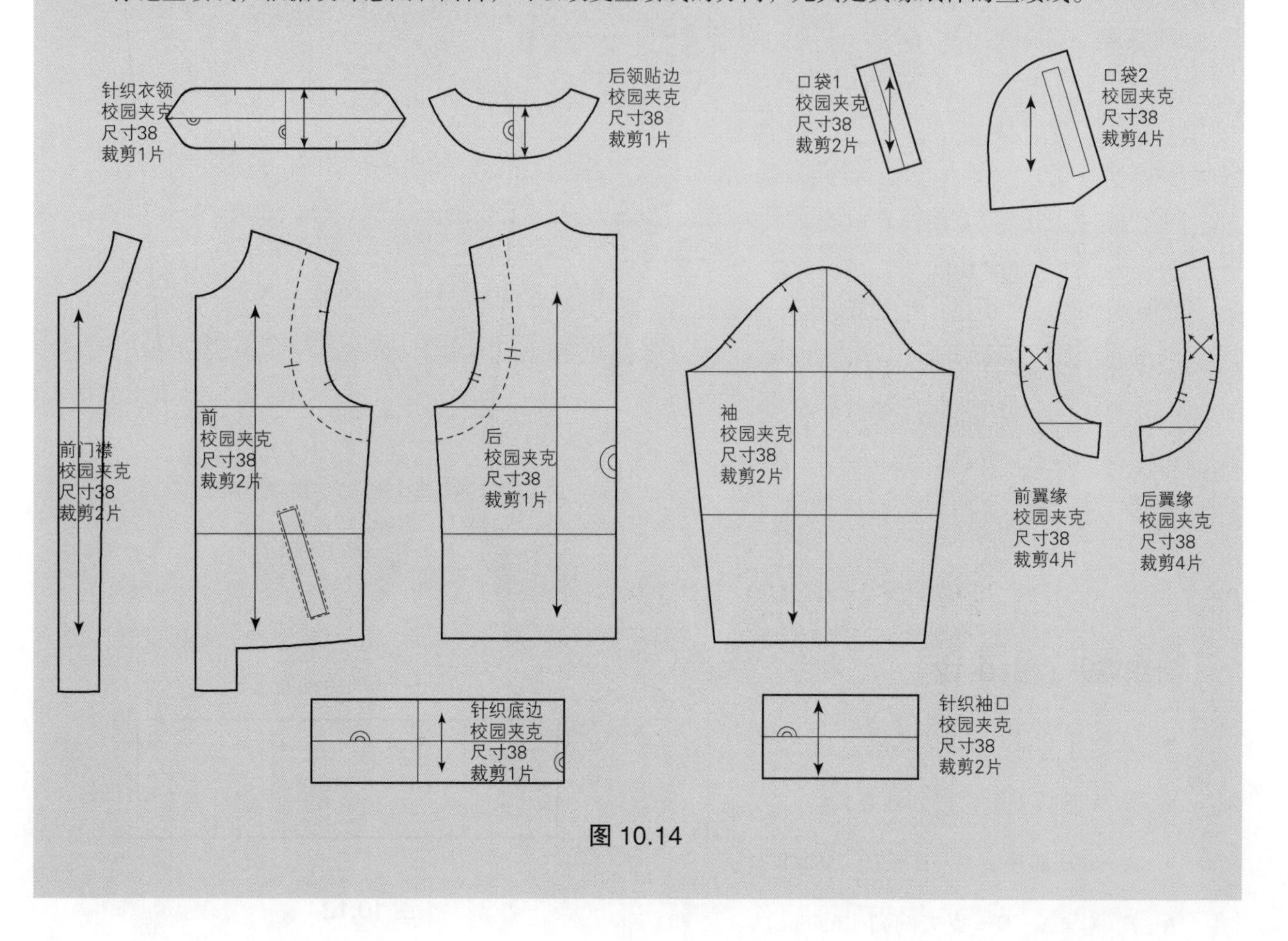

图 10.14

狩猎夹克

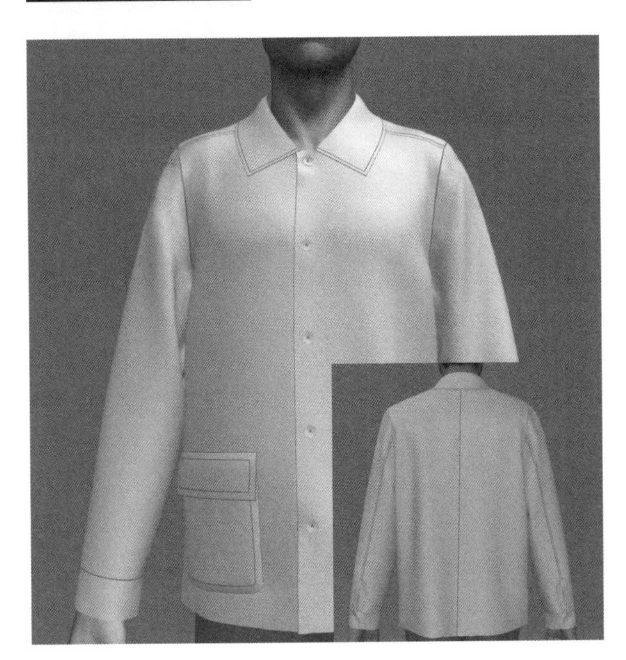

设计风格要点

这种运动风格的服装用于打猎，包括前门襟扣纽扣和箱型口袋。由于它的穿着范围广和功能性强，通常使用耐穿的工作服面料。

经典合身款式

见平面图 10.2。

1. 纽扣连挂面门襟
2. 运动式衣领
3. 有袋盖贴袋
4. 装克夫两片袖

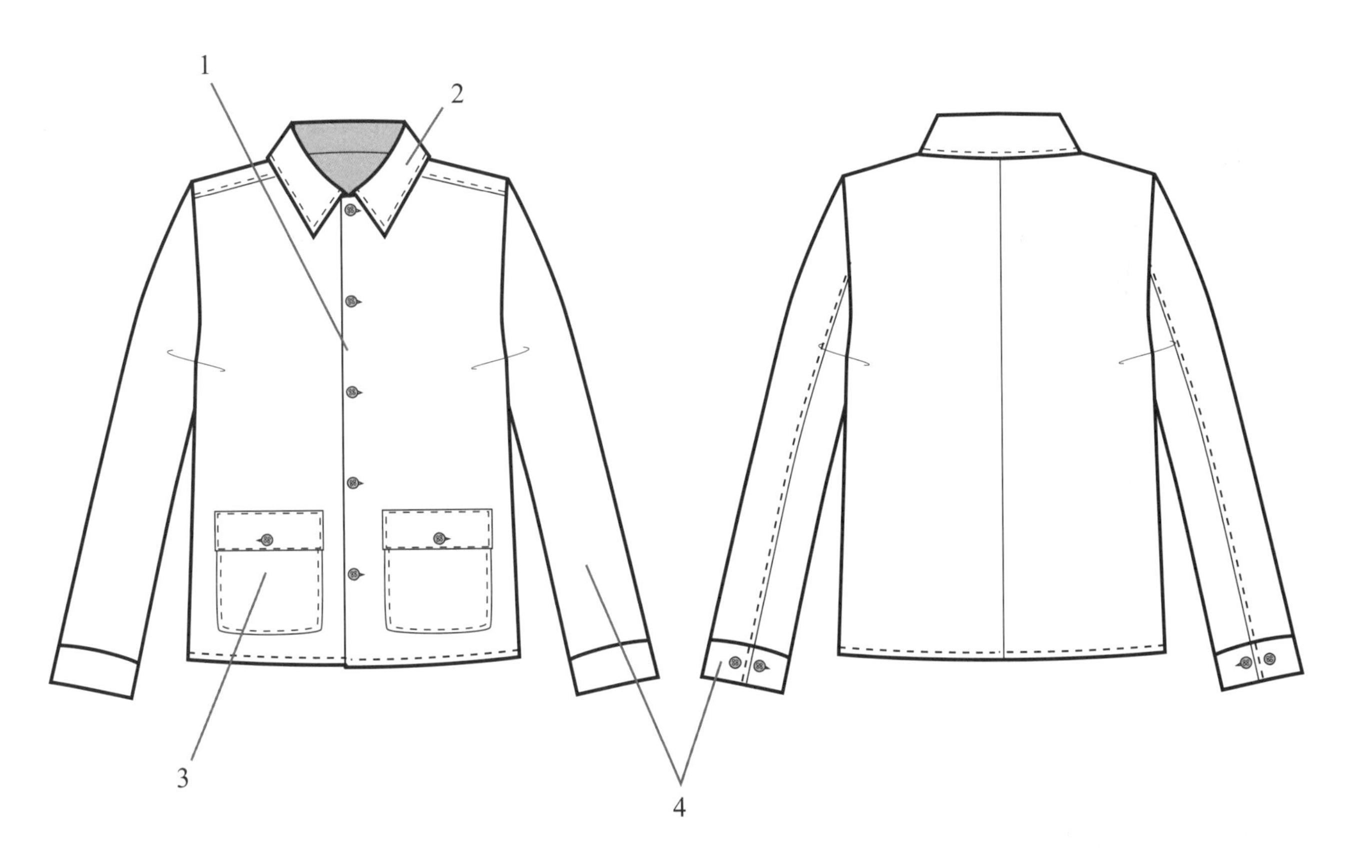

平面图 10.2

画后衣片（图10.15）

- 拓印经典合体休闲夹克基本型后衣片（图 10.5 或图 10.6, P 292~293）。
- A－B＝夹克后衣片长，从原型臀围线延伸 2.5~5.1cm。
- B－C＝垂直于侧缝线。
- D＝从腰围线侧点量进 0.6cm。
- E＝胸围线侧点。
- 用微弧线连接 E、D 和 C，画侧缝线。
- F＝从 A 到胸围线（C.L.）的中点。
- G＝从后腰围线与后中线交点量进 1.3cm。
- H＝从后臀围线与后中线交点量进 1.9cm。
- 用微弧线连接 A、F、G 和 H，完成后中线。

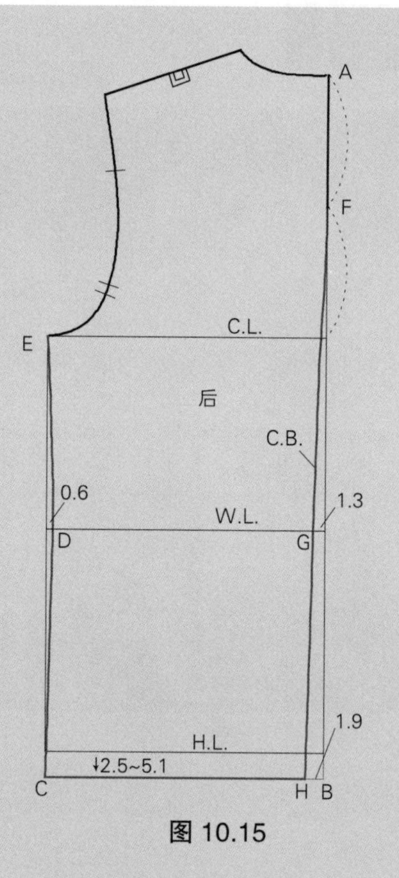

图 10.15

画前衣片（图10.16）

- 拓印经典型休闲夹克基本型前衣片（图 10.5 或图 10.6, P292~293）。
- A＝前领窝点。
- B＝夹克前衣片长，从原型臀围延长 2.5~5.1cm。
- B－C＝画线与臀围线平行，如图所示。
- D＝从腰围线侧点量进 0.6cm。
- E＝胸围线侧点。
- 用微弧线连接点 E、D 和 C，完成侧缝线。
- F－G＝画 2.5cm 宽育克线，与肩斜线平行。但是，尺寸可根据设计变化。
- 剪开 F－G 与后肩斜线连接在一起。
- A－H＝延伸量（例：2.5cm），画直线。
- H－I＝画线与前中线平行。
- B－I＝画直线。
- 标记纽扣和扣眼。

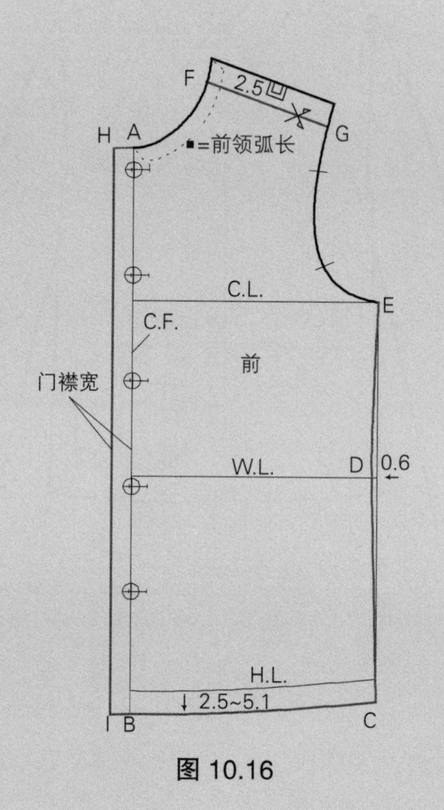

图 10.16

口袋位置（图10.17）

- J = 口袋袋盖位置，从前中线与腰围线交点向下量 3.2cm 和向右量进 6.4cm，尺寸为宽：17.1cm，长 6.4cm。
- K = 贴袋位置，向下量 1.6cm，袋宽 16.8cm，长 16.5cm。

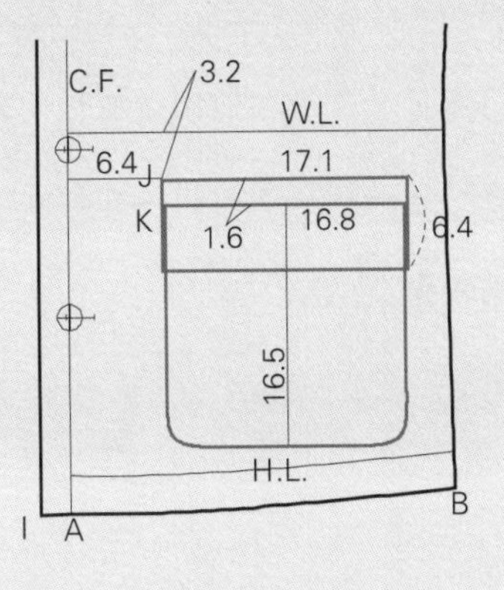

图 10.17

画袖子（图10.18）

- 拓印经典休闲夹克原型袖子（图 10.5 或图 10.6, P 292~293）。
- 关于袖子，参考第五章“一个褶裥袖衩袖”（图 5.5 和图 5.6, P 120~121）和“休闲服两片袖”（图 5.23, P131）。

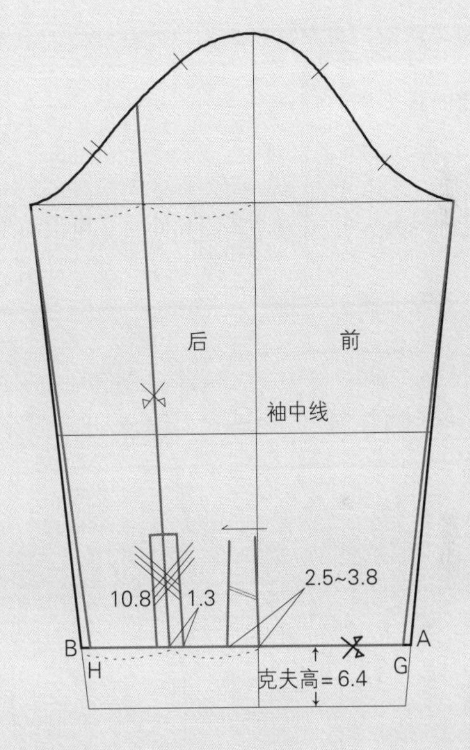

图 10.18

画克夫（图10.19）

- 关于可调节克夫，参照第五章“可调节式衬衫克夫”（图 5.43, P145）。

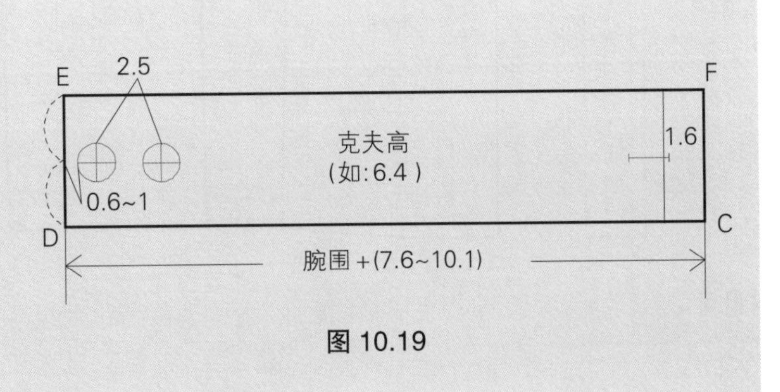

图 10.19

衣领（图10.20）

- 测量后领口弧长（◎）和前领口弧长（■）。
- 参考第四章“运动领”图 4.22~ 图 4.24（P89）。
- 如图所示画领角造型。

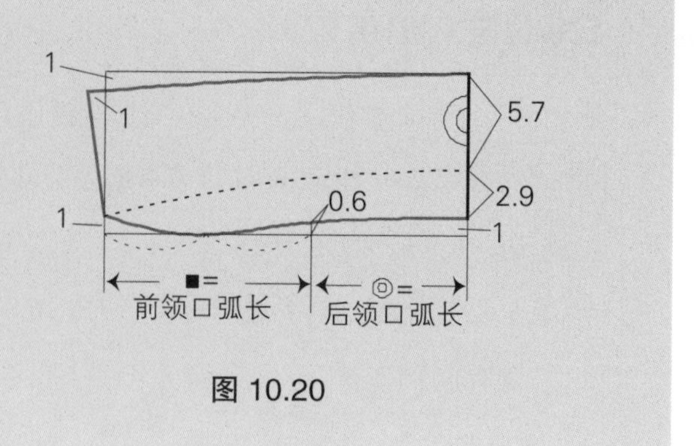

图 10.20

完成样板（图10.21）

- 画前片挂面，参照第七章，“缝合式挂面”（图 7.7, P179）。
- 拼合前育克和后育克。
- 标记纸样。
- 标记丝缕线。根据设计意图和面料，可以改变丝缕线方向。

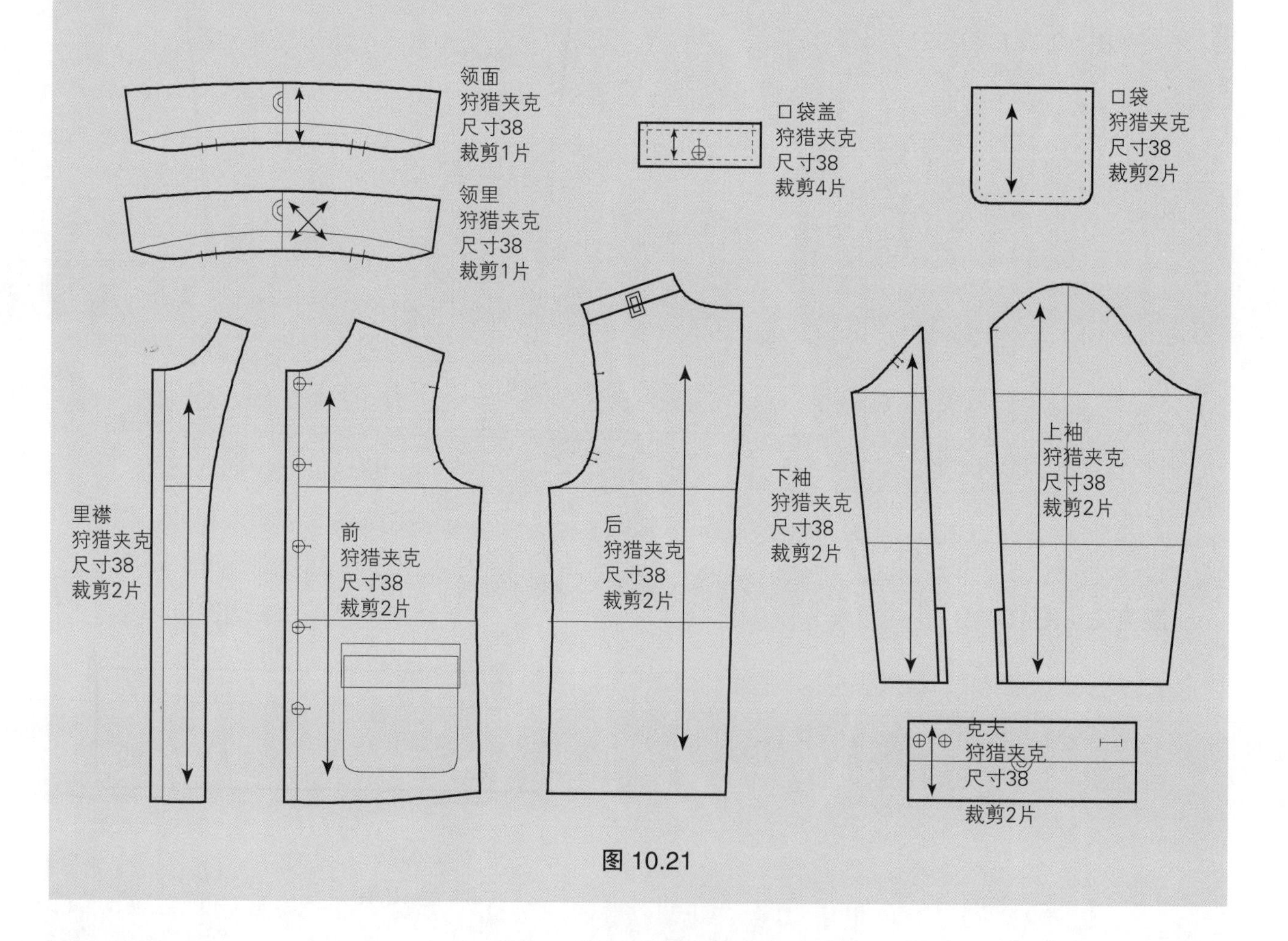

图 10.21

防风夹克

设计风格要点

这种夹克用于户外微冷的刮风天气穿着。通常用轻薄、不透气的尼龙面料制作。这种款式与一般防风夹克款式不同，采用插肩袖和有缝制细节的斜嵌线口袋。

修身型款式

见平面图 10.3。

1. 前门襟拉链
2. 立领
3. 单嵌线贴袋
4. 松紧带底边
5. 插肩袖和松紧带袖夹克

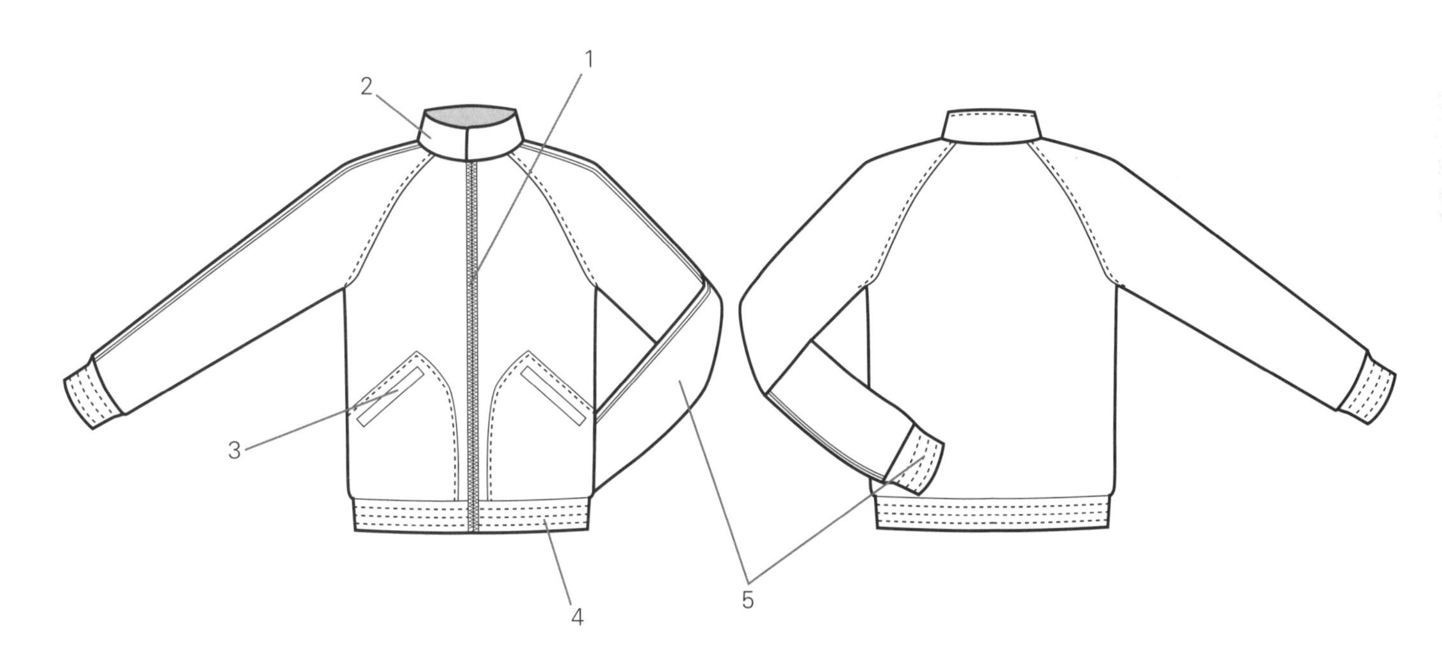

平面图 10.3

画后衣片（图10.22）

- 拓印修身型休闲夹克基本型后衣片（图10.1, P290）。
- A－B＝夹克后衣片长，从原型臀围线延长2.5~5.1cm。
- B－C＝垂直侧缝线。
- D＝胸围线侧点，向下1.3cm。
- E＝在领线H.P.S.点量1/3领口弧长。
- D－E＝画直线。
- F＝从L.P.S.向下量0.6cm，然后重新画肩线到F。
- F－G＝从F延伸袖山高。袖山高可根据款式而变化。
- F－H＝袖长，从F延伸，画直线。
- G－I＝画线垂直于F－H，长度是（臂围＋3.8~5.7cm）/2。
- J和K＝线D－E的1/3处。
- J－L＝向肩线画垂直线1.3~1.6cm。
- K－M＝沿D－E向上量3.2~4.4cm。
- 在衣身部分，连接E、L、M和D，画光滑的插肩袖线。
- 同样，在袖子部分，连接点E、L、M和I，画光滑的插肩袖线。
- M－I＝M－D.
- H－N＝画线与线H－G垂直，长度是袖围/2＋0.3cm。
- I－N＝画直线。
- O＝在线I－N的1/3处。
- O－P＝向上量0.6cm。
- 连接I、P和N，画光滑弧线。
- Q和R＝从底边线B－C向上量底边的高度（例：6.4cm）。

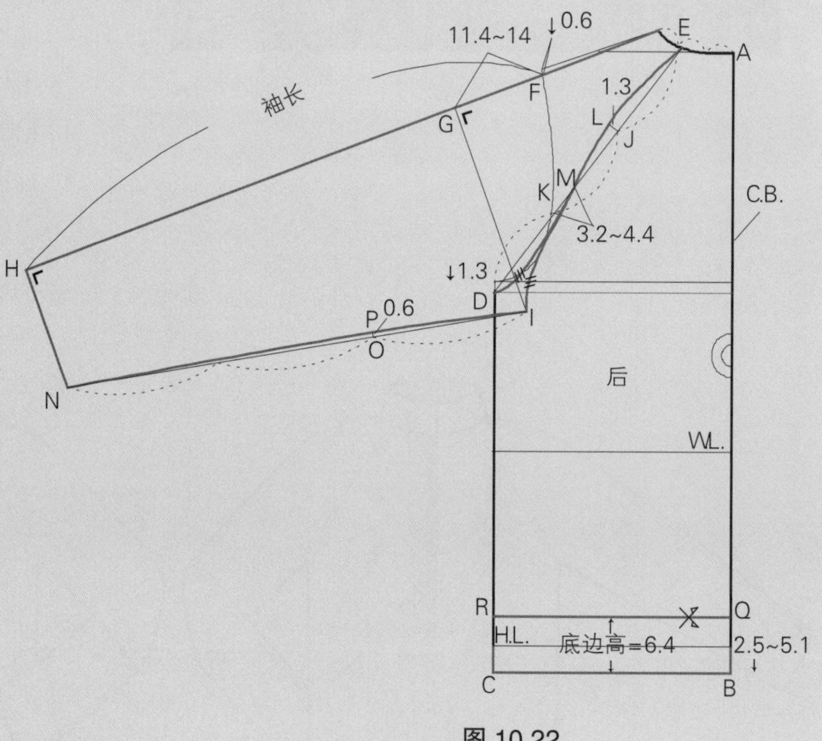

图 10.22

画前衣片（图10.23）

- 拓印修身型休闲夹克基本型前衣片（图 10.1，P 290）。
- A = 从臀围线延伸 2.5~5.1cm。
- A – B = 如图所示画线与臀围线平行。
- C = 从胸围线侧点向下量 1.3cm。
- D = 领口弧线中点。
- C – D = 画直线。
- E = 从 L.P.S. 向下量 0.6cm，重新画肩线到 E。
- E – F = 从 E 延伸袖山高线（例 :11.4~14cm）和后衣片相同。
- E – G = 袖长，从 E 延伸，画直线。
- I 和 J = C – D 线的 1/3 处。
- I – K = 向肩线画垂直线 1.3~1.6cm。
- J – L = 沿 C – D 向上量 2.5~3.8 cm。
- 在衣身部分，连接 D、K、L 和 C，画光滑插肩袖线。
- 同样，在袖子部分，连接 D、K、L 和 H，画光滑插肩袖线。
- F – H = 画线垂直于 E – G，长度是后臂围线（G – I）– 1.3cm。
- G – M = 画 G – E 的垂直线，长度是袖围线 /2 – 0.3cm。
- H – M = 画直线。
- N = 线 H – M 的 1/3 处。
- N – O =0.6cm。
- 连接 H、O 和 M，画光滑弧线。
- 在插肩袖线上标记刀眼位置。
- P 和 Q = 画线与 A – B 平行，与后衣片底边高度相同（例：6.4cm）。
- 前中心线画拉链明缉线。
- R = 口袋位置，从前中线与腰围线交点向上量 2.5cm，再量出 9.5cm。
- S = 从 R 向下量 8.9cm 和量出 12.7cm。
- S – T = 画 2.5cm 垂直线。
- T – U = 画线与 R – S 平行。
- R – U = 画直线。
- 拓印口袋到另一纸上。参照第六章“贴袋”（P 168~173）和“嵌袋”（P165~168）。

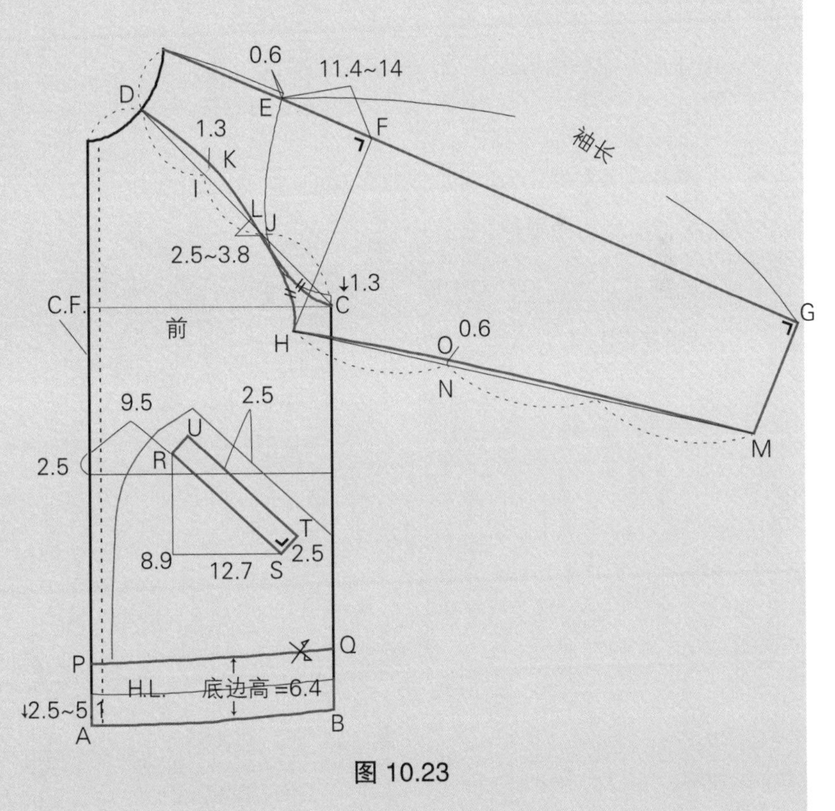

图 10.23

松紧带底边（图10.24）

- 在前衣片上量 P－Q 和在后衣片上量 R－Q 的长度。
- 从 A 画长方形，得到底边。
- A－B＝前衣片 P－Q 的长度。
- B－C＝后衣片 R－Q 的长度。
- C－D＝A－E＝底边高度(例:6.4cm)。
- 松紧带是纸样（A－C）长的 80%~90%。

注释：松紧带的长度可以根据橡胶带的不同弹性变化。

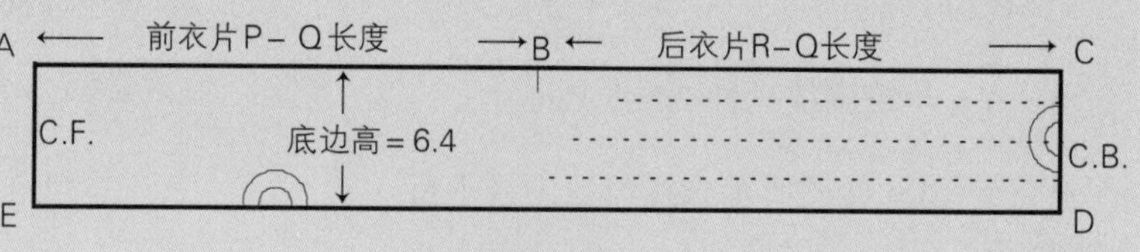

图 10.24

画袖片（图10.25）

- 在分开了前后插肩袖片后，将它们连接成一片。
- A 和 B＝向上量克夫的高（例：6.4cm），画线与袖底边线平行。
- 在袖山上每一点上标记刀眼。并标记刀眼表明前后片。

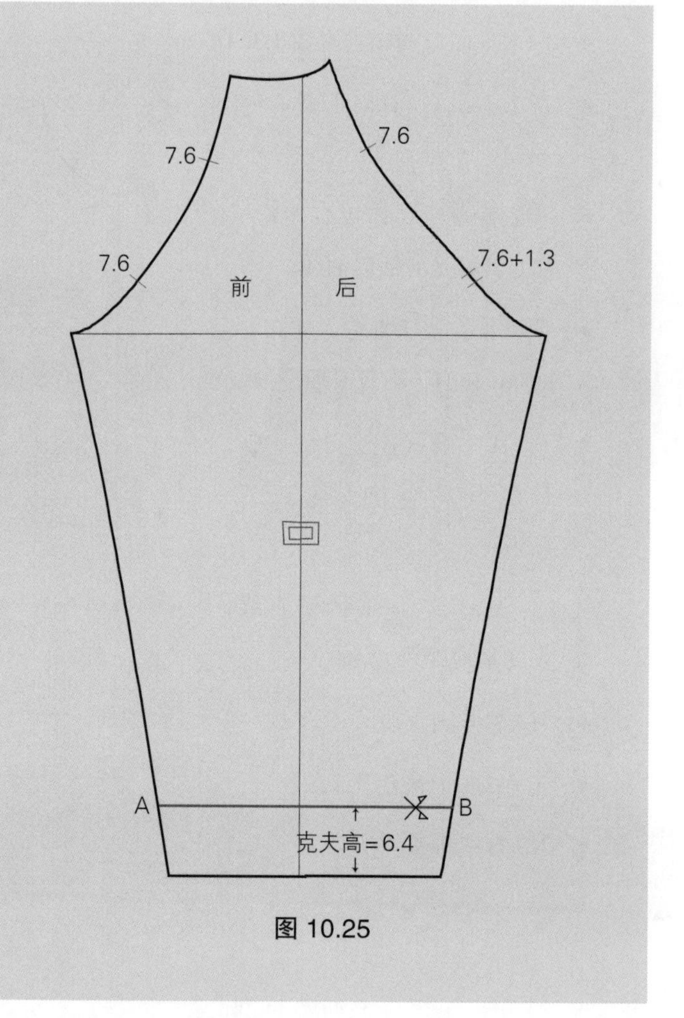

图 10.25

袖克夫（图10.26）

- 在袖片上测量 A－B 的长度。
- 从 C 画长方形，得到袖口边。
- C－D＝在袖片上 A－B 的宽度。
- C－F＝D－E＝克夫的高度（6.4cm）。
- 松紧带长度是实际长度（E－F）的 80%~90 %。

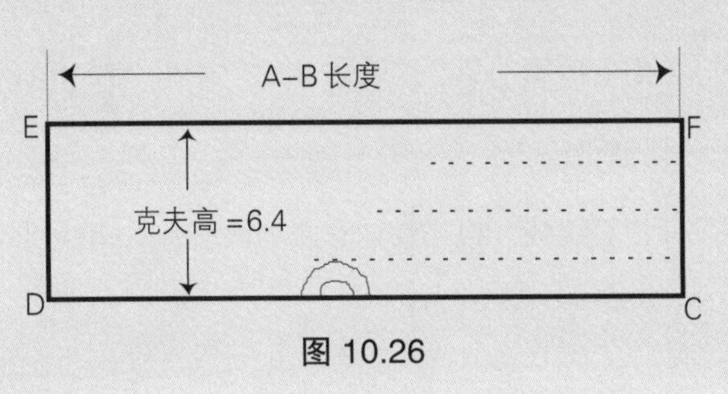

图 10.26

画衣领（图10.27）

- 测量后领口弧长（◎）、侧领口弧长（●）和前领口弧长（■）。
- 参照第四章“无叠门立领”图 4.30 和图 4.31（P94~95）。

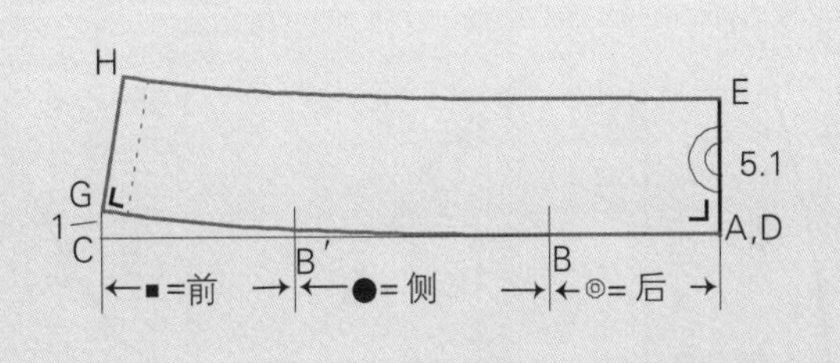

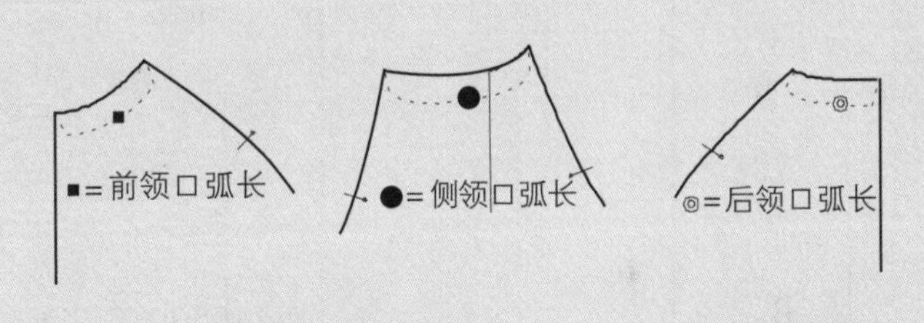

图 10.27

完成样板（图10.28）

- 挂面参照第七章“缝合式挂面”（图 7.7，P 179）。
- 标记纸样。
- 标记丝缕线。根据设计意图和面料，丝缕线可以变化。

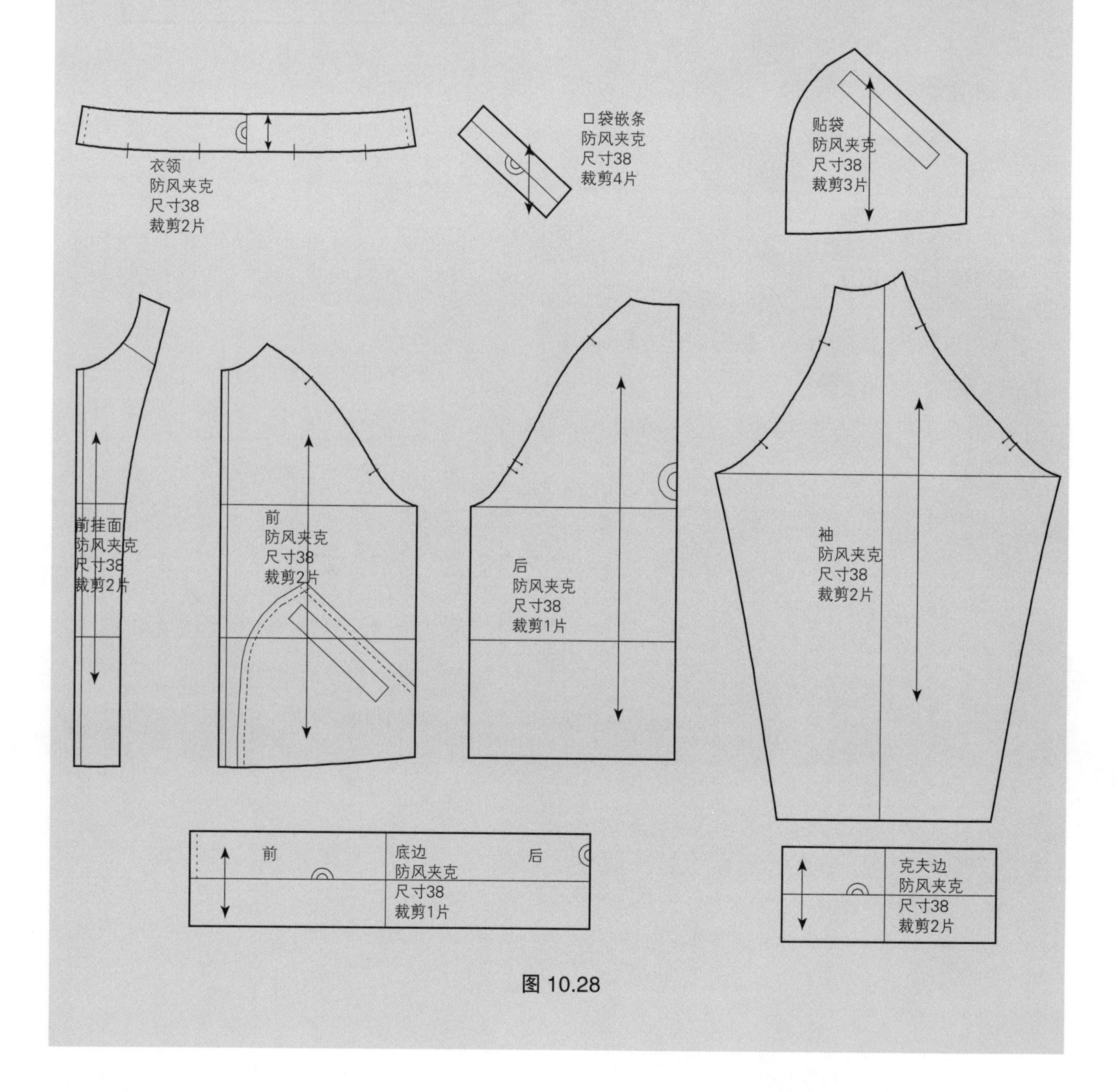

图 10.28

摩托夹克

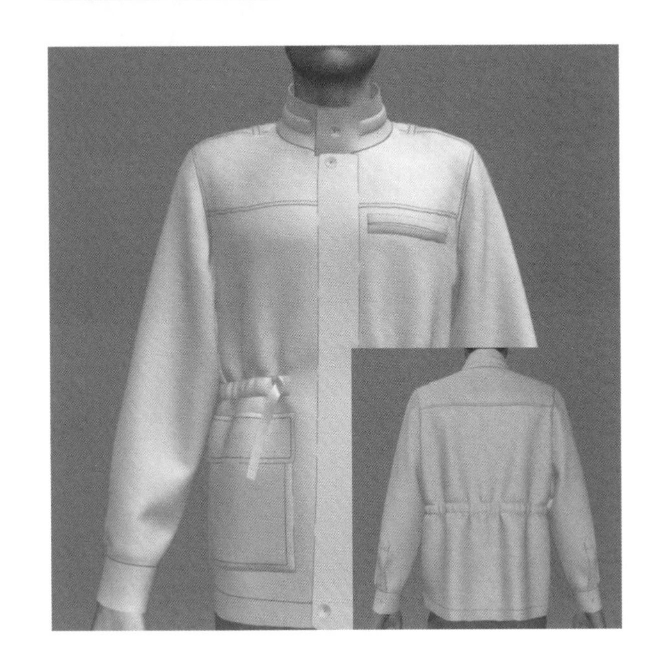

设计风格要点

这种款式的设计元素借鉴了摩托车骑手穿着的具有保护功能的夹克。在这个设计里，细节特征包括有襻扣的肩襻、隐藏帽子的立领、前拉链和门襟。

经典合身款式

见平面图 10.4。

1. 拉链和门襟
2. 内抽绳
3. 立领拉链里暗藏兜帽
4. 肩襻
5. 前后育克
6. 嵌袋
7. 贴袋
8. 一个裥克夫袖

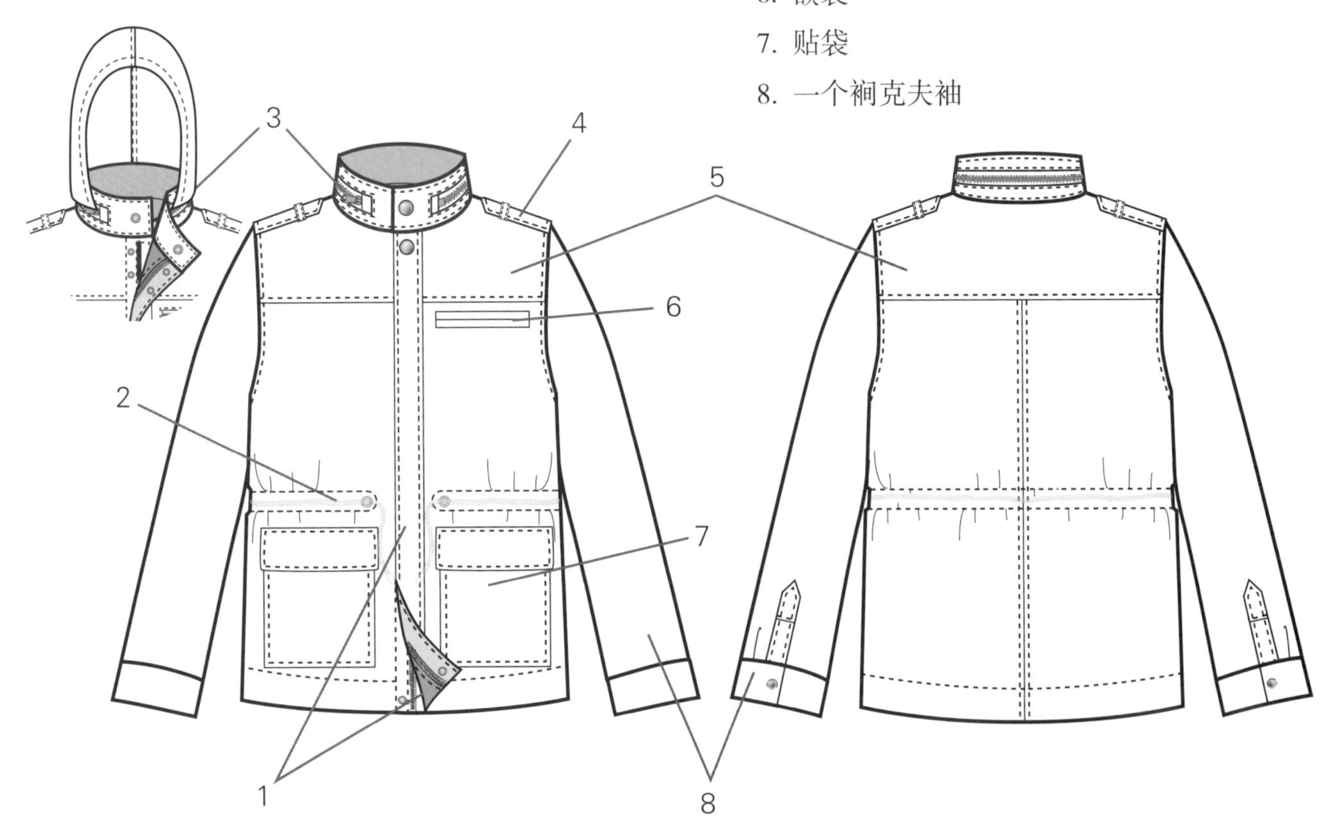

平面图 10.4

画后衣身（图10.29）

- 拓印经典休闲夹克基本型后衣身（图 10.5 或图 10.6, P292~293）。
- A－B = 夹克后衣身长，从原型臀围线设计衣身长度（例：3.8cm）。
- C = 底边与侧缝交点。
- D = 胸围线侧点。
- E = L.P.S. 点。
- A－F = 育克深，从 A 向下量（例 :12.7cm）。
- F－G = 画线与后中线垂直。
- H = F－G 的中点。
- G－I = 向上量 0.6cm。
- I－H = 画直线。
- 画线与腰围线平行，宽度为 1.9cm，标记拉绳位置，如图所示。
- 在袖窿弧线上标记刀眼。
- 在育克部分标记折叠符号。
- 从衣身部分分离育克。

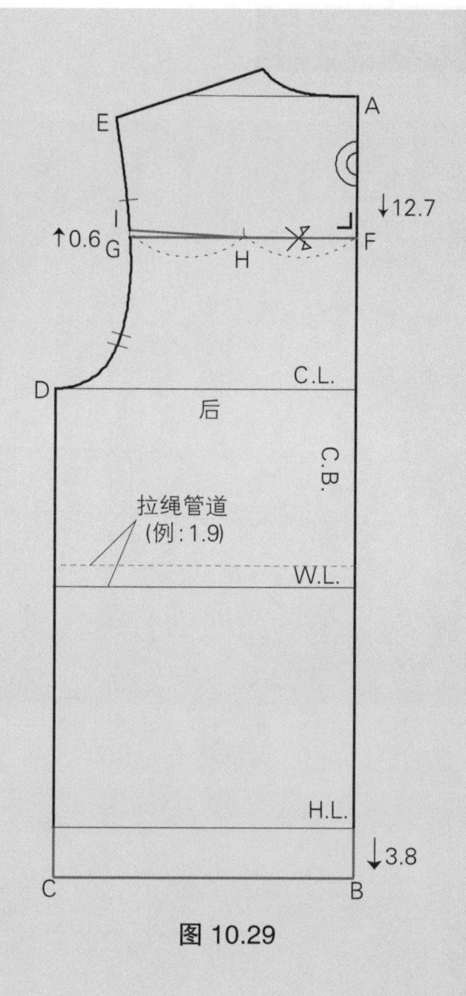

图 10.29

画肩袢（图10.30）

- E－J = 向下量肩襻的一半（例：1.9cm）。
- J－K 和 K－L = 根据设计画肩襻形状。
- L－M = 肩襻的襻扣位置，量进（例 :2.5cm）。
- 纵向画襻扣一半长，其长度，肩襻宽 /2 ＋ 0.6~1.3cm，襻扣宽为 1.6cm。

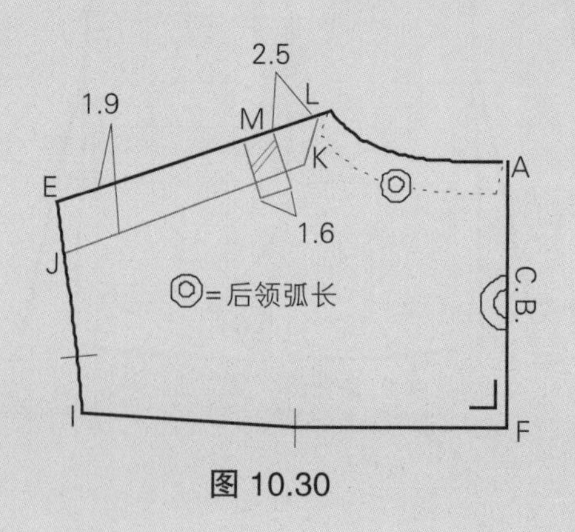

图 10.30

画前衣片（图10.31）

- 拓印经典休闲夹克基本型前衣片（图 10.5 或图 10.6, P 292~293）。
- A = 前领窝点。
- B = 夹克前衣身长，与后衣身长度相等（例:3.8cm）。
- B–C = 画引导线与原型臀围线平行。
- D = 胸围线侧点。
- E = 肩端点。
- A–F = 向下量 7.6cm。
- F–G = 垂直向外画线，到袖窿弧长。
- G–I = 向上量 0.6cm。
- H = F–G 的中点。
- I–H = 画直线。
- A–K = 门襟宽 /2（例 :3.2cm）。
- K–J = 画线与前中线平行。
- L = 口袋嵌条位置，从 F 量进 3.8cm，向下量 1.9cm。尺寸：宽 13.3cm，高 2.5cm。
- 在前中线标记拉链明缉线。
- 在袖窿弧线上标记刀眼位置。
- 在腰围线上标记拉绳位置，如图所示。
- 从衣身部分分离育克部分。

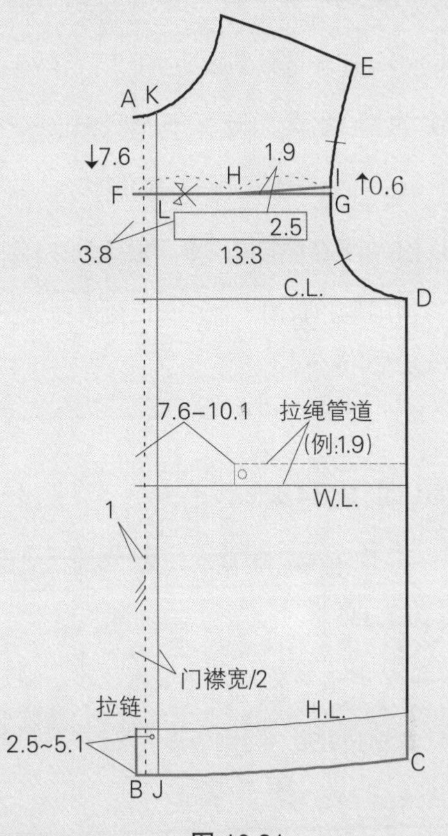

图 10.31

口袋位置（图10.32）

- M = 袋盖位置，从前中线与腰围线交点向下量 1.9cm，量进 5.7cm。口袋尺寸：长 19.7cm，宽 7.6cm。
- N = 贴袋位置，从 M 向下量 1.9cm，量进 0.3cm。口袋尺寸：长 19.1cm，宽 18.4cm。
- 拓印贴袋纸样，并分离。参照第六章“贴袋”（P168~173）和“嵌袋”（P165~168）。

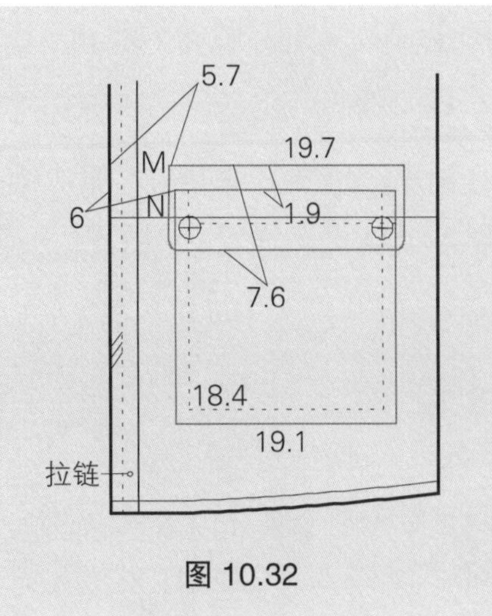

图 10.32

肩袢位置（图10.33）

- E－O＝向下量肩襻宽的一半（例 :1.9cm）。
- O－P＝根据设计画肩襻的形状。
- P－Q＝根据设计，画肩襻的形状。
- Q－R＝肩襻襻扣的位置（例 :2.5cm）。
- 纵向画襻扣长的一半，长度为肩襻宽 +0.6~1.3cm，襻扣宽为 1.6cm。

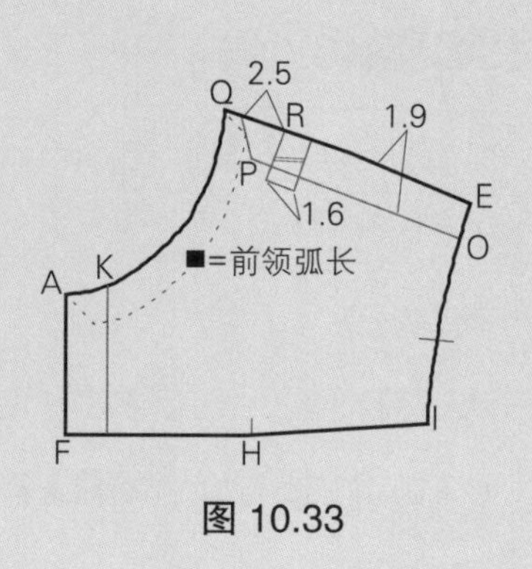

图 10.33

门襟（图10.34）

- 关于门襟细节，参见第六章“附加门襟”（图 6.10, P 155）。
- 在前衣片上测量 J－K 的长度。
- 从 C 画长方形，得到门襟。
- C－D＝门襟长。
- C－E＝门襟宽（例 : 6.4cm）。
- E 和 F 处画弧线。

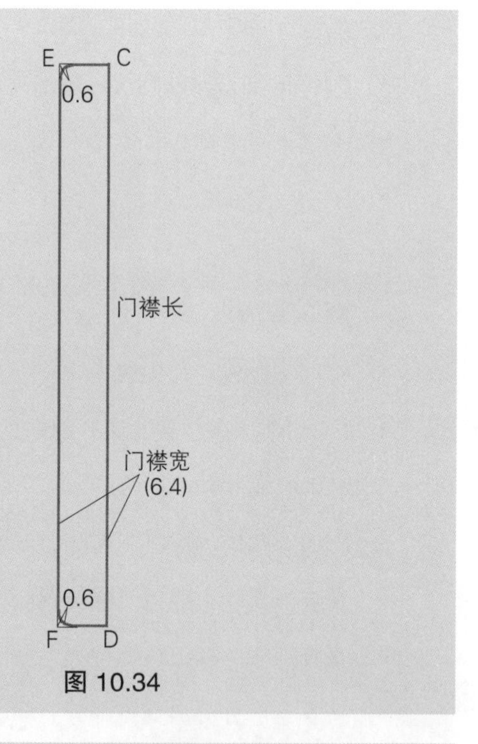

图 10.34

袖（图10.35）

- 拓印经典夹克袖片原型（图 10.5 或图 10.6, P292~293）。
- 关于袖片，参照第五章“一个褶裥袖衩袖”（图 5.5 和 图 5.6，P120~121）。

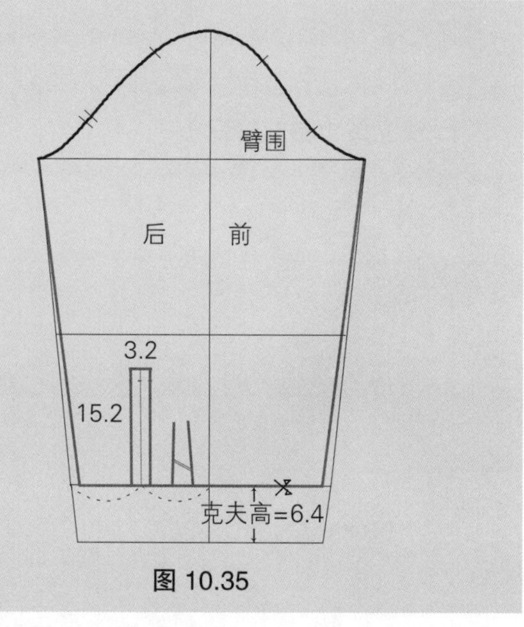

图 10.35

克夫（图10.36）

- 关于克夫，参照第五章“衬衫克夫”（图 5.41，P144）。

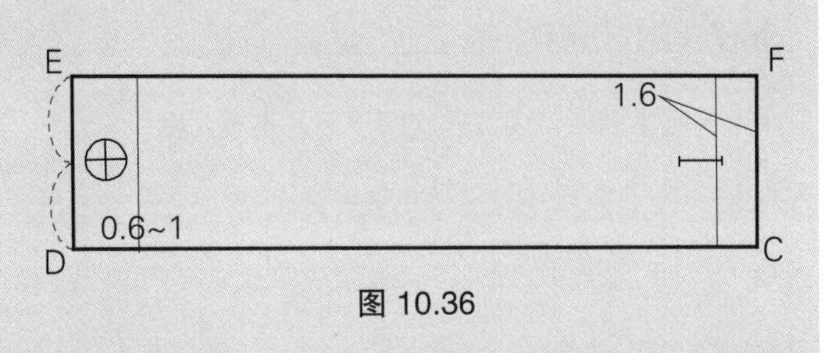

图 10.36

画衣领（图10.37）

- 测量后领口弧长（◎）和前领口弧长（■）。
- 参照第四章“有叠门立领”（图 4.32 和图 4.33，P95~96）。

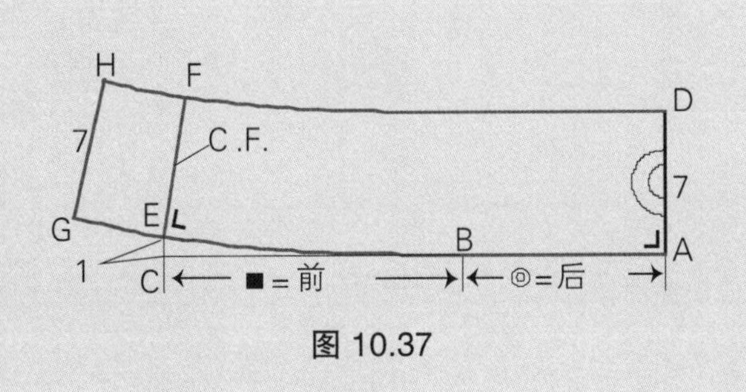

图 10.37

嵌条和拉链（图10.38）

- 画嵌条的额外步骤，包括为了隐藏兜帽的拉链和嵌条。
- X－Y＝在距离领线 1.9~2.5cm 处画线平行于衣领线，离领前中线 2.5~3.8cm 处结束。
- X－X′, Y－Y′＝嵌条高，距离 1.9~2.5cm 画平行于 X－Y 的线。

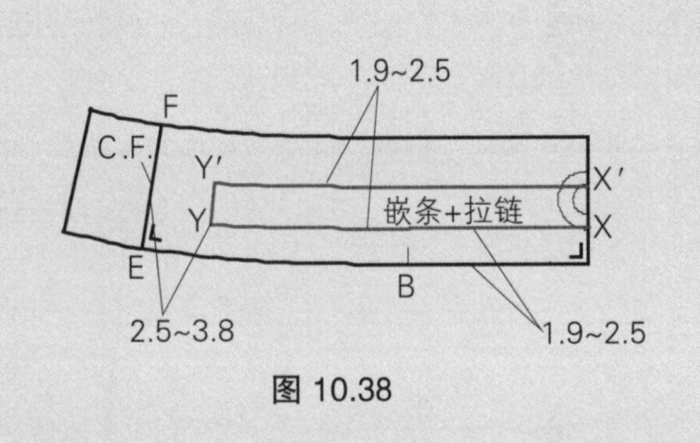

图 10.38

嵌条和拉链（图10.39）

- B′＝垂直延伸 B（颈肩点）到 X－Y。
- 设计需要的话，折叠衣领。
- 画长方形，将安装拉链的嵌条分离开来，如图所示。宽度是X－Y的长，高度是X－X′ 的长。
- 如图所示折叠嵌条。
- 下面是嵌条额外步骤，拉链和嵌条下面的兜帽。
- 量 X－B′ 的长＝__________
- 量 B′－Y 的长＝__________

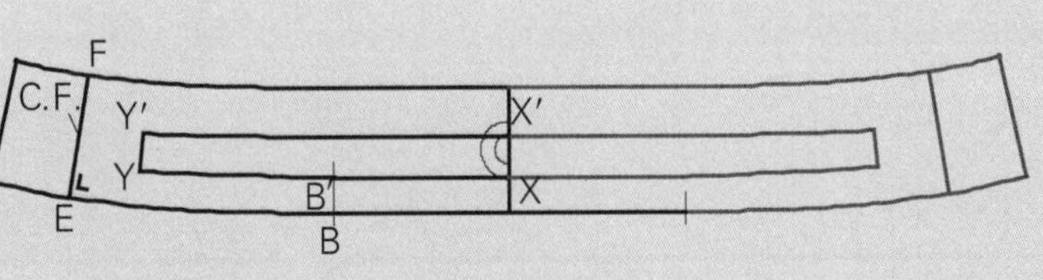

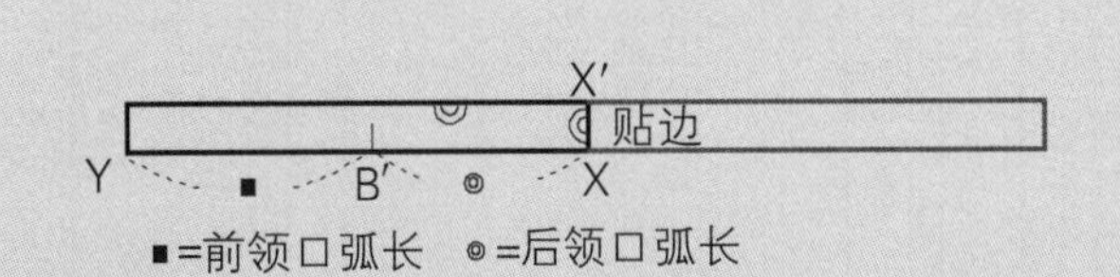

图 10.39

帽子（图10.40）

- 参照第四章“两片式连帽子”的细节（图4.58~图4.62, P112~114）。
- 图10.38是完成图。

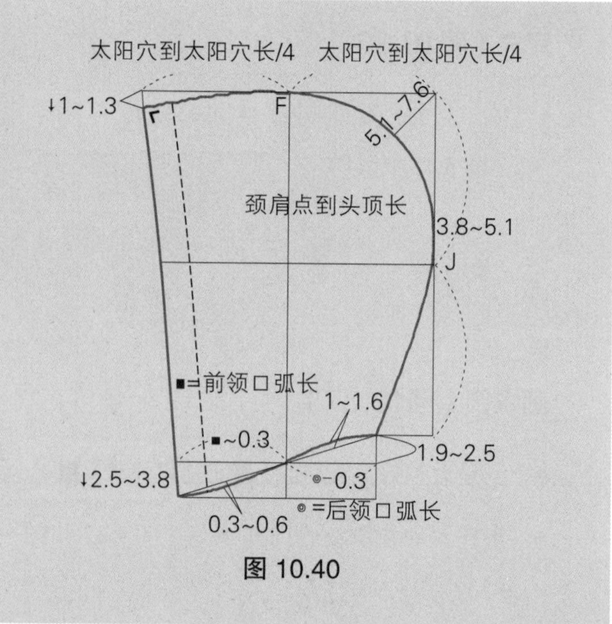

图10.40

完成样板（图10.41）

- 挂面参照第七章“缝合式挂面”（图7.7, P179）。
- 标记纸样。
- 标记丝缕线。根据设计意图和面料，改变丝缕线。

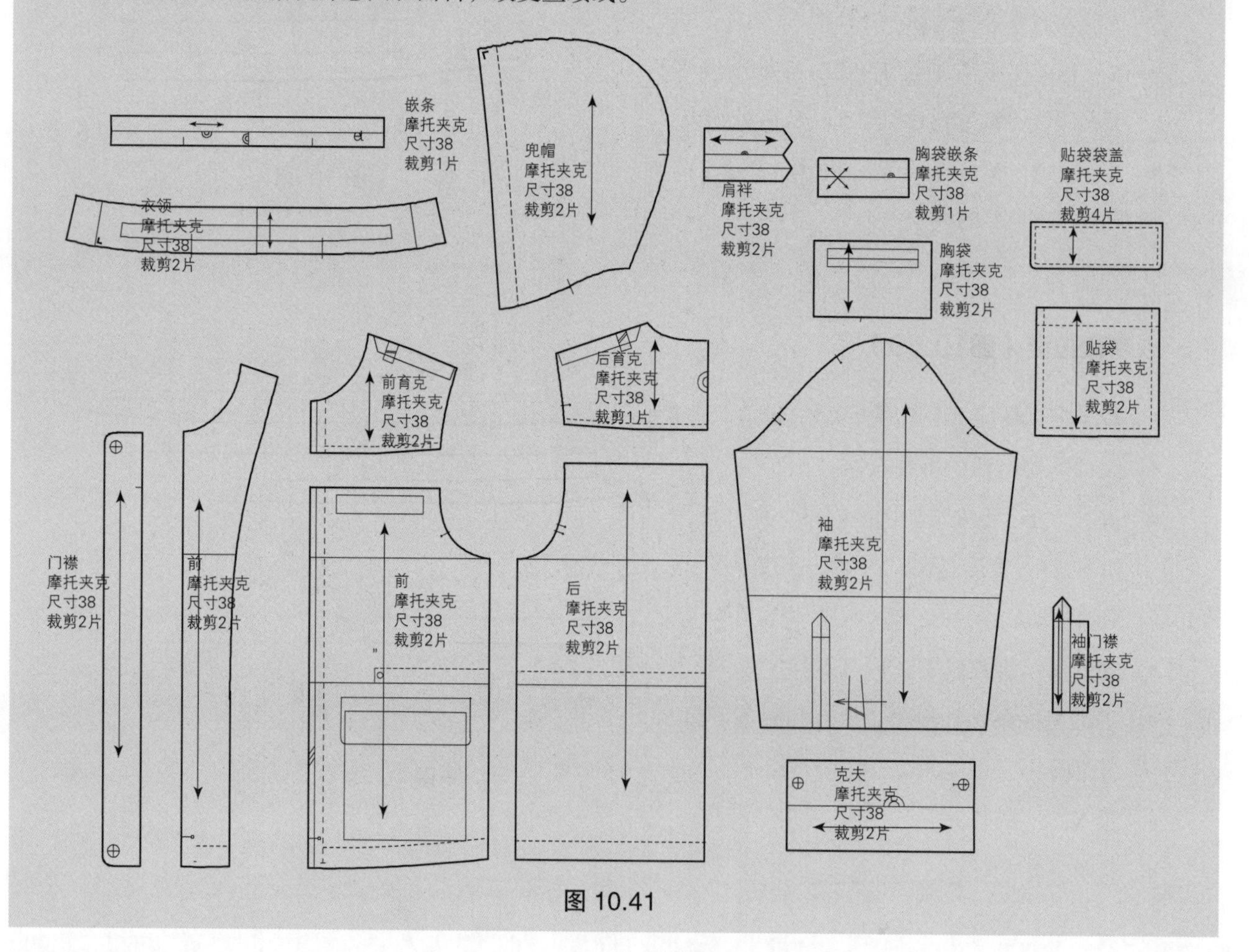

图10.41

夹克设计变化

见平面图 10.5。

平面图 10.5

第十一章

西装

西装通常是指穿在上身的外衣。西装可以和其他服装任意搭配，具有休闲风格，也可以与正装裤子搭配，组成套装。如果再加一件背心，并且采用相同的面料制作，则称为三件套。但是，如果采用不同的面料，这些服装就是单独的服装。

尽管正式西装不允许有太多的设计变化，但是一些元素可以作为细节设计点，例如，前中心纽扣的个数或领线形状。使用不同的面料，来增强套装的廓型——从非常正式的礼服到休闲服。西装的设计还可以在驳头的大小和形状上变化，或改变衣身的廓型，从贴体的到宽松的。西装通常有直身型或贴体型——还有更多令人注目的细节。

修身型
单排扣平驳领西装

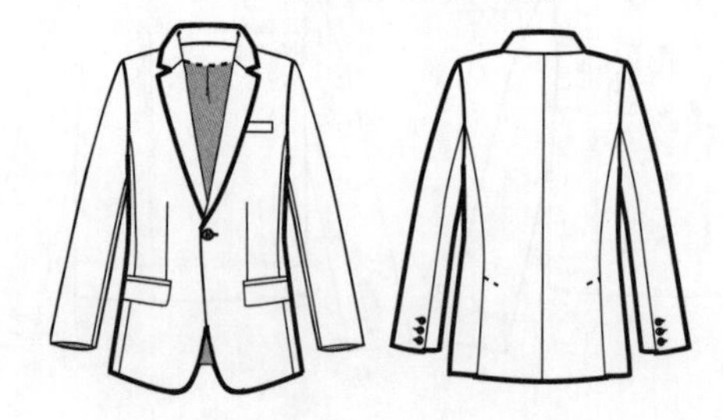

经典合身型
双排扣燕尾西装

平驳领育克西装

两粒扣西装

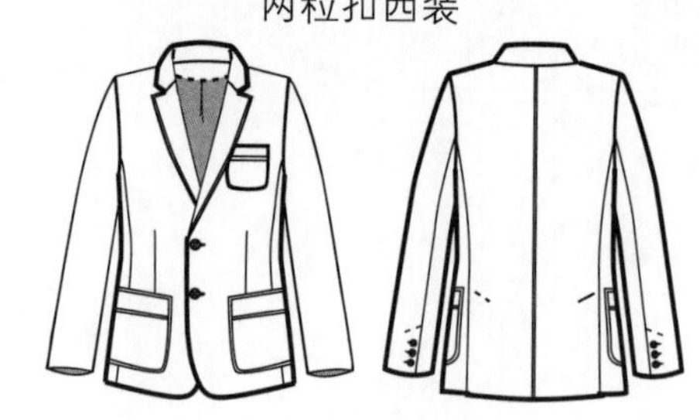

中式领外套

西装最主要的设计元素之一是有侧衣片。侧衣片是独立的、连接服装的前后衣片，这就导致没有侧缝。连接前后的侧衣片分割线与公主线相比更靠近侧缝。这种分割线频繁地应用在男装夹克和外套上。西装通常根据构成衣片的多少来识别，例如，四片式西装就是由四片构成，六片式西装由六片构成。六片式西装是正式套装的典型设计。

与休闲夹克一样，西装也穿着在其他服装外面，因此，西装的松量与休闲夹克相似。在这章中，四片式修身型西装外套基本型，六片式修身型西装基本型被用来发展西装的变化设计。

四片式西装基本型

四片式修身型西装基本型

画修身型前后衣片（图11.1）

- 拓印修身型前后衣身原型（图2.2~图2.4, P23~25）。
- A, A′ = 从后颈肩点H.P.S.量进0.3cm和从后领窝点向下量0.3cm，重新画后领口弧线。
- B = 肩端点L.P.S.延伸0.6cm。
- C, H = 从原型前后胸围线侧点向下1.9cm，再延伸1.3cm。
- 画与原型相似的袖窿弧线，完成后袖窿弧线。
- D = 从H.P.S.颈肩点量进0.3cm和向上量0.6cm。
- D′ = 从前领窝点向下量0.6cm，用弧线连接D和D′，如图所示。
- D - E = 画线平行于前肩线，肩线的长度与后肩线长度（◆）必须相等。
- F = D - E的中点。
- E - G = 向下量0.6cm。

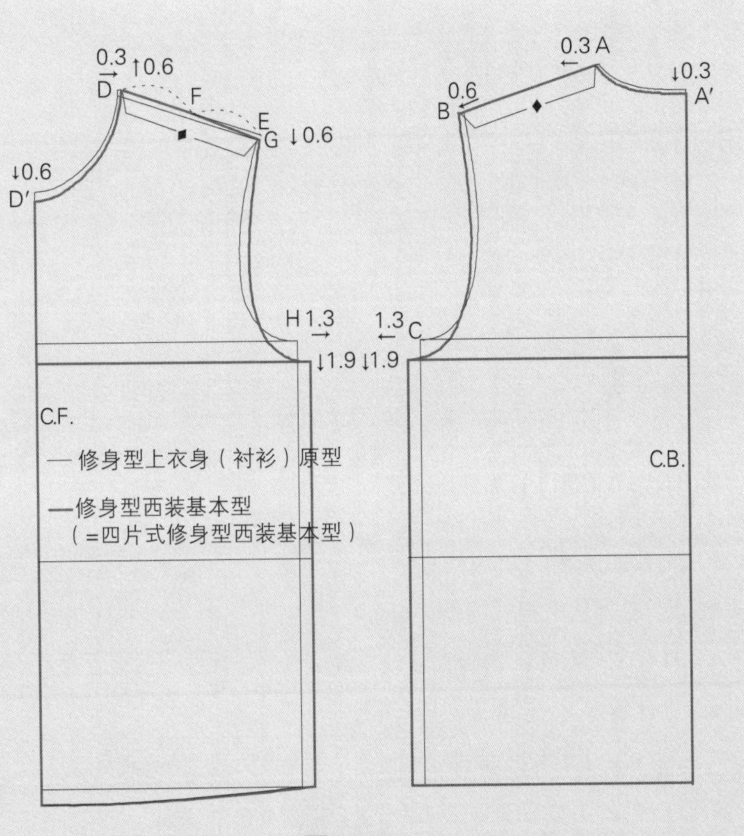

图 11.1

- F - G = 画微弧线。
- 画与原型袖窿弧线相似的弧线，完成前袖窿弧线。

西装袖

西装袖与原型袖相比差别在于袖山高、袖山弧线和袖山松量。重新画西装袖片原型比修改基本袖原型精确。

画修身型袖子（图11.2）

- 从西装基本型上量取前后袖窿弧长（图 11.1, P317）。
- A－B＝袖长，臂长＋2.5cm。
- A－C＝袖山高（袖窿长 /3）＋（0~1cm）。
- D＝从 C－B 的中点向上 3.8cm。
- A－E＝前袖窿弧长。
- A－F＝后袖窿弧长＋0.6cm。
- F－H, E－G＝垂直向下到底边线（腕围线）。
- I, J＝从 D 向两侧画垂直线。

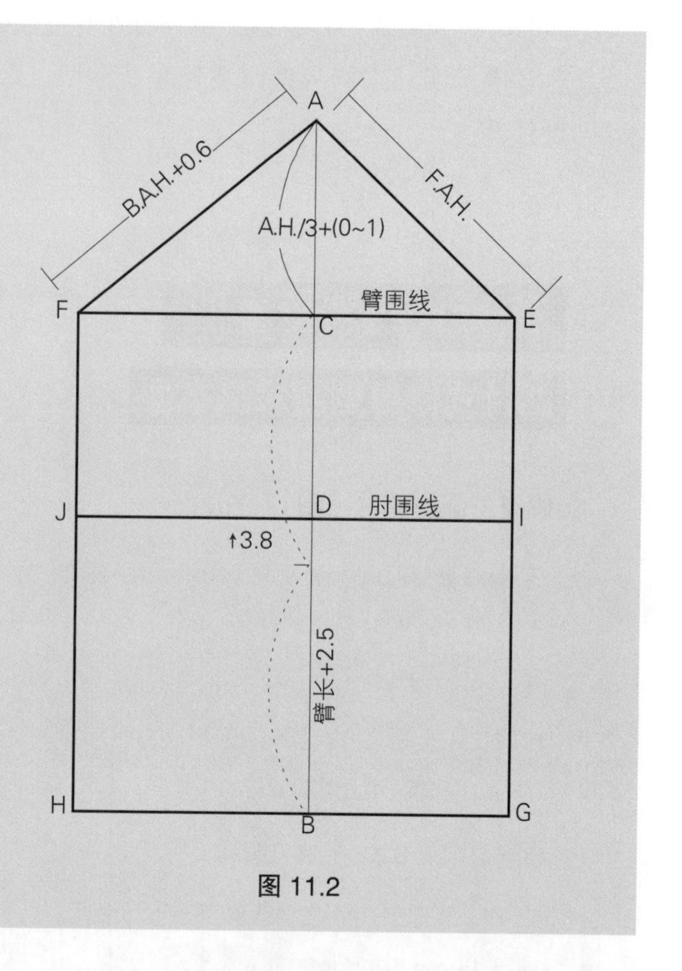

图 11.2

袖山弧线（图11.3）

- K, L, M＝A－E 的 1/4 点。
- K－N＝从 K 画垂直线 1.6cm。
- M－O＝从 M 向内画垂直线 2.2cm。
- P, Q, R＝A－F 的 1/4 点。
- P－S＝从 P 垂直向外 1.9cm。
- Q－T＝从 Q 垂直向外 1.3cm。
- U＝从 R 向上 1－1.9cm。
- V＝F－R 的中点，垂直向内 0.6cm。
- 连接 A、N、L、O 和 E，画弧线，完成前袖山弧线。
- 连接 A、S、T、U、V 和 F，画弧线，完成后袖山弧线。

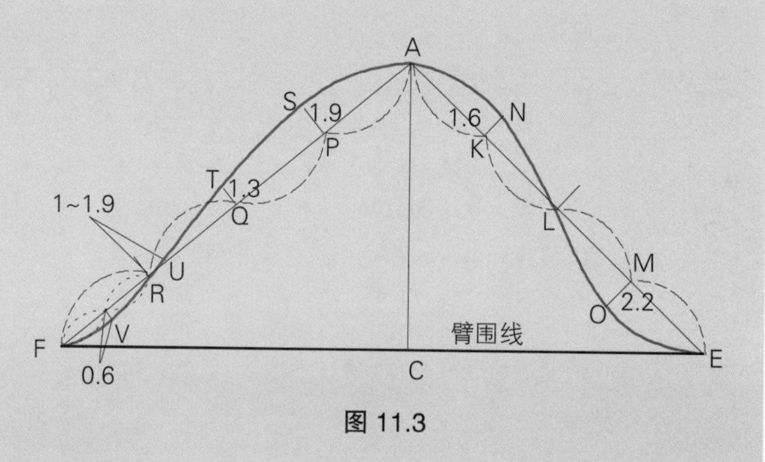

图 11.3

修身型西装袖原型（图11.4）

- 图 2.13 （P31）的修正袖松量过程和表 2.5（P30）夹克袖子的松量。
- H - X, G - W = 在腕围线上 H、G 两点量进相等的量，使得袖口线周长是腕围 +（10.1~12.7cm）。
- F - X 和 E - W = 画直线。

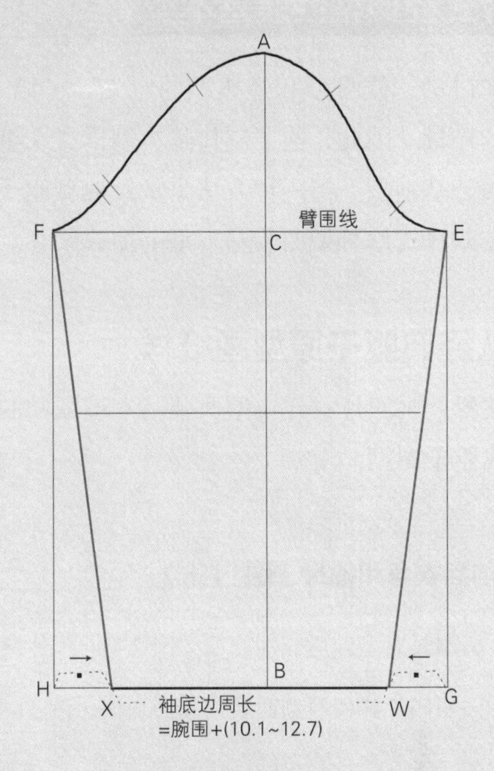

图 11.4

两片袖（图11.5）

- 拓印修身型夹克袖原型（图 11.4）。
- 关于两片袖，参照第五章“正装两片袖”（图 5.18~ 图 5.22, P128~130）。
- 图 11.5 是完成图。

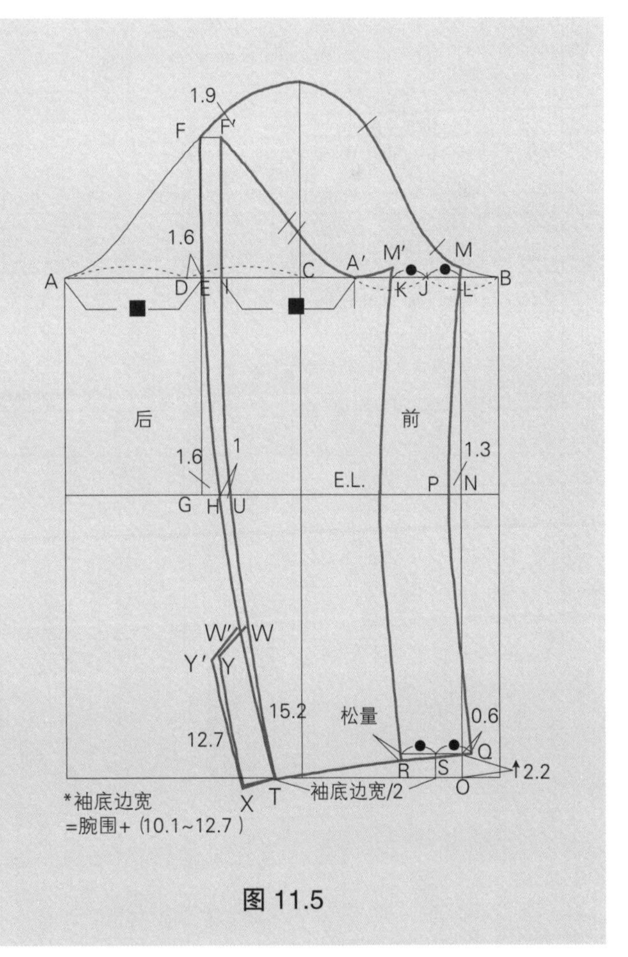

图 11.5

四片式经典型西装基本型

在讨论“修身型和经典型的定义”（第二章，P19~20）时讲到，西装比修身型原型需要更多的松量。因此，为了制作经典型样式，纸样就要有更多的松量。有两种方法设计四片式经典型西装基本型。第一种方法是从经典型躯干原型画新的四片式经典型西装基本型；第二种方法是在四片式修身型西装基本型上加放尺寸。

A. 从经典躯干原型画纸样

注释：画四片式经典型西装基本型纸样的方法和修身型西装基本型相同，不同之处在于使用经典躯干原型。

画前后衣身和袖片（图11.6）

- 拓印经典型前后衣片原型（图 2.17~ 图 2.21,P34~37）。
- 按照四片式修身型西装外套的方法（图 11.1~ 图 11.4, P317~319）。

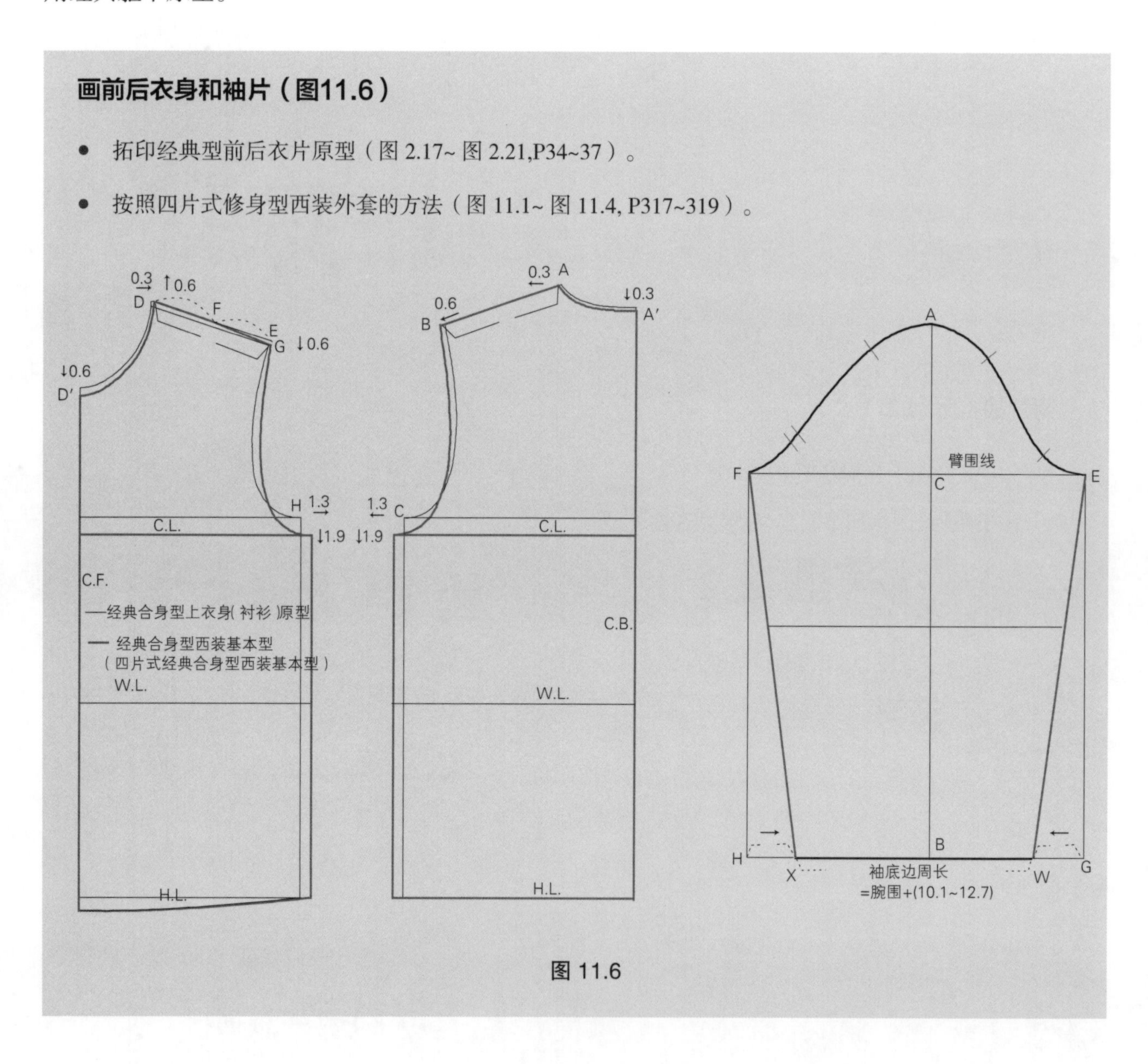

图 11.6

B. 放大四片式修身型西装基本型

如果四片式修身型西装基本型已经画好，拓印纸样，将它放大，根据经典型放大足够的松量。

画前后衣片和袖（图11.7）

- 按照图 2.17~ 图 2.19（P34~35），放大修身型纸样的方法。

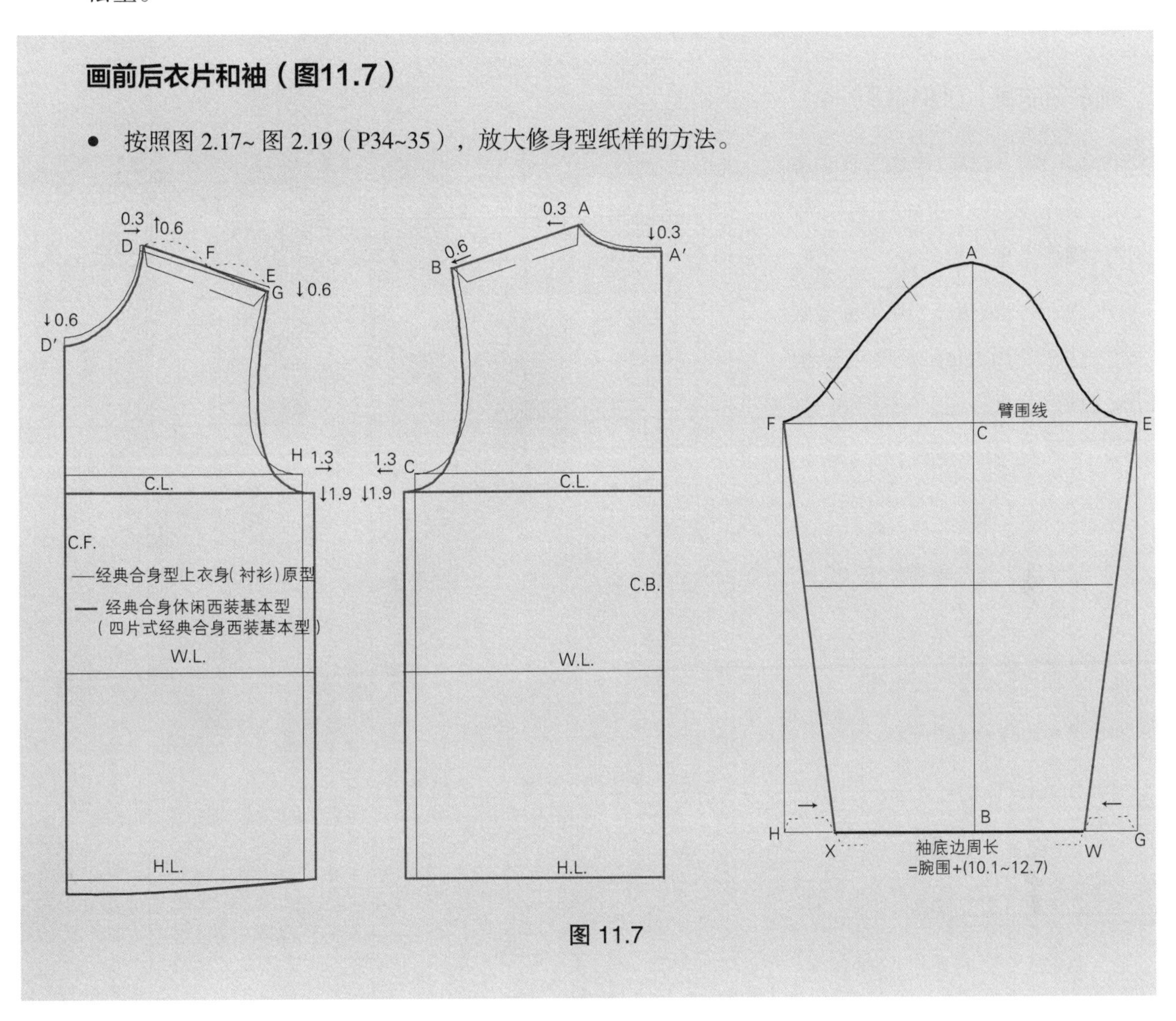

图 11.7

六片式西装基本型

六片式修身型西装基本型

画前后衣身1（图11.8）

- 拓印修身型四片式西装基本型（图 11.1，P317），将侧缝连接在一起。
- A－B＝夹克长，从臀围线延伸 7.6~10.1cm，长度可以根据设计而定。
- B－C＝画线与臀围线平行。
- A－D＝袖窿深。
- E＝后中线与腰围线交点。
- E－F＝量进 2.2~2.9cm。
- F－G＝画线与后中线平行，与底边线交点为 G。
- D－H＝向内量 1cm。
- I, J 和 K＝A－D 的 1/4 点。
- L＝从 A 量进 0.3cm。
- 连接L、K、J、H和 F，画弧线。
- M、N 和 O＝从后背宽线延伸到底边线。M 是与胸围线的交点，N 是与腰围线的交点，O 是与底边线的交点。

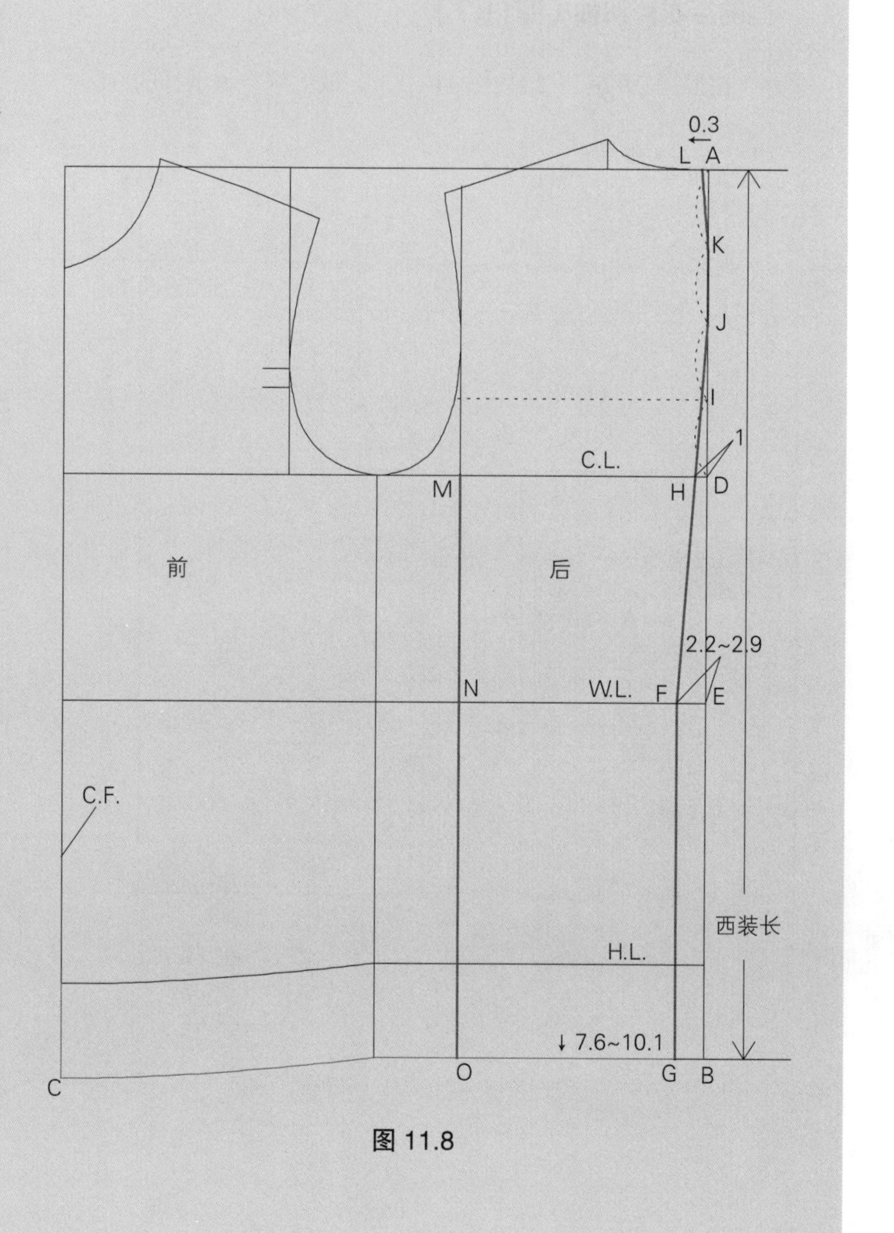

图 11.8

画前后身衣片（图11.9）

- P = 从 I 画线垂直于后中线。
- Q – N = 量过 2.5~3.8cm。
- S – N = 量过 0.6cm。
- R – O = 向后中线方向量 0.3~0.6 cm。
- T – O = 向侧缝方向量 0.3~0.6cm。
- 首先连接点 P、Q 和 R，然后连接 P、S 和 T，画光滑弧线，完成每条侧缝线。
- U = 前胸宽与胸围线的交点。
- U – V = 向侧缝线方向量 2.9cm。
- W 和 X = 从 V 向底边延伸。W 是与腰围线的交点，X 是与底边线的交点。
- Y = 前中线和腰线的交点。
- Z = W – Y 的中点。
- Z – A′ = 向侧缝方向量 1/2 省量（例：0.3~0.6cm）。
- A′ – B′ = 画垂直线，在胸围线下方 5.1cm 处结束。
- A′ – C′ = 向底边画垂直线，长度为 8.9cm。
- D′ – W = 向下量 8.3cm。
- C′ – D′ = 画直线。
- C′ – E′ = 从 C′ 延伸 1.9cm。

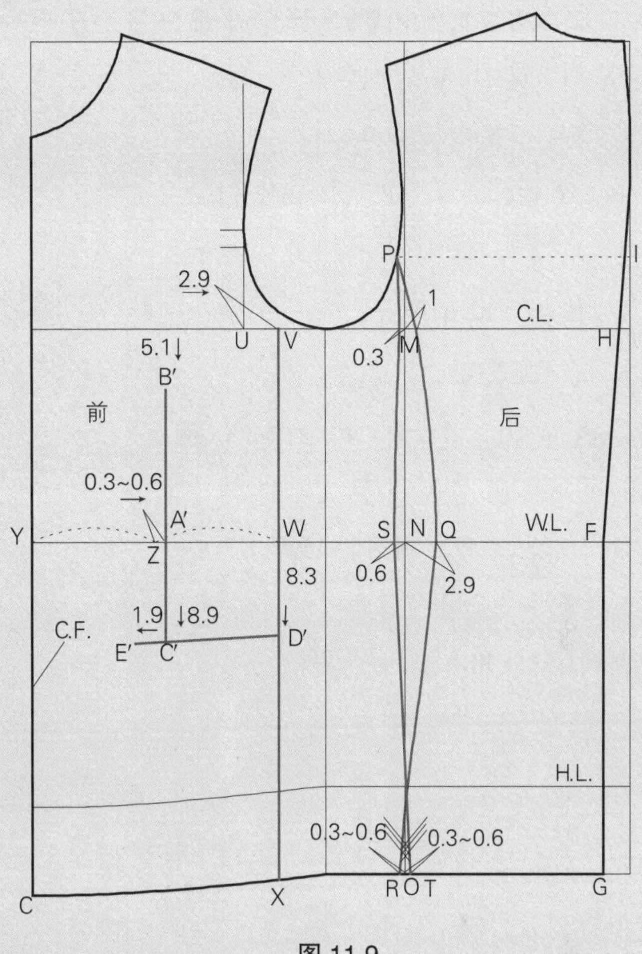

图 11.9

画衣身和侧片（图11.10）

- F′ – V = 从 V 向上延伸至袖窿弧线。
- G′, H′ = 从 W 向前中线方向量 1cm，标为 G′，向侧缝方向量 0.3cm 标为 H′ 。
- I′ – X = J′ – X = 每边量 0.3cm。
- 画弧线连接 F′、G′、I′，和画弧线连接 F′、H′、J′, 得到凸状的省道。
- K′= 从 D′ 向上量 0.6cm。
- K′ – C′= 画直线。
- Z – A′, A′ – L′= 收省量（◆）的 1/2 =（例：0.3~0.6cm），从 A′ 的每一边向外量。
- M′, M″= 从 Z 和 L′ 画垂直线到线 E′ – C′ – K′。
- 延伸直线到 B′，完成前省道线。

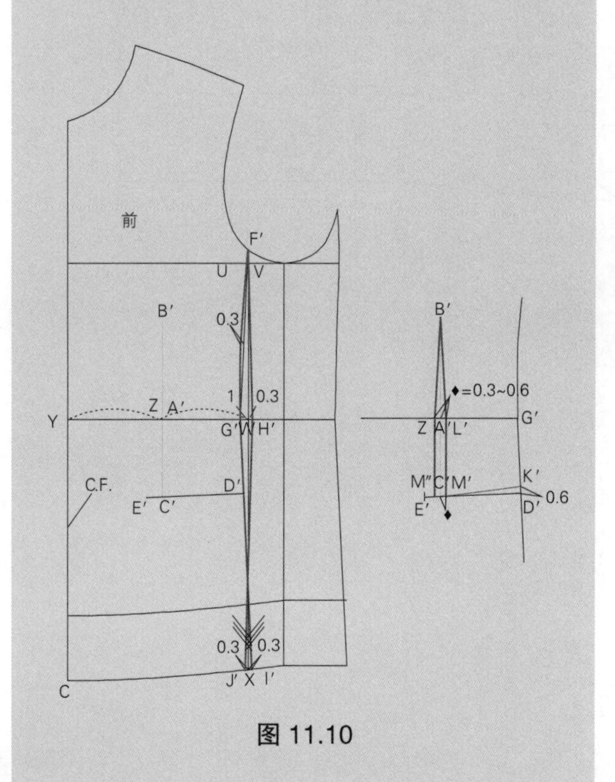

图 11.10

完成前衣身和侧片（图11.11）

- N′ – K′ = 从 K′ 向外侧延伸与 M′ – C′（◆）相同的宽度。
- I′ – I″ = 从底边，延伸与 K′ – D′ 相同的长度（例:0.6cm），使得侧缝的长度与后侧缝相等。
- I″ – C″= 画线平行于 I′ – C。
- 画弧线连接 G′ – N′ 和 O′ – I″。
- F′ – F″ 和 P – P″= 朝后衣片水平量 1cm，重新画与原来类似的线。
- H′ – P′= 向下量与 G′ – N′ 相等的量。
- P′ – Q′= 口袋宽，口袋总的宽度（例：13.3~14.6cm）–（E′ – O′ 的宽）。

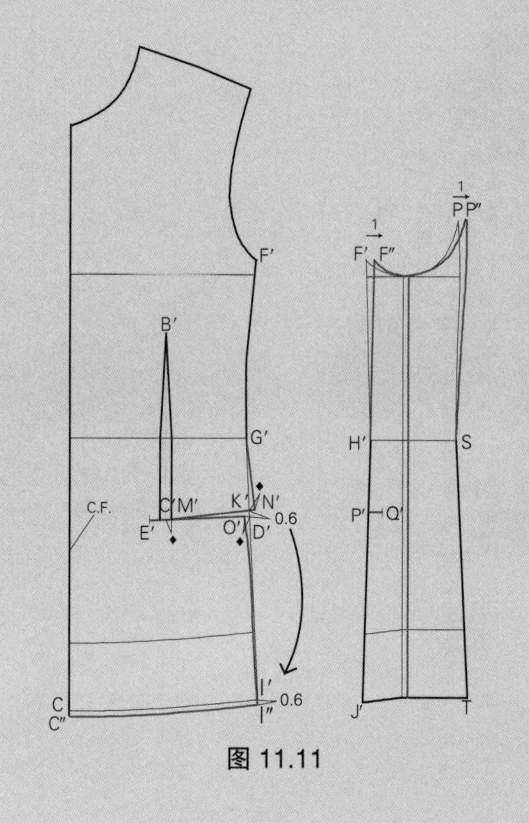

图 11.11

六片式经典西装基本型

画前、侧和后衣片（图11.12）

- 拓印四片式经典型西装前和后衣片基本型（图 11.6 或图 11.7, P320~321）。
- 按照修身型西装基本型的方法（图 11.8 ~ 图 11.11, P 322~324）。
- 图 11.12 是完成图。

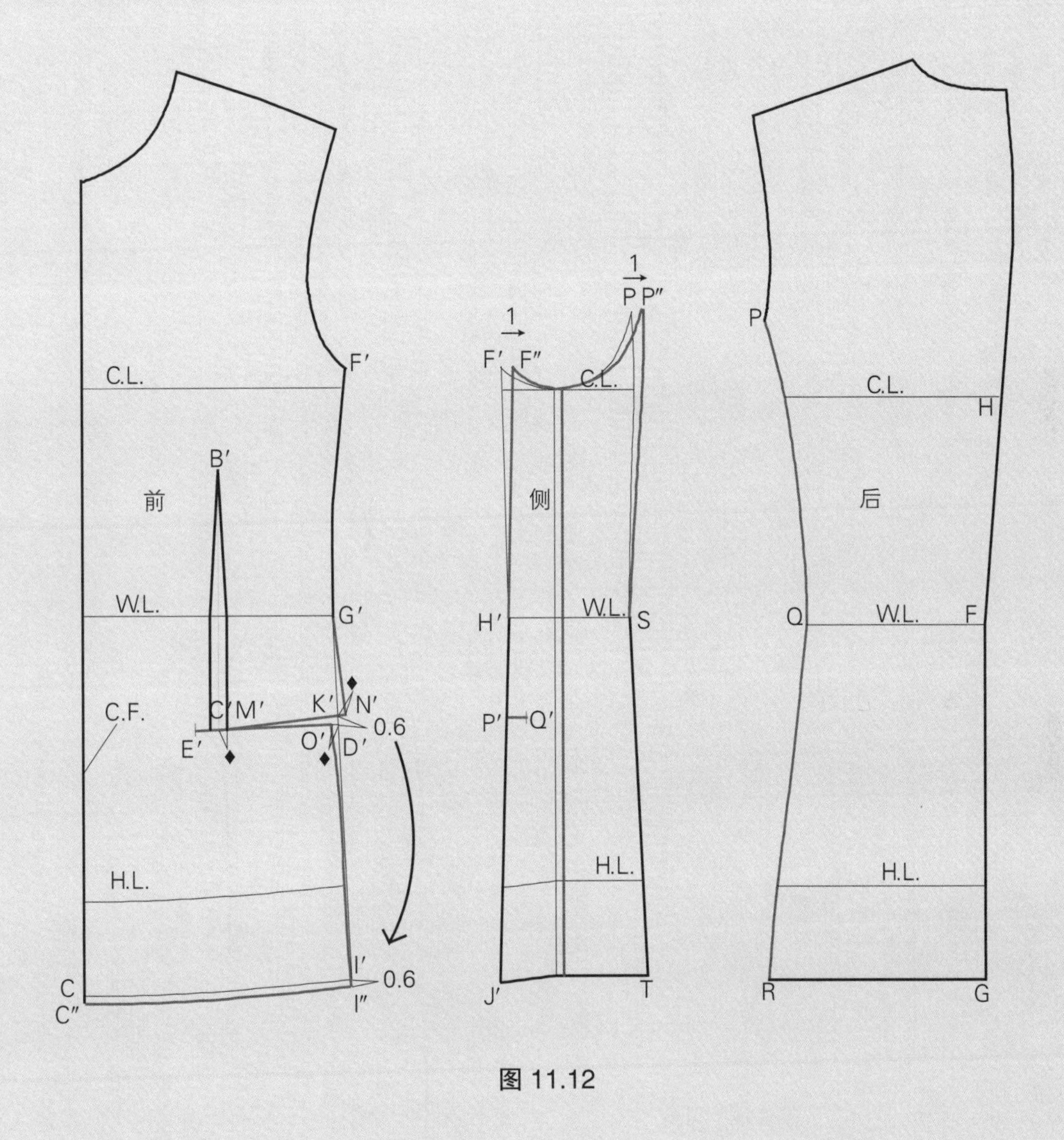

图 11.12

西装衬里

西装的衬里纸样需要添加松量，因为衬里经常采用轻薄的面料，而且人们希望有活动的空间。另一方面，衬里的纸样必须在底边剪短，使衬里不会露在外面。添加的松量要根据面料的厚薄、缝纫方法和制作成本而定。一般来说，衬里纸样在围度上增加 1.3~2.5cm，长度上短 2.5~5.1cm。下面是西装举例。

画前衣身衬里（图11.13）

- 拓印西装前衣片纸样，其上有挂面线（参照第七章，图 7.5，P178）。
- 沿挂面线剪切。
- 因为前衣片上有省道，在腰围上减去省道量的一半（●）重新画挂面线，如图所示。
- 去除口袋开口线，重新画顺侧缝。
- 由于在口袋袋口处有线条长度的差异，在底边抬高侧缝线，长度与袋口之间的差（◆）相等，如图所示。

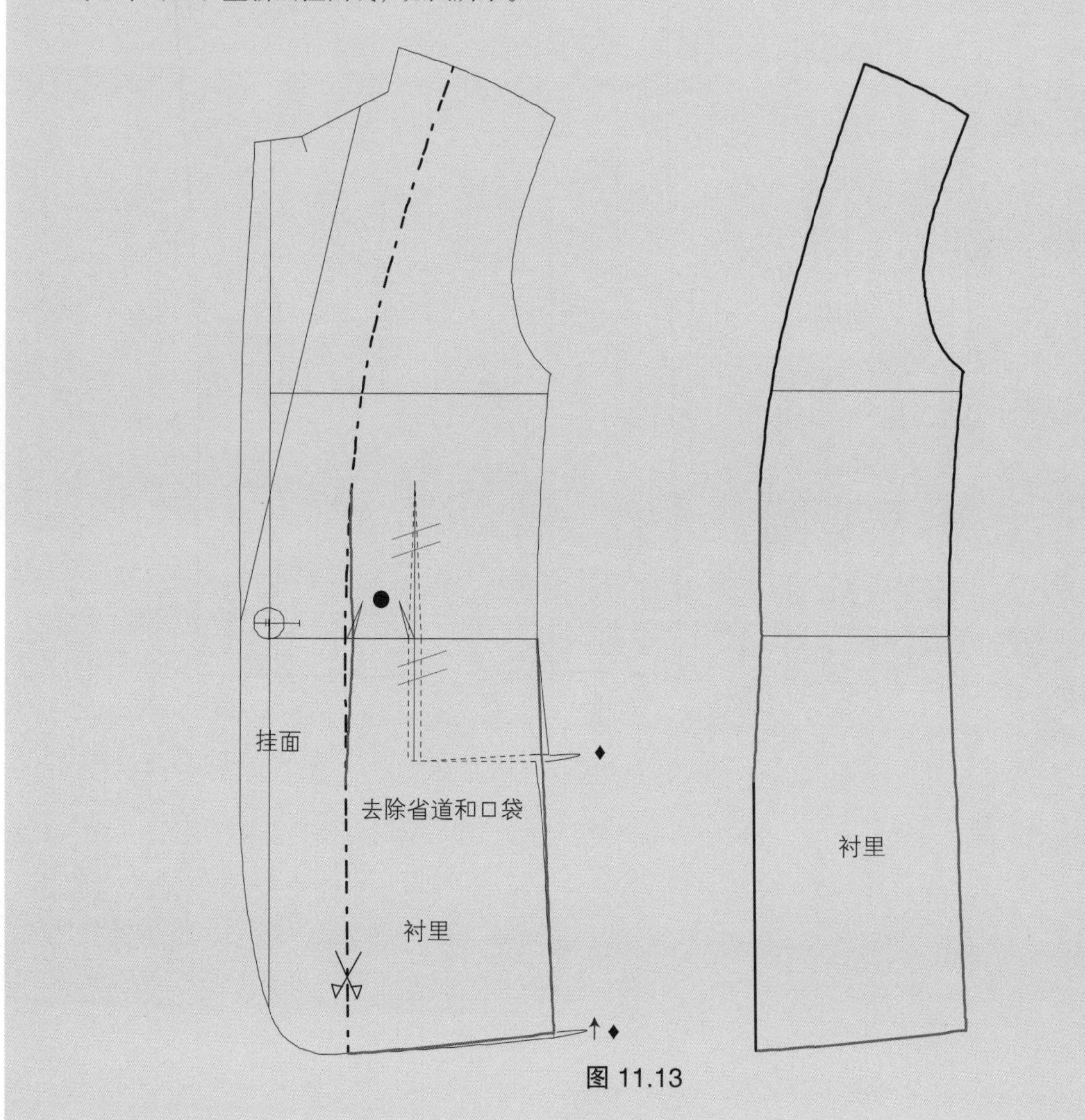

图 11.13

画前片、侧片和后衣身衬里（图11.14）

- 拓印前片（前面步骤制作的）、侧片和后片，以及袖片纸样。
- 每条线扩大 0.3cm，在后中线扩大 1.9~2.5cm，如图所示。
- 从衣身底边线和袖口线缩短 1.9cm。
- 重新画袖窿弧线。

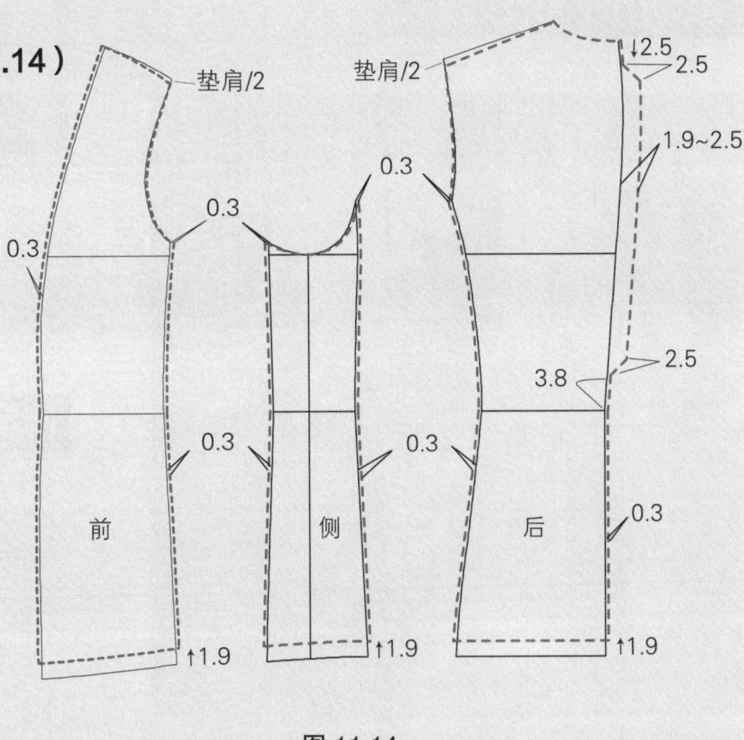

图 11.14

袖衬里（图11.15）

注释：纸样中，外边缘扩大的量是 1cm。

- A, B, C = 在图 11.15 中所示，延伸量（●）是外边缘缝份的双倍（0.95cm × 2 =1.9cm）＋ 0.6cm，即大袖和小袖袖山底部的总松量是 2.5cm 。
- D, E = 延伸量是 A、B 和 C 的一半（1.3cm）。
- 重新画袖山弧线，如图所示。
- 检查袖片是否有松量。里料的样板没有很多松量。前后总的松量是 0.3~1cm。延伸 A、B 和 C，减少袖里样板的松量，使缝合更加容易。

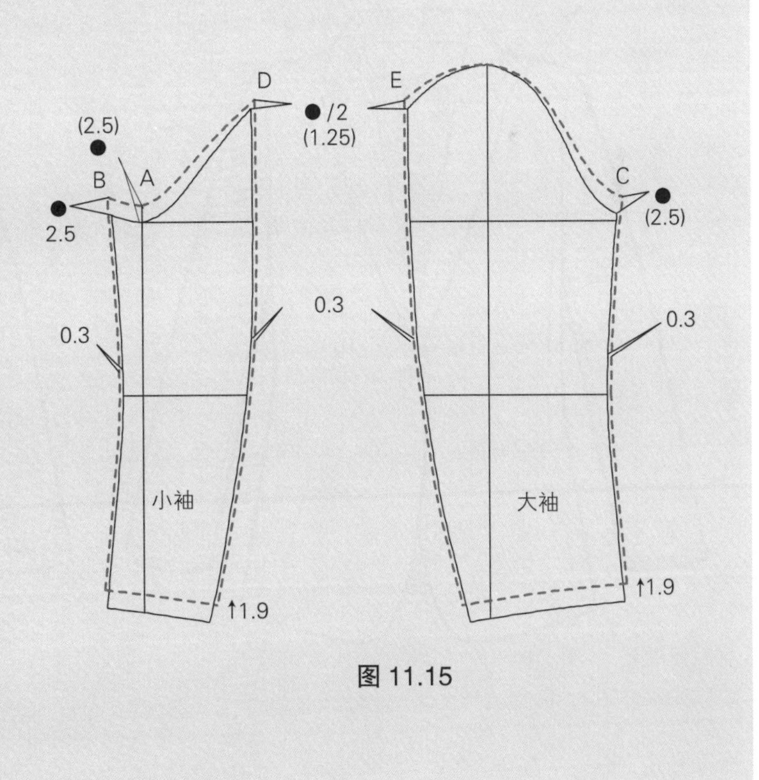

图 11.15

单排扣平驳领西装

设计风格要点

这种很普遍的西装——典型的商务服装——是六片式贴体套装西装，在前衣身有省道、胸袋、袋盖口袋和两片袖。

修身型款式

见平面图 11.1。

1. 平驳领和驳头
2. 六片式，一粒扣
3. 垂直省道
4. 双嵌条袋盖口袋
5. 单嵌条手巾袋
6. 两片式袖子
7. 侧开衩

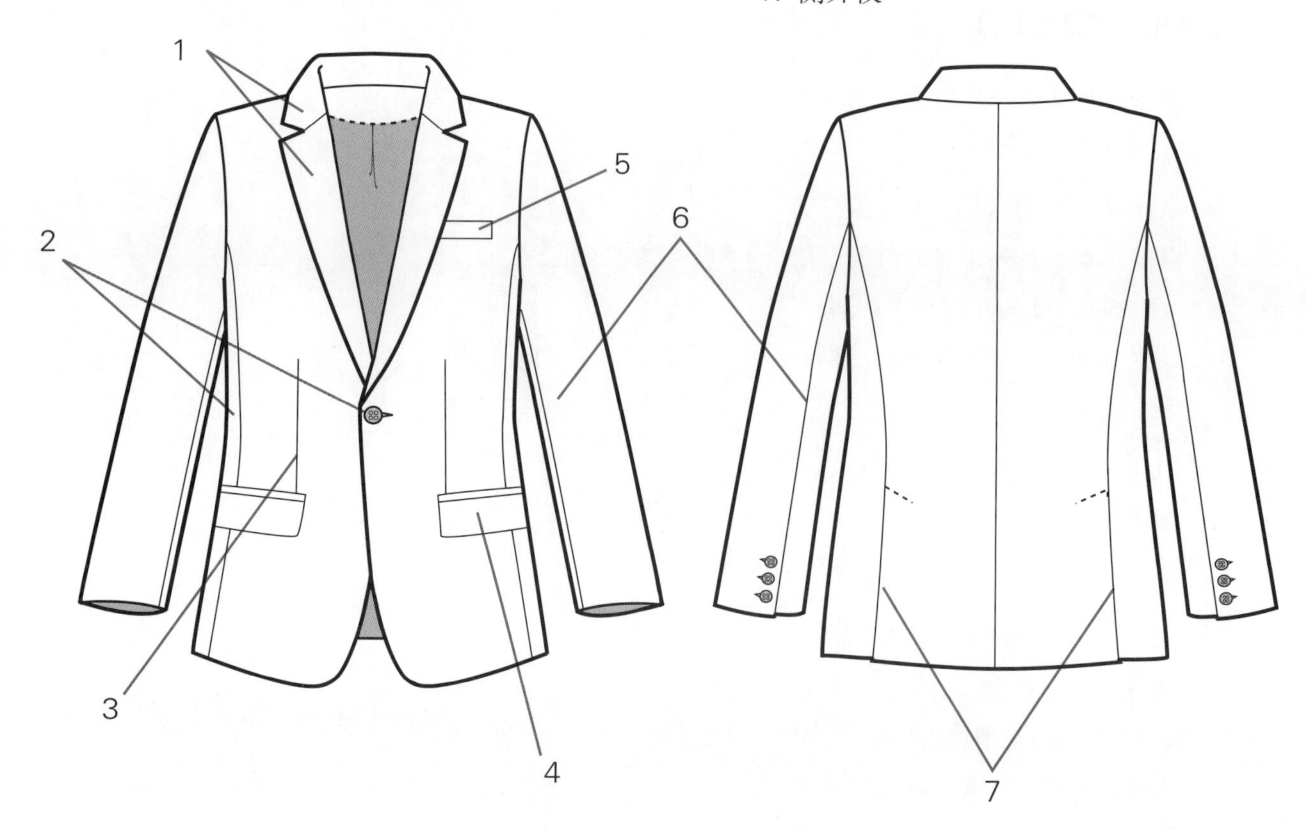

平面图 11.1

画前衣身（图11.16）

- 拓印六片式修身型西装基本型前衣片（图 11.11，P324）。
- A＝前中线与腰线交点。
- B 和 C＝延伸量（例：2.2cm），根据扣眼的尺寸（约 2.5cm）或设计。画线与前中线平行。
- D＝驳折止点，从 B 点向上量 2.5cm。
- E＝B－C 的中点。
- C－F＝量进 6.4~7.6cm。
- 画弧线连接 E 和 F。
- G＝向侧缝方向量 1.3cm 和从 H.P.S. 垂直向上量 0.6cm。

注释：这个量根据西装有多少纽扣而定。1 粒 或 2 粒纽扣西装，量进 1.3cm 和向上量 0.6cm。参照第四章，图 4.37 和图 4.38（P 99~100）。

- G－H＝画线与原型肩线平行。长度比原型肩线短 0.6cm。
- H－I＝从袖窿剪去一定量，使袖窿弧长与原型袖窿弧长相等。
- G－I＝从 G－H 中点到 I 画微弧线。
- G－J＝从 G 延伸 1.9cm。
- J－D＝画直线。

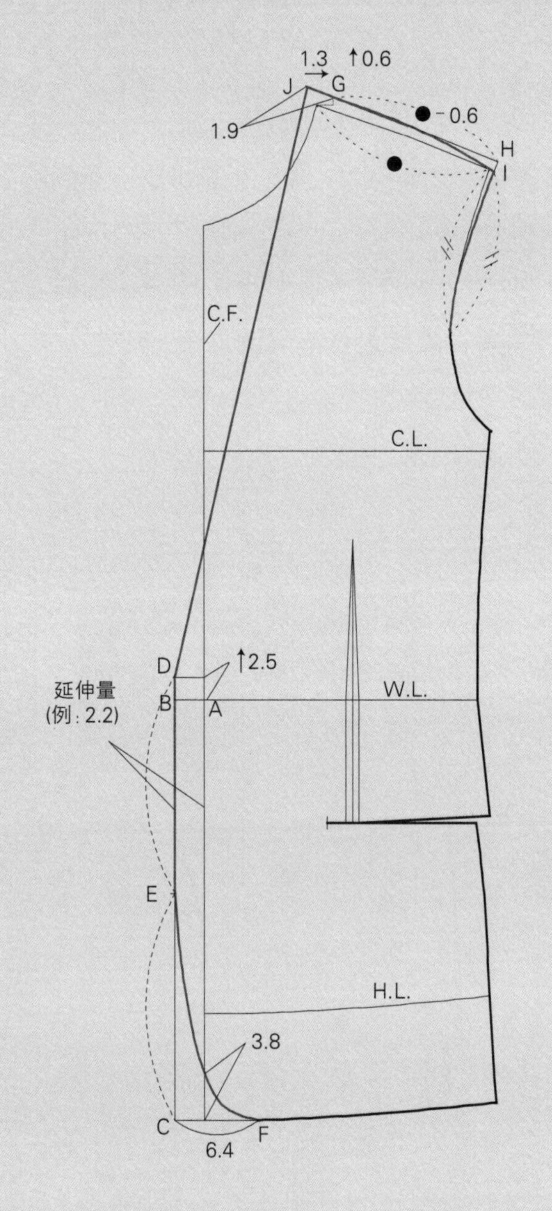

图 11.16

衣领和斜向嵌条口袋（图11.17）

- K－U＝按照第四章“平驳领”（图 4.46～图 4.48, P105~106）的方法。
- V＝在胸部手巾袋定位，从前中线与胸围线的交点向上量 5.1cm 和向侧缝方向量 5.7cm。口袋尺寸：袋宽 10.8~11.4cm，袋深 2.5cm。
- W＝在腰部定位双嵌条口袋。尺寸：宽 15.2cm，深 5.7cm。
- 参照第六章“嵌袋”（P165~168）。

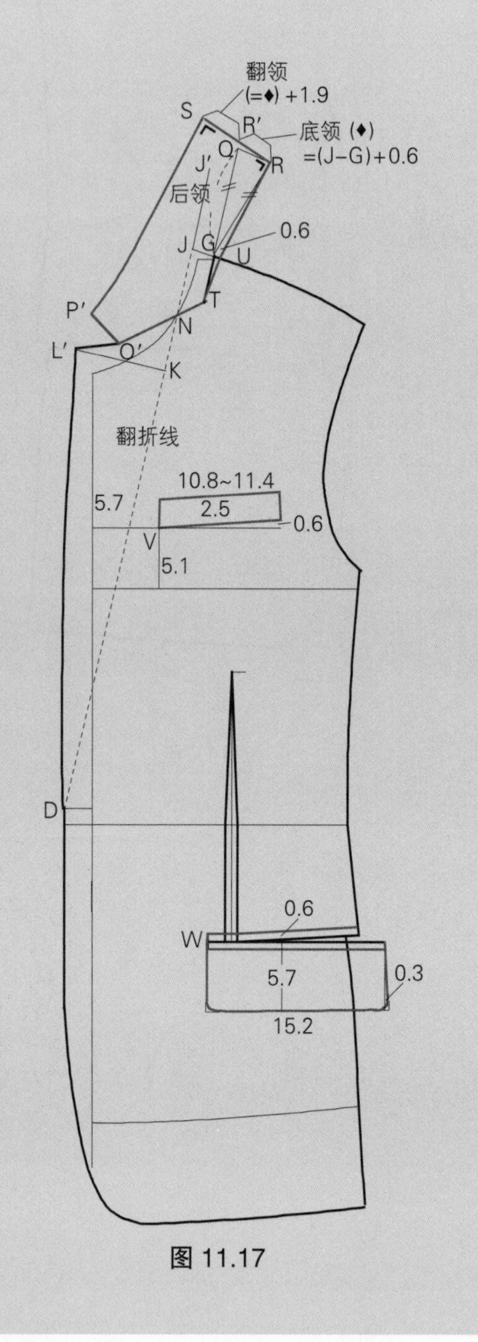

图 11.17

领面和领里（图11.18）

- 将衣领从衣身分开。
- 通过制作领面和领里，完成衣领部分，如图所示。
- 领里＝使用斜向丝缕线。
- 领面＝标记丝缕线方向和增加衣领的高度由（R－S）到（R－S′），量为 0.3~0.6cm，这是翻领松量。

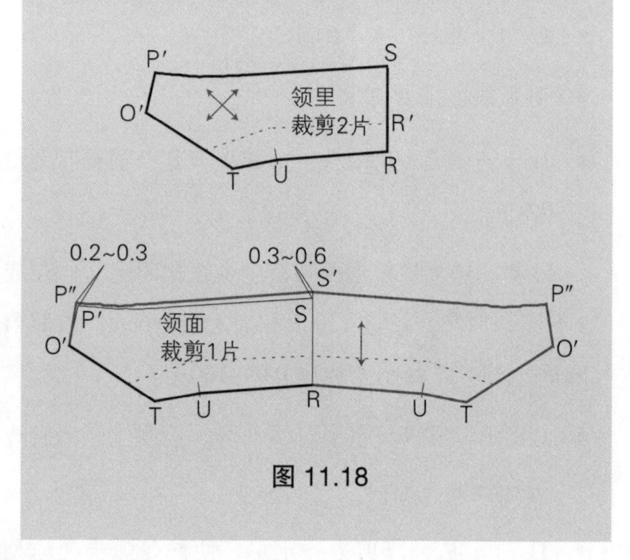

图 11.18

侧开衩（图11.19）

- 拓印六片式西装基本型侧片和后衣片（图 11.11, P324）。
- A－B 和 E－F＝后侧开衩长（例：20.3cm）。
- C－D 和 G－H＝与 A－B 平行画线 17.8cm。
- 在每一点画直线，完成侧开衩和后侧开衩。

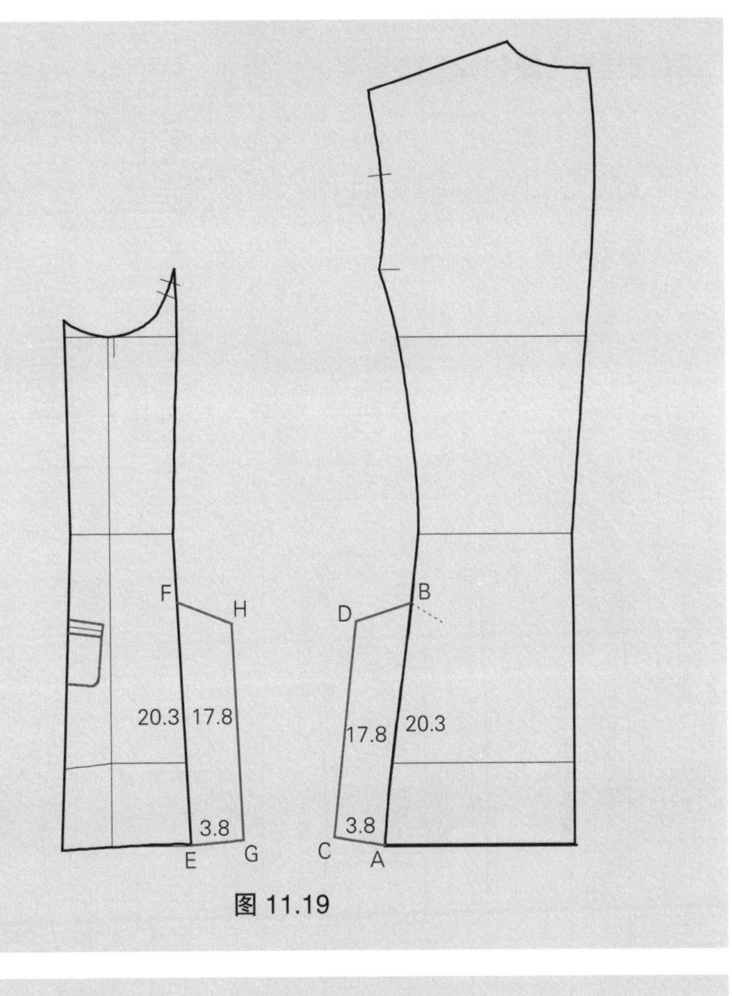

图 11.19

画袖片（图11.20）

- 拓印修身型西装原型袖片（图 11.4，P319）
- 画两片袖，按照第五章“正装两片袖”，图 5.18~ 图 5.22（P128~130）的方法。

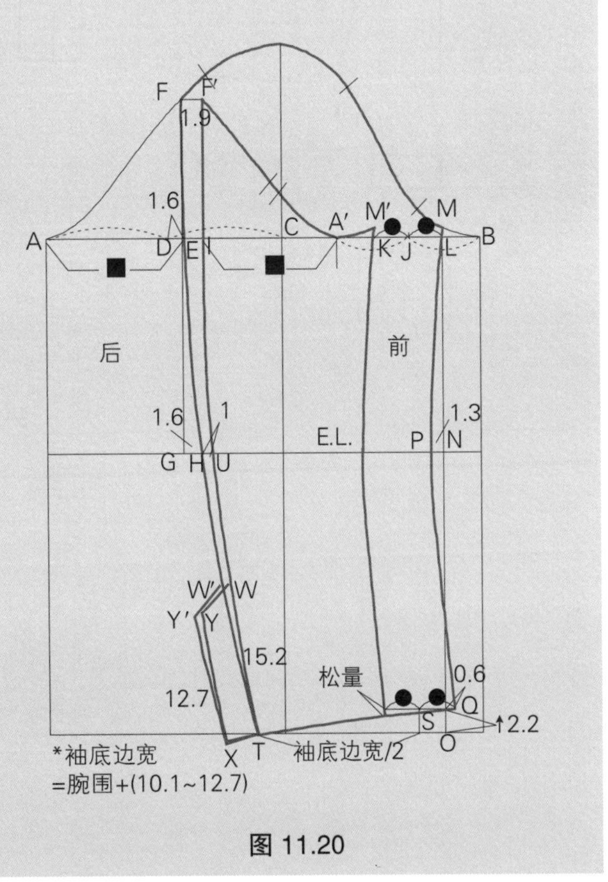

图 11.20

完成样板（图11.21）

- 前后片挂面应用。参照第七章“缝合式挂面”（图 7.5、图 7.6 和图 7.8, P178~180）。
- 标记纸样。
- 标记丝缕线。根据设计意图和面料，丝缕线方向可以变化。

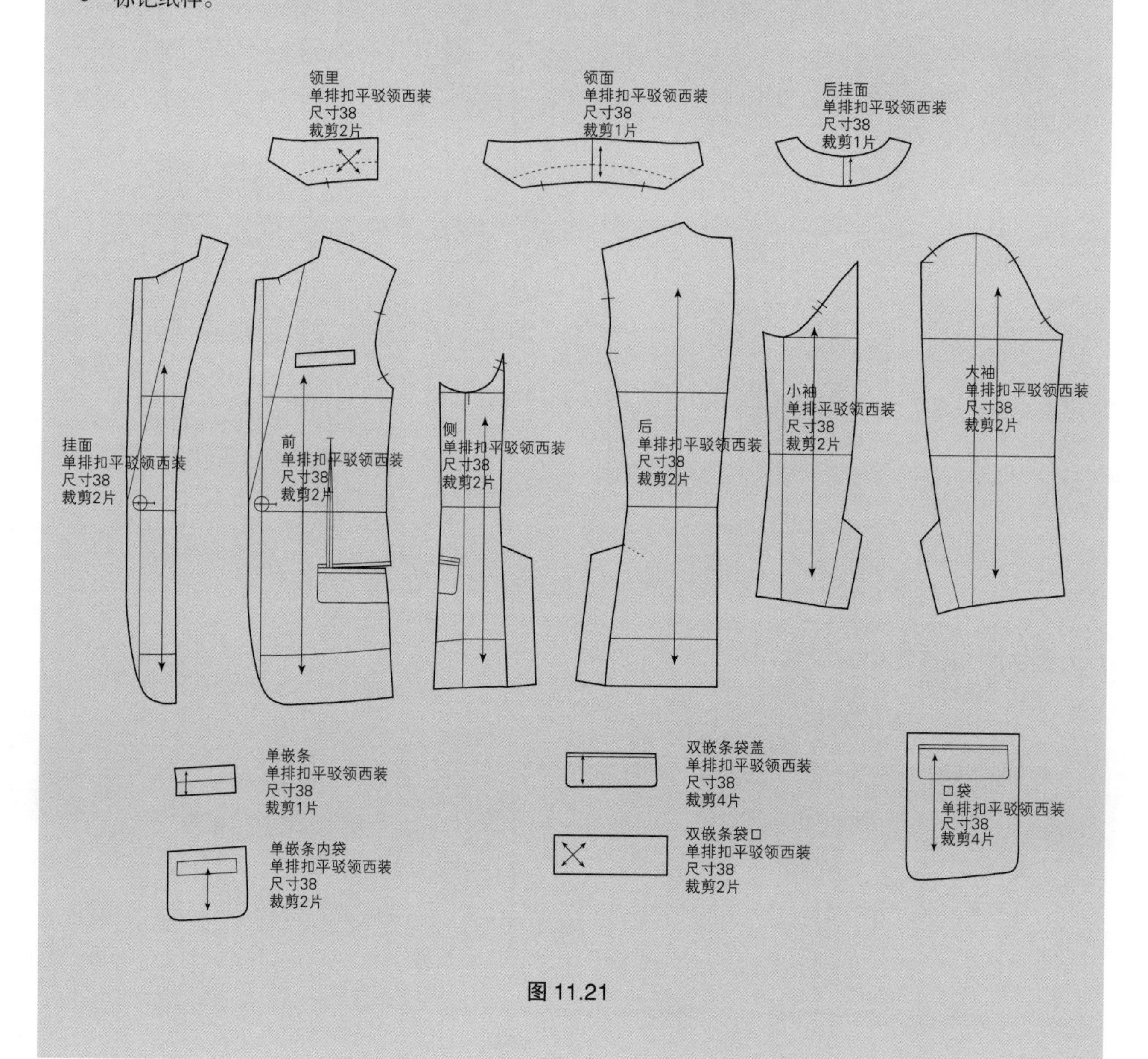

图 11.21

双排扣燕尾西装

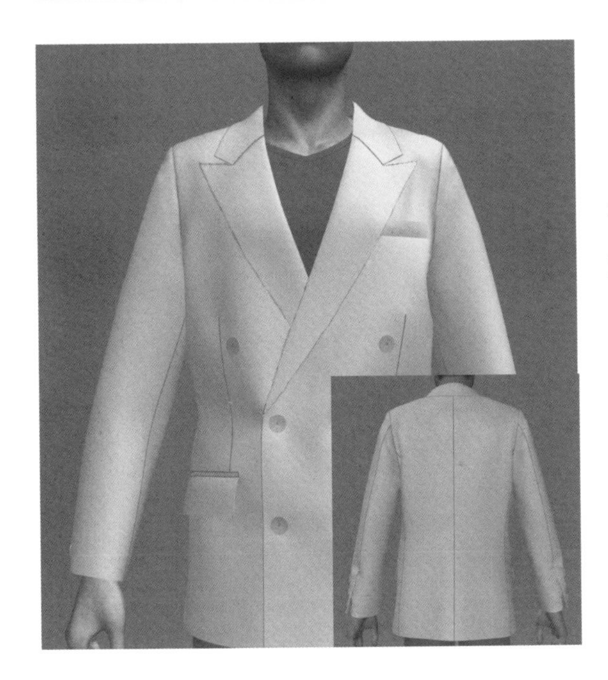

设计风格要点

通常认为是最正式的西装样式。这种西装有戗驳头、胸袋、双嵌条袋盖口袋。六片式、六粒双排扣和后中开衩。

经典型款式

见平面图 11.2。

1. 平驳领和戗驳头
2. 六片式双排扣
3. 垂直省道
4. 双嵌条袋盖口袋
5. 手巾袋
6. 两片袖
7. 开衩

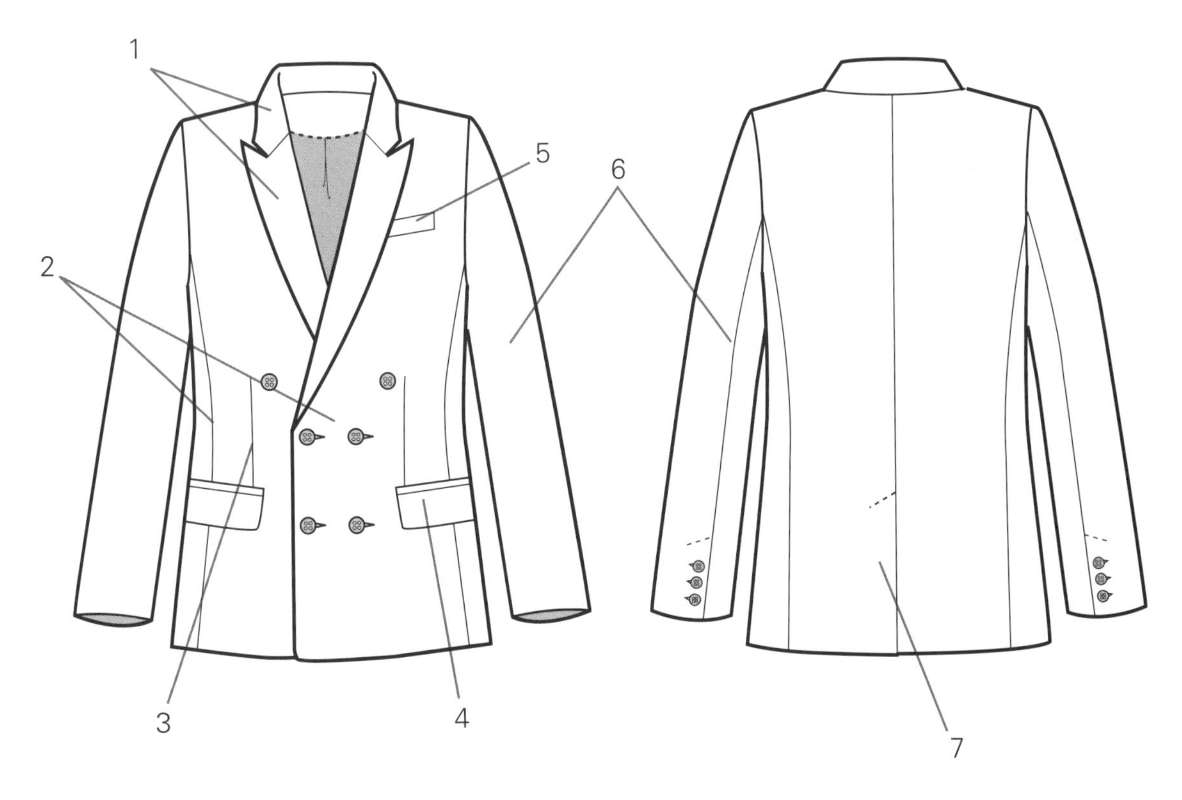

平面图 11.2

画前衣片（图11.22）

- 拓印六片式经典西装基本型前衣片（图 11.12, P325）。
- A = 前中线与腰围线交点。
- A – B = 向下量 1.9cm
- B – D = 量出延伸量（例 :7cm），根据设计而定。
- C – D = 画线与前中线平行。
- D = 驳折止点。
- G = 向侧缝方向量 0.6cm 和从 H.P.S 垂直向上量 0.6cm。

注释：这个量根据西装有多少粒纽扣而定。这件西装有两粒扣，但它是双排扣，因此，假设它有三粒扣。对于 3~4 粒扣西装，量出 0.6cm 和向上量 0.6cm。参照第四章图 4.37 和图 4.38（P 98~102）。

- G – H = 画线平行于基本型肩线。长度比基本型肩线短 0.6cm。
- H – I = 向下量 0.6cm。
- G – I = 从 G – H 的中点画微弧线到 I。
- G – J = 肩颈部立领，从点 G 延伸 1.9~2.5cm。
- J – D = 画直线。

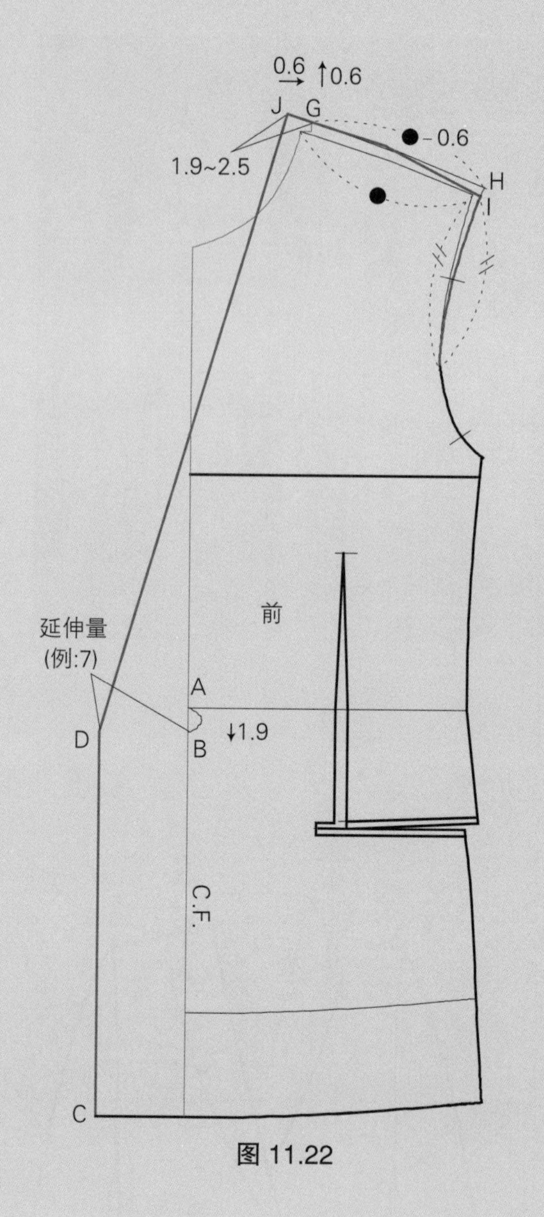

图 11.22

戗驳领和嵌条袋（图11.23）

- 按照第四章“戗驳领”，图 4.52~ 图 4.55（P108~110），只有 J－K 的尺寸不同。
- J－K＝11.4~12.7cm。
- K－M＝画线 8.9cm 与翻折线垂直。标记 M，替代原来的 L，即戗驳头宽。
- L＝从 M 延伸 3.2cm，设计尖领的形状。
- O＝沿线 K－L 量过 3.8cm。
- L－O, N－O＝画直线。
- P＝O 量过 1.9cm，然后从 L 画线 3.8cm。
- V＝手巾袋，从前中线量进 5.7cm，从胸围线向上量 3.8cm。尺寸：宽 10.8~11.4cm，深 2.5cm。
- W＝双嵌条袋盖口袋。尺寸：宽 5.2cm，深 5.7cm。
- 标记扣眼位置（参照第七章，P176~177）。
- 将衣领从衣身分开。

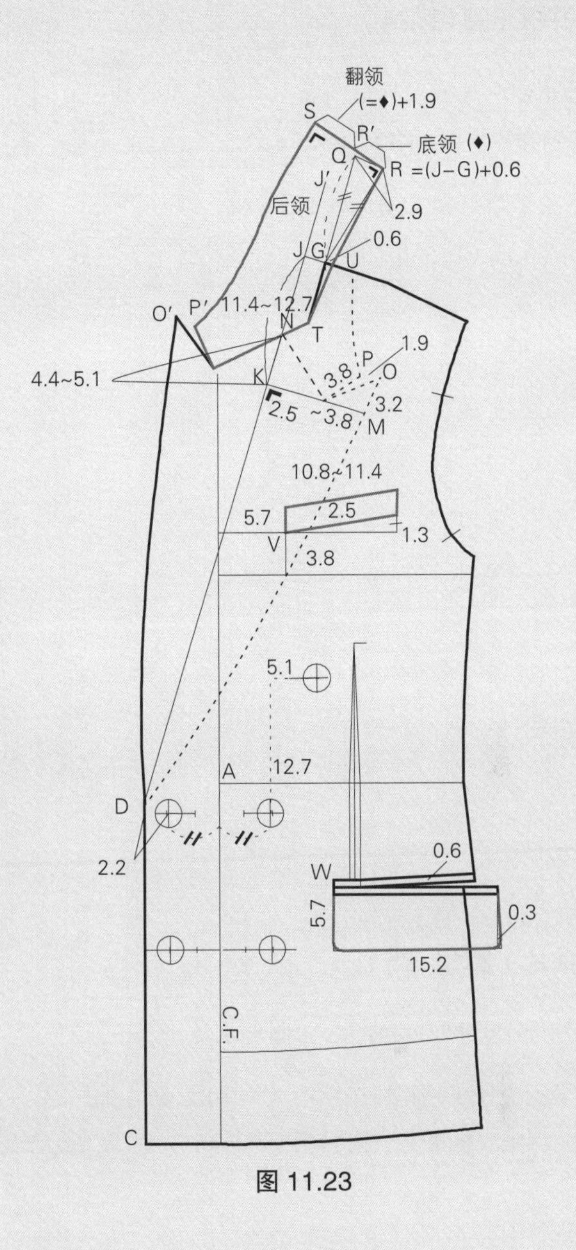

图 11.23

后开衩（图11.24）

- 拓印六片式经典型西装基本型后衣片和侧衣片（图 11.12，P325）。
- 关于后开衩细节，参照第六章“开衩”图 6.11（P156）。

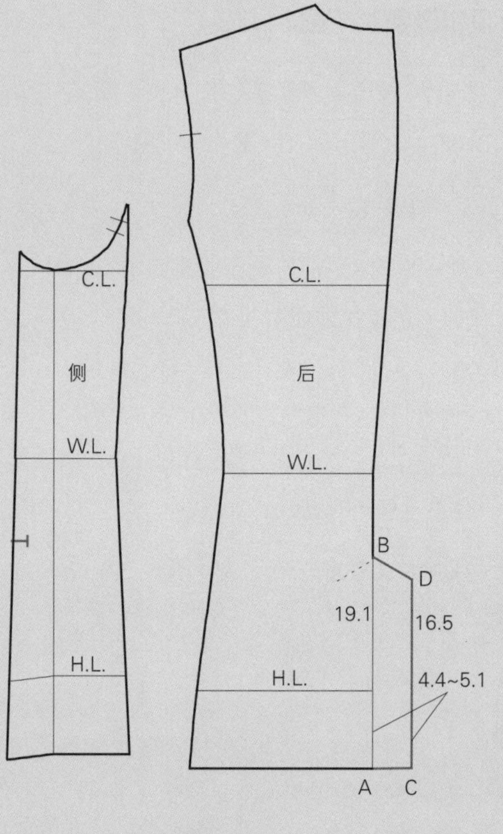

图 11.24

画袖片（图11.25）

- 拓印经典型西装袖原型（图 11.12，P325）。
- 关于袖片的画法，按照第五章“正装两片袖”图 5.18~ 图 5.22，P129~131）。

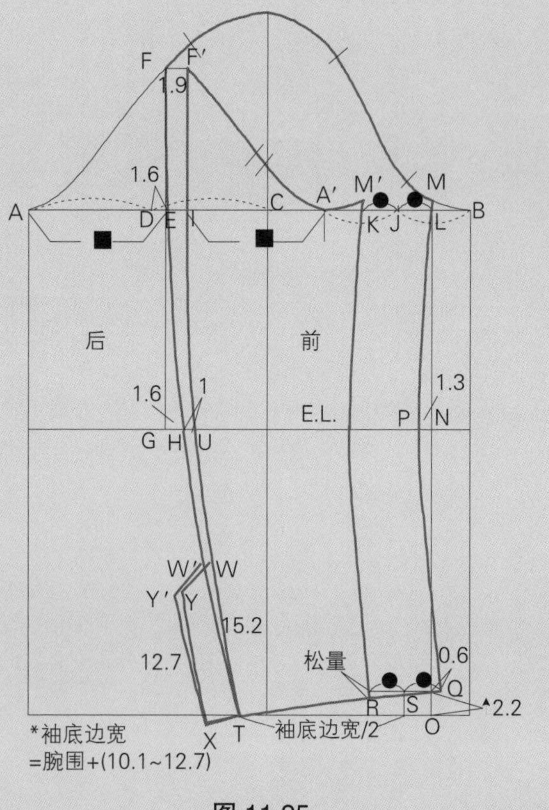

图 11.25

完成样板（图11.26）

- 前挂面线应用，参照第七章"缝合式挂面"（图7.5和图7.6，P178~179）。
- 标记纸样。
- 标记丝缕线。根据设计意图和面料，丝缕线方向可以变化。

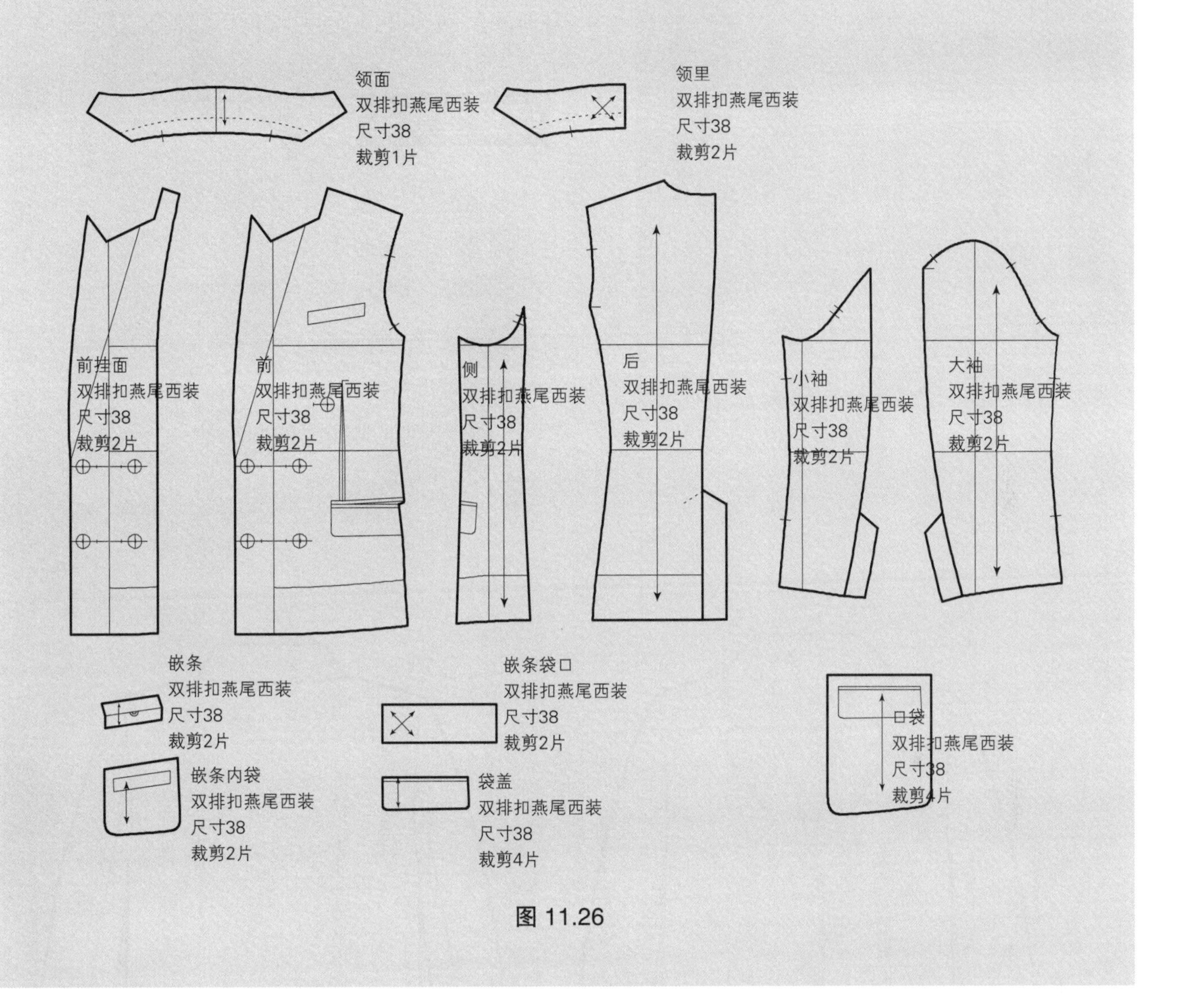

图 11.26

平驳领育克西装

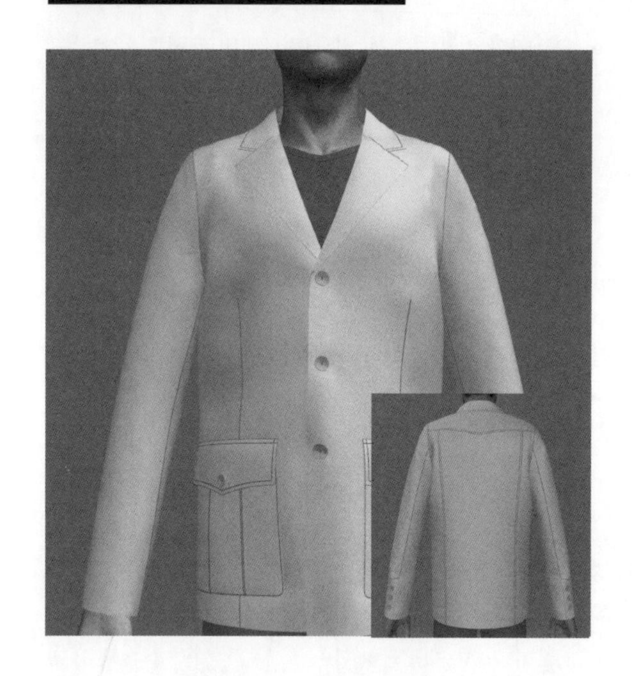

设计风格要点

一种不太正式的西装。这种样式在前衣身有平驳领和贴袋，后身有育克和公主片。

修身型款式

见平面图 11.3。

1. 平驳领和驳头
2. 三粒扣六片式
3. 垂直省道
4. 褶裥贴袋
5. 袖开衩处缉明线的两片袖
6. 尖形育克

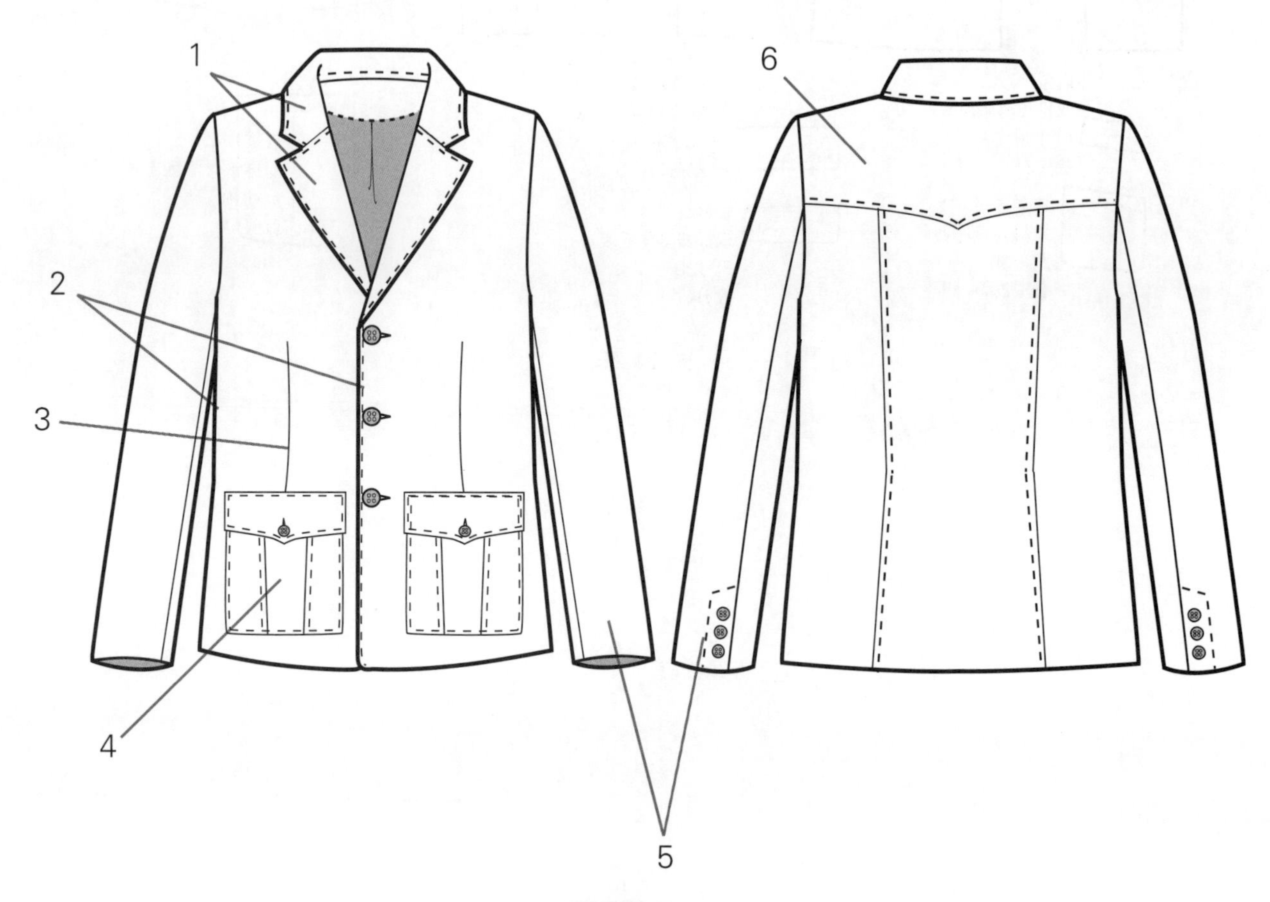

平面图 11.3

画前后衣片（图11.27）

- 拓印四片式修身型西装基本型（图 11.1,P317）。
- 决定设计的长度。
- 重新画后领弧线。
- 标记前领宽，然后重新画前肩线。其量根据西装有多少纽扣决定。对于 3 粒扣西装，量出 1cm 和向上量 0.6cm。参照第四章“驳头领基础”，图 4.37 ~ 图 4.41 （P98~101）。
- 标记前延伸量。
- 重画后中线，然后画后背育克线。
- 在前后衣片上，重画底边线和侧缝线。
- 前后片上画省线。
- 前衣片上标记口袋位置。

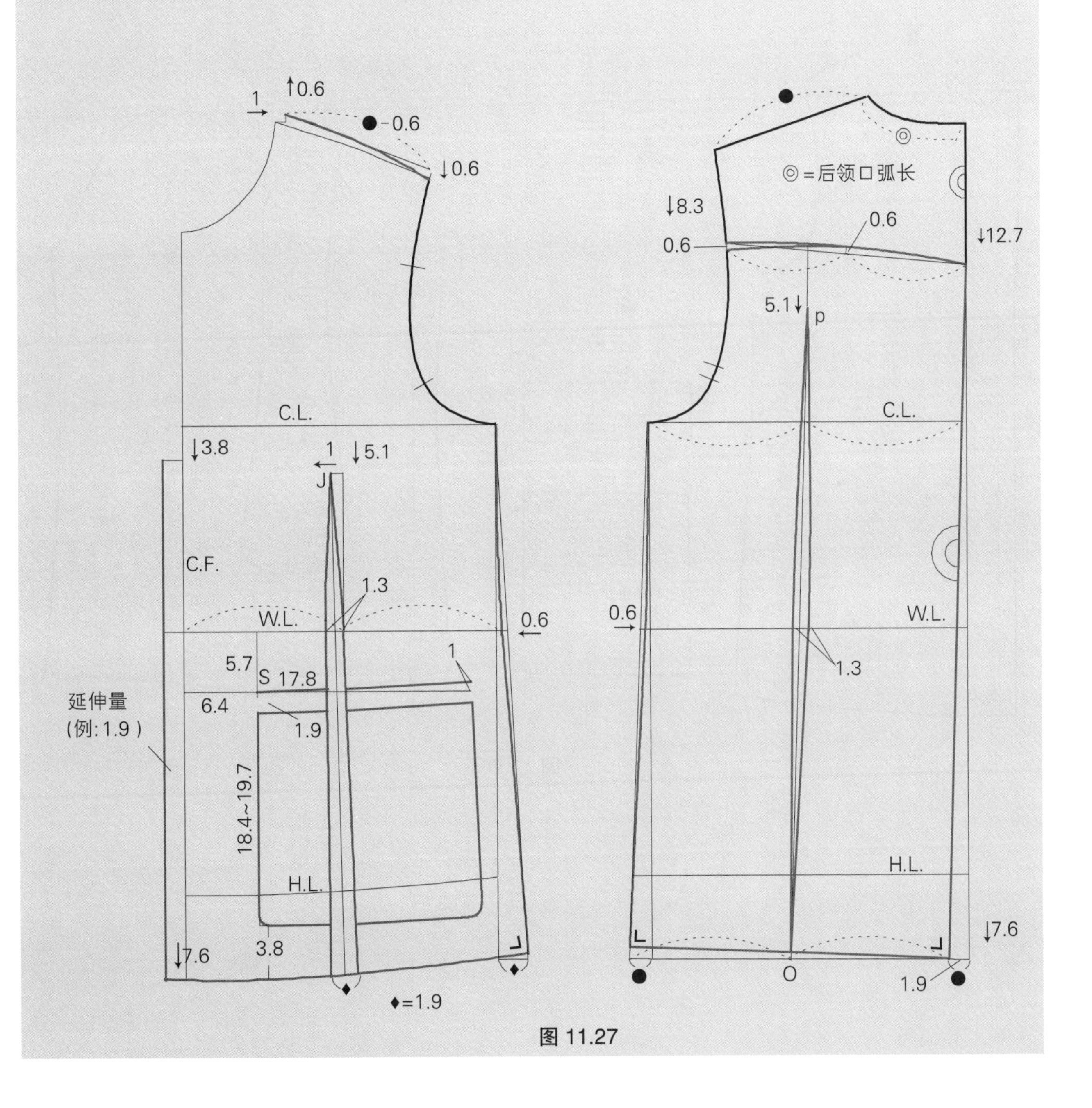

图 11.27

衣领、袖和口袋（图11.28）

- 设计平驳领，参照第四章“平驳领”，图4.46~图4.49（P105~106）。
- 在前衣身标记纽扣和扣眼位置。
- 拓印口袋和袋盖到另一纸上，然后设计褶裥。
- 拓印修身型夹克袖子原型（图11.4, P319），关于袖子画法，参照第五章“正装两片袖”（图5.18 ~ 图5.22, P128~130）。

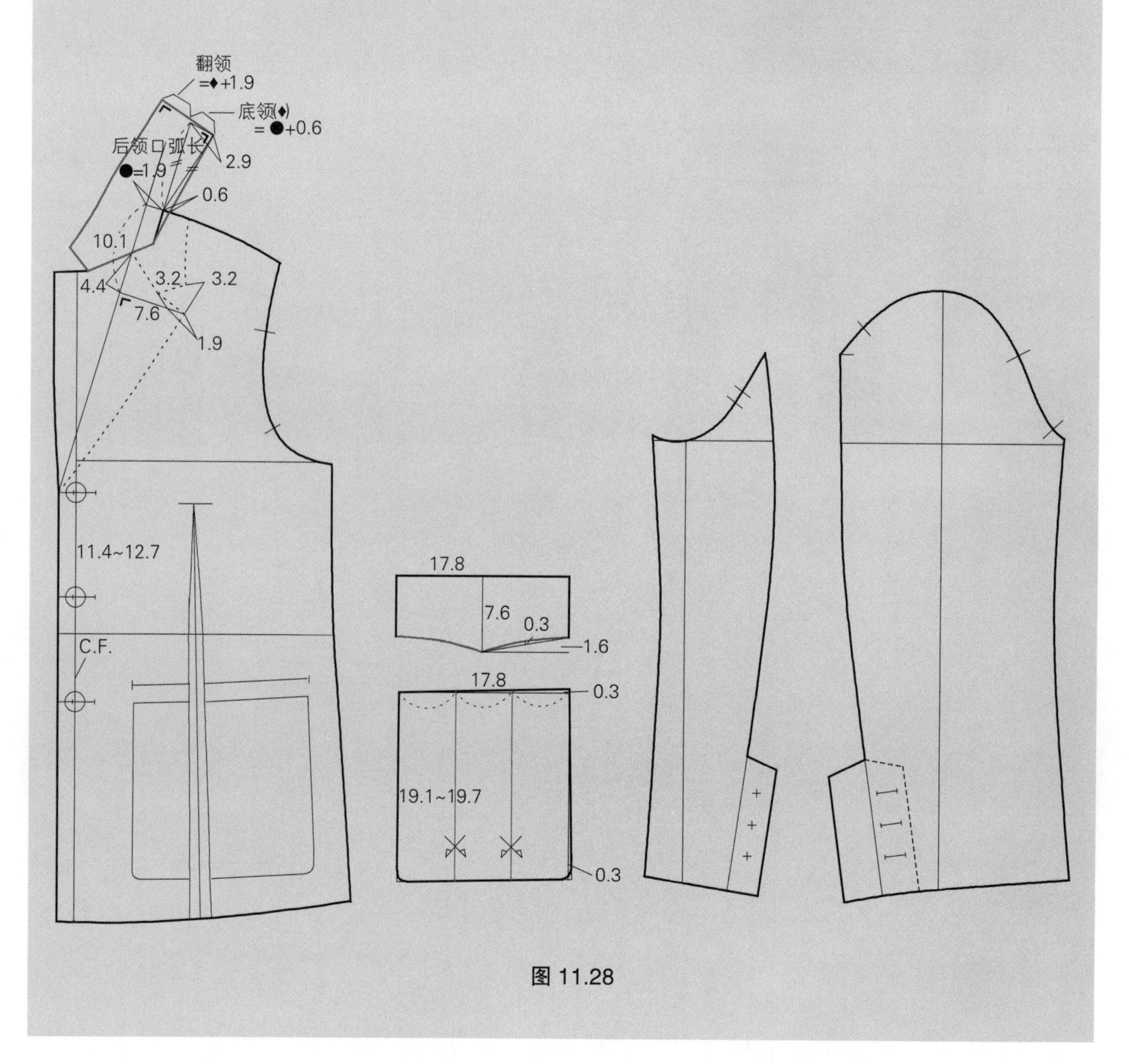

图 11.28

完成样板（图11.29）

- 前挂面应用。参照第七章“缝合式挂面”（图 7.5 和图 7.6, P178~179）。
- 标记纸样。
- 标记丝缕线。根据设计意图和面料，丝缕线方向可以变化。

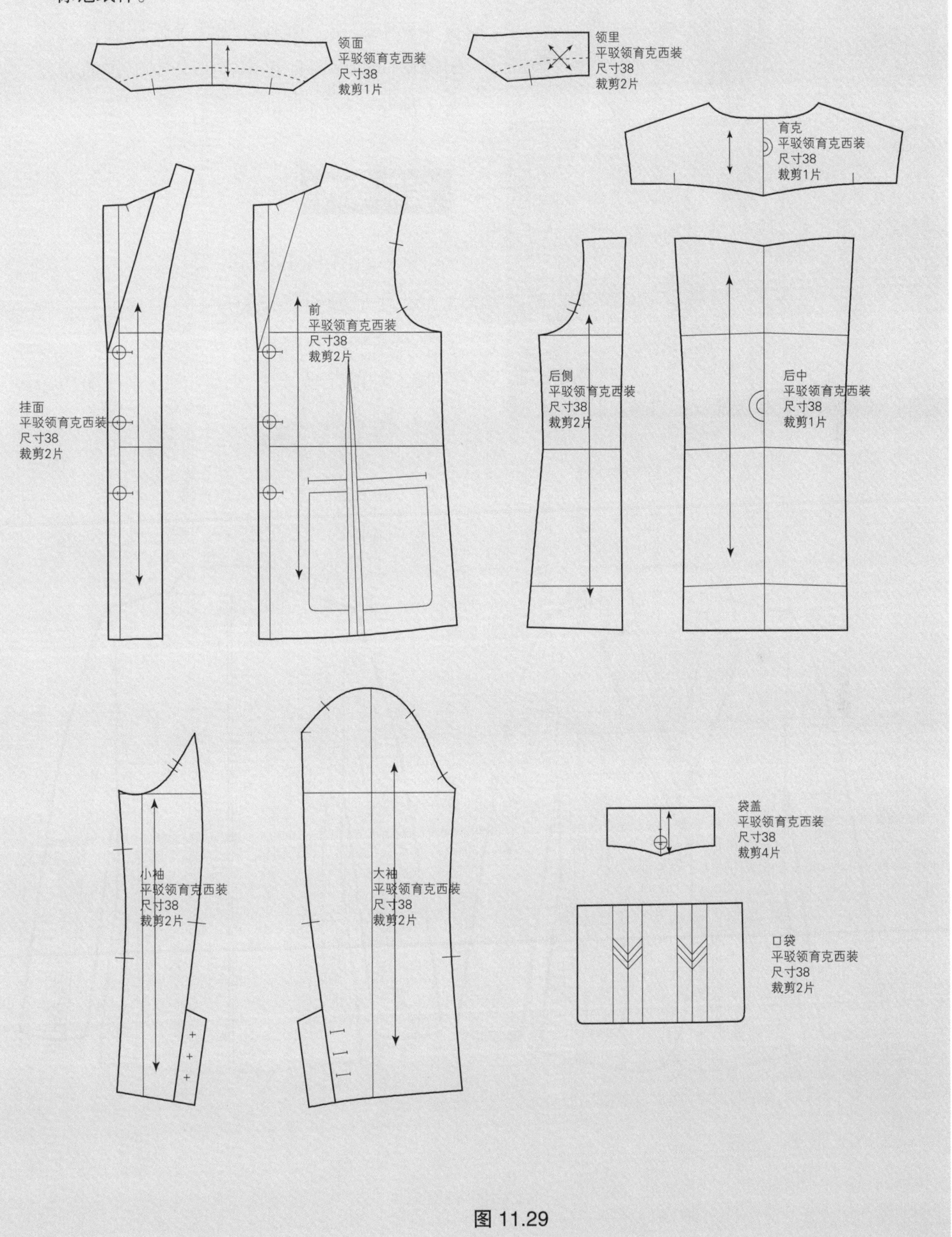

图 11.29

两粒扣西装

设计风格要点

两粒扣西装是单排扣、六片式西装，前衣片三个贴袋。所有这些细节使服装具有休闲风格，世界各地很多在办公室工作的商务人员都穿这样的西装。

经典款式

见平面图 11.4。

1. 平驳领和驳头
2. 六片式、两粒扣
3. 垂直省道
4. 贴袋
5. 手帕贴袋
6. 两片袖
7. 侧开衩

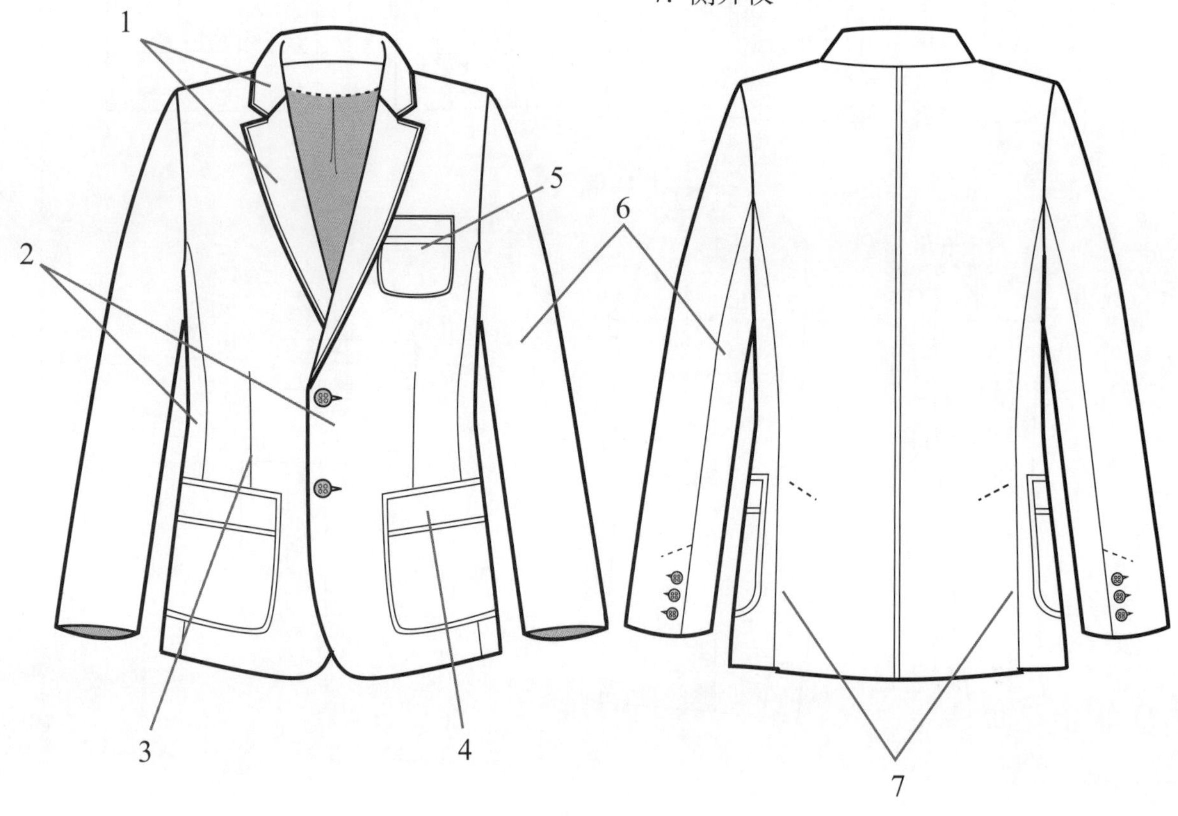

平面图 11.4

画前、侧和后衣片（图11.30）

- 拓印六片式经典西装基本型（图 11.12，P325）。
- 决定设计的长度。对于前片纸样，因为不需要有嵌条的设计（这款是贴袋），将嵌条的量放到了底边。重画前衣身侧缝线。
- 标记前领宽，然后重新画前肩线。这个量根据西装有多少纽扣而定。对于 3 粒扣西装，向外量 1cm 和向上量 0.6cm。参照第四章“驳领前领宽和后领宽的关系”，图 4.37 ~ 图 4.41（P98~101）。
- 标记前片延伸量。
- 画平驳领设计，参照第四章“平驳领”，图 4.46~ 图 4.49（P105~106）。
- 在每一纸样（后和侧）上画直线，完成侧后开衩。
- 在前衣片上标记纽扣和扣眼。

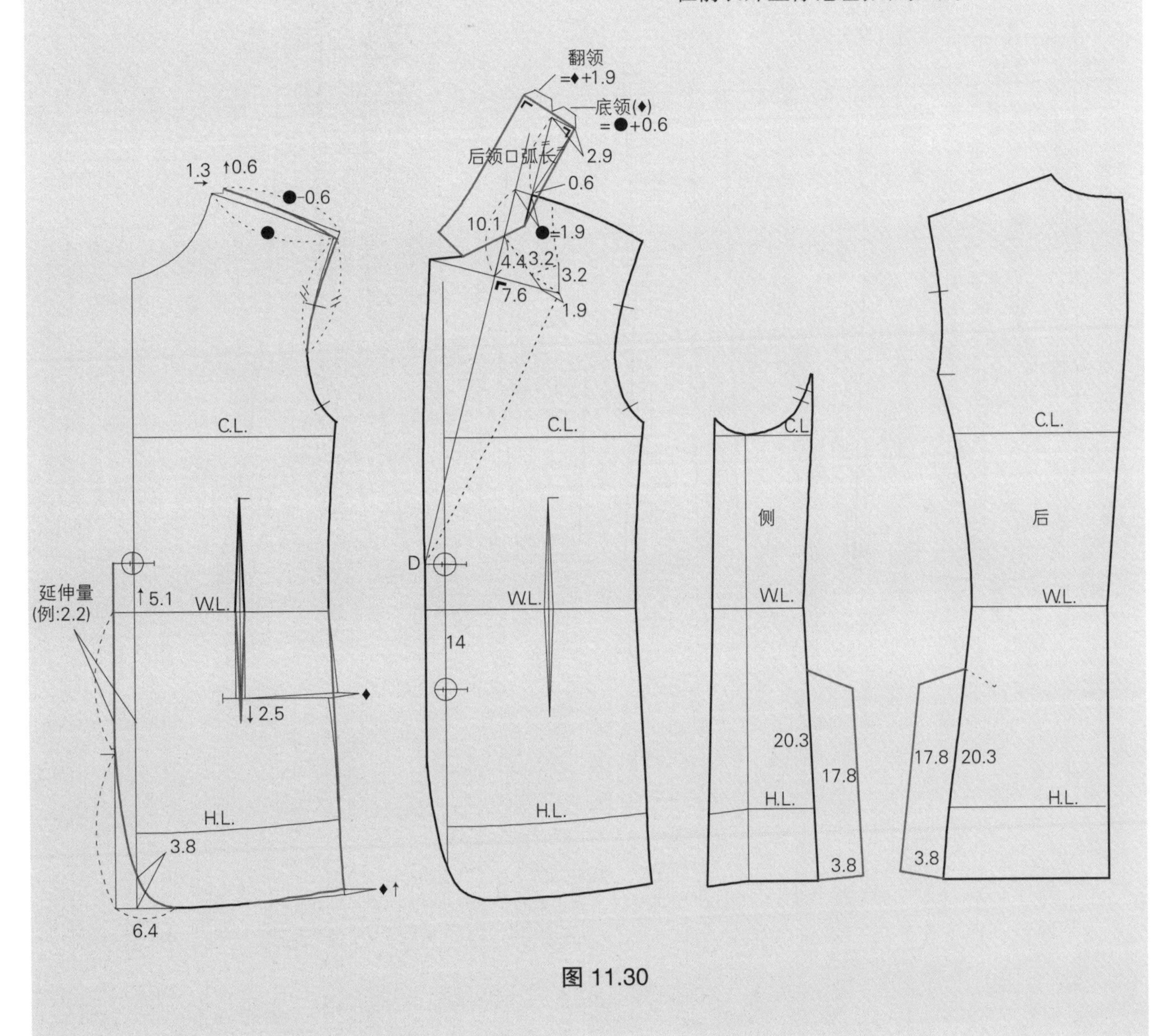

图 11.30

口袋和两片袖（图11.31）

- 从衣身将领面分离出来。
- 在胸围线上方标记贴袋的位置。
- 在腰围线下方标记贴袋位置，它既在前衣片，又在侧衣片上。
- 拓印口袋到另一纸上。
- 为了画袖片，拓印经典型西装原型袖（图11.12, P325），参照第五章“正装两片袖”，图 5.18~ 图 5.22（P 128~130）。

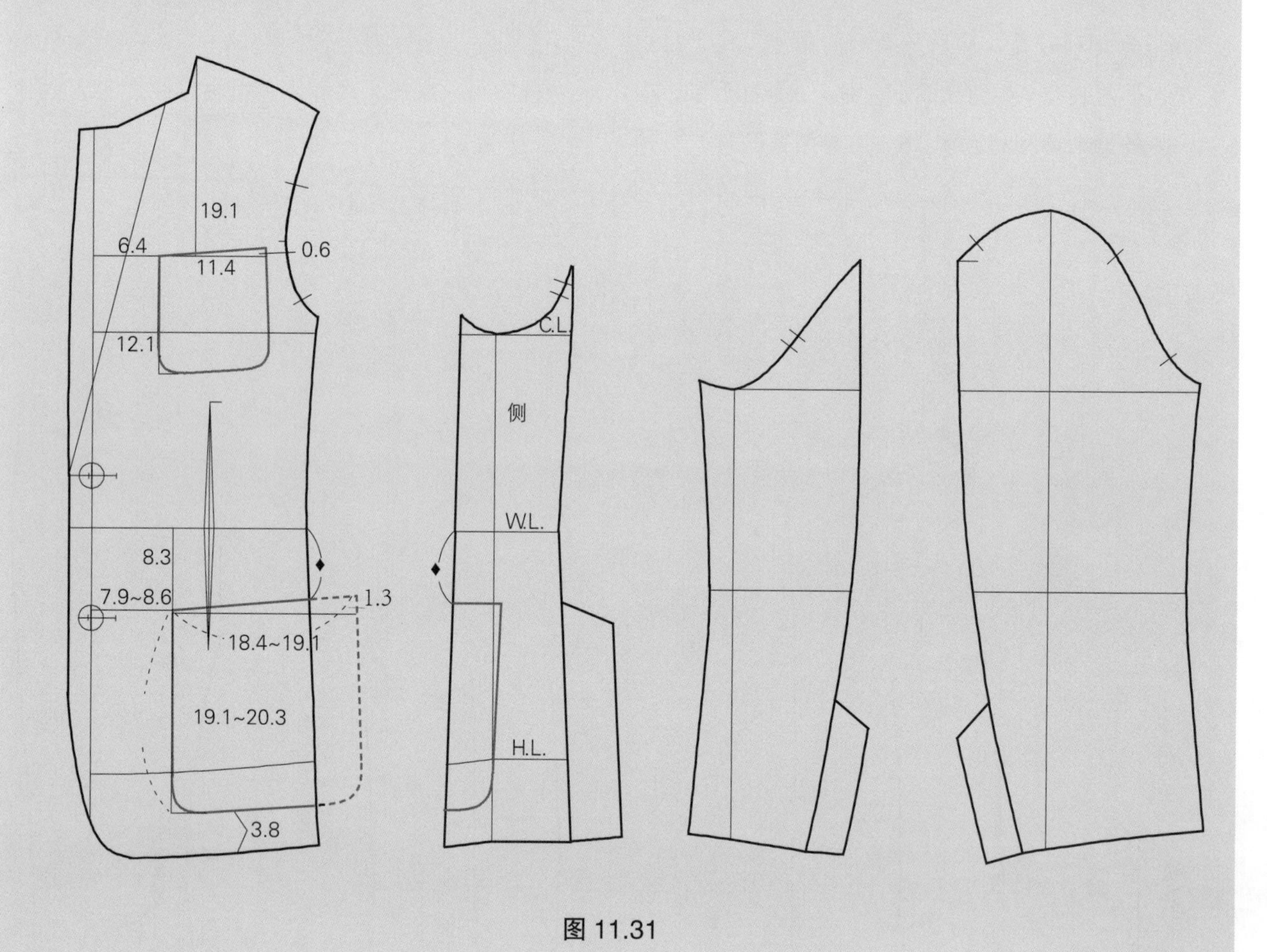

图 11.31

完成样板（图11.32）

- 前挂面应用。参照第七章“缝合式挂面”（图7.5 和图 7.6, P178~179）。
- 标记纸样。
- 标记丝缕线。根据设计意图和面料，改变丝缕线的方向，尤其是育克的丝缕线。

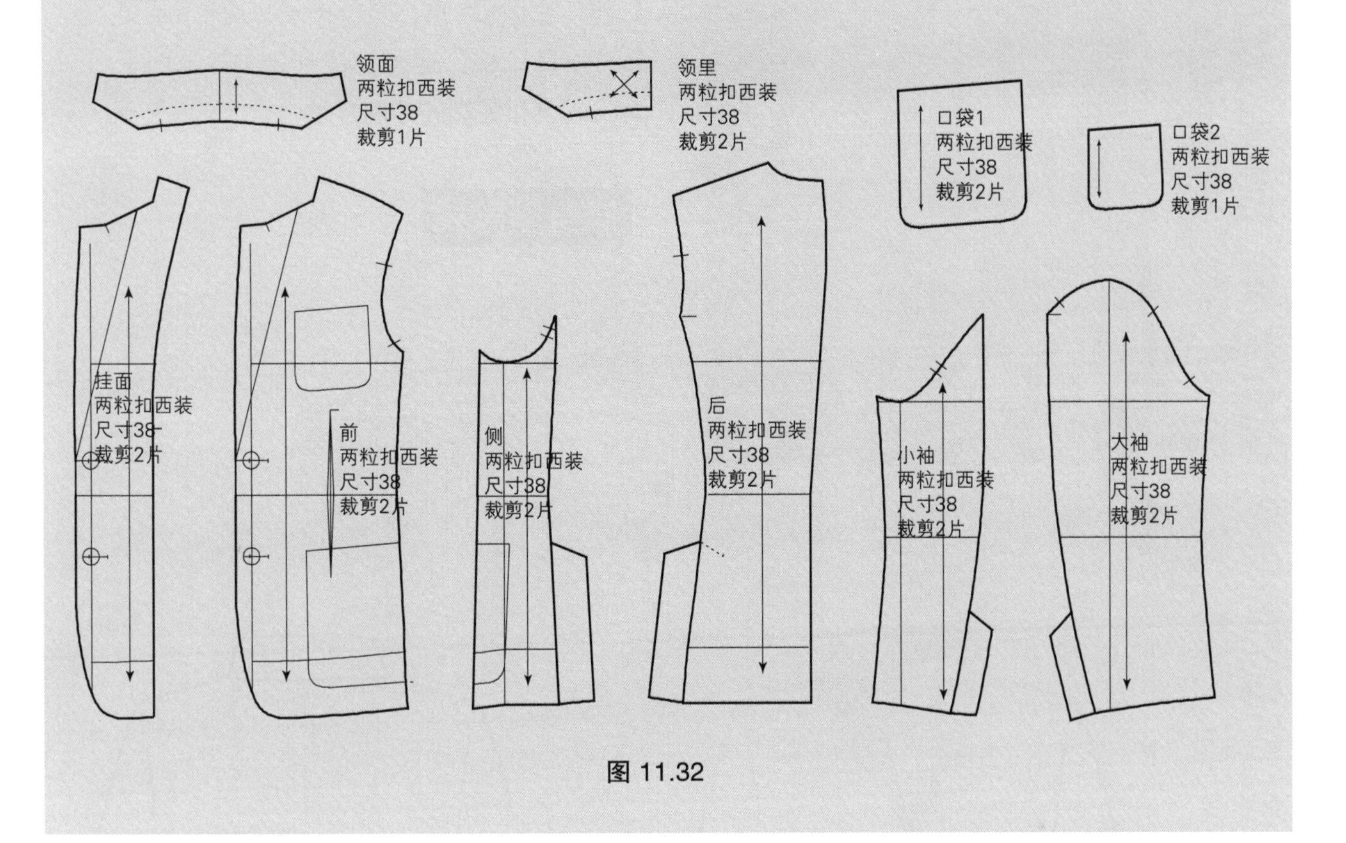

图 11.32

中式领西装

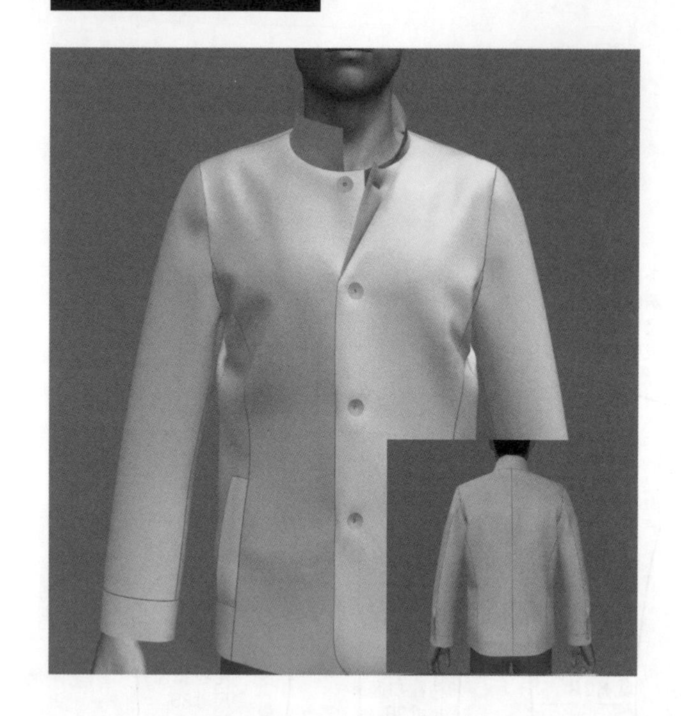

设计风格要点

诚如其名，这种西装包括中式领——一种受亚洲影响的立领——使这种西装更具有军队风格。这种设计有公主片、两个缝线嵌袋和装克夫的两片袖。

修身型款式

见平面图 11.5。

1. 立（中式）领
2. 公主线衣片，四粒扣
3. 缝线嵌袋
4. 装克夫两片袖

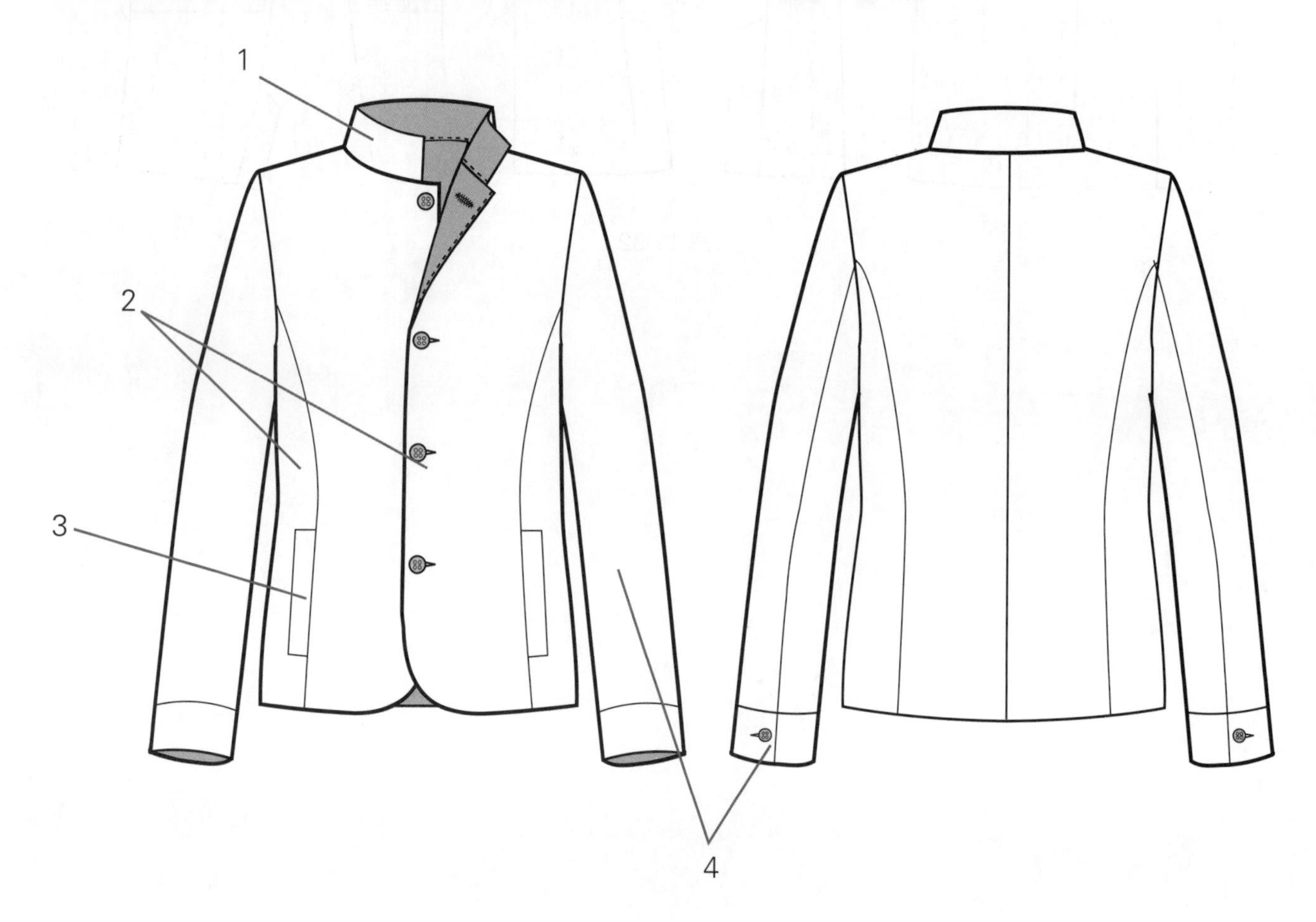

平面图 11.5

画前后衣片（图11.33）

- 拓印四片式修身型西装基本型（图 11.1,P317）。
- 决定设计长度。
- 标记前衣片叠门量。

注释：根据纽扣的尺寸决定前中线叠门量。

- 重新画底边形状和前后衣片的侧缝线。

注释：前衣片底边的形状是可变化的。

- 在后中线量进 1.9cm（如图所示）和在后衣片侧缝量出 1cm，延伸的量是后中线量进量的一半。
- 从袖窿线上开始画公主线，如图 11.33 所示，参照第七章“公主线”（图 7.36~ 图 7.38,P197~198）。
- 在前衣身标记口袋位置。口袋尺寸和位置也是可变化的，根据所希望的美观程度而定。

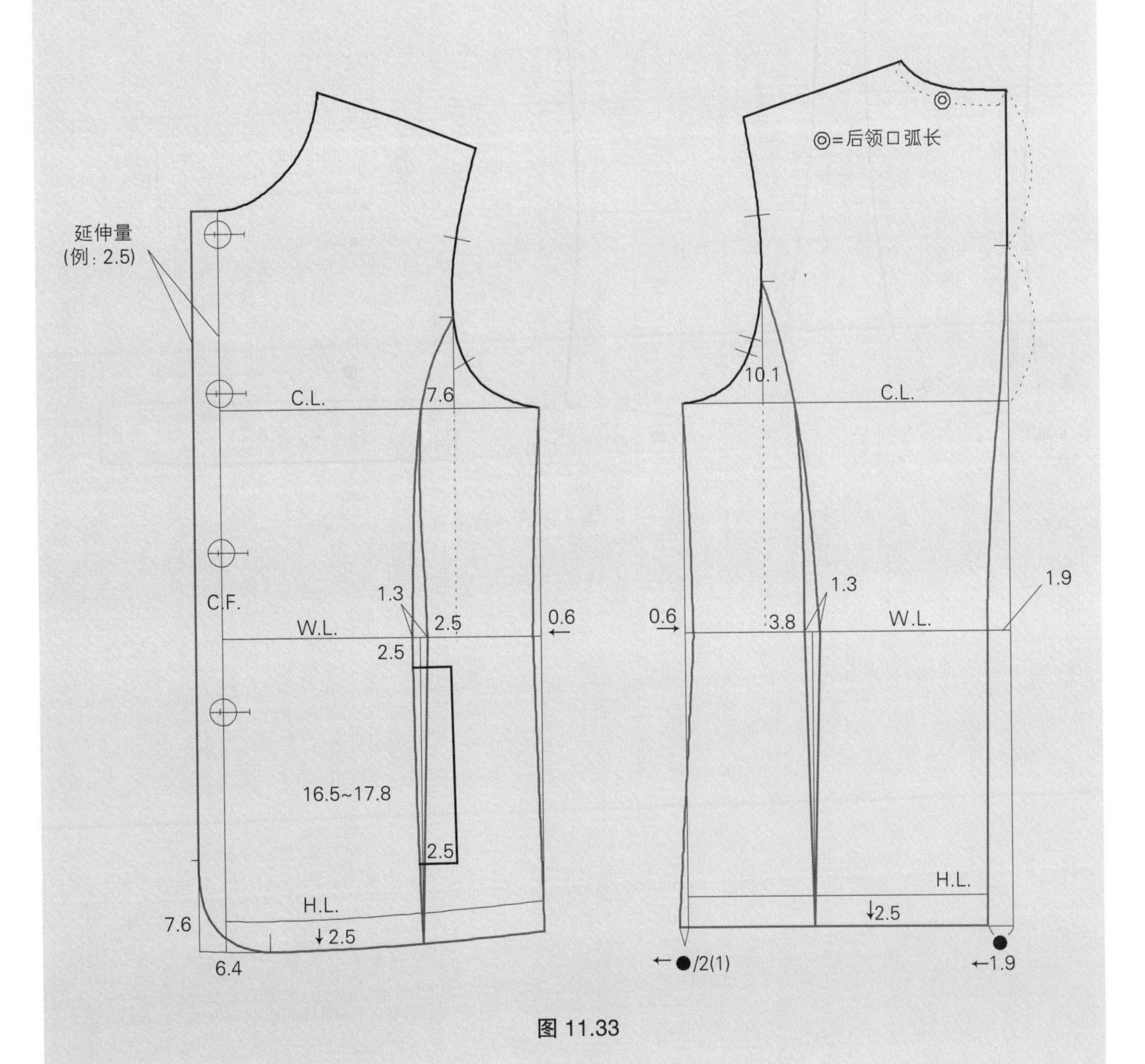

图 11.33

袖和领（图11.34）

- 画立领，参照第四章“没有叠门量的立领”，图 4.30 和图 4.31（P 94~95）。
- 拓印修身型夹克袖原型（图 11.4, P319）。
- 关于两片袖画法，按照第五章“正装两片袖”的方法，图 5.18 ~5.22（P128~130）。

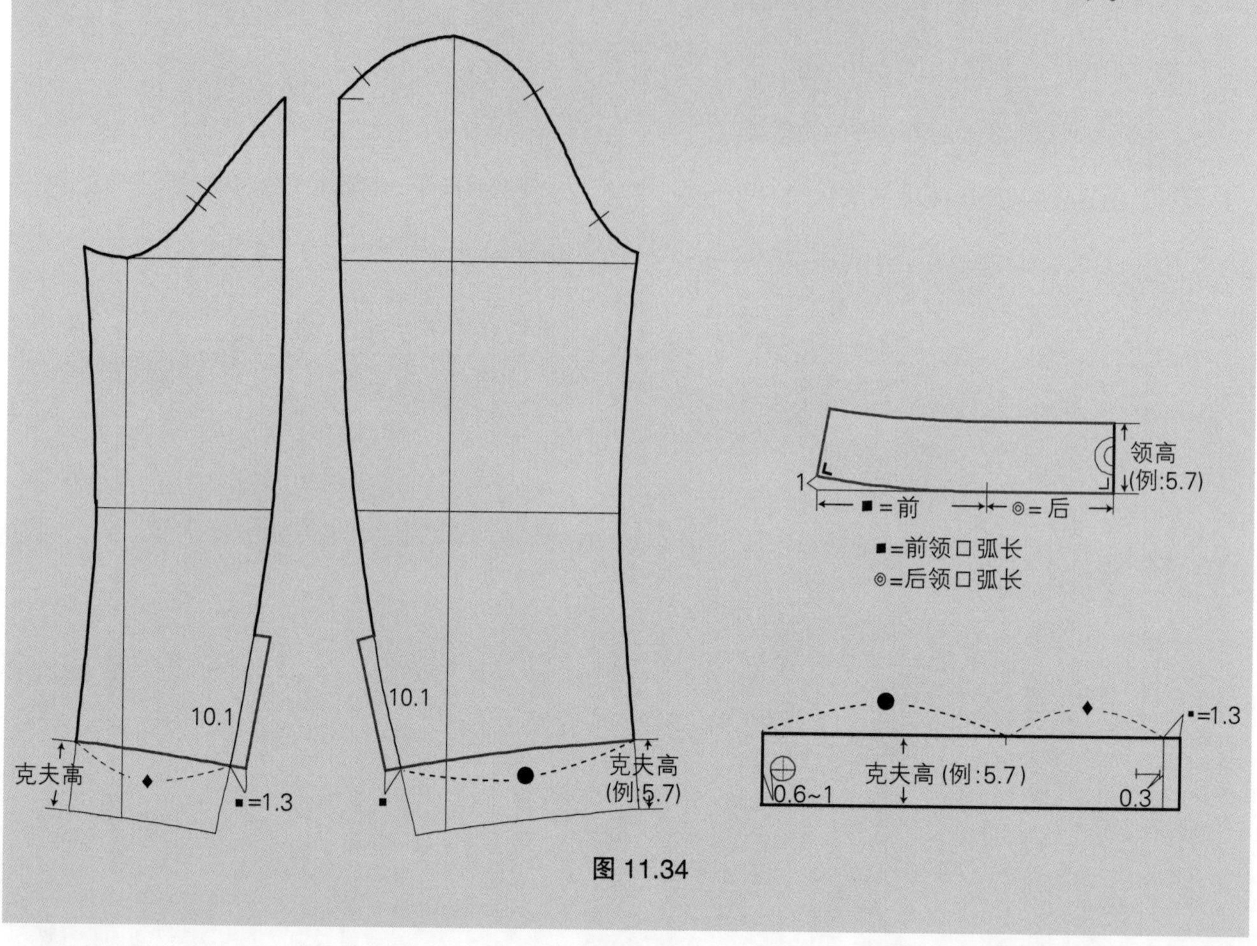

图 11.34

完成样板（图11.35）

- 前挂面应用。参照第七章，“缝合式挂面”（图7.7, P179）。
- 标记纸样。
- 标记丝缕线。根据设计意图和面料，可以改变丝缕线方向，尤其是克夫的丝缕线。

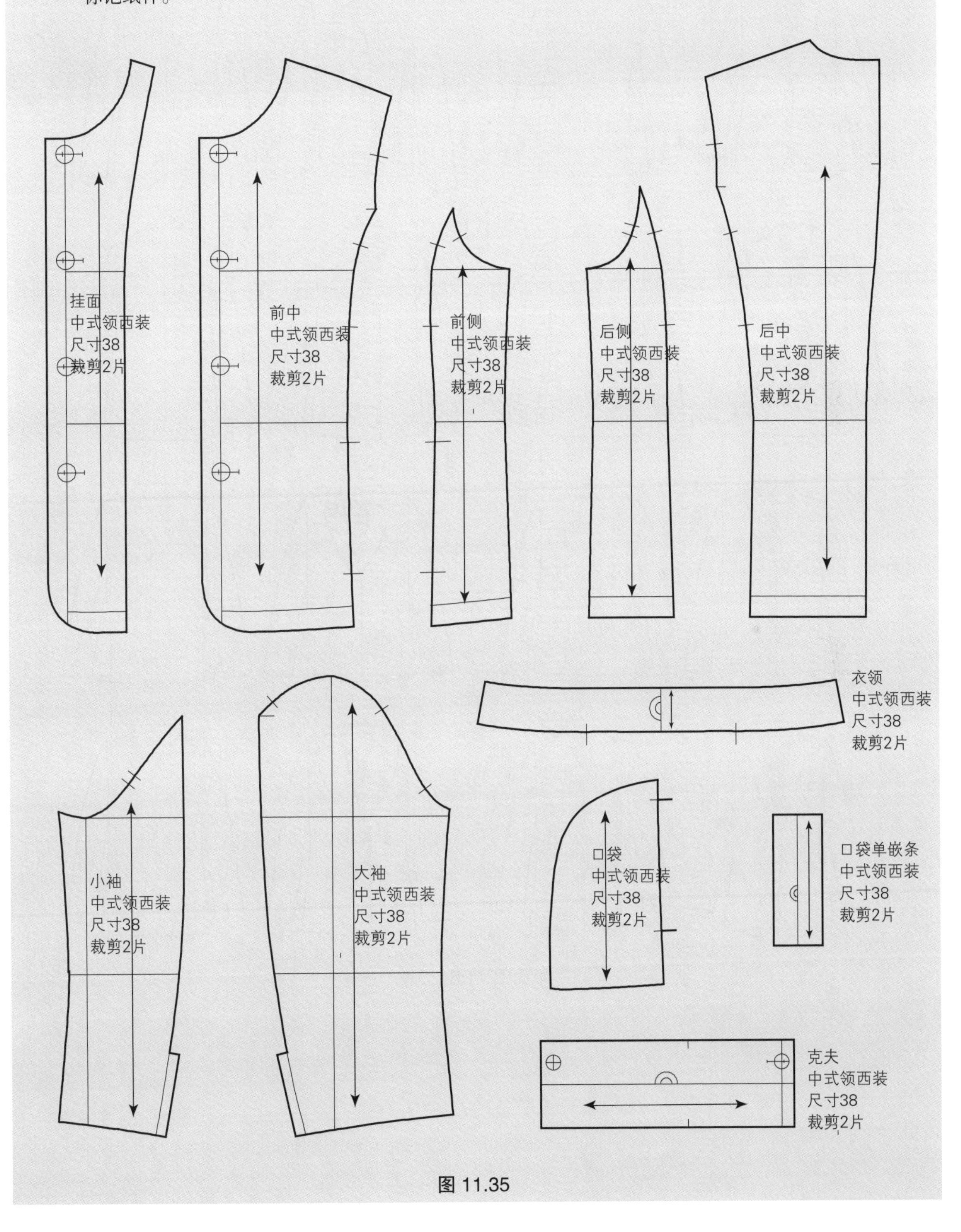

图 11.35

西装设计变化

见平面图 11.6。

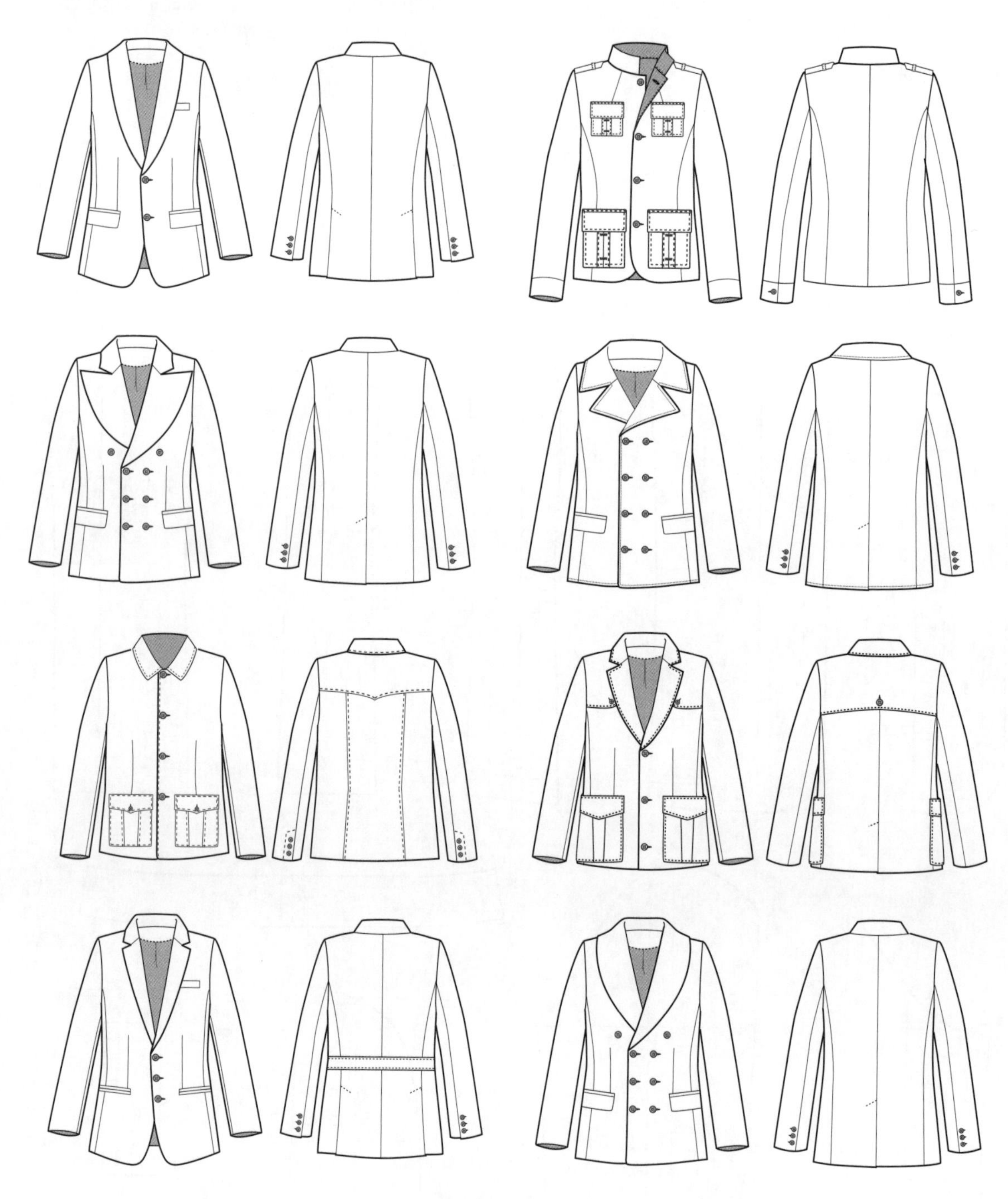

平面图 11.6

第十二章

大衣

大衣是一种外衣，衣长通常在臀部或臀围线以下。除了具有典型的保护功能外，大衣因长度及面料不同还有很多其他功能。此外，由于在时尚中经久不衰（自从古代以来不断变化），大衣有各种款式和造型。

不同大衣的设计变化可以通过修改某些细节来实现，例如基本廓型、底边长度、设计元素等。

大衣的基础纸样主要由西装外套的基础纸样发展而来，然后进行各种设计变化，如增加额外的细节（例如不同的衣领和袖子），或使用不同的面料，使大衣的色彩和质地更加丰富多彩。

修身型
切斯特菲尔德大衣

经典合身型
狩猎大衣

中式大衣

军队风格大衣

大衣基本型

因为大衣能够穿着在西装外套和衬衫外面，所以大衣纸样比其他任何类型服装包含的松量都多。大衣基本型基于梭织面料躯干原型。就像西装外套的基本型那样，肩部垫肩的厚度为0.6cm。因此，样板师想设计没有垫肩或不同厚度的垫肩，应该要考虑这个因素。与西装外套基本型相比，大衣前后领的宽度有差别，这是因为大衣的翻折止点通常在胸围线以下，因此，前领横开领比后领宽些。衣身完成样板如下。

修身型大衣基本型

画后衣片（图12.1）

- 拓印修身型后衣身（衬衫）原型（图2.2～图2.4，P23~25）。
- A = 从臀围线向下延伸 1cm。
- B = 从 H.P.S. 水平量出 0.6cm。
- B′= 从后中线向下量 0.6cm。
- B－B′ = 画光滑弧线。
- C = 从 L.P.S. 水平量出 1.3cm。
- B－C = 画直线。
- D = B－C 的中点。
- E = 从 B 垂直向上量 0.3cm。
- D－E = 画微弧线。
- F = 从原型胸围线侧点向下 1.9cm 和量出 2.5cm。
- C－F = 画与原型类似的袖窿弧线，完成后袖窿弧线。
- G = 从原型底边侧点向下量 1cm。
- A－G 和 G－F = 画直线。

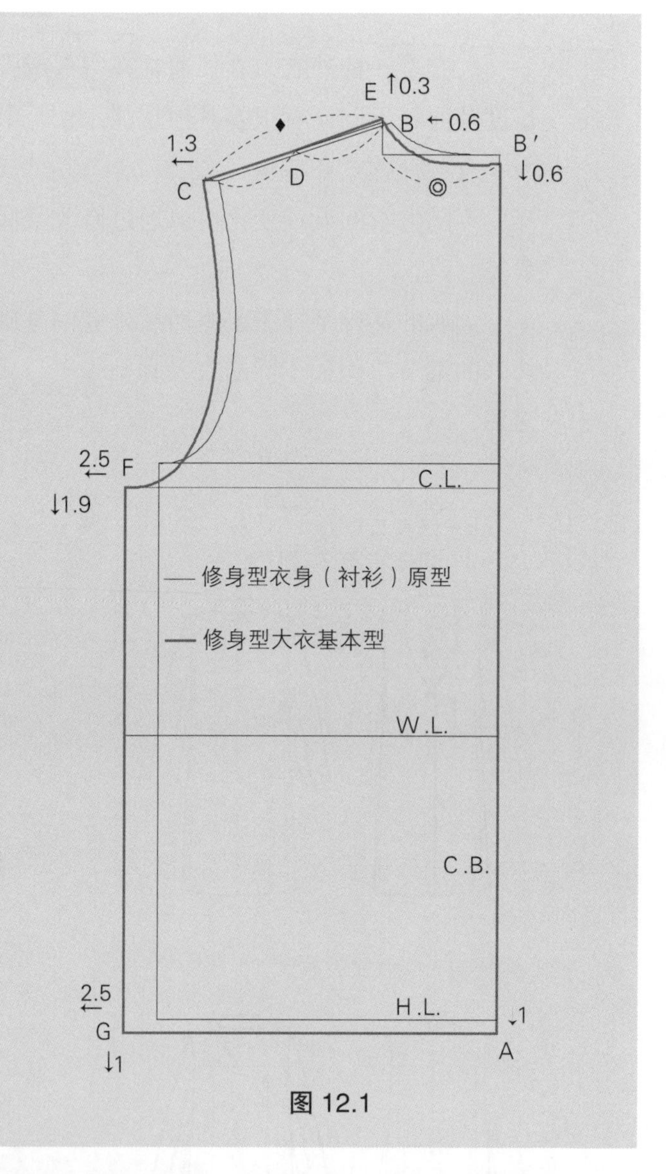

图 12.1

画前片（图12.2）

- 拓印修身型前衣身（衬衫）原型（图 2.2 ~ 图 2.4，P23~ 25）。
- H = 向下延伸底边线 1cm。
- I = 从前 H.P.S. 点水平量出后领宽（◎）＋ 1.3cm。
- I′ = 从前领窝点向下量 0.6cm。
- I – I′ = 画光滑的领口弧线。
- I – J = 画肩线的平行线，长度为后肩线(◆) – 0.6cm。
- K = 从原型胸围线侧点向下量 1.9cm，并量出 2.5cm。
- J – K = 画与原型袖窿弧线相似的弧线，完成前袖窿弧线。
- L = 从原型底边侧点向下量 1cm 和量出 2.5cm。
- H – L = 画线与原型底边线平行。

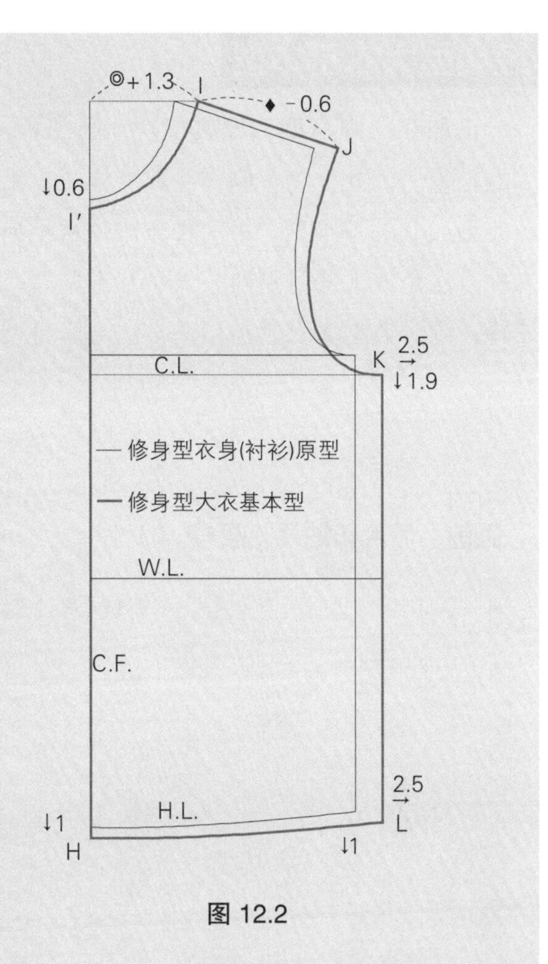

图 12.2

修身型大衣袖原型和两片袖画法（图12.3）

- 关于修身型大衣袖原型画法，按照第十一章“西装外套袖”（图 11.2~ 图 11.4，P318~319）的方法。
- 关于两片袖，按照第五章“正装两片袖”（图 5.18~ 图 5.22，P128~130）的方法。

注释：大衣袖的袖山高、袖山弧线和袖山松量与西装外套袖相似。

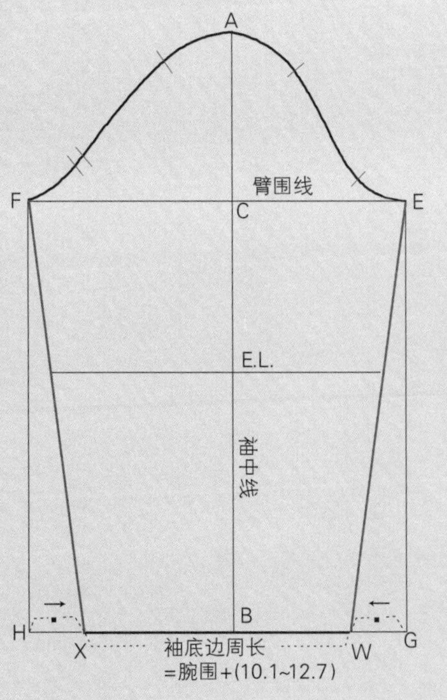

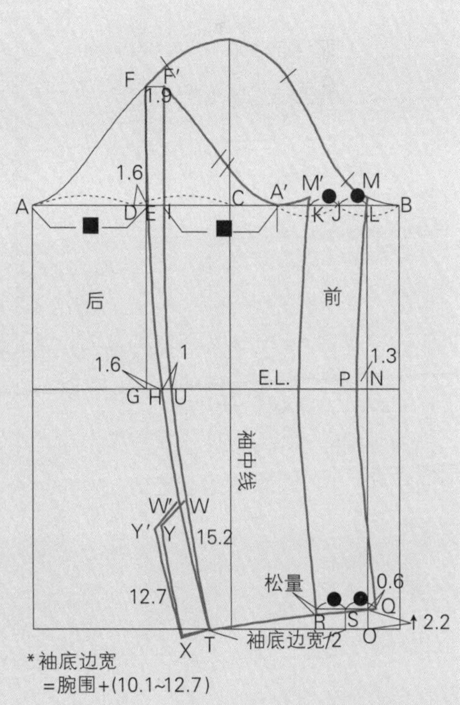

图 12.3

经典型大衣基本型

正如在“修身型和经典型”（第二章，P19~20）中讨论的，经典型原型比修身型需要更多的松量。因此，为了制作经典型样式，纸样上就要加放更多的松量。有两种方法发展四片式经典型大衣的基本型。第一种方法是从经典型上衣身原型画新的四片式经典型大衣基本型。第二种方法是放大修身型西装外套基本型。

注释：画经典型大衣基本型的方法与修身型大衣基本型类似，只是采用经典上衣身原型。

画前、后片和袖片（图12.4）

- 拓印经典型前后身原型（图 2.17~ 图 2.21, P34~37）。
- 按照修身型大衣基本型的方法(图 12.1 ~ 图 12.3, P352~353)。关于袖片原型，不采用两片袖的方法。

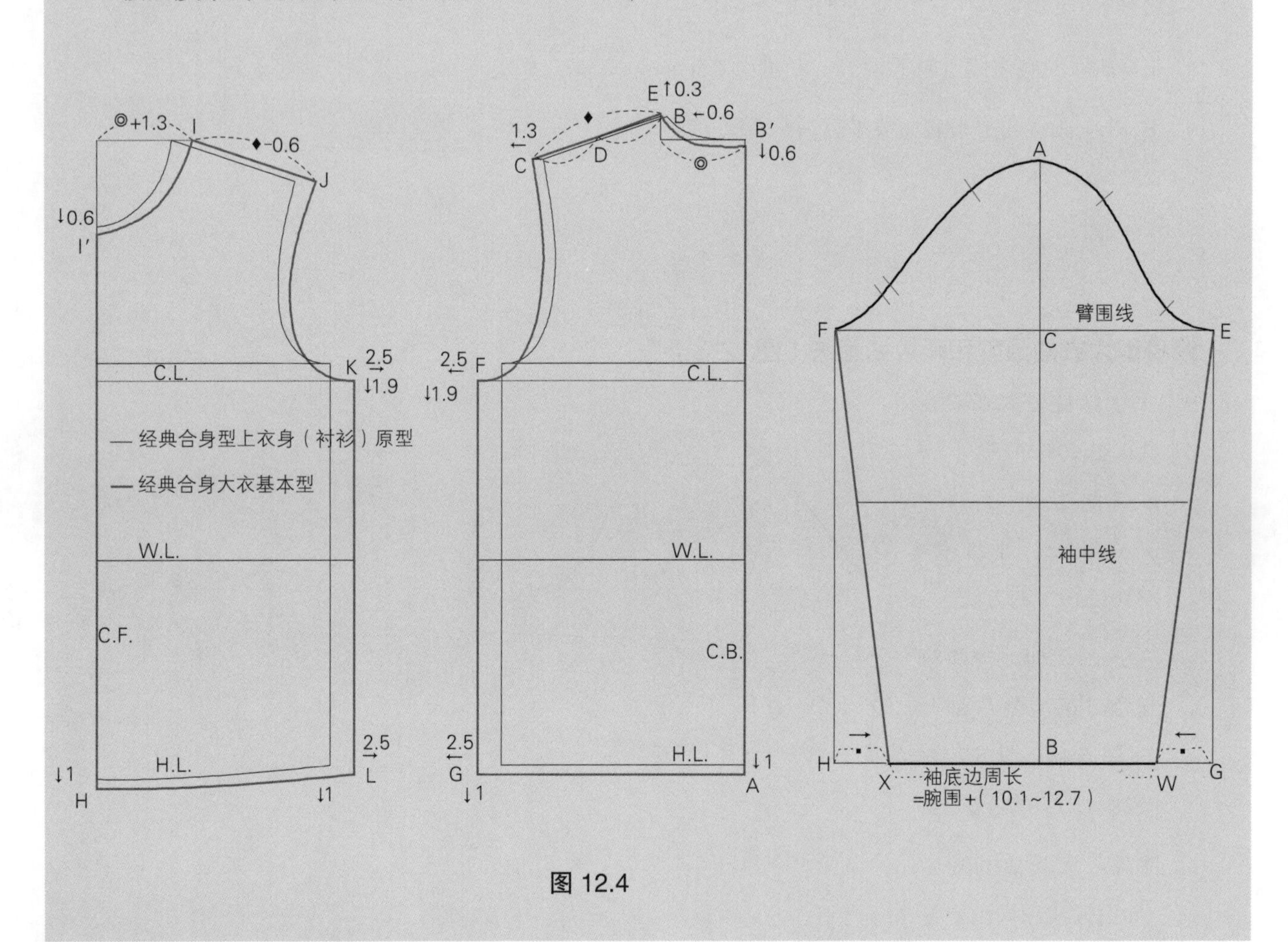

图 12.4

放大修身型大衣基本型

如果修身型大衣基本型已经画好，拓印纸样，放大纸样以满足经典型纸样所需的松量。

画前、后片和袖片（图12.5）

- 按照放大修身型纸样的方法，图 2.17 ~ 图 2.19（P 34~35）。

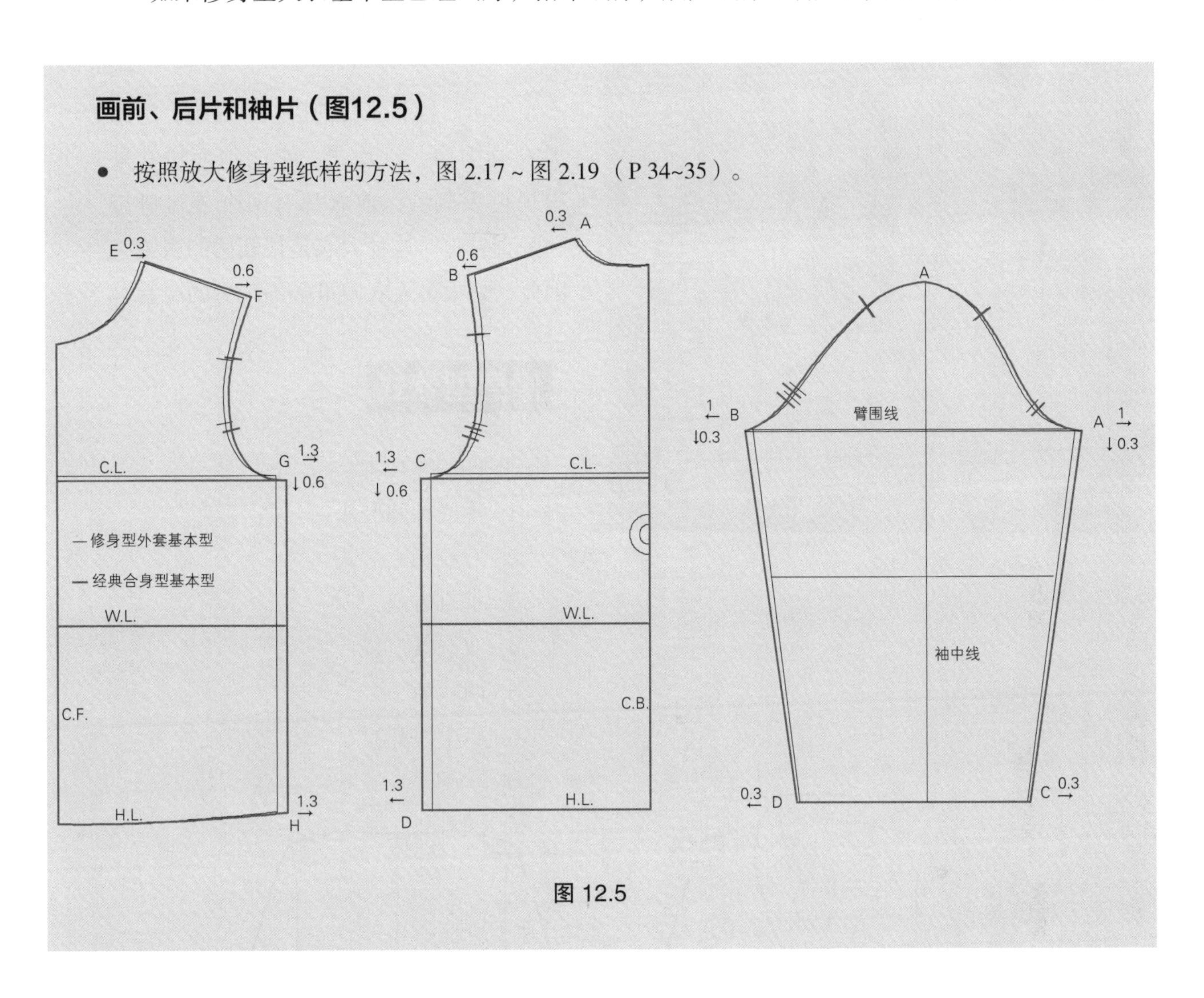

图 12.5

切斯特菲尔德大衣

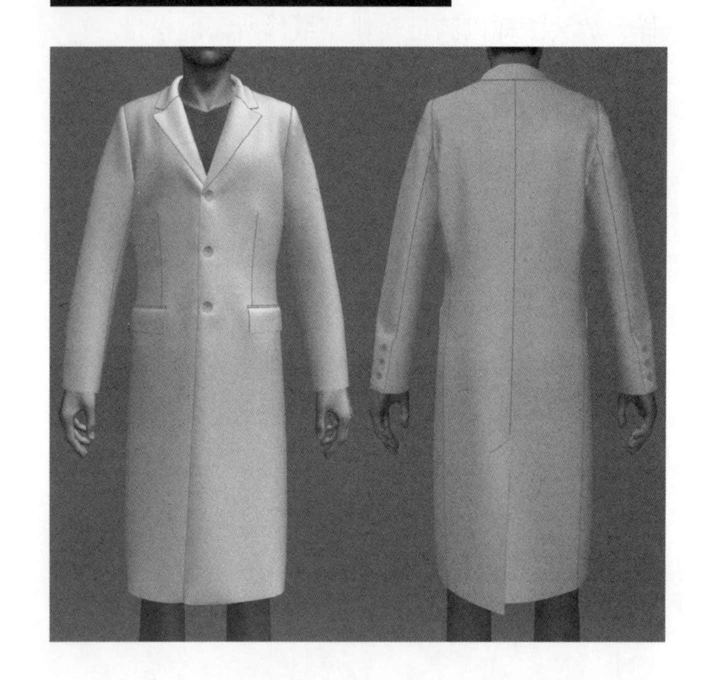

设计风格要点

以切斯特菲尔德伯爵六世命名，这款大衣单排扣、六片式。它的领面通常采用黑色天鹅绒，前衣片有两个袋盖口袋和垂直省道。这种大衣是很实用的服装，因此，是很多人衣橱里必不可少的服装。

修身型款式

见平面图 12.1。

1. 平驳领和驳头
2. 三粒扣六片式
3. 垂直省道
4. 双嵌条口袋
5. 两片袖子
6. 后中线开衩

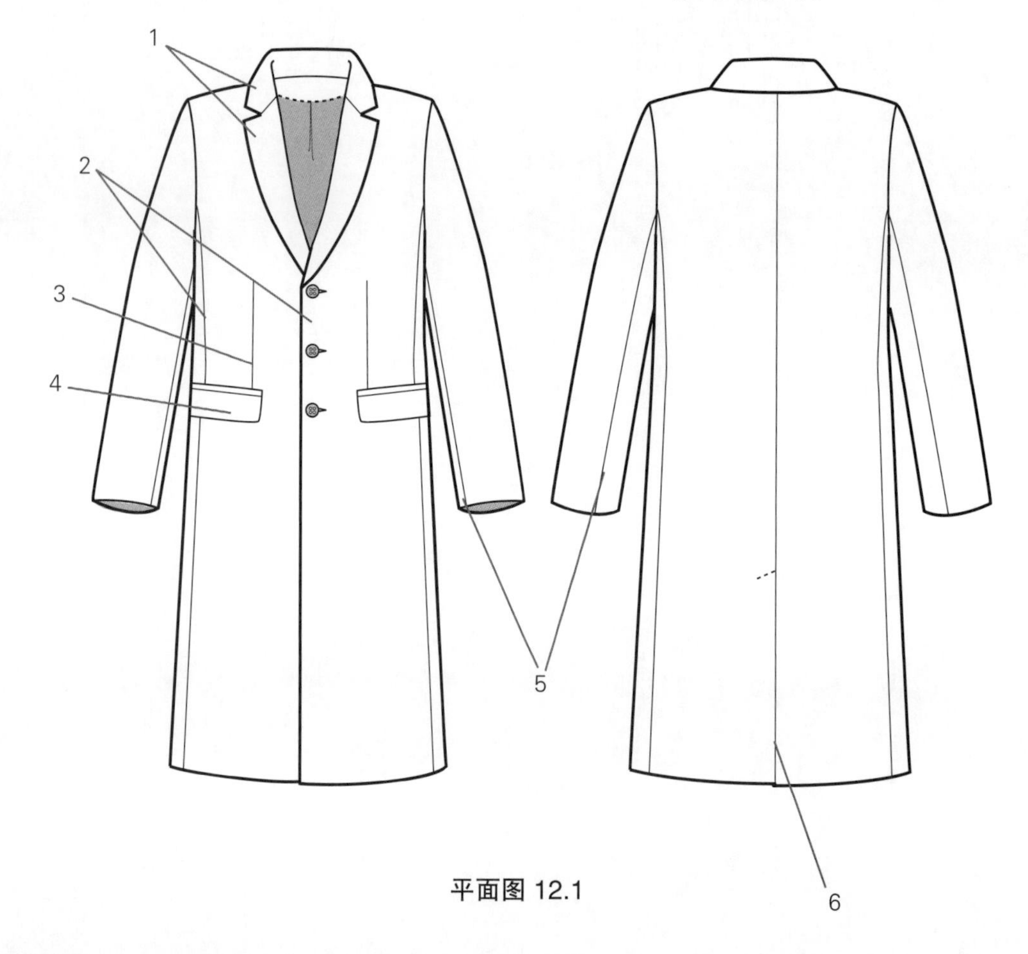

平面图 12.1

画前后衣片（图12.6）

- 拓印修身型大衣基本型前后衣片（图 12.1、图 12.2, P352~353）。
- A－B＝大衣长，从臀围线延 50.8~63.5cm，长度根据设计而变化。
- B－C＝画线与臀围线平行。
- A－D＝袖窿深。
- E＝在后中线与腰围线交点收进 2.5cm。
- F＝从后中线与臀围线交点收进 3.2cm。
- E－F－G＝画直线，从 E－F 延长底边线。
- H＝A－D 的中点。
- 完成后中线，经过 A 和 H 画直线，连接 H 和 E，画光滑弧线。
- I、J 和 K＝延长后背宽线至臀围线，I 是与腰围线的交点，J 是与臀围线的交点，K 是与底边线的交点。
- L＝H－D 的中点。
- L－M＝从 L 画线与胸围线平行，到袖窿弧线。
- I－N＝2.5~3.2cm。
- I－O＝向侧缝线方向量 1cm。
- K－P＝向侧缝线方向量 3.8~5.1cm。
- G－P′＝画垂直线。
- K－Q＝在 G－P′线上找到 K－P 宽的一半，向后中线量取。
- 首先连接 M、N、J 和 P′，然后用光滑弧线连接 M、O、J 和 Q，完成后侧缝线。
- 如图所示在后中线上设计开衩。

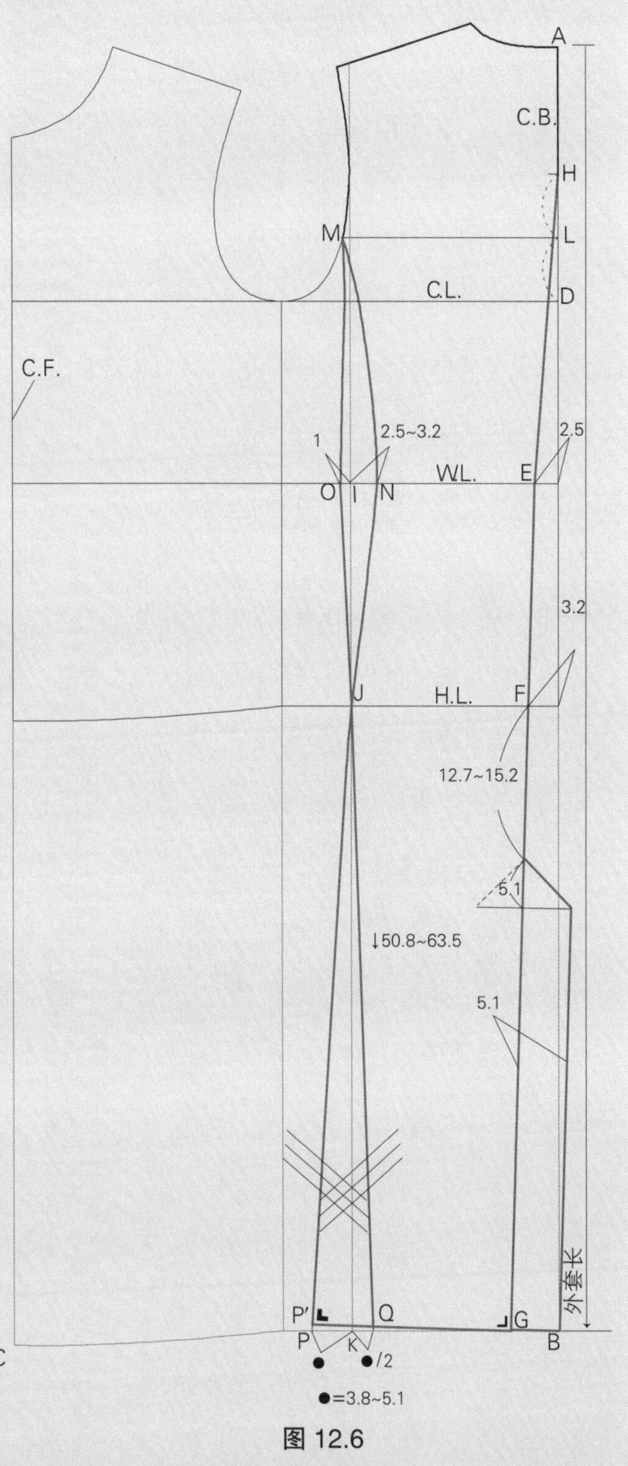

图 12.6

画前衣片（图12.7）

- R = 前胸围线与前胸宽线的交点。
- R－S = 量 2.5~3.2cm。
- T, U 和 V = 从 S 延伸到底边线。T 是在腰围线上交点，U 臀围线上的交点，V 是底边线上的交点。
- W = 前中线与腰围线的交点。
- Y = W－T 的中点。
- Y－A′ = 垂直向上，在胸围线下 5.1cm 终止。
- Y－B′ = 向底边方向，画 8.9cm 垂直线。
- T－C′ = 向下量取 8.3cm。
- B′－C′ = 画直线。
- B′－D′ = 从 B′ 延伸 1.9cm。
- S－E′ = 从 S 向上延长到袖窿弧线。
- F′－T = 收省量 1cm。
- G′－T = 收省量 0.3cm。
- V－H′ = 重叠量 1.9~2.5cm。
- V－I′ = 重叠量 1~1.3cm。
- 画弧线连接 E′、F′、U 和 H′。
- 画弧线连接 E′、G′、U 和 I′。

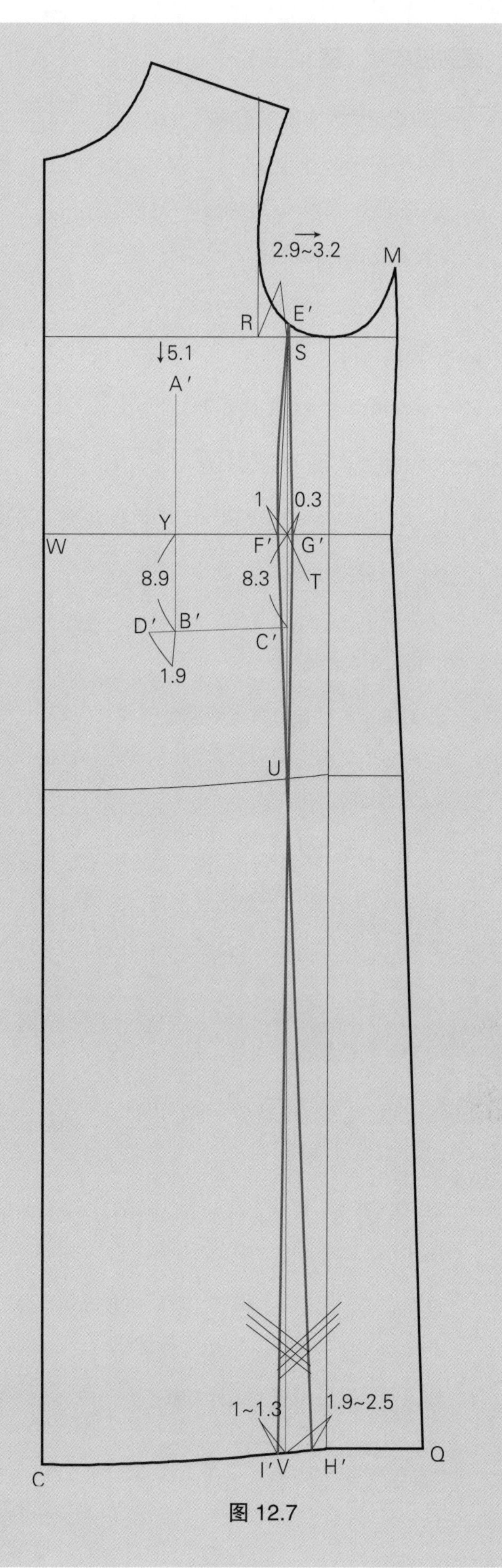

图 12.7

前省和侧衣片（图12.8）

- J′ - Y 和 Y - K′= Y 的两边各量出省道（◆）的一半 =（例 :0.2~0.6cm）。
- L′ - B′= B′ - M′ = B′ 的两边各量出省道（◆）的一半 =（例 : 0.2~0.6cm）。
- 画直线，完成前省道线。
- C′ - N′ = 向上量 0.6cm。
- M′ - N′ = 画直线。
- N′ - O′ = N′ 向外延伸省量（◆）的一半。
- C′ - P′ = C′ 向内量取省量（◆）的一半。
- H′ - H″ = 延伸量和 C′ - N′ 相同（例 : 0.6cm），使长度和后侧长度相等。
- C - H″ = 画光滑弧线。
- 画弧线连接 F′ - O′ 和 P′ - U。
- E′ - E″ 和 M - M″= 向后衣片水平量 1cm。画与原弧线相似的弧线。
- G′ - Q′= F′ - O′ 的长度。
- Q′ - R′= 计算口袋总的宽度，为（14~15.2cm）-（D′ - P′）。

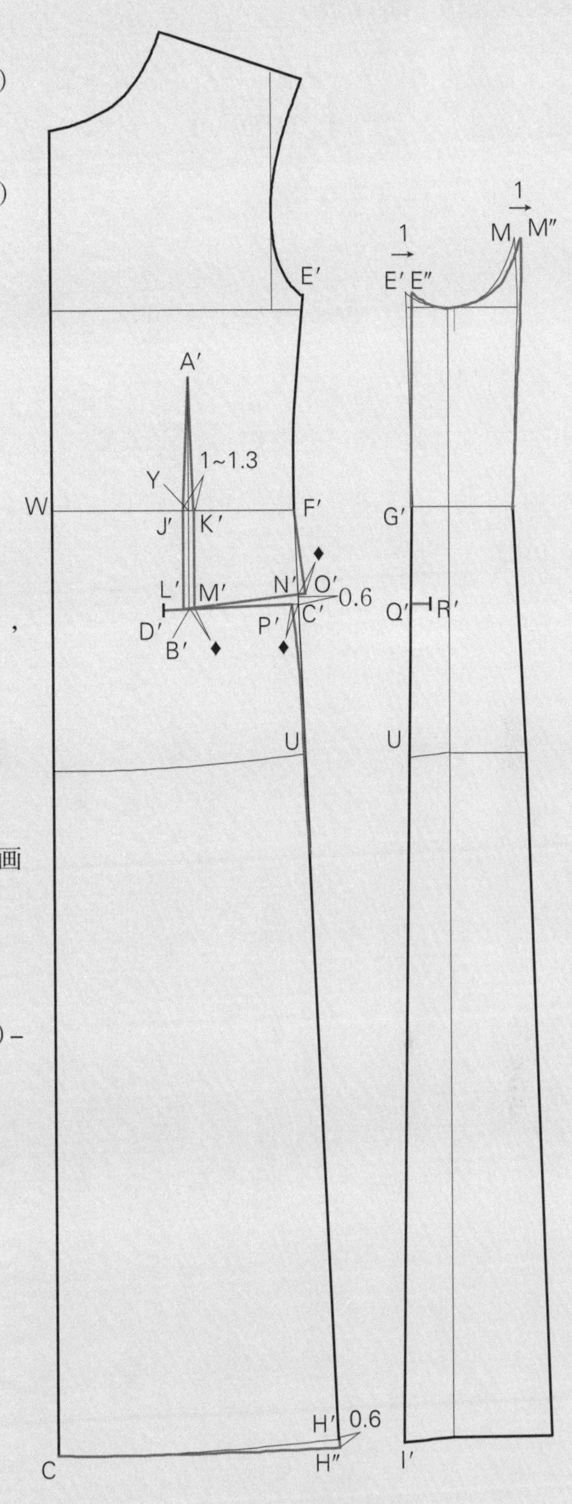

图 12.8

门襟和驳头领（图12.9）

- 关于前驳头的细节，参照第四章“翻驳领基础”，图 4.37 ~ 图 4.41（P99~101）。
- A = 胸围线与前中线的交点。
- B = 从 A 向下量 3.8~5.1cm。
- D = 叠门量（例：2.5cm）。
- D = 翻折止点。
- D－C = 从 D 画线与前中线平行到底边线 C。
- K 到 P = 按照第四章“平驳领”的方法，图 4.46（P105）。

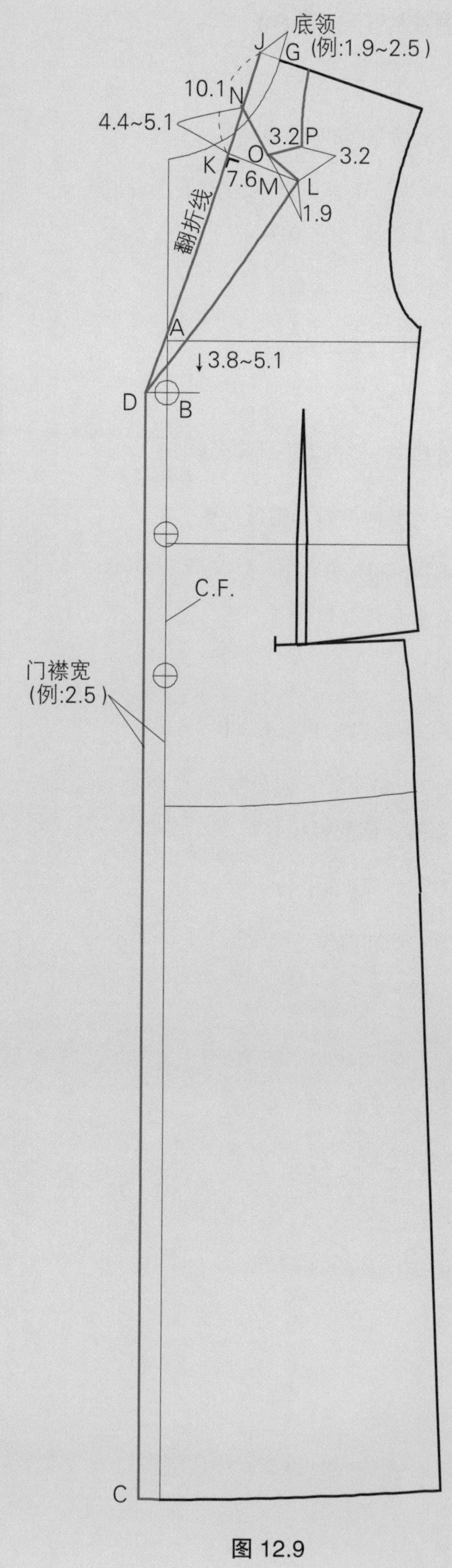

图 12.9

领面（图12.10）

- R 到 U = 按照第四章领面的方法，图 4.47、图 4.48（P105~106）。
- 将衣领从衣身部分分离开来。

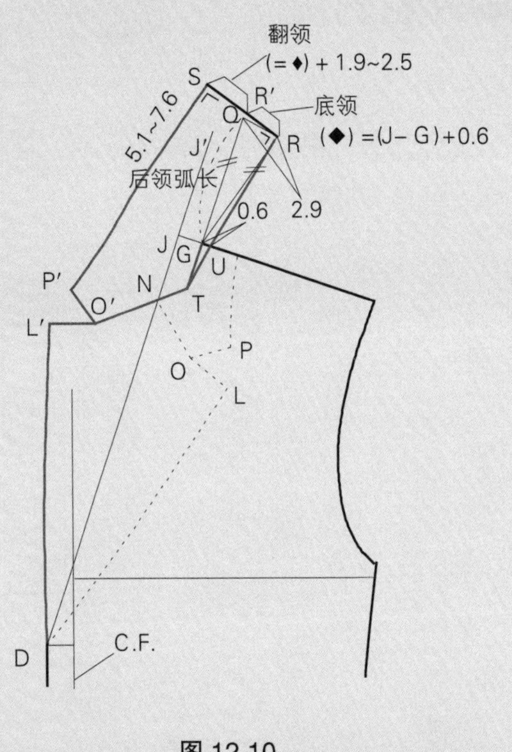

图 12.10

口袋（图12.11）

- N = 嵌袋的定位，从前中线与胸围线交点向上 5.1cm 和量进 5.7cm，口袋尺寸：宽 11.4~12.1cm，深 2.5cm。
- 双嵌条袋盖口袋的定位，如下步骤：
- O = D′ – B′ – N′ 线上方 0.6cm 画平行线。
- P = D′ – B′ – P′ 线下方 0.6cm 画平行线。
- Q = D′ – B′ – P′ 线下方 5.7cm 画平行线。参照第六章“嵌线口袋”（P165 ~168）。
- 标记扣眼位置。

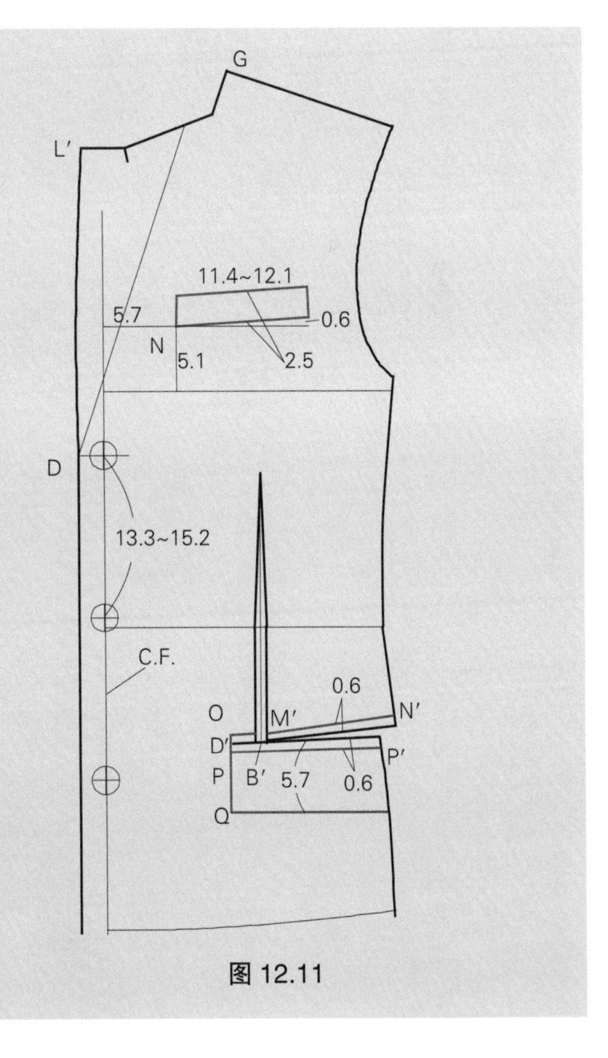

图 12.11

画袖片（图12.12）

- 拓印修身型大衣袖片纸样（图 12.3, P353）。
- 关于两片袖，按照第十一章“西装袖”的方法（图 11.2 ~ 图 11.5, P 318~319）。

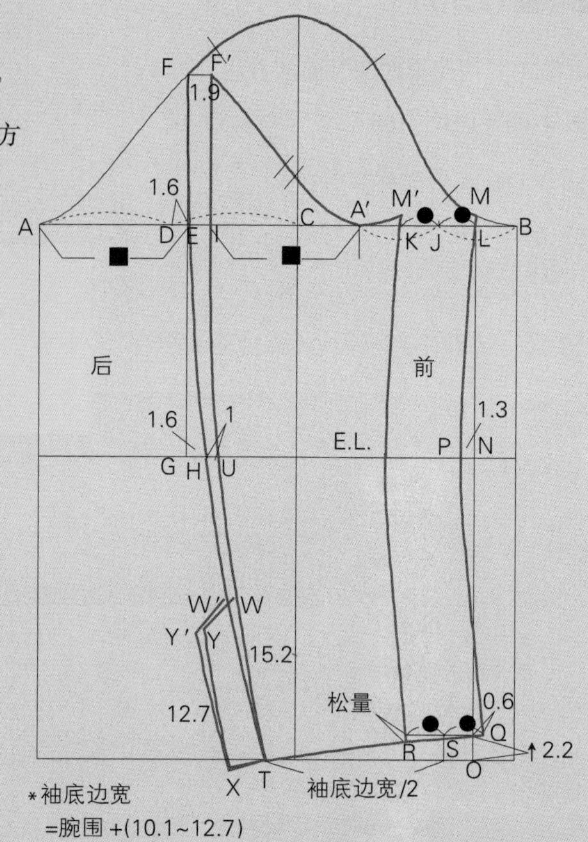

图 12.12

完成样板（图12.13）

- 前后挂面的应用。参照第七章“缝合式挂面”（图 7.5、图 7.6 和图 7.8, P178~179）。
- 标记纸样。
- 标记丝缕线。丝缕线的方向根据设计意图和面料可以变化。

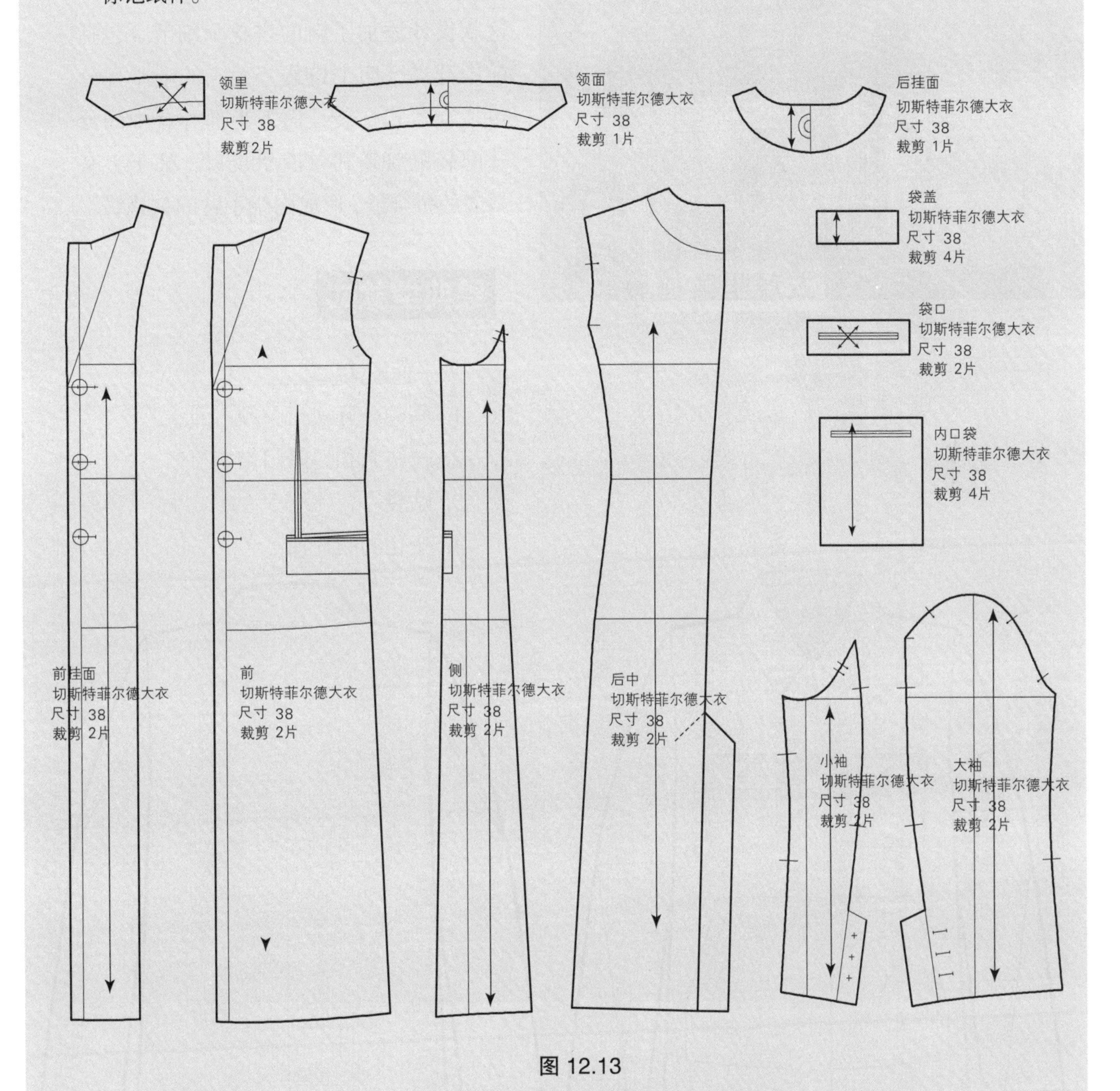

图 12.13

狩猎大衣

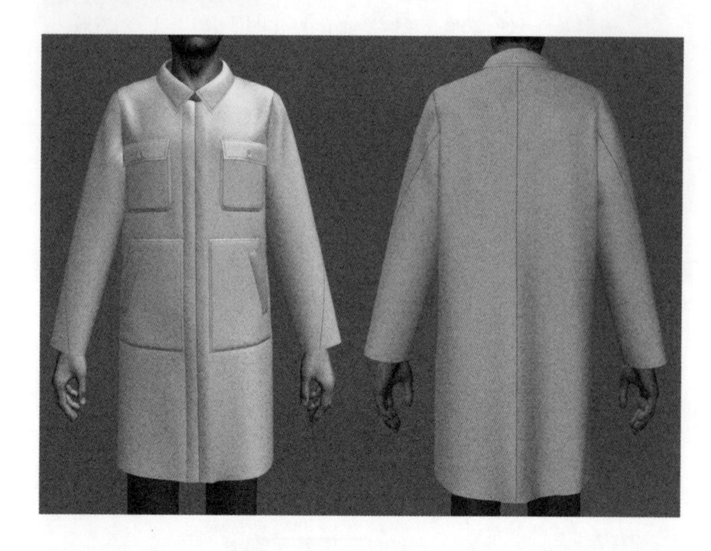

设计风格要点

标准狩猎大衣主要为狩猎探险设计，这款设计添加了新的拼缝和细节。包括前中开襟、四个口袋。大衣的上半部分包括袋盖式贴袋，而下半部分有中间分开的袋鼠口袋和单嵌条袋口。袖子上有斜向的拼合缝，形成围绕手臂的款式线。

经典型款式

见平面图 12.2。

1. 底领分开式衬衫领
2. 拉链系扣，暗门襟
3. 贴袋
4. 变化的两片袖

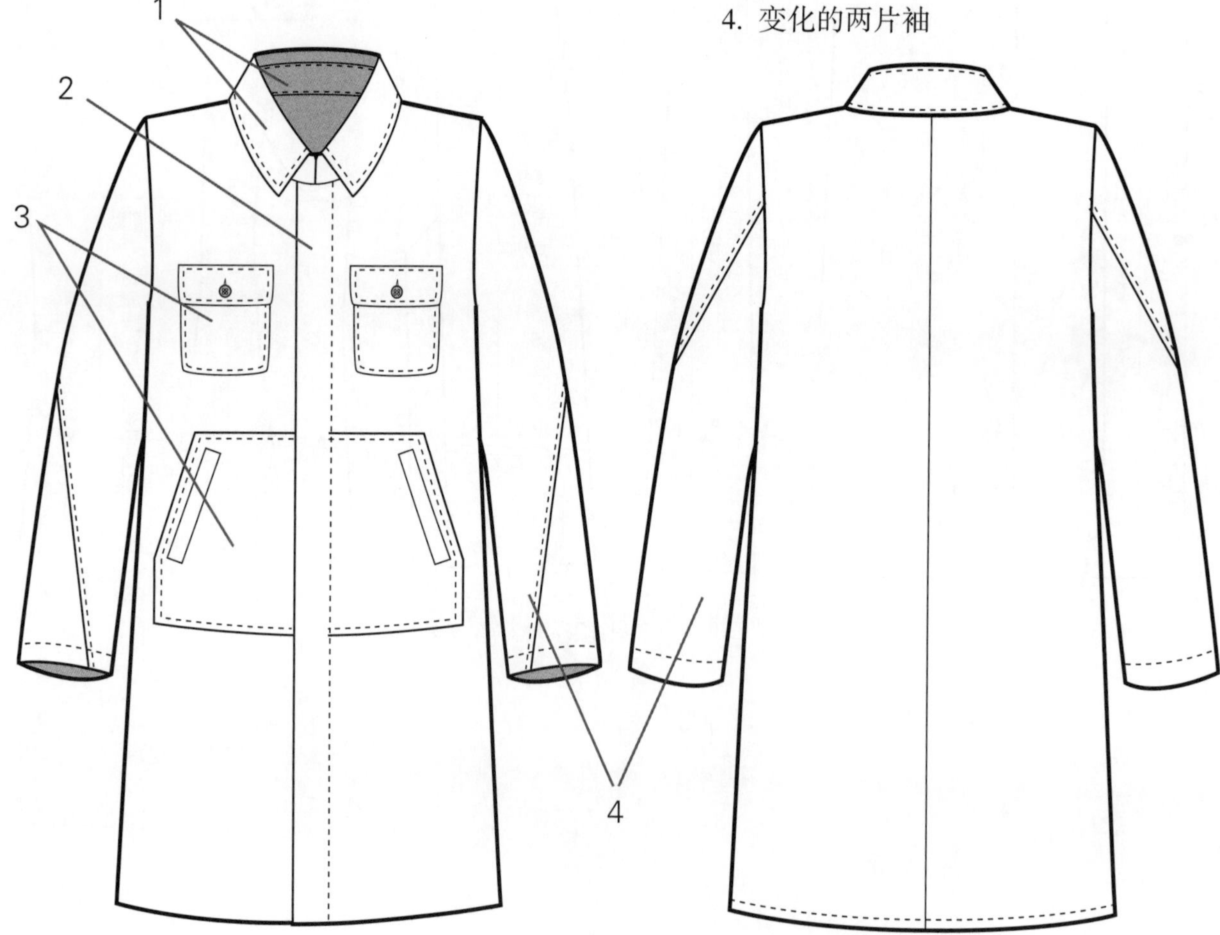

平面图 12.2

画后衣片（图12.14）

- 拓印经典型大衣基本型后衣片（图 12.4 或图 12.5, P354~355）。
- A = 新的后领窝点，降低 0.6cm。
- B = 新的 H.P.S. 点，量进 1cm。
- A – B = 重画新的领弧线。
- A – C = 大衣长度，从臀围线延伸 30.5~33cm。根据设计长度可以变化。
- C – D = 垂直画出到侧缝线。
- A – E = 袖窿深。
- I = A – E 的中点。
- E, F, G = 从后中线与腰围线、臀围线和底边线的交点分别量进 1.3cm。
- 通过 A 和 I 画直线，用光滑弧线连接 I 和 F，用直线连接 F、G 和 H，完成后中线。
- J = 胸围线和侧缝线交点。
- K = 腰围线与侧缝线交点量进 0.6cm。
- L = 侧缝线与臀围线交点向外量出，其量与后中线到 G 量进的量相等（例 :1.3cm）。
- M = 在侧缝与底边交点向外量取 C – H 的三倍长（例 :3.9cm）。
- 用弧线连接 J、K、L 和 M，完成侧缝线。
- 画光滑线，完成底边线。

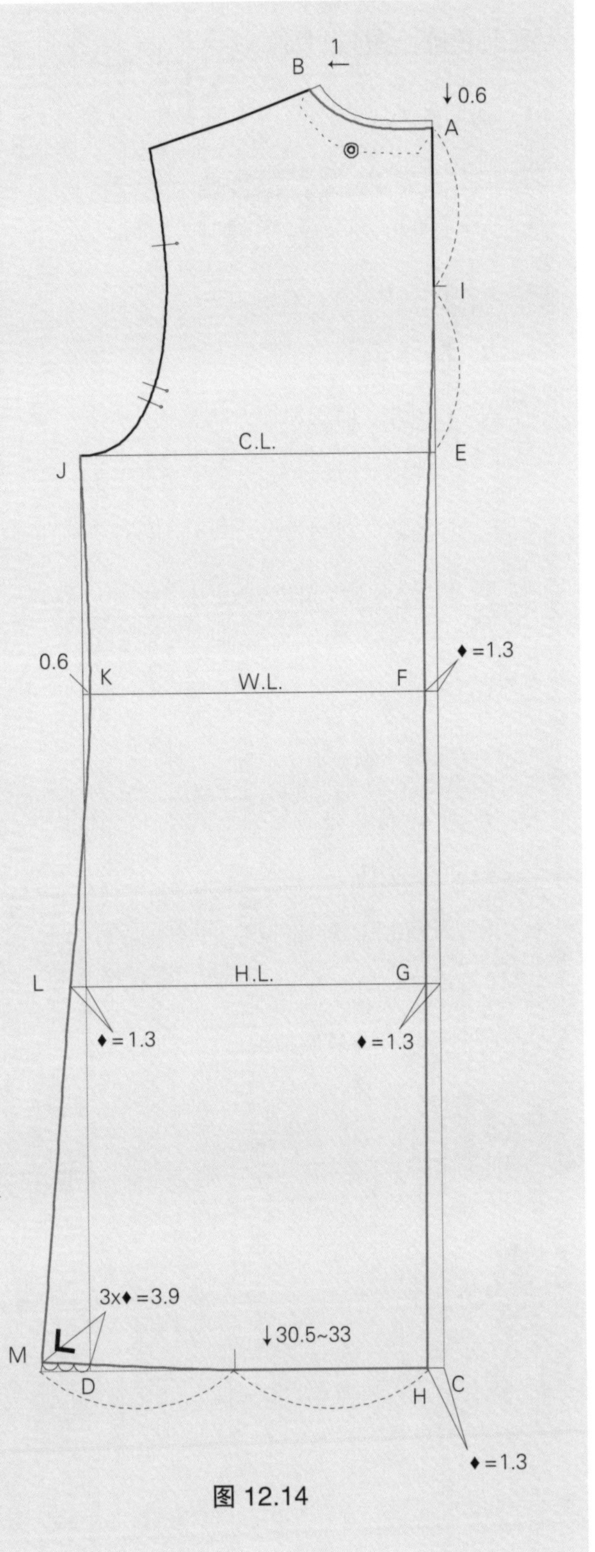

图 12.14

画前衣片（图12.15）

- 拓印经典型大衣基本型前衣片（见图 12.4 或 图 12.5, P354~355）。
- A = 新的前领窝点，向下量 0.6cm。
- B = 新的 H.P.S.，量出 1cm。
- A－B = 重新画领口弧线。
- A－C = 大衣前衣片长，从臀围线延长，其长度与后衣片相同（例：30.5~33cm）。
- C－D = 画线到侧缝线，与臀围线平行。
- A－E = A－F = A 的两边量出附加门襟宽（例：6.4cm）的一半，画线与前中线平行线直到底边线。
- G = 腰围线侧点。
- D－H = 量出的量与后衣片上 C－H 相等（1.3cm = ◆）。
- 用弧线连接 G 和 H，完成侧缝线。确保 G－H 的长度与后衣片 K－M 的长度相等。
- 画光滑线，完成底边线。
- 标记拉链位置。

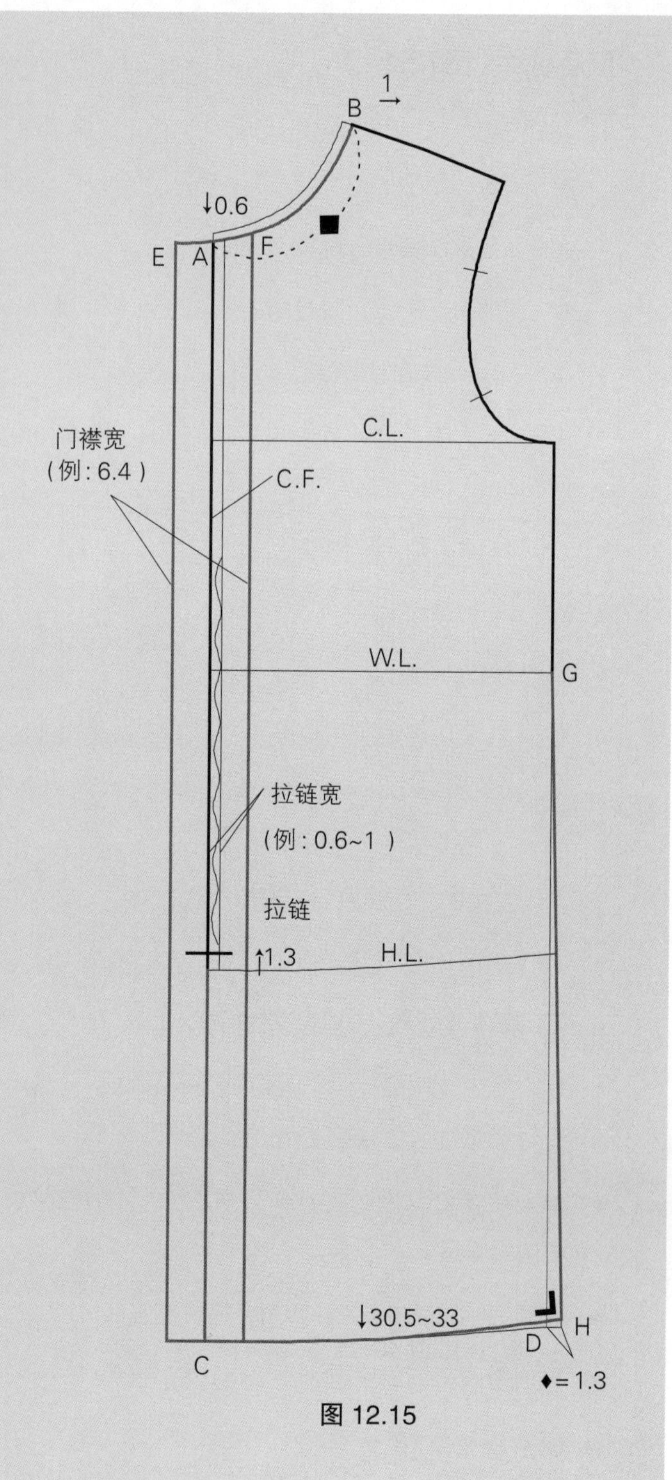

图 12.15

口袋位置（图12.16）

- 参照第六章“贴袋”（P168~173）。
- I = 袋盖位置，从 H.P.S. 向下量 19.7cm，从门襟宽处量进 2.5cm。袋盖尺寸：宽 14.6cm，长 7.6cm。
- J = 贴袋在胸部的位置，从 I 向下量 1.9cm 和量进 0.3cm。口袋尺寸：宽 14cm，长 15.2cm。
- K = 贴袋位置起点，腰围线与前中线的交点向上量 1.9cm。然后设计贴袋，如图所示。贴袋的设计可以变化。

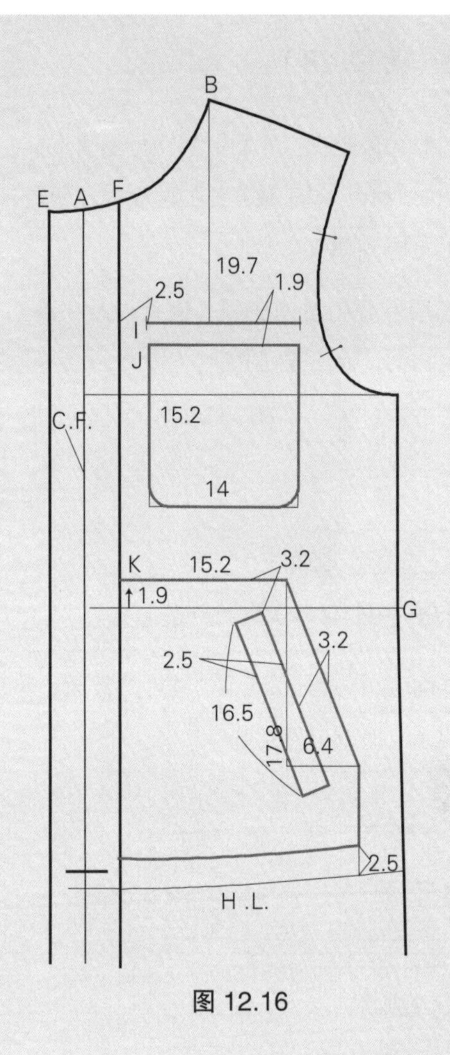

图 12.16

画袖片（图12.17）

- 拓印经典型袖原型（见图 12.4 或图 12.5, P354~355）。
- 复核放松量。前后袖山应该包含一些松量。

注释: 使用表 2.5（P30）作为参考，决定放松量是否恰当，或袖山弧长是否需要调整。调整袖山弧线在第二章已经讨论，P31。

- 如图所示画设计的款式线。

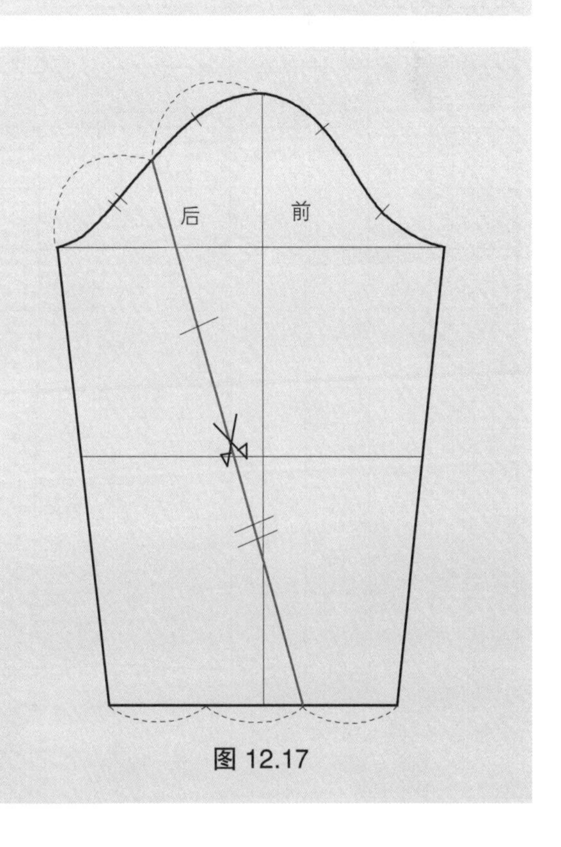

图 12.17

画衣领（图12.18）

- 量取后领弧长（◎）和前领弧长（■）。
- 参照第四章，“底领分开的两片衬衫领”，图 4.17 ~ 4.21（P87~88）。
- 不采用有叠门量的底领，因为设计中没有叠门量。标记扣钩，而不是纽扣。

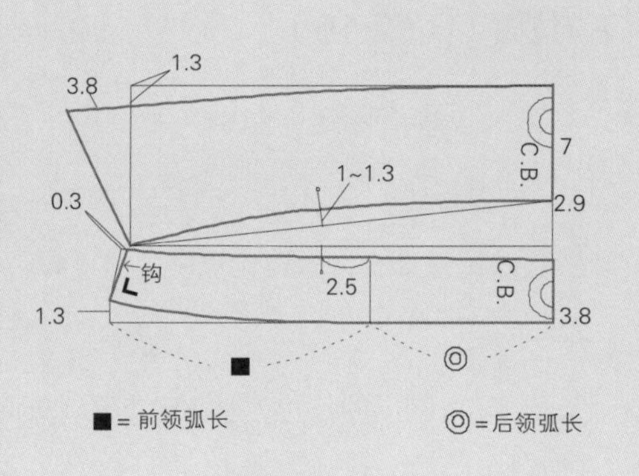

图 12.18

完成样板（图12.19）

- 前挂面应用。参照第七章“缝合式挂面（图 7.5 和图 7.6, P178~179）。
- 标记纸样。
- 标记丝缕线。根据设计意图和面料，可以改变丝缕线的方向。

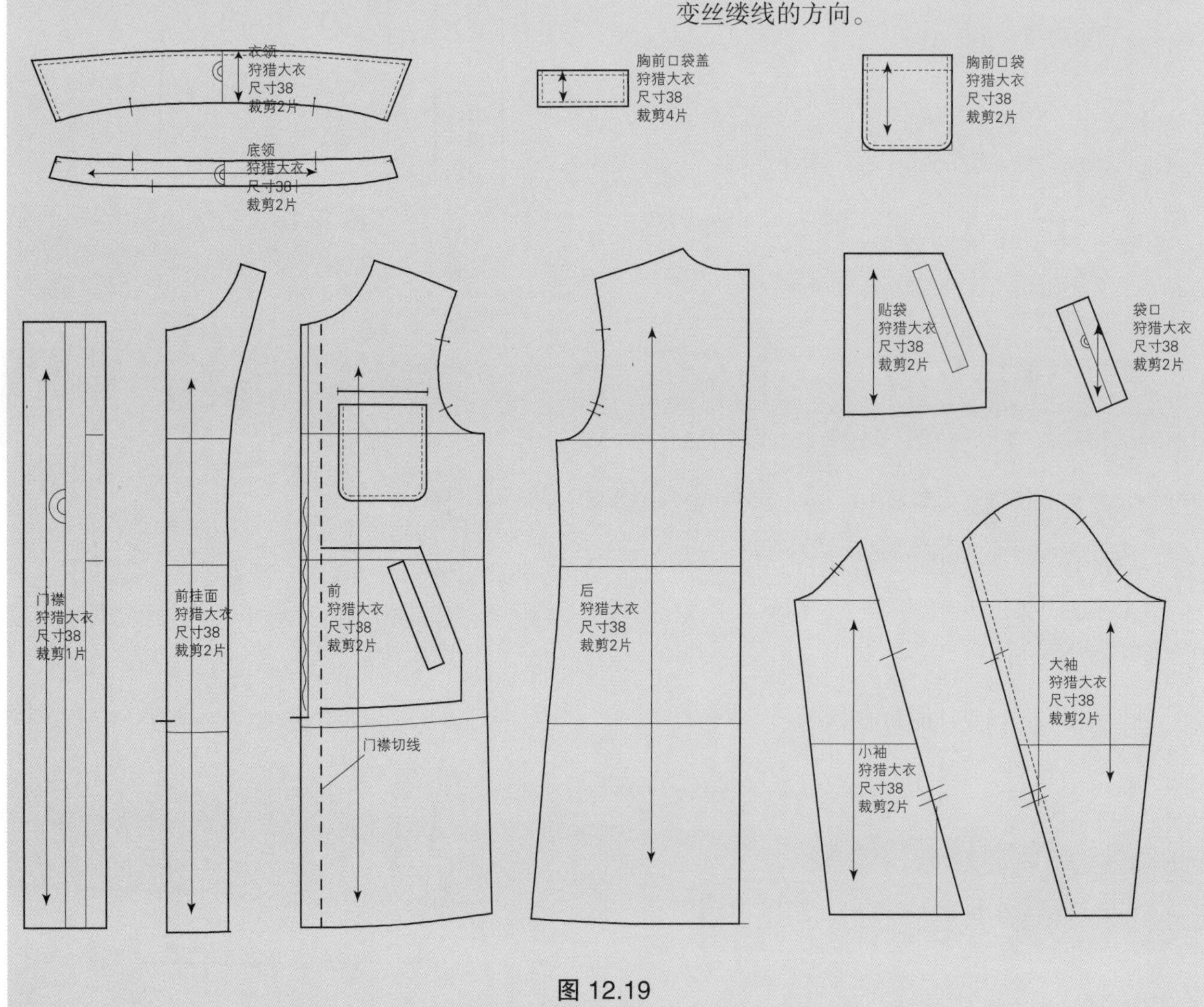

图 12.19

中式大衣

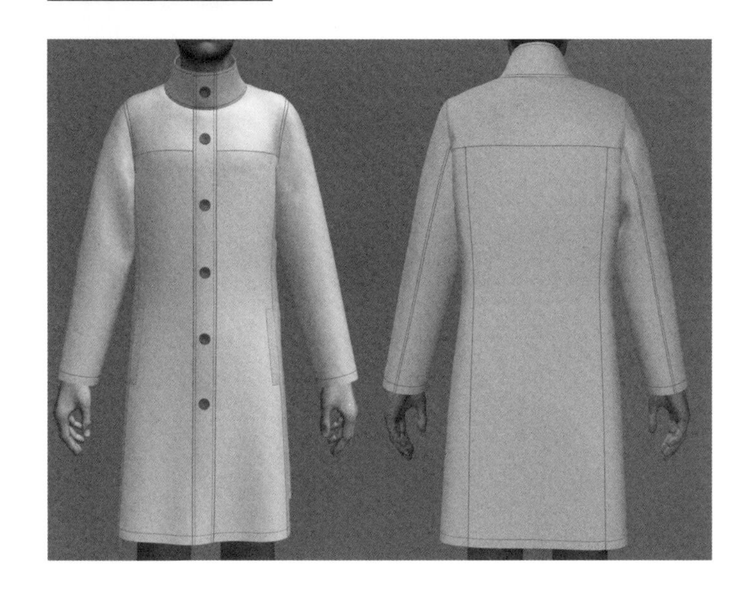

设计风格要点

顾名思义，这种大衣包括中式领——一种受亚洲服装影响的立领——使大衣有着军装的风格。这种设计前后衣身有育克，育克下面有公主片，两片袖和缝制门襟，门襟上装纽扣或搭扣。

修身型款式

见平面图 12.3。

1. 立（中式）领
2. 搭扣式分离门襟
3. 公主线
4. 拼缝嵌袋
5. 育克
6. 两片袖

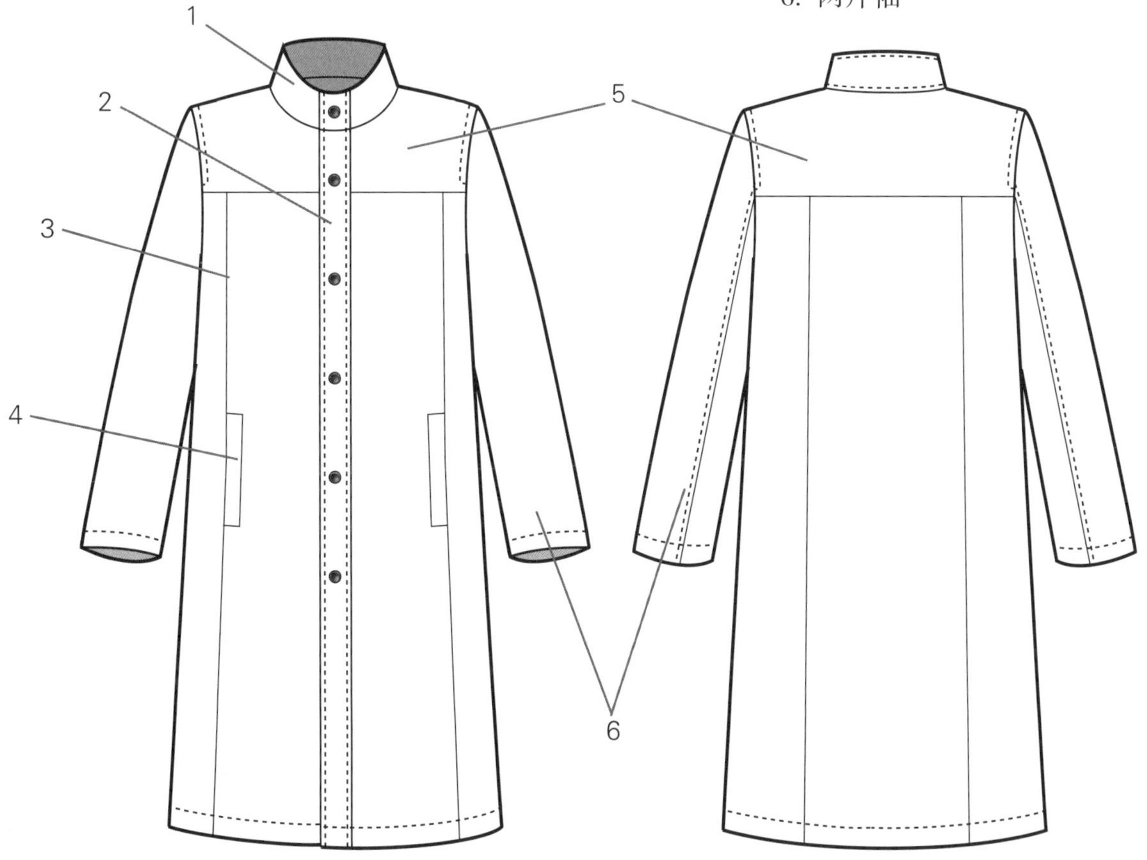

平面图 12.3

画前后衣片（图12.20）

- 拓印修身型大衣基本型前后衣片（图 12.1 和图 12.2, P352~353）。
- 决定设计的长度。
- 重画前后领弧线。
- 重画后中线。
- 在前衣身标记门襟宽。
- 画前后育克线。
- 在前后衣片重画侧缝线。
- 在前后衣片上画公主线。参照第七章“公主线”（图 7.39~ 图 7.40（P199~200））。
- 重画前后衣片底边线。
- 在前衣片上标记纽扣和扣眼。
- 在前衣片上标记口袋位置。

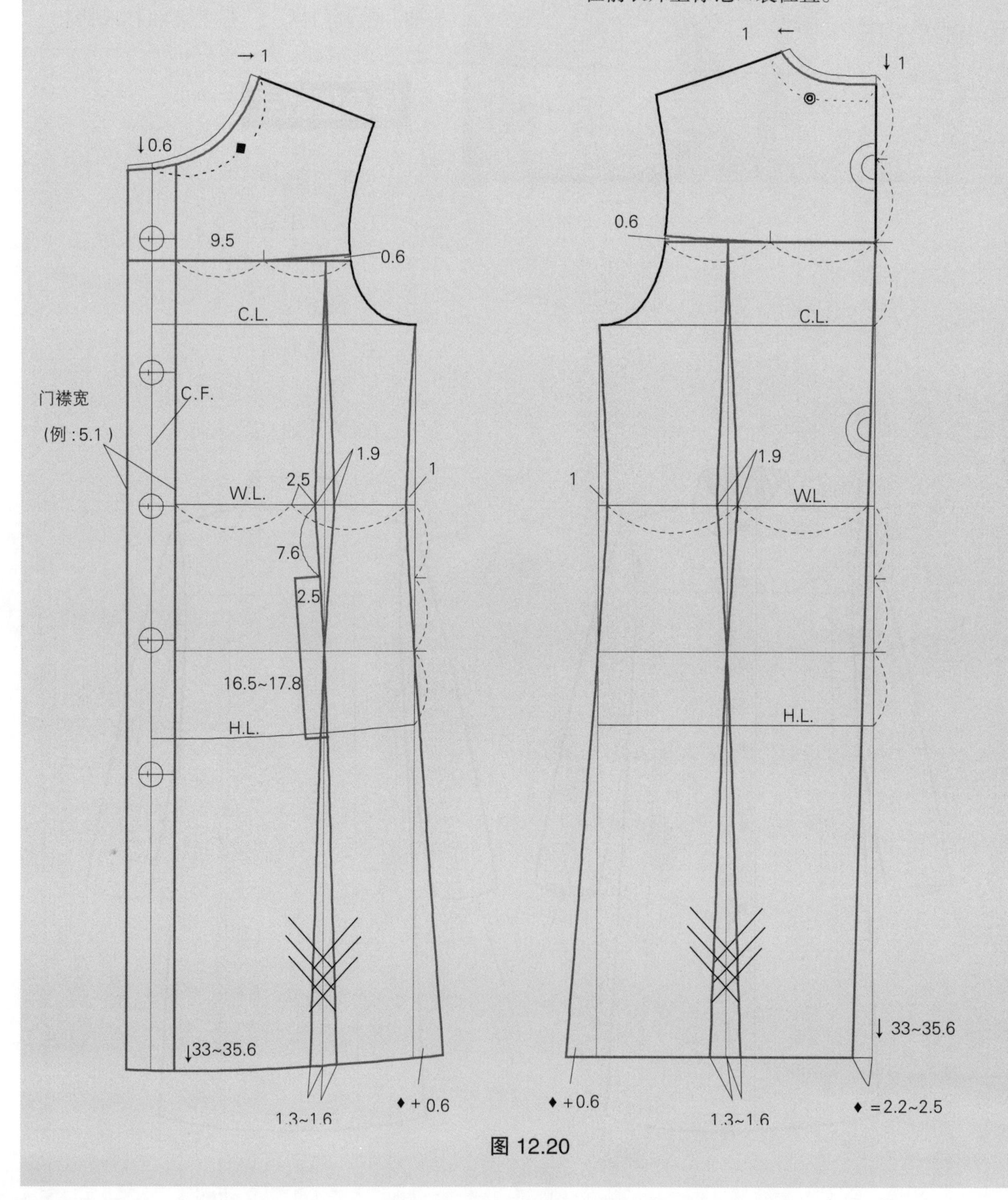

图 12.20

袖、领和门襟（图12.21）

- 拓印修身型大衣袖原型（图 12.3, P353）。
- 关于两片袖，按照第十一章“西装袖”的方法（图 11.2~ 图 11.5, P318~319）。
- 关于立领的细节，参考第四章“有叠门立领”（图 4.32 和图 4.33, P95~96）。
- 如图所示画口袋布的纸样。

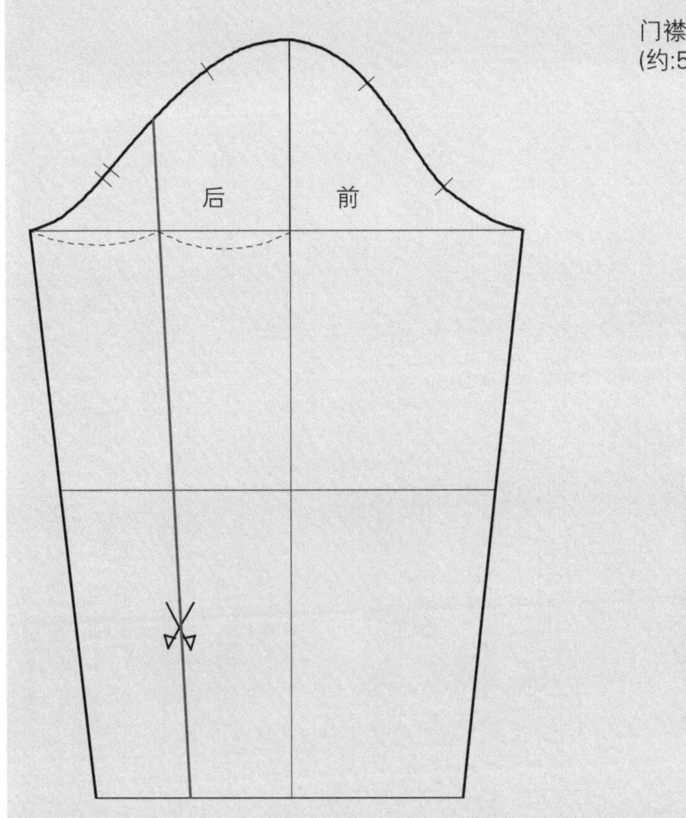

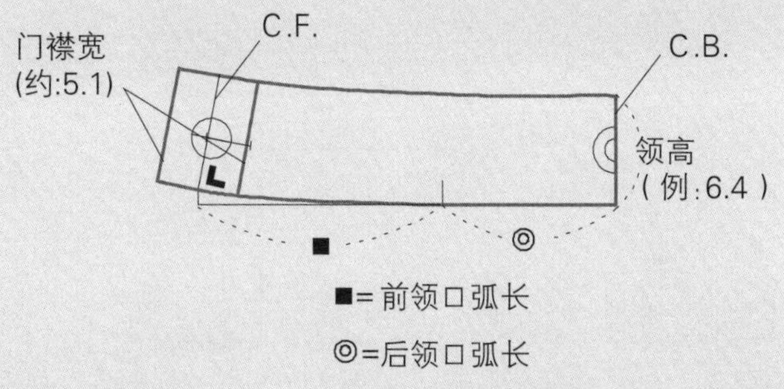

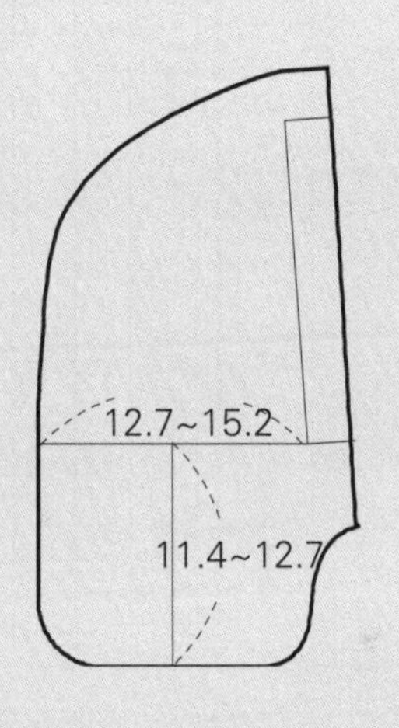

图 12.21

完成样板（图12.22）

- 前挂面应用。参考第七章“缝制式挂面（图7.7, P179）。
- 前门襟左右侧片裁剪右侧门襟。参考第六章“经典缝合门襟”（P152~154）。
- 标记纸样。
- 标记丝缕线。根据设计意图和面料，可以改变丝缕线方向。

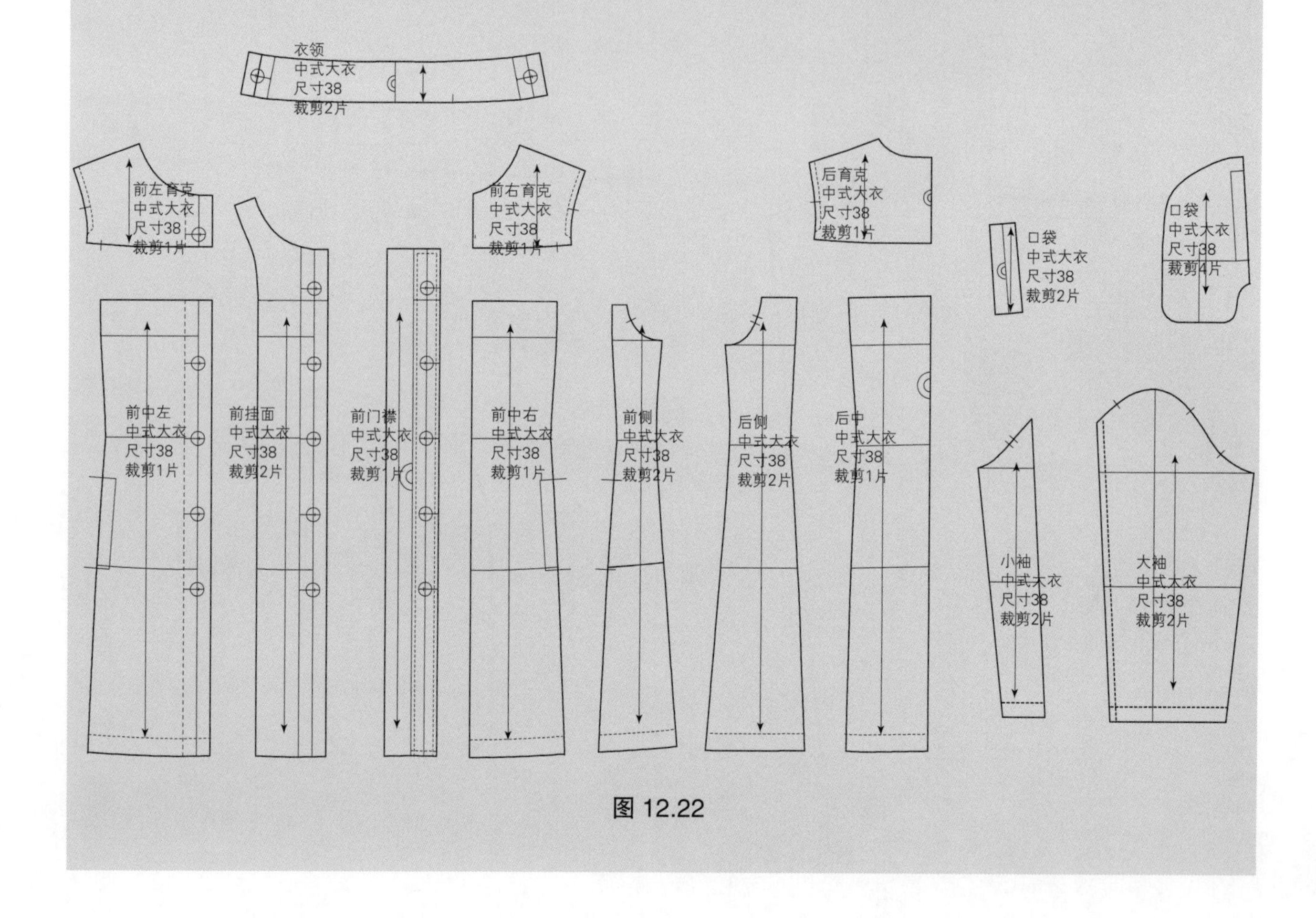

图 12.22

部队风格大衣

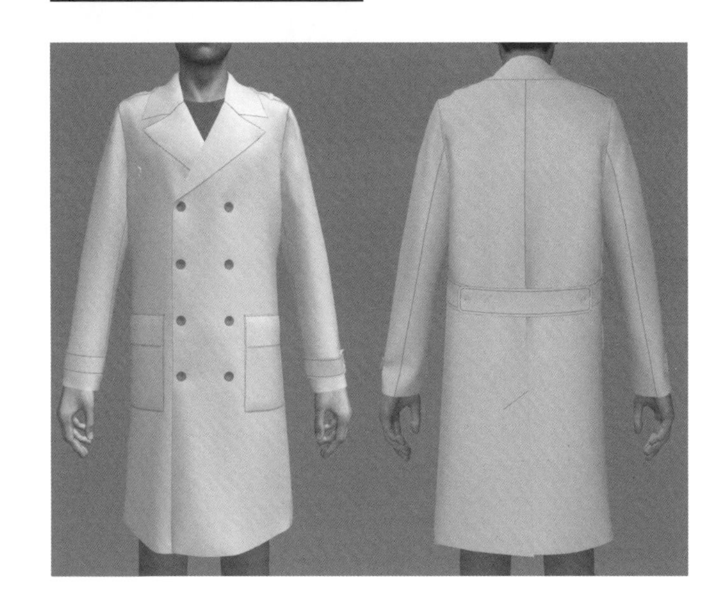

设计风格要点

这是双排扣、四片式大衣，吸收了部队制服的一些细节。细节包括前袋盖贴袋、肩襻、后腰带和环绕袖口的袖襻。

见平面图 12.4。

1. 平驳领
2. 双排扣
3. 贴袋
4. 肩襻
5. 两片袖
6. 袖襻
7. 后开衩

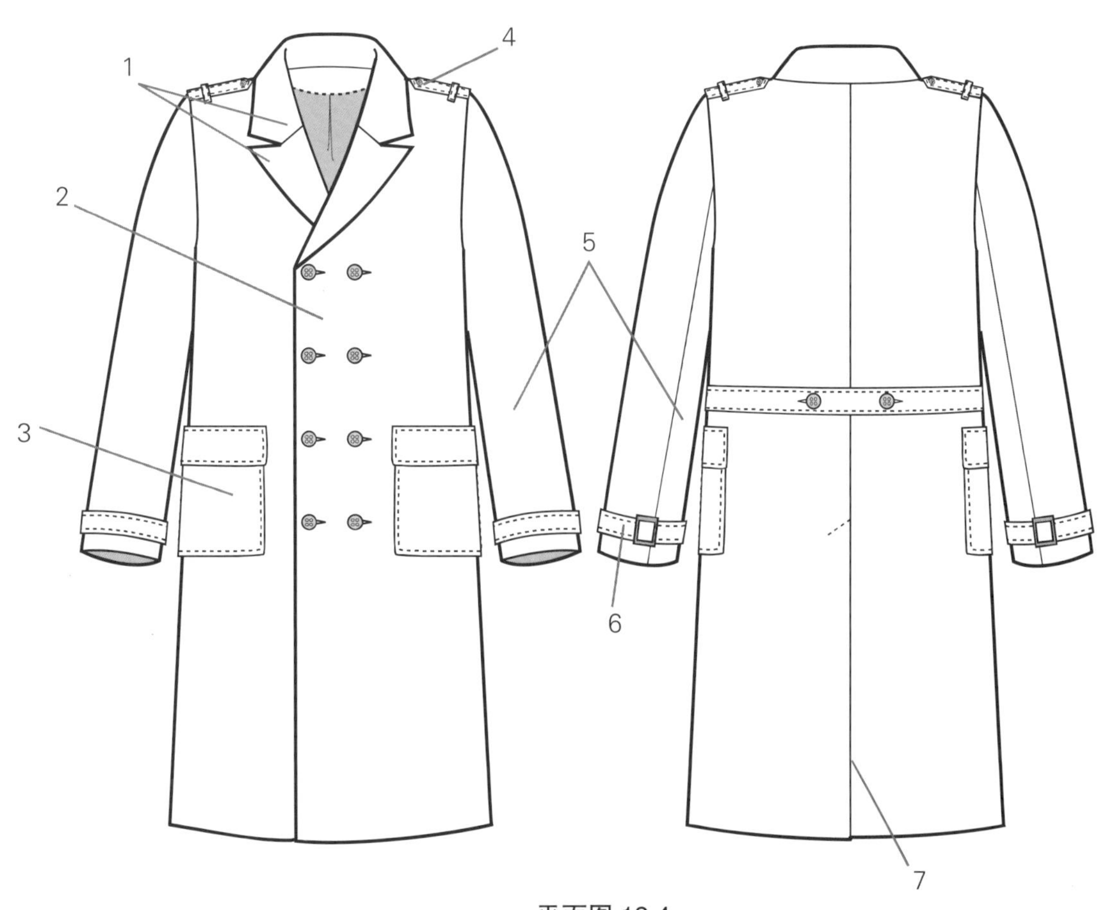

平面图 12.4

画前后衣片（图12.23）

- 拓印经典型前后衣片原型（图 12.1 和图 12.2, P347~348）。
- 决定设计的长度。
- 重画后领弧线。
- 重画前后衣片侧缝线。
- 重画前后衣片底边线。
- 重画后中线开衩门襟。
- 标记前衣片双排扣门襟宽。
- 画和延伸驳头领翻折线，如图所示设计驳头领形状，（参照图 4.39 和图 4.40, P 100~101）。
- 在后衣片肩线上标记肩襻。
- 在后衣片上标记腰带位置。
- 在前衣片上标记纽扣和扣眼位置。

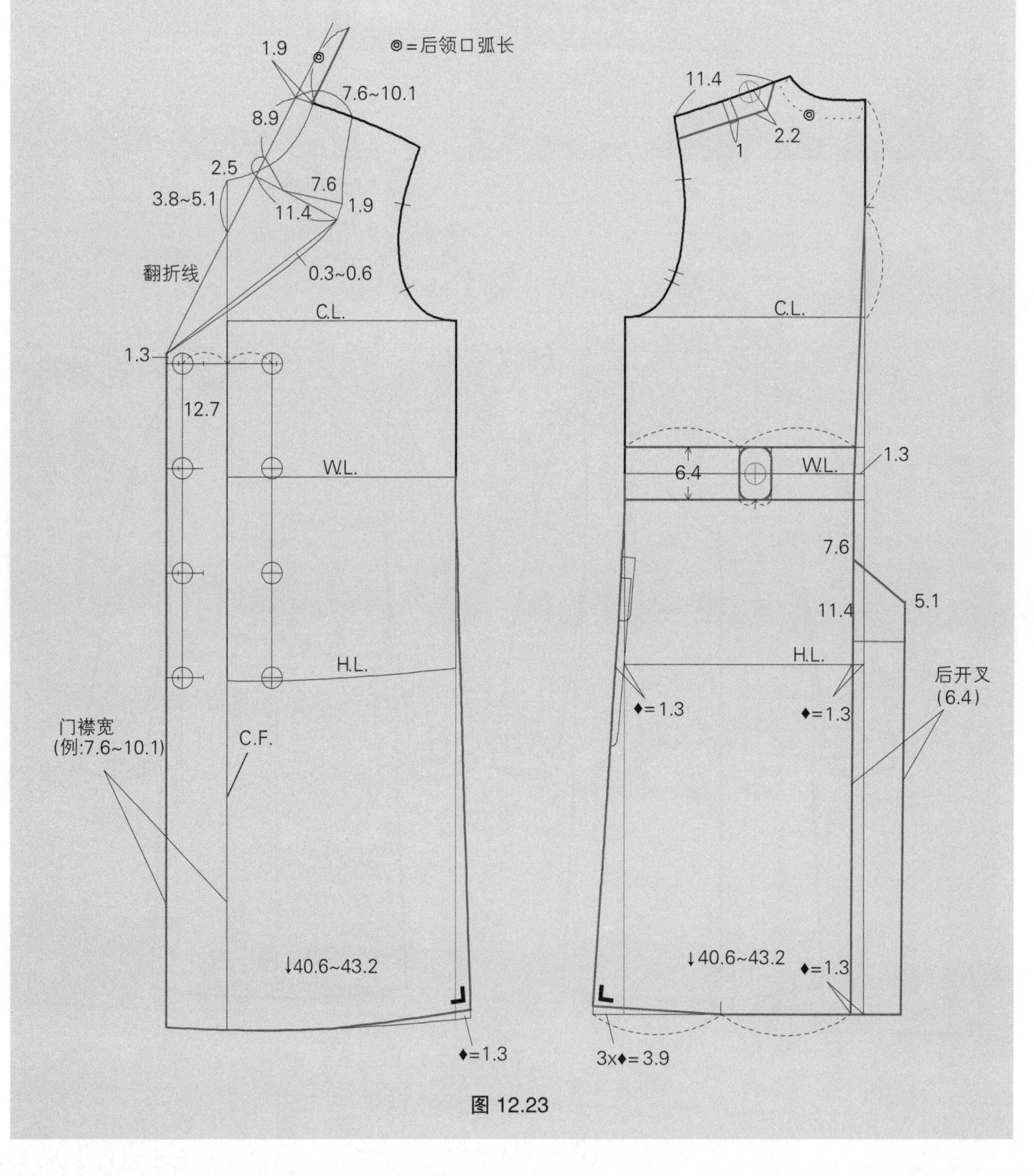

图 12.23

领面和袖（图12.24）

- 完成驳头领，参照第四章“平驳领”（图4.47~图4.49, P 105~106）。
- 标记前衣身口袋位置。如果前衣片没有足够的空间，口袋可以继续延伸到后衣片。
- 在前衣片肩部标记肩襻。
- 拓印经典型袖子原型（见图12.4或图12.5, P354~355）。
- 关于两片袖，按照第五章“正装两片袖”的方法（图5.18~图5.22,P 128~130）。
- 标记袖襻在大袖的位置。然后，拓印袖襻到另一纸上。

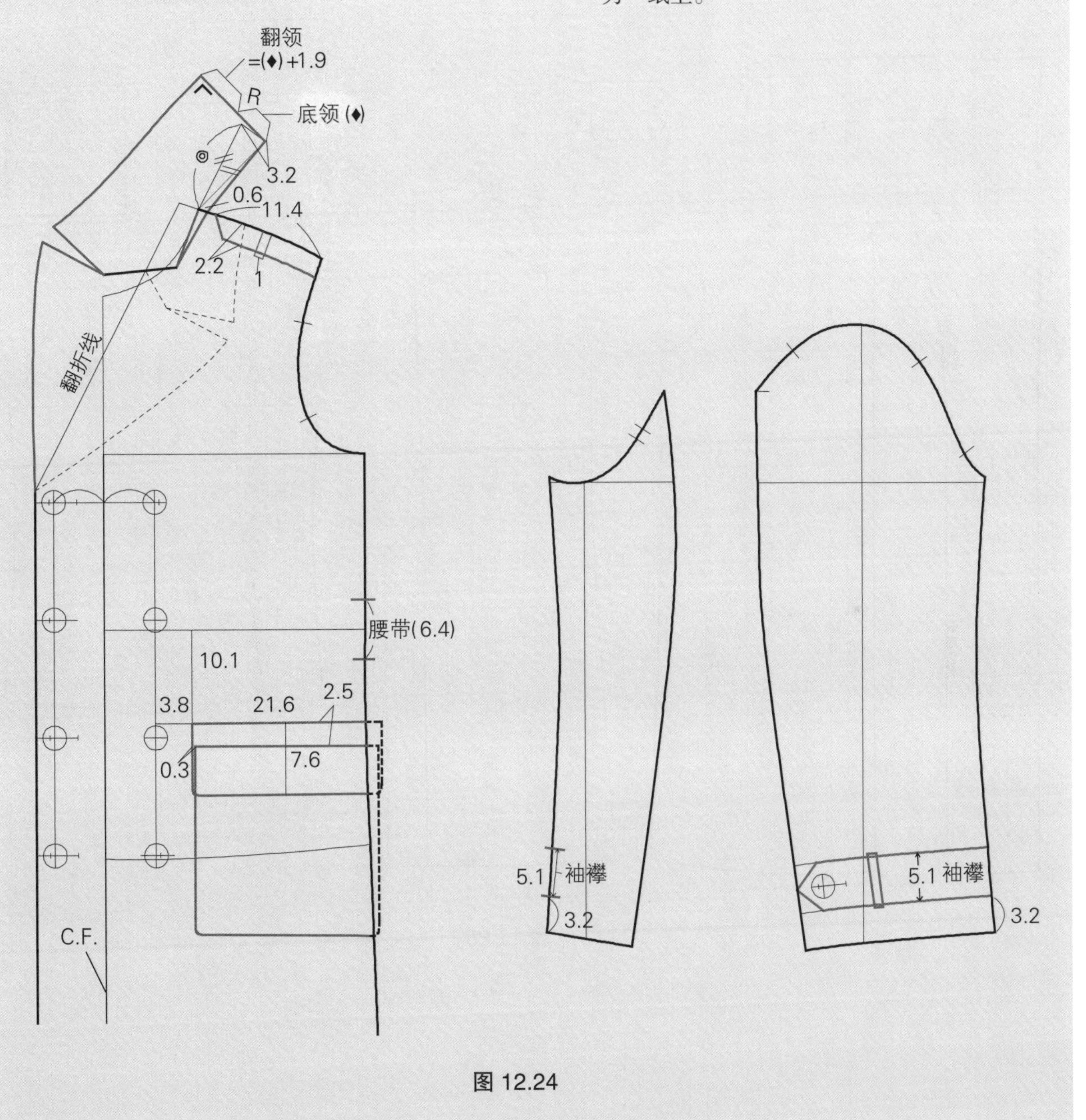

图 12.24

完成样板（图12.25）

- 前挂面应用。参照第七章“缝合式挂面”（图7.5和图7.6, P178~179）。
- 标记纸样。
- 标记丝缕线。根据设计意图和面料，可以改变丝缕线的方向。

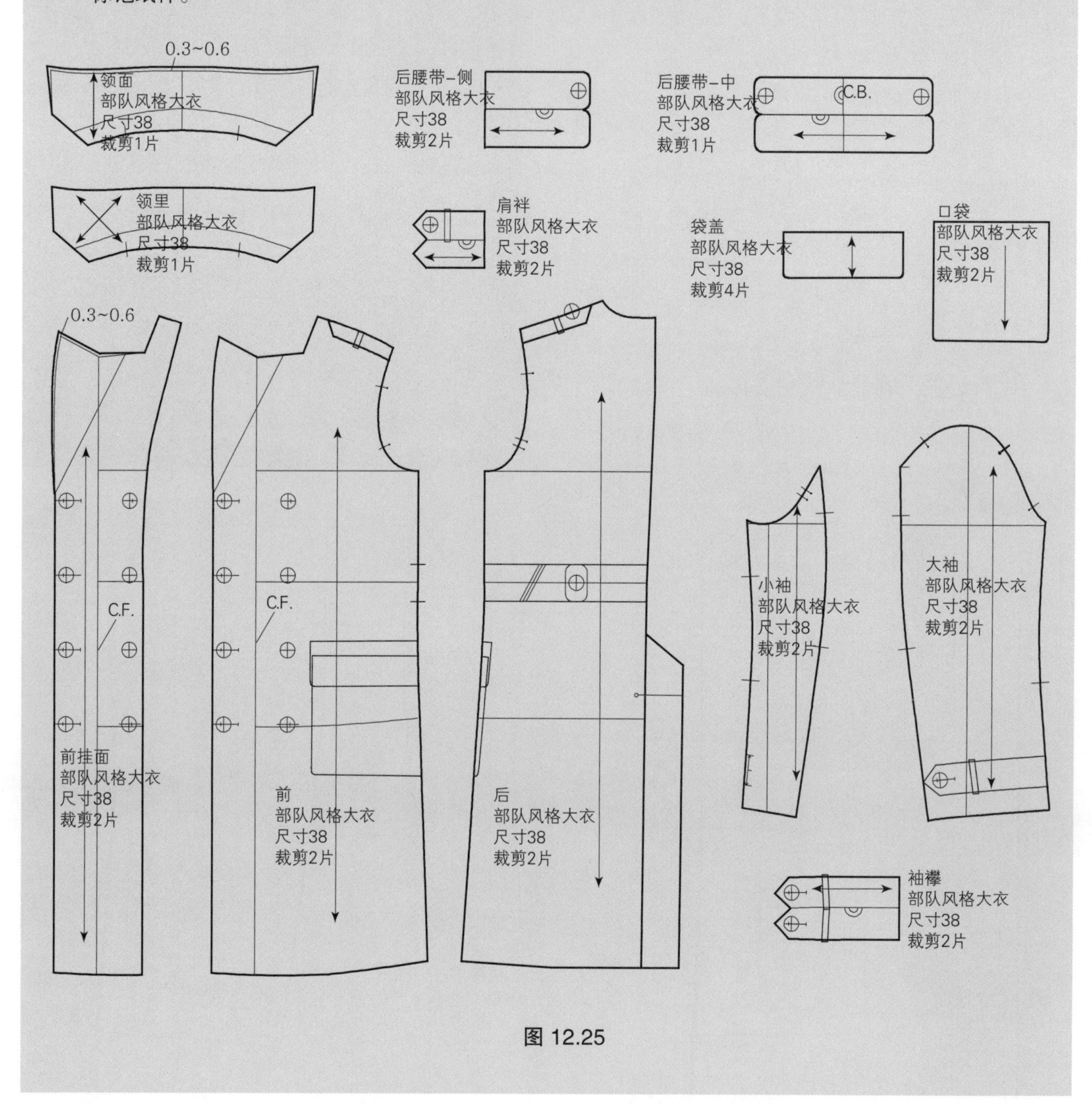

图 12.25

大衣设计变化

见平面图 12.5。

平面图 12.5

第十三章

背心

背心是无袖短上衣——底边短且有一定形状，前面有纽扣系扣。背心可以和礼服衬衫、套装西服一起穿，构成三件套正装，也可以与T恤搭配穿显得更加休闲。

一般背心采用单独的面料，显得比较休闲。而套装背心就要采用特别的面料，因为它穿在套装西服的里面（因此后衣片总是藏在里面），后衣片通常采用较薄的面料，一般用里料制作。薄的里料做的后衣片可以使穿着不显臃肿。此外，背心后面的腰带还可以轻易地调节松紧。

修身型
V形领背心

经典合身型
镰刀领背心

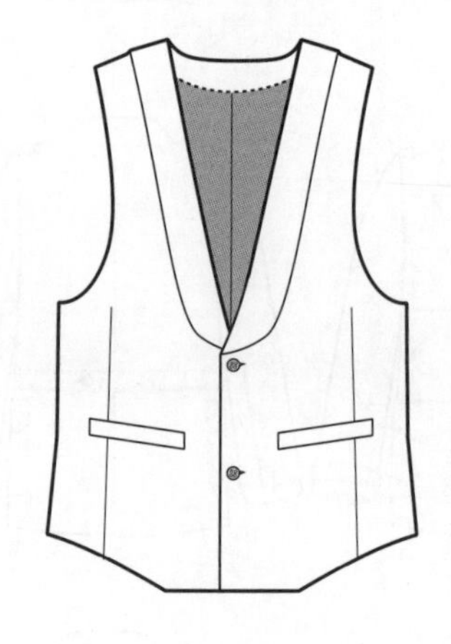

摄影师背心

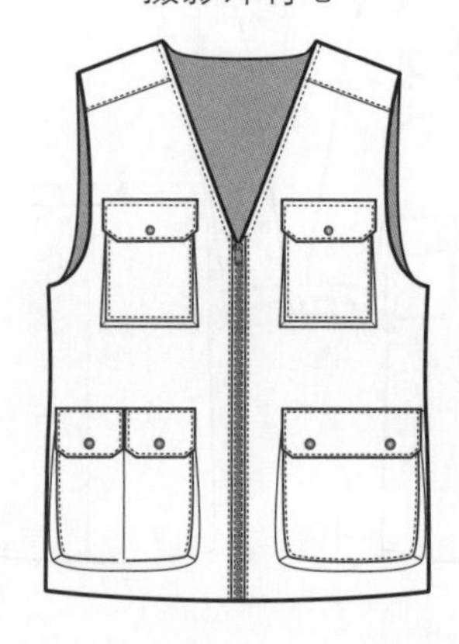

V形领背心

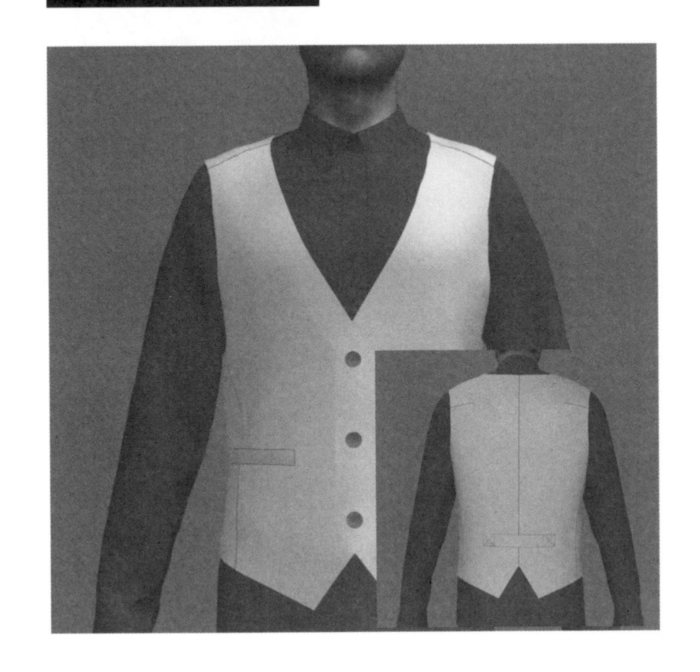

设计风格要点

V形领背心是人们熟知的套装背心，这种款式为V领和公主片，前衣身有两个单嵌条口袋。两衣片中心下摆处逐渐变尖，在前中心线成浅V形，在后中心也呈V形。后衣身特征是有袖窿省和可调节的腰带，以控制服装的松紧。

修身型款式

见平面图13.1。

1. V领线
2. 装挂面三粒扣
3. 单嵌条口袋
4. 肩部育克
5. 公主线
6. 袖窿省
7. 可调节腰带

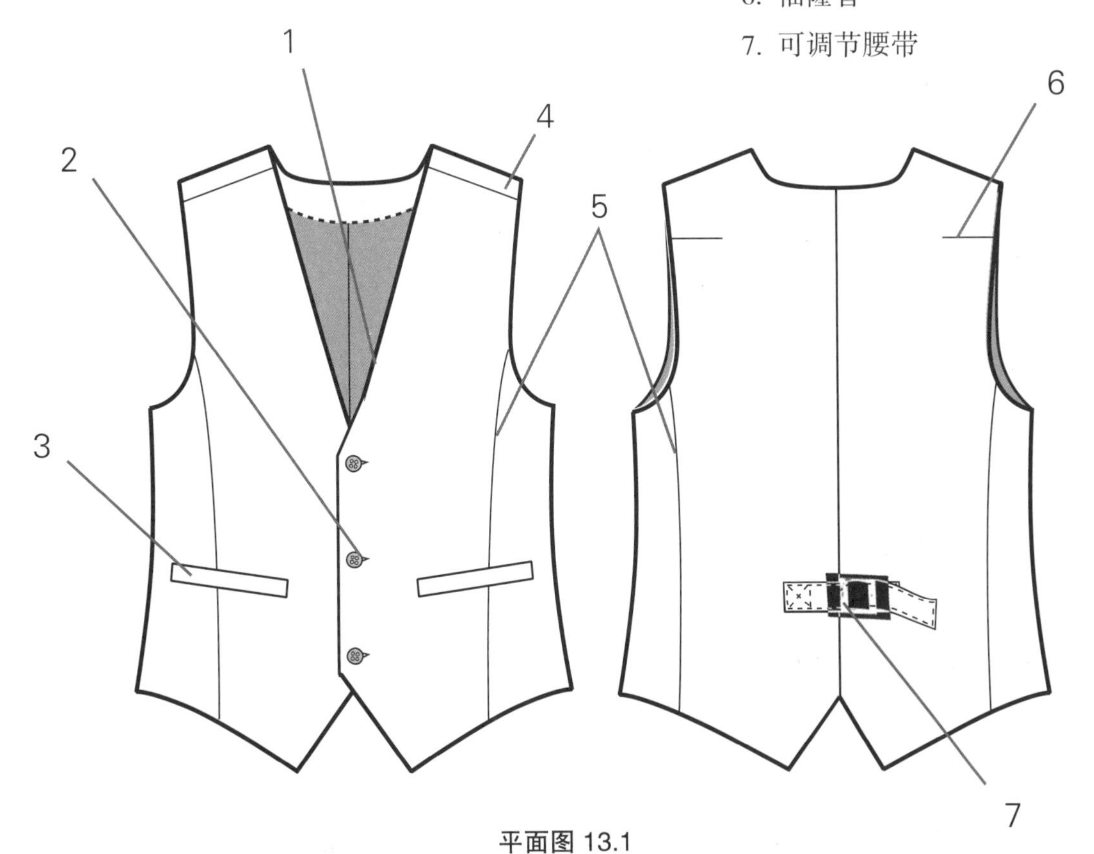

平面图13.1

画前后衣片1（图13.1）

- 为了得到侧衣片，将修身型原型前后片拓印连接在一起（图 2.2~ 图 2.4, P23~25)。
- A = 新的后领窝点，从原领窝点向下量 2.9cm。
- E = A 点和胸围线 (C.L.) 的中点。
- 从胸围线 C.L. 和后中线交点量进 1cm。
- B－C = 新的腰线，在原腰线上方 2.5cm 画线与其平行。
- D = 从底边到 B 点的 1/4 处，标记为 D 。
- B－F = D－G = 量进 2.2cm。
- 画弧线连接E和F，然后画直线连接F和G。
- G－H = 从 G 到前中线画垂直线。
- H－I = 门襟宽（例 :1.9cm)。
- I－J = 从 I 向上画直线到新腰线与胸围线的中点。
- I－K = 向下延伸 3.5cm。
- K－L = 量进 5.7cm。

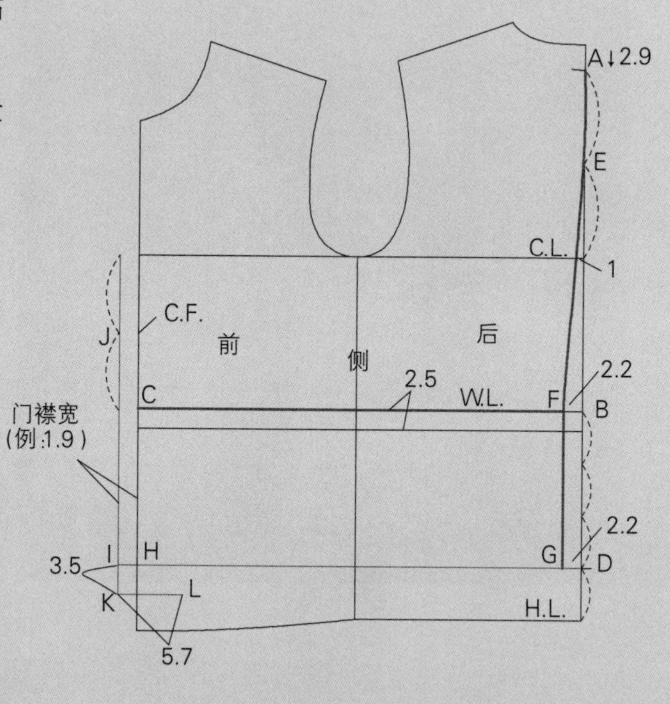

图 13.1

画前后衣片2（图13.2）

- A－O = 从后颈肩点 H.P.S. 量进 1.9cm，然后画光滑领口弧线。
- O－P = 肩长，从肩端点量进 2.5cm，在前衣片上也量取相等的量，标记 (R)，使前后肩线相等，在 R 点下降 0.6cm。
- Q = 在前衣片 H.P.S. 量进 1.9cm，用直线连接 Q 和 R。
- J－Q = 画直线引导线，然后如图所示画光滑弧线。
- S = 从胸围线侧点向下量 3.8cm。
- T, T′= 从后背宽线与胸围线的交点，量过 1cm。
- U = 从 S 画水平线与前胸宽相交。

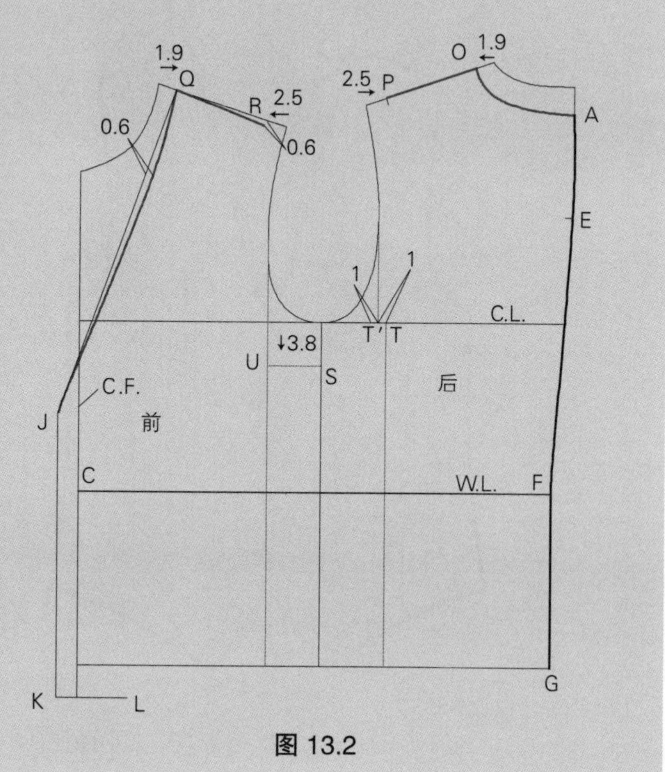

图 13.2

画前后衣片3（图13.3）

- U－V＝向上量 1.3cm。
- V－V′＝垂直量过 1cm。
- 用弧线连接 R、V′ 和 V、S、T′，以及 T、P，完成袖窿弧线。
- W＝从 T 向下到臀围线画线。在侧缝线上向上量 3.8cm，得到 W，从 W 向后中线方向画线与 T 的垂直线相交。
- X, X′＝在 T 和 W 线的交点向两边分别量取 1.6cm 和 1.3cm，如图所示。
- 用微弧线连接 T 和 X，然后 T′ 和 X′，并经过之前量取的点，完成后侧片线。
- G－Y＝量进 5.1cm。
- 画直线引导线连接 X 和 Y，然后画光滑弧线，如图所示。
- Y′＝从 G 向上量 6.4cm，然后画直线连接 Y 和 Y′。

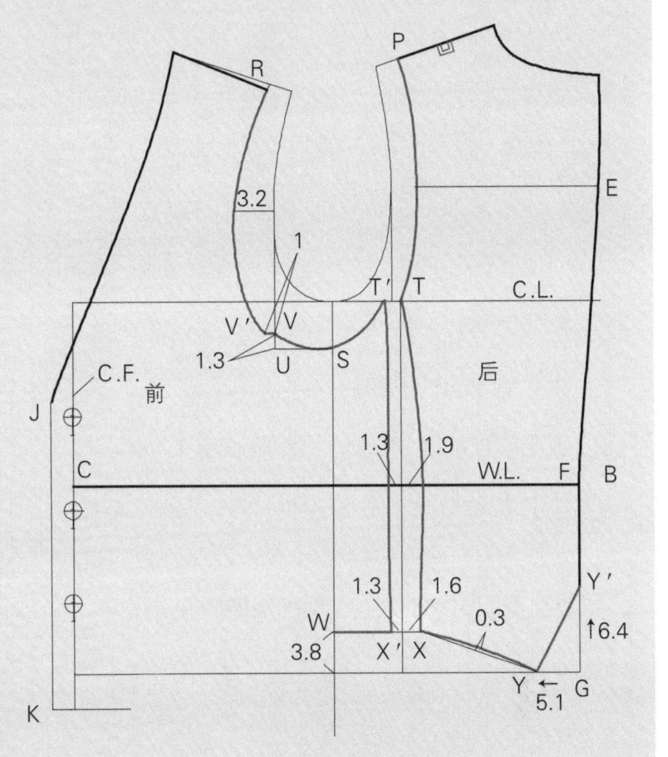

图 13.3

画前后衣片4（图13.4）

- I′= 从 K 向上量 8.9cm。
- 画直线连接 I′ 和 L，然后画直线引导线连接 L 和 W。
- Z = 引导线 L－W 与前袖底线的交点量过 3.8cm。
- Z－Z′= 量过 0.6cm。
- 从 U 画垂直线到底边。
- 从这条线量进 2.2cm，再量收省量 1.3cm。
- 在前衣片上画光滑线连接 V′ 和 Z′，完成衣片侧缝线。然后连接 V 和 Z，并经过之前量取的点，完成侧衣片缝线，如图所示。
- 连接 L、Z′ 和 W，完成底边弧线。
- 在肩线上画 2.5cm 育克平行线。
- 画后袖窿省，此省量为 1.3cm，省长 6.4cm。
- 在前中线上标记希望的纽扣位置，如图所示。

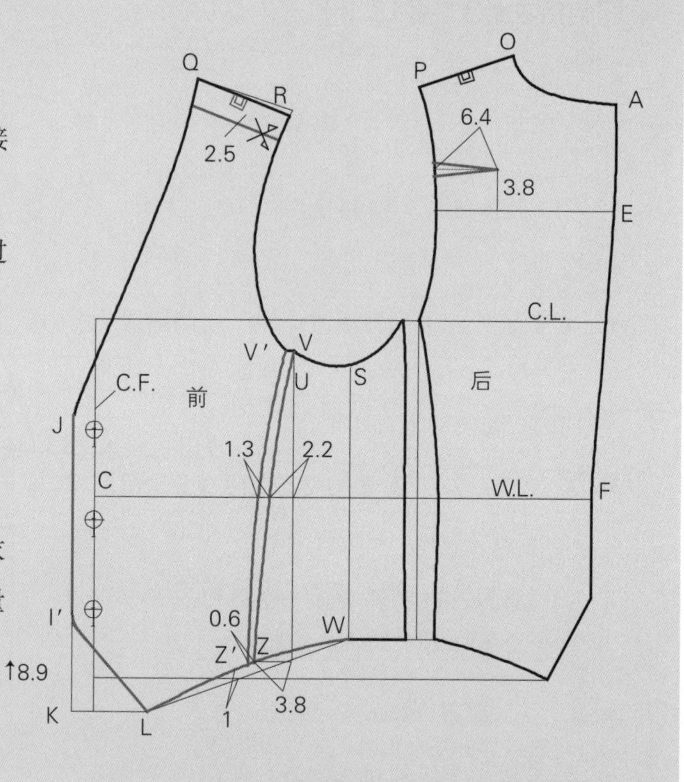

图 13.4

挂面、口袋和后腰带（图13.5）

- 将前育克与后肩连接起来。
- 在前衣片上画单嵌条口袋位置。参照“嵌袋”（P165~168)。
- 画后腰带的位置。
- 在前衣片和底边上画挂面和贴边线。

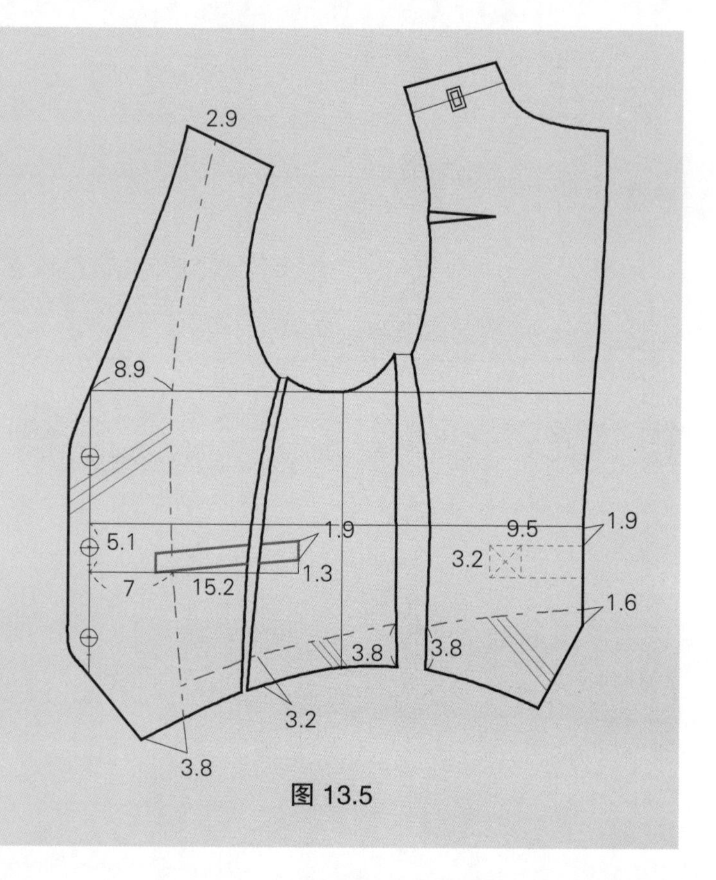

图 13.5

完成样板（图13.6）

- 前挂面和底边贴边应用。参照第七章“缝合式挂面”（图 7.7, P179)。
- 标记纸样。
- 标记丝缕线。根据设计意图和面料，可以改变丝缕线的方向。

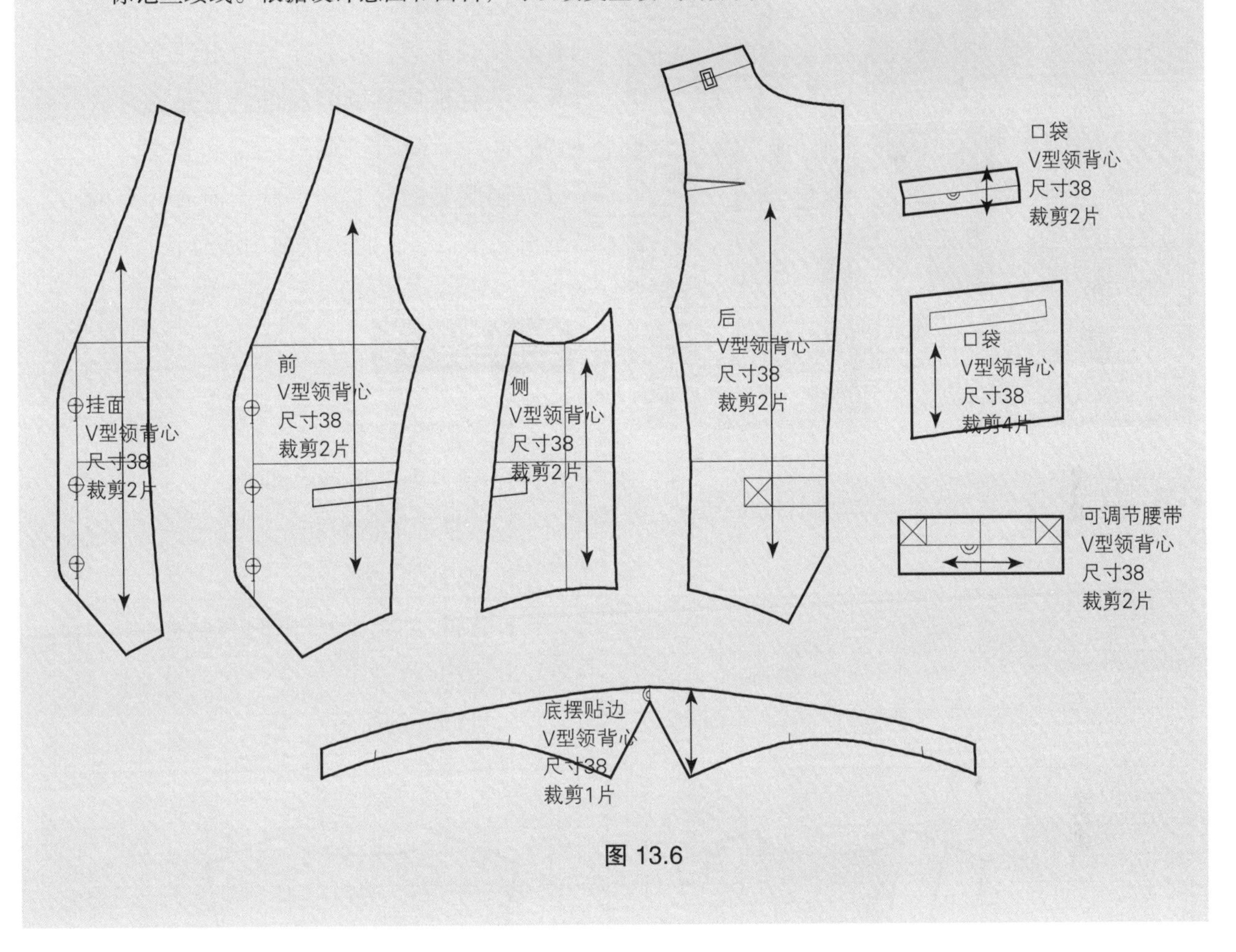

图 13.6

镰刀领背心

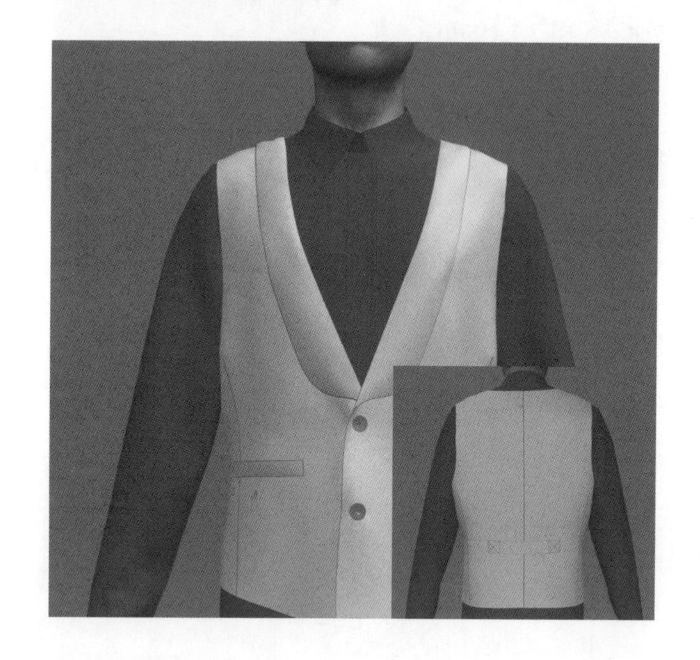

设计风格要点

这种背心特征是镰刀型领——意味着衣领翻折后，在后端与肩缝线连在一起，没有延伸到颈的后部。它是四片式背心，在后身有可调节腰带和省道，可以控制服装的松紧和形状。前衣片有两个单嵌条口袋，底边在前中线延长。

经典型款式

见平面图 13.2。

1. 镰刀领，止于肩部
2. 装挂面的两粒扣
3. 单嵌条口袋
4. 省道
5. 后中线
6. 可调节的腰带

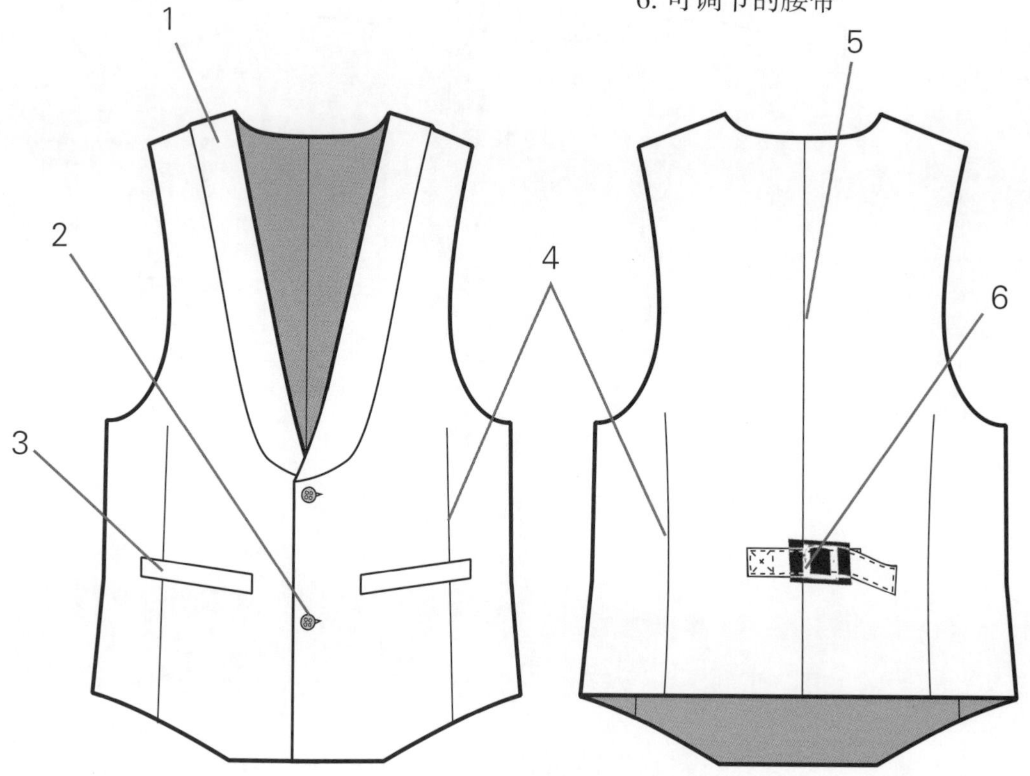

平面图 13.2

画后衣片（图13.7）

- 拓印经典合身型原型（图 2.17~ 图 2.21, P34~37)。
- A = 新后领窝点，从原领窝点下降 2.9cm。
- B = 从底边到腰围线的 1/3 点。
- B – C = 画垂直引导线。
- D = 从 H.P.S. 量进 1.9cm。
- E = 原后领窝点到胸围线的中点。
- F, G = 在腰围线和底边线量进 2.2cm。
- 用弧线连接 E 和 F，用直线连接 F 和 G 。
- H = 在肩端点 L.P.S. 量进 3.8cm。
- I = 从胸围线侧点向下量 5.1cm。
- H – I = 画光滑弧线。
- J = 量进 0.6cm。
- I – J – C = 画光滑弧线。
- I – K = 弧线与胸围线平行。
- L = 从新的袖窿线边缘画垂直线，到腰围线。
- L – M = 量过 1.6cm。

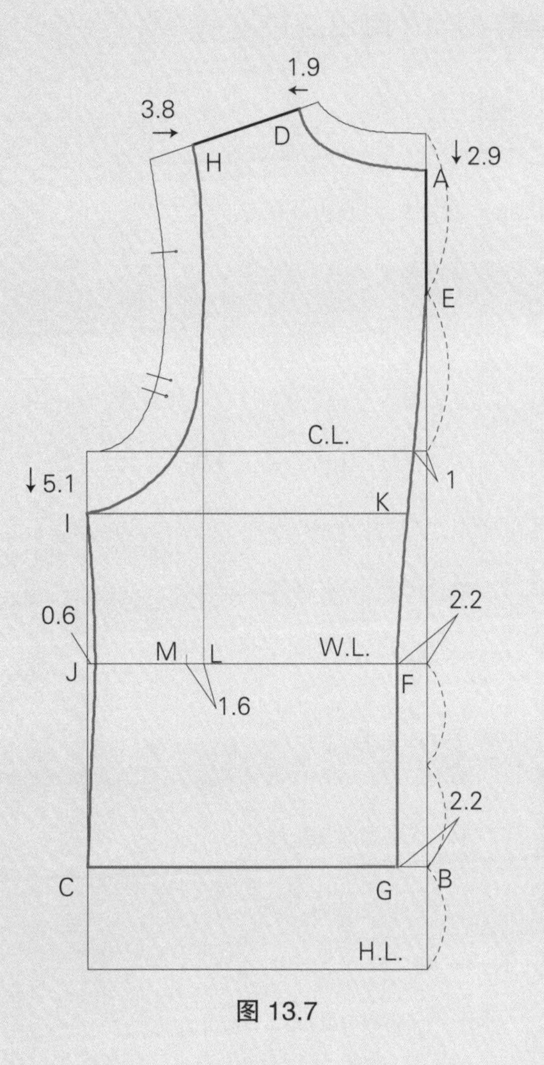

图 13.7

省道和腰带的位置（图13.8）

- O = 从 L – M 的中点到线 I – K 画垂直线，再向上延伸 1.3cm，同时再延伸到底边线。
- P, Q = 在底边线和中间线交点两侧分别量过 0.3cm。
- 画直线连接 O – L – P ，然后连接 O – M – Q，完成省道线。
- 在后衣片上画腰带位置，如图所示。

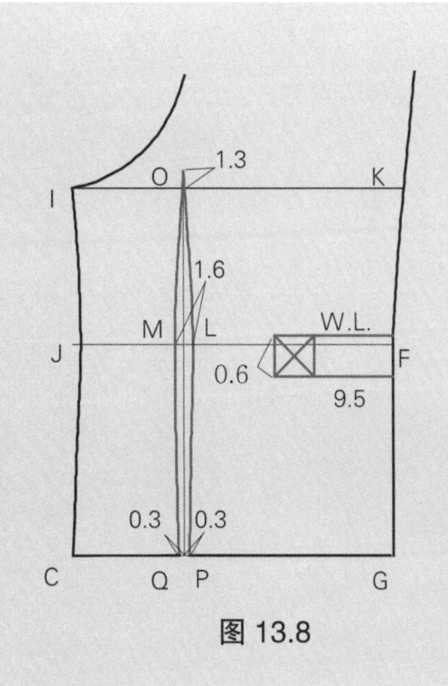

图 13.8

画前衣片1（图13.9）

- 拓印经典型前衣身原型（图 2.17~ 图 2.21, P34~ 37)。
- A = 腰围线到底边线的 2/3 处。
- A – B = 画垂直线到前中线。
- B – C = 门襟宽（例 :1.9cm)。
- C – D = 画线平行于前中线，在腰围上方 1.6cm。
- E = 从颈肩点 H.P.S. 量进 1.9cm。
- D – E = 画直线连接。
- F = 在 L.P.S. 点量进 3.8cm。
- G = 在胸围线侧点向下量 5.1cm。
- F – G = 画光滑袖窿弧长。
- H = 量进 0.6cm。
- G – H – A = 画光滑弧线。
- C – I = 向下延伸 5.1cm。
- I – J = 画 7.6cm 水平线。
- A – J = 画直线引导线，然后画弧线。
- G – K = 画线与胸围线平行。
- L = 从新的袖窿弧线边缘到腰围线画垂直线。
- L – M = 量过 1.6cm。

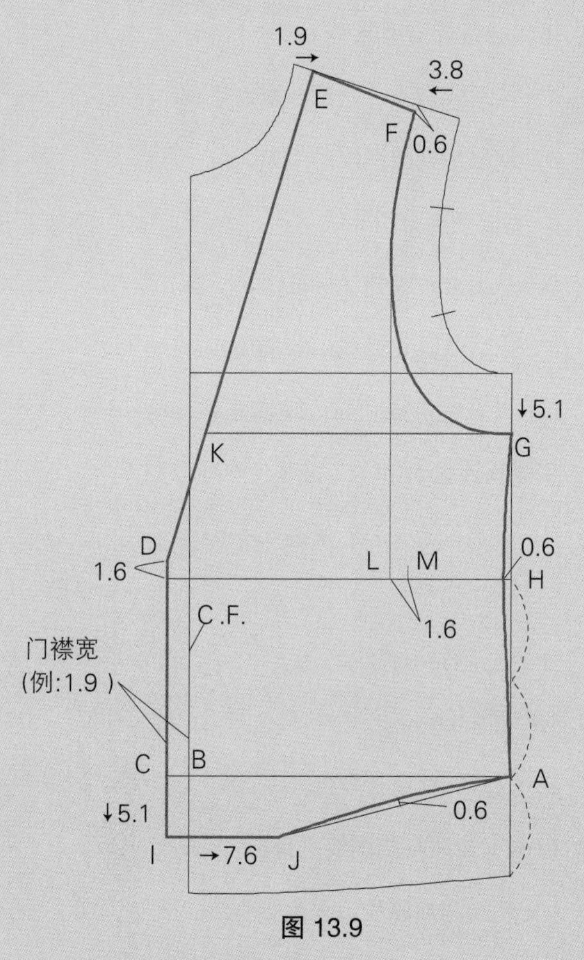

图 13.9

画前衣片2（图13.10）

- N = 从L－M的中点向上画垂直线，到线G－K，然后向下量1.3cm，再继续向下到底边线。
- O, P = 底边线和中间线交点的两侧量过0.3cm。
- 画直线连接N－L－O，再连接N－M－P，完成省道线。
- D－Q = 设计镰刀领造型。
- D－Q′ = 沿着翻折线D－E，拓印镰刀领造型。
- 在前衣片上标记嵌条口袋位置。
- 在后衣身画腰带的位置。
- 在前衣片上画挂面线。
- 标记纽扣位置。

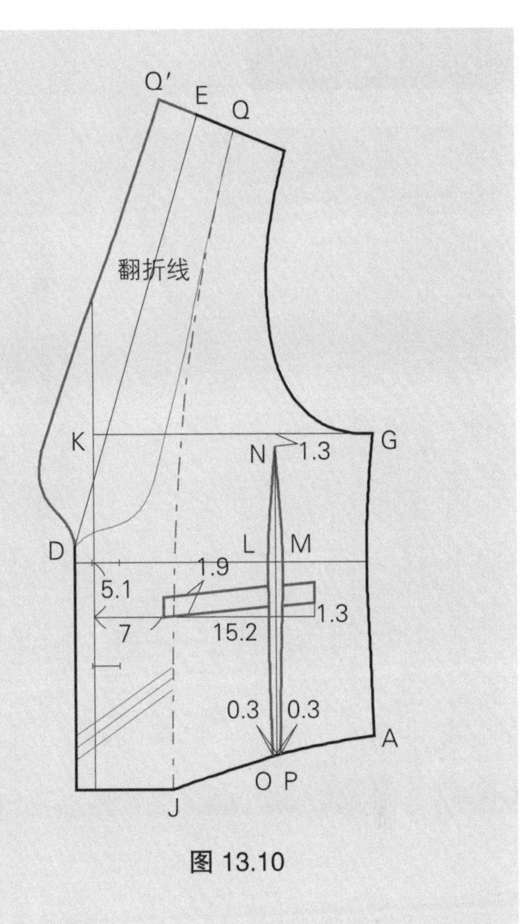

图 13.10

完成样板（图13.11）

- 前后片挂面应用。参照第七章“缝合式挂面”（P178~180）。
- 标记纸样。
- 标记丝缕线。根据设计意图和面料，可以改变丝缕线的方向。

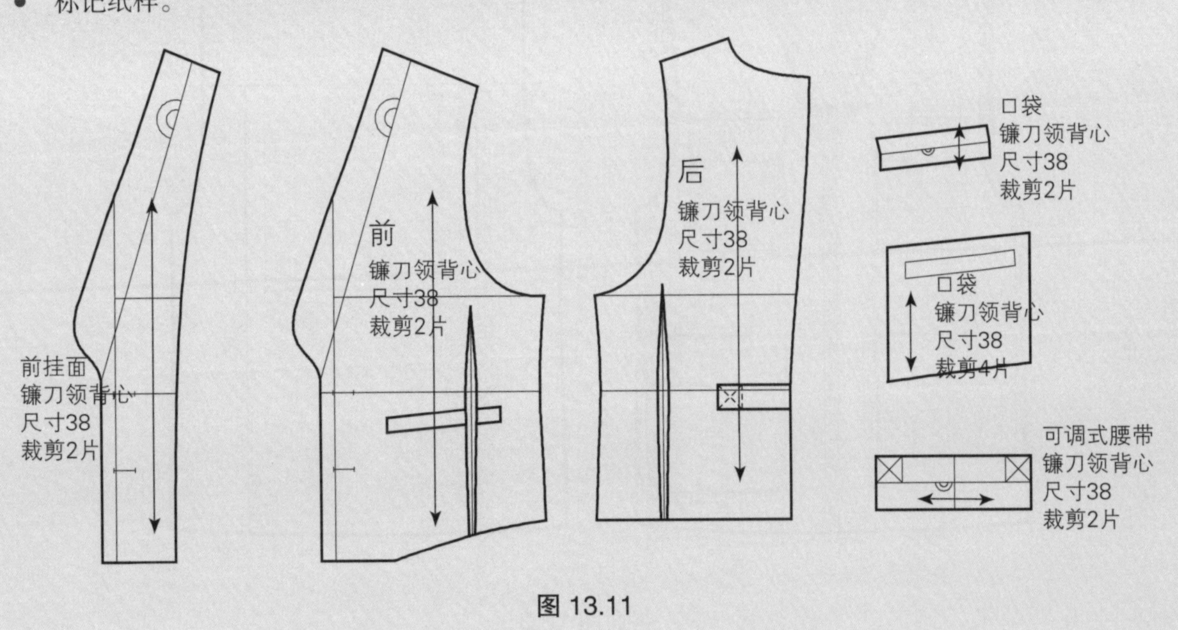

图 13.11

摄影师背心

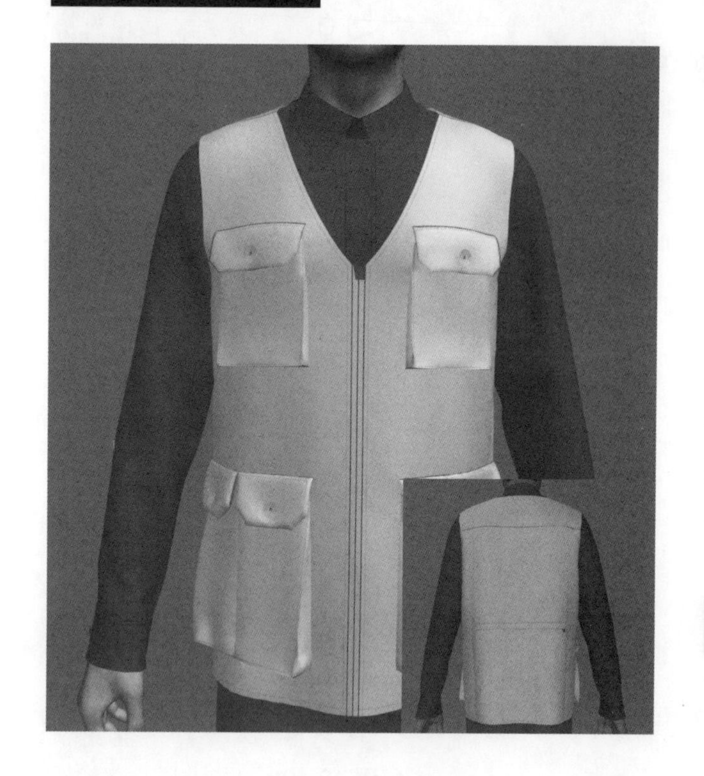

设计风格要点

摄影师背心——也是钓鱼者穿的背心——是一种功能性背心，它有很多实用的封闭口袋。在这个款式中，上衣身有两个箱型口袋，右下侧衣片有两个口袋，左侧有一个宽大的箱型口袋。在腰线部位拉链掩盖着两个口袋，在后背腰线有暗藏拉链的双嵌条口袋。在拉链口袋下方，公主片之间有一个口袋，袋口很大。

经典型款式

见平面图 13.3。

1. 前拉链
2. 前衣身有袋盖箱型口袋
3. V 形领
4. 缉明线前后育克
5. 后背褶裥
6. 装拉链嵌条口袋

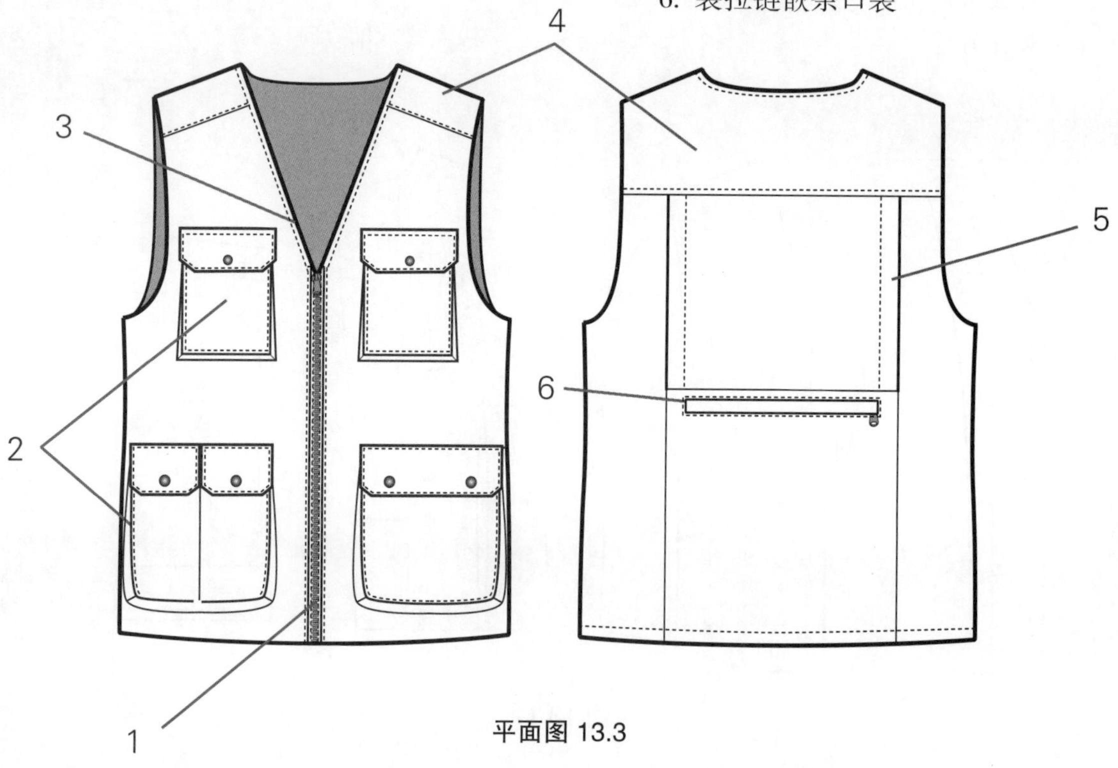

平面图 13.3

画后衣片（图13.12）

- 拓印经典合身型后衣片原型（图 2.17~ 图 2.21, P 34~37)。
- A = 新的后领窝点，从原后领窝点向下量 1.3~2.5cm。
- B－C = 从臀围线向下降落 2.5~5.1cm。
- D = 从 H.P.S. 量进 1.9~2.5cm。
- 画弧线连接 D 和 A 。
- E = 从 L.P.S. 量进 2.5cm。
- F = 从胸围线侧点向下量 3.8~5.1cm。
- E－F = 画袖窿弧线。
- G = 从腰围线侧点量进 0.6cm。
- 用光滑弧线连接 F、G 和 C。
- H = 原后领窝点和胸围线的中点。
- H－I = 育克线，从 H 画垂直线，到袖窿弧线。
- J = H－I 的 1/3 处，如图所示。
- J = 向后中线方向移动 J 点 0.6cm。
- J－K = 量出褶裥量(例 :1.9~2.5cm)，参照第七章“褶裥”（P181~184）。
- 从 K 画垂直线到底边。
- L = 褶裥止点，从腰围线沿着垂直线向上量 5.1~7.6cm。

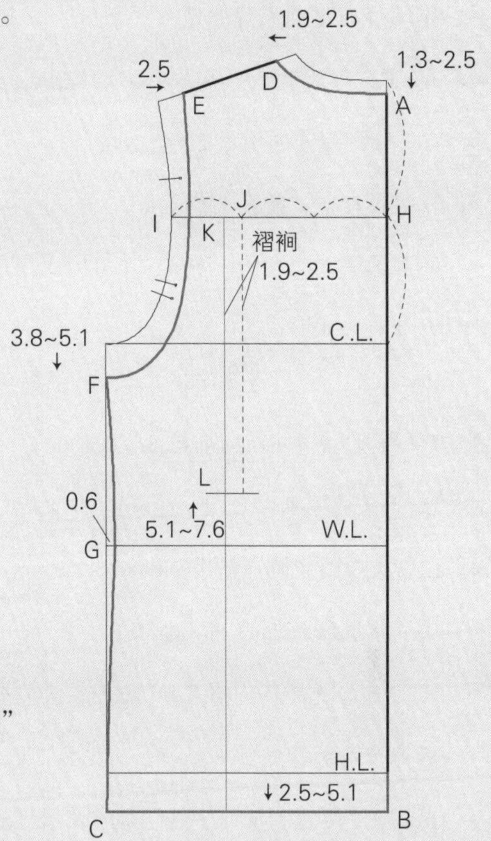

图 13.12

后衣身口袋（图13.13）

- M = 后衣片嵌线口袋位置。画线平行于腰围线，距离为 1.9~2.5cm，宽度为 10.1~12.7cm。然后标记嵌条口袋高度，尺寸为 1.9cm。在嵌条里面放置拉链。
- 参照第六章“嵌条口袋”（P165~168)。

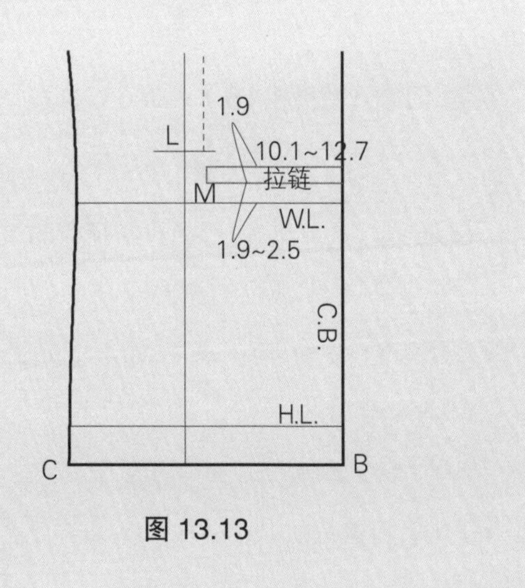

图 13.13

画前衣片（图13.14）

- 拓印经典型前衣片原型（图 2.17 ~ 图 2.21, P34~37)。
- A－B = 下降底边，其量与后衣片相同。
- C = 从胸围线向上量 2.5~5.1cm。
- D = 从 H.P.S. 量进 1.9cm。
- 画弧线连接 C 和 D，在 C－D 的中点凹进 0.6~1cm，如图所示。
- E = 从 L.P.S. 量进 2.5cm。
- F = 从胸围线侧点向下量 3.8~5.1cm。
- E－F = 从原袖窿弧线，画新的袖窿弧线。
- G = 从腰围线侧点量进 0.6cm。
- 画光滑弧线连接点 F、G 和 B 。
- H－I = 育克线，向下 5.1~7.6cm，画肩线的平行线。
- 标记拉链缝迹线。
- J = 袋盖位置，从前中线与胸围线交点量进 5.1cm，向上量 7cm，尺寸：宽 =11.4~12.7cm，高 =7.6cm。
- K = 口袋位置，从 J 向下量 1.9cm，量进 0.3cm。口袋尺寸：宽为 10.8~12.1cm，高为 12.1~14cm。

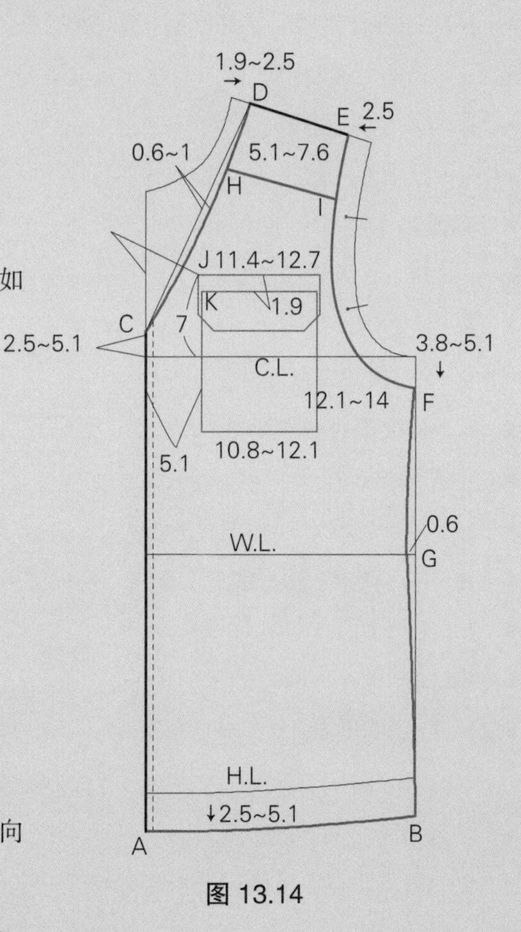

图 13.14

腰部口袋（图13.15）

- L = 袋盖位置，从前中线与腰围线交点量进 3.8cm，向上量 1.3~2.5cm，袋盖尺寸：宽为 17.8~20.3cm，高为 7.6cm。
- M = 口袋位置，从 L 向下 1.9cm 和量进 0.3cm。口袋尺寸：宽为 17.1~19.7cm, 高为 19.1~20.3cm。
- N = 袋盖宽的中点，从 N 垂直向下到口袋的底边。
- 设计袋盖和口袋的形状，如图所示。

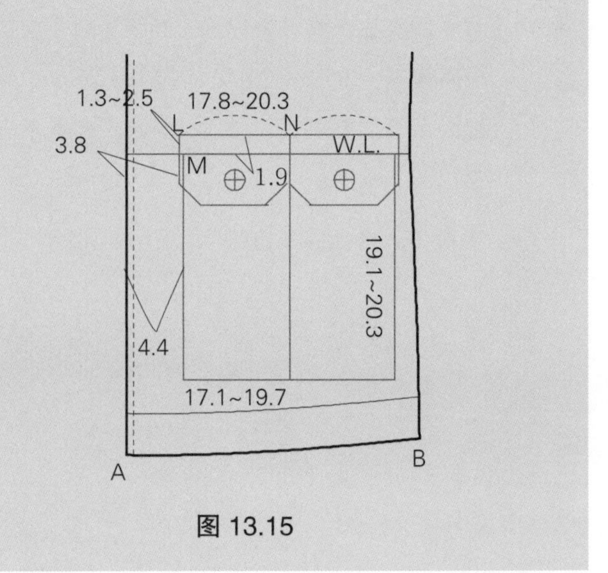

图 13.15

箱型口袋（图13.16）

- 关于箱型口袋细节，参照第六章“箱型口袋”（图 6.40 ~ 图 6.44, P171~173）。

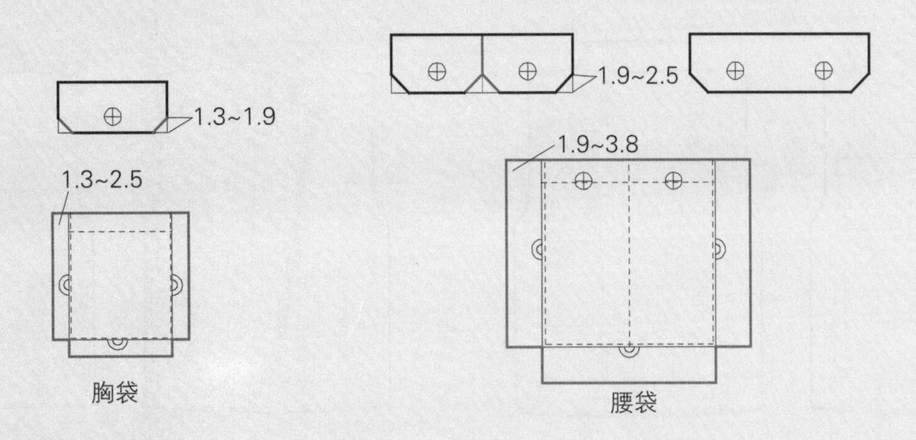

图 13.16

完成样板（图13.17）

- 前挂面应用。参照第七章“缝合式挂面”（P178~180）。
- 标记纸样。
- 标记丝缕线。根据设计意图和面料，可以改变丝缕线的方向。

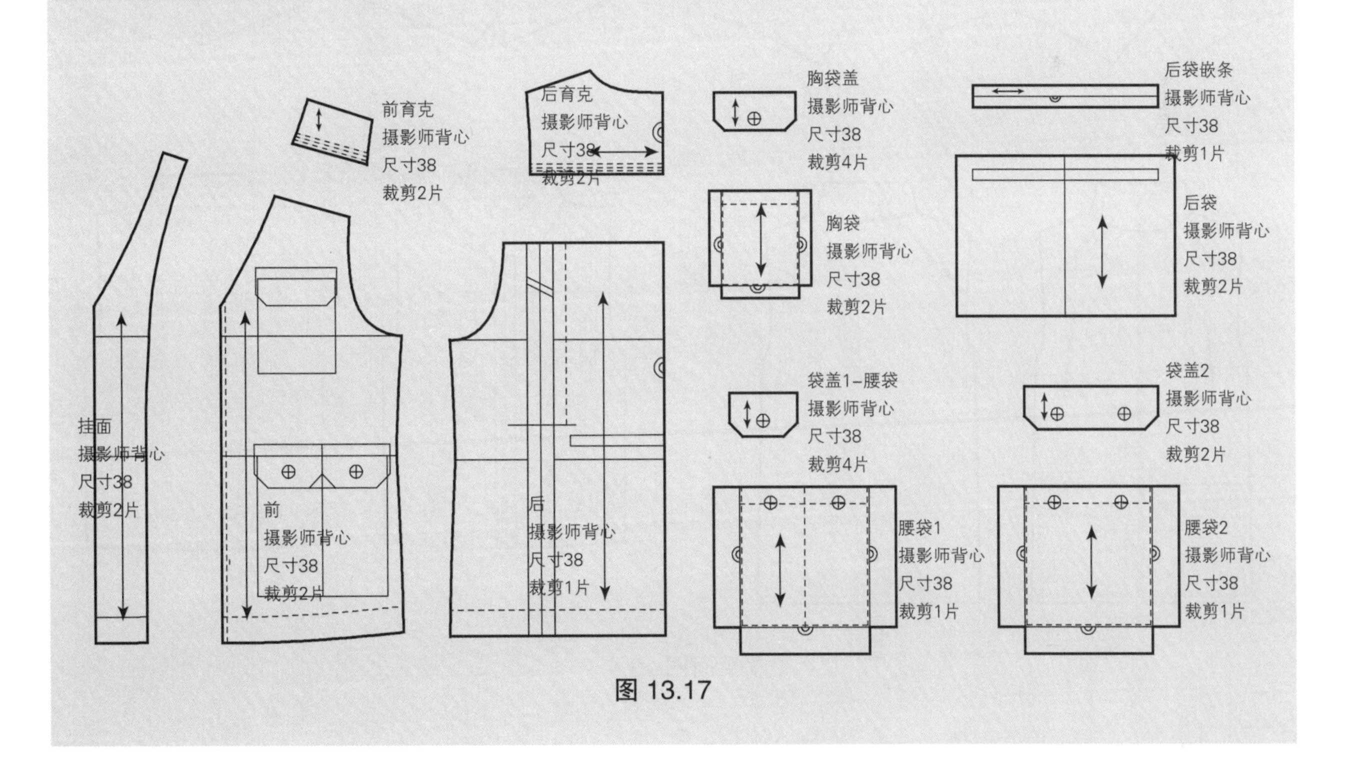

图 13.17

背心设计变化

见平面图 13.4。

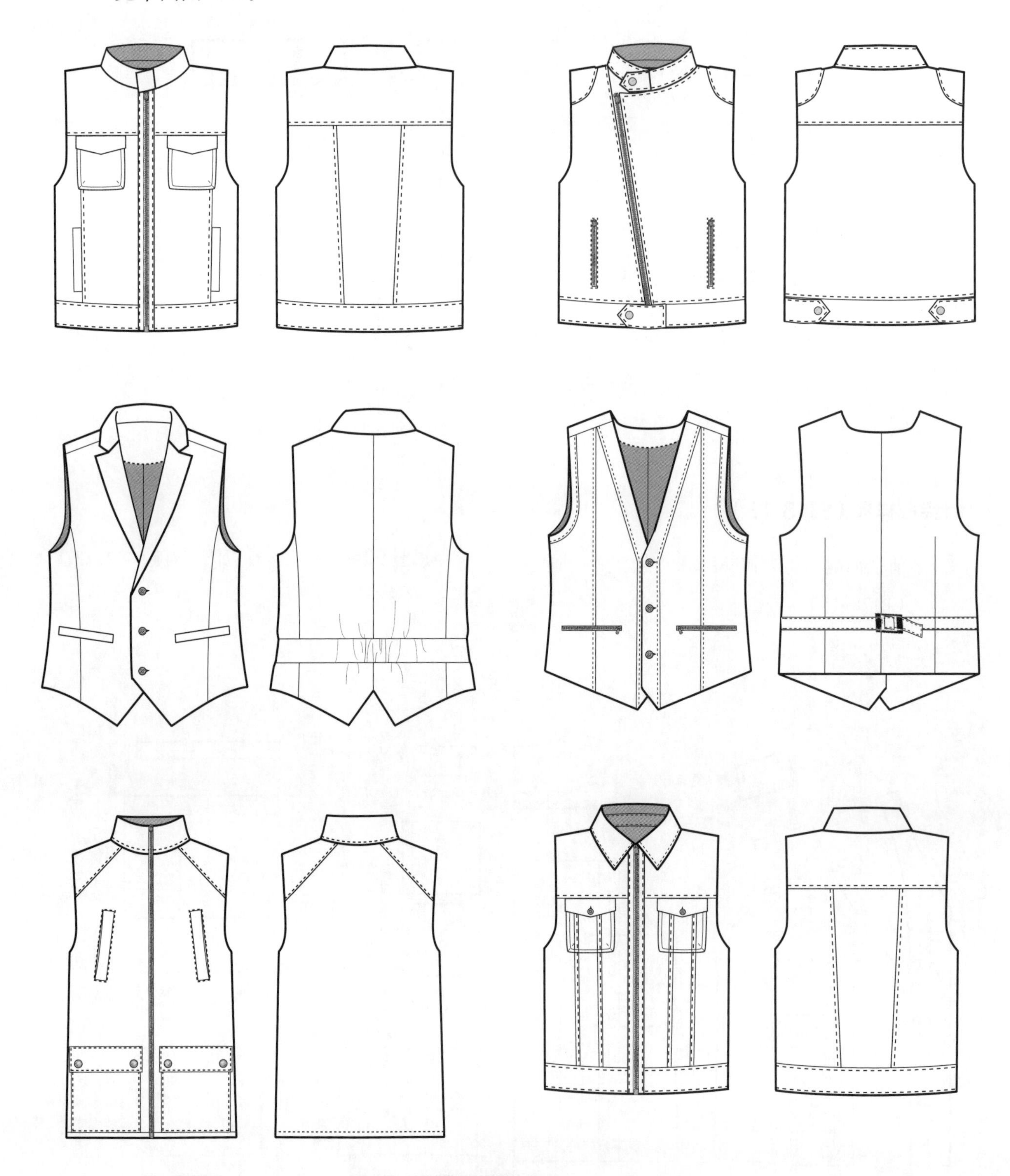

平面图 13.4

第三部分：针织面料设计变化

第十四章

平针针织面料躯干原型和上衣

I. 针织面料纸样的特征

从总体上说，针织面料原型可以应用到多种针织面料的款式设计，但是，本书的设计意图和目的主要集中于平针织物（jersey）的纸样制作。“jersey”一词来源于英国和法国之间Jersey岛屿，jersey面料首先在那里生产。像所有针织面料那样，平针织物可以采用各种材料生产，从棉和麻等天然纤维，到聚酯和尼龙等合成纤维，还有黏胶（rayon）和醋酸人造丝（acetate）等再生纤维。针织面料与梭织面料一样有很多种类，而且有独特的特征优势，因而得到不断的发展。

针织面料的特征是它固有的弹性、柔软性和舒适性，因此很适合制作悬垂性好的服装。拉伸是其最重要和独特的性能，因为在织造时采用一系列互锁线圈，所以在不同方向上都可以拉伸，其穿着的舒适性远远超过细密的梭织面料。

T恤就是采用平针针织面料制作的最受欢迎的服装，特别是棉质单面平针织物。T恤通常采用轻型棉质纱线，根据纱线粗细将单面平针棉织物分类（20支、30支、40支、60支等），数字越大，纱线越细，面料越轻薄。T恤经常采用的纱线支数在30支到40支范围内。

另一方面，一个复杂的问题是针织面料的弹性。弹性针织面料的种类很多，弹力大小也有所不同，主要由面料包含的氨纶和莱卡百分比决定。拉伸范围可以是2%~25%，但是，弹性平针织物服装采用最常规标准的弹力针织面料，拉伸范围是3%~5%。

因为针织面料的类型和弹性影响针织面料的纸样设计，此书中定义非弹力针织面料为30~40支单面棉平针织物，而弹性平针织物弹力为3%~5%的平针织物。原型中需要说明弹性度和松量。最值得注意的是，本书这部分设计变化是以经典平针织物/针织面料服装为特征，这里包含的样式还可以采用非针织面料制作。如果样板师从针织面料原型开始，可以采用任意梭织面料进行设计变化。例如，休闲夹克可以采用厚双螺纹针织面料，或者蝙蝠袖衬衫采用T恤的平针面料，衣领采用罗纹口。

针织面料纸样

由于针织面料的特征，缝纫针织面料的方法也与缝纫梭织面料的方法不同。一般来说，针织面料采用双链式线迹缝纫机，而梭织面料采用平缝缝纫机。双链式线迹缝纫机，类似于钩纱线迹，用于针织面料是因为这种针法使线迹能够拉伸，缝制过程中有伸缩性，使服装穿着更加舒适。在缝制时，这种线迹比平缝更快速和简便，因为双链式线迹缝纫机主要针对平针和其他针织面料，因为面料有弹性，很少使用于挂面和衬里。

制作针织面料样板的样板师应该考虑这些缝纫方法。此外，针织面料服装的纸样必须考虑尺寸的增大，因为在缝制以后，服装通常变大。为了避免这种情况发生，事先就要将纸样缩小。在缝纫后服装变大的区域包括肩部、胸围、臂围、底边线（衣身和袖口）、袖窿和袖山弧线（图14.1）。由于与水平方向围度相关的区域长度会变长，因此，垂直长度方向上要缩短一些。

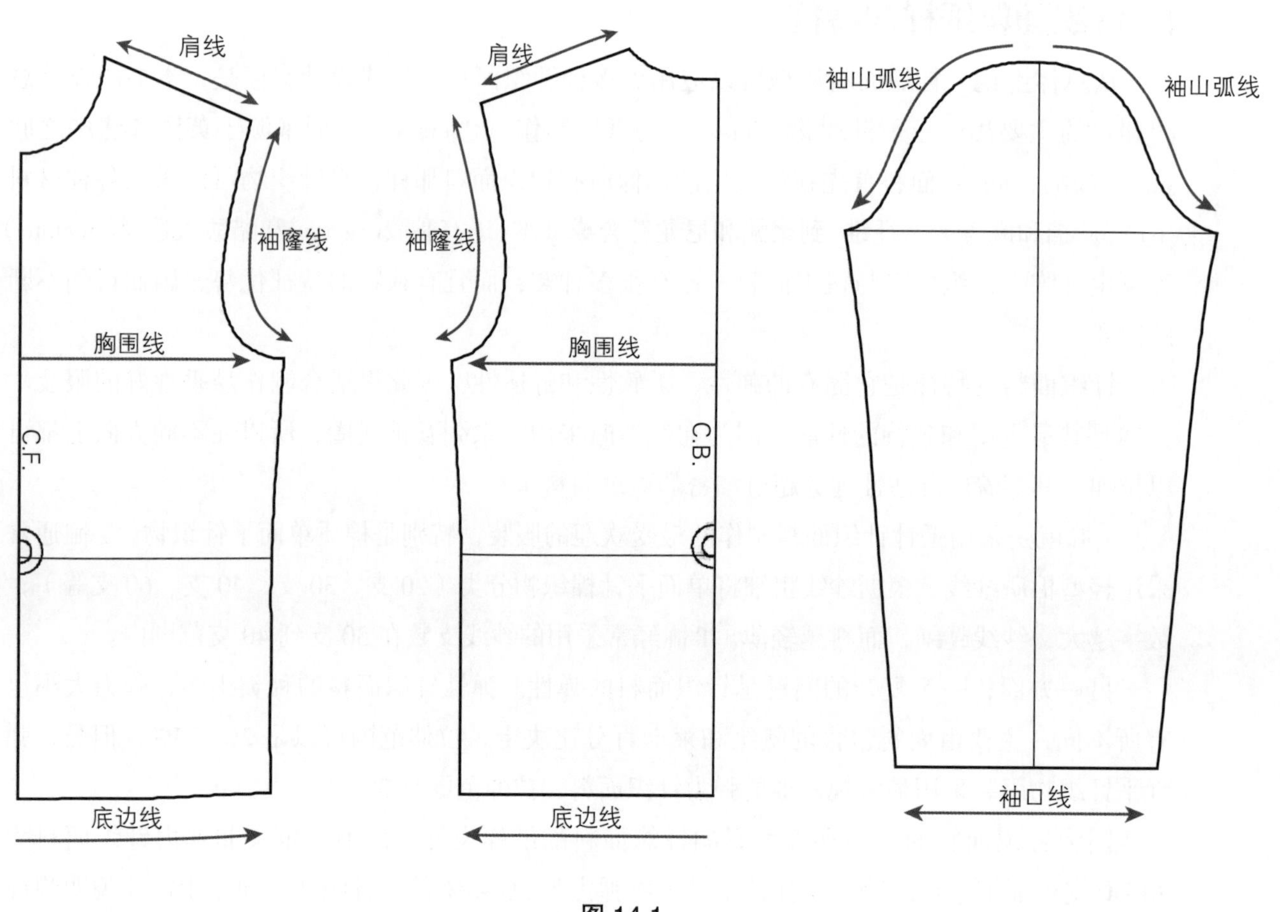

图 14.1

梭织和针织面料原型纸样的差别

由于梭织和针织面料的不同特征，当制作原型时它们有差别。最大差别是水平方向的围度：前横开领宽、后横开领宽、胸围、腰围、底边、臂围和袖围，如图 14.2 所示。梭织面料原型比针织面料原型大。针织面料原型在长度上也比梭织面料原型短：如前领深、袖窿深、前衣摆长和袖山高。此外，由于针织面料比梭织面料有更多的弹性，因此针织面料不需要太多的松量。

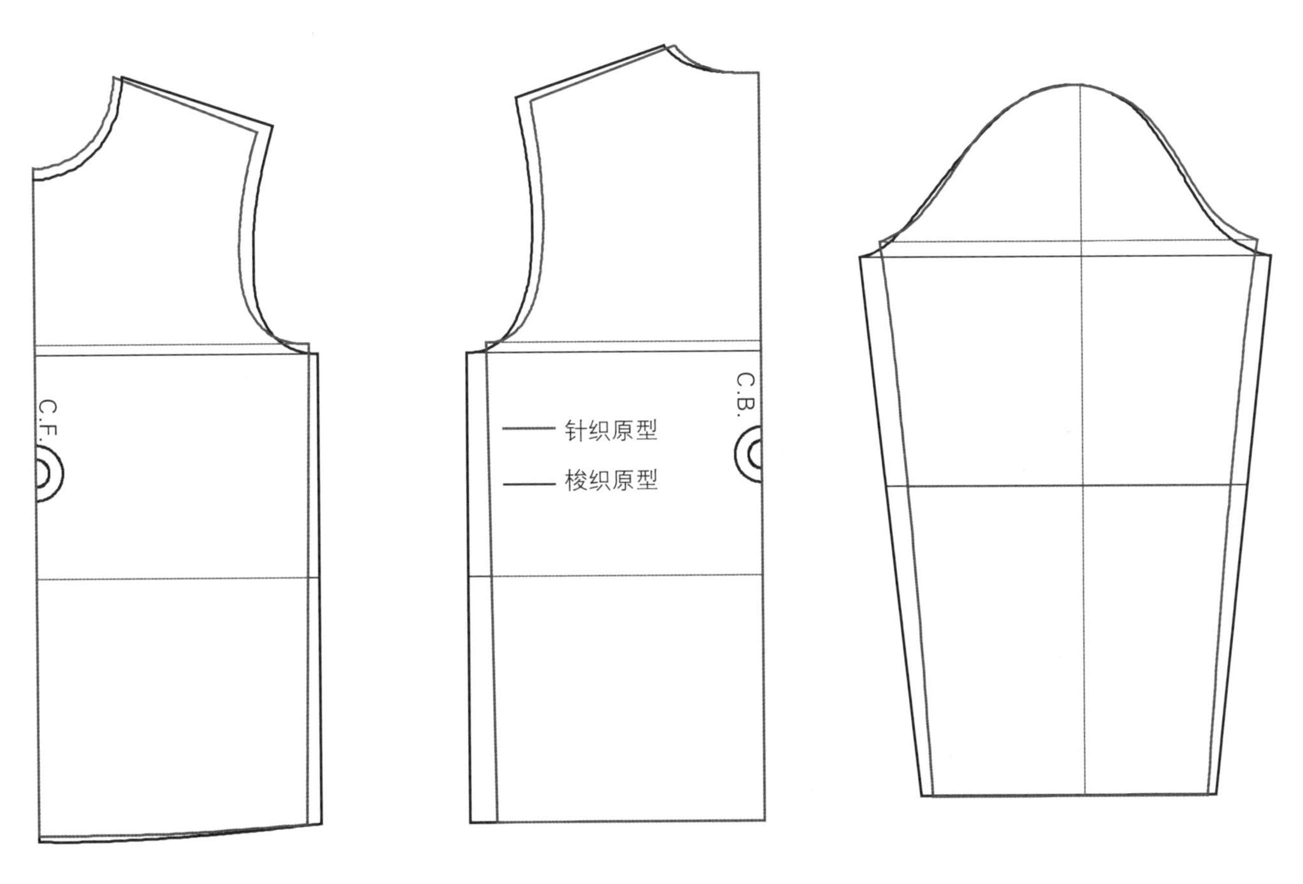

图 14.2

II. 修身型原型与经典型原型

针织面料修身型原型与经典原型

就像梭织面料的修身型原型与经典合身原型需要变化一样，针织面料也是如此（见表 2.1）。针织面料修身型原型或纸样胸围有 5.1cm 或更少的松量，针织面料经典合身型原型或纸样胸围有 5.1cm 或更多一些的松量。为了方便起见，在这本书中，针织面料经典合身型原型或纸样比修身型原型或纸样总体上大 5.1cm，这样经典合身型原型或纸样在胸围就有 10.1cm 松量。

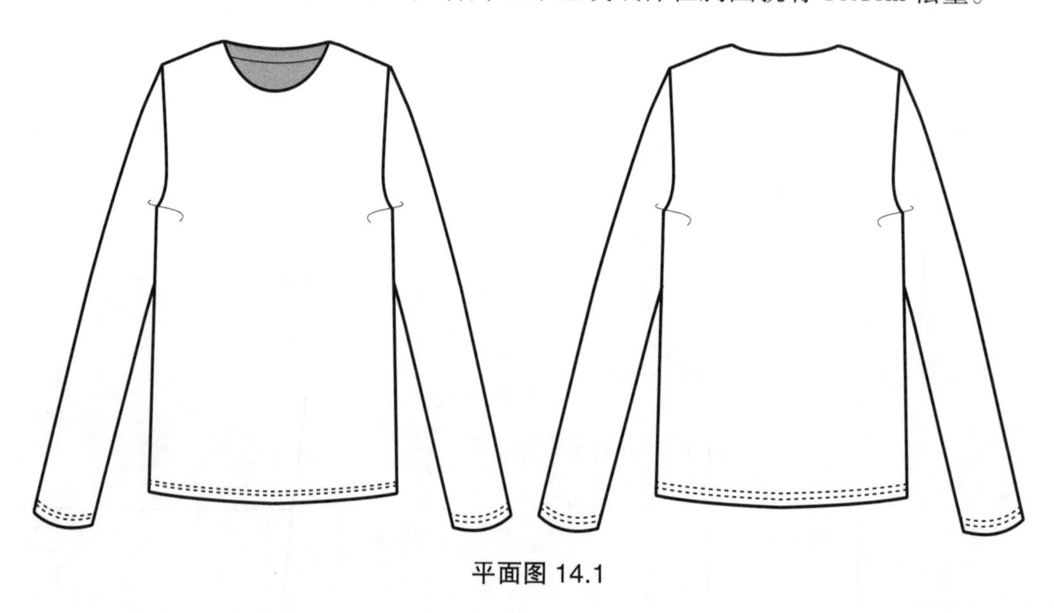

平面图 14.1

在提供的空格里记录你自己的尺寸。参照第一章“量体”（P8~12）。你还可以参照表 1.4~表 1.6 的尺寸作为参考（P 14~16）。

表 14.1　针织面料躯干原型必要尺寸　　单位：cm

身体部分	参照尺寸（正常体—38R）	你的尺寸
胸围	96.5	
后袖窿深	40.6	
肩宽	43.8	
臂长	63.2	
臂围	32.4	
身高	177.8	
原型总长	67.6	

修身型躯干原型

躯干原型

画前后衣片（图14.3）

- D－A＝(胸围/2)＋2.5cm。
- D－C＝[(身高/4)＋1cm]＋身高/8。
- D－A－B－C＝画长方形，如图所示。
- A－B＝后衣身长（C.B.）。
- C－D＝前衣身长（C.F.）。
- A－E＝胸围/4 ±（0~1.9cm）。

使用下列表格中公式作调整。　　　　单位：cm

胸围	公式	胸围	公式
86.4~91.4	胸围/4 + 1.3	101.6~106.7	胸围/4 － 0.6
91.4~96.5	胸围/4 + 0.6	106.7~111.8	胸围/4 － 1.3
96.5~101.6	胸围/4 + 0	大于111.8	胸围/4 － 1.9

- A－F＝身高/4＋1cm。
- F－B＝身高/8。
- E－G，F－H＝从点E和F画垂直线到前中线，标记为G和H。
- E－G＝胸围线（C.L.）。
- F－H＝腰围线（W.L.）。
- B－C＝臀围线（H.L.）。
- E－I＝胸围/6＋（3.2~3.8cm）。
- I－J＝后袖窿深线，从I画线与A－D相交。
- G－K＝I－E的宽 －1.3cm。
- K－L＝前袖窿深线，从K画线与A－D相交。
- M＝E－G的中点。
- M－N－O＝侧缝线，从M画垂直线到线BC(N是与F－H的交点，O是与B－C的交点）。

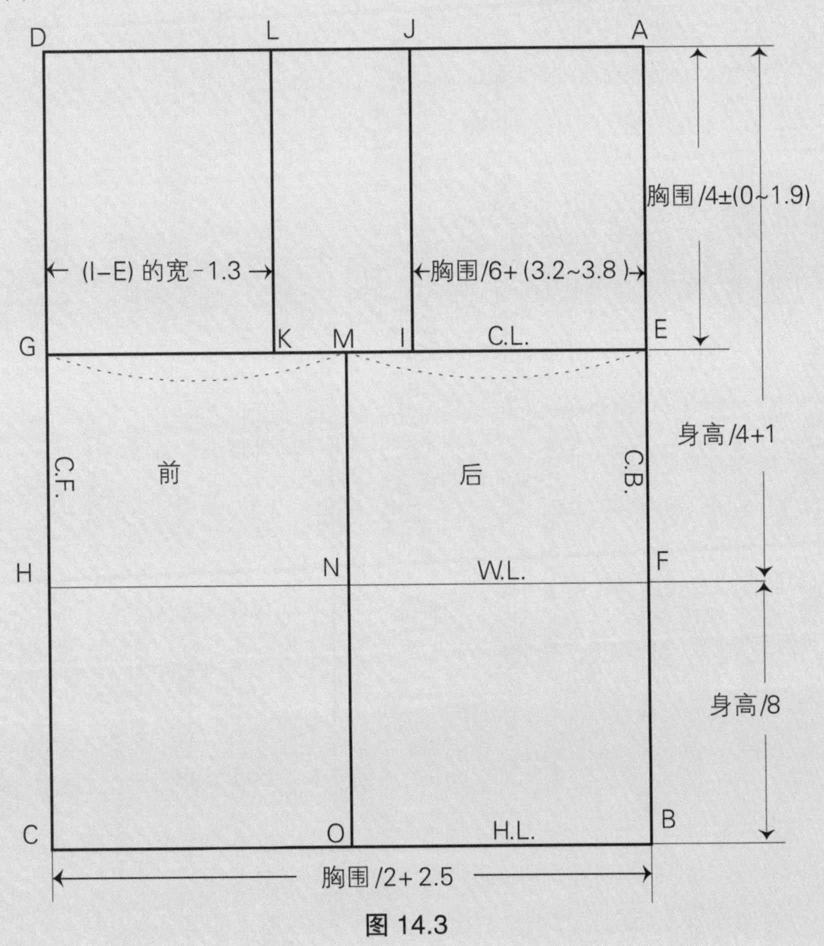

图14.3

画后领口弧线和袖窿弧线（图14.4）

- A－A′= 后领宽，胸围 /12。
- A′－B′= 向上量 A－A′ 的 1/3。
- 从 A 到 A－A′ 的 1/3 处画直线，然后渐渐地画弧线到 B′，完成后领弧线。
- J－C′= 垂直向下 1.9cm。
- B′－C′= 后肩斜，画直线。
- B′－D′= 肩长，C′ 延长 1cm。
- D′－E′= 画水平线，与后中线（A－B）垂直。
- F′= C′－I 的中点。
- F′－ G′= 向下 1.3cm。
- I－H′= 在 I 点画 45° 线，长度为 I－M 的一半。
- 渐渐画弧线，连接点 D′、F′、G′、H′ 和 M，完成后袖窿弧线。

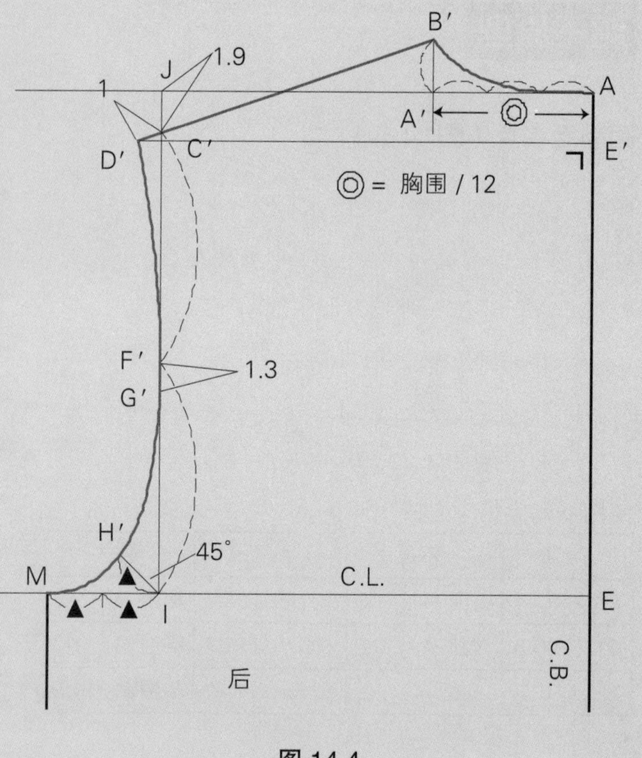

图 14.4

画前领弧线（图14.5）

- D－I′= 前领深，使用后领宽（◎）＋0.6cm。
- I′－J′= 前领宽，从 I′ 画垂直线，是后领宽（◎）－0.3cm。
- J′－K′= 从 J′ 到 D－L 画垂直线。
- L′ = K′－I′ 的中点。
- L′－M′= 在 L′ 画垂直线，长度为 1.9~2.2cm。
- 渐渐画弧线，连接点 K′、M′ 和 I′，完成前领口弧线。

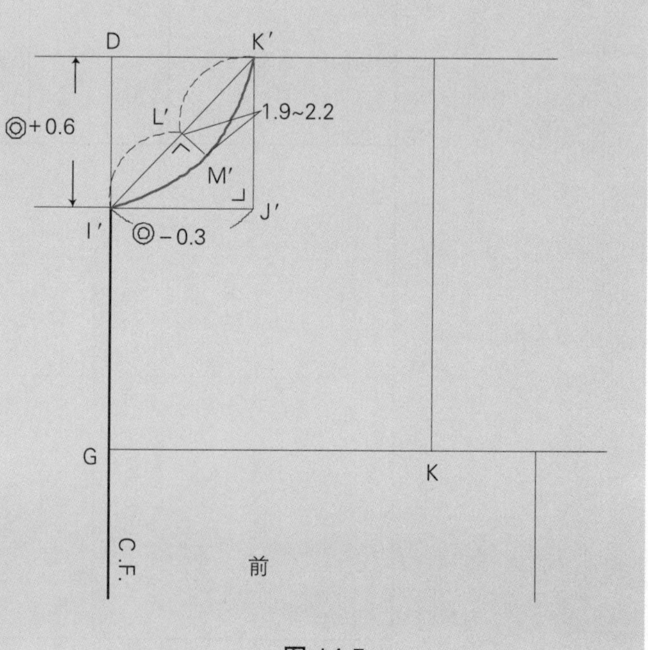

图 14.5

前肩线和袖窿弧线（图14.6）

- K′－N′= 前肩斜线，从 L 向下量 4.4cm。

注释：一般来说，针织面料的前肩斜比梭织面料前肩斜要更斜。这是因为针织面料固有的拉伸，样板师在裁剪之前要折叠多余的量，使前袖窿线看上去更漂亮，在前胸和颈部周围没有牵扯。

- 从线 K′－N′ 延伸，超出 N′。从 K′ 量取与后肩线相等的长度，找到 O′ 。
- P′= N′－K 的中点向下 2.5cm。
- K－Q′= 从 K 画 45° 线，长度为 I－H′ 的长度 −0.3cm。
- 渐渐画弧线，连接点 O′、 P′、Q′ 和 M，完成前袖窿弧线，在端点 M 成直角。

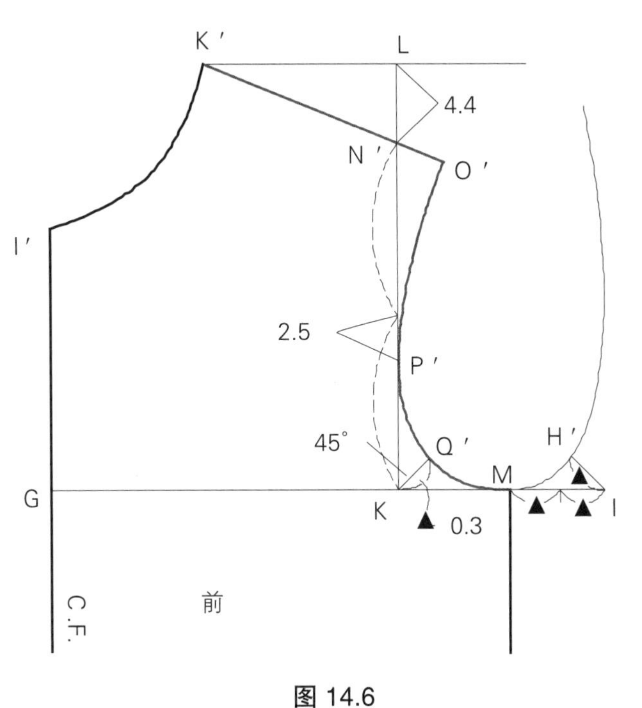

图 14.6

完成样板（图14.7）

- O－R′, O－S′= O 向外量 0.6cm。
- M－R′= 前侧缝线。
- M－S′= 后侧缝线。
- C－T′= 前下落长度，从 C 延伸前中线 0.6~1cm，画微弧线 T′－R′。

注释：前下落长度是在前底边的增量，确保悬垂时与后底边线平行——特别是没有胸省的情况下。不同个体的体型，长度有所不同。

- 如图所示做刀眼。参照第二章表 2.5、表 2.6（P30）和图 2.14（P31）。

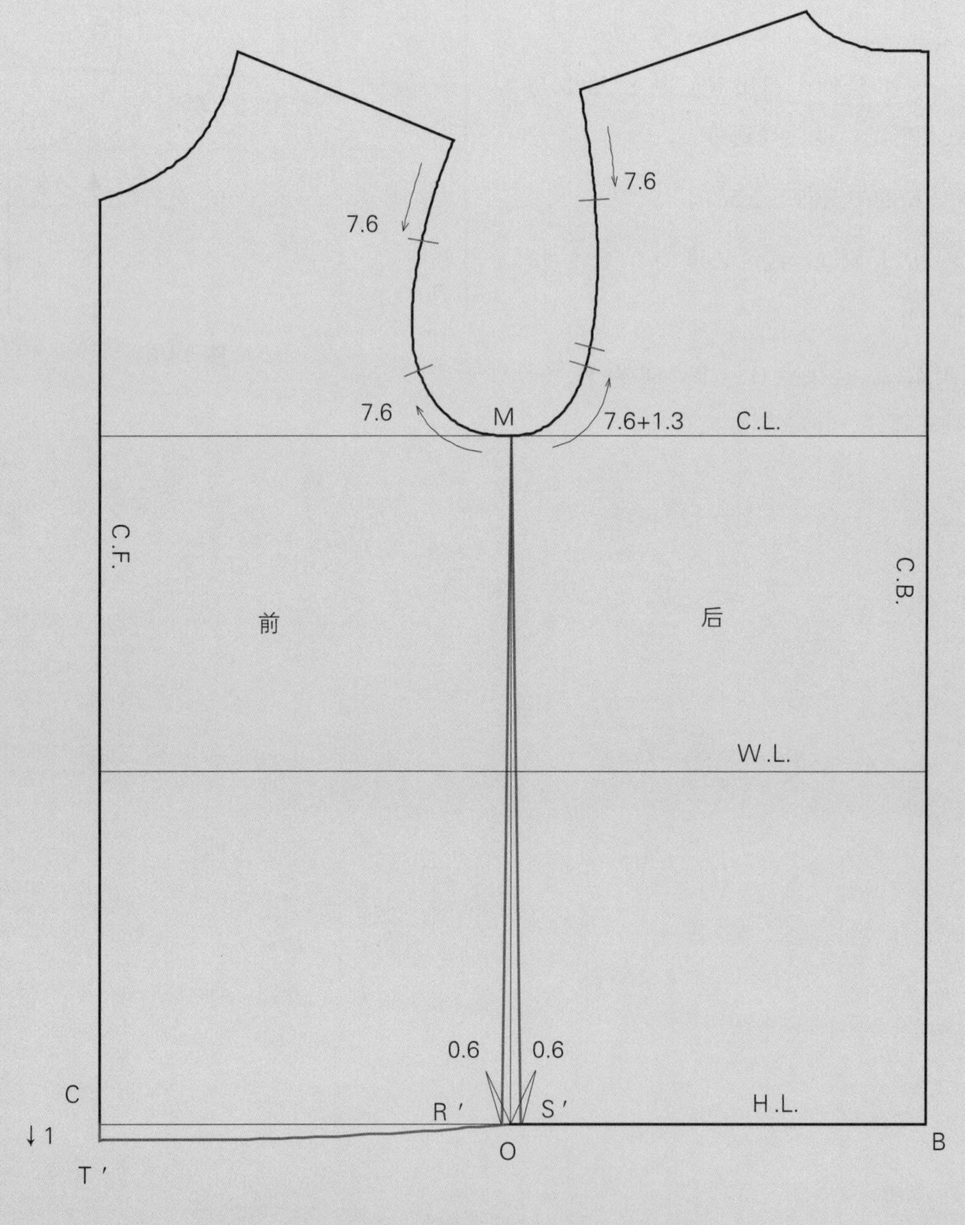

图 14.7

袖原型

袖原型特别部分，参照第二章“袖子原型”图 2.5~ 图 2.7（P26~27）。

为了画袖原型，要准确地测量前后袖窿弧长。表 14.2 为 38R 针织面料袖原型的必要尺寸。

表 14.2 针织面料袖原型的必要尺寸 单位：cm

身体部分	参考尺寸 (正常体型 38R)	你的尺寸
前袖窿弧长	23.2	
后袖窿弧长	24.8	
袖长	63.2	
臂围	32.4	

画袖片（图14.8）

- A－B＝袖长，为手臂长＋ 2.5cm, 在 B 的两侧直角画出。
- A－C＝袖山高，为袖窿 /4 ＋ 1.9cm，从 C 的两侧直角画出。
- D＝肘线，从 B－C 的中点向上 3.8cm。
- A－E＝前袖窿长（F.A.H）－ 1.3cm。
- A－F＝后袖窿长（B.A.H）－ 1cm。
- E－G, F－H＝从 E 和 F 画垂直线，到在 B 点的腕围线，交点分别为 G 和 H。
- J, I＝在 D 点的两侧画直角线，与 F－H 和 E－G 的交点分别为 J 和 I。

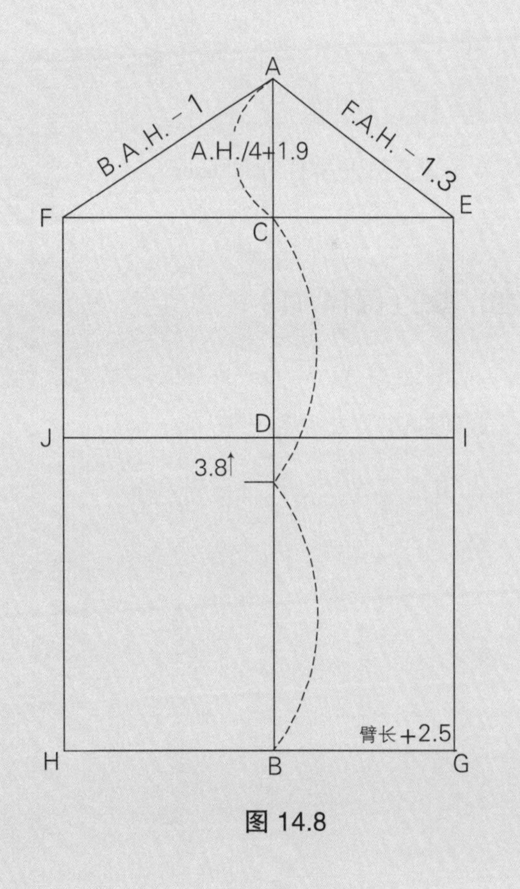

图 14.8

画前袖山弧线（图14.9）

- K, L = A－E 的 1/3 的三等分点。
- K－M = 从 K 画垂直线 1.6~1.9cm。
- N = L－E 的中点。
- N－O = 从 N 画垂直线 1cm。

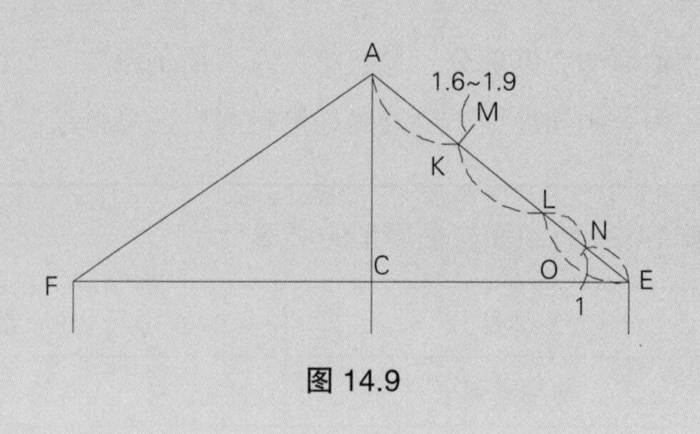

图 14.9

画后袖山弧线（图14.10）

- P, Q, R = A－F 的 1/4 点四等分点。
- P－S = 从 P 画垂直线 1.9~2.2cm。
- Q－T = 从 Q 画垂直线 1.3~1.6cm。
- U = 从 R 点，沿着线 A－F 垂直向上 0.6~1.3cm。
- V = F－R 的中点。
- V－W = 从 V 垂直向下 0.6cm。

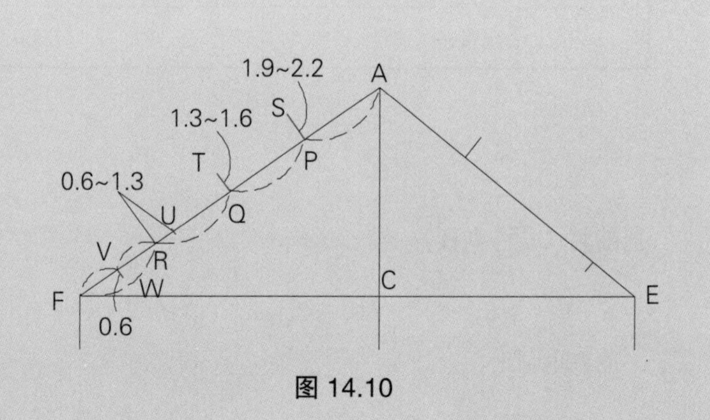

图 14.10

袖山弧线（图14.11）

- 光滑连结 A、M、L、O 和 E，完成前袖山弧线。
- 光滑连结 A、S、T、U、W 和 E，完成后袖山弧线。

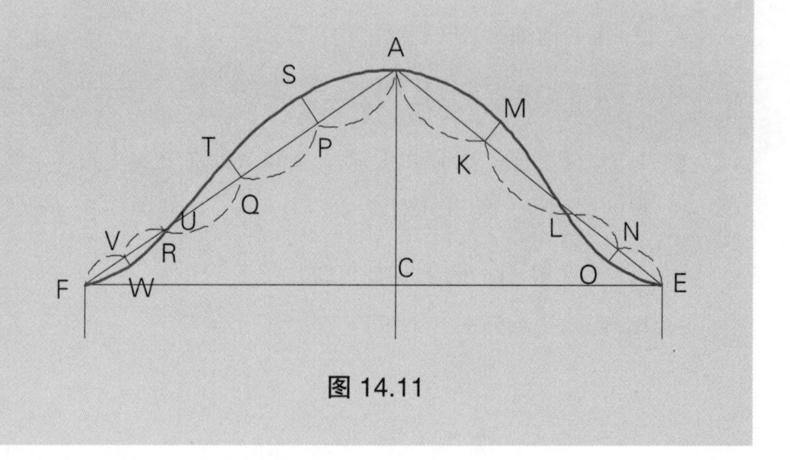

图 14.11

袖下线和刀眼（图14.12）

- H－X, G－Y＝在腕围线上，从H和G量进6~6.7cm。
- F－X, E－Y＝画直线。
- A′= 从E－Y的1/4点画垂直线0.3~0.6cm。
- B′= 从F－X的1/4点画垂直线0.3~0.6cm。
- 画微弧线连接E、A′和Y完成前袖下线。
- 画微弧线连接F、B′和X完成后袖下线。
- 设置刀眼，如图所示。参照第二章表2.5、表2.6（P30）和图2.13~图2.15（P31~32）。

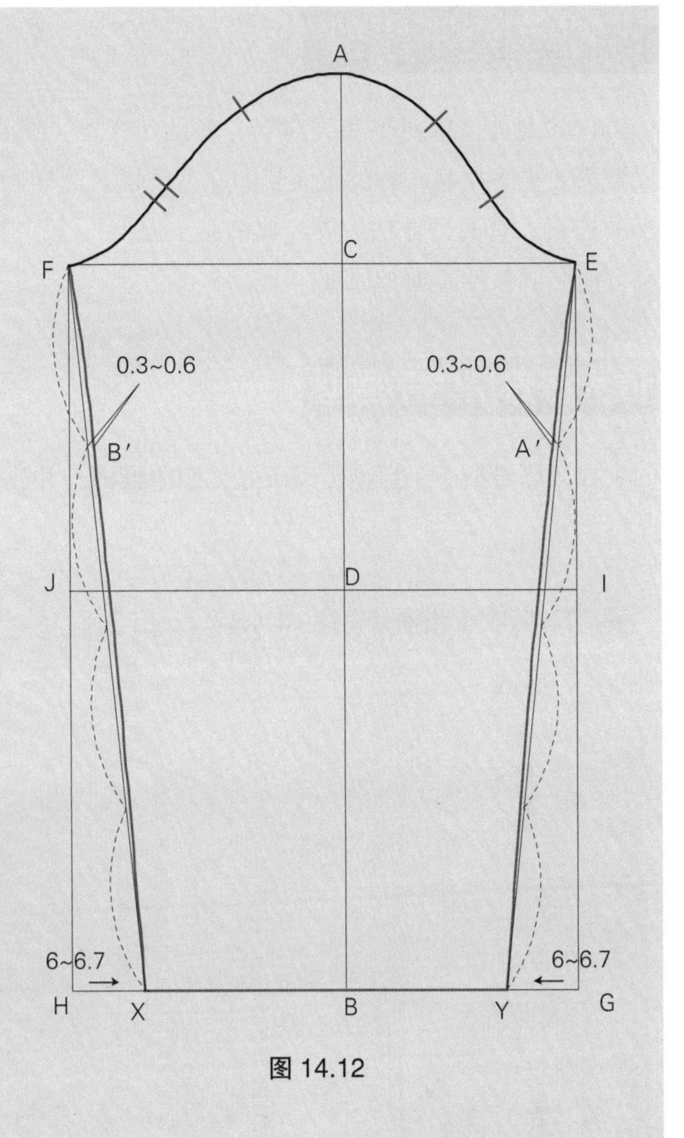

图14.12

经典型躯干原型

正如之前“修身型和经典合身型的定义”（第二章，P19~20）中讨论，经典型比修身型原型需要更多松量，在针织面料的原型中也是这样。因此，为了制作经典型原型，纸样需要更多的松量。有两种方法发展经典型躯干原型，第一种方法是放大修身型原型纸样尺寸，第二种方法是画新的经典型原型。

放大修身型躯干原型

如果修身型躯干原型已经画好，拓印纸样，并放大，使得适合经典型的松量。

画前、后衣身和袖片（图14.13）

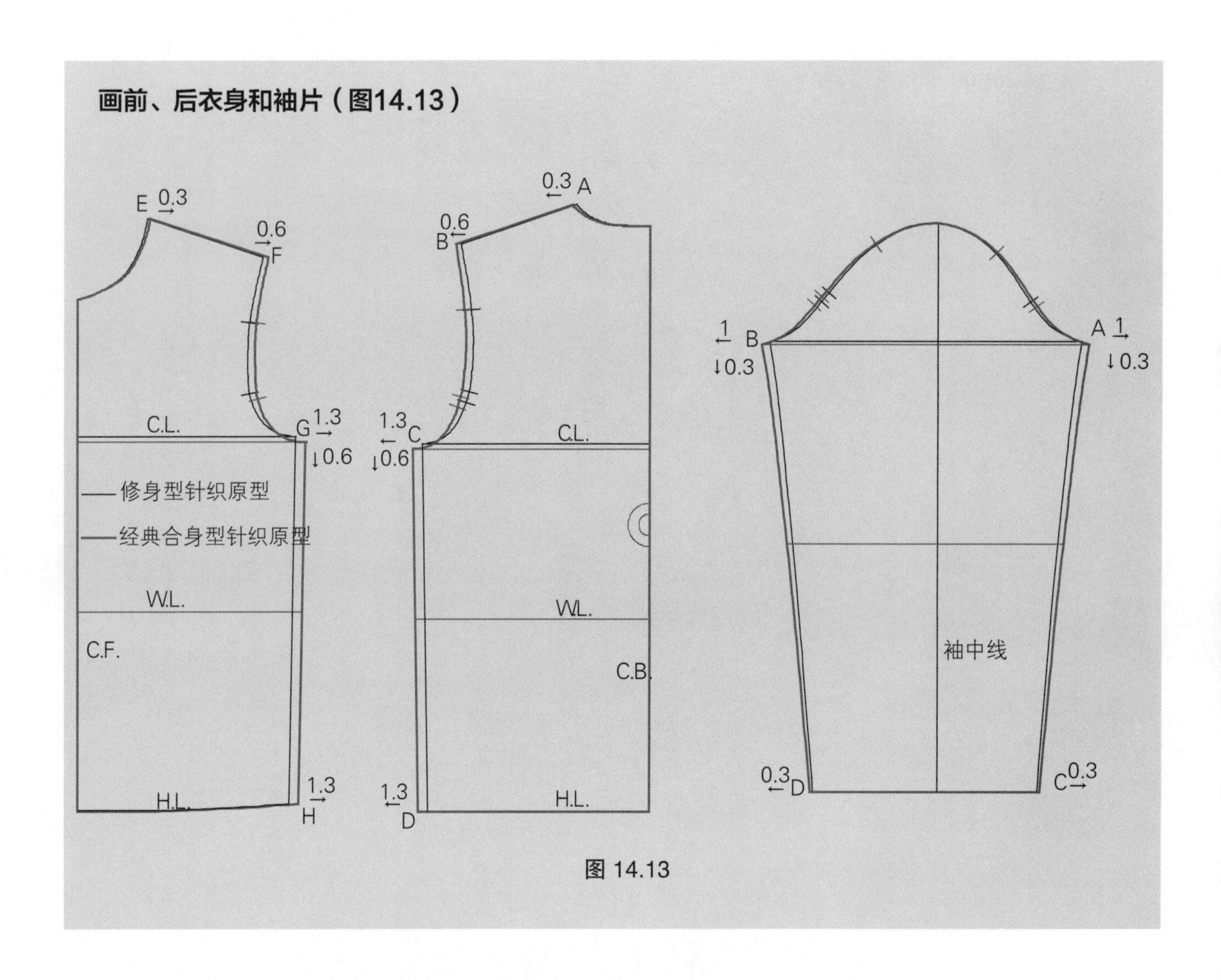

图 14.13

制作新的经典型原型

如果没有修身型原型，直接制作经典型原型。为了设计经典型原型，使用修身型针织面料原型的方法（图 14.3~ 图 14.7，P397~400），但需要按照下面步骤作一些调整。

画经典型前后衣身（图14.14）

- D－A = 胸围 /2 ＋ 5.1cm。
- D－C =（身高 /4 ＋ 1cm）＋ 身高 /8。
- D－A－B－C = 画长方形，如图所示。
- A－E = 胸围 /4 ±（0~1.9cm）。

使用下面表格中的公式调整　　单位 : cm

胸围	公式	胸围	公式
86.4~91.4	胸围 /4 ＋ 1.9	101.6~106.7	胸围 /4 － 0
91.4~96.5	胸围 /4 ＋ 1.3	106.7~111.8	胸围 /4 － 0.6
96.5~101.6	胸围 /4 ＋ 0.6	大于 111.8	胸围 /4 － 1.3

- E－I = 胸围 /6 ＋ 3.8~4.4。

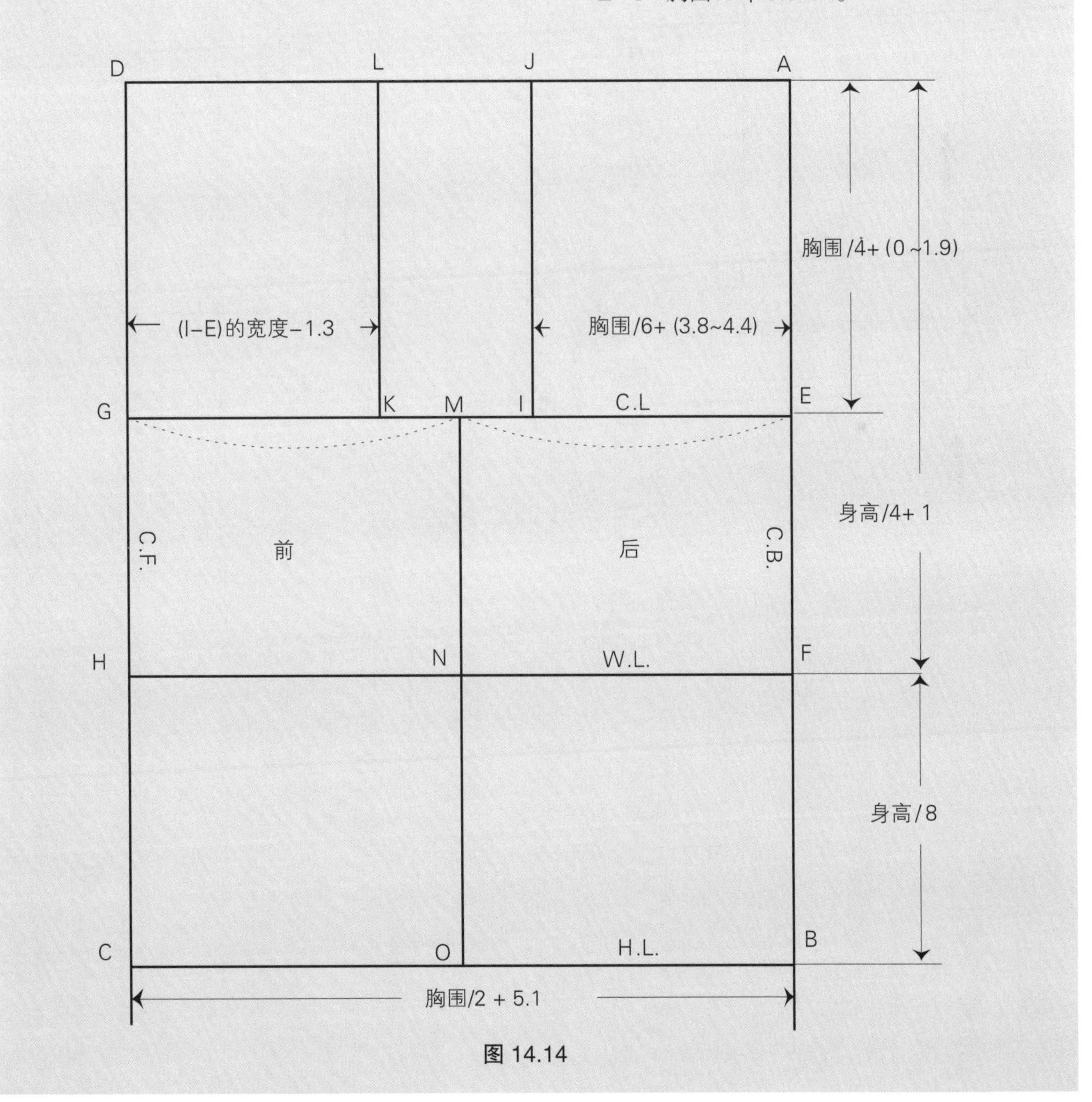

图 14.14

画前、后衣身和袖片（图14.15）

- A－A′= 后领宽，为胸围 /12 ＋ 0.3cm。
- 为了画经典型袖原型，按照修身型袖原型的方法，见图 14.8~ 图 14.12（P 401~403）。

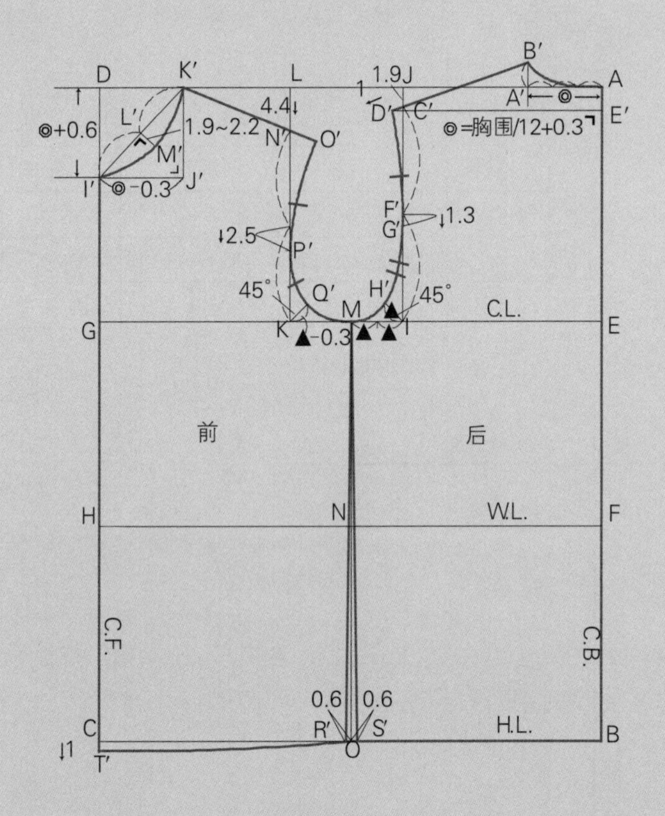

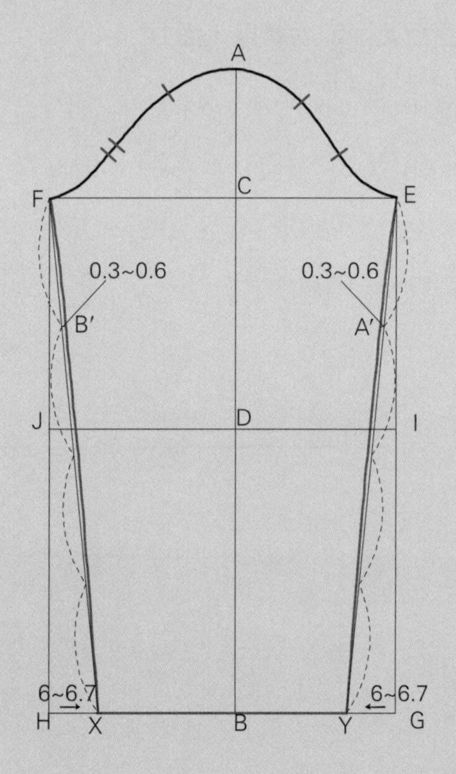

图 14.15

III. 设计变化

下面部分解释了针织面料原型的一些可能的变化设计（基于功能性和时尚性），为了加快下面纸样的制作过程和方便了解制作纸样，需要定义一些关键元素。

首先，这章阐述了两种不同风格原型：修身型和经典型。每种风格服装有不同的功能性，在设计的时候应该考虑这些因素。

修身型针织服装显示了穿着者的体型（不同程度上），在运动服的情形下有压迫感。宽松型或经典型针织面料服装给穿着者提供舒适和宽松的状态。下面的设计是这两种原型的变化，使用这些指导完成以下的变化设计。

长袖 T 恤

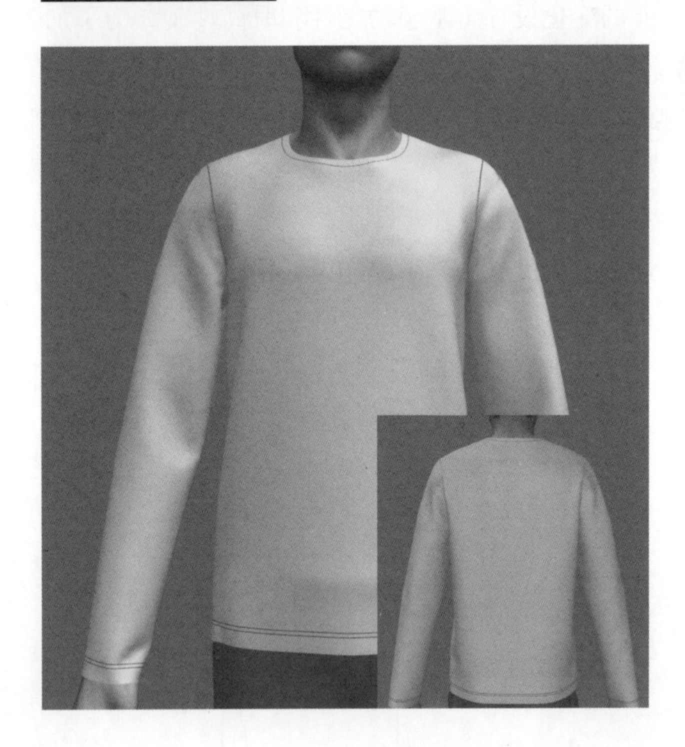

设计风格要点

当T恤衫平放时很像字母“T”的形状，因此而得名。它的纸样很简单，只需少量的操作。这种款式有标准的小圆领。正因为样式如此简单，它有很多变化的可能，也可以成为其他设计的原型。

修身型款式

见平面图 14.2。

1. 嵌条圆领
2. 长袖
3. 双明缉线

平面图 14.2

画后衣片（图14.16）

- 拓印针织面料修身型后衣片原型（图14.3~图 14.7, P397~400）。
- A = 从后领窝点向上 1.3cm，重新画领口弧线。
- B－C = 臀围线下降 1.3cm。
- D = 胸围线侧点。
- E = H.P.S.
- A－F, E－G = 衣领嵌条宽度(例: 2.2cm)。
- F－G = 剪去衣领嵌条后，新画的领线。
- 标记下摆表面的双明缉线，离底边距离为 1.9cm 和 2.5cm, 如图所示。

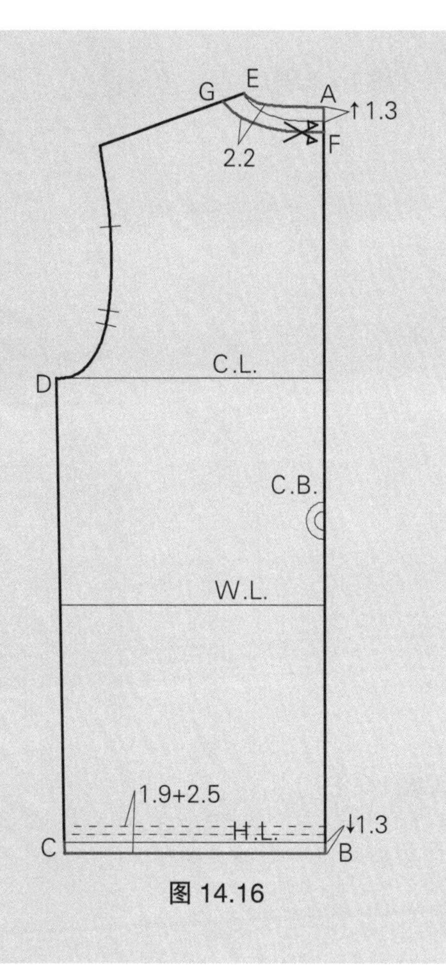

图 14.16

画前衣片（图14.17）

- 拓印针织面料修身型前衣身原型（图 14.3~图 14.7, P397~400）。
- A－B = 前衣片下降臀围线 1.3cm，与后片的延伸量相同。
- E ＝前颈肩点 H.P.S.
- F = 前领窝点。
- F－G, E－H = 衣领嵌条宽（例: 2.2cm）。
- G－H = 剪去衣领嵌条后，画新的领线。
- 在下摆标记双明缉线，离底边的距离分别是 1.9cm 和 2.5cm，如图所示。

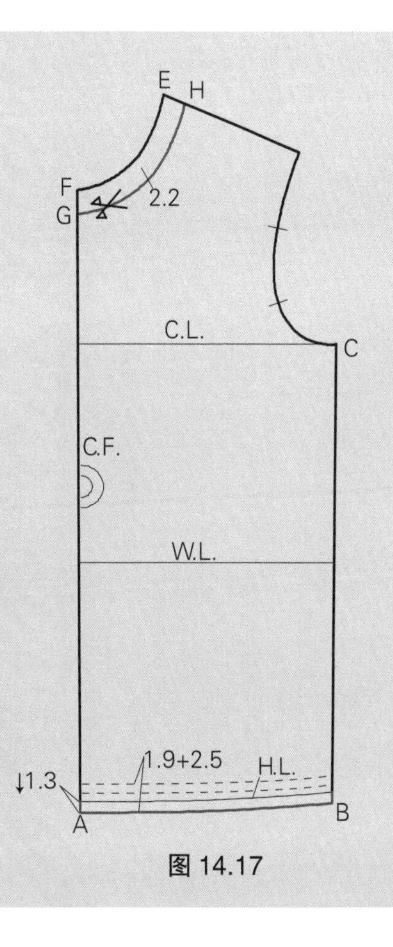

图 14.17

衣领嵌条（图14.18）

- 关于衣领嵌条的设计细节，参照第三章的方法“针织面料嵌条领线（圆领线）”，图 3.12 ~ 图 3.16（P73~75）。
- 测量后领外边缘（A - E）的长度和前领外边缘（E - F）的长度。
- 图 14.18 衣领嵌条的完成样板。

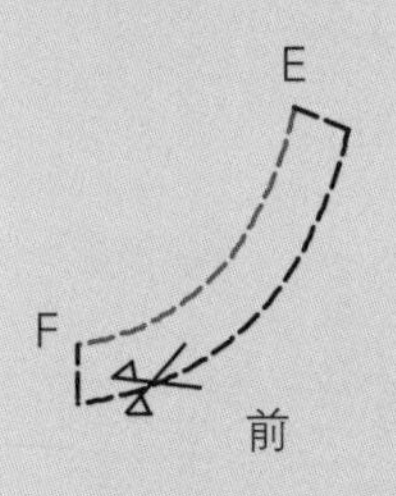

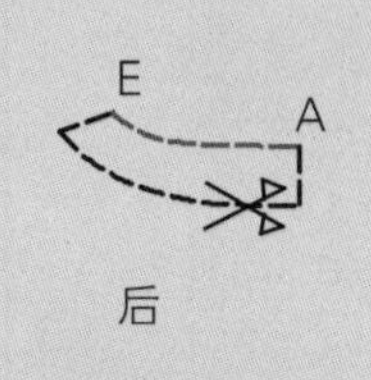

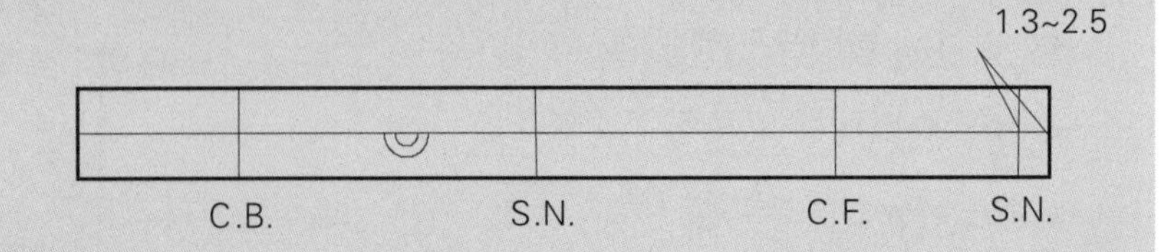

图 14.18

画袖片（图14.19）

- 拓印针织面料修身型袖片原型（图 14.8~ 图 14.12，P401~403）。
- 在袖口标记双明缉线。
- 图 14.19 显示了袖片纸样。

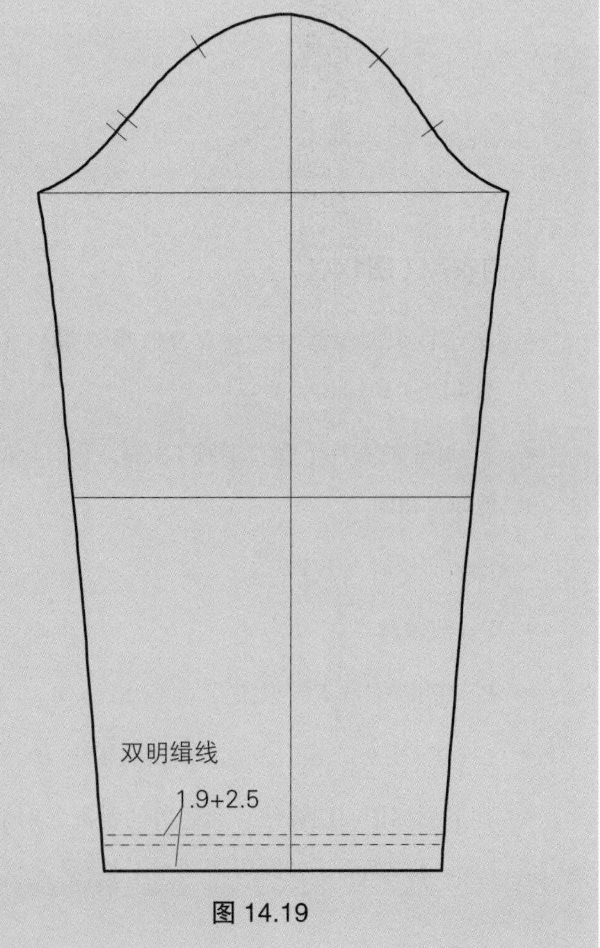

图 14.19

完成样板（图14.20）

- 标记纸样。
- 标记引导丝缕线。

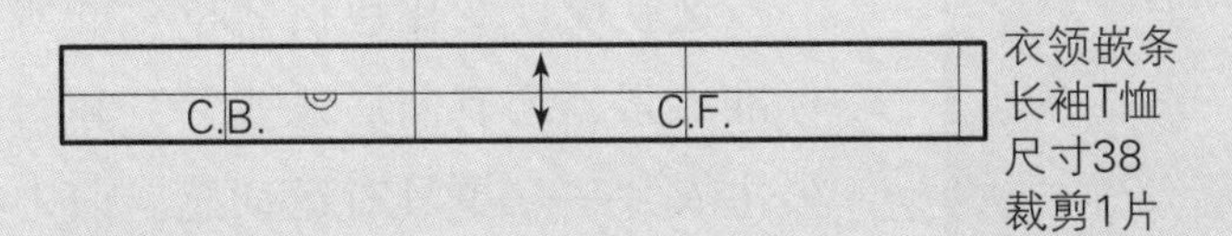

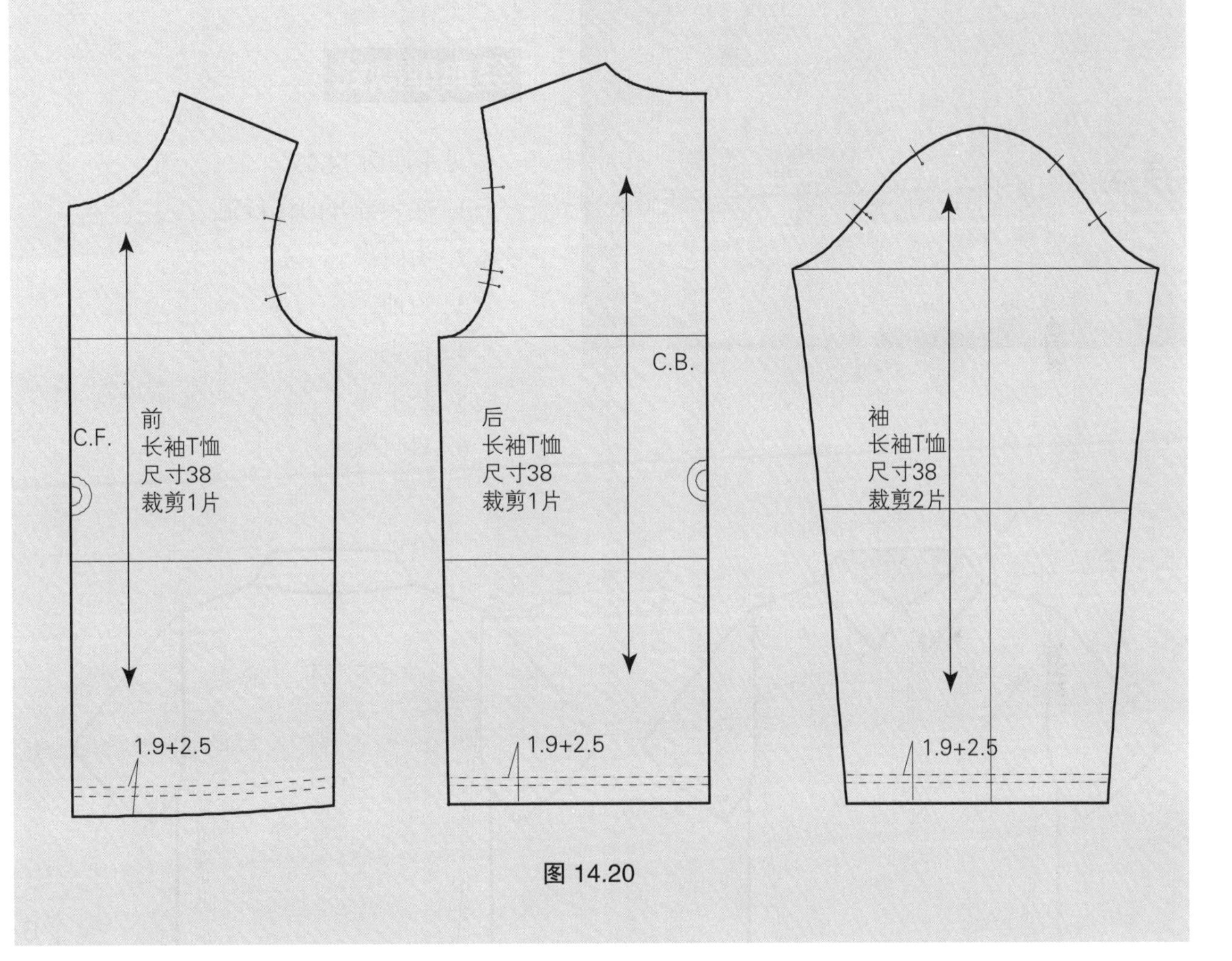

图 14.20

高尔夫衫

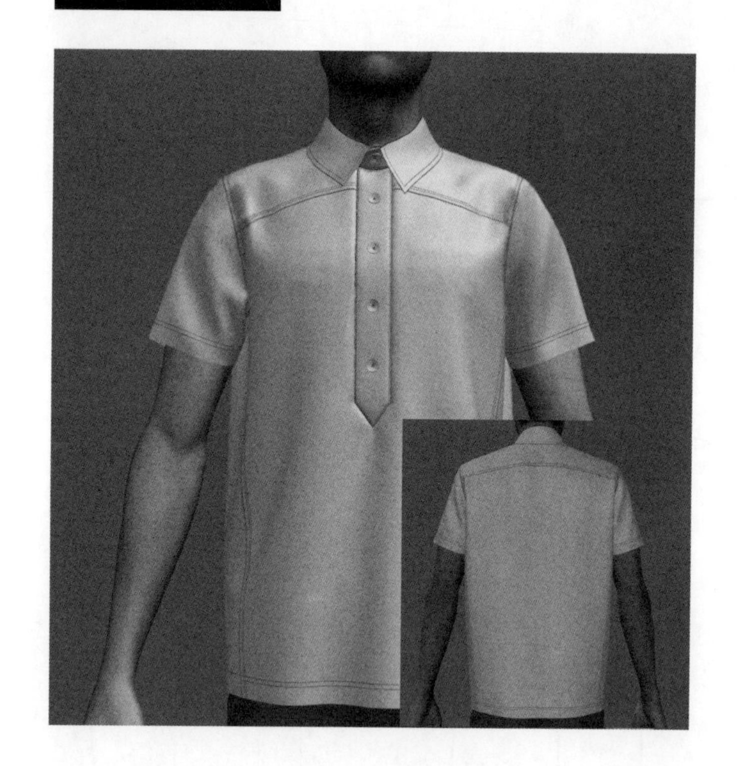

设计风格要点

这款设计变化包括 Polo 衫的所有标准元素，还有前后弧线育克和斜向公主衣片——更具有运动感。前中心门襟直到胸围线下方，底端呈尖状。

经典型款式

见平面图 14.3。

1. 底领分开的衬衫领
2. 尖门襟
3. 短袖
4. 育克
5. 公主线
6. 双明缉线

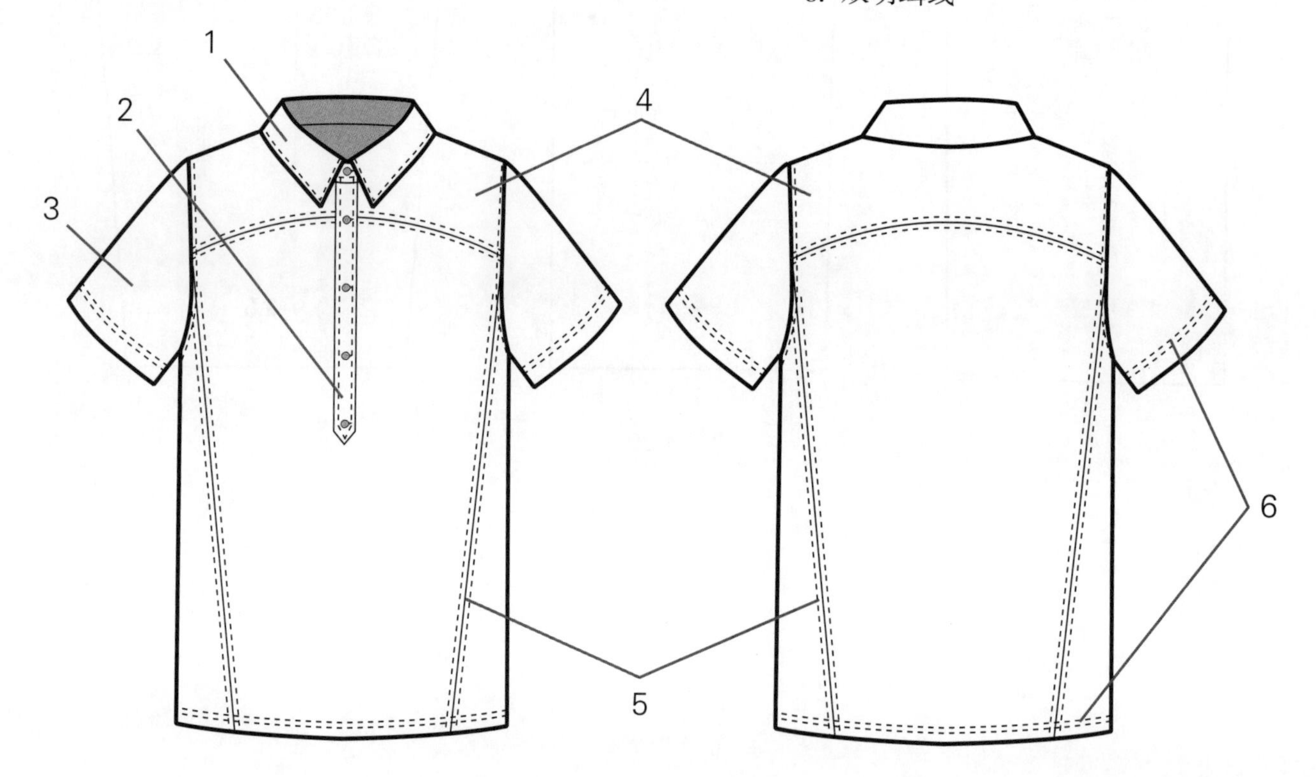

平面图 14.3

画后衣片（图14. 21）

- 拓印针织面料经典型后衣片原型（图 14.13, P 404）。
- B－C＝臀围线下降 2.5~5.1cm。
- A＝从后领窝点向下量 0.6cm。
- D＝沿着颈肩点量进 0.6cm。
- A－D＝画领口弧线。
- A－E＝从 A 向下量 12.7cm。
- E－F＝向袖窿方向画垂直线。
- E－G＝向上量 3.8cm。
- G－F＝画直线。
- H＝G－F 的中点。
- H－I＝垂直画出 0.6cm。
- G－I－F＝画微弧线。
- F－J＝向上量 0.6cm。
- I－J＝画微弧线。
- K＝底边 B－C 的 1/3 点。
- K－F＝画直线，然后标记刀眼，如图所示。
- 画下摆双明缉线。

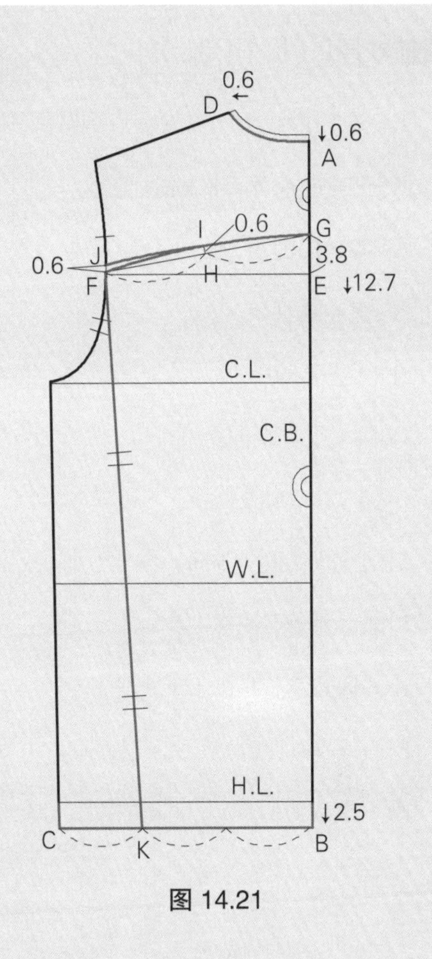

图 14.21

画前片1（图14.22）

- 拓印针织面料经典型前衣片原型（图 14.13, P404）。
- A－B＝臀围线下降，长度与后衣片相同（例：2.5cm）。
- C＝从前领窝点向下量 1.3cm。
- D＝沿着肩线量进 0.6cm。
- 关于尖头门襟设计细节，参照第六章“尖头门襟”图 6.1~ 图 6.3 （P151）。设计门襟的深为 27.9cm，如图所示。

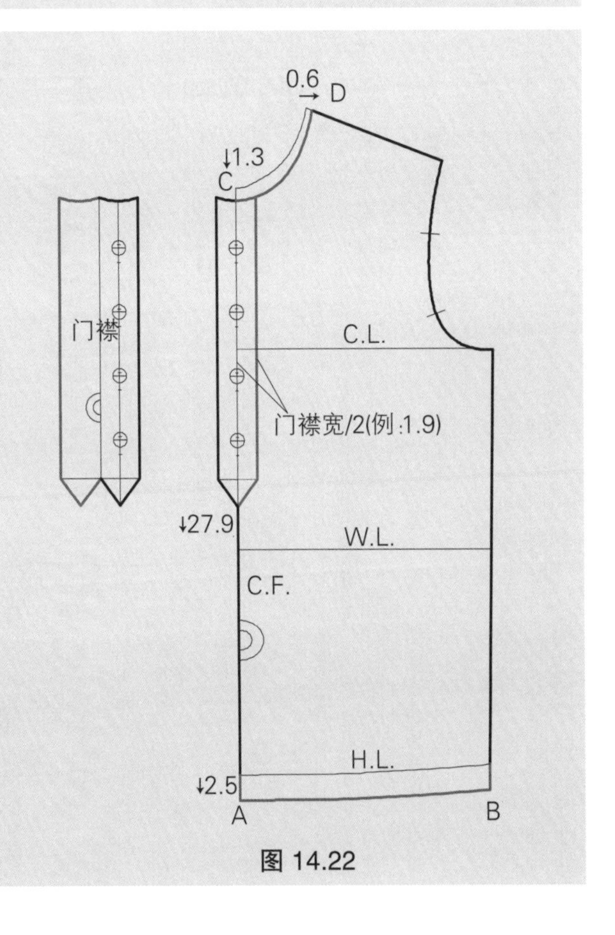

图 14.22

画前衣片2（图14.23）

- E = 在门襟线上，前领窝点到胸围线的中点。
- E－F = 向袖窿方向画垂直线。
- E－G = 向上量 3.8cm。
- G－F = 画直线。
- H = G－F 的中点。
- H－I = 垂直线向上 0.6cm。
- G－I－F = 画微弧线。
- F－J = 向上量 0.6cm。
- I－J = 画微弧线。
- K = 底边 A－B 的 1/3 处。
- F－K = 画直线，然后标记刀眼。
- 画下摆双明缉线。

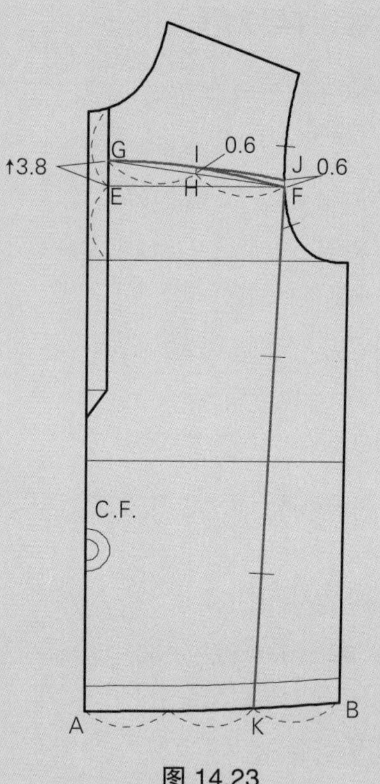

图 14.23

画衣领（图14.24）

- 关于衣领细节，参考第四章“有底领一片式衬衫领”，图 4.13 ~ 图 4.16（P85~86）。
- 图 14.24 为完成的纸样。

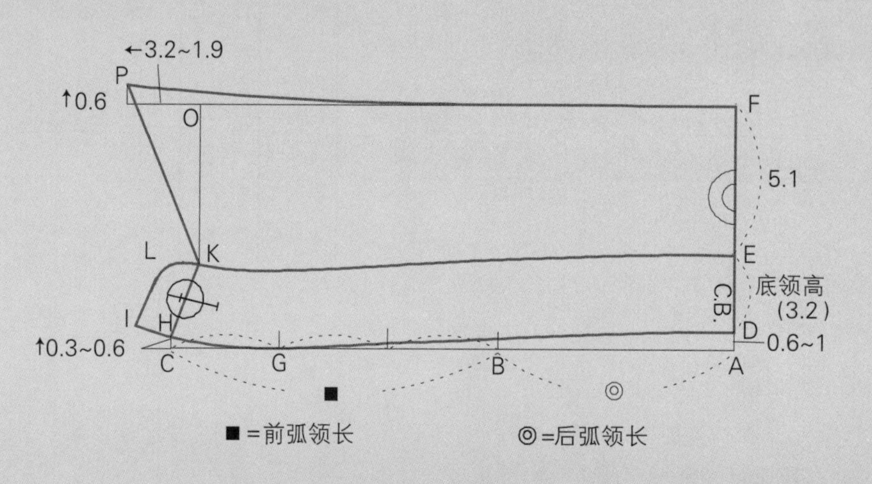

图 14.24

画袖片（图14.25）

- 拓印针织面料经典型袖片原型（图 14.13, P404）。
- A－B = 袖长（例：20.3~22.9cm）。在 B 的两侧画直角线。
- C, D = 在袖底边上两侧各量进 1.3cm。

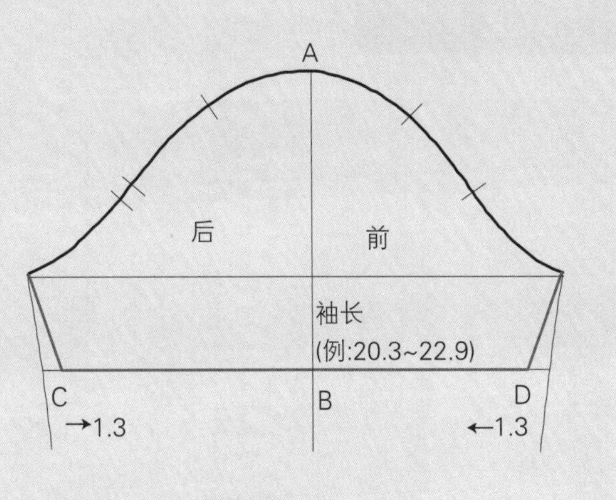

图 14.25

完成样板（图14.26）

- 标记纸样
- 标记丝缕线。
- 标记袖口双明缉线。

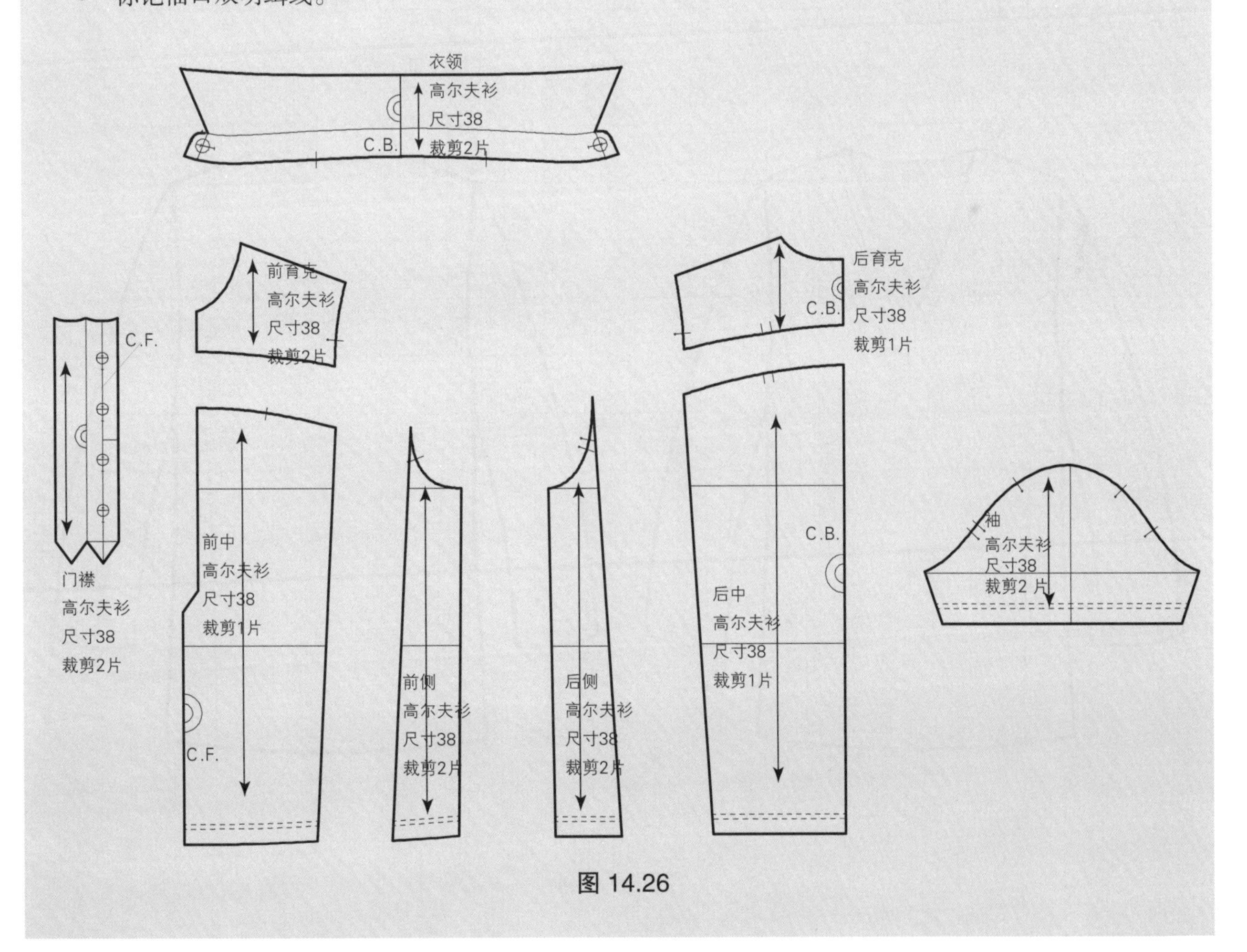

图 14.26

V形领T恤

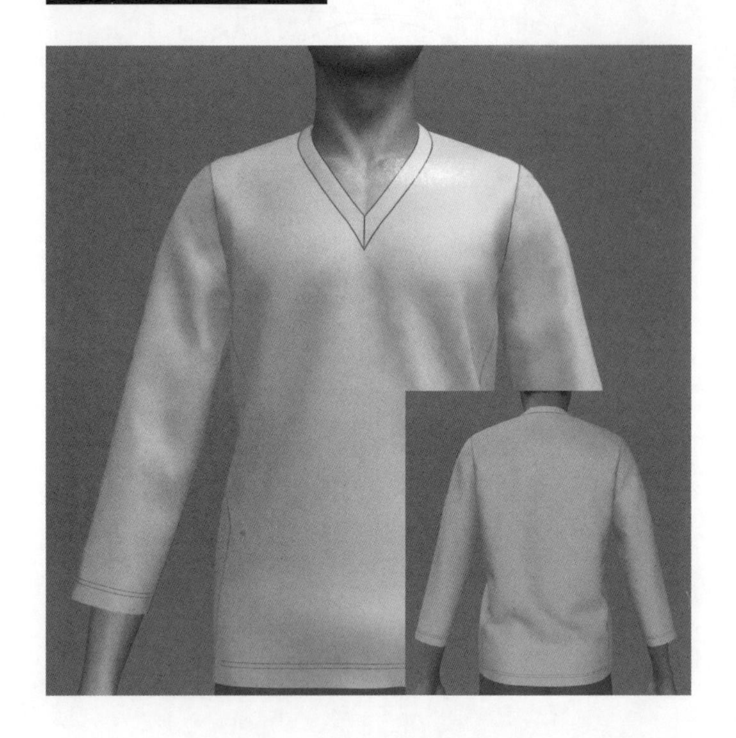

设计风格要点

以修身型针织面料原型为基础，这种样式的变化在于有一条分割线，即公主线从袖窿一直到底边，使服装的合身度得到更好的控制，而且视觉上似乎拉长了上身。袖子3/4长度，领子裁剪成V形，并用窄的嵌条完成领形，V领的尖端采用斜向拼合。

修身型款式

见平面图14.4。

1. 嵌条V领
2. 3/4长度袖子
3. 侧衣片
4. 双明缉线

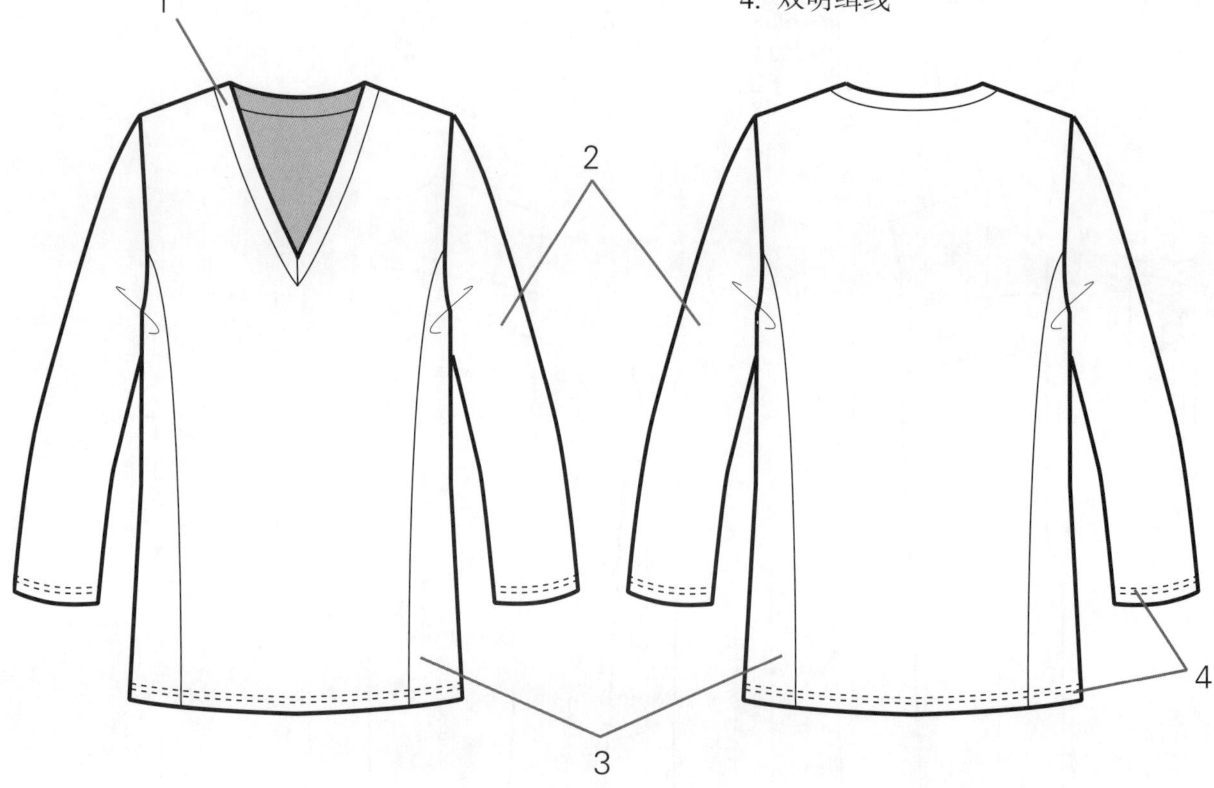

平面图 14.4

画后衣片（图14.27）

- 拓印针织面料修身型后衣片原型（图 14.3~ 图 14.7, P397~400）。
- A = 从后领窝点向上量 1.3cm。
- E = 颈肩点 H.P.S. 量进 0.3cm。
- A－E = 画类似于原型的领口弧线。
- A－F = E－G = 设计嵌条宽度（例 :1.9cm）。
- F－G = 剪除嵌条宽度以后，画顺新的领口弧线。
- B－C = 抬高臀围线 1.3cm。
- H = 从胸围线向上 6.4cm 与袖窿弧线的交点。
- K = 腰线的 1/3 处。
- K－I = 量出 1.3cm。
- I－J = 2.2~2.5cm。
- 从 I－J 的中点到底边画垂直线。
- 从袖窿到底边，画光滑线条连接 H－I－L 和 H－J－L，完成侧衣片，如图所示。

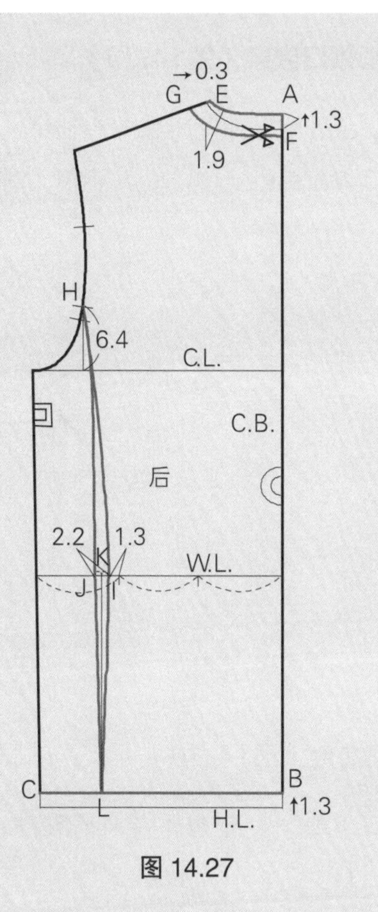

图 14.27

画前衣片（图14.28）

- 拓印针织面料修身型前衣片原型（图 14.3~ 图 14.7, P397~400）。
- A－B = 抬高臀围线 1.3cm，与后衣片相同。
- E = 从 H.P.S. 量进与后衣片量进的量相等（例 : 0.3cm）。
- F = 从前领窝点向下量 10.1~12.7cm。
- E－F = 画直的引导线，然后在 E－F 的中点，凹进 1cm，并画微弧线。
- E－G = F－H = 设计嵌条的宽度（例 :1.9cm）。
- G－H = 剪除嵌条后，画顺新的领口弧线。
- I = 从胸围线向上量取 3.8cm，在袖窿线上交点。
- L = 腰线的 1/3 处。
- J = 从腰线的 1/3 处向右量 1.3cm。
- J－K = 2.2~2.5cm。
- 从 J－K 的中点到底边画垂直线。
- 从袖窿到底边画光滑弧线连接 I－J－M 和 I－K－M，完成侧衣片，如图所示。

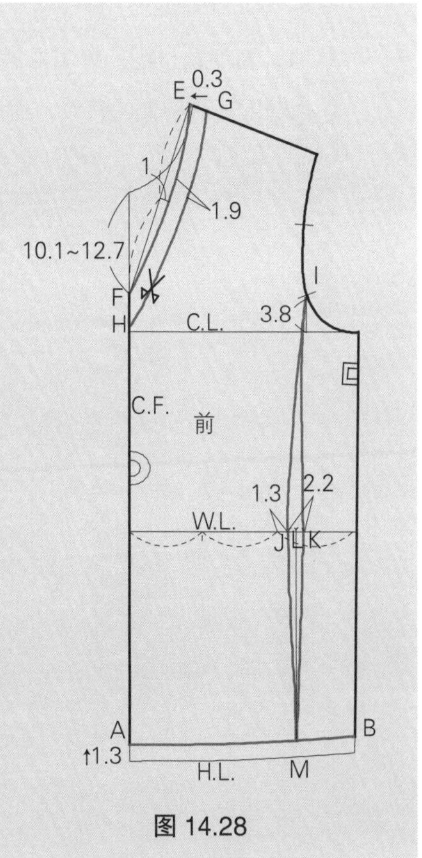

图 14.28

画领口嵌条（图14.29）

- 关于嵌条的设计细节，参照第三章的方法"针织面料（V形领）嵌条领线"，图3.17~图3.22（P74~76）。
- 测量后领口弧长（A－E）和前领口弧长（E－F）。
- 图14.29为完成的纸样。

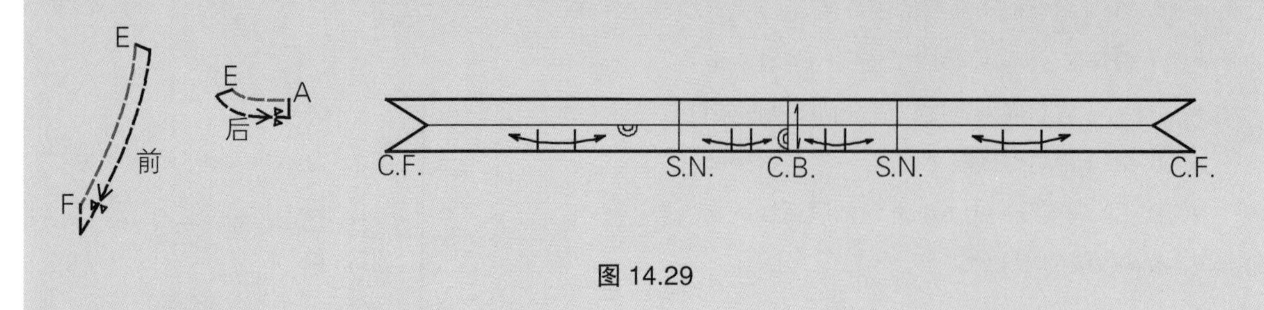

图14.29

画袖片（图14.30）

- 拓印针织面料修身型袖原型（图14.8~图14.12，P401~403）。
- A－B＝袖长，B是袖肘围线和腕围线的中点，制作3/4袖。
- C, D＝新的袖口线，每侧量进1cm，从C和D到臂围线画类似的弧线，得到袖下线。

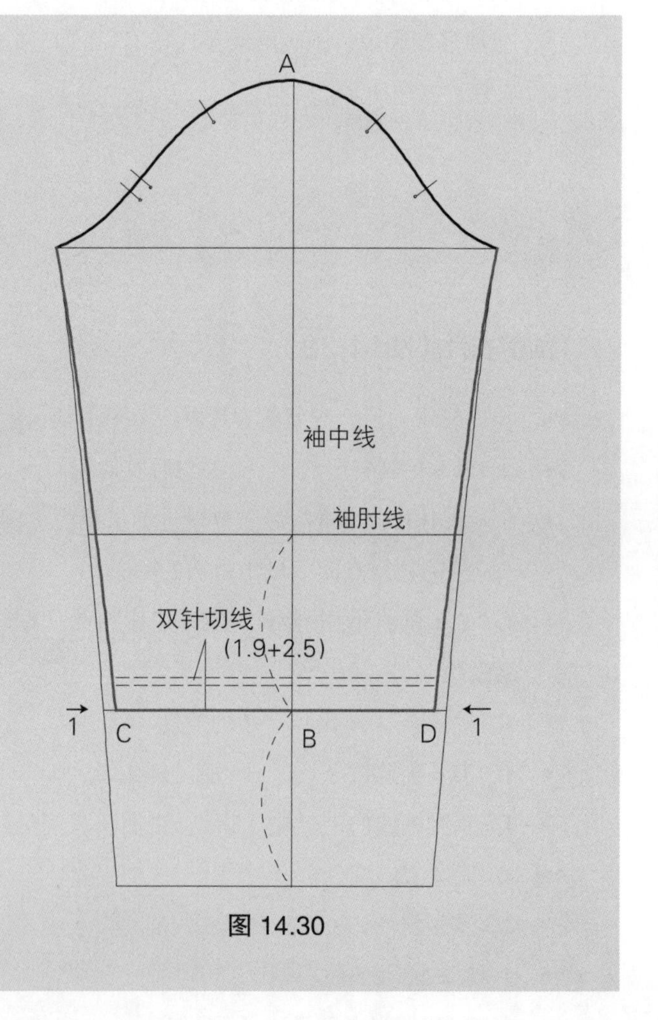

图14.30

完成样板（图14.31）

- 将前侧片和后侧片结合在一起组成侧衣片。
- 标记纸样。
- 标记丝缕线。
- 在底边标记双明缉线。

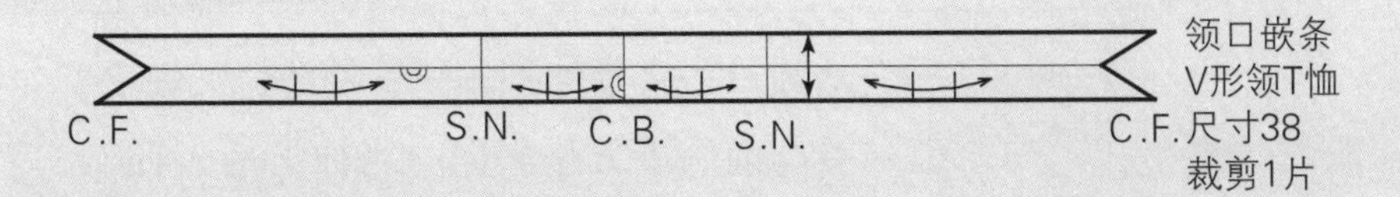

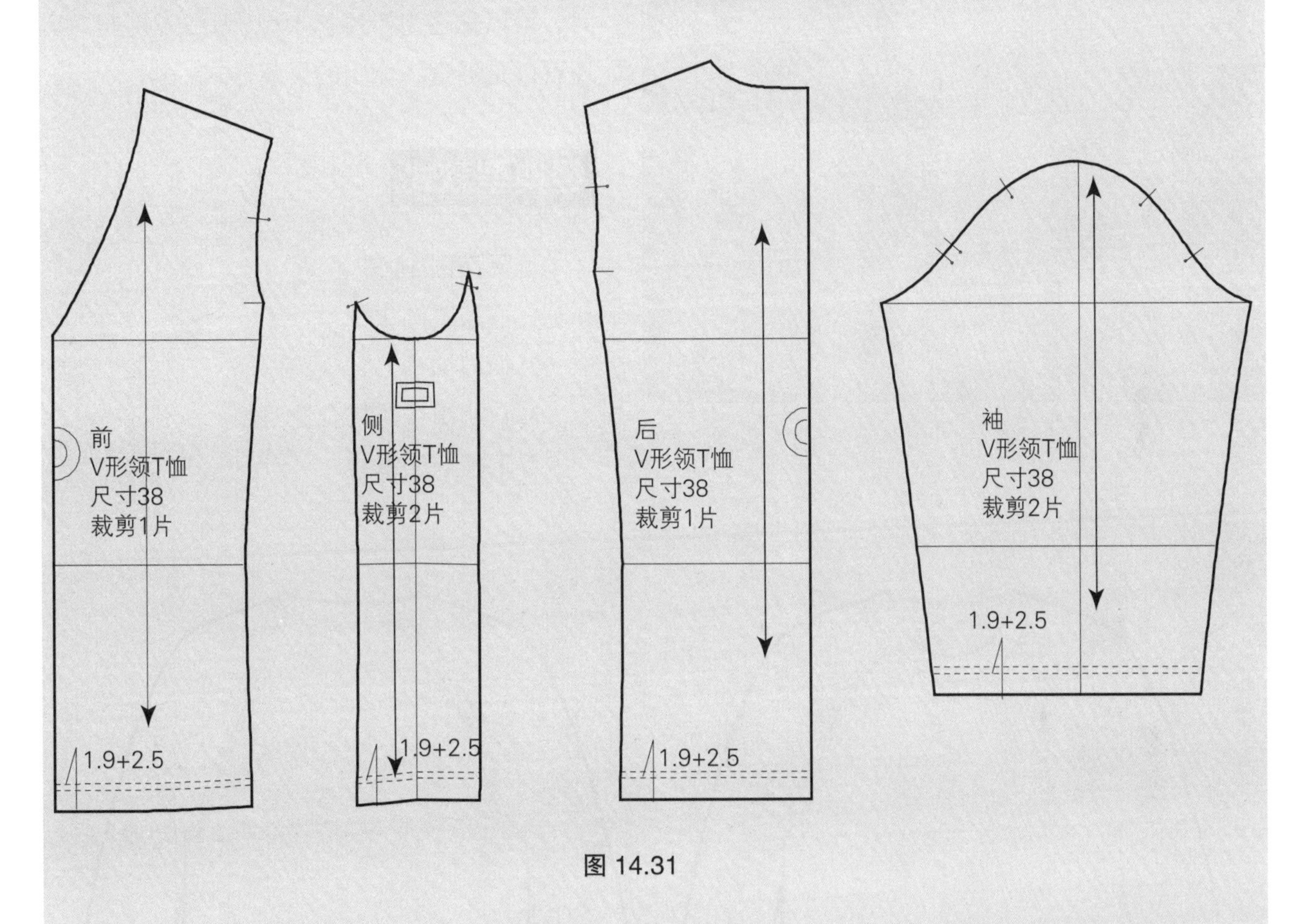

图 14.31

插肩袖 T 恤

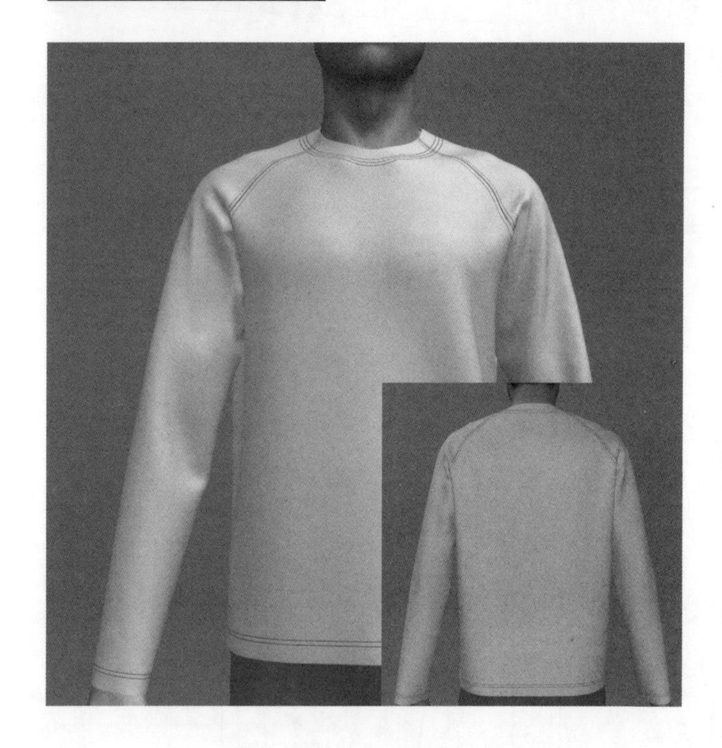

设计风格要点

这款 T 恤特征是插肩袖——即袖子从袖口一直延伸到领线，使缝合线在手臂的前后下方呈斜向。当袖子是 3/4 长时，可以称之为棒球衫 T 恤，另外，它还可以是舒适、休闲的男装样式。

经典型款式

见平面图 14.5。

1. 嵌条式圆领
2. 插肩袖
3. 双明缉线跨拼合缝两侧
4. 下摆双明缉线

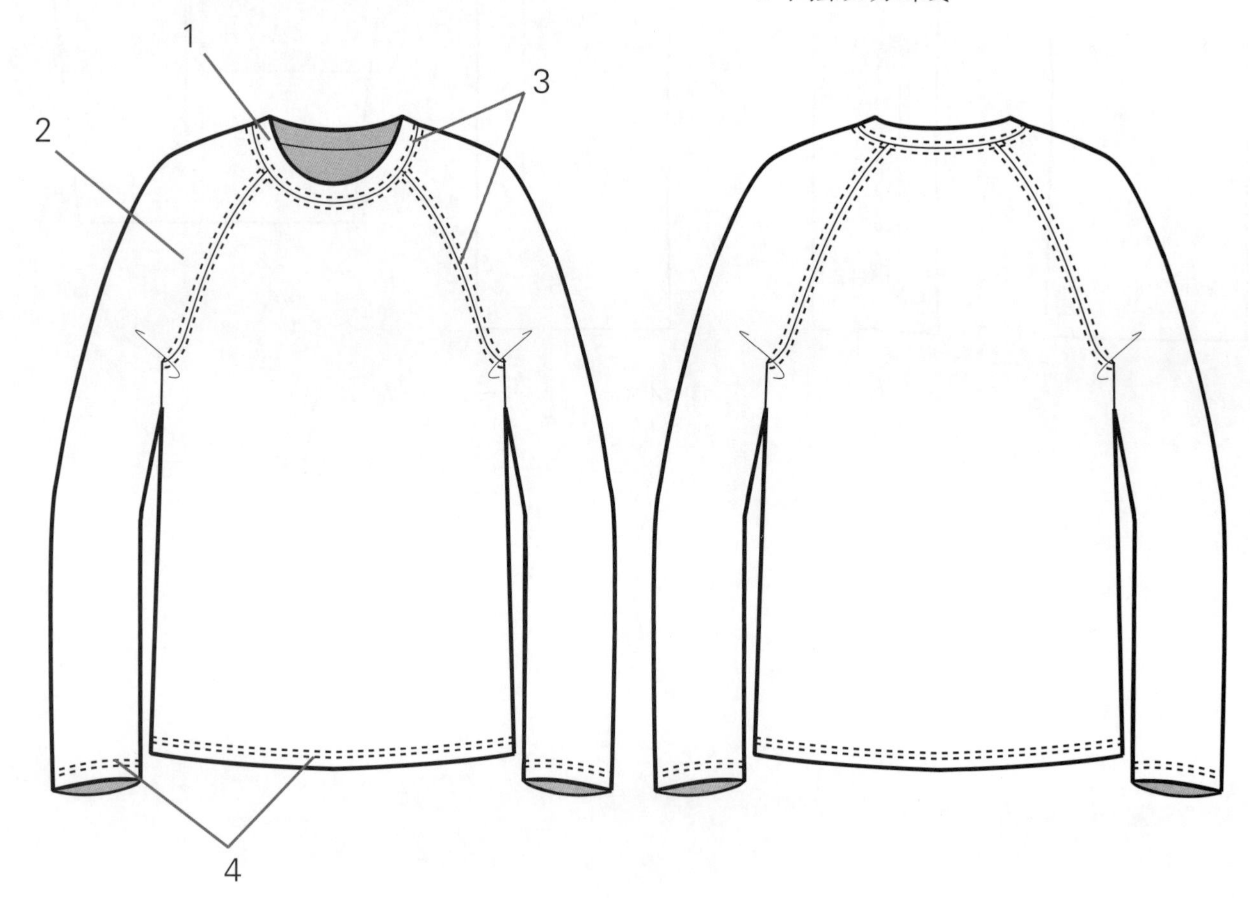

平面图 14.5

画后衣片（图14.32）

- 拓印针织面料经典合身型后衣片原型(图 14.13, P404）。
- L－M＝决定T恤的长度。
- 参照第五章“无省插肩袖”，图5.33～图5.36（P 137~139），只有以下的尺寸需要改变。
- A＝胸围线侧点。
- D＝垂直向上1cm。
- E＝从L.P.S. 降落0.6cm。
- G－H＝臂围/2＋3.2~4.4cm的松量。
- I－J＝袖口围/2＋0.3cm。
- K＝A－J的1/4处向上量1.3cm。

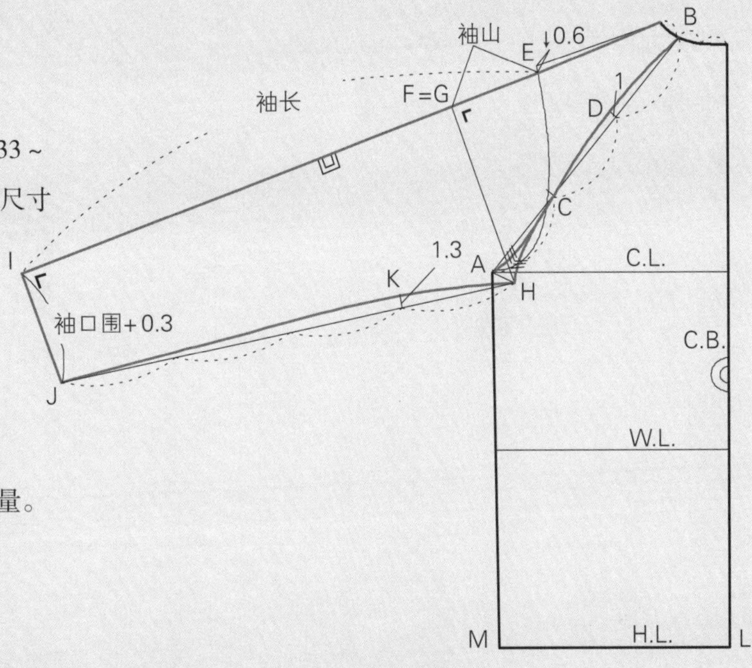

图 14.32

画前衣片（图14.33）

- 按照后袖片的步骤设计前插肩袖，只是尺寸上有所变化。
- 拓印针织面料经典型前袖原型(图 14.13, P404）。
- 从原型领窝点向下量0.6~1.3cm，重画前领口弧线。
- C=从B－A的中点向下量2.5~3.8cm。
- D＝B－A的1/4点处垂直向外1cm。
- F－H＝后臂围 －1.3cm。
- I－J＝袖口围/2－0.3cm。

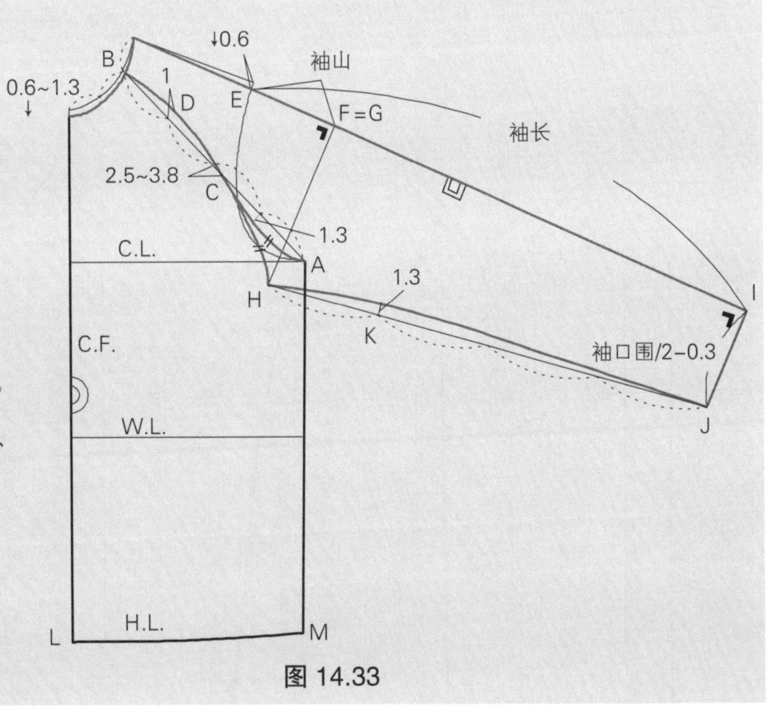

图 14.33

画袖片（图14.34）

- 将前片袖与后片袖在肩缝处合并在一起。
- 标记纸样。
- 标记丝缕线。
- 标记袖口双针明线。

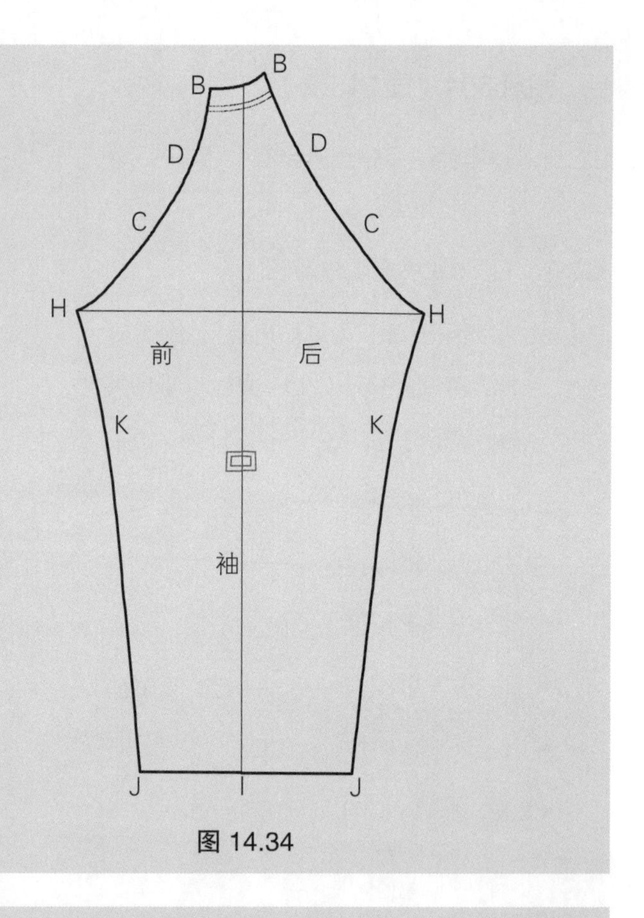

图 14.34

完成样板（图14.35）

- 标记纸样。
- 标记刀眼。
- 标记丝缕线。
- 在底边标记双明缉线。

C.F.
前
插肩袖T恤
尺寸38
裁剪1片
1.9+2.5

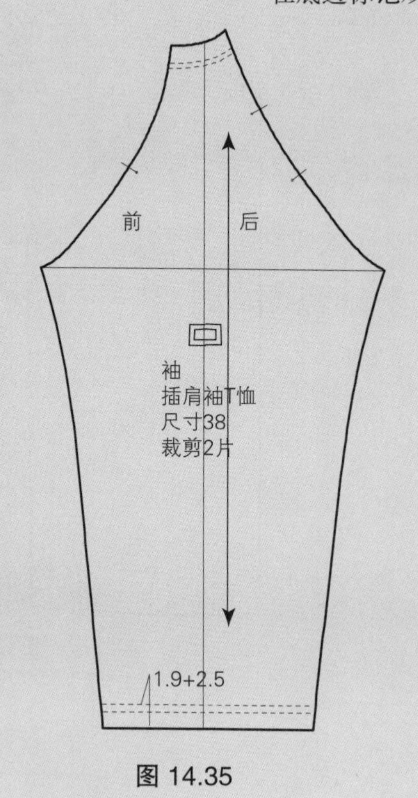

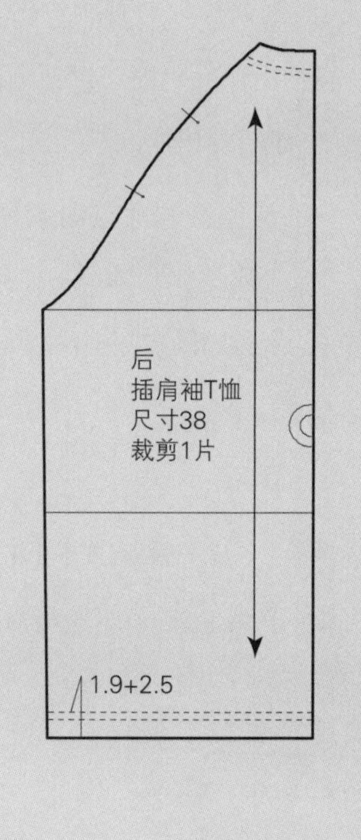

图 14.35

Polo衫

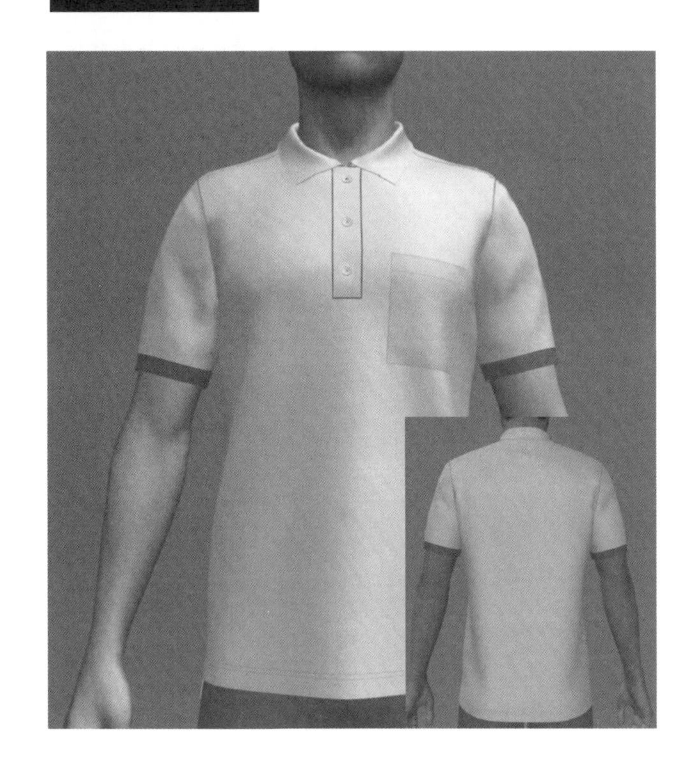

设计风格要点

典型Polo衫是圆领式T恤样式，但有针织罗纹衣领、前中线门襟和针织罗纹袖克夫。这款Polo衫包括贴袋和延长的后底边——使穿着者即使在活动时，例如弯腰，仍然保持T恤塞进裤子里的状态。

修身型款式

见平面图14.6。

1. 前门襟
2. 针织罗纹领
3. 前贴袋
4. 针织罗纹袖口短袖
5. 侧缝开衩
6. 底边双明缉线

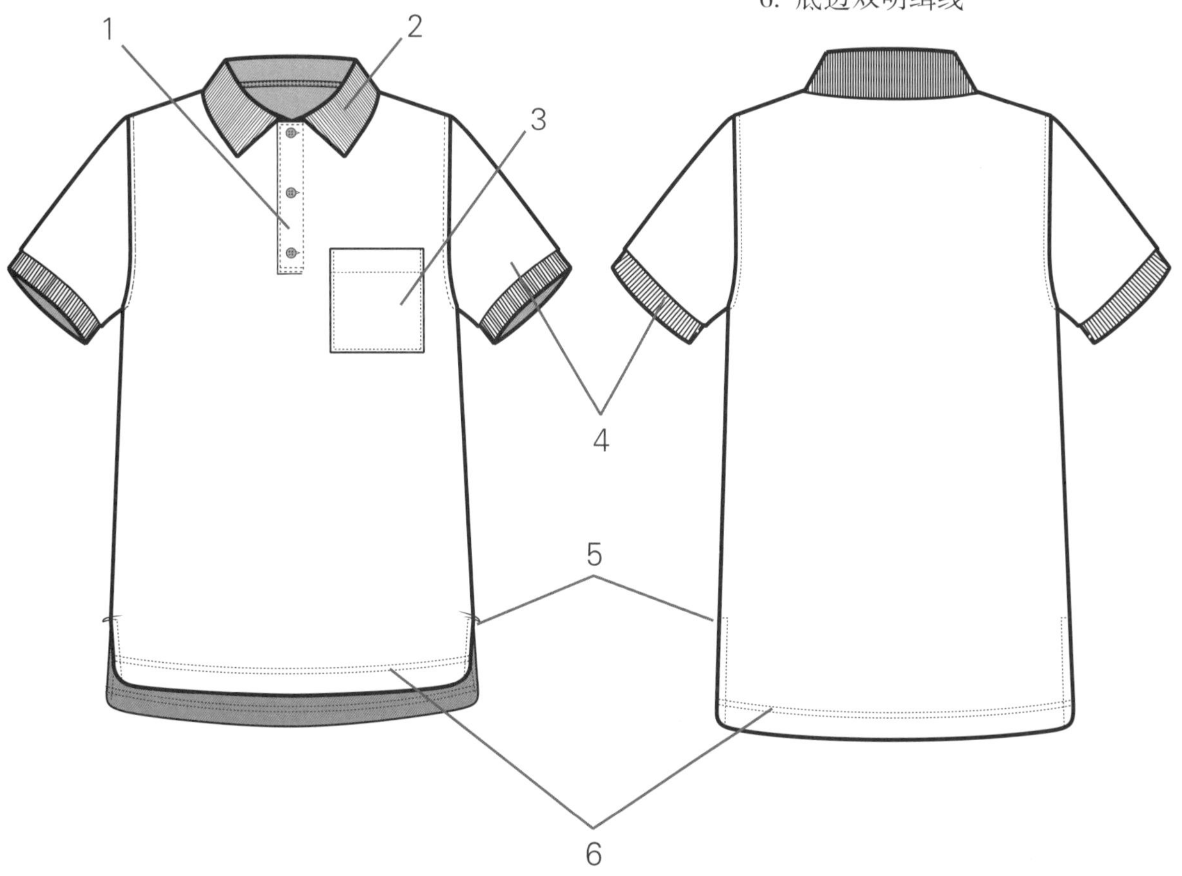

平面图14.6

画后衣片（图14.36）

- 拓印针织面料修身型后衣身原型（图 14.3~ 图 14.7, P397~400）。
- A = 从后领窝点向下量 0.3cm。
- D = 从颈肩点 H.P.S. 量进 1cm。
- A–D = 画类似原型的领口弧线。
- A–B = 衬衫后衣片长度，从臀围线（H.L.）向下量 2.5~5.1cm。

注释：后衣片底边长度必须比前衣片长，满足穿者的活动需要（例如弯腰），仍然保持服装塞在裤子里。

- B–C = 从 B 到侧缝线，画线与臀围线平行。
- E = 从腰围线量进 1~1.3cm。
- 画光滑弧线，连接胸围线侧点 E 和 C 点。
- F = 从臀围线向上量 5.1cm，标记在侧缝线的开衩位置，然后画出线 1.3cm，再画侧缝线的平行线，如图所示。在两端保持直角。

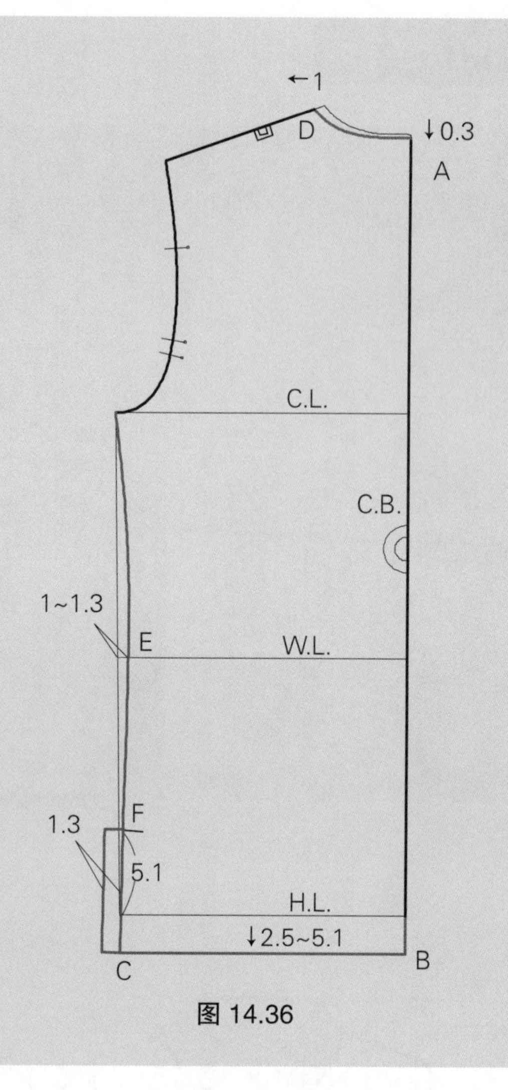

图 14.36

画前衣身（图14.37）

- 拓印针织面料修身型前衣片原型（图 14.3 到图 14.7, P397~400）。
- A = 前衣片长。如果后衣片的长度调整，前衣片的长度也要调整。
- B = 从前领窝点向下量 0.6cm。
- C = 沿肩线量进 1cm。
- D－E = 画 1.9~2.5cm 的平行线。
- F = 从腰围线侧点量进 1~1.3cm。
- 从胸围线侧点经过 F 点，到底边画光滑线条，完成侧缝线。
- G = 从臀围线（H.L.）向上量 5.1cm，标记侧缝线开衩位置，步骤与后衣片相同。
- 关于门襟设计细节，参照第六章“尖形门襟”方法（图 6.1 ~ 图 6.3, P151）。调整门襟的长度到 15.2~17.8cm，如图 14.37 所示。此外，不要设计尖的造型。

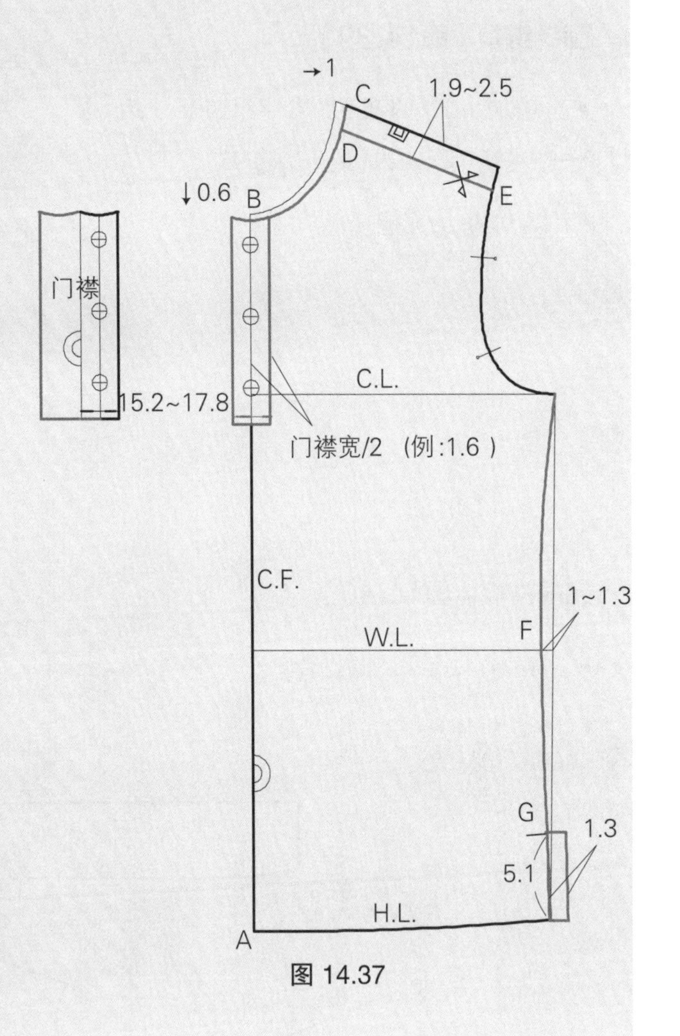

图 14.37

画袖片（图14.38）

- 拓印针织面料袖原型（图 14.8~ 图 14.12, P401~403）。
- A－B = 袖长（例：20.3~22.9cm），画水平引导线。
- B－C = 针织底边高，向上量 1.9cm。
- C－D, C－E = 向侧缝画水平线，每边量进 1.3cm。
- 沿 D－E 剪切。
- F－G = 长方形针织边，是 D－E 的 90%，高度为 1.9cm。

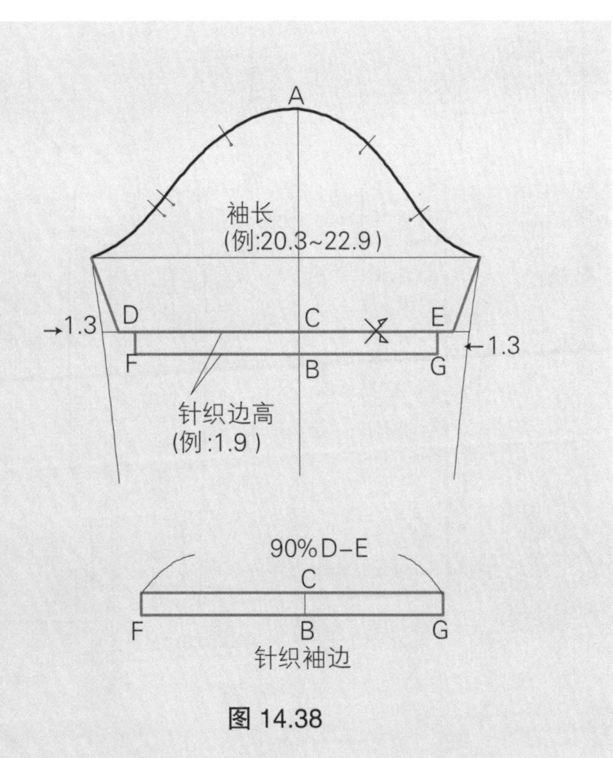

图 14.38

画针织领（图14.39）

- 关于针织领的细节，参照第四章“罗纹领”的方法（图 4.29a 到 4.29c,P93）。
- 图 14.40 为完成样板。

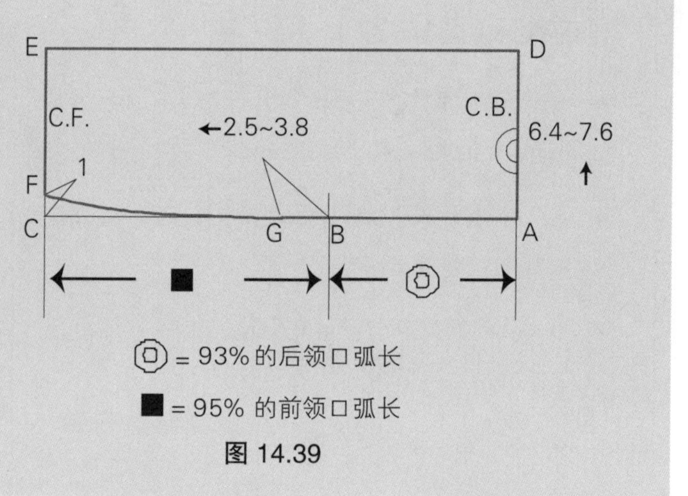

图 14.39

完成样板（图14.40）

- 将前育克与后衣身拼合。
- 标记纸样。
- 标记丝缕线。

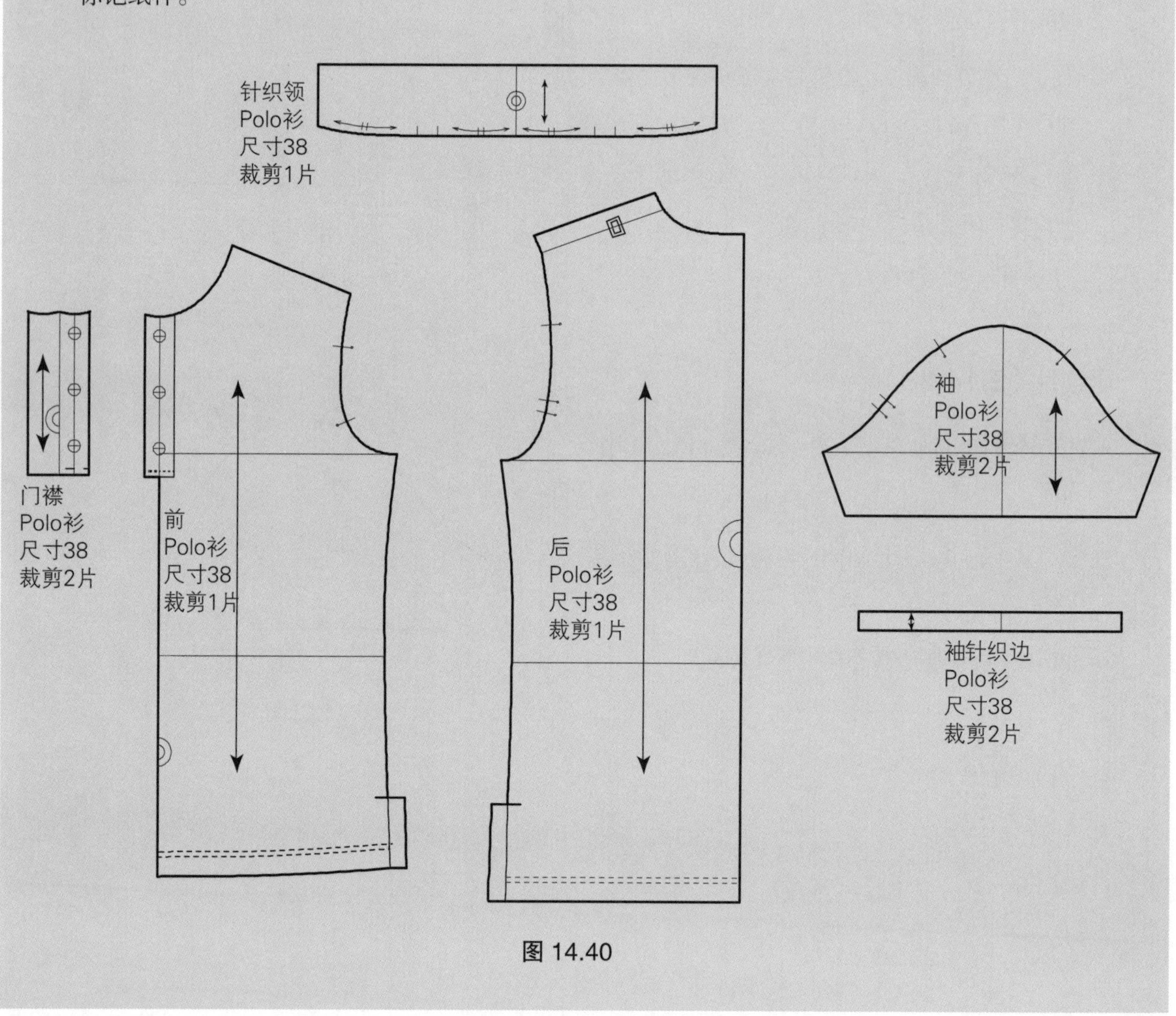

图 14.40

兜帽运动衫

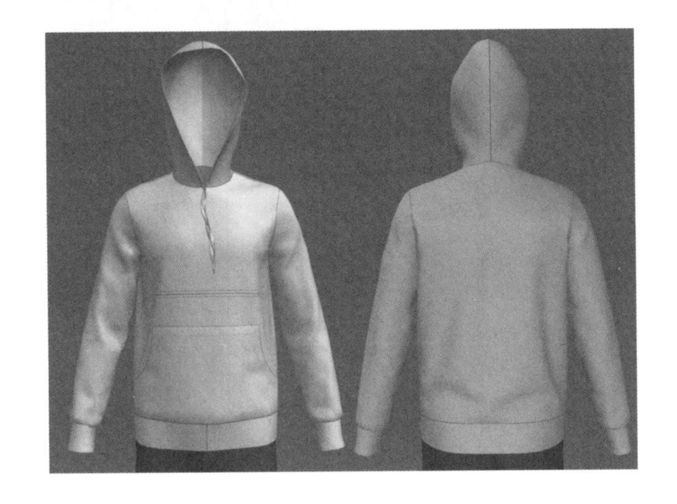

设计风格要点

经常被称为连帽衫，这是相当普遍的外衣样式，最初是为在寒冷的新英格兰户外工作的工人制造的防寒服。后来很受运动员的喜爱，成为他们的热身服。这种样式通常采用中厚到厚的针织面料制造，是户外的保暖服装。这款包括拉绳兜帽，袋鼠育儿袋，前衣身装饰作用的拉链和袖罗纹口。

经典型款式

见平面图 14.7。

1. 两片式拉绳兜帽
2. 装饰拉链
3. 袋鼠式育儿袋
4. 针织罗纹口长袖
5. 同种面料条状底边

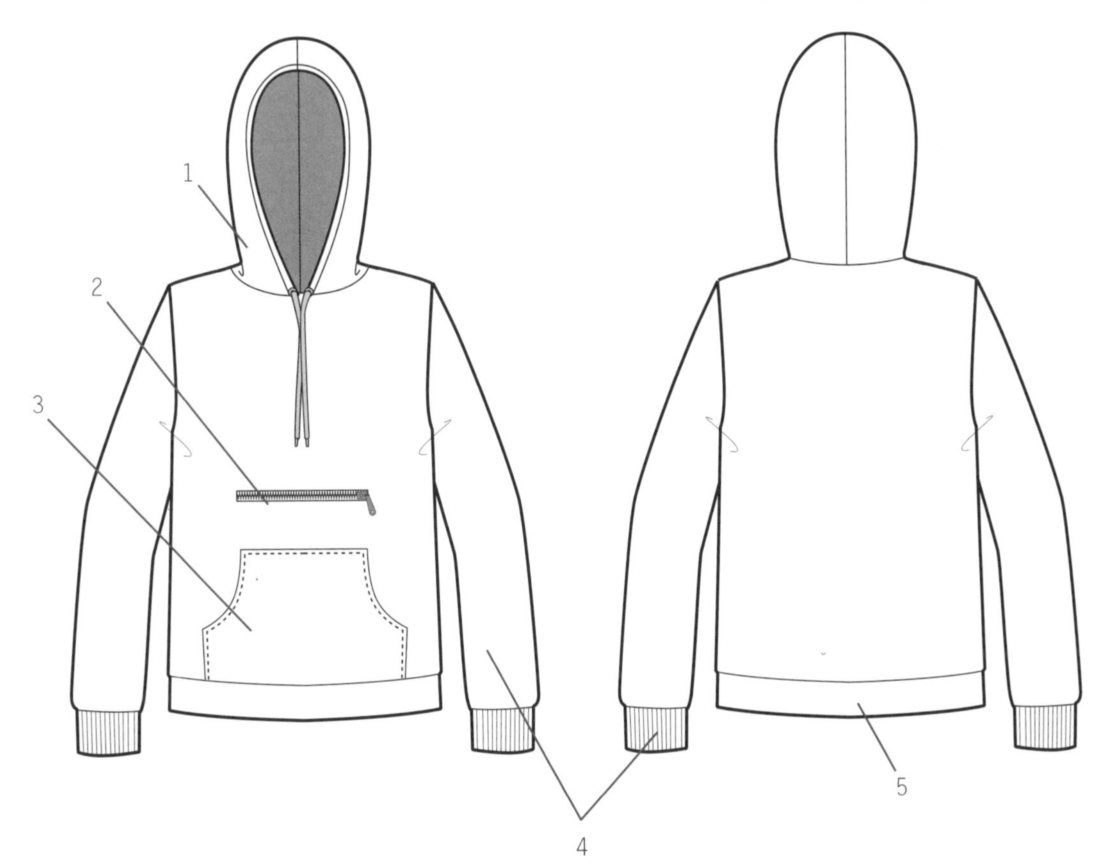

平面图 14.7

画后衣片（图14.41）

- 拓印针织面料经典型后衣片（图 14.13, P404）。
- A = 从后领窝点向下量 0.6cm。
- B – D = 后衬衫长度，从臀围线向下 2.5~5.1cm。
- C = 从 H.P.S. 沿肩线量进 1cm。
- A – C = 画与原型相似的领口弧线。
- B – E = D – F = 设计底边的高度（例 : 6.4cm ）。
- 沿线 E – F 剪开，然后从衣身分开条状底边。

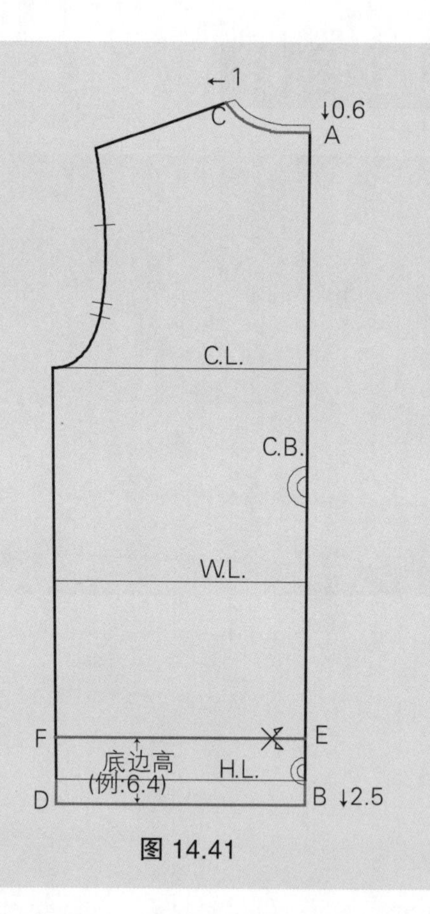

图 14.41

画前衣片（图14.42）

- 拓印针织面料经典型前衣身原型（图 14.13, P 404）。
- A – D = 从臀围线向下，其长度与后衣身原型相同。
- B = 从前领窝点向下量 1.3cm。
- C = 从 H.P.S. 点，沿肩线量出 1cm。
- A – E = D – F = 设计底边高度（例: 6.4cm）。
- 剪开 E – F 线，然后从衣身上分开条状底边。
- 因为前底边呈弧线，重新画呈直线的底边衣片。从 Q 点画长方形。
- Q – R = 在前衣片上 E – F 的长度。
- R – S = Q – T = 底边条高度（例 : 6.4cm）。

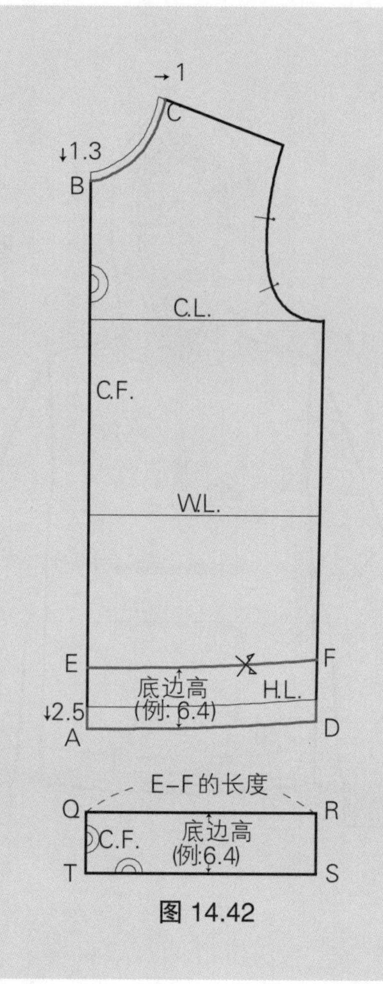

图 14.42

口袋（图14.43）

- E－G＝向上量 21.6cm。
- G－H＝画垂直线到侧缝线。
- I＝G－H 的中点。
- I－J＝向底边画垂直线 12.7~15.2cm。
- J－K＝向侧缝画垂直线 7.6~8.9cm。
- I－K＝画直线。
- L＝I－K 的中点 。
- L－M＝从 L 向内画垂直线 1.3~1.9cm。
- I－M－K＝画微弧线。
- N＝从 K 到底边画垂直线，从 K 向左量进 1cm。
- K－N＝画直线。
- G－O＝向上量 6.4cm。
- O－P＝向侧缝垂直画出 12.7~15.2cm，标记拉链口袋位置。

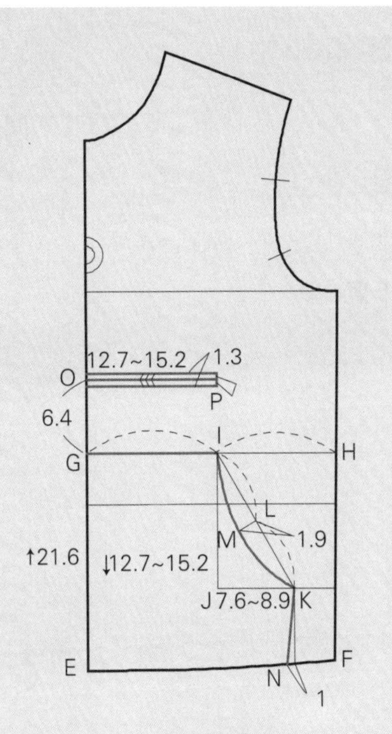

图 14.43

画袖片（图14.44）

- 拓印针织面料袖原型（图 14.13，P404）。
- A－B＝袖长。
- D, C＝袖底边侧点。
- D－F＝C－E＝设计针织克夫的 高度（例：6.4cm）。
- 沿线 F－E 剪开。
- 为了画针织克夫，从 G 画长方形。
- G－H＝袖片上 E－F 长度的 75%~85 %。
- H－I＝底边高（例：6.4cm）。
- G′－H′＝以 J－I 反射长方形，并拓印。

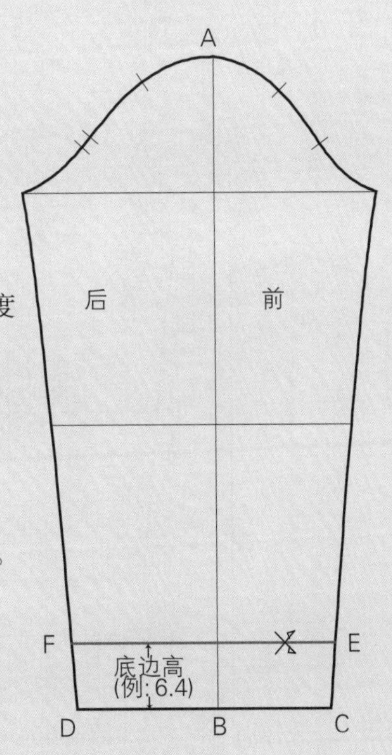

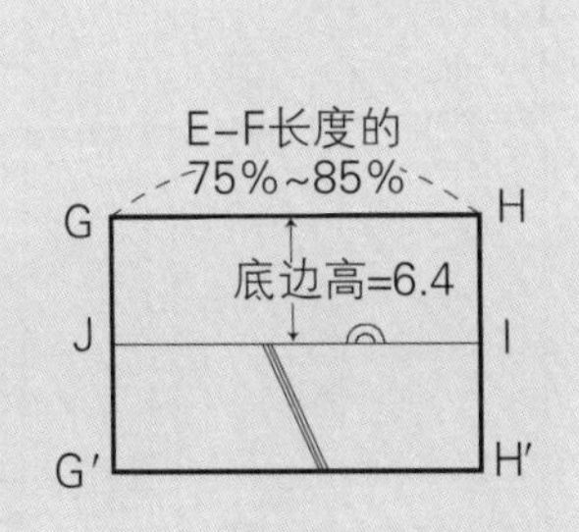

图 14.44

画帽子（图14.45）

- 关于帽子细节，参照第四章“两片式兜帽”的方法（图 4.58~ 图 4.62, P 112~114）。
- 从衣身上测量后领口弧长（◎ = A – C）和前领口弧长（■ = B – C）。
- 图 14.39 为完成样板。

左右太阳穴长度 /4
左右太阳穴长度 /4
0.3~0.6
F
5.1~7.6
3.8~5.1
J
■=前领口弧长
1~1.6
■-0.3
1.9~2.5
2.5~3.8
◎-0.3
◎=后领口弧长
0.3~0.6

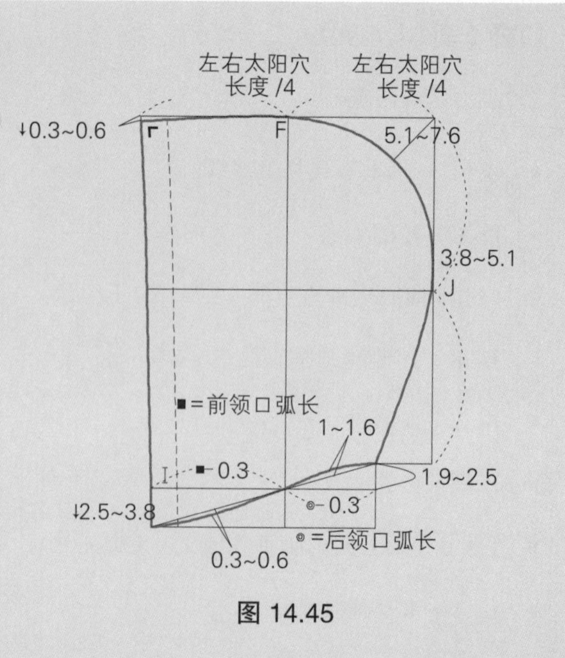

图 14.45

完成样板（图14.46）

- 标记纸样。
- 标记丝缕线。

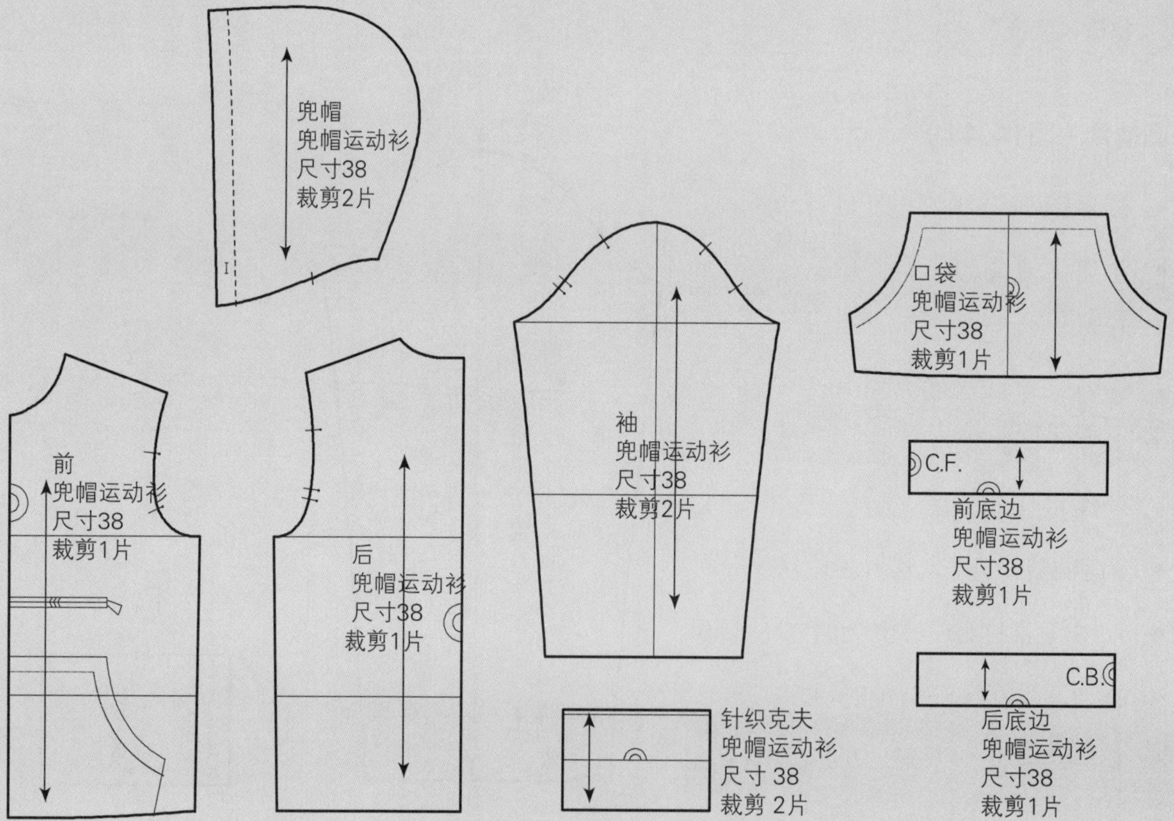

兜帽
兜帽运动衫
尺寸38
裁剪2片
袖
兜帽运动衫
尺寸38
裁剪2片
口袋
兜帽运动衫
尺寸38
裁剪1片
前
兜帽运动衫
尺寸38
裁剪1片
后
兜帽运动衫
尺寸38
裁剪1片
C.F.
前底边
兜帽运动衫
尺寸38
裁剪1片
针织克夫
兜帽运动衫
尺寸 38
裁剪 2片
C.B.
后底边
兜帽运动衫
尺寸38
裁剪1片

图 14.46

平针针织 T 恤设计变化

见平面图 14.7。

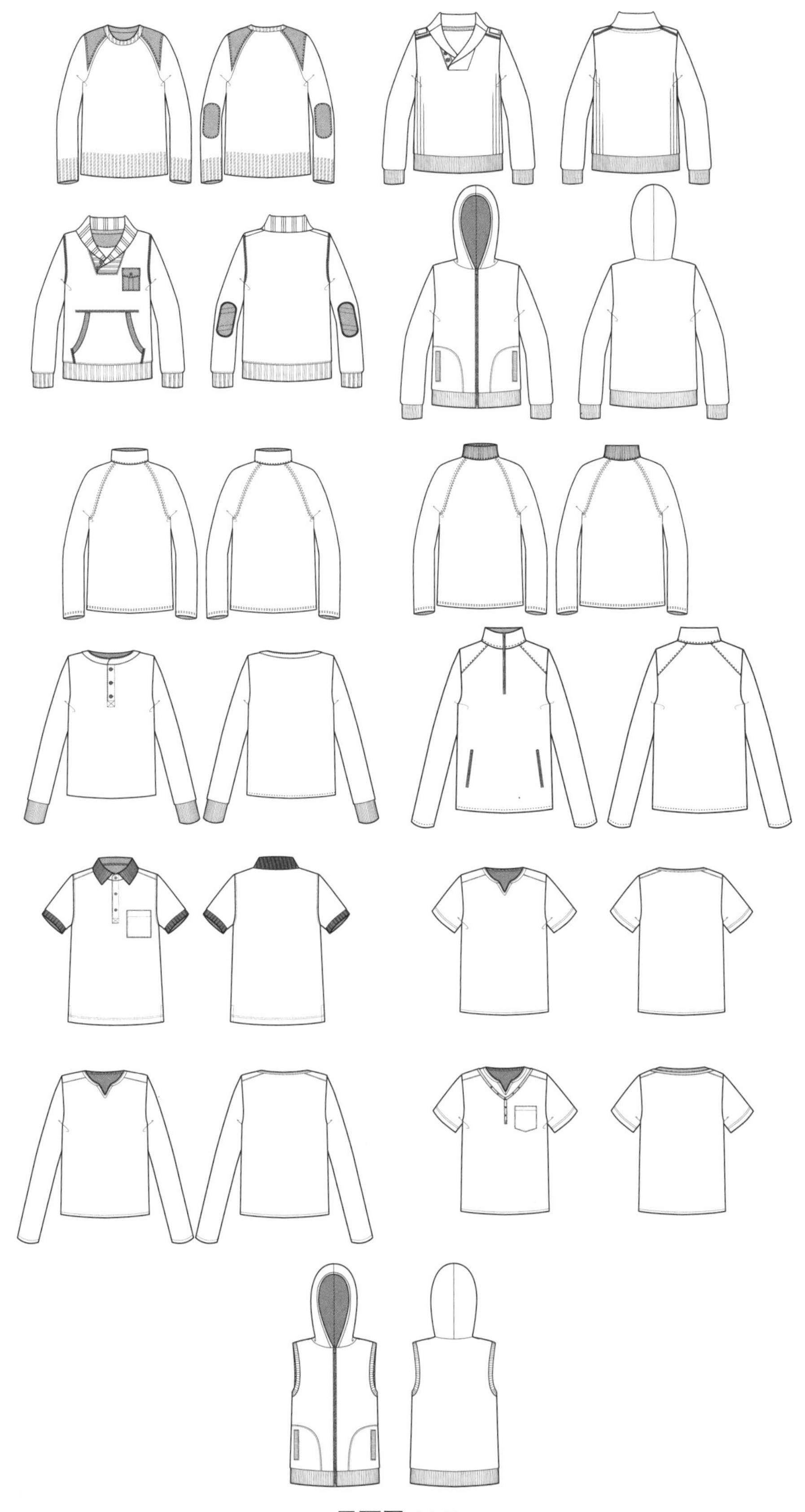

平面图 14.7

第十五章

针织裤子

针织面料裤子在现代服装中占有一席地位。此服装起源于运动员的热身服，现在已成为时尚单品。由于消费者希望着装更加舒适，因此很多人转向针织面料的服装，从而兴起运动型服装的设计。设计师开始运用针织面料来解决时尚与服装舒适性之间的问题。因为针织面料制造过程不同于梭织面料，针织面料更加柔软，因此被广泛地应用到休闲服装中。

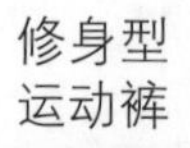

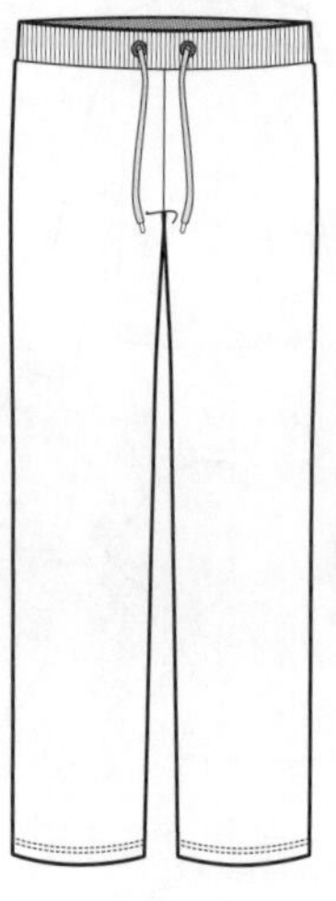

经典合身型
经典田径裤

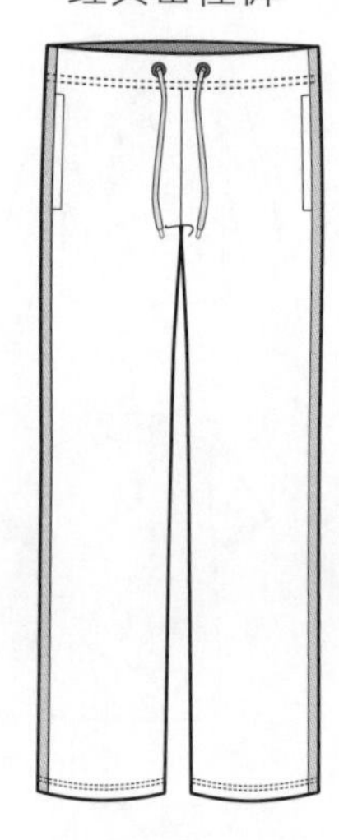

休闲裤

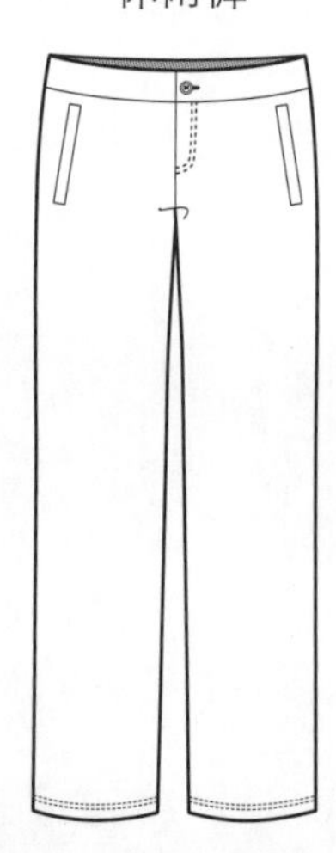

休闲短裤

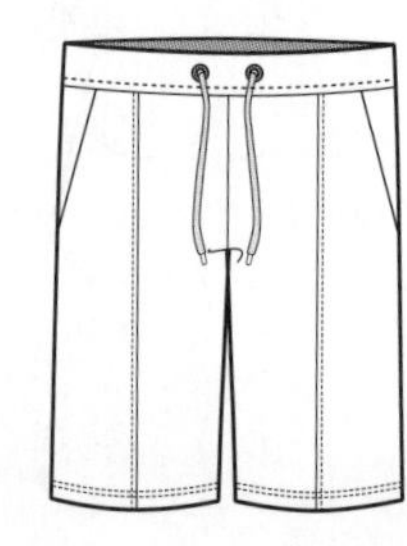

运动裤

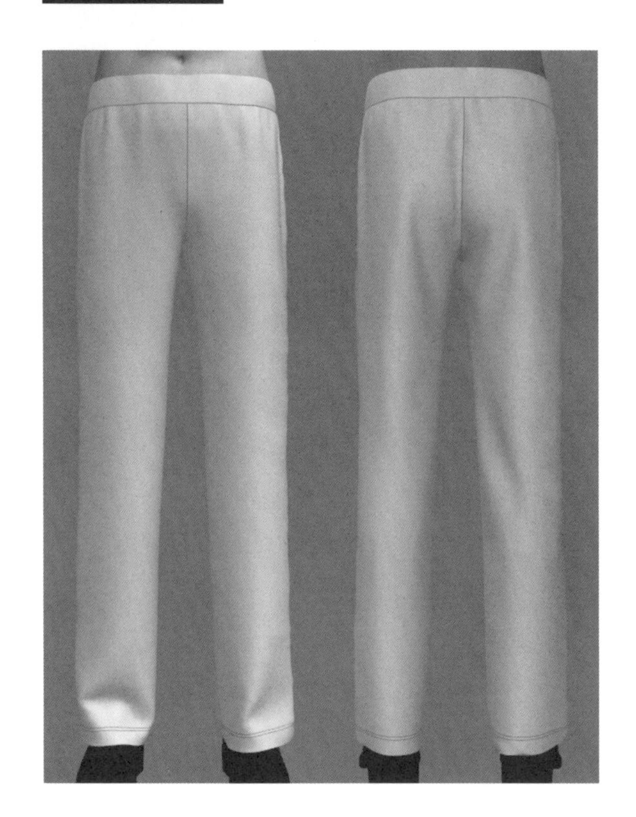

设计风格要点

这种修身型裤子通常采用厚实、柔软的棉织物制作。它的标准设计可作为运动裤样式，同时又有修身的造型。这款包括起额外支撑作用的松紧罗纹裤腰。

修身款式

见平面图 15.1。

1. 针织弹力罗纹裤腰
2. 脚口双明缉线

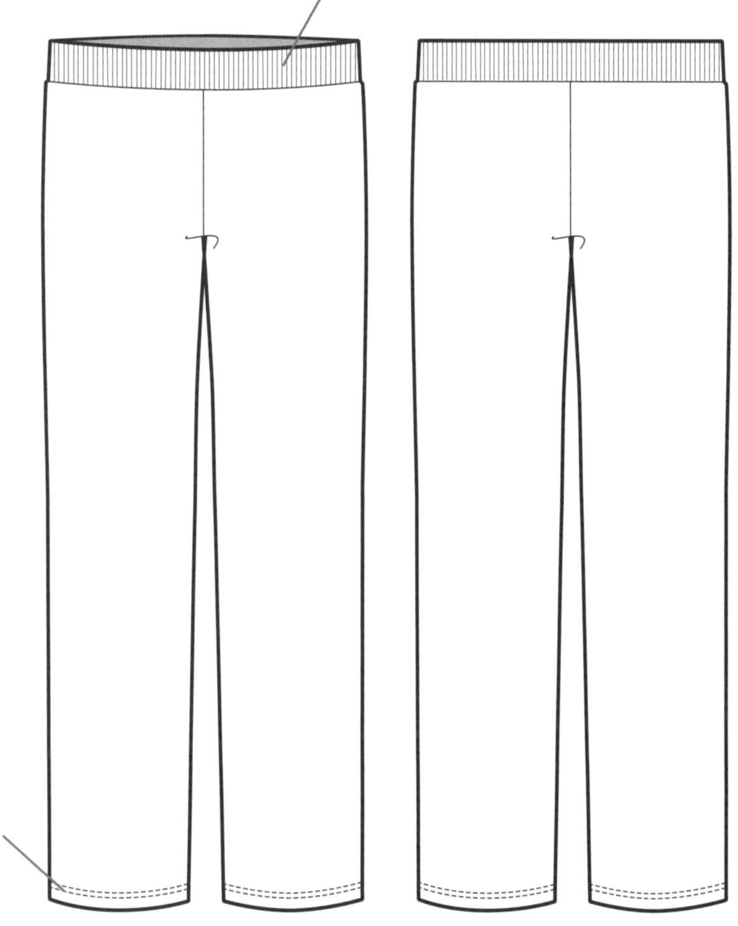

平面图 15.1

前裤片1

- A－B＝裤长，侧缝长 (例 :109.2cm)。
- A－C＝裤腰宽 (例 :5.1cm)。
- A－D＝裆深。
- D－E＝从 D 点 C－D 的 1/3 处。
- E－F＝臀围线 (H.L.), E 画出垂直线，为臀围 /4 ＋ 1cm。
- C－H＝从 C 画出与 E－F 等长的垂直线。
- D－G＝从 D 画出与 E－F 等长的垂直线。
- H－G＝画直线。
- G－I＝从 G 延伸臀围 /24。
- J＝I－D 的中点。
- J－K＝J 画垂直线到底边。
- 延伸线 J－K 到腰线 (C－H)。
- L＝膝围线，从 J－K 的中点向上量 7.6cm，向两边直角画出。
- N－M＝裤脚口 /2－2.5cm (例 :22.9cm)。定位 N－M 后，找到中点 K。
- D－O＝量进 0.3cm。
- O－M＝画直线。
- P＝从 O－M 与膝围线的交点量进 1~1.3cm。
- L－Q＝垂直画出，与 L－P 同宽。
- P－M, Q－N＝画直线。

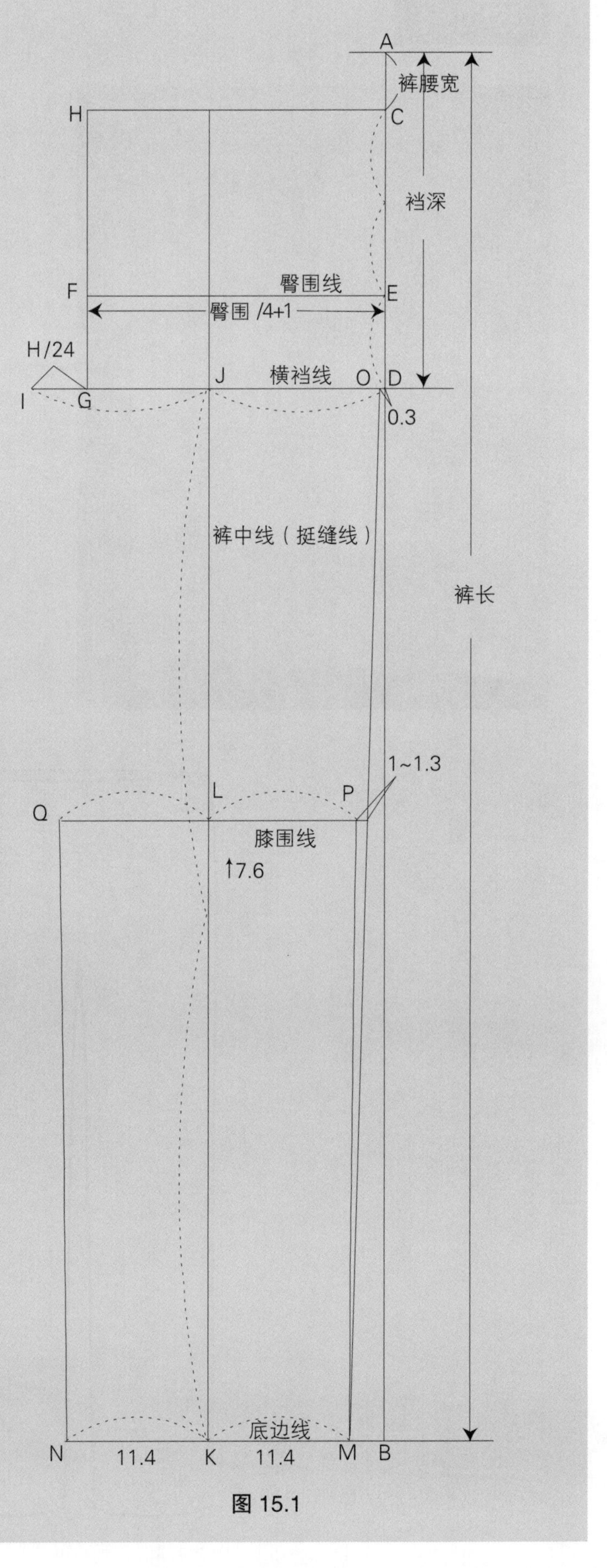

图 15.1

画前裤片2（图15.2）

- I－Q＝画直线。然后向下沿着线的 1/3 处，画垂直线，量进 0.6～1cm，用光滑弧线画线。
- O－P＝画直线，然后从线 O－P 的中点垂直量进 0.3cm，画光滑弧线。
- H－R＝量过 1/4 臀围＋0.3cm。
- G－S＝(从 G) 画 45° 线，长度为 2.2~2.5cm。
- 连接 I－S－F 画弧线。

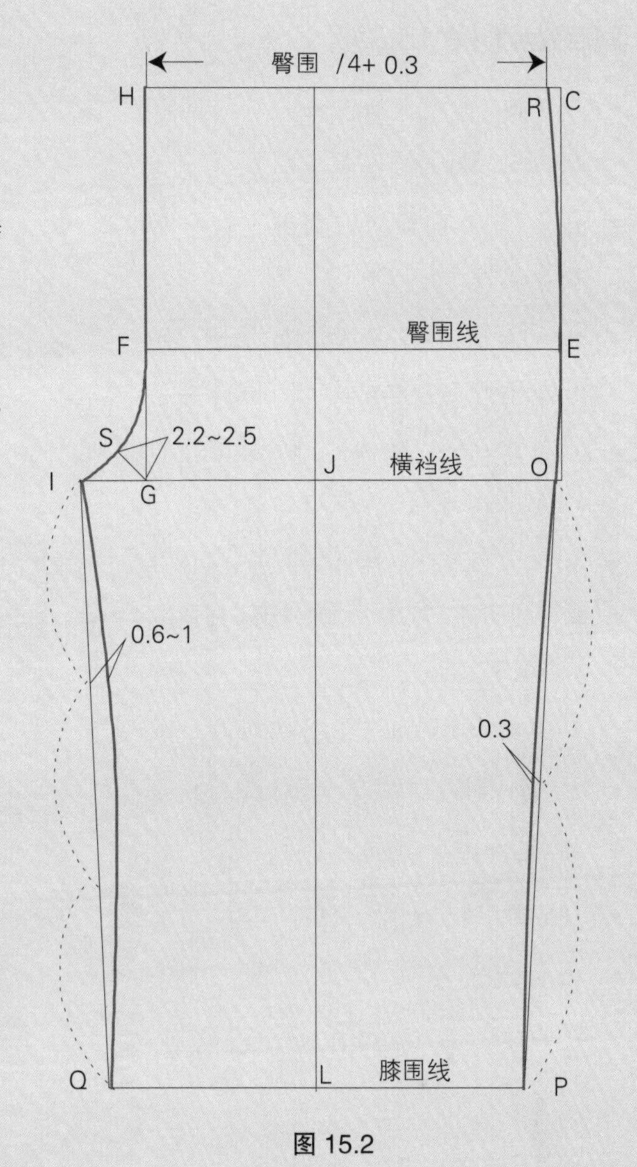

图 15.2

画后裤片1（图15.3）

- 为了画后裤片，拓印前裤片，包括臀围线、横裆线、膝围线和挺缝线。
- (I) – A = 从前横裆顶点 (I) 垂直向下量 1.6cm，再画水平线。
- A – B = 横裆宽，从 A 延伸 (臀围 /24) + (0.6 ~ 1cm)。这条线与前裤片横裆线平行。
- C 和 D = 向外量 1.3cm，画线与前下裆线和外侧缝线平行，到底边。
- B – C = 画直线，然后在接近 B – C 中点处向内凹进 1~1.3cm，画弧线，完成后下裆线。
- E = 从前臀围线与前中线交点量进 2.5~3.2cm。
- E – F = 臀围线 (H.L)，臀围 /4 + 1.6cm。
- G = 前挺缝线与腰围线交点。
- H = 前中线与腰围线交点。
- I = G – H 的中点。
- G – J = 4.4cm, 它必须在 H – I 之内。
- J – E = 画直线。
- 画弧线连接 B 和 E，如图所示。
- D – F = 画直线。
- K – D = 从 F 延伸，长度与前裤片外侧缝线（◎）相等。

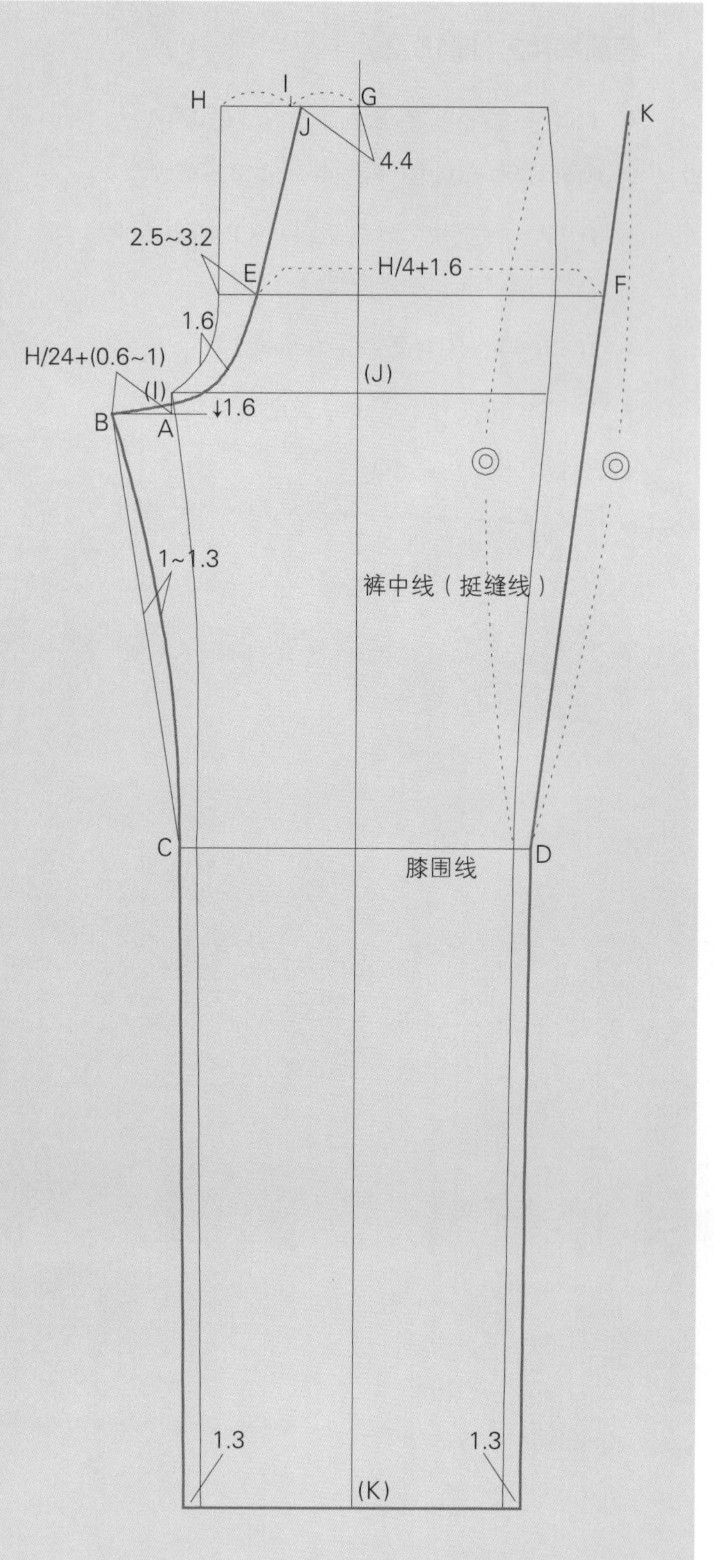

图 15.3

画后裤片2（图15.4）

- J－L＝从J点向上延伸3.8～5.7cm，画垂直线到K。
- L－M＝腰围线，（臀围/4）＋0.6cm。M点可能落在K点的左侧或右侧，由J点的位置而定。
- 如果M点在K点的外侧，重新画直线K－D，在这种情形下，臀围将略微大些。
- M－F－D＝画微弧线，如图所示。

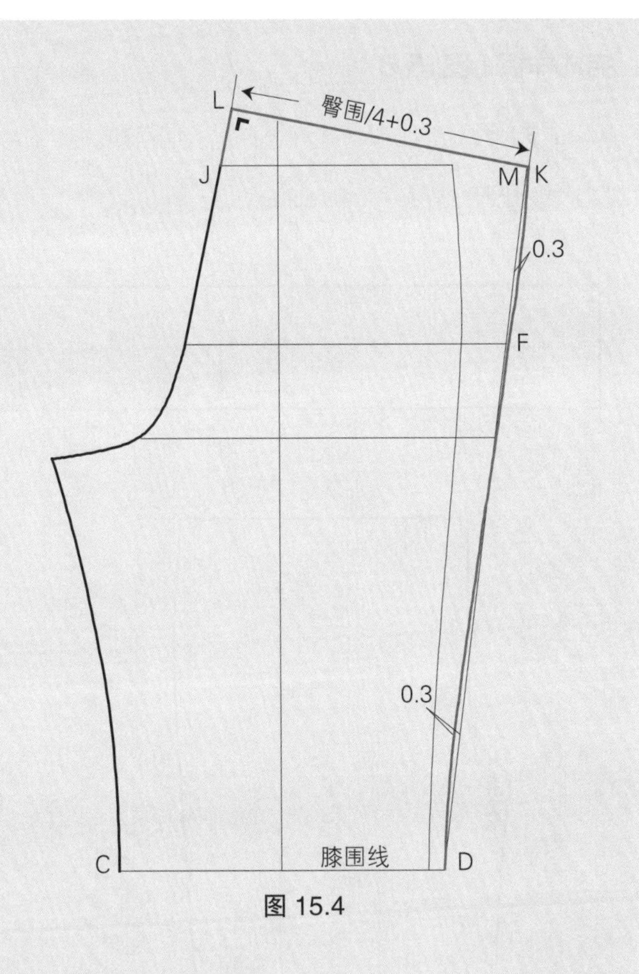

图15.4

裤腰（图15.5）

- 关于裤腰细节，参照第七章“弹性罗纹裤腰”的方法，图7.57和图7.58 (P211)。
- 图15.5为完成的纸样。

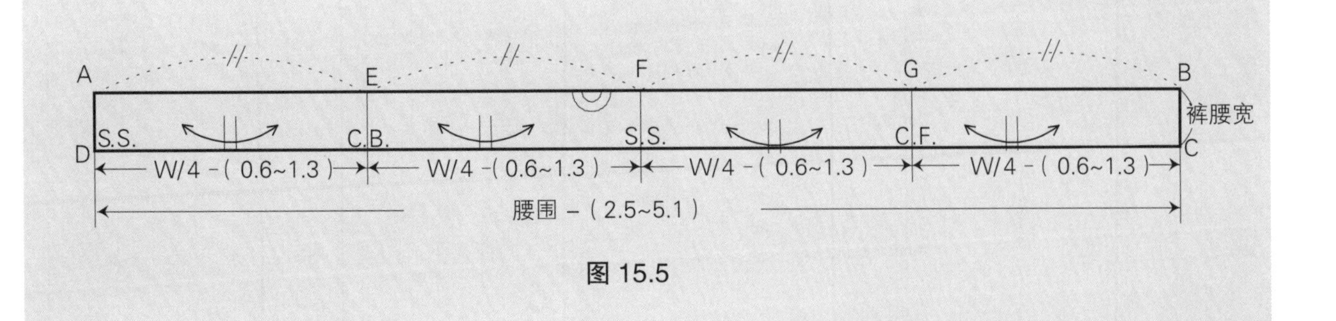

图15.5

完成样板（图15.6）

- 在下裆线标记刀眼，在底边标记双明缉线。
- 标记纸样。
- 标记丝缕线。根据设计意图和面料，可以改变丝缕线方向，尤其是裤腰纸样的丝缕线方向。

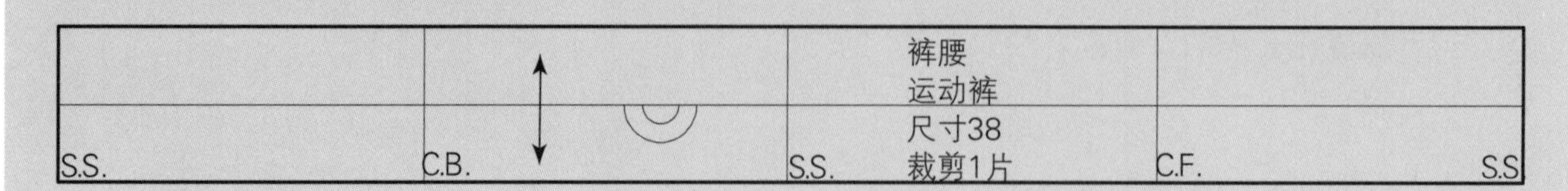

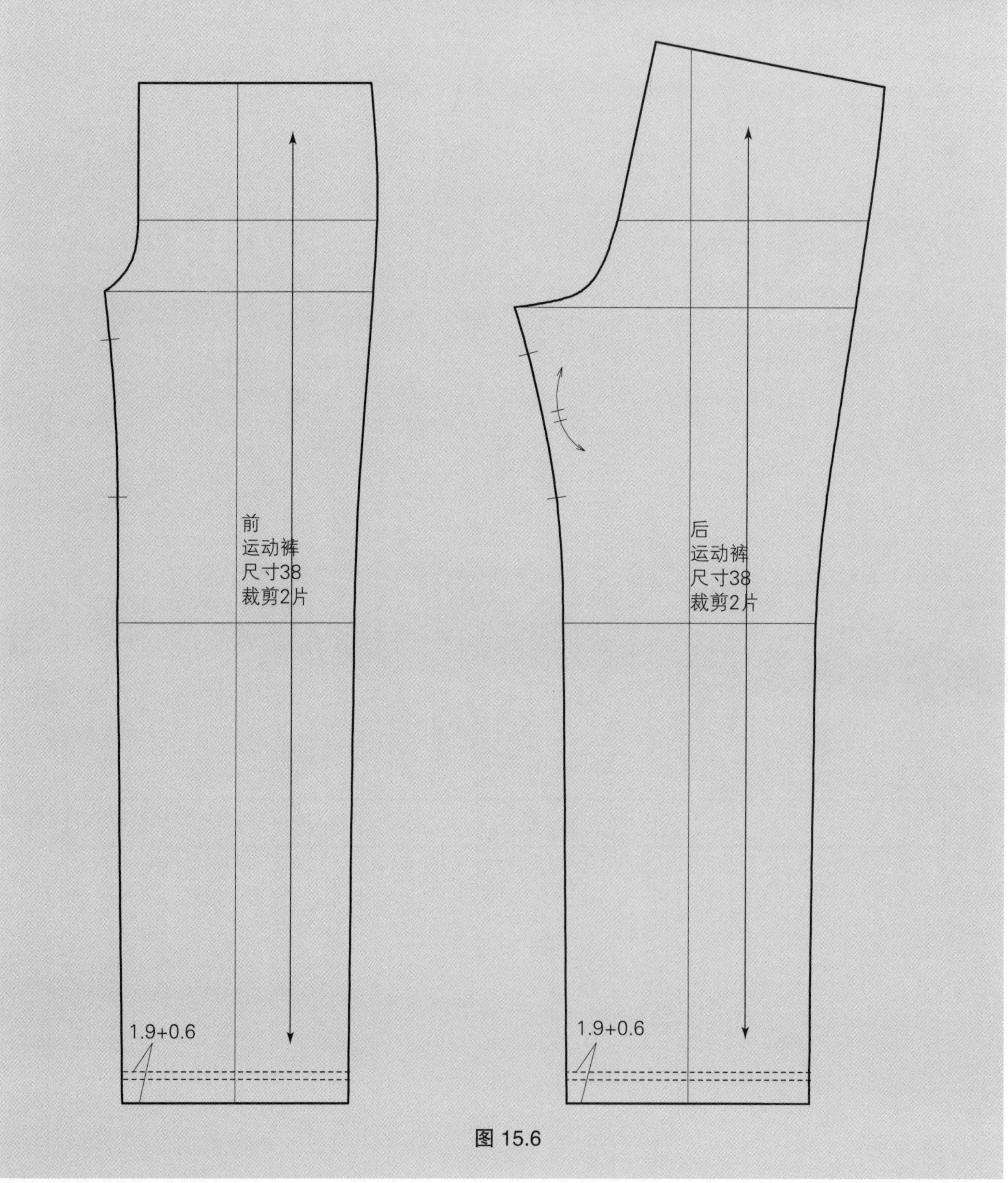

图 15.6

经典田径裤

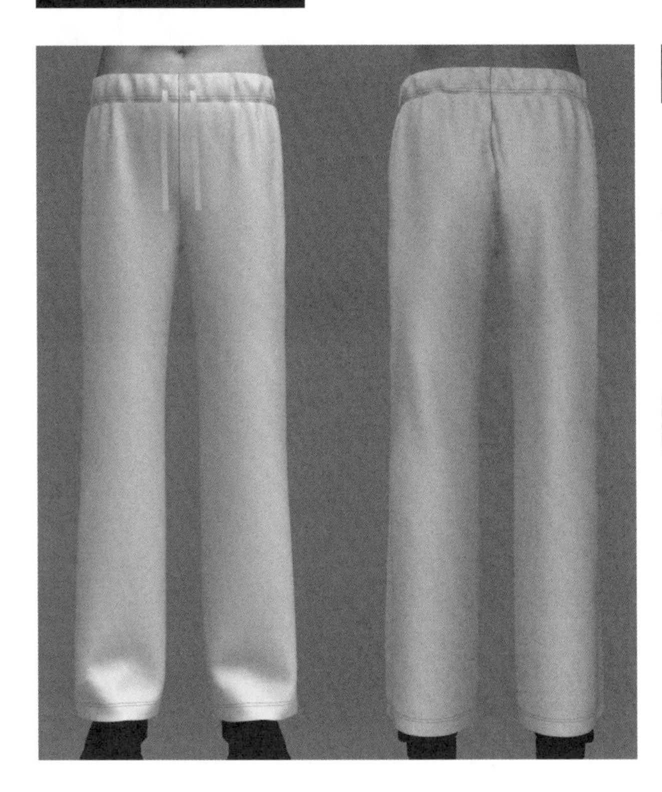

设计风格要点

这款服装经常采用吸湿排汗的针织面料制作，是经典田径裤的最新款式。裤子连腰，向里折叠，管状抽绳。前身侧缝处有两个单嵌条插袋，裤子两侧从裤腰到底边用赛车条纹。

经典款式

见平面图 15.2。

1. 自翻管状裤腰
2. 抽绳
3. 暗口袋
4. 侧片
5. 底边双明缉线

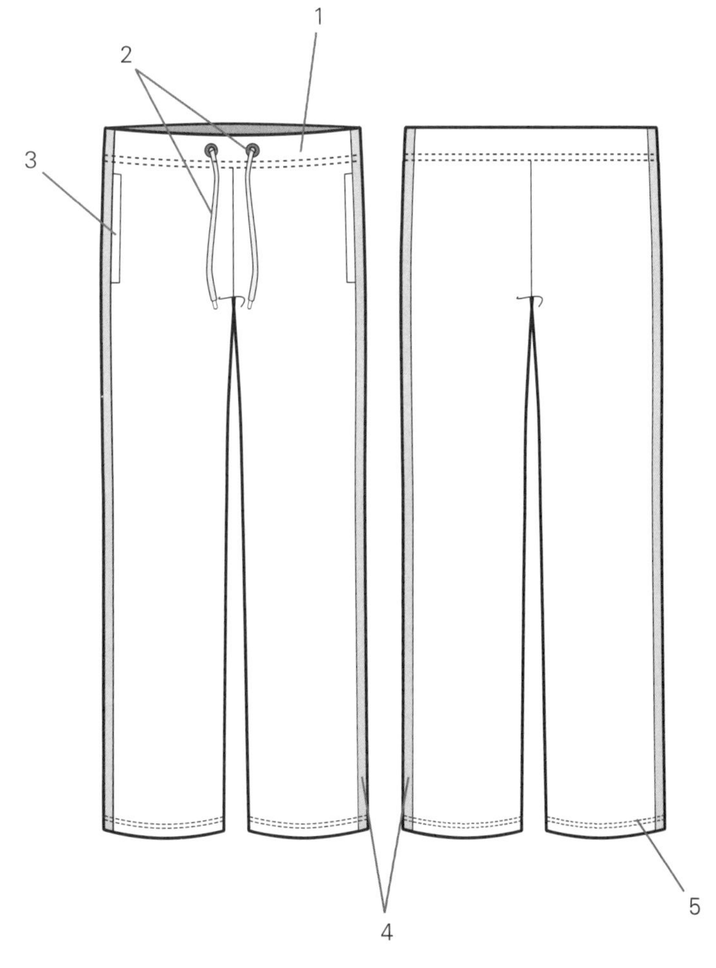

平面图 15.2

放大经典型前后裤片原型（图15.7）

- 拓印前一节运动裤纸样（图 15.1~ 图 15.4，P434~437)。
- A－B =从腰线到臀围线画线平行于前后中线，画出 0.6cm。
- C－D = 从腰线到臀围线，画线平行于外侧缝线，画出 0.6cm。
- E = 从前后横裆顶点分别下降 1cm 和量出 0.6cm。
- B－E = 画与原型相似的前裆弧线。
- F, H = 从膝围线到底边线水平量出 0.6cm。
- E－F = 画微弧线，与原型下裆线相似。
- G, I = 从膝围线到底边线水平量出 0.6cm。
- D－G = 画与原型平行的外侧缝线，距离为 0.6cm。
- F－H = G－I = 画直线。
- A－J = C－K = 直裆的宽松量，从 A 和 C 延长 1.3cm。
- J－K = 画直线。

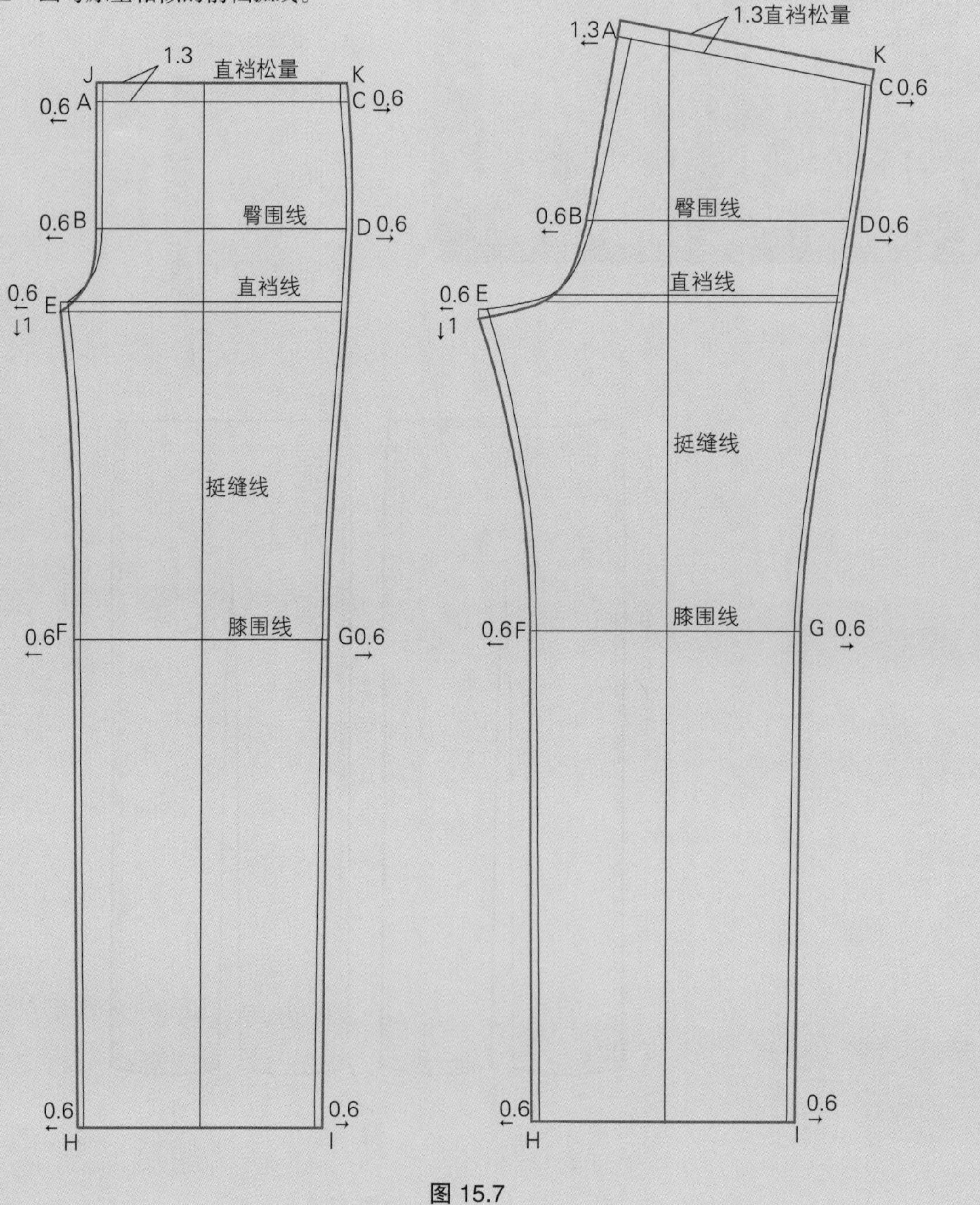

图 15.7

裤腰和条状带（图15.8）

- J′－K′= 折叠 J－K，拓印线 A－C。
- L－M＝向内画线平行于侧缝线，宽度为 2.5~3.2cm。
- J－J′, K－K′= J′－J″, K′－K″= 腰带高，在上方画线平行于腰围线，距离为 5.1cm。
- J′－K′, J″－K″= 画直线。
- 从前后裤片拓印 L－M－I－K″, 将条带分离开来。
- I－X = I–X 与后裤片的 I－M 宽度相等。
- X－Y = 画垂直线到膝围线。
- X－Z = 与后裤片 L－M 长度相等，从 Y 延长。
- P = 从前裤片腰围线下方 1.9cm 标记口袋位置。长度为 15.2~16.5cm，宽度为 1.6cm。
- 标记裤腰抽绳洞眼位置。它离前中线 2.5cm，在裤腰宽的中间位置，如图 15.8 所示。
- 松紧带长度是人体腰围量的 80%~90%。

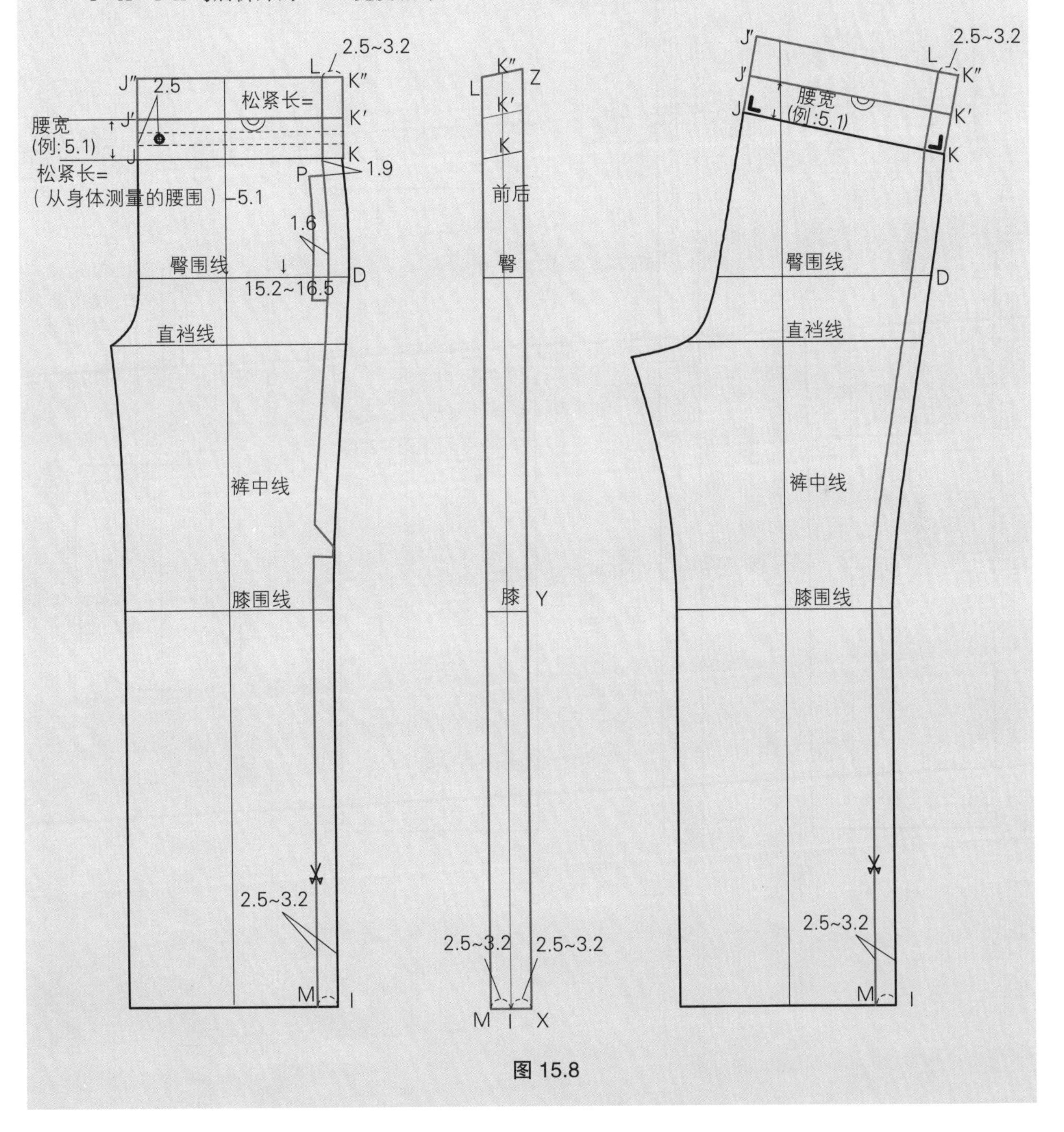

图 15.8

完成样板（图15.9）

- 在下方线、口袋应用刀眼，底边标记双明缉线。
- 参照第六章“口袋”（P159 ~ 173)。
- 标记纸样。
- 标记丝缕线。根据设计意图和面料，可以改变丝缕线方向，尤其是裤腰纸样的丝缕线方向。

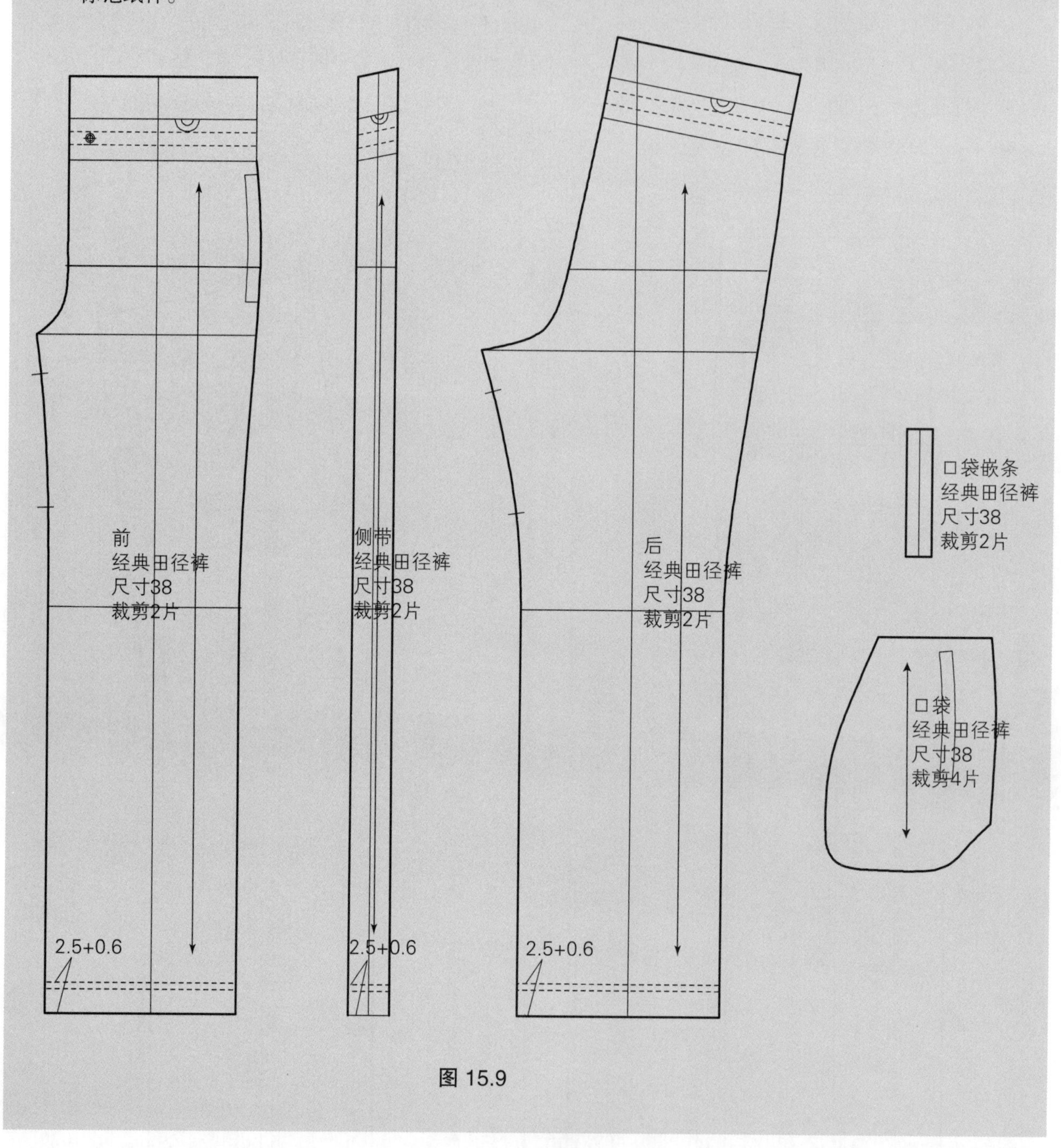

图 15.9

休闲裤

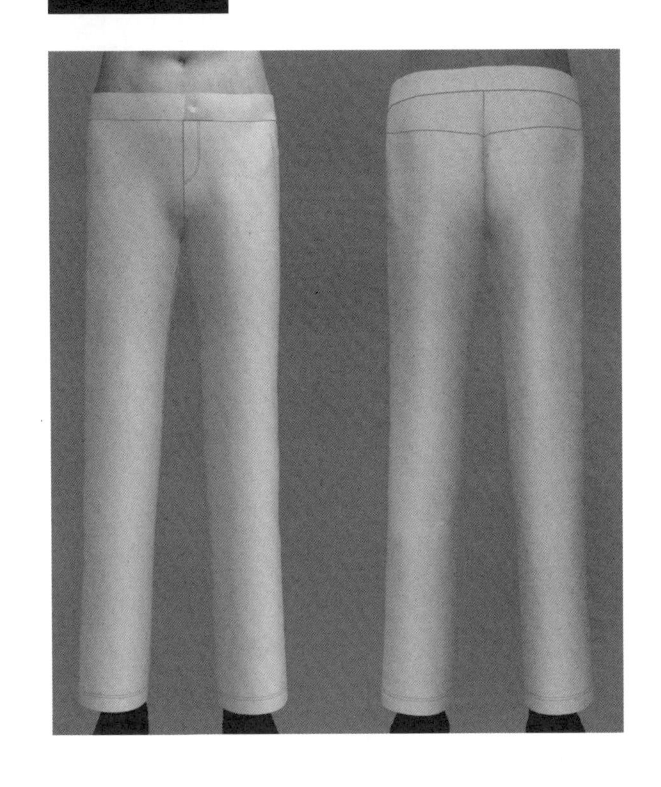

设计风格要点

一种现代风格的休闲裤，这种设计款式来源运动裤的纸样，并包含了不同元素，从而弱化休闲风格。前中线有门襟和纽扣系扣，与牛仔裤相似的弧线裤腰。在前裤片上有两个嵌条口袋，在后裤片上有呈一定角度的育克，使裤子更合体，造型更美观。

修身型款式

见平面图 15.3。

1. 低腰
2. 搭扣弧线裤腰
3. 前门襟
4. 单嵌条口袋
5. 育克
6. 底边双明缉线

平面图 15.3

画前裤片（图15.10）

- 拓印针织面料修身型前裤片原型（图15.1和图15.2, P434 ~ 435）。
- A = 在前中线量进1.3cm，然后从臀围线到A画直线。
- A－B = 向下量1 ~ 1.3cm。
- C = 外侧缝线与腰围线的交点。
- C－D = 收进的量不超过1.6 ~ 1.9cm，然后从臀围线到D画弧线。
- B－D = 腰围/4 ＋ 1.3－1.6cm（收省量），画微弧线。
- 注释：根据C－D的收进量，收省量可以变化。收省量应该小于C－D的收进量。
- B－E = 向下量2.5 ~ 3.2cm，决定低腰线。
- E－F = 画线与B－D平行。
- E－G = 裤腰宽（例：4.4cm），向下量。
- G－H = 画线平行于E－F。
- I = 省道中点，从挺缝线向外侧缝线量出3.8cm。
- I－J = 从I画垂直线到G－H。
- 完成省道。
- L = 从H量进5.1cm，然后向下1.9cm。
- M = 从L垂直向下15.2cm，然后水平量出3.2cm。
- L－M = 画直线。
- N－O = 向内画线与线L－M，距离为1.9cm。
- L－M－O－N = 单嵌条口袋。
- P－Q = 量出1.3cm，然后从底边到膝围线画直线。

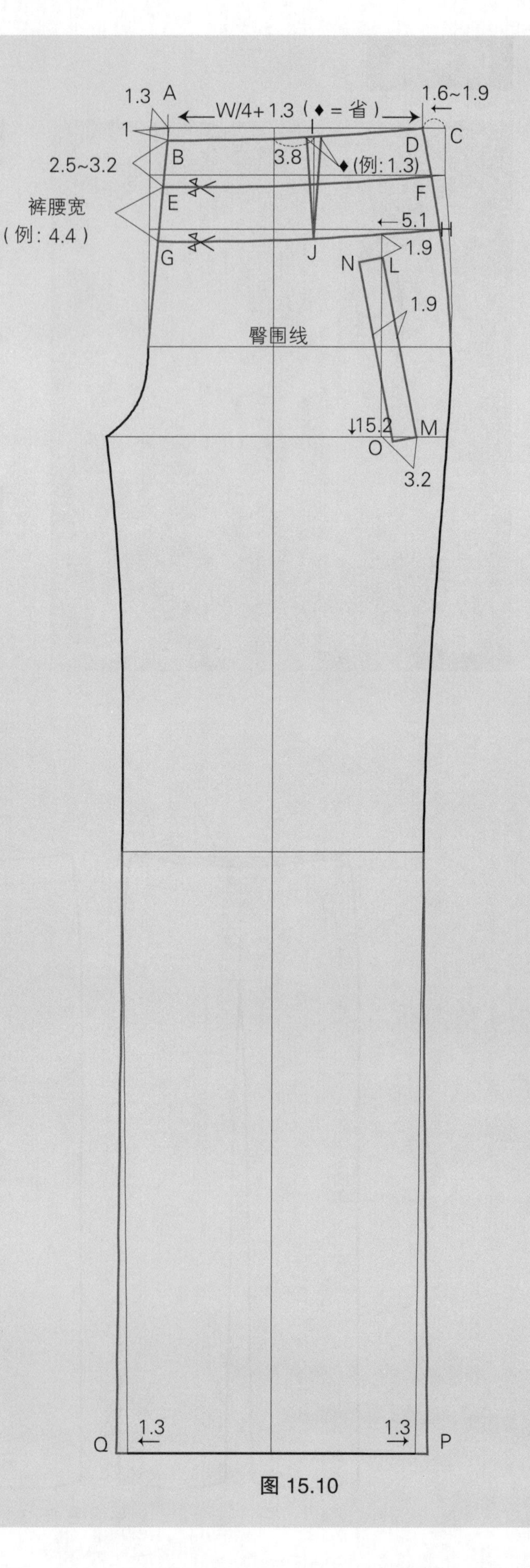

图 15.10

画后裤片（图15.11）

- 拓印针织面料修身型后裤片原型（图15.3~图15.4, P436~437）。
- A = 从后中线与腰围线交点量进0~0.6cm，根据B－C的收进量，A点的收进量可以改变。
- A －B = 腰围/4 ＋ 3.8cm（收省量），标记B。

注释：根据B－C收进量，收省量可以变化。

- B－C = 从腰围线与外侧缝线的交点量进1.6～1.9cm，从臀围线到C画弧线。C必须小于1.9cm，以便画出漂亮的外侧弧线。如果大于1.9cm，则增加收省量或移动A点的位置。
- A－D = 向下量取和前裤片相同的量（例:2.5～3.2cm）。
- D－E = 画线平行于A－B。
- D－F = 裤腰宽（例:4.4cm），向下量。
- F－G = 画线与D－E平行。
- F－H = 向下量7.6cm。
- G－I = 向下量3.8cm。
- H－I = 育克线，画直线。
- J = A－B的中点，省道中点。
- J－K = 从J画线垂直于线H－I。
- 完成省道。
- L－M = 量出1.3cm，然后从底边到膝围线画直线。

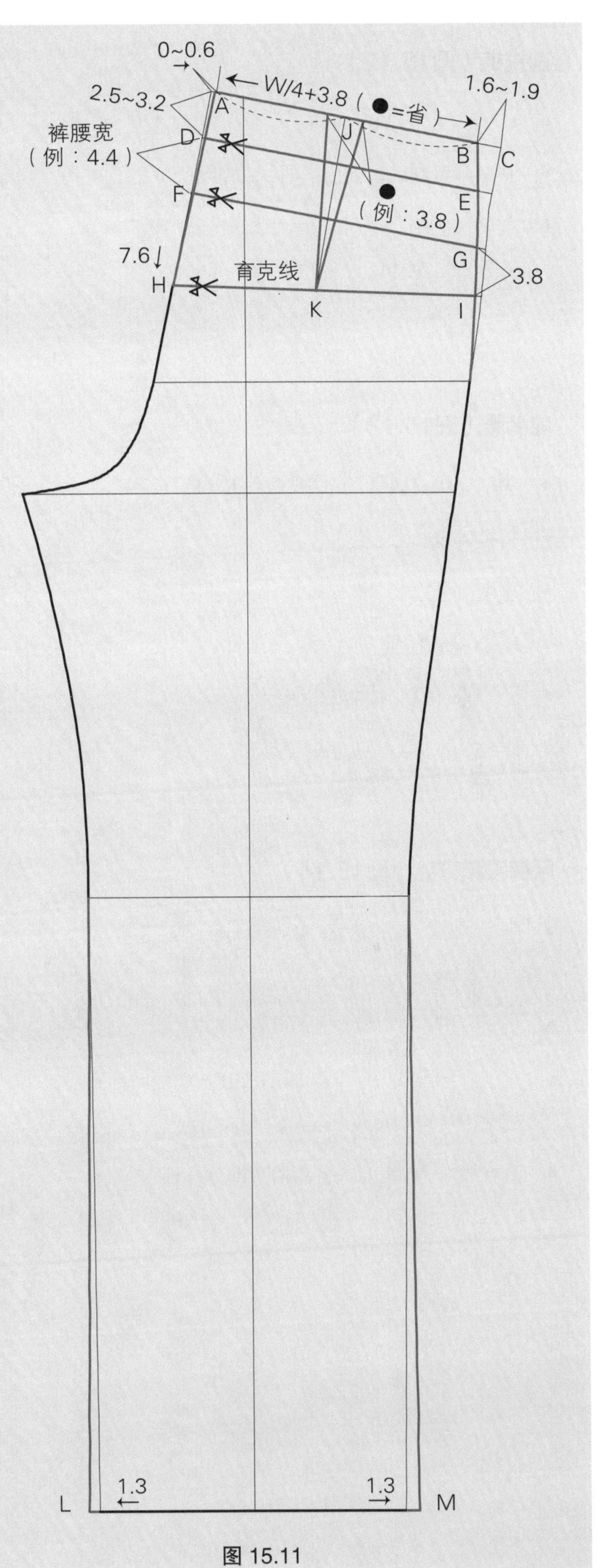

图 15.11

前拉链（图15.12）

- G－Z＝量进 3.8～4.4cm。
- 从 Z 到臀围线画前门襟明线，如图所示。
- 前门襟应用。参照第七章“休闲裤前门襟”（图 7.65, P214）。

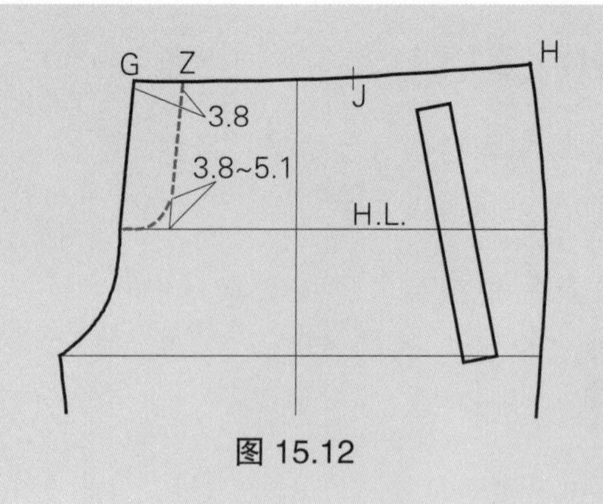

图 15.12

前裤腰（图15.13）

- 为了完成前裤腰，拓印裤腰线 E－F－G－H。
- 折叠省道。
- 重画裤腰边线。
- E－X＝延伸量（例 :3.8～5.1cm）。
- X－Y＝画 E－G 的平行线。
- E－X－Y－G＝用直线连接。

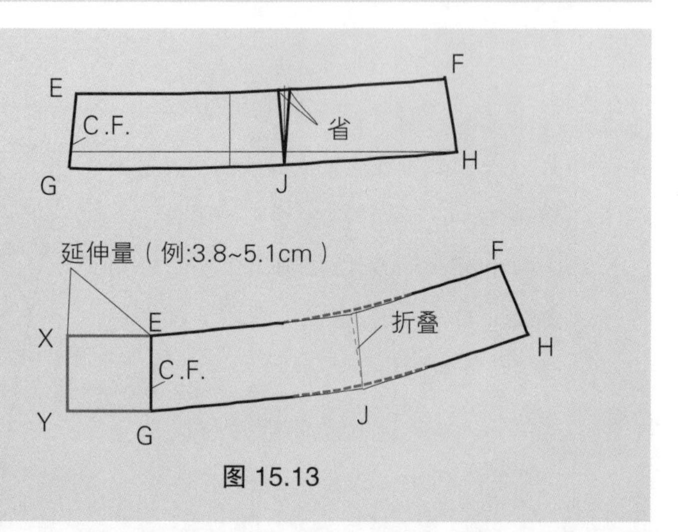

图 15.13

后裤腰和育克（图15.14）

- 为了画后裤腰和育克，拓印 D－F－H－K－I－G－E。
- 折叠省道。
- 重新画腰围线 (D－E)，腰围线 (F－G), 和育克线 (H－K－I)。
- 沿着线 F－G 剪开，分离两个部分样板。

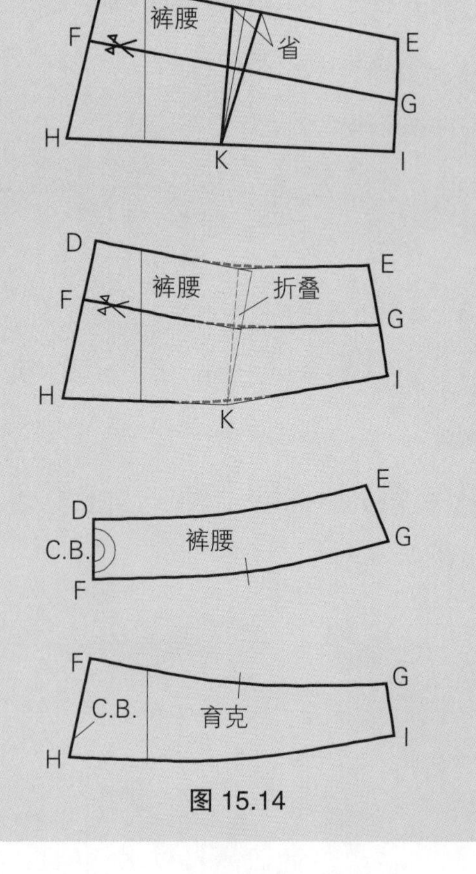

图 15.14

完成样板（图15.15）

- 口袋应用，参照第六章“口袋”（P159~173）。
- 标记纸样。
- 标记丝缕线。根据设计意图和面料，可以改变丝缕线方向，尤其是裤腰纸样的丝缕线方向。

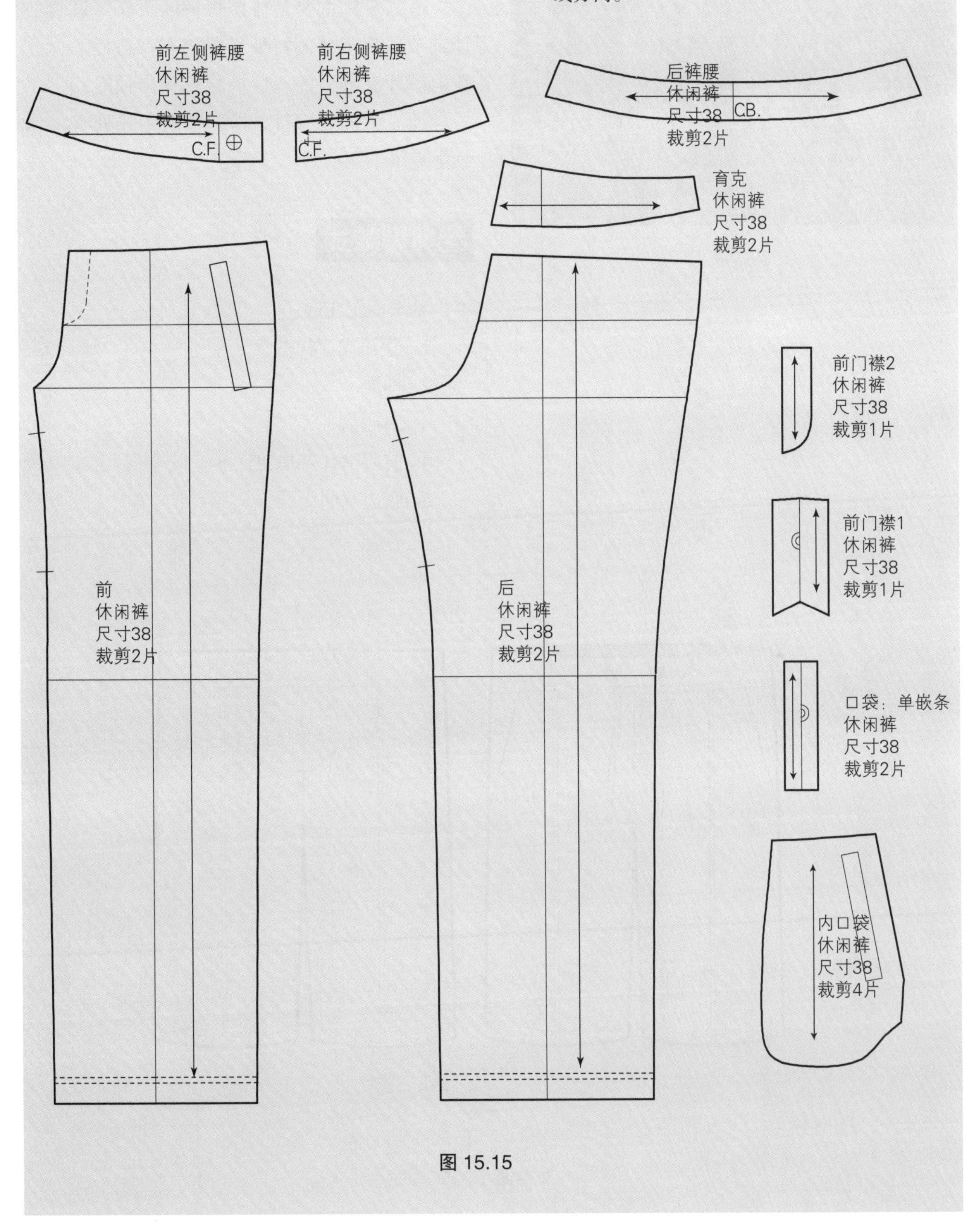

图 15.15

休闲短裤

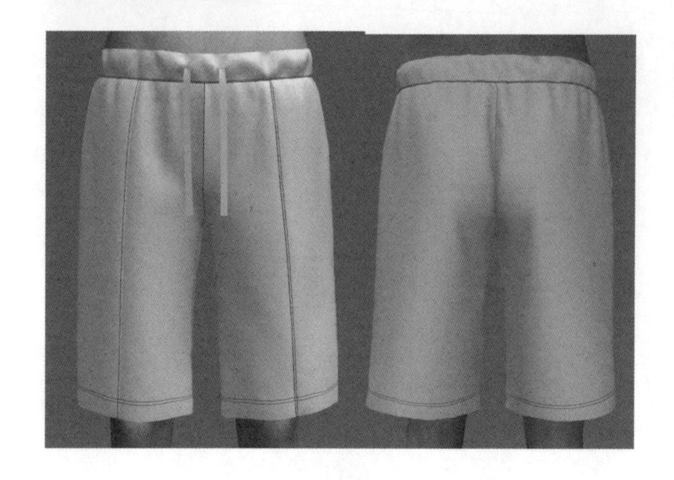

设计风格要点

这款短裤主要是休闲短裤的更新。设计细节弱化了休闲特征，但仍有舒适性。在前裤片有分开的双层裤腰管穿出抽绳，另外还有斜插袋，每条裤腿前后中线处有细塔克缉细裥。

经典型款式

见平面图 15.4。

1. 分开式管状裤腰
2. 抽绳
3. 斜插袋
4. 前后裤片细塔克
5. 底边双明缉线。

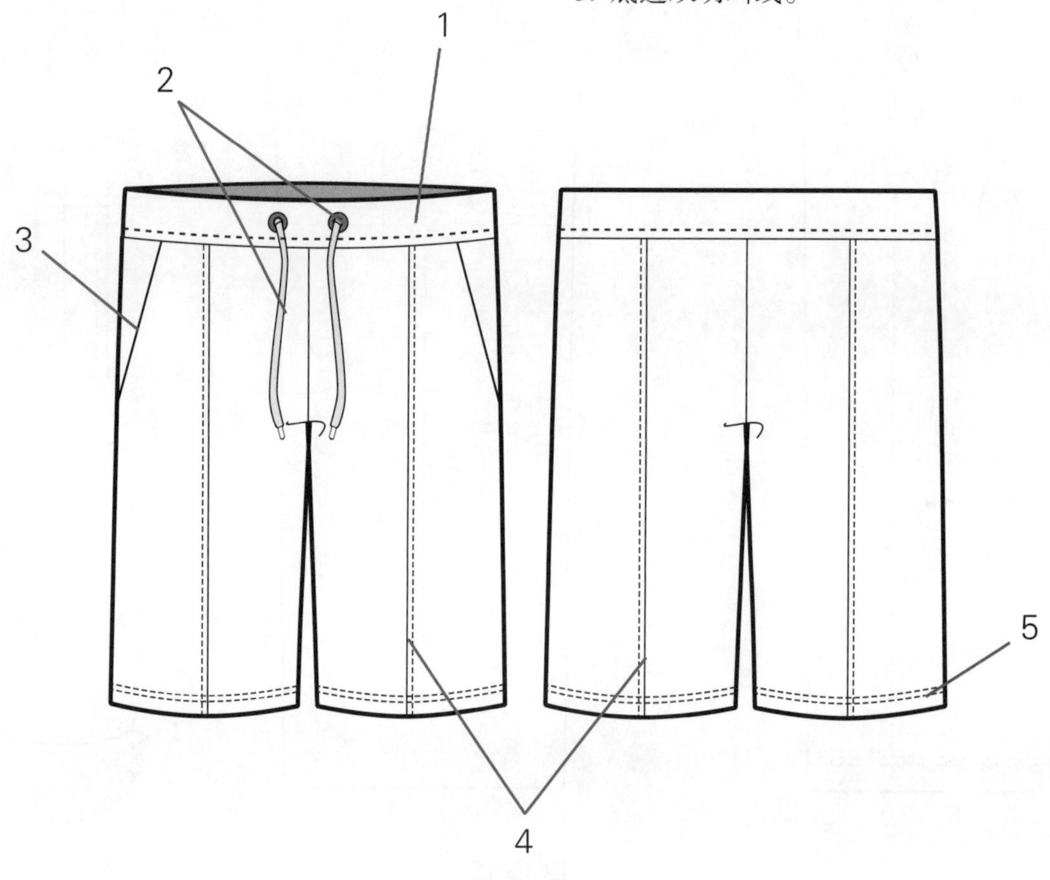

平面图 15.4

画前裤片（图15.16）

- 拓印放大的前后裤片纸样。按照放大“前后裤片”的方法（图 15.7, P440)。但需注意的是，由于设计需要长度必须缩短。
- A = 从前中线与腰围线交点向下量 1cm。
- B = 腰围线侧点。
- A – B = 画微弧线，如图所示。
- B – C = 裤腰宽（例: 4.4cm)，向上量取。
- B – D = 量进 5.1cm。
- B – E = 向下量 15.2~16.5cm。
- D – E = 画直线。
- F = 挺缝线与腰围线交点。
- F – G = 除去裤腰宽后的裤长。从横裆线向膝围线方向量取 27.9~30.5cm。根据设计，长度可以变化。
- H – I = 从 G 到下裆线和外侧缝线画水平线。

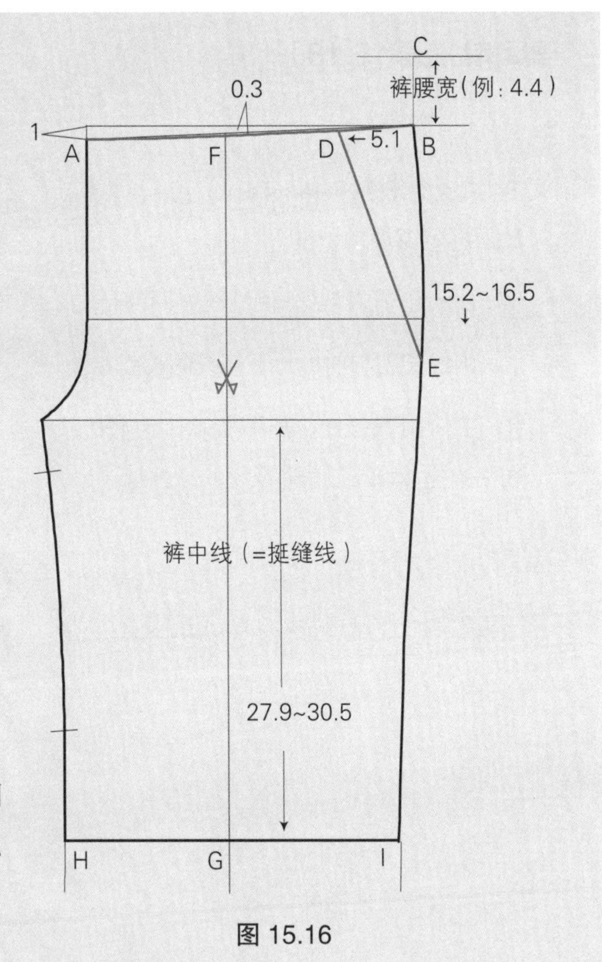

图 15.16

细塔克裥（图15.17）

- F – G = 沿线剪切。
- F – F′ 到 G – G′= 双倍细裥量(例: 0.3 × 2 = 0.6cm)。剪切并展开细裥量。
- F′ – G′= 画垂直线。

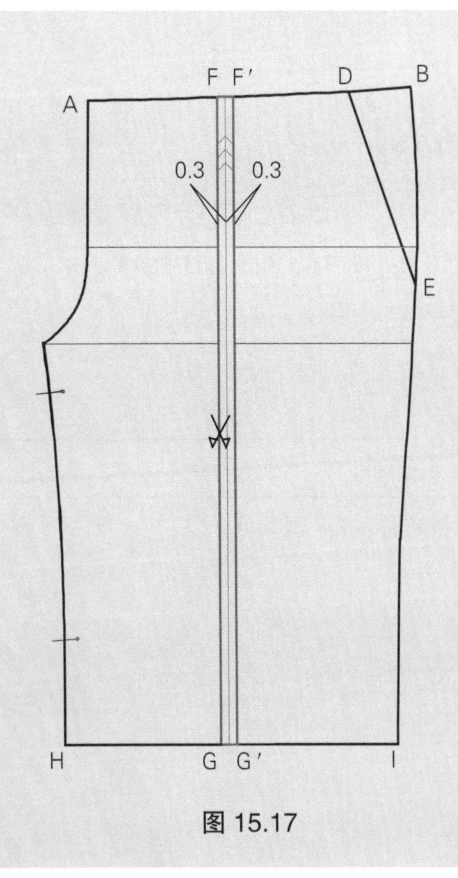

图 15.17

画后裤片（图15.18）

- A－B＝腰线。
- A－C＝裤腰宽（例：4.4cm），向上量取，然后标记宽度。
- B－D＝画与前裤片外侧缝线相同的长度。
- F＝画线长度与前裤片下裆线的长度相等。
- D－F＝画微弧线，如图所示，使底边线在F点呈直角。

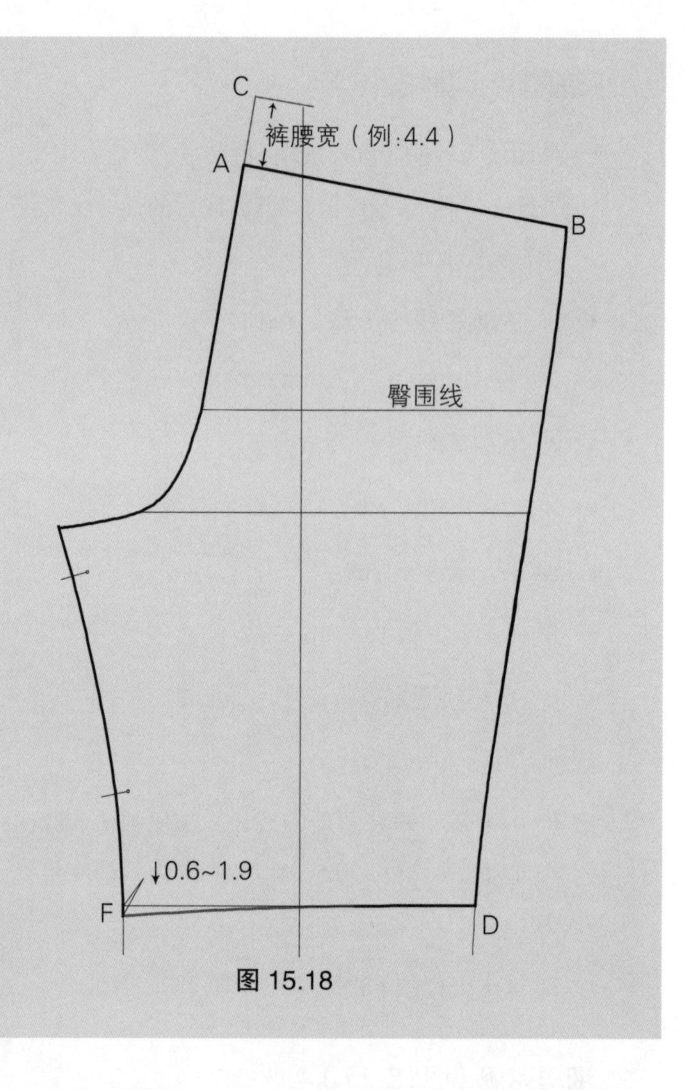

图 15.18

裤腰（图15.19）

- 关于裤腰细节，参照第七章“分离套管穿绳裤腰”的方法，图 7.62 和图 7.63 (P213)。
- 图 15.19 为完成样板。

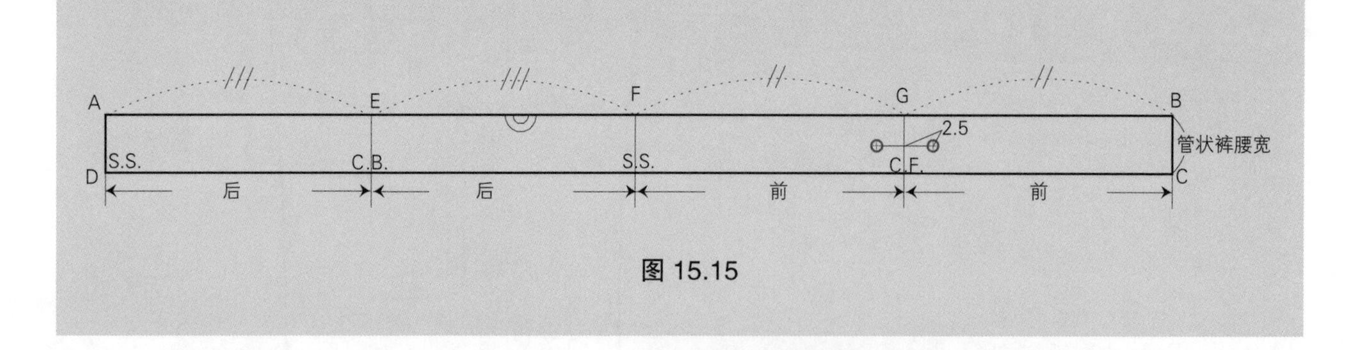

图 15.15

完成样板（图15.20）

- 前斜插袋和底边双明缉线应用。参照第六章“口袋”（P159~173）。
- 标记纸样。
- 标记丝缕线。根据设计意图和面料改变丝缕线的方向，尤其是裤腰纸样的丝缕线方向。

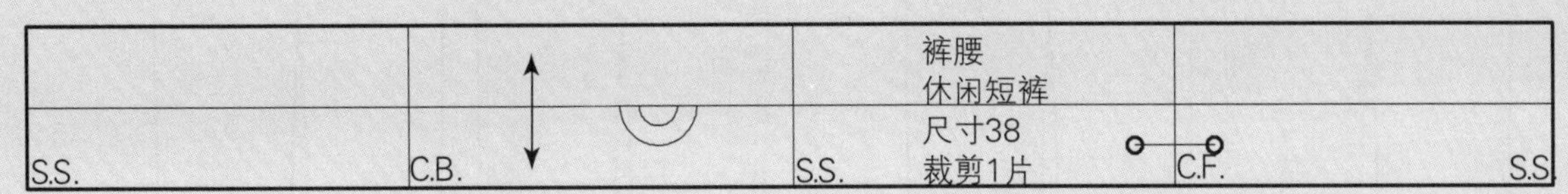

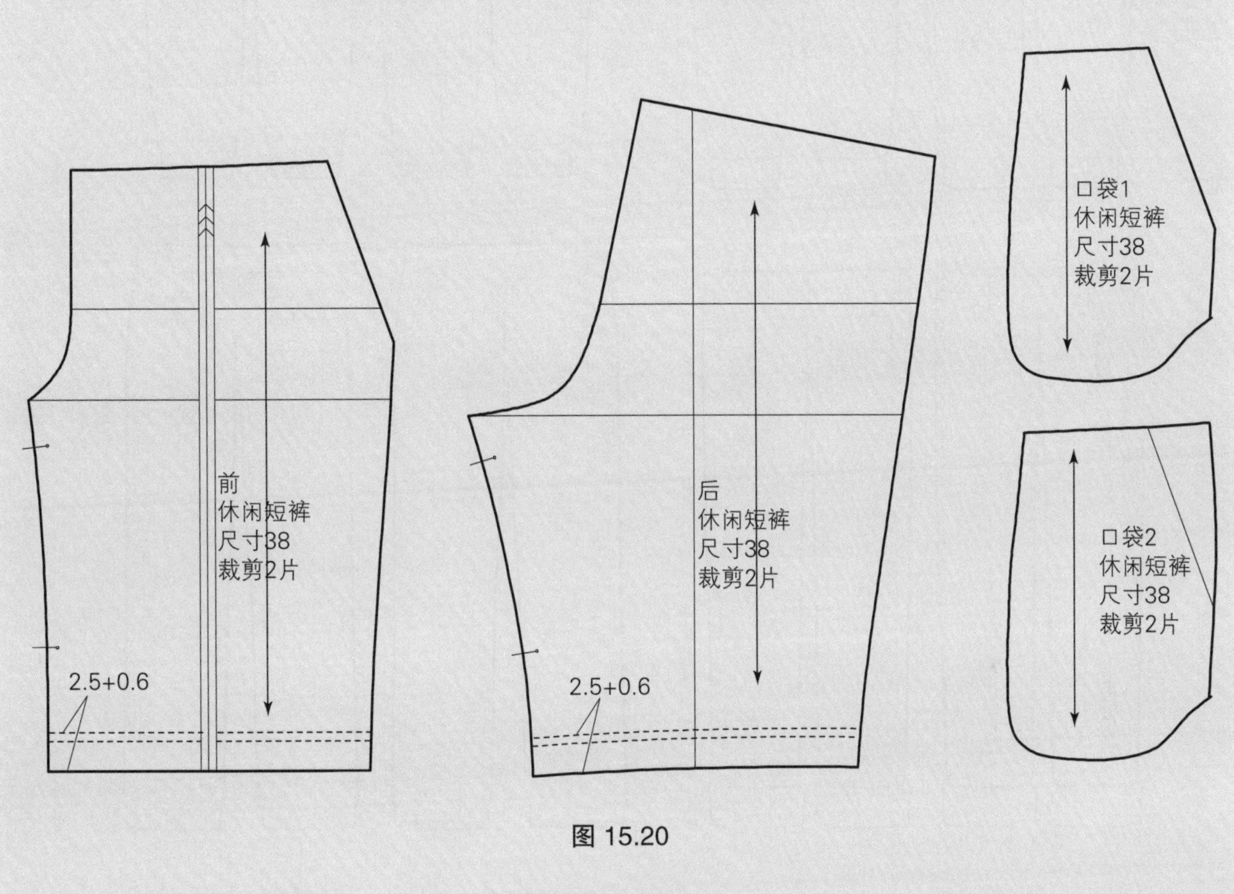

图 15.20

平针针织裤设计变化

见平面图 15.5。

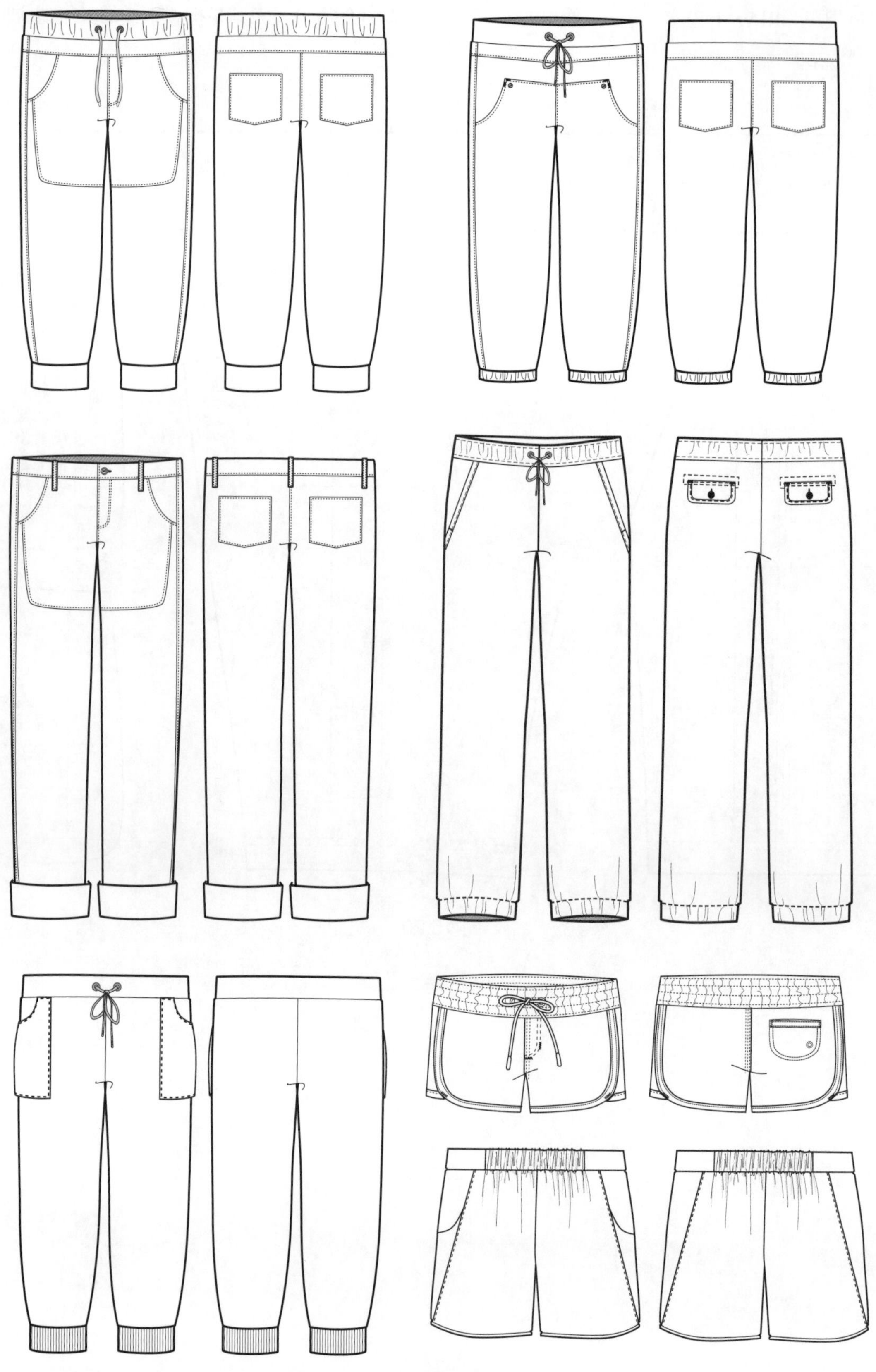

平面图 15.5

附录 A：男子尺寸参照表

正常男性体型尺寸									单位：cm
部位＼尺寸	34R	36R	38R	40R	42R	44R	46R	48R	自己尺寸
< 上身 >									
1. 胸围	86.4	91.4	96.5	101.6	106.7	111.8	116.8	121.9	
2. 腰围	71.1	76.2	81.3	86.4	91.4	99.1	106.7	111.8	
3. 臀围	86.4	91.4	96.5	101.6	106.7	111.8	116.8	121.9	
4. 前胸宽	35.6	36.8	38.1	39.4	40.6	41.9	43.2	44.5	
5. 后背宽	38.1	39.4	40.6	41.9	43.2	44.5	45.7	47	
6. 后背长	44.5	45.1	45.7	46.4	47	47.6	48.3	48.9	
7. 肩宽	41.3	42.5	43.8	45.1	46.4	47.6	48.9	50.2	
8. 肩长	15.2	15.6	15.9	16.2	16.5	16.8	17.1	17.5	
9. 颈围	35.6	36.8	38.1	39.4	40.6	41.9	43.2	44.5	
10. 臂长	62.5	62.9	63.2	63.5	63.8	64.1	64.5	64.8	
11. 臂围	28.6	30.5	32.4	34.3	36.2	38.1	40	41.9	
12. 腕围	16.5	17.1	17.8	18.4	19.1	19.7	20.3	21	
13. 身高									
裤子尺寸									
14. 裤腰围	腰围 +2.5								
15. 直裆深	24.8	25.1	25.4	25.7	26	26.4	26.7	27	
16. 下裆长	81.3	81.3	81.3	81.3	81.3	81.3	81.3	81.3	
17. 侧缝长	106	106.3	106.7	107	107.3	107.6	108	108.2	

矮个男性体型尺寸

单位：cm

尺寸 部位	32S	34 S	36 S	38 S	40 S	42 S	44 S	46 S	自己尺寸
〈上身〉									
1. 胸围	81.3	86.4	91.4	96.5	101.6	106.7	111.8	116.8	
2. 腰围	66	71.1	76.2	81.3	86.4	91.4	99.1	106.7	
3. 臀围	81.3	86.4	91.4	96.5	101.6	106.7	111.8	116.8	
4. 前胸宽	34.3	35.6	36.8	38.1	39.4	40.6	41.9	43.2	
5. 后背宽	36.8	38.1	39.4	40.6	41.9	43.2	44.5	45.7	
6. 后背长	41.3	41.9	42.5	43.2	43.8	44.5	45.1	45.7	
7. 肩宽	40	41.3	42.5	43.8	45.1	46.4	47.6	48.9	
8. 肩长	14.9	15.2	15.6	15.9	16.2	16.5	16.8	17.1	
9. 颈围	34.3	35.6	36.8	38.1	39.4	40.6	41.9	43.2	
10. 臂长	58.4	58.7	59.1	59.4	59.7	60	60.3	60.6	
11. 臂围	26.7	28.6	30.5	32.4	34.3	36.2	38.1	40	
12. 腕围	15.8	16.5	17.1	17.8	18.4	19.1	19.7	20.3	
13. 身高									
裤子尺寸									
14. 裤腰围	腰围 +2.5								
15. 直裆深	23.2	23.5	23.8	24.1	24.4	24.8	25.1	25.4	
16. 下裆长	76.2	76.2	76.2	76.2	76.2	76.2	76.2	76.2	
17. 侧缝长	99.4	99.7	100	100.3	100.6	101	101.3	101.6	

高个男性体型尺寸									单位：cm
部位 \ 尺寸	36T	38 T	40 T	42 T	44 T	46 T	48 T	50 T	自己尺寸
〈上身〉									
1. 胸围	91.4	96.5	101.6	106.7	111.8	116.8	121.9	127	
2. 腰围	76.2	81.3	86.4	91.4	99.1	106.7	111.8	116.8	
3. 臀围	91.4	96.5	101.6	106.7	111.8	116.8	121.9	127	
4. 前胸宽	36.8	38.1	39.4	40.6	41.9	43.2	44.5	45.7	
5. 后背宽	39.4	40.6	41.9	43.2	44.5	45.7	47	48.3	
6. 后背长	47.6	48.3	48.9	49.5	50.2	50.8	51.4	52.1	
7. 肩宽	42.5	43.8	45.1	46.4	47.6	48.9	50.2	51.4	
8. 肩长	15.6	15.9	16.2	16.5	16.8	17.1	17.5	17.8	
9. 颈围	36.8	38.1	39.4	40.6	41.9	43.2	44.5	45.7	
10. 臂长	66.7	67	67.3	67.6	67.9	68.3	68.6	68.9	
11. 臂围	30.5	32.4	34.3	36.2	38.1	40	41.9	43.8	
12. 腕围	17.1	17.8	18.4	19.1	19.7	20.3	21	21.6	
13. 身高									
裤子尺寸									
14. 裤腰围	腰围 +2.5								
15. 直裆深	26.4	26.7	27	27.3	27.7	27.9	28.3	28.6	
16. 下裆长	86.4	86.4	86.4	86.4	86.4	86.4	86.4	86.4	
17. 侧缝长	112.7	113	113.3	113.7	114	114.3	114.6	114.9	

附录 B：1/4 比例原型

梭织面料衬衫前后衣身原型

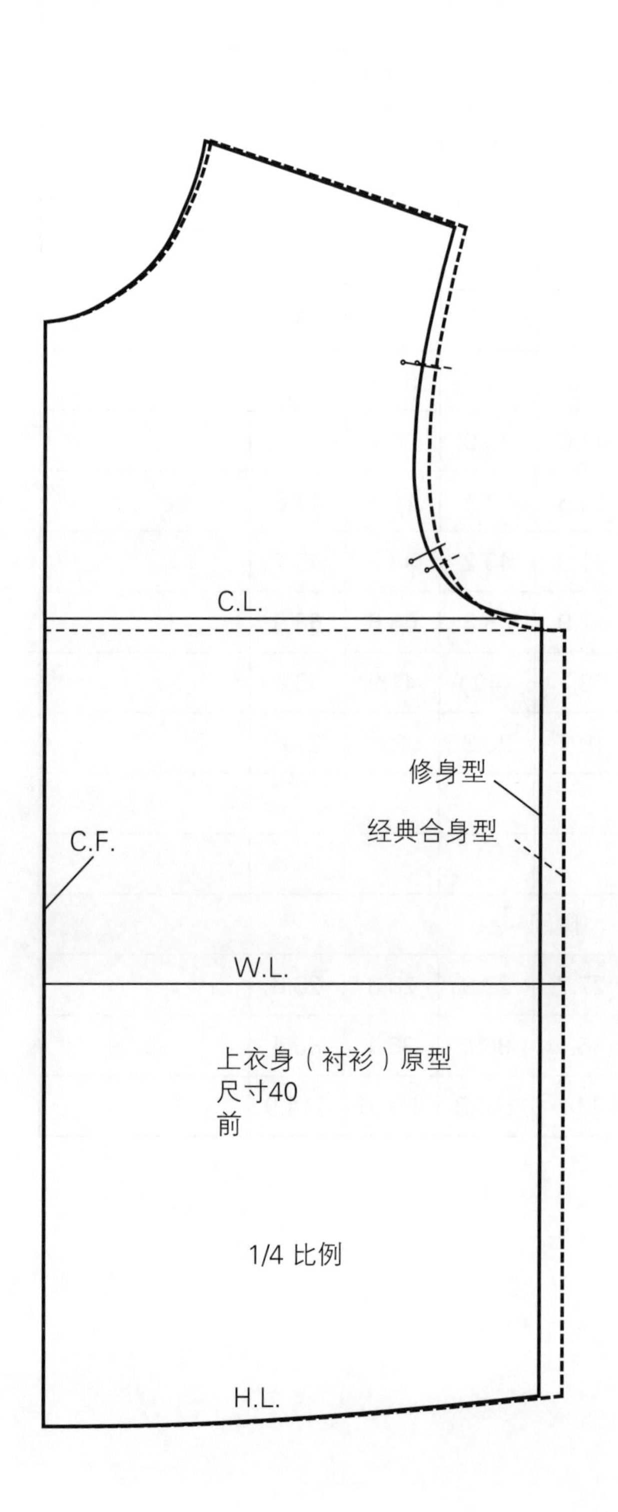

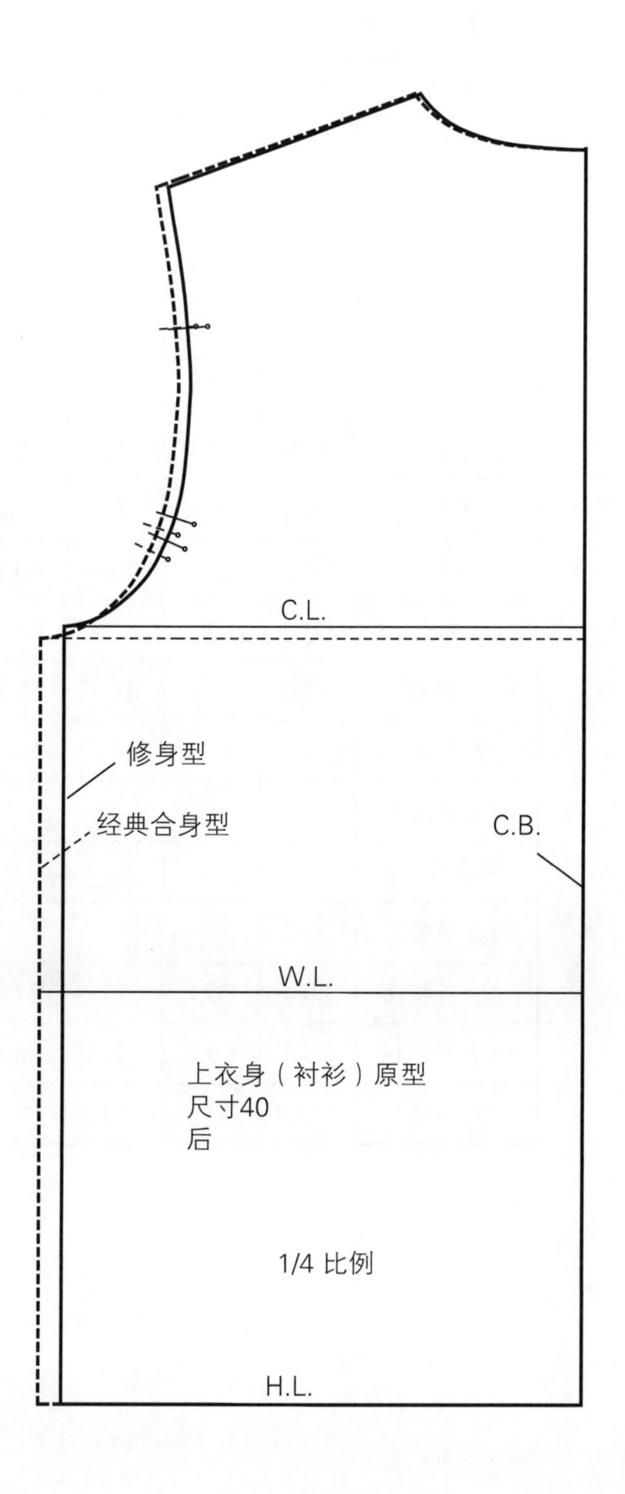

梭织面料衬衫袖原型

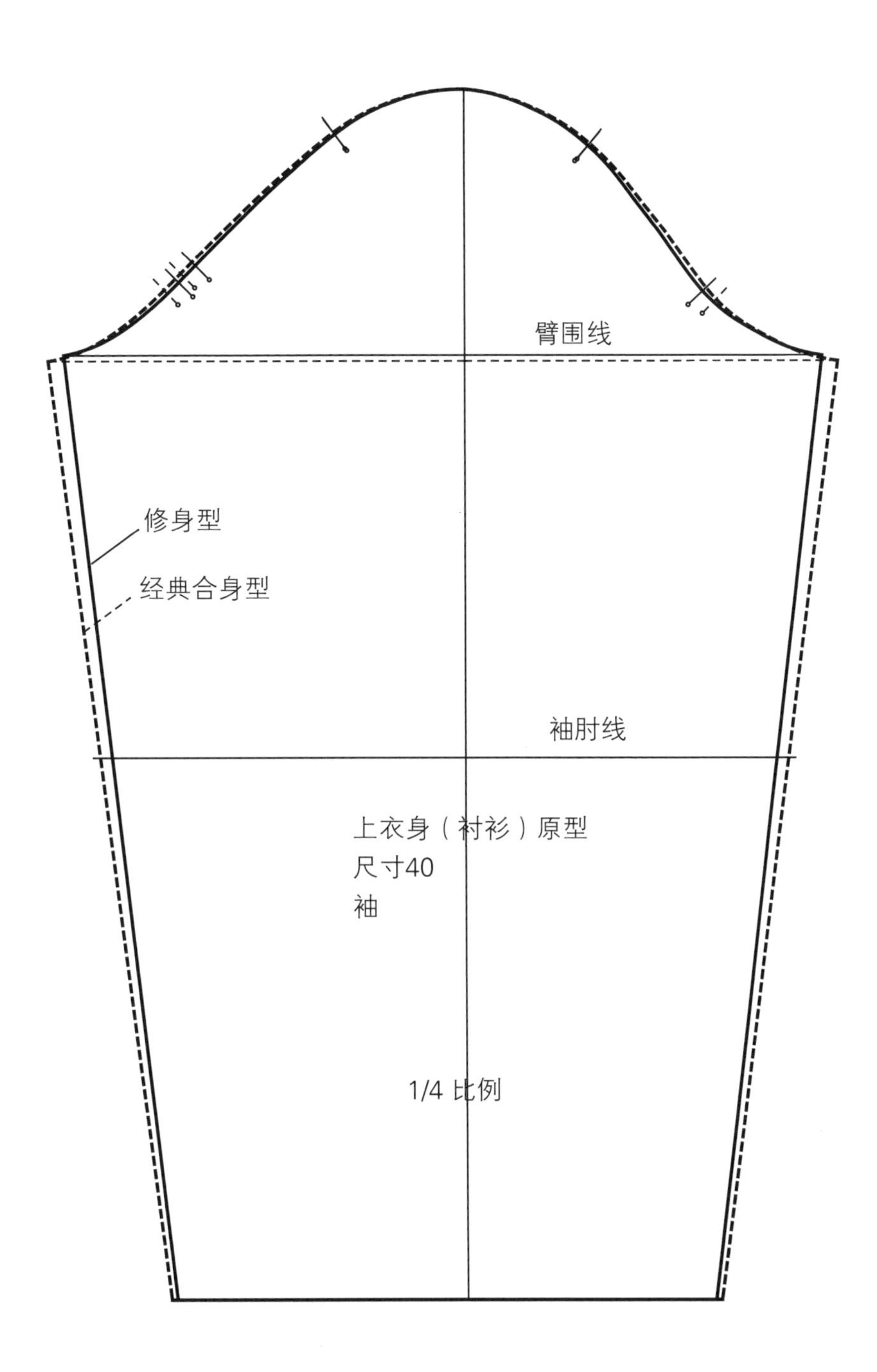

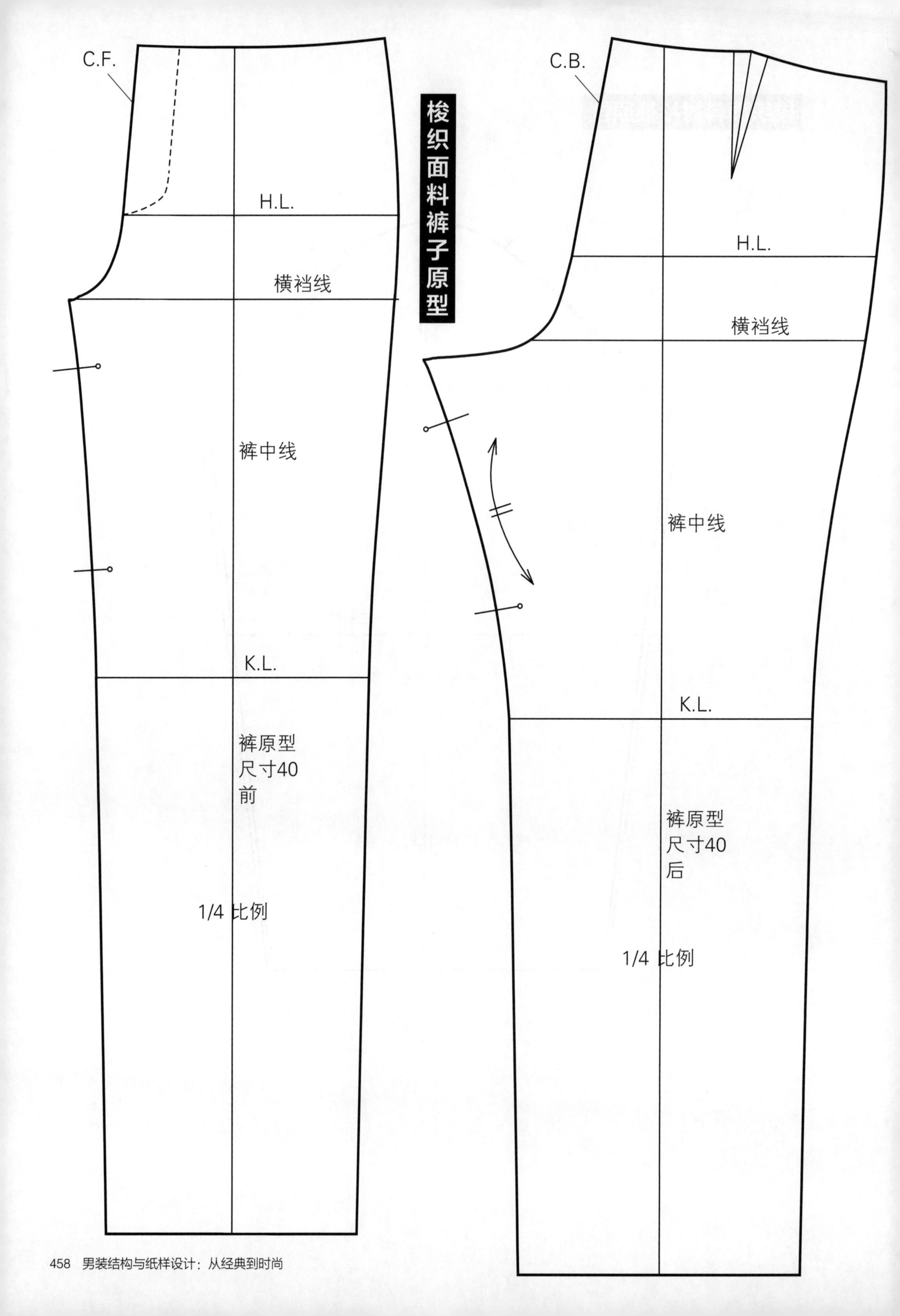
梭织面料裤子原型
C.F.
H.L.
横裆线
裤中线
K.L.
裤原型
尺寸40
前
1/4 比例
C.B.
H.L.
横裆线
裤中线
K.L.
裤原型
尺寸40
后
1/4 比例

针织面料衬衫前后衣身原型

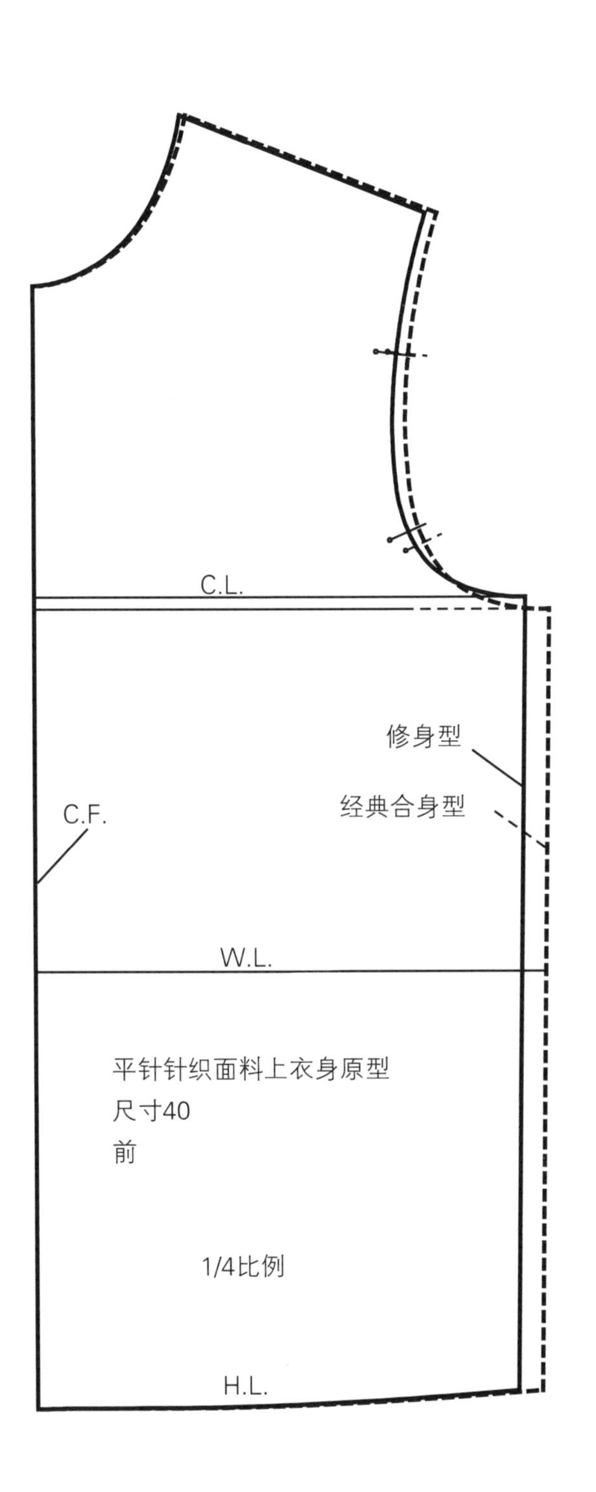

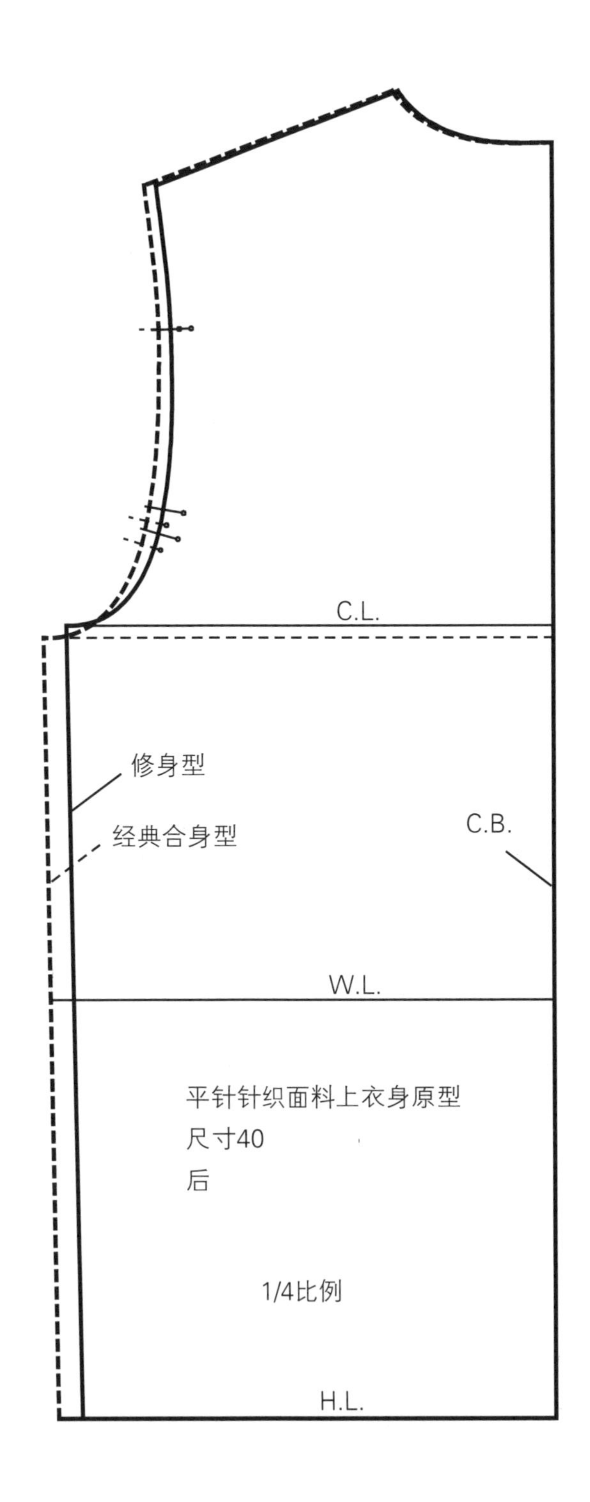

针织面料衬衫袖原型

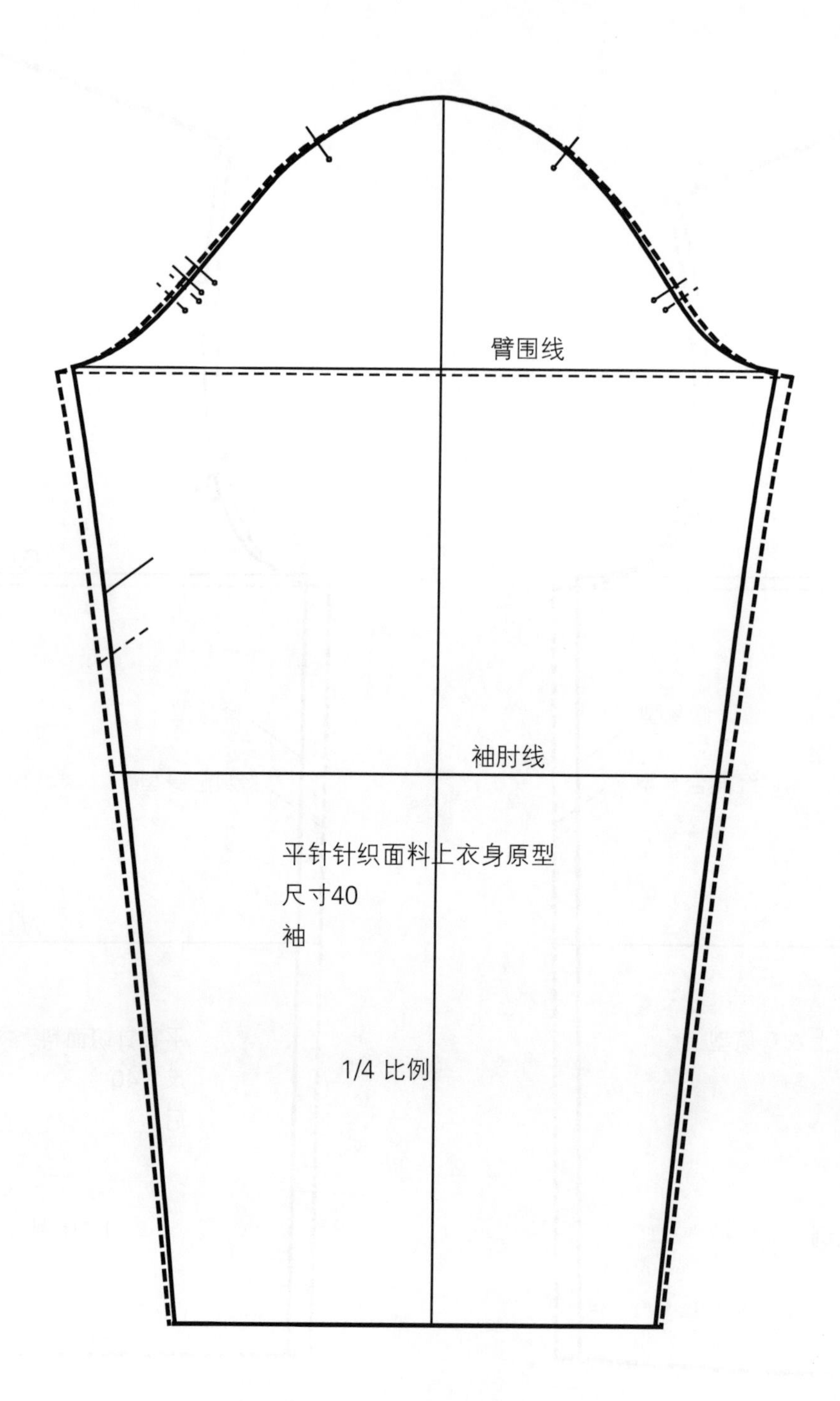

译者后记

完成此书翻译，终得体会，为何有“翻译家”称谓？翻译不是机械作业，需译者兼具语言和专业素养，在特定语境下读懂原著作者所处文化背景下表达的深刻内涵，再用准确语言译出。既要尊重原著，又要讲究语言优美流畅，需要译者智慧地处理翻译的细节。

此书得以翻译出版，归之于徐建红老师对我的信任和鼓励，使我信心百倍、不辞辛苦地工作。当然，还是很多人共同辛苦劳作的结果。期间，柳泉先生准确地将原著每一个英寸制尺寸换算成厘米制。皋隽和田云小姐翻译了原著每一幅图片上的文字说明。崔志英老师认真仔细地逐字逐句校对，耐心地修正专业术语，力求字里行间精益求精。厉庆荣先生做了大量文字输入工作。另外，郭友庆、王兴国、黄吉鑫、郭健和田婷等众人为此书翻译做了各种细致的工作。

在此，对所有为此书出版做出贡献的人们致以最衷心感谢！

高秀明